머리말

응용역학은 토목, 건축공학 분야에서 가장 중요한 과목 중의 하나이다. 이 교재는 응용역학을 처음 접하는 학생들에게 응용역학의 원리와 개념을 명확히 이해시키는데 많은 노력을 기울였다. 또한, 이 교재는 응용역학에 대한 철저한 개념정리와 기출문제 등을 체계적으로 분석·기술하였고 실제 설계에 적용할 수 있도록 서술되었기 때문에, 기사시험과 구조기술사 시험은 물론 행정고등고시 기술직 2차시험 그리고 공무원 시험 준비용으로 많은 도움이 되리라고 판단된다.

이 교재의 구성을 보면 1학기 강의분량에 해당하는 1장에서 5장까지에서는 정정구조물의 해석과 영향선에 대하여 기본원리를 명확히 이해할 수 있도록 자세한 설명을 아끼지 않았으며, 원리를 이해하는데 도움이 될 수 있는 예제와 연습문제를 수록하였다. 다음으로, 2학기 강의 분량에 해당하는 6장에서 11장까지에서는 응력과 변형률(기둥포함)에 대하여 기본원리를 명확히 이해할 수 있도록 자세한 설명과 예제들을 수록하였다. 마지막으로, 3학기 강의 분량에 해당하는 12장에서 18장까지는 처짐과 부정정구조물의 해석(소성포함)에 대하여 기본원리를 명확히 이해할 수 있도록 자세한 설명과 예제들을 수록하였다.

이 교재에서는 학생들에게 응용역학의 공학적 기본개념과 깊이 있는 이해에 다소나마 도움이 되었으면 하여 모든 연습문제의 해답(자세한 풀이집은 강의하시는 교수님에게만 배포함)을 부록에 수록하였다. 책을 집필하면서 많은 노력을 기울이긴 했지만 보완이 필요하리라고 생각된다. 이 교재의 내용 중 미비한 부분에 대해서는 지속적으로 수정·보완을 하여 간결하면서 최고의 응용역학 교재가 될 수 있도록 한다는 원칙을 약속드린다.

끝으로, 출판에 많은 지원을 아끼지 않으신 구미서관 임해진 회장님을 비롯한 편집부 관계자 여러분의 노고에 깊이 감사드린다.

2018년 7월

저자 박연수 · 박선준

목 차

제4장
정정아치 및 케이블의 해석

제5장
이동하중과 영향선

제6장
응력과 변형률

제10장 평면응력과 평면변형률 해석 및 변환

제11장 기둥

제12장 처짐

제13장 부정정구조물의 해석원리와 변위일치법

제14장 최소일의 방법과 3연모멘트법

제15장 처짐각법

제16장 모멘트분배법

응용역학

박연수 · 박선준 공저

APPLIED MECHANICS

도서출판
구미서관

제1장 단위계, 힘, 평면의 기하학적 성질

제1장

단위계, 힘, 평면의 기하학적 성질

1.1 단위계

1.1.1 단위계의 종류

현재 전 세계적으로 다양하게 사용되고 있는 단위계 중 대표적인 것을 다음에 소개한다.

(1) **미터법** : 계량법의 국제적 통일을 위해서 1790년 프랑스의 C.탈레랑의 제안에 의해 아카데미 프랑세즈가 정부의 위탁을 받고 만든 것이다. 지구자오선 길이의 1/40,000,000을 1m, 각 모서리의 길이가 10cm인 정육면체와 같은 부피의 4℃ 물의 질량을 1 kg, 그 부피를 1l로 하였다. 미터법에 속하는 단위계로서 MKS단위계 · CGS단위계 · MKSA단위계가 있으며, 이 외에도 CGS정전기단위계 · CGS전자기단위계 · 가우스절대단위계 · 중력단위계 등이 있다.

CGS : 1 dyne = $1\text{g} \times 1\text{cm/s}^2 = 1\text{g}\cdot\text{cm/s}^2$

MKS : 1 Newton = $1\text{kg} \times 1\text{m/s}^2 = 1\text{kg}\cdot\text{m/s}^2$

(2) **SI단위계(국제단위계)** : 미터법은 처음에는 길이, 양, 무게 등을 재는 단위법인 도량형에 국한되었으나 차차 다른 물리량에도 적용되기에 이르러 1960년의 제11회 국제도량형총회(General Conference on Weights and Measures)에서 미터계를 국제단위계(International System of Units : SI)를 채용하게 되었다. 미터계의 단위는 점차 SI단위계로 통일되어가고 있다. 표 1.1에는 단위계에 따라 사용되고 있는 대표적인 단위들을 예시하였다. 공학 분야에서 많이 사용되고 있는 힘의 단위 N과 응력의 단위 Pa(N/m^2)을 SI단위계에서 확인할 수 있다.
SI단위계는 미터계의 MKSA단위계를 발전시킨 것으로 길이 = m, 질량 = kg, 시간 = s, 전류 = A(암페어)의 4개의 기본단위에 열역학적 온도 = K(켈빈), 광도 = cd(칸델라), 물질량 = mol을 합쳐 7개의 단위를 SI기본단위로 채용하였다(표 1.2 참조). 또한 각 단위의 양을 실제에 맞도록 쉽게 나타내기 위해 10의 거듭제곱(10^n 또는 10^{-n})을 나타내는 SI접두어를 사용하고 있으며, 원래는 16가지였던 것을 1991년 10월 국제도량형총회에서 제타 · 요타 · 젭토 · 욥토 등 4가지를 추가하여 20가지가 되었다(표 1.3 참조). 최근에는 공학 분야의 설계기준 및 시방서 등도 모두 SI단위계를 적용하고 있다.

(3) **야드-파운드단위법** : 피트 · 파운드단위법 · 푸트 · 파운드단위법(fps)이라고도 한다. 고대 이집트 · 바빌로니아에서 비롯되었고, 영국에서 엘리자베스 1세 때 단위로서 확립되었다. 길이에 야드(yd), 질량에 파운드(lb), 시간에 초(s), 온도에 화씨온도(°F)를 쓰고 있다.

(4) **척관법** : 고대 중국에서 전래되어 한국 · 일본 등에서 옛날부터 사용해왔던 도량형의 단위계로서, 길이의 단위로서 자[尺], 질량의 단위로서 관(貫), 넓이의 단위로서 평(坪), 부피의 단위로서 되(升)를 쓴다.

표 1.1 단위계에 따른 단위의 비교

구 분	길 이	질 량	힘	응 력	에너지
SI계	m	kg	N	N/m² 또는 Pa	J
CGS계	cm	g	dyn	dyn/cm²	erg
MKS계	m	kg	kgf	kgf/m²	kgf·m
FPS계	ft	lb	lb	lb/ft²	ft·lb

※ lb = pound, N = newton, dyn = dyne, Pa = pascal(Pa = N/m²)

표 1.2 SI계의 기본단위와 보조단위

구 분	단위 명칭	단위 기호	구 분	단위 명칭	단위 기호
			기본단위		
물질량	mole	mol	질 량	kilogram	kg
전 류	ampere	A	열역학적 온도	kelvin	K
길 이	meter	m	시 간	second	s
광 도	candela	cd			
			보조단위		
평면각	radian	rad	입체각	steradian	sr

표 1.3 SI단위의 접두어

기호	명칭	의미	기호	명칭	의미
Y	yotta(요타)	10^{24}	d	deci(데시)	10^{-1}
Z	zetta(제타)	10^{21}	c	centi(센티)	10^{-2}
E	exa(엑사)	10^{18}	m	milli(밀리)	10^{-3}
P	peta(페사)	10^{15}	μ	micro(마이크로)	10^{-6}
T	tera(테라)	10^{12}	n	nano(나노)	10^{-9}
G	giga(기가)	10^{9}	p	pico(피코)	10^{-12}
M	mega(메가)	10^{6}	f	femto(펨토)	10^{-15}
k	kilo(킬로)	10^{3}	a	atto(아토)	10^{-18}
h	hecto(헥토)	10^{2}	z	zepto(젭토)	10^{-21}
da	deka(데카)	10^{1}	y	yocto(욕토)	10^{-24}

이상의 대표적인 단위 이외에도 몇 개 · 몇 대 · 몇 사람 등 수량의 기준이 되는 자연단위가 있으며, 각 나라마다의 고유단위도 있다. 예를 들어, 길이의 단위로서 그리스의 그라메(gramme : 1 mm), 독일의 스트리히(strich : 1mm), 미국의 온스(ounce : 0.397mm), 영국의 포인트(point : 0.353 mm), 중국의 쿵리(kung li : 1mm) 등이 있다. 질량의 단위로는 그리스의 그라마(gramma : 1.25 g), 독일의 푼트(pfund : 500g) 등이 있다.

1.1.2 단위 환산

이와 같은 다양한 단위들은 단위 상호간에 그 크기를 비교할 수 있는 단위 환산이 필요하다. 단위 환산은 아래의 표를 이용하면 쉽게 바꿀 수 있다. 예를 들어, 표 1.4에서 1ft =12in임을 알 수 있다.

표 1.4 단위 환산표(길이와 힘의 단위)

	기 준	in	ft	cm	m
길 이	1in	1	0.0833	2.54	0.0254
	1ft	12	1	30.48	0.3048
	1cm	0.3937	0.0328	1	0.01
	1m	39.37	3.28	100	1
힘	기 준	N	dyn	kgf	lb
	1N	1	1×10^{5}	1.02×10^{-1}	2.248×10^{-1}
	1dyn	1×10^{-5}	1	1.02×10^{-6}	2.248×10^{-6}
	1kgf	9.807	9.807×10^{5}	1	2.205
	1lb	4.448	4.448×10^{5}	4.536×10^{-1}	1

표 1.5 단위 환산표(무게의 단위)

	기 준	lb	tf	kgf
무 게	1lb	1	4.536×10^{-4}	0.4536
	1tf	2204.6	1	1000
	1kgf	2.2046	0.001	1

표 1.6 단위 환산표(모멘트의 단위)

	기 준	N · m	tf · m	lb · ft
모멘트	1N · m	1	1.0197×10^{-4}	0.7375
	1tf · m	9806.65	1	7233.05
	1lb · ft	1.35581	1.3825×10^{-4}	1

표 1.7 단위 환산표(응력의 단위)

기 준	kPa(=10^3Pa)	MPa	kgf/mm^2	kgf/cm^2	psi(=lb/in^2)	tf/m^2
kPa(=10^3Pa)	1	1×10^{-3}	1.01972×10^{-4}	1.01972×10^{-2}	1.4504×10^{-1}	1.01972×10^{-1}
MPa	1×10^{3}	1	1.01972×10^{-1}	1.01972×10^{1}	1.4504×10^{2}	1.01972×10^{2}
kgf/mm^2	9.80665×10^{3}	9.80665	1	1×10^{2}	1.4223×10^{3}	1×10^{3}
kgf/cm^2	9.80665×10^{1}	9.80665×10^{-2}	1×10^{-2}	1	1.4223×10^{1}	1×10
psi(=lb/in^2)	6.89476	6.89476×10^{-2}	7.031×10^{-4}	7.031×10^{-2}	1	7.031×10^{-1}
tf/m^2	9.80665	9.80665×10^{-3}	1×10^{-3}	1×10^{-1}	1.4223	1

공학 실무분야에서는 단위 환산의 편의를 위해 일반적으로 1kgf ≒ 10N으로 사용한다. 예 200 kgf/cm^2 = 20 MPa

위의 단위 환산표를 이용한 단위 환산방법을 무게, 힘, 응력의 단위 환산을 통하여 다음에 설명하였다.

무게 : 10 lb = 0.4536 kgf/lb × 10 lb = 4.536 kgf

힘 : 100 N = 0.102 kgf/N × 100 N = 10.2 kgf

100 N = 0.2248 lb/N × 100 N = 22.48 lb

응력 : 5 psi = 7.031×10^{-2} kgf/cm^2/psi × 5 psi = 35.155×10^{-2}kgf/cm^2 = 0.35155 kgf/cm^2

표 1.8과 1.9는 현재 국제적 규모의 학회에서 승인하고 있는 단위들을 정리한 것이다.

표 1.8 국제 규모의 학회에서 승인하고 있는 단위

Quantity	Unit	Symbol	Formula
Absorbed dose	gray	Gy	J/kg
Celsius temperature	Celsius	℃	K
Dose equivalent	sievert	Sv	J/kg
Electric capacitance	farad	F	C/V
Electric conductance	siemens	S	A/V
Electric resistance	ohm	Ω	V/A
Electric potential, potential difference, electromotive force	volt	V	W/A
Energy, work, quantity of heat	joule	J	N·m
Force	newton	N	$kg·m/s^2$
Frequency (of a periodic phenomenon)	hertz	Hz	l/s
Illuminance	lux	lx	lm/m^2
Inductance	henry	H	Wb/A
Luminous flux	lumen	lm	cd·sr
Magnetic flux	weber	Wb	V·s
Magnetic flux density	tesla	T	Wb/m^2
Power, radiant flux	watt	W	J/s
Pressure, stress	pascal	Pa	N/m^2
Quantity of electricity, electric charge	coulomb	C	A·s

TIP

마스 클라이미트 오비터(Mars Climate Orbiter ; 화성 기후 궤도탐사선)는 NASA가 발사한 화성 탐사선이다. 1999년 화성 궤도에 진입했으나, 폭발하고 말았다. 그 원인은 우주선 제작자인 록히드 마틴은 야드파운드법을 쓰고 NASA는 미터법을 사용했기 때문이다.

마스 클라이미트 오비터는 1998년 12월 11일 18:45:51 UT에 델타 7425 로켓에 의해 플로리다 주 케이프 커내버럴 공군 기지의 LC-17A 발사대에서 발사되었다. 최초로 지구 궤도를 항행한 후, 델타 II 로켓의 제3단 엔진이 탐사선을 화성까지의 행성 간 궤도에 올렸다. 발사 15일 후, 하이드라진 추진기에 의해 최대 규모의 궤도 접속 조종(Trajectory Connection Maneuver; TCM)을 했다. 이후, 화성까지의 항행 중에, 1999년 3월 4일, 6월 25일, 9월 15일에 하이드라진 추진기에 의한 TCM을 했다.

탐사선은 1999년 9월 23일 09:01 UST(5:01 EST)에 화성에 도달해, 궤도 진입을 위해서 16분 13초간 주 엔진을 연소시켰다. 그 후, 탐사선은 09:06 UT ERT(Earth Received Time, 지구로 수신되었을 때의 UST 시간, 전파 신호는 화성으로부터 지구에 도달하는 데 10분 55초 걸린다.)에 화성의 뒤편에 숨었다.

주 엔진의 연소가 끝나 10분 후인 09:27 UT ERT에 다시 모습을 나타내 지구와의 전파 교신을 재개할 것이었다. 그러나 탐사선과의 교신이 재개되지 않았고, 탐사선으로부터의 신호는 완전히 끊겨 버렸다. 조사위원회의 보고에 의한 실패의 원인은 탐사선의 데이터가 미터법으로 보고되어야 하는데, 야드파운드법에 따라 보고되고 있었다는 항행 상의 실수에 의하는 것으로 판명되었다. 이로 인해, 자세제어용 추력기에서 발생하는 힘을 실제보다 약 4.45배(1파운드 힘 = 약 4.45뉴턴) 적은 것으로 예측하게 되어, 탐사선은 궤도 진입 시에 예정되어 있던 화성표면 위 140 ~ 150km 상공의 궤도가 아닌, 57km 상공의 궤도에 진입하였고, 저고도에서의 대기 압력과 마찰을 견디지 못하고 파괴된 것으로 판단된다.

(사진, 글 출처 : 위키백과)

표 1.9 국제 규모의 학회에서 승인하고 있는 단위

Quantity	Unit	Formula
Acceleration	meter per second squared	m/s^2
Angular acceleration	radian per second squared	rad/s^2
Angular velocity	radian per second	rad/s
Area	square meter	m^2
Concentration (of amount of substance)	mole per cubic meter	mol/m^2
Current density	ampere per squared meter	A/m^2
Density, mass	kilogram per cubic meter	kg/m^3
Electric field strength	volt per meter	V/m
Electric flux density		C/m^2
Energy density	joule per cubic meter	J/m^3
Entropy	Entropy	J/k
Heat capacity	joule per kelvin	J/K
Heat flux jensity, irradiance	watt per squared meter	W/m^2
Luminance	candela per square meter	cd/m^2
Magnetic field strength	ampere per meter	A/m

Molar energy	joule per mole	J/mol
Molar entropy, molar heat capacity	joule per mole kelvin	J/(mol·k)
Moment of force	newton meter	N·m
permeability(magnetic)	henry per meter	H/m
permittivity	farad per meter	F/m
Radiance	watt per square meter steradian	$W/(m^2 \cdot sr)$
Radiant intensity	watt per steradian	W/sr
Specific heat capacity	joule per kilogram kelvin	J/(kg·K)
Specific energy	joule per kilogram	J/kg
Specific entropy	joule per kilogram kelvin	J/(kg·K)
Specific volume	cubic meter per kilogram	m^2/kg
Surface tension	newton per meter	N/m
Thermal conductivity	watt per meter kelvin	W/(m·K)
Velocity	meter per second	m/s
Viscosity, dynamic	pascal second	Pa·s
Viscosity, kinematic	square meter per second	m^2
Volume	cubic meter	m^3
Wave number	1 per meter	1/m

1.2 힘

힘이란 정지(靜止)하고 있는 물체를 움직이게 하고, 움직이고 있는 물체의 속도나 운동방향이 바뀌도록 작용하는 것을 말한다. 즉, 물체에 힘이 작용하였는지 아닌지는 물체의 속도가 변했는지 아니면 물체의 모양이 바뀌었는지를 보면 알 수 있다. 바꾸어 말하면, 힘을 가하더라도 물체가 움직이지 않거나 힘을 주는 방향과 수직인 방향으로 움직였다면 그 힘은 일을 하지 않은 것이 된다. 예를 들어, 가방을 들고 서있는 경우는 위쪽으로 힘을 주고 있으나 가방이 움직이지 않으므로 일은 "0"이 된다. 또한 가방을 들고 앞으로 걷는 것도 힘의 작용방향은 위쪽이나 가방이 움직이는 방향은 힘의 작용방향과 수직인 앞쪽으로 움직이게 되므로 일은 "0"이 된다.

힘을 설명하기 위한 물리량은 크게 스칼라(scalar), 벡터(vector), 텐서(tensor)로 구분할 수 있다. 각각은 물리량, 즉 힘을 대표하는 수가 몇 개인지에 따라 구분하면 이해가 쉽다.

먼저 스칼라(혹은 스칼라량(量))는 질량, 시간, 온도, 에너지 등과 같이 방향을 갖지 않으며, 각각의 단위가 정해지면 1개의 수치로 나타낼 수 있는 양을 말한다(길이, 면적, 부피, 시간, 온도, 질량, 밀도, 에너지 등). 예를 들어, 2차원 공간에 힘이 작용하고 있을 때 스칼라의 경우 $2^0 = 1$개의 수로, 3차원 평면에 힘이 작용하는 경우에도 $3^0 = 1$개의 수로 이 힘이 대표되어 결정될 뿐이다.

벡터(량)의 경우에는 2차원 공간에 작용하는 힘을 기술하기 위해서는 $2^1 = 2$개의 수로 대표되는 물리량(즉, 힘의 크기와 방향)이 필요하며, 그림 1.1의 경우처럼 3차원 공간에 힘이 작용하는 경우에는 $3^1 = 3$개의 수가 필요하다. 여기에서 3개의 수는 힘의 크기 F와 벡터가 z축과 이루는 각 θ, 그리고 벡터를 xy평면에 투영한 선이 x축과 이루는 각 ϕ이다.

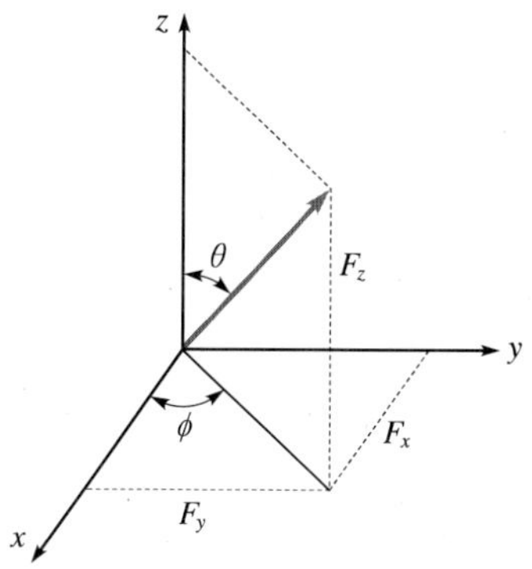

그림 1.1 3차원 공간의 벡터

2차원 평면에 작용하는 힘에 대해 벡터와 스칼라를 구별해 보면 벡터의 경우 크기와 방향에 해당하는 2개의 수가 필요하며, 스칼라의 경우 크기만을 나타내는 1개의 수가 필요할 뿐이다. 이를 좀 더 일반적으로 정리하면 다음과 같다.

- **스칼라** : n차원의 공간에서 $n^0 = 1$개의 수로 대표되는 물리량
- **벡터** : n차원의 공간에서 $n^1 = n$개의 수로 대표되는 물리량

스칼라(scalar)라는 말은 "사다리, 계단"을 뜻하는 라틴어 scalaris에 그 어원을 두고 있는 것으로 알려져 있으며, 벡터(vector)라는 말은 라틴어 vectus(나른다, 옮긴다)에 어원을 두고 있다.

마지막으로 텐서에 대해서 알아보자. 텐서(tensor)의 어원은 라틴어 tensus(잡아늘린다)라는 말에서 왔으며, 이 말도 19세기에 와서야 쓰인 말이라고 한다. 텐서는 벡터와 달리 방향이 두 종류 이상 필요한 경우이다. 텐서에 대해서는 추후에 응력(stress)과 변형률(strain) 부분을 공부하면서 이해하도록 하고, 여기에서는 텐서에 대한 간단한 개념만을 알아보자. 위에서 n차원의 공간에서 $n^0 = 1$개의 수로 대표되는 물리량을 스칼라, $n^1 = n$개의 수로 대표되는 물리량을 벡터라고 정의하였다. 그렇다면 텐서는 $n^2 = n \times n$, $n^3 = n \times n \times n$개 등으로 대표되는 물리량을 의미한다. 전자의 경우를 2차 텐서, 후자의 경우를 3차 텐서라 한다. 스칼라는 0차 텐서, 벡터는 1차 텐서라 할 수 있다.

1.2.1 힘의 종류

(1) **외력 · 내력** : 구조물의 부재가 외부의 하중에 의해 변형을 경험하는 과정에서, 내부에서는 변형에 저항하려는 힘이 발생하게 되는데 이를 내력(internal force)이라 한다. 또 물체에 작용하여 변위 및 변형이나 내력을 발생시키는 힘을 외력(external force) 또는 하중(load)이라 한다. 예를 들어 전단력, 모멘트 등의 단면력은 내력에 속하고 집중하중, 분포하중, 반력 등은 외력에 속한다.

(2) **중량** : 지구 위의 물체에 작용하는 중력의 크기, 즉 지표에 있는 물체를 지구의 중심 방향으로 끌어당기는 힘으로써 단위는 N이다.

$$F_g = m \cdot g$$

여기서, m : 질량(kg)

g : 중력가속도(m/s^2)

(3) **스프링력** : 스프링이 가지고 있는 힘

$$F_s = k \cdot x$$

여기서, k : 스프링 상수 = 단위변위를 일으키는데 필요한 힘(N/m)

x : 변위(m)

(4) **마찰력** : 물체가 다른 물체의 표면에 접하여 움직이려고 할 때 또는 움직이고 있을 때 그 운동을 저지하려는 힘이 접촉면을 따라 작용한다. 이 작용력(저항력)을 마찰력이라고 한다.

$$F_f = \mu \cdot N$$

여기서, μ : 마찰계수

N : Newton 힘(=1 kg · m/s^2)

힘을 나타내기 위해서는 크기, 방향, 작용점의 3가지 요소, 즉 힘의 3요소가 필요하다. 그림 1.2는 힘의 3요소를 설명하고 있다. 힘의 크기는 길이의 단위로 나타내며($l = \overline{SA}$), 힘의 방향은 각도의 단위인 θ, 힘의 작용점은 평면상의 좌표값(x, y)을 사용하여 나타낸다.

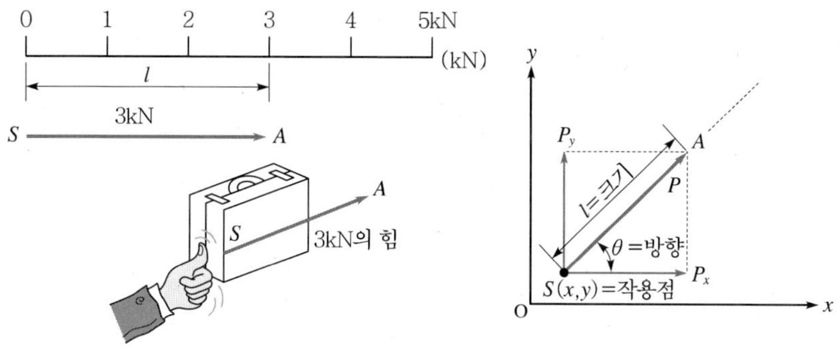

그림 1.2 힘의 표시, 힘의 3요소

힘의 단위를 나타내는데 있어서 물리학에서 쓰는 절대단위와 공학에서 주로 사용하는 중력단위를 다음과 같이 구분할 수 있다.

예를 들어, 물리학에서 사용하는 절대단위인 1Newton은 1kg의 물체에 $1m/s^2$의 가속도가 생기게 하는 힘을 말하며, 1dyne은 1g의 물체에 $1cm/s^2$의 가속도가 생기게 하는 힘을 말한다. 그리고 공학에서 사용하는 중력단위인 1kgf(1kg force : 1kg의 힘)는 1kgw(1kg weight : 1kg인 물체의 무게)와 같고 중량 1kg이라 말하기도 하며, 보통 1kg으로 사용한다.

1.2.2 힘의 합성 및 분해

구조물에 작용하는 자중(힘)들은 다양한 형태와 크기, 방향 등을 가지고 복합적으로 작용한다. 이러한 힘들을 합성하고 분해하는 일은 중요하다.

(1) 힘의 합성

평면상에 작용하는 여러 힘을 합성하여 합성된 힘의 크기와 방향, 작용점을 구하기 위하여 평면상에 작용하는 힘들을 한 점에 작용하는 두 힘의 합성, 한 점에 작용하는 여러 힘의 합성, 한 점에 작용하지 않는 여러 힘의 합성, 평행한 두 힘의 합성, 평행한 여러 힘의 합성으로 구분한다.

1) 한 점에 작용하는 두 힘의 합성 : 힘의 평행사변형 법칙 혹은 힘의 삼각형 법칙을 이용하여 구한다. 힘 P_1과 P_2의 합성된 힘의 크기 R은 다음과 같이 얻어진다.

$$\therefore R = \sqrt{P_1^2 + P_2^2 + 2P_1 \cdot P_2 \cdot \cos\alpha} \tag{1.1}$$

여기서, α는 두 힘 P_1과 P_2 사이의 사이각을 의미한다. 합성된 힘의 크기 R의 산정과정은 다음과 같다.

$$
\begin{aligned}
R &= \sqrt{(P_1 + P_2 \cdot \cos\alpha)^2 + (P_2 \cdot \sin\alpha)^2} \\
&= \sqrt{\left(P_1^2 + 2P_1P_2 \cdot \cos\alpha + P_2^2 \cdot \cos^2\alpha\right) + P_2^2 \cdot \sin^2\alpha} \\
&= \sqrt{P_1^2 + 2P_1P_2 \cdot \cos\alpha + P_2^2\left(\cos^2\alpha + \sin^2\alpha\right)} \\
&= \sqrt{P_1^2 + P_2^2 + 2P_1P_2 \cdot \cos\alpha}
\end{aligned}
$$

합력 R의 작용방향은 θ를 구함으로써 알 수 있다.

$$
\tan\theta = \frac{y_1}{x_1} = \frac{P_2 \cdot \sin\alpha}{P_1 + P_2 \cdot \cos\alpha}, \quad \theta = \tan^{-1}\frac{P_2 \cdot \sin\alpha}{P_1 + P_2 \cdot \cos\alpha} \tag{1.2}
$$

그림 1.3에서 한 점에 작용하는 두 힘의 합력 작용점은 두 힘의 작용점과 동일한 O점이 된다.

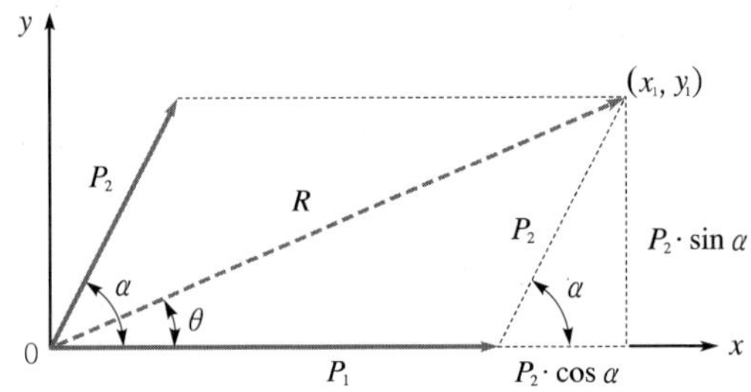

그림 1.3 한 점에 작용하는 두 힘의 합성

예제 1.1

그림과 같이 xy평면상에 작용하고 있는 두 힘의 합력 크기 R과 작용방향 β를 구하여라.

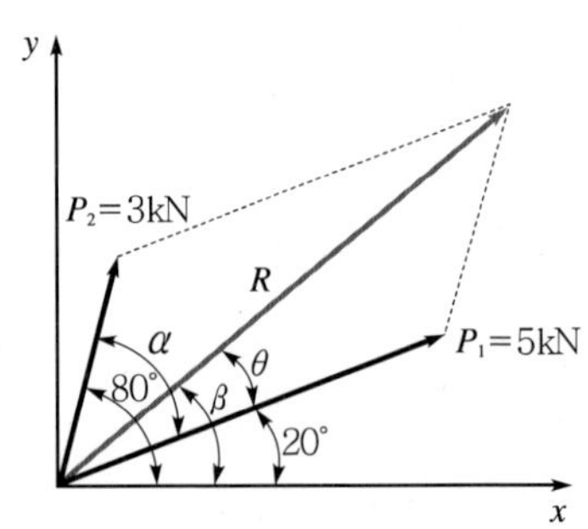

그림 예제 1.1

풀이

합력의 크기 R은 식 (1.1)을 이용하여 구할 수 있다.

$$R=\sqrt{P_1^2+P_2^2+2P_1P_2\cdot\cos\alpha}$$
$$=\sqrt{5^2+3^2+2\times5\times3\times\cos(80-20)^\circ}$$
$$=7\,\text{kN}$$
$$\therefore R=7\,\text{kN}$$

합력의 작용방향 β는 식 (1.2)를 이용하여 구한다.

P_1과 합력 R과의 사이각 θ

$$\theta=\tan^{-1}\frac{P_2\cdot\sin\alpha}{P_1+P_2\cdot\cos\alpha}=\tan^{-1}\frac{3\cdot\sin(80-20)}{5+3\cdot\cos(80-20)}=21.8^\circ$$

$$\therefore \beta=20^\circ+21.8^\circ=41.8^\circ$$

2) 한 점에 작용하는 여러 힘의 합성 : 합력의 크기, 작용방향은 도해법과 해석법을 통하여 구할 수 있다(작용점은 여러 힘들과 동일하다).

① 도해법

여러 힘을 순서대로 평행 이동시켜 다각형을 만들어 처음 힘의 시작점과 마지막 힘의 끝점을 연결하면 합력이 된다. 만일 힘의 다각형을 그렸을 때 마지막 힘의 끝점이 처음 힘의 시작점과 일치할 때는 힘의 합력이 0이라는 것을 의미한다. 도해법은 기하학적인 방법으로서 그림 1.4에 힘의 합성 과정이 설명되어 있다. 그림 1.4(a)에서 힘 P_1과 P_2만을 합성한다면 두 힘의 합력의 크기는 그림 1.4(b)에서 R_1으로 표기된 합력이 될 것이다. P_1, P_2, P_3, P_4의 합력은 결국 R_3와 같다.

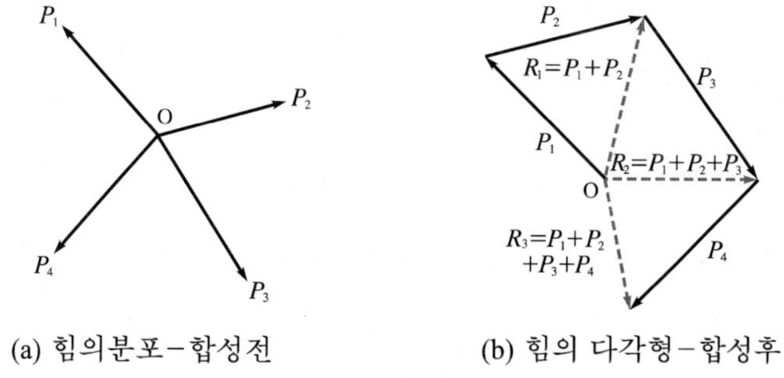

그림 1.4 도해법에 의한 여러 힘의 합성

② 해석법

여러 힘을 수직 분력과 수평 분력으로 분해하여 합력을 계산하는 방법이다. 이 의미는 여러 힘을 하나로 합성하거나, 하나의 힘을 두 힘으로 분해한 힘은 마찬가지가 된다는 힘의 분해의 원리이다. 해석법에 의한 힘의 합성을 이해하기 위하여 동일 평면상에서 한 점에 작용하는 힘 P_1, P_2, P_3, P_4를 고려해보자(그림 1.5 참조).

이 힘들의 수평분력의 합은

$$\Sigma H = H_1 + H_2 + H_3 + H_4 = P_1 \cdot \cos\theta_1 - P_2 \cdot \cos\theta_2 - P_3 \cdot \cos\theta_3 + P_4 \cdot \cos\theta_4$$

수직분력의 합은

$$\Sigma V = V_1 + V_2 + V_3 + V_4 = P_1 \cdot \sin\theta_1 + P_2 \cdot \sin\theta_2 - P_3 \cdot \sin\theta_3 - P_4 \cdot \sin\theta_4$$

이 된다.

여기에서 "+"와 "−"의 결정은 추후에 배우게 되는 정역학적인 부호규약에 준하여 결정된다. 즉, 각 좌표축에서 "+" 성분을 갖는 힘의 분력이 "+"값이 된다. 그림 1.5에서 수평분력의 "+" 값은 "+" x축 방향(오른쪽)으로 작용하는 경우이다.

합력의 크기 R과 합력의 작용방향 θ는 각각 다음과 같이 결정된다(작용점은 힘들의 작용점인 O점이 된다).

$$R = \sqrt{(\Sigma H)^2 + (\Sigma V)^2} \tag{1.3}$$

$$\tan\theta = \frac{\Sigma V}{\Sigma H}, \quad \theta = \tan^{-1}\frac{\Sigma V}{\Sigma H} \tag{1.4}$$

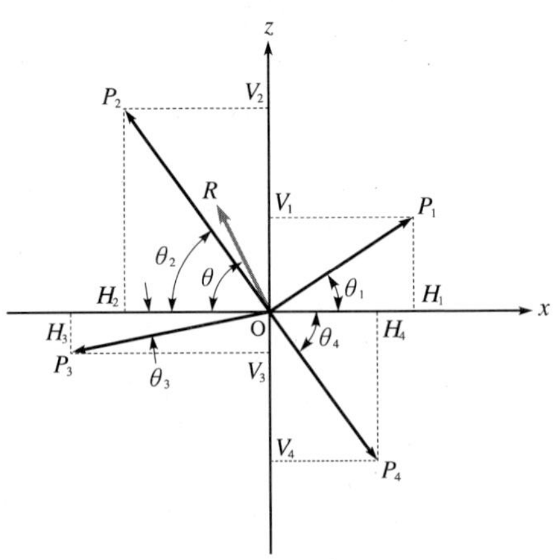

그림 1.5 해석법에 의한 여러 힘의 합성

예제 1.2

다음 그림에서 힘의 합력 R과 힘의 작용방향 θ를 해석법을 사용하여 구하여라.

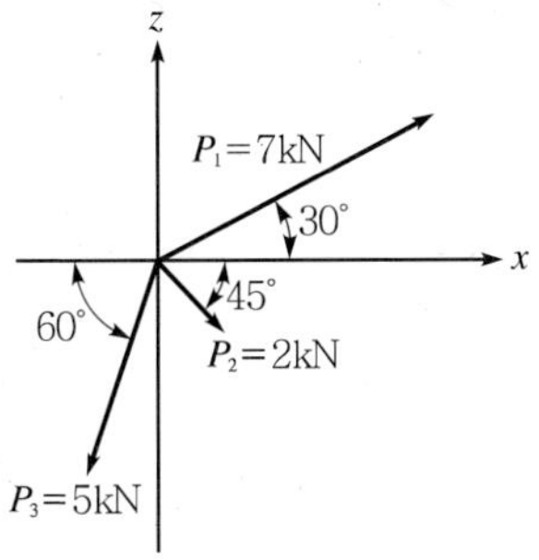

그림 예제 1.2

풀이

3힘의 수평분력의 합과 수직분력의 합을 구해보면

$$\Sigma H = H_1 + H_2 + H_3 = P_1 \cdot \cos\theta_1 + P_2 \cdot \cos\theta_2 - P_3 \cdot \cos\theta_3$$
$$= 7 \cdot \cos 30° + 2 \cdot \cos 45° - 5 \cdot \cos 60°$$
$$= 4.98\,\text{kN}$$
$$\Sigma V = V_1 + V_2 + V_3 = P_1 \cdot \sin\theta_1 - P_2 \cdot \sin\theta_2 - P_3 \cdot \sin\theta_3$$
$$= 7 \cdot \sin 30° - 2 \cdot \sin 45° - 5 \cdot \sin 60°$$
$$= -2.24\,\text{kN}$$

이 되므로, 합력의 크기와 방향은 식 (1.3), (1.4)를 이용하여 다음과 같이 구할 수 있다.

$$R = \sqrt{(\Sigma H)^2 + (\Sigma V)^2}$$
$$= \sqrt{(4.98)^2 + (-2.24)^2} = 5.46\,\text{kN}$$
$$\theta = \tan^{-1}\frac{\Sigma V}{\Sigma H} = \tan^{-1}\frac{-2.24}{4.98} = -24.22°$$

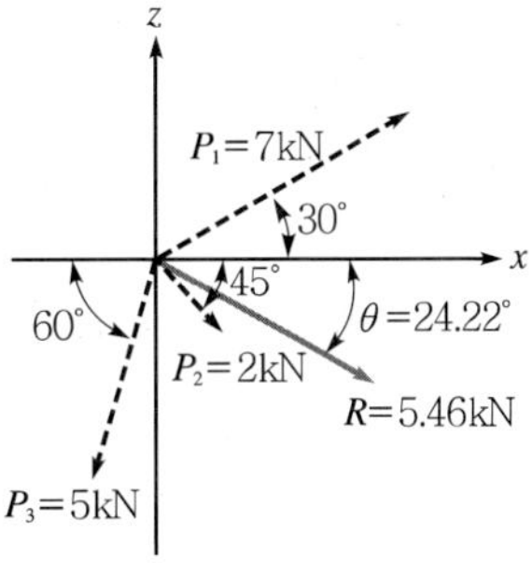

합력(R) = 5.46kN이 되고, 합력의 작용 방향은 x축에서 아래 방향으로 24.22°가 된다.

3) 평행한 힘의 합성 : 동일 평면상에 평행한 힘이 작용하고 있다면 그 합력의 크기는 그 힘들을 산술적으로 더한 값에 해당한다. 그림 1.6에서처럼 평행한 3개의 힘 P_1, P_2, P_3가 평행하게 작용하고 있다면 합력의 크기 $R = P_1 + P_2 + P_3$가 되며, 합력의 방향 및 위치는 바리농의 정리(Varignon`s theorem)를 이용하여 임의 점에 모멘트의 중심점을 잡아 위치를 구하게 되는데, 합력의 방향은 힘의 작용 방향과 같게 된다.

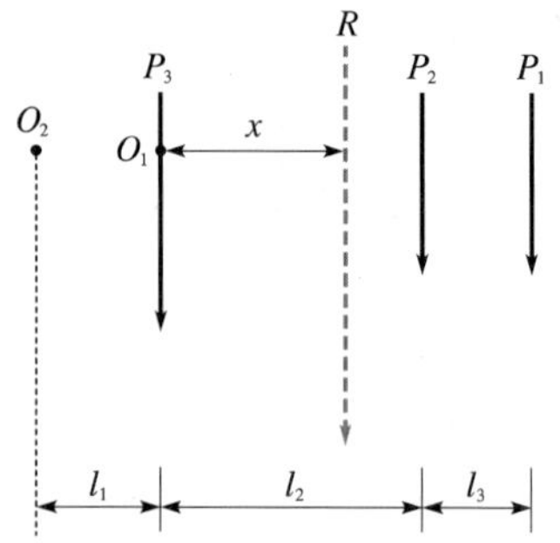

그림 1.6 평행한 힘의 합력의 작용점

그림 1.7 프랑스의 수학자 Pierre Varignon(1654~1722)
(출처 : Wikimedia Commons)

바리농의 정리란 "각각의 분력으로 인한 모멘트 합은 분력의 합력으로 인한 모멘트의 합과 같다"는 것을 밝힌 것이다. 그림 1.6과 그에 대한 설명은 바리농 정리의 사용 예를 보이고 있다.

① O_1 점에 모멘트 중심을 취할 경우

$$R \cdot x = P_1 \cdot (l_2 + l_3) + P_2 \cdot l_2, \quad x = \frac{P_1 \cdot (l_2 + l_3) + P_2 \cdot l_2}{R}$$

가 된다.

② O_2 점에 모멘트 중심을 취할 경우

$$R(x + l_1) = P_1(l_1 + l_2 + l_3) + P_2 \cdot (l_1 + l_2) + P_3 \cdot l_1$$

좌변은 $R(x + l_1) = R \cdot x + (P_1 + P_2 + P_3) \cdot l_1$ 이므로

$$R \cdot x + (P_1 + P_2 + P_3) \cdot l_1 = P_1(l_1 + l_2 + l_3) + P_2 \cdot (l_1 + l_2) + P_3 \cdot l_1$$

$$R \cdot x = P_1 \cdot (l_2 + l_3) + P_2 \cdot l_2$$

$$\therefore x = \frac{P_1(l_2 + l_3) + P_2 \cdot l_2}{R}$$

모멘트의 중심을 어디에 설정하여도 합력의 작용점을 구하는 결과값은 동일하게 얻어짐을 알 수 있다.

예제 1.3

그림과 같이 3개의 평행력이 작용하고 있을 때 합력의 크기와 작용점의 위치를 구하여라.

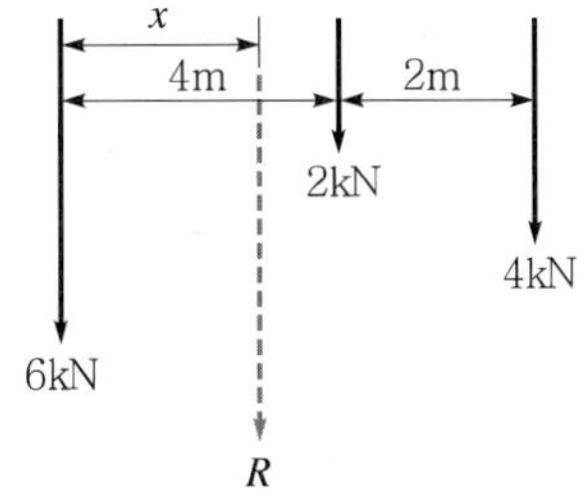

그림 예제 1.3

풀이

합력 R을 구해보면

$R = 6 + 2 + 4 = 12\,\text{kN}$

$\therefore R = 12\,\text{kN}$

작용점의 위치를 구하기 위해 6kN 하중의 작용점을 중심으로 모멘트를 취하면

$2\,\text{kN} \times 4\text{m} + 4\,\text{kN} \times (4+2)\text{m} = R \cdot x$

$R = 12\,\text{kN}$이므로 대입하여 정리하면 x =2.67m임을 알 수 있다. 그러므로 합력의 작용점은 하중 6kN의 작용점에서부터 2.67m 떨어진 위치에 존재하게 된다.

예제 1.4

4개의 평행력이 작용하고 있다. 합력 R의 크기와 작용점의 위치(x)를 구하여라.

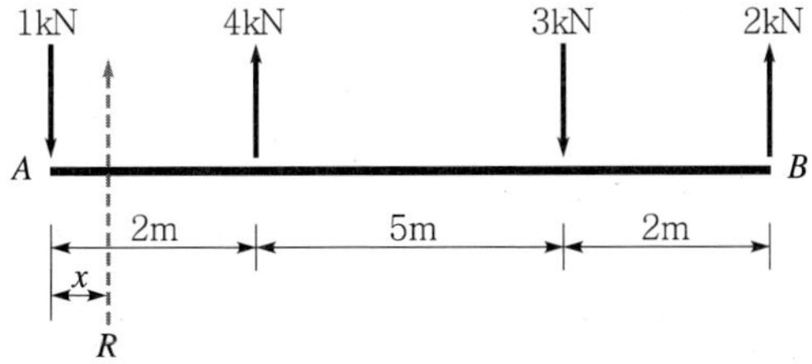

그림 예제 1.4

풀이

먼저 합력 R을 구해보면

$R=-1+4-3+2$

$\therefore R=2\,\mathrm{kN}$

다음은 작용점의 위치를 구하기 위하여 A위치에서 모멘트를 취하면(시계방향의 회전을 "+"로 가정)

$-R\cdot x=-4\times 2+3\times 7-2\times 9$

$$x=\frac{-4\times 2+3\times 7-2\times 9}{-2}=2.5\mathrm{m}$$

따라서 합력은 위쪽으로 2kN이 작용하며 합력의 위치는 A점에서 우측으로 2.5m 떨어진 곳에 위치한다

4) 한 점에 작용하지 않는 여러 힘의 합성 : 위의 2)번 항에서 설명한 "한 점에 작용하는 여러 힘의 합성"에서 합력의 크기와 작용방향을 구하는 방법과 동일하다. 차이점이 있다면 합력 R의 작용점을 구하는 과정이 필요한데, 다음 식 (1.5)를 사용하여 작용점을 구할 수 있다. 작용점의 좌표를 x_0, z_0로 나타내었는데 예제 1.2에서 작용점 좌표(x_0, z_0)는 각각 (0, 0)이다.

$$x_0=\frac{\sum V_i\cdot x_i}{\sum V_i},\quad z_0=\frac{\sum H_i\cdot z_i}{\sum H_i} \tag{1.5}$$

예제 1.5

다음 그림에서 힘의 합력 R과 작용방향 θ, 합력의 작용점 좌표(x_0, z_0)를 구하여라.

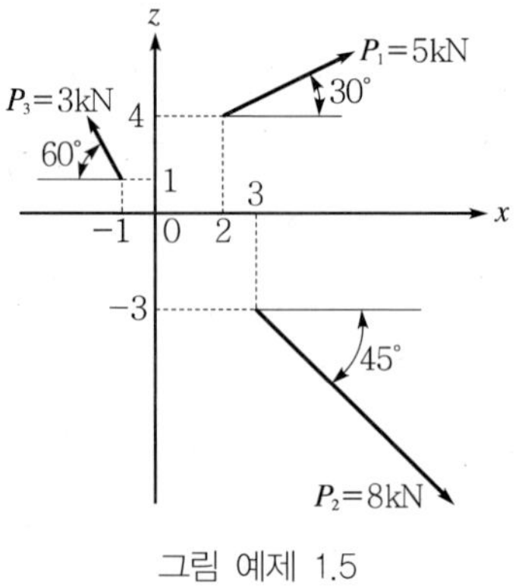

그림 예제 1.5

풀이

3힘의 수평분력의 합과 수직분력의 합을 구해보면 다음과 같다.

$$\Sigma H = H_1 + H_2 + H_3 = P_1 \cdot \cos\theta_1 + P_2 \cdot \cos\theta_2 - P_3 \cdot \cos\theta_3$$
$$= 5 \cdot \cos 30° + 8 \cdot \cos 45° - 3 \cdot \cos 60° = 8.49\,\text{kN}$$
$$\Sigma V = V_1 + V_2 + V_3 = P_1 \cdot \sin\theta_1 - P_2 \cdot \sin\theta_2 + P_3 \cdot \sin\theta_3$$
$$= 5 \cdot \sin 30° - 8 \cdot \sin 45° + 3 \cdot \sin 60° = -0.56\,\text{kN}$$

식 (1.3), (1.4)를 이용하여 합력의 크기와 방향을 다음과 같이 구할 수 있다.

$$R = \sqrt{(\Sigma H)^2 + (\Sigma V)^2}$$
$$= \sqrt{(8.49)^2 + (-0.56)^2} = 8.51$$
$$\theta = \tan^{-1}\frac{\Sigma V}{\Sigma H} = \tan^{-1}\frac{-0.56}{8.49} = -3.77°$$

합력의 작용방향을 결정 시 수평력 ΣH는 "+", 수직력 ΣV는 "-"가 되는 분면은 4사분면이므로 합력의 작용방향은 4사분면임을 알 수 있다.

다음으로 합력의 작용점 좌표(x_0, z_0)는 바리농의 정리를 이용한 식 (1.5)를 이용하여 구한다.

$$x_0 \cdot \Sigma V_i = \Sigma(V_i \cdot x_i)$$
$$x_0 = \frac{\Sigma V_i \cdot x_i}{\Sigma V_i}$$
$$\Sigma V_i \cdot x_i = -5 \cdot \sin 30° \cdot 2 + 8 \cdot \sin 45° \cdot 3 + 3 \cdot \sin 60° \cdot 1 = 14.57\,\text{kN} \cdot \text{m}$$
$$\therefore x_0 = \frac{\Sigma V_i \cdot x_i}{\Sigma V_i} = \frac{14.57\,\text{kN} \cdot \text{m}}{0.56\,\text{kN}} = 26.02\text{m}$$

여기에서 분모의 항을 -0.56kN으로 쓰지 않도록 주의해야 한다. 위의 x_0를 결정하는 식은 바리농의 정리에 기인하고 있으므로 ΣV_i의 부호는 모멘트의 부호로부터 결정되어야 한다. 즉, 그림의 O점을 중심으로 시계방향의 회전을 "+"로 고려하고 있다.

$$z_0 = \frac{\Sigma H_i \cdot z_i}{\Sigma H_i}$$
$$\Sigma H_i \cdot z_i = 5 \cdot \cos 30° \cdot 4 - 8 \cdot \cos 45° \cdot 3 - 3 \cdot \cos 60° \cdot 1 = -1.15\,\text{kN} \cdot \text{m}$$
$$\therefore z_0 = \frac{\Sigma H_i \cdot z_i}{\Sigma H_i} = \frac{-1.15\,\text{kN} \cdot \text{m}}{8.49\,\text{kN}} = -0.14\text{m}$$

따라서 합력(R) = 8.51kN이 되고 방향은 x축에서 아래 방향으로 3.77°가 되며 합력의 작용점 좌표는 (26.02, -0.14)가 된다.

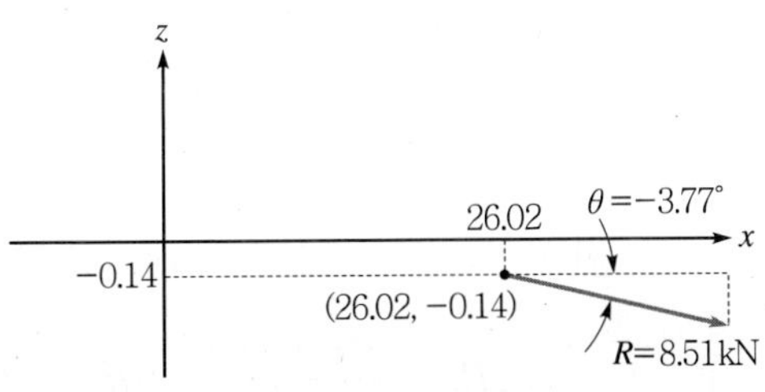

(2) 힘의 분해

1) 1개의 힘을 2개의 힘으로 분해

① 도해법

평행사변형 법칙을 이용하여 힘을 분해하며, 하나의 힘이 주어질 때 또 다른 힘을 구할 수 있다. 그림 1.8에서는 1개의 힘 R이 힘 P_1, P_2로 분해되어 있다. 이러한 도해법은 분해되는 힘의 각도가 주어졌을 때 사용할 수 있다.

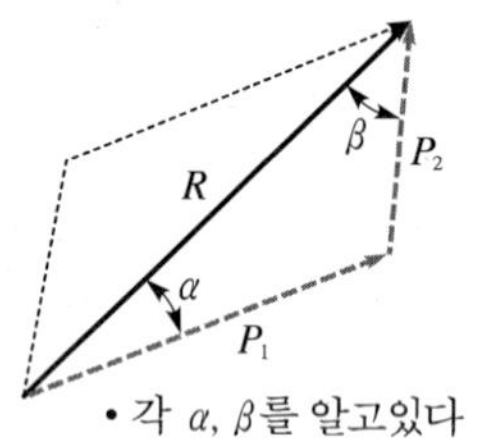

그림 1.8 도해법에 의한 힘의 분해

② 해석법

sine 법칙과 cosine 제2법칙을 이용하여 힘을 분해할 수 있다. 첫 번째로 sine 법칙은 분해되는 힘의 각도가 주어졌을 때 사용할 수 있는 방법이다. sine 법칙을 이용하여 힘을 분해하면,

$$\frac{a}{\sin\alpha} = \frac{b}{\sin\beta} = \frac{c}{\sin\gamma}$$

$$\frac{P_1}{\sin(\alpha-\theta)} = \frac{P_2}{\sin\theta} = \frac{R}{\sin(180° - \alpha)} = \frac{R}{\sin\alpha}$$

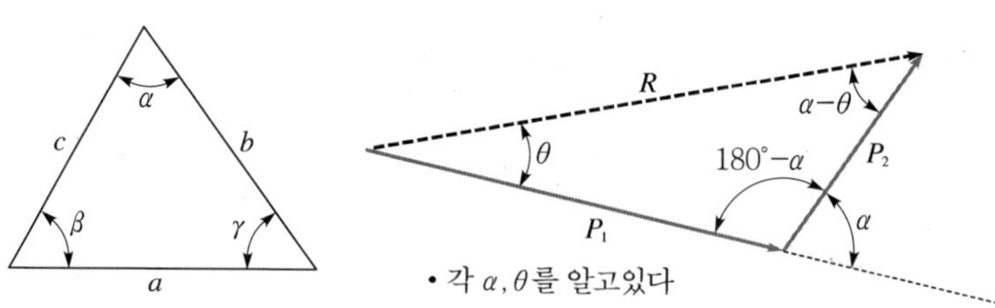

그림 1.9 sine 법칙을 이용한 힘의 분해

위의 식을 정리하여 다음과 같은 결과값을 얻을 수 있다.

$$\therefore P_1 = \frac{\sin(\alpha-\theta)}{\sin\alpha} \cdot R, \quad P_2 = \frac{\sin\theta}{\sin\alpha} \cdot R$$

위의 sine 법칙은 "한 점에 작용하는 세 힘이 서로 평형을 이루고 있다면, 이 세 힘은 동일 평면 상에 존재하고, 세 힘은 한 점에서 만난다"라고 하는 라미의 정리(Lami`s theorem)에 의해 성립된다.

두 번째로 cosine 제2법칙을 이용해서 힘을 분해할 수 있다. cosine 제2법칙을 이용하는 방법은 sine 법칙을 이용하는 방법과는 달리 힘의 크기가 주어졌을 때 사용할 수 있다.

$$a^2 = b^2 + c^2 - 2b \cdot c \cdot \cos\alpha$$

$$b^2 = c^2 + a^2 - 2c \cdot a \cdot \cos\beta$$

$$c^2 = a^2 + b^2 - 2a \cdot b \cdot \cos\gamma$$

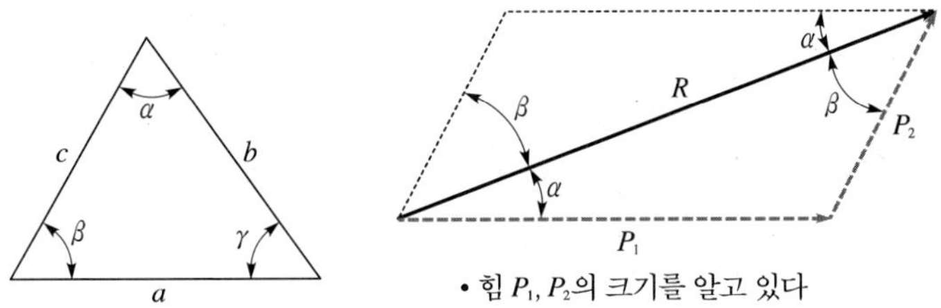

그림 1.10 cosine 법칙과 이를 이용한 힘의 분해

cosine 제2법칙을 응용하여 그림 1.10의 힘 R을 힘 P_1과 P_2로 분해해 보자.

$P_1^2 = P_2^2 + R^2 - 2P_2 \cdot R \cdot \cos\beta$ 식을 풀어 정리하면,

$$\cos\beta = \frac{P_2^2 + R^2 - P_1^2}{2P_2 \cdot R}$$

$P_2^2 = P_1^2 + R^2 - 2P_1 \cdot R \cdot \cos\alpha$는

$$\cos\alpha = \frac{P_1^2 + R^2 - P_2^2}{2P_1 \cdot R}$$

이 된다.

예제 1.6

sine 법칙을 이용하여 합력(R)을 힘 P_1과 P_2로 분해하여라.

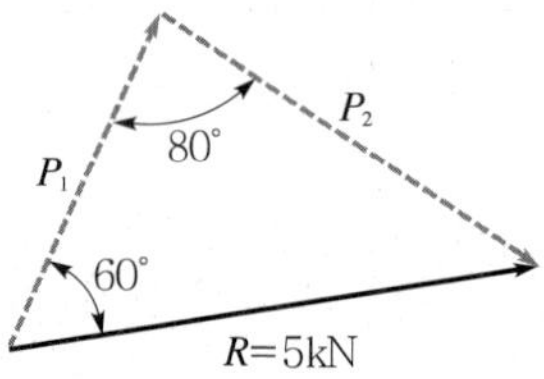

그림 예제 1.6

풀이

sine 법칙

$$\frac{a}{\sin\alpha}=\frac{b}{\sin\beta}=\frac{c}{\sin\gamma}$$ 을 이용하면

$$\frac{5}{\sin 80^\circ}=\frac{P_1}{\sin(180^\circ-60^\circ-80^\circ)}=\frac{P_2}{\sin 60^\circ}$$ 라는 식을 얻을 수 있다.

이 식을 정리하여 P_1과 P_2를 구해보면,

$$P_1=\frac{5\cdot\sin 40^\circ}{\sin 80^\circ}=3.26\,\text{kN} \qquad P_2=\frac{5\cdot\sin 60^\circ}{\sin 80^\circ}=4.40\,\text{kN}$$

따라서 $P_1=3.26\text{kN}$, $P_2=4.40\text{kN}$이 된다.

예제 1.7

합력(R)을 $P_1=8$ kN과 $P_2=7$ kN의 힘으로 다음 그림과 같이 분해하려한다. 각 α, β, γ를 각각 구하여라.

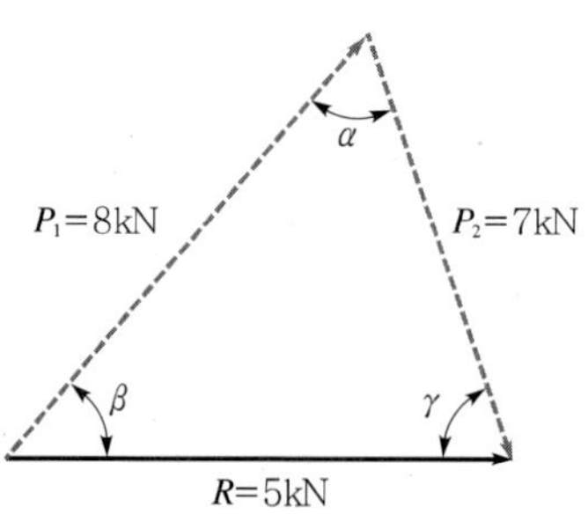

그림 예제 1.7

풀이

cosine 제2법칙을 적용하여 구해보면

$P_1^2 = P_2^2 + R^2 - 2P_2 \cdot R \cdot \cos\gamma$

$\gamma = 180 - (\alpha + \beta)$

$$\cos\gamma = \frac{P_2^2 + R^2 - P_1^2}{2P_2 \cdot R} = \frac{7^2 + 5^2 - 8^2}{2 \times 7 \times 5} = 0.143$$

$\therefore \gamma = \cos^{-1} 0.143 = 81.78°$

$P_2^2 = R^2 + P_1^2 - 2R \cdot P_1 \cdot \cos\beta$

$$\cos\beta = \frac{R^2 + P_1^2 - P_2^2}{2R \cdot P_1} = \frac{5^2 + 8^2 - 7^2}{2 \times 5 \times 8} = 0.5$$

$\therefore \beta = \cos^{-1} 0.5 = 60°$

$\alpha = 180 - \gamma - \beta = 180° - 81.78° - 60° = 38.22°$

2) 1개의 힘을 2개의 평행한 힘으로 분해

바리뇽의 정리를 이용하여 A 점에서 모멘트를 취하면

$$P_2(a+b) = R \cdot a$$

$$\therefore P_2 = \frac{a}{a+b} \cdot R \qquad \therefore P_1 = R - P_2$$

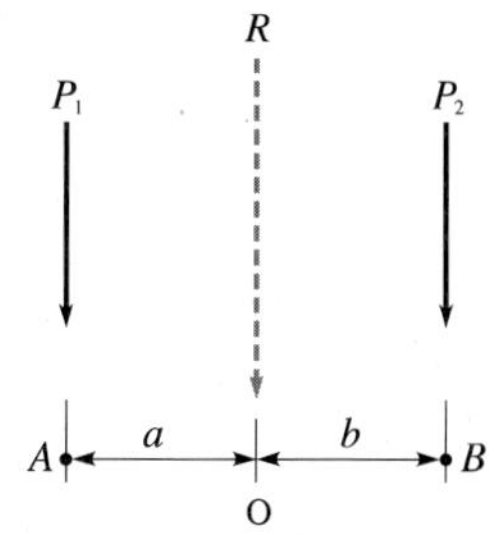

그림 1.11 평행한 힘의 분해

A 점을 기준으로 하지 않고 B점을 기준으로 모멘트를 취해보자.

$$P_1(a+b) = R \cdot b$$

$$\therefore P_1 = \frac{b}{a+b} \cdot R \qquad \therefore P_2 = R - P_1$$

기준점의 변화에도 동일한 결과가 얻어짐을 다음 예제 1.8에서 확인해보자. 결과적으로 거리 a, b만 주어지면 1개의 힘을 2개의 평행한 힘으로 분해할 수 있다.

예제 1.8

다음 그림에서 작용하는 힘들의 합력 R이 A점으로부터 오른쪽으로 4m 떨어진 곳에 상향으로 3 kN이라면, P_1과 P_2는 각각 얼마인가?

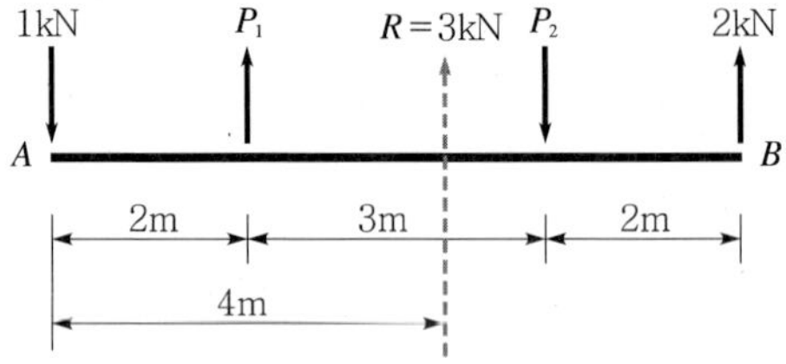

그림 예제 1.8

풀이

합력이 상향으로 3kN이 작용하므로 바리뇽의 정리를 이용하여 우선 P_1의 위치를 모멘트의 중심으로 취하면 P_2를 구할 수 있다(시계방향의 회전을 "+"로 가정).

$-3\times2=-1\times2+P_2\times3-2\times5$

$\therefore P_2=2\,\text{kN}$

다음으로 P_2 위치에서 모멘트를 취하면 P_1을 구할 수 있다.

$3\times1=-1\times5+P_1\times3-2\times2$

$\therefore P_1=4\,\text{kN}$

A 혹은 B를 모멘트의 중심으로 취하면 미지수 P_1과 P_2가 남게 되어 연립방정식을 이용해야 하므로 복잡해진다.

1.3 평면의 기하학적 성질

1.3.1 단면 1차 모멘트(G)와 도심(C)

임의 단면에 대한 미소 면적과 구하려는 축에서부터 미소 면적의 도심까지의 거리를 곱하여, 전단면에 대하여 적분한 값을 단면 1차 모멘트(geometrical moment)라 한다. 단면 1차 모멘트는 식 (1.6)과 같이 정의된다.

$$G_x = \int_A z dA = A \cdot \bar{z}, \quad G_z = \int_A x dA = A \cdot \bar{x} \qquad [\text{단위 : m}^3] \quad (1.6)$$

그림 1.12에서 임의 단면의 전체 면적은 다음 식 (1.7)과 같다.

$$A = \int_A dA \qquad (1.7)$$

여기서, G_x : x축에 대한 단면 1차 모멘트

G_z : z축에 대한 단면 1차 모멘트

C : 도심

x, z : 좌표축에서 미소면적(dA)까지의 거리

$\bar{x}, \bar{z}$: 좌표축에서 도심까지의 거리

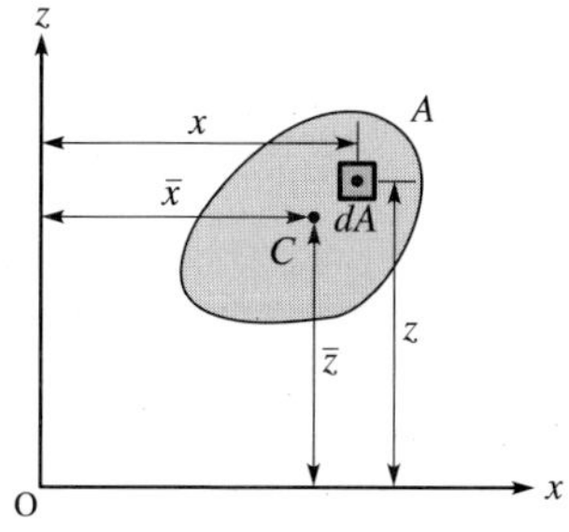

그림 1.12 단면 1차 모멘트(G)와 도심(C)

만약 임의의 단면이 xy평면에 존재하고 있다면, 다음과 같이 G_x와 G_y의 단면 1차 모멘트를 구할 수 있다.

$$G_x = \int_A y dA, \quad G_y = \int_A x dA$$

이와 같은 단면 1차 모멘트는 단면의 도심을 구하고, 앞으로 배우게 될 단면 내의 전단응력 분포(식 (6.46)) 등을 구하는데 사용된다. 임의 단면의 한 점을 지나는 직교 좌표축에 대한 단면 1차 모멘트가 0일 때, 그 점이 단면의 도심이 된다. 이를 일반적인 식의 형태로 정의하면 식 (1.8)과 같이 나타낼 수 있다.

$$\bar{x} = \frac{G_z}{A} = \frac{\int_A x dA}{A}, \qquad \bar{z} = \frac{G_x}{A} = \frac{\int_A z dA}{A} \qquad \text{[단위 : m]} \quad (1.8)$$

도심(centroid, center of figure)은 중심(center of gravity)과 구분되는데, 도심은 평면 도형의 중심 및 두께가 일정하고 균질한 물체의 중심을 나타내는 점이며, 중심은 물체의 각 부분에 작용하는 중력의 합력이 통과하는 점이다. 물체의 중심이 도심과 같을 경우가 있는데 물체가 균일한 물질로 구성되고 형태가 대칭적일 때는 특히 그러하다. 그러나 어떤 물체가 질량이 서로 다른 여러 가지 물질로 구성되어 있고 형태가 비대칭적일 때는 중심이 도심과는 다른 경우가 많다(그림 1.13 참조).

도심을 지나는 축에 대한 단면 1차 모멘트는 좌표축에서 도심까지의 거리($\bar{x}$, $\bar{z}$)가 0이 되어 G_x, G_z 또한 0이 된다.

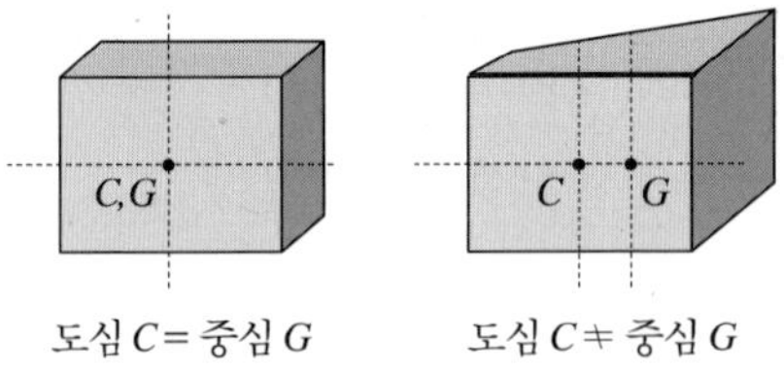

그림 1.13 도심과 중심

예제 1.9

다음과 같은 채널 단면의 도심 위치 $\bar{x}$, $\bar{z}$를 구하여라.

풀이

그림의 채널 단면을 점선이 그어진 것처럼 3등분하여 구하도록 한다.

• $\bar{x}$는 z축에 대한 단면 1차 모멘트를 전체면적으로 나눈 것이므로

$$\bar{x} = \frac{G_z}{\Sigma A_i} = \frac{\Sigma A_i \cdot x_i}{\Sigma A_i} = \frac{A_1 \cdot x_1 + A_2 \cdot x_2 + A_3 \cdot x_3}{A_1 + A_2 + A_3}$$

$$= \frac{6 \times 3 + 18 \times 0.5 + 6 \times 3}{6 \times 1 + 18 \times 1 + 6 \times 1} = 1.5\text{m}$$

같은 방법으로,

$$\bar{z} = \frac{G_x}{\Sigma A_i} = \frac{\Sigma A_i \cdot z_i}{\Sigma A_i}$$

$$= \frac{6 \times 0.5 + 18 \times (9 + 1) + 6 \times (19 + 0.5)}{6 \times 1 + 18 \times 1 + 6 \times 1} = 10\text{m}$$

$\bar{x} = 1.5\text{m},\ \bar{z} = 10\text{m}$

예제 1.10

xz 평면상에 놓여있는 삼각형 OBC의 도심 좌표($\bar{x}$, $\bar{z}$)를 구하여라.

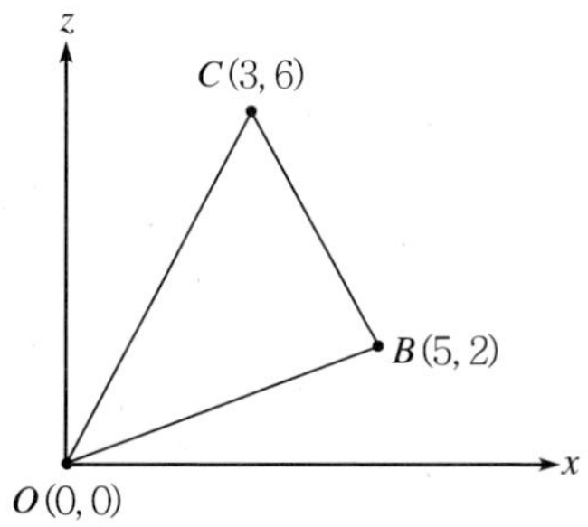

그림 예제 1.10

풀이

삼각형을 포함하는 가상의 사각형을 고려하고 단면 1차 모멘트를 이용하여 도심을 구한다.

• 분할된 각 단면에 대한 단면적과 도심을 먼저 계산한다.

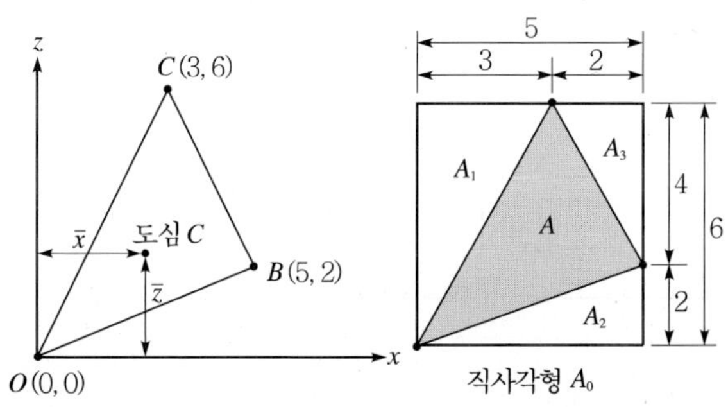

$$A = A_0 - (A_1 + A_2 + A_3)$$

$$A_0 = 5 \times 6 = 30 \qquad z_0 = 3 \qquad x = 2.5$$

$$A_1 = 3 \times 6 \times \frac{1}{2} = 9 \qquad z_1 = 6 \times \frac{2}{3} = 4 \qquad x_1 = 3 \times \frac{1}{3} = 1$$

$$A_2 = 5 \times 2 \times \frac{1}{2} = 5 \qquad z_2 = 2 \times \frac{1}{3} = 0.67 \qquad x_2 = 5 \times \frac{2}{3} = 3.33$$

$$A_3 = 4 \times 2 \times \frac{1}{2} = 4 \qquad z_3 = 2 + 4 \times \frac{2}{3} = 4.67 \qquad x_3 = 3 + 2 \times \frac{2}{3} = 4.33$$

• 삼각형 OBC의 도심 좌표($\bar{x}, \bar{z}$)를 계산한다.

$$\bar{x} = \frac{G_z}{A}, \quad G_z = \int_A \bar{x}\,dA = A\bar{x} = \Sigma A_i x_i$$

$$\bar{x} = \frac{\Sigma A_i x_i}{A} = \frac{A_0 x_0 - (A_1 x_1 + A_2 x_2 + A_3 x_3)}{A_0 - (A_1 + A_2 + A_3)} = \frac{30 \times 2.5 - (9 \times 1 + 5 \times 3.33 + 4 \times 4.33)}{30 - (9 + 5 + 4)}$$

$$= \frac{32.03}{12} = 2.669$$

$$\bar{z} = \frac{G_x}{A}, \quad G_x = \int_A \bar{z}\,dA = A\bar{z} = \Sigma A_i z_i$$

$$\bar{z} = \frac{\Sigma A_i z_i}{A} = \frac{A_0 z_0 - (A_1 z_1 + A_2 z_2 + A_3 z_3)}{A_0 - (A_1 + A_2 + A_3)} = \frac{30 \times 3 - (9 \times 4 + 5 \times 0.67 + 4 \times 4.67)}{30 - (9 + 5 + 4)}$$

$$= \frac{31.97}{12} = 2.664$$

∴ 도심 좌표 $\bar{x} = 2.669, \quad \bar{z} = 2.664$

예제 1.11

밑면이 b이고 높이가 h인 이등변삼각형 단면의 단면 1차 모멘트 G_x 및 도심 $\bar{z}$의 위치를 구하면 얼마인가?

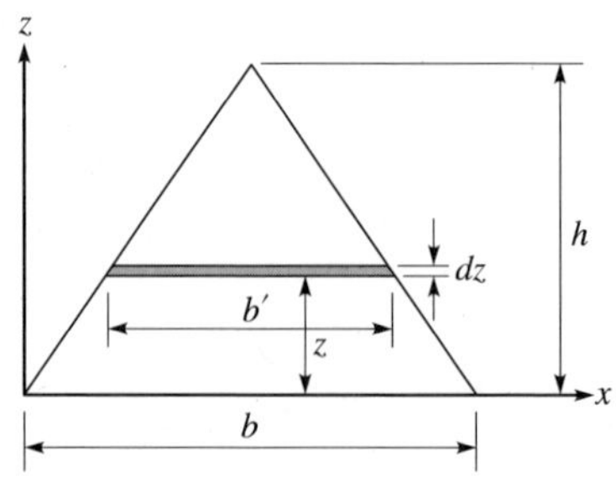

그림 예제 1.11

풀이

x축에 관한 G_x를 구하면 $\bar{z}$를 구할 수 있다. 따라서

$$G_x = \int_A z dA \text{에서 } dA = b' dz$$

$$G_x = \int_0^h z b' dz$$

$$b : h = b' : (h-z)$$

$$b' = \frac{b}{h}(h-z)$$

이 된다. 이것을 위 식에 대입하면

$$G_x = \int_0^h z \frac{b}{h}(h-z)dz = b\left[\frac{z^2}{2}\right]_0^h - \frac{b}{h}\left[\frac{z^3}{3}\right]_0^h = \frac{bh^2}{2} - \frac{bh^2}{3} = \frac{bh^2}{6}$$

이 되고,

$$\bar{z} = \frac{G_x}{A} = \frac{\frac{bh^2}{6}}{\frac{bh}{2}} = \frac{h}{3}$$

$$\therefore G_x = \frac{bh^2}{6}, \quad \bar{z} = \frac{h}{3}$$

예제 1.12

다음과 같이 xz 평면에 존재하는 도형의 도심 좌표를 구하여라.

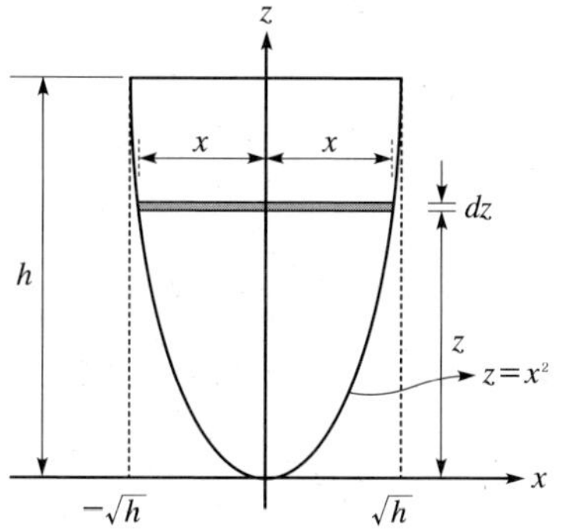

그림 예제 1.12

풀이

단면 1차 모멘트를 사용하여 구한다.

$$G_x = \int z dA, \quad G_z = \int x dA$$

$$\bar{z} = \frac{\int z dA}{A}, \quad \bar{x} = \frac{\int x dA}{A}$$

z축을 중심으로는 좌우 대칭이므로 $\bar{x} = 0$이 된다.

• 전체면적을 구하기 위하여 미소면적을 고려한다.

$z = x^2$이므로 $z = h$일 때 $x = \pm\sqrt{h}$

미소면적 $dA = 2x \cdot dz = 2\sqrt{z}\,dz$

$$A = \int_0^h 2\sqrt{z}\,dz = 2\left[\frac{2}{3}z^{\frac{3}{2}}\right]_0^h = \frac{4}{3}h^{\frac{3}{2}} = \frac{4}{3}h\sqrt{h}$$

• 도심을 계산한다.

$$\bar{z} = \frac{\int z dA}{A}$$

$$\int z dA = \int_0^h z \cdot 2\sqrt{z}\,dz = 2\int_0^h z^{\frac{3}{2}} dz = 2\left[\frac{2}{5}z^{\frac{5}{2}}\right]_0^h = \frac{4}{5}h^{\frac{5}{2}}$$

$$\bar{z} = \frac{(4/5)h^2\sqrt{h}}{(4/3)h\sqrt{h}} = \frac{3}{5}h$$

$\therefore$ 도심 $(\bar{x}, \bar{z}) = \left(0, \frac{3}{5}h\right)$

1.3.2 단면 2차 모멘트

단면 2차 모멘트(second moment of the area)는 관성 모멘트(moment of inertia)라고도 하는데 평면을 구성하는 각각의 축에서 미소면적에 이르는 거리를 제곱한 값에 미소면적을 곱하여 전단면에 대해서 적분한 것을 말한다. 단면 2차 모멘트는 주로 보의 휨공식에서 휨강성을 결정짓는데 사용된다. 단면의 도심을 통과하는 도심 축(X, Z)에 대한 단면 2차 모멘트 I_X, I_Z는 그림 1.14와 식 (1.9)와 같이 정의된다.

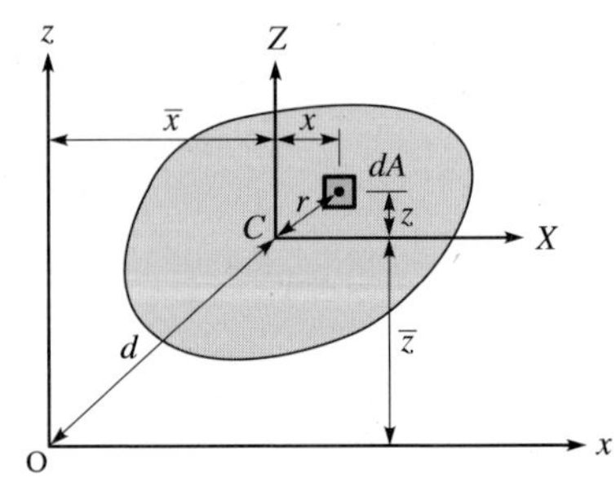

그림 1.14 단면 2차 모멘트

$$I_X = \int_A z^2 dA, \quad I_Z = \int_A x^2 dA \tag{1.9}$$

단면의 도심축에 대한 단면 2차 모멘트 I_X, I_Z가 계산되면, 평행축 정리(parallel axis theorem)를 사용하여 도심축과 평행한 임의의 축에 관한 단면 2차 모멘트 I_x, I_z를 구할 수 있다. 우선 x축에 관한 단면 2차 모멘트 I_x를 구해보자. 미소 요소 dA와 x축 사이의 거리는 $z+\bar{z}$로 정의된다. 그러므로

$$I_x = \int_A (z+\bar{z})^2 dA = \int_A z^2 dA + 2\bar{z}\int_A z dA + \bar{z}^2 + \int_A dA \tag{1.10}$$

위의 식 (1.10)에서 오른쪽의 첫 번째 항은 단면의 도심에 대한 단면 2차 모멘트 I_X를 나타내고, 두 번째 항은 $2\bar{z} \cdot G_x$의 형태인데, 도심축에 대해서 단면 1차 모멘트는 거리 z가 이 "0"이기 때문에 두 번째 항 전체가 "0"이 된다. 식 (1.10)은 최종적으로 다음과 같이 정리할 수 있다.

$$I_x = \int_A z^2 dA + 2\bar{z} \cdot 0 + \overline{z^2} A$$

$$\therefore I_x = I_X + A \cdot \overline{z^2} \qquad [\text{단위} : \text{m}^4] \tag{1.11}$$

동일한 방법으로 z축에 대한 단면 2차 모멘트는 다음과 같다.

$$\therefore I_z = I_Z + A \cdot \overline{x^2} \tag{1.12}$$

단면 2차 모멘트는 몇 가지 특성을 가지고 있다. 단면 2차 모멘트의 최솟값은 도심에 대한 것이며(0은 아님), 거리의 제곱형태로 얻어지므로 좌표축에 관계없이 항상 양(+)의 부호를 갖는다. 단면 2차 모멘트 I와 탄성계수 E를 곱한 EI를 휨강성(휨변형에 저항하는 성질)이라고 하는데, I가 크면 휨강성(휨저항성)이 커지게 된다. 동일한 면적을 갖는 조건에서 단면 2차 모멘트 I를 크게 하기 위해서는 단면의 폭 b보다 높이 h를 크게 해야 한다.

예제 1.13

그림과 같은 직사각형단면의 도심축 x, z에 대한 단면 2차 모멘트 I_X, I_Z와 x, z축에 대한 I_x, I_z를 구하여라.

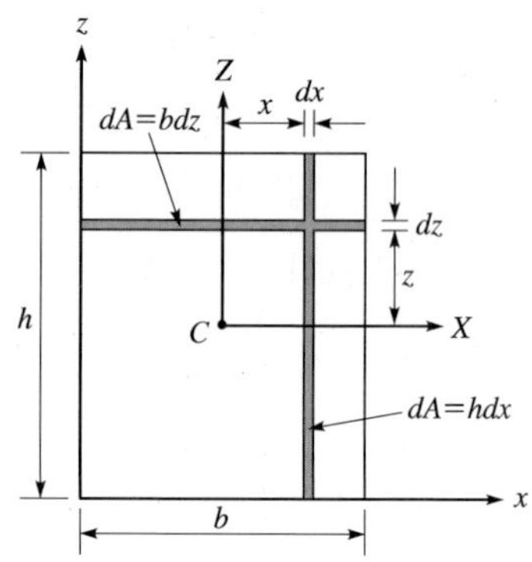

그림 예제 1.13

풀이

식 (1.9)를 이용한다.

$$I_X=\int_A z^2\cdot dA,\quad I_Z=\int_A x^2\cdot dA$$

$$I_X=\int_{-\frac{h}{2}}^{\frac{h}{2}} z^2 b\,dz=2b\int_0^{\frac{h}{2}} z^2\,dz=2b\left[\frac{z^3}{3}\right]_0^{\frac{h}{2}}=\frac{bh^3}{12}$$

같은 방법으로

$$I_Z=\int_{-\frac{b}{2}}^{\frac{b}{2}} x^2 h\,dx=2h\int_0^{\frac{b}{2}} x^2\,dx=2h\left[\frac{x^3}{3}\right]_0^{\frac{b}{2}}=\frac{hb^3}{12}$$

$$\therefore\ I_X=\frac{bh^3}{12},\qquad I_Z=\frac{hb^3}{12}$$

x, z축은 도심을 통과하지 않는 임의의 좌표축이므로 식 (1.11), 식 (1.12)를 이용한다.

$$I_x=I_X+A\bar{z}^2=I_X+A\cdot\left(\frac{h}{2}\right)^2$$

$$=\frac{bh^3}{12}+(bh)\left(\frac{h^2}{4}\right)=\frac{bh^3}{12}+\frac{bh^3}{4}=\frac{bh^3}{3}$$

$$I_z=I_Z+A\bar{x}^2=I_Z+A\cdot\left(\frac{b}{2}\right)^2$$

$$=\frac{hb^3}{12}+(bh)\left(\frac{b^2}{4}\right)=\frac{hb^3}{12}+\frac{hb^3}{4}=\frac{hb^3}{3}$$

$$\therefore\ I_x=\frac{bh^3}{3},\qquad I_z=\frac{hb^3}{3}$$

예제 1.14

다음 그림과 같이 z축에 대칭인 단면의 도심축 x까지의 거리 $\bar{z}$를 구하고 도심축에 대한 단면 2차 모멘트 I_x를 구하시오.

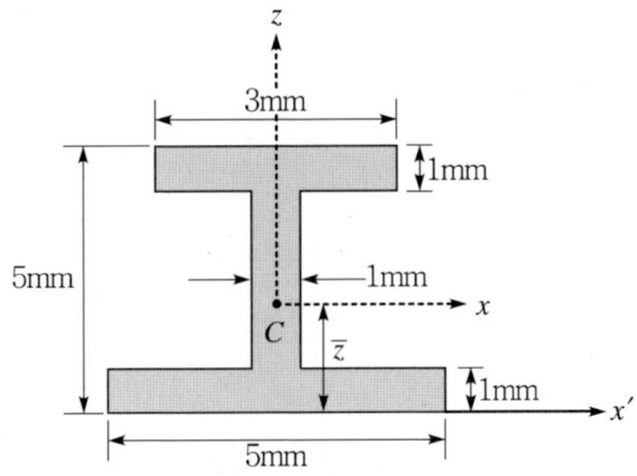

그림 예제 1.14

풀이

- 단면적 A

  $A = A_1 + A_2 + A_3 = 5\times1 + 1\times3 + 3\times1 = 11\text{mm}^2$

- 단면 1차 모멘트 G_X'

  $G_{x'} = A_i \cdot \bar{z}_i = 5\times1\times0.5 + 1\times3\times2.5 + 3\times1\times4.5 = 23.5\text{mm}^3$

- 도심축 x까지의 거리 $\bar{z}$

  $\bar{z} = \dfrac{G_{X'}}{A} = \dfrac{23.5}{11} = 2.14\text{mm}$

- 단면 2차 모멘트 I_x

  단면 전체에 대한 단면 2차 모멘트 I_x는 도심축을 기준으로 각각의 단면에 대한 단면 2차 모멘트를 구한 후 이를 합하여 구할 수 있다.

  $I_x = I_{x_1} + I_{x_2} + I_{x_3}$

  $I_{x_1} = I_{X_1} + A_1 \cdot \bar{z}_1^2 = \dfrac{5\times1^3}{12} + 5\times1\times(-1.64)^2 = 13.86\text{mm}^4$

  $I_{x_2} = I_{X_2} + A_2 \cdot \bar{z}_2^2 = \dfrac{1\times3^3}{12} + 1\times3\times(0.36)^2 = 2.64\text{mm}^4$

  $I_{x_3} = I_{X_3} + A_3 \cdot \bar{z}_3^2 = \dfrac{3\times1^3}{12} + 3\times1\times(2.36)^2 = 16.96\text{mm}^4$

  $\therefore I_x = I_{x_1} + I_{x_2} + I_{x_3} = 13.86 + 2.64 + 16.96 = 33.46\text{mm}^4$

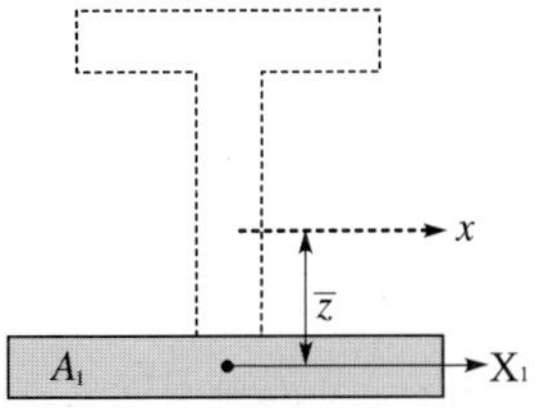

1.3.3 극관성 모멘트

그림 1.14에서 극점(Y축)인 C점에서 미소면적 dA까지의 거리를 r이라고 할 때 $r^2 \cdot dA$를 전단면에 대하여 적분한 것을 극관성 모멘트(polar moment of inertia)라 하며, 이 값은 좌표축의 회전에 관계없이 항상 일정하다.

$$I_P = \int_A r^2 dA = \int_A \left(x^2 + z^2\right) \cdot dA = I_X + I_Z \qquad [\text{단위 : m}^4] \quad (1.13)$$

극관성 모멘트 I_P와 전단탄성계수 G를 곱한 GI_P를 비틀림 강성(비틀림에 저항하는 정도)이라고 하는데, I_P가 크면 비틀림 강성(비틀림 저항성)이 커지게 된다. 이처럼 I_P는 구조부재의 비틀림 강성을 평가하는데 사용된다.

극관성 모멘트의 경우에도 단면 2차 모멘트에서처럼 평행축 정리를 사용하여 평행 이동한 임의의 축에 대한 극점(y축) O점을 기준으로 극관성 모멘트를 구할 수 있다(그림 1.14 참조). 미소요소 dA와 O점 사이의 거리는 $d+r$로 정의된다. 그러므로 극점 O를 지나는 y축에 관한 극관성 모멘트 I_{Po}는 다음과 같다. y축은 $x\,z$ 평면상에서 직각으로 솟아 나오는 좌표축이다.

$$\therefore I_{P_o} = I_P + A \cdot d^2 \qquad (1.14)$$

예제 1.15

직사각형 단면의 폭과 높이가 각각 b, h라 할 때 단면의 도심 O를 통과하는 극점(Y축)에 관한 극관성 모멘트를 구하여라.

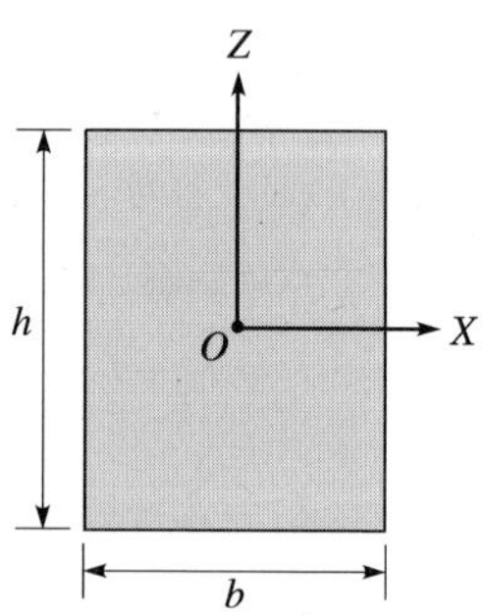

그림 예제 1.15

풀이

$I_P = I_X + I_Z$ 에서

$I_X = \dfrac{bh^3}{12}, \quad I_Z = \dfrac{hb^3}{12}$

$$I_P = \frac{bh^3}{12} + \frac{hb^3}{12} = \frac{bh}{12}(h^2 + b^2)$$

$$\therefore I_P = \frac{bh}{12}(h^2 + b^2)$$

1.3.4 단면 상승 모멘트

그림 1.15의 xz 평면에서 x, z축으로부터 미소면적 dA까지의 거리 x, z를 서로 곱하여 전단면에 대하여 적분한 것을 단면 상승 모멘트 또는 관성 상승 모멘트(product of inertia)라 한다(상승(相乘)은 서로 곱한다는 의미). 단면 상승모멘트는 구조물의 설계 시 필요에 따라 최대 및 최소의 단면 2차 모멘트가 발생되는 축의 방향을 알아야 하는 경우가 있다. 이 축들을 알기 위해서는 주어진 평면의 좌표축에 대한 각각의 단면 2차 모멘트뿐만 아니라 단면 상승 모멘트도 필요하다. 최대 및 최소의 단면 2차 모멘트를 주단면 2차 모멘트라 하는데, 이 내용은 1.3.7절에서 설명한다.

$$I_{xz} = \int_A xz\,dA \qquad [\text{단위} : \text{m}^4] \quad (1.15)$$

단면 상승 모멘트는 좌표축의 위치와 방향에 따라 양(+), 음(−) 또는 0의 값을 갖게 된다. 만일 평면상의 단면이 x, z축 중 어느 한 축이 단면의 대칭축일 때 단면 상승 모멘트는 0이 된다. 또한 I_{xz}값의 부호는 단면이 위치한 사분면에 따라 결정된다. 그림 1.16은 I_{xz}값의 부호 결정방법에 대해 설명하고 있다.

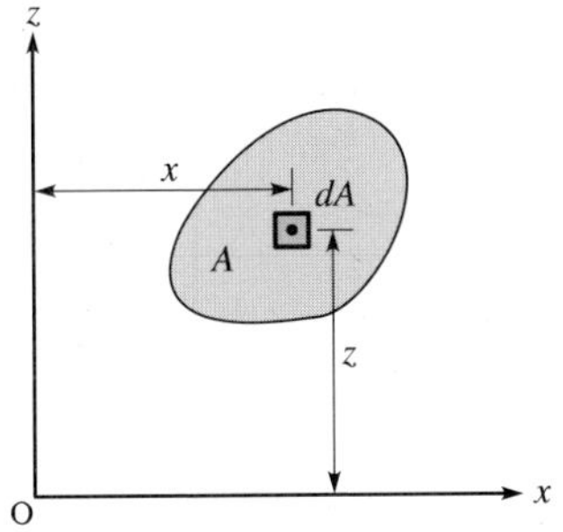

그림 1.15 단면 상승 모멘트 I_{xz}

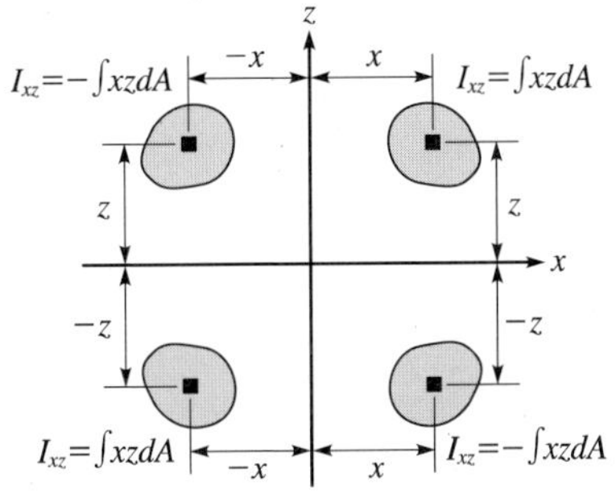

그림 1.16 I_{xz}값의 부호결정

단면 상승 모멘트 I_{xz}에 대해서도 평행축의 정리는 동일하게 적용된다. 1.3.2절의 그림 1.14에 진하게 나타낸 미소면적을 고려해 보자. 여기서 X 및 Z축은 도심축을 나타내고, x 및 z축에 관한 dA의 단면 상승모멘트는 $dI_{xz} = (x + \bar{x})(z + \bar{z})dA$이므로, 전체 면적에 대한 값은 다음과 같다.

$$I_{xz} = \int_A (x+\bar{x})(z+\bar{z})dA$$
$$= \int_A xzdA + \bar{x}\int_A zdA + \bar{z}\int_A xdA + \bar{x}\bar{z}\int_A dA$$

오른쪽의 첫 번째 항은 도심축에 관한 단면 상승모멘트 I_{XZ}를 나타내며, 두 번째와 세 번째 항은 도심축에 관한 단면 1차 모멘트이므로 0이 된다. 네 번째 적분 항은 전체 면적 A를 나타내므로, I_{xz}는 다음과 같이 계산된다.

$$I_{xz} = I_{XZ} + A\bar{x}\bar{z} \tag{1.16}$$

예제 1.16

다음의 단면에 대한 단면 상승 모멘트를 x, z축에 대하여 구하여라.

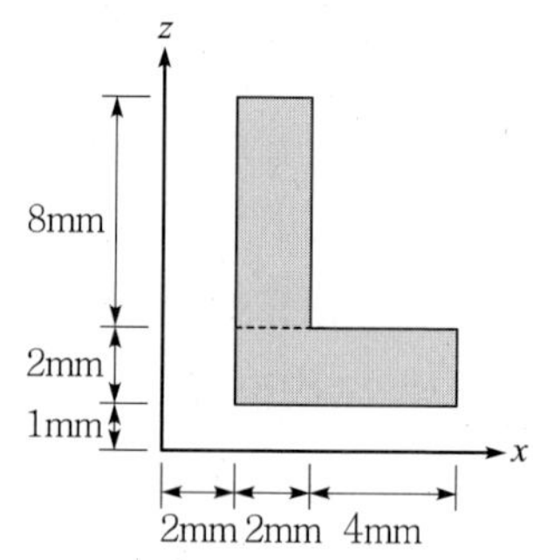

그림 예제 1.16

풀이

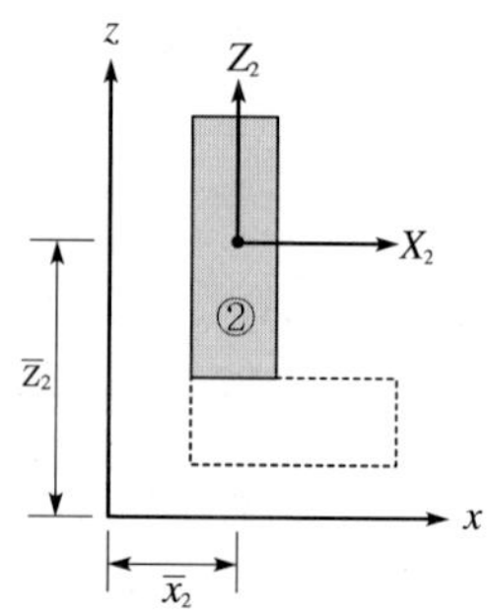

$I_{xz} = \Sigma\left(I_{XZ} + A\bar{x}\bar{z}\right)$

직사각형 ①에 대한

$I_{xz} = I_{X_1Z_1} + A\bar{x}_1\bar{z}_1$

$= 0 + (6\times2)\times5\times2 = 120\text{mm}^4$

직사각형 ②에 대한

$I_{xz} = I_{x_2z_2} + A\bar{x}_2\bar{z}_2$

$= 0 + (8\times2)\times3\times7 = 336\text{mm}^4$

전체 단면에 대한 단면 상승 모멘트

$I_{xz} = 120 + 336 = 456\text{mm}^4$

1.3.5 회전반경

회전반경은 단면 2차 반경이라고도 하며, 단면 2차 모멘트를 단면적으로 나눈 값의 제곱근을 말한다. 단면이 xz 평면상에 존재한다면 회전반경 r_x와 r_z가 얻어진다.

$$r_x = \sqrt{\frac{I_x}{A}}, \quad r_z = \sqrt{\frac{I_z}{A}} \qquad \text{[단위 : m]} \quad (1.17)$$

일반적으로 도심을 지나는 축에 대한 값을 사용하며, 실제 설계에서 필요한 것은 1.3.7절에서 설명하고 있는 주축에 대한 회전반경이다. 특히, 주축 중에서 최소 단면 2차 모멘트를 사용하여 구한 값을 최소 회전반경이라 하며, 봉, 기둥 등의 구조부재 설계 시 최소 회전반경을 사용한다.

1.3.6 단면계수

보를 설계할 때는 보의 휨응력이 주어진 설계기준, 즉 재료의 휨허용응력을 초과하지 않도록 하여야 한다. 보의 길이가 충분히 크다면 그 보는 전단력보다는 휨모멘트에 상대적으로 큰 영향을 받게 되는데, 이런 경우 보의 단면계수(section modules) S를 결정함으로써 보를 설계할 수 있다. 단면계수 S는 이처럼 보의 설계 시 단면을 결정하는데 주로 사용된다. 단면계수 S는 식 (1.18)에서처럼 도심축에 대한 단면 2차 모멘트 I와 단면의 도심에서 압축과 인장연단(상・하단) 또는 좌・우단까지의 거리로 나눈 값을 의미한다(그림 1.17 참조).

$$S_{X_1} = \frac{I_{X_1}}{z_1}, \quad S_{Z_1} = \frac{I_{Z_1}}{x_1}, \quad S_{X_2} = \frac{I_{X_2}}{z_2}, \quad S_{Z_2} = \frac{I_{Z_2}}{x_2} \qquad \text{[단위 : m}^3\text{]} \quad (1.18)$$

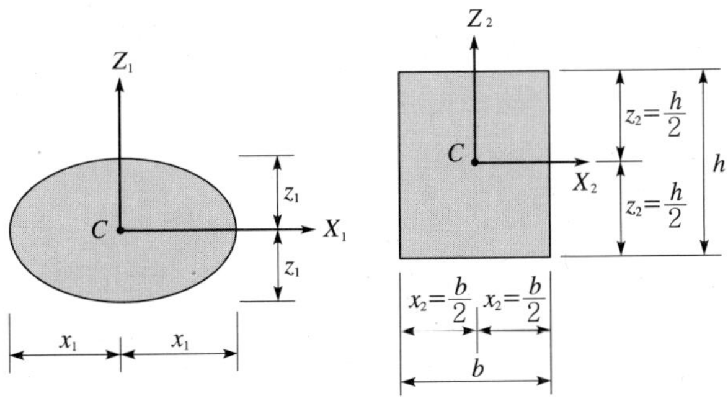

그림 1.17 단면계수

폭이 b이고 높이가 h인 직사각형 단면을 갖는 부재의 단면 2차 모멘트와 단면계수는 식 (1.19)와 같으며, 지름이 d인 원형단면에 대한 단면 2차 모멘트와 단면계수는 식 (1.20)과 같다.

$$I_X = \frac{bh^3}{12} \qquad S_X = \frac{bh^3/12}{h/2} = \frac{bh^2}{6} \tag{1.19}$$

$$I_X = \frac{\pi d^4}{64} \qquad S_X = \frac{\pi d^4/64}{d/2} = \frac{\pi d^3}{32} \tag{1.20}$$

예제 1.17

그림과 같은 중공사각형 단면의 단면계수 S_X를 구하여라. 단면의 두께 $t=5\text{cm}$이다.

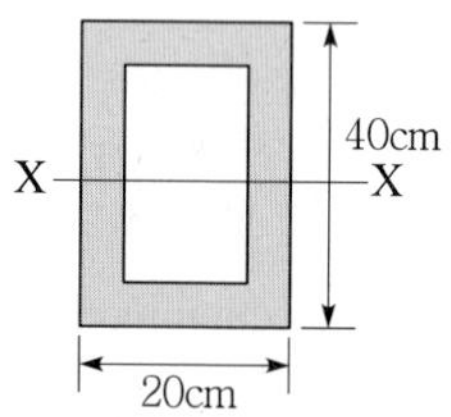

그림 예제 1.17

풀이

$$I_X = \frac{BH^3 - bh^3}{12} = \frac{20\times 40^3 - 10\times 30^3}{12} = 84,166.67\text{cm}^4$$

$$S_X = \frac{I_X}{H/2} = \frac{84,166.67}{40/2} = 4,208.3\text{cm}^3$$

1.3.7 주축과 주단면 2차 모멘트

구조물을 설계할 때 필요에 따라 부재 단면의 최대 혹은 최소 단면 2차 모멘트와 주축을 알아야 할 때가 있다. 이러한 이유는 같은 재료의 같은 단면이라도 힘의 작용 방향에 따라 단면의 저항정도가 다르기 때문이다.

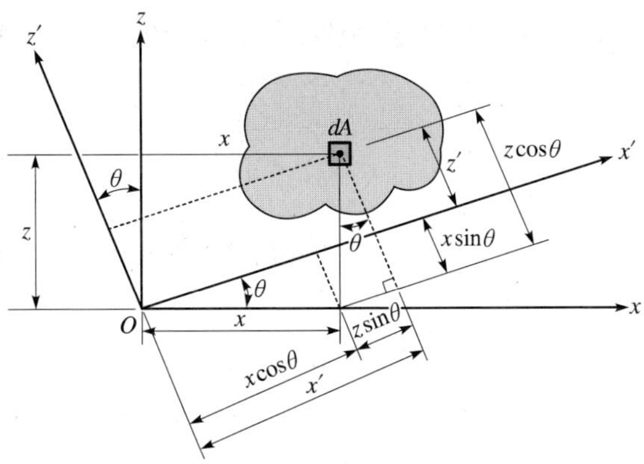

그림 1.18 주축의 회전

그림 1.18과 같이 xz 평면을 갖는 좌표축을 반시계 방향으로 θ만큼 회전시키면 최초의 x, z좌표축은 x', z'라는 새로운 좌표축으로 변환되고 미소면적 dA의 좌표는 x', z' 좌표축을 사용하여 다음과 같이 나타낼 수 있다.

$$x' = x\cos\theta + z\sin\theta \tag{1.21}$$

$$z' = z\cos\theta - x\sin\theta$$

이 x'축에 대한 단면 2차 모멘트 I_x는 다음과 같이 표현할 수 있다.

$$I_{x'} = \int z'^2 dA = \int (z\cos\theta - x\sin\theta)^2 dA$$

$$= \cos^2\theta \int z^2 dA + \sin^2\theta \int x^2 dA - 2\sin\theta\cos\theta \int xz dA$$

$$I_{x'} = I_x \cos^2\theta + I_z \sin^2\theta - 2I_{xz}\sin\theta\cos\theta \tag{1.22}$$

위의 식 (1.22)를 삼각함수의 2배각 공식을 이용하여 다시 정리하면 식 (1.23)과 같다. z'축에 대한 단면2차 모멘트 $I_x{}'$ 역시 동일한 방법으로 정리하여 식 (1.24)와 같이 나타낼 수 있다.

$$\cos^2\theta = \frac{1}{2}(1+\cos 2\theta), \quad \sin^2\theta = \frac{1}{2}(1-\cos 2\theta), \quad 2\sin\theta\cos\theta = \sin 2\theta$$

$$I_{x'} = \frac{I_x + I_z}{2} + \frac{I_x - I_z}{2}\cos 2\theta - I_{xz}\sin 2\theta \tag{1.23}$$

$$I_{z'} = \frac{I_x + I_z}{2} + \frac{I_x - I_z}{2}\cos 2\theta + I_{xz}\sin 2\theta \tag{1.24}$$

위의 식으로부터 우리는 $I_x + I_z = I_x{}' + I_z{}'$라는 재미있는 결과를 발견할 수 있다. 이러한 결과에서 임의의 평면 좌표축을 원점을 중심으로 회전시켜도 직각축의 모든 쌍에 관한 직각 단면2차

모멘트의 합은 일정하다는 것을 알 수 있다.

이제 x', z' 축에 관한 단면상승모멘트 $I_{x'z'}$를 구해보자.

$$I_{x'z'} = \int x'z'dA = \int (x\cos\theta + z\sin\theta)(z\cos\theta - x\sin\theta)\,dA \tag{1.25}$$
$$= \frac{I_x - I_z}{2}\sin 2\theta + I_{xz}\cos 2\theta$$

여기에서 최초의 xz 좌표축을 반시계 방향으로 θ만큼 회전시키게 되면 단면상승모멘트 $I_{x'z'}=$ 0이 되는 각의 위치가 나타나는데, 이때의 회전각을 θ_p라 정의하고 이때의 x', z' 축을 단면의 주축이라고 한다. 이 주축을 결정하는 회전각 θ_p를 구해보자. θ_p의 조건은 $I_{x'z'} = I_{xz} = 0$이므로

$$I_{x'z'} = \frac{I_x - I_z}{2}\sin 2\theta + I_{xz}\cos 2\theta = 0 \tag{1.26}$$
$$\tan 2\theta_p = -\frac{2I_{xz}}{I_x - I_z}$$

식 (1.26)에서 $2\theta_p$는 서로의 차가 180°인 2개의 값을 가짐을 알 수 있다. 주축을 결정하게 되면 주축에 대한 $I_{x'}$, $I_{z'}$를 각각 구할 수가 있다. 주축에 대한 단면 2차 모멘트 $I_{x'}$, $I_{z'}$는 각각 최대와 최소의 단면 2차 모멘트값을 갖게 되며, 일반적으로 최대 단면 2차 모멘트를 I_1, 최소 단면 2차 모멘트를 I_2로 표현한다. I_1 과 I_2를 주단면 2차 모멘트라 정의한다. 주단면 2차 모멘트를 결정하는 과정은 식 (1.26)을 이용하여 그림 1.19와 식 (1.27)과 같이 정리할 수 있다.

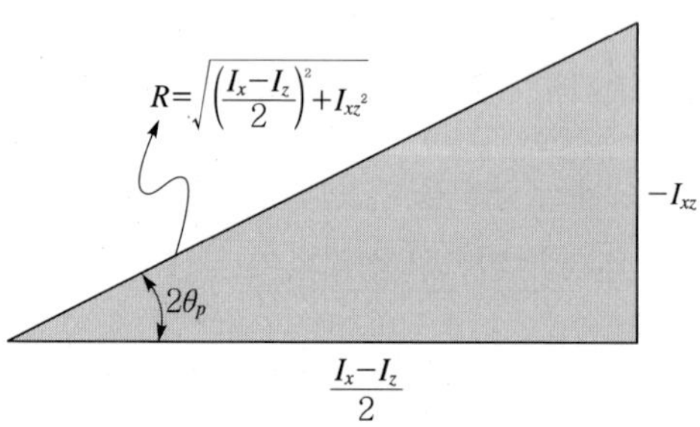

그림 1.19 식 (1.26)의 기하학적 표현

$$\cos 2\theta_p = \frac{I_x - I_z}{2R}, \quad \sin 2\theta_p = \frac{-I_{xz}}{R} \qquad \left(R = \sqrt{\left(\frac{I_x - I_z}{2}\right)^2 + I_{xz}^2}\right)$$

$$\therefore I_{1,2} = \frac{I_x + I_z}{2} \pm \sqrt{\left(\frac{I_x - I_z}{2}\right)^2 + I_{xz}^2} \tag{1.27}$$

예제 1.18

그림과 같은 사각형 단면에서 주축 θ_p와 주단면 2차 모멘트 I_1, I_2의 값을 구하여라.

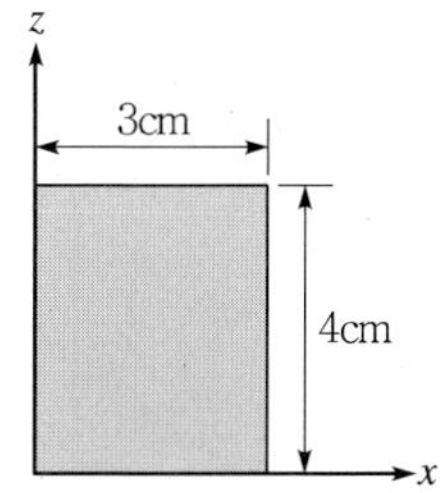

그림 예제 1.18

풀이

주축(θ_p)의 위치를 결정하기 위하여 단면 2차 모멘트와 단면 상승 모멘트를 구한다.

$$I_x = I_X + A\bar{z}^2 = \frac{3\times 4^3}{12} + 3\times 4\times 2^2 = 64\text{cm}^2$$

$$I_z = I_Z + A\bar{x}^2 = \frac{4\times 3^3}{12} + 4\times 3\times 1.5^2 = 36\text{cm}^2$$

$$I_{xz} = I_{XZ} + A\overline{xz} = 0 + 3\times 4\times 1.5\times 2 = 36\text{cm}^2$$

$$\tan 2\theta_p = -\frac{2I_{xz}}{(I_x - I_z)} = -\frac{2(36)}{(64-36)} = -2.57$$

따라서

$2\theta_p = \tan^{-1}(-2.57)$

$2\theta p_1 = -68.74^\circ$ $\quad\quad$ $\therefore$ 주축 $\theta p_1 = -34.37^\circ$

$2\theta p_2 = 111.26^\circ$ $\quad\quad$ $\therefore$ 주축 $\theta p_2 = -34.37^\circ$

주단면 2차 모멘트(I_1, I_2)의 값을 구한다.

$$I_{1,2} = \frac{I_x + I_z}{2} \pm \sqrt{\left(\frac{I_x - I_z}{2}\right)^2 + I_{xz}^{\ 2}} = \frac{64+36}{2} \pm \sqrt{\left(\frac{64-36}{2}\right)^2 + 36^2}$$

$$= 50 \pm 45.61$$

$\therefore$ 최대 단면 2차 모멘트 $\quad\quad$ $I_1 = 95.61\text{cm}^4$

최소 단면 2차 모멘트 $\quad\quad$ $I_2 = 4.39\text{cm}^4$

1.3.8 파푸스(Pappus)의 정리

파푸스(Pappus)의 정리란 회전체의 표면적과 체적을 구하는 원리로써 여기에 사용되는 인자들을 이용하여 단면의 도심을 구할 수도 있다. 회전체의 표면적과 체적을 구하는 방법에 따라 제1정리와 제2정리로 구분된다(그림 1.20 참조).

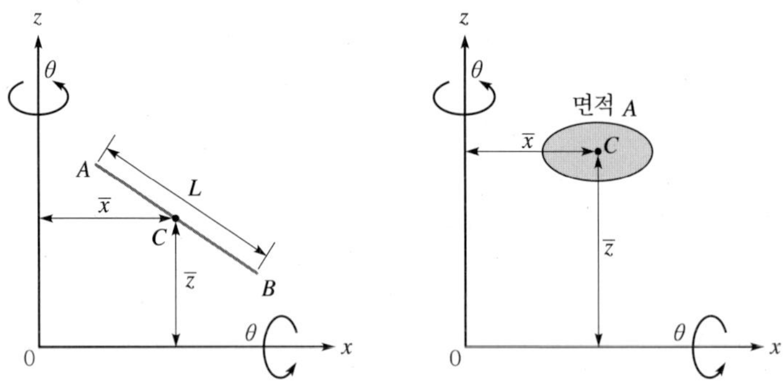

(a) 제1정리 (b) 제2정리

그림 1.20 파푸스의 정리

- **파푸스의 제1정리** : 회전체의 표면적 A는 회전체를 형성시키기 위해 회전시킨 곡선의 길이 L, 곡선의 도심까지의 거리 $\bar{z}$와 도심이 회전한 각 θ(radian)의 곱과 같다. 즉, L의 길이를 갖는 선분 AB를 x축(또는 z축)을 중심으로 θ만큼 회전시켰을 경우 여기에서 생기는 표면적 A를 구할 수 있다. 이를 식 (1.28)과 같이 정의할 수 있다.

$$A_x = L \cdot \bar{z} \cdot \theta(x\text{축 중심 회전})$$
$$A_z = L \cdot \bar{x} \cdot \theta(z\text{축 중심 회전}) \quad (1.28)$$

- **파푸스의 제2정리** : 회전체의 체적 V는 회전체를 형성시키기 위해 회전시킨 도형의 면적 A, 도심까지의 거리 $\bar{z}$ 또는 $\bar{x}$와 도심이 회전한 각 θ(radian)의 곱과 같다. 이를 식 (1.29)와 같이 정의할 수 있다.

$$V_x = A \cdot \bar{z} \cdot \theta(x\text{축 중심 회전})$$
$$V_z = A \cdot \bar{x} \cdot \theta(z\text{축 중심 회전}) \quad (1.29)$$

또한, 식 (1.28)과 식 (1.29)를 이용하여 역으로 도심을 구할 수 있다. 예를 들어 식 (1.29)의 경우 도심을 다음과 같이 구할 수 있다.

$$\bar{z} = \frac{V_x}{A \cdot \theta}, \quad \bar{x} = \frac{V_z}{A \cdot \theta}$$

예제 1.19

바깥지름이 140mm이고 안지름이 40mm인 도넛이 있다. 도넛의 단면이 전체적으로 일정하다고 가정할 때 도넛의 표면적(A)과 체적(V)을 구하여라.

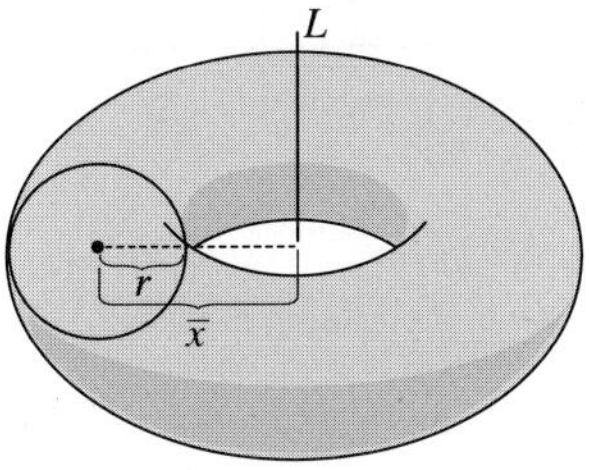

그림 예제 1.19

풀이

파푸스의 제1정리를 사용하여 도넛의 표면적(A)을 구한다.

표면적 ; A

$A = l \cdot \bar{x} \cdot \theta$

$= (2\pi r) \cdot (\bar{x}) \cdot (2\pi)$

$= (2\pi \cdot 25) \cdot (45) \cdot (2\pi) = 44{,}413.2\text{mm}^2 = 444.132\text{cm}^2$

$\therefore A = 444.132\text{cm}^2$

파푸스의 제2정리를 사용하여 도넛의 체적(V)을 구한다.

체적 ; A

$V = A \cdot \bar{x} \cdot \theta$

$= (\pi r^2) \cdot (\bar{x}) \cdot (2\pi)$

$= (\pi \cdot 25^2) \cdot (45) \cdot (2\pi) = 555{,}165.2\text{mm}^3 = 555.165\text{cm}^3$

$\therefore V = 555.165\text{cm}^3$

예제 1.20

삼각형 OCD가 Z축을 중심으로 360° 회전할 때 생기는 체적을 구하여라.

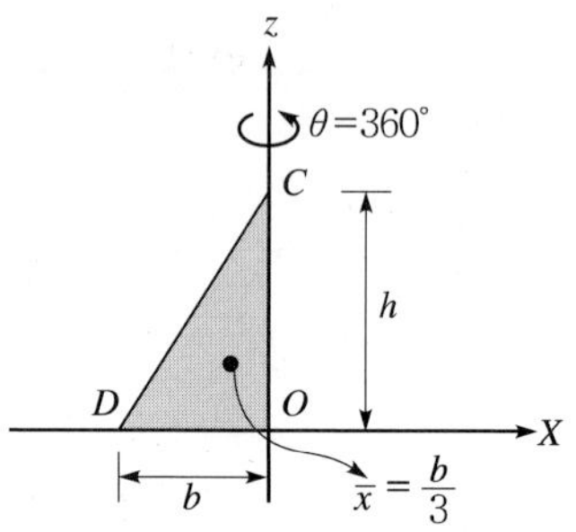

그림 예제 1.20

풀이

파푸스의 제2정리를 이용한다.

$$V_Z = A \cdot \bar{x} \cdot \theta$$

$$V_Z = \left(\frac{1}{2}b \cdot h\right) \cdot \left(\frac{b}{3}\right) \cdot (2\pi) = \frac{hb^2\pi}{3}$$

$$\therefore\ V_Z = \frac{hb^2\pi}{3}$$

1.3.9 단면의 기하학적 특성

1. 구형단면

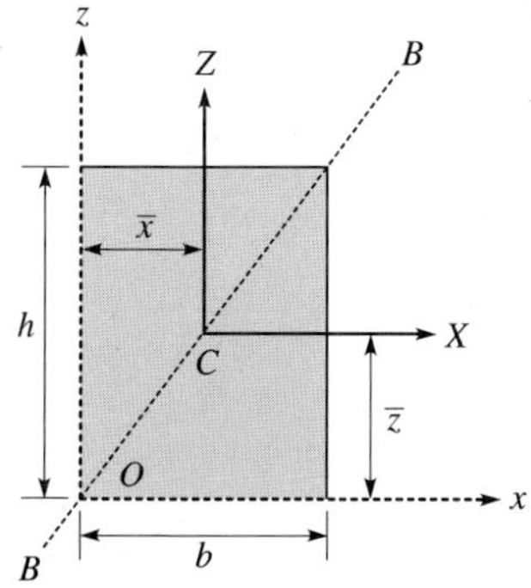

[X, Z축이 도심 C를 지날 때]

$$A = bh \qquad \bar{x} = \frac{b}{2} \qquad \bar{z} = \frac{h}{2}$$

$$I_X = \frac{bh^3}{12} \qquad I_Z = \frac{hb^3}{12}$$

$$I_{XZ} = 0 \qquad I_P = \frac{bh}{12}(h^2 + b^2)$$

[x, z축이 O점을 지날 때]

$$I_x = \frac{bh^3}{3} \qquad I_z = \frac{hb^3}{3} \qquad I_{xz} = \frac{b^2h^2}{4}$$

$$I_P = \frac{bh}{3}(h^2 + b^2) \qquad I_{BB} = \frac{b^3h^3}{6(b^2 + h^2)}$$

2. 삼각형단면

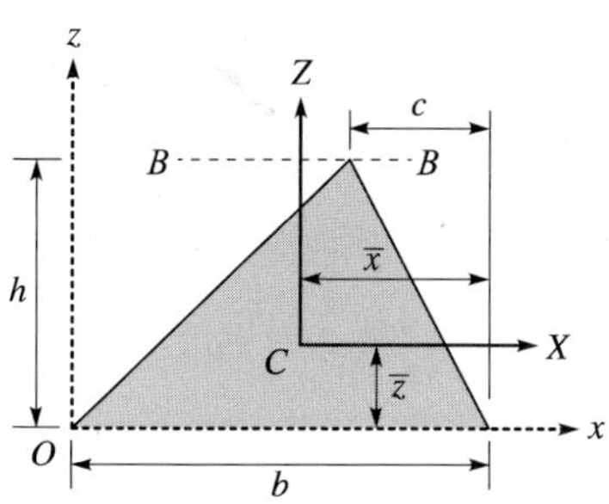

[X, Z축이 도심 C를 지날 때]

$$A = \frac{bh}{2} \qquad \bar{x} = \frac{b+c}{3} \qquad \bar{z} = \frac{h}{3}$$

$$I_X = \frac{bh^3}{36} \qquad I_Z = \frac{hb}{36}(b^2 - bc + c^2)$$

$$I_{XZ} = \frac{bh^2}{72}(b - 2c) \qquad I_P = \frac{bh}{36}(h^2 + b^2 - bc + c^2)$$

[x, z축이 O점을 지날 때]

$$I_x = \frac{bh^3}{12} \qquad I_z = \frac{hb}{12}(3b^2 - 3bc + c^2)$$

$$I_{xz} = \frac{bh^2}{24}(3b - 2c) \qquad I_{BB} = \frac{bh^2}{4}$$

3. 직각삼각형단면

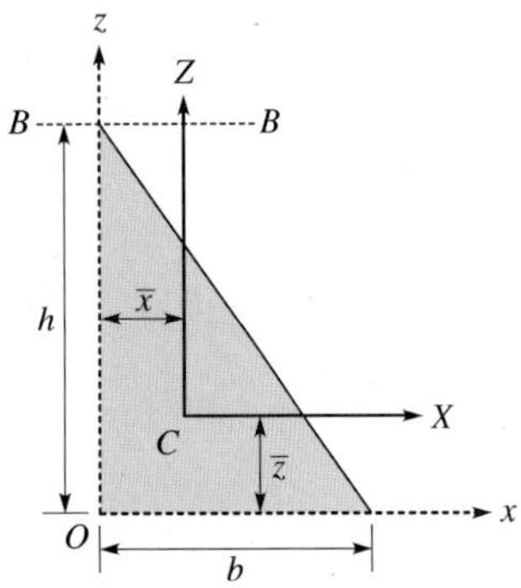

[X, Z축이 도심 C를 지날 때]

$$A = \frac{bh}{2} \quad \bar{x} = \frac{b}{3} \quad \bar{z} = \frac{h}{3}$$

$$I_X = \frac{bh^3}{36} \quad I_Z = \frac{hb^3}{36} \quad I_{XZ} = -\frac{b^2h^2}{72}$$

$$I_p = \frac{bh}{36}(h^2 + b^2) \quad I_{BB} = \frac{bh^3}{12}$$

[x, z축이 O점을 지날 때]

$$I_x = \frac{bh^3}{12} \quad I_z = \frac{hb^3}{12} \quad I_{xz} = \frac{b^2h^2}{24}$$

$$I_p = \frac{bh}{12}(h^2 + b^2) \quad I_{BB} = \frac{bh^3}{4}$$

4. 사다리꼴단면

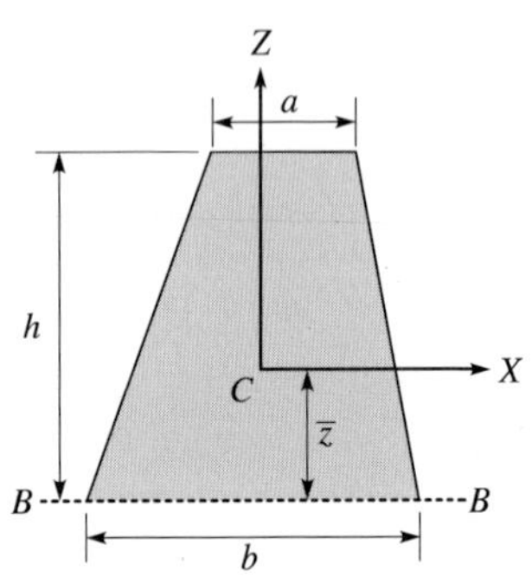

[X, Z축이 도심 C를 지날 때]

$$A = \frac{h(a+b)}{2} \quad \bar{z} = \frac{h(2a+b)}{3(a+b)}$$

$$I_X = \frac{h^3(a^2 + 4ab + b^2)}{36(a+b)} \quad I_{BB} = \frac{h^3(3a+b)}{12}$$

5. 원형단면

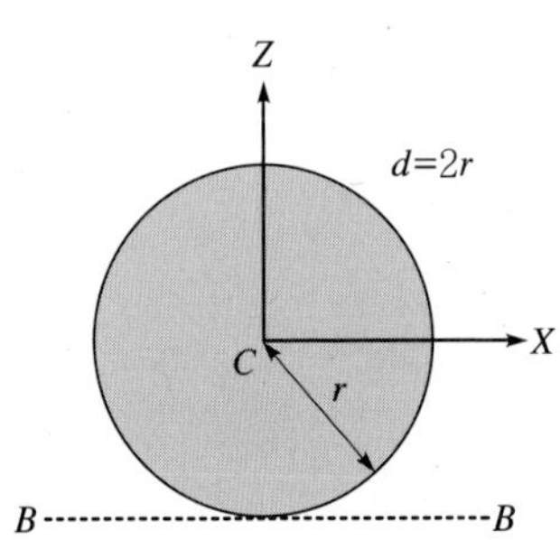

[X, Z축이 도심 C를 지날 때]

$$A = \pi r^2 = \frac{\pi d^2}{4} \quad I_X = I_Z = \frac{\pi r^4}{4} = \frac{\pi d^4}{64}$$

$$I_{XZ} = 0 \quad I_p = \frac{\pi r^4}{2} = \frac{\pi d^4}{32} \quad I_{BB} = \frac{5\pi r^4}{4} = \frac{5\pi d^4}{64}$$

6. 반원형단면

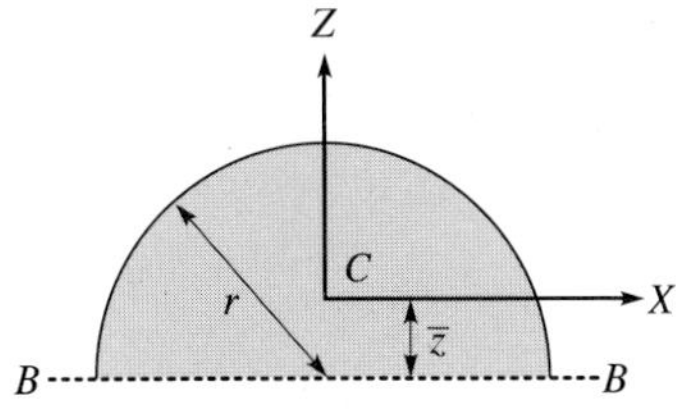

[X, Z축이 도심 C를 지날 때]

$$A = \frac{\pi r^2}{2} \qquad \bar{z} = \frac{4r}{3\pi}$$

$$I_X = \frac{(9\pi^2 - 64)r^4}{72\pi} \approx 0.1098r^4 \qquad I_Z = \frac{\pi r^4}{8}$$

$$I_{XZ} = 0 \qquad I_{BB} = \frac{\pi r^4}{8}$$

7. 1/4원형단면

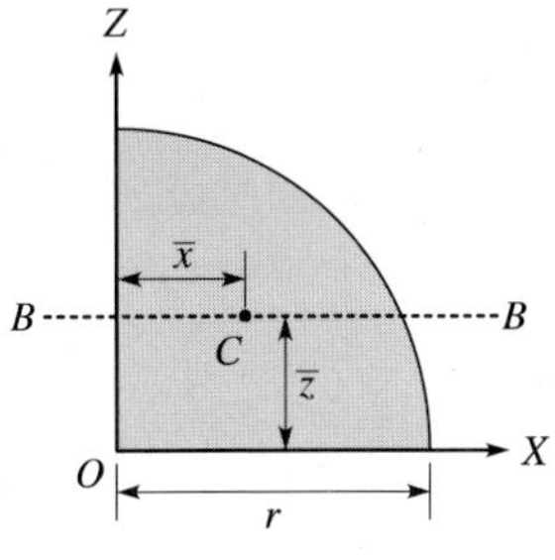

[X, Z축이 O점을 지날 때]

$$A = \frac{\pi r^2}{4} \qquad \bar{x} = \bar{z} = \frac{4r}{3\pi}$$

$$I_X = I_Z = \frac{\pi r^4}{16} \qquad I_{XZ} = \frac{r^4}{8}$$

$$I_{BB} = \frac{(9\pi^2 - 64)r^4}{144\pi} \approx 0.05488r^4$$

8. 부채꼴단면

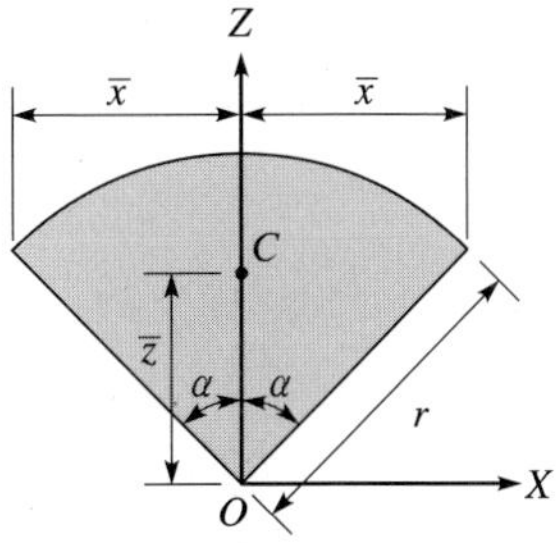

[X, Z축이 O점을 지날 때]

$(\alpha \le \pi/2)$

$$A = \alpha r^2 \qquad \bar{x} = r\sin\alpha \qquad \bar{z} = \frac{2r\sin\alpha}{3\alpha}$$

$$I_X = \frac{r^4}{4}(\alpha + \sin\alpha\cos\alpha) \qquad I_Z = \frac{r^4}{4}(\alpha - \sin\alpha\cos\alpha)$$

$$I_{XZ} = 0 \qquad I_p = \frac{\alpha r^4}{2}$$

9. 2차 포물선단면

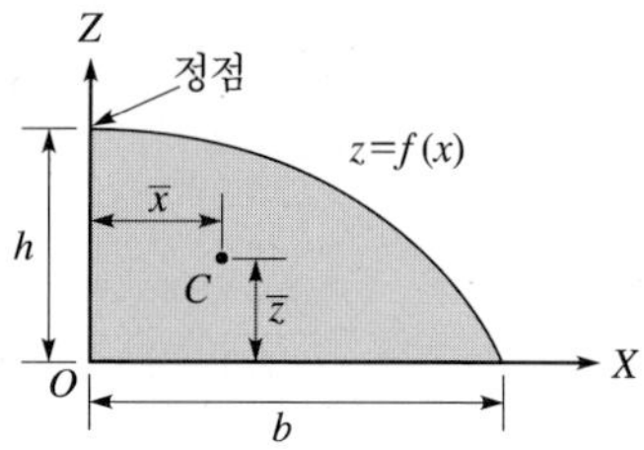

[X, Z축이 O점을 지날 때]

$$z=f(x)=h\left(1-\frac{x^2}{b^2}\right)$$

$$A=\frac{2bh}{3} \qquad \bar{x}=\frac{3b}{8} \qquad \bar{z}=\frac{2h}{5}$$

$$I_X=\frac{16bh^3}{105} \qquad I_Z=\frac{2hb^3}{15} \qquad I_{XZ}=\frac{b^2h^2}{12}$$

10. 아치형 2차 포물선단면

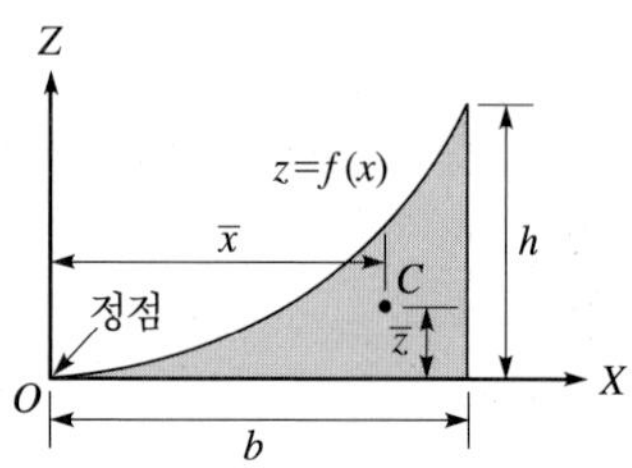

[X, Z축이 O점을 지날 때]

$$z=f(x)=\frac{hx^2}{b^2}$$

$$A=\frac{bh}{3} \qquad \bar{x}=\frac{3b}{4} \qquad \bar{z}=\frac{3h}{10}$$

$$I_X=\frac{bh^3}{21} \qquad I_Z=\frac{hb^3}{5} \qquad I_{XZ}=\frac{b^2h^2}{12}$$

11. n차 포물선단면

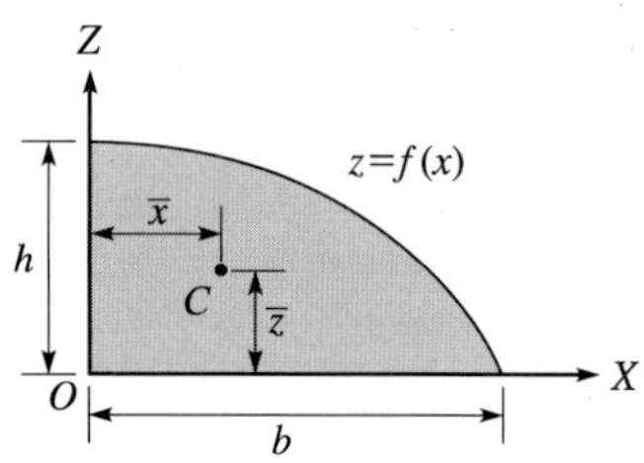

[X, Z축이 O점을 지날 때]

$$z=f(x)=h\left(1-\frac{x^n}{b^n}\right) \quad (n>0)$$

$$A=bh\left(\frac{n}{n+1}\right) \qquad \bar{x}=\frac{b(n+1)}{2(n+2)} \qquad \bar{z}=\frac{hn}{2n+1}$$

$$I_X=\frac{2bh^3n^3}{(n+1)(2n+1)(3n+1)} \qquad I_Z=\frac{hb^3n}{3(n+3)}$$

$$I_{XZ}=\frac{b^2h^2n^2}{4(n+1)(n+2)}$$

12. 아치형 n차 포물선단면

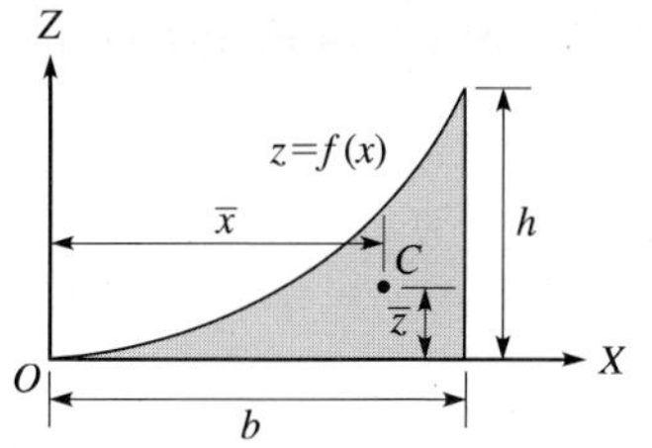

[X, Z축이 O점을 지날 때]

$$z = f(x) = \frac{hx^n}{b^n} \quad (n > 0)$$

$$A = \frac{bh}{n+1} \qquad \bar{x} = \frac{b(n+1)}{n+2} \qquad \bar{z} = \frac{h(n+1)}{2(2n+1)}$$

$$I_X = \frac{bh^3}{3(3n+1)} \qquad I_Z = \frac{hb^3}{n+3} \qquad I_{XZ} = \frac{b^2h^2}{4(n+1)}$$

13. 중공단면

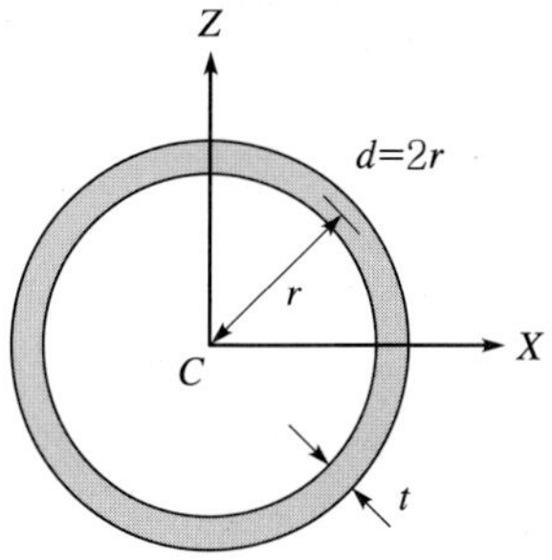

[X, Z축이 도심 C를 지날 때]

$$A = 2\pi rt = \pi dt \qquad I_X = I_Z = \pi r^3 t = \frac{\pi d^3 t}{8}$$

$$I_{XZ} = 0 \qquad I_p = 2\pi r^3 t = \frac{\pi d^3 t}{4}$$

연습문제

1.1 다음을 단위환산표를 이용하여 알맞게 바꿔라.

5ft = ( ) cm

10GPa = ( ) tf/m^2

30kg/cm^2 = ( ) psi

1000tf/m^2 = ( ) MPa

1.2 그림과 같이 경사면에 80kN의 물체를 P의 힘으로 밀어 올리려 한다. 필요한 힘은 얼마인가?
(단, μ =0.32로 고려하여라)

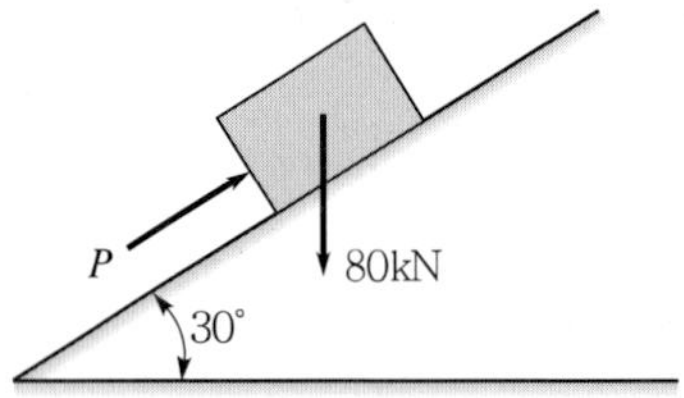

그림 문제 1.2

1.3 다음의 x, z좌표계에서 원점에 3힘이 작용하고 있어 평형을 이루고 있다면 이때의 P의 크기와 방향 α는 얼마인가?

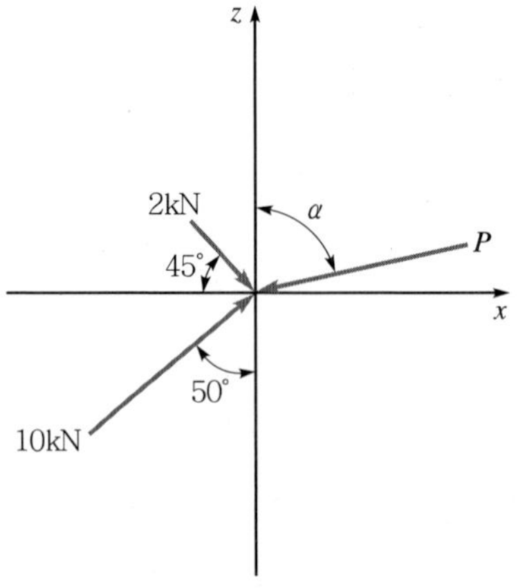

그림 문제 1.3

1.4 다음과 같은 공구를 이용하여 볼트를 조이려고 하는데, 나사에 100N·m의 모멘트가 작용해야 조여진다고 한다. $P = 200\text{N}$으로 작용되면 L은 얼마로 해야 하는가?

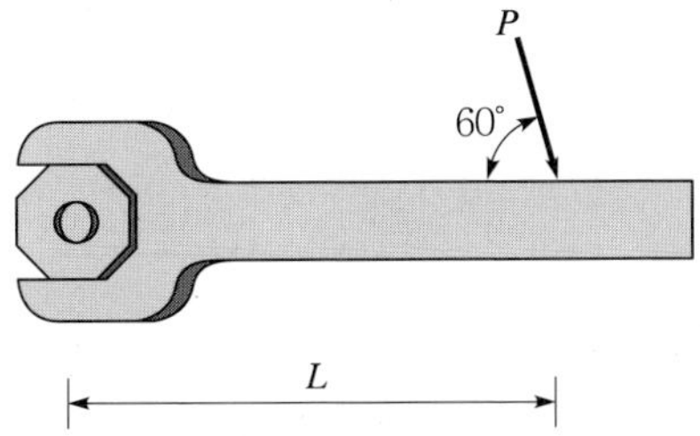

그림 문제 1.4

1.5 그림과 같이 반지름이 10cm인 원에서 5cm를 지름으로 하는 원을 뺀 나머지 부분의 도심의 x좌표를 구하여라.

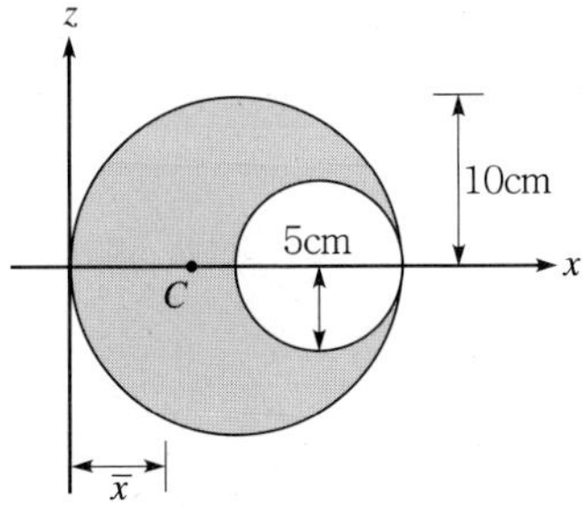

그림 문제 1.5

1.6 5번 단면의 x축에 관한 단면 2차 모멘트를 구하여라.

1.7 그림과 같은 원형 단면의 x축과 x'축에 대한 단면 2차 모멘트를 I_x와 $I_{x'}$를 각각 구하여라.

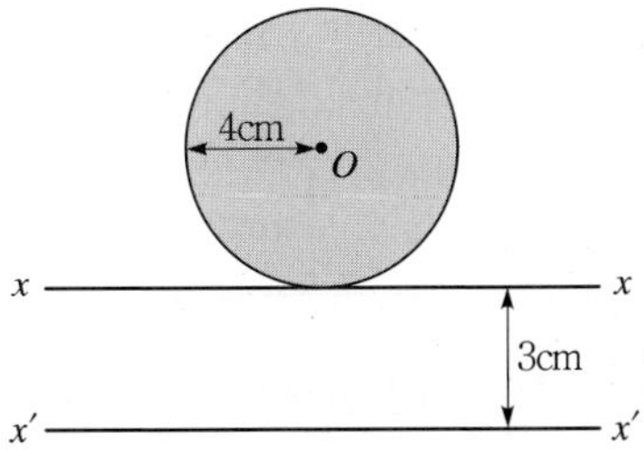

그림 문제 1.7

1.8 다음 단면에 대한 x, z축에 관한 단면 2차 모멘트 I_x, I_z를 구하여라.

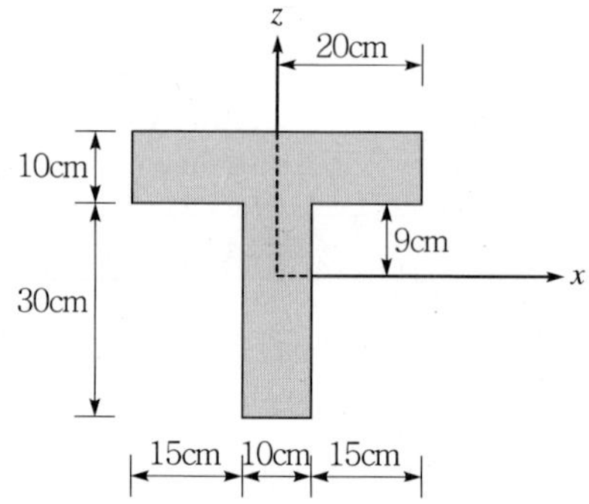

그림 문제 1.8

1.9 볼트 구멍이 등간격으로 뚫려있는 단면의 도심축에 대한 단면 2차 모멘트 I_x를 구하여라. 볼트 구멍의 지름은 5cm이다.

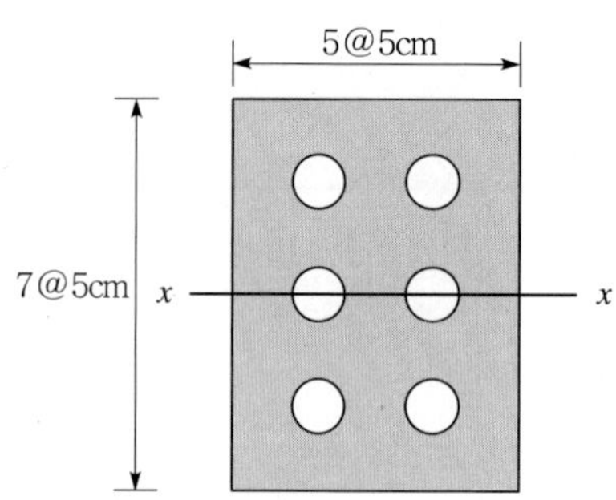

그림 문제 1.9

1.10 다음 그림과 같은 정사각형 단면의 극관성 모멘트 I_p를 구하여라.

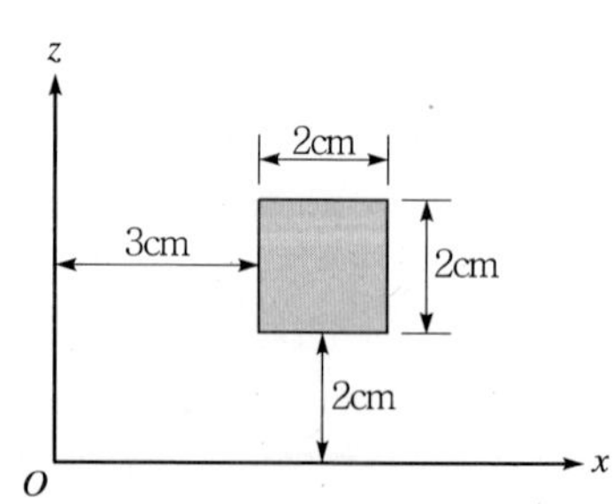

그림 문제 1.10

1.11 다음 그림과 같은 도형의 x, z축에 대한 단면 상승 모멘트 I_{xz}를 구하여라.

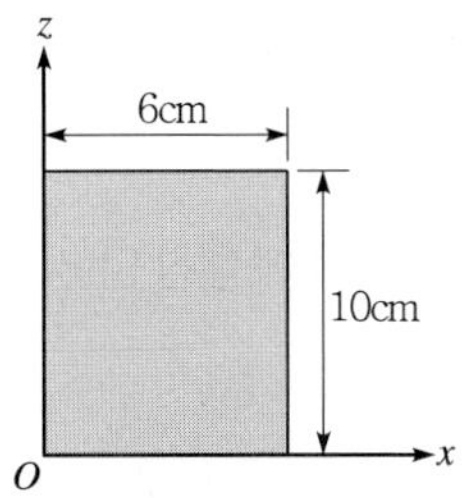

그림 문제 1.11

1.12 다음 그림과 같은 L형 단면의 x, z축에 대한 단면 상승 모멘트 I_{xz}를 구하여라.

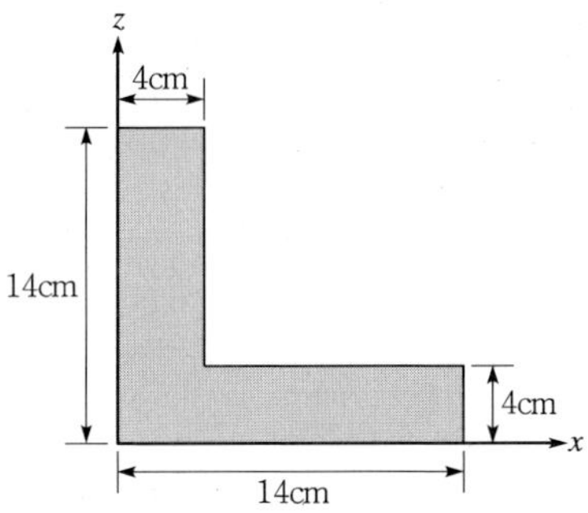

그림 문제 1.12

1.13 다음 그림과 같은 도형의 x축에 대한 회전 반경을 구하여라.

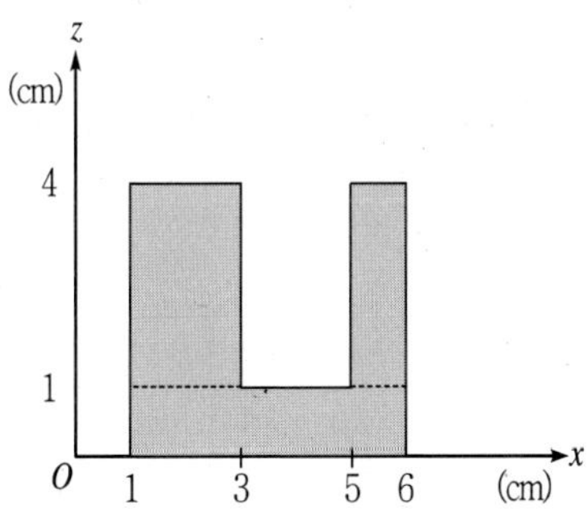

그림 문제 1.13

1.14 동일한 면적의 정사각형과 정삼각형이 있다. 정사각형의 단면계수는 정삼각형의 단면계수의 몇 배인가?

1.15 다음 그림과 같은 직사각형 보의 중립축에 대한 단면계수는 얼마인가?

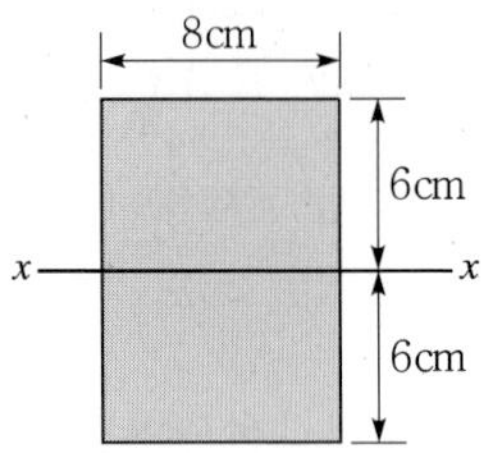

그림 문제 1.15

1.16 다음 그림의 주단면 2차 모멘트를 구하여라.

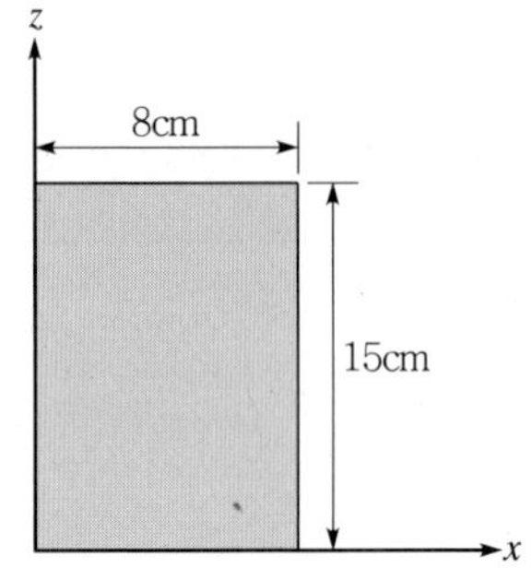

그림 문제 1.16

1.17 선분 ABC를 z축을 중심으로 360° 회전시켰을 때 생기는 표면적을 구하여라.

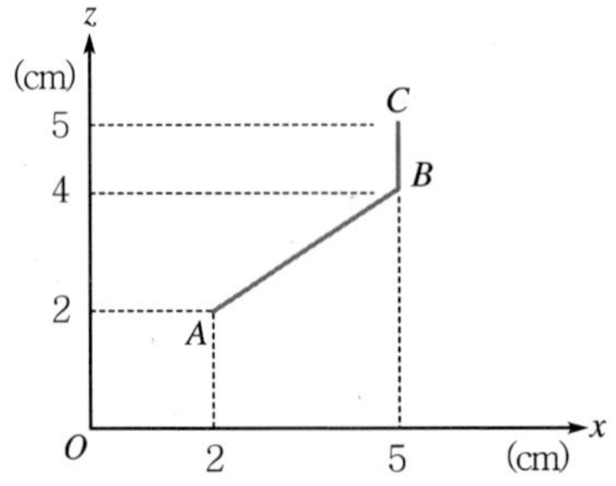

그림 문제 1.17

1.18 다음 좌표계에서 세개의 힘이 평형상태를 이루고 있을 때 P의 크기와 방향각 θ의 값을 구하여라.

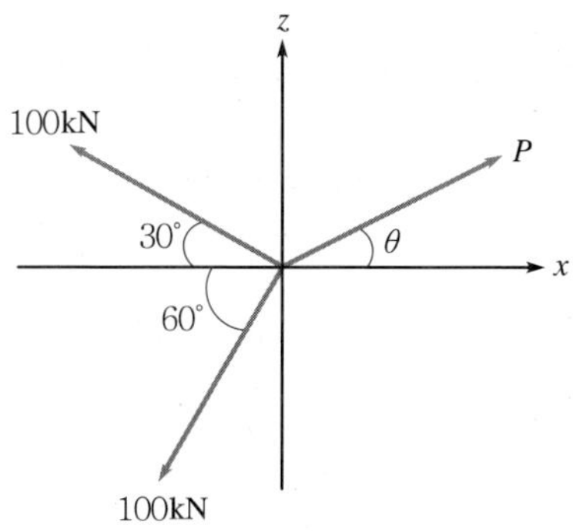

그림 문제 1.18

1.19 다음 구조물에서 AB의 부재의 부재력 P_{AB} 값을 구하여라.

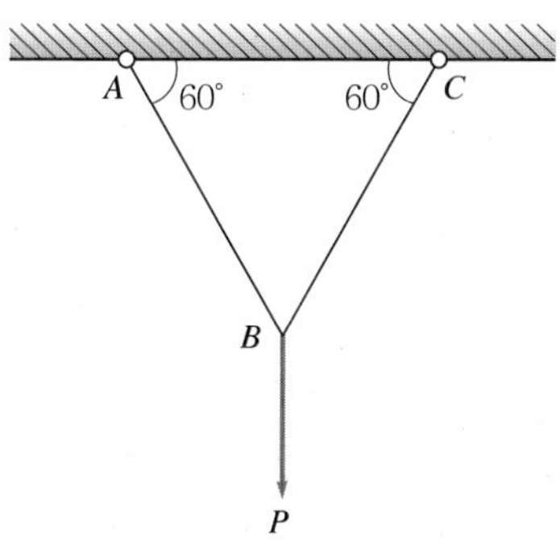

그림 문제 1.19

1.20 다음 도형의 x축에 대한 회전반경을 구하여라.

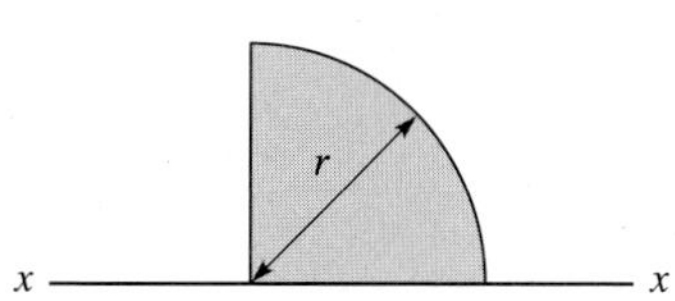

그림 문제 1.20

제2장

정정보 및 라멘의 해석

제2장

정정보 및 라멘의 해석

2.1 구조물의 지점과 반력

구조물이 외력을 받았을 때 평형을 이루기 위해서 구조물에서 수동적으로 생기는 힘을 반력(reaction)이라 하고, 구조물을 지지하고 있는 지지점, 즉 지점(support)에서 생긴 반력을 지점반력이라 한다. 지점은 구조물을 지탱하고 구속하는 역할을 하며, 대표적으로 롤러지점(roller support), 힌지지점(hinge support or pinned support), 고정지점(fixed support)으로 구분된다. 이와 같은 지점의 구분은 구속하는 변위성분에 따라 결정된다.

롤러지점은 수직변위만을 구속하며, 회전과 횡방향 변위는 허용한다. 힌지지점은 연직, 수평방향의 변위성분을 구속하고 회전변위는 허용하며, 고정지점은 연직, 수평방향, 회전에 대한 변위성분을 모두 구속하여 어떠한 변위 발생도 허용하지 않는다. 힌지지점과 고정지점의 경우 반력성분을 표현할 때 수평방향의 반력성분은 H(Horizonal force)로, 연직방향의 반력성분은 V(Vertical force)로 구분하여 표기한다. 참고로 반력을 표기하는 방법에는 위에서 설명한 H와 V로 구분하는 방법 이외에도 R_x(x좌표축의 반력 성분), R_z(z좌표축의 반력 성분)로 표현하기도 하며, x, z좌표축에 대한 힘 자체를 나타내는 F_x, F_z로 표현하기도 한다. 회전변위를 구속하는 반력을 모멘트 반력이라 하며 M(Moment)으로 표기한다. 모멘트의 표기에 있어서는 반력성분이나 모멘트 하중성분 모두 M을 사용하는데, 2.3절에서 소개되는 자유물체도에 대해 이해하고 나면 서로를 쉽게 구분할 수 있을 것이다. 2차원 평면구조물에서 지점과 지점의 분류에 따른 반력의 형태를 그림 2.1에 정리했다.

그림 2.1에서 롤러지점의 반력은 접촉면에 직각으로 작용하는 힘 V이며 1개의 미지수이다. 또한 롤러지점과 유사한 지점으로 축방향 1개의 미지수 반력을 나타내는 케이블과 지지봉으로 지지하는 링크지점(link support)이 있다. 힌지지점은 2개의 미지수 반력성분인 H와 V가 있으며, 고정지점은 3개의 미지수 반력성분 H, V, M을 가진다. 힌지지점과 고정지점에서 반력성분인 H와 V는 수평과 수직 반력성분으로 편의상 분해하여 나타낸 것으로 그림 2.1의 참고처럼 2성분의 합력인 $R=\sqrt{H^2+V^2}$으로 1개의 반력이다. 한편, 가이드는 모멘트와 접촉면의 표면에

직각으로 부재의 이동을 방지하므로 그들 방향으로 이상화시킨 2개의 미지수 힘이 반력으로 모형화(modelling) 된다.

2.2 보의 종류

보는 그림 2.2에 보여준 것처럼 그 지지조건과 형태에 따라 단순보(simple beam), 연속보(continuous beam), 내민보(overhanging beam), 캔틸레버보(cantilever beam), 게르버보(Gerber beam), 고정보(fixed beam) 등으로 구분한다. 여기에서 우리가 공부하게 되는 보는 직선이며, 단면이 대칭이면서 크기가 일정하고, 수평한 상태를 유지하고 있다고 가정한다.

보(beam)는 부재의 축에 수직으로 작용하는 하중에 대해 전단력과 휨모멘트의 조합된 내력에 의해 작용하중을 지지하도록 설계된 부재를 의미한다(전단력과 휨모멘트는 2.3, 2.4절에서 설명하도록 한다). 보는 특히 외부하중을 지지하는데 휨(bending)이 지배적인 역할을 한다.

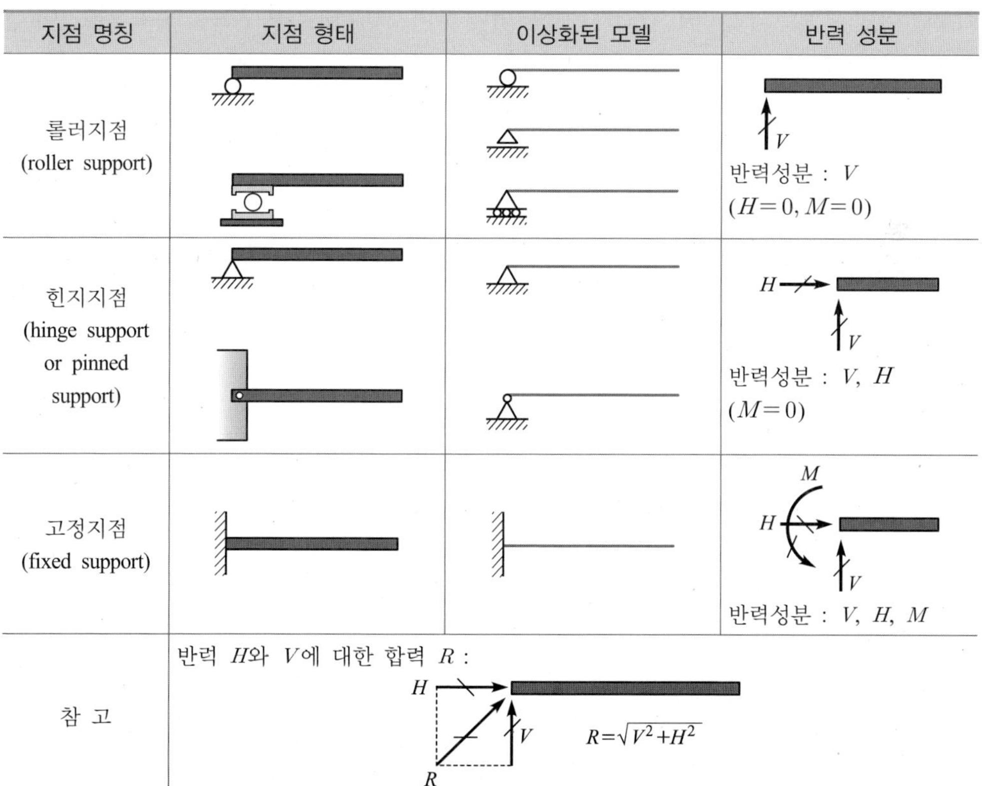

그림 2.1 지점 및 반력의 형태

2.3 자유물체도에서 힘의 평형 조건

응용역학을 비롯한 역학을 공부할 때 실제 구조물의 자중, 작용력, 반력, 길이, 각도 등을 적절히 고려한 자유물체도(Free Body Diagram ; FBD)를 그려내는 것은 아주 중요한 부분이다. 자유물체도란 구조물의 전체요소 혹은 임의의 특정 부분 요소에 작용하는 외력과 구조물에서의 지점반력이나 내력(부재력)을 힘으로 대치시켜 평형조건(equilibrium condition)을 유지하도록 구조물에 작용하는 힘을 도식화하여 표현한 것이다. 이러한 자유물체도를 그리는 방법은 우리가 이제까지 구조물 해석을 위해 사용해 오고 있었다. 그림 2.3은 하중 P가 작용하는 실제구조물들과 그것들에 상응하는 자유물체도들을 보여주고 있다. 여기서 H_A와 H_B는 수평반력을 나타내고, 그리고 V_A, V_B, V_C는 수직반력을 나타낸다. M_A와 M_B는 모멘트 반력이다.

그림 2.3을 살펴보면, 구조물이 외부로부터 작용하는 하중을 받고 있는데도 구조물이 가라앉거나 밀려나지 않고 있는 것은 구조물에 힘의 평형이 이루어졌기 때문이다. 이러한 평형상태를 만족하기 위해서는 구조물에 평형조건이 성립해야 한다. 여기서 평형조건은 작용하는 수평, 수직력뿐만 아닌 모멘트의 합력이 각각 "0"이 되어야 하며, 그때 비로소 구조물의 평형조건이 성립된다. 이를 표현하기 위하여 다음과 같은 평형방정식(equilibrium equations)을 세울 수 있다.

$$\Sigma F_x = 0, \quad \Sigma F_y = 0, \quad \Sigma F_z = 0$$
$$\Sigma M_x = 0, \quad \Sigma M_y = 0, \quad \Sigma M_z = 0$$

위의 식은 3차원 공간에서의 힘의 평형방정식을 표현하는 식이며, 우리가 다루게 되는 2차원 평면을 x-z 평면으로 설정했다면 평형방정식은 다음과 같이 간략화될 수 있다.

$$\Sigma F_x = 0, \quad \Sigma F_z = 0, \quad \Sigma M_y = 0 \tag{2.1}$$

여기서, $\sum F_x$: 각 힘의 x 방향 성분의 대수합, $\sum F_z$: 각 힘의 z 방향 성분의 대수합, $\sum M_y$: y 축에 관한 각 힘의 모멘트의 대수합. 주의해야할 점은 식 (2.1)의 3번째 항에서 표현된 $\sum M_y = 0$이다. x-z 평면의 경우 발생하는 모멘트는 y축을 감고 도는 회전력으로 발생되기 때문에 M_y가 됨을 이해해야 한다. 위의 3가지 평형방정식은 일반적으로 2차원 평면상에 표현된 구조물의 해석을 위해 사용된다.

(a) 단순보

단순보(simple beam) :
한 단이 힌지지점이며 타단이 롤러지점으로 구성된 정정보로서 가장 기본이 되는 보

(b) 연속보

연속보(continuous beam) :
한 단이 힌지지점일 때 두 개 이상의 롤러지점을 가지고 있는 일체로 구성된 보

(c) 내민보

내민보(overhang beam) :
단순보가 지점을 넘어서 한쪽 또는 양쪽으로 내민보

(d) 캔틸레버보(외팔보)

캔틸레버보(cantilever beam) :
한단은 고정단이고 타단은 자유단으로 구성된 보로서 외팔보라고도 함.

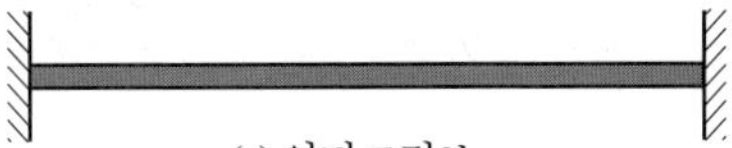

(e) 양단고정보

양단고정보(fixed beam) :
양단이 모두 고정지점으로 구성된 부정정보

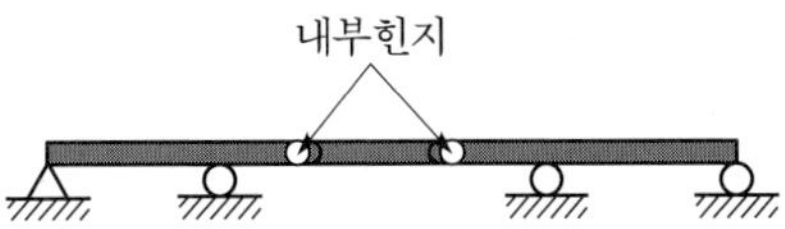

(f) 게르버보

게르버보(gerber beam) :
연속보에 그 부정정차수와 같은 수의 내부힌지를 설치하여 정정구조로 바꾼 것으로 역학적으로는 단순보와 캔틸레버보로 구성되며 단순보와 비교하여 최대모멘트가 작으므로 구조상 유리하다. 게르버보는 연속보에 비해 최대모멘트가 크지만 정정구조물이므로 지점침하, 온도변화, 조립오차 등에 의해 응력이 발생하지 않아 지반이 나쁜 곳에 설치 가능함.

그림 2.2 보의 종류

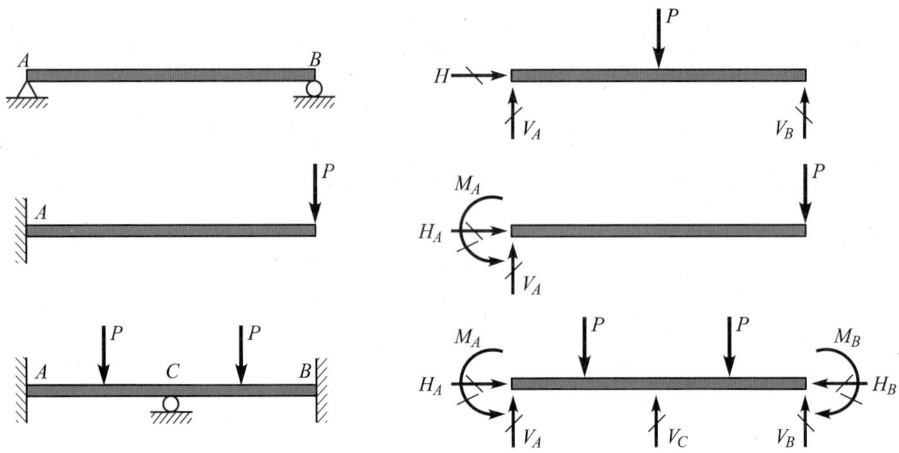

(a) 실제구조물 (b) 자유물체도

그림 2.3 실제구조물과 자유물체도

예제 2.1

다음 보구조물의 자유물체도를 작도하고, 단면력에 대해 설명하시오.

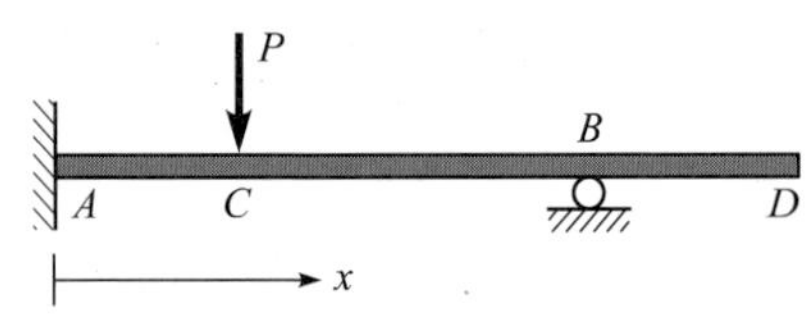

그림 예제 2.1

풀이

1) 자유물체도의 작도

ⓐ 전체구조물의 자유물체도

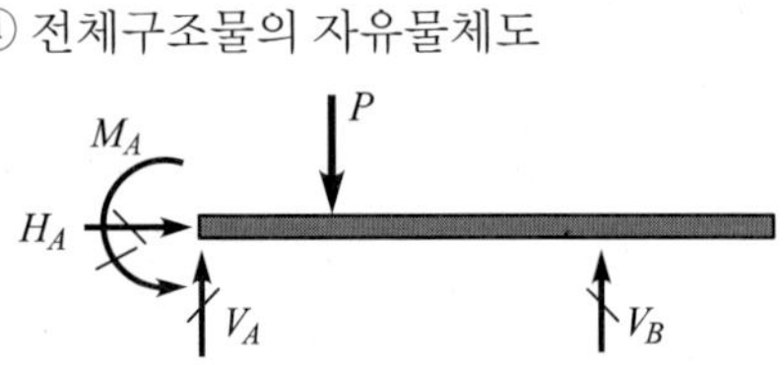

ⓑ $A < x < C$일 때 부분구조물의 자유물체도

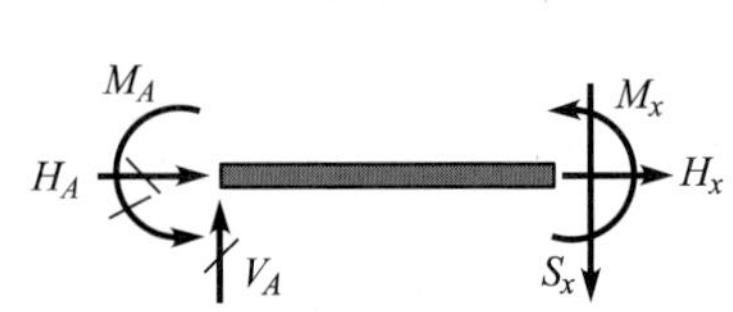

ⓒ $C < x < B$ 일 때 부분구조물의 자유물체도

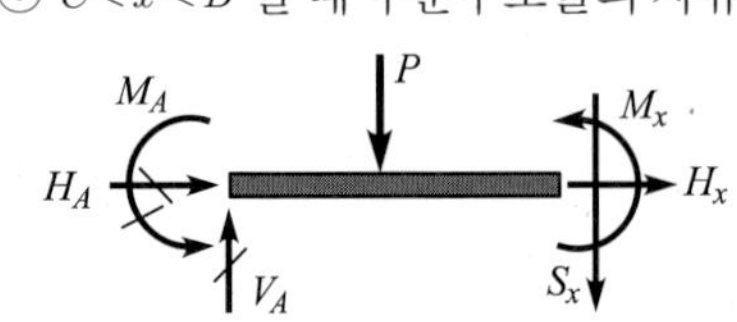

ⓓ $B < x < D$일 때 부분구조물의 자유물체도

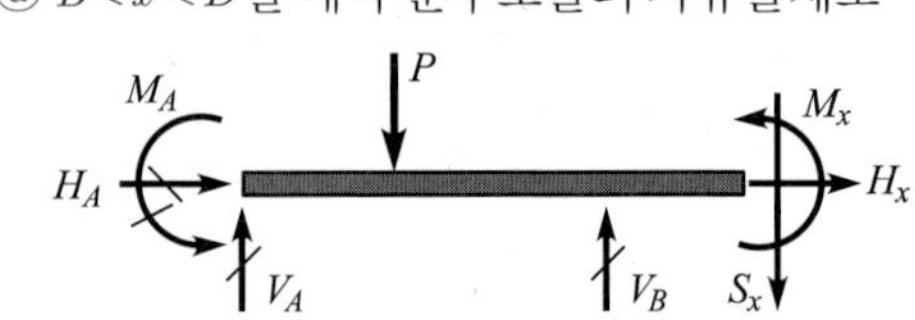

2) 단면력의 설명

위의 $A < x < C$일 때 부분구조물의 자유물체도는 x점에서 절단한 다음, $A \sim x$ 부분의 자유물체도에 대해 정역학적 힘의 평형상태를 나타낸 것이다. 여기서 절단면에 작용하는 부재력 H_x, S_x, M_x가 단면력(단면내력)이다. 즉, 내력 H_x는 축력(axial force), S_x는 전단력(shear force), 그리고 M_x는 휨모멘트(bending moment)의 단면력을 나타낸다.

같은 방법으로, $C < x < B$일 때 부분구조물 및 $B < x < D$일 때 부분구조물의 자유물체도에서 절단면 x점의 내력(단면력) H_x, S_x, M_x가 설명된다.

2.4 하중, 전단력, 휨모멘트 사이의 평형관계식

여기에서 설명하는 보에 작용하는 하중, 전단력, 휨모멘트 사이의 평형관계식은 하중을 받는 보의 전 길이에 거쳐 발생되는 부재력인 전단력과 휨모멘트를 관찰하고자 할 때 대단히 유용하다. 특히 2.6절에서 소개되는 전단력도와 휨모멘트도를 그리고 이해하는데 꼭 필요한 기본 개념이며, 하중과 전단력, 휨모멘트 사이의 평형관계식의 이해는 역학을 공부하기 위해서 반드시 필요한 사항이다. 보의 하중, 전단력, 휨모멘트 사이의 평형관계식을 이해하기 위한 선결조건으로 우선 부호규약(sign convention)을 정의하는 것이 필요하다.

2.4.1 부호규약

작용하는 외력으로 인해 구조물의 부재 내부에는 전단력과 휨모멘트, 축력과 같은 내력이 발생하게 되는데 단면에 따라 내력의 방향은 상이하게 발생된다. 이러한 내력을 일관성 있게 표현하고, 해석결과를 상호간에 명확하게 이해하도록 돕기 위해 외력과 내력의 정적평형상태를 이용하여 부호의 방향을 규정하였는데 이를 부호규약이라 한다. 부호규약에는 구조 부재의 변형형상에 따라 규정한 "변형부호규약(deformation sign convention)"과 하중 및 내력의 방향을 기준으로 규정한 "정역학적 부호규약(static sign convention)"이 있다. 그러나 이러한 부호규약은 절대적인 의미를 갖는 것은 아니며, 해석자가 해당 구조물의 해석을 시작하면서부터 끝까지 일관성 있게 나름대로의 부호규약을 지켜간다면 최종 해석결과는 동일하게 얻어지게 된다.

우선 변형부호규약에 대해 알아보자. 그림 2.3(a)와 같은 구조 부재의 임의의 한 요소를 기준으로 고려해보자. 구조 부재 내의 임의의 한 요소가 양(+)의 휨모멘트 M, 양(+)의 전단력 S, 양(+)의 축력 H를 받는다는 것은 그림 2.3(b)와 같은 형상으로 변형됨을 의미한다. 즉, 양(+)의 휨모멘트는 요소를 아래로 볼록하도록 변형시키는 경우를 의미하며, 양(+)의 전단력은 요소의 왼쪽변이 올라가고 오른쪽변이 내려가는 변형형상을 갖도록 작용하는 전단력을 의미하고, 양(+)의 축력은 요소가 인장되는 변형형상을 갖도록 작용하는 축방향력을 의미한다. 음(−)의 휨모멘트, 음(−)의 전단력, 음(−)의 축력은 반대의 변형형상을 갖도록 작용하는 것을 의미한다[그림 2.4(c) 참조]. 축력과 전단력 그리고 휨모멘트가 구조 부재 요소의 변형과 관계하므로 이를 변형부호규약이라 한다.

정역학적 부호규약은 좌표축의 양(+)의 방향으로 작용되는 힘을 양(+)으로 결정하는 방법이다(그림 2.5참조). 이러한 정역학적 부호규약은 구조물의 반력성분 등을 결정할 때 사용되는 평형방정식을 세우는 과정에서 사용된다. 즉, 구하고자 하는 미지수의 크기를 구하는 단계까지 적용된다.

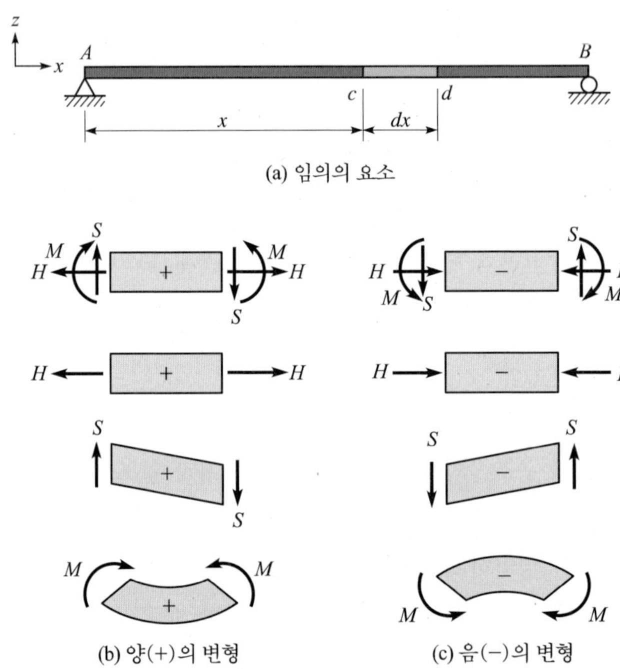

그림 2.4 변형부호규약

부호규약을 이해했다면 하중, 전단력, 휨모멘트 사이의 평형관계식을 하중의 종류에 따라 등분포하중을 받는 보의 경우, 집중하중을 받는 보의 경우, 모멘트하중을 받는 보의 경우로 구분하여 설명하고자 한다.

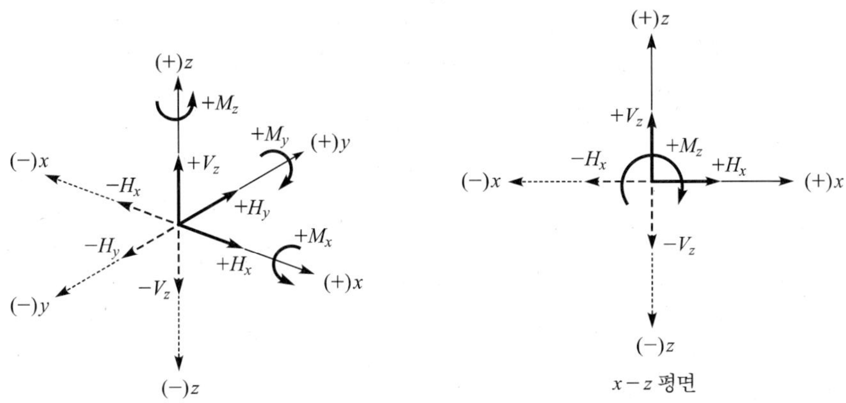

그림 2.5 정역학적 부호규약

2.4.2 등분포하중을 받는 보의 경우

그림 2.6의 등분포하중을 받는 보에서 임의의 미소구간을 $c-d$라 설정하고 이 미소구간을 따로 분리하여 이 요소에 작용하는 하중과 내력을 자세히 살펴보면 다음과 같다. 미소구간 dx에 의한 전단력과 휨모멘트의 증가분을 각각 dS, dM이라 하자.

앞의 2.3절에서 배운 식 (2.1)의 수직력(z축 방향 성분력) 합력의 평형방정식을 이용하여, 하중 ω와 전단력 S와의 관계식을 구하면 식 (2.2)와 같이 된다.

$$+\uparrow \sum F_z = 0 \ ; \ S - \omega \cdot dx - (S + dS) = 0$$

$$\omega = -\frac{dS}{dx} \tag{2.2}$$

위 식은 보의 임의 단면에서 x에 관한 전단력 S의 변화율(기울기)은 바로 그 단면에서의 하중강도(크기)와 같다는 것을 의미한다. 식 (2.1)의 모멘트 합력의 평형방정식을 사용하여 M과 전단력 S와의 관계식을 구해보자.

$$+\curvearrowright \sum M_d = 0 \ ; \ M + S \cdot dx - (M + dM) - \frac{1}{2}\omega \cdot dx^2 = 0$$

dx^2항은 너무 미소하므로 이것이 포함되어 있는 항을 제거하여 식을 정리하면

$$S = \frac{dM}{dx} \tag{2.3}$$

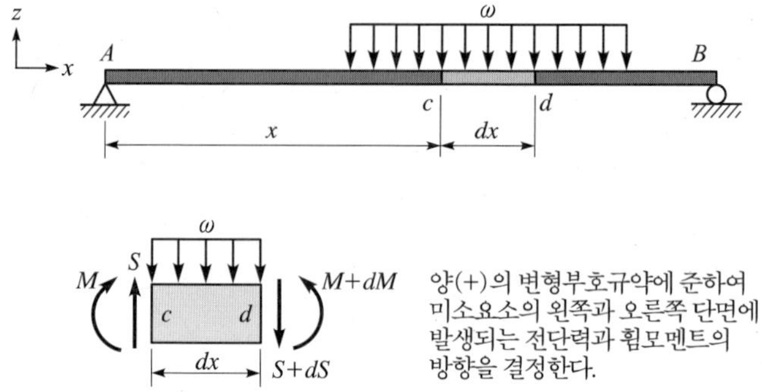

그림 2.6 등분포하중을 받는 보의 미소요소

위 식은 보의 임의 단면에서 x에 관한 휨모멘트 M의 변화율(기울기)은 바로 그 단면에서의 전단력의 값과 같다는 것을 의미한다. 식 (2.2)와 식 (2.3)을 이용하여 하중, 전단력, 휨모멘트 사이의 관계식을 정리하여 보면 식 (2.4), (2.5)와 같은 관계를 얻을 수 있다.

$$\omega = -\frac{dS}{dx} = -\frac{d^2M}{dx^2} \tag{2.4}$$

$$-\iint \omega\, dx\, dx = \int S\, dx = M \tag{2.5}$$

즉, dS/dx는 전단력의 기울기로써 하중에 (−)값을 곱한 값이 되고 dM/dx은 모멘트의 기울기로써 전단력 S가 된다는 것이다. 이와 같은 상호간의 미·적분관계는 전단력도와 휨모멘트도를 그리는데 아주 유용하게 사용된다. 즉, 임의 위치에서 하중은 전단력의 음(−)의 기울기 값이 되고, 전단력은 모멘트의 기울기가 된다. 하중이 0일 때 전단력의 기울기가 0이 되므로 하중이 작용하지 않은 구간의 전단력은 일정하게 되고 일정한 크기의 등분포하중이 재하된 구간의 전단력은 일정하게 선형 변화하는 1차식으로 나타난다. 또한 전단력이 0이면 동일한 위치에서 휨모멘트의 기울기가 0이 된다. 이는 양(+)의 기울기가 음(−)의 기울기로 변하거나, 음(−)의 기울기가 양(+)의 기울기로 변화하는 변곡점, 즉 꼭짓점을 의미하며 이 점들 중의 한 점이 최대 휨모멘트 발생위치가 된다.

예제 2.2

등분포하중을 받는 보의 경우처럼 집중하중과 모멘트하중을 받는 보에 대한 전단력, 휨모멘트 사이의 평형관계식을 유도하시오.

풀이

1) 집중하중을 받는 보의 경우

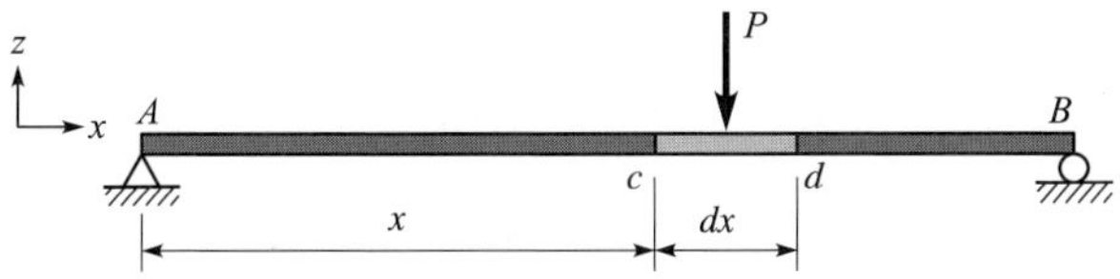

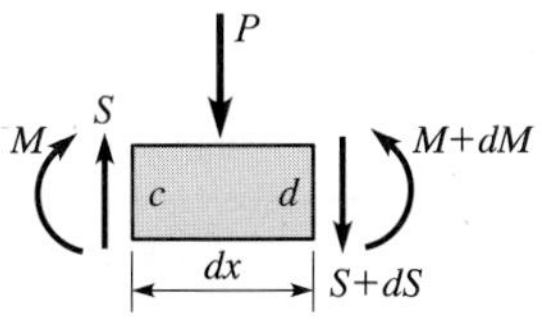

$$+\uparrow \Sigma F_z = 0 \;;\; S - P - (S + dS) = 0$$
$$dS = -P \tag{2.6}$$

식 (2.6)은 임의의 집중하중이 작용하는 위치에서는 작용하는 하중의 크기만큼 전단력의 변화가 일어남을 의미한다.

$$+\curvearrowright \Sigma M_d = 0 \;;\; M + S \cdot dx - (M + dM) - \frac{1}{2}P \cdot dx = 0$$
$$dM = S \cdot dx - \frac{1}{2}P \cdot dx \tag{2.7}$$

식 (2.7)은 미소구간 dx의 크기가 무한히 작기 때문에 집중하중의 작용으로 인해 하중 작용점에서 휨모멘트의 증가는 전단력의 경우처럼 급격히 일어나지는 않지만 미소거리 dx의 변화에 비례적으로 천천히 변화한다는 것을 설명하고 있다.

2) 모멘트하중을 받는 보의 경우

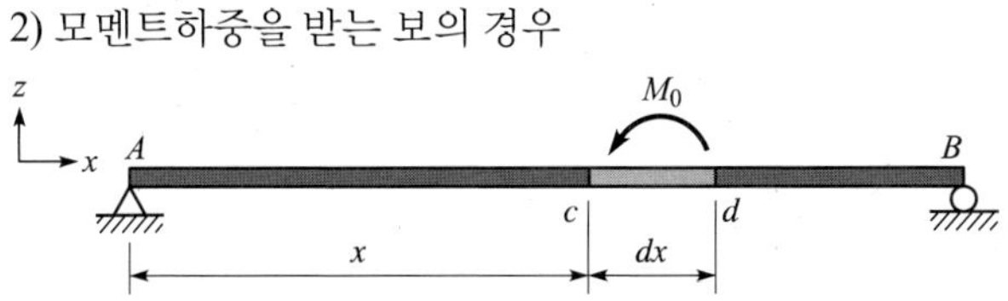

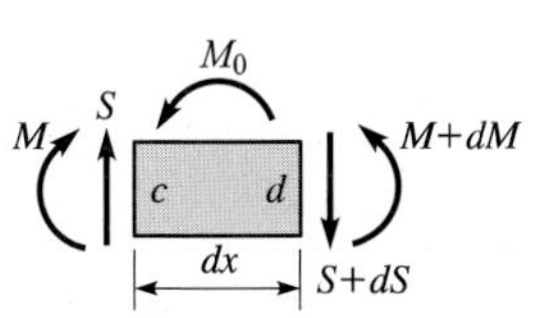

$$
\begin{aligned}
+\uparrow \sum F_z = 0\ ;\ & S-(S+dS)=0 \\
& dS=0
\end{aligned}
\tag{2.8}
$$

식 (2.8)에서 알 수 있듯이 미소구간에 모멘트하중 M_0가 작용하면 전단력의 변화량 dS는 “0”임을 알 수 있다. 즉, 전단력의 변화는 없음을 의미한다.

$$
\begin{aligned}
+\curvearrowright \sum M_d = 0\ ;\ & M+S\cdot dx-(M+dM)-M_0=0 \\
& dM=S\cdot dx-M_0 \\
& dM=-M_0
\end{aligned}
\tag{2.9}
$$

미소구간 dx의 크기가 무한히 작기 때문에 dx의 항을 무시하면 휨모멘트 증가량 dM은 바로 모멘트하중 M_0가 된다.

그림 2.7에는 하중, 전단력도, 휨모멘트도 사이의 관계를 정리했다.

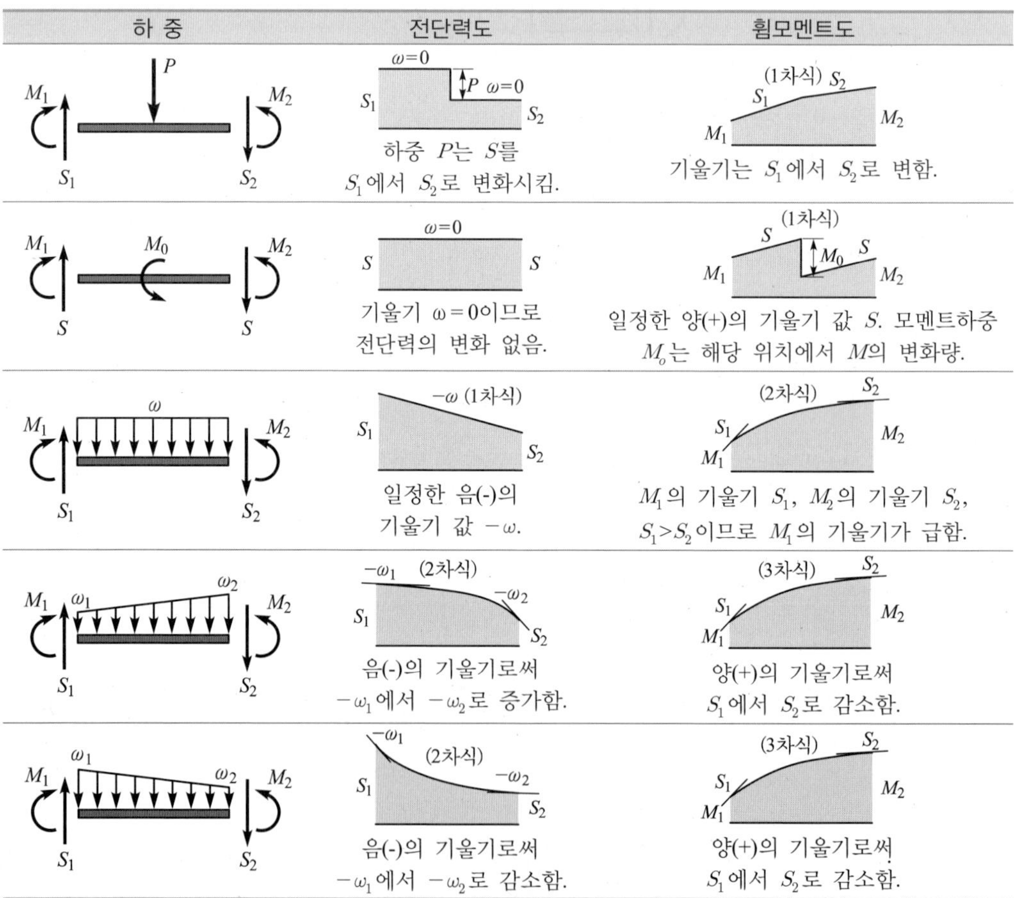

그림 2.7 하중, 전단력도, 휨모멘트도 사이의 상관관계

2.5 정정과 부정정

2차원 평면구조물에 외력이 작용하여 정역학적(statically) 평형상태에 있다고 하는 것은 모든 힘들 사이에 반드시 3개의 평형방정식 $\sum F_x = 0$, $\sum F_z = 0$, $\sum M_y = 0$이 성립하는 것을 의미한다. 이 3개의 평형방정식과 자유물체도를 사용해서 반력과 단면력(휨모멘트, 전단력, 축력)이 계산되는 구조물이 있고 계산되지 않는 구조물이 있다. 평형상태에 있는 구조물에서 위의 3개의 평형방정식에 의해 반력과 단면력(휨모멘트, 전단력, 축력)이 계산되는 것을 정정구조물(determinate structure)이라 한다. 반면에 3개의 평형방정식만으로 반력과 단면력이 계산되는 않는 것을 부정정구조물(indeterminate structure)이라 한다. 부정정구조물에서는 평형방정식 외에 변위의 적합조건(compatibility condition of displacement)을 고려해야 반력과 단면력이 구해진다. 관련된 부정정구조물의 해석은 7장에서 설명한다.

2차원 평면구조물의 외적인 정정 및 부정정의 판별과 부정정차수(degree of indeter minacy) 계산은 다음 식에 의한다.

$$n = r - 3 - c \tag{2.10}$$

여기서, n : 부정정차수($n = 0$이면 정정, $n < 0$이면 불안정), r : 반력성분의 수, c : 조건방정식의 수. 조건방정식은 조건식을 주는 내부연결로서, 그림 2.2(f)의 게르버보의 경우 1개의 내부힌지는 휨모멘트 $M = 0$이므로 1개의 조건방정식을 준다. 참고로, 구조물의 내부에 설치된 롤러나 링크는 휨모멘트 $M = 0$ 및 수평력 $H = 0$이므로 2개의 조건방정식을 준다.

한편, $n \geq 0$인 경우에도 구조물은 항상 안정한 것만은 아니다. 즉, $n \geq 0$일지라도, 구조물의 반력성분이 외적 안정을 확보할 수 있도록 적절하게 배열되지 않아 구조물이 움직이거나 회전하는 경우 기하학적 불안정(geometric instability) 구조물이 되고, 부재배열이 적절하지 못한 경우에도 외력이 작용하면 초기변형이 생기고 구조물이 이 변위를 탄성적으로 방지할 수 없어 내적인 기하학적 불안정한 구조물이 되기도 한다.

예제 2.3

다음 구조물의 정정, 부정정을 판별하고, 부정정인경우 부정정차수를 구하시오.

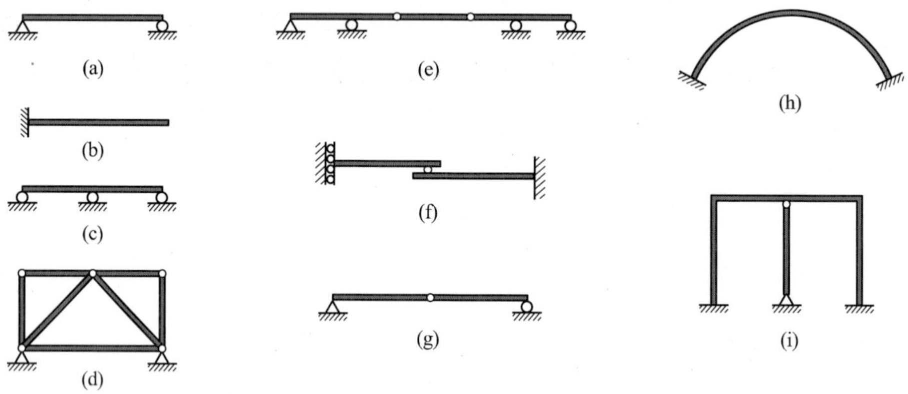

그림 예제 2.3

풀이

(a) 반력성분 $r=3$, 조건방정식 수 $c=0$ $\rightarrow$ $n=r-3-c=3-3-0=0$,

$\therefore$ 정정(단순보)

(b) 반력성분 $r=3$, 조건방정식 수 $c=0$ $\rightarrow$ $n=r-3-c=3-3-0=0$,

$\therefore$ 정정(캔틸레버보)

(c) 반력성분 $r=3$, 조건방정식 수 $c=0$ $\rightarrow$ $n=r-3-0=3-3-0=0$, 그러나 기하학적 불안정($\because$ 지점배열이 부적절하게 배치되어 수평하중에 의해 보가 움직일 수 있음)

(d) 반력성분 $r=4$, 조건방정식 수 $c=0$ $\rightarrow$ $n=r-3-c=4-3-0=1$,

$\therefore$ 1차부정정 트러스

(e) 반력성분 $r=5$, 조건방정식 수 $c=2$ $\rightarrow$ $n=r-3-c=5-3-2=0$, $\therefore$ 정정(게르버보)

(f) 반력성분 $r=5$, 조건방정식 수 $c=2$ $\rightarrow$ $n=r-3-c=5-3-2=0$, $\therefore$ 정정

(g) 반력성분 $r=3$, 조건방정식 수 $c=1$ $\rightarrow$ $n=r-3-c=3-3-1=-1$, $\therefore$ 불안정

(h) 반력성분 $r=6$, 조건방정식 수 $c=0$ $\rightarrow$ $n=r-3-c=6-3-0=3$,

$\therefore$ 3차부정정 고정아치

(i) 반력성분 $r=8$, 조건방정식 수 $c=1$ $\rightarrow$ $n=r-3-c=8-3-1=4$, $\therefore$ 4차부정정 라멘

2.6 정정보의 전단력도 및 휨모멘트도

작용하는 하중으로 인해 구조 부재인 보의 내부에는 전단력과 휨모멘트가 발생된다. 이러한 전단력 및 휨모멘트는 내력으로서 하중과 같은 외력과 구분된다. 보의 설계를 위해서는 발생되는 최대 전단력 및 최대 휨모멘트를 결정하는 것이 필요한데 하중으로 인해 보의 내부에 발생되는 전단력과 휨모멘트는 위치에 따라 변화하기 때문에 이를 결정하기 위한 일반화된 방법을 알아야할 필요가 있다. 이를 위한 방법으로 가장 널리 사용되는 것이 보의 축을 따라 부재 임의의 위치를 x로 정의하고 전단력과 휨모멘트를 x의 함수로 나타내는 방법이다. 보의 축을 따라 전단력과 휨모멘트를 x의 함수로 나타내어 임의의 위치에서 결정된 값들을 연결하여 그래프로 나타낸 것을 각각 전단력도(Shear Force Diagram ; SFD)와 휨모멘트도(Bending Moment Diagram ; BMD)라 한다. 전단력도와 휨모멘트도를 그리기 위해서는 정역학적인 부호규약과 변형부호규약을 정확하게 이해하고 있어야 한다. 실제 구조물의 설계에서 전단력도와 휨모멘트도는 최대 단면력의 발생위치와 단면 크기 결정, 보강재가 필요한 부분 등을 결정하는데 아주 유용하게 사용된다. 전단력도와 휨모멘트도를 그리는 방법을 정리하면 다음과 같다.

(1) 지점반력 계산

- 지점 형태에 따른 반력성분을 결정하고, 구조물 전체에 대한 자유물체도를 그린다.
- 결정된 지점 반력 및 하중은 2차원 평면에서 보의 축에 평행한 성분과 수직한 성분으로 분해한다.
- 평형방정식($\Sigma F_x = 0$, $\Sigma F_z = 0$, $\Sigma M_y = 0$; $x-z$ 평면의 경우)을 적용하여 반력성분을 구한다. 여기에는 정역학적 부호규약이 사용된다.

(2) x의 구간 설정

- 보의 임의의 위치를 표현하기 위한 좌표 x의 원점을 선정한다(켄틸레버보는 자유단을 x의 원점으로 선정하는 것이 편리함).
- x의 구간을 설정한다. x의 구간은 하중의 작용점(분포하중의 경우 시작점 및 끝점)과 지점 사이의 각 영역별로 구분한다.

(3) 전단력 및 휨모멘트 함수

- 설정된 x의 구간에 따라 단면을 절단하고 절단된 단면의 왼쪽 혹은 오른쪽 부분구조물의 자유물체도를 작성한다.

- 자유물체도를 작성하기 위해 절단된 단면에 전단력과 휨모멘트를 기입할 때는 변형 부호규약에 따라 양(+)의 값을 갖도록 해야 한다.
- 해당 구간의 전단력과 휨모멘트를 x의 함수로 결정하기 위하여 평형방정식($\Sigma F_x = 0$, $\Sigma F_z = 0$, $\Sigma M_y = 0$; $x-z$ 평면의 경우)을 적용한 후 정역학적 부호규약에 의해 구한다.

(4) 전단력도 및 휨모멘트도를 그린다.

- 각 구간별로 구한 x에 대한 전단력 함수와 휨모멘트 함수를 그린다. 일반적으로 보를 기준으로 얻어진 함수들이 양(+)의 값이면 보의 위쪽부분에 음(−)의 값이면 아래쪽에 그린다.

  다음 그림 2.8과 같은 정정인 단순보에 집중하중 P가 작용할 때, 보의 전단력도 및 휨모멘트도를 그려보자.

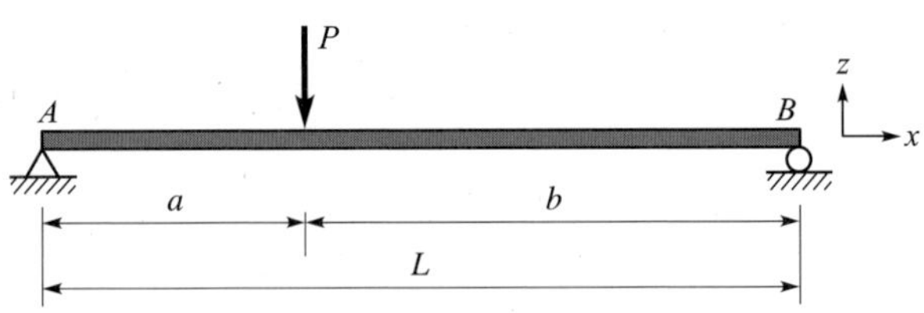

그림 2.8 집중하중을 받는 단순보

1) 반력계산

① 자유물체도

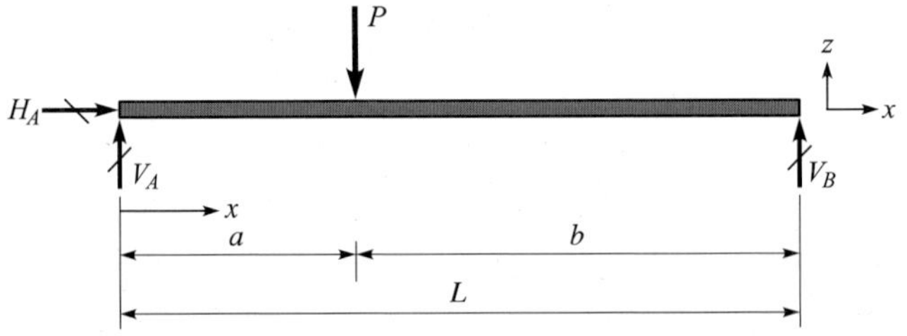

② 평형방정식을 이용한 반력산정 - 정역학적 부호규약 이용

$$\overrightarrow{\oplus}\ \Sigma F_x = 0\ ;\ \therefore\ H_A = 0$$

$$\oplus\uparrow\ \Sigma F_z = 0\ ;\ V_A + V_B - P = 0 \qquad \therefore\ V_A + V_B = P \tag{1}$$

$$\oplus\curvearrowright\ \Sigma M_B = 0\ ;\ V_A \times L - P \times b = 0$$

$$V_A = \frac{P \cdot b}{L}\ (\uparrow) \qquad (2)$$

결정된 V_A를 식 (1)에 대입하면

$$\frac{P \cdot b}{L} + V_B = P$$

$$V_B = P - \frac{P \cdot b}{L} = \frac{P(L-b)}{L} = \frac{P \cdot a}{L}\ (\uparrow)$$

$$\therefore\ V_A = \frac{P \cdot b}{L}\ (\uparrow), \qquad V_B = \frac{P \cdot a}{L}\ (\uparrow)$$

2) x구간 설정

하중의 불연속이 집중하중 P의 작용점에서 생기므로 보의 전체길이 L을 2구간으로 나눈다.

① $0 < x < a$

② $a < x < b$

3) 전단력과 휨모멘트 함수

① $0 < x < a$

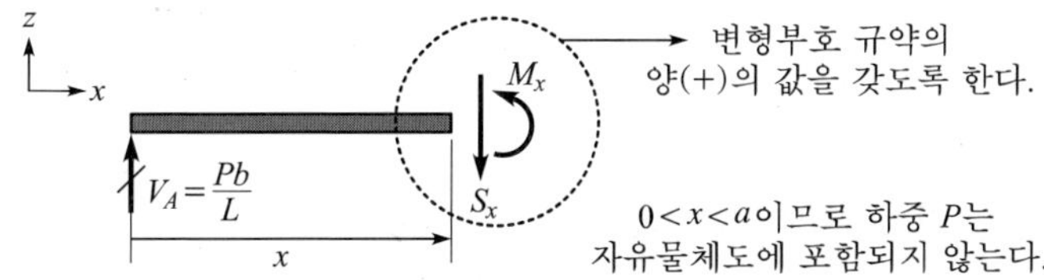

$$\oplus \uparrow \Sigma F_z = 0\ ;\ V_A - S_x = 0, \quad V_A = S_x$$

$$\therefore\ S_x = \frac{P \cdot b}{L}$$

$$\oplus \Sigma M_x = 0\ ;\ V_A \cdot x - M_x = 0, \quad V_A \cdot x = M_x$$

$$\therefore\ M_x = \frac{P \cdot b}{L} \cdot x$$

위 원형 점선안의 'M_x'와 위 식 '$\Sigma M_x = 0$'의 'M_x'는 서로의 의미가 다르다. 첫 번째 'M_x'는 x 위치에서의 M라는 의미이며, 두 번째 '$\Sigma M_x = 0$'에서 'M_x'는 x 위치에서의 M의 합력은 '0'이다 라는 의미를 갖고 있다.

② $a < x < L$

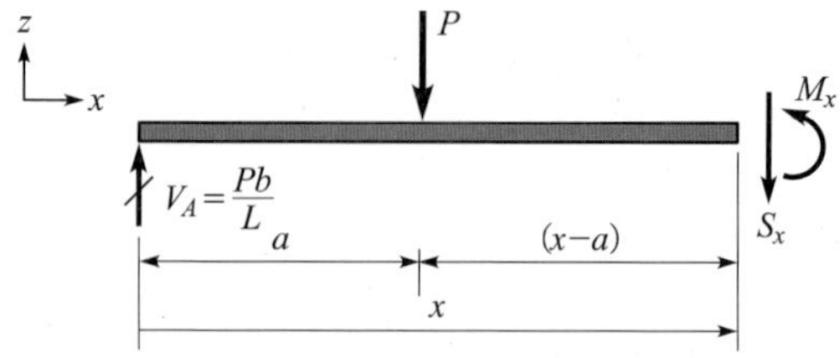

$$\oplus \uparrow \Sigma F_z = 0 \;;\; V_A - P - S_x = 0$$

$$S_x = V_A - P = \frac{P \cdot b}{L} - \frac{P \cdot L}{L} = -\frac{P \cdot a}{L}$$

$$\therefore\; S_x = -\frac{P \cdot a}{L}$$

$$\oplus \Sigma M_x = 0 \;;\; V_A \cdot x - P(x-a) - M_x = 0$$

$$M_x = V_A \cdot x - P(x-a) = \frac{P \cdot b \cdot x}{L} - P \cdot x + P \cdot a$$

$$M_x = P \cdot a - \frac{P \cdot x(L-b)}{L} = P \cdot a\left(1 - \frac{x}{L}\right)$$

$$\therefore\; M_x = P \cdot a\left(1 - \frac{x}{L}\right)$$

4) 전단력도(S.F.D) 및 휨모멘트도(B.M.D)

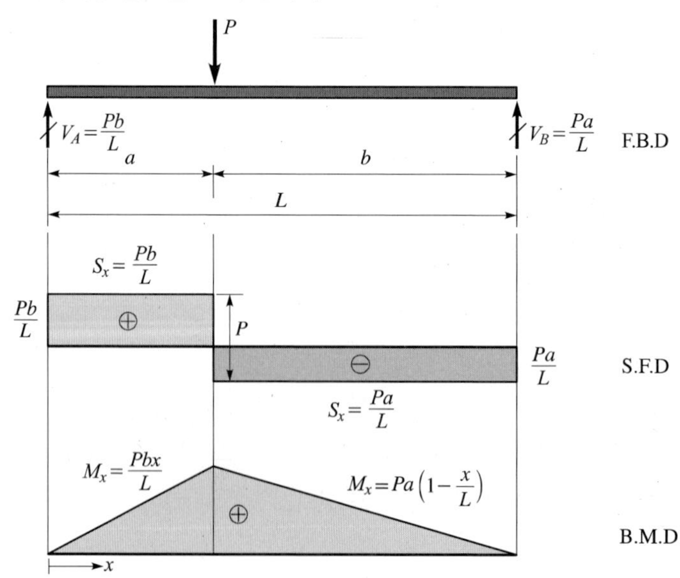

이해가 쉽도록 위의 전단력도 및 휨모멘트도에 숫자를 대입시켜 고려해보자. 만약, $P=100\text{kN}$, $L=10\text{m}$, $a=3\text{m}$, $b=7\text{m}$라면

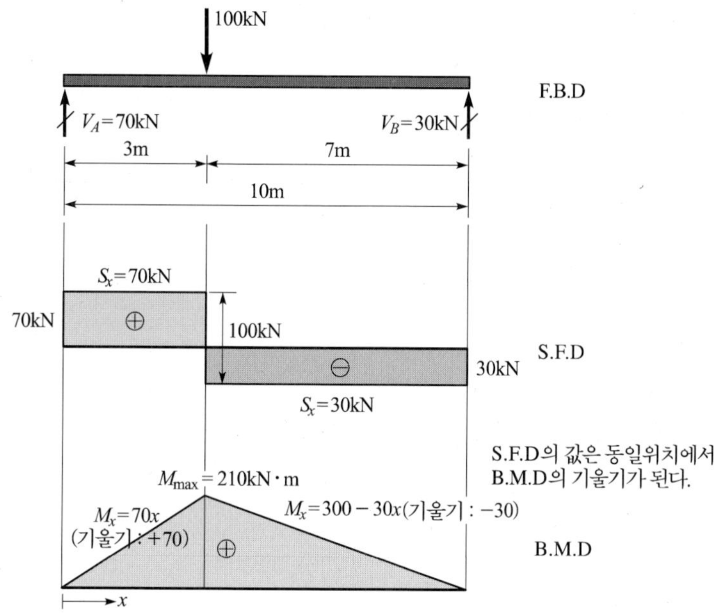

그림 2.9 전단력도와 휨모멘트도

TIP

위의 x구간 설정에서 '$a<x<b$'일 때, x의 원점을 'B'점으로 선정할 경우 구간은 '$0<x<b$'로 되고 전단력과 휨모멘트 함수는 다음과 같이 얻어진다. 그러나 전단력도와 휨모멘트도는 동일하게 얻어진다.

x구간 : $0<x<b$

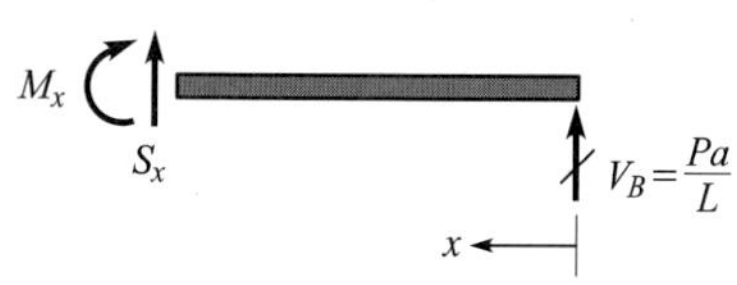

$$+\uparrow \sum F_z=0\ ;\ V_B+S_x=0 \rightarrow S_x=-V_B$$

$$\therefore S_x=-\frac{P\cdot a}{L}\ (\downarrow)$$

$$+\curvearrowright \sum M_x=0\ ;\ -V_B\cdot x+M_x=0 \rightarrow M_x=V_B\cdot x$$

$$\therefore M_x=\frac{P\cdot a}{L}\cdot x\ (\curvearrowright)$$

예제 2.4

다음 단순보의 전단력도와 휨모멘트도를 그리시오.

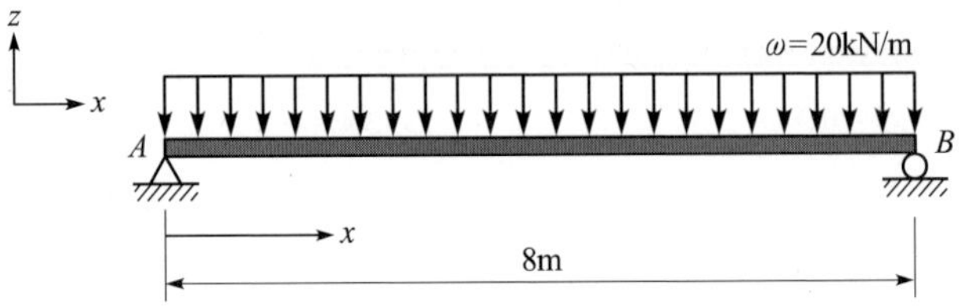

그림 예제 2.4

풀이

1) 반력계산

$\oplus \uparrow \sum F_z = 0$; $V_A + V_B - \omega \cdot L = 0$

$\therefore\ V_A + V_B = 20 \times 8 = 160\,\text{kN}$

$\oplus \curvearrowright \sum M_B = 0$; $V_A \cdot 8 - 20 \cdot 8 \cdot \dfrac{8}{2} = 0$

$\therefore\ V_A = \dfrac{640}{8}\,\text{kN} = 80\,\text{kN}\ (\uparrow)$

$\therefore\ V_B = 160 - 80 = 80\,\text{kN}\ (\uparrow)$

2) x구간 설정

$0 < x < L$

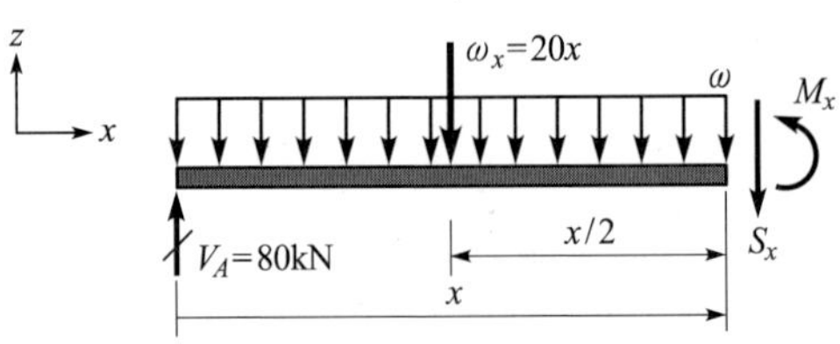

3) 전단력과 휨모멘트 함수

$\oplus \uparrow \sum F_z = 0$; $V_A - S_x - 20x = 0$

$\therefore\ S_x = 80 - 20x$

$\oplus \curvearrowright \sum M_x = 0$; $V_A \cdot x - M_x - 20x \cdot \dfrac{x}{2} = 0$

$M_x = 80x - 10x^2 = x(80 - 10x)$

$\therefore\ M_x = x(80 - 10x)$

$\dfrac{dM}{dx} = 80 - 20x = 0 \rightarrow x = 4\text{m},\ \ \therefore\ M_{\max} = M_{x=4\text{m}} = 4(80 - 10 \cdot 4) = 160\,\text{kN} \cdot \text{m}$

4) 전단력도(S.F.D) 및 휨모멘트도(B.M.D)

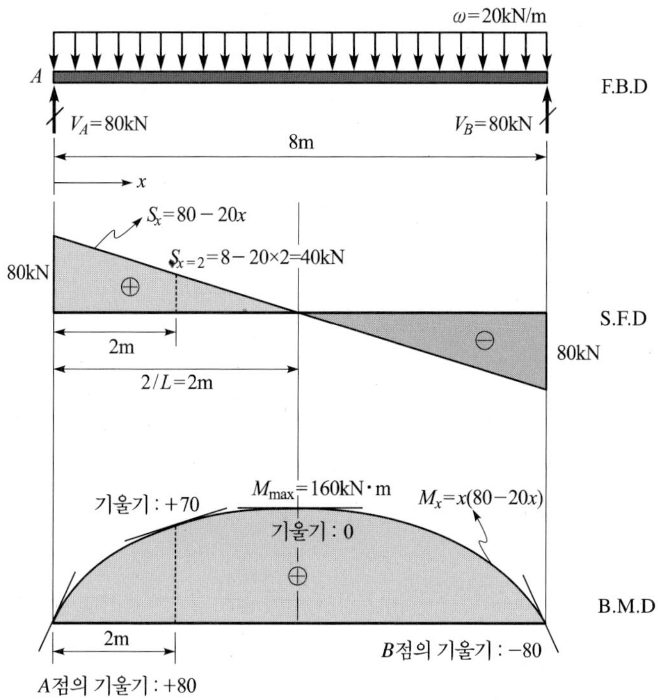

- 전단력이 “0”되는 위치 :

  $S_x = 80 - 20x = 0$을 만족하는 x를 구하면 된다.

  $80 - 20x = 0, \therefore x = 4\text{ m}$

- 최대 휨모멘트 :

  $dM/dx = S$이므로 휨모멘트도를 x에 대해서 한번 미분한 값인 전단력선도의 값이 “0”되는 위치에서, 즉 $dM/dx = S = 0$에서 최대 휨모멘트가 발생한다. 전단력선도 값이 “0”되는 위치는 $x = 4\text{ m}$이므로 최대 휨모멘트는 다음과 같다.

  $\therefore M_{\max} = 4(80 - 40) = 160\text{ kN}\cdot\text{m}$

예제 2.5

다음 캔틸레버보의 전단력도와 휨모멘트도를 구하시오.

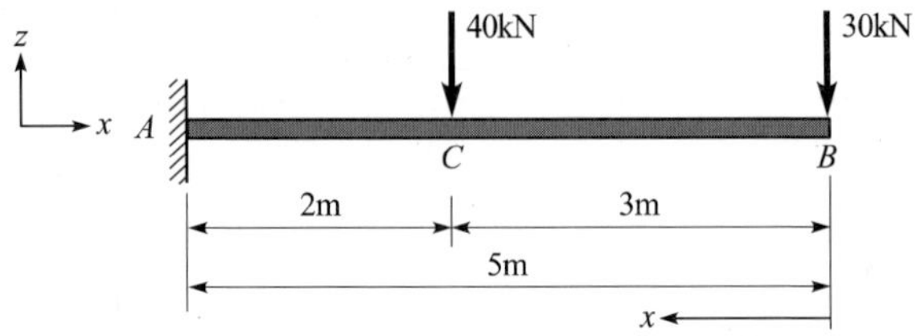

그림 예제 2.5

풀이

1) 반력계산

$\oplus\uparrow \sum F_z = 0$; $V_A - 40\,\text{kN} - 30\,\text{kN} = 0$

$\therefore\ V_A = 70\,\text{kN}\ (\uparrow)$

$\oplus\!\curvearrowright \sum M_A = 0$; $-M_A + 40\,\text{kN}\times 2\text{m} + 30\text{kN}\times 5\text{m} = 0$

$\therefore\ M_A = 230\,\text{kN}\cdot\text{m}\,(\circlearrowleft)$

2) x구간 설정(자유단을 x의 원점으로 취하는 것이 계산상 편리하다.)

i) $0 < x < 3\,\text{m}$

ii) $3\,\text{m} < x < 5\,\text{m}$

3) 전단력과 휨모멘트 함수

i) $0 < x < 3\,\text{m}$

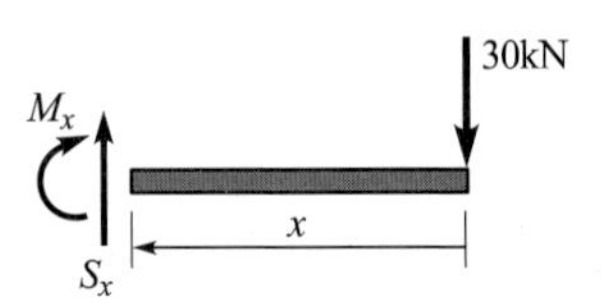

$\oplus\uparrow \sum F_z = 0$; $-30 + S_x = 0$

$\therefore\ S_x = 30\,\text{kN}$

$\oplus\!\curvearrowright \sum M_x = 0$; $M_x + 30x = 0$

$\therefore\ M_x = -30x$

ii) $3\,\text{m} < x < 5\,\text{m}$

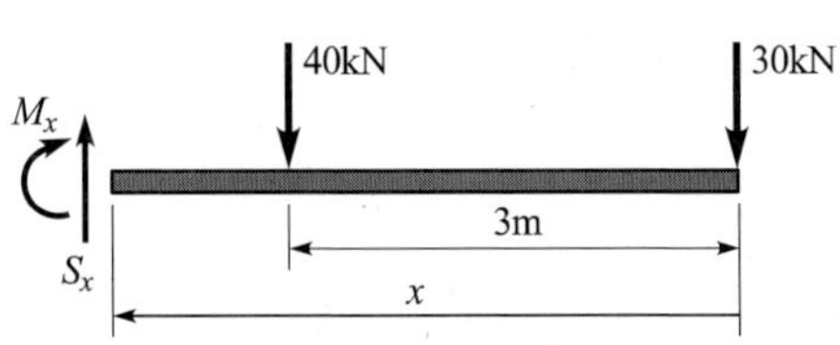

$\oplus\uparrow \sum F_z = 0$; $-30 - 40 + S_x = 0$

$\therefore\ S_x = 70\,\text{kN}$

$\oplus\!\curvearrowright \sum M_x = 0$; $30x + 40(x-3) + M_x = 0$

$M_x = -30x - 40x + 120 = 120 - 70x$

$\therefore\ M_x = 120 - 70x$

4) 전단력도(S.F.D) 및 휨모멘트도(B.M.D)

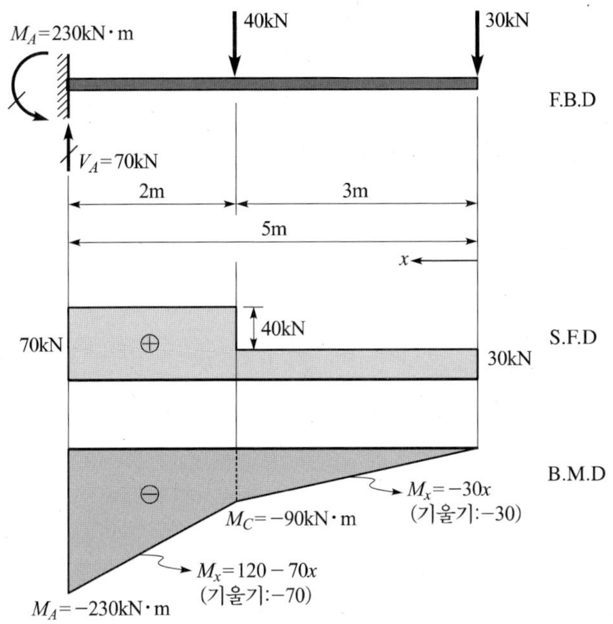

5) x의 원점을 A점으로 취해보자.

i) $0 < x < 2$ m

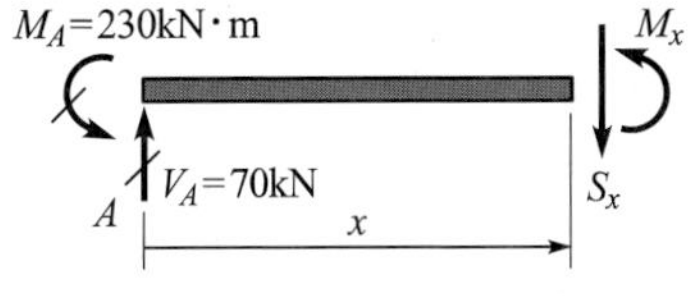

$\oplus\uparrow \sum F_s = 0\ ;\ 70 - S_x = 0$ $\quad\quad \therefore\ S_x = 70\text{kN}$

$\oplus\curvearrowright \sum M_x = 0\ ;\ 70x - 230 - M_x = 0$ $\quad\quad \therefore\ M_x = 70x - 230$

ii) $2\text{ m} < x < 5\text{ m}$

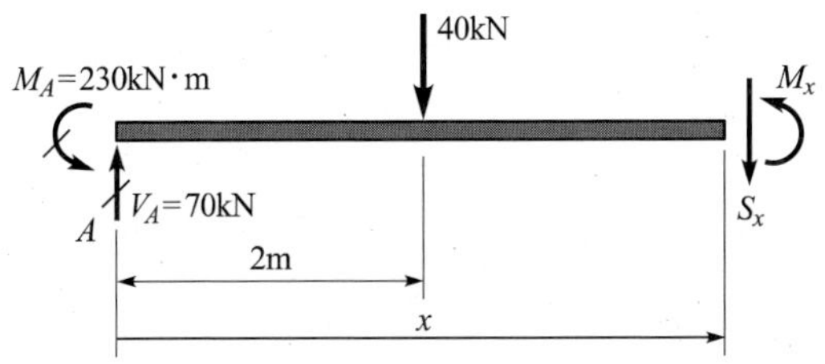

$\oplus \uparrow \sum F_s = 0\,;\, 70 - 40 - S_x = 0 \qquad \therefore\ S_x = 30\text{kN}$

$\oplus \curvearrowright \sum M_x = 0\,;\, 70x - 230 - 40(x-2) - M_x = 0 \qquad \therefore\ M_x = 30x - 150$

6) 전단력도(S.F.D) 및 휨모멘트도(B.M.D)

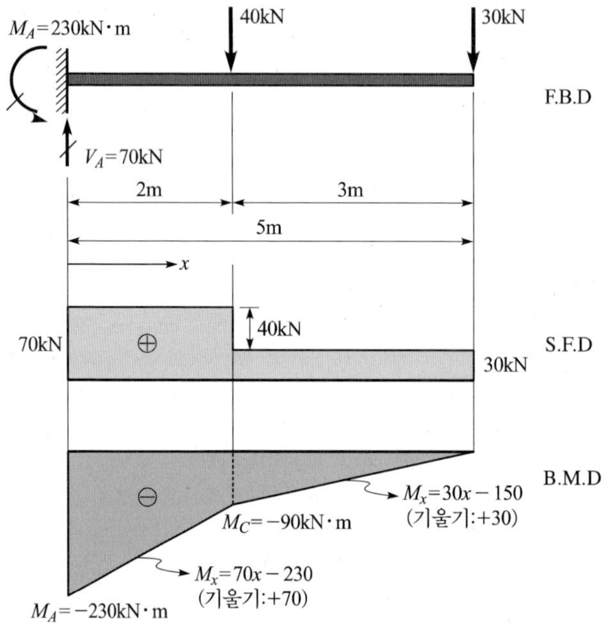

휨모멘트도와 전단력도를 표현하는 일반식은 x의 원점 위치에 따라 다르게 표현되지만 전단력 및 휨모멘트 값은 x의 원점위치에 관계없이 어느 위치에서나 동일하게 얻어짐을 알 수 있다.

예제 2.6

다음 캔틸레버보의 전단력도와 휨모멘트도를 구하시오.

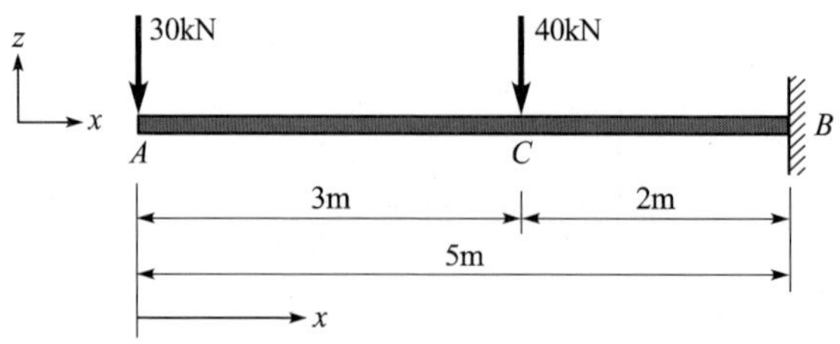

그림 예제 2.6

풀이

1) 반력계산

$\oplus \uparrow \sum F_z = 0$; $V_B - 40\text{kN} - 30\text{kN} = 0$ $\quad\therefore V_B = 70\text{kN}$ (↑)

$\oplus \curvearrowright \sum M_B = 0$; $M_B - 40\text{kN} \times 2\text{m} - 30\text{kN} \times 5\text{m} = 0$

$\therefore M_B = 230\,\text{kN} \cdot \text{m}$ (↻)

2) x구간 설정(자유단을 x의 원점으로 취하는 것이 계산상 편리하다.)

i) $0 < x < 3$ m

ii) $3\text{m} < x < 5$ m

3) 전단력과 휨모멘트 함수

i) $0 < x < 3$ m

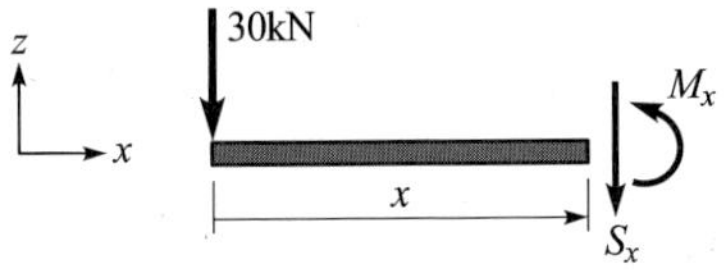

$\oplus \uparrow \sum F_z = 0$; $-30 - S_x = 0$ $\quad\therefore S_x = -30\text{kN}$ (↑)

$\oplus \curvearrowright \sum M_x = 0$; $-M_x - 30x = 0$ $\quad\therefore M_x = -30x$ (↷)

ii) $3\text{ m} < x < 5\text{ m}$

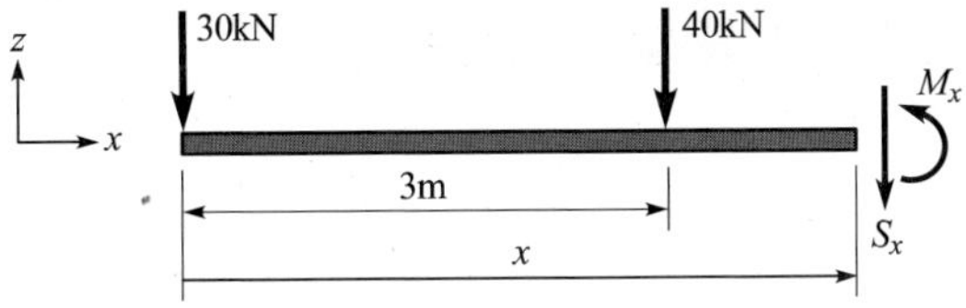

$\oplus \uparrow \sum F_z = 0$; $-30 - 40 - S_x = 0$ $\quad\therefore S_x = -70\text{kN}$ (↑)

$\oplus \curvearrowright \sum M_x = 0$; $-30x - 40(x-3) - M_x = 0$

$M_x = -30x - 40x + 120 = 120 - 70x$ $\quad\therefore M_x = 120 - 70x$

4) 전단력도(S.F.D) 및 휨모멘트도(B.M.D)

예제 2.5의 S.F.D와 2.6의 S.F.D를 비교해보면, 동일한 하중 조건의 경우에도 각각 양(+)의 전단력과 음(−)의 전단력으로 S.F.D가 결정됨에 유의해야 한다. 이러한 부호 결정은 변형 부호규약에 근거를 두고 있다.

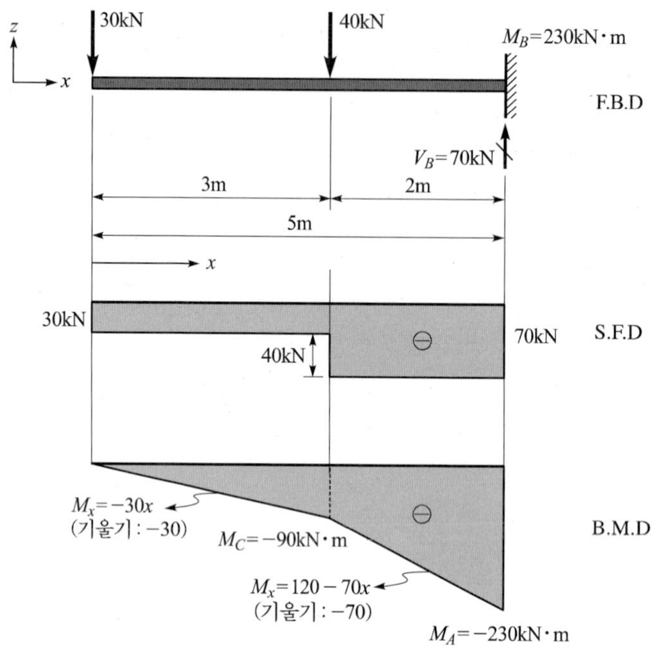

예제 2.7

다음 그림에서 힘의 합력 R과 힘의 작용방향 θ를 해석법을 사용하여 구하여라.

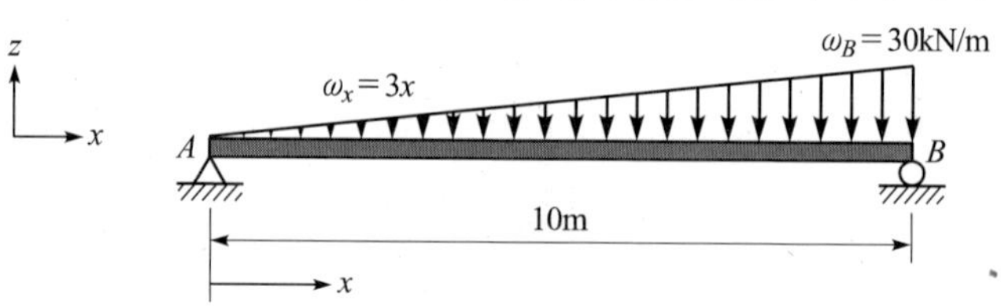

그림 예제 2.7

풀이

1) 반력계산

$$\oplus \uparrow \sum F_z = 0\ ;\ V_A + V_B - \frac{1}{2}(30\text{kN/m} \times 10\text{m}) = 0$$

$$\therefore\ V_A + V_B = 150\text{kN}$$

$$\oplus \curvearrowright \sum M_B = 0\ ;\ V_A \times 10\text{m} - \frac{1}{2}(30\text{kN/m} \cdot 10\text{m}) \times \frac{10}{3}\text{m} = 0$$

$$\therefore\ V_A = 50\,\text{kN}\ (\uparrow) \qquad \therefore\ V_B = 100\,\text{kN}(\uparrow)$$

2) x구간 설정

$0\,\text{m} < x < 10\,\text{m}$

3) 전단력과 휨모멘트 함수

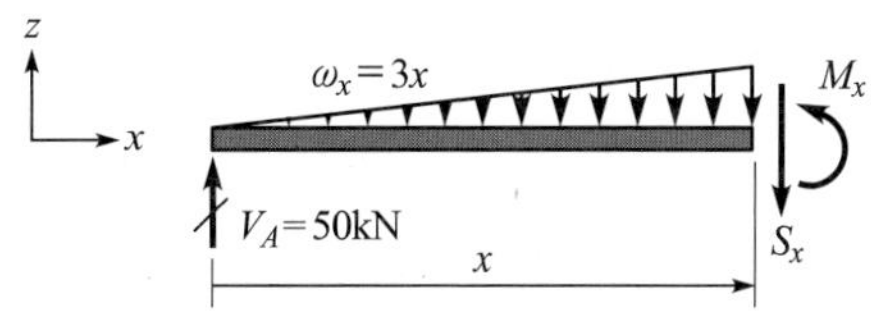

$x : \omega_x = 10 : 30 \;\rightarrow\; \omega_x = 3x$

$\oplus\uparrow \sum F_z = 0\ ;\ 50 - 3x \cdot x \cdot \dfrac{1}{2} - S_x = 0$

$\therefore\ S_x = 50 - 1.5x^2$

$\oplus\!\curvearrowright \sum M_x = 0\ ;\ 50x - \left(3x \cdot x \cdot \dfrac{1}{2}\right) \cdot \dfrac{x}{3} - M_x = 0$

$\therefore\ M_x = 50x - 0.5x^3$

4) 전단력도(S.F.D) 및 휨모멘트도(B.M.D)

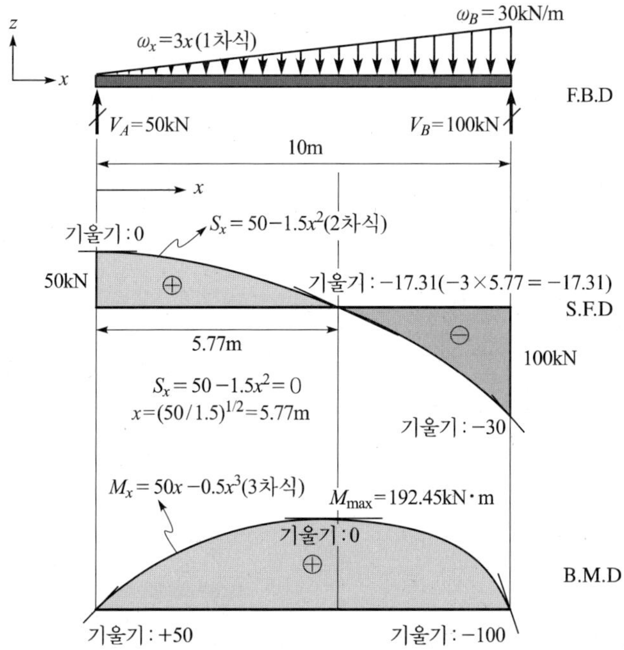

예제 2.8

다음 정정내민보의 전단력도와 휨모멘트도를 그리시오.

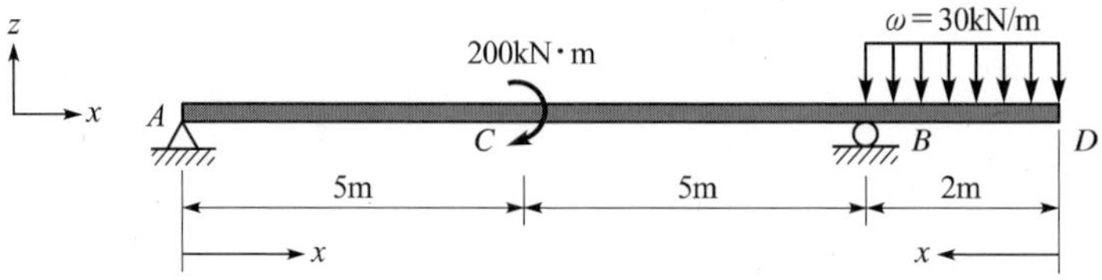

그림 예제 2.8

풀이

1) 반력계산

$\oplus\uparrow \sum F_z = 0\ ;\ V_A + V_B - 30\text{kN/m} \cdot 2\text{m} = 0$

$\therefore\ V_A + V_B = 60\,\text{kN}$

$\oplus \sum M_B = 0\ ;V_A \cdot 10\text{m} + 200\text{kN} \cdot \text{m} + 30\text{kN/m} \cdot 2\text{m} \cdot \dfrac{2\text{m}}{2} = 0$

$\therefore V_A = \dfrac{1}{10\text{m}}(-200\text{kN} \cdot \text{m} - 60\text{kN} \cdot \text{m}) = -26\text{kN}(\downarrow)$

$\therefore\ V_B = 60\,\text{kN} - (-26t) = 86\,\text{kN}(\uparrow)$

2) x구간 설정

i) $0 < x < 5\,\text{m}$ (x원점 : A점)

ii) $5\,\text{m} < x < 10\,\text{m}$ (x원점 : A점)

iii) $0 < x < 2\,\text{m}$ (x원점 : B 점)

3) 전단력과 휨모멘트 함수

i) $0 < x < 5\,\text{m}$ (x원점 : A점)

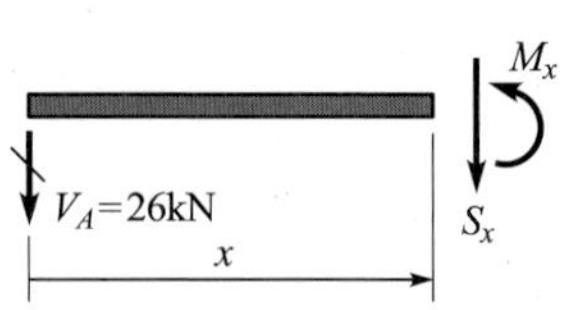

$\oplus\uparrow \Sigma F_z = 0\ ;\ -26 - S_x = 0$

$\therefore\ S_x = -26\,\text{kN}$

$\oplus \Sigma M_x = 0\ ;\ -26 \cdot x - M_x = 0$

$\therefore\ M_x = -26x$

ii) $5\,\text{m} < x < 10\,\text{m}$ (x원점 : A점)

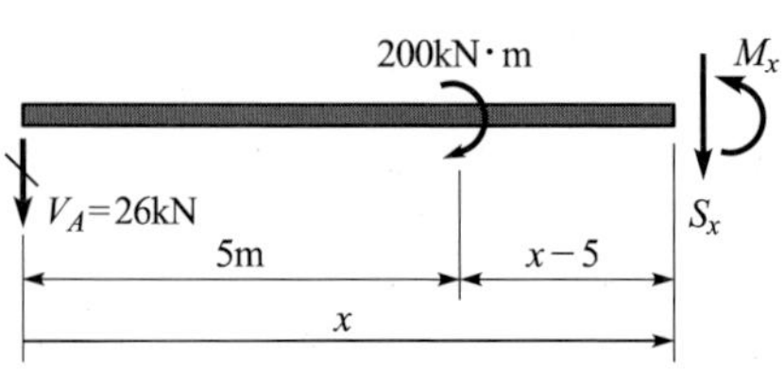

$\oplus\uparrow \Sigma F_z = 0\ ;\ -26 - S_x = 0$

$\therefore\ S_x = -26\,\text{kN}$

$\circlearrowright\oplus\ \Sigma M_x = 0\ ;\ -26 \cdot x + 200 - M_x = 0$

$\therefore\ M_x = -26x + 200$

iii) $0 < x < 2\,\text{m}$ (x 원점 : B점)

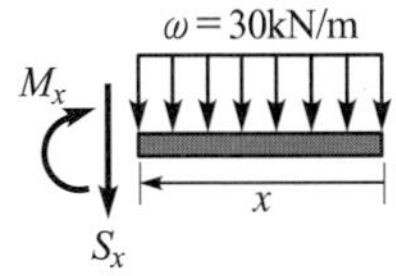

$\oplus \uparrow \Sigma F_z = 0\ ;\ S_x - 30 \cdot x = 0$

$\therefore\ S_x = 30x$

$\circlearrowright\oplus\ \Sigma M_x = 0\ ;\ M_x + 30 \cdot x \cdot \dfrac{x}{2} = 0$

$\therefore\ M_x = -\dfrac{30}{2}x^2 = -15x^2$

4) 전단력도(S.F.D) 및 휨모멘트도(B.M.D)

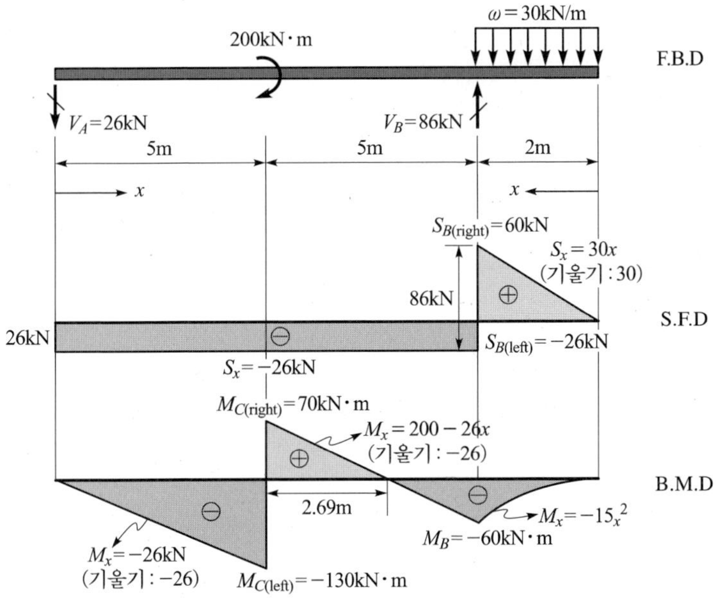

5) 전단력도의 설명

- C점의 모멘트하중은 전단력값에 영향을 미치지 않는다.
- 지점 B의 반력성분 86kN을 포함하지 않은 전단력값 $S_{B(left)} = -26$kN이며, 86kN을 포함한 전단력값 $S_{B(right)} = 60$kN이 된다. 즉, B점의 바로 왼쪽단면에서 전단력값이 $S_{B(left)} = -26$kN이고, B점의 바로 오른쪽단면에서 전단력값이 $S_{B(right)} = 60$kN이다.
- 최대 전단력 $S_{\max} = S_{B(right)} = 60$kN이다.

6) 휨모멘트도의 설명

- C 점의 모멘트하중 200kN·m를 포함하지 않은 휨모멘트값 $M_{C(left)} = -130$kN·m이며, 200kN·m를 포함한 $M_{C(right)} = 70$kN·m가 된다. 즉, C 점의 바로 왼쪽단면에서 휨모멘트값이 $M_{C(left)} = -130$kN·m이고, C 점의 바로 오른쪽단면에서 휨모멘트값이 $M_{C(right)} =$ 70kN·m 이다.
- 모멘트하중 200kN·m는 그 위치의 휨모멘트 변화량이다.
- 휨모멘트가 "0"이 되는 위치 2.69m는 $M_x = 70 - 26x = 0$을 고려하여 x를 구함으로써 구할 수 있다.
- 부재 BD구간의 휨모멘트도는 2차곡선이 된다.

예제 2.9

다음 내민보의 전단력도와 휨모멘트도를 그리시오.

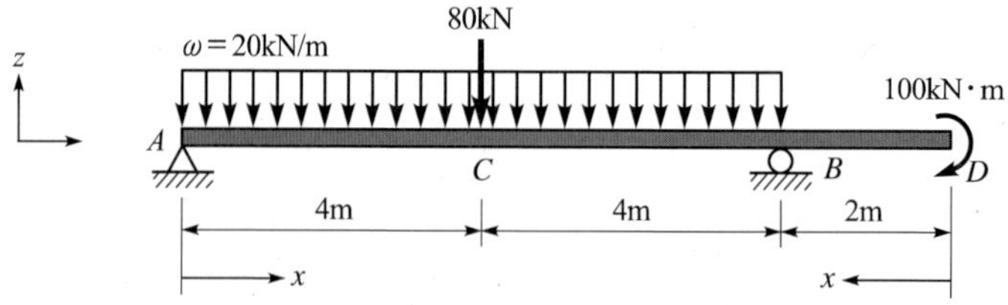

그림 예제 2.9

풀이

1) 반력계산

$\oplus \uparrow \Sigma F_z = 0$; $V_A + V_B - 20\,\text{kN/m} \cdot 8\text{m} - 80\,\text{kN} = 0$

$\therefore V_A + V_B = 240\,\text{kN}$

$\oplus \curvearrowright \Sigma M_B = 0$; $V_A \cdot 8\text{m} - 20\text{kN/m} \times 8\text{m} \times \dfrac{8}{2}\text{m} - 80\text{kN} \times 4\text{m} + 100\text{kN} \cdot \text{m} = 0$

$\therefore V_A = \dfrac{1}{8\text{m}}(640\,\text{kN} \cdot \text{m} + 320\,\text{kN} \cdot \text{m} - 100\,\text{kN} \cdot \text{m}) = 107.5\,\text{kN}(\uparrow)$

$\therefore V_B = 240\,\text{kN} - 107.5\,\text{kN} = 132.5\,\text{kN}(\uparrow)$

2) x구간 설정

i) $0 < x < 4$ m (x 원점 : A 점)

ii) 4 m $< x < 8$ m (x 원점 : A 점)

iii) $0 < x < 2$ m (x 원점 : B점)

3) 전단력과 휨모멘트 함수

i) $0 < x < 4\text{m}$ (x 원점 : A 점)

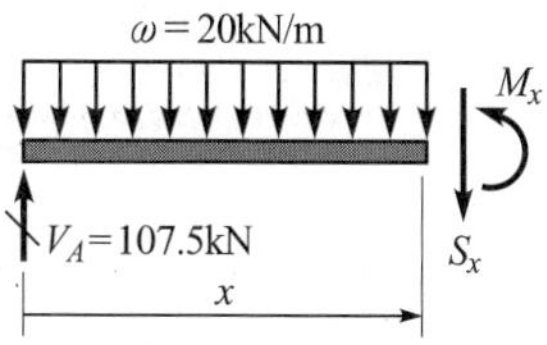

$\oplus\uparrow \Sigma F_z = 0$; $107.5 - 20 \times x - S_x = 0$

$\therefore\ S_x = -20x + 107.5\,\text{kN}$

$\oplus\!\circlearrowright \Sigma M_x = 0$; $107.5 \times x - 20 \times x \times \dfrac{x}{2} - M_x = 0$

$\therefore\ M_x = -10x^2 + 107.5x$

ii) $4\,\text{m} < x < 8\text{m}$ (x 원점 : A 점)

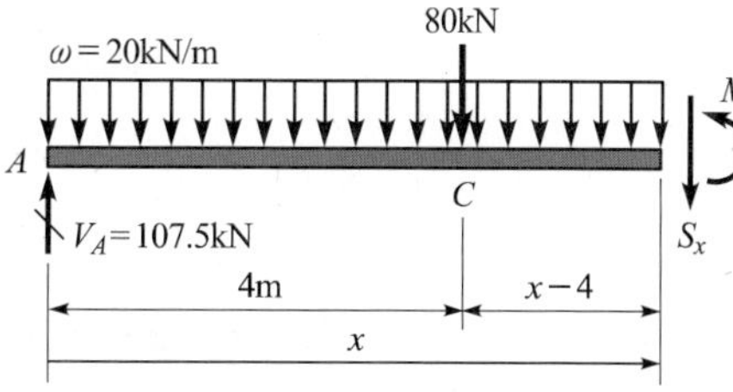

$\oplus\uparrow \Sigma F_z = 0$; $107.5 - 20 \times x - 80 - S_x = 0$

$\therefore\ S_x = -20x + 27.5\,\text{kN}$

$\oplus\!\circlearrowright \Sigma M_x = 0$; $107.5 \times x - 20 \times x \times \dfrac{x}{2} - 80 \times (x-4) - M_x = 0$

$\therefore\ M_x = -10x^2 + 27.5x + 320$

iii) $0 < x < 2\text{m}$ (x 원점 : B점)

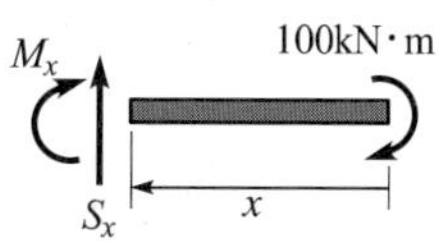

$\oplus\uparrow \Sigma F_z = 0$; $S_x = 0$ $\qquad \therefore\ S_x = 0$

$\oplus\!\circlearrowright \Sigma M_x = 0$; $M_x + 100 = 0$ $\qquad \therefore\ M_x = -100$

4) 전단력도(S.F.D) 및 휨모멘트도(B.M.D)

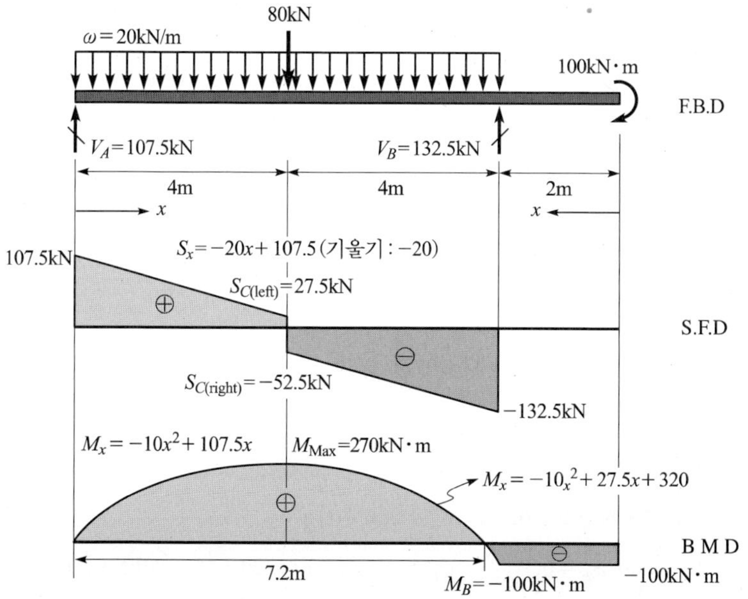

2.7 게르버보의 단면력도

예제 2.10

E점이 내부힌지인 다음 게르버보의 단면력도(전단력도, 휨모멘트도)를 그리시오.

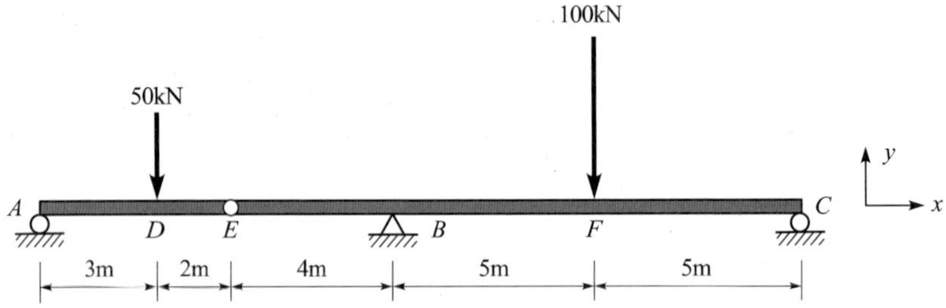

(a)

그림 예제 2.10

풀이

1) 반력계산

게르버보는 내부힌지에 의해 단순보, 켄틸레버보, 내민보가 조합되어 정정구조물이 된다. 이 경우는 내부힌지 E점에서 휨모멘트가 이완되어 $M_E = 0$이므로, AE간의 단순보가 EB의 내민정정보 위에 놓여있는 형태가 된다. 이 상태를 자유물체도로 나타내면 다음 그림과 같다.

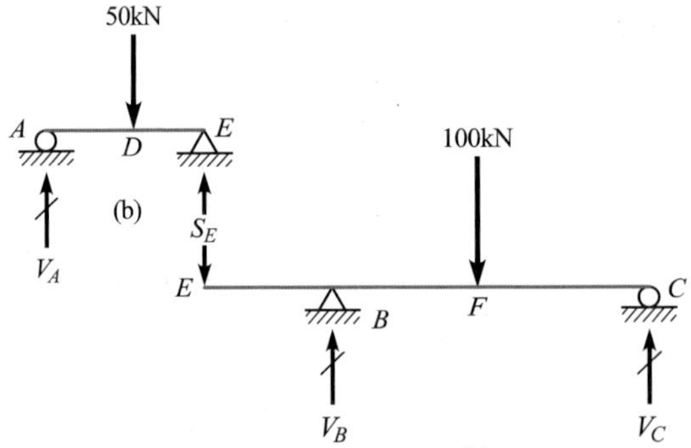

(c)

그림 예제 2.10(b)의 자유물체도에서

$$+\curvearrowright \sum M_E = 0 \;;\; V_A \cdot 5 - 50 \cdot 2 = 0, \quad \therefore V_A = 20\text{kN}\,(\uparrow)$$

$$+\uparrow \sum F_z = 0 \;;\; V_A - 50 + S_E = 0, \quad \therefore S_E = -V_A + 50 = -20 + 50 = 30\text{kN}\,(\uparrow)$$

그림 예제 2.10(c)의 자유물체도에서

$+\curvearrowright \sum M_C = 0$; $-S_E \cdot 14 + V_B \cdot 10 - 100 \cdot 5 = 0$

$\therefore V_B = \frac{1}{10}(S_E \cdot 14 + 100 \cdot 5) = \frac{1}{10}(30 \cdot 14 + 100 \cdot 5) = 92\text{kN}\,(\uparrow)$

$+\uparrow \sum F_z = 0$; $-S_E + V_B - 100 + V_C = 0$

$\therefore V_C = S_E - V_B + 100 = 30 - 92 + 100 = 38\text{kN}\,(\uparrow)$

2) x구간 설정

i) $0 \leq x \leq 3\,\text{m}$ (x원점 : A점)

ii) $3\,\text{m} \leq x \leq 5\text{m}$ (x원점 : A점)

iii) $0 \leq x \leq 4\,\text{m}$ (x원점 : E점)

iv) $4\,\text{m} \leq x \leq 9\text{m}$ (x원점 : E점)

v) $0 \leq x \leq 5\,\text{m}$ (x원점 : C 점)

3) 전단력과 휨모멘트 함수

i) $0 \leq x \leq 3\text{m}$ (x원점 : A 점)

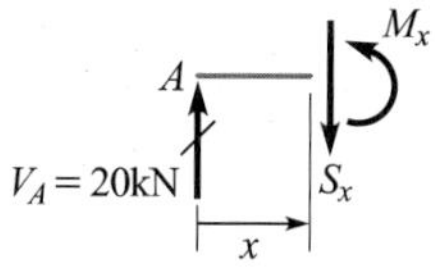

$+\uparrow \sum F_z = 0$; $V_A - S_x = 0$, $\therefore S_x = V_A = 20\text{kN}\,(\downarrow)$

따라서, $S_{A,right} = S_{x=0m} = 20\text{kN}\,(\downarrow)$, 이 값은 A점의 바로 오른쪽단면의 전단력값이다.

$S_{D,left} = S_{x=3m} = 20\text{kN}\,(\downarrow)$, 이 값은 D점의 바로 왼쪽단면의 전단력값이다.

$+\curvearrowright \sum M_x = 0$; $V_A \cdot x - M_x = 0$

$\therefore M_x = V_A \cdot x = 20x$

따라서, $M_{A,right} = M_{x=0m} = 20 \cdot 0 = 0$, 이 값은 A점의 바로 오른쪽단면의 휨모멘트값이다.

$M_{D,left} = M_{x=3m} = 20 \cdot 3 = 60\text{kN}\cdot\text{m}\,(\curvearrowleft)$, 이 값은 D점의 바로 왼쪽단면의 휨모멘트값이다.

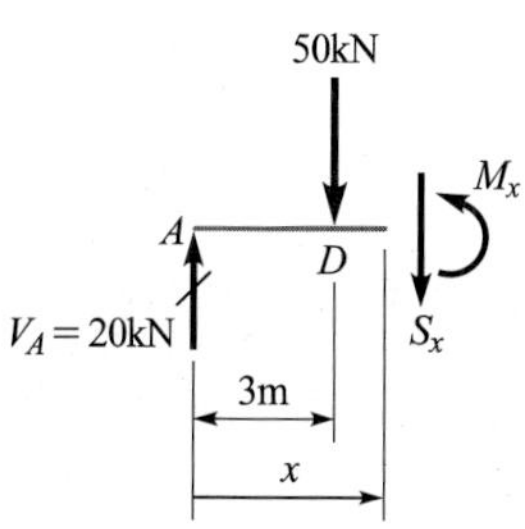

ii) $3 \leq x \leq 5\,\text{m}$ (x원점 : A 점)

$+\uparrow \sum F_z = 0$; $V_A - 50 - S_x = 0$,

$\therefore S_x = V_A - 50 = 20 - 50 = -30\text{kN}\,(\uparrow)$

따라서, $S_{D,right} = S_{x=3m} = -30\text{kN}(\uparrow)$

$S_{E,left} = S_{x=5m} = -30\text{kN}(\uparrow)$

$+\curvearrowright \sum M_x = 0$; $V_A \cdot x - 50 \cdot (x-30) - M_x = 0$

$\therefore M_x = V_A \cdot x - 50 \cdot (x-3) = 20x - 50(x-3) = -30x + 150$

따라서, $M_{D,right} = M_{x=3m} = -30 \cdot 3 + 150 = 60\text{kN} \cdot \text{m}(\curvearrowleft)$

$M_{E,left} = M_{x=5m} = -30 \cdot 5 + 150 = 0$

(게르버보의 내부힌지 E점에서 휨모멘트가 이완되어 $M_E = 0$)

iii) $0 \le x \le 4\text{m}$ (x 원점 : E 점)

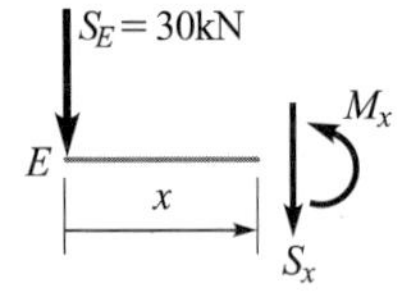

$+\uparrow \sum F_z = 0$; $-S_E - S_x = 0$, $\therefore S_x = -S_E = -30\text{kN}(\uparrow)$

따라서, $S_{E,right} = S_{x=0m} = -30\text{kN}(\uparrow)$

$S_{B,left} = S_{x=4m} = -30\text{kN}(\uparrow)$

$+\curvearrowright \sum M_x = 0$; $-S_E \cdot x - M_x = 0$

$\therefore M_x = -S_E \cdot x = -30x$

따라서, $M_{E,right} = M_{x=0m} = -30 \cdot 0 = 0$

$M_{B,left} = M_{x=4m} = -30 \cdot 4 = -120\text{kN} \cdot \text{m}(\curvearrowright)$

iv) $4\text{m} \le x \le 9\text{m}$ (x 원점 : E점)

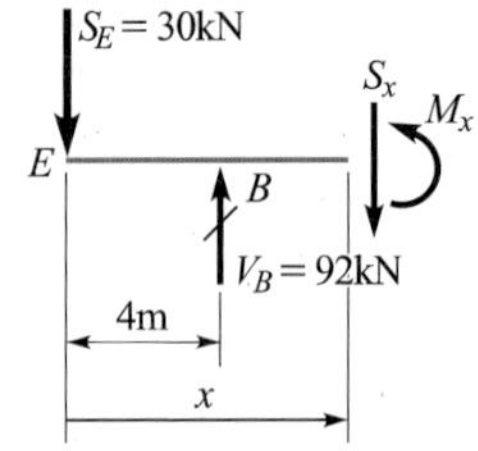

$+\uparrow \sum F_z = 0$; $-S_E + V_B - S_x = 0$,

$\therefore S_x = -S_E + V_B = -30 + 92 = 62\text{kN}(\downarrow)$

따라서, $S_{B,right} = S_{x=4m} = 62\text{kN}(\downarrow)$

$S_{F,left} = S_{x=9m} = 62\text{kN}(\downarrow)$

$+\curvearrowright \sum M_x = 0$; $-S_E \cdot x + V_B \cdot (x-4) - M_x = 0$

$\therefore M_x = -S_E \cdot x + V_B \cdot (x-4) = -30x + 92(x-4) = 62x - 368$

따라서, $M_{B,right} = M_{x=4m} = 62 \cdot 4 - 368 = -120\text{kN} \cdot \text{m}(\curvearrowright)$

$M_{F,left} = M_{x=9m} = 62 \cdot 9 - 368 = 190\text{kN} \cdot \text{m}(\curvearrowleft)$

휨모멘트가 0이 되는 곳 : $M_x = 62x - 368 = 0 \rightarrow x = 5.94\text{m}$

v) $0 \le x \le 5\text{m}$ (x 원점 : C 점)

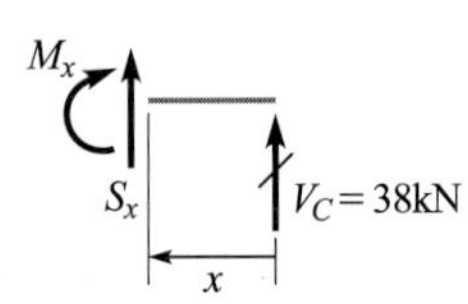

$+\uparrow \sum F_z = 0$; $V_C + S_x = 0$, $\therefore S_x = -V_C = -38\text{kN}(\downarrow)$

따라서, $S_F = S_{x=5m} = -38\text{kN}(\downarrow)$

$S_C = S_{x=0m} = -38\text{kN}(\downarrow)$

$+\curvearrowright \sum M_x = 0$; $-V_C \cdot x + M_x = 0$, $\therefore M_x = V_C \cdot x = 38x$

따라서, $M_F = M_{x=5m} = 38 \cdot 5 = 190\text{kN} \cdot \text{m}(\curvearrowright)$

$M_C = M_{x=0m} = 38 \cdot 0 = 0$

4) 전단력도(S.F.D) 및 휨모멘트도(B.M.D)

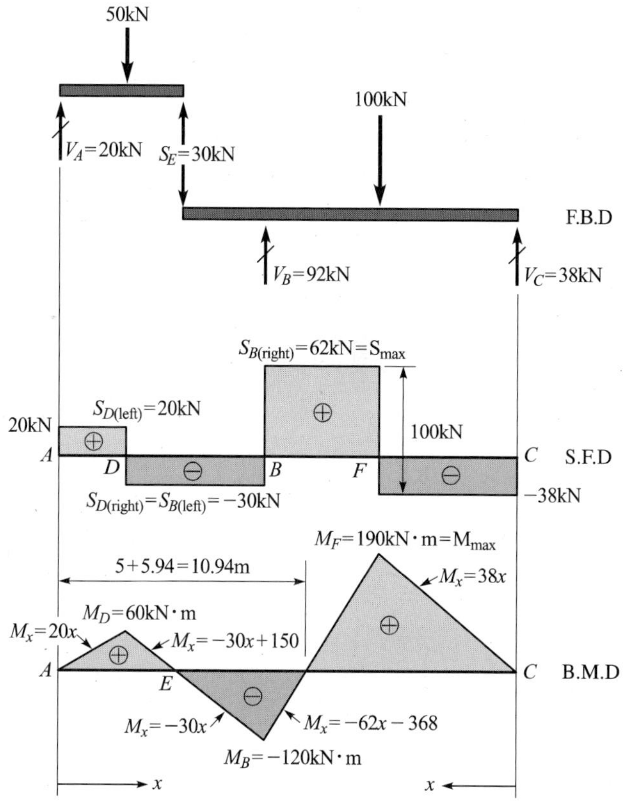

2.8 정정라멘의 단면력도

예제 2.11

다음 정정라멘의 단면력도[축력도(Axial Force Diagram ; AFD), 전단력도, 휨모멘트도]를 그리시오.

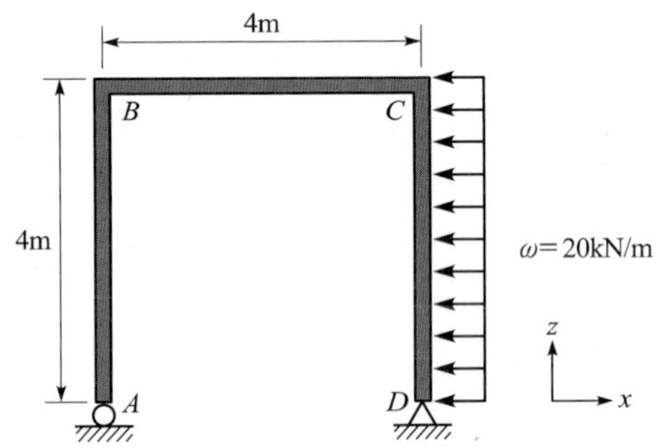

그림 예제 2.11

풀이

1) 반력계산

라멘은 강절된 보와 기둥으로 구성된 뼈대골조 구조로, 축력, 전단력, 휨모멘트의 세 가지 부재력(내력)이 존재한다. 전체구조물의 자유물체도에서

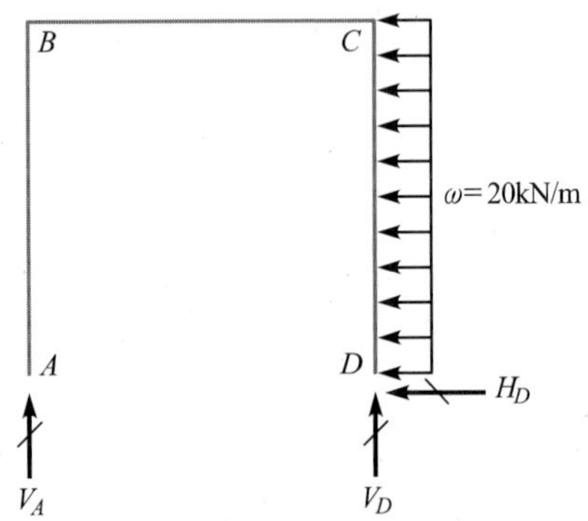

$$+\curvearrowright \sum M_D = 0\ ;\ V_A \cdot 4 - 20 \cdot 4 \cdot \frac{4}{2} = 0, \quad \therefore\ V_A = 40\text{kN}\,(\uparrow)$$

$$+\uparrow \sum F_z = 0\ ;\ V_A + V_D = 0, \quad \therefore\ V_D = -V_A = -40\text{kN}\,(\downarrow)$$

$$+\rightarrow \sum F_x = 0\ ;\ -H_D - 20 \cdot 4 = 0, \quad \therefore\ H_D = -80\text{kN}\,(\rightarrow)$$

[지점 D에서 반력성분의 합력 $R_D = \sqrt{H_D^2 + V_D^2} = \sqrt{(-80)^2 + (-40)^2} = 89.44\text{kN}\,(\searrow)$으

2) x구간 설정

i) $0 \leq x \leq 4$ m (A~B구간, x원점 : A점)

ii) 0 m$\leq x \leq$4m (B ~C구간, x원점 : B점)

iii) $0 \leq x \leq 4$ m (E~D구간, x원점 : E점)

iv) $0 \leq x \leq 4$ m (D~C구간, x원점 : D점)

3) 축력, 전단력, 휨모멘트 함수

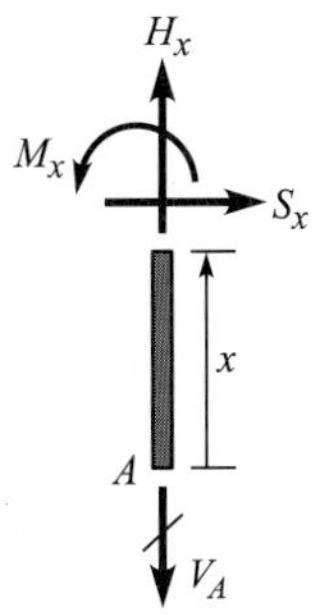

i) $0 \leq x \leq 4$ m(A~B구간, x원점 : A점)

오른쪽 그림의 자유물체도에서

$+\rightarrow \sum F_x = 0$; $S_x = 0$

따라서, AB부재의 전단력 $S_{AB} = 0$

$+\uparrow \sum F_z = 0$; $-V_A + H_x = 0$, $\therefore H_x = V_A = 100$kN (인장력)

따라서, AB부재의 축력 $H_{AB} = 100$kN (인장력)

$+\curvearrowright \sum M_x = 0$; $-M_x = 0$, $\therefore M_x = 0$, 따라서 B점의 휨모멘트 $M_B = 0$

ii) 0 m$\leq x \leq$4m (B ~C구간, x원점 : B점)

그림 예제 2.12 (b)의 Bi부재 자유물체도에서

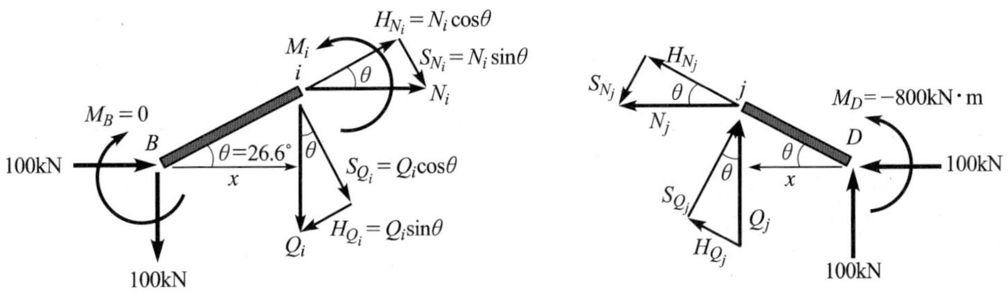

(b) BC간의 i점을 절단했을 때 부재 Bi의 자유물체도

(c) DC간의 j점을 절단했을 때 부재 Dj의 자유물체도

$+\rightarrow \sum F_x = 0$; $100 + N_i = 0$, $\therefore N_i = -100$kN

따라서, $H_{N_i} = N_i \cos\theta = -100\cos 26.6° = -89.4$kN,

$S_{N_i} = N_i \sin\theta = -100\sin 26.6° = -44.8$kN

$+\uparrow \sum F_z = 0$; $-100 - Q_i = 0$, $\therefore Q_i = -100$kN

따라서, $H_{Q_i} = Q_i \sin\theta = -100\sin 26.6° = -44.8$kN,

$S_{Q_i} = Q_i \cos\theta = -100\cos 26.6° = -89.4$kN

축력 : $H_i = H_{N_i} - H_{Q_i} = -89.4 + 44.8 = -44.6$kN (↙, 압축력)

전단력 : $S_i = S_{N_i} + S_{Q_i} = -44.8 - 89.4 = -134.2\text{kN}$ (↖)

$+\curvearrowright \sum M_i = 0$; $-100 \cdot \frac{2}{4}x - 100 \cdot x - M_i = 0$, $\therefore M_i = -150x$

따라서, $M_C = -150 \cdot 4 = -600\text{kN} \cdot \text{m}$ (↷)

iii) $0 \le x \le 4$ m (E~D구간, x 원점 : E점)

오른쪽 그림의 자유물체도에서

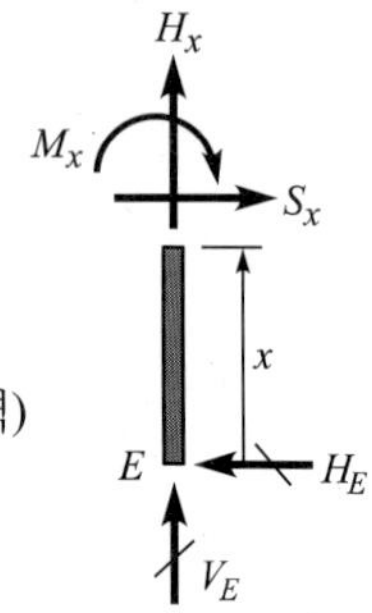

$+\rightarrow \sum F_x = 0$; $S_x - H_E = 0$, $\quad \therefore S_x = H_E = 200\text{kN}$

따라서, ED부재의 전단력 $S_{ED} = 200\text{kN}$

$+\uparrow \sum F_z = 0$; $V_E + H_x = 0$, $\quad \therefore H_x = -V_E = -100\text{kN}$ (압축력)

따라서, ED부재의 축력 $H_{ED} = -100\text{kN}$ (압축력)

$+\curvearrowright \sum M_x = 0$; $H_E \cdot x + M_x = 0$

$\therefore M_x = -H_E \cdot x = -200x$

따라서, $M_D = -200 \cdot 4 = -800\text{kN} \cdot \text{m}$, $M_E = -200 \cdot 0 = 0$

iv) $0 \le x \le 4$ m (D~C구간, x 원점 : D 점)

그림 예제 2.12 (c)의 Dj부재 자유물체도에서

$+\rightarrow \sum F_x = 0$; $-100 - N_j = 0$, $\quad \therefore N_j = -100\text{kN}$

따라서, $H_{N_j} = N_j \cos\theta = -100\cos 26.6° = -89.4\text{kN}$,

$S_{N_j} = N_j \sin\theta = -100\sin 26.6° = -44.8\text{kN}$

$+\uparrow \sum F_z = 0$; $Q_j + 100 = 0$, $\quad \therefore Q_j = -100\text{kN}$

따라서, $H_{Q_j} = Q_j \sin\theta = -100\sin 26.6° = -44.8\text{kN}$,

$S_{Q_j} = Q_j \cos\theta = -100\cos 26.6° = -89.4\text{kN}$

축력 : $H_j = H_{N_j} + H_{Q_j} = -89.4 - 44.8 = -134.2\text{kN}$ (↘, 압축력)

전단력 : $S_j = -S_{N_j} + S_{Q_j} = 44.8 - 89.4 = -44.6\text{kN}$ (↙)

$+\curvearrowright \sum M_j = 0$; $M_j + 100 \cdot \frac{2}{4}x - 100 \cdot x - M_D = 0$, $\quad \therefore M_j = 50x + M_D = 50x - 800$

따라서, $M_C = 50 \cdot 4 - 800 = -600\text{kN} \cdot \text{m}$[이 값은 ii)의 B ~C구간의 M_C와 같은 값이다.]

4) 축력도(A.F.D), 전단력도(S.F.D), 휨모멘트도(B.M.D)

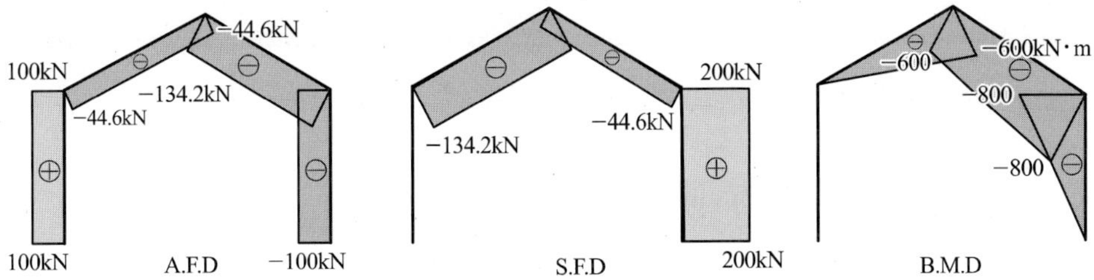

연습문제

2.1 다음 정정보의 전단력도와 휨모멘트도를 그리시오.

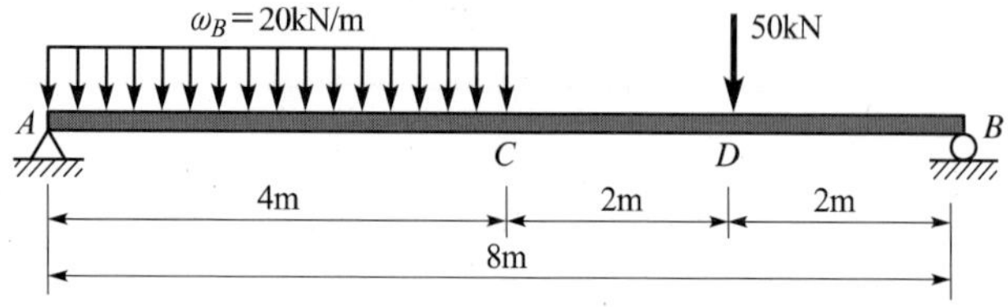

그림 문제 2.1

2.2 다음 내민보의 전단력도와 휨모멘트도를 그리시오.

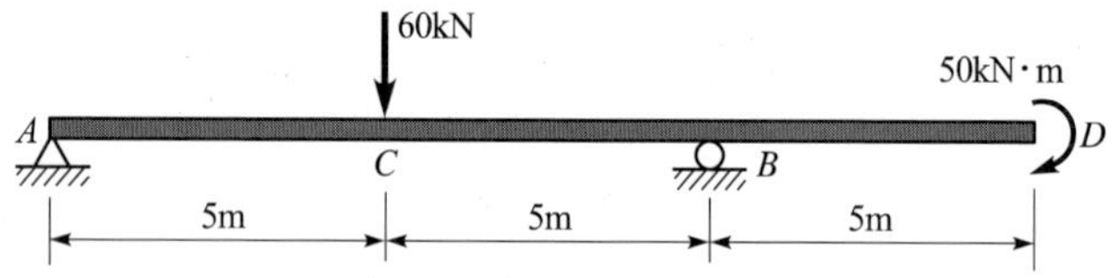

그림 문제 2.2

2.3 등분포하중 $\omega = 30$kN/m를 받고 있는 다음 보구조물의 전단력도와 휨모멘트도를 그리시오.

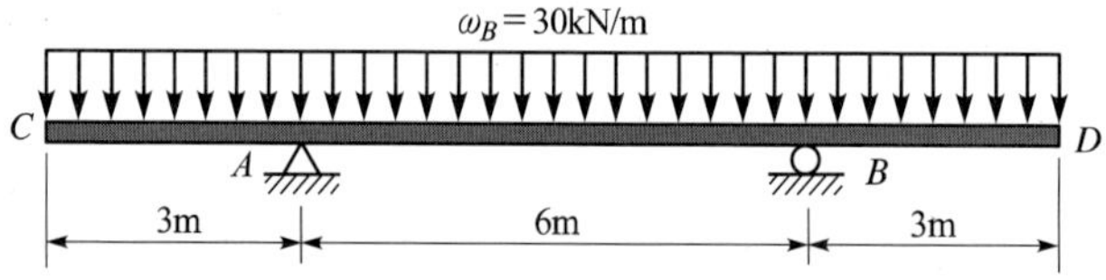

그림 문제 2.3

2.4 다음 보구조물의 전단력도와 휨모멘트도를 그리시오.

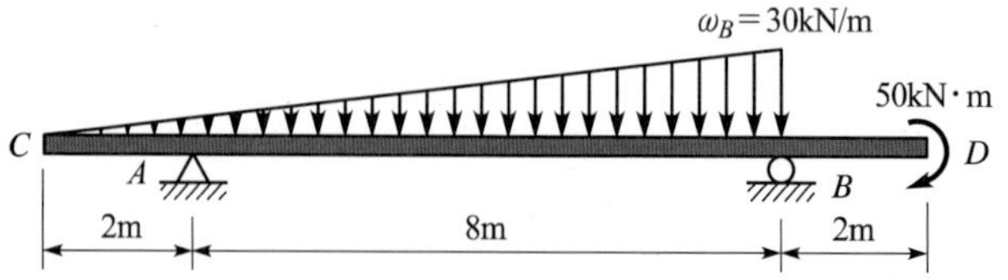

그림 문제 2.4

2.5 다음과 같이 삼각형하중을 받고 있는 정정보의 전단력도와 휨모멘트도를 그리시오.

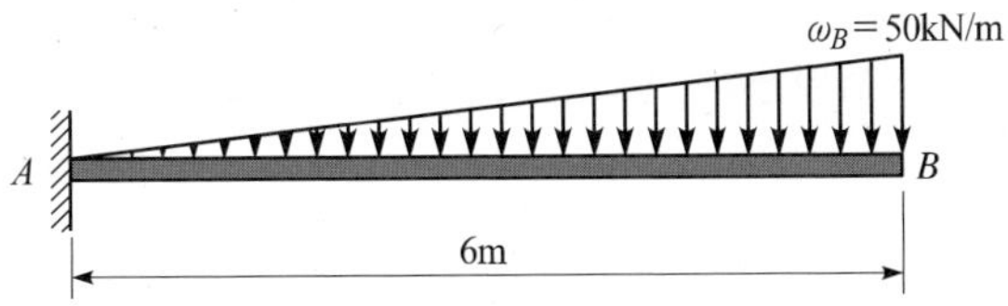

그림 문제 2.5

2.6 다음 캔틸레버보의 전단력도와 휨모멘트도를 그리시오.

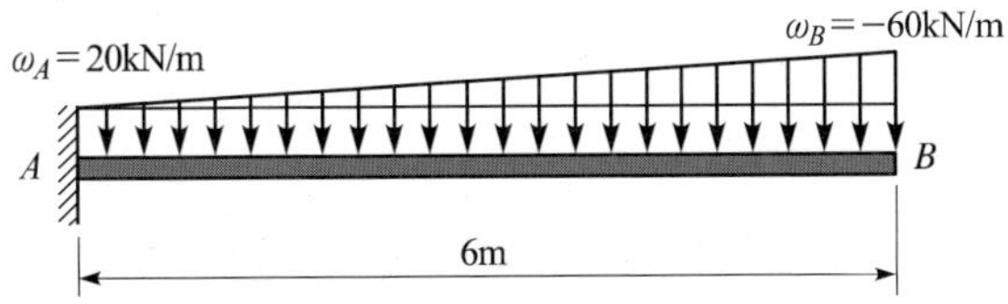

그림 문제 2.6

2.7 다음 구조물의 전단력도와 휨모멘트도를 그리시오.

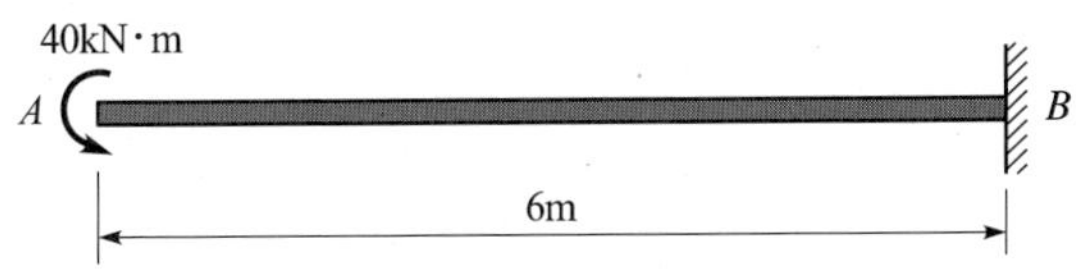

그림 문제 2.7

2.8 다음 단순보의 전단력도와 휨모멘트도를 그리시오.

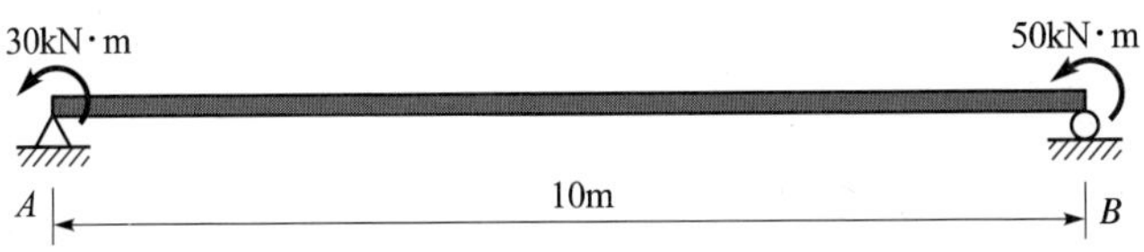

그림 문제 2.8

2.9 다음 그림과 같이 지점 A와 B는 롤러로 지지되고 지점 C는 힌지인 보에 전단이완이 B지점의 바로 오른쪽에 첨가되어 있다. 이 정정보가 하중 $M_D = 10\mathrm{kN \cdot m}$와 $P_E = 5\mathrm{kN}$을 받고 있을 때, 지점의 반력과 E점에서 발생하는 휨모멘트 M_E를 구하시오.

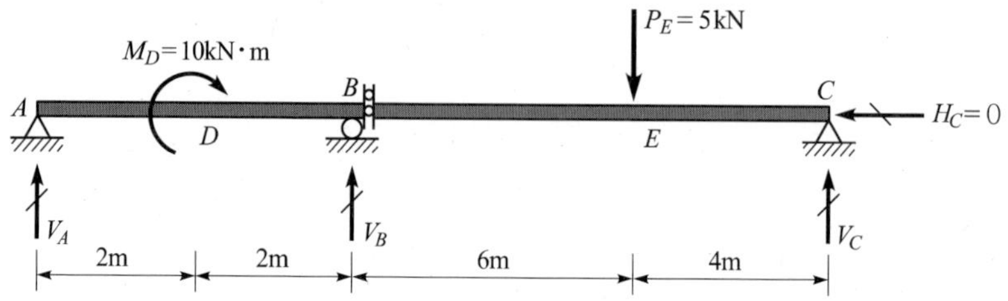

그림 문제 2.9

2.10 다음과 같이 E와 G에 내부힌지가 있는 게르버보의 전단력도와 휨모멘트도를 그리시오.

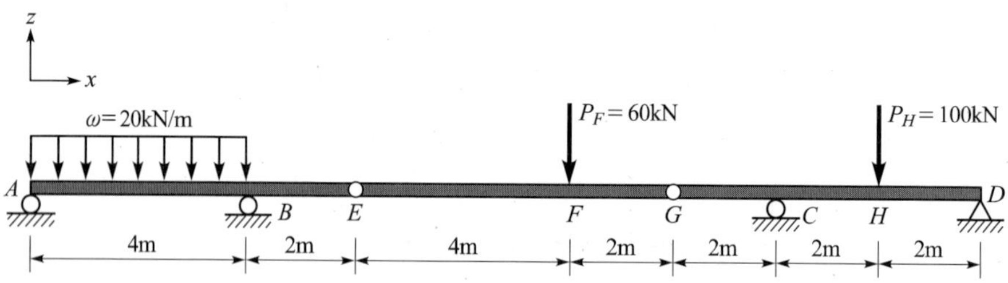

그림 문제 2.10

2.11 다음 그림과 같은 정정보에서 지점의 반력을 구하시오.

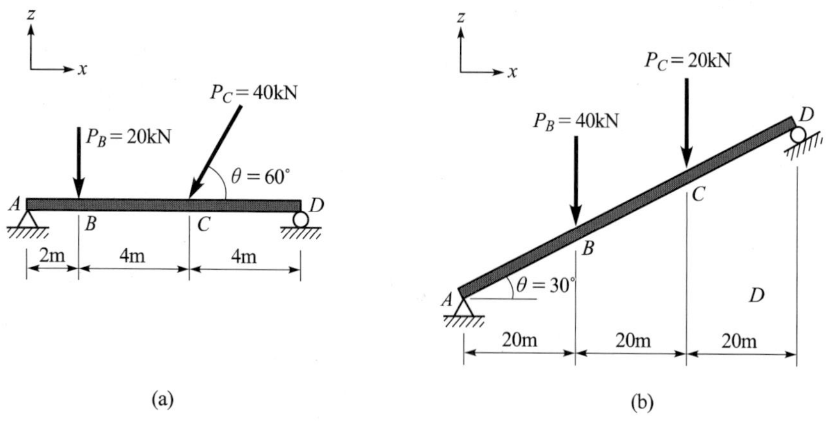

그림 문제 2.11

2.12 다음 정정라멘에서 최대휨모멘트를 구하고 휨모멘트도를 그리시오.

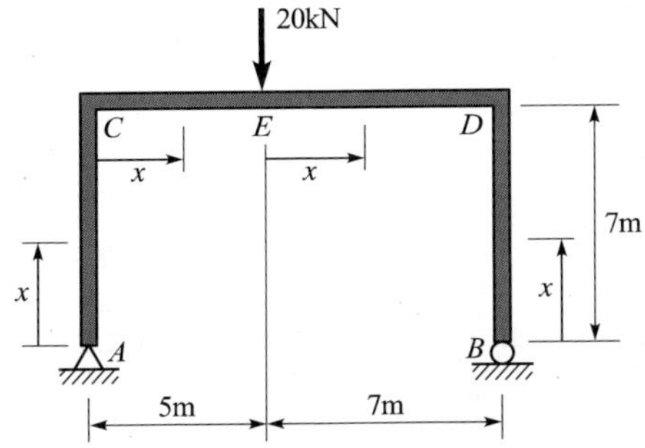

그림 문제 2.12

2.13 다음 그림과 같이 O점이 고정단이고 C점이 자유단인 3차원 정정뼈대구조물에서 축력도, 전단력도, 휨모멘트도 및 비틀림모멘트도를 그리시오.

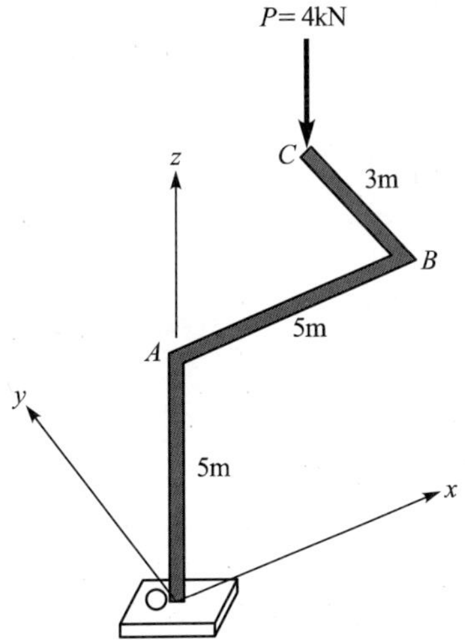

그림 문제 2.13

2.14 다음 구조물에서 지점 A의 반력 V_A, BD와이어에 걸리는 힘 F, 전단력도 및 휨모멘트도를 구하시오.

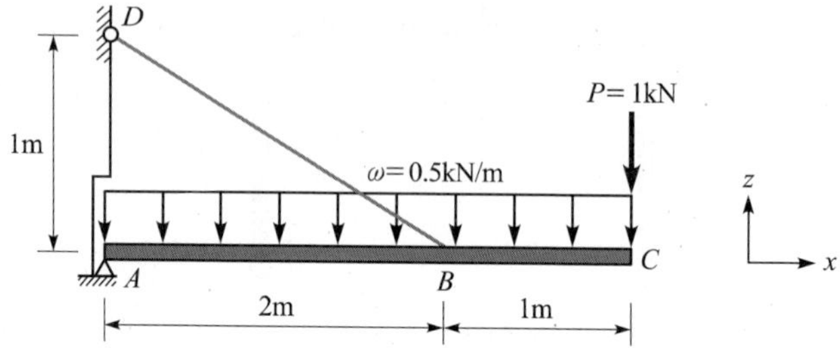

그림 문제 2.14

2.15 다음 그림과 같이 단순지지 되어 있는 바닥판과 가로보를 통하여 간접하중을 받는 게르버보 주거더의 전단력도 및 휨모멘트도를 구하시오.

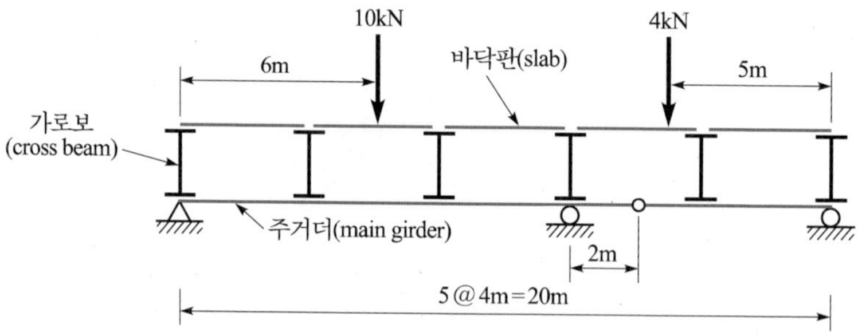

그림 문제 2.15

제3장

정정트러스의 해석

제3장

정정트러스의 해석

3.1 개설

트러스는 봉(bar)상의 직선 부재를 삼각형으로 배열하여 조립한 그림 3.1과 같은 골조구조물로, 부재의 양단의 각 격점(joint)은 마찰이 없는 힌지인 핀(pin)으로 연결된 것을 말한다. 일반적으로 트러스는 마찰이 없는 핀으로 연결되었다고 가정하고 하중도 격점에만 작용하는 구조이기 때문에 트러스 구성부재에는 축력, 즉 인장력(tensile force)과 압축력(compressive force)만 작용한다. 트러스의 해석 시 사용하는 부호규약의 경우, 정(+)의 부재력 표시는 부재력이 인장력이 되도록 자유물체도상에 표시한다. 따라서 격점을 기준으로 했을 때, 격점 근처의 절단면에서 격점 밖으로 향하는 힘이 정(+)의 인장력이 된다(그림 3.1의 ⊕ 참조). 한편, 부(−)의 힘은 압축력이고, 이에 대한 부호규약은 인장력의 경우와 반대이고 힘의 방향이 격점을 향하도록 표시한다(그림 3.1의 ⊖ 참조).

트러스의 모든 부재가 한 평면 내에 놓여 있으면 평면트러스(plane truss)가 되고, 3차원 공간 내에 있으면 입체트러스(space truss)가 된다. 정정트러스는 힘의 평형방정식을 이용해서 모든 반력과 부재력을 구할 수 있는 트러스이고, 그렇지 않는 것은 부정정트러스라고 한다.

트러스를 구조해석할 때 다음과 같은 이상 트러스(ideal truss)의 조건이 존재한다고 가정한다.

1) 부재들은 그 양단에서 마찰이 없는 매끄러운 핀으로 연결되어 있다.
2) 트러스는 동일 평면위에 놓여 있으며, 하중과 반력은 격점에만 작용한다.
3) 각 부재의 도심축은 직선이며 연결판의 격점중심(joint center)을 지난다.
4) 각 부재의 변형은 미소하여 부재의 응력이 탄성한계를 벗어나지 않는다.

위의 4가지 조건을 만족하는 이상트러스의 각 부재는 인장 또는 압축의 축력만 받는다고 할 수 있다. 이러한 이상트러스의 축력에 의한 부재의 응력을 1차응력(primary stress)이라 부른다. 그러나 실제 트러스의 경우 부재의 연결이 매끄러운 힌지가 아닌 볼트(bolt)나 용접(welding)으로 되어 있어서 축력, 전단력, 휨모멘트의 부재력이 존재하고, 이 부재력에 의한 응력과 1차응력과의 차를 2차응력(secondary stress)이라 한다. 대부분의 트러스에서는 단면에 비하여 길이가 길고 편심이 작아서 휨 등에 의한 응력이 작으므로 2차응력은 1차응력에 비해 훨씬 작다. 따라서 트러스를 이상트러스로 가정하여 축력만 구하는 해석해도 설계 시 대체로 만족스런 결과를 준다.

그림 3.1은 가로보(floor beam), 세로보(stringer), 브레이싱 등을 가진 전형적인 6격간 수직재가 있는 와렌트러스(Warren truss, 적용지간 60~90m)로 구성된 하로 교량트러스의 각부의 명칭을 보여주고 있다. 트러스의 부재는 크게 현재(chord member)와 복부재(web member)로 구성된다. 그림 3.1에 보여준 것처럼 위 부분의 현재를 상현재, 아래 부분의 현재를 하현재라 한다. 복부재는 상현재와 하현재를 연결하는 부재로서 수직으로 배치된 부재를 수직재라 하고 경사진 부재를 사재라고 한다. 마찰이 없는 핀으로 연결된 각 부재의 결합점을 격점(절점)이라고 부른다. 이러한 하로 트러스교(through truss bridge)는 바닥판(slab) 위에 작용하는 차량하중을 바닥틀(floor system)인 세로보와 가로보를 거쳐서 양쪽 주 트러스의 하현재 격점에 간접하중으로 전달한다. 여기서 가로보는 양쪽 주 트러스의 격점을 단순히 잇는 단순보로 볼 수 있으며, 세로보는 양쪽 주 트러스에 평행하게 놓인 단순보 또는 연속보로 간주할 수 있다. 하로 트러스교와 반대로 상로 트러스교(deck truss bridge)는 노면을 지지하는 가로보가 양쪽 주 트러스의 상현재 격점에 연결되어 있다. 횡단재와 이 횡단재 단을 수평방향으로 연결한 부재를 합하여 상현 수평브레이싱(lateral bracing)이 구성되고 있다. 그리고 횡단재와 이 횡단재 단을 수직방향으로 연결한 부재를 합하여 수직브레이싱(sway bracing)이 구성되고 있으며, 그림 3.1과 같이 단주를 가로방향으로 보강하고 있는 단의 수직브레이싱을 교문브레이싱이라고 한다. 이들 브레이싱은 2개의 평면트러스를 입체적으로 잡아주어 횡하중에 효율적으로 저항하게 하고 좌굴을 방지한다.

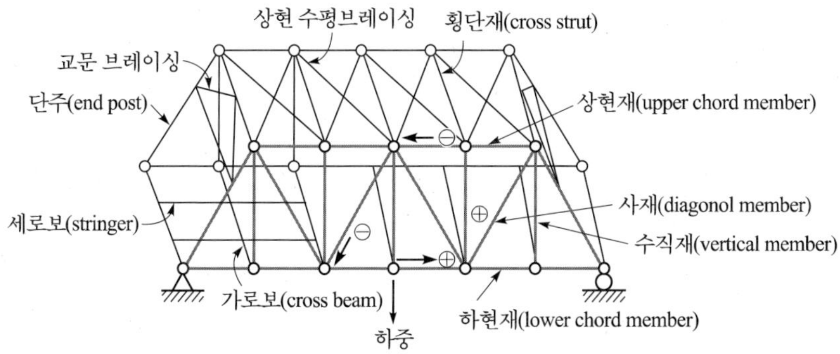

그림 3.1 교량트러스의 구성과 각부의 명칭

트러스는 그 형상에 따라 단순트러스(simple truss), 합성트러스(compound truss), 복합트러스(complex truss)로 구분한다. 단순트러스는 기본적인 삼각형 요소로부터 시작하여 단순히 2개의 부재씩을 연결해 나감으로서 이루어진 그림 3.1과 같은 안정 정정트러스를 말한다. 합성트러스는 두 개 이상의 단순트러스를 핀으로 연결하여 만든 트러스구조물이고[그림 3.2(f) 참조], 복합트러스는 단순트러스나 합성트러스도 아니면서 안정 정정인 트러스를 말한다.

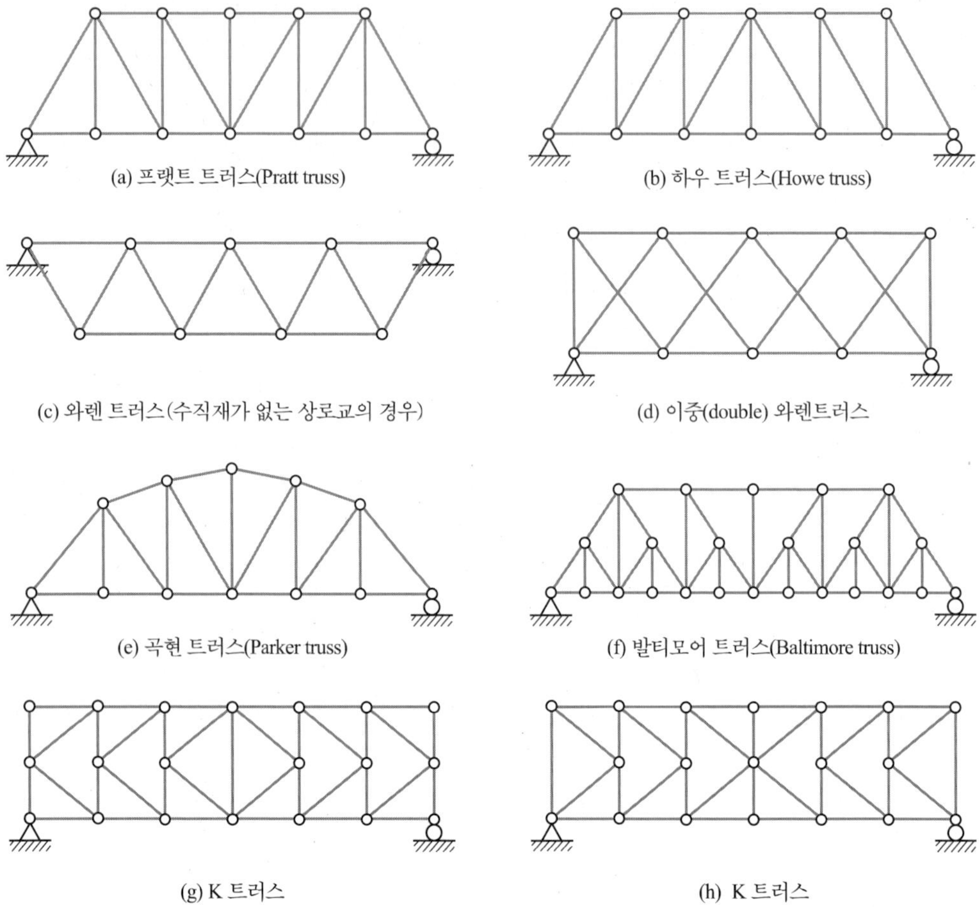

그림 3.2 교량트러스의 형식

트러스구조는 교량, 철탑, 가옥과 체육관의 지붕, 돔 등에 널리 쓰이고 있다. 이들 트러스구조물은 3차원 입체구조물이지만, 설계 구조해석 시 계산의 편의상 보통 평면구조물로 분해하여 부재력을 구하고 있다. 그림 3.2는 지간길이 50m 이상의 교량에 사용되고 있는 트러스의 전형적인 구조형식을 보여주고 있다. 일반적으로 격간길이 6~ 12m, 깊이/지간의 비 1/5~1/10, 사재 기울기 45°~60°일 때 가장 경제적인 트러스 구조물이 된다. 가장 보편적으로 지간 50~60m의 교량에 사용되고 있는 것은 그림 3.2의 (a) 프랫트 트러스, (b) 하우 트러스, (c) 와렌 트러스이다. 하우트러스는 프랫트 트러스 사재의 방향을 역으로 한 것으로 사재가 보통 인장력을 받는다. 그림 3.2(e)의 곡현 트러스는 재료절감을 위해 다각형의 상현재를 갖는 트러스 형태로, 경제적인 적용지간은

60~90m이다. 지간 90m 이상에서 사용되고 있는 그림 3.2(e)~(h)의 발티모어 트러스와 K 트러스는 장지간에 따른 노면 바닥틀의 중량을 허용한계 내에서 유지시킬 목적으로 세분화된 형식이다. 여기서, 발티모어 트러스는 프랫트 트러스와 하우 트러스가 조합되어 만들어진 합성트러스 구조물이다.

3.2 트러스의 자유물체도에서 힘의 평형 조건

예제 3.1

다음 정정트러스의 자유물체도를 그리시오.

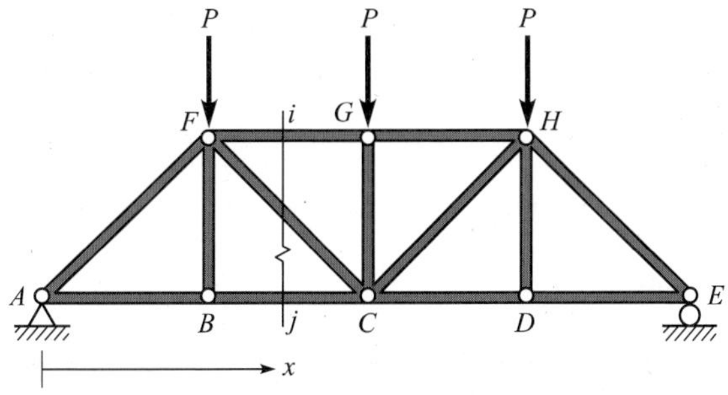

그림 예제 3.1

풀이

i) 전체구조물의 자유물체도

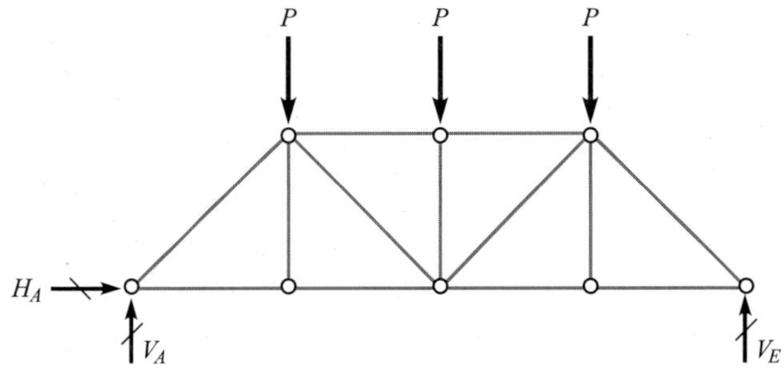

ii) x가 i-j 위치일 때 부분구조물의 자유물체도

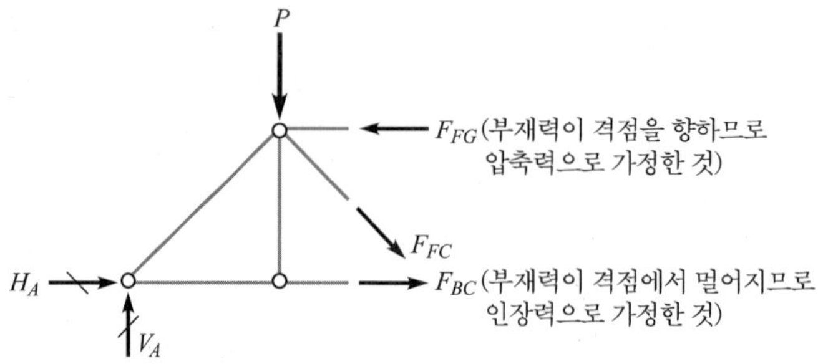

3.3 안정, 정정, 부정정차수

구조물에 외력이 작용했을 때 정지해 있으면, 그 구조물은 안정 상태에 있다고 한다. 그 중에서 구조물이 위치를 유지하고 있으면 외적안정(externally stable)이고, 구조물의 형상이 붕괴되지 않고 형상을 유지하고 있으면 내적안정(internally stable)이라고 한다. 즉, 외적안정은 지점조건에 의한 것으로 위치의 안정에 해당하고, 내적안정은 형상의 안정으로 외력이 제거되었을 때 초기의 형상으로 되돌아가면 내적안정[그림 3.3(a), (d)] 상태에 있고, 변형되어 초기의 형상 되돌아가지 못하면 내적불안정[그림 3.3(b), (c)] 구조가 된다.

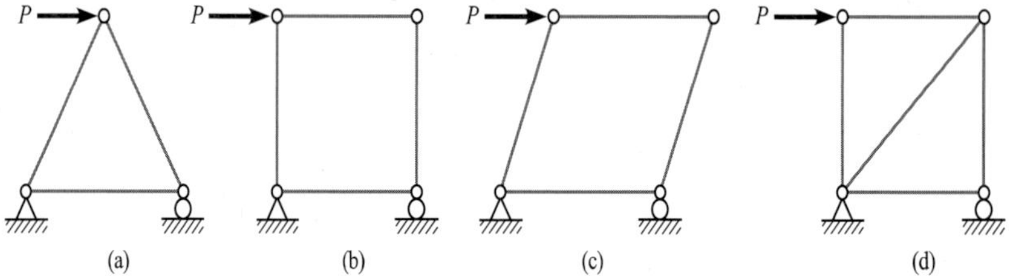

그림 3.3 트러스의 내적안정과 내적불안정

트러스 및 라멘을 포함한 모든 2차원 평면구조물의 안정과 불안정의 판정, 정정, 전체 부정정차수 계산의 기준은 다음과 같이 표현할 수 있다.

$$n = (r + m + f) - 2j \tag{3.1}$$

여기서, n : 부정정차수($n < 0$이면 불안정, $n = 0$이면 정정, $n > 0$이면 부정정), r : 반력성분의 수, m : 부재의 수, f : 강절점(剛節点)의 수(2개의 부재가 강절로 접합된 개수), j : 절점(격점, 지점과 자유단도 절점으로 본다.)의 수.

예제 3.2

다음 구조물의 외적 · 내적안정 여부를 판별하시오.

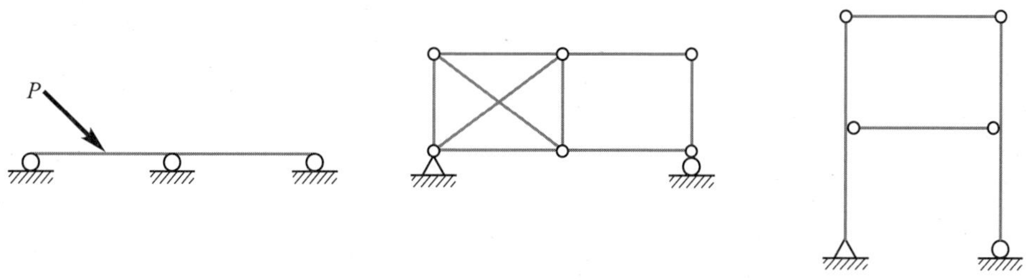

그림 예제 3.2

풀이

1) 구조물 (a)

반력성분의 수 $r=3$이나, 경사하중 P의 작용 시 우측으로 이동하므로 외적불안정이다. 즉, 3개의 롤러지점 조건에 의해 위치가 불안정하므로 구조성능이 발휘 안 된다.

2) 구조물 (b)

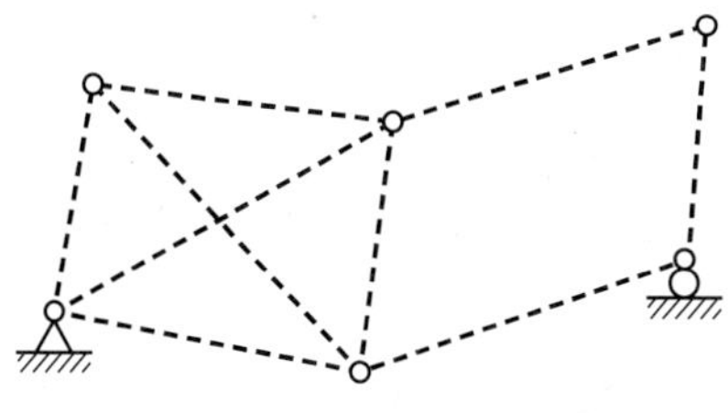

반력수 $r=3$, 부재수 $m=9$, 강절점수 $f=0$, 절점수 $j=6$으로 판별식을 적용하면, $n=(r+m+f)-2j=(3+9+0)-2\times6=0$으로 정정구조물처럼 보이나 변형이 위의 그림처럼 되므로 내적불안정 구조이다. 즉, 외력이 제거되었을 때 변형되어 초기의 형상 되돌아가지 못하므로, 구조적으로 문제가 있고 구조성능이 발휘 안 된다.

3) 구조물 (c)

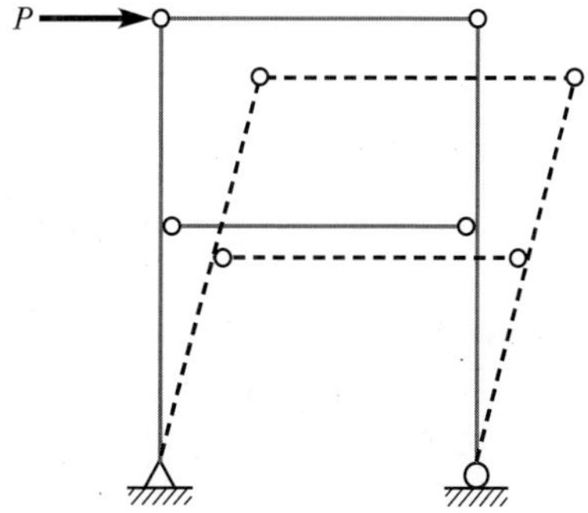

반력수 $r=4$, 부재수 $m=6$, 강절점수 $f=2$, 절점수 $j=6$으로 판별식을 적용하면, $n=(r+m+f)-2j=(4+6+2)-2\times6=0$으로 정정구조물처럼 보이나 변형이 위의 그림처럼 되므로 내적불안정 구조이다. 즉, 외력 P가 제거되었을 때 변형되어 초기의 형상 되돌아가지 못하므로, 구조적으로 문제가 있고 구조성능이 발휘 안 된다.

예제 3.3

다음 라멘구조물의 부정정차수를 구하시오.

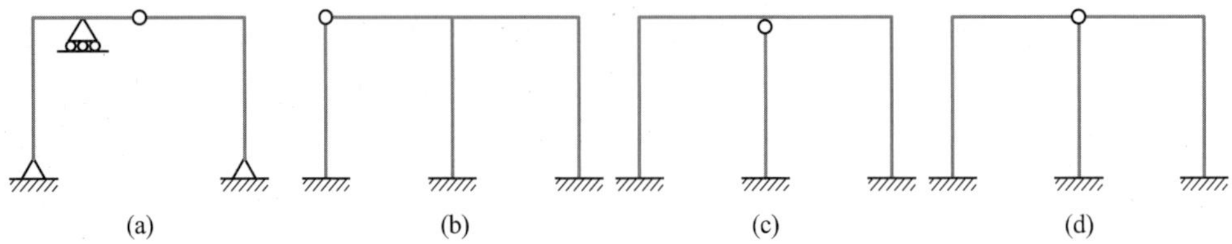

그림 예제 3.3

풀이

식 (3.1)과 식 (2.10)을 사용하여 다음 표와 같이 부정정차수를 계산할 수 있다.

문항	반력수	부재수	강절점수	절점수	조건 방정식수	식 (3.1)	식 (2.10)	판정
	r	m	f	j	c	$n=(r+m+f)-2j$	$n=r-3-c$	
(a)	5	5	3	6	1	$n=(5+5+3)-2\times6$ $=1$	$n=5-3-1$ $=1$	1차부정정
(b)	9	5	3	6	1	$n=(9+5+3)-2\times6$ $=5$	$n=9-3-1$ $=5$	5차부정정
(c)	9	5	3	6	1	$n=(9+5+3)-2\times6$ $=5$	$n=9-3-1$ $=5$	5차부정정
(d)	9	5	2	6	2	$n=(9+5+2)-2\times6$ $=4$	$n=9-3-2$ $=4$	4차부정정

문항 (c)의  의 절점에서 2개의 부재가 강절로 접합되어 있으므로 이 절점에서 $f=1$이고 $c=1$이나

문항 (d)의  의 절점에서 3개의 부재가 내부힌지로 연결되어 있으므로 이 절점에서 $f=0$이고 $c=2$임을 주의하기 바란다.

또한, 문항 (b)의  의 절점에서 3개의 부재가 강절로 접합되어 있으므로 이 절점에서 $f=2$이다.

예제 3.4

다음 트러스구조물의 정정·부정정을 판별하시오.

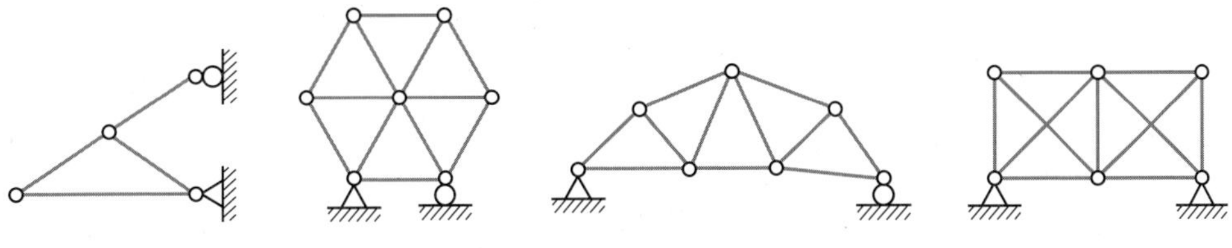

(a) (b) (c) (d)

그림 예제 3.4

풀이

식 (3.1)을 사용하여 다음 표와 같이 트러스구조물의 부정정차수를 계산할 수 있다.

문항	반력수	부재수	강절점수	절점수	식 (3.1)	판정
	r	m	f	j	$n=(r+m+f)-2j$	
(a)	4	4	0	4	$n=(4+4+0)-2\times4=0$	정정
(b)	3	12	0	7	$n=(3+12+0)-2\times7=1$	1차부정정
(c)	4	11	0	7	$n=(4+11+0)-2\times7=1$	1차부정정
(d)	4	11	0	6	$n=(4+11+0)-2\times6=3$	3차부정정

3.4 정정트러스의 해석 : 격점법

격점법(method of joints)에 의한 2차원 평면트러스의 해석은 2장의 정정보의 경우처럼 먼저 트러스 전체 구조물의 자유물체도에 평형방정식 $\sum F_x=0, \sum F_z=0, \sum M_y=0$을 적용하여 반력성분을 계산한다. 그 다음에 각 격점을 고립시킨 후, 고립된 격점의 자유물체도에 2개의 평형방정식 $\sum F_x=0, \sum F_z=0$을 적용시켜 부재력를 구한다. 이 때 각 격점에 작용하는 평형방정식은 2개이기 때문에 각 격점에는 1개 또는 2개의 미지부재력만 포함되어야 한다.

격점법은 모든 부재력을 구할 때 편리하며, 바깥쪽 격점으로부터 시작하여 중앙 격점으로 진행하면서 부재력을 계산한다. 격점법을 적용할 때 계산결과가 정(+)이면 해석 시 가정한 부재력의 방향이라는 것을 의미하며, 부(-)이면 해석 시 가정한 부재력의 방향과는 반대방향으로 부재력이 작용한다는 것을 의미한다.

예제 3.5

다음 정정트러스의 모든 부재력을 격점법으로 구하시오.

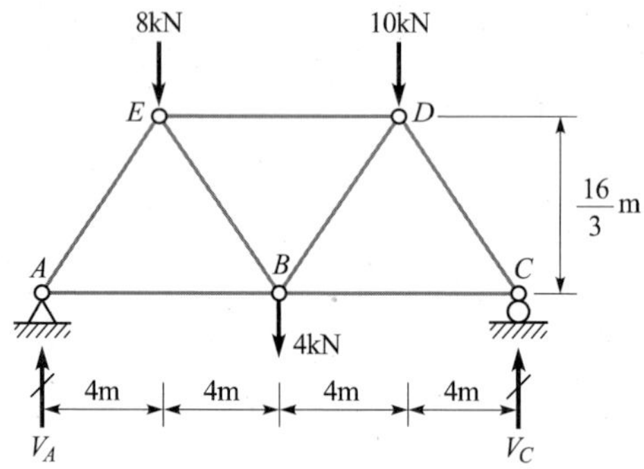

그림 예제 3.5

풀이

1) 반력계산

그림 예제 3.5의 전체 구조물 자유물체도에서

$+\curvearrowright \sum M_C = 0$; $V_A \cdot 16 - 8 \cdot 12 - 4 \cdot 8 - 10 \cdot 4 = 0$, $\quad \therefore V_A = 10.5\text{kN}\,(\uparrow)$

$+\uparrow \sum F_z = 0$; $V_A - 8 - 4 - 10 + V_C = 0$, $\quad \therefore V_C = -V_A + 8 + 4 + 10 = 11.5\text{kN}\,(\uparrow)$

2) 격점별 미지부재력

i) 격점 A

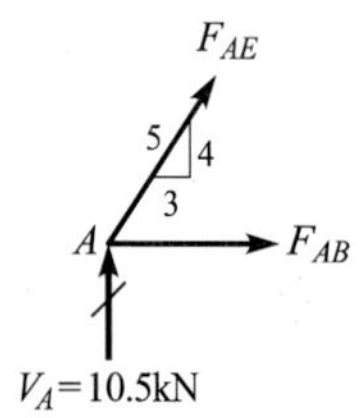

위의 고립된 격점 A의 자유물체도에서[모든 부재가 인장력(+)을 받는다고 가정함]

$+\uparrow \sum F_z = 0$; $V_A + \frac{4}{5} F_{AE} = 0$, $\quad \therefore F_{AE} = -\frac{5}{4}(10.5) = -13.125\text{kN}$ (압축)

$+\rightarrow \sum F_x = 0$; $F_{AB} + \frac{3}{5} F_{AE} = 0$, $\quad \therefore F_{AB} = -\frac{3}{5}(-13.125) = 7.875\text{kN}$ (인장)

ii) 격점 C

위의 고립된 격점 C의 자유물체도에서[모든 부재가 인장력(+)을 받는다고 가정함]

$$+\uparrow \sum F_z = 0\ ;\ V_C + \frac{4}{5}F_{CD} = 0, \qquad \therefore F_{CD} = -\frac{5}{4}(11.5) = -14.375\text{kN (압축)}$$

$$+\rightarrow \sum F_x = 0\ ;\ -F_{BC} - \frac{3}{5}F_{CD} = 0, \qquad \therefore F_{BC} = -\frac{3}{5}(-14.375) = 8.625\text{kN (인장)}$$

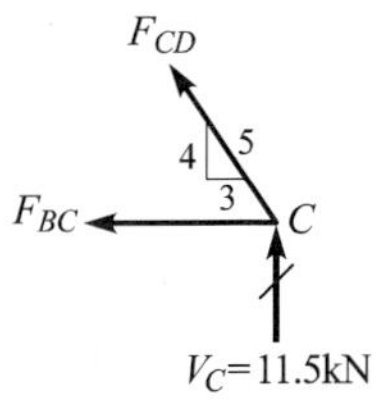

iii) 격점 E

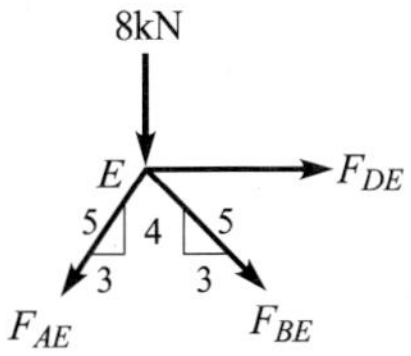

위의 고립된 격점 E의 자유물체도에서[모든 부재가 인장력(+)을 받는다고 가정함]

$$+\uparrow \sum F_z = 0\ ;\ -\frac{4}{5}F_{AE} - 4 - \frac{4}{5}F_{BE} = 0,$$

$$\therefore F_{BE} = \frac{5}{4}[-\frac{4}{5}(-13.125) - 8] = 3.125\text{kN (인장)}$$

$$+\rightarrow \sum F_x = 0\ ;\ -\frac{3}{5}F_{AE} + \frac{3}{5}F_{BE} + F_{DE} = 0,$$

$$\therefore F_{DE} = \frac{3}{5}(-13.125 - 3.125) = -9.75\text{kN (압축)}$$

iv) 격점 B

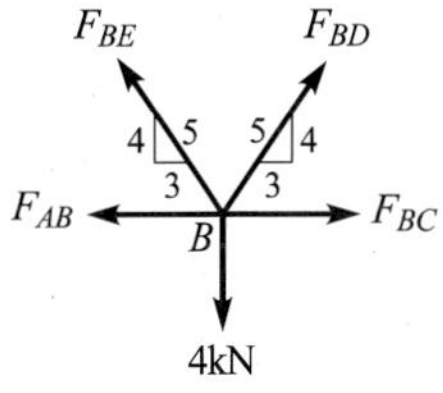

위의 고립된 격점 B의 자유물체도에서[모든 부재가 인장력(+)을 받는다고 가정함]

$$+\uparrow \sum F_z = 0\ ;\ \frac{4}{5}F_{BE} - 4 + \frac{4}{5}F_{BD} = 0, \qquad \therefore F_{BD} = -F_{BE} + \frac{5}{4}(4) = 1.875\text{kN (인장)}$$

3.5 정정트러스의 해석 : 단면법

단면법(method of sections)은 트러스 해석 시 단지 몇 개의 특정 부재력만 구할 때 주로 사용된다. 단면법의 경우도 격점법처럼 먼저 트러스 전체 구조물의 자유물체도에 평형방정식 $\sum F_x = 0, \sum F_z = 0, \sum M_y = 0$을 적용하여 반력성분을 계산한다. 그 다음에 부재력을 원하는 부재들을 절단시킨 후 트러스의 어느 한쪽만을 자유물체도로 고립시킨다. 이 고립된 자유물체도에 평형방정식 $\sum F_x = 0, \sum F_z = 0, \sum M_y = 0$을 적용시켜 부재력을 구한다. 이때 사용할 수 있는 평형방정식이 3개이기 때문에 절단면에서 미지부재력이 3개 이하여야 한다.

예제 3.6

다음 트러스에서 부재 BC, CE, DE의 부재력을 단면법으로 구하시오.

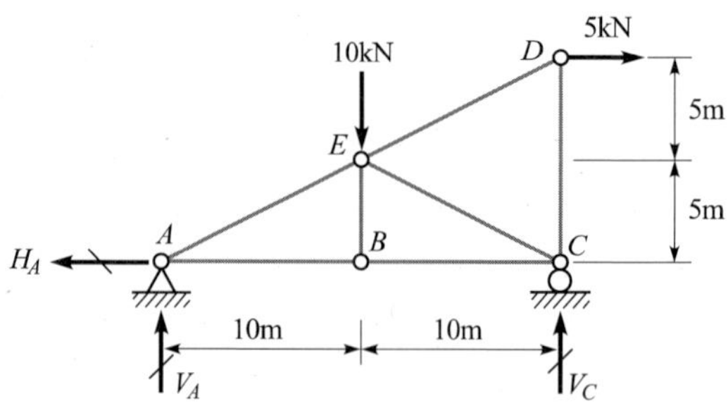

그림 예제 3.6

풀이

1) 반력계산

그림 예제 3.6의 전체 구조물 자유물체도에서

$+\curvearrowright \sum M_C = 0$; $V_A \cdot 20 - 10 \cdot 10 + 5 \cdot 10 = 0$, $\quad \therefore V_A = 2.5\text{kN}(\uparrow)$

$+\uparrow \sum F_z = 0$; $V_A - 10 + V_C = 0$, $\quad \therefore V_C = -V_A + 10 = 7.5\text{kN}(\uparrow)$

$+\rightarrow \sum F_x = 0$; $-H_A + 5 = 0$, $\quad \therefore H_A = 5\text{kN}(\leftarrow)$

2) 미지부재력

부재 BC, CE, DE를 절단하여 지점 A쪽으로 고립된 위의 자유물체도에서[모든 부재가 인장력(+)을 받는다고 가정함]

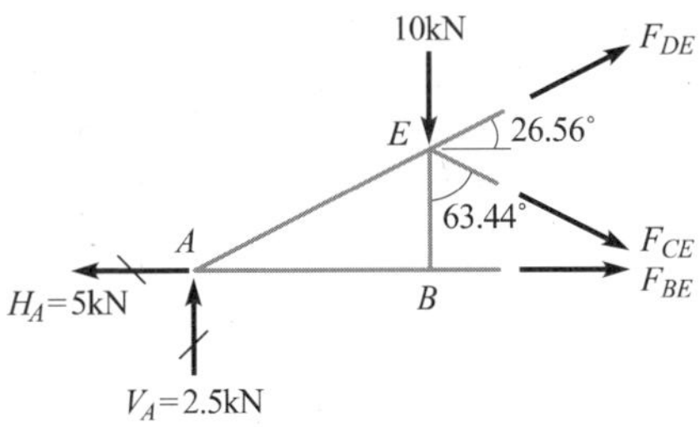

$+\curvearrowright\sum M_E=0$; $V_A\cdot 10+H_A\cdot 5-F_{BC}\cdot 5=0,\quad \therefore F_{BC}=\dfrac{10}{5}(2.5)+5=10\text{kN}$ (인장)

$+\uparrow\sum F_z=0$; $V_A-10+F_{DE}\sin 26.56°-F_{CE}\cos 63.44°=0,$

$\therefore F_{DE}-F_{CE}=16.77$

$+\rightarrow\sum F_x=0$; $-H_A+F_{BC}+F_{CE}\sin 63.44°+F_{DE}\cos 26.56°=0$

$\therefore F_{DE}+F_{CE}=-5.59$

위의 두 식을 연립하여 풀면

$F_{DE}=5.59\text{kN}$ (인장), $F_{CE}=-11.18\text{kN}$ (압축)

참고로, 격점 C에 관하여 모멘트 합을 취하면, 즉

$+\curvearrowright\sum M_C=0$; $V_A\cdot 20-10\cdot 10+F_{DE}\cos 26.56°\cdot 5+F_{DE}\sin 26.56°\cdot 10=0$

$\therefore F_{DE}=5.59\text{kN}$ (인장)으로 사용하지 않는 평형조건으로부터 해석결과의 검증이 가능하다.

TIP

정정복합트러스도 격점별로 2개의 평형방정식이 존재하므로, 격점의 총 수가 j인 경우 $2j$개의 평형방정식을 각 격점별로 예제 3.5, 3.6처럼 세워 연립하여 풀면 부재력을 구할 수 있다.

3.6 입체트러스의 해석

입체트러스는 직선인 부재 모두가 동일평면 내에 놓여 있지 않고 부재들의 절점(격점)에서 마찰이 없는 핀으로 연결되어 축력만 받도록 결합된 부재들로 구성된 3차원 구조물이다. 3차원의 경우 각 절점에 대해 적용 가능한 평형방정식의 수가 3개($\sum F_x = 0,\ \sum F_y = 0, \sum F_z = 0$)이다. 따라서 절점의 수가 j인 입체트러스에는 $3j$개의 평형방정식이 존재하고 또한 강절점의 수 $f = 0$이므로, 식 (3.1)의 2차원 평면구조물에 대한 부정정차수 계산의 기준이 다음과 같이 변한다. 즉, 3차원 입체트러스의 안정과 불안정의 판정, 정정, 전체 부정정차수 계산의 기준은 다음과 같다.

$$n = (r + m) - 3j \tag{3.2}$$

여기서, n : 부정정차수($n < 0$이면 불안정, $n = 0$이면 정정, $n > 0$이면 부정정),
r : 반력성분의 수, m : 부재의 수,
j : 절점(격점, 지점과 자유단도 절점으로 본다.)의 수.

지점명칭	지점형태	반력성분
링크지점	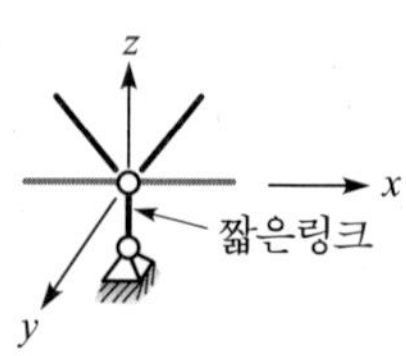	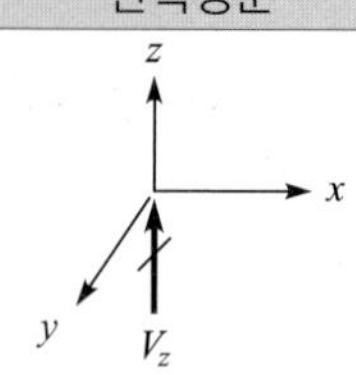 반력성분 1개 : V_z
평면상의 롤러지점	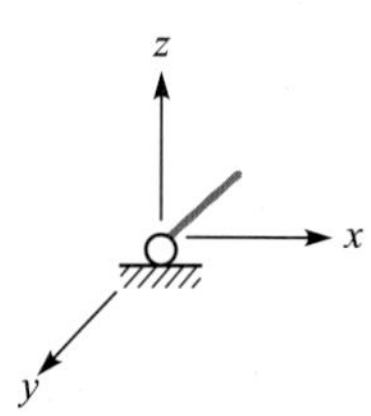	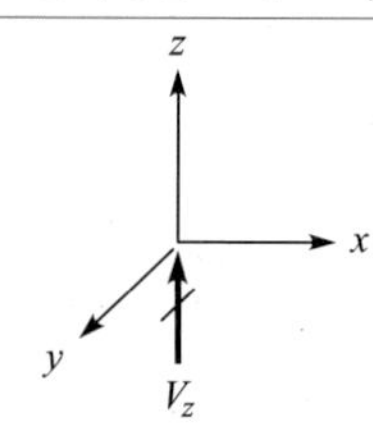 반력성분 1개 : V_z
홈파진 롤러지점	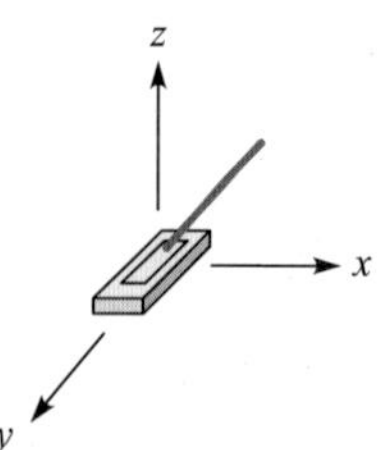	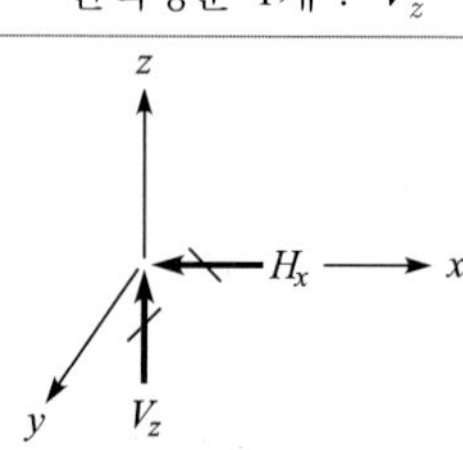 반력성분 2개 : V_z, H_x

지점명칭	지점형태	반력성분
구-소켓지점	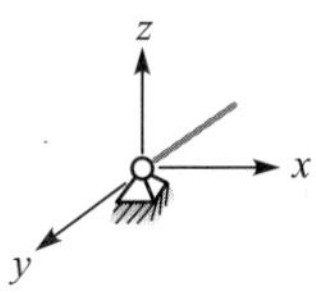	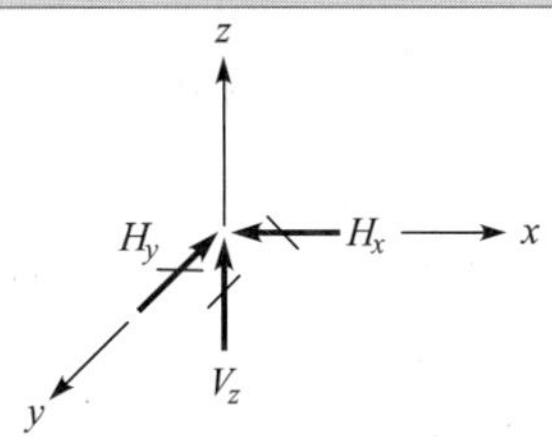 반력성분 3개 : V_z, H_x, H_y

그림 3.4 입체트러스의 지점 및 반력의 형태

입체트러스의 해석도 평면트러스와 마찬가지로 이상트러스라는 가정하에서 모든 부재력을 구할 때는 격점법을 사용하고 단지 몇 개의 부재력만 구할 때는 단면법을 사용하는 것이 좋다. 평면트러스의 반력은 3개의 평형방정식에 의해 계산되지만, 입체트러스는 3차원이므로 6개 평형방정식($\sum F_x = 0, \sum F_y = 0, \sum F_z = 0, \sum M_x = 0, \sum M_y = 0, \sum M_z = 0$)에 의해 계산될 수 있다. 입체트러스의 격점법에 의한 해석의 경우 평면트러스의 격점법과 유일한 차이는 각 격점별로 적용 가능한 평형방정식의 수가 3차원이므로 2개($\sum F_x = 0, \sum F_z = 0$)에서 3개($\sum F_x = 0, \sum F_y = 0, \sum F_z = 0$)로 된다는 것이다. 한편, 평면트러스 단면법에서는 3개 평형방정식이 사용되지만, 입체트러스의 단면법에서는 3차원이므로 6개 평형방정식($\sum F_x = 0, \sum F_y = 0, \sum F_z = 0, \sum M_x = 0, \sum M_y = 0, \sum M_z = 0$)이 사용된다. 격점법과 단면법에 의한 입체트러스 해석절차는 평면트러스의 격점법과 단면법과 각각 유사하다.

일반적으로 입체트러스 지점은 그림 3.4에 보여준 것처럼 그 지지조건과 형태에 따라 링크지점, 평면상의 롤러지점, 홈파진 롤러지점, 구-소켓지점 등으로 구분하며 반력성분의 수는 1~3개가 된다.

입체트러스의 해석은 3차원 공간에서 수행되므로, 그림 3.5에 보여준 것처럼 공간에서 경사를 갖는 부재력 F는 x, y, z축 방향의 성분 F_x, F_y, F_z로 분해할 필요가 있다. 여기서 부재 OA의 길이가 l이고 x, y, z좌표축에 따른 투영길이가 l_x, l_y, l_z라고 하면 다음의 관계식이 성립된다.

$$l = \sqrt{l_x^2 + l_y^2 + l_z^2} \tag{3.3}$$

그리고

$$F = \sqrt{F_x^2 + F_y^2 + F_z^2} \tag{3.4}$$

그림 3.5에서 힘 F는 비례식에 의해 다음과 같이 x, y, z축 방향의 성분으로 나타낼 수 있다.

$$F_x = F\left(\frac{l_x}{l}\right),\ F_y = F\left(\frac{l_y}{l}\right),\ F_z = F\left(\frac{l_z}{l}\right) \tag{3.5}$$

따라서

$$\frac{F}{l} = \frac{F_x}{l_x} = \frac{F_y}{l_y} = \frac{F_z}{l_z} \tag{3.6}$$

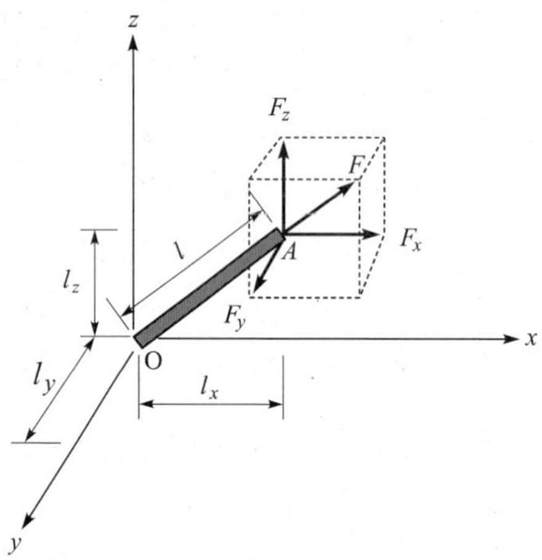

그림 3.5 부재의 길이 및 힘과 그 성분

예제 3.7

다음 입체트러스의 반력과 부재력을 구하시오. 단, 지점 A, B, C 는 구-소켓지점이다.

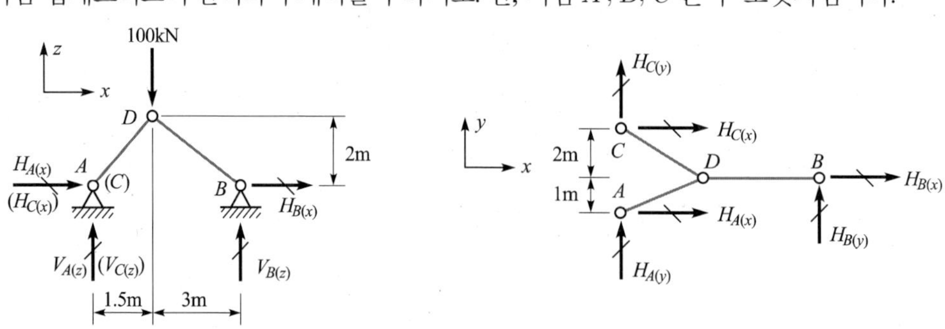

(a) $x-z$ 평면 (b) $x-y$ 평면

그림 예제 3.7

풀이

그림 3.4에서 구-소켓지점의 경우 반력성분이 3개이므로, 총 반력성분의 수 $r=3\times 3=9$개다. 부재의 수 $m=3$이고 절점의 수 $j=4$이므로, $n=(r+m)-3j=(9+3)-3\times 4=0$이 되어 주어진 입체트러스는 정정구조물이다.

비록 이 입체트러스가 정정일지라도 그림 예제 3.7 (a), (b)의 전체구조물의 자유물체도에 단순히 6개 평형방정식($\sum F_x=0, \sum F_y=0, \sum F_z=0, \sum M_x=0, \sum M_y=0, \sum M_z=0$)을 적용해서 반력을 계산하면 복잡하다. 이런 경우 반력성분의 일부를 부재력과 연관시켜서 풀면 간단하다. 즉, 이 입체트러스의 지점 B의 수직방향(z축 방향) 반력성분 $V_{B(z)}$만 전체구조물의 자유물체도에 평형방정식을 단순히 적용해서 구할 수 있고, 나머지 수직 및 수평방향(x, y축 방향)의 반력성분들은 부재력과 연관시켜서 계산할 수 있다.

1) 전체구조물의 자유물체도에서

$l=\sqrt{l_x^2+l_y^2+l_z^2}$ [식 (3.3)]이므로, 다음 표와 같이 입체트러스 각 부재의 길이가 구해진다.

부재	l_x(m)	l_y(m)	l_z(m)	l(m)
AD	1.5	1	2	2.7
BD	3	0	2	3.6
CD	1.5	2	2	3.2

힘 F는 비례식 $F_x=F\left(\frac{l_x}{l}\right)$, $F_y=F\left(\frac{l_y}{l}\right)$, $F_z=F\left(\frac{l_z}{l}\right)$[식 (3.5)]를 사용하여 x, y, z축 방향의 성분으로 나타낼 수 있다.

그림 예제 3.7 (a)에서 반력 $H_{A(y)}$의 작용선[그림 예제 3.7 (b)의 선분 AC]에 관하여

$+\curvearrowright \Sigma M_y=0\ ;\ 100\times 1.5-V_{B(z)}\times 4.5=0,\qquad \therefore$ 반력 $V_{B(z)}=33.3\text{kN}\,(\uparrow)$

2) 격점별 평형조건

i) 그림 예제 3.7에서 B점을 고립시켰을 때 평형방정식

[모든 부재가 인장력(+)을 받는다고 가정함]

$+\uparrow \Sigma F_z=0\ ;\ V_{B(z)}+F_{BD(z)}=0$

$\therefore F_{BD(z)}=-V_{B(z)}=-33.3\text{kN}$

비례식 $F=F_z\left(\frac{l}{l_z}\right)$를 사용하면, 부재 BD의 부재력 F_{BD}가 구해진다. 즉,

부재력 $F_{BD}=-33.3\times\frac{l_{BD}}{l_{z_{BD}}}=-33.3\times\frac{3.6}{2}=-60\text{kN}$ (압축)

$$+\rightarrow \sum F_x = 0\ ;\ H_{B(x)} - F_{BD(x)} = 0$$

$$\therefore \text{반력 } H_{B(x)} = \frac{l_{x_{BD}}}{l_{z_{BD}}} \times F_{BD(z)} = \frac{3}{2}(-33.3) = -50\text{kN}\ (\leftarrow)$$

$$+\uparrow \sum F_y = 0\ ;\ H_{B(y)} + F_{BD(y)} = 0$$

$$\therefore \text{반력 } H_{B(y)} = -\frac{l_{y_{BD}}}{l_{z_{BD}}} \times F_{BD(z)} = -\frac{0}{2}(-33.3) = 0$$

ii) 그림 예제 3.7에서 D점을 고립시켰을 때 평형방정식

[모든 부재가 인장력(+)을 받는다고 가정함]

$$+\uparrow \Sigma F_z = 0\ ;\qquad -100 - F_{AD(z)} - F_{CD(z)} - F_{BD(z)} = 0$$

$$-100 - F_{AD(z)} - F_{CD(z)} + 33.3 = 0$$

$$\therefore F_{AD(z)} + F_{CD(z)} = -66.7 \tag{1}$$

$$+\rightarrow \Sigma F_x = 0\ ;\ -F_{AD(x)} - F_{CD(x)} + F_{BD(x)} = 0$$

$$F_{AD(x)} + F_{CD(x)} - F_{BD(x)} = 0$$

$$F_{AD(x)} + F_{CD(x)} = -50 \tag{2}$$

$$F_{AD(x)} = \frac{1.5}{2} F_{AD(z)}$$

$$F_{CD(x)} = \frac{1.5}{2} F_{CD(z)}$$

위의 2개의 식을 식 (2)에 대입하면

$$F_{AD(z)} + F_{CD(z)} = -66.7$$

$$+\uparrow \Sigma F_y = 0\ ;\ F_{CD(y)} - F_{AD(y)} = 0,\ \therefore F_{CD(y)} = F_{AD(y)}$$

$$F_{CD(y)} = \frac{l_{y_{CD}}}{l_{z_{CD}}} F_{CD(z)} = \frac{2}{2} F_{CD(z)} = F_{CD(z)}$$

$$F_{AD(y)} = \frac{l_{y_{AD}}}{l_{z_{AD}}} F_{AD(z)} = \frac{1}{2} F_{AD(z)}$$

따라서, $F_{CD(z)} = \dfrac{F_{AD(z)}}{2}$

$$\therefore F_{AD(z)} = 2F_{CD(z)} \tag{3}$$

식 (1)과 (3)을 연립해서 풀면

$$F_{CD(z)} = -22.2\text{kN}$$

부재력 $F_{CD}=\dfrac{l_{CD}}{l_{z_{CD}}}F_{CD(z)}=\dfrac{3.2}{2}\times(-22.2)=-35.5\text{kN}$ (압축)

$F_{AD(z)}=2(-22.2)=-44.4\text{kN}$

부재력 $F_{AD}=\dfrac{l_{AD}}{l_{z_{AD}}}F_{AD(z)}=\dfrac{2.7}{2}\times(-44.4)=-60\text{kN}$ (압축)

iii) 그림 예제 3.7에서 A점을 고립시켰을 때 평형방정식

[모든 부재가 인장력(+)을 받는다고 가정함]

$+\uparrow \Sigma F_z=0\ ;\ V_{A(z)}+F_{AD(z)}=0$

$\therefore$ 반력 $V_{A(z)}=-F_{AD(z)}=-\dfrac{l_{z_{AD}}}{l_{AD}}\times F_{AD}=-\dfrac{2}{2.7}(-60)=44.4\text{kN}\ (\uparrow)$

$+\rightarrow \sum F_x=0\ ;\ H_{A(x)}+F_{AD(x)}=0$

$\therefore$ 반력 $H_{A(x)}=-\dfrac{l_{x_{AD}}}{l_{AD}}\times F_{AD}=-\dfrac{1.5}{2.7}(-60)=33.3\text{kN}\ (\rightarrow)$

$+\uparrow \sum F_y=0\ ;\ H_{A(y)}+F_{AD(y)}=0$

$\therefore$ 반력 $H_{A(y)}=-\dfrac{l_{y_{AD}}}{l_{AD}}\times F_{AD}=-\dfrac{1}{2.7}(-60)=22.2\text{kN}(\uparrow)$

iv) 그림 예제 3.7에서 C점을 고립시켰을 때 평형방정식

[모든 부재가 인장력(+)을 받는다고 가정함]

$+\uparrow \Sigma F_z=0\ ;\ V_{C(z)}+F_{CD(z)}=0$

$\therefore$ 반력 $V_{C(z)}=-F_{CD(z)}=-\dfrac{l_{z_{CD}}}{l_{CD}}\times F_{CD}=-\dfrac{2}{3.2}(-35.5)=22.2\text{kN}\ (\uparrow)$

$+\rightarrow \sum F_x=0\ ;\ H_{C(x)}+F_{CD(x)}=0$

$\therefore$ 반력 $H_{C(x)}=-\dfrac{l_{x_{CD}}}{l_{CD}}\times F_{AD}=-\dfrac{1.5}{3.2}(-35.5)=16.6\text{kN}\ (\rightarrow)$

$+\uparrow \sum F_y=0\ ;\ H_{C(y)}-F_{CD(y)}=0$

$\therefore$ 반력 $H_{C(y)}=\dfrac{l_{y_{CD}}}{l_{CD}}\times F_{CD}=\dfrac{2}{3.2}(-35.5)=-22.2\text{kN}(\downarrow)$

연습문제

3.1 다음 구조물의 정정 · 부정정을 판별하시오.

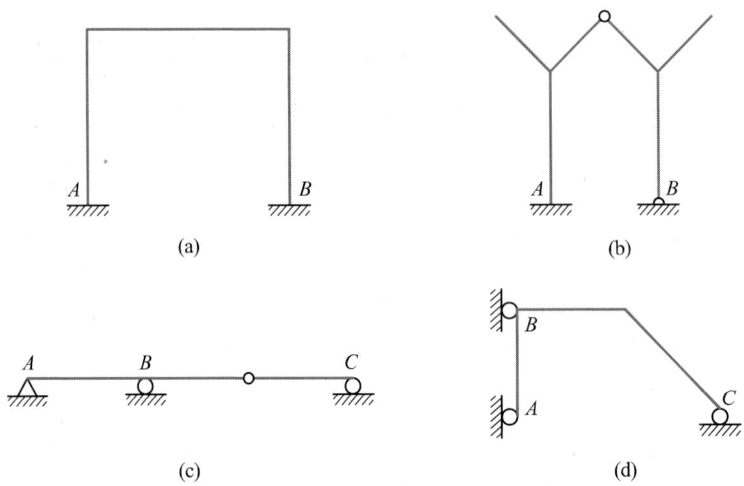

그림 문제 3.1

3.2 다음 구조물의 부정정차수를 구하시오.

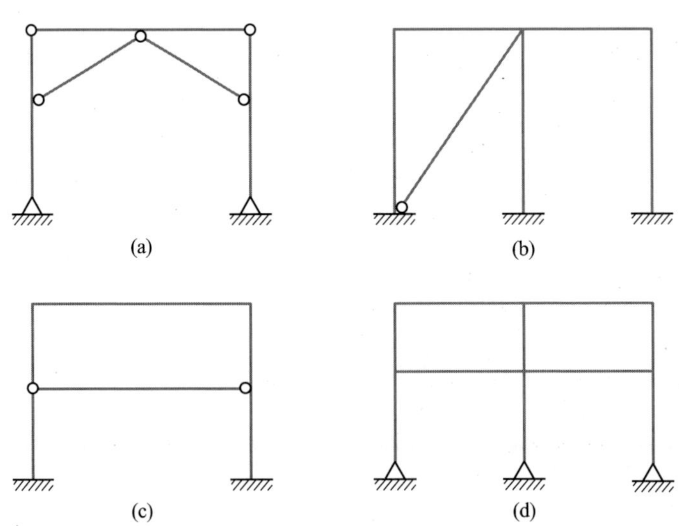

그림 문제 3.2

3.3 다음 트러스의 반력과 부재력을 구하시오.

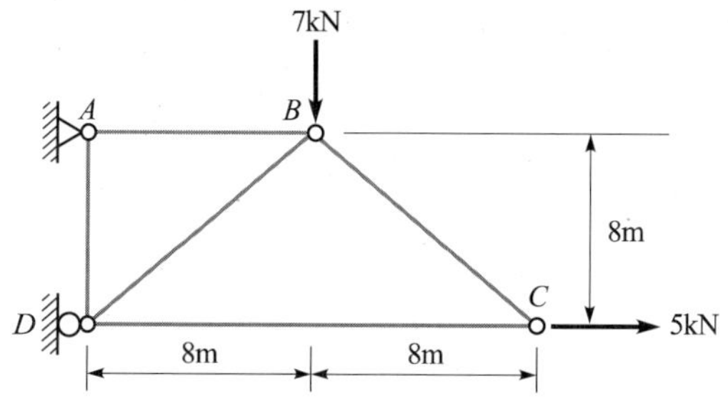

그림 문제 3.3

3.4 다음 트러스에서 부재 BC, CG, GH의 부재력 F_{BC}, F_{CG}, F_{GH}를 구하시오.

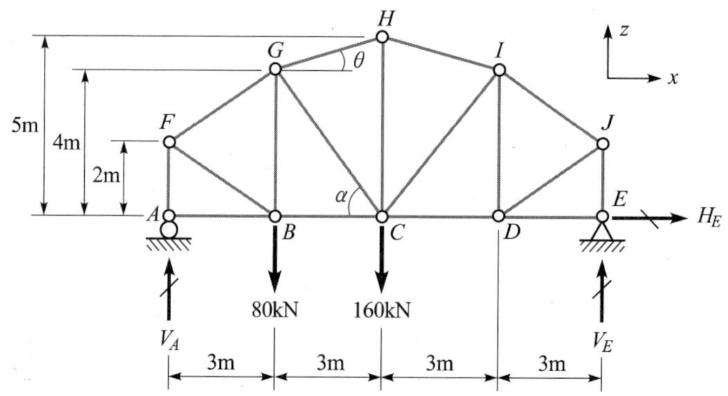

그림 문제 3.4

3.5 다음 K트러스의 모든 반력과 부재력을 구하시오.

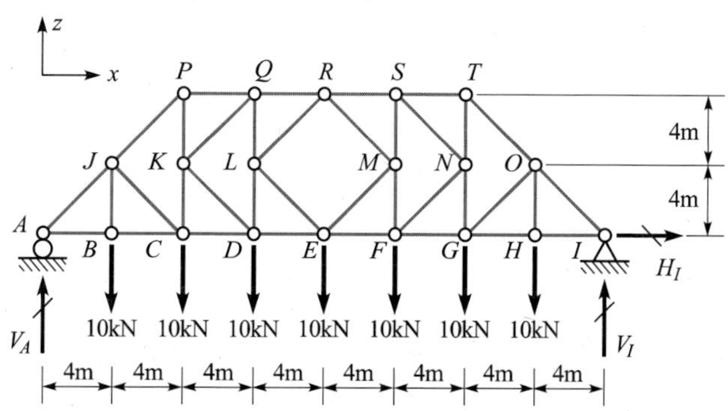

그림 문제 3.5

3.6 다음 입체트러스의 모든 부재력을 구하시오. 단, 지점 A는 평면상의 롤러지점, 지점 B는 구-소켓지점, 지점 C는 홈파진 롤러지점이다.

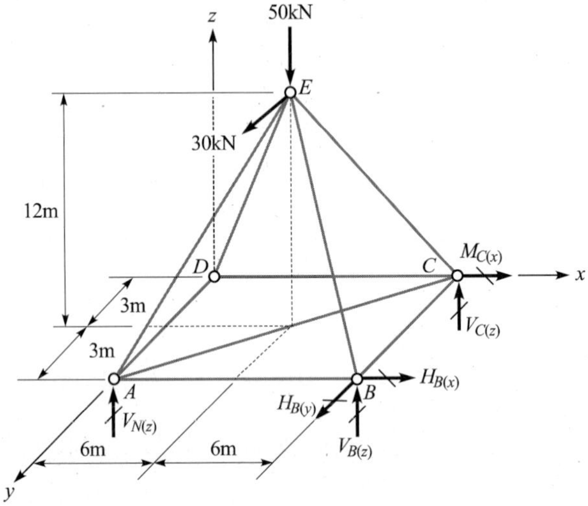

그림 문제 3.6

제4장

정정아치 및 케이블의 해석

제4장

정정아치 및 케이블의 해석

4.1 아치의 특성과 기본유형

아치(arch)는 장경간 구조형식에서 휨모멘트를 현저히 감소시키기 위해서 주로 사용되고 있다. 즉, 아치에서 휨모멘트는 단순보에 비해 매우 작아 2차적인 단면 내력에 불과하고, 아치부재의 단면은 주로 축압축력(축방향 압축력)을 지지한다. 이러한 작은 휨모멘트 · 작은 전단력과 큰 축압축력을 받는 구조적 특성때문에 아치는 보, 라멘, 트러스구조물보다 더 장경간의 교량이나 지붕구조물의 구조형식으로 많이 사용되고 있다. 일반적으로, 아치는 포물선 형상(parabolic shape)이나 원호형상을 갖는 구조물로서, 수평반력을 저항할 수 있는 견고한 기초형식과 지반위에서 가설되거나 수평력을 받아주는 인장타이(tie)나 덱거더(deck girder)가 사용된다. 이때 지점에서 발생하는 큰 수평반력은 아치의 각 단면에서 휨모멘트뿐만 아니라 전단력도 현저히 감소시켜, 계곡 등에 지간이 긴 교량구조물의 경제적인 설계가 가능하게 한다.

그림 4.1은 전형적인 2활절 아치(two-hinged arch)의 각 부의 명칭과 자유물체도를 보여주고 있다. 그림 4.1과 같이 아치에 집중하중 P가 작용하게 되면, 하중 P를 저항하기 위해서 아치에는 수직반력(V_A, V_B)뿐만이 아니라 큰 수평반력(H_A, H_B)이 발생한다. 이때 하중작용점 P 위치의

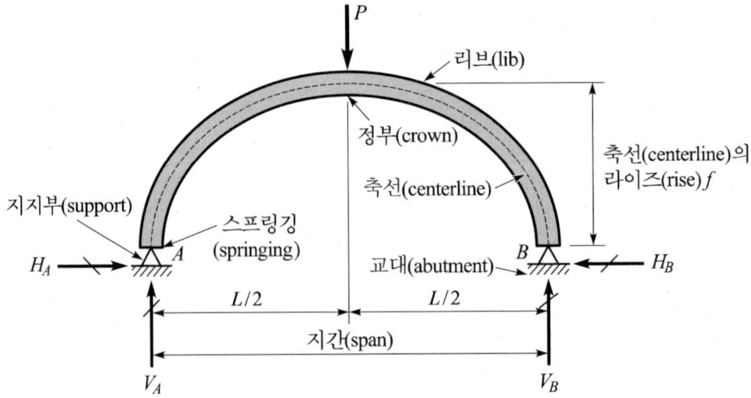

그림 4.1 아치의 각 부의 명칭

단면에 생기는 휨모멘트는 $M = V_A \cdot \frac{L}{2} - H_A \cdot f$가 되어, 휨모멘트가 $H_A \cdot f$만큼 상쇄된다는 것을 분명히 알 수 있다. 따라서 아치는 아치의 형상과 수평반력에 의해서 매우 작은 휨모멘트가 발생하고, 축선의 단면력이 축압축력 뿐인 경우도 있다.

그림 4.2는 아치구조의 기본 형태를 보여주고 있다. 그림 4.2(a)는 아치 정부에 내부 힌지가 도입된 3활절 정정아치이다. 즉, 3개의 평형방정식 이외에도 아치 정부의 내부 힌지의 왼쪽 또는 오른쪽 어느 한쪽에 관하여 $\sum M = 0$이라는 조건방정식이 한 개 추가되므로 미지반력 (V_A, V_B, H_A, H_B)의 수와 방정식의 수가 4개로 같게 되어 정정구조물이 된다. 이러한 3활절 정정아치구조는 지간이 180m이내의 강교량(steel bridge) 건설 시 많이 사용되고 있다. 한편, 그림 4.2(b)는 2활절 아치이고 내부 힌지가 없으므로 1차부정정구조물로, 지간 180~270m의 강재(steel) 교량구조물에 주로 사용하고 있다. 4.2(c)는 1활절 아치이고 2차부정정구조물이다. 4.2(d)는 고정아치이고 3부정정구조물로, 콘크리트 재료를 사용할 경우 지간 30~120m 그리고 아치 리브가 강재인 경우 290m까지의 교량구조물의 건설 시 사용하고 있다. 그림 4.3(b)는 그림 4.3(a)의 곡선보의 지점을 타이로 연결시켜 수평변위를 구속시킨 타이드 아치(tied arch)이다. 이 타이드 아치는 외적정정으로 지점침하에 의해서 추가적인 응력이 발생하지 않는 구조이지만, 내적으로는 1차부정정이다. 참고로, 그림 4.3(a)는 수평변위가 존재하므로 아치구조물이 아님을 유념하기 바란다. 한편, 아치 리브를 트러스구조로 대치한 강트러스 아치(braced rib arch)는 그 지간의 적용범위가 240~520m 정도이다.

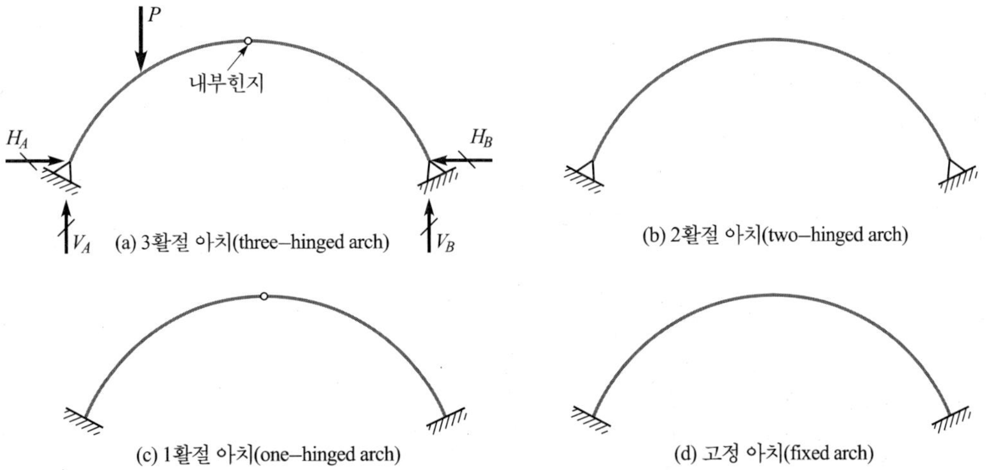

그림 4.2 아치의 기본유형

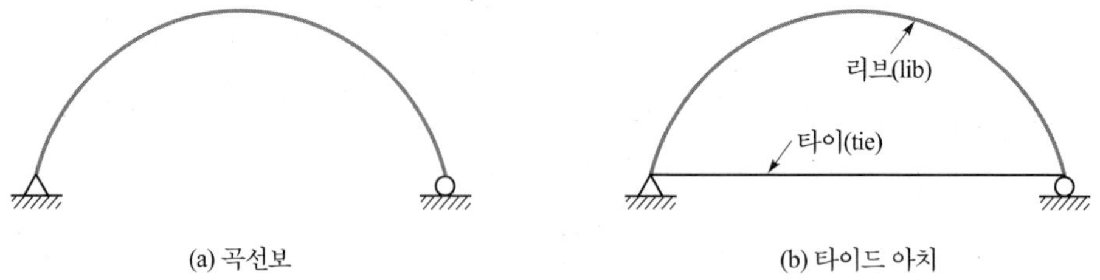

그림 4.3 곡선보와 타이드 아치

4.2 정정아치의 해석

일반적인 정정아치의 구조해석도 정정보 또는 정정트러스의 경우와 비슷하게, 먼저 전체 아치 구조물의 자유물체도로부터 반력을 구한 후, 임의단면에서의 단면력(축력, 전단력, 휨모멘트)을 그 단면의 자유물체도에 대한 정역학적 평형조건으로부터 구한다. 다음의 예제 4.1, 4.2는 아치 정부의 내부 힌지가 평형에 대한 조건방정식을 제공하여 정정구조물이 된 3활절 아치에 대한 구조해석 사례를 보여주고 있다. 이 경우 내부 힌지가 있는 게르버보처럼 아치 정부에 있는 내부 힌지 좌, 우측을 분리한 자유물체도로부터 수평반력이 구해진다. 그리고 임의의 점에서 축력과 전단력의 단면력 계산 시, 그 단면에 대한 아치 축선상의 접선기울기가 고려됨을 유념해야 한다.

예제 4.1

다음의 3활절 원호아치에서 자중에 의한 반력성분 V_A, V_B, H_A, H_B를 구하시오. 단, 축선을 따라 균등하게 분포된 아치자중은 $p = 25\text{kN/m}$이고, 반경은 $R = 40\text{m}$이다.

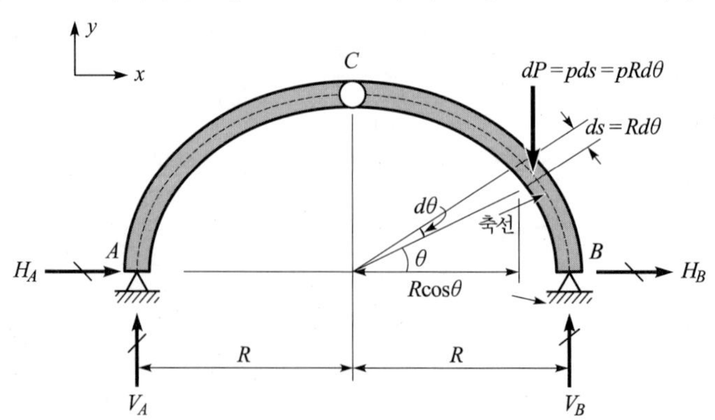

그림 예제 4.1

풀이

1) 수직반력성분 V_A, V_B

아치의 분포자중 p에 의한 전체 아치자중의 수직력 P를 계산하면 다음과 같다.

$$P=\int_0^s pds=\int_0^\pi pRd\theta=[pR\theta]_0^\pi=pR\pi=25\times40\times\pi=3141.6\text{kN}$$

그림 예제 4.1의 전체구조물 자유물체도에서

$$+\curvearrowright\sum M_A=0\ ;\ -V_B(2R)+\int_0^\pi pRd\theta\, R(1+\cos\theta)=0$$

여기서, $\int_0^\pi pR^2(1+\cos\theta)d\theta=pR^2[\theta+\sin\theta]_0^\pi=pR^2[\pi+0]=pR^2\pi$이므로

$$\therefore\ V_B=\frac{pR^2\pi}{2R}=\frac{pR\pi}{2}=\frac{25\times40\times\pi}{2}=1570.8\text{kN}\ (\uparrow)$$

$$+\uparrow\sum F_y=0\ ;\ V_A+V_B-P=0$$

$$\therefore\ V_A=P-V_B=3141.6-1570.8=1570.8\text{kN}\ (\uparrow)$$

2) 수평반력성분 H_A, H_B

C점의 오른쪽 부분에 대해

$$+\curvearrowright\sum M_c=0\ ;\ \int_0^{\frac{\pi}{2}}(pRd\theta)(R\cos\theta)-H_B(R)-V_B(R)=0$$

따라서

$$\int_0^{\frac{\pi}{2}}pR^2\cos\theta d\theta-\frac{pR^2\pi}{2}=H_B(R)\ \rightarrow\ pR^2[\sin\theta]_0^{\frac{\pi}{2}}-\frac{pR^2\pi}{2}=H_BR\ \rightarrow$$

$$pR^2(1-\frac{\pi}{2})=H_BR$$

$$\therefore\ H_B=pR(1-\frac{\pi}{2})=25\times40\times(1-\frac{\pi}{2})=-570.8\text{kN}\ (\leftarrow)$$

그림 예제 4.1의 전체구조물 자유물체도에서

$$+\rightarrow\sum F_x=0\ ;\ H_A+H_B=0$$

$$\therefore\ \text{반력}\ H_A=-H_B=570.8\text{kN}\ (\rightarrow)$$

예제 4.2

다음 그림과 같이 아치 정부 C점에 내부 힌지가 도입된 3활절 아치의 지점반력과 D점의 단면력을 구하시오. 단, 아치의 형상은 다음과 같이 가정하라.

(a) 아치의 형상이 포물선$[\frac{y}{l}=4\frac{f}{l}\frac{x}{l}(1-\frac{x}{l})]$인 경우

(b) 아치의 형상이 원호$[\frac{y}{l}=\frac{1}{8}(4\frac{f}{l}-\frac{1}{f})+\sqrt{\frac{1}{64}(4\frac{f}{l}+\frac{l}{f})^2-(\frac{x}{l}-\frac{1}{2})^2}\,]$인 경우

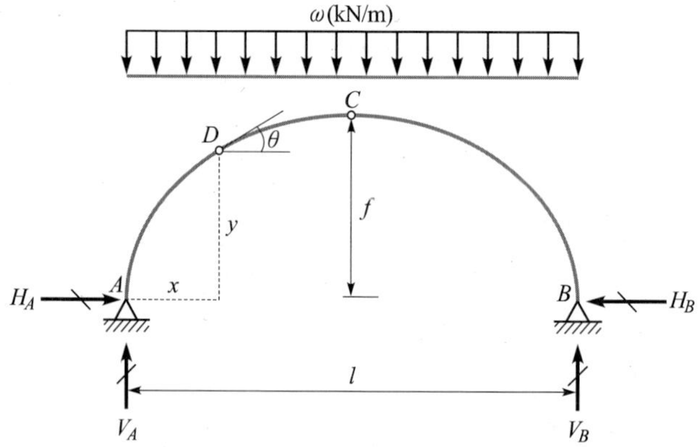

그림 예제 4.2

풀이

1) 반력계산

포물선과 원호 아치 모두 반력의 크기는 같다. 그림 예제 4.2의 전체구조물 자유물체도에서

$$+\curvearrowright \sum M_B=0\ ;\ V_A l-\frac{\omega l^2}{2}=0, \qquad \therefore\ V_A=\frac{\omega l}{2}$$

$$+\uparrow \sum F_y=0\ ;\ V_A+V_B-\omega l=0, \qquad \therefore\ V_B=\omega l-V_A=\frac{\omega l}{2}$$

C점의 왼쪽방향에 대해

$$+\curvearrowright \sum M_C=0\ ;\ \frac{V_A l}{2}-H_A f-\frac{\omega l^2}{8}=0$$

$$\therefore\ H_A=\frac{1}{f}(\frac{V_A l}{2}-\frac{\omega l^2}{8})=\frac{l}{f}\frac{\omega l}{8}$$

전체구조물 자유물체도에서

$$+\rightarrow \sum F_x=0\ ;\ H_A-H_B=0$$

$\therefore$ 반력 $H_B = H_A = H = \frac{l}{f}\frac{\omega l}{8}$

2) D점의 단면력계산

위의 자유물체도에 평형방정식 적용하면

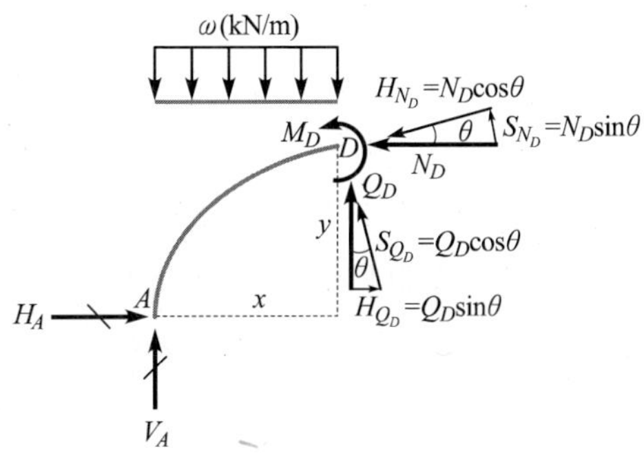

$+\rightarrow\sum F_x = 0$; $H_A + N_D = 0$,

$\therefore N_D = H_A = \frac{l}{f}\frac{\omega l}{8}$

$+\uparrow\sum F_y = 0$; $V_A + Q_D - \omega x = 0$,

$\therefore Q_D = -V_A + \omega x = -\frac{\omega l}{2} + \omega x$

휨모멘트의 단면력

$M_D = V_A x - H_A y - \frac{\omega x^2}{2} = \frac{\omega l^2}{2}\frac{x}{l}(1-\frac{x}{l}) - \frac{l}{f}\frac{\omega l}{8}y$

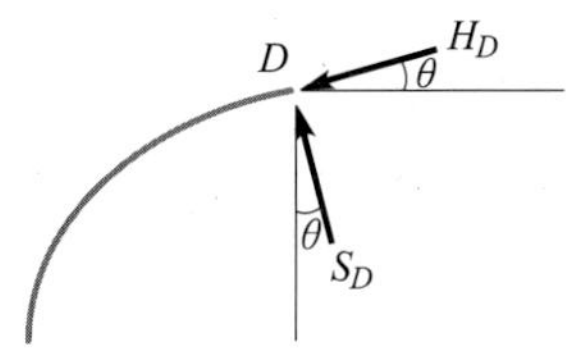

따라서 위의 그림에 표시된 D점의 축력 및 전단력은 다음과 같이 구해진다.

축력의 단면력 $H_D = N_D\cos\theta - Q_D\sin\theta = (\frac{l}{f}\frac{\omega l}{8})\cdot\cos\theta - (-\frac{\omega l}{2} + \omega x)\cdot\sin\theta$

전단력의 단면력 $S_D = N_D\sin\theta + Q_D\cos\theta = (\frac{l}{f}\frac{\omega l}{8})\cdot\sin\theta + (-\frac{\omega l}{2} + \omega x)\cdot\cos\theta$

여기서, 포물선 아치의 경우 D점의 기울기 θ는 다음과 같이 구해진다.

$\frac{y}{l} = 4\frac{f}{l}\frac{x}{l}(1-\frac{x}{l})$

$\tan\theta = \frac{dy}{dx}$, $\theta = \tan^{-1}(\frac{dy}{dx})$

$\therefore \theta = \tan^{-1}[\frac{4f}{l}(1-\frac{2x}{l})]$

원호 아치의 경우, D점의 기울기 θ는 다음과 같이 구해진다.

$\frac{y}{l} = \frac{1}{8}(4\frac{f}{l} - \frac{1}{f}) + \sqrt{\frac{1}{64}(4\frac{f}{l} + \frac{l}{f})^2 - (\frac{x}{l} - \frac{1}{2})^2}$

$\therefore \theta = \tan^{-1}[(\frac{1}{2} - \frac{x}{l}) / \sqrt{\frac{1}{64}(4\frac{f}{l} + \frac{l}{f})^2 - (\frac{x}{l} - \frac{1}{2})^2}]$

4.3 케이블의 특성

케이블(cable)은 주로 매우 유연하므로 휨모멘트나 압축에는 저항이 불가능하고 인장에만 저항하는 특성이 있다. 즉, 케이블은 경간이 긴 경우 축방향 장력(tension force)에 의해서만 외력을 저항하므로 구조효율 측면에서 가장 효과적인 구조형식이다. 이러한 특성 때문에 고강도 강재 또는 복합신소재로 만든 케이블은 장대교량인 현수교(suspension bridge) 및 사장교(cable-stayed bridge)의 주부재나 케이블카, 송신탑, 기중기 등의 받침줄(guys)로 사용되고 있으며, 대공간이 필요한 스타디움이나 건물에서도 케이블로 지지된 행어(hanger) 구조형식이 이용되고 있다.

케이블은 현수선(catenary) 또는 포물선의 모양의 구조형식으로, 케이블의 축에 연하여 등분포된 자중과 같은 하중에 의해서는 케이블의 형상이 현수선이 되나, 자중이 아닌 수평축에 연하여 등분포된 하중에 의해서는 포물선 형상이 된다. 일반적으로, 케이블의 처짐이 그 길이에 비하여 작은 경우에는 케이블의 형상을 포물선으로 가정하여 해석할 수 있다. 여기서, 케이블의 수평길이 l에 대한 처짐 f(케이블 현의 중앙점과 케이블과의 수직거리)의 비, 즉 f/l를 케이블에서의 처짐비(sag ratio)라고 한다. 케이블의 엄밀한 해석은 복잡한 비선형 수치해석이 요구되나, 처짐량이 적은 경우 기하학적 비선형이 고려된 유효등가선형탄성계수(E_c)를 사용해서 정역학적으로 해석할 수 있다.

케이블은 지간이 150~2,000m의 초장지간 구조에 많이 사용하고 있다(사장교의 지간 : $150 \le L \le 890$, 현수교의 지간 : $400 \le L \le 2{,}000$). 참고로, 현재 세계 최장의 사장교의 최대지간장은 890m(Tatara대교, 1999)이다. 1998년에 완공된 Akashi대교는 주경간 1,991m로 현재 공용중인 현수교 중에서 세계최장을 자랑하고 있다. 우리나라 최장의 현수교는 2013년에 준공된 이순신대교로서 주경간장이 1,545m에 달한다.

4.4 케이블의 일반정리과 해석

4.4.1 케이블의 일반정리

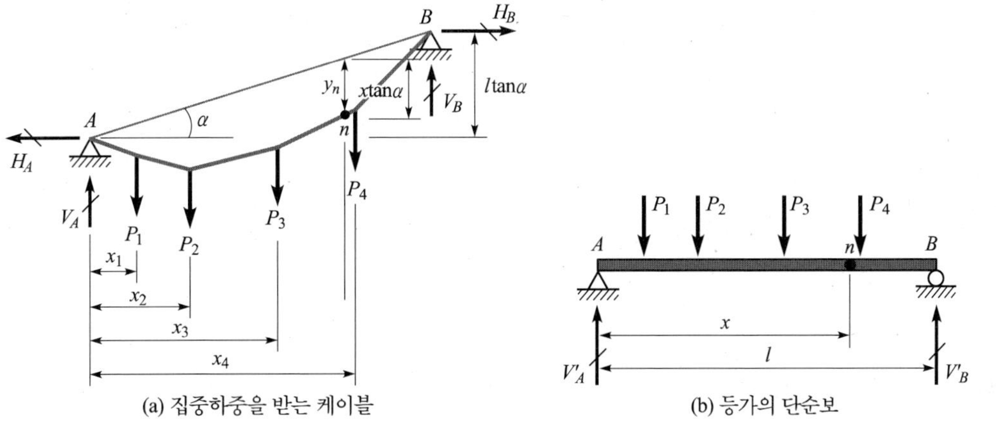

그림 4.4 집중하중하의 케이블과 등가단순보

그림 4.4(a)와 같이 집중하중을 받는 케이블을 고려해 보자. 전체구조물에 대한 자유물체도에서 수평방향의 평형방정식을 적용하면, 즉

$$+\rightarrow \sum F_x = 0 \ ; \ -H_A + H_B = 0$$

케이블의 임의의 단면을 절단한 후, 절단면에 발생하는 단면력의 수평성분을 H라고 하고 그 자유물체도에 $\sum F_x = 0$을 적용하면 다음 식이 구해진다.

$$H = H_A = B_B \tag{4.1}$$

위 식으로부터 수평반력 H_A와 H_B의 크기는 동일한 값이며, 케이블의 어느 단면에서든지 H로 일정한 값을 보여주고 있다. 즉, 케이블의 어느 단면에서든지 수평장력의 크기는 H이다.

그림 4.4(a)의 B점에 휨모멘트의 평형방정식을 적용하면

$$+\curvearrowright \Sigma M_B = 0 \ ; \ Hl\tan\alpha + V_A l - \sum_{j=1}^{4} P_j(l - x_j) = 0$$

$$V_A = -H\tan\alpha + \frac{\sum_{j=1}^{4} P_j(l - x_j)}{l} \tag{4.2}$$

여기서, x_j는 지점 A로부터 j번째 하중 P_j까지의 수평거리를 나타낸다.

케이블은 휨모멘트에 저항할 수 없으므로, 그림 4.4(a)의 임의의 단면 n에서 $M_n = 0$이다. 그러므로 n점의 왼쪽에 관하여 $\Sigma M_n = 0$을 적용하면

$$H(x\tan\alpha - y_n) + V_A x - M_P = 0 \tag{4.3}$$

여기서, x : 지점 A에서 n점까지의 거리

y_n : n점에서 케이블 현까지의 거리

M_P : n점 왼쪽에 있는 하중들의 n점에 관한 모멘트의

$[= \sum_{j=1}^{3} P_j(x - x_j)]$

식 (4.2)의 V_A를 식 (4.3)에 대입하면

$$H(x\tan\alpha - y_n) - Hx\tan\alpha + \frac{x}{l}\sum_{j=1}^{4} P_j(l - x_j) - M_P = 0$$

위 식을 정리하면

$$Hy_n = \frac{x}{l}\sum_{j=1}^{4} P_j(l - x_j) - M_P \tag{4.4}$$

식 (4.4)는 수직하중을 받는 케이블의 수평반력 H를 구하는 일반식으로, 이 식의 오른쪽항은 그림 4.4(b)와 같이 케이블과 동일한 지간을 갖고 동일한 하중이 재하된 등가단순보의 임의의 단면 n에서 휨모멘트 M_n'와 같은 값임을 알 수 있다. 즉,

$$M_n' = V_A' x - \sum_{j=1}^{3} P_j(x - x_j) = \frac{x}{l}\sum_{j=1}^{4} P_j(l - x_j) - M_P \tag{4.5}$$

여기서, V_A' : 등가단순보에서 지점 A의 반력$[= \frac{1}{l}\sum_{j=1}^{4} P_j(l - x_j)]$

식 (4.4)와 (4.5)는 똑같은 표현이다. 즉,

$$Hy_n = M_n' \tag{4.6}$$

위 식이 케이블의 일반정리이며, 문장으로 표현하면 다음과 같다.

케이블의 일반정리($Hy_n = M_n'$) : 수직하중을 받고 있는 케이블상의 임의의 점 n에서 케이블 현까지 수직거리 y_n과 수평반력 H를 곱한 값은 케이블과 동일한 지간을 갖는 단순보에 케이블과 같은 하중이 작용할 경우 n점에서의 등가단순보의 휨모멘트 M_n'와 같다.

예제 4.3

다음과 같이 집중하중을 받고 있는 케이블에서 지점 반력의 수평성분과 수직성분(H_A, H_E, V_A, V_E), 거리 y_C, 케이블의 최대장력 $T_{\max}$를 구하시오.

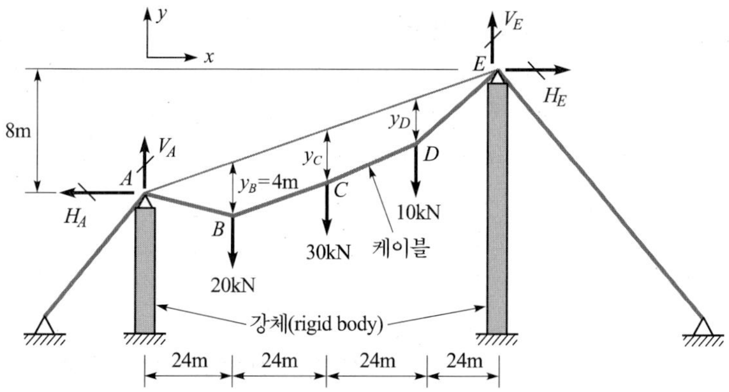

그림 예제 4.3

풀이

1) 지점 반력의 수평성분과 수직성분

등가단순보에서

$$V_A' = \frac{20 \cdot 72 + 30 \cdot 48 + 10 \cdot 24}{96} = 32.5\text{kN}$$

$$M_B' = V_A' \cdot 24 = 32.5 \cdot 24 = 780\text{kN} \cdot \text{m}$$

그림 예제 4.3의 B점에 케이블의 일반정리를 적용하면

$$H_A \cdot y_B = M_B'$$

$$H_A \cdot 4 = 780, \quad \therefore H_A = 195\text{kN} (\leftarrow)$$

$$+\!\rightarrow \sum F_x = 0 \; ; -H_A + H_E = 0, \qquad \therefore H_E = H_A = H = 195\text{kN} (\rightarrow)$$

$$+\!\curvearrowright \sum M_A = 0 \; ; \; (20 \cdot 24 + 30 \cdot 48 + 10 \cdot 72) + H_E \cdot 8 - V_E \cdot 96 = 0, \quad \therefore V_E = 43.75\text{kN}$$

(↑)

$+\uparrow \sum F_y = 0\ ;\ V_A - 20 - 30 - 10 + V_E = 0, \qquad \therefore V_A = 16.25\text{kN}\,(\uparrow)$

2) 거리 y_C

등가단순보에서

$V_A' = 32.5\text{kN}$

$M_C' = V_A' \cdot 48 - 20 \cdot 24 = 32.5 \cdot 48 - 20 \cdot 24 = 1{,}080\text{kN} \cdot \text{m}$

그림 예제 4.3의 C점에 케이블의 일반정리를 적용하면

$H \cdot y_C = M_C'$

$\therefore y_C = \dfrac{M_C'}{H} = \dfrac{1{,}080}{195} = 5.54\text{m}$

3) 최대장력 $T_{\max}$

케이블에서 최대장력은 수평장력의 크기 $H(= H_A = H_E)$가 일정하기 때문에 수직성분이 가장 큰 부분에서 일어난다. 따라서 최대장력 $T_{\max}$는 기울기가 가장 큰 DE구간에서 발생한다. DE구간의 장력 T_{DE}는 수평성분 H_E와 수직성분 V_E의 벡터합력이어야 하므로 다음과 같이 구할 수 있다.

$T_{\max} = T_{DE} = \sqrt{V_E^2 + H_E^2} = \sqrt{43.75^2 + 195^2} = 199.85\text{kN}$

4.4.2 케이블 형상의 방정식

현수교의 거더나 송유관 등을 행어로 매달아 놓은 케이블은 그림 4.5와 같이 수평축에 연하여 등분포된 수직하중 p를 받고 있으므로, 케이블의 일반정리가 다음과 같이 성립된다.

$$H_A y_n = H y_n = M_n' = \frac{pl}{2}x - \frac{p}{2}x^2 \tag{4.7}$$

여기서, 케이블의 중앙인 수평길이 $l/2$ 위치에서 처짐값이 f(케이블 현의 중앙점과 케이블과의 수직거리)이므로 처짐비는 f/l가 된다. 그림 4.5에서 $x = l/2$일 때 $y_n = f$이므로, 이들 값을 식 (4.7)에 대입하면 다음과 같이 수평반력 H가 구해진다.

$$H = \frac{pl^2}{8f} \tag{4.8}$$

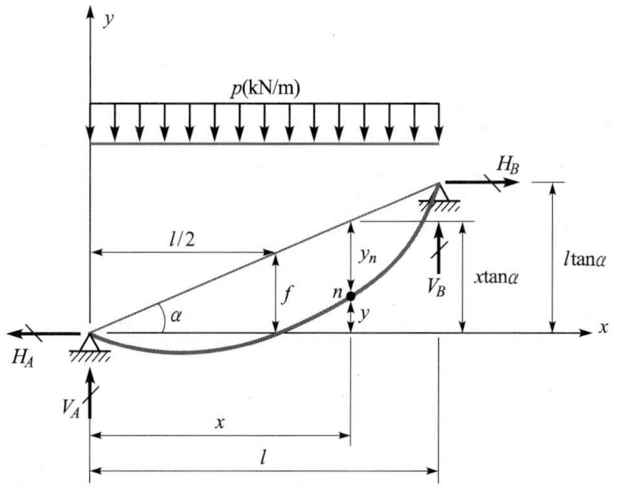

그림 4.5 등분포하중을 받는 케이블(포물선 형상)

식 (4.8)을 식 (4.7)에 대입하면, 임의의 n점에서 케이블 현과 케이블과의 수직거리 y_n이 다음과 같은 포물선식이 된다.

$$y_n = \frac{4f}{l^2}(l-x)x \tag{4.9}$$

그림 4.5에서 케이블의 방정식은 $y = x\tan\alpha - y_n$이므로 여기에 식 (4.9)를 대입하면, 다음과 같이 등분포하중을 받고 있는 케이블의 형상이 포물선식으로 표현된다.

$$y = x\tan\alpha - \frac{4f}{l^2}(l-x)x \tag{4.10}$$

위 식에서 케이블 현이 수평이면 $\alpha = 0°$가 되고, 케이블의 형상은 다음과 같은 포물선식이 된다.

$$y = \frac{4f}{l^2}(x-l)x \tag{4.11}$$

4.4.3 케이블의 장력

그림 4.6의 임의의 n점에서 케이블의 장력 T_n은 평형조건으로부터 T_n의 수평성분이 H와 같게 되므로(즉, $T_n \cos\theta = T_n \dfrac{dx}{ds} = H$) 다음 식과 같이 구해진다.

$$T_n = H\frac{ds}{dx} \tag{4.12}$$

여기서, $ds = \sqrt{dx^2 + dy^2} = dx\sqrt{1+\left(\dfrac{dy}{dx}\right)^2}$ 이다. 따라서 $\dfrac{ds}{dx}$는 다음과 같이 표현할 수 있다.

$$\frac{ds}{dx} = \sqrt{1+\left(\frac{dy}{dx}\right)^2} \tag{4.13}$$

여기서, $\dfrac{dy}{dx}$는 그림 4.6의 임의의 n점에서 접선기울기(= $\tan\theta$)이고, 식 (4.10)을 미분하면 구할 수 있다. 즉,

$$\frac{dy}{dx} = \frac{8f\,x}{l^2} - \frac{4f}{l} + \tan\alpha \tag{4.14}$$

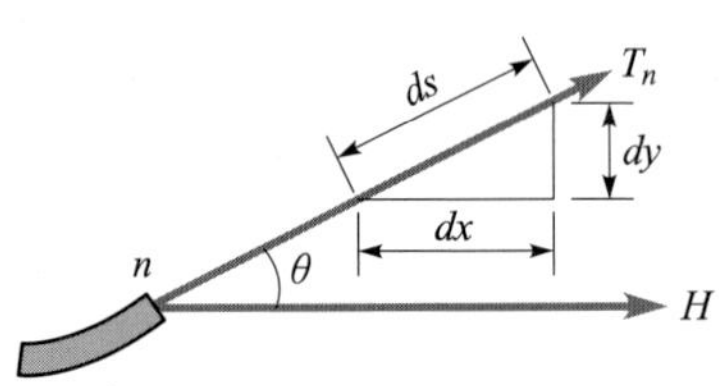

그림 4.6 케이블의 장력과 수평성분력과 관계

식 (4.14)를 식 (4.13)에 대입한 후, 그 결과를 식 (4.12)에 대입하여 정리하면, 그림 4.5의 등분포하중을 받고 있는 케이블의 임의의 n점에서 장력 T_n을 다음과 같이 구할 수 있다. 즉,

$$T_n = H\frac{ds}{dx} = H\sqrt{1+\left(\frac{8f\,x}{l^2} - \frac{4f}{l} + \tan\alpha\right)^2} = H\left(1 + \frac{64\eta^2 x^2}{l^2} + 16\eta^2 + \tan^2\alpha - \frac{64\eta^2 x}{l} + \frac{16\eta x \tan\alpha}{l} - 8\eta\tan\alpha\right)^{\frac{1}{2}} \tag{4.15}$$

여기서, $\eta = \dfrac{f}{l}$ 로 처짐비이다.

따라서 위 식에 $x=0, l$을 대입하면 케이블의 양단 A, B에서의 장력 T_A, T_B가 다음과 같이 구해진다.

$$T_A = H\left(1+16\eta^2+\tan^2\alpha-8\eta\tan\alpha\right)^{\frac{1}{2}} \tag{4.16}$$

$$T_B = H\left(1+16\eta^2+\tan^2\alpha+8\eta\tan\alpha\right)^{\frac{1}{2}} \tag{4.17}$$

그림 4.5의 경우 지점 B 더 높기 때문에 T_B가 최대장력이 된다. 만약 케이블 현이 수평이라면 최대장력은 양단의 장력으로, 위 식에 $\alpha = 0°$를 대입하면 다음과 같이 구해진다.

$$T_{\max} = H\left(1+16\eta^2\right)^{\frac{1}{2}} \tag{4.18}$$

4.4.4 케이블의 길이

케이블의 총 길이 s는 다음과 같이 ds를 적분하면 구할 수 있다. 즉,

$$s = \int_0^s ds = \int \sqrt{dx^2+dy^2} = \int_0^l \sqrt{1+\left(\frac{dy}{dx}\right)^2}\, dx \tag{4.19}$$

식 (4.14)를 식 (4.19)에 대입하면, 포물선 형상을 갖는 케이블의 길이가 다음과 같은 적분식으로 표현된다.

$$s = \int_0^l \sqrt{1+\left(\frac{8fx}{l^2}-\frac{4f}{l}+\tan\alpha\right)^2}\, dx \tag{4.20}$$

만약 케이블 현이 수평이라면 $\alpha = 0°$이므로, 위 식에 $\alpha = 0°$를 대입하고 적분을 수행하면 다음과 같이 케이블 총 길이 s가 구해진다.

$$s = \frac{l}{2}\sqrt{1+16\eta^2} + \frac{l}{8\eta}\ln\left(4\eta+\sqrt{1+16\eta^2}\right) \tag{4.21}$$

처짐비 η가 작은 경우($\eta \ll 1$) η값에 대해 급속하게 수렴하므로, 위 식의 s는 근사적으로 다음과 같이 표현된다.

$$s = l\left(1 + \frac{8}{3}\eta^2\right) \tag{4.22}$$

4.4.5 케이블의 신장량

하중을 받는 케이블의 총 신장량 Δs는 그림 4.6의 미소요소 ds에 작용하는 장력 T_n에 의한 신장량을 전체길이에 걸쳐 적분함으로서 계산된다. 즉, Hooke의 법칙을 적용하면 총 신장량은 다음과 같이 나타낼 수 있다.

$$\Delta s = \int_0^s \frac{T_n}{AE} ds = \int_0^l \frac{T_n}{AE}\left(\frac{ds}{dx}\right) dx \tag{4.23}$$

식 (4.12)에서 $T_n = H\dfrac{ds}{dx}$ 이므로, 이 값을 위 식에 대입하면

$$\Delta s = \int_0^l \frac{H}{AE}\left(\frac{ds}{dx}\right)^2 dx = \int_0^l \frac{H}{AE}\left[1 + \left(\frac{dy}{dx}\right)^2\right] dx \tag{4.24}$$

위 식에 식 (4.14)를 대입한 후 적분을 수행하면, 그림 4.5의 등분포하중을 받는 포물선 케이블의 총 신장량 Δs가 다음과 같이 구해진다.

$$\Delta s = \frac{Hl}{AE}\left(1 + \frac{16}{3}\eta^2 + \tan^2\alpha\right) \tag{4.25}$$

예제 4.4

다음과 같이 등분포하중을 받고 있는 케이블에서 지점 반력의 수평성분과 수직성분 (H_A, H_B, V_A, V_B), 케이블의 최대장력 $T_{\max}$, 케이블의 총 길이 s와 총 신장량 Δs를 구하시오. 단, 케이블의 탄성계수는 $E = 210\text{GPa}$, 단면적은 $A = 10{,}000\text{mm}^2$이고, 케이블의 형상은 포물선으로 $y = x\tan\alpha - \dfrac{4f}{l^2}(l-x)x = x\tan 0 - \dfrac{4f}{l^2}(x-l)x = -\dfrac{4(25)}{200^2}(x-200)x$ 이다.

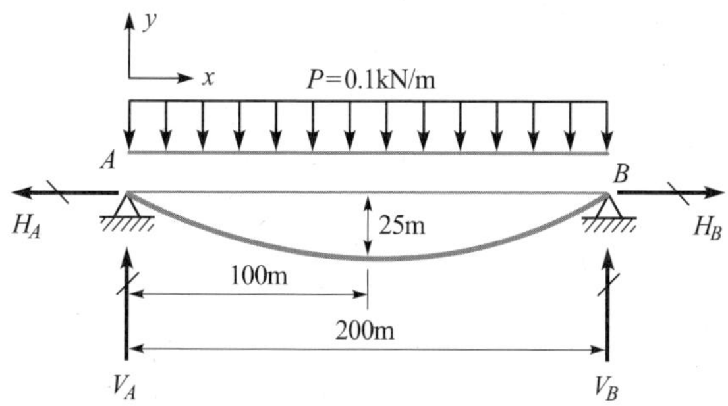

그림 예제 4.4

풀이

1) 지점 반력의 수평성분과 수직성분

케이블의 일반정리를 이용하면, 즉

케이블에서 $H \cdot y_n$ = 등가단순보에서 M_n'

$$H \times 25 = \frac{0.1 \times 200^2}{8}$$

$$\therefore H = H_A = H_B = 20\text{kN}$$

$$+\curvearrowright \Sigma M_B = 0 \; ; \; V_A(200) - \frac{(0.1)(200^2)}{2} = 0, \qquad \therefore V_A = 10\text{kN}\,(\uparrow)$$

$$+\uparrow \sum F_y = 0 \; ; \; V_A + V_B - (0.1)(200) = 0, \qquad \therefore V_B = 10\text{kN}\,(\uparrow)$$

2) 최대장력

케이블에서 최대장력은 수평장력의 크기 $H(=H_A = H_B)$가 일정하기 때문에 수직성분이 가장 큰 부분에서 일어난다. 따라서 최대장력 $T_{\max}$는 기울기가 가장 큰 지점 A, B에서 발생한다. 지점 A의 장력 T_A는 수평성분 H_A와 수직성분 V_A의 벡터합력이어야 하므로 다음과 같이 구할 수 있다.

$$\therefore \text{최대인장력 } T_{\max} = T_A = \sqrt{H_A^2 + V_A^2} = \sqrt{20^2 + 10^2} = 22.36\text{kN}$$

[또는 식 (4.18)을 사용하면, $T_{\max} = H(1+16\eta^2)^{\frac{1}{2}} = 20\sqrt{1+16\left(\frac{25}{200}\right)^2} = 22.36\text{kN}$]

3) 케이블의 총 길이 s

식 (4.20)에서

$$s=\int_0^l\sqrt{1+\left(\frac{8fx}{l^2}-\frac{4f}{l}+\tan\alpha\right)^2}\,dx$$

$$=\int_0^{200}\sqrt{1+\left(\frac{8\cdot 25x}{200^2}-\frac{4\cdot 25}{200}+\tan 0\right)^2}=208.05\text{m}$$

[또는 식 (4.21)을 사용하면

$$s=\frac{l}{2}\sqrt{1+16\eta^2}+\frac{l}{8\eta}\ln\left(4\eta+\sqrt{1+16\eta^2}\right)$$

$$=\frac{200}{2}\sqrt{1+16\left(\frac{25}{200}\right)^2}+\frac{200}{8(25/200)}\ln\left\{4\left(\frac{25}{200}\right)+\sqrt{1+16\left(\frac{25}{200}\right)^2}\right\}$$

$$=208.05\text{m}]$$

참고로, 처짐비 η가 작은 경우이므로$\left(\eta=\frac{f}{l}=\frac{25}{200}=\frac{1}{8}\right)$, 식 (4.22)를 사용하여 근사적으로 s값을 구하면 다음과 같다.

$$s=l\left(1+\frac{8}{3}\eta^2\right)=200\left\{1+\frac{8}{3}\left(\frac{25}{200}\right)^2\right\}=208.23\text{m}$$

4) 케이블의 총 신장량 Δs

식 (4.24)에서

$$\Delta s=\int_0^l\frac{H}{AE}\left(\frac{ds}{dx}\right)^2dx=\int_0^l\frac{H}{AE}\left[1+\left(\frac{dy}{dx}\right)^2\right]dx$$

$$=\int_0^l\frac{H}{AE}\left[1+\left\{\frac{8fx}{l^2}-\frac{4f}{l}+\tan\alpha\right\}^2\right]dx$$

$$=\int_0^{200,000}\frac{20\times 10^3}{(10,000)(210\times 10^3)}\left[1+\left\{\frac{8(25\times 10^3)}{(200\times 10^3)^2}x-\frac{4(25\times 10^3)}{200\times 10^3}+\tan 0\right\}^2\right]dx$$

$$=2.06\text{mm}$$

[또는 식 (4.25)을 사용하면

$$\Delta s=\frac{Hl}{AE}\left(1+\frac{16}{3}\eta^2+\tan^2\alpha\right)=\frac{(20\times 10^3)(200\times 10^3)}{(10,000)(210\times 10^3)}\left\{1+\frac{16}{3}\left(\frac{25\times 10^3}{200\times 10^3}\right)^2+0\right\}$$

$$=2.06\text{mm}]$$

연습문제

4.1 다음 구조물에서 D점의 축력, 전단력, 휨모멘트를 구하시오.

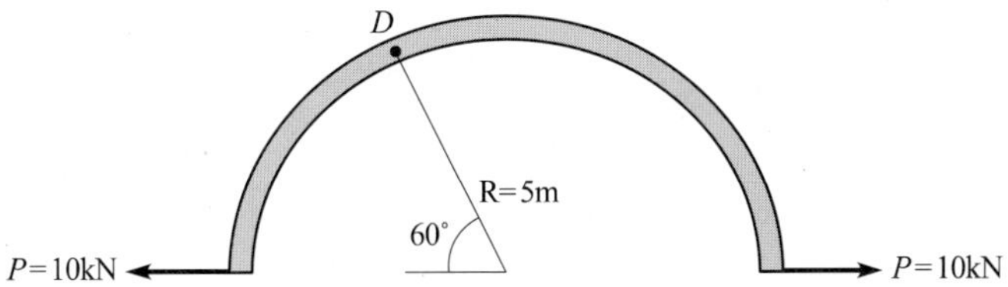

그림 문제 4.1

4.2 다음과 같이 아치 정부 C점에 내부 힌지가 도입된 3활절 개 스팬드럴아치(open- spandrel arch)의 리브 형상이 포물선과 원호인 경우, 지점반력과 D점의 단면력을 구하시오. 단, 상판위의 등분포하중 8kN/m가 기둥을 통하여 균등하게(uniformly) 아치 리브로 전달된다고 가정하라.

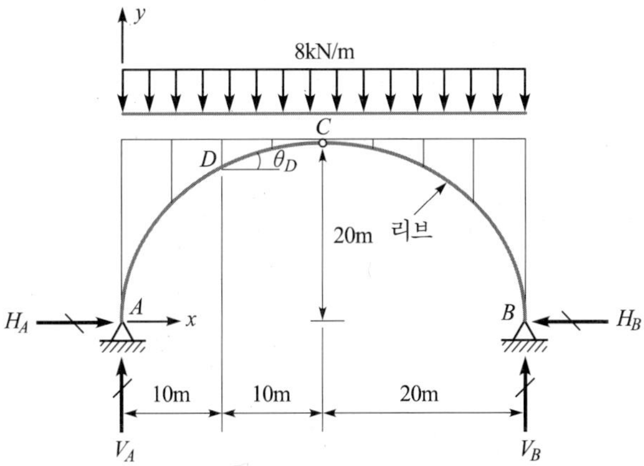

그림 문제 4.2

4.3 집중하중을 받는 다음 케이블에서 반력(R_A, R_D) 및 반력성분(H_A, H_D, V_A, V_D), 케이블의 장력($T_{AB}, T_{BC}, T_{CD}, T_{max}$), 길이 y_C, 케이블의 길이(s_{AB}, s_{BC}, s_{CD}), 케이블의 신장량($\Delta s_{AB}, \Delta s_{BC}, \Delta s_{CD}$)을 구하시오. 단, 케이블의 탄성계수는 $E = 2.1 \times 10^5$MPa이고, 단면적은 $A = 100\text{mm}^2$이다.

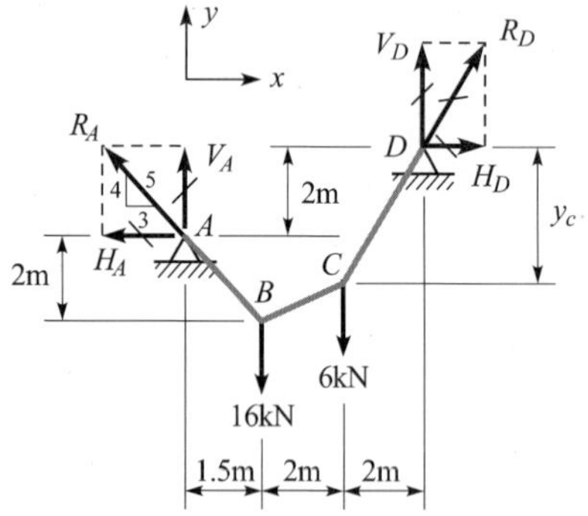

그림 문제 4.3

4.4 다음 그림과 같이 케이블구조물이 등분포무게 12kN/m의 거더(girder)를 매달고 있을 때, α, f, 반력성분(H_A, H_B, V_A, V_B), 장력($T_A, T_B, T_C, T_D, T_{max}$)을 구하시오. 단, 등분포하중(12kN/m)은 행어를 통하여 균등하게(uniformly) 케이블로 전달된다고 가정하고, 케이블의 형상은 포물선으로 $y = x\tan\alpha - \frac{4f}{l^2}(l-x)x$이다.

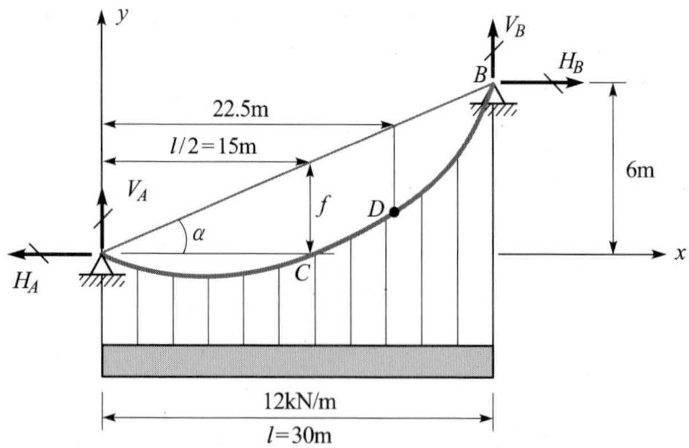

그림 문제 4.4

제5장 이동하중과 영향선

제5장

이동하중과 영향선

5.1 영향선의 정의와 용도

교량에서는 자동차, 기차, 사람 등 상판에 적재되는 하중이 움직이는 경우가 많다. 이들 움직이는 하중, 즉 이동하중(moving load)에 대응하여 반력과 부재력(단면력)이 어떻게 변화하는가를 그림으로 나타낸 것이 영향선(influence line)이다. 예를 들면, 자동차가 교량을 건너기 시작해서 완전히 건널 때까지 교량의 반력과 부재력이 어떻게 변화하고, 어느 위치에 있을 때 가장 위험한 반력이나 부재력을 발생시키는가는 영향선을 그려보면 알 수 있다. 즉, 구조물이나 부재를 설계할 때, 자동차나 기차 등의 이동하중이 구조물이나 부재의 어느 위치에 작용할 때 반력과 부재력의 절대 최댓값이 발생하는 가는 영향선을 통하여 계산할 수 있고, 구조물과 부재는 이 절대 최댓값을 일으키는 최악의 재하조건에 대해 충분히 안전하도록 설계해야 한다.

교량의 상판 위를 단위하중(dimensionless magnitude of unity) $P=1$이 이동하고 있다고 생각하자. 이 단위하중이 어떤 위치에 작용하고 있을 때 특정 구조응답(어떤 위치에서의 반력, 부재력, 처짐 등)의 크기를 계산할 수 있고, 계산된 특정 구조응답 값을 그 작용위치에 종거(ordinate)로 표기하고 연결한 선도(線圖, line diagram)가 영향선이다.

영향선의 용도는 다음과 같다. 이동하중이 구조물위의 어느 위치에 놓일 때에 특정 구조응답(어떤 위치에서의 반력, 부재력, 처짐 등)의 절대 최댓값이 발생하는가 하는 것은 영향선을 사용하여 결정하는 것이 가장 편리하다. 즉, 구조물에 자동차, 기차, 사람 등과 같은 이동하중이 작용하는 문제에 있어서 필요로 하는 특정 구조응답 F를 구할 수 있다. 예를 들면, 이동하는 집중하중 $P_1, P_2, P_3, \cdots, P_n$이 재하되었을 때 각 하중작용점에서 특정 구조응답의 영향선 종거를 $y_1, y_2, y_3, \cdots, y_n$이라 하면 이들 여러 개의 하중에 대한 특정 구조응답 F는 다음과 같이 구해진다[그림 5.1(a) 참조].

$$F = P_1 y_1 + P_2 y_2 + P_3 y_3 + \cdots + P_n y_n = \sum_{i=1}^{n} P_i y_i \tag{5.1}$$

영향선의 보다 더 중요한 응용은 연행 이동하중이 구조물 위의 어느 위치에 왔을 때에 특정 구조응답의 절대 최댓값이 되는가를 결정하는 경우에 이용된다. 이 하중의 위치는 하중에 대한 특정한 구조응답 값 F가 일어나고 있는 구조물 부분에 대해서 가장 불리한 위치로써, 이때만을 고려해서 구조물을 안전하게 설계하면 그 이동하중에 대해서는 안전하다는 것이 입증된다.

한편, 이동하는 분포하중 $p(x)$에 대해서는 영향선의 종거 $y(x)$에 대해 적분해서 특정 구조응답 F를 구한다. 즉, 그림 5.1(b)에서 미소요소 dx에 작용하는 집중하중은 $dP=p(x)dx$이고 영향선의 종거는 $y(x)$이므로, 이 위치에서의 특정 구조응답은 $dF=[p(x)dx]\cdot[y(x)]$ $=[p(x)dx]\cdot[y(x)]$가 된다. 따라서 전체 분포하중에 의한 특정 구조응답은 분포하중 작용구간에서 직접 적분함으로서 다음 식과 같이 구해진다.

$$F=\int_{x_1}^{x_2}dF=\int_{x_1}^{x_2}p(x)y(x)dx \tag{5.2}$$

특히 등분포하중 p일 때에는 $p(x)=p$이므로, $F=\int_{x_1}^{x_2}p(x)y(x)dx=p\int_{x_1}^{x_2}y(x)dx=pA$로 구해진다. 즉, $\int_{x_1}^{x_2}y(x)dx=A$는 그림 5.1(c)에서 영향선도(influence line diagram)의 면적과 같다. 따라서 등분포하중 p로 인한 특정한 구조응답 값은 단순히 영향선의 면적 A[영향선의 종거와 x축으로 둘러싸인 면적, 그림 5.1(c)의 A 참조]에 등분포하중의 세기 p를 곱하여 다음과 같이 구한다. 즉,

$$F=pA \tag{5.3}$$

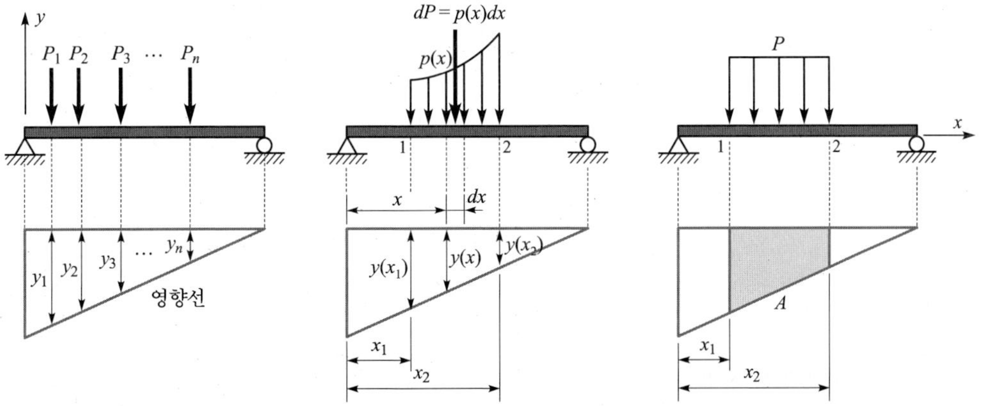

그림 5.1 특정 구조응답의 영향선과 종거 y, 영향면적 A

이 장에서는 정정구조물의 영향선에 대해서만 다루었고, 부정정구조물의 영향선은 12장에서 취급했다.

5.2 보의 영향선

보를 포함한 모든 구조물의 영향선을 작도할 때에는 항상 단위하중 $P=1$이 이동하고 있다는 영향선의 정의에 충실히 따라야 한다. 즉, 구조물 위에 단위하중 $P=1$을 순차적으로 작용시켜, 각 재하위치에 대한 단위하중 $P=1$으로 인한 특정 구조응답(반력, 전단력, 휨모멘트 등)을 계산한 후, 그 계산 값들을 각 단위하중의 재하위치에 종거로 나타내고 이를 직선으로 연결하면 원하는 특정 구조응답의 영향선이 얻어진다. 이러한 이동 단위하중 $P=1$의 각 재하위치에서 종거로 나타낸 특정 구조응답의 영향선은 주어진 하중에 대한 구조물의 각 단면에서 전단력 또는 휨모멘트(2~4장에서 계산한 단면력)와는 다르다는 것을 알아야 한다.

예제 5.1

다음과 같이 C점에 내부힌지가 있는 정정보에서 A, B, D지점의 반력(V_A, V_B, V_D)의 영향선을 구하시오.

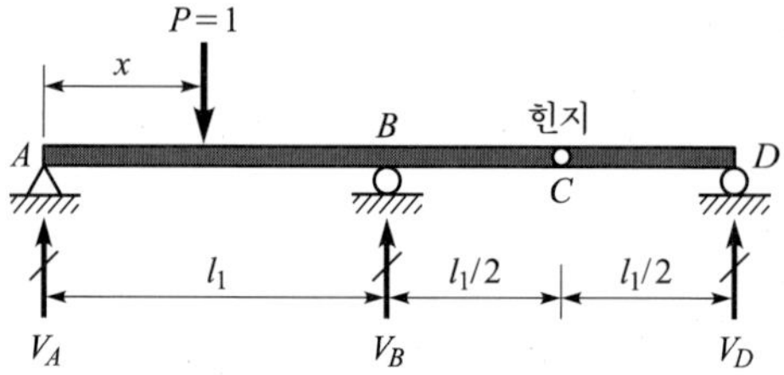

그림 예제 5.1

풀이

1) 반력(V_A, V_B, V_D) V_A의 영향선함수와 특정점 위치의 영향선 종거 계산

주어진 보를 구간별로 나누고, 단위하중 $P=1$을 작용시켜 단위하중으로 인한 반력을 계산한 후, 그 계산 값들을 각 단위하중의 재하위치에 종거로 나타내고 이를 연결하면 원하는 반력의 영향선이 얻어진다. 즉,

i) AC 구간$(0 \leq x \leq \frac{3l_1}{2})$

그림 예제 5.1처럼 지점 A를 원점으로 거리 x만큼 떨어진 위치에 단위하중 $P=1$이 놓여 있을 때, 이 단위하중으로 인한 A, B, D지점의 반력(V_A, V_B, V_D)은 평형방정식으로부터 다음과 같이 영향선함수를 구할 수 있다.

그림 예제 5.1의 전체구조물 자유물체도에서

$+\curvearrowright \sum M_D = 0\ ;\ V_A(l_1+l_1)-(1)(l_1+l_1-x)+V_B(l_1)=0$

$\therefore 2V_A l_1-(2l_1-x)+V_B l_1=0$

그림 예제 5.1에서 C점의 왼쪽방향에 대해

$+\curvearrowright \sum M_C = 0\ ;\ V_A(l_1+l_1/2)-(1)(l_1+l_1/2-x)+V_B(l_1/2)=0$

위의 두 식을 연립하여 풀면

$V_A = 1-\frac{x}{l_1},\ V_B=\frac{x}{l_1}$

전체구조물 자유물체도에서

$+\uparrow \sum F_y = 0\ ;\ V_A-1+V_B+V_D=0,\ \therefore V_D=-V_A+1-V_B=0$

따라서 특정점 위치의 영향선 종거값을 구하면 다음과 같다.

$x=0$일 때, $V_A=1-\frac{0}{l_1}=1,\ V_B=\frac{0}{l_1}=0,\ V_D=0$

$x=l_1$일 때, $V_A=1-\frac{l_1}{l_1}=0,\ V_B=\frac{l_1}{l_1}=1,\ V_D=0$

$x=3l_1/2$일 때, $V_A=1-\frac{3l_1/2}{l_1}=-0.5,\ V_B=\frac{3l_1/2}{l_1}=1.5,\ V_D=0$

ii) CD구간$(\frac{3l_1}{2} \leq x \leq 2l_1)$

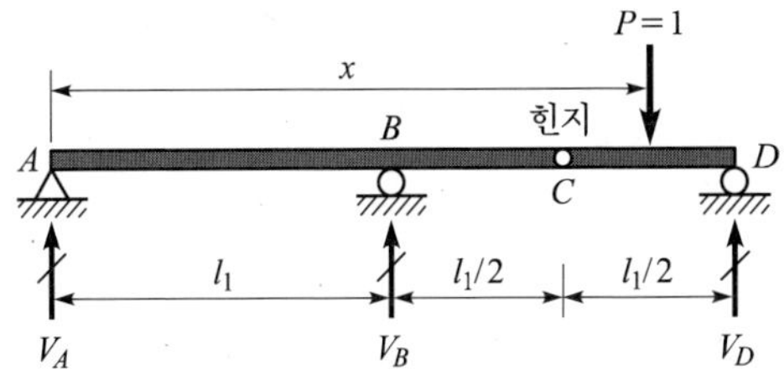

단위하중 $P=1$이 C점을 지나 위의 전체구조물 자유물체도에서처럼 작용하고 있을 때

$+\curvearrowright \sum M_D = 0\ ;\ V_A(l_1+l_1)-(1)(l_1+l_1-x)+V_B(l_1)=0$

$\therefore 2V_A l_1-(2l_1-x)+V_B l_1=0$

단위하중 $P=1$이 C점을 지나 위의 전체구조물 자유물체도에서처럼 작용하고 있을 때, C점의 왼쪽방향에 대해

$+\curvearrowright \sum M_C=0$; $V_A(l_1+l_1/2)+V_B(l_1/2)=0$

위의 2식을 연립하여 풀면 다음과 같이 영향선함수가 구해진다.

$$V_A=-2+\frac{x}{l_1},\ V_B=6-\frac{3x}{l_1}$$

전체구조물 자유물체도에서

$+\uparrow \sum F_y=0$; $V_A-1+V_B+V_D=0$

$$\therefore\ V_D=-V_A+1-V_B=-\left(-2+\frac{x}{l_1}\right)+1-\left(6-\frac{3x}{l_1}\right)=-3+\frac{2x}{l_1}$$

따라서 특정점 위치의 영향선 종거값을 구하면 다음과 같다.

$x=3l_1/2$일 때

$$V_A=-2+\frac{3l_1/2}{l_1}=-0.5,\ V_B=6-\frac{3(3l_1/2)}{l_1}=1.5,\ V_D=-3+\frac{2(3l_1/2)}{l_1}=0$$

$x=2l_1$일 때

$$V_A=-2+\frac{2l_1}{l_1}=0,\ V_B=6-\frac{3(2l_1)}{l_1}=0,\ V_D=-3+\frac{2(2l_1)}{l_1}=1$$

2) 반력(V_A, V_B, V_D)의 영향선도 작성

위의 해석된 결과를 그림으로 나타내면, 다음과 같은 반력(V_A, V_B, V_D)의 영향선도가 구해진다.

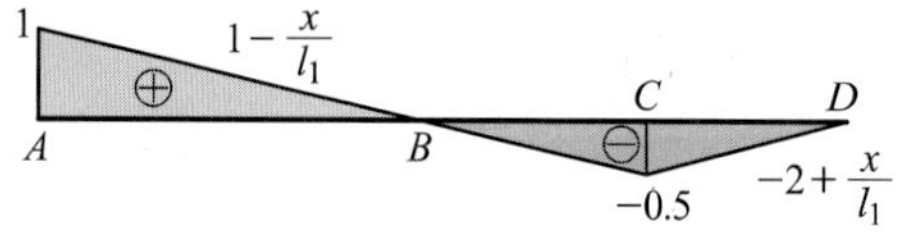

반력 V_A의 영향선도

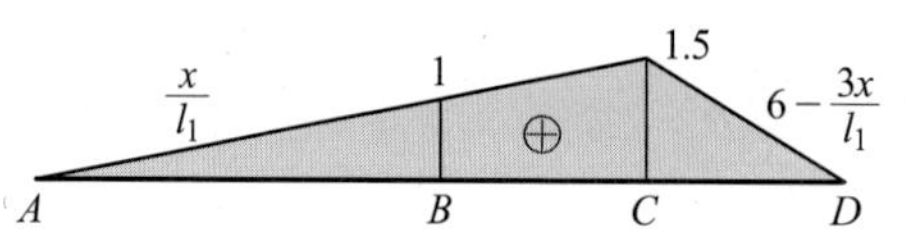

반력 V_B의 영향선도

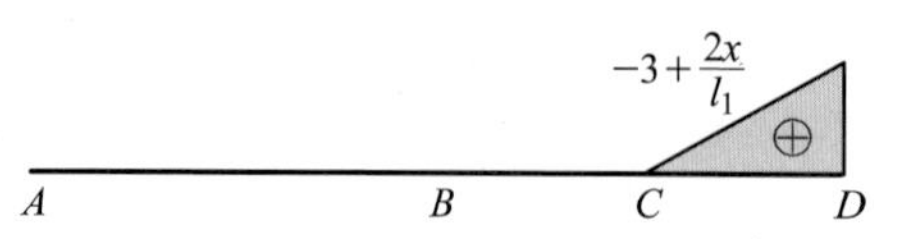

반력 V_D의 영향선도

예제 5.2

다음 그림과 같이 캔틸레버보(외팔보)가 단순지지 되어 있는 세로보(stringer)와 가로보(floor beam)로 구성된 바닥틀(floor system) 통하여 간접하중을 받고 있을 때, 주거더(main girder) C점에서 전단력 S_C의 영향선과 휨모멘트 M_C의 영향선을 구하시오.

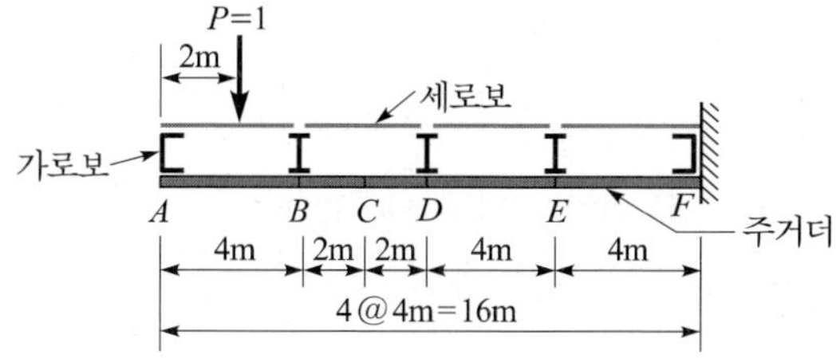

그림 예제 5.2

풀이

1) 전단력 S_C 및 휨모멘트 M_C의 영향선함수와 특정점 위치의 영향선 종거 계산

주어진 보를 구간별로 나누고, 단위하중 $P=1$을 작용시켜 단위하중으로 인한 전단력 S_C 및 휨모멘트 M_C를 계산한 후, 그 계산 값들을 각 단위하중의 재하위치에 종거로 나타내고 이를 연결하면 원하는 전단력 S_C 및 휨모멘트 M_C의 영향선이 얻어진다. 즉,

i) AB구간($0 \le x \le 4$m)

그림 예제 5.2처럼 자유단 A를 원점으로 거리 x만큼 떨어진 위치에 단위하중 $P=1$이 놓여 있을 때, 이 단위하중으로 인한 전단력 S_C 및 휨모멘트 M_C의 영향선함수 다음과 같이 구할 수 있다.

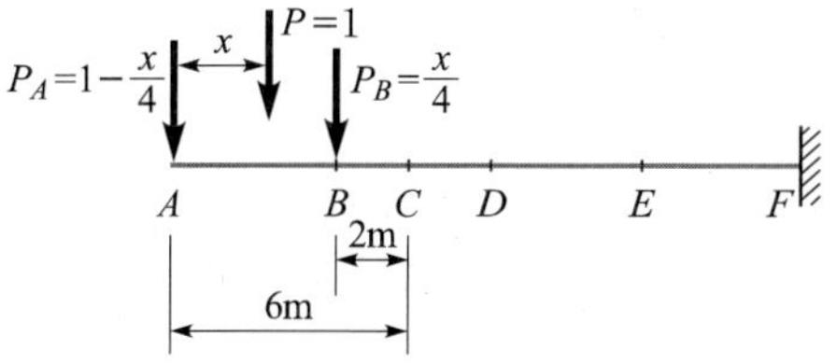

위의 그림처럼 세로보에 작용하는 단위하중 $P=1$은 바닥틀이 단순지지 되어 있으므로 $P_A = 1-\dfrac{x}{4}$와 $P_B = \dfrac{x}{4}$로 나뉘어 A과 B점에 각각 작용한다.

그러므로,

$$S_C = -\left(1-\frac{x}{4}\right)-\frac{x}{4} = -1$$

$$M_C = -\left(1-\frac{x}{4}\right)(6) - \left(\frac{x}{4}\right)(2) = x-6$$

따라서 특정점 위치의 영향선 종거값을 구하면 다음과 같다.

$x=0$일 때, $S_C = -1$, $M_C = 0-6 = -6$

$x=4\text{m}$일 때, $S_C = -1$, $M_C = 4-6 = -2$

ii) BC구간($4\text{m} \le x \le 8\text{m}$)

그림 예제 5.2처럼 자유단 A를 원점으로 거리 x만큼 떨어진 위치에 단위하중 $P=1$이 놓여 있을 때, 이 단위하중으로 인한 전단력 S_C 및 휨모멘트 M_C의 영향선함수 다음과 같이 구할 수 있다.

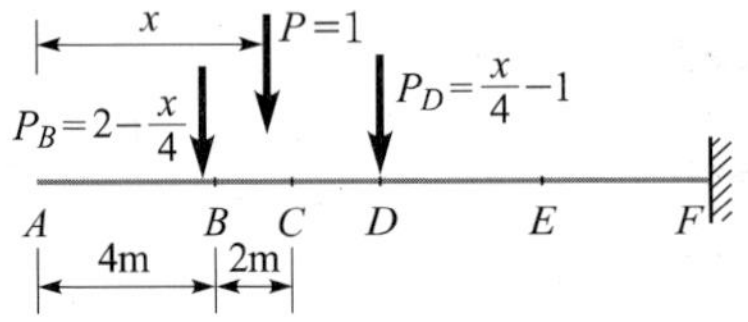

위의 그림처럼 세로보에 작용하는 단위하중 $P=1$은 바닥틀이 단순지지 되어 있으므로 $P_B = 2-\frac{x}{4}$와 $P_D = \frac{x}{4}-1$로 나뉘어 B와 D점에 각각 작용한다.

그러므로,

$$S_C = -\left(2-\frac{x}{4}\right) = -2+\frac{x}{4}$$

$$M_C = -\left(2-\frac{x}{4}\right)(2) = \frac{x}{2}-4$$

따라서 특정점 위치의 영향선 종거값을 구하면 다음과 같다.

$x=4\text{m}$일 때, $S_C = -2+\frac{4}{4} = -1$, $M_C = \frac{4}{2}-4 = -2$

$x=8\text{m}$일 때, $S_C = -2+\frac{8}{4} = 0$, $M_C = \frac{8}{2}-4 = 0$

iii) D점보다 우측에 있는 경우 ($8\text{m} \le x \le 16\text{m}$)

단위하중 $P=1$이 D점보다 우측에 있는 경우 놓여있을 때, C의 좌측에 가력되는 하중이 없으므로 이 단위하중으로 인한 전단력 S_C 및 휨모멘트 M_C의 크기는 0이다. 즉,

$S_C = 0$

$M_C = 0$

2) 전단력 S_C 및 휨모멘트 M_C의 영향선도 작성

위의 해석된 결과를 그림으로 나타내면, 다음과 같은 전단력 S_C 및 휨모멘트 M_C의 영향선도가 구해진다,

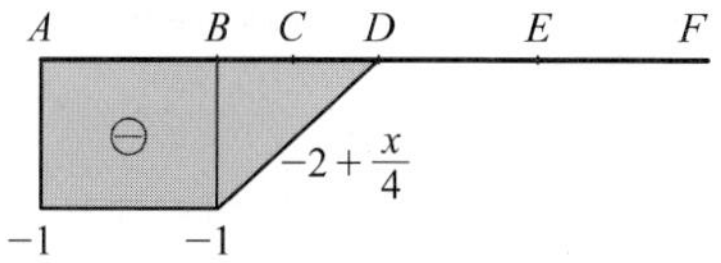

전단력 S_C의 영향선도

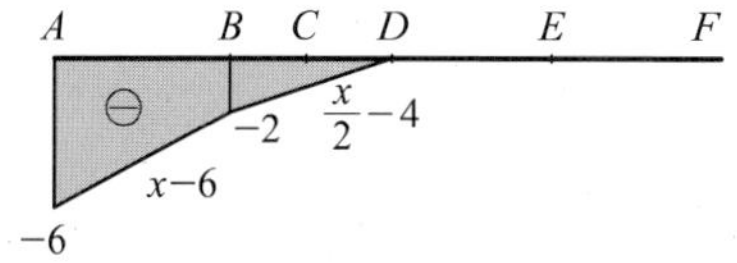

휨모멘트 M_C의 영향선도

5.3 뮐러-브레슬로의 원리를 이용한 영향선

뮐러-브레슬로(Müller－Breslau)는 1886년에 영향선의 일반적인 형상을 쉽게 작도하는 방법을 개발했다. 뮐러-브레슬로의 원리를 요약하면, "구조물의 어느 한 특정 구조응답(반력, 전단력, 휨모멘트 등)에 대한 영향선의 종거는 구조물에서 그 특정 구조응답에 대응하는 구속을 제거하고 그 점에 특정 구조응답에 대응하는 단위변위를 일으켰을 때의 처짐 곡선의 종거와 같다"는 것이다. 즉, "어느 특정 구조응답(어느 특정한 점의 반력, 전단력, 휨모멘트 등)의 영향선은 그 특정 구조응답이 단위변위만큼 움직였을 때 구조물의 처짐 모양(deflected shape)과 같다"는 내용으로 정정 또는 부정정인 보, 라멘, 그리고 트러스에 모두 적용할 수 있으며, 특히 영향선의 작도 시 아주 편리하게 사용된다. 따라서 다른 구조응답에 대한 영향선을 먼저 그려보지 않고서도 원하는 방향의 전단력이나 휨모멘트의 영향선을 그릴 수 있는 것이다. 즉, 이 방법으로 전단력과 모멘트의 영향선을 그릴 때에 반력의 영향선을 그리지 않아도 된다는 것이다.

이 원리로서 정정구조물의 영향선은 직선이 된다. 즉, 정정구조물의 경우 구속조건을 제거하면 불안정한 구조물이 되어 결국은 부재가 하중을 받아 변형할 수 없게 되므로, 정정구조물의 영향선의 형상이 직선이 된다.

예제 5.3

다음과 같은 단순보에서 수직반력(V_A, V_B)의 영향선, 전단력 S_C 의 영향선, 휨모멘트 M_C 의 영향선을 뮐러-브레슬로(Müller – Breslau)의 원리를 사용하여 구하시오.

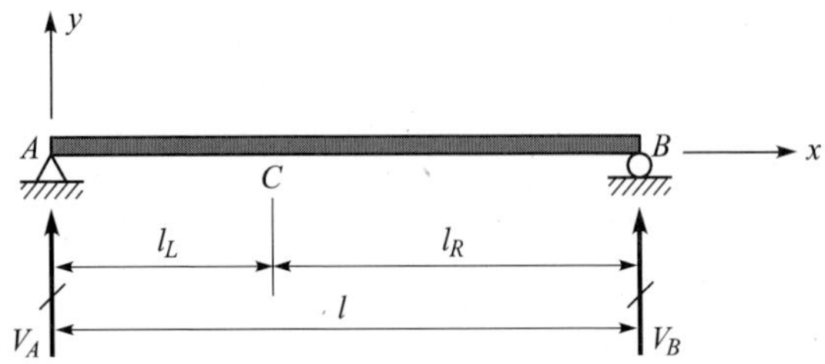

그림 예제 5.3

풀이

1) 수직반력 V_A의 영향선

i) 지점 A의 수직반력의 해제

그림 예제 5.3에 대해 A점의 수직반력 V_A를 그 수직반력 방향으로 구속을 이완시키는 롤러가이드로 아래 그림과 같이 대체한다.

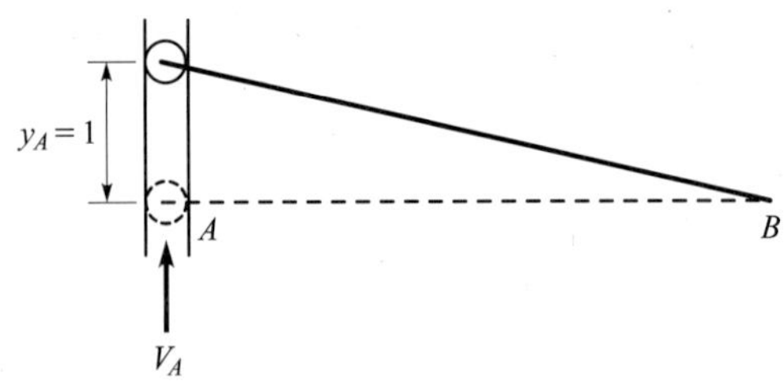

ii) 수직반력 V_A의 영향선도 작성

롤러가이드로 대체한 지점 A의 총변위가 단위변위 $y_A = 1$이 되도록 정(+)의 반력을 가했을 때 강체 이동에 의한 처짐의 형상을 그리면 다음과 같은 수직반력 V_A의 영향선도가 구해진다.

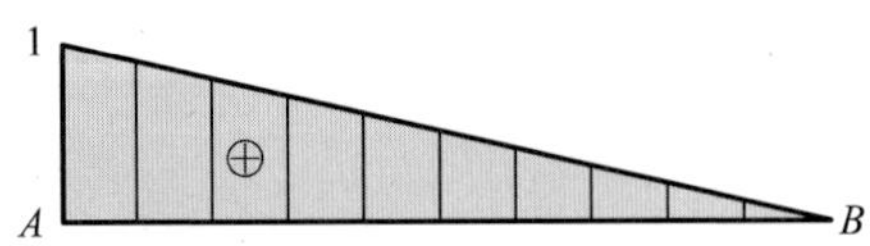

2) 수직반력 V_B의 영향선

i) 지점 B의 수직반력의 해

그림 예제 5.3에 대해 B점의 수직반력 V_B를 그 수직반력 방향으로 구속을 이완시키는 롤러가이드로 아래 그림과 같이 대체한다.

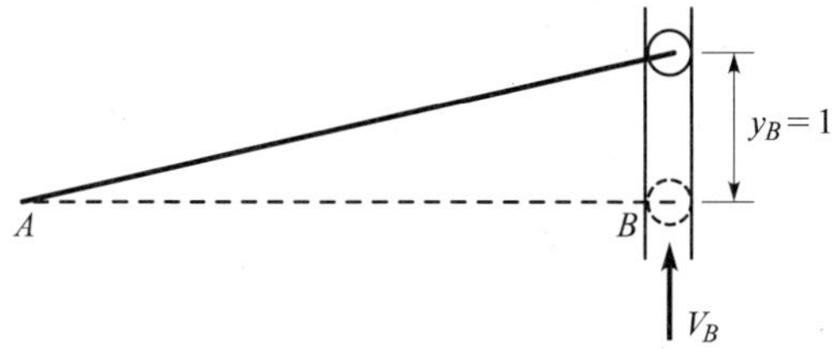

ii) 수직반력 V_B의 영향선도 작성

롤러가이드로 대체한 지점 B의 총변위가 단위변위 $y_B = 1$이 되도록 정(+)의 반력을 가했을 때 강체 이동에 의한 처짐의 형상을 그리면 아래와 같은 수직반력 V_B의 영향선도가 구해진다.

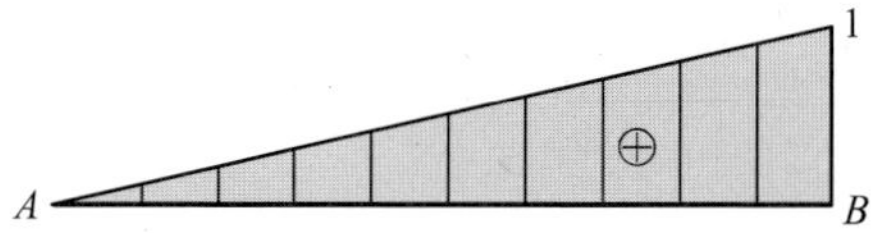

3) 전단력 S_C 의 영향선

i) C점의 전단력 S_C 해제

그림 예제 5.3에 대해 C점의 전단력 S_C를 그 전단력 방향으로 구속을 이완시키는 롤러가이드로 아래 그림과 같이 대체한다.

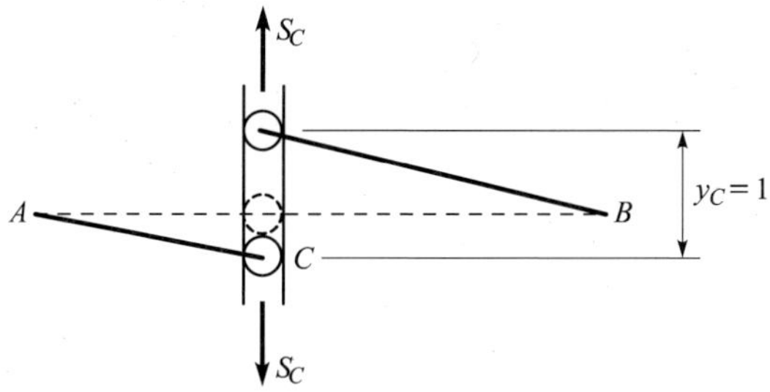

ii) 전단력 S_C의 영향선도 작성

롤러가이드로 대체한 지점 C의 총변위가 단위변위 $y_C = 1$이 되도록 정(+)의 전단력을 가했을 때 강체 이동에 의한 처짐의 형상을 그리면 아래와 같은 전단력 S_C 의 영향선도가 구해진다.

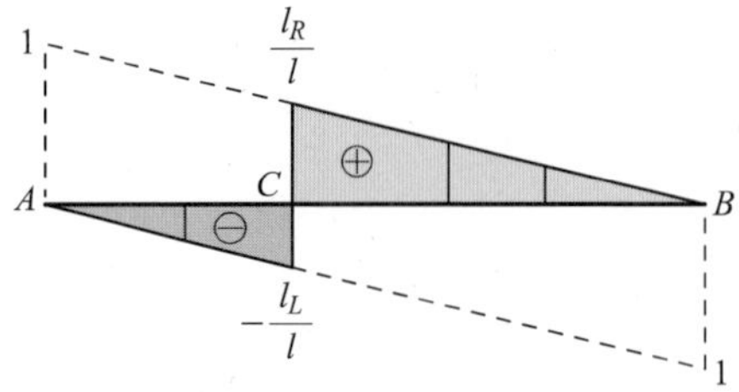

4) 휨모멘트 M_C의 영향선

i) 휨모멘트 M_C의 해제

그림 예제 5.3에 대해 C점의 휨모멘트 M_C를 그 휨모멘트 방향으로 구속을 이완시키는 힌지로 아래 그림과 같이 대체한다.

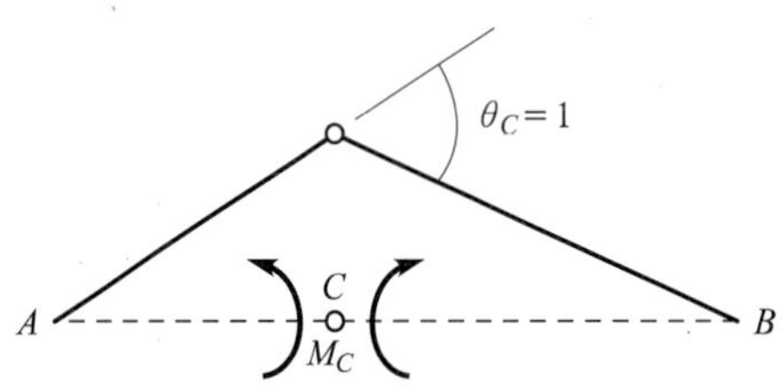

ii) 휨모멘트 M_C의 영향선도 작성

힌지로 대체한 지점 C의 총변위가 단위변위 $\theta_C = 1$이 되도록 정(+)의 휨모멘트를 가했을 때 강체 회전에 의한 처짐의 형상을 그리면 아래와 같은 휨모멘트 M_C의 영향선도가 구해진다.

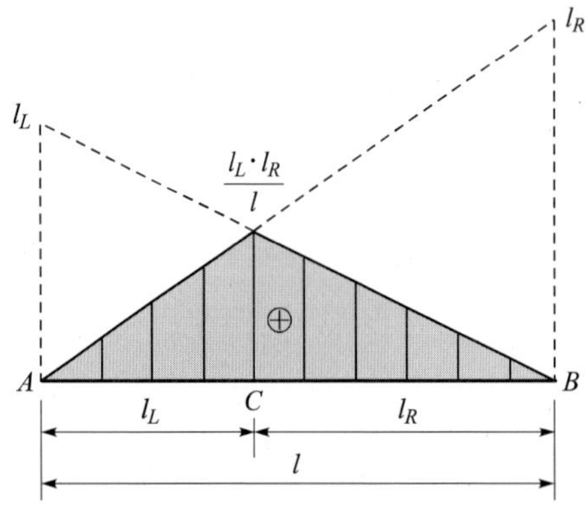

5.4 이동 연행하중을 받는 보의 최대단면력

자동차와 기차는 차륜을 통하여 그 무게가 하중으로 교량 구조물 위에 작용한다. 이러한 이동하중은 몇 개가 연달아서 작용하고 있기 때문에 연행하중이라고 부른다. 연행하중의 작용 시, 차륜간격의 변화가 없기 때문에 하중과 하중간격도 변하지 않고 그대로 교량 위를 이동하므로, 어느 위치에 왔을 때 최대단면력이 발생하는가를 찾아내는 것이 설계상 중요하다. 이러한 경우에 단면력(전단력과 휨모멘트)의 최대재하효과를 결정하기 위해서는 각각의 구조응답(전단력과 휨모멘트)에 대한 영향선을 작도하고, 시행착오법을 사용하거나 또는 연행하중을 체계적으로 이동시켜 발생되는 구조응답(전단력과 휨모멘트)의 변화에 기초한 방법을 이용할 수 있다.

예제 5.4

다음 그림과 같은 게르버보에서 B 점의 전단력에 대한 영향선을 작도하고, 이 영향선을 이용하여 그림의 오른쪽에 보이는 분포이동하중이 통과할 때(E점으로부터 A점 방향으로) B 점에 발생하는 절대 최대전단력을 구하시오.

[30점, 행정고등고시(토목기술직) 제2차 시험]

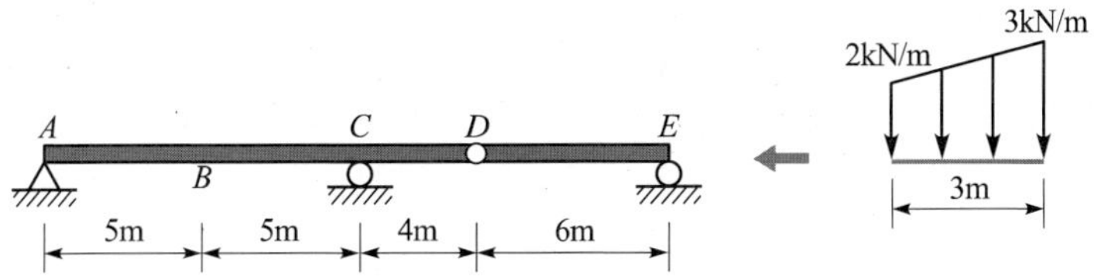

그림 예제 5.4

풀이

1) 영향선의 정의에 의하여 단위이동하중이 A, B, C, D, E점 위에 재하될 때 B점의 전단력을 구하여 영향도표(influence-tabulate value)로 정리하고(5점), 이 표의 값을 이용하여 영향선을 그린다(10점). 참고로, 이 문제는 예제 5.1과 유사한 것으로, 예제 5.1의 풀이와 같이 영향선함수(influence-line equation)를 이용하여 영향선 작도하여도 된다.

단위하중의 위치	B점의 전단력
A	0
B점의 바로 왼쪽	-0.5
B점의 바로 오른쪽	+0.5
C	0
D	-0.4
E	0

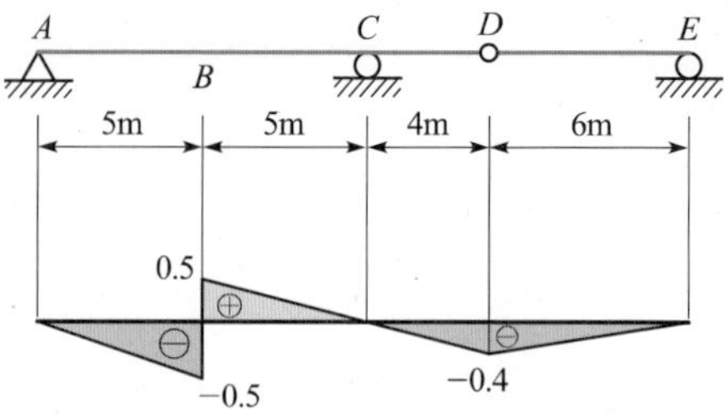

*B*점의 전단력에 대한 영향선

주) 전단력의 부호는 부호규정의 정의에 따라 반대로 바뀔 수도 있음.

2) 그림에 주어진 이동분포하중이 아래 그림에 보이는 위치에 있을 때 *B* 점에 절대 최대전단력이 발생할 것이 명백하다. (5점)

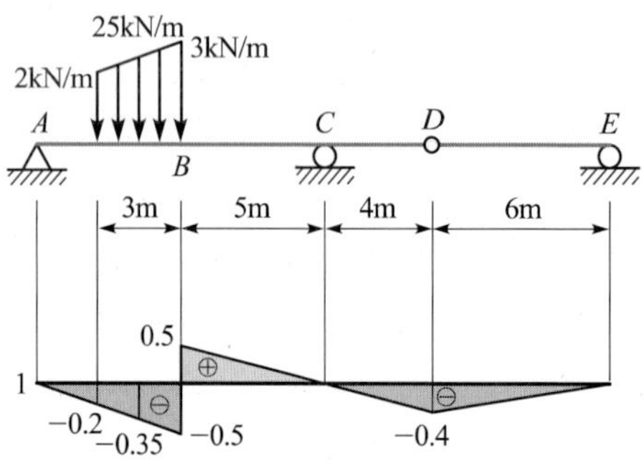

3) 분포하중에 의한 특정 구조응답은 식 (5.2)와 같이 분포하중 작용구간에서 직접 적분함으로서 구해진다. 그러므로 이 예제의 경우, 사다리꼴 형태의 이동분포하중과 대응하는 영향선 역시 사다리꼴 형태이고, 이 두 사다리꼴의 승적분의 결과가 전단력이 된다. 즉,

사다리꼴 형태의 이동분포하중에 대한 직선 식 : $y = \frac{x}{3}$

전단력의 영향선에 대한 직선 식 : $y = -\frac{x}{10}$

따라서,

$$S_B = \frac{1}{2}(-0.2-0.5)(3)(2) + \int_0^3 \left[\frac{x}{3}(-0.2)\right]dx + \int_0^3 \left[\left(\frac{x}{3}\right)\left(-\frac{x}{10}\right)\right]dx = -2.7\text{kN}$$

절대값으로 $|S_{max}| = 2.7$kN (10점)

또는 이 승적분을 2등분한 심프슨의 적분공식을 이용하여 구해도 정답이다. 즉, 승적분의 식이 1차식×1차식으로 2차식이고, 2등분한 심프슨의 적분공식은 3차식까지 수학적 정답이므로

절대값으로 $|S_{max}| = 2.7$kN

예제 5.5

다음 그림과 같은 군집이동 연행하중을 받는 지간 10m인 단순보에서 왼쪽지점으로부터 4m 떨어진 C점의 최대전단력과 최대휨모멘트를 구하시오.

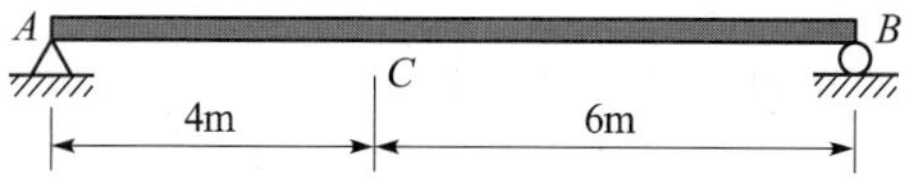

(a) 단순보

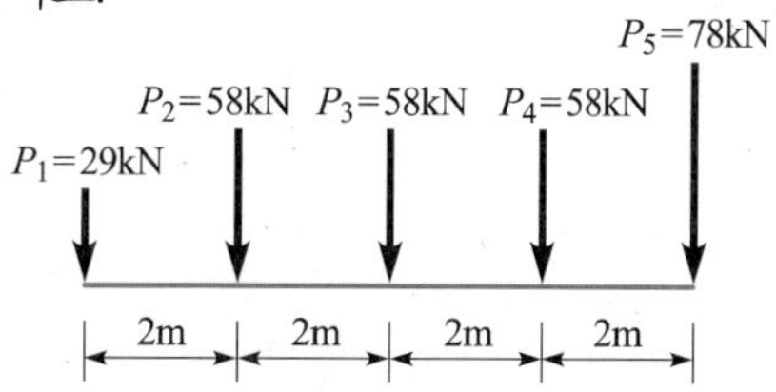

(b) 군집이동 연행하중

그림 예제 5.5

풀이

1) 전단력 S_C 및 휨모멘트 M_C의 영향선

다음과 같이 구간을 나누고, 각 구간별로 단위하중 $P=1$을 작용시켜 단위하중으로 인한 반력의 영향선함수를 구한 후, 이것을 이용하여 전단력 S_C 및 휨모멘트 M_C의 영향선도를 그린다. 즉,

i) AC구간($0 \le x \le 4$m)의 영향선함수

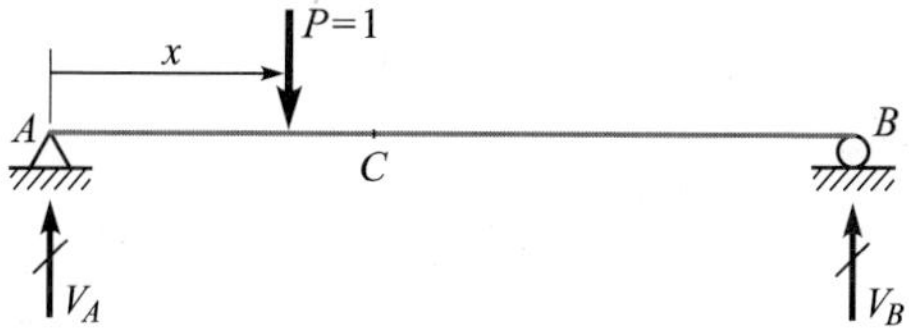

위의 그림처럼, AC구간에 단위하중이 A지점으로부터 x만큼 떨어진 위치에 작용할 때

$$+\curvearrowright \sum M_B = 0\ ;\ V_A(10) - 1 \times (10 - x) = 0, \quad \therefore\ V_A = 1 - \frac{x}{10}$$

$$\therefore\ S_c = V_A - 1 = (1 - \frac{x}{10}) - 1 = -\frac{x}{10}$$

$$\therefore\ M_c = (1 - \frac{x}{10}) \times 4 - 1 \times (4 - x) = 0.6x$$

ii) BC구간($0 \le x \le 8$m)의 영향선함수

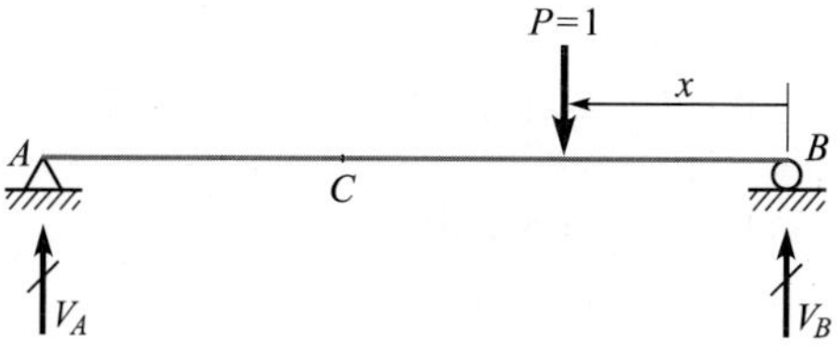

위의 그림처럼, BC구간에 단위하중이 작용할 때

$+\curvearrowright \sum M_B = 0\ ;\ V_A(10) - 1\times x = 0, \qquad \therefore V_A = \frac{x}{10}$

$\therefore S_c = V_A = \frac{x}{10}$

$\therefore M_c = \frac{x}{10}\times 4 = 0.4x$

iii) 전단력 S_C 및 휨모멘트 M_C의 영향선도 작성

위의 영향선함수를 그림으로 나타내면, 다음과 같은 전단력 S_C 및 휨모멘트 M_C의 영향선도가 구해진다.

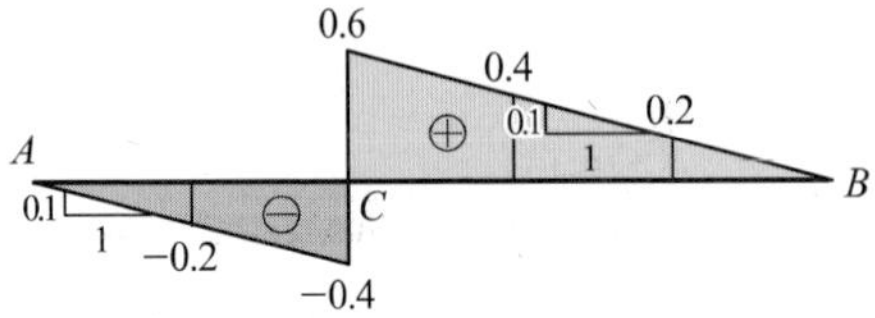

전단력 S_C의 영향선도

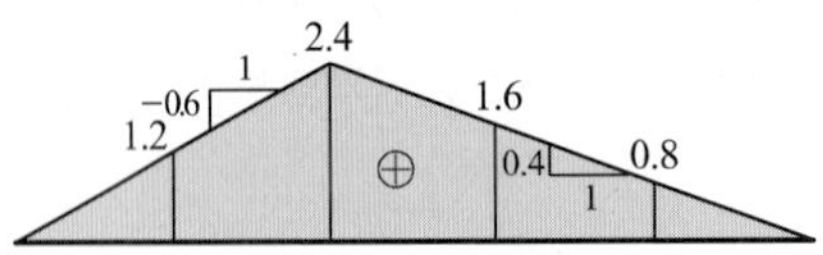

휨모멘트 M_C의 영향선도

2) C점의 최대전단력

i) B에서 A쪽을 향하여, 하중 P_1이 선두로 진입하는 경우

단면 C에 하중 P_1이 지나가고 하중 P_2가 올라왔다면, 즉 P_1~P_4는 2m(P_1, P_2, P_3, P_4는 기울기 $s = \frac{1}{10}$에서 거리 $d = 2$m 이동)만큼 서로 보위에 이동하는 경우, 전단력 S_C의 영향선 기울기를 고려하여 전단력의 증감을 검토하면

$\Delta S_c = -29 + \frac{1}{10}(29+58+58+58)\times 2 = +11.6$ 증가

위 식에서 -29는 전단력 S_C의 영향선에서 알 수 있는 것처럼 하중 $P_1 = 29$가 단면 C에서 -1만큼 떨어진 값을 나타낸다.

다음에 단면 C에 하중 P_2가 지나가고 P_3가 올라와 있으면, 즉 P_1~P_5까지 2m(P_1, P_2, P_3, P_4, P_5는 기울기 $s = \frac{1}{10}$에서 거리 $d = 2$m 이동)만큼 서로 보위에 이동하는 경우, 전단력 S_C의 영향선 기울기를 고려하여 전단력의 증감을 검토하면

$\Delta S_c = -58 + [\frac{1}{10}(29+58+58+58+78)\times 2] = -1.8$ 감소

위 식에서 -58은 전단력 S_C의 영향선에서 알 수 있는 것처럼 하중 $P_2=58$이 단면 C에서 -1만큼 떨어진 값을 나타낸다.

따라서 주어진 군집이동 연행하중이 아래 그림처럼, 단면 C 바로 왼쪽에 하중 P_2가 놓였을 때 C점의 최대전단력 발생

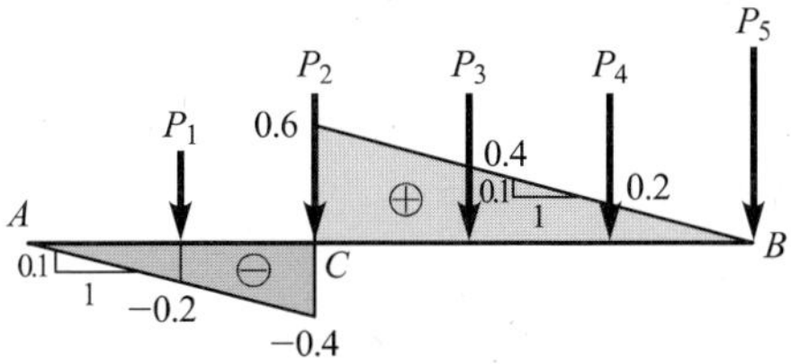

$\therefore S_{\max}=29\times(-0.2)+58\times0.6+58\times0.4+58\times0.2+78\times0=63.8\text{kN}$

ii) B에서 A쪽을 향하여, 하중 P_5가 선두로 진입하는 경우

단면 C에 하중 P_5가 지나가고 하중 P_4가 오면, 즉 P_5~P_2는 2m(P_5, P_4, P_3, P_2는 기울기 $s=\dfrac{1}{10}$에서 거리 $d=2\text{m}$ 이동)만큼 서로 보위에 이동하는 경우, 전단력 S_C의 영향선 기울기를 고려하여 전단력의 증감을 검토하면

$\Delta S_c=-78+\dfrac{(78+58+58+58)\times2}{10}=-27.6\text{kN}$ 감소

위 식에서 -78은 전단력 S_C의 영향선에서 알 수 있는 것처럼 하중 $P_5=78$이 단면 C에서 -1만큼 떨어진 값을 나타낸다.

따라서 주어진 군집이동 연행하중이 아래 그림처럼, 단면 C 바로 왼쪽에 P_5가 왔을 때 최대전단력 발생

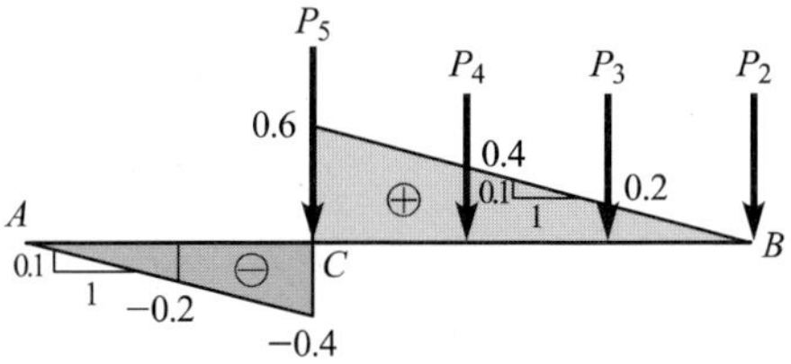

$\therefore S_{\max}=78\times0.6+58\times0.4+58\times0.2+58\times0=81.6\text{kN}$

iii) 최대전단력

따라서, C점의 최대전단력은 하중 P_5가 오른쪽에서 왼쪽으로 선두로 진입하는 경우 발생하며 그 크기는 $S_{\max}=81.6\text{kN}$이다.

3) C점의 최대휨모멘트

i) B에서 A쪽을 향하여, 하중 P_1이 오른쪽에서 왼쪽으로 선두 진입하는 경우

단면 C에 하중 P_1이 지나가고 P_2가 놓였을 때

P_1은 기울기 $s=-0.6$에서 거리 $d=2\text{m}$ 이동

P_2, P_3, P_4는 기울기 $s=0.4$에서 거리 $d=2\text{m}$ 이동

이 경우에 대한 휨모멘트 M_C의 증감을 휨모멘트 M_C의 영향선 기울기를 고려하여 검토하면

$\Delta M_c=\Sigma Psd=(29)(-0.6)(2)+(58+58+58)(0.4)(2)=104.4\text{kN·m}$ 증가

단면 C에 P_2가 지나가고 P_3가 놓였을 때

P_1, P_2는 기울기 $s=-0.6$에서 거리 $d=2\text{m}$ 이동

P_3, P_4, P_5는 기울기 $s=0.4$에서 거리 $d=2\text{m}$ 이동

이 경우에 대한 휨모멘트 M_C의 증감을 휨모멘트 M_C의 영향선 기울기를 고려하여 검토하면

$\Delta M_c=(29+58)(-0.6)(2)+(58+58+78)(0.4)(2)-50.8\text{N·m}$ 증가

단면 C에 P_3이 지나가고 P_4가 놓였을 때

P_4, P_5는 기울기 $s=0.4$에서 거리 $d=2\text{m}$ 이동

P_2, P_3은 기울기 $s=-0.6$에서 거리 $d=2\text{m}$ 이동

P_1은 지점 A의 왼쪽으로 사라짐.

이 경우에 대한 휨모멘트 M_C의 증감을 휨모멘트 M_C의 영향선 기울기를 고려하여 검토하면

$\Delta M_c=(58+58)(-0.6)(2)+(58+78)(0.4)(2)=-30.4\text{kN·m}$ 감소

따라서 주어진 군집이동 연행하중이 아래 그림처럼 P_3이 단면 C에 놓여있을 때 최대휨모멘트 발생

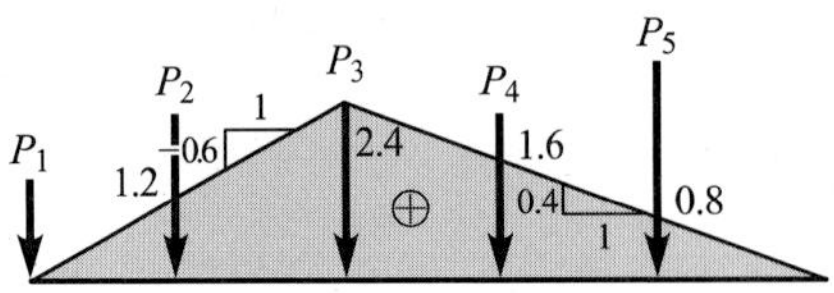

$$\therefore M_{\max}=P_1\times 0+P_2\times 1.2+P_3\times 2.4+P_4\times 1.6\times P_5\times 0.8$$
$$=29\times 0+58\times 1.2+58\times 2.4+58\times 1.6+78\times 0.8=364\text{kN·m}$$

ii) B에서 A쪽을 향하여, 하중 P_5가 오른쪽에서 왼쪽으로 선두 진입하는 경우

단면 C에 하중 P_5이 지나가고 P_4가 놓였을 때

P_2, P_3, P_4는 기울기 $s=0.4$에서 거리 $d=2\text{m}$ 이동

P_5는 기울기 $s=-0.6$에서 거리 $d=2\text{m}$ 이동

이 경우에 대한 휨모멘트 M_C의 증감을 휨모멘트 M_C의 영향선 기울기를 고려하여 검토하면

$\Delta M_c = (58+58+58)\times 0.4\times 2+78\times(-0.6)\times 2 = 45.6\text{kN·m}$ 증가

단면 C에 하중 P_4이 지나가고 P_3가 놓였을 때

P_5, P_4는 기울기 $s=-0.6$에서 거리 $d=2\text{m}$ 이동

P_3, P_2, P_1은 기울기 $s=0.4$에서 거리 $d=2\text{m}$ 이동

이 경우에 대한 휨모멘트 M_C의 증감을 휨모멘트 M_C의 영향선 기울기를 고려하여 검토하면

$\Delta M_c = (78+58)(-0.6)(2)+(58+58+29)(0.4)(2) = -47.2\text{kN·m}$ 감소

따라서 주어진 군집이동 연행하중이 아래 그림처럼, 단면 C에 P_4가 왔을 때 최대휨모멘트 발생

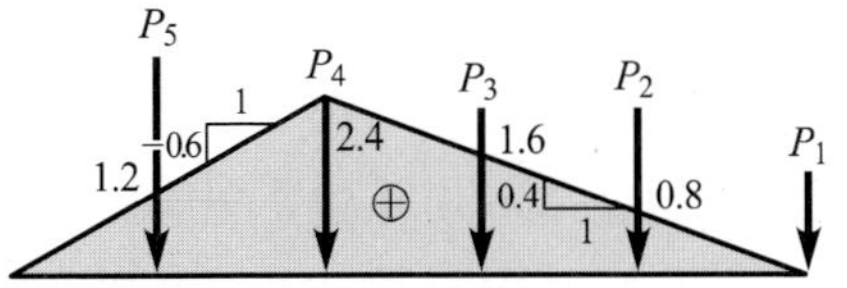

$\therefore M_{max} = 78\times 1.2+58\times 2.4+58\times 1.6+58\times 0.8+29\times 0 = 372\text{kN·m}$

iii) 최대휨모멘트

따라서, C점의 최대휨모멘트는 하중 P_5가 오른쪽에서 왼쪽으로 선두 진입하는 경우 발생하며 그 크기는 $M_{max} = 372\text{kN·m}$이다.

5.5 절대 최대단면력

보구조물에서 이동하중으로 인한 절대 최대(absolute maximum)단면력(전단력과 휨모멘트)을 구하는 것은 무수히 많은 단면에 대해 최대전단력과 최대휨모멘트를 계산한 후, 그 중에서 제일 큰 값을 찾아야 하므로 간단한 문제가 아니다. 여기서 절대 최대전단력과 절대 최대휨모멘트는 이동 연행하중의 통과로 인해 보에서 발생할 수 있는 가장 큰 전단력과 휨모멘트를 말한다. 보가 캔틸레버이거나 단순 지지된 경우 이러한 무수한 계산과정을 거치지 않고 다음과 같이 간단하게 절대 최대전단력과 최대휨모멘트를 결정할 수 있다.

5.5.1 캔틸레버보

캔틸레버보에서 절대 최대전단력은 고정단지점의 바로 인접한 단면에서 그리고 절대 최대휨

모멘트는 고정단지점에서 발생한다. 따라서 절대 최대전단력은 이동 연행하중에서 가급적 무거운 하중들이 많이 보 위에 재하된 경우에 발생하고, 절대 최대휨모멘트는 이동 연행하중에서 가급적 무거운 하중들이 자유단 근처에 인접하여 재하된 경우에 발생한다.

5.5.2 단순보

이동 연행하중에 의한 단순보의 절대 최대전단력은 어느 한 지점(support)의 바로 인접한 단면에서 발생한다. 따라서 절대 최대전단력은 예제 5.5의 최대전단력을 구하는 과정을 그대로 지점의 바로 인접한 단면에 적용하여 결정하면 된다. 즉, 절대 최대전단력은 바로 그 지점의 최대반력의 크기와 같게 된다.

일반적으로 절대 최대휨모멘트는 이동 연행하중의 합력이 단순보의 중앙점에 근접하였을 때 발생할 것이고 이 합력에 가장 가까운 하중 밑에서 발생한다. 그러나 이동 연행하중에 의한 단순보의 절대 최대휨모멘트는 위의 절대 최대전단력이나 캔틸레버보의 경우처럼 간단하게 결정할 수가 없다.

단순보에서 절대 최대휨모멘트가 발생하는 위치는 그림 5.2를 이용하여 다음과 같이 구할 수 있다. 즉, 그림 5.2처럼 이동 연행하중 P_1, P_2, P_3을 받고 있다. 합력 $P_S(=P_1+P_2+P_3)$에 가장 가까운 하중 P_2에서 절대 최대휨모멘트가 발생한다고 가정하자. 합력 P_S와 하중 P_2와의 거리를 x라 하면, 이 x의 값은 하중 P_2의 작용점에 관한 각 하중 P_1 및 P_3의 모멘트의 합을 합력 P_S로 나눈 값은 $x=\dfrac{-P_1 \cdot c_1+P_3 \cdot c_2}{P_1+P_2+P_3}$가 된다.

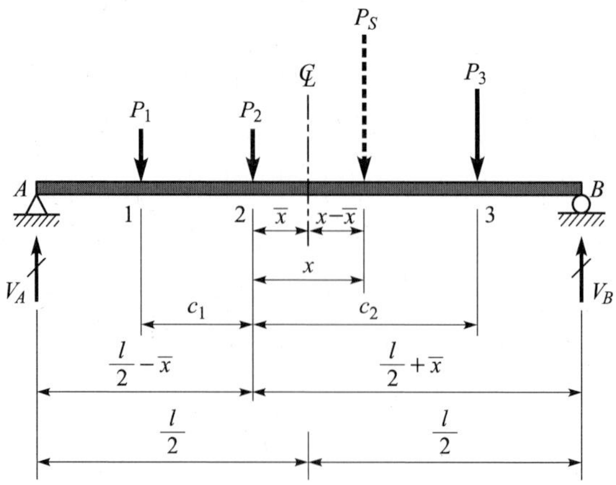

그림 5.2 단순보에서 절대 최대휨모멘트의 발생 위치

이 상황에 대한 $\bar{x}$ 값을 구하여 보자. 그림 5.2에서 먼저 지점 B에 관한 휨모멘트의 합으로부터 단순보의 지점 A의 반력 V_A가 아래와 같이 구해진다.

$$+\curvearrowright \sum M_B = 0, \qquad \therefore V_A = \frac{P_S}{l}\left[\frac{l}{2} - (x - \bar{x})\right]$$

하중 P_2가 작용하는 단면에서 휨모멘트 M_2를 구하면 다음과 같다.

$$M_2 = V_A \cdot \left(\frac{l}{2} - \bar{x}\right) - P_1 \cdot c_1 = \frac{P_S}{l} \cdot \left[\frac{l}{2} - (x - \bar{x})\right] \cdot \left(\frac{l}{2} - \bar{x}\right) - P_1 \cdot c_1$$
$$= \frac{P_S\, l}{4} - \frac{P_S\, x}{2} - \frac{P_S(\bar{x})^2}{l} + \frac{P_S\, \bar{x}\, x}{l} - P_1 c_1$$

최대 M_2가 발생하는 위치는 $\frac{dM_2}{d\bar{x}} = 0$일 때이므로

$$\frac{dM_2}{d\bar{x}} = -\frac{2P_S\bar{x}}{l} + \frac{P_S x}{l} = 0$$

따라서 $\bar{x} = \frac{x}{2}$

그러므로, 단순보에서 절대 최대모멘트는 이동 연행하중의 합력과 인접한 두 집중하중 중 어느 하나 하중이 작용하는 위치에서 일어나는데, "이들 인접하중과 연행하중의 합력이 보의 중앙으로부터 같은 거리에 위치하도록 놓였을 때 그 하중 밑의 보 단면에서 절대최대모멘트가 발생한다는 것"을 의미한다.

예제 5.6

다음 그림과 같은 이동 연행하중이 지간이 40m인 단순보 위를 이동할 때 절대 최대휨모멘트를 구하시오.

[25점, 토목구조기술사 시험]

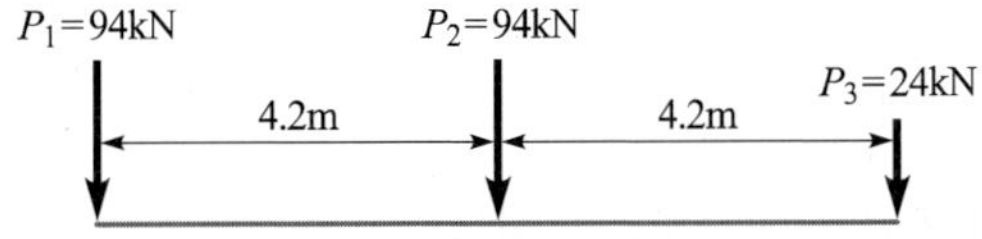

(a)

그림 예제 5.6

풀이

그림 예제 5.6(a)의 이동 연행하중을 받는 단순보에서 절대 최대모멘트는 이동 연행하중의 합력 P_S와 인접한 두 집중하중 P_1과 P_2 중 어느 하나 하중이 작용하는 위치에서 일어나는데, 이들 인접하중과 연행하중의 합력이 보의 중앙으로부터 같은 거리에 위치하도록 놓였을 때 그 하중 밑의 보 단면에서 절대 최대모멘트가 발생한다.

1) 합력의 크기와 작용위치의 계산

합력의 크기 $P_S = \sum_{i=1}^{3} P_i = P_1 + P_2 + P_3 = 94 + 94 + 24 = 212\text{kN}$

하중 P_2의 작용점에 관한 각 하중 P_1 및 P_3의 모멘트의 합을 합력 P_S로 나누면, P_2의 작용점으로부터 합력의 작용위치 x가 구해진다. 즉,

$$\text{합력의 작용위치 } x = \frac{-P_1 \cdot c_1 + P_3 \cdot c_2}{P_1 + P_2 + P_3}$$

$$= \frac{-94 \times 4.2 + 24 \times 4.2}{94 + 94 + 24} = -1.4\text{m} \ (P_2 \text{ 작용점의 왼쪽})$$

2) 절대 최대휨모멘트의 계산

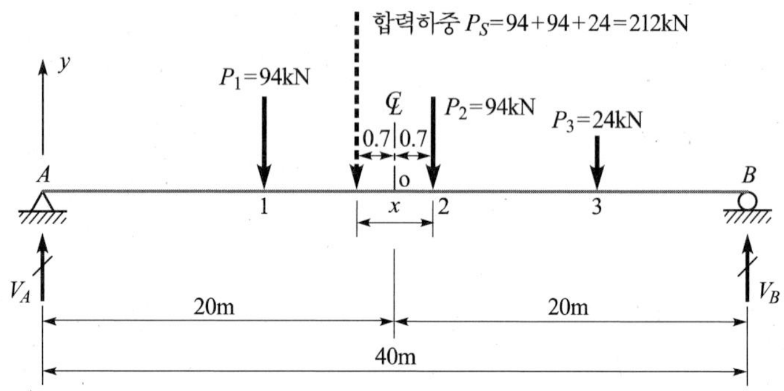

(b)

i) 그림 예제 5.6(b)처럼 먼저 절대 최대모멘트가 P_2하중이 작용하는 위치에서 일어난다고 가정하자. 그림 예제 5.6(b)처럼 합력 P_S와 하중 $P_2 = 94\text{kN}$을 보의 중앙선으로부터 같은 거리에 위치시킨 후, 반력을 구하고 하중 $P_2 = 94\text{kN}$의 작용점에서 휨모멘트를 계산한다. 즉, 그림 예제 5.6(b)와 같이 보의 중앙선으로부터 0.7m ($\bar{x} = \frac{x}{2} = \frac{1.4}{2} = 0.7\text{m}$) 떨어진 곳에 합력 P_S가 작용하도록 이동 연행하중을 재하할 때, 인접하중 $P_2 = 94\text{kN}$ 밑의 보 단면에서 내적 휨모멘트를 계산하면 다음과 같다.

$+\curvearrowright \sum M_B = 0\ ;\ V_A(40) - (94)(20 - 0.7 + 4.2) - (94)(20 - 0.7) - (24)(20 - 0.7 - 4.2) = 0$

$\therefore\ V_A = 109.64\text{kN}$

$+\uparrow \sum F_y = 0\ ;\ V_A - 94 - 94 - 24 + V_B = 0, \quad \therefore\ V_B = 102.36\text{kN}$

$\therefore\ M_2 = V_B(20-0.7) - P_3(4.2) = 102.36 \times 19.3 - 24 \times 4.2 = 1874.75\text{kN·m}$

(참고로, $M_1 = 109.64 \times 16.5 = 1809.06\text{kN·m}$, $M_0 = 109.64 \times 20 - 94 \times 3.5 = 1863.8$ kN·m, $M_3 = 102.36 \times 15.1 = 1545.64\text{kN·m}$)

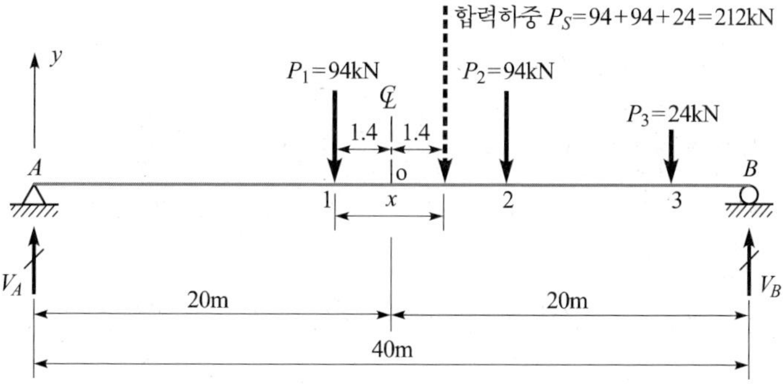

(c)

ii) 다음으로 이동 연행하중의 작용위치가 그림 예제 5.6(c)의 경우에도 절대최대모멘트가 발생할 가능성이 있으므로, 그림 예제 5.6(c)처럼 절대최대모멘트가 P_1하중이 작용하는 위치에서 일어난다고 가정하자. 그림 예제 5.6(c)처럼 합력 P_S와 하중 $P_1 = 94\text{kN}$을 보의 중앙선으로부터 같은 거리에 위치시킨 후, 반력을 구하고 하중 $P_1 = 94\text{kN}$의 작용점에서 휨모멘트를 계산한다. 즉, 그림 예제 5.6(c)와 같이 보의 중앙선으로부터 1.4m ($\bar{x} = \dfrac{x}{2} = \dfrac{4.2-1.4}{2} = 1.4\text{m}$) 떨어진 곳에 합력 P_S가 작용하도록 이동 연행하중을 재하할 때, 인접하중 $P_1 = 94\text{kN}$ 밑의 보 단면에서 내적 휨모멘트를 계산하면 다음과 같다.

$$+\curvearrowright \sum M_B = 0\ ;\ V_A(40) - (94)(20+1.4) - (94)(20+1.4-4.2) - (24)(20+1.4-4.2-4.2) = 0$$

$\therefore\ V_A = 98.51\text{kN}$

$+\uparrow \sum F_y = 0\ ;\ V_A - 94 - 94 - 24 + V_B = 0, \ \therefore\ V_B = 113.49\text{kN}$

$\therefore\ M_1 = V_A(20-1.4) = 98.51 \times 18.6 = 1832.29\text{kN·m}$

iii) 절대 최대휨모멘트

위의 두 경우의 내적 휨모멘트를 비교해보면, $M_2 > M_1$이다. 따라서 주어진 이동 연행하중에 대한 절대 최대휨모멘트 $M_{max} = M_2 = 1874.75\text{kN·m}$이고, 이동 연행하중이 그림 예제 5.6(b)처럼 작용하는 경우에 하중 P_2 밑의 보 단면에서 최대휨모멘트가 발생한다.

5.6 트러스의 영향선

트러스 영향선의 작도는 위에서 이미 설명한 보의 영향선 작도법과 같은 방법으로 해도 좋다. 즉, 먼저 트러스 반력의 영향선을 보 반력의 영향선과 유사한 방법으로 작도한다. 다음에 부재력에 대한 영향선을 구한다. 이때 트러스 부재는 격점하중만 받으므로 각 격점에 단위하중 $P=1$을 재하시켜, 트러스 부재에 대한 영향선의 종거를 격점법이나 단면법으로 구한다. 격점에서의 단위하중 $P=1$과 부재력과의 관계는 보의 영향선의 경우처럼 영향선함수나 영향도표의 형태로 나타낸 후, 이것을 도시(圖示)하고 각 점들을 직선으로 연결함으로서 트러스의 영향선도가 구해진다. 다음은 트러스 영향선을 작도한 예를 보여주고 있다.

예제 5.7

다음과 같은 정정인 내민트러스에서 반력 V_H의 영향선, 부재력 F_{CM}의 영향선, 부재력 F_{BK}의 영향선을 구하시오.

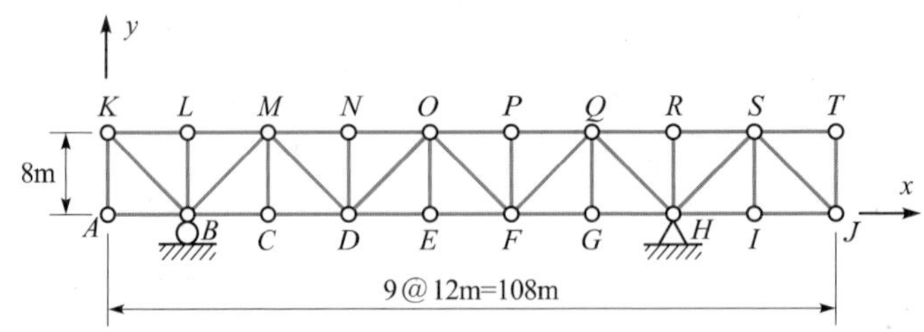

(a)

그림 예제 5.7

풀이

1) 반력 V_H의 영향선

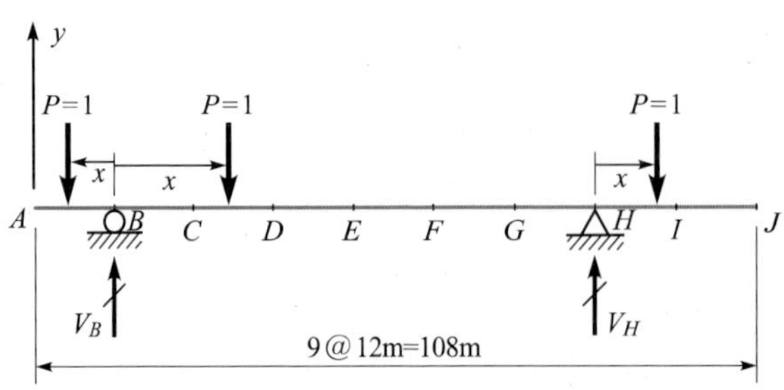

(b)

위의 그림 예제 5.7(b)처럼 주어진 트러스를 구간별로 나누고, 단위하중 $P=1$을 작용시켜 단위하중으로 인한 반력 V_H의 영향선함수를 계산한 후, 그 계산 값들을 각 단위하중의 재하위치에 종거로 나타내고 이를 연결하면 원하는 반력 V_H의 영향선이 얻어진다. 즉,

i) AB구간($0 \leq x \leq 12$m)

위의 그림 예제 5.7(b)처럼 격점 B를 원점으로 격점 A쪽으로 거리 x만큼 떨어진 위치에 단위하중 $P=1$이 놓여있을 때, 이 단위하중으로 인한 반력 V_H의 영향선함수를 다음과 같이 구할 수 있다.

$$+\curvearrowright \sum M_B = 0\ ;\ -1\times x - V_H(6\times 12) = 0, \quad \therefore V_H = -\frac{x}{72}$$

$$+\uparrow \sum F_y = 0\ ;\ V_B - 1 + V_H = 0, \quad \therefore V_B = 1 + \frac{x}{72}$$

따라서 특정점 위치에서 반력 V_H의 영향선 종거를 구하면 다음과 같다.

$x=0$일 때, $V_H = -\dfrac{0}{72} = 0$

$x=12$m일 때, $V_H = -\dfrac{12}{72} = -\dfrac{1}{6}$

ii) BH구간($0 \leq x \leq 72$m)

위의 그림 예제 5.7(b)처럼 격점 B를 원점으로 격점 H쪽으로 거리 x만큼 떨어진 위치에 단위하중 $P=1$이 놓여있을 때, 이 단위하중으로 인한 반력 V_H의 영향선함수를 다음과 같이 구할 수 있다.

$$+\curvearrowright \sum M_B = 0\ ;\ 1\times x - V_H(72) = 0, \quad \therefore V_H = \frac{x}{72}$$

$$+\uparrow \sum F_y = 0\ ;\ V_B - 1 + V_H = 0, \quad \therefore V_B = 1 - \frac{x}{72}$$

따라서 특정점 위치에서 반력 V_H의 영향선 종거를 구하면 다음과 같다.

$x=0$일 때, $V_H = \dfrac{0}{72} = 0$

$x=72$m일 때, $V_H = \dfrac{72}{72} = 1$

iii) HJ구간($0 \leq x \leq 24$m)

위의 그림 예제 5.7(b)처럼 격점 H를 원점으로 격점 J쪽으로 거리 x만큼 떨어진 위치에 단위하중 $P=1$이 놓여있을 때, 이 단위하중으로 인한 반력 V_H의 영향선함수를 다음과 같이 구할 수 있다.

$$+\curvearrowright \sum M_B = 0\ ;\ 1\times(72+x) - V_H(72) = 0, \quad \therefore V_H = 1 + \frac{x}{72}$$

$+\uparrow \sum F_y=0\ ;\ V_B-1+V_H=0, \quad \therefore V_B=-\dfrac{x}{72}$

따라서 특정점 위치에서 반력 V_H의 영향선 종거를 구하면 다음과 같다.

$x=0$일 때, $V_H=1+\dfrac{0}{72}=1$

$x=24\text{m}$일 때, $V_H=1+\dfrac{24}{72}=\dfrac{4}{3}$

iv) 반력 V_H의 영향선도 작성

위의 해석된 결과를 그림으로 나타내면, 다음과 같은 반력 V_H의 영향선도가 구해진다. 즉,

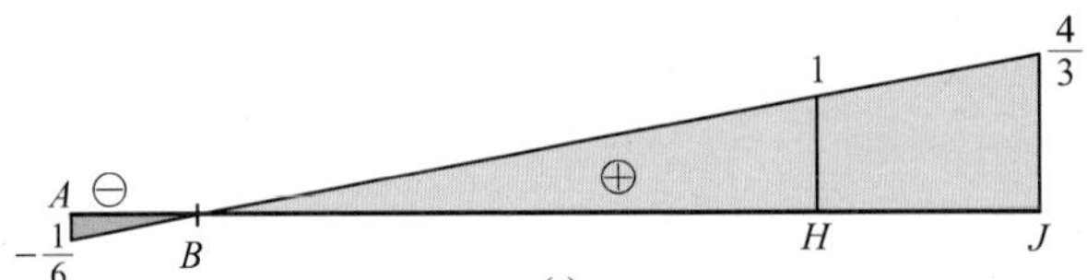

(c)

2) 부재력 F_{CM}, F_{BK}의 영향선

각 격점에 단위하중 $P=1$를 재하시켜, 트러스 부재 CM과 BK에 대한 영향선의 종거를 격점법으로 구한 후, 이들 부재력 F_{CM}과 F_{BK}을 도시(圖示)하고 각 점들을 직선으로 연결함으로서 영향선도가 구해진다. 즉,

i) 격점 C에 단위하중 $P=1$이 작용할 때

반력 $V_B=1-\dfrac{x}{72}$에서, $\therefore V_B=1-\dfrac{12}{72}=\dfrac{5}{6}$

- 격점 A

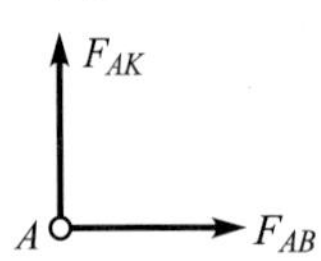

(d)

그림 예제 5.7(d)의 고립된 격점 A의 유물체도에서

그림 예제 5.7(d)의 고립된 격점 A의 자유물체도에서

$+\rightarrow \sum F_x=0\ ;\ F_{AB}=0$

$+\uparrow \sum F_y=0\ ;\ F_{AK}=0$

- 격점 K

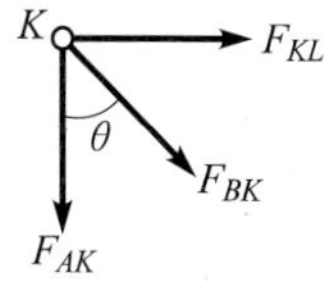

(e)

그림 예제 5.7(e)의 고립된 격점 K의 자유물체도에서

$$+\uparrow \ \sum F_y = 0;\ -F_{AK} - F_{BK}\cos\theta = 0, \qquad \therefore F_{BK} = \frac{-F_{AK}}{\cos\theta} = \frac{0}{\cos\theta} = 0$$

$$+\rightarrow \sum F_x = 0\ ;\ F_{KL} + F_{BK}\sin\theta = 0, \qquad \therefore F_{KL} = 0$$

- 격점 L

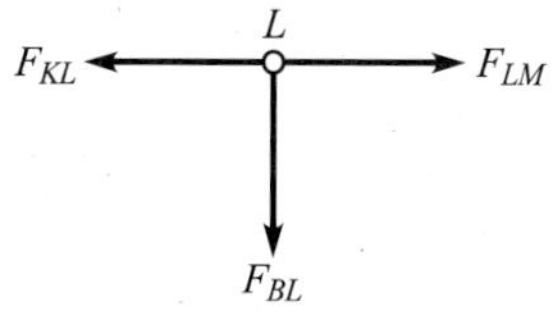

(f)

그림 예제 5.7(f)의 고립된 격점 L의 자유물체도에서

$$+\rightarrow \sum F_x = 0\ ;\ -F_{KL} + F_{LM} = 0, \qquad \therefore F_{LM} = F_{KL} = 0$$

$$+\uparrow \ \sum F_y = 0\ ;\ -F_{BL} = 0, \qquad \therefore F_{BL} = 0$$

- 격점 B

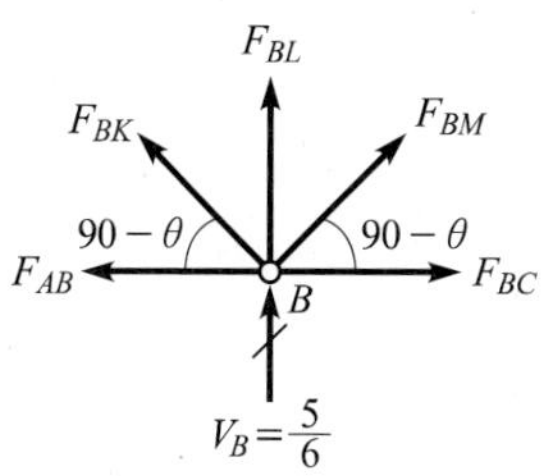

(g)

그림 예제 5.7(g)의 고립된 격점 B의 자유물체도에서

$$+\uparrow \sum F_y = 0\ ;\ F_{BL} + \frac{5}{6} + F_{BK}\sin(90-\theta) + F_{BM}\sin(90-\theta) = 0$$

$$\therefore F_{BM} = \frac{-\left(\frac{5}{6}\right)}{\cos\theta} = \frac{-\left(\frac{5}{6}\right)}{\left(\frac{8}{\sqrt{12^2+8^2}}\right)} = -1.5 \text{ (압축)}$$

$$+\rightarrow \sum F_x = 0\ ;\ -F_{AB} - F_{BK}\cos(90-\theta) + F_{BM}\cos(90-\theta) + F_{BC} = 0$$

$$\therefore F_{BC} = -F_{BM}\sin\theta = -(-1.5)\left(\frac{12}{\sqrt{12^2+8^2}}\right) = 1.25 \text{ (인장)}$$

▪ 격점 C

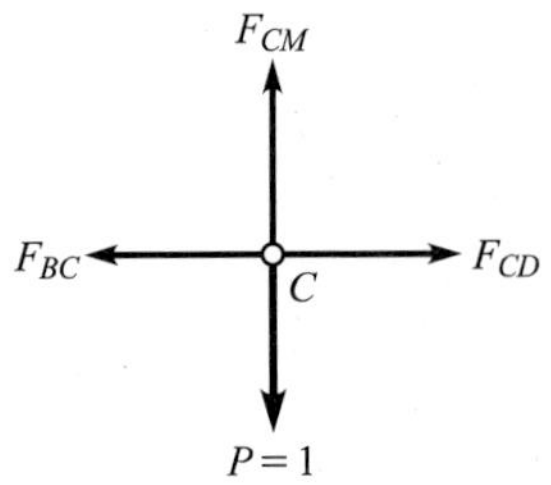

(h)

그림 예제 5.7(h)의 고립된 격점 C의 자유물체도에서

$$+\rightarrow \sum F_x = 0 \ ; \ -F_{BC}+F_{CD}=0, \quad \therefore F_{CD}=F_{BC}=1.25 \ (\text{인장})$$

$$+\uparrow \sum F_y = 0 \ ; \ F_{CM}-1=0, \qquad \therefore F_{CM}=1 \ (\text{인장})$$

ii) 격점 A에 단위하중 $P=1$이 작용할 때

반력 $V_B=1+\dfrac{x}{72}$ 에서, $\therefore V_B=1+\dfrac{12}{72}=\dfrac{7}{6}$

▪ 격점 A

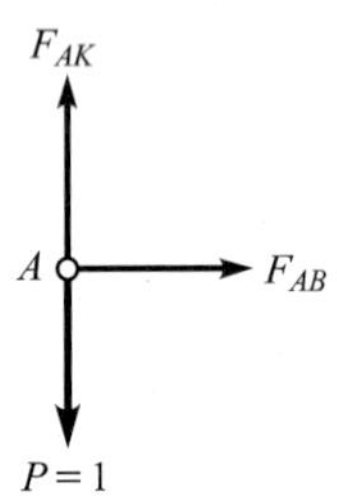

(i)

그림 예제 5.7(i)의 고립된 격점 A의 자유물체도에서

$$+\rightarrow \sum F_x = 0 \ ; \ F_{AB}=0$$

$$+\uparrow \sum F_y = 0 \ ; \ F_{AK}-1=0, \quad \therefore F_{AK}=1 \ (\text{인장})$$

▪ 격점 K

그림 예제 5.7(e)의 고립된 격점 K의 자유물체도에서

$$+\uparrow \sum F_y = 0 \ ; \ -F_{AK}-F_{BK}\cos\theta=0, \quad \therefore F_{BK}=\frac{-F_{AK}}{\cos\theta}=\frac{-1}{\dfrac{8}{\sqrt{12^2+8^2}}}=-1.8(\text{압축})$$

$$+\rightarrow \sum F_x = 0 \ ; \ F_{KL}+F_{BK}\sin\theta=0, \quad \therefore F_{KL}=-F_{BK}\sin\theta=(1.8)\frac{12}{\sqrt{12^2+8^2}}=1.5(\text{인장})$$

▪ 격점 L

그림 예제 5.7(f)의 고립된 격점 L의 자유물체도에서

$$+\rightarrow \sum F_x = 0\ ;\ -F_{KL} + F_{LM} = 0, \quad \therefore F_{LM} = F_{KL} = 0$$

$$+\uparrow \sum F_y = 0\ ;\ -F_{BL} = 0, \quad \therefore F_{BL} = 0$$

▪ 격점 B

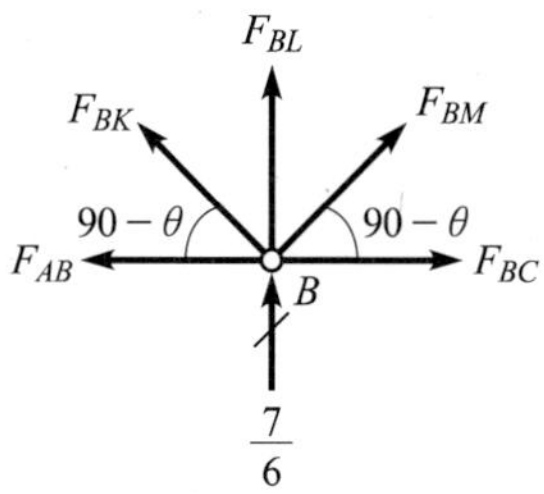

(j)

그림 예제 5.7(j)의 고립된 격점 B의 자유물체도에서

$$+\uparrow \sum F_y = 0\ ;\ F_{BL} + \frac{7}{6} + F_{BK}\sin(90-\theta) + F_{BM}\sin(90-\theta) = 0$$

$$\therefore F_{BM} = \frac{-\left(\frac{7}{6} - F_{BK}\cos\theta\right)}{\cos\theta} = \frac{-\frac{7}{6} + 1.8\frac{8}{\sqrt{12^2+8^2}}}{\left(\frac{8}{\sqrt{12^2+8^2}}\right)} = -0.3 \text{ (압축)}$$

$$+\rightarrow \sum F_x = 0\ ;\ -F_{AB} - F_{BK}\cos(90-\theta) + F_{BM}\cos(90-\theta) + F_{BC} = 0$$

$$\therefore F_{BC} = F_{BK}\sin\theta - F_{BM}\sin\theta = (-1.8+0.3)\left(\frac{12}{\sqrt{12^2+8^2}}\right) = -1.25 \text{ (압축)}$$

▪ 격점 C

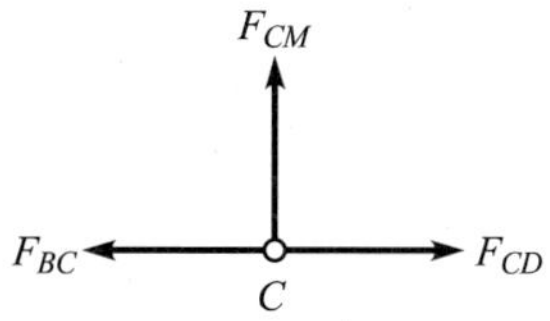

(k)

그림 예제 5.7(k)의 고립된 격점 C의 자유물체도에서

$$+\rightarrow \sum F_x = 0\ ;\ -F_{BC} + F_{CD} = 0, \quad \therefore F_{CD} = F_{BC} = -1.25 \text{ (압축)}$$

$$+\uparrow \sum F_y = 0\ ;\ F_{CM} = 0$$

iii) 격점 B에 단위하중 $P=1$이 작용할 때

반력 $V_B = 1 - \frac{x}{72}$ 에서, $\therefore V_B = 1 - \frac{0}{72} = 1$

▪ 격점 A

그림 예제 5.7(d)의 고립된 격점 A의 자유물체도에서

$$+\rightarrow \sum F_x = 0 \; ; \; F_{AB} = 0$$

$$+\uparrow \sum F_y = 0 \; ; \; F_{AK} = 0$$

▪ 격점 K

그림 예제 5.7(e)의 고립된 격점 K의 자유물체도에서

$$+\uparrow \sum F_y = 0 \; ; \; -F_{AK} - F_{BK}\cos\theta = 0, \quad \therefore F_{BK} = \frac{-F_{AK}}{\cos\theta} = \frac{0}{\cos\theta} = 0$$

$$+\rightarrow \sum F_x = 0 \; ; \; F_{KL} + F_{BK}\sin\theta = 0, \quad \therefore F_{KL} = 0$$

▪ 격점 L

그림 예제 5.7(f)의 고립된 격점 L의 자유물체도에서

$$+\rightarrow \sum F_x = 0 \; ; \; -F_{KL} + F_{LM} = 0, \quad \therefore F_{LM} = F_{KL} = 0$$

$$+\uparrow \sum F_y = 0 \; ; \; -F_{BL} = 0, \quad \therefore F_{BL} = 0$$

▪ 격점 B

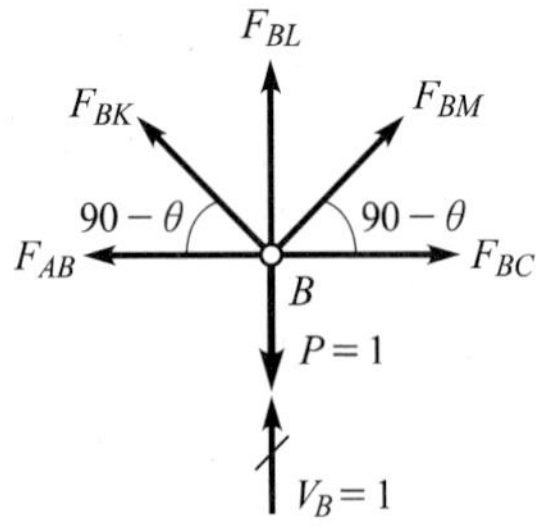

(l)

그림 예제 5.7(l)의 고립된 격점 B의 자유물체도에서

$$+\uparrow \sum F_y = 0 \; ; \; F_{BL} + \frac{5}{6} + F_{BK}\sin(90-\theta) - 1 + 1 + F_{BM}\sin(90-\theta) = 0$$

$$\therefore F_{BM} = \frac{0}{\cos\theta} = 0$$

$$+\rightarrow \sum F_x = 0 \; ; \; -F_{AB} - F_{BK}\cos(90-\theta) + F_{BM}\cos(90-\theta) + F_{BC} = 0$$

$$\therefore F_{BC} = -F_{BM}\sin\theta = -(0)\left(\frac{12}{\sqrt{12^2+8^2}}\right) = 0$$

▪ 격점 C

그림 예제 5.7(k)의 고립된 격점 C의 자유물체도에서

$$+\rightarrow \sum F_x = 0\ ;\ -F_{BC}+F_{CD}=0,\quad \therefore F_{CD}=F_{BC}=0$$

$$+\uparrow \sum F_y = 0\ ;\ F_{CM}=0$$

iv) 격점 $D \sim J$에 단위하중 $P=1$이 각각 작용할 때, 위의 i)~iii)의 풀이처럼 먼저 반력 V_B를 구하고 같은 방법으로 부재력을 계산하면 $F_{CM}=0$ 및 $F_{BK}=0$이 얻어진다.

v) 부재력 F_{CM}, F_{BK}의 영향선도 작성

위의 해석된 결과를 그림으로 나타내면, 다음과 같은 부재력 F_{CM}, F_{BK}의 영향선도가 다음과 같이 구해진다.

(m) 부재력 F_{CM}의 영향선도

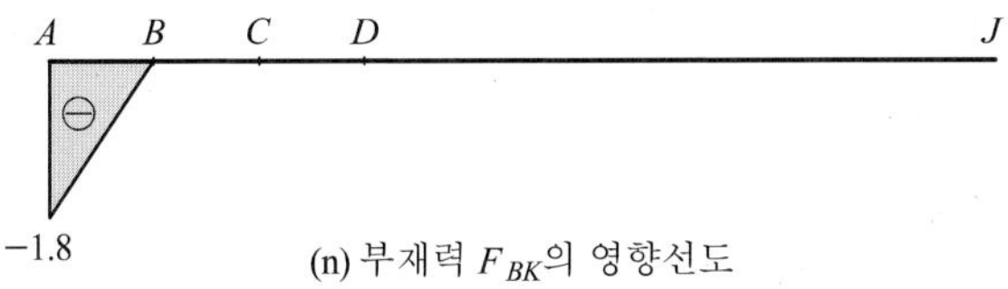

(n) 부재력 F_{BK}의 영향선도

5.7 아치의 영향선

아치의 영향선을 작도하는 방법도 위의 보 영향선 작도법과 같은 방법으로 해도 좋다. 그러나 아치의 경우는 수평반력이 존재하므로 단위하중 $P=1$를 재하시켜 수평반력을 구해야 한다. 예를 들어 단위하중 $P=1$를 재하된 3활절 정정아치의 경우, 내부 힌지가 있는 게르버보처럼 아치 정부에 있는 힌지 좌측과 우측을 분리한 자유물체도로부터 수평반력이 구해진다. 그리고 임의의 점에서 축력과 전단력의 계산 시 그 단면에 대한 아치 축선상의 접선기울기가 고려됨을 유념해야 한다(예제 4.2 참조). 다음은 수평반력의 영향선을 이용하여 아치의 휨모멘트 영향선을 작도한 예를 보여주고 있다.

예제 5.8

다음 3활절 아치에서 수평반력 H의 영향선과 D점 휨모멘트 M_D의 영향선을 구하시오.

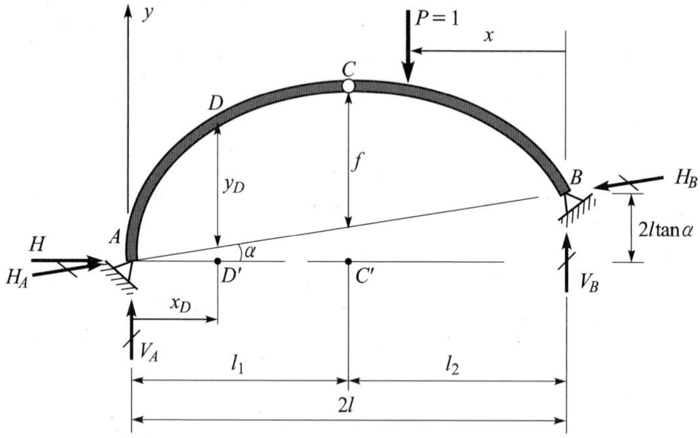

(a)

그림 예제 5.8

풀이

1) H의 영향선

그림 예제 5.8(a)에서

$$+\rightarrow \sum F_x = 0\ ;\ H_A\cos\alpha - H_B\cos\alpha = 0, \quad \therefore H_A\cos\alpha = H_B\cos\alpha = H$$

$$H_A = H_B = \frac{H}{\cos\alpha}$$

i) 그림 예제 5.8(a)처럼 BC구간에 단위하중 $P=1$이 B지점으로부터 x만큼 떨어진 위치에 작용할 때

$$+\curvearrowright \sum M_B = 0\ ;\ -H(2l\tan\alpha) + V_A(2l) - 1(x) = 0$$

$$\therefore V_A = H\tan\alpha + \frac{x}{2l} \tag{1}$$

그림 예제 5.8(a)의 AC부분에서, $+\curvearrowright \Sigma M_C = 0\ ;\ V_A l_1 - H_A\cos\alpha(f + l_1\tan\alpha) = 0$

$$\therefore V_A l_1 - H(f + l_1\tan\alpha) = 0 \tag{2}$$

식 (1)을 식 (2)에 대입하면

$$\left(H\tan\alpha + \frac{x}{2l}\right)l_1 - H(f + l_1\tan\alpha) = 0$$

$$\therefore Hf = \frac{l_1 x}{2l} \tag{3}$$

한편, 그림 예제 5.8(b)의 유사 단순보BC구간에 단위하중 $P=1$이이 B지점으로부터 x 만큼 떨어진 위치에 재하된 경우

$$+\curvearrowright \sum M_B' = 0\ ;\ R_A(l_1+l_2) - 1\times x = 0,\ \therefore R_A = \frac{x}{l_1+l_2} = \frac{x}{2l}$$

따라서

$$M_C' = \frac{l_1 x}{l_1+l_2} = \frac{l_1 x}{2l} \tag{4}$$

여기서 $x=2l$일 때, $M_C' = l_1$

즉, 식 (3)과 (4)는 동일한 값이므로, Hf은 같은 길이의 유사 단순보에서 C'점의 휨모멘트 M_C'와 같다. 따라서

$$H = \frac{M_C'}{f} \tag{5}$$

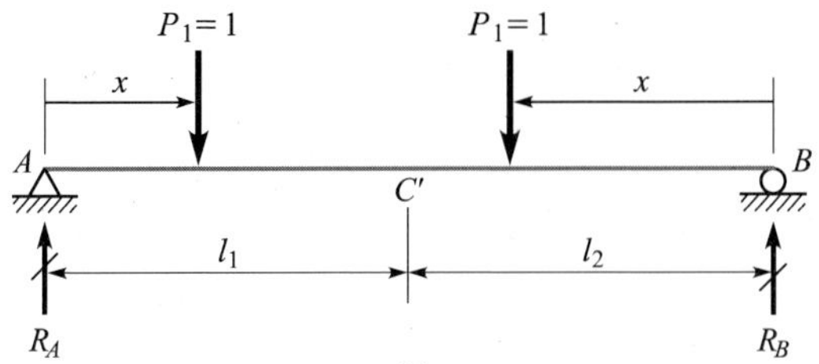

(b)

ii) 위와 같은 방법으로, 그림 예제 5.8(b)의 유사 단순보 AC구간에 단위하중 $P=1$이 A지점으로부터 x만큼 떨어진 위치에 재하된 경우

$$+\curvearrowright \Sigma M_B' = 0\ ;\ R_A \cdot 2l - 1 \cdot (2l-x) = 0,\ \therefore R_A = 1 - \frac{x}{2l}$$

따라서

$$M_C' = (1-\frac{x}{2l})l_1 - 1\times(l_1-x) = l_1 - \frac{l_1 x}{2l} - l_1 + x = x(1-\frac{l_1}{2l}) = x(\frac{2l-l_1}{2l}) = \frac{l_2 x}{2l}$$

$$\rightarrow x = 2l,\ M_C' = l_2$$

iii) M_c' 및 H의 영향선도

위의 결과를 그림으로 나타내면, 다음과 같은 영향선도가 다음과 같이 구해진다.

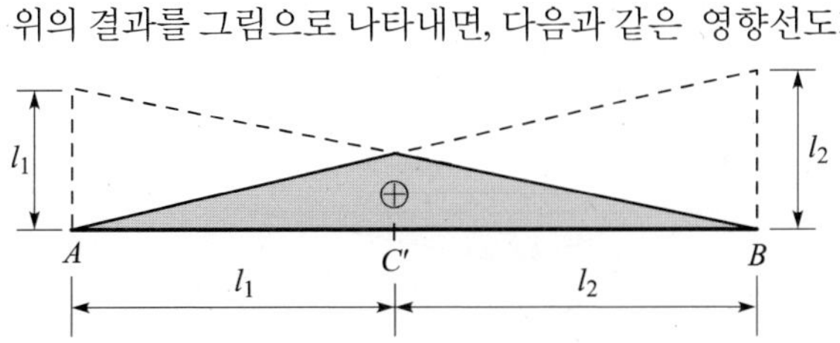

(c) M'_C의 영향선도

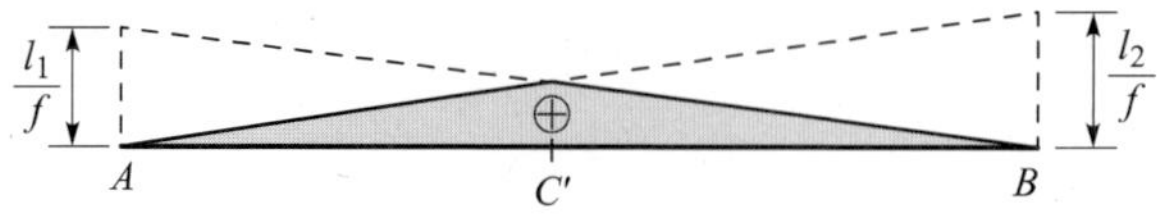

(d) $H=\left(\frac{M'_C}{f}\right)$의 영향선도

2) M_D의 영향선

그림 예제 5.8(a)처럼 BC구간에 단위하중 $P=1$이 B지점으로부터 x만큼 떨어진 위치에 작용할 때, D 점 휨모멘트 M_D를 구하면 다음과 같다.

$$M_D = V_A x_D - (H_A \cos\alpha)(y_D + x_D \tan\alpha) \tag{6}$$

식 (1)을 식 (6)에 대입하고 정리하면

$$\therefore M_D = V_A x_D - (H)(y_D + x_D \tan\alpha) = \left(H\tan\alpha + \frac{x}{2l}\right)x_D - H(y_D + x_D\tan\alpha) = \frac{x_D x}{2l} - Hy_D$$
$$= M_D' - Hy_D$$

여기서, $M_D'\left(=\frac{x_D x}{2l}\right)$: 지간 $2l$의 유사 단순보의 대응단면 x_D에서 휨모멘트의 영향선[(e)에서 ① 그림]

Hy_D : 수평축력 H에 의한 영향선과 y_D의 곱[(e)에서 ② 그림]

따라서 그림 (e)에서 ①−②하면, M_D의 영향선도가 그림 예제 5.8(f)와 같이 구해진다.

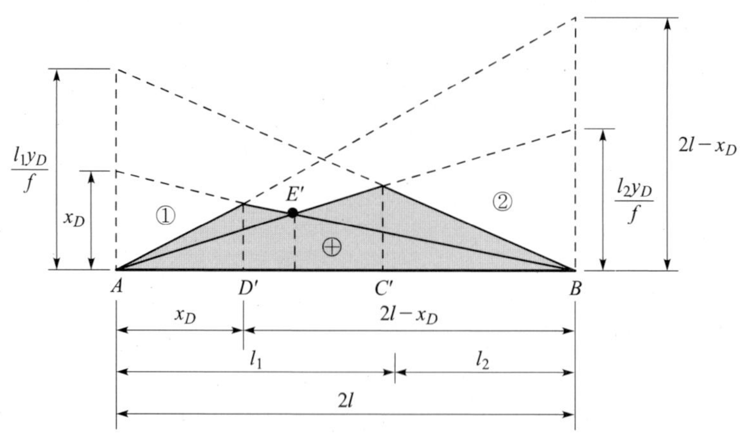

(e)

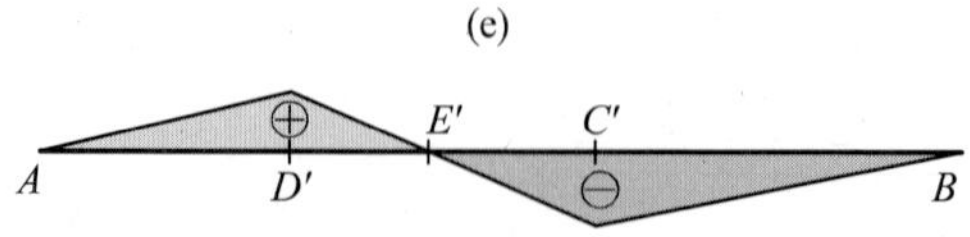

(f) M_D의 영향선도

연습문제

5.1 다음과 같은 내민보에서 수직반력 V_B의 영향선과 C점에서 전단력 S_C 및 휨모멘트 M_C의 영향선을 구하고, 이들 영향선을 이용하여 V_B, S_C, M_C를 구하시오.

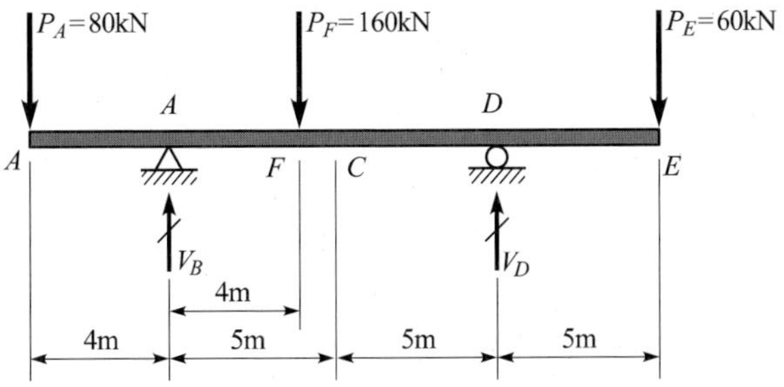

그림 문제 5.1

5.2 다음과 같은 내민보에서 임의의 위치에 등분포하중 2kN/m를 재하하였을 때 지점 B의 수직반력 V_B, C점의 전단력 S_C와 휨모멘트 M_C의 각각에 대한 양(+) 및 음(−)의 최댓값을 구하시오.

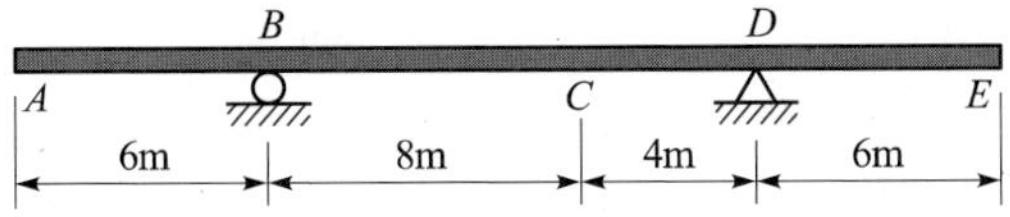

그림 문제 5.2

5.3 다음 단순보 위를 연행하중(P_1, P_2, P_3)이 이동할 때 절대 최대휨모멘트를 구하시오[단, 이동 연행하중은 1등교인 TL-240($x_2 = x_3 = 4.2\text{m}$, 도로폭 3m)이고, 충격계수 IM=0.25도 고려할 것].

[25점, 토목구조기술사 시험]

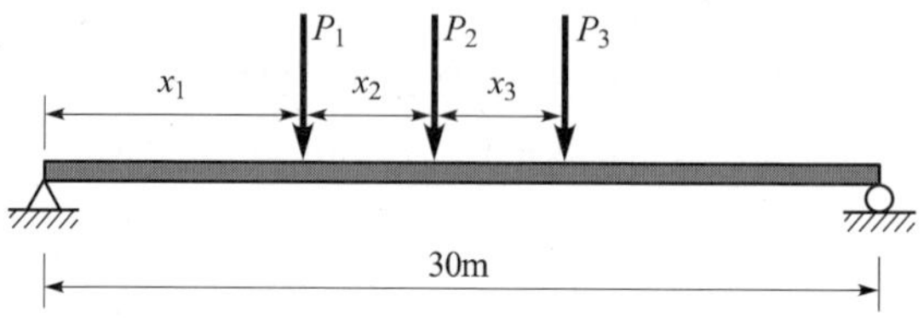

그림 문제 5.3

5.4 다음과 같은 트러스구조물에서 오른쪽의 연행하중이 하현재 위를 이동할 때, 수직반력 V_A 및 부재력 $F_{CF}, F_{BC}, F_{CG}, F_{GH}$의 각각에 대한 절대 최댓값을 구하시오.

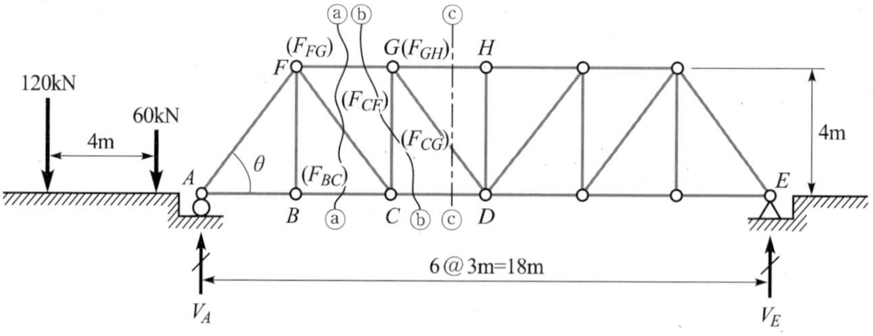

그림 문제 5.4

제6장

응력과 변형률

제6장

응력과 변형률

6.1 수직응력

임의의 구조 부재에 하중이 작용하게 되면 작용하중이 인장력인지 압축력인지에 따라 부재가 늘어나는 신장(elongation)을 동반하기도 하고 때로는 부재가 줄어드는 수축을 동반하기도 한다. 그림 6.1(a)와 같은 경우 봉 부재에 하중 P를 작용시킬 때 봉 부재에는 신장이 발생되므로 인장력(tensile force)을 받는다라고 말할 수 있다.

하중 P에 의해서 봉의 내부에는 하중 P와 크기는 같고 방향은 반대인 대칭적인 힘이 단면전체에 걸쳐 연속적으로 분포하게 되는데, 이 힘의 세기(단위면적당 힘 ; N/m^2)를 응력(應力 stress ;σ)이라 한다. 즉, 응력이란 한자 "應力"의 뜻대로 "대응되는 힘"이라 할 수 있다. 균일단면을 갖는 봉이 축하중을 받을 때 임의의 단면에서 발생되는 응력을 구하는 공식은 다음은 같이 정의할 수 있다.

$$\sigma = \frac{P}{A} \tag{6.1}$$

수직응력은 단면에 수직으로 작용하는 하중을 단면적으로 나눔으로써 얻어지므로 Pa(N/m^2)의 단위를 갖는다. 즉, 단위면적당 힘으로 정의된다. 응력을 이해하기 위하여 그림 6.1(b)를 고려해 보자. 절단면 mn은 봉의 길이 방향 축에 대하여 수직인 면으로 이 면을 단면(cross section)이라 한다. 힘 P에 의해 봉의 내부에 발생하는 내부 응력들은 임의의 절단면 mn에 수직으로 발생하게 된다. 힘의 평형 조건에 의해서 외부의 하중으로 작용하는 힘 P와 단면에 연속적으로 분포된 응력의 합력은 크기는 같고 방향은 반대이어야 한다는 것을 알 수 있다. 여기에서 응력의 합력 크기는 봉의 단면적 A와 응력 σ를 곱한 것과 같음을 알 수 있다.

그림 6.1과 같이 봉이 늘어나도록 작용하는 하중을 인장력, 인장력으로 인해 부재의 내부에 발생되는 응력을 인장응력(引張應力 tensile stress ; σ_t)이라 한다. 또한, 하중의 방향이 반대로 되어 봉이 수축되도록 작용하는 힘을 압축력이라 하고, 압축력으로 인해 부재의 내부에 생기는 응력을 압축응력(壓縮應力 compressive stress ; σ_c)이라 한다. 이와 같은 인장응력과 압축응력은 단면

에 수직하게 발생되기 때문에 넓은 의미에서 모두 수직응력이라 정의할 수 있다. 수직응력에 대한 부호 규약은 인장응력을 양(+)으로 하고, 압축응력은 음(−)으로 하는 것이 보통이다. 그러나 이러한 것은 단지 상호간에 보편성을 가질 수 있도록 하는 약속일뿐이며 절대적인 규정은 아니다. 지반공학 분야에서는 흙은 주로 압축력을 받으며, 인장력에는 저항하지 못하는 특성 때문에 압축응력을 양(+)으로, 인장응력을 음(−)으로 규정하기도 한다.

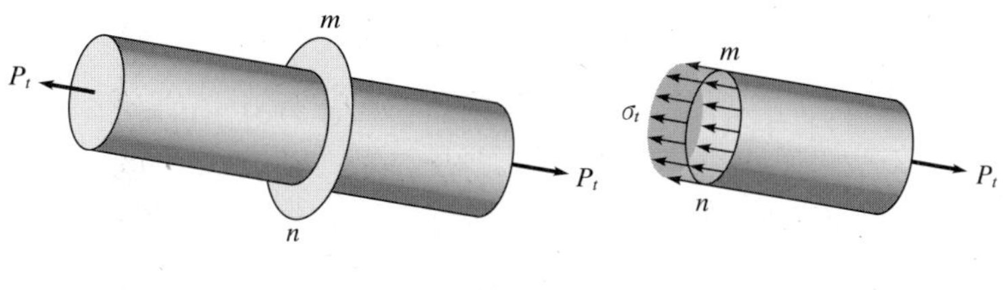

(a) (b)

그림 6.1 인장력과 인장응력

임의의 점에서의 응력을 표시하기 위해서는 우선 그 점을 통과한 면의 방향이 결정되고, 그 면에 존재하는 하중의 크기와 방향이 결정되어야 한다.

그림 6.2(a)와 같이 하중 P가 x축과 이루는 각을 θ라 하면, 하중 P는 점선으로 나눠진 것처럼 z축의 P_z와 x축의 힘 P_x로 분해할 수 있다. 그림 6.2(b)에서와 같이 하중 P를 분해하면 이때의 x축의 분력(P_x)에 의해서 수직응력(normal stress ; σ)이 발생하며, z축의 분력(P_x)에 의해서 단면에 평행하게 작용하는 전단응력(shear stress ; τ)이 발생하게 된다(전단응력은 6.6절에서 자세히 소개된다).

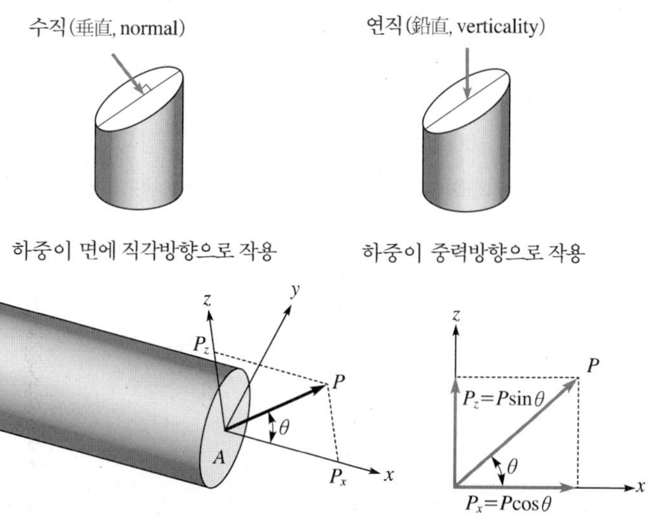

(a) (b)

그림 6.2 힘의 분해

따라서 수직응력(σ)은

$$\sigma = \frac{P_x}{A} = \frac{P \cdot \cos\theta}{A} = \frac{P}{A}\cos\theta \tag{6.2}$$

그리고 전단응력(τ)은

$$\tau = \frac{P_z}{A} = \frac{P \cdot \sin\theta}{A} = \frac{P}{A}\sin\theta \tag{6.3}$$

또한 하중 P가 단면 A와 직각(θ=0)이면, 위의 식은 다음과 같이 간단히 나타낼 수 있다.

$$\sigma = \frac{P_x}{A} = \frac{P \cdot \cos\theta}{A} = \frac{P}{A}, \qquad \tau = \frac{P_z}{A} = \frac{P \cdot \sin\theta}{A} = 0 \tag{6.4}$$

식 (6.2)에서 정의한 응력은 인장력 P_x가 작용함으로써 생기는 응력이므로 수직응력이면서 또한 인장응력임을 의미한다. 이제까지의 논의에서는 간단한 구조부재의 단면 내에서 균일한 응력이 발생한다고 가정하였다. 이러한 가정을 만족시키기 위해서는 하중의 작용은 단면의 도심에 작용한다는 전제조건이 우선되어야 한다.

그러나 이러한 전제조건을 만족하여도 단면 내에서 실제의 응력분포는 단순한 공식($\sigma = P/A$)에 의해 계산된 것과 상이한 경우가 많다. 급격한 단면변화가 있는 부분이나 하중 작용점의 근접부분, 재료의 불연속성이 있는 부분 등에서는 응력의 국부적인 급격증가현상이 발생하는데, 이를 응력집중(stress concentration)이라 한다. 이러한 응력집중에 대한 내용은 3.2절에서 소개된다.

예제 6.1

아래 그림과 같이 직경 D = 100mm인 원형 부재가 벽에 고정되어 있다. 부재의 도심에 그림과 같이 경사진 힘이 작용한다면 수직응력은 얼마인가? 단, 봉의 자체중량은 무시한다.

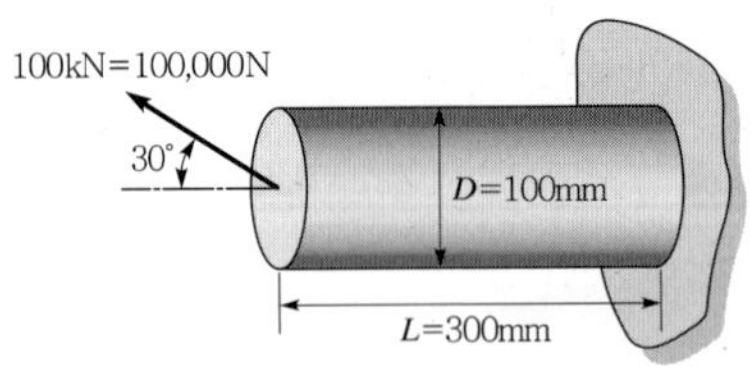

그림 예제 6.1

풀이

• 수직응력

$$\sigma = \frac{P_H}{A}$$

- 봉의 축방향 인장하중은 $P\cos\theta$이므로

  $P_H = 100{,}000 \cdot \cos 30 = 86{,}602.54\text{N} = 86.6\text{kN}$

- 단면적 ; A

  $$A = \frac{\pi \cdot D^2}{4} = \frac{\pi \cdot 100^2}{4} = 7{,}854\text{mm}^2$$

- 수직응력은 다음과 같이 결정된다. 여기에서 결정된 응력은 수직응력이면서 인장응력이다.

  $$\therefore \sigma = \frac{P_H}{A} = \frac{86{,}602.54}{7{,}854} = 11.03\ \text{N/mm}^2 = 11.03\ \text{MPa}$$

예제 6.2

아래 그림과 같이 t = 10mm로 일정한 두께를 갖는 원통관에 하중이 작용하고 있다. 이 원통관 부재의 수직응력을 구하여라.

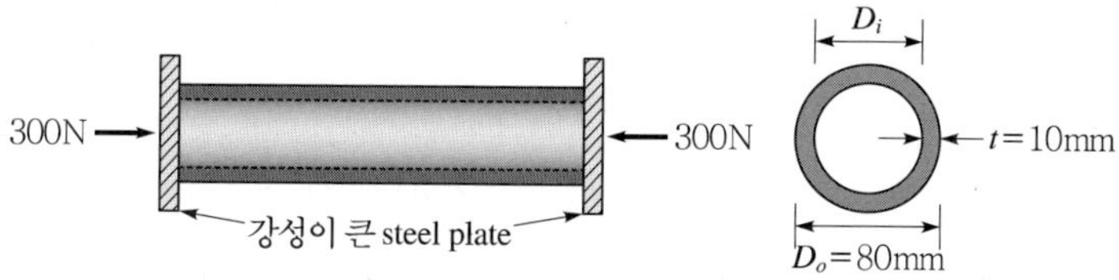

그림 예제 6.2

풀이

- 수직응력

  $$\sigma = \frac{P}{A}$$

- 원통관의 축방향 압축하중

  $P = 300\text{N}$

- 원통관의 단면적 ; A

  $$A = \frac{\pi \cdot D_0^2}{4} - \frac{\pi \cdot D_i^2}{4} = \frac{\pi \cdot 80^2}{4} - \frac{\pi \cdot 60^2}{4} = 2{,}199.11\text{mm}^2$$

  그러므로 원통관에 작용하는 수직응력(압축응력)은 다음과 같이 결정된다.

$$\therefore \sigma = \frac{P}{A} = \frac{300}{2{,}199.11} = 0.1364\text{N/mm}^2 = 0.1364\text{MPa}$$

6.2 수직변형률

축하중을 받는 봉의 길이는 인장력을 받으면 늘어나고 압축력을 받으면 줄어든다. 이때 봉 전체의 길이 변화량을 δ(delta)라 한다.

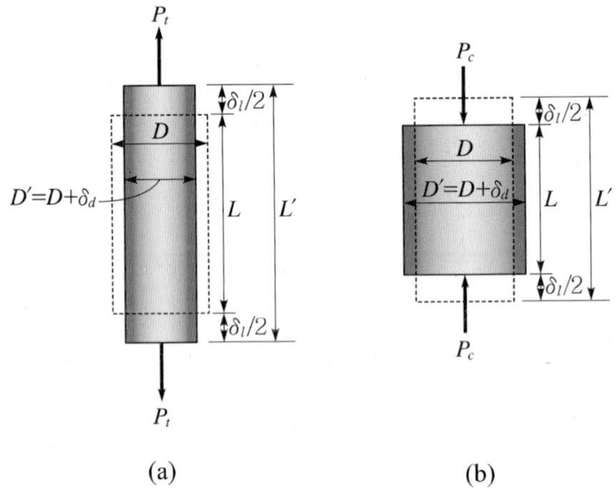

그림 6.3 인장과 압축에 대한 길이변화량(δ)

δ는 그림 6.3(a)와 같이 인장력을 받으면, 길이는 증가(+)하지만 직경은 감소(−)하고, 반대로 그림 6.3(b)와 같이 부재가 압축력을 받으면, 길이는 감소(−)하지만 직경은 증가(+)한다. 그림 6.3(a)와 같이 인장하중(P_t)에 대한 길이의 증가량은

$$\delta_l = L' - L \tag{6.5}$$

이 되고, 직경의 감소량은 다음과 같다.

$$\delta_d = D' - D \tag{6.6}$$

또한 그림 6.3(b)와 같이 압축하중(P_c)에 대한 길이의 감소량은

$$\delta_l = L' - L \tag{6.7}$$

이 되며, 직경의 증가량은 다음 식 (6.8)과 같이 쓸 수 있다.

$$\delta_d = D' - D \tag{6.8}$$

그리고 변형 전의 치수에 대한 신장량(혹은 수축량)의 비를 변형률(變形率 strain ; ε)이라 하고 일반적으로 ε(epsilon)을 사용하여 표현한다. 그림 6.3(a)의 길이에 대한 변형률은

$$\varepsilon_l = \frac{L' - L}{L} = \frac{\delta_l}{L}(\text{신장}) \tag{6.9}$$

이 되고, 직경에 대한 변형률은 다음과 같다.

$$\varepsilon_d = \frac{D' - D}{D} = \frac{\delta_d}{D}(\text{수축}) \tag{6.10}$$

또한 그림 6.3(b)의 길이에 대한 변형률은

$$\varepsilon_l = \frac{L' - L}{L} = \frac{\delta_l}{L}(\text{수축}) \tag{6.11}$$

이 되고, 직경에 대한 변형률은 다음과 같다.

$$\varepsilon_d = \frac{D' - D}{D} = \frac{\delta_d}{D}(\text{신장}) \tag{6.12}$$

이와 같이 인장력과 압축력에 의한 축방향 변형을 종변형률 또는 세로변형률 ε_l이라 하고, 이에 대하여 직각 방향으로 봉의 직경이 인장력에 의해 줄어들고 압축력에 의해 늘어나는 변형률을 횡변형률 또는 가로변형률 ε_d라 한다.

위에 알 수 있듯이 봉이 인장을 받으면, 길이는 증가(+)하지만 직경은 감소(−)한다. 이와 같이 인장되어 생기는 변형률을 인장변형률(tensile strain ; ε_l)이라고 부르며, 압축되어 생기는 변형률을 압축변형률(compressive strain ; ε_c)이라 한다. 이때의 변형률은 수직응력과 관계되기 때문에 수직변형률(normal strain)이라고도 한다.

또한 어떤 물체의 온도변화는 그 물체의 체적변화를 수반하는 경향이 있다. 그림 6.4와 같이 등질(等質), 등방성(等方性) 재료가 모든 방향에 대해서 자유로이 팽창할 수 있다면, 균일하게 온도를 높이거나 낮추면 그 재료는 다음 식 (6.13)에 의하여 균일한 열 변형을 일으킨다. 이처럼 온도의 변화에 따라서 재료는 팽창과 수축을 하는데 온도 1℃ 변화에 따른 재료의 변형률을 열팽창계수(coefficient of thermal expansion ; α)라 한다.

$$\delta_t = \alpha \cdot (t_2 - t_1) \cdot L = \alpha \cdot \Delta t \cdot L \tag{6.13}$$

여기에서, δ_t : 열로 인한 부재의 길이 변화량(mm)

α : 열팽창계수(coefficient of thermal expansion ; /℃)

(• 강재의 열팽창계수 : 12×10^{-6}(/℃),

• 콘크리트의 열팽창계수 : 10×10^{-6}(/℃))

Δt : 온도의 변화량(℃)

L : 부재의 길이(mm)

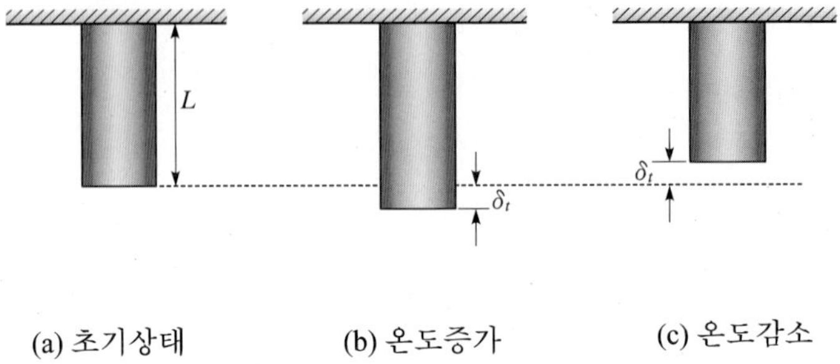

그림 6.4 온도변화로 인한 봉 부재의 변형

그림 6.4에서는 온도 변화로 인한 길이 방향에 대한 봉의 직경(폭) 변화는 무시할 정도로 작기 때문에 이를 고려하지 않았다. 또한 열로 인한 단위길이당 변화량을 열변형률(uniform thermal strain ; ε_t)이라 한다. 이를 식 (6.14)와 같이 나타낼 수 있다.

$$\varepsilon_t = \alpha \cdot \Delta t \tag{6.14}$$

예제 6.3

아래 그림과 같이 직경 $D = 300$ mm, 길이 $L = 1$ m인 부재가 축하중 $P = 100$ kN을 받고 있을 때 직경은 0.2 mm 증가하였고, 길이는 1.2 mm 감소하였다. 이때 부재의 축방향 변형률 ε_l, 횡방향 변형률 ε_d, 수직응력 σ를 구하여라.

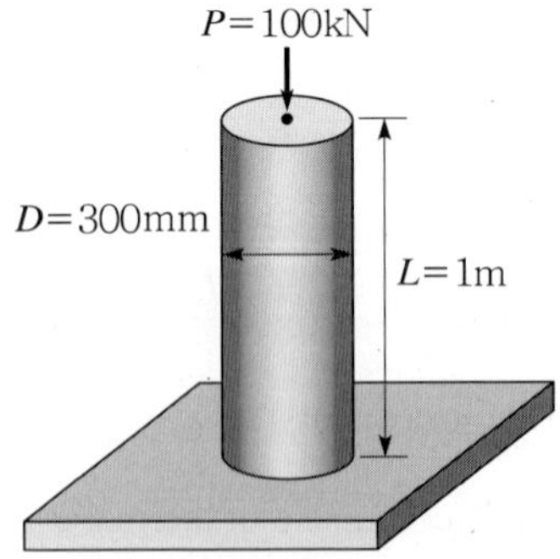

그림 예제 6.3

풀이

• 수직응력은 압축력에 의한 압축응력으로 발생된다.

$$\sigma = \frac{P}{A}$$

$$P = 100\,\text{kN} = 100 \times 10^3\text{N} = 100{,}000\text{N}$$

$$A = \frac{\pi \cdot D^2}{4} = \frac{\pi \cdot 300^2}{4} = 70{,}685.83\,\text{mm}^2$$

$$\therefore \sigma = \frac{P}{A} = \frac{100 \times 10^3}{70{,}685.83} = 1.42\,\text{MPa}$$

• 축방향 변형률

$$\varepsilon_l = \frac{\delta_l}{L},\ \ \delta_l = -1.2\,\text{mm},\ \ L = 1\text{m} = 1{,}000\text{mm}$$

$$\therefore \varepsilon_l = \frac{\delta_l}{L} = \frac{-1.2}{1{,}000} = -0.0012$$

• 횡방향 변형률

$$\varepsilon_d = \frac{\delta_d}{D},\ \ \delta_d = 0.2\,\text{mm},\ \ D = 300\text{mm}$$

$$\therefore \varepsilon_d = \frac{\delta_d}{D} = \frac{0.2}{300} = 0.00067$$

예제 6.4

겨울철 온도 -20℃에서 여름철온도 30℃까지 변화하는 지역에 50m 길이의 Steel Box 교량이 건설될 경우 Steel Box가 온도 변화에 의해 변화되는 길이 변화량은 얼마인가? (단, 외부로부터 구속은 없으며 Steel의 열팽창계수 $\alpha = 12 \times 10^{-6}$/℃이다).

풀이

• 온도변화에 대한 Steel Box의 변화량

$$\delta_t = \alpha \cdot (\Delta T) \cdot L$$

$$\alpha = 12 \times 10^{-6}/℃,\quad \Delta T = |(-20) - (30)|℃,\quad L = 50\text{m}$$

$$\therefore \delta_t = \alpha \cdot (\Delta T) \cdot L = 12 \times 10^{-6} \times 50 \times 50 = 0.03\text{m} = 30\text{mm}$$

즉, Steel Box는 겨울철과 여름철의 온도 차이에 의해서 30mm가 길이방향으로 변화한다.

6.3 응력-변형률 선도

구조물에 사용되는 재료의 필수 요건 중 한 가지는 작용하는 하중에 대해 파괴나 붕괴에 해당하는 큰 손상을 입지 않아야 하며, 설계하중 하에서는 구조물 본래의 기능을 유지할 수 있도록 필요한 내력을 지니고 있어야 한다는 사실이다. 구조 재료의 적합성에 대한 이러한 판단은 기본적으로 재료의 역학적 성질, 즉 재료의 탄성계수, 인장강도, 항복강도, 그리고 단면적의 감소 등을 알아내기 위한 재료실험에 근거를 두고 있다.

재료의 역학적 성질을 알아내는 대표적인 실험이 응력-변형률 선도(stress - strain curve)를 얻는 실험이다. 해당 재료 시편에 인장력이나 압축력을 가하여 각 하중 단계에 해당하는 응력과 변형률의 상관관계를 구함으로써 얻어지는 응력-변형률 선도는 Jacob Bernoulli(1654~1705)와 J.V.Poncelet(1788 ~1867)에 의해서 창안되었다. 이러한 응력-변형률 선도는 재료의 특성을 나타내고 역학적 성질과 거동의 유형에 관한 중요하고도 유용한 정보를 제공한다.

그림 6.5 스위스의 수학자 Jacob Bernoulli(1654~1705)
(출처 : Wikimedia Commons)

6.3.1 재료의 인장 실험

재료의 인장실험에서는 대개 특정하게 규정된 시편을 규정된 속도로 잡아당기는 인장력을 가하여 시편에 인장변형을 유발시키고, 최종적으로 파괴에 이르게 한다. 시편을 신장시키는데 소요되는 하중은 로드셀(load cell)을 이용하여 측정하며, 이로부터 하중(load) - 변위(displacement)의 곡선이 얻어진다. 이 하중-변위 곡선으로부터 응력-변형률 곡선을 구한다. 가장 공통적인 재료실험은 원기둥 모양의 실험 시편에 인장하중을 가하는 인장실험이다. 작용하는 하중의 증가 단계에 따른 시편의 신장량을 측정하는 재료의 인장 실험방법을 간략히 소개한다.

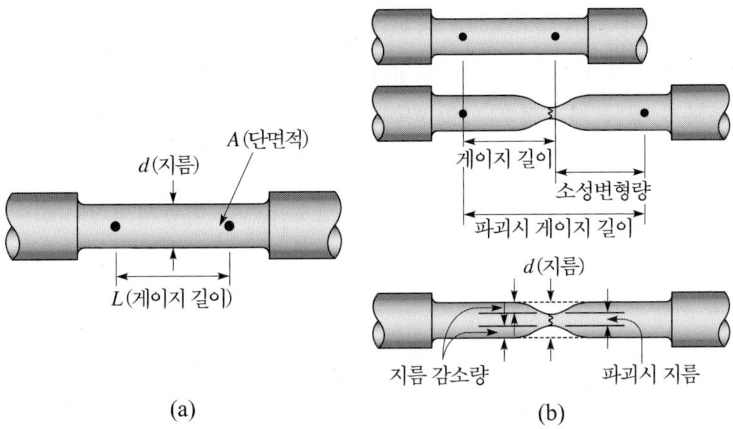

그림 6.6 인장 실험시편

인장실험은 먼저 실험 시편의 양쪽 끝을 인장실험기의 그립(grip)에 고정시킨다. 이때 양쪽 끝은 하중의 작용점이 되어 응력분포가 양단에서 복잡한 양상으로 나타나므로, 응력이 균일하고 순 인장만 받는 시편의 균일 단면 부분인 중앙부분에서 파단이 일어나도록 그림 6.6과 같이 실험 시편을 제작한다. 실험 시편은 실험 결과를 상호 간에 표준화된 값으로 쉽게 비교할 수 있도록 그 규격과 하중의 재하 방법이 국제적으로 표준화되어 있다.

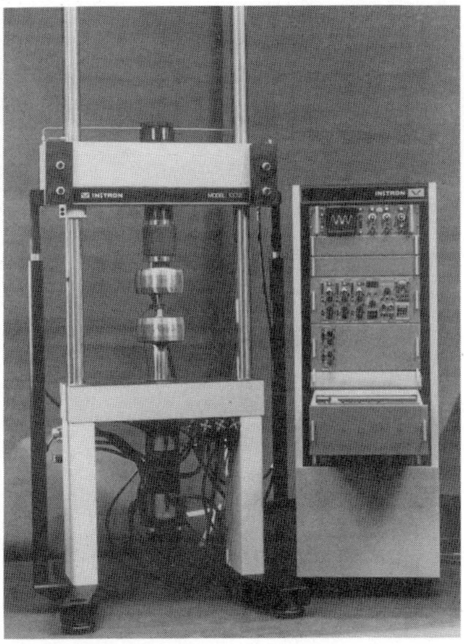

그림 6.7 정 · 동적 재료실험기

주요한 표준기구의 하나가 ASTM(American Society for Testing and Materials, 미국 실험 및 재료 협회)이다. 여기에서 규정하고 있는 표준 인장 실험 시편은 직경이 12.8mm(0.505 in)이고, 변위량(신장량)을 측정하기 위한 기준점 사이의 길이가 50. 8mm(2.0 in)이다. 이 기준점은 실험 시편의 신장량을 측정하기 위한 신장 측정기(extensometer)의 양팔이 정착되어 고정되는 점이다(그림 6.8(a) 참조). 실험 시편을 고정시키고, 실험기의 크로스헤드를 이동시켜 인장하중을 증가시키면 시편은 신장되고 이 신장량(δ)은 신장측정기와 연결된 컴퓨터에 자동적으로 기록된다. 여기에서 측정된 신장량을 기준으로 변형률($\varepsilon = \delta/L$, $L =$ 50.8mm)을 구하게 된다.

재료 인장실험의 최종 목적은 응력과 변형률의 상관관계를 얻고자 하는 것이기 때문에 때로는 변형량을 측정하기 않고 변형률을 측정할 수 있는 전기저항식 스트레인게이지(strain gauge)를 실험 시편의 표면에 접착하여 변형률을 직접 얻는 방법을 사용하기도 한다(그림 6.8(b) 참조).

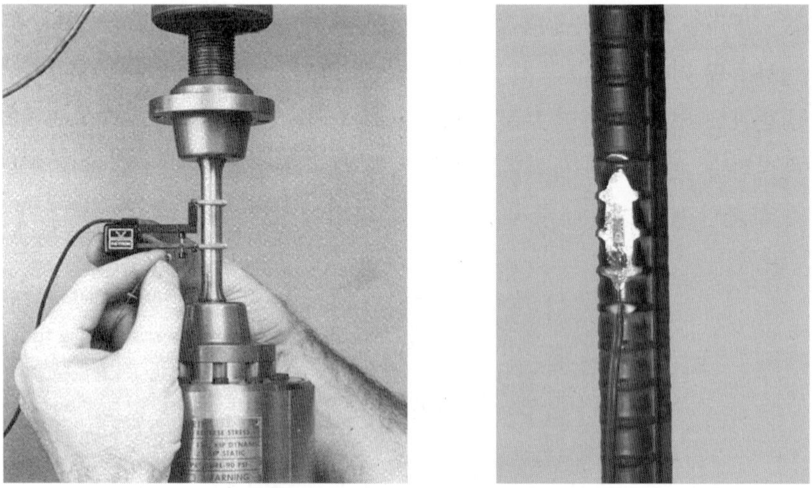

(a) 신장측정기가 설치된 시편 (b) strain-gauge

그림 6.8 인장 실험시편

이제 응력을 구해보자. 로드셀(load cell)을 통하여 연속 측정된 하중(P)을 시편의 초기단면적(A)으로 나눔으로써 공칭응력(nominal stress, σ_n)을 구할 수 있다. 인장실험 시 인장실험기가 기록하는 자료는 일반적으로 하중(P)과 신장량(δ)이다. 이것을 기본 자료라고 하며, 이 자료들을 다음 식을 사용하여 응력과 변형률로 변환시킨다.

$$\sigma_n = \frac{P}{A} \tag{6.15}$$

$$\varepsilon_n = \frac{L' - L}{L} = \frac{\delta_l}{L} \tag{6.16}$$

여기에서, σ_n : 공칭응력

P : 작용하중

A : 초기 단면적

ε_n : 공칭변형률

L' : 변형 후 시편의 표점거리

L : 초기 표점거리

δ_l : 길이변화량$(L' - L)$

그러나 실제로는 크로스헤드를 이동시켜 작용하중(P)을 증가시키면 그림 6.3(a)처럼 길이는 늘어나지만 단면적은 점차적으로 감소한다. 이와 같이 증가하는 작용하중에 따라 감소하는 시편의 단면적을 A'라고 하면 그 시편에 작용되는 실제 응력은 감소하는 단면적을 고려하여 다음과 같이 나타낼 수 있다.

$$\sigma_t = \frac{P}{A'} \tag{6.17}$$

이와 같이 변화하는 시편의 단면적을 고려하여 구한 응력을 진응력(true stress : σ_t)이라고 한다. 이렇게 구한 구조용 강의 전형적인 응력-변형률 선도의 형태가 그림 6.9에 제시되어 있다. 구조용 강은 가장 널리 사용되는 금속으로써 특히 교량의 상·하부 구조물, 건물, 타워 등 여러 가지 형태의 구조물에 중요하게 사용되는 강철이다.

6.3.2 강재의 응력-변형률 선도

응력-변형률 선도의 탄성영역 내에서 초기단면적 A와 변화하는 단면적 A'는 차이가 거의 없기 때문에 공칭응력(σ_n)과 진응력(σ_t)은 거의 동일하게 발생되나, 변형이 심한 네킹(necking) 영역에서는 공칭응력(σ_n)과 진응력(σ_t)의 차이가 확연히 드러나게 된다(그림 6.9 참조). 그림 6.9에서 실선은 공칭응력에 해당하는 응력-변형률 선도이며, 점선은 진응력을 고려한 응력-변형률 선도이다. 응력은 단면적과 반비례 관계에 있기 때문에 하중이 증가함에 따라 감소되는 시편의 단면적을 고려하여 얻어진 진응력의 경우에는 증가하게 되는 것이다. 네킹에 대해서는 다음 쪽에 보완설명이 마련되어 있다.

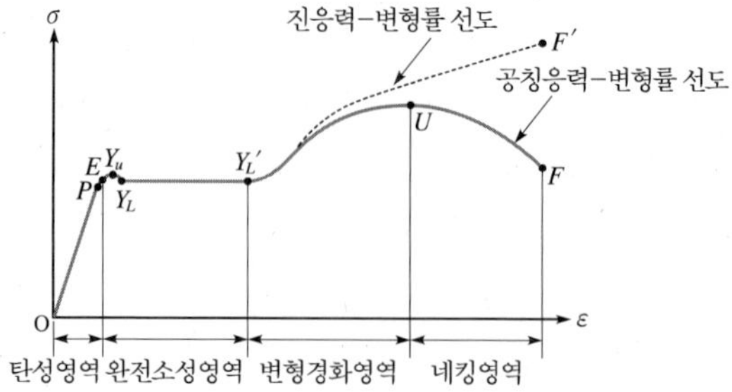

P점 : 비례한도(Proportional limit)
E점 : 탄성한도(Elastic limit)
Y_U점 : 상항복점(Upper yield point)
Y_L점 : 하항복점(Lower yield point)
U점 : 극한응력(인장강도, Ultimate stress)
F점 : 파괴점(파단점, Fracture point)

그림 6.9 응력–변형률 선도

그림 6.9의 응력-변형률 선도는 점 O에서 점 P까지는 직선으로 응력과 변형률이 비례함을 의미하며, 이때의 P점을 비례한도(proportional limit)라 한다. E점은 비례한도 P와 실제 실험상에서 구분해내는 것은 힘들지만 구분하는 이유는 PE구간은 완전한 직선이 아니기 때문이다. 그러나 P점을 넘어 E점까지 하중을 재하한 후 제거하여도 영구변형을 거의 남기지 않고 원래의 길이를 회복하기 때문에 E점을 탄성한도(elastic limit)라 하고, O점에서 E점까지의 영역을 탄성영역(linear region)이라 한다. 탄성영역 내에서는(엄밀히 하면 비례한도 이내) 응력과 변형률 사이에 직선관계가 성립되며 이 기울기 값을 탄성계수 E라고 한다.

$$\sigma_t = \frac{P}{A'} \tag{6.18}$$

탄성계수 E는 그림 6.9에서 나타낸 바와 같이 응력-변형률 곡선의 탄성영역에서의 직선 기울기에 해당된다. 일반적으로 금속재료의 최대 탄성변형률은 0.5 % 이하인 것이 보통이며, 구조용강에서는 일반적으로 0.2%($\varepsilon = 0.002$) 정도의 탄성변형률을 사용한다. 또한 구조용 저탄소강의 경우 일반적으로 200 ~ 280 MPa의 비례한도를 갖는다.

비례한도를 넘어 하중을 점차적으로 증가시키면 변형률이 응력의 증가분보다 크게 증가하기 시작되며 응력-변형률 곡선은 경사가 점점 작아지게 되다가 정점(Y_U점)에 다다르게 된다. 이 점을 상항복점이라 하며, 이 점에 대응되는 응력을 상항복응력(upper yield stress)이라 한다. 또한 Y_L점을 하항복점이라 하며, 이에 대응되는 응력을 하항복응력(lower yield stress)이라 한다. 이와 같이 응력은 증가하지 않더라도 상당한 변형률의 증가가 계속되는 현상을 재료의 항복이라 한다. 공학에서 사용하는 항복응력은 응력은 증가하지 않지만 변형률의 증가는 계속되는 항복고원이 형성되는 하항복점에 대응되는 응력을 의미한다. 일반적으로 연성재료의 경우 항복고원의 길이, 즉 완전소성영역에 해당하는 신장량이 비례한도 범위의 신장량에 비해 10~15배 정도로 길어지고, 상대적으로 탄소함유량이 많은 강재는 항복고원의 길이가 짧아지는 경향을 나타낸다.

$EY_L{}'$ 영역은 완전소성영역(perfect plasticity region)으로 그림에서도 알 수 있듯이 작용하중의 증가 없이도 변형이 일어나는 항복고원이 형성되며, 이때 재료는 완전소성상태가 된다. 완전소성상태 이후 재료는 원자 및 결정구조의 변화를 일으켜 더 큰 변형에 대하여는 재료의 저항을 증가시킨다. 즉, 신장이 계속적으로 발생하기 위해서는 추가적인 인장력이 요구된다. $Y_L{}'U$ 영역은 변형경화영역(strain hardening region)으로 응력-변형률 선도는 다시 양(+)의 경사를 갖게 된다.

따라서 응력은 최대치(U점)에 도달하며 이 점에 대응되는 응력을 극한응력(인장강도, ultimate stress)라 한다. 이 점을 넘어서면 하중이 감소하는데도 변형은 계속되어 F점(파단점, fracture stress)에서 파단이 일어난다. UF 영역은 재료의 단면적 감소가 눈에 띄게 커지며 재료에 네킹(necking)현상이 일어나는 네킹영역(necking region)이라 한다. 부재에 하중을 가하여 어느 한도 이상이 되면, 고무줄처럼 갑자기 길게 늘어지면서 단면적이 급격히 감소하는 현상을 네킹이라 한다. 네킹없이 파단이 일어나는 재료의 경우에는 인장강도와 파괴응력이 동일한 값을 갖게 되며, 반면에 네킹이 일어나는 재료의 경우의 파괴응력은 인장강도보다 작은 값을 갖는다.

여기서 응력-변형률 선도가 감소 기울기를 갖는 것은 단면적의 감소에 의한 것으로서 전응력, 즉 전하중의 감소를 의미하지는 않는다. $Y_L{}'$ 점까지는 단면적의 감소량이 적어 공칭응력(σ_n)과 진응력(σ_t)의 차이가 별로 없으나, $Y_L{}'$ 점을 지나서는 단면적의 감소량이 선도의 모양을 바꾸게 한다. 실제로 감소하는 단면적을 고려하여 계산한 진응력(σ_t)으로 평가할 경우 재료는 F' 점에서 파괴가 일어난다.

현재 구조용 강재로 널리 사용되는 SS400 혹은 SM400 강재는 극한응력 $\sigma_u = 420$ MPa, 항복응력 $\sigma_y = 240$ MPa, 허용응력 $\sigma_a = 140$ MPa와 같은 고유한 응력 값들을 가지고 있는데 이들을 응력-변형률 선도 상에 표시하면 다음과 같다. 그림 6.10을 보면 구조부재에 허용응력을 초과하는 응력이 발생되어도 부재는 파괴되지 않으며 단지, 필요한 안전율을 확보하지 못한 상태를 의미함을 알 수 있다.

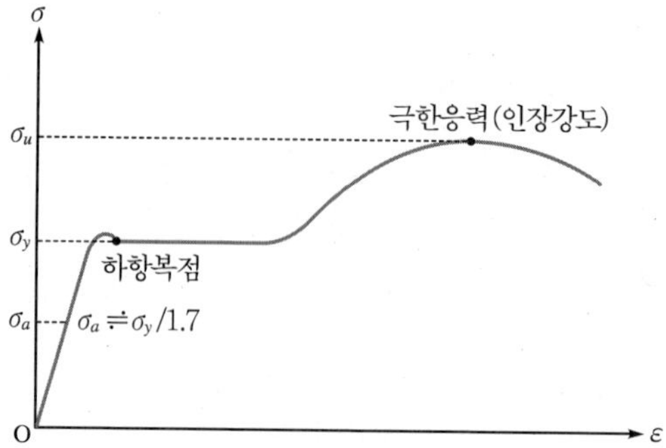

그림 6.10 SS400, SM400 강재의 고유 응력값

6.3.3 레질리언스 & 터프니스

응력-변형률 선도에서는 이와 같은 강도 특성이외에 재료의 터프니스(toughness, 인성)와 레질리언스(resilience)에 대한 정보를 얻을 수 있다. 탄성 범위 내에서 에너지를 흡수할 수 있는 재료의 능력은 레질리언스로 정의된다. 또한 레질리언스계수(modulus of resilience ; u_r)는 비례한도에 해당하는 응력이 재료에 발생되도록 인장력을 가했을 때의 변형에너지 밀도이며, 응력-변형률 선도에서 비례한도까지의 면적으로 나타낼 수 있다(그림 6.11(a) 참조).

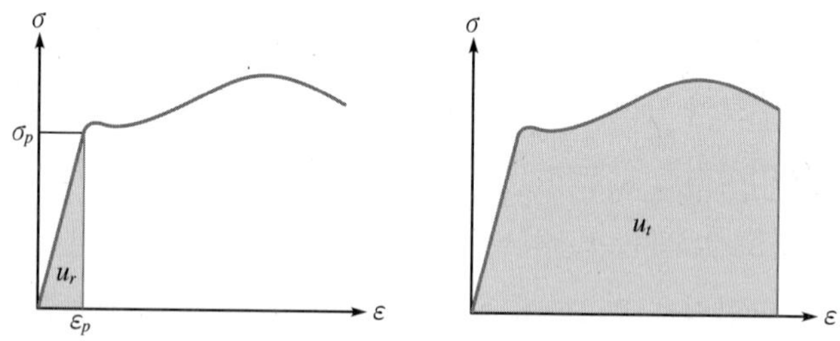

(a) 레질리언스계수 u_r (b) 터프니스계수 u_t

그림 6.11 터프니스계수와 레질리언스계수

이에 비해 터프니스는 재료가 파괴될 때까지 에너지를 흡수할 수 있는 재료의 능력을 의미한다. 또한 재료의 파괴점에 대응되는 응력이 발생하도록 인장력을 가했을 때의 변형에너지 밀도를 터프니스계수(modulus of toughness ; u_t)라 하며, 파괴 시까지 얻어진 응력-변형률 선도 아랫부분의 총면적으로 나타낸다(그림 6.11(b) 참조).

레질리언스와 터프니스에 대해서는 3.5절에서 보완 설명이 준비되어있다.

6.3.4 기타 재료들의 응력-변형률 선도

알루미늄과 같이 파단되기까지 큰 변형률에 견디는 연성(ductility) 재료의 경우에는 그림 6.12(a)에서와 같이 뚜렷한 항복점이 없고 비례한도를 지나 큰 변형이 일어나는 특징을 보인다. 이러한 재료들은 오프셋 방법(offset method)에 의해 임의의 항복응력을 구할 수 있다. 오프셋 방법이란 초기 선형 부분의 기울기와 같은 직선을 그린 후, 이 직선을 일반 구조용 강의 비례한도 변형률에 해당하는 0.002(0.2 %) 만큼의 변형률 양을 평행하게 이동시킨다. 이렇게 그려진 선을 오프셋선이라 하는데, 이 오프셋선과 응력-변형률 선도와의 교점(A 점)의 응력값을 오프셋 항복 응력이라 정의한다.

고무의 경우에는 그림 6.12(b)에서 보는 바와 같이 0.1~0.2 부근의 변형률에서 매우 큰 변형률에 이르기까지 응력과 변형률의 관계가 선형을 유지하며, 파단 전에 응력의 증가가 현저함을 알 수 있다. 이러한 특성은 우리가 고무줄을 끊어질 때까지 당겨봄으로써 확인할 수 있다. 초기에는 잡아당기는 힘에 비례하여 고무줄의 변형이 발생하지만 끊어지기 전에는 변형량의 증가 정도에 비해 상당한 힘이 소요됨을 느꼈을 것이다.

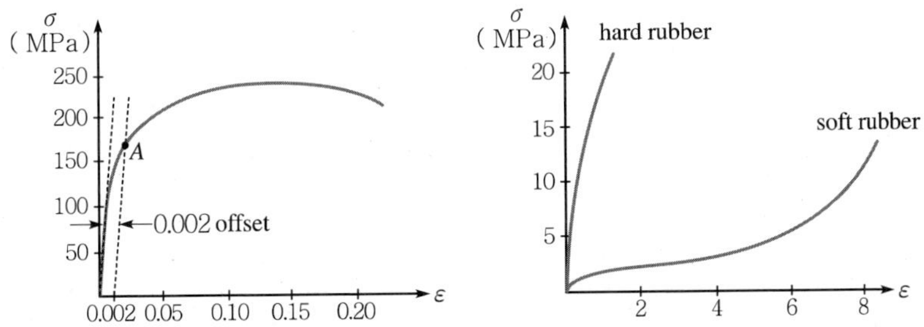

(a) 알루미늄 합금 (b) 고무

그림 6.12 응력-변형률 선도의 유형

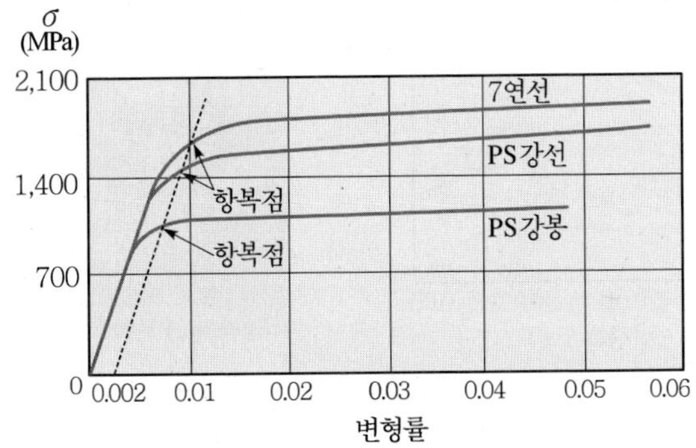

그림 6.13 PS강재의 응력-변형률 선도

위에서 설명한 오프셋 항복응력은 건설재료로 널리 사용되는 PS(PreStress)강재의 경우에도 적용된다. 그림 6.13은 PS강재의 응력-변형률 선도를 보여주고 있다.

건설재료로서 널리 사용되는 대표적인 재료 중의 한가지인 콘크리트는 설계 시에 주로 압축력을 받도록 그 역할이 결정되기 때문에 강재의 경우와는 달리 인장실험이 아닌 압축실험을 중요하게 고려한다. 국내에서는 KS F 2405에 준하여 콘크리트의 압축강도 평가 실험을 실시하고 있다. 콘크리트의 압축강도 실험은 공시체의 높이가 지름의 2배인 원주형 공시체를 사용하는 것을 표준으로 하며, 표준 공시체로써는 ϕ150 × 300mm를 채용하고 있다. 그러나 굵은 골재의 최대치수가 25mm 이하인 경우에는 ϕ100 × 200mm의 원주형 공시체를 사용하는 것도 허용하고 있다. 다만, 동일한 공시체 형상의 경우 보다 작은 공시체를 사용하였을 때 압축강도가 크게 나타나는 크기효과(size effect)를 고려하여 ϕ100 × 200mm의 공시체에서 얻어진 압축강도는 ϕ150 × 300mm의 공시체를 사용하여 얻은 압축강도를 기준 할 때 그 값의 97 %만을 인정하고 있다. 표 6.1은 표준 공시체에 대한 환산표이다. 높이와 지름의 비가 달라짐에 따라 측정된 값에 계수를 곱하여 압축강도를 구할 수 있다.

표 6.1 표준 공시체에 대한 환산표

높이와 지름의 비	2.00	1.75	1.50	1.25	1.10	1.00	0.75	0.50
계 수	1.00	0.98	0.96	0.94	0.90	0.85	0.70	0.50

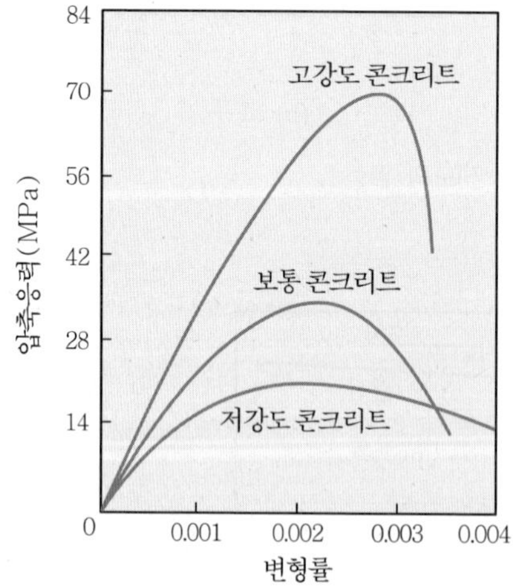

그림 6.14 콘크리트의 응력-변형률 선도

그림 6.15 콘크리트 압축강도실험

예를 들어, 높이가 225mm이고 지름이 150mm인 원주형 공시체를 사용하게 될 경우 여기에서 얻어진 압축강도에 0.96(높이와 지름의 비 = 225/150 = 1.5)을 곱하여 표준 공시체에서 얻어진 압축강도 값으로 환산할 수 있다. 한편, 영국의 경우 한 변이 150mm인 정육면체 공시체를, 독일에서는 한 변이 200mm인 정육면체 공시체를 사용하고 있다. 이러한 경우 보통 정육면체 공시체를 사용하여 얻은 값에 0.85를 곱하여 원주형 공시체의 강도로 환산하고 있다. 일반적으로 콘크리트의 압축실험으로부터 얻어진 응력-변형률 선도는 강재의 경우처럼 복잡한 형태를 보이지 않는다(그림 6.14 참조).

6.4 탄성과 소성

다음 그림 6.16(a)는 인장실험에 의하여 구해진 전형적인 응력-변형률 선도의 일부이다. O점에서 E점까지는 인장력을 시편에 가한 후 제거시키면 다시 O점으로 되돌아와 원래 시편의 길이를 회복한다. 이와 같이 하중을 제거할 때 원래의 치수로 돌아가는 성질을 탄성(彈性 elasticity)이라 한다. E점을 탄성한도(elastic limit), OE구간을 탄성영역(elastic region)이라 하는 것은 이미 6.3절에서 설명한 바 있다. 탄성범위 내에서 변형은 응력에 비례하고 재료는 하중을 제거하면 원래대로 되돌아간다. 대부분의 재료는 이 구간에서 설계하중에 저항하도록 설계된다.

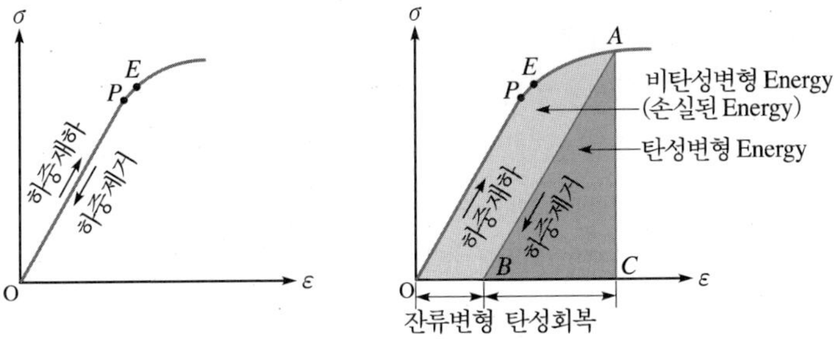

(a) 탄성거동 (b) 소성거동

그림 6.16 탄성거동과 소성거동

그림 6.16(b)에서와 같이 응력과 변형률의 상태가 E점을 지나 A 점에 도달하면 하중을 제거하여도 O점으로 회복되지 않고 B점에 이르게 된다. O점에서 A 점까지 하중을 가하는 동안 생긴 전 변형률 OC 중에서 변형률 BC에 해당하는 양만큼은 탄성적으로 회복되고 변형률 OB구간의 변형률은 영구변형률(혹은 잔류변형률이라고도 한다)로 남게 된다. 이와 같이 가해진 하중을 제거하여도 시편이 원래의 치수로 회복하지 못하고 영구변형(잔류변형)이 남게 되는 상태를 소

성(塑性 plasticity)이라 한다. 즉, 탄성한도 이상에서 비탄성적인 변형이 일어나는 재료의 성질을 의미한다.

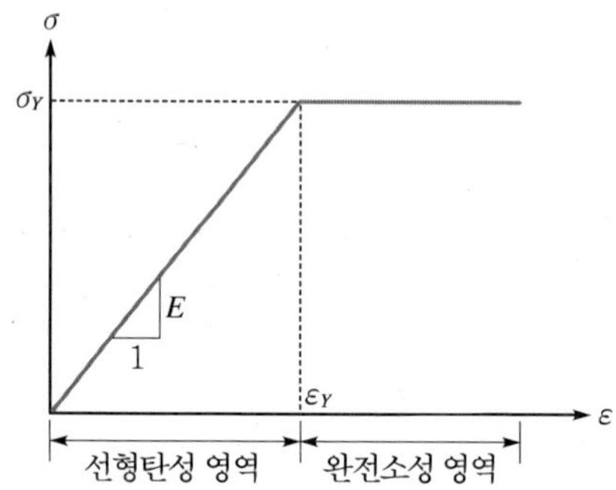

그림 6.17 재료의 이상적인 거동

이제 생각의 범위를 좀 더 넓혀 시간의 경과를 고려한 응력-변형률 관계를 고려해 보자. 지금까지의 논의는 시간을 고려하지 않은 정적인 형태의 하중만을 대상으로 하였다. 시간을 고려하여 재료의 응력과 변형률을 생각할 때 대표적인 것이 크리이프(creep)이다. 크리이프는 추가적인 하중의 증가가 없는 상태에서 시간이 경과함에 따라 변형이 지속되는 현상이라 정의할 수 있다. 크리이프의 적합한 예로 책꽂이의 선반을 생각해 보자. 선반 위에 책을 가득 채우고 시간이 6개월, 1년이 지남에 따라 반듯하던 선반은 점차 아래로 볼록하게 변하게 된다. 선반 위의 책을 하중으로 고려해보면 하중은 증가하지 않았는데도 시간이 지남에 따라 변형이 지속된 것이다. 이러한 크리이프 현상은 특히 자체 중량이 무거운 콘크리트 슬래브 교량 구조물에서 쉽게 찾아볼 수 있다. 시간이 지남에 따라 교량 상판의 중앙부분이 아래로 미세하게 볼록해짐을 볼 수 있는데, 그 원인 중에 한 가지가 자체 중량으로 인한 크리이프 때문이다. 이와 같은 문제점을 해결하기 위하여 교량 구조물들에는 미리 캠버(camber)를 두거나 프리스트레스(prestress)를 가하기도 한다. 아치 형상의 구조물은 구조적으로 크리이프에 효과적으로 대처할 수 있는 구조 형상이다.

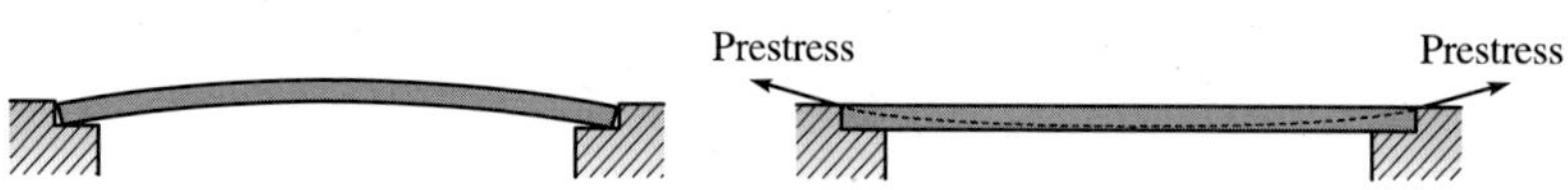

(a) 캠버를 둔 철근콘크리트 슬래브 (b) 프리스트레스를 둔 철근콘크리트 슬래브

그림 6.18 캠버(camber)와 프리스트레스(prestress)

시간의 경과를 고려한 또 다른 특성은 응력이완(relaxation)이다. 고정된 두 지점 사이에 설치된 부재를 고려해 보자. 이 부재에 하중이 가해지면 부재 내부에는 응력이 생기게 된다. 시간이 지남

에 따라 부재의 양 지점이 움직이지 않더라도 부재 내부의 응력은 점차 소실되어 일정한 값에 이르게 되는데, 이러한 과정을 재료의 응력이완이라 한다.

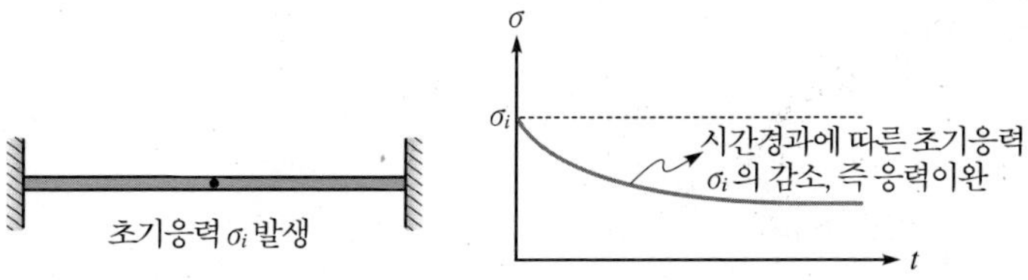

그림 6.19 응력이완

6.5 Hooke의 법칙과 Poisson 비

6.5.1 Hooke의 법칙

대부분의 구조용 재료는 그림 6.9에서와 같이 초기에는 선형탄성 거동을 하게 된다. 많은 구조물은 항복이나 소성 흐름으로부터의 영구 변형을 피하기 위하여 응력이 낮은 부분에서 기능을 발휘하도록 설계되기 때문에 전형적인 응력-변형률 선도의 초기 부분만을 그림 6.20에 확대하여 다시 나타내었다.

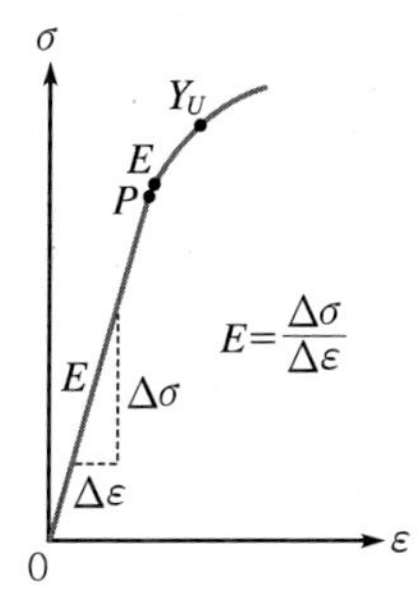

그림 6.20 전형적인 응력-변형률 선도

그림 6.20에서 O점에서 P점까지의 초기 직선부분을 선형영역이라 하며, 이 구간은 재료의 응력과 변형률이 직선 관계를 유지한다. 또한 O점에서 E점까지의 구간을 탄성영역이라 하는데 이 영역에서는 응력을 제거하여도 영구변형이 발생하지 않는다. 실제로 실험을 통하여 P점과 E점을 구별하는 것은 힘들다. P점까지의 응력-변형률 선도의 선형 비례관계를 다음과 같은 수식으로 표현할 수 있다.

그림 6.21 영국의 과학자
Robert Hooke(1635–1703)
(출처: Wikimedia Commons)

그림 6.22 영국의 물리학자
Thomas Young(1773–1829)
(출처: Wikimedia Commons)

$$\sigma = E \cdot \varepsilon \tag{6.19}$$

이 방정식은 영국의 과학자 Robert Hooke(1635~1703)(그림 6.21)의 이름을 따라 후크의 법칙(Hooke's law)이라 한다. 여기서 E는 이 식의 비례상수로서 그림 6.20의 응력-변형률 선도에서 탄성영역의 선도 기울기이며, 인장 또는 압축에 대한 재료의 저항 정도를 나타내는 값으로 탄성계수(彈性係數 modulus of elasticity) 또는 종탄성계수(modulus of longitudinal elasticity) 또는 영국의 과학자 Thomas Young(1773 ~1829)(그림 6.22)의 이름을 따라 영 계수(Young's modulus)라 한다. 이러한 탄성계수 E는 재료의 고유한 역학적 성질을 표현하는 척도가 된다.

$$E = \frac{\sigma}{\varepsilon}, \quad \varepsilon = \frac{\sigma}{E} \tag{6.20}$$

또한 위의 식으로부터 축하중의 작용으로 인한 부재의 축방향 변위 δ를 구할 수 있다.

$$\sigma = \frac{P}{A}, \quad \varepsilon = \frac{\delta}{L} \tag{6.21}$$

위의 식 (6.21)을 식 (6.19)에 대입하면 축방향 변위 δ는 식 (6.22)와 같이 정리된다.

$$\sigma = \frac{P}{A} = E \cdot \varepsilon = E \cdot \frac{\delta}{L}, \quad \frac{P}{A} = E \cdot \frac{\delta}{L}$$

$$\therefore \delta = \frac{PL}{EA} \tag{6.22}$$

표 6.2 각종재료의 탄성계수

재 료	탄성계수 E [MPa×10^5]	전단탄성계수 G [MPa×10^5]	체적탄성계수 K [MPa×10^5]
철	2.15	0.83	1.75
콘크리트 (σ_{ck} = 18~35)	0.20~0.28	0.093~0.123	0.093~0.130
연 강 (C 0.12~0.2%)	2.12	0.84	1.48
경 강 (C 0.4~0.5%)	2.09	0.84	1.36
주 강	2.15	0.83	1.75
주 철	0.75~1.3	0.29~0.4	0.6~1.73
니켈강 (Ni 2~3%)	2.1	0.84	1.4
니 켈	2.1	0.73	1.54
텅스텐	3.7	1.6	3.33
구 리	1.25	0.47	1.22
청 동	1.16	-	-
인청동	1.34	0.43	3.84
포 금	0.95	0.4	0.51
황동 (7.3)	0.98	0.42	0.49
알루미늄	0.72	0.27	0.72
듀랄루민	0.7	0.27	0.57
주 석	0.55	0.28	0.18
납	0.17	0.078	0.07
아 연	1.0	0.3	1.0
금	0.81	0.28	2.52
은	0.81	0.29	1.31
백 금	1.7	0.62	2.2

6.5.2 포와송 비

그림 6.23에서와 같이 인장력 또는 압축력을 받으면, 그림의 봉 부재는 하중작용방향으로 축방향 변형률이 발생함과 동시에 그 직각방향으로 축의 직각방향 변형률도 발생한다. 이 봉 부재가 선형 탄성체이면 임의 점에서의 축의 직각방향 변형률은 같은 점에서의 축방향 변형률에 비례하게 된다.

그러나 부재 전체에 균일한 축의 직각방향 변형률이 발생하기 위해서는 재료가 균질(homogeneous)하고 등방성이어야 한다는 가정 조건이 만족되어야 한다. 재료가 균질하다는 것은 재료의 체적 전체에 걸쳐서 동일한 역학적 특성을 갖는 재료를 의미한다. 이러한 가정 조건이 만족될 때 균일 인장을 받는 봉의 축방향 변형률은 봉의 모든 점에서 똑같은 것이고 축의 직각방향으로도 모두 같을 것이다.

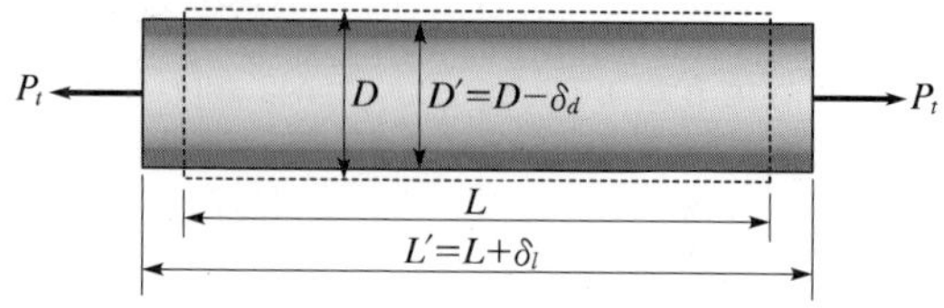

그림 6.23 부재의 신장과 수축

이러한 축의 직각방향 변형률과 축방향 변형률의 비는 재료에 따라 일정하다. 이를 포와송 비(Poisson's ratio)라 하며, ν (nu)로 표기한다. m 은 ν 의 역수로서 포와송 수(Poisson's number)라 한다.

$$\nu = (-)\frac{\text{축의 직각방향 변형률}}{\text{축방향 변형률}} = (-)\frac{\varepsilon_d}{\varepsilon_l} = (-)\frac{(-\delta_d/D)}{(\delta_l/L)} = \frac{1}{m} \tag{6.23}$$

이 식은 1811년 프랑스의 수학자 시메옹 드니 포와송(Simeon D. Poisson ; 1781~1840)이 발표한 것이다. 포와송 비 ν를 구하는 식에는 최초에 음(−)의 부호가 포함되어 있다. 음(−)의 부호는 그림 6.23에서처럼 지름의 수축으로 인해 음(−)의 값을 갖게 되는 δ_d와 조합되어 대부분의 재료들에서 양(+)의 값으로 결정된다. 포와송은 재료의 분자이론에 의해 이러한 비를 계산하고자 시도하였다. 등방성 재료에서는 $\nu = 1/4$ 이었으나, 원자구조의 모델에 의하여 최근에 계산한 값 $\nu = 1/3$ 이다. 이들 값은 실제 측정치와 매우 근사하며 많은 금속과 기타 재료에 따라 0.25~0.35의 범위 내에 있다. 포아송 비의 이론적 상한 값은 0.5이다. 표 6.3은 몇 가지 재료에 대한 포와송 비와 포와송 수를 나타낸 것이다. 콘크리트 재료의 경우 ν 의 값은 0.15~0.20 범위에 있으나 일반적으로 선형 탄성해석에 있어서는 0.18로 고려하고 있다.

표 6.3 재료의 포와송 비와 포와송 수

재　료	포와송비(ν)	포와송수(m)	재　료	포와송비(ν)	포와송수(m)
철	0.28~0.3	3.33~3.57	포　금	0.187	5.35
콘크리트	0.14~0.2	5.0~7.1	백　금	0.39	2.56
경　강	0.28~0.3	3.33~3.57	알루미늄	0.34	2.94
주　강	0.28~0.3	3.33~3.57	듀랄루민	0.34	2.94
주　철	0.2~0.3	3.33~5.0	주　석	0.33	3.03
니 켈 강	0.3	3.33	납	0.45	2.22
니　켈	0.31	3.23	아　연	0.2~0.3	3.33~5.0
텅 스 텐	0.17	5.88	금	0.42	2.38
구　리	0.34	2.94	은	0.48	2.08

예제 6.5

다음 그림은 구조용 강재의 응력-변형률 선도($\sigma-\varepsilon$ curve)의 일부이다. 이 응력-변형률 선도를 기준으로 탄성계수 E를 구하여라.

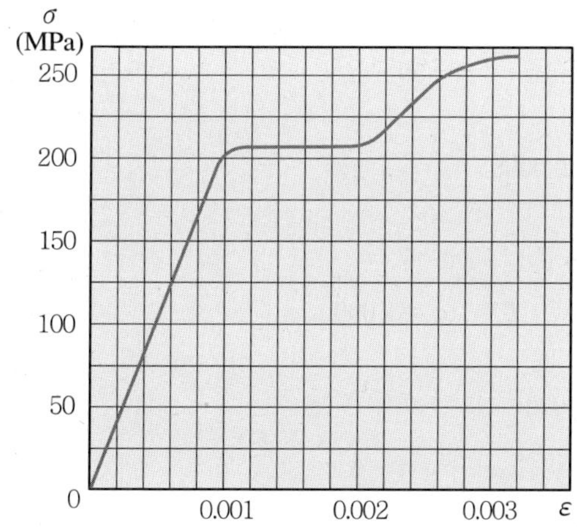

그림 예제 6.5

풀이

- 탄성계수 E

$$E=\frac{\Delta\sigma}{\Delta\varepsilon}$$

$$\Delta\sigma=125\ \text{MPa},\qquad \Delta\varepsilon=0.0006$$

$$\therefore E=\frac{\Delta\sigma}{\Delta\varepsilon}=\frac{125}{0.0006}=208{,}333\text{MPa}\approx 2.08\times10^{5}\text{MPa}$$

예제 6.6

다음 그림과 같이 직경 $D=50$mm, 길이 $L=1$ m인 강봉이 있다. 이 부재에 인장력 $P=100$ kN을 가했을 때 길이는 2.2mm 늘어나고 직경은 0.04mm 줄어들었다고 하면 강봉 재료의 포와송 비 ν의 값은 얼마인지 구하여라.

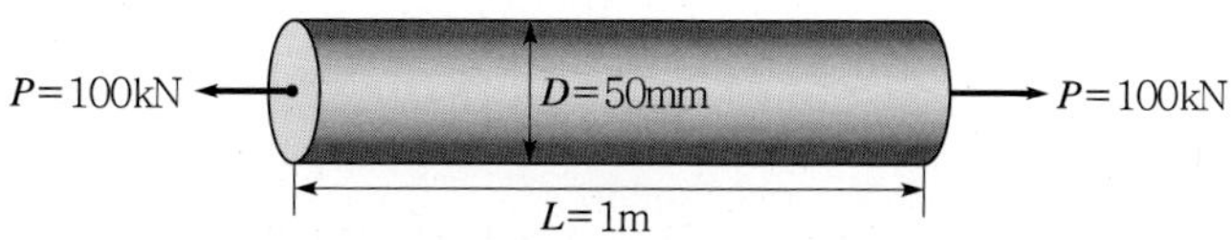

그림 예제 6.6

풀이

$$\nu=(-)\frac{\text{축의 직각방향 변형률}}{\text{축방향 변형률}}=(-)\frac{\varepsilon_d}{\varepsilon_l}$$

- 축의 직각방향 변형률

$$\varepsilon_d=\frac{\delta_d}{D},\quad \delta_d=-0.04\text{mm},\quad D=50\text{mm}$$

$$\varepsilon_d=\frac{\delta_d}{D}=\frac{-0.04}{50}=-0.0008$$

- 축방향 변형률

$$\varepsilon_l=\frac{\delta_l}{L},\quad \delta_l=2.2\text{mm},\quad L=1\text{m}=1{,}000\text{mm}$$

$$\varepsilon_l=\frac{\delta_l}{L}=\frac{2.2}{1{,}000}=0.0022$$

- 포와송 비 ν

$$\therefore \nu=(-)\frac{\varepsilon_d}{\varepsilon_l}=-\frac{-0.0008}{0.0022}=0.36$$

예제 6.7

다음 그림과 같이 폭 $B=500$ mm, 높이 $H=400$ mm, 길이 $L=1$ m인 부재가 있다. 이 부재의 양단에 600 kN의 인장력을 주었을 때 체적변형률(e)을 구하여라(단, $\nu=1/3$, 하중방향 요소의 신장량 $\delta_l=2$ mm이다).

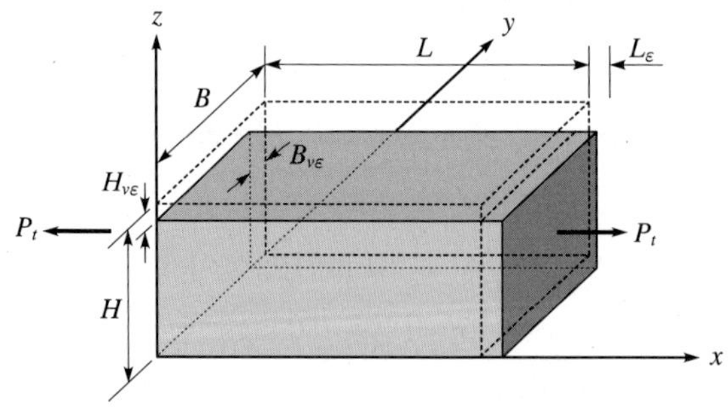

그림 예제 6.7

풀이

- 체적변형률을 e라 하면 $e=\Delta V\,/\,V_0=(V_f-V_0)/\,V_0$로 나타낼 수 있다.

- 변형 전의 체적

$V_0 = L \cdot B \cdot H = 1000 \times 500 \times 400 = 2.0 \times 10^8 \mathrm{mm}^3 = 2.0 \times 10^5 \mathrm{cm}^3$

- 최종 변형 후의 체적

$V_f = (L+\delta_l)(B+\delta_b)(H+\delta_h)$

δ_l, δ_b, δ_h를 구하면 결과적 ΔV를 구할 수 있게 된다.

- 축방향 변형률

$$\varepsilon_l = \frac{\delta_l}{L} \qquad \delta_l = 2\mathrm{mm}, \quad L = 1\mathrm{m} = 1{,}000\mathrm{mm}$$

$$\varepsilon_l = \frac{\delta_l}{L} = \frac{2}{1{,}000} = 0.002$$

- 포와송 비 ν

$$\nu = -\frac{\text{축의 직각방향 변형률}}{\text{축방향 변형률}} \qquad\qquad \varepsilon_b = -\nu \cdot \varepsilon$$

- x방향 요소의 길이 변화량

$\delta_l = 2\mathrm{mm}$

- y방향 요소의 길이 변화량

$$\varepsilon_b = \frac{\delta_b}{B} = -\nu \cdot \varepsilon_l \qquad \delta_b = -B \cdot \nu \cdot \varepsilon_l$$

$B = 500\mathrm{mm}, \quad \nu = 1/3, \quad \varepsilon_l = 0.002$

$$\delta_b = -B \cdot \nu \cdot \varepsilon_l = -500 \times \frac{1}{3} \times 0.002 = -0.333\mathrm{mm}$$

- z방향 요소의 길이 변화량

$$\varepsilon_h = \frac{\delta_h}{H} = -\nu \cdot \varepsilon_l \qquad \delta_h = -H \cdot \nu \cdot \varepsilon_l$$

$H = 400\mathrm{mm}, \quad \nu = 1/3, \quad \varepsilon_l = 0.002$

$$\delta_h = -H \cdot \nu \cdot \varepsilon_l = -400 \times \frac{1}{3} \times 0.002 = -0.267\mathrm{mm}$$

- 최종 변형 후의 체적

$V_f = (L+\delta_l) \cdot (B+\delta_b) \cdot (H+\delta_h) = (L + L \cdot \varepsilon_l) \cdot (B - B \cdot \nu \cdot \varepsilon_l) \cdot (H - H \cdot \nu \cdot \varepsilon_l)$

$V_f = (1000+2) \cdot (500-0.333) \cdot (400-0.267) = 200{,}132{,}855.7\mathrm{mm}^3 = 200{,}132.9\mathrm{cm}^3$

$\Delta V = V_f - V_0 = 200{,}132{,}855.7 - 200{,}000{,}000 = 132{,}855.7\mathrm{mm}^3 = 132.9\mathrm{cm}^3$

- 체적변형률

$$\therefore e = \frac{\Delta V}{V} = \frac{132.9}{2.0 \times 10^5} = 6.64 \times 10^{-4}$$

6.6 전단응력과 전단변형률

우리는 그림 6.2에서 xz 평면 내에서 경사지게 작용하는 하중 P를 z축의 P_z와 x축의 힘 P_x로 분할하였으며, 또한 x축의 분력 P_x에 의해서 수직응력(normal stress ; σ)이 발생하며, z축의 분력 P_z에 의해서 단면에 평행하게 작용하는 전단응력(shear stress ; τ)이 발생하게 된다는 사실을 알고 있다. 전단응력은 단면에 평행한 방향으로 작용하는 성분의 힘인 전단력에 대응하여 단면에 평행하게 생기는 내력을 말한다.

그림 6.24(a)와 같은 2개의 부재를 볼트로 연결한 경우를 생각하여 보자(단, 부재의 강도는 볼트의 강도보다 강하다고 가정한다). 부재에 하중 P_t가 작용하면 볼트에는 그림 6.24(b)와 같은 하중이 작용한다. 이를 더 자세히 그림 6.24(c)로 표현하였다. 하중 P_t에 의하여 mn 위치의 단면에는 전단력(S)이 작용하고, 이 전단력은 하중 P_t와 방향은 반대이며, 힘의 크기는 같다는 것을 힘의 평형원리에 의해 알 수 있다. 이러한 전단력은 볼트의 단면에 걸쳐 분포된 전단응력(τ)의 합($S = \tau \cdot A$)으로 표현할 수 있다. mn에서의 원형단면이 그림 6.24(d)에서와 같으며 이 단면에 작용하는 전단응력은 작은 화살표로 나타내었다. 단면 내에서 이들 전단응력의 정확한 분포를 현 단계에서는 알 수 없으나 단면적의 평균전단응력은 전체 전단력 S를 이 힘이 작용하는 볼트 단면적 A로 나눈 값이라는 것을 알 수 있다(실제 전단응력 분포는 단면의 중앙에서 최대치가 되며 가장자리에서는 0이 된다).

$$\tau_{\text{aver}} = \frac{S}{A} \tag{6.24}$$

위의 식에서 전단응력 τ 밑의 아래첨자 "aver"는 평균값(average)의 약자로 τ_{aver}는 평균전단응력을 의미한다.

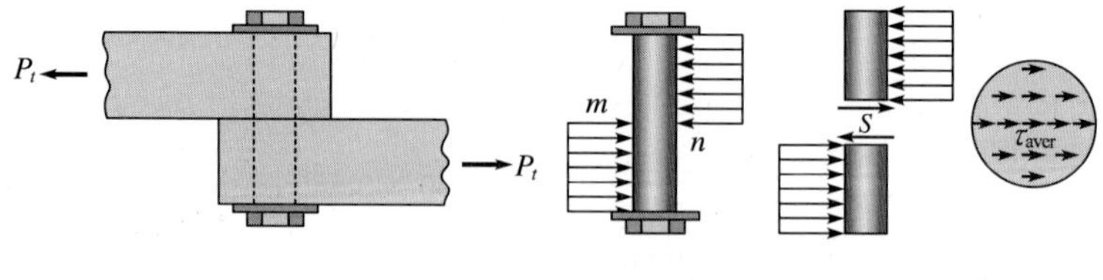

그림 6.24 볼트에 작용하는 전단응력

그림 6.24는 직접전단(direct shear) 또는 단순전단(simple shear)의 예로서, 여기서는 전단응력이 재료를 절단하려는 힘의 직접 작용에 의해 발생한다. 직접전단은 볼트, 핀, 리벳, 용접부 및 접착

조인트 등의 설계에서 발생한다. 전단응력은 부재가 인장, 비틀림 및 굽힘을 받을 때 간접적인 방식으로 발생하기도 한다.

전단응력의 작용을 나타낸 보다 완전한 그림을 얻기 위해 응력성분에서 수직응력성분을 제외하고, 전단응력성분만이 작용하는 경우를 그림 6.25와 같이 나타내었다. 이와 같이 요소 상에 전단응력만이 존재하는 경우를 순수전단(pure shear) 상태에 있다고 한다. 이러한 전단응력의 작용으로 재료는 변형되어 전단변형률(shear strain)이 생기게 된다. 순수전단은 제4장에서 공부하게 되는 비틀림 해석의 기본 조건으로 사용되기도 한다.

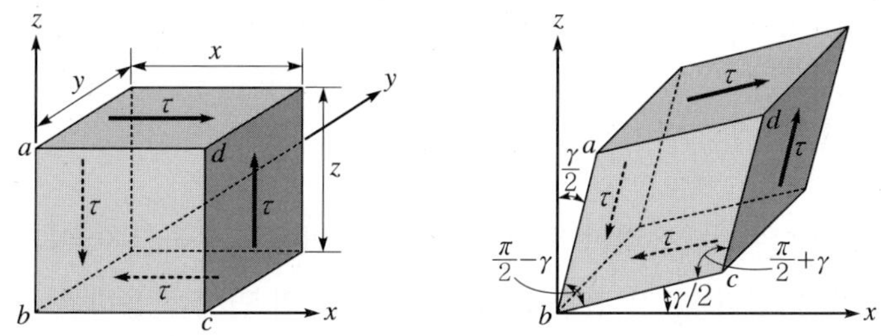

(a) (b)

그림 6.25 순수전단 변형

그림 6.25(a)와 같이 직육면체 모양의 미소 요소에 전단응력 τ가 요소의 상면에 등분포된다고 하면 요소가 x방향으로 평형을 유지하기 위해 크기가 같고 방향이 반대인 전단응력이 하면에 작용해야 한다. 상면의 전체 전단력(S)은 $\tau_{xy}(S = \tau \cdot A)$이고, 이 힘은 하면에 작용하는 크기가 같고 방향이 반대인 힘에 의해 평형이 유지된다. 순수전단 상태에 놓인 요소는 다른 수직응력의 간섭을 일으키지 않으므로 순수하게 전단변형만을 초래하여 그림 6.25(b)와 같이 변형하게 된다. 이 요소에는 수직응력이 작용하지 않는 상태이므로 요소의 모서리 길이는 변하지 않고 최초 $\pi/2(=90°)$를 유지하고 있는 각도만 변하게 된다.

b점과 d점에서 $\angle b$와 $\angle d$는 변형 전에는 $\pi/2$였으나, 작은 각 γ만큼 줄어들어 $(\pi/2)-\gamma$가 된다. 동시에 a점과 c점에서의 $\angle a$와 $\angle c$는 $(\pi/2)+\gamma$로 늘어난다. 변화된 각 γ를 전단변형률(shear strain)이라 한다. 전단변형률 γ를 좀 더 자세히 알아보기 위하여 그림 6.25를 평면상에 다시 표현하여 그림 6.26에 나타내었다.

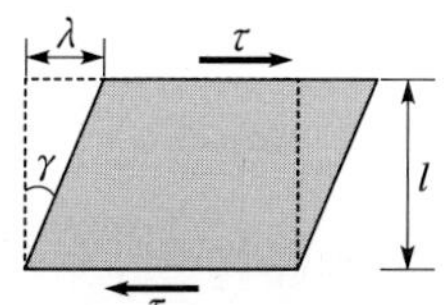

그림 6.26 전단변형

위의 그림에서 γ는 변형된 각을 의미하므로 다음 식으로 표현할 수 있다.

$$\tan\gamma = \frac{\lambda}{l} \tag{6.25}$$

이 식에서 $\tan\gamma$는 변형된 각이 매우 미소하므로 $\tan\gamma \approx \gamma$로 사용할 수 있다. 따라서 위의 식을 다시 쓰면 식 (6.26)과 같다. 전단변형률 γ는 라디안(radian)의 단위를 갖는다. 이때의 λ는 변형량을 의미하며, l은 변형 전의 요소 길이를 의미한다(라디안(radian)의 개념을 6.6절의 마지막에 설명하였다).

$$\gamma = \frac{\lambda}{l} \tag{6.26}$$

전단응력의 부호규약은 전단응력이 요소의 양(+)의 면에 작용하는지, 아니면 음(−)의 면에 작용하는지에 따라 달라진다. 먼저 전단응력이 요소의 양의 면에 작용하는 경우에는 좌표축의 양의 방향으로 작용하면 양(+)의 전단응력이 된다. 또한 음의 면에 작용하는 전단응력은 그 작용 방향이 좌표축의 음의 방향을 향할 때 양의 값을 갖는다. 따라서 그림 6.25의 모든 전단응력은 양(+)의 값을 갖는다. 전단응력의 부호규약을 그림으로 나타내면 다음과 같다. 그림 6.27(a)에서 음영이 들어있는 면은 양의 면임을 뜻한다.

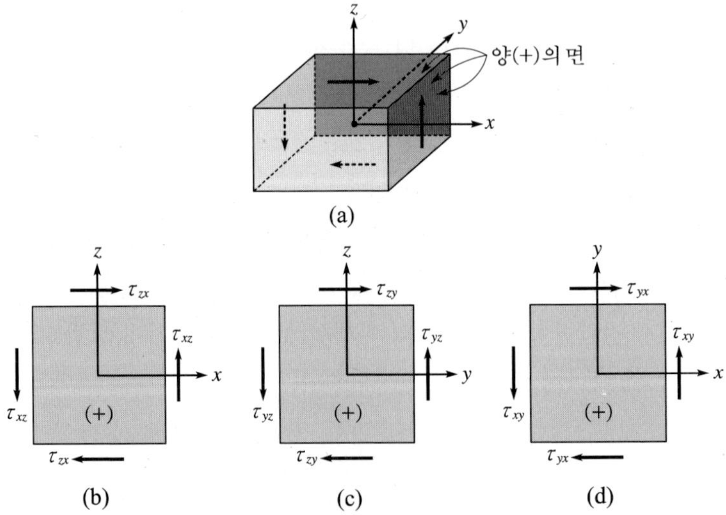

그림 6.27 전단응력의 부호규약

전단변형률의 부호규약은 전단응력에 대한 규약에 따른다. 그림 6.28을 참고하기 바란다.

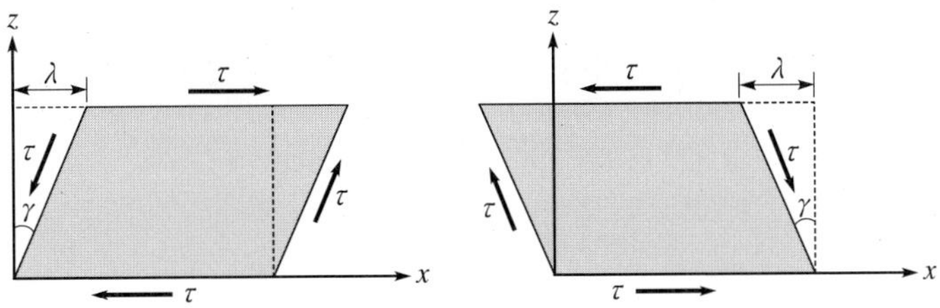

(a) 양(+)의 전단응력과 양(+)의 전단변형률 (b) 양(−)의 전단응력과 양(−)의 전단변형률

그림 6.28 전단변형률의 부호규약

전단을 받는 재료의 성질은 직접전단 실험이나 비틀림 실험으로부터 실험적으로 구할 수 있다. 이러한 실험으로부터 전단에서의 응력-변형률 선도를 그릴 수 있는데, 이 선도는 같은 재료에 대한 인장실험으로 구한 응력-변형률 선도의 모양과 비슷하나 크기는 다르다. 전단응력-전단변형률 선도로부터 비례한도, 항복점, 극한응력과 같은 재료의 전단성질을 얻을 수 있다. 전단응력-전단변형률 선도에서도 인장실험으로 인한 응력-변형률 선도에서와 같이 선형부분이 있는데, 이러한 선형탄성영역에서는 전단응력(τ)과 전단변형률(γ)이 정비례하며 전단에 관한 후크(Hooke)의 법칙이 성립한다.

$$\tau = G \cdot \gamma \tag{6.27}$$

TIP

라디안(radian)은 호의 길이 l을 반지름 r의 비로 나타낸 것이다. 따라서 각도 360°는 2πrad이고 (반지름의 길이에 대한 원 전체 둘레의 길이의 비는 $2\pi r/r = 2\pi$이다), 각도 180°는 πrad이 된다. 라디안을 사용하여 중심각의 크기가 θ, 반지름이 r인 부채꼴의 호의 길이를 l이라 하면 다음과 같다.

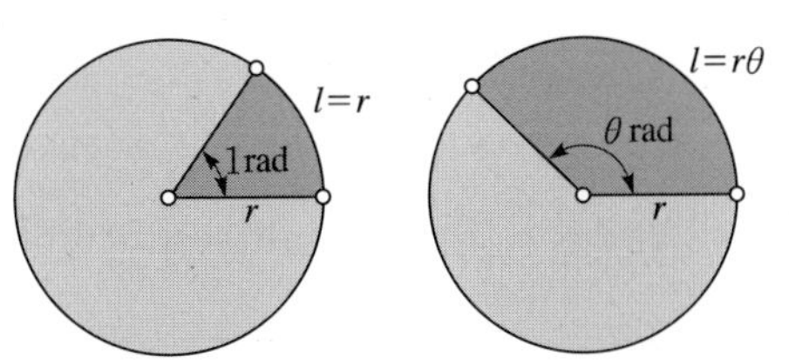

같은 각도를 60분법으로 나타냈을 때를 x°, 라디안으로 나타냈을 때를 θrad이라 하면, x와 θ 사이에는 $x/180 = \theta/\pi$인 관계가 성립한다. 또 $\pi = 3.141592\cdots$를 원주율로 하면, $1\text{rad} = 180°/\pi \fallingdotseq 57.29577951°$가 된다.

여기서 G는 전단탄성계수(剪斷彈性係數 ; shear modulus of elasticity)이며, 전단계수(modulus of rigidity)라고도 부른다. 전단탄성계수는 전단응력-전단변형률 선도($\tau-\gamma$ curve)의 선형탄성영역에서 정비례하는 곡선의 기울기 값이다. 이러한 개념은 인장실험에서 탄성계수 E를 구하는 것과 동일하다.

6.7 E와 G 사이의 관계

그림 6.29와 같이 순수전단의 상태가 평형을 유지하면 단면 내에서는 σ_x와 σ_z가 발생하게 된다. 여기서 $\tau = |\sigma_x| = |\sigma_z|$이며, τ의 응력으로 인해 대각선 BD에서는 신장이 일어나며, 대각선 AC는 압축이 일어난다.

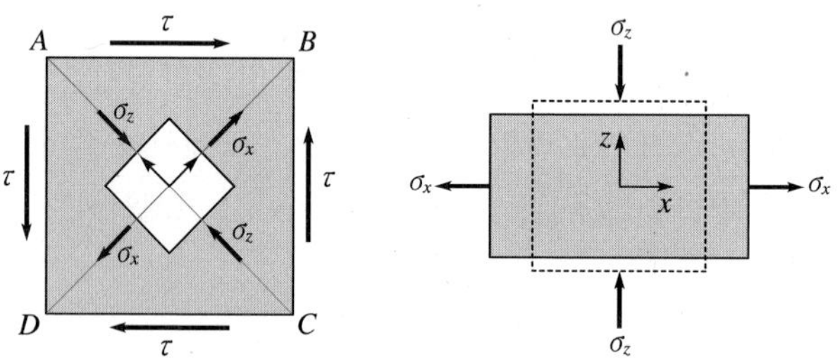

그림 6.29 순수전단에 대한 응력

여기서, x축에 대한 전신장률을 구해보자. σ_x로 인한 x축의 변형률 ε_{x1}과 σ_z로 인한 z축의 변형률 ε_z는 각각 다음과 같다.

$$\varepsilon_{x_1} = \frac{\sigma_x}{E} \tag{6.28}$$

$$\varepsilon_z = \frac{\sigma_z}{E} \tag{6.29}$$

이제 σ_z가 발생시키는 x축의 변형률 ε_{x2}를 포와송 비 ν를 고려하여 생각해보자.

$$\varepsilon_{x_2} = \nu \cdot \varepsilon_z = \nu \cdot \frac{\sigma_z}{E} \tag{6.30}$$

$$\varepsilon_{x_2} = \nu \cdot \varepsilon_z = \nu \cdot \frac{\sigma_z}{E} \tag{6.31}$$

따라서 x 축에 대한 전변형률 ε_x 는 다음과 같이 결정지을 수 있다.

$$\varepsilon_x = \varepsilon_{x_1} + \varepsilon_{x_2} = \frac{\sigma_x}{E} + \nu \cdot \frac{\sigma_z}{E} \tag{6.31}$$

이 식에 $\tau = |\sigma_x| = |\sigma_z|$를 적용시킨다.

$$\varepsilon_x = \frac{\sigma_x}{E} + \nu \cdot \frac{\sigma_z}{E} = \frac{\tau}{E} + \nu \cdot \frac{\tau}{E} = \frac{\tau}{E}(1+\nu) \tag{6.32}$$

E와 G의 관계를 알아보기 위하여 그림 6.30(a)와 같이 밑변과 높이가 h인 정사각형을 생각하여보자.

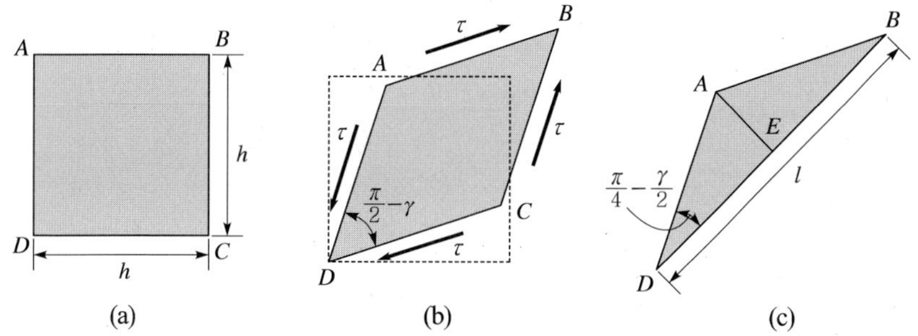

그림 6.30 순수전단시의 변형

이 요소가 응력 τ에 의한 순수전단을 받을 때 단면은 전단변형률 $\gamma = \tau/G$를 가진 마름모꼴로 찌그러진다. 이 변형 때문에 대각선 BD의 길이는 늘어나고 대각선 AC는 줄어든다. 대각선 BD의 처음 길이는 $\sqrt{2}h$이고, 길이에 있어서 늘어난 증가분(ΔBD)은 처음 길이에 45° 방향에서의 수직변형률 ε_x를 곱함으로써 얻을 수 있다. 이를 수식화하면,

$$\Delta BD = \sqrt{2}h \cdot \varepsilon_x \tag{6.33}$$

이 된다. 이 식에 식 (6.32)를 대입하면 다음과 같다.

$$\Delta BD = \sqrt{2}h \cdot \varepsilon_x = \frac{\sqrt{2}h \cdot \tau}{E}(1+\nu) \tag{6.34}$$

이 식은 길이의 증가를 수직변형률 ε_x와 전단응력 τ에 관계시킨 것이다. 그림 6.30(c)와 같이 마름모의 절반인 삼각형 ABD에서 점 D의 각은 $(\pi/4) - (\gamma/2)$와 같고 선분 BD의 길이는 l로 표시하면 이 길이는 처음 대각선의 길이에 늘어난 길이를 합한 것과 같다.

$$l = \sqrt{2}h + \Delta BD \tag{6.35}$$

l의 중점을 E라 하면 삼각형 AED로부터 다음을 얻을 수 있다.

$$\cos\left(\frac{\pi}{4}-\frac{\gamma}{2}\right)=\frac{l}{2}\cdot\frac{1}{h}=\frac{\sqrt{2}\,h+\Delta BD}{2h}=\frac{1}{\sqrt{2}}+\frac{\Delta BD}{2h}=\frac{1}{\sqrt{2}}+\frac{1}{2}\cdot\frac{\Delta BD}{h} \tag{6.36}$$

이 식을 삼각함수 가법정리에 의하여 정리하면

$$\cos(a-b)=\cos a\cdot\cos b+\sin a\cdot\sin b \tag{6.37}$$

$$\cos\left(\frac{\pi}{4}-\frac{\gamma}{2}\right)=\cos\frac{\pi}{4}\cdot\cos\frac{\gamma}{2}+\sin\frac{\pi}{4}\cdot\sin\frac{\gamma}{2}$$

$$=\frac{1}{\sqrt{2}}\left(\cos\frac{\gamma}{2}+\sin\frac{\gamma}{2}\right)$$

여기에서 γ는 미소한 각이므로 $\cos\gamma/2\approx 1$, $\sin\gamma/2\approx\gamma/2$가 된다.

$$\therefore\ \frac{1}{\sqrt{2}}\left(\cos\frac{\gamma}{2}+\sin\frac{\gamma}{2}\right)=\frac{1}{\sqrt{2}}+\frac{1}{2}\cdot\frac{\gamma}{\sqrt{2}} \tag{6.38}$$

위의 식 (6.36)과 식 (6.38)을 비교하여 보면

$$\frac{1}{\sqrt{2}}+\frac{1}{2}\cdot\frac{\Delta BD}{h}=\frac{1}{\sqrt{2}}+\frac{1}{2}\cdot\frac{\gamma}{\sqrt{2}} \tag{6.39}$$

$$\therefore\ \frac{\Delta BD}{h}=\frac{\gamma}{\sqrt{2}}$$

위의 식에 $\gamma=\tau/G$를 대입하면 다음과 같이 된다.

$$\Delta BD=\frac{h\cdot\tau}{\sqrt{2}\,G} \tag{6.40}$$

따라서 식 (6.40)에 식 (6.34)를 대입시키면 최종적으로 식 (6.41)을 얻을 수 있다.

$$\frac{h\cdot\tau}{\sqrt{2}\,G}=\frac{\sqrt{2}\,h\cdot\tau}{E}(1+\nu)$$

$$\therefore\ G=\frac{E}{2(1+\nu)} \tag{6.41}$$

식 (6.41)로부터 E와 G는 서로 비례관계에 있음을 알 수 있다. 이제 어떤 재료의 탄성계수 E와 포와송 비 ν를 알면 그 재료의 전단탄성계수 G를 구할 수 있을 것이다.

예제 6.8

아래 그림과 같이 직경 $D = 20\text{mm}$, 길이 $L = 1\text{m}$인 강봉이 축방향 인장력 $P = 65\text{kN}$을 받을 경우 길이는 1mm 늘어나고 직경은 0.0065mm 줄어들었다고 할 때 이 재료의 전단탄성계수 G를 구하여라.

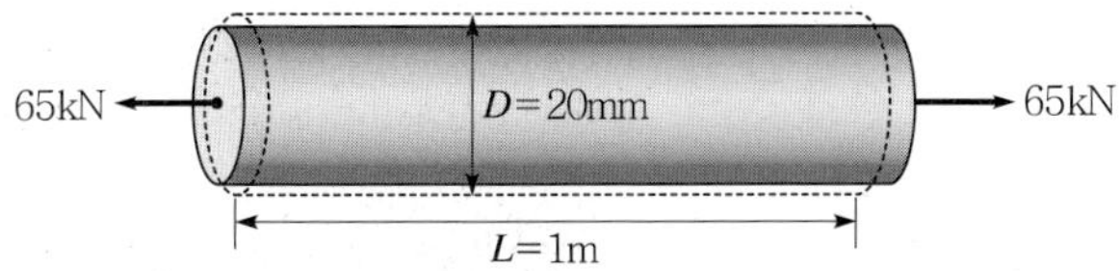

그림 예제 6.8

풀이

$$G = \frac{E}{2(1+\nu)},\quad E = \frac{\sigma}{\varepsilon},\quad \nu = -\frac{\varepsilon_d}{\varepsilon_l}$$

- 봉에 작용하는 인장응력 ; σ_t

$$\sigma_t = \frac{P}{A},\quad P = 65\text{kN} = 65{,}000\text{N},\quad A = \frac{\pi \cdot D^2}{4} = \frac{\pi \cdot 20^2}{4} = 314.16\text{mm}^2$$

$$\sigma_t = \frac{P}{A} = \frac{65{,}000}{314.16} = 206.90\text{N/mm}^2 = 206.90\text{MPa}$$

- 축방향 변형률 ; ε_l

$$\varepsilon_l = \frac{\delta_l}{L},\quad \delta_l = 1\text{mm},\quad L = 1\text{m} = 1{,}000\text{mm}$$

$$\varepsilon_l = \frac{\delta_l}{L} = \frac{1}{1{,}000} = 0.001$$

- 탄성계수 ; E

$$E = \frac{\sigma_t}{\varepsilon_l} = \frac{206.90}{0.001} = 2.069 \times 10^5\text{MPa}$$

- 축의 직각방향 변형률 ; ε_d

$$\varepsilon_d = \frac{\delta_d}{D},\quad \delta_d = -0.0065\text{mm},\quad D = 20\text{mm}$$

$$\varepsilon_d = \frac{\delta_d}{D} = \frac{-0.0065}{20} = -0.000325$$

- 포와송 비 ; ν

$$\nu = -\frac{\varepsilon_d}{\varepsilon_l} = -\frac{-0.000325}{0.001} = 0.325$$

• 전단탄성계수 ; G

$$\therefore G=\frac{E}{2(1+v)}=\frac{2.069\times 10^5}{2(1+0.325)}=7.81\times 10^4\,\text{MPa}=78.1\text{GPa}$$

6.8 안전율과 허용응력

응력($\sigma = P/A$)은 재질의 특성과는 관계없이 재료의 형상과 외부하중의 함수로 결정되며 구조물의 형상이 결정되고 외부하중이 주어지면 이 둘의 관계에서 구조물의 부재에 발생되는 응력을 계산할 수 있다. 그러나 이때 산출된 응력의 값만으로는 구조물이 안정된 상태에 있는지 아니면 붕괴상태로 진행되는지를 판단할 수 없다. 즉, 부재에 발생된 응력의 상태를 비교할 판단 기준이 제시되지 않았기 때문이다. 구조부재로 사용되는 재료들은 재료마다 응력에 견디는 특성 값이 서로 다르기 때문에 사용목적에 적합한 기능을 유지하고 안정된 상태를 지속하려면 하중에 의해 발생한 응력을 설계목적 상 필요한 응력 이하로 제한할 필요가 있다.

구조물이나 기계요소 등에서 사용 중에 발생하는 응력을 사용응력(working stress ; σ_w)이라 하고, 재료가 견딜 수 있는 안전한 최대응력을 허용응력(allowable stress ; σ_a)이라 한다. 설계 시에는 사용응력과 허용응력이 비례한도의 값을 넘지 않도록 해야 한다. 이렇게 함으로써 구조해석에 후크(Hooke)의 법칙을 사용할 수 있게 하는 것이다. 그러나 비례한도를 정확하게 결정하는 데는 어려움이 있으므로, 항복응력(yield stress ; σ_y)이나 극한강도(ultimate strength ; σ_u)를 안전율(factor of safety ; S.F.)로 나눈 값을 허용응력으로 사용하게 된다.

$$\text{허용응력}(\sigma_a)=\frac{\text{항복응력}(\sigma_y)}{\text{안전율}(\text{S.F.})},\ \text{안전율}(\text{S.F.})=\frac{\text{항복응력}(\sigma_y)}{\text{허용응력}(\sigma_a)} \tag{6.42}$$

허용응력이 결정되면 구조물을 설계할 때는 사용응력이 허용응력을 초과하지 않도록 하여야 한다. 여기에서 재료에 따른 안전율을 얼마로 사용할 것인가 하는 것은 단순한 문제가 아니다. 안전율을 결정하는데 가장 대표적인 방법은 강도(strength)를 기준으로 하는 것이다. 강도란 재료가 감당할 수 있는 최대응력 값을 의미한다. 응력-변형률 선도에서 극한응력을 인장강도라고도 하는 것을 생각해보면 강도를 이해할 수 있을 것이다.

안전율은 개념상 1.0보다 작을 수는 없으며 보통 1.0~10까지 다양하게 사용된다. 표 6.4는 도로교 설계 시 실제로 사용되고 있는 구조용 강재에 대한 재료 특성 값들이다. 도로교를 설계할 때는 허용응력에 대한 항복응력 비, 즉 안전율이 대략 1.7 정도로 사용되고 있음을 알 수 있다.

표 6.4 판 두께에 따른 기준항복점 및 인장강도

강 종	SS275, SM275, SMA275		SM355	
강재의 판 두께(mm)	16 이하	16 초과 40 이하	16 이하	16 초과 40 이하
허용휨인장응력(MPa)	162	156	209	203
기준항복응력(MPa)	275	265	355	345
인장강도(MPa)	410		490	

예제 6.9

그림과 같이 2개의 부재를 볼트로 연결하여 인장력 P_t를 작용시키려 한다(부재의 인장에 대한 항복응력(σ_y)은 240MPa이고, 볼트의 전단에 대한 항복응력(τ_y)은 225MPa이다). 이때 부재에 가할 수 있는 최대 인장력 P_t를 구하여라(단, 부재의 인장에 대한 안전율 $SF=2$, 볼트의 전단에 대한 안전율 $SF=1.5$이다).

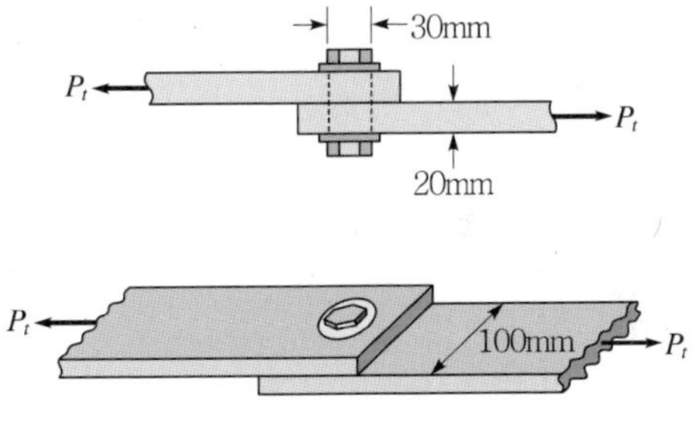

그림 예제 6.9

풀이

1) 부재의 인장에 대한 허용력 ; P_1

$$\sigma_a = \frac{P_1}{A_{\text{net}}}, \quad P_1 = \sigma_a \cdot A_{\text{net}}$$

- 부재의 위험단면은 볼트 연결부위에서 생긴다.

  순단면적 $A_{\text{net}} = (100-30)\times 20 = 1{,}400\text{mm}^2$

- 허용인장응력

$$\sigma_a = \frac{\sigma_y}{SF} = \frac{240}{2} = 120\text{MPa}$$

• 부재의 허용력

$P_1 = \sigma_a \cdot A_{net} = 120 \times 1400 = 168{,}000\text{N} = 168\text{kN}$

2) 볼트의 전단에 대한 허용력 ; P_2

$\tau_a = \dfrac{S}{A_b}, \quad S = \tau_a \cdot A_b$

단전단이므로 전단력 $S = P_2$가 된다.

$P_2 = \tau_a \cdot A_b$

• 볼트의 전단 단면적

$$A_b = \frac{\pi \cdot D^2}{4} = \frac{\pi \cdot 30^2}{4} = 706.86\text{mm}^2$$

• 허용전단응력

$$\tau_a = \frac{\tau_y}{SF} = \frac{225}{1.5} = 150\text{MPa}$$

• 볼트의 전단에 대한 허용력

$P_2 = \tau_a \cdot A_b = 150 \times 706.86 = 106{,}029\text{N} = 106.03\text{kN}$

P_1과 P_2의 값을 비교해보면 부재가 인장력을 받아 파괴되기 전에 볼트가 전단에 의하여 먼저 파괴되기 때문에 이 부재의 허용인장력은 다음과 같다.

$\therefore P_a = P_2 = 106.03\text{kN}$

예제 6.10

다음 그림과 같이 직사각형 단면 10 × 100 mm를 가진 강판이 인장하중 P를 받고 있으며, 직경이 8 mm인 둥근 볼트에 의해 지지대에 부착되어 있다. 강판부재의 인장에 대한 항복응력(σ_y)은 240MPa이고, 볼트의 전단에 대한 항복응력(τ_y)은 640MPa이다. 이때 이 구조부재에 가할 수 있는 최대 인장력 P를 구하여라. 단, 부재의 인장에 대한 안전율 $SF = 2$, 볼트의 전단에 대한 안전율 $SF = 1.5$이다.

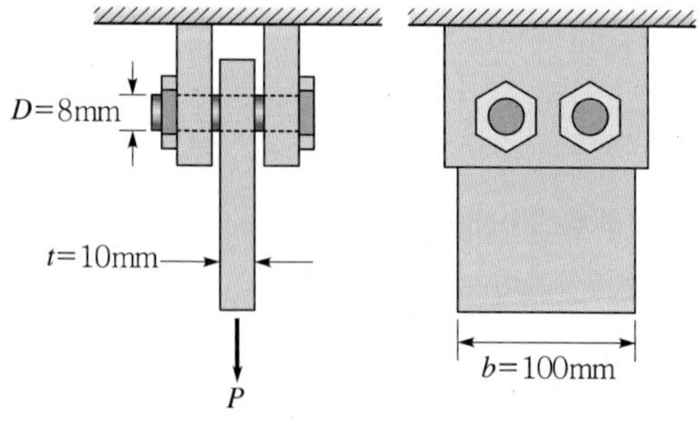

그림 예제 6.10

풀이

1) 강판의 인장에 대한 허용력 ; P_1

$$\sigma_a = \frac{P_1}{A_{net}}, \quad P_1 = \sigma_a \cdot A_{net}$$

- 강판의 위험단면은 볼트 연결부위에서 생긴다.
  순단면적 $A_{net} = (100 - 8 \times 2) \times 10 = 840\text{mm}^2$
- 허용인장응력
  $$\sigma_a = \frac{\sigma_y}{S.F} = \frac{240}{2} = 120\text{MPa}$$
- 강판의 허용력
  $P_1 = \sigma_a \cdot A_{net} = 120 \times 840 = 100{,}800\text{N} = 100.8\text{kN}$

2) 볼트의 전단에 대한 허용력 ; P_2

$$\tau_a = \frac{S}{A_b}, \quad S = \tau_a \cdot A_b$$

전단이 발생되는 전단면이 4면이므로 전단력 $S = P_2/4$가 된다.

$P_2 = 4 \cdot \tau_a \cdot A_b$

- 볼트의 전단 단면적 ; A_b
  $$A_b = \frac{\pi \cdot D^2}{4} = \frac{\pi \cdot 8^2}{4} = 50.27\text{mm}^2$$
- 허용전단응력
  $$\tau_a = \frac{\tau_y}{S.F} = \frac{640}{1.5} = 426.7\text{MPa}$$
- 볼트의 허용력
  $P_2 = 4 \cdot \tau_a \cdot A_b = 4 \times 426.7 \times 50.27 = 85{,}800.84\text{N} = 85.8\text{kN}$

P_1과 P_2의 값을 비교해보면 강판이 인장력을 받아 파괴되기 전에 볼트가 전단에 의하여 먼저 파괴되기 때문에 이 부재의 허용인장력은 다음과 같다.

$\therefore P_a = P_2 = 85.8\text{kN}$

연습문제

6.1 다음 그림과 같이 2개의 서로 다른 단면을 가진 원형 부재 ABC가 축하중 100kN을 받고 있다. 이 원형부재의 두 부분의 단면의 직경은 각각 AB부분은 50mm이고, BC부분은 30mm이다. 이때 각 원형부재에서의 응력 σ_{ab}와 σ_{bc}를 구하여라.

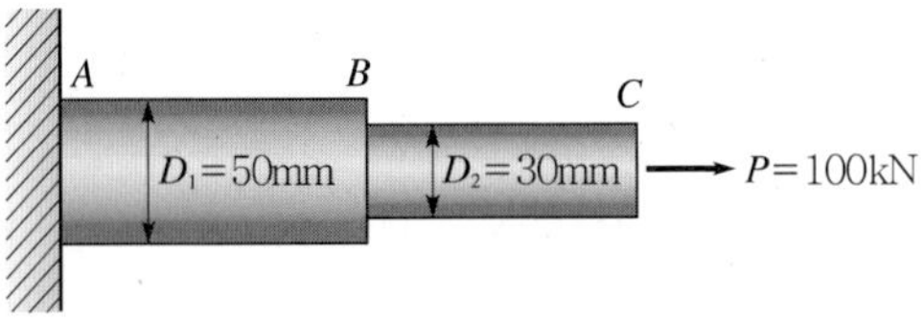

그림 문제 6.1

6.2 다음 그림과 같이 자중을 가지고 길이가 80m인 로프가 매달려있다. 로프의 비중량 γ = 2.713 × 10-4 N/m^{3}이라고 가정하면 로프에 작용하는 연직응력은 얼마인가?

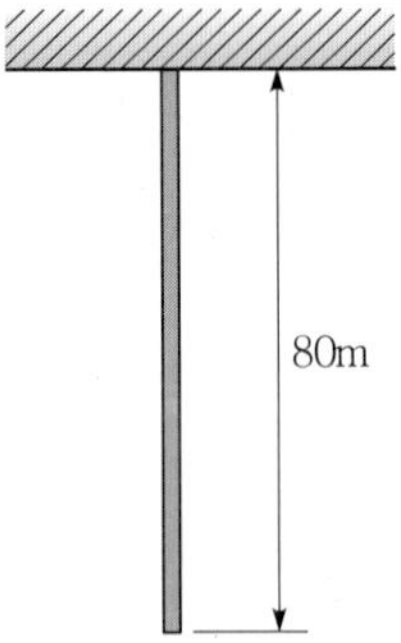

그림 문제 6.2

6.3 다음 그림과 같이 빌딩의 2층 기둥 ABC가 속이 빈 정사각형 단면으로 되어있다. 정사각형 단면의 외곽이 150mm × 150mm로 되어있으며, 벽두께는 30mm이다. 기둥의 꼭대기에서의 하중 P_1 =100kN이며, 중앙에서의 하중 P_2 =80kN이다. 이때 기둥의 두 부분에서의 압축응력 σ_{ab}와 σ_{bc}를 구하여라.

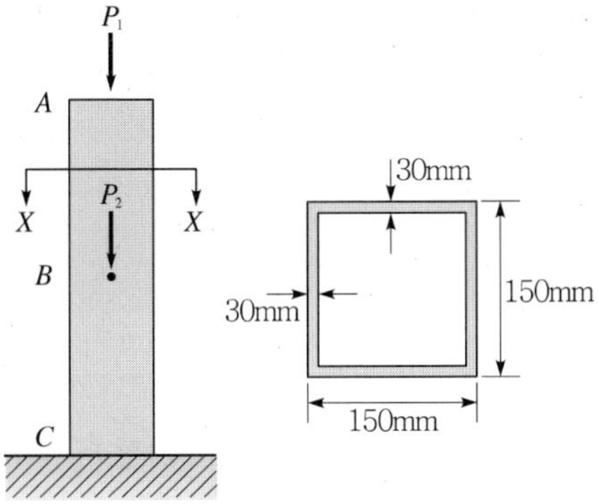

그림 문제 6.3

6.4 다음 그림과 같이 강재가 볼트-너트로 체결되어 있다. 여기에 하중 P = 50kN을 가할 때 볼트에 발생하는 평균전단응력 τ_{aver}를 구하여라. 단, 볼트의 직경은 18mm이다.

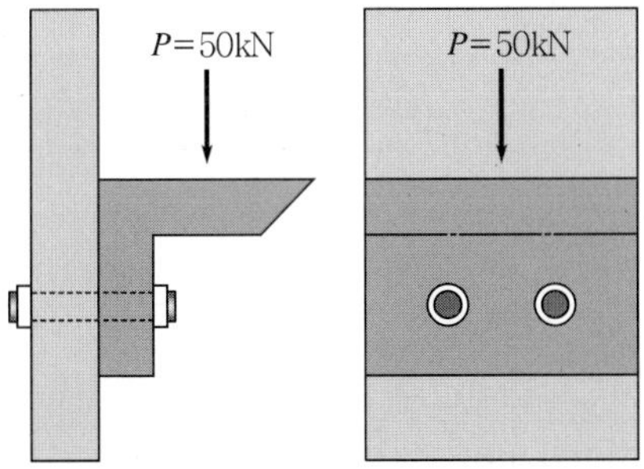

그림 문제 6.4

6.5 다음 그림과 같이 재질이 서로 다른 2개의 봉을 하중 $P = 100\text{kN}$으로 압축하는 경우 이 부재에 가해진 응력과 변형률 및 총변형량을 구하여라. 단, 직경 $D = 50\text{mm}$이고, 각 부재의 탄성계수 $E_1 = 1.25 \times 10^5\text{MPa}$, $E_2 = 2.0 \times 10^5\text{MPa}$이며 길이 $L_1 = 0.8\text{m}$, $L_2 = 1.4\text{m}$이다.

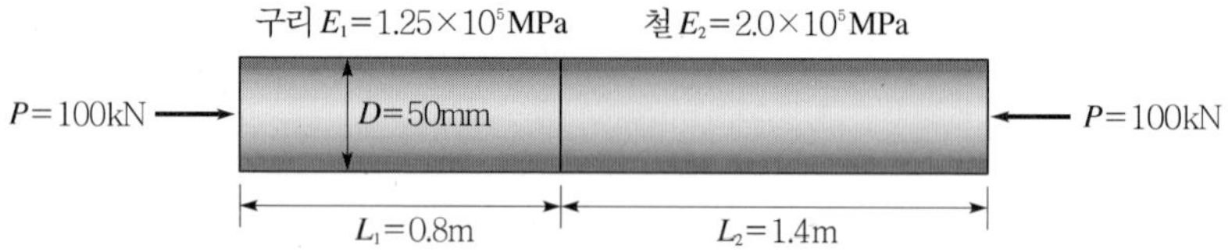

그림 문제 6.5

6.6 다음 그림과 같이 직경 $D_1 = 50\text{m}$, $D_2 = 30\text{mm}$이고, 하중 $P_1 = 100\text{kN}$은 B점에서 봉을 압축하고, 하중 $P_2 = 50\text{kN}$은 C점에서 봉을 인장하고 있을 경우 부재의 전체 변형량은 얼마인가? 단, $L_1 = 1\text{m}$, $L_2 = 0.9\text{m}$이고 탄성계수 $E = 2.0 \times 10^5\text{MPa}$이다.

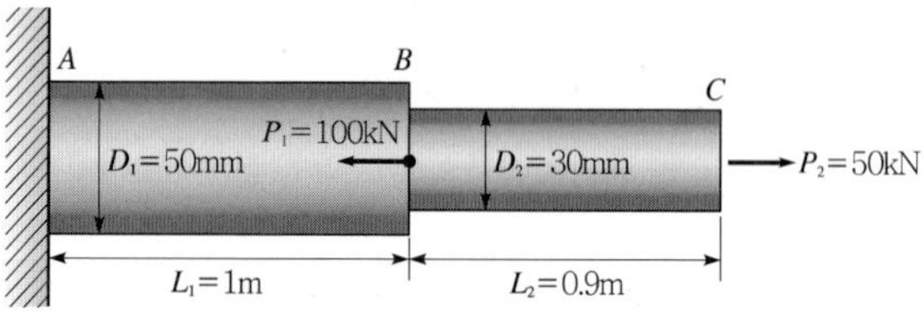

그림 문제 6.6

6.7 다음 그림과 같이 직경 D = 100mm인 강봉이 있다. 온도 −10℃에서 길이를 측정한 결과 $L_0 = 1\text{m}$ 이었는데, 온도가 20℃로 올라간 후 길이를 측정해보니 $L_1 = 1.00036\text{m}$로 측정되었다. 이 부재의 열팽창계수 α와 길이가 변화하지 않게 하기 위한 축방향력을 구하여라. 단, 부재의 탄성계수 $E = 2.0 \times 10^5\text{MPa}$이며 단면의 변화는 생기지 않는다고 가정한다.

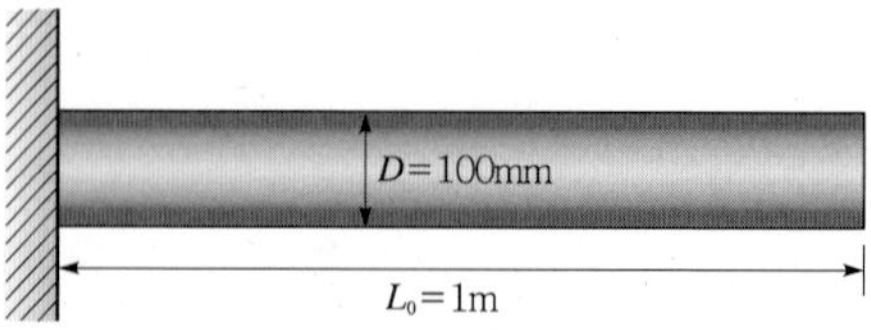

그림 문제 6.7

6.8 다음 그림과 같이 직경 $D = 150$mm이고, 길이 $L = 300$mm인 콘크리트가 있다. 이 부재에 하중 $P = 420$kN이 작용하였을 때 콘크리트의 압축응력 및 변형률을 구하여라. 단, 탄성계수 $E = 2.4 \times 10^4$MPa이다.

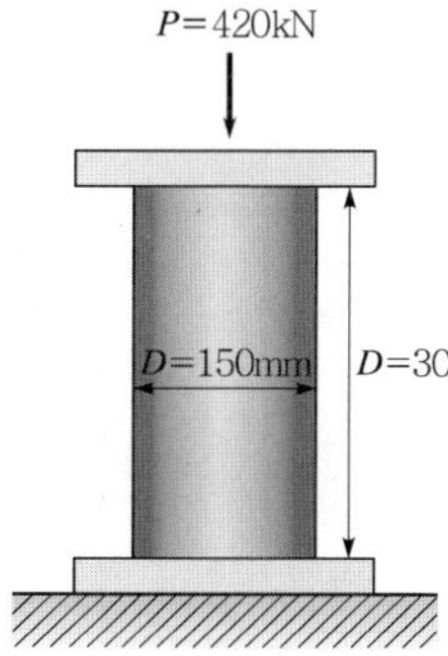

그림 문제 6.8

6.9 다음 그림과 같이 직경 $D = 20$mm, 길이 $L = 1$m인 강봉에 인장하중 $P = 1{,}000$kN을 가할 경우 길이는 16mm 늘어나고, 직경은 0.096mm 줄어들었다고 하면 이 강봉의 탄성계수 E와 포와송비 ν를 구하여라.

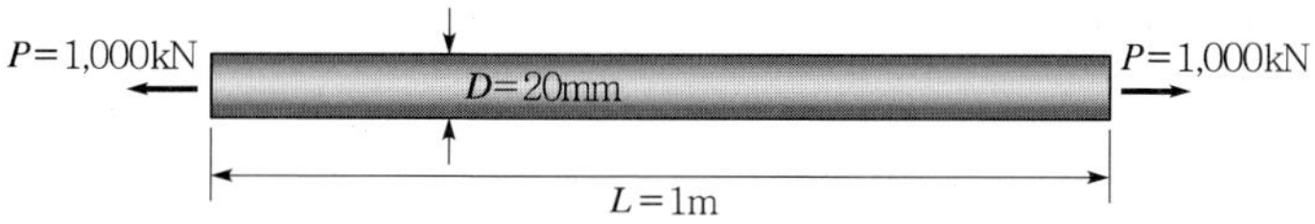

그림 문제 6.9

6.10 다음 그림과 같이 두께 $t = 4$mm인 연강판을 공기 압축기를 사용하여 한 변의 길이 $L = 15$mm인 정사각 구멍을 뚫으려 한다. 연강판의 극한전단응력이 350MPa이라면, 판을 뚫기 위해 필요한 펀치의 하중은 얼마인가?

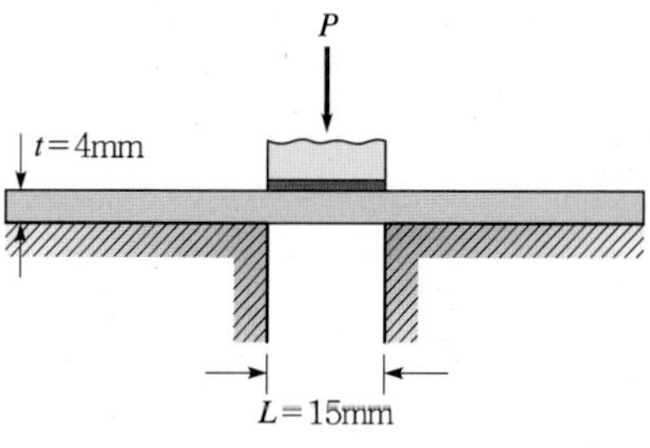

그림 문제 6.10

6.11 다음 그림과 같이 2개의 강판을 볼트로 연결하여 인장력 P를 가할 경우 볼트를 먼저 항복시키기 위한 강판의 두께 t는 얼마 이상인가? 단, 강판의 인장에 대한 극한응력(σ_u)은 140 MPa이고, 볼트의 전단에 대한 극한응력(τ_u)은 190MPa이며 볼트의 직경 $D=20$mm이며 강판의 길이 $L=100$mm이다.

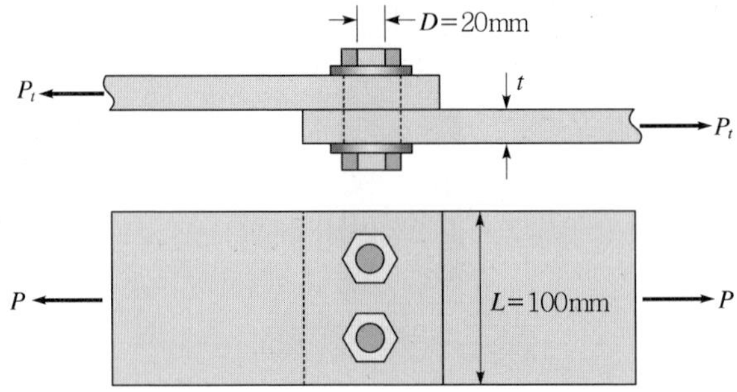

그림 문제 6.11

6.12 다음 그림과 같이 콘크리트 안에 넣은 봉을 잡아당김으로서, 봉과 콘크리트 사이의 결합력에 대한 실험을 하였다. 봉의 직경 $D=20$mm이고, 봉과 콘크리트의 부착응력 $\tau_0=20$MPa이며 인장력 $P=50$kN일 경우 봉이 콘크리트에서 빠지지 않으려면 콘크리트 안에 묻힌 길이 L이 얼마 이상이어야 하는가?

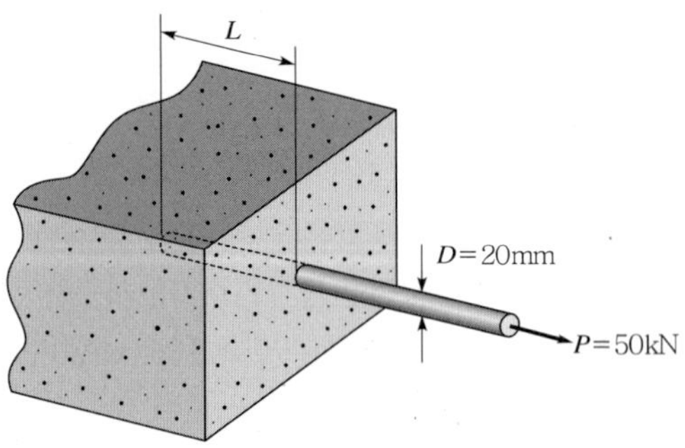

그림 문제 6.12

6.13 다음 그림과 같이 지름 $D = 300$mm인 실린더에서 내부 가스의 압력 $P = 2$MPa일 때, 위의 덮개 판을 조이기 위해 지름 $d = 12$mm, 허용응력 $\sigma_a = 70$MPa일 때 덮개를 조이는데 필요한 볼트의 수를 구하여라.

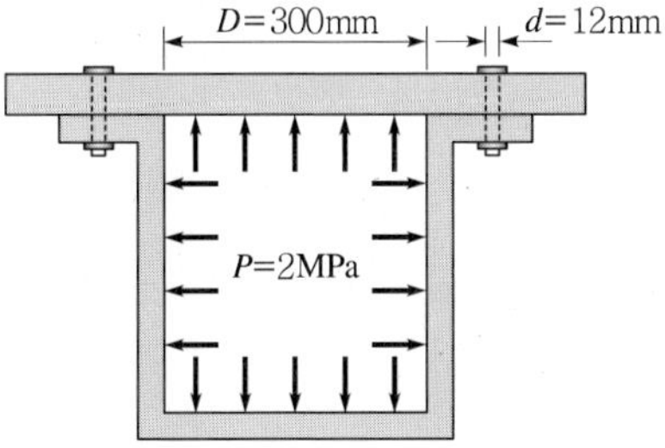

그림 문제 6.13

6.14 다음 그림과 같은 구조물에서 부재 1과 2에 작용되는 응력을 구하여라. 단, D_1 =20mm, D_2 = 30mm, $P = 80$kN, $L = 100$mm이다.

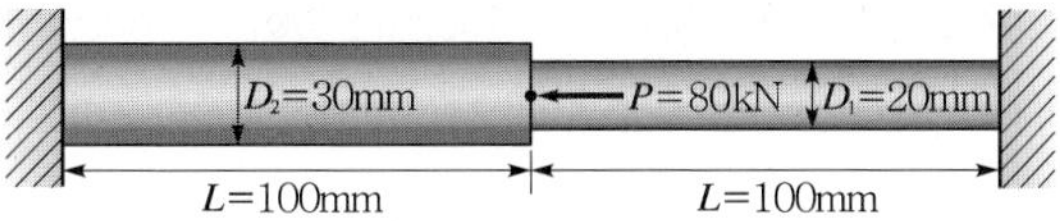

그림 문제 6.14

6.15 다음 그림과 같이 직경 $D = 19$mm, 길이 $L = 15$m인 강봉이 축방향 인장력 $P = 200$kN을 받을 경우 길이는 49.2mm 늘어나고 직경은 0.0187mm 줄어들었다고 할 때 이 재료의 전단탄성계수 G를 구하여라.

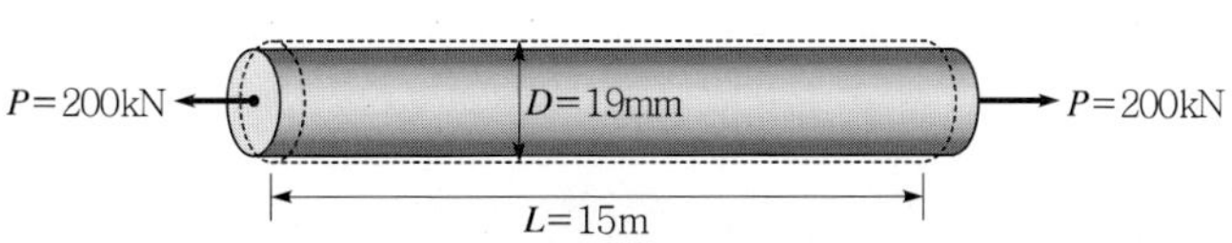

그림 문제 6.15

6.16 다음 그림과 같이 직사각형 단면 20×60mm를 가진 강판이 인장하중 P를 받고 있으며, 직경이 15mm인 둥근 볼트에 의해 지지대에 부착되어 있다. 부재의 인장에 대한 항복응력(σ_y)은 240MPa이고, 볼트의 전단에 대한 항복응력(τ_y)은 850MPa이다. 이때 재료에 가할 수 있는 최대 인장력 P를 구하여라. 단, 부재의 인장에 대한 안전율 $S.F. = 2$, 볼트의 전단에 대한 안전율 $S.F. = 1.5$이다.

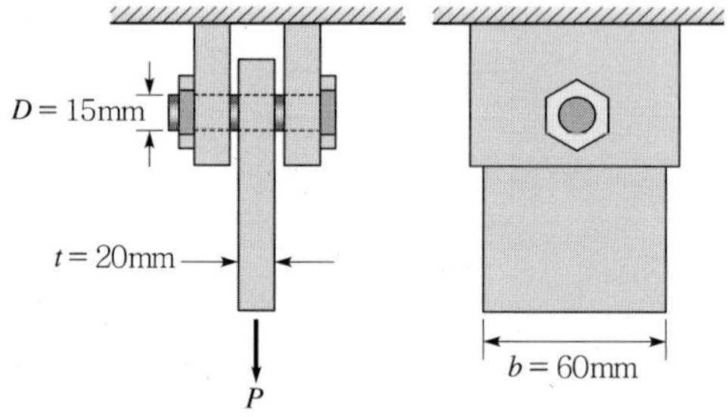

그림 문제 6.16

6.17 다음 그림과 같이 폭 $B = 150$mm, 높이 $H = 100$mm, 길이 $L = 600$mm인 부재가 있다. 이 부재의 양단에 $P = 500$kN의 인장력을 주었을 때 체적변형률(e)을 구하여라. 단, $\nu = 1/3$, 하중방향 요소의 신장량 $\delta_1 = 0.1$mm이다.

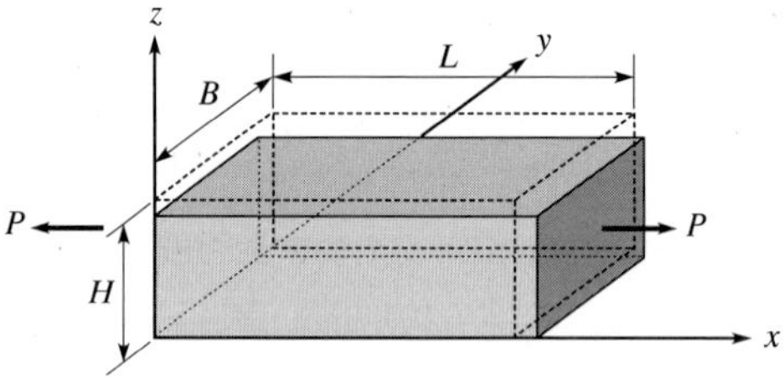

그림 문제 6.17

6.18 다음 그림과 같이 폭 $b = 600$mm, 두께 $t = 20$mm인 2개의 부재를 볼트 3개로 연결하여 인장력 $P = 1000$kN을 가할 경우 부재가 인장에 대하여 항복하기 전에 볼트가 전단에 대하여 항복하기 위한 볼트의 직경을 구하여라. 단, 부재의 인장에 대한 항복응력(σ_y)은 300MPa이고 안전율 $S.F. = 2.0$이며, 볼트의 전단에 대한 항복응력(τ_y)은 230MPa이고 안전율 $S.F. = 1.5$이다.

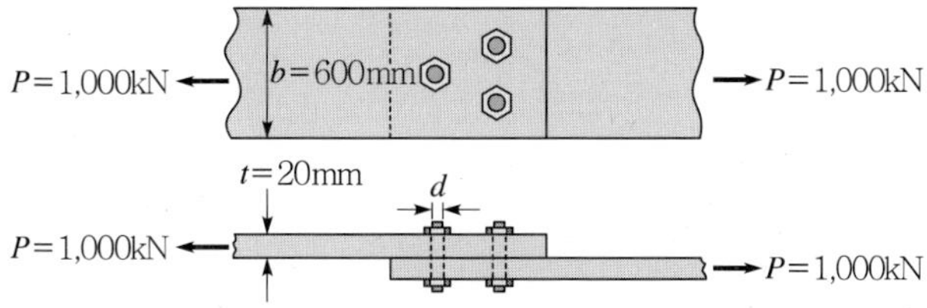

그림 문제 6.18

6.19 다음 그림과 같이 직경 $D = 200$mm, 길이 $L = 400$mm인 콘크리트 원형부재가 압축하중 $P = 100$kN을 받고 있을 때, 이 원형부재의 직경 증가량 δ_d와 길이 감소량 δ_1과 전단탄성계수 G를 구하여라. 단, 탄성계수 $E = 0.2 \times 10^5$MPa, 포와송 비 $\nu = 0.16$이다.

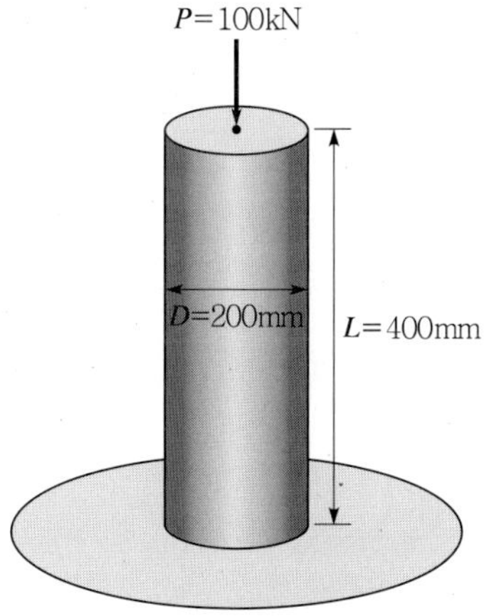

그림 문제 6.19

제7장 축하중

제7장
축하중

7.1 축하중 부재의 변형

그림 7.1과 같이 균일한 단면을 갖는 구조 부재가 축방향의 인장하중 P를 받게 되면 부재의 단면에는 수직응력이 발생하게 된다. 여기에서 수직응력은 인장응력을 의미하며 $\sigma = P/A$로 결정될 것이다. 또한 부재가 균질한 재료로 구성되어 있다면 축방향 변형률 $\varepsilon = \delta/L$가 된다. 축인장하중 P로 인해 단면에 발생된 응력이 비례한도 이하의 응력이라면 구조 부재의 재료는 탄성영역 내에 존재하고 후크(Hooke)의 법칙이 적용될 수 있다. 우리가 고려하고 있는 그림 7.1의 축하중을 받는 구조 부재가 후크(Hooke)의 법칙이 성립하는 탄성영역 내에 존재한다면 축방향의 길이변화량 δ를 구할 수 있다(제2장 2.4절 후크(Hooke)의 법칙과 포와송(Poisson) 비 참조).

$$\sigma = E \cdot \varepsilon, \quad \varepsilon = \frac{\sigma}{E}, \quad E = \frac{\sigma}{\varepsilon} \tag{7.1}$$

또한 위의 식들을 정리하여 균일단면과 균질한 재료로 구성된 부재의 축방향의 길이변화량 δ를 구할 수 있다.

$$\sigma = \frac{P}{A} = E \cdot \varepsilon = E \cdot \frac{\delta}{L}, \quad \frac{P}{A} = E \cdot \frac{\delta}{L} \tag{7.2}$$

$$\therefore \delta = \frac{PL}{EA} \tag{7.3}$$

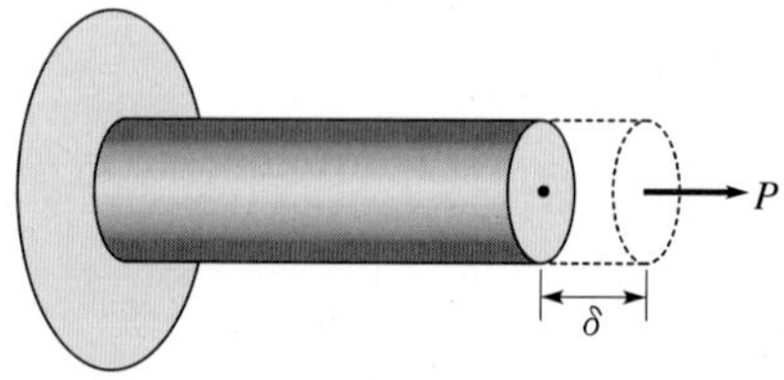

그림 7.1 축하중을 받는 구조 부재의 길이변화

식 (7.3)의 분모 항으로 결정된 EA를 축강도(axial rigidity, 軸剛度)라고 한다(축강도를 축강성(軸剛性)이라고도 한다). 축강도 EA는 축방향으로 작용하는 하중에 대해 축방향으로 발생되는 변형의 저항능력을 의미한다. 축강도를 구성하는 E는 부재 재료의 특성에 관한 항이며, A는 부재의 단면형상에 관한 항으로써 E와 A가 곱의 형태로 축방향의 변형에 반비례 관계를 갖게 된다. 동일한 크기의 하중에 대해서 부재에 보다 작은 변위가 발생되도록 하기 위해서는 단면(A)을 크게 하거나 탄성계수(E)가 큰 재료를 사용해야 한다는 것을 수식으로 나타내고 있다. 탄성계수가 크다는 의미는 응력-변형률 선도에서 비례한도까지의 선도의 기울기가 급하다는 것으로 동일한 하중의 작용에 대해 변형률이 작게 발생한다는 의미이다.

이제 강성도(stiffness, 剛性度)에 대해서 알아보자. 강성도란 단위변위를 일으키는데 필요한 힘을 의미한다. 강성도를 설명하기 위하여 일반적인 선형탄성의 스프링을 고려해 보자.

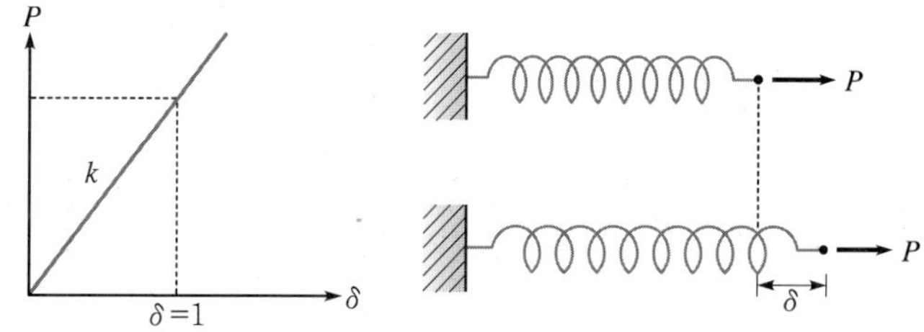

그림 7.2 선형 탄성 스프링의 스프링 상수

그림 7.2를 예를 들어보자. 하중과 스프링의 변형량과의 직선관계에서 스프링 상수(spring constant) k를 구할 수 있다. 스프링 상수 k는 직선의 기울기를 의미하며 $k = P/\delta$로 정의할 수 있다. 이제 스프링의 개념을 그림 7.1의 구조 부재에 도입하여 부재의 강성도를 구해보자. 강성도는 단위 변위($\delta = 1$)를 유발시키는데 필요한 힘을 의미하므로 식 (7.3)을 P의 항으로 정리하여 다음 식과 같이 나타낼 수 있다.

$$P = \frac{E \cdot A \cdot \delta}{L} = k \cdot \delta, \quad P = k \cdot (1) = \frac{E \cdot A \cdot (1)}{L} = \frac{E \cdot A}{L}$$

$$\therefore \; k = \frac{E \cdot A}{L} \quad (k : \text{강성도}) \tag{7.4}$$

$P = k \cdot \delta$에서 $\delta = 1$일 때 힘 P가 강성도이므로 $P = k \cdot (1)$, 즉 $P = k$가 된다.

유연도(flexibility, 柔軟度)는 단위하중, 즉 $P = 1$의 작용에 의하여 생긴 변위를 의미하는 것으로서 강성도의 역수($f = 1/k$)가 되며, 일반적으로 f를 사용하여 표기한다. 강성도와 유연도는 구조 부재의 해석을 위한 유한요소법(finite element analysis method) 등에 사용되며, 구조 부재의 특성을 표현하는 척도로 사용되기도 한다.

$$f = \frac{(1) \cdot L}{E \cdot A} = \frac{L}{E \cdot A} \tag{7.5}$$

식 (7.3)은 축하중을 받는 부재 중 단면이 전체적으로 균일한 특수한 경우에 대해 부재의 길이 변화량을 구하는 식이다. 이제 좀 더 일반적인 경우에 대해 알아보자. 예를 들어 그림 7.3과 같이 부재의 단면이 봉의 축에 따라 연속적으로 변화하고, 자체의 중량이 축방향으로 작용하여 축하중 또한 변화하는 경우를 생각해 보자. 이런 경우에는 미분요소를 고려함으로써 그 길이변화량을 쉽게 구할 수 있다. 즉, 전체 부재를 미소구간으로 나누어 미소구간에 해당하는 미소변화량 $d\delta$를 전체 부재 길이에 대하여 적분하면 된다. 우선 미소변화량 $d\delta$를 구해보자. 고정점에서부터 거리 x만큼 떨어진 위치의 미소요소 dx에 작용하는 힘을 $P(x)$, 미소요소의 단면적을 $A(x)$라 하면 다음과 같이 결정할 수 있다.

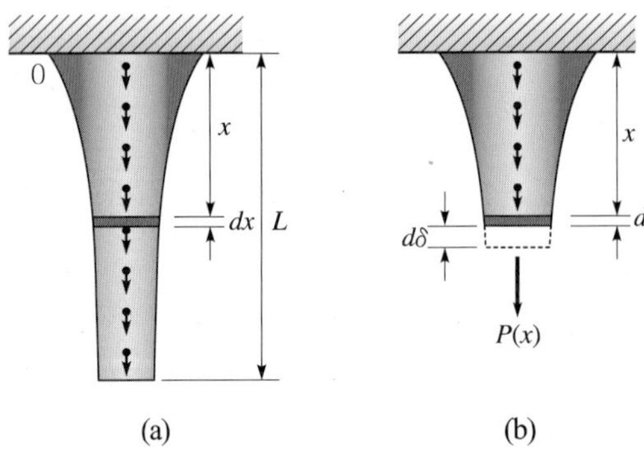

그림 7.3 단면과 축하중이 변하는 부재

$$d\delta = \frac{P(x)}{E \cdot A(x)} \cdot dx \tag{7.6}$$

따라서 부재의 전체 변화량은 위 식을 부재의 전체 길이 L에 대해 적분하여 얻을 수 있다.

$$\delta = \int_0^L d\delta = \int_0^L \frac{P(x)}{E \cdot A(x)} \cdot dx \tag{7.7}$$

위의 식은 응력분포가 전단면에 걸쳐 균일하다는 가정 하에서 성립되며, 근사치 해석임을 기억해야 한다. 보다 정확한 변화량과 응력분포를 구하기 위해서는 유한요소해석 프로그램을 사용할 수도 있다. 참고로 부재의 단면이 일정하게 변하는 테이퍼 부재의 경우 양측면 사이의 각이 20°일 때 식 $\sigma = P/A$로 계산된 수직응력은 정확한 응력값보다 3% 정도 작게 나타난다고 한다. 이러한 오차는 부재의 경사 정도가 작을수록 감소하게 된다.

단면이 부재의 길이에 따라 연속적으로 변화하는 변단면은 아니지만 구간별로 단면이 변화하는 그림 7.4와 같은 구조 부재를 고려해볼 수 있다.

균일한 단면을 갖는 구조 부재의 양끝에 하중이 작용할 때 부재의 전체 길이변화량은 식 (7.3)을 사용함으로써 쉽게 구할 수 있다. 식 (7.3)을 그림 7.4와 같은 구조부재에 적용할 수 있도록 다음과 같이 보다 일반적인 형태로 수정할 수 있다.

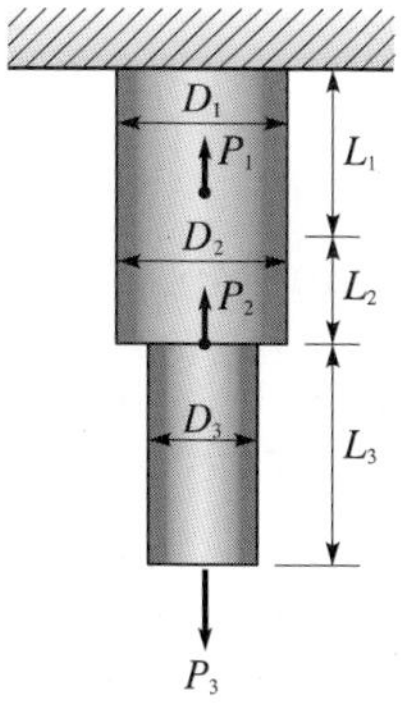

그림 7.4 단면적과 축하중이 변하는 봉

$$\delta = \sum_{i=1}^{n} \frac{P_i \cdot L_i}{E_i \cdot A_i} \tag{7.8}$$

식 (7.8)은 변화량을 결정짓는 변수들이 다를 경우 구간을 구분하여 해당 구간에 발생되는 변화량을 구한 후 이를 더해서 구조 부재 전체의 변화량을 구한다는 것을 의미한다. 위의 식에서 첨자 i는 부재의 각 부분을 나타내는 지수이며, n은 분할하려는 부분의 전체 개수이다. 그림 7.4의 부재에 발생되는 변화량을 위의 식 (7.8)을 사용하여 구해보면 다음과 같다. 전체 변화량을 구하기 위하여 부재를 세 부분으로 나누어보면 그림 7.5와 같이 나눌 수 있다. 여기에 주어진 하중의 크기는 $P_1 > P_2 > P_3$라고 가정한다. 압축을 일으키는 하중 P를 음(−)으로 고려하면 다음과 같다.

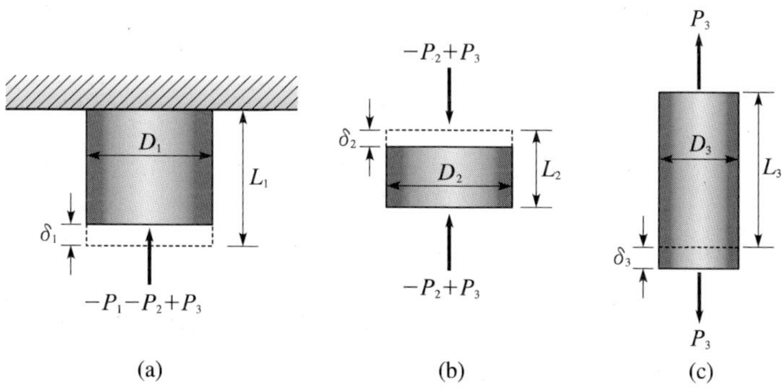

그림 7.5 분할된 구조부재의 변형

L_1구간은 P_1, P_2, P_3의 영향을 받고 있으며, L_2구간은 P_2, P_3에, L_3구간은 P_3에 의해서만 영향 받는다는 것을 우선 이해해야 한다. 이를 이해했다면 이제 각 구간의 길이변화량과 부재 전체의 길이변화량을 구해보자.

그림 7.5(a)에서 L_1구간의 변화량 δ_1은

$$\delta_1 = \frac{(-P_1 - P_2 + P_3) \cdot L_1}{E \cdot A_1}, \qquad A_1 = \frac{\pi \cdot D_1^2}{4} \tag{7.9}$$

그림 7.5(b)에서 L_2구간의 변화량 δ_2는

$$\delta_2 = \frac{(-P_2 + P_3) \cdot L_2}{E \cdot A_2}, \qquad A_2 = A_1 = \frac{\pi \cdot D_2^2}{4} \tag{7.10}$$

그림 7.5(c)에서 L_3구간의 변화량 δ_3는

$$\delta_3 = \frac{P_3 \cdot L_3}{E \cdot A_3}, \qquad A_3 = \frac{\pi \cdot D_3^2}{4} \tag{7.11}$$

따라서 전체 변화량은 각각의 변화량의 합이므로 최종적으로 식 (7.12)와 같이 정리될 수 있다.

$$\begin{aligned}\delta &= \sum_{i=1}^{3} \delta_i = \delta_1 + \delta_2 + \delta_3 \\ &= \frac{(-P_1 - P_2 + P_3) \cdot L_1}{E \cdot A_1} + \frac{(-P_2 + P_3) \cdot L_2}{E \cdot A_2} + \frac{P_3 \cdot L_3}{E \cdot A_3}\end{aligned} \tag{7.12}$$

각각의 구간에 대한 변화량을 합할 때는 부호의 결정에 주의해야 한다. 부호는 우리가 2장에서 공부했던 것처럼 신장 변위가 발생되면 "+"로, 압축변위가 발생되면 "−"로 고려해야 한다.

예제 7.1

다음 그림과 같이 $D_1 = 30\text{mm}$, $D_2 = 50\text{mm}$인 서로 다른 두 단면을 가진 봉이 있다. 이 봉에 인장력 $P = 100\text{kN}$이 작용한다면 부재 전체에 발생되는 변위량 δ와 변형률 ε를 구하여라. 단, $L_1 = 500\text{mm}$, $L_2 = 300\text{mm}$, $E = 2.0 \times 10^5\text{MPa}$이다.

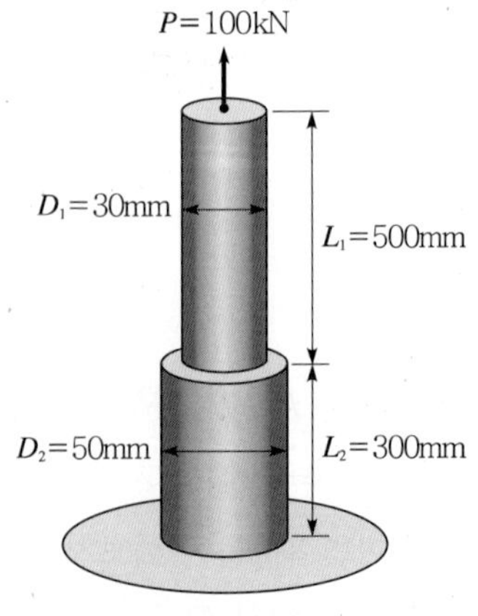

그림 예제 7.1

풀이

$\delta = \delta_1 + \delta_2$

$$\delta_1 = \frac{P \cdot L_1}{E \cdot A_1}, \quad \delta_2 = \frac{P \cdot L_2}{E \cdot A_2}$$

$P = 100{,}000\text{N}, \quad L_1 = 500\text{mm}, \quad L_2 = 300\text{mm}, \quad E = 2.0 \times 10^5 \text{MPa}$

$$A_1 = \frac{\pi \cdot D_1^2}{4} = \frac{\pi \cdot 30^2}{4} = 706.86\text{mm}^2, \quad A_2 = \frac{\pi \cdot D_2^2}{4} = \frac{\pi \cdot 50^2}{4} = 1{,}963.50\text{mm}^2$$

$$\delta_1 = \frac{100{,}000 \times 500}{2.0 \times 10^5 \times 706.86} = 0.3537\text{mm}$$

$$\delta_2 = \frac{100{,}000 \times 300}{2.0 \times 10^5 \times 1{,}963.50} = 0.0764\text{mm}$$

$\therefore \delta = \delta_1 + \delta_2 = 0.3537 + 0.0764 = 0.4301\text{mm}$ (신장)

$$\therefore \varepsilon = \frac{\delta_1 + \delta_2}{L_1 + L_2} = \frac{\delta}{L} = \frac{0.4301}{800} = 0.000538 = 5.38 \times 10^{-4}$$

예제 7.2

다음 그림과 같이 $D_1 = D_3 = 30\text{mm}$, $D_2 = 50\text{mm}$인 서로 다른 두 단면을 가진 봉이 있다. 이 봉에 인장력 $P = 100\text{kN}$이 작용할 때 부재 전체에 발생되는 변위량 δ를 구하여라. 단, $L_1 = 300\text{mm}$, $L_2 = 500\text{mm}$, $L_3 = 200\text{mm}$, $E = 2.0 \times 10^5\text{MPa}$이다.

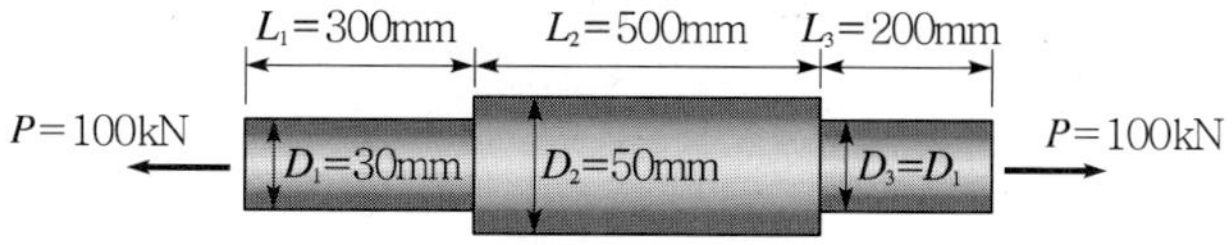

그림 예제 7.2

풀이

$\delta = \delta_1 + \delta_2 + \delta_3$

$$\delta_1 = \frac{P \cdot L_1}{E \cdot A_1}, \quad \delta_2 = \frac{P \cdot L_2}{E \cdot A_2}, \quad \delta_3 = \frac{P \cdot L_3}{E \cdot A_3}$$

$P = 100{,}000, \quad L_1 = 300\text{mm}, \quad L_2 = 500\text{mm}, \quad L_3 = 200\text{mm}, \quad E = 2.0 \times 10^5 \text{MPa}$

$$A_1 = \frac{\pi \cdot D_1^2}{4} = \frac{\pi \cdot 30^2}{4} = 706.86\text{mm}^2, \qquad A_2 = \frac{\pi \cdot D_2^2}{4} = \frac{\pi \cdot 50^2}{4} = 1{,}963.50\text{mm}^2$$

$$A_3 = \frac{\pi \cdot D_3^2}{4} = \frac{\pi \cdot 30^2}{4} = 706.86\text{mm}^2$$

$$\delta_1 = \frac{100{,}000 \times 300}{2.0 \times 10^5 \times 706.86} = 0.2122\text{mm}$$

$$\delta_2 = \frac{100{,}000 \times 500}{2.0 \times 10^5 \times 1{,}963.50} = 0.1273\text{mm}$$

$$\delta_3 = \frac{100{,}000 \times 200}{2.0 \times 10^5 \times 706.86} = 0.1414\text{mm}$$

$$\therefore \delta = \delta_1 + \delta_2 + \delta_3 = 0.2122 + 0.1273 + 0.1414 = 0.4809\text{mm}\,(\text{신장})$$

예제 7.3

다음 그림과 같이 A 단면의 직경 D_A, B 단면의 직경 D_B로 일정하게 감소하는 봉에 인장하중 P가 작용할 경우 이 봉의 길이변화량 δ를 일반식으로 유도하여 정리한 후 주어진 수치를 대입하여 길이변화량 δ를 구하여라. 단, $P = 100$ kN, $D_A = 80$mm, $D_B = 50$mm, $L_{AB} = 500$mm, $E = 2.0 \times 10^5$MPa 이다.

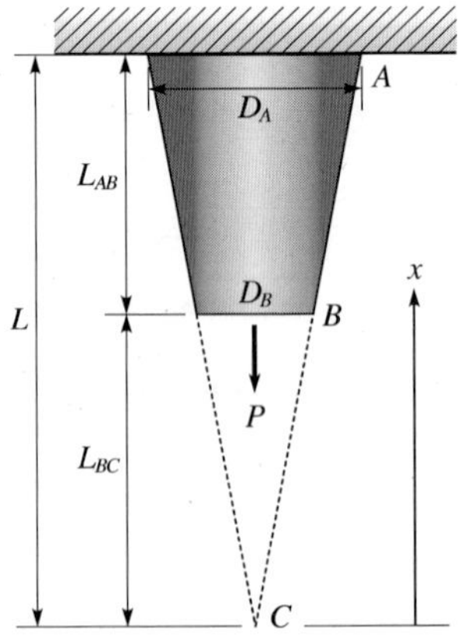

그림 예제 7.3

풀이

C점에서 x만큼 떨어진 위치에서 미소구간 dx에 발생되는 미소한 길이변화량을 $d\delta$라 하면,

$$d\delta = \frac{P}{A(x) \cdot E} dx$$

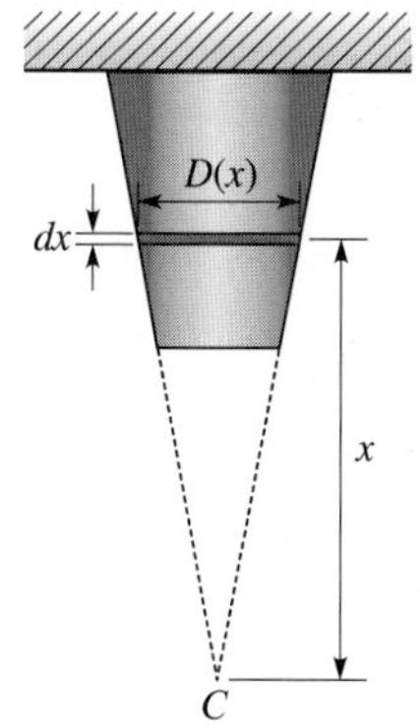

$d\delta$를 부재의 전체길이에 대해 적분함으로써 전체 길이변화량 δ를 구할 수 있다.

P와 E는 일정하므로 변화하는 단면적 $A(x)$를 x에 관한 일반식의 형태로 표현하면,

$$A(x)=\frac{\pi[D(x)]^2}{4}$$

$D(x)$를 구하기 위해 비례식을 사용한다. C점에서 거리 x만큼 떨어진 봉의 지름 $D(x)$

$$x : L_{BC}=D(x) : D_B$$

$$D(x)=\frac{D_B \cdot x}{L_{BC}}$$

$$A(x)=\frac{\pi \cdot [D(x)]^2}{4}=\frac{\pi \cdot D_B^2 \cdot x^2}{4 \cdot L_{BC}^2}$$

$$\delta=\int_{L_{BC}}^{L}\frac{P \cdot dx}{E \cdot A(x)}=\int_{L_{BC}}^{L}\frac{P \cdot 4L_{BC}^2 \cdot dx}{E \cdot \pi \cdot D_B^2 \cdot x^2}=\frac{P \cdot 4L_{BC}^2}{\pi \cdot E \cdot D_B^2}\int_{L_{BC}}^{L}\frac{dx}{x^2}$$

$$\delta=\frac{4P \cdot L_{BC}^2}{\pi \cdot E \cdot D_B^2}\left[-\frac{1}{x}\right]_{L_{BC}}^{L}=\frac{4P \cdot L_{BC}^2}{\pi \cdot E \cdot D_B^2}\left(\frac{1}{L_{BC}}-\frac{1}{L}\right)$$

$$\left(\frac{1}{L_{BC}}-\frac{1}{L}\right)=\frac{L-L_{BC}}{L_{BC} \cdot L}=\frac{L_{AB}}{L_{BC} \cdot L}$$

$$\delta=\frac{4P \cdot L_{AB}}{\pi \cdot E \cdot D_B^2}\left(\frac{L_{BC}}{L}\right)$$

$$L : D_A=L_{BC} : D_B, \quad \frac{L_{BC}}{L}=\frac{D_B}{D_A}$$

$$\delta=\frac{4P \cdot L_{AB}}{\pi \cdot E \cdot D_A \cdot D_B}$$

(만약 $D_A=D_B=D$이면 $\delta=\frac{4P \cdot L_{AB}}{\pi \cdot E \cdot D^2}=\frac{P \cdot L_{AB}}{A \cdot E}$)

위의 식에 문제에서 주어진 수치를 대입시키면 다음과 같다.

$$\delta=\frac{4P \cdot L_{AB}}{\pi \cdot E \cdot D_A \cdot D_B}=\frac{4\times 100{,}000\times 500}{\pi\times 2.0\times 10^5\times 80\times 50}=0.0796\text{mm}$$

7.2 응력집중 ; Saint-Venant의 원리

이제까지의 논의에서는 간단한 구조부재의 단면 내에서 균일한 응력이 발생한다고 가정하였다. 그러나 단면에서 실제의 응력분포는 단순한 공식($\sigma = P/A$)에 의해 계산된 것과 상이한 경우가 많다. 급격한 단면변화가 있는 부분이나 하중 작용점의 근접부분, 재료의 불연속성이 있는 부분 등에서는 응력의 국부적인 집중현상이 발생하는데, 이를 응력집중(stress concentration)이라 한다.

이러한 응력집중 현상은 그림 7.6에서처럼 하중작용 위치에서 원형부재의 직경 d 정도 떨어진 거리에서 어느 정도 해소되어 응력 분포가 거의 균일해지며, 식 (2.1)에서 정의하였던 응력을 구하는 식으로 응력 평가가 가능하다. 우리가 흔히 말하는 응력은 엄밀한 의미에서 평균응력을 의미한다고 할 수 있다. 또한 변형은 응력과 관련($\sigma = E \cdot \varepsilon$)되므로 이러한 응력의 변화에 따라 변형률도 하중작용점에서 멀어질수록 일정한 변형을 일으킨다. 응력과 변형이 이러한 방식으로 거동한다는 사실은 1855년 프랑스 과학자 생베낭(Barre' de Saint-Venant)에 의해 처음 밝혀졌으며, 이것을 생베낭의 원리(Saint- Venant's principle)라 부른다. 하중 작용점에서 충분히 떨어져 있는 부재 단면 내의 모든 점에서의 응력과 변형률은 같다는 것이다. 부재에 가해진 하중으로 인한 국부효과는 하중 위치로부터 하중작용 단면 길이 이상 떨어진 위치에서는 사라지게 된다.

이와 같은 응력 집중 현상을 직접 계산하여 평가하기는 힘들고, 해석적 방법으로는 유한요소 해석 프로그램을 사용하거나, 실험적인 방법을 통하여 평가할 수 있다. 널리 쓰이는 유한요소 해석 범용 프로그램으로는 MSC/NASTRAN, SAP, ADINA, ABAQUS 등이 있으며, 최근 국내에서 개발되어 그 신뢰성을 인정받은 MIDAS 등을 들 수 있다.

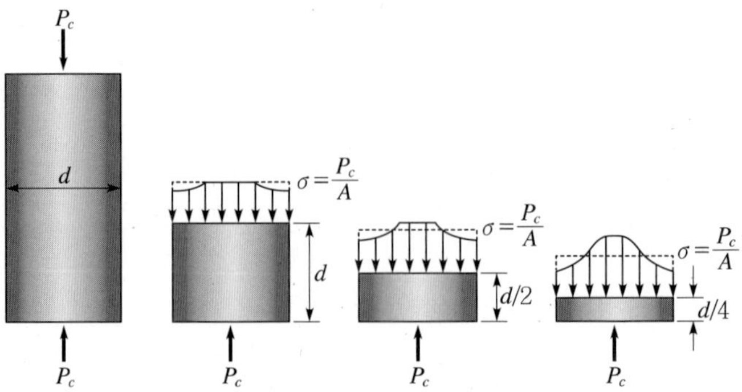

그림 7.6 집중하중 작용점 부근의 응력집중

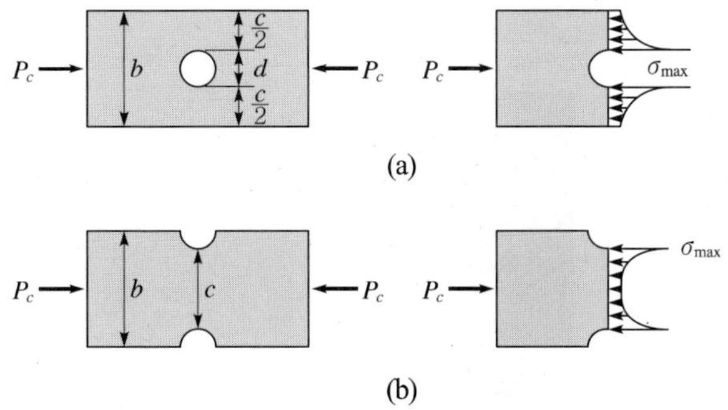

그림 7.7 단면변화 부분의 응력집중

기하학적 형태의 변화에 의한 응력집중에 관하여는 그림 7.7과 같이 원형 구멍을 가진 강판에서 강판의 폭 b와 두께 t가 일정하고, 구멍의 직경을 d라 하면, 이 구멍의 중심을 통한 단면에 작용하는 수직응력은 그림 7.7의 오른쪽과 같은 응력분포를 가지게 된다. 여기서 최대응력(σ_{max})은 구멍의 가장자리에서 일어나고 강판에서 구멍의 직경을 뺀 폭 c와 두께 t에 대한 수직응력(공칭응력 ; $\sigma_{nom} = P/A_n = P/c \cdot t$보다 훨씬 크게 나타난다. 이러한 공칭응력에 대한 최대응력의 비를 응력집중계수(K)로 나타낼 수 있는데, 이를 수식화하면 다음과 같다.

$$K = \frac{\sigma_{max}}{\sigma_{nom}} \tag{7.13}$$

응력을 산정하는 식 $\sigma = P/A$가 성립하기 위해서는 응력이 봉의 단면에 균일 분포되어야 하는데, 하중 P가 단면의 도심(centroid)을 지날 때에만 만족한다. 이러한 응력을 평균수직응력(average normal stress)이라 한다. 참고로 하중 P가 도심에 작용하지 않을 경우에는 부재의 내부에 수직력과 휨모멘트에 의한 응력이 동시에 발생하게 되는데 이 부분은 추후 제6장에서 공부하게 된다.

해석적인 방법을 통하여 응력집중 현상에 대해 좀 더 알아보자. 다음의 3가지 해석 사례는 국내에서 개발된 범용 유한요소 해석 프로그램인 MIDAS를 사용하였다.

7.2.1 응력집중 현상 I

길이 L = 600mm, 폭 B = 200mm, 두께 t = 20mm, 강판(SM490)을 하단은 고정시키고 상단의 중앙 한 점에 100kN의 인장력을 작용시켰을 때 강판에 발생되는 응력분포를 통해 응력 집중현상을 확인할 수 있다. 강판을 300개의 판요소(341개 절점)로 분할하여 유한요소 해석하였다(그림 7.8, 7.9 참조).

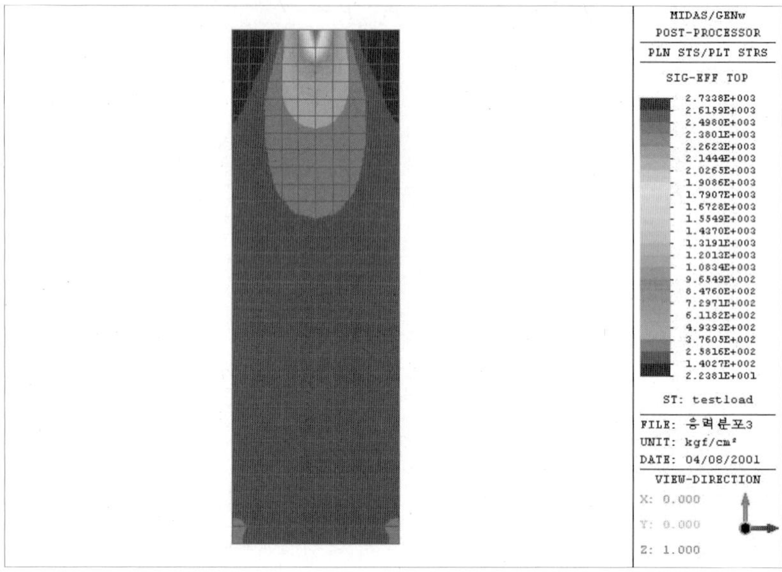

그림 7.8 응력분포도

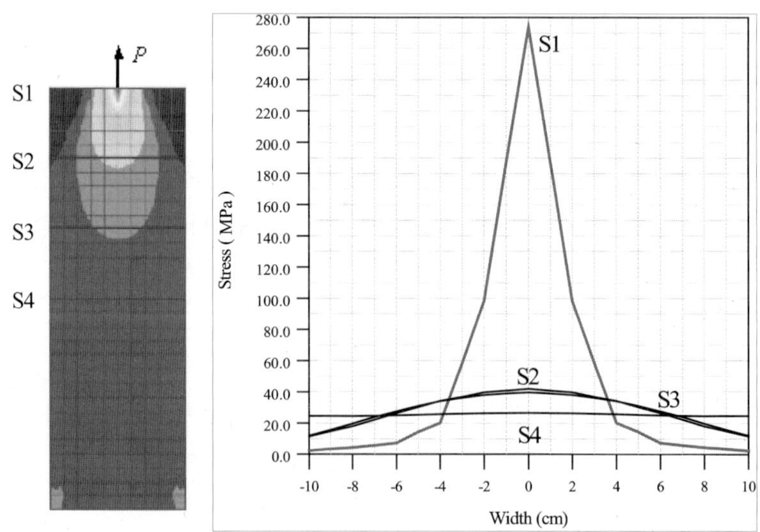

S1 : 하중 작용점 단면
S2 : 하중 작용점에서 $B/2$만큼 떨어진 단면
S3 : 하중 작용점에서 B만큼 떨어진 단면
S4 : 하중 작용점에서 $3B/2$만큼 떨어진 단면

그림 7.9 응력검토 단면 및 응력분포도 그래프

7.2.2 응력집중 현상 II

길이 $L = 600$mm, 폭 $B = 200$mm, 두께 $t = 200$mm인 강판 부재의 중앙에 직경 100mm인 구멍이 뚫린 강판(SM490)을 양단에서 100kN의 힘으로 잡아당겼을 때 발생되는 응력분포를 통해 응력 집중현상을 확인할 수 있다. 강판을 416개의 판요소(476개 절점)로 분할하여 유한요소 해석하였다(그림 7.10, 7.11 참조).

7.2.3 응력집중 현상 III

길이 $L = 600$mm, 폭 $B = 200$mm, 두께 $t = 200$mm인 강판 부재의 중앙 위치에 직경 100mm인 반원 모양으로 양편에서 단면이 잘려져 있다(그림 7.12 참조). 강판 부재는 SM490이며, 부재의 양단 중앙 점에서 100kN의 인장력을 가하였을 때 부재에 발생되는 응력분포를 통해 응력 집중현상을 확인할 수 있다. 아래의 단면은 MIDAS을 이용하여 강판을 412개의 판요소(475개 절점)로 분할하여 유한요소 해석하였다(그림 7.12, 그림 7.13 참조).

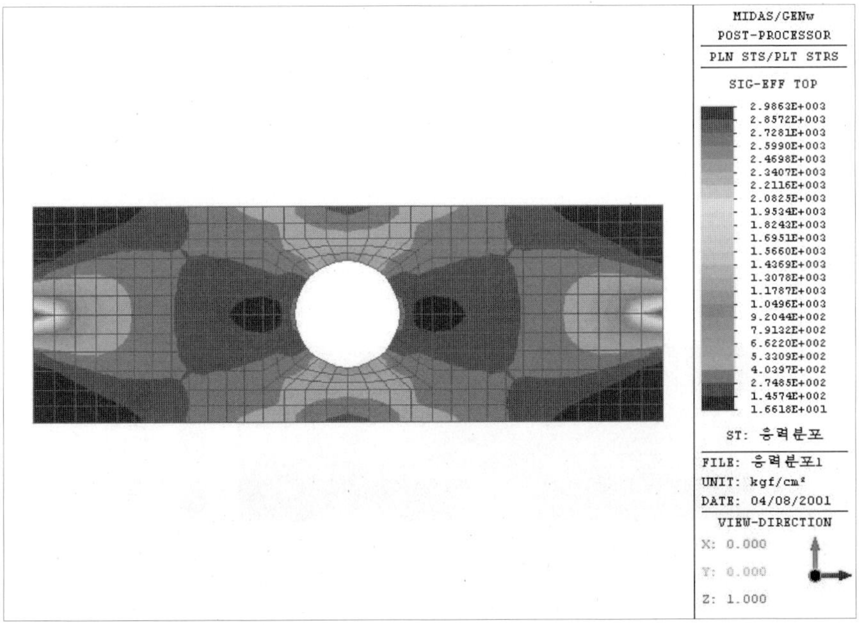

그림 7.10 응력분포도

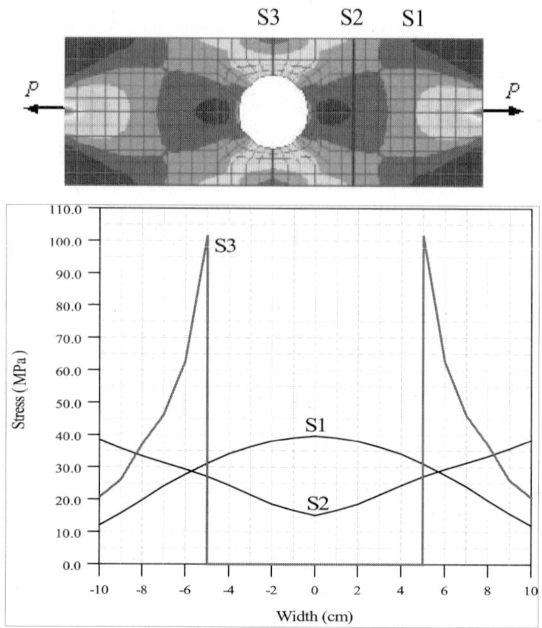

S1 : 하중 작용점에서 $B/2$만큼 떨어진 단면
S2 : 하중 작용점에서 B만큼 떨어진 단면
S3 : 하중 작용점에서 $3B/2$만큼 떨어진 단면

그림 7.11 응력검토 단면 및 응력 분포 그래프

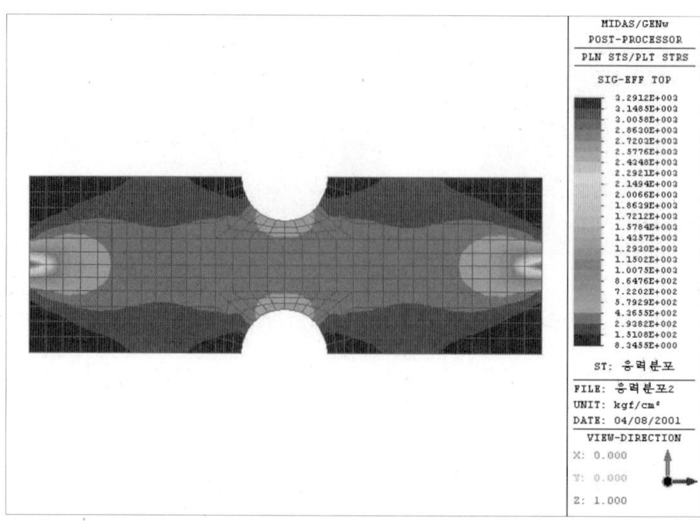

그림 7.12 응력분포도

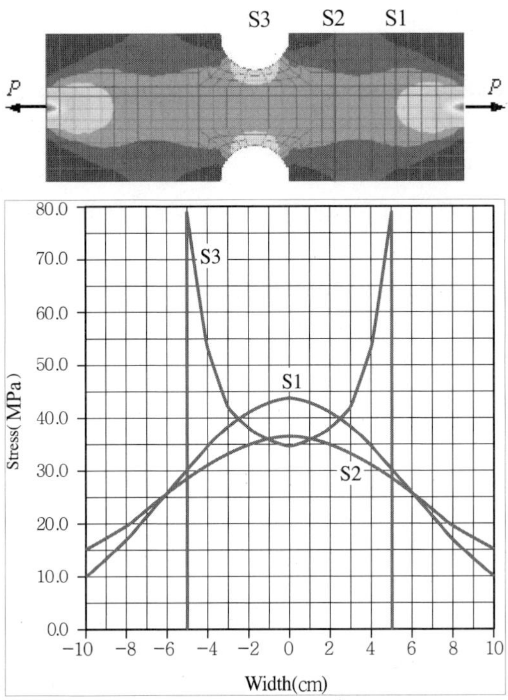

S1 : 하중 작용점에서 $B/2$만큼 떨어진 단면
S2 : 하중 작용점에서 B만큼 떨어진 단면
S3 : 하중 작용점에서 $3B/2$만큼 떨어진 단면

그림 7.13 응력검토 단면 및 응력 분포 그래프

7.3 열응력 및 열변형률

온도 변화가 발생할 때 재료는 체적변화를 동반한다는 사실과 열팽창계수, 열변형률 등에 대해 우리는 2.2절 '수직변형률' 부분에서 그 개념에 대해 공부한 적이 있다. 이 절에서는 2.2절에 공부한 내용을 기본으로 온도변화로 인한 구조 부재의 영향에 대해 좀 더 알아보고자 한다.

등질, 등방성인 구속되지 않는 대부분의 재료들은 온도의 상승과 더불어 팽창하고, 온도의 하강과 더불어 수축한다. 그림 7.14의 원통형 부재를 균일하게 가열하면 부재는 전체적으로 늘어날 것이다(그림 7.14(a)). 부재의 늘어난 정도를 이해하기 쉽도록 그림 7.14(b)처럼 고려해 보자.

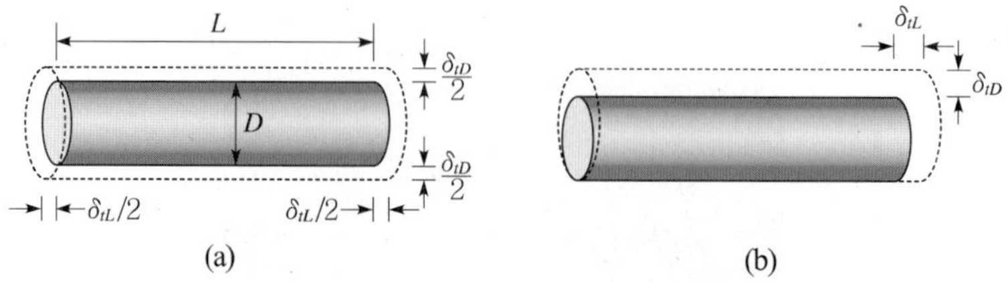

그림 7.14 균일한 온도증가를 받는 원통형 부재

따라서 온도변화 Δt에 따른 재료의 열변형률은 다음과 같은 식으로 구할 수 있다(식 (2.14) 참조).

$$\varepsilon_t = \alpha \cdot (t_2 - t_1) = \alpha \cdot \Delta t \tag{7.14}$$

여기서, ε_t는 단위길이당 열변화량으로써 열변형률(uniform thermal strain)이라 하며, Δt는 나중온도(t_2)에서 처음온도(t_1)를 뺀 값으로 온도변화량을 의미한다. Δt는 양(+) 또는 음(−)으로 표현된다. 따라서 온도가 증가하면 양의 열변화(팽창)를 일으키고 감소하면 음의 열변화(수축)를 일으킨다. 그림 7.14에서 보여준 원통형 부재의 길이를 L, 직경을 D로 나타내면, 부재의 길이방향 열변화량과 직경방향 열변화량을 부재 원래의 치수에 열변형률을 곱함으로써 계산할 수 있다. 길이방향과 직경방향의 열변화량을 각각 δ_{tL}과 δ_{tD}로 정의하면 다음과 같이 구할 수 있다.

$$\begin{aligned} \delta_{tL} &= \varepsilon_t \cdot L = \alpha \cdot (\Delta t) \cdot L \\ \delta_{tD} &= \varepsilon_t \cdot D = \alpha \cdot (\Delta t) \cdot D \end{aligned} \tag{7.15}$$

일반적으로 열변화에 의한 길이의 변화는 부재가 자유로이 팽창하고 수축할 수 있는 구속되지 않은 상태의 정정구조물인 경우라면 식 (7.15)로 계산될 수 있다. 여기까지가 우리가 2.2절에서 공부했던 내용이다.

그러나 그림 7.15에서와 같이 온도변화가 발생되는 동안 부재가 구속되었다면 그 부재의 내부에는 열응력이 발생하게 된다. 열응력이란, 온도 변화로 인한 부재의 팽창이나 수축을 구속함으로써 생기는 응력을 말한다.

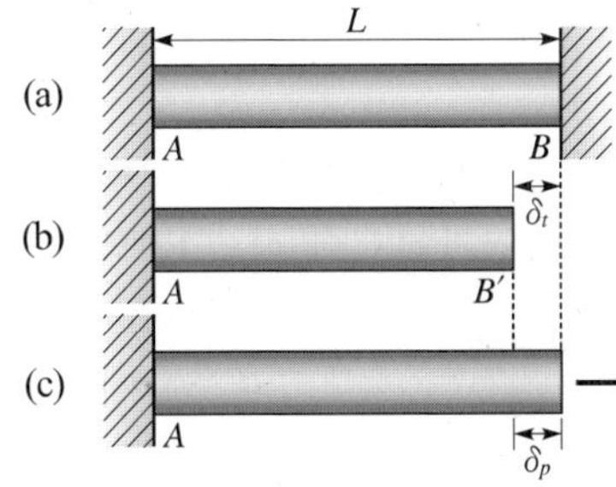

그림 7.15 균일한 온도감소 Δt를 받는 구속된 부재

즉, 그림 7.14와 같이 구속이 없을 때는 온도변화에 대해 부재가 자유롭게 대응할 수 있지만 그림 7.15와 같이 부재의 A, B 양단이 구속되어있는 경우라면 온도가 상승하는 경우 부재의 변화를 양단의 고정지점에서 구속함으로써 부재의 내부에는 압축응력이 발생하게 되고, 반대로 온도가 감소하는 경우에는 인장응력이 발생하게 된다. 이와 같은 열응력은 부재에 구속이 있을 때만 발생하며 모든 방향으로 열변형률은 같다.

그림 7.15(a) 부재의 A, B 양단이 완전히 구속되어있다고 가정해보자. 이와 같은 상태에서는 부재를 냉각시켜도 열로 인한 길이변화량 δ_t는 발생하지 않지만 열응력은 발생하게 된다. 이번에는 그림 7.15(b)의 경우처럼 부재의 B단이 구속으로부터 자유롭다고 가정하고 부재를 냉각시키면 δ_t 거리만큼 감소하게 될 것이다. 이러한 경우에는 열로 인한 길이변화량 δ_t는 존재하지만 열응력은 발생하지 않음에 유의해야 한다. 이제 다시 그림 7.15(c)에 나타낸 것처럼 부재의 길이가 다시 최초의 부재 길이 L이 되도록, 즉 B가 거리 δ_p만큼 움직이도록 충분히 큰 힘 P가 B에 작용한다면, A점은 고정되어있기 때문에 $\delta_t = \delta_p$가 될 것이다. 단, $\delta_t = \alpha \cdot (\Delta t) \cdot L$이고, $\delta_p = L \cdot \varepsilon$이다.

따라서 처음에 가정하였듯이 부재의 A, B 양단이 구속되어있고 부재를 Δt만큼 냉각시키면 B지점에는 구속으로 인한 힘 P만큼의 반력이 작용하게 될 것이다. 결국 B지점은 구속되어 있으므로 열로 인한 길이변화량이 발생하지 않을 것이므로 $\delta_B = 0$이라는 적합조건식을 사용하여 부재에 발생되는 열응력을 계산할 수 있다.

$$\delta_B = \delta_t - \delta_P = 0$$

$$\delta_t = \alpha \cdot (\Delta t) \cdot L, \quad \delta_p = L \cdot \varepsilon = \frac{L \cdot \sigma}{E} = \frac{PL}{AE}, \quad \left(\sigma = \frac{P}{A}\right)$$

$$\alpha \cdot (\Delta t) \cdot L - \frac{PL}{AE} = \alpha \cdot (\Delta t) - \frac{P}{AE} = 0$$

$$\therefore P = E \cdot A \cdot \alpha \cdot (\Delta t) = E \cdot A \cdot \varepsilon_t \tag{7.16}$$

최종적으로 부재 양단의 구속으로 인해 부재에 발생되는 열응력은 다음 식 (7.17)과 같다. 그림 7.15의 부재가 냉각되었다고 가정하였기 때문에 식 (7.17)의 열응력은 인장응력으로 발생된다.

$$\therefore \sigma_t = \frac{P}{A} = \frac{E \cdot A \cdot \alpha \cdot (\Delta t)}{A} = E \cdot \alpha \cdot (\Delta t) = E \cdot \varepsilon_t \tag{7.17}$$

우리는 식 (7.17)에서부터 열응력 σ_t는 부재의 단면적 A와는 상관없이 결정된다는 것을 알 수 있다. 위의 설명에서 알 수 있듯이 양단이 구속되어 있는 부정정 부재는 온도변화 시 길이변화는 일어나지 않고 열응력은 발생하게 되며, 구속되어있지 않은 정정 부재는 길이변화는 유발되나 열응력은 발생하지 않는 재미있는 경우에 대한 이해가 필요하다.

표 7.1에 대표적인 몇몇 재료들의 열팽창계수(α)를 정리하였다.

표 7.1 재료들의 열팽창계수

재 료	열팽창계수 α	
	10^{-6}/°F	10^{-6}/℃
강	5.5~5.9	10~18
고강도 강	8.0	14
스테인리스 강	9.6	17
구조용 강	6.5	12
고강도 콘크리트	4~8	7~14
보통 콘크리트	4~8	7~14
석재	3~5	5~9
알루미늄과 알루미늄합금	13	23
고무	70~110	130~200
니켈	7.2	13
주철	5.5~6.6	9.9~12.0
청동	9.9~11.6	18~21
티타늄과 티타늄합금	4.5~5.5	8~10
유리	3~6	5~11

예제 7.4

다음 그림과 같이 Steel과 Aluminum이 일체인 부재가 있다. 이 부재에 $\Delta t = 30℃$의 온도변화가 발생할 때 부재의 열변형량 δ_t를 구하여라. 단, Steel의 $\alpha_S = 12\times10^{-6}/℃$이고 Aluminum의 $\alpha_A = 23\times10^{-6}/℃$이다.

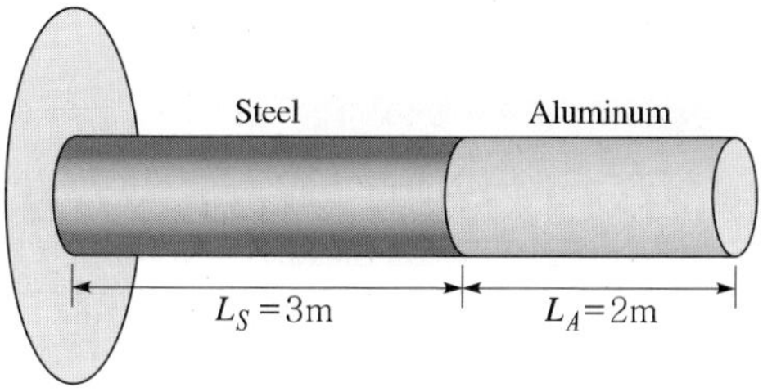

그림 예제 7.4

풀이

$\delta_t = \delta_{tS} + \delta_{tA}$

$\delta_{tS} = \varepsilon_{tS} \cdot L_S = \alpha_S \cdot \Delta t \cdot L_S$

$\alpha_S = 12\times10^{-6}/℃,\quad \Delta t = 30℃,\quad L_S = 3{,}000mm$

$\delta_{tS} = 12\times10^{-6}\times30\times3{,}000 = 1.08mm$

$\delta_{tA} = \varepsilon_{tA} \cdot L_A = \alpha_A \cdot \Delta t \cdot L_A$

$\alpha_A = 23\times10^{-6}/℃,\quad \Delta t = 30℃,\quad L_A = 2{,}000mm$

$\delta_{tA} = 23\times10^{-6}\times30\times2{,}000 = 1.38mm$

$\therefore \delta_t = \delta_{tS} + \delta_{tA} = 1.08 + 1.38 = 2.46mm$

예제 7.5

다음 그림과 같이 단면이 $D_1 = 100$mm, $D_2 = 50$mm인 부재가 A, C양단 구속을 받고 있을 때 이 부재에 $\Delta t = 40$℃의 온도변화가 발생한다면 열응력 σ_{tAB}와 σ_{tBC}는 얼마인가? 단, $L_1 = 2$m, $L_2 = 1.5$m, $E = 2.0 \times 10^5$MPa, $\alpha = 12 \times 10^{-6}$/℃이다.

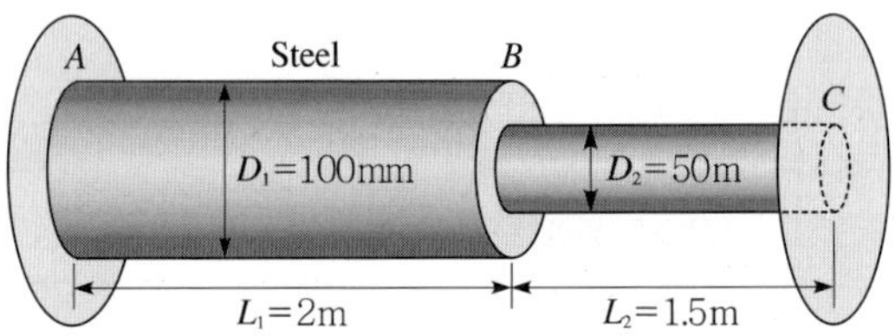

그림 예제 7.5

풀이

$\sigma_{tAB} = E \cdot \varepsilon_t = E \cdot \alpha \cdot \Delta t, \ \ \sigma_{tBC} = E \cdot \varepsilon_t = E \cdot \alpha \cdot \Delta t$

$E = 2.0 \times 10^5\text{MPa}, \quad \alpha = 12 \times 10^{-6}/℃, \quad \Delta t = 40℃$

$\sigma_{tAB} = 2.0 \times 10^5 \cdot 12 \times 10^{-6} \cdot 40 = 96\text{MPa}$

$\sigma_{tBC} = 2.0 \times 10^5 \cdot 12 \times 10^{-6} \cdot 40 = 96\text{MPa}$

예제 7.6

다음 그림과 같이 단면 $D = 50$mm인 봉이 축방향 인장력 $P = 400$kN을 받고 있으며 동시에 $\Delta t = 20$℃가 하강하였다면 부재에서 발생하는 변형률 ε을 구하여라. 단, $L = 5$m, $E = 2.0 \times 10^5$MPa, $\alpha = 12 \times 10^{-6}$/℃, 자중에 의한 영향은 무시한다.

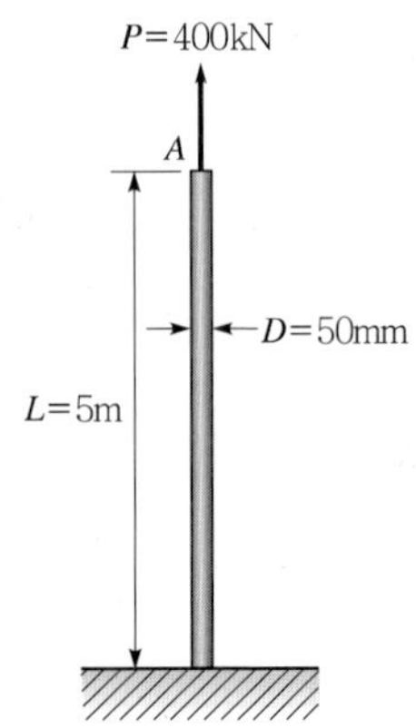

그림 예제 7.6

풀이

- 부재에 작용하는 인장력에 의한 신장량 ; δ_p

$$\delta_p = \frac{P \cdot L}{E \cdot A}$$

$P = 400{,}000\text{N}, \quad L = 5{,}000\text{mm}, \quad E = 2.0 \times 10^5\text{MPa}, \quad A = 1{,}963.50\text{mm}^2$

$$\delta_p = \frac{400{,}000 \cdot 5{,}000}{2.0 \times 10^5 \cdot 1{,}963.50} = 5.09\text{mm}$$

- 온도변화에 의한 수축량 ; δ_t

$\delta_t = \alpha \cdot \Delta t \cdot L$

$\alpha = 12 \times 10^{-6}/℃, \quad \Delta t = 20℃, \quad L = 5{,}000\text{mm}$

$\delta_t = 12 \times 10^{-6} \cdot 20 \cdot 5{,}000 = 1.2\text{mm}$

- 부재에 발생되는 길이변화량 ; δ

$\therefore \delta = \delta_p + \delta_t = 5.09 - 1.2 = 3.89\text{mm}$(신장)

- 부재의 변형률 ; ε

$$\therefore \varepsilon = \frac{\delta}{L} = \frac{3.89}{5{,}000} = 0.000778 = 7.78 \times 10^{-4}$$

예제 7.7

다음 그림과 같은 변단면을 갖는 구조물이 있다. 이 부재에 Δt =20℃의 온도증가가 발생했으며 압축력 P가 작용할 경우 L_1구간과 L_2구간 각각의 변형률 ε_{L1}, ε_{L2}를 구하고, 부재 전체 변형률 ε_L을 구하여라(단, $E = 2.0 \times 10^5$ MPa, $\alpha = 12 \times 10^{-6}/℃$이다).

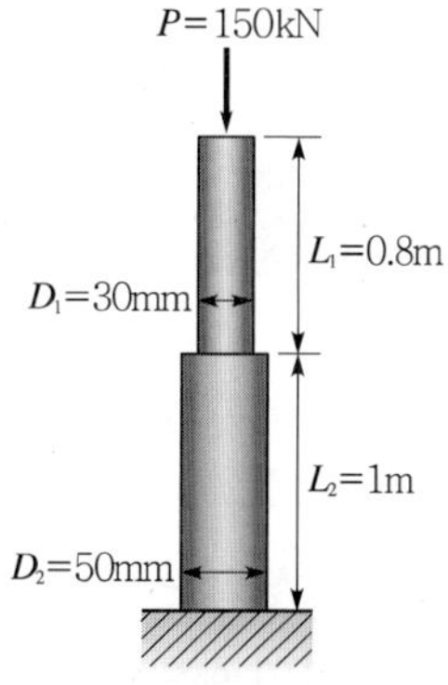

그림 예제 7.7

풀이

- 온도에 의한 변화량 ; $\delta_t = \alpha \cdot \Delta t \cdot L$

$\delta_{t1} = 12 \times 10^{-6} \times 20 \times 800 = 0.192\text{mm}$

$\delta_{t2} = 12 \times 10^{-6} \times 20 \times 1{,}000 = 0.24\text{mm}$

- 하중 P에 의한 변화량 ; $\delta_L = \dfrac{P \cdot L}{E \cdot A}$

$$\delta_{L_1} = \frac{4 \times (-150{,}000) \times 800}{2 \times 10^5 \times \pi \times 30^2} = -0.8488\text{mm}$$

$$\delta_{L_2} = \frac{4 \times (-150{,}000) \times 1000}{2 \times 10^5 \times \pi \times 50^2} = -0.3820\text{mm}$$

- L_1구간의 변형률 ; ε_{L1}

$$\delta_1 = \delta_{t_1} + \delta_{L_1} = 0.192 - 0.8488 = -0.6568\text{mm}$$

$$\varepsilon_{L_1} = \frac{\delta_1}{L_1} = \frac{-0.6568}{800} = -8.21 \times 10^{-4}$$

- L_2구간의 변형률 ; ε_{L2}

$$\delta_2 = \delta_{t_2} + \delta_{L_2} = 0.24 - 0.3820 = -0.1420\text{mm}$$

$$\varepsilon_{L_2} = \frac{\delta_2}{L_2} = \frac{-0.1420}{1000} = -1.42 \times 10^{-4}$$

- 부재전체변형률 ; ε_L

$$\varepsilon_L = \frac{\delta_1 + \delta_2}{L_1 + L_2}$$

$$\varepsilon_L = \frac{(-0.6568) + (-0.1420)}{800 + 1000} = -4.44 \times 10^{-4}$$

7.4 축하중을 받는 부정정 부재

축하중을 받는 부재로 구성된 많은 단순구조물에서는 평형방정식(statically equilibrium equations ; $\sum F_x = 0$, $\sum F_z = 0$, $\sum M_y = 0$(x-z 평면의 경우))을 사용함으로써 각 지점의 반력과 각 부재에 발생되는 힘들과 응력 및 변형량 등을 구하는 것이 가능하였다. 이와 같이 평형방정식만을 적용하여 해석이 가능한 구조물을 정정(靜定 ; statically determinate) 구조물이라 한다. 그러나 많은 다른 구조물에서는 부재의 축하중과 지점의 반력을 구하는데 평형방정식만으로 충분하지 않다. 즉, 미지력의 수가 사용 가능한 평형방정식의 수보다 많아서 정역학적 평형방정식만으로는 구조물을 해석할 수 없는 경우가 생기는데, 이러한 구조물을 부정정(不靜定 ; statically indeterminate) 구조물이라 한다.

부정정 구조물은 기하학적으로 안정을 유지하는데 필요한 최소의 구속조건보다 더 많은 과잉

구속(redundant constraint)이 포함되어 있으며, 이와 같은 부정정 구조물의 해석을 위해서는 과잉 구속 조건의 수 만큼에 해당하는 부가적인 방정식이 필요하다. 이러한 방정식을 적합방정식(compatibility equations)이라 한다. 이러한 부정정 구조물을 해석하기 위한 방법에는 대표적으로 유연도법(柔軟度法 ; flexibility method)과 강성도법(剛性度法 ; stiffness method)이 있다. 유연도법은 해석과정에서 적합조건식에 유연도 $f(=L/EA)$의 형태가 나타나며, 강성도법은 강성도 $k(=EA/L)$가 나타나기 때문에 붙여진 이름이다. 해석을 통해 얻고자 하는 것이 무엇인지에 따라 유연도법과 강성도법을 적절히 사용하는 것이 필요하다. 일반적으로 변형량이나 변형률을 구할 때는 강성도법이, 힘 혹은 응력을 구할 때는 유연도법이 보다 유리하다.

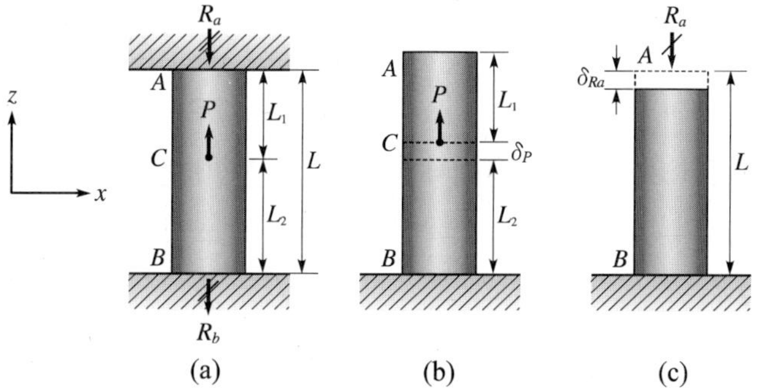

그림 7.16 부정정 부재(유연도법)

우선 유연도법을 설명하기 위하여 그림 7.16에서 보여준 부정정 구조물을 해석하기로 한다. 균일 원형 단면 부재의 양단 지점 A, B는 고정되어 있고 C 점에는 축하중 P가 작용하고 있다. 축하중의 작용으로 지점 A에서는 R_a, 지점 B에서는 R_b의 반력이 발생하게 된다. 평형방정식(모든 z방향 힘의 합은 0이다 ; $\Sigma F_z=0$)을 사용하여 힘의 평형식을 만들면 다음과 같다.

$$\uparrow \oplus \Sigma F_z = 0 \qquad P - R_a - R_b = 0 \tag{7.18}$$

$$\therefore R_a + R_b = P$$

위의 식 (7.18)과 같이 그림 7.16의 구조물에서 얻을 수 있는 평형방정식은 1개($\Sigma F_z=0$)이고, 미지수는 R_a, R_b 2개이므로 이 부재는 1차 부정정임을 알 수 있다. 따라서 위에서 설명하였듯이 변형을 고려한 적합방정식 1개가 추가로 필요하다. 이 부재의 해석을 위해서는 미지의 반력 중의 하나를 정역학적 여분력(statical redundant)으로 선정하여야 한다. 만약 반력 R_a를 여분력으로 하여 그 값을 구할 수 있다면 R_b도 위의 식 (7.18)의 정역학적 평형방정식에 의하여 구할 수 있다.

그림 7.16(a)와 같이 부재의 양단 지점 A, B는 고정되어있기 때문에 변형량 $\delta_A=\delta_B=0$임을

알 수 있고, 이를 적합조건식으로 사용하기로 한다. 이제 해석을 위하여 그림 7.16(a)와 같은 부정정 구조물에서 반력 R_a를 정역학적 여분력으로 선정하고 이를 제거시키면 그림 7.16(b)와 같은 정정구조물이 된다. 이와 같이 정역학적인 여분력을 제거한 상태의 구조물을 기본구조물(primary structure) 혹은 이완구조물(released structure)이라 한다. 그림 7.16(a)를 그림 7.16의 (b), (c)로 분할하였을 경우 두 부재에 발생되는 변위의 합은 0이 되어야 한다. 그림 7.16(b)의 축하중 P에 의한 A점의 변위를 δ_p라 하고, 그림 7.16(c)의 여분력으로 선정한 반력 R_a에 의한 A점의 변위를 δ_{Ra}라 하면, 다음 식 (7.19)와 같은 적합조건식을 얻을 수 있다.

$$\delta_A = \delta_P + \delta_{Ra} = 0 \tag{7.19}$$

이 적합조건식에서는 δ_p와 δ_{Ra}의 발생방향이 서로 다르므로 부호의 결정에 주의해야 한다. 즉, δ_p는 인장이므로 양(+)의 부호를 가지며, δ_{Ra}는 압축이므로 음(−)의 부호를 가진다. 만약 부재의 탄성계수 E와 단면적 A가 모든 부분에서 동일하다고 하면, 변위는 다음과 같이 구할 수 있다. 하중 P는 그림 7.16(b)의 L_1구간에서는 변위를 유발시키지 못한다. 즉, δ_p는 L_2 구간의 변위에 해당한다.

$$\delta_P = \frac{PL_2}{EA}, \qquad \delta_{Ra} = -\frac{R_a L}{EA} \tag{7.20}$$

위의 식 (7.20)을 식 (7.19)에 대입하면 반력 R_a를 구할 수 있다.

$$\frac{PL_2}{EA} - \frac{R_a L}{EA} = 0, \qquad \frac{PL_2}{EA} = \frac{R_a L}{EA} \quad \left(f = \frac{L}{EA}\right)$$

$$\therefore R_a = \frac{PL_2}{L} \tag{7.21}$$

또한, 식 (7.21)을 식 (7.18)에 대입하여 반력 R_b를 구할 수 있다.

$$\frac{P \cdot L_2}{L} + R_b = P, \quad R_b = P - \frac{PL_2}{L} = \frac{P}{L}(L - L_2) = \frac{PL_1}{L}$$

$$\therefore R_b = \frac{PL_1}{L} \tag{7.22}$$

지금까지 우리는 유연도법을 사용하여 간단한 부정정 부재의 반력을 구하는 방법에 대해 배웠다. 유연도법을 하중법(force method)이라고도 한다.

부정정 구조물 해석을 위한 또 하나의 방법은 강성도법(剛性度法 ; stiffness method)이다. 강성도법은 변위를 미지의 양으로 간주하는 점에 있어서 유연도법과는 다르다. 이러한 이유로 이 방법을 변위법(變位法 ; displacement method)이라고도 한다. 그림 7.16의 부정정 부재를 강성도법을 이용하여 해석하면 다음과 같다.

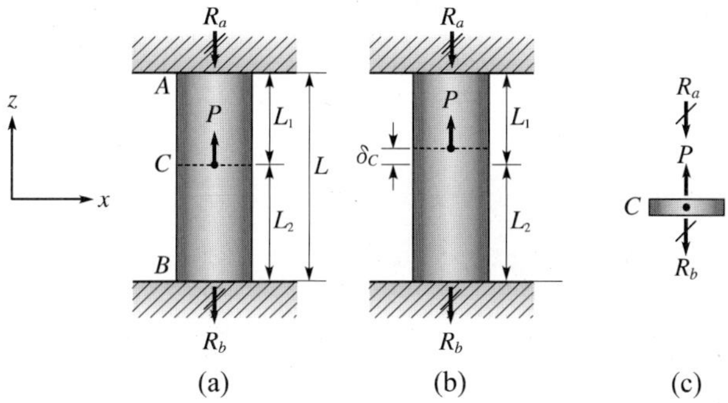

그림 7.17 부정정 부재(강성도법)

그림 7.17(a)의 구조물에 대한 평형방정식을 만들면 유연도법에서처럼 다음과 같다.

$$\uparrow \oplus \sum F_z = 0 \qquad P - P_a - R_b = 0$$

$$\therefore R_a + R_b = P \tag{7.23}$$

C점에 작용하는 축하중 P로 인해 C점에는 수직변위 δ_c가 발생하게 된다. 이 δ_c를 미지량으로 고려한다. 그림 7.17에서 부재 AC는 δ_c만큼 수축되고, 부재 CB는 δ_c만큼 늘어나게 되어 C점은 위로 올라가게 된다고 가정할 수 있다(그림 7.17(b) 참조). 이제 δ_c를 이용하여 반력 R_a와 R_b를 표현해보자. 반력 R_a와 R_b는 각각 부재 AC부분(L_1)과 CB부분(L_2)에 작용하는 축력으로 고려될 수 있다. 이제 축력으로 고려된 반력 R_a와 R_b는 각기 자신의 강성도 $k(=EA/L_i)$에 변위 δ_c를 곱하여 얻을 수 있다.

$$R_a = \frac{EA}{L_1}\delta_c, \qquad R_b = \frac{EA}{L_2}\delta_c \tag{7.24}$$

그리고 C점을 중심으로 미소면적을 그림 7.17(c)와 같이 생각하면 이 미소면적에는 하중 P와 축력 R_a, R_b가 작용하게 될 것이다. 위의 식 (7.24)를 식 (7.23)에 대입하여 정리하면 다음과 같다.

$$\frac{EA}{L_1}\delta_c + \frac{EA}{L_2}\delta_c = P \tag{7.25}$$

시 (7.25)를 δ_c에 대하여 정리한 후 식 (7.24)에 대입히여 반력 R_a와 R_b를 구할 수 있다.

$$\delta_c = \frac{PL_1L_2}{EA(L_1+L_2)} = \frac{PL_1L_2}{EAL} \tag{7.26}$$

$$R_a = \frac{EA}{L_1}\delta_c = \frac{EA}{L_1}\cdot\frac{PL_1L_2}{EAL} = \frac{PL_2}{L}$$

$$R_b = \frac{EA}{L_2}\delta_c = \frac{EA}{L_2}\cdot\frac{PL_1L_2}{EAL} = \frac{PL_1}{L}$$

$$\therefore R_a = \frac{PL_2}{L}, \quad R_b = \frac{PL_1}{L} \tag{7.27}$$

이상으로 강성도법을 이용한 부정정 부재의 해석에 대해 간단히 설명하였다. 얻어진 결과는 유연도법과 동일함을 알 수 있다. 유연도법과 강성도법을 비교해보면, 유연도법은 미지의 힘에 대한 적합조건식의 풀이를 요구하는 반면에 강성도법은 미지의 변위에 대한 평형방정식의 풀이를 요구함을 알 수 있다. 이 두 방법은 모두 재료가 선형탄성거동을 하는 후크(Hooke)의 법칙이 성립하는 범위 내에서만 적용이 가능하다.

예제 7.8

다음 그림과 같이 A, B 양단이 구속되어있는 직경 $D = 50\text{mm}$인 부재의 C점에 힘 $P = 50\text{kN}$이 작용할 경우 C점의 변위 δ_c를 구하고, A점과 B점에 작용하는 반력 R_a와 R_b, 부재 각각의 응력 σ_{AC}와 σ_{BC}를 구하여라. 단, $L_1 = 1\text{m}$, $L_2 = 1.5\text{m}$, $E = 2.0\times10^5\text{MPa}$이다.

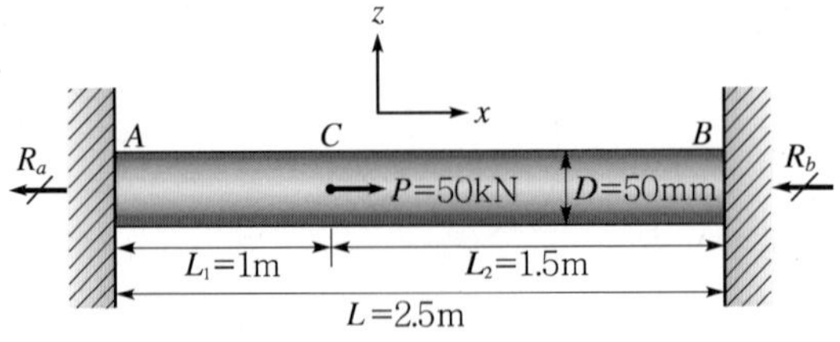

그림 예제 7.8

풀이

• 변위 ; σ_c

$$\overrightarrow{\oplus}\ \Sigma F_x = 0,\quad P - R_a - R_b = 0$$

$$\therefore R_a + R_b = P$$

$$\left(\delta = \frac{P \cdot L}{E \cdot A},\quad P = \frac{E \cdot A}{L}\delta\right)$$

$$R_a = \frac{E \cdot A}{L_1}\delta_c,\quad R_b = \frac{E \cdot A}{L_2}\delta_c$$

$$E = 2.0 \times 10^5\ \text{MPa},\quad L_1 = 1{,}000\text{mm},\quad L_2 = 1{,}500\text{mm}$$

$$A = \frac{\pi \cdot D^2}{4} = \frac{\pi \cdot 50^2}{4} = 1{,}963.50\text{mm}^2$$

$$R_a = \frac{2.0 \times 10^5 \cdot 1{,}963.50}{1{,}000}\delta_c = 392{,}700\delta_c$$

$$R_b = \frac{2.0 \times 10^5 \cdot 1{,}963.50}{1{,}500}\delta_c = 261{,}800\delta_c$$

$$R_a + R_b = P,\quad 392{,}700\delta_c + 261{,}800\delta_c = 50{,}000$$

$$\therefore \delta_c = \frac{50{,}000}{654{,}000} = 0.07645\text{mm}$$

- 반력 ; R_a, R_b

$$R_a = 392{,}700 \cdot \delta_c = 392{,}700 \cdot 0.07645 = 30{,}000\text{N} = 30\text{kN}\ (\leftarrow)$$

$$R_b = P - R_a = 50{,}000 - 30{,}000 = 20{,}000\text{N} = 20\text{kN}\ (\leftarrow)$$

자유물체도

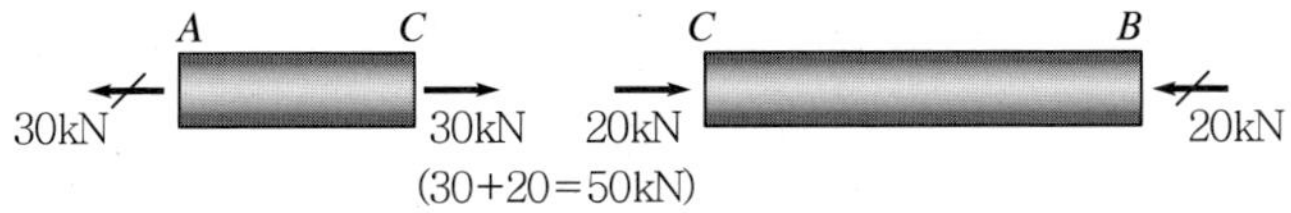

- 부재의 응력 ; σ_{AC}, σ_{BC}

$$\sigma_{AC} = \frac{R_a}{A} = \frac{30{,}000}{1963.50} = 15.28\text{MPa}(\text{인장응력})$$

$$\sigma_{BC} = \frac{R_b}{A} = \frac{20{,}000}{1963.50} = 10.19\text{MPa}(\text{압축응력})$$

예제 7.9

다음 그림과 같이 외경 $D_s = 50\text{mm}$, 내경 $D_c = 40\text{mm}$인 CFT(Concrete Filled Tubular)기둥이 강성이 큰 Steel plate에 의해 양단이 구속되어 있다. 이때 압축력 $P = 50\text{kN}$이 작용할 경우 Steel tubular가 받는 압축력 P_s와 콘크리트가 받는 압축력 P_c, 그리고 σ_s, σ_c, δ를 구하여라. 단, Steel plate의 무게는 고려하지 않으며 $E_s = 2.0 \times 10^5$ MPa, $E_c = 0.2 \times 10^5$ MPa, $L = 1\text{m}$이다.

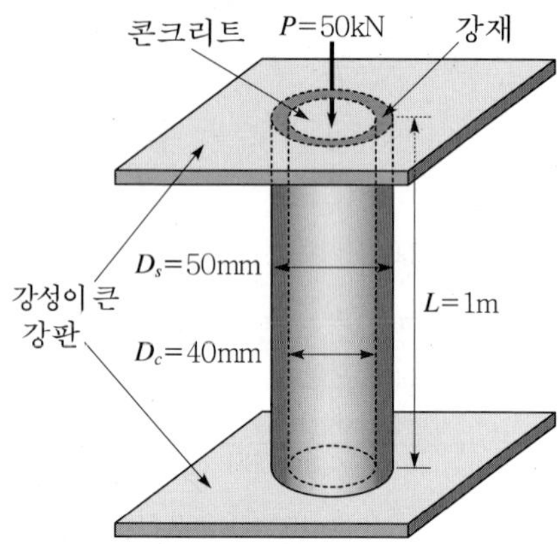

그림 예제 7.9

풀이

$P = P_s + P_c$

$\sigma = P/A$의 기본개념에서 $P = \sigma_s \cdot A_s + \sigma_c \cdot A_c$임을 알 수 있다. σ_c, σ_s가 미지수이므로 σ_c를 σ_s의 항으로 표현해보자.

$$\varepsilon_s = \frac{\sigma_s}{E_s}, \quad \varepsilon_c = \frac{\sigma_c}{E_c}$$

Steel과 Concrete의 변위는 같으므로 변형률도 같다.

$$\varepsilon_s = \varepsilon_c$$

$$\frac{\sigma_s}{E_s} = \frac{\sigma_c}{E_c}, \quad \sigma_c = \frac{E_c}{E_s}\sigma_s$$

$$P = \sigma \cdot A = \sigma_s \cdot A_s + \sigma_c \cdot A_c = \sigma_s \cdot A_s + \left(\frac{E_c}{E_s}\sigma_s\right) \cdot A_c$$

$$\sigma_s = \frac{P}{\left(A_s + \dfrac{E_c}{E_s}A_c\right)}$$

$P = 50{,}000\text{N}, \quad E_s = 2.0 \times 10^5\,\text{MPa}, \quad E_c = 0.2 \times 10^5\,\text{MPa}$

$$A_s = \frac{\pi \cdot D_s^2}{4} - \frac{\pi \cdot D_c^2}{4} = \frac{\pi \cdot 50^2}{4} - \frac{\pi \cdot 40^2}{4} = 706.86\text{mm}^2$$

$$A_c = \frac{\pi \cdot D_c^2}{4} = \frac{\pi \cdot 40^2}{4} = 1{,}256.64\text{mm}^2$$

$$\therefore \sigma_s = \frac{50{,}000}{\left(706.86 + \frac{0.2 \times 10^5}{2.0 \times 10^5} \times 1{,}256.64\right)} = 60.05\,\text{MPa}$$

$$\therefore P_s = \sigma_s \cdot A_s = 60.05 \times 706.86 = 42{,}446.94\,\text{N} = 42.45\,\text{kN}$$

$$P = P_s + P_c$$

$$\therefore P_c = P - P_s = 50{,}000 - 42{,}446.94 = 7{,}553.06\,\text{N} = 7.55\,\text{kN}$$

$$\therefore \sigma_c = \frac{P_c}{A_c} = \frac{7{,}553.06}{1{,}256.64} = 6.01\,\text{MPa}$$

$$\varepsilon_s = \frac{\sigma_s}{E_s} = \frac{60.05}{2.0 \times 10^5} = 0.0003, \quad \varepsilon_c = \frac{\sigma_c}{E_c} = \frac{6.01}{0.2 \times 10^5} = 0.0003$$

$$\delta_s = \varepsilon_s \cdot L = 0.0003 \times 1{,}000 = 0.3\text{mm}$$

$$\delta_c = \varepsilon_c \cdot L = 0.0003 \times 1{,}000 = 0.3\text{mm}$$

$$\therefore \delta = \delta_s = \delta_c = 0.3\text{mm}$$

예제 7.10

다음 그림과 같이 $B = 250\text{mm}$, $H = 250\text{mm}$인 정사각형 철근콘크리트(Reinforced Concrete) 기둥이 있다. 이 기둥에 직경 $D = 22\text{mm}(a_s = 387.1\text{mm}^2)$인 이형철근이 8개 배근되어있다. 이 기둥에 압축하중 $P = 400\text{kN}$이 작용할 경우 콘크리트에 발생되는 압축응력 σ_c와 철근에 발생되는 압축응력 σ_s, 그리고 P_s, P_c, δ를 각각 구하여라. 단, Steel plate의 무게는 고려하지 않으며 $E_s = 2.0 \times 10^5\text{MPa}$, $E_c = 0.2 \times 10^5\text{MPa}$, $L = 1\text{m}$이다.

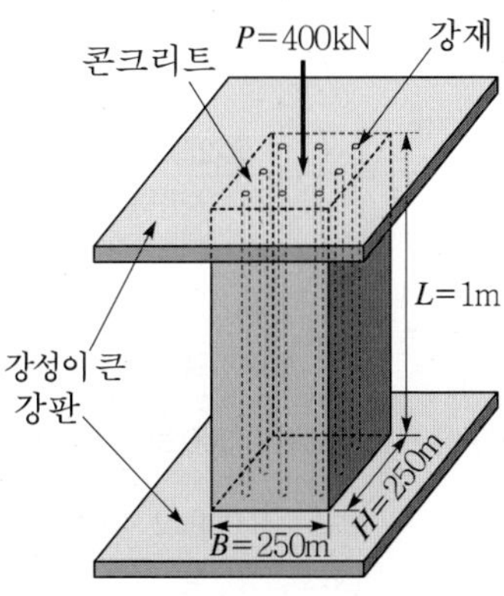

그림 예제 7.10

풀이

$$\varepsilon_s = \frac{\sigma_s}{E_s}, \quad \varepsilon_c = \frac{\sigma_c}{E_c}$$

철근과 콘크리트에서 발생되는 변형률은 같으므로

$$\varepsilon_s = \varepsilon_c$$

$$\therefore \frac{\sigma_s}{E_s} = \frac{\sigma_c}{E_c}, \quad \sigma_c = \frac{E_c}{E_s}\sigma_s$$

$$P = \sigma \cdot A = \sigma_s \cdot A_s + \sigma_c \cdot A_c$$

$$= \sigma_s \cdot A_s + \left(\frac{E_c}{E_s}\sigma_s\right) \cdot A_c$$

$$\sigma_s = \frac{P}{\left(A_s + \frac{E_c}{E_s}A_c\right)}$$

$P = 400{,}000\text{N}, \quad E_s = 2.0 \times 10^5\text{MPa}, \quad E_c = 0.2 \times 10^5\text{MPa}$

$A_s = a_s \times$ 철근개수 $= 387.1 \times 8 = 3{,}096.8\text{mm}$

$A_c = B \cdot H - A_s = 250 \times 250 - 3{,}096.8 = 59{,}403.2\text{mm}^2$

$$\therefore \sigma_s = \frac{400{,}000}{\left(3{,}096.8 + \frac{0.2 \times 10^5}{2.0 \times 10^5} \times 59{,}403.2\right)} = 44.26\text{MPa}$$

$$\therefore P_s = \sigma_s \cdot A_s = 44.26 \times 3{,}096.8 = 137{,}064.37\text{ N} = 137.06\text{kN}$$

$$P = P_s + P_c$$

$$\therefore P_c = P - P_s = 400{,}000 - 137{,}064.37 = 262{,}935.63\text{N} = 262.94\text{kN}$$

$$\therefore \sigma_c = \frac{P_c}{A_c} = \frac{262{,}935.63}{59{,}403.2} = 4.43\text{MPa}$$

$$\varepsilon_s = \frac{\sigma_s}{E_s} = \frac{44.26}{2.0 \times 10^5} = 0.00022, \quad \varepsilon_c = \frac{\sigma_c}{E_c} = \frac{4.43}{2.0 \times 10^6} = 0.00022$$

$$\delta_s = \varepsilon_s \cdot L = 0.00022 \times 1{,}000 = 0.22\text{mm}$$

$$\delta_c = \varepsilon_c \cdot L = 0.00022 \times 1{,}000 = 0.22\text{mm}$$

$$\therefore \delta = \delta_s = \delta_c = 0.22\text{mm}$$

7.5 변형에너지

완전 탄성체 부재에 하중을 가하면 부재에는 변형이 발생하게 되고 하중을 제거시키면 부재는 다시 원상태로 되돌아가 잔류변형을 남기지 않게 된다. 하중이 가해지는 동안 부재에는 변형이 유발되고 이러한 변형의 영향으로 부재 내부에는 에너지가 흡수되는데 이와 같이 변형의 영향으로 부재 내부에 흡수되는 에너지를 변형에너지(strain energy)라 한다. 완전 탄성체 부재의 경우 잔류변형을 남기기 않았다는 것은 부재내부에 저장되었던 변형에너지가 전혀 손실되지 않고 전부 회복되었다는 것을 의미하는 것이다. 본 절에서 소개하고자 하는 변형에너지의 개념은 정적 및 동적 하중 둘 다를 포함하는 문제의 해결에 적용할 때 아주 유용하다. 이제 변형에너지에 대해 좀 더 체계적으로 공부하도록 하자. 그림 7.18과 같이 길이가 L이고 원형 균일 단면적 A를 가진 탄성 부재를 고려해 보자.

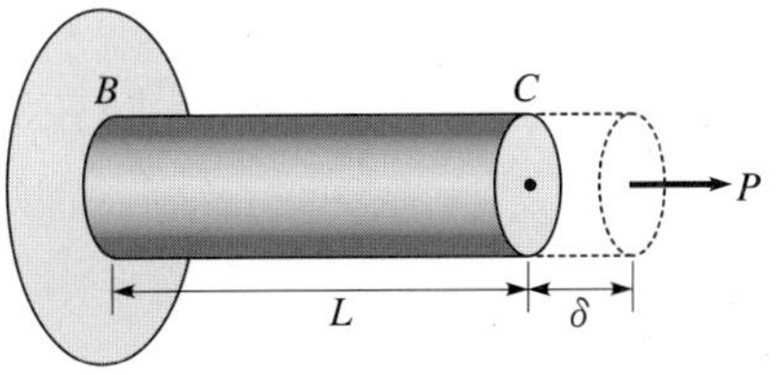

그림 7.18 균일단면봉의 인장

부재의 왼쪽 단(B점)은 고정되어 있으며, 타단(C점)은 자유단으로 축방향 인장력 P를 받고 있다. 그림 7.18의 부재에 인장력 P를 0에서부터 점점 증가시켜가면서 이에 해당하는 변위 δ와의 관계를 구해보면 그림 7.19와 같은 하중-변위 선도를 얻을 수 있다. 이 선도에서 수직축은 하중을 나타내고 수평축은 하중에 대하여 늘어나는 부재의 변위를 나타낸다.

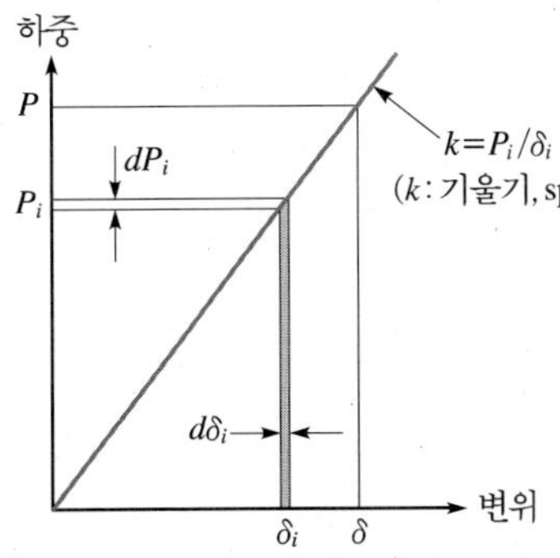

그림 7.19 하중-변위 선도

부재에 가해지는 축방향 인장력 P가 0에서 서서히 증가하여 P_i만큼의 힘을 받고 있다면, P_i에 대응되는 변위는 δ_i로 정의할 수 있다. P_i의 하중이 가해진 상태에서 dP_i만큼의 인장력을 증가시키면 증가된 힘으로 인해 부재는 미소량 $d\delta_i$만큼 늘어날 것이다. 이때 변위가 증가하는 동안 하중 P가 한 미소일 dW를 하중 P_i와 변위 $d\delta_i$를 곱함으로써 구할 수 있는데, 이를 수식화하면 다음과 같다.

$$dW = P_i \cdot d\delta_i \tag{7.28}$$

식 (7.28)은 그림 7.19에서 진하게 표시된 부분의 면적을 의미한다. 하중 P_i가 0에서부터 서서히 증가하여 P에 이르기까지, 변위 δ_i는 최초 0에서부터 δ에까지 이르게 되고 그동안 한 일의 양 W는 선도의 아래 부분 면적을 구함으로써 얻을 수 있다. 이를 다음과 같은 식을 사용하여 정의할 수 있다. 또한 재료가 탄성거동을 하여 후크(Hooke)의 법칙이 성립한다면 힘 $P_i = k\delta_i$로, $P = k\delta$로 표현할 수 있다. 여기에서 k는 스프링 상수이다.

$$W = \int_0^\delta P_i \cdot d\delta_i = \int_0^\delta k\delta_i \cdot d\delta_i = \frac{1}{2}(k\delta^2) = \frac{1}{2}(P\delta)$$

$$\therefore W = \frac{P \cdot \delta}{2} \tag{7.29}$$

만약 이러한 변형에너지가 하중이 가해지고 제거되는 동안 다른 에너지로 변환되거나 소실되지 않는다면 변형에너지는 하중에 의해서 한 일과 같을 것이다. 따라서 위의 식에서 구한 하중이 한 일의 양 W는 변형에너지 U와 같다고 정의할 수 있다. 하중이 한 일의 양 W를 외적 일(external work), 변형에너지 U를 내적 일(internal work)이라 표현하기도 한다.

$$U = W = \int_0^\delta P_i \cdot d\delta_i = \frac{P\delta}{2} \tag{7.30}$$

식 (7.30)에서 구한 변형에너지에 축하중을 받는 균일 단면 부재의 길이변화량 $\delta(=PL/EA)$를 구하는 식 (7.31)을 대입하여 다음과 같이 나타낼 수 있다.

$$U = W = \frac{P\delta}{2} = \frac{P}{2}\left(\frac{PL}{EA}\right) = \frac{P^2L}{2EA} \tag{7.31}$$

$$U = W = \frac{P\delta}{2} = \frac{\delta}{2}\left(\frac{EA\delta}{L}\right) = \frac{EA\delta^2}{2L} \tag{7.32}$$

식 (7.31)과 (7.32)에는 각각 유연도(L/EA)와 강성도(EA/L)가 포함되어 있다. 이와 같이 표현되는 변형에너지는 일반적인 에너지의 단위와 같은 "J"(Joule)의 단위를 갖는다. 참고로 1J = 1N · m이다.

단면이 일정하지 않은 부재에 대한 변형에너지 U는 부재의 미소요소에 대한 변형에너지 dU를 구한 후 이를 부재의 전 길이에 대해 적분하여 얻을 수 있다. 그림 7.20과 같이 거리 x에 따라 축방향력 P와 단면적 A가 변하는 부재의 경우 dU와 U를 구해보면 다음과 같다. 여기에서 P_x는 구속된 고정점에서 x만큼 떨어진 위치의 축방향력이며, A_x는 그 위치에서의 단면적을 의미한다.

$$dU = \frac{P_x^2}{2EA_x}dx$$

$$U = \int_0^L dU = \int_0^L \frac{P_x^2}{2EA_x}dx \tag{7.33}$$

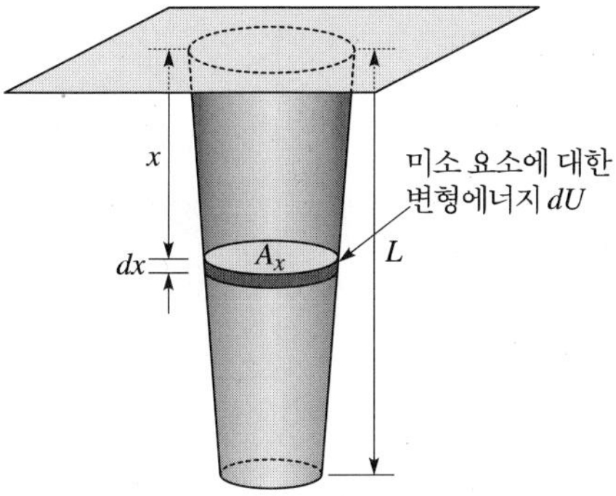

그림 7.20 축방향력과 단면적이 변화하는 부재의 변형에너지

이제 2.3절에서 이미 공부한 바 있는 레질리언스와 터프니스에 대해서 다시 생각해보자. 레질리언스와 터프니스를 다음과 같이 설명하고 있다.

> …… 탄성 범위 내에서 에너지를 흡수할 수 있는 재료의 능력은 레질리언스로 정의된다. 또한 레질리언스계수(modulus of resilience ; u_r)는 비례한도에 해당하는 응력이 재료에 발생되도록 인장력을 가했을 때의 변형에너지 밀도이며, 응력-변형률 선도에서 비례한도까지의 면적으로 나타낼 수 있다(그림 2.11(a) 참조).
>
> 이에 비해 터프니스는 재료가 파괴될 때까지 에너지를 흡수할 수 있는 재료의 능력을 의미한다. 또한 재료의 파괴점에 대응되는 응력이 발생하도록 인장력을 가했을 때의 변형에너지 밀도를 터프니스계수(modulus of toughness ; u_t)라 하며, 파괴 시까지 얻어진 응력-변형률 선도 아랫부분의 총면적으로 나타낸다(그림 2.11(b) 참조). ……

먼저 변형에너지 밀도 u는 변형에너지 U를 부재의 체적 V로 나눔으로써 구할 수 있다. 그림 7.18과 같은 부재를 고려하여 변형에너지 밀도 u와 레질리언스 계수 u_r을 수식으로 표현해보면 다음과 같다.

$$u = \frac{U}{V} = \frac{1}{AL}\left(\frac{P^2 L}{2EA}\right) = \frac{P^2}{2EA^2} = \frac{\sigma^2}{2E} \quad \text{or} \quad u = \frac{\sigma^2}{2E} = \frac{E\varepsilon^2}{2} \tag{7.34}$$

레질리언스 계수 u_r은 식 (7.34)의 응력 σ를 비례한도에 해당하는 응력 σ_p로 대치함으로써 얻을 수 있다.

$$\therefore\ u_r = \frac{{\sigma_p}^2}{2E} \tag{7.35}$$

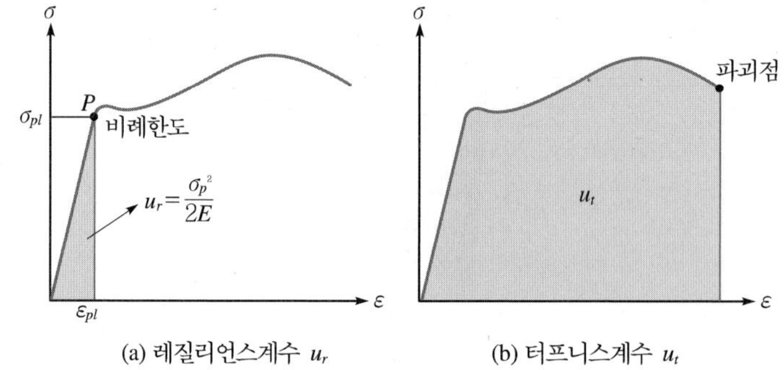

그림 7.21 터프니스 계수와 레질리언스 계수

변형에너지는 다시 탄성 변형에너지와 비탄성 변형에너지로 구분할 수 있다.

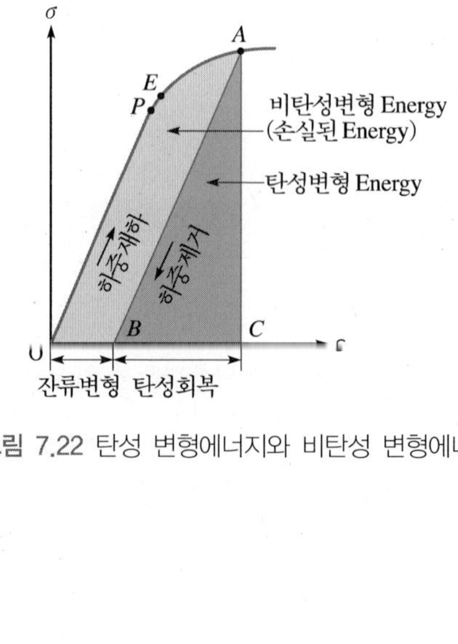

그림 7.22 탄성 변형에너지와 비탄성 변형에너지

그림 7.22에서와 같이 응력과 변형률의 상태가 E점을 지나 A점에 도달하면 하중을 제거하여도 O점으로 회복되지 않고 B점에 이르게 된다. 이처럼 하중을 제거하는 동안 회복될 수 있는 변형에너지를 탄성 변형에너지(elastic strain energy)라 하고 삼각형 ABC의 면적으로 표현할 수 있다. 또한 면적 $OEAB$는 부재가 잔류변형을 남기는 과정에서 소모된 에너지를 나타내며, 이 에너지를 비탄성 변형에너지(inelastic strain energy)라 한다.

예제 7.11

다음 그림과 같이 직경 $D_1 = 50$mm, $D_2 = 30$mm인 서로 다른 단면을 가진 봉이 있다. 이 봉에 인장하중 $P = 100$kN이 작용하는 경우 변형에너지 U를 구하여라. 단, $E = 0.23 \times 10^5$ MPa이다.

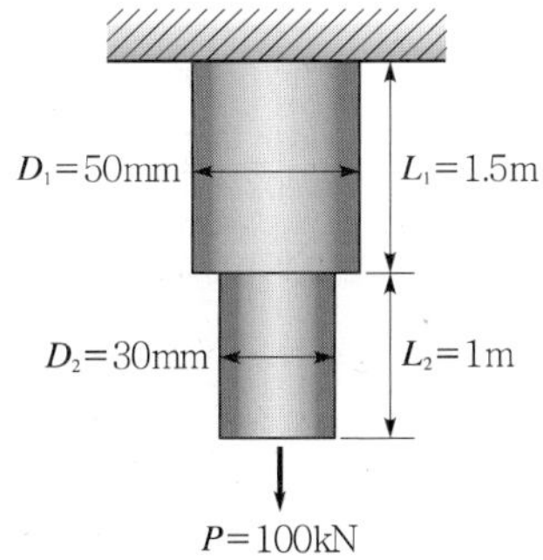

그림 예제 7.11

풀이

$$U = \frac{P \cdot \delta}{2} = \frac{P}{2}\left(\frac{P \cdot L}{E \cdot A}\right) = \frac{P^2 \cdot L}{2E \cdot A}$$

$$U = U_1 + U_2, \quad U_1 = \frac{P^2 \cdot L_1}{2E \cdot A_1}, \quad U_2 = \frac{P^2 \cdot L_2}{2E \cdot A_2}$$

$$P = 100{,}000\text{N}, \quad L_1 = 1{,}500\text{mm}, \quad L_2 = 1{,}000\text{mm}, \quad E = 0.23 \times 10^5\,\text{MPa}$$

$$U_1 = \frac{P^2 \cdot L_1}{2E \cdot A_1} = \frac{100{,}000^2 \times 1500}{2 \times 0.23 \times 10^5 \times 1{,}963.50} = 166{,}074.33\text{N} \cdot \text{mm} = 166.07\text{N} \cdot \text{m}$$

$$U_2 = \frac{P^2 \cdot L_2}{2E \cdot A_2} = \frac{100{,}000^2 \times 1{,}000}{2 \times 0.23 \times 10 \times 706.86} = 307{,}545.06\text{N} \cdot \text{mm} = 307.55\text{N} \cdot \text{m}$$

$$U = 166.07 + 307.55 = 473.62\,\text{N} \cdot \text{m}$$

예제 7.12

다음 그림과 같이 직경 $D=20\text{mm}$, 길이 $L=2\text{m}$인 강철봉이 고정되어 있다. 이 봉에 인장하중 $P=50\text{kN}$이 작용하는 경우 변형량 $\delta=16\text{mm}$가 발생했을 때 봉에서 발생하는 변형에너지 밀도 u는 얼마인가?

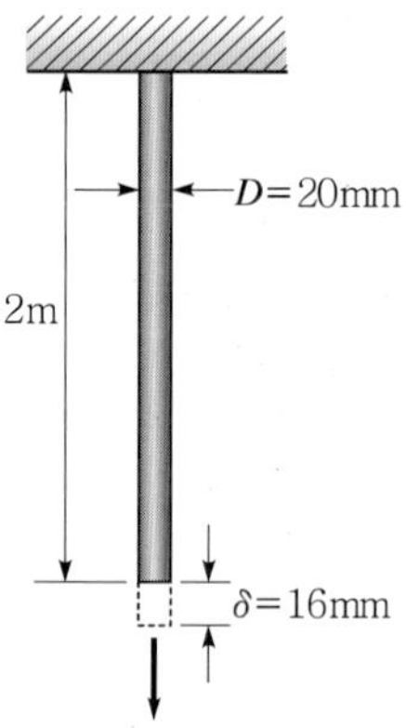

그림 예제 7.12

풀이

$$u=\frac{U}{V}=\frac{1}{AL}\left(\frac{P^2L}{2EA}\right)=\frac{P^2}{2EA^2}=\frac{\sigma^2}{2E} \quad \text{or} \quad u=\frac{\sigma^2}{2E}=\frac{E\varepsilon^2}{2}$$

$$\sigma=\frac{P}{A}$$

$$P=50{,}000\text{N}, \quad A=\frac{\pi\cdot D^2}{4}=\frac{\pi\cdot 20^2}{4}=314.16\text{mm}^2$$

$$\sigma=\frac{50{,}000}{314.16}=159.15\,\text{MPa}$$

$$E=\frac{\sigma}{\varepsilon}$$

$$\varepsilon=\frac{\delta}{L}, \quad \delta=16\text{mm}, \quad L=2{,}000\text{mm}$$

$$\varepsilon=\frac{\delta}{L}=\frac{16}{2000}=0.008$$

$$E = \frac{159.15}{0.008} = 1.99 \times 10^4\,\text{MPa}$$

$$u = \frac{\sigma^2}{2E} = \frac{(159.15)^2}{2 \times 1.99 \times 10^4} = 0.64\,\text{MPa}$$

예제 7.13

다음 그림과 같이 어떤 재료의 응력-변형률 선도에서 레질리언스 계수 u_r을 구하여라.

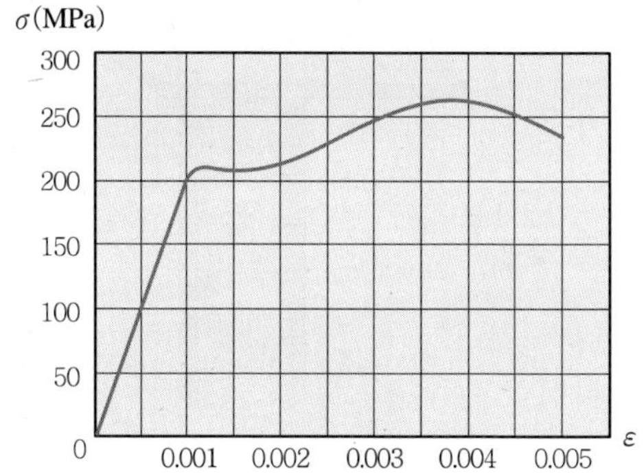

그림 예제 7.13

풀이

$$u_r = \frac{{\sigma_P}^2}{2E}$$

$$\sigma_P = 200\text{MPa}, \quad \varepsilon_P = 0.001$$

$$E = \frac{\sigma_P}{\varepsilon_P} = \frac{200}{0.001} = 2.0 \times 10^5\,\text{MPa}$$

$$u_r = \frac{(200)^2}{2 \times 2.0 \times 10^5} = 0.1\,\text{MPa}$$

참고) 레질리언스계수 u_r은 비례한도까지의 응력-변형률선도 아랫부분 면적이므로 200 × 0.001 × (1/2) = 0.1 MPa이다. 결과는 동일하게 얻어진다.

예제 7.14

다음 그림과 같이 외경 $D_s = 50\text{mm}$, 내경 $D_c = 40\text{mm}$인 CFT(Concrete Filled Tubular) 기둥이 강성이 큰 steel plate에 의해 구속되어 있다. 이때 압축력 $P = 80\text{kN}$이 작용할 경우 변형률 ε_L, 변형에너지 U_s, U_c를 구하여라. 단, Steel plate의 무게는 고려하지 않으며 $E_s = 2.0 \times 10^5\text{MPa}$, $E_c = 0.2 \times 10^5\text{MPa}$, $L = 1.2\text{m}$이다(S = Steel, C = Concrete를 의미함).

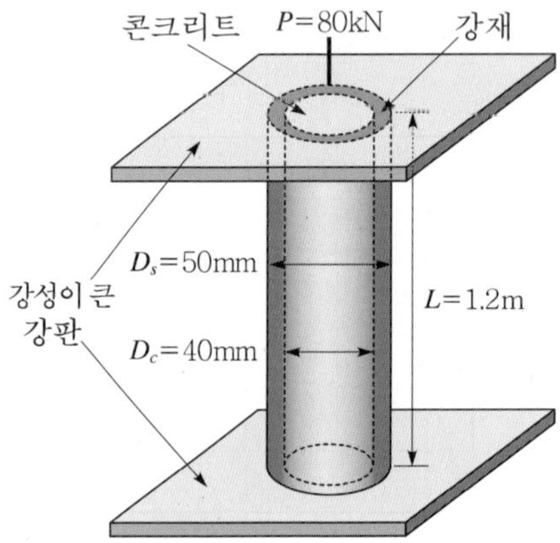

그림 예제 7.14

풀이

$$P = P_s + P_c$$

$\sigma = P/A$의 기본개념에서 $P = \sigma_s \cdot A_s + \sigma_c \cdot A_c$임을 알 수 있다. σ_c, σ_s가 미지수이므로 σ_c를 σ_s의 항으로 표현해보자.

$$\varepsilon_s = \frac{\sigma_s}{E_s}, \quad \varepsilon_c = \frac{\sigma_c}{E_c}$$

Steel과 Concrete의 변위는 같으므로 변형률도 같다.

$$\varepsilon_s = \varepsilon_c$$

$$\therefore \frac{\sigma_s}{E_s} = \frac{\sigma_c}{E_c}, \quad \sigma_c = \frac{E_c}{E_s}\sigma_s$$

$$P = \sigma \cdot A = \sigma_s \cdot A_s + \sigma_c \cdot A_c = \sigma_s \cdot A_s + \left(\frac{E_c}{E_s}\sigma_s\right) \cdot A_c$$

$$\sigma_s = \frac{P}{\left(A_s + \frac{E_c}{E_s}A_c\right)}$$

$P = 80{,}000\,\text{N},\ E_s = 2.0 \times 10^5\,\text{MPa},\ E_c = 0.2 \times 10^5\,\text{MPa}$

$$A_s = \frac{\pi \cdot D_s^2}{4} - \frac{\pi \cdot D_c^2}{4} = \frac{\pi \cdot 50^2}{4} - \frac{\pi \cdot 40^2}{4} = 706.86\,\text{mm}^2$$

$$A_c = \frac{\pi \cdot D_c^2}{4} = \frac{\pi \cdot 40^2}{4} = 1{,}256.64\,\text{mm}^2$$

$$\therefore \sigma_s = \frac{80{,}000}{\left(706.86 + \dfrac{0.2 \times 10^5}{2.0 \times 10^5} \times 1{,}256.64\right)} = 96.09\,\text{MPa}$$

$$P_s = \sigma_s \cdot A_s = 96.09 \times 706.86 = 67{,}922.2\,\text{N}$$

$$P = P_s + P_c$$

$$P_c = P - P_s = 80{,}000 - 67{,}922.2 = 12{,}077.8\,\text{N}$$

$$\therefore \sigma_c = \frac{P_c}{A_c} = \frac{12{,}077.8}{1{,}256.64} = 9.61\,\text{MPa}$$

$$\therefore \varepsilon_L = \frac{\sigma_s}{E_s} = \frac{\sigma_c}{E_c} = \frac{9.61}{0.2 \times 10^5} = 0.00048 = 4.8 \times 10^{-4}$$

$$\delta = \varepsilon_L \cdot L = 4.8 \times 10^{-4} \times 1{,}200 = 0.576\,\text{mm}$$

$$\left(\delta = \frac{P_s \cdot L}{A \cdot E_s} = \frac{67{,}922.2 \times 1.2 \times 1{,}000}{706.86 \times 2.0 \times 10^5} = 0.5765\,\text{mm}\right)$$

$$\therefore U_s = \frac{P_s \cdot \delta}{2}\left(= \frac{P_s^2 \cdot L}{2 \cdot E_s \cdot A_s}\right) = \frac{67{,}922.2 \times 0.5765}{2} = 19{,}578.6\,\text{N} \cdot \text{mm} = 19.6\,\text{N} \cdot \text{m}$$

$$\therefore U_c = \frac{P_c \cdot \delta}{2}\left(= \frac{P_c^2 \cdot L}{2 \cdot E_c \cdot A_c}\right) = \frac{12{,}077.8 \times 0.5765}{2} = 3{,}481.4\,\text{N} \cdot \text{mm} = 3.5\,\text{N} \cdot \text{m}$$

7.6 피로특성

피로(fatigue)는 재료가 견딜 수 있는 최대하중보다 낮은 하중이 반복 작용하는 현상을 의미하며, 이와 같은 하중을 피로하중이라 한다. 피로하중(fatigue loading)은 다양한 형태로 구조물에 작용된다. 예를 들어 교량의 경우는 차량하중이 피로하중으로 작용되며, 해양구조물은 파랑하중, 기계기초 구조물에서는 기계의 작동으로 인한 진동 등이 피로하중으로 작용된다. 피로는 발생되는 응력의 크기와 하중의 반복 횟수의 함수이다.

일반적으로 피로하중의 형태는 고주기 저진폭(high-cycle low amplitude)과 저주기 고진폭(low-cycle high amplitude)으로 분류된다. Hsu는 반복하중의 횟수에 따른 피로하중의 범위를 그림 7.23과 같이 3단계로 분류하여 반복횟수의 스펙트럼(spectrum)으로 나타내었다.

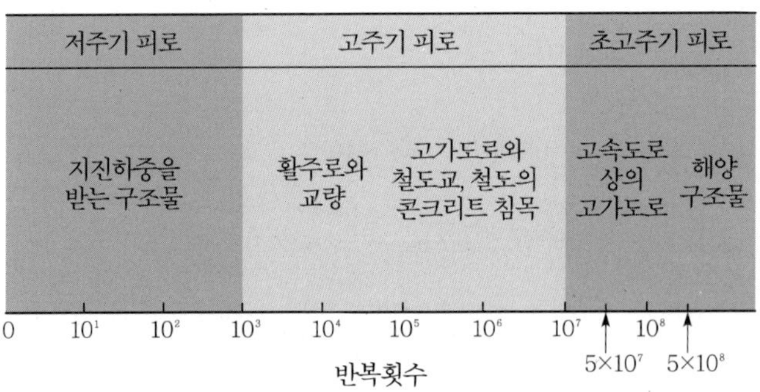

그림 7.23 피로하중 스펙트럼

구조 부재들은 이러한 피로하중의 형태에 따라 다양한 응력이력에 지배받는다. 그 중 가장 단순한 형태는 그림 7.24에서 보여주는 것과 같은 일정한 진폭을 갖는 주기적인 반복응력의 형태이다. 이러한 응력형태는 중량이 무거운 기계 기초에서 볼 수 있다. 그림 7.24와 같은 응력의 형태는 일정한 응력범위 ΔS, 평균응력 S_{mean}, 응력진폭 S_{amp}, 그리고 응력비(stress ratio) R로 나타낼 수 있다. 이러한 값들은 그림 7.24, 7.25와 다음 식들을 이용하여 나타낼 수 있다. 일반적으로 콘크리트 구조물에 대한 응력비의 범위는 $0 < R < 1$이다.

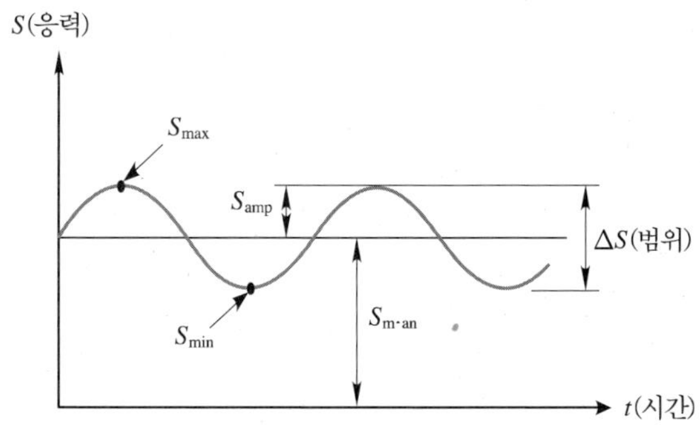

그림 7.24 일정진폭을 갖는 피로하중

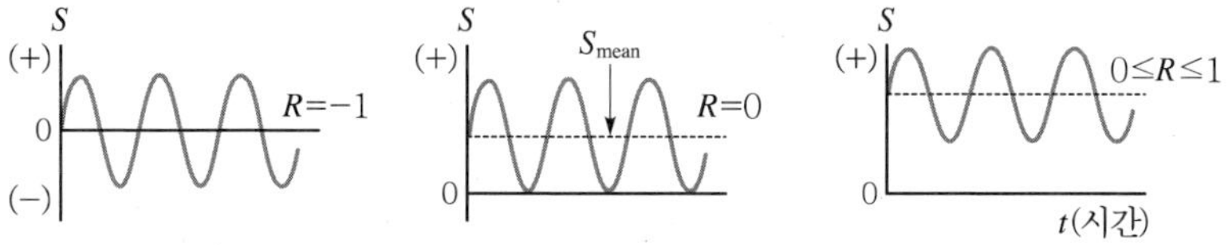

그림 7.25 응력비(R)

$$\Delta S = S_{max} - S_{min} \tag{7.36}$$

$$S_{mean} = \frac{S_{max} + S_{min}}{2} \tag{7.37}$$

$$S_{amp} = \frac{S_{max} - S_{min}}{2} \tag{7.38}$$

$$R = \frac{S_{min}}{S_{max}} \tag{7.39}$$

피로하중의 작용으로 구조물에 손상이 누적되어 재료가 정적강도보다 낮은 강도에서 파괴되는 현상을 피로파괴(fatigue fracture)라 한다.

구조물이나 구조 부재의 피로파괴를 일으키는데 요구되는 반복하중의 횟수를 피로수명(fatigue life)이라 하며, 일반적으로 N을 사용하여 나타낸다. 특히, 반복하중을 받는 금속재료의 강도를 결정하기 위해서는 어떤 크기 이하의 하중을 주어진 수만큼 반복 작용시켜도 재료가 파괴되지 않는 하중의 한계 값을 정해야 한다. 이러한 하중으로 인한 한계 응력값을 피로한계(fatigue limit) 또는 내구한계(endurance limit)라 한다. 이를 구하기 위해서는 피로시험기를 사용하여 각각의 시편에 특정한 크기의 응력을 주기적으로 작용시켜서 시편이 파괴될 때까지 시험을 수행한다. 다양한 크기의 응력 S와 그 크기의 응력으로 인한 파괴까지의 반복횟수 N과의 관계를 그래프로 그리게 되는데, 이를 S-N선도(S-N curve)라 한다. 피로에 관한 응력을 고려할 때는 응력을 S로 표현하는 것이 일반적이다.

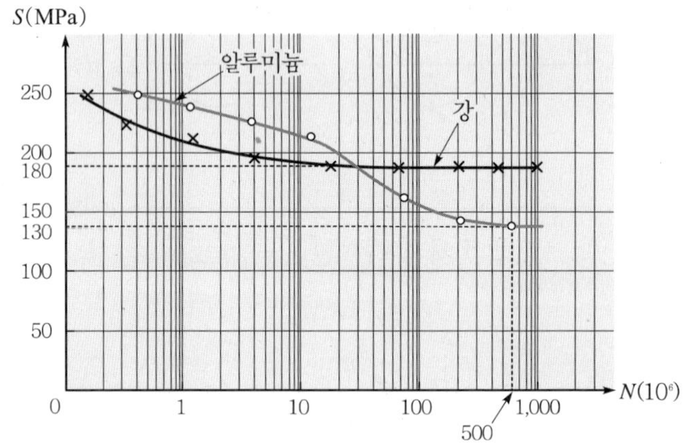

그림 7.26 강과 알루미늄 합금의 $S-N$선도(N축은 대수눈금)

그림 7.26은 강과 알루미늄에 대한 피로한계를 나타내고 있다. 피로한계는 S-N선도가 수평이 되어 일정한 응력으로 수렴할 때 그 응력값을 의미하는데, 강의 피로한계는 그림에서와 같이 약 180 MPa 정도로 결정지을 수 있지만, 알루미늄의 피로한계는 쉽게 정할 수 없으므로 일반적으로 반복횟수 500×10^6에 해당하는 약 130 MPa로 정한다. 피로한계 이하의 응력 크기로 반복하중을 무한대로 가하여도 재료에는 피로파괴가 일어나지 않는다.

대부분의 건물에 구조용 부재로 사용된 강의 경우에는 피로가 거의 문제되지 않는데 반복하중으로 인한 응력의 크기가 강의 피로한계에 미치지 못하기 때문이다.

공학의 측면에서 실질적인 피로문제를 접근한다면 지진하중이나 풍하중, 차량하중과 같은 동하중에 대한 구조부재의 안전성을 검토하는 것이 대표적이라 할 수 있다. 특히 지진하중에 대한 강구조 부재 요소의 피로손상에 대한 연구는 Park, Yeon-Soo 교수에 의해 활발히 이루어지고 있다. 그는 지진에 의한 피로하중을 '극저사이클 하중(very low cycle loading)'이라는 새로운 용어로 정의하고 극저사이클 하중에 대한 강부재의 손상도 평가 방법을 해석적인 방법과 실험적인 방법을 통하여 새롭게 제안하였다(그림 7.27, 7.28 참조).

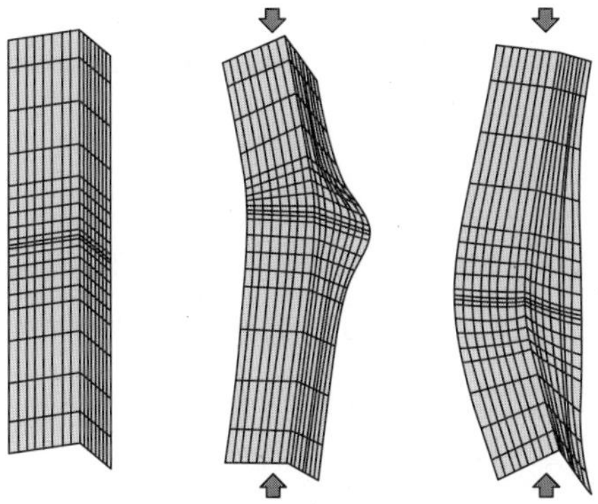

그림 7.27 극저사이클 하중을 받는 강부재의 변형 형상

그림 7.28 극저사이클 하중을 받는 강재의 변형 실험

손상도 평가방법에서 반복하중의 각 사이클당 국소부 누적 소성변형률(cumulative plastic strain) ε_i를 단순 인장실험 시편의 파단부에서 발생되는 국소변형률(local strain)의 한계치 ε_{lim}와 비교하도록 하였다. 이로부터 일반 구조용 강재의 경우 응력집중이 가장 심한 단면에서 누적 소성변형률 ε_i가 한계 변형률 ε_{lim}의 90%에 도달했을 때 강부재가 파괴상태에 이르게 된다는 것을 밝혔다.

이를 수학적인 식으로 나타낸 것이 식 (7.40)이다.

$$If \sum_{i=1}^{N} \varepsilon_i \geq \varepsilon_{\text{lim},} \qquad state \;\; of \;\; failure$$

$$If \sum_{i=1}^{N} \varepsilon_i < \varepsilon_{\text{lim},} \qquad no \;\; failure \;\; state \tag{7.40}$$

식 (7.40)을 무차원화하여 새롭게 정의한 것이 손상도 지수(damage index) D이다. 반복하중 횟수 N번째까지의 반복하중을 받은 일반 구조용 강구조 부재에 대한 손상도 지수 D는 다음과 같이 정의된다.

$$D = \sum_{i=1}^{N} \left(\frac{\varepsilon_1}{\varepsilon_{\text{lim}}} \right) \tag{7.41}$$

식 (7.41)로부터 $D \geq 1$에 대응되는 반복하중 단계에서 강부재는 파괴상태에 이르게 되고, 반면에 $D < 1$인 경우 파괴상태는 아니지만 강부재가 어느 정도 손상을 입었는가 하는 것을 수치적으로 평가 가능하도록 하였다.

연습문제

7.1 다음 그림과 같이 직경 $d = 100$mm인 봉이 있다. 이 봉의 B점에 하중 $P_B = 10$kN, C점에 하중 $P_C = 15$kN, D점에 하중 $P_D = 12$kN, E점에 하중 $P_E = 10$kN이 작용한다고 할 때 부재의 구간별 변형률 ε_{AE}, ε_{BC}, ε_{CD}, ε_{DE}를 구하고 총변형률 ε을 구하여라. 단, 길이 $L_1 = 400$mm, $L_2 = 500$mm, $L_3 = 400$mm, $L_4 = 550$mm이고 탄성계수 $E = 2.0 \times 10^5$MPa이다.

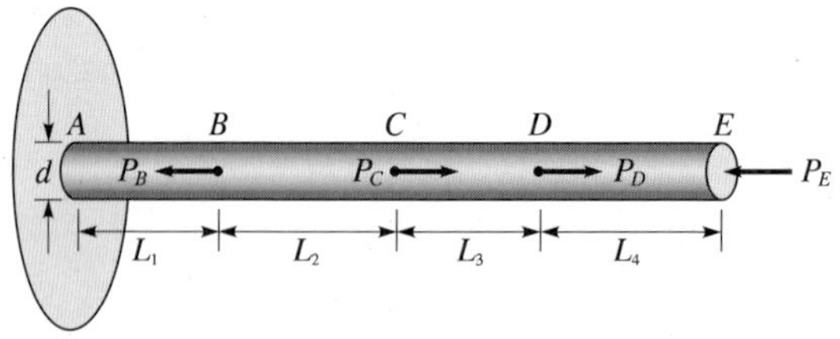

그림 문제 7.1

7.2 강성도와 유연도에 대해서 설명하여라.

7.3 다음 그림과 같이 직경 $D_1 = D_3 = 60$mm, $D_2 = 30$mm인 변단면의 봉이 있다. 이 봉의 B점에 하중 $P_B = 5$kN, C점에 하중 $P_C = 10$kN, D점에 하중 $P_D = 12$kN이 작용한다고 할 때 부재의 구간별 변형률 ε_{AE}, ε_{BC}, ε_{DE} 및 총변형률 ε을 구하여라. 단, 길이 $L_1 = L_3 = 300$mm, $L_2 = 500$mm이고 탄성계수 $E= 2.0 \times 10^5$MPa이다.

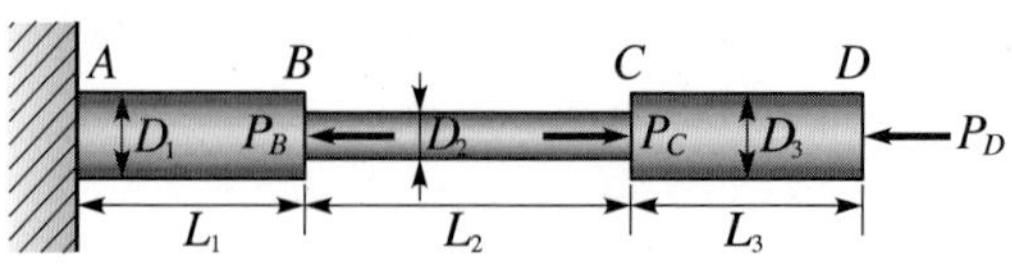

그림 문제 7.3

7.4 문제 7.3번에서 AB부재의 탄성계수 $E_{AB} = 1.25 \times 10^5$MPa, BC부재의 탄성계수 $E_{BC} = 2.0 \times 10^5$MPa, CD부재의 탄성계수 $E_{CD} = 0.2 \times 10^5$MPa라 한다면 각각의 변형률 ε_{AE}, ε_{BC}, ε_{CD} 및 총변형률 ε을 구하여라. 단, 그 외 조건은 문제 7.3과 동일하다.

7.5 다음 그림과 같이 띠강판의 중앙에 구멍을 뚫었을 때 형상계수를 나타낸 것이다. 이것을 이용하여 폭 $B = 90$mm, 두께 $t = 12$mm, 구멍의 직경 $D = 40.5$mm인 강판에 작용하는 최대응력 $\sigma_{\max}$을 구하여라. 단, 인장력 $P = 25$kN이다.

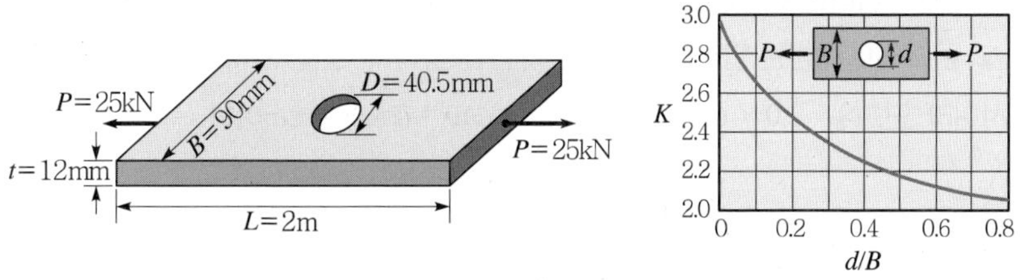

그림 문제 7.5

7.6 다음 그림과 같이 직경 $D = 30$mm, 길이 $L = 500$mm인 강봉이 있다. 이 부재에 $\Delta t = 20$℃가 상승하고 축방향 압축하중 P가 작용할 때 이 강봉의 변형량 $\delta = 0$이 되는 압축하중 P의 크기는 결정하여라. 단, 강봉의 탄성계수 $E = 2.0 \times 10^5$MPa이고, 열팽창계수 $\alpha = 12 \times 10^{-6}$/℃이다.

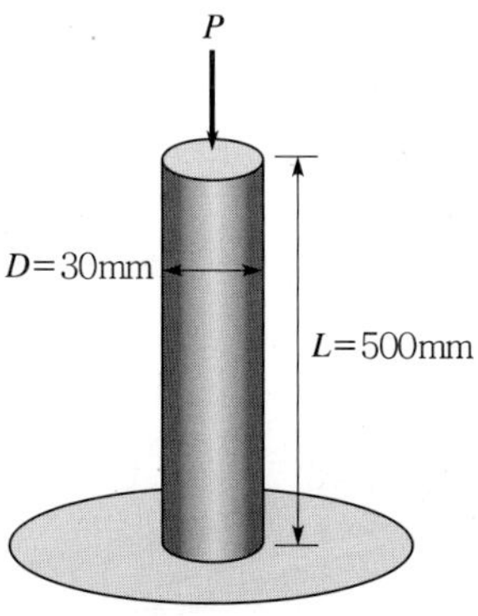

그림 문제 7.6

7.7 문제 7.6에서 부재의 변형에너지 U를 구하여라.

7.8 피로파괴, 피로수명, 피로한계의 용어에 대한 정의를 설명하여라.

7.9 다음 그림과 같이 Steel tubular로 보강된 철근콘크리트 기둥이 있다. 콘크리트 기둥의 직경 $D=$ 300mm, D19($a_S-286.5\text{mm}^2$)인 철근을 6개 사용하였으며, 두께 $t=10\text{mm}$인 Steel tubular로 보강하였다. 이러한 부재에 축방향 압축력 $P=1\text{MN}$이 작용할 경우 Steel tubular가 받는 압축력 P_{s1}과 콘크리트가 받는 압축력 P_C, 철근이 받는 압축력 P_{S2}를 구하고 각각의 σ_{S1}, σ_{S2}, σ_C, δ를 구하여라. 단, $E_S=2.0\times10^5\text{MPa}$, $E_C=0.2\times10^5\text{MPa}$, $L=2\text{m}$이다.

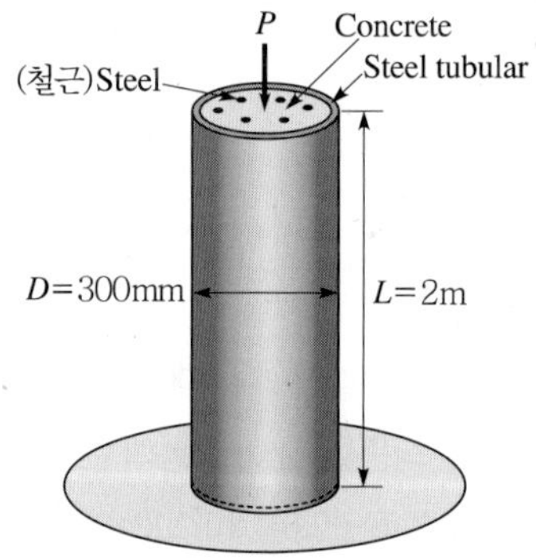

그림 문제 7.7

7.10 다음 그림과 같은 불균일 단면봉이 있을 때 축하중으로 인한 신장량 δ를 구하여라. (단, 탄성계수는 E이다.)

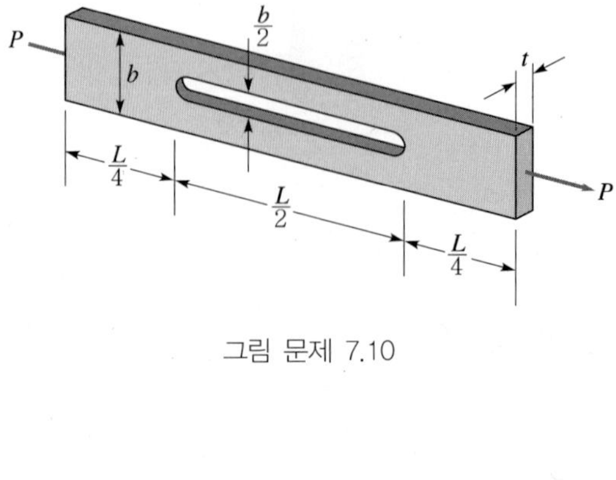

그림 문제 7.10

제8장 비틀림

제8장
비틀림

8.1 개요

이 장에서는 비틀림(torsion)을 받는 구조부재의 응력과 변형률에 대한 내용이 소개된다. 비틀림은 어떤 구조 부재에 그 길이방향의 축을 기준으로 회전을 일으키게 하는 모멘트(우력)를 부과함으로써 그 부재가 비틀리는 상태를 말한다. 이와 같이 임의의 부재를 비틀리게 하는 모멘트를, 휨모멘트와 구분하여 비틀림 모멘트(twisting moment), 비틀림 우력(twisting couple) 혹은 비틀림력(torque)이라 정의한다. 실제 구조 부재들은 다양한 형태로 비틀림의 영향을 받고 있으며, 설계 시 비틀림에 대한 적절한 고려가 필요하다. 풍하중을 받는 도로 표지판의 기둥은 비틀림 모멘트를 받는 대표적인 구조부재라 할 수 있다(그림 8.1). 그림 8.2는 비틀림 모멘트를 표기하는 방법에 대하여 소개한 것이다.

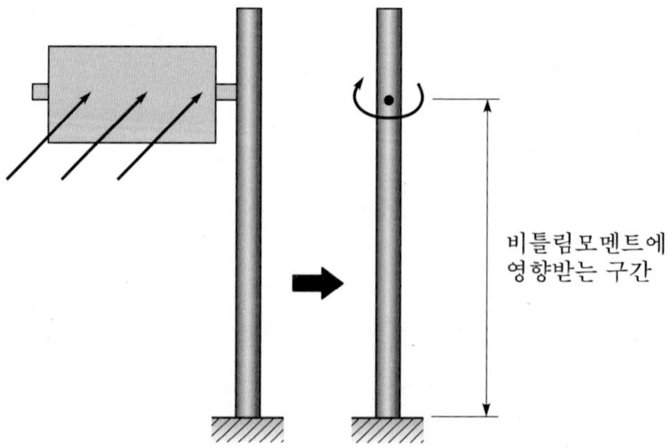

그림 8.1 비틀림 모멘트를 받는 도로표지판의 기둥부재

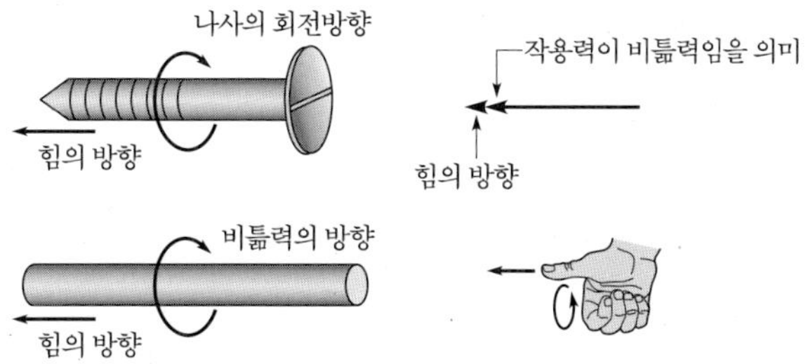

그림 8.2 비틀림 모멘트의 표기 방법

비틀림 하중은 다음과 같이 여러 형태로 표기할 수 있다. 비틀림 모멘트의 표시는 일반적으로 화살표의 머리가 2개인 형태의 벡터와 모멘트 벡터에 대한 오른손 법칙에 의하여 나타낸다. 오른손 법칙에서 엄지손가락의 방향은 좌표축의 방향을 의미하며 손가락이 감아지는 방향은 비틀림 모멘트가 작용하는 방향을 의미한다. 비틀림 하중은 길이방향 축에 대하여 이 부재를 비틀려고 하는 우력의 형태이다. 비틀림 모멘트는 한 쌍의 힘과 그 힘들의 작용선 사이의 거리를 곱하는 형태로 표현된다. 그림 8.3은 비틀림 모멘트 T_1과 T_2에 의해 비틀림을 받는 일단고정인 봉과 이들 비틀림 모멘트의 표기방법을 표현하였다.

그림에서 비틀림 모멘트는 Twisting moment의 첫 글자를 사용하여 "T"로 표기한다. 비틀림 모멘트의 부호규약은 위에서 설명한 오른손 법칙에 만족되면 양(+)의 비틀림 모멘트가 된다. 즉, 좌표축의 양의 방향으로 엄지손가락을 맞추고 손가락의 감아지는 방향이 비틀림 모멘트의 회전방향과 일치하면 양(+)의 값이 된다. 그림 8.3에서 T_1은 양(+)의 비틀림 모멘트이며, T_2는 음(−)의 비틀림 모멘트임을 이해하였다면 비틀림력의 부호규약을 이해하고 있는 것이다. 그림 8.4는 비틀림 모멘트의 (+)부호규약을, 그림 8.5에서는 실제 구조물에서 발생하는 비틀림 모멘트의 형태를 보여주고 있다.

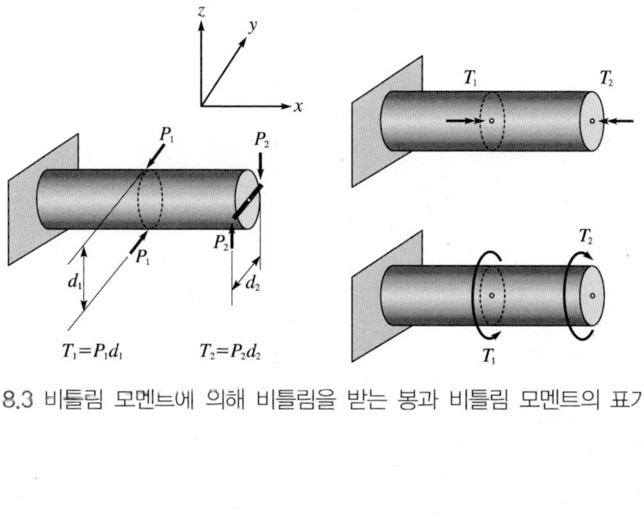

그림 8.3 비틀림 모멘트에 의해 비틀림을 받는 봉과 비틀림 모멘트의 표기방법

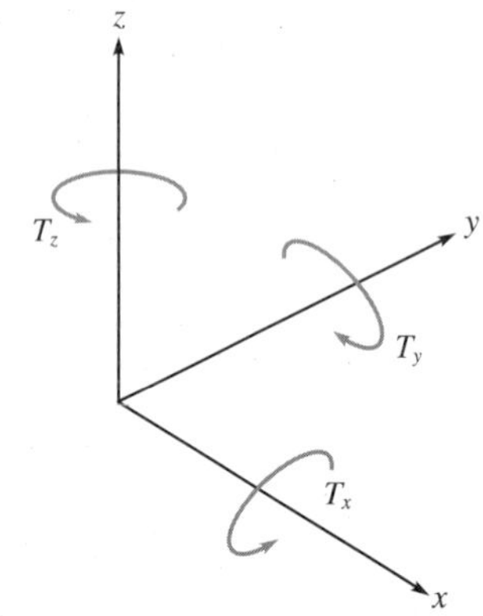

그림 8.4 비틀림 모멘트의 (+) 부호규약

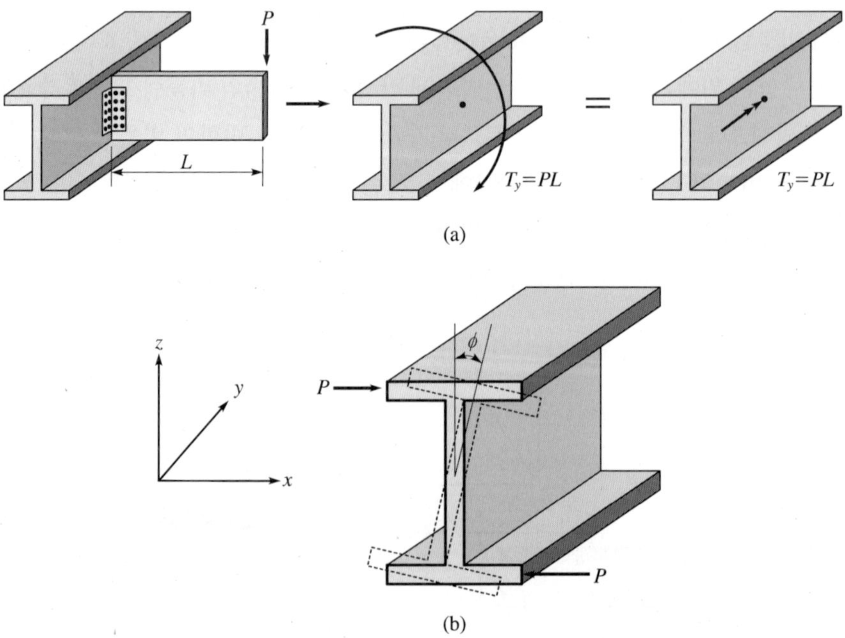

그림 8.5 실제 구조물에 작용되는 비틀림 모멘트

예제 8.1

다음의 그림에서 발생되는 비틀림 모멘트를 부호규약을 고려하여 쌍두 화살표를 사용하는 방법으로 표현해보자.

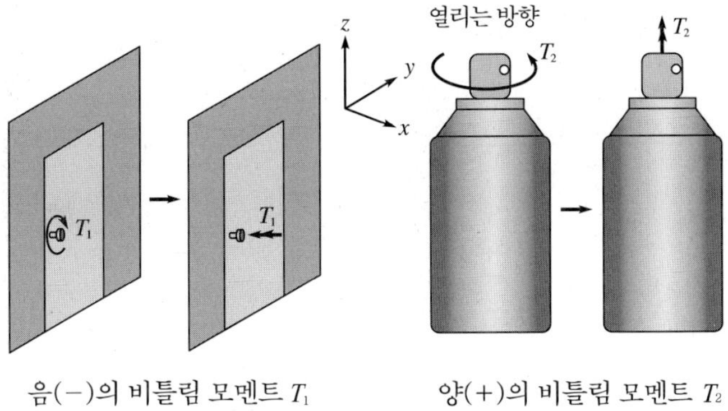

그림 예제 8.1

8.2 원형단면 부재의 비틀림

원형 단면 부재의 역학적 해석에 앞서 부재의 비틀림 변형에 대한 특성을 알아야 한다. 원형단면축의 비틀림 해석을 위하여 다음과 같이 가정한다.

(1) 축선에 수직한 원형단면은 비틀림 변형 후에도 원형을 유지하며 반경은 변하지 않는다. 즉, 단면상의 임의의 점은 변형 후에도 동심원상에 존재한다.
(2) 비틀림 전의 평면단면이 비틀림 후에도 평면으로 유지되며 그 직경도 직선으로 유지된다.
(3) 단면의 상대적 회전각은 축선 상의 거리에 비례한다.

다시 말해서 축의 여러 단면들이 서로 다른 크기의 양만큼 회전하지만 각 단면들은 강체 평판과 같이 회전하고 있다는 뜻이다. 이제 원형 단면부재나 봉이 그 양단에 작용하는 비틀림 모멘트 T와 T'에 의하여 비틀리는 경우를 생각해 보자(그림 8.6 참조). 원형 부재가 비틀림 모멘트를 받으면 도심축에 직교하는 단면은 도심축을 중심으로 회전된다.

그림 8.6은 비틀림 보멘트에 의한 원형 단면 부재의 변형 전과 후의 형상을 도시한 것이다. 원

형 단면 부재가 비틀림 모멘트를 받은 후에도 단면이 평면을 유지하며, 평면이 뒤틀리지 않는 이유는 단면이 축대칭(axisymmetric)이기 때문이다. 참고로 비원형 단면 부재는 변형 후 형상이 변형 전과는 상이하므로 이 절에서는 원형 단면 부재에 국한하여 논의할 것이다. 비원형 단면 부재는 원형 단면 부재와는 달리 비틀림 후에도 특정 각을 제외하고는 평면단면을 유지하지 못한다.

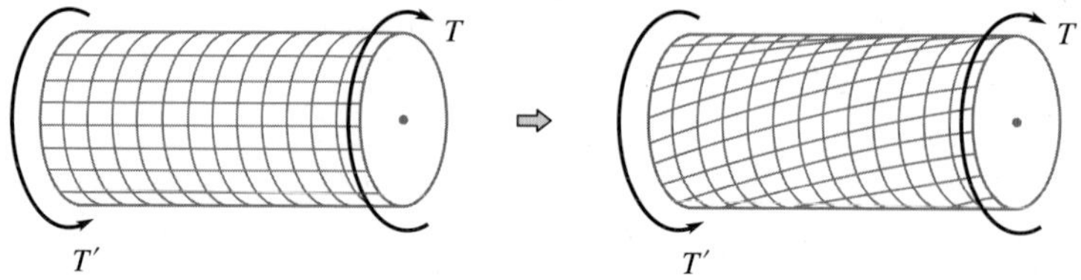

그림 8.6 비틀림을 받는 원형단면 부재의 비틀림 후 형상

8.2.1 중실단면 부재

구조부재의 비틀림 해석을 위하여 반지름 r, 길이 L인 원형단면 부재에 비틀림 모멘트가 작용하고 있는 그림 8.7과 같은 중실원형단면 부재를 고려해보자. 이제 우리는 비틀림 해석을 통해서 중실 원형단면 부재의 비틀림각 θ, 부재의 길이 L 및 비틀림 모멘트 T 사이의 관계식과 단면 내에 분포하는 전단응력 τ의 분포를 구하게 될 것이다. 비틀림 모멘트가 부재에 작용하면 자유단에는 부재 축에 대한 비틀림각이 발생할 것이다. 이 비틀림각의 발생으로 인해 최초 부재 축과 평행했던 표면의 직선 da는 직선 da'로 변하게 된다. 부재의 하부 d는 고정단이므로 d점에서부터 거리 x만큼 떨어진 위치에 있는 단면의 상대적인 비틀림각을 ϕ라 하면 ϕ는 x에 비례하여 다음 식이 성립한다.

$$\frac{\Delta\phi}{\Delta x} = \text{일정} = \phi \tag{8.1}$$

여기서 θ는 비틀림 변화율로써 단위길이당의 비틀림각(angle of twist per unit length)이다. ϕ, θ는 라디안의 단위를 갖는다는 것에 유의해야 한다. 이제 그림 8.7(a)로부터 거리가 Δx인 요소를 생각해 보자. 그림 8.7(b)에서 비틀림 모멘트가 작용하기 이전의 부재축에 평행하던 부재표면의 변 $b''c'$는 비틀림 모멘트의 작용으로 인해 $b'c'$로 이동하여 변화한다. 그러나 변의 길이는 변하지 않고 90°를 유지하고 있던 모서리각만이 변화함에 유의해야 한다. 이 요소는 순수전단상태에 있으며 그 전단변형률 γ는 다음과 같다.

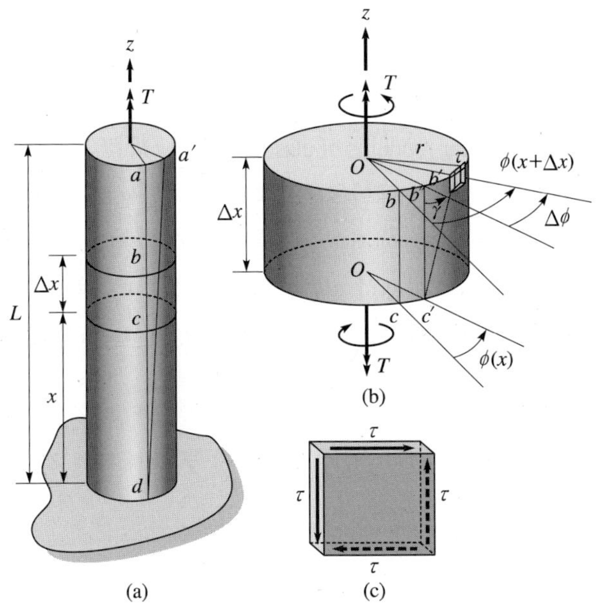

그림 8.7 순수비틀림 상태에 있는 중실원형 단면 부재

$$\tan\gamma \approx \gamma = \frac{b''b'}{\Delta x} \tag{8.2}$$

여기서, γ는 대단히 작은 각이므로 $\tan\gamma \approx \gamma$로 표현이 가능하며, 거리 $b''b'$는 반지름이 r이고 비틀림각이 $\Delta\phi$일 때의 미소원호 길이이다. 이들 관계를 식 (8.2)에 대입하고 식 (8.1)을 도입하면 다음 식 (8.3)을 얻는다.

$$\gamma = \frac{b''b'}{\Delta x} = \frac{r\Delta\phi}{\Delta x} = r\theta \tag{8.3}$$

식 (8.3)으로부터 ϕ와 θ는 거리 x의 함수임을 알 수 있다. 특히 순수비틀림상태에 있는 부재의 경우 단위길이에 대한 비틀림각 θ는 모든 단면이 같은 비틀림 모멘트를 받고 있기 때문에 부재의 길이에 따라 일정하다. 그러므로, $\theta = \phi / L$이 되고 식 (8.3)은 순수비틀림 상태에 있는 원형단면을 갖는 중실 부재의 전단변형률에 대한 식이 된다. 이를 표현하면 다음과 같다.

$$\gamma = r\theta = \frac{r\phi}{L} \tag{8.4}$$

원형단면을 갖는 중실부재에 있어서 전단응력 τ는 선형탄성재료에 대하여 전단에 있어서의 Hooke의 법칙을 따르므로 식 (8.3)을 전단에 대한 Hooke의 법칙에 적용하여 다음 식 (8.5)를 얻는다.

$$\tau = G\gamma = Gr\theta \tag{8.5}$$

여기서 G는 전단탄성계수(shear modulus of elasticity)이다. 식 (8.3)과 (8.5)는 부재 표면에서의 전단변형률과 전단응력을 단위길이에 대한 비틀림각 θ와의 관계로 보여주는 식이다. 이 부재는 Hooke의 법칙이 적용되므로 부재 내부에서의 변형률과 응력은 부재 표면에서의 변형률과 응력, 단위길이당의 비틀림각 θ의 관계를 이용하여 간단히 구할 수 있다. 부재의 단면 내에서 반지름이 ρ인 임의의 위치에서의 전단변형률과 전단응력은 다음 식 (8.6)으로 나타낼 수 있다.

$$\gamma = \rho\theta, \quad \tau = G\rho\theta \tag{8.6}$$

그림 8.8은 위의 식 (8.6)에서 의미하고 있는 원형단면 부재 내부의 전단변형률과 전단응력을 잘 설명하고 있다.

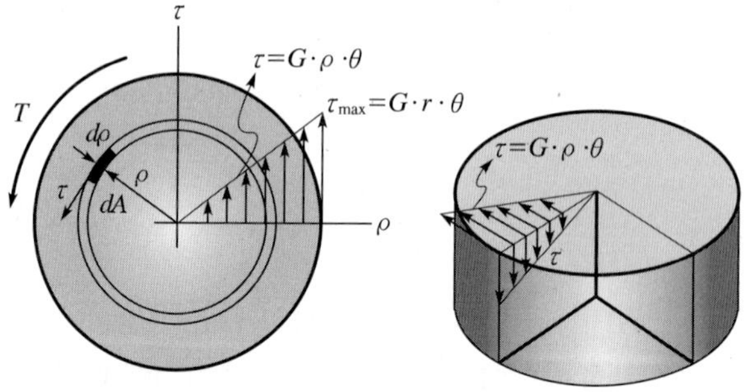

(a) 단면 (b) 축방향의 전단응력

그림 8.8 중실 원형단면 부재의 전단응력 분포

전단탄성계수 G와 단위길이당의 비틀림각 θ는 상수이므로, 전단변형률 및 전단응력은 반경 ρ의 변화에 따라 선형적으로 변하게 됨을 식 (8.6)으로부터 알 수 있다. 즉, 한 단면의 동심원주상의 모든 점에서 전단응력은 같고, 원형단면의 중심($\rho = 0$)에서 전단응력은 0이며, 임의의 반지름 ρ가 최대가 되어 단면의 반지름 r이 되는 부재의 표면에서 최대 전단응력이 발생됨을 의미한다. 전단응력 τ의 변화는 그림 8.8(b)에 삼각형 응력도로 설명된다.

이제 부과된 비틀림 모멘트 T와 비틀림각 ϕ 사이의 관계(그림 8.7(a))는 단면(그림 8.8) 위에 작용하는 전단응력의 합우력이 부과된 비틀림 모멘트와 정역학적으로 동등하여야 한다는 조건에서 결정될 것이다. 이 합우력을 구하기 위하여 반지름 ρ와 두께 $d\rho$를 가진 반지모양의 요소 면적을 생각해 보자(그림 8.8(a)). 이 요소 내에 원호의 작은 길이에 불과한 또 다른 요소(그림에 dA라고 표시됨)를 취한다. 이 요소의 면적 위에 작용하는 요소전단력 dS는 τdA이며, 이때 τ는 반지름 ρ에서의 전단응력이다. 봉의 축에 대한 이 힘의 모멘트 $dT = \tau\rho dA$이다. 식 (8.5)를 사용하면 이 비틀림 모멘트 dT는 $G\theta\rho^2 dA$로 표현된다. 전비틀림 모멘트 T는 이와 같은 요소 모멘트들을 그 단면적 전체에 걸쳐서 합한 것이 된다.

$$T = \int dT = \int G\theta\rho^2 dA = G\theta\int\rho^2 dA = G\theta I_p \tag{8.7}$$

여기에서,

$$I_p = \int\rho^2 dA \tag{8.8}$$

식 (8.8)은 극관성 모멘트(polar moment of inertia)이다(1.3.3절 극관성 모멘트 참조). x-z 평면좌표에서 반지름이 r이고, 지름이 d인 원형단면의 도심축에 대한 극관성 모멘트는 다음과 같다.

$$I_p = I_x + I_z = \frac{\pi d^4}{64} + \frac{\pi d^4}{64} = \frac{\pi d^4}{32} = \frac{\pi r^4}{2}$$

식 (8.7)로부터 다음 식을 얻는다.

$$\theta = \frac{T}{GI_p} \tag{8.9}$$

이 식은 단위길이에 대한 비틀림각 θ는 비틀림 모멘트 T에 비례하고 봉의 비틀림 강도(torsional rigidity)로 알려진 GI_p에 반비례함을 보여준다. 전비틀림각 ϕ는 θL과 같으므로 다음과 같이 된다.

$$\phi = \frac{TL}{GI_p} \tag{8.10}$$

GI_p/L는 원형봉의 비틀림 강성도(torsional stiffness)이고, 이는 한쪽 단이 다른 쪽 단에 대하여 단위 비틀림각을 일으키는 데 필요한 비틀림 모멘트이다. 또한 비틀림 유연도(torsional flexibility)는 강성도의 역 또는 L/GI_p로 정의되고, 이는 단위 비틀림 모멘트에 의하여 발생되는 비틀림각이다. 이러한 표현은 축강성도 EA/L 및 축유연도 L/EA에 대한 식과 유사하다. 식 (8.10)은 여러 가지 재료의 전단탄성계수 G를 결정하는데 사용된다.

비틀림을 받는 원형봉 내에 일어나는 최대 전단응력 $\tau_{\max}$은 θ에 대한 관계식(식 (8.9))을 τ에 대한 관계식(식 (8.5))에 대입시킴으로써 구할 수 있다.

$$\tau_{\max} = Gr \cdot \frac{T}{GI_p} = \frac{Tr}{I_p} \tag{8.11}$$

이 식은 탄성 비틀림 공식으로 최대 전단응력은 부과된 비틀림 모멘트 T와 반지름 r에 비례하고 단면의 극관성 모멘트에 반비례함을 보여주고 있다.

예제 8.2

다음 그림과 같이 반지름 $r = 100\text{mm}$인 원형 단면 부재에 비틀림 모멘트 $T_z = 1.6\text{kN·m}$가 작용할 때 단면 내에서 발생하는 최대 전단응력 $\tau_{\max}$과 비틀림각 ϕ를 구하여라. 단, $G = 0.83 \times 10^5$ MPa이다.

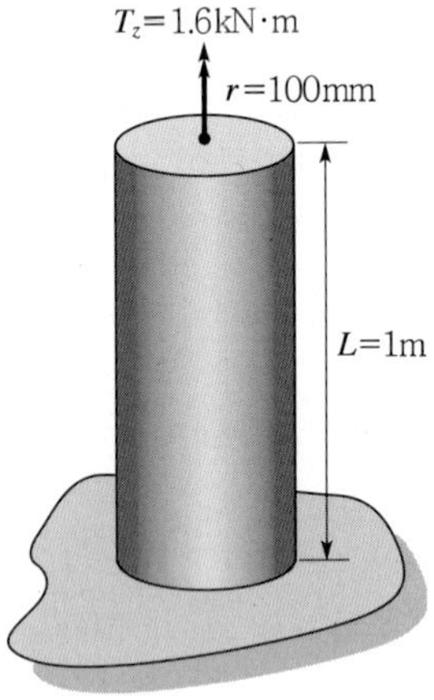

그림 예제 8.2

풀이

$$\tau_{\max} = \frac{T \cdot r}{I_P}$$

$$T_z = 1.6\text{kN} \cdot \text{m} = 1.6 \times 10^6 \text{N} \cdot \text{mm}, \ r = 100\text{mm}$$

$$I_P = \frac{\pi \cdot d^4}{32} = \frac{\pi \cdot (2r)^4}{32} = \frac{\pi \cdot (2 \cdot 100)^4}{32} = 1.57 \times 10^8 \text{mm}^4$$

$$\therefore \tau_{\max} = \frac{1.6 \cdot 10^6 \cdot 100}{1.57 \cdot 10^8} = 1.02\,\text{MPa}$$

$$\therefore \phi = \frac{1.6 \times 10^6 \times 1{,}000}{0.83 \times 10^5 \times 1.57 \times 10^8} = 1.23 \times 10^{-4}\text{rad}$$

$$\therefore \phi = \frac{1.6 \times 10^6 \times 1{,}000}{0.83 \times 10^5 \times 1.57 \times 10^8} = 1.23 \times 10^{-4}\text{rad}$$

예제 8.3

지름 $d = 60$mm이고 길이 $L = 4$m인 중실강봉을 허용 전단응력 $\tau_a = 40$MPa과 단위길이당 허용 비틀림각 $\theta = 1°$/m를 사용하여 설계하고자 한다.

1) $G = 8 \times 10^4$MPa로 가정할 때 이 봉에 부과할 수 있는 최대 허용 비틀림 모멘트 T를 구하고,
2) 비틀림각 ϕ를 구하여라.

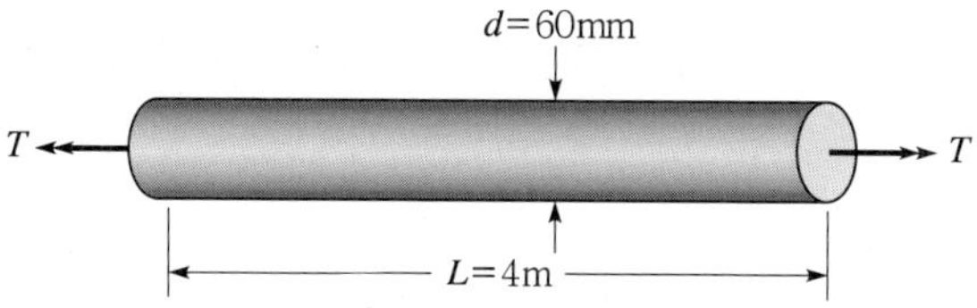

그림 예제 8.3

풀이

1) 허용 전단응력에 기초를 둔 허용 비틀림 모멘트 T_1은 비틀림 공식 $\tau_{max} = Tr / I_p = 16T/\pi d^3$ 으로부터 얻을 수 있다. 이때 $r = d/2$이고 $I_p = \pi d^4/32$이다.

$$T_1 = \frac{\pi d^3 \tau_a}{16} = \frac{\pi}{16}(60\text{mm})^3(40\text{MPa}) = 1{,}696{,}460\,\text{N} \cdot \text{mm}$$

단위길이당 허용 비틀림각은 미터당 1° 또는 $(\pi/180)$ rad/m이다. 따라서 허용 비틀림 모멘트 T_2는 식 $\theta = T/(GI_p)$로부터 얻게 된다.

$$T_2 = GI_p\theta = (8 \times 10^4\,\text{MPa})\left\{\left(\frac{\pi}{32}\right)(60\text{mm})^4\right\}\left\{\left(\frac{\pi}{180} \times \frac{1}{1{,}000}\right)\text{rad/mm}\right\} = 1{,}776{,}528.8\text{N} \cdot \text{mm}$$

이 두 값 중 작은 것이 최대 허용 비틀림 모멘트가 된다. 따라서,

$$\therefore T_{max} = T_1 = 1{,}696{,}460\text{N} \cdot \text{mm}$$

2) 비틀림각 ϕ는 식 (8.10)에서 T 대신 최대 허용 비틀림 모멘트 T_{max}을 대입하여 구한다.

$$\therefore \phi = \frac{T_{max}L}{GI_p} = \frac{(1{,}696{,}460\,\text{N} \cdot \text{mm})(4{,}000\text{mm})}{(8 \times 10^4\text{MPa})(\pi/32)(60\text{mm})^4} = 0.0667\,\text{rad} = 3.8°$$

또 다른 방법으로는, 허용 전단응력(단위길이에 대한 허용 비틀림각이 아님)이 허용 비틀림 모멘트를 결정하였으므로, 식 (8.10)과 식 (8.11) 사이에서 T를 소거할 수 있고 다음을 얻을 수 있다.

$$\therefore \phi = \frac{\tau_{max}L}{Gr} = \frac{(40\,\text{MPa})(4{,}000\text{mm})}{(8 \times 10^4\text{MPa})(30\text{mm})} = 0.0667\,\text{rad} = 3.8°$$

8.3 부정정 부재의 비틀림

앞 절에서 다룬 비틀림에 대한 내용 및 예제들은 봉의 모든 단면에 작용하는 비틀림 모멘트를 정역학적 평형방정식만으로 구할 수 있는 정정 부재들에 대한 내용이었다. 그러나 비틀림 부재들이 정역학적 평형을 유지하는데 필요한 것보다 더 많은 지점에 의하여 구속되어 있다면, 이러한 부정정 부재에 관한 문제는 평형방정식에 적합조건식을 추가함으로써 해결할 수 있다. 부정정 부재의 비틀림 해석 과정을 알아보기로 하자. 다음 그림 8.9와 같이 직경이 다르고 양단이 고정된 부정정 강봉을 대상으로 유연도법을 이용하여 해석할 것이다.

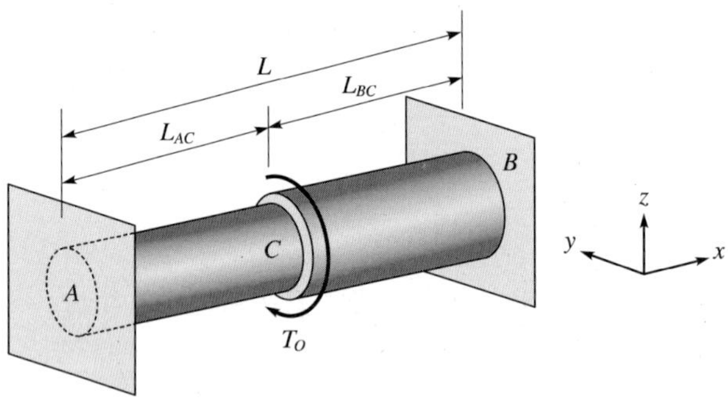

그림 8.9 비틀림 모멘트 T_o를 받고 있는 부정정 강봉

비틀림 모멘트 T_O는 강봉의 중앙이며 강봉의 직경이 변화하는 C점에 작용하고 있다. 비틀림 모멘트 T_O의 작용으로 A, B지점에는 비틀림 모멘트 반력 T_A와 T_B가 발생된다. 우리는 그림 8.9의 구조물에 적용시킬 수 있는 평형방정식은 1개($\Sigma T = 0$)뿐인데 비하여 미지수는 2개(T_A와 T_B)이므로 그림 8.9는 1차 부정정 구조물임을 알 수 있다. 즉, 1개의 평형방정식 이외에 1개의 적합조건식이 더 필요하다는 것을 의미한다. 이 강봉의 비틀림 모멘트 반력 T_A와 T_B 그리고 AC 및 CB구간에서의 최대 전단응력 및 T_O를 가한 C단면에서의 비틀림각 ϕ_c를 구해보자.

그림 8.10에서 강봉에 작용하는 비틀림 모멘트 T_O에 대해 부재 단 A와 B에는 각각 비틀림 모멘트 반력 T_A와 T_B가 발생된다. 이들을 평형방정식에 적용하여 정리하면 다음 식을 얻는다.

$$\overrightarrow{\oplus}\ \Sigma T = 0$$

$$T_0 - T_A - T_B = 0 \qquad \therefore T_A + T_B = T_0 \tag{8.12}$$

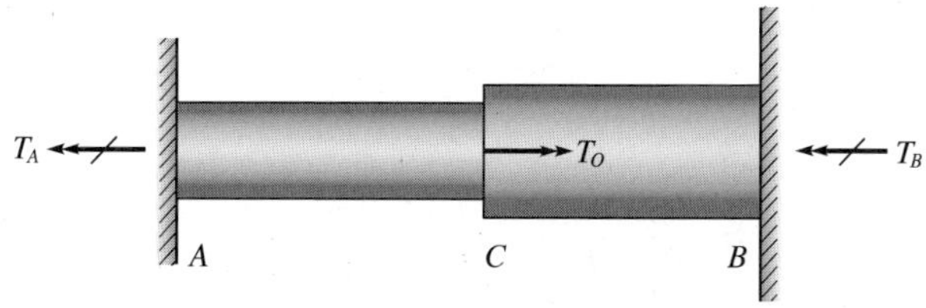

그림 8.10 비틀림 모멘트 반력

다음으로 그림 8.11에서와 같이 지점 B를 제거하여 기본 구조물이 되도록 T_B를 과잉력으로 선정한다. 이제 그림 8.11은 정정구조물에 대한 문제로서 비틀림 모멘트 T_O와 과잉력 T_B에 의해 다음과 같은 비틀림각 계산식을 유도할 수가 있다. T_O와 T_B는 하중으로 작용된다.

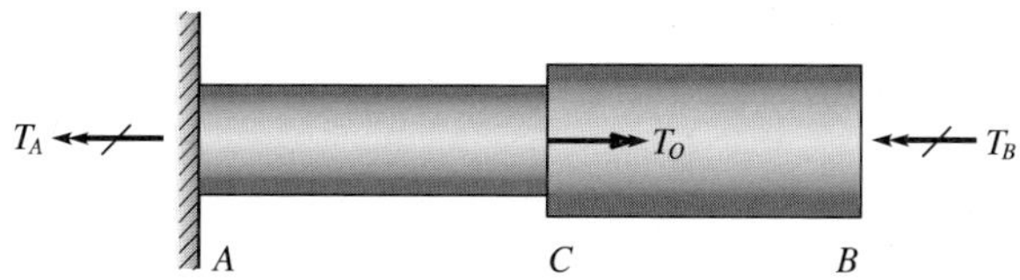

그림 8.11 기본구조물

먼저 T_O에 의한 B점의 비틀림각 ϕ_1을 유도하면 다음과 같다(그림 8.12). 여기에서 비틀림각 ϕ는 "radian"의 단위를 갖는다. 비틀림 모멘트 T_O는 CB구간의 부재에 대해서는 비틀림각을 발생시키지 않음에 주의해야 한다. 여기서 I_{pa}와 I_{pb}는 각각 봉의 AC구간과 CB구간의 극관성 모멘트이다.

$$\phi_1 = \frac{T_o \cdot L_{AC}}{G \cdot I_{pa}} \tag{8.13}$$

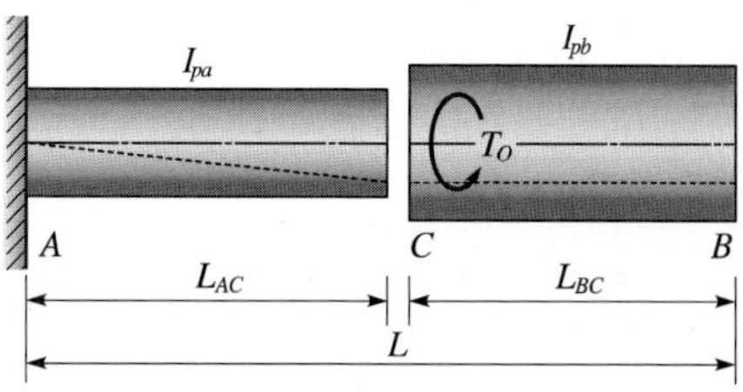

그림 8.12 T_O 에 의해 기본 구조물에 발생되는 비틀림

하중으로 작용시킨 과잉력 T_B에 의한 B점의 비틀림각 ϕ_2는 봉의 AC구간과 CB구간의 극관성 모멘트 I_{pa}와 I_{pb}가 다름으로 인해 비틀림각은 C점에서 변화할 것이라는 것을 알 수 있다(그

림 8.13 참조). 그러므로 ϕ_2는 구간 AC의 비틀림각과 구간 CB의 비틀림각의 합으로 다음 식 (8.14)와 같이 나타낼 수 있다.

$$\phi_2 = \phi_{AC} + \phi_{BC} = \frac{T_B \cdot L_{AC}}{G \cdot I_{pa}} + \frac{T_B \cdot L_{BC}}{G \cdot I_{pb}} \tag{8.14}$$

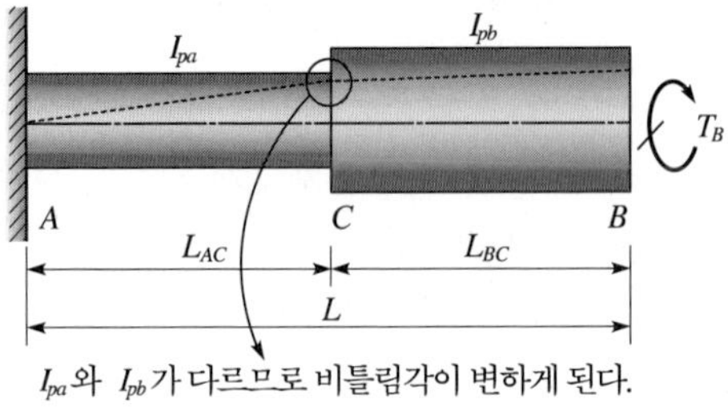

그림 8.13 T_B에 의해 기본 구조물에 발생되는 비틀림

B점은 고정단이므로 비틀림각이 발생하지 않는다는 적합조건식, 즉 $\phi_B = 0$임을 적용하고 비틀림각의 방향을 고려하여 정리하면 식 (8.15)와 같이 나타낼 수 있다.

$$\phi_B = \phi_1 + \phi_2 = 0$$

$$\frac{T_O \cdot L_{AC}}{G \cdot I_{pa}} - \frac{T_B \cdot L_{AC}}{G \cdot I_{pa}} - \frac{T_B \cdot L_{BC}}{G \cdot I_{pb}} = 0$$

$$\frac{T_O \cdot L_{AC}}{I_{pa}} = \frac{T_B \cdot L_{AC}}{I_{pa}} + \frac{T_B \cdot L_{BC}}{I_{pb}} \tag{8.15}$$

이제 미지항 비틀림 모멘트 반력 T_B를 결정하기 위하여 위의 식 (8.15)를 T_B의 항으로 정리하면 과잉력으로 고려하였던 T_B를 결정할 수 있다.

$$\frac{T_O \cdot L_{AC}}{I_{pa}} = T_B\left(\frac{L_{AC}}{I_{pa}} + \frac{L_{BC}}{I_{pb}}\right)$$

$$\therefore\ T_B = \frac{\dfrac{T_O \cdot L_{AC}}{I_{pa}}}{\left(\dfrac{L_{AC}}{I_{pa}} + \dfrac{L_{BC}}{I_{pb}}\right)} = \frac{L_{AC} \cdot T_O \cdot I_{pb}}{L_{AC} \cdot I_{pb} + L_{BC} \cdot I_{pa}} \tag{8.16}$$

비틀림 모멘트 반력 T_A는 식 (8.16)을 식 (8.12)에 대입하여 구할 수 있다.

$$\therefore\ T_A = T_O - T_B = T_O - \frac{L_{AC} \cdot T_O \cdot I_{pb}}{L_{AC} \cdot I_{pb} + L_{BC} \cdot I_{pa}} \tag{8.17}$$

$$= \frac{L_{BC} \cdot T_O \cdot I_{pa}}{L_{AC} \cdot I_{pb} + L_{BC} \cdot I_{pa}}$$

위에서 얻어진 결과들을 이용하여 자유물체도를 그려보자.

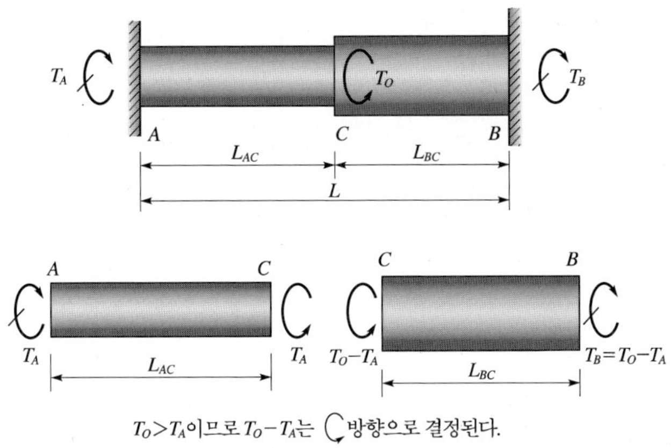

그림 8.14 자유물체도

이제 최대 전단응력을 구해보자. 식 (8.16)과 식 (8.17)에서 구한 T_A와 T_B를 이미 배웠던 식 (8.11)에 대입함으로써 최대 전단응력 $\tau_{\max}$을 구할 수 있다.

AC구간의 최대 전단 응력 $\tau_{AC\max}$은 다음과 같이 결정된다.

$$\tau_{AC\max} = \frac{T_A}{I_{pa}}\left(\frac{d_{AC}}{2}\right) = \frac{T_A \cdot d_{AC}}{2I_{pa}}$$

$$\tau_{AC\max} = \frac{d_{AC}}{2I_{pa}} \cdot \frac{L_{BC} \cdot T_O \cdot I_{pa}}{L_{AC} \cdot I_{pb} + L_{BC} \cdot I_{pa}} = \frac{T_O \cdot L_{BC} \cdot d_{AC}}{2(L_{AC} \cdot I_{pb} + L_{BC} \cdot I_{pa})} \tag{8.18}$$

CB구간의 최대 전단 응력 $\tau_{CB\max}$은 다음과 같이 결정된다.

$$\tau_{CB\max} = \frac{T_B}{I_{pb}}\left(\frac{d_{BC}}{2}\right) = \frac{T_B \cdot d_{BC}}{2I_{pb}}$$

$$\tau_{CB\max} = \frac{d_{BC}}{2I_{pb}} \cdot \frac{L_{AC} \cdot T_O \cdot I_{pb}}{L_{AC} \cdot I_{pb} + L_{BC} \cdot I_{pa}} = \frac{T_O \cdot L_{AC} \cdot d_{BC}}{2(L_{AC} \cdot I_{pb} + L_{BC} \cdot I_{pa})} \tag{8.19}$$

이제 C 점의 비틀림각 ϕ_c를 알아보기 위하여 식 (8.10) $\phi = (TL)/(GI_p)$을 이용하면

$$\phi_c = \frac{T_A \cdot L_{AC}}{G \cdot I_{pa}} = \frac{T_B \cdot L_{BC}}{G \cdot I_{pb}} \tag{8.20}$$

위의 식 (8.20)에 식 (8.16) 혹은 식 (8.17)을 대입하면 C 점의 비틀림각 ϕ_c를 다음과 같이 구할 수 있다.

$$\therefore \phi_c = \frac{L_{AC}}{G \cdot I_{pa}} \cdot \frac{L_{BC} \cdot T_O \cdot I_{pa}}{L_{AC} \cdot I_{pb} + L_{BC} \cdot I_{pa}} = \frac{T_O \cdot L_{AC} \cdot L_{BC}}{G \cdot (L_{AC} \cdot I_{pb} + L_{BC} \cdot I_{pa})} \tag{8.21}$$

만약 부재의 길이 L_{AC}, L_{BC}가 $L/2$로 동일하고 부재의 직경 d가 동일해서 $I_{pa} = I_{pb} = I_p$라면 C점의 비틀림각 ϕ_c는 다음과 같이 간략화 될 수 있다. 비틀림각 ϕ_c는 radian의 단위임에 주의해야 한다.

$$\therefore \phi_c = \frac{T_O \cdot L}{4GI_p} \tag{8.22}$$

예제 8.4

다음의 그림은 양단이 고정된 구조물을 나타낸 것이다. 원형단면 부재 AC와 CB의 직경이 각각 $d_{AC} = 140$mm와 $d_{BC} = 280$mm이고 길이가 각각 $L_{AC} = 1.0$ m, $L_{BC} = 1.2$m이다. 이러한 부재에 그림에서와 같이 $P = 1.25$kN의 하중이 작용할 때 A, B점의 반력 T_A, T_B, 부재 AC와 CB의 최대전단응력 τ_{max} 및 비틀림각 ϕ_c를 결정하라. 단, $G = 0.83 \times 10^5$MPa이다.

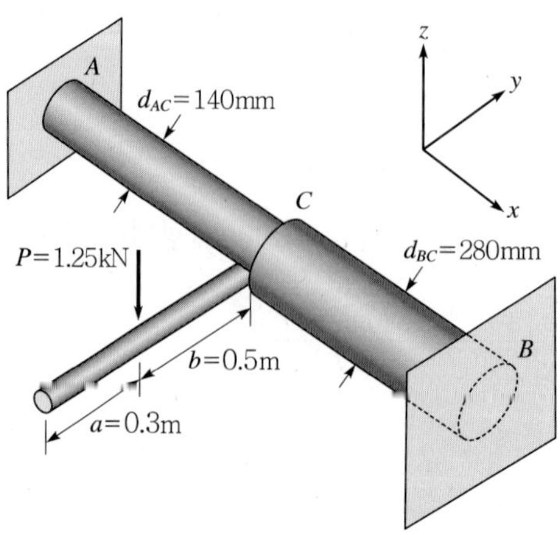

그림 예제 8.4

풀이

먼저 하중 P에 의해서 C점에 작용되는 비틀림 모멘트 T_O를 계산 한 후 비틀림 모멘트에 평형방정식을 적용하면 다음과 같다.

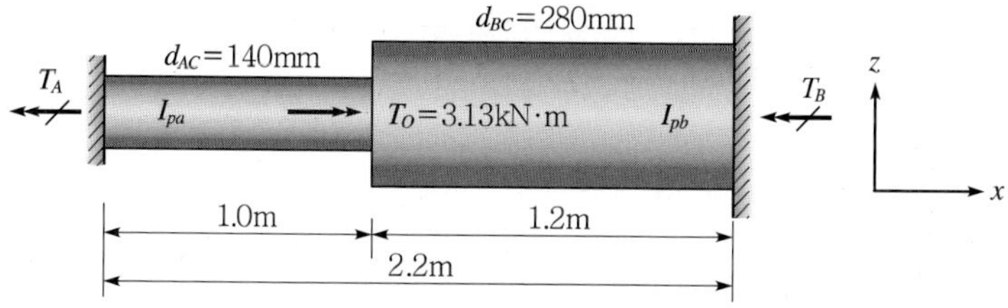

$$T_O = 1.25\,\text{kN} \times 0.5\text{m} = 0.625\,\text{kN} \cdot \text{m}$$

$$\overrightarrow{\oplus} \Sigma T = 0$$

$$T_O - T_A - T_B = 0 \qquad \therefore T_O = T_A + T_B = 0.625\,\text{kN} \cdot \text{m}$$

이제 식 (8.16)을 적용하여 비틀림 모멘트 반력 T_B를 구할 수 있다.

$$\frac{T_O \cdot L_{AC}}{I_{pa}} = T_B\left(\frac{L_{AC}}{I_{pa}} + \frac{L_{BC}}{I_{pb}}\right)$$

$$\therefore T_B = \frac{\dfrac{T_O \cdot L_{AC}}{I_{pa}}}{\left(\dfrac{L_{AC}}{I_{pa}} + \dfrac{L_{BC}}{I_{pb}}\right)} = \frac{L_{AC} \cdot T_O \cdot I_{pb}}{L_{AC} \cdot I_{pb} + L_{BC} \cdot I_{pa}}$$

$$= \frac{1.0 \times \left(\dfrac{\pi \times 0.28^4}{32}\right) \times 0.625}{1.0 \times \left(\dfrac{\pi \times 0.28^4}{32}\right) + 1.5 \times \left(\dfrac{\pi \times 0.14^4}{32}\right)} = 0.571\ \text{kN} \cdot \text{m}$$

위의 결과를 평형방정식에 적용함으로써 비틀림 모멘트 반력 T_A를 구할 수 있다.

$$\overrightarrow{\oplus} \Sigma T = 0$$

$$T_O - T_A - T_B = 0$$

$$\therefore T_A + T_B = T_O$$

$$T_A = T_O - T_B = 0.625 - 0.571 = 0.054\,\text{kN} \cdot \text{m}$$

T_A와 T_B를 각각 식 (8.18)과 식 (8.19)에 대입함으로써 AC구간과 CB구간의 최대전단응력을 다음과 같이 구할 수 있다.

$$\tau_{AC\max} = \frac{T_O \cdot L_{BC} \cdot d_{AC}}{2(L_{AC} \cdot I_{pb} \cdot I_{pb})} = \frac{0.625 \times 1.2 \times 0.14}{2\left\{1.0 \times \left(\frac{\pi \times 0.28^4}{32}\right) + 1.2\left(\frac{\pi \times 0.14^4}{32}\right)\right\}}$$

$$= 80.93\,\mathrm{kN/m^2} = 80.93\,\mathrm{kPa}$$

$$\tau_{AC\max} = \frac{T_O \cdot L_{BC} \cdot d_{AC}}{2(L_{AC} \cdot I_{pb} + L_{BC} \cdot I_{pa})} = \frac{3.13 \times 3.2 \times 0.14}{2\left\{3.0 \times \left(\frac{\pi \times 0.28^4}{32}\right) + 3.2\left(\frac{\pi \times 0.14^4}{32}\right)\right\}}$$

$$= 363.09\,\mathrm{kN/m^2} = 0.36\,\mathrm{MPa}$$

$$\tau_{CB\max} = \frac{T_O \cdot L_{AC} \cdot d_{BC}}{2(L_{AC} \cdot I_{pb} + L_{BC} \cdot I_{pa})} = \frac{3.13 \times 3.0 \times 0.28}{2\left\{3.0 \times \left(\frac{\pi \times 0.28^4}{32}\right) + 3.2 \times \left(\frac{\pi \times 0.14^4}{32}\right)\right\}}$$

$$= 680.79\,\mathrm{kN/m^2} = 0.68\,\mathrm{MPa}$$

이제 C점의 비틀림각을 계산하기 위하여 식 (8.10)을 이용한다.

$$\therefore \phi_c = \frac{L_{AC}}{G \cdot I_{pa}} \cdot \frac{L_{BC} \cdot T_O \cdot I_{pa}}{L_{AC} \cdot I_{pb} + L_{BC} \cdot I_{pa}} = \frac{T_O \cdot L_{AC} \cdot L_{BC}}{G \cdot (L_{AC} \cdot I_{pb} + L_{BC} \cdot I_{pa})}$$

$$= \frac{3.13 \times 3.0 \times 3.2}{0.83 \times 10^5 \times \left\{3.0 \times \left(\frac{\pi \times 0.28^4}{32}\right) + 3.2 \times \left(\frac{\pi \times 0.14^4}{32}\right)\right\}}$$

$$= 0.19\,\mathrm{rad}$$

8.3.1 합성봉

합성봉(composite bar)은 서로 다른 재료로 구성된 봉이 동일 부재로써 일체로 거동하도록 서로 단단히 결합된 동심의 원형단면으로 구성되어 있다. 만일 이 봉의 두 부분이 같은 재료로 구성되었다면 앞에서 유도된 모든 해석적 공식들이 동일하게 적용된다. 그러나 만일 재질이 다른 봉으로 구성되어 있으면 이 봉은 부정정이며, 보다 구체적인 해석적 절차가 요구된다. 다음에는 서로 다른 재료로 구성된, 즉 재료의 탄성계수(전단탄성계수)가 서로 다른 두 가지 재료로 구성된 원형단면 합성봉의 비틀림 해석에 대해 알아보자.

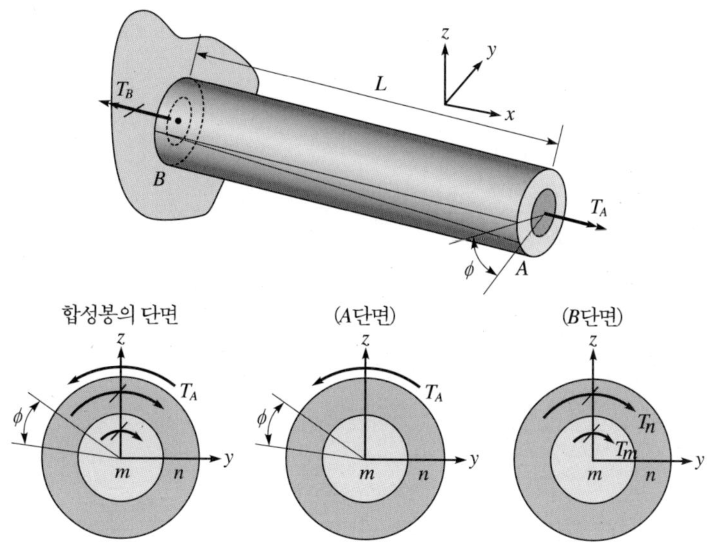

그림 8.15 두 재료로 만들어진 합성봉

두 재료로 만들어진 합성봉에 그림 8.15와 같이 비틀림 모멘트가 작용한다. 이때 부재에 작용하는 비틀림각 ϕ, 각 부재가 분담하는 비틀림 T_m, T_n, 최대 전단응력 $\tau_{m\max}$, $\tau_{n\max}$을 구하여 보자.

두 재료로 만들어진 합성봉에 비틀림 외력 T가 작용하는 것으로 가정하고 평형방정식과 적합조건식을 이용하여 해석한다. 합성봉을 해석하기 위하여 기호를 다음과 같이 가정하도록 하자.

G_m, G_n은 각각 안쪽(m재료)과 바깥쪽(n재료)재료의 전단탄성계수이며, d_m, d_n은 각각 안쪽(m재료)과 바깥쪽(n재료) 부재의 지름으로 표기한다. 그리고 I_{pm}, I_{pn}은 각각 안쪽과 바깥쪽 부재의 극관성 모멘트(극단면 2차 모멘트)로 한다. 비틀림 모멘트 T에 의해 부재 내부에 작용하는 비틀림 모멘트 반력 T_m와 T_n의 관계로부터 평형방정식을 적용하면 다음과 같은 평형방정식을 얻을 수 있다.

$$\overrightarrow{\oplus}\ \Sigma T = 0$$

$$-T_m - T_n + T = 0$$

$$\therefore T_m + T_n = T \tag{8.23}$$

비틀림 외력 T에 대하여 합성봉을 구성하는 두 재료가 단단히 결합되었다면 강봉의 비틀림각 ϕ는 두 재료의 결합면에서도 동일하다는 사실을 이용하여 비틀림에 관한 적합조건식을 다음과 같이 얻는다.

$$\therefore \phi = \frac{T_m \cdot L}{G_m \cdot I_{pm}} = \frac{T_n \cdot L}{G_n \cdot I_{pn}} \tag{8.24}$$

이제 각 재료가 부담하는 비틀림 모멘트는 식 (8.24)를 이용하여 T_m, T_n의 항으로 정리한다. 최종적으로 T_m과 T_n을 결정할 수 있다.

식 (8.24)로부터

$$\therefore T_n = \frac{G_n \cdot I_{pn}}{G_m \cdot I_{pm}} \cdot T_m, \qquad T_m = \frac{G_m \cdot I_{pm}}{G_n \cdot I_{pn}} \cdot T_n \tag{8.25}$$

위 식과 같이 산정할 수 있으며, 식 (8.25)를 식 (8.23)에 대입함으로써 비틀림 모멘트 T를 산정한다. $T = T_m + T_n$ 이므로

$$T = T_m + \frac{G_n \cdot I_{pn}}{G_m \cdot I_{pm}} \cdot T_m$$

$$= T_m\left(1 + \frac{G_n \cdot I_{pn}}{G_m \cdot I_{pm}}\right) = T_m \cdot \left(\frac{G_m \cdot I_{pm} + G_n \cdot I_{pn}}{G_m \cdot I_{pm}}\right)$$

$$\therefore T_m = \left(\frac{G_m \cdot I_{pm}}{G_m \cdot I_{pm} + G_n \cdot I_{pn}}\right) \cdot T$$

$$\therefore T_n = \left(\frac{G_n \cdot I_{pn}}{G_m \cdot I_{pm} + G_n \cdot I_{pn}}\right) \cdot T \tag{8.26}$$

식 (8.26)을 식 (8.24)에 대입하여 부재의 비틀림각 ϕ를 정리할 수 있다.

$$\therefore \phi = \frac{L}{G_m \cdot I_{pm}} \cdot \left(\frac{G_m \cdot I_{pm}}{G_m \cdot I_{pm} + G_n \cdot I_{pn}}\right) \cdot T = \frac{T \cdot L}{G_m \cdot I_{pm} + G_n \cdot I_{pn}} \tag{8.27}$$

이제 최대전단응력을 구하기 위하여 식 (8.26)에서 구한 각 재료의 비틀림 모멘트를 사용하여 각 재료에 발생하는 최대 전단응력을 구한다. 아래의 그림은 $G_n > G_m$ 인 경우이다.

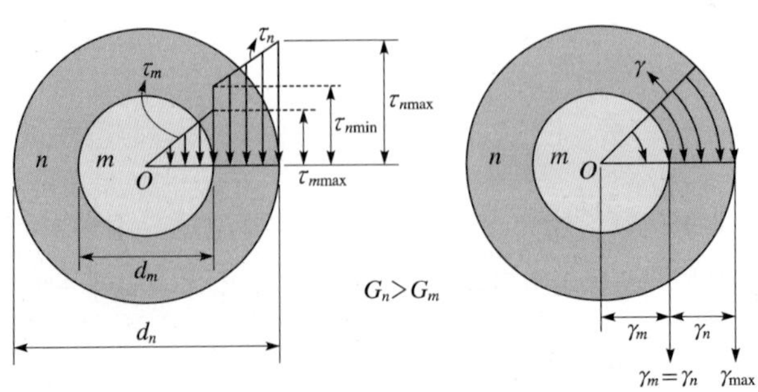

(a) 전단응력 분포　　　(b) 전단변형률

$$\therefore \tau_{m\max} = \frac{T_m}{I_{pm}} \cdot \left(\frac{d_m}{2}\right) = \frac{d_m}{2I_{pm}}\left(\frac{G_m \cdot I_{pm}}{G_m \cdot I_{pm} + G_n \cdot I_{pn}}\right) \cdot T$$

$$= \frac{T \cdot d_m \cdot G_m}{2(G_m \cdot I_{pm} + G_n \cdot I_{pn})}$$

$$\therefore \tau_{n\max} = \frac{T_n}{I_{pn}} \cdot \left(\frac{d_n}{2}\right) = \frac{T \cdot d_n \cdot G_n}{2(G_m \cdot I_{pm} + G_n \cdot I_{pn})}$$

$$\therefore \tau_{n\min} = \frac{T \cdot d_m \cdot G_n}{2(G_m \cdot I_{pm} + G_n \cdot I_{pn})}$$

※ 각 부재의 최대 전단응력비

$\dfrac{\tau_{m\max}}{\tau_{n\max}} = \dfrac{G_m \cdot d_m}{G_n \cdot d_n}$　　G 값에 따라 $\tau_n < \tau_m$, 즉 $\tau_m < \tau_n \geq 1$일 수도 있다.

경계면에서 전단변형률은 같지만 전단응력은 서로 다르다.

예제 8.5

아래 그림의 축은 n 재료 중공부재와 m 재료 중실부재가 접합되어 제작된 원형부재이다. $T = 2.5 \times 10^4$N · mm의 비틀림 모멘트가 부재의 끝에 작용한다면, 단면의 반경방향 위치에 따른 전단응력의 분포를 나타내어라. 단, G_n=1,140MPa, G_m= 520MPa로 한다.(단, 중공부재 내경 d_n= 30mm, 중공부재 외경 d_m= 40mm)

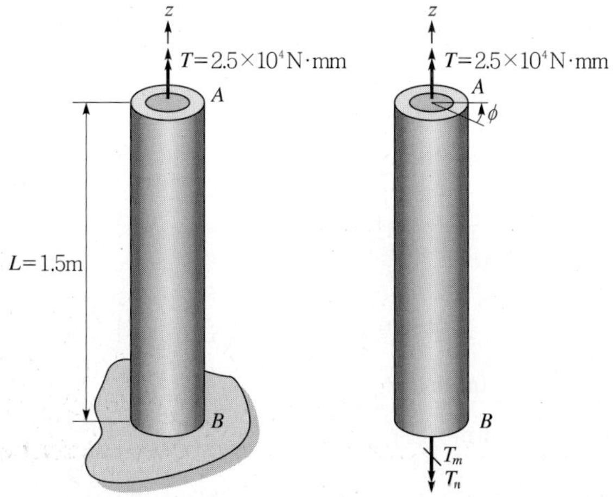

그림 예제 8.5

풀이

부재의 자유물체도는 위의 그림과 같다. 고정단에서의 반력 비틀림 모멘트는 m 재료의 z축에 대한 미지의 비틀림 모멘트 T_m과 n재료의 z축에 대한 미지의 비틀림 모멘트 T_n으로 표시되었다. 평형방정식은 다음과 같다.

$$-T_m - T_n + 2.5 \times 10^4\ \mathrm{N \cdot mm} = 0 \qquad (1)$$

부재의 자유단인 A에서 비틀림각이 m재료 축과 n재료 축에 대하여 동일해야 하므로 다음과 같은 적합조건식을 얻을 수 있다.

$$\phi_A = \phi_m = \phi_n$$

식 (8.10) $\phi = (TL)/(GI_p)$의 비틀림 모멘트-비틀림각 관계를 적용하면 다음과 같이 된다.

$$\frac{T_n}{\frac{\pi}{32}\{(40\mathrm{mm})^4 - (30\mathrm{mm})^4\} \times 1{,}140\,\mathrm{MPa}} = \frac{T_m}{\frac{\pi}{32}(30\mathrm{mm})^4 \times 520\,\mathrm{MPa}}$$

$$T_n = 4.736\,T_m \qquad (2)$$

(참고 : $\mathrm{MPa} = 10^6 \times \mathrm{N/m^2} = \mathrm{N/mm^2}$)

식 (2)를 식 (1)에 대입하면 다음을 얻는다.

$$T_m = \frac{2.5 \times 10^4}{5.736} = 4{,}358.4\,\mathrm{N \cdot mm}$$

$$T_m = 20{,}641.6\,\mathrm{N \cdot mm}$$

부재의 중간부에 작용하는 다른 비틀림 모멘트가 없으므로 위의 비틀림 모멘트는 축의 전체 길이에 걸쳐 균일하게 작용한다. m재료 단면에서의 전단응력은 그 중심에서 0이고, n재료 부재와의 경계에서 최대값을 갖는다. 비틀림 공식을 사용하면 그 최대값은 다음과 같다.

$$\tau_{m\max} = \frac{(4{,}358.4\,\mathrm{N \cdot mm})(15\mathrm{mm})}{\frac{\pi(30\mathrm{mm})^4}{32}} = 0.82\mathrm{MPa}$$

n재료 축에서의 최소전단응력도 이 경계에서 발생하며, 다음과 같은 값을 갖는다.

$$\tau_{n\max} = \frac{(20{,}641.6\,\mathrm{N \cdot mm})(15\mathrm{mm})}{\frac{\pi}{32}\{(40\mathrm{mm})^4 - (30\mathrm{mm})^4\}} = 1.80\mathrm{MPa}$$

그리고, 최대 전단응력은 축의 표면에 발생하고, 그 값은 다음과 같다.

$$\tau_{n\max} = \frac{(20{,}641.6\,\mathrm{N \cdot mm})(20\mathrm{mm})}{\frac{\pi}{32}\{(40\mathrm{mm})^4 - (30\mathrm{mm})^4\}} = 2.40\,\mathrm{MPa}$$

이러한 결과를 그림으로 나타내었다. m재료와 n재료의 경계에서 전단응력이 불연속임에 유의하라. 이것은 예측할 수 있는 결과로써, 이는 n재료의 전단탄성계수가 m재료보다 더 커서 ($G_n > G_m$) 경계에서 n재료가 더 큰 전단응력을 지탱하기 때문이다. 이 경계에서 전단응력은 불연속이지만 전단변형률은 그렇지 않다. 즉, m재료와 n재료의 전단변형률은 이 경계에서 동일하다. 이것은 후크의 법칙, 즉 $\gamma = \tau / G$를 사용하여 이 경계에서의 전단변형률을 계산하면, 다음 그림과 같이 두 재료에서 같은 값이 되기 때문이다.

$$\gamma_{m\max} = \frac{\tau_{m\max}}{G_m} = \frac{0.82\text{MPa}}{520\text{MPa}} = 0.00158\,\text{rad}$$

$$\gamma_{n\min} = \frac{\tau_{n\min}}{G_n} = \frac{1.80\text{MPa}}{1{,}140\text{MPa}} = 0.00158\,\text{rad}$$

$$\gamma_{n\max} = \frac{\tau_{n\max}}{G_n} = \frac{2.40\text{MPa}}{1{,}140\text{MPa}} = 0.00211\,\text{rad}$$

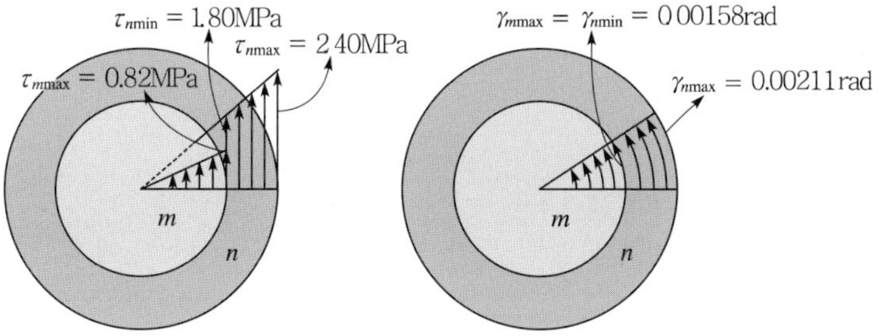

(a) 전단응력 분포 (b) 전단변형률 분포

예제 8.6

다음 그림과 같이 직경 $D = 50$mm인 양단 고정된 1차 부정정 강봉이 있다. 길이 $L_1 = 300$ mm, $L_2 = 1{,}000$mm, $L_3 = 500$mm, C점에 작용하는 비틀림 모멘트 $T_C = 200$kN · mm, D점에 작용하는 비틀림 모멘트 $T_D = 100$kN · mm이다. 부재 CD구간에서 발생되는 최대전단응력, CD구간의 변형에너지, 비틀림각 ϕ_c 를 각각 구하여라. 단, $G = 0.83 \times 10^5$MPa이다.

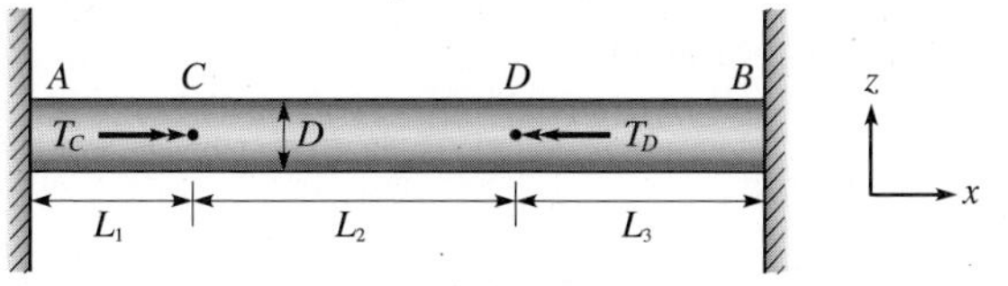

그림 예제 8.6

풀이

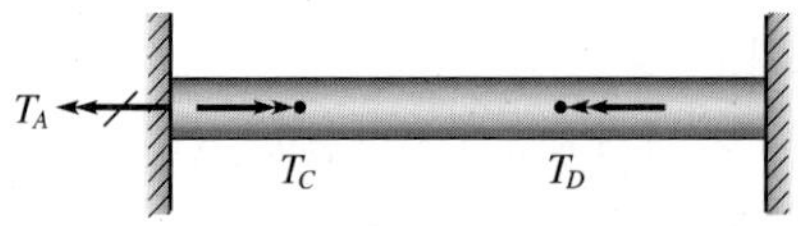

$\overrightarrow{\oplus} \sum T = 0$

$$T_A + T_B = 200 - 100 = 100\,\text{kN} \cdot \text{mm} \tag{1}$$

B점의 고정단을 제거시켜 기본구조물로 만든다. 비틀림모멘트 하중 T_C, T_D를 고려하면

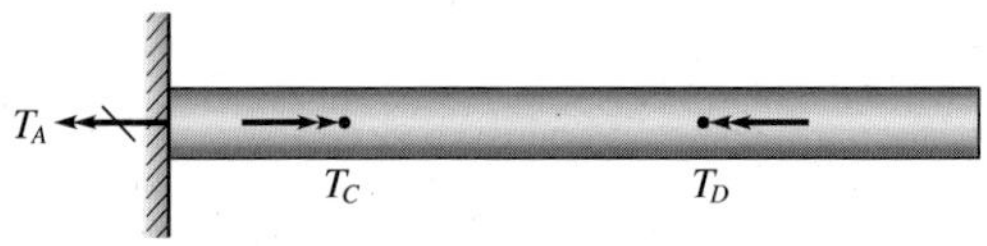

T_C에 의한 B점의 비틀림각 ϕ_1

$$\phi_1 = \frac{T_c \cdot L_1}{G \cdot I_p} \tag{2}$$

T_D에 의한 B점의 비틀림각 ϕ_2

$$\phi_2 = \frac{T_D \cdot (L_1 + L_2)}{G \cdot I_p} \tag{3}$$

과잉력으로 고려하였던 B점의 비틀림 반력모멘트 T_B를 하중으로 재하시키면 T_B에 의한 B점의 비틀림각 ϕ_3

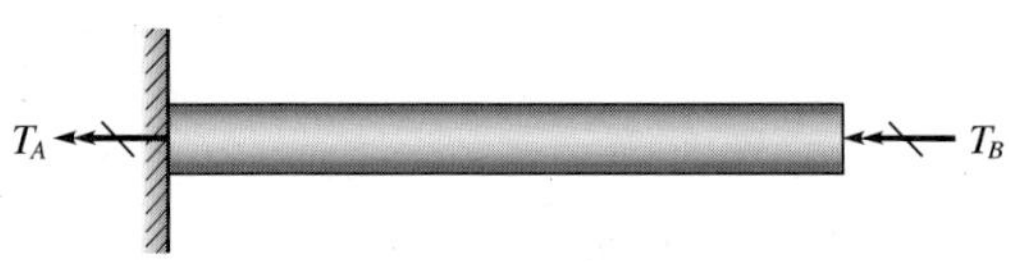

$$\phi_3 = \frac{T_B \cdot (L_1 + L_2 + L_3)}{G \cdot I_p} \tag{4}$$

B점은 고정지점이므로 $\phi_B = 0$이 된다. $\phi_B = \phi_1 + \phi_2 + \phi_3 = 0$이 되어야 하므로 식 (2), (3), (4)를 모두 더하면

$$\frac{T_C \cdot L_1}{G \cdot I_p} + \frac{T_D \cdot (L_1 + L_2)}{G \cdot I_p} + \frac{T_B \cdot (L_1 + L_2 + L_3)}{G \cdot I_p} = 0$$

$$200 \times 300 - 100 \times 1{,}300 - T_B \times 1{,}800 = 0$$

$$T_B = \frac{70{,}000}{1{,}800} = -38.9\,\text{kN} \cdot \text{mm}$$

"−"는 최초 반력 T_B의 방향이 잘못 가정되었다는 것을 의미한다.

$\therefore\ T_B = 38.9\,\text{kN} \cdot \text{mm}\,(\nrightarrow)$

T_B를 식 (1)에 대입하면

$$T_A = 100 + 38.9 = 138.9\,\text{kN}\cdot\text{mm}(\circlearrowleft)$$

결정된 반력을 이용하여 자유물체도를 그린다.

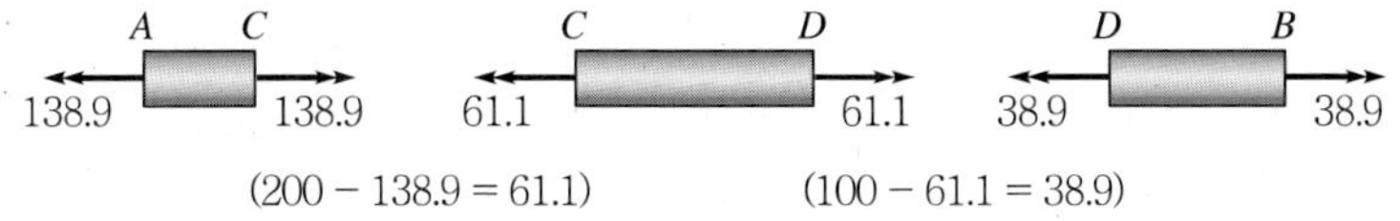

• CD구간의 최대 전단응력 ; $\tau_{CD\max}$

$$\therefore \tau_{CD\max} = \frac{T_{CD}\cdot r}{I_p} = \frac{61.1\times 25}{\dfrac{\pi\times 50^4}{32}} = 2.49\text{MPa}$$

• 비틀림 각 ; ϕ_c

$$\therefore \phi_C = \frac{T_{AC}\cdot L_1}{G\cdot I_p} = \frac{1.39\times 10^5\times 300}{0.83\times 10^5\times \dfrac{\pi\times 50^4}{32}} = 8.2\times 10^{-4}\text{rad}$$

• CD구간의 변형에너지 ; U_{CD}

$$\therefore U_{CD} = \frac{T_{CD}^2\cdot L_2}{2G\cdot I_p} = \frac{(61.1)^2\times 1{,}000}{2\times 0.83\times 10^2\times \dfrac{\pi\times 50^4}{32}} = 36.7\text{N}\cdot\text{mm}$$

8.4 두께가 얇은 관의 비틀림

앞 절에서 설명한 비틀림 해석에 관한 내용은 원형단면의 중실봉에 대한 내용으로 제한되었다. 그러나 실제 구조물에 사용되는 다양한 형태의 구조 부재는 중실단면일 뿐만 아니라 경제적으로 유리한 중공단면 부재를 많이 사용하기도 한다. 특히, 자체 중량을 줄일 필요가 있으면서도 상당한 크기의 비틀림 저항 모멘트를 요구하는 항공기와 우주선 같은 특수 구조물에서는 두께가 얇은 중공 단면 부재가 비틀림을 저항하도록 설계된다. 이 절에서는 이와 같이 두께가 얇은 비원형 단면을 갖는 구조 부재의 비틀림 해석에 대해 설명한다.

8.4.1 전단흐름과 전단응력

그림 8.16(a)는 비틀림 모멘트 T에 의해 순수비틀림 상태에 놓여있는 두께가 얇은 관을 나타내고 있다. 관의 단면 두께 t는 축 단면 내에서 변화하며 부재의 길이와 직경 치수에 비해 매우 작다고 가정한다. 또한 t는 단면 둘레 위치에 따라 변할 수도 있다고 가정한다. 이제 비틀림 모멘트 T_x의 작용으로 인해 두께가 얇은 단면 위에 발생하는 전단응력의 크기를 결정하여 보자. 우선 부재의 길이(x축) 방향에 따른 미소길이 dx와 단면의 둘레에 따른 미소폭 ds를 갖는 4각형 미소요소 $efgh$를 절단해서 고려해 보자(그림 8.16(c)). 미소요소 한쪽 끝의 두께는 t_f이고, 다른 쪽의 두께는 t_g이다.

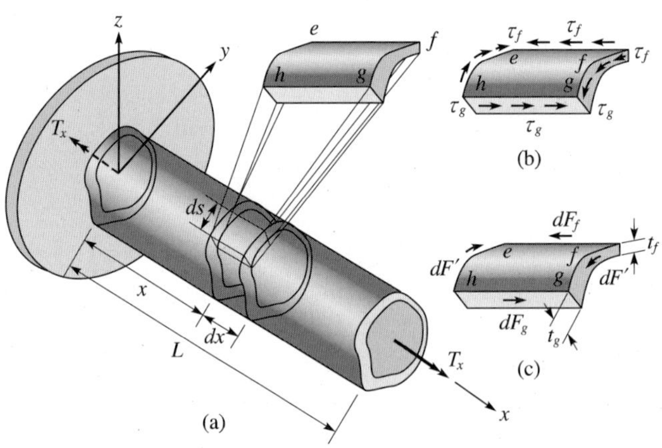

그림 8.16 임의의 단면 모양을 가진 두께가 얇은 관

이제 잘라낸 미소요소의 단면 fg 위에 전단응력 τ_f가 발생되고 이 전단응력의 크기는 단면의 두께 t가 변함에 따라 τ_f 에서 τ_g로 변화된다고 가정할 수 있다. 그림 8.16(b)에서 알 수 있듯이 단면의 두께에 따른 전단응력은 각각 τ_f와 τ_g로 표기되어 있다. 미소요소의 한쪽 단면에 발생되는 전단응력의 크기를 결정하였다면 힘의 평형조건을 도입하여 반대쪽 단면에도 크기는 같고 방향이 반대인 전단응력이 발생한다는 것을 알 수 있다. 또한 전단응력이 이미 결정된 단면과 이웃하고 있는 면의 전단응력의 크기와 방향을 결정할 수 있게 된다(2.6절 참조). 미소요소의 모서리에서 전단응력은 서로 모이던가 아니면 서로 멀어지던가 하면서 같은 크기로 결정된다. 만약 이와 같이 서로 모이던가 멀어지던가 하지 않고 한 방향으로 빙글빙글 도는 방향으로 전단응력이 결정된다면 미소요소에는 전단변형률이 발생하지 않고 요소가 회전하게 되어 불안정한 상태가 된다. 즉, ef 면 위의 전단응력 크기는 τ_f 와 같으며 작용방향은 $-x$축으로 결정되고, gh 면 위의 전단응력 크기는 τ_g 와 같으며 작용방향은 $+x$축으로 결정된다.

길이방향의 면인 ef와 gh 면 위의 일정한 전단응력을 이용하여 그 면 위에 작용되는 힘의 크기를 결정할 수 있다. 미소요소의 ef와 gh 면 위에 작용되는 힘의 크기를 각각 dF_f와 dF_g라 정의하자. 그림 8.16의 구조물은 순수전단상태에 있기 때문에 다음과 같은 힘의 평형방정식의 사용이 가능하다.

$$\overrightarrow{\oplus}\ \Sigma F_x = 0,\ \ dF_f - dF_g = 0 \tag{8.28}$$

dF_f와 dF_g는 두께가 각각 t_f와 t_g인 미소면적과 그 미소면적에 생기는 전단응력 τ_f와 τ_g의 곱으로 표현할 수 있으므로

$$dF_f = \tau_f t_f dx, \quad dF_g = \tau_g t_g dx \tag{8.29}$$

식 (8.29)를 식 (8.28)에 대입하면 다음과 같다.

$$\tau_f \cdot (t_f dx) - \tau_g \cdot (t_g dx)\ \text{ 또는 }\ \tau_f t_f = \tau_g t_f \tag{8.30}$$

미소면 ef와 gh는 부재에 임의의 요소이므로 전단응력 τ와 단면두께 t의 곱 $\tau \times t$ 부재 단면의 어느 점에서나 일정하다는 것을 위의 식 (8.30)에서 알 수 있다. 즉, 길이 방향의 평균 전단응력과 두께가 얇은 중공단면의 두께와의 곱은 임의의 단면상의 모든 점에서 같다는 것을 의미한다. 이 곱을 f로 표시하면 다음과 같이 정의할 수 있다.

$$f = \tau_{\text{aver}} \cdot t = \text{constant} \tag{8.31}$$

이때 f를 전단흐름(shear flow) 혹은 전단류라 정의하며 식 (8.31)로부터 가장 큰 전단응력은 관의 두께가 가장 얇은 곳에서 발생하며 두께가 일정한 부분에서는 전단응력도 일정하다는 것을 알 수 있다. 식 (8.31)에서 τ_{aver}는 단면의 평균전단응력을 의미하는 것으로서 다음과 같다.

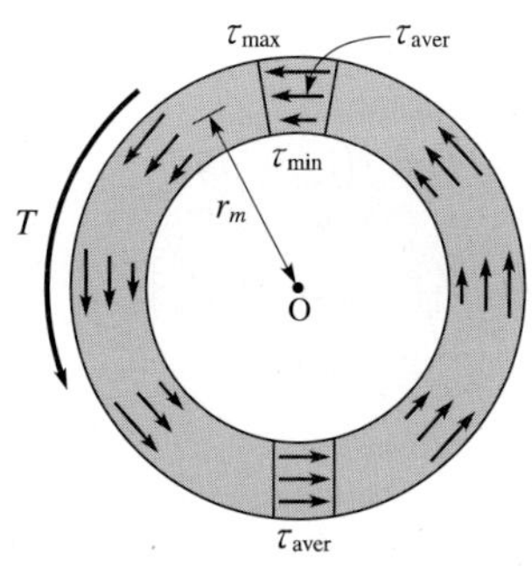

그림 8.17 두께가 얇은 단면에서의 전단응력

토목공학이나 기계공학 등을 공부하게 되는 학생들은 유체역학을 배우게 될 기회가 있을 것이다. 여기에서 유량을 결정짓는 공식에 $Q = AV$ 라는 식이 있다. 여기에서 Q = 유량(rate of flow), A = 유체가 흐르게 되는 단면적, V = 유체속도이다. 단위높이 $H(H=1)$와 변화하는 폭을 가진 밀폐된 채널(closed channel) 단면을 통해 흘러가는 물의 속도 V는 채널의 폭 B의 변화량을 생각하여 위치마다 변하지만 유량 $Q = V(BH) = VB$로 일정하기 때문에 폭이 좁은 곳에서는 물의 속도가 빨라지게 되고, 폭이 넓은 곳에서는 그 반대가 된다. 유량을 결정하는 $Q = AV$ 라는 이러한 원리는 식 (8.31)의 $f = \tau_{\text{aver}}\, t$와 유사성을 가지고 있기 때문에 f를 전단흐름(shear flow)이라고 한다.

다음으로 전단흐름 f(결국 전단응력 τ)와 두께가 얇은 관에 작용하는 비틀림 모멘트 T 사이의 관계식을 알아보자. 그림 8.18(두께가 얇은 관의 단면)에서 길이가 ds인 미소요소를 생각하면 미소면적 $dA = tds$로 결정되며, 이 요소에 작용하는 힘(전단력) dF는 다음과 같다.

$$dF = \tau dA = \tau(tds) = (\tau t)ds = f\,ds \tag{8.32}$$

여기에서 길이 ds는 단면 중심선(median line)의 길이를 기준으로 하며, 그림 8.18에서는 점선으로 표시되어 있다.

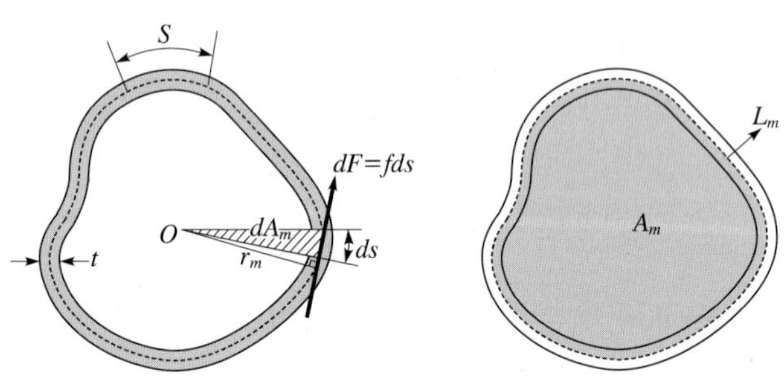

그림 8.18 두께가 얇은 관의 단면에 발생되는 전단력과 A_m 및 L_m의 의미

부재단면의 임의의 점 O에 대한 이 전단력으로 인한 모멘트 dT는 dF에 O로부터 dF의 작용선까지의 수직거리 r_m을 곱하여 구할 수 있다.

$$dT = r_m dF = r_m(f \cdot ds) = f(r_m \cdot ds) \tag{8.33}$$

여기서, $r_m ds$는 그림 8.18에서 기하학적으로 빗금 친 삼각형 넓이의 2배와 같다는 것을 알 수 있다. 그러므로 dT는 다음과 같다.

$$dT = f(2 \cdot dA_m) \tag{8.34}$$

여기에서, A_m은 단면중심선에 의해 둘러싸인 면적으로써 그림 8.18을 참고하기 바란다. 전 단면에 작용하는 비틀림 모멘트 T는 식 (8.34)를 전단면에 대하여 다음과 같이 얻을 수 있다.

$$T = \int_{A_m} dT = \int_{A_m} f\,2\,dA_m = 2f\int_{A_m} dA_m$$

$$\therefore\ T = 2\,f\,A_m \tag{8.35}$$

또, 두께가 얇은 중공부재에 작용하는 비틀림 모멘트 T는 f가 일정하므로 위의 식 (8.35)로부터 다음과 같이 결정할 수 있다.

$$T = 2 \cdot f \cdot A_m$$

$$f = \tau t = \frac{T}{2A_m},\ \tau = \frac{T}{2tA_m} \tag{8.36}$$

두께가 얇은 중공부재가 비틀림 모멘트 T를 받을 때 단면에 발생하는 전단응력을 구하는 위의 식 (8.36(b))을 Bredt 제1정리라고도 한다. 식 (8.36)으로부터 비틀림 모멘트 T를 받는 두께가 얇은 관에 대한 전단흐름 f와 전단응력 τ를 계산할 수 있다. 참고로 두께가 얇은 관에 대한 비틀림 해석 이론은 독일 공학자 R. Bredt가 1896년 발표하면서부터 비롯되었다.

8.4.2 비틀림각

두께가 얇은 관의 비틀림각 ϕ는 변형에너지를 계산함으로써 결정할 수 있다. 그림 8.16에서 설명한 부재 요소들은 순수한 비틀림 모멘트의 작용으로 인해 순수 전단상태에 있고 이때의 변형에너지 밀도 $u = \tau^2/2G$로 얻어진다. 변형에너지에 관한 자세한 내용은 8.6절에서 공부하게 된다. 그림 8.16과 그림 8.18에서 사용된 미소요소를 다시 고려해 보자. 미소요소의 길이는 dx, 단면적 $dA = tds$인 미소요소의 변형에너지 dU는 변형에너지 밀도 u에 미소요소의 체적 dV를 곱한 것과 같다.

$$dU = u\,dV = \frac{\tau^2}{2G} \cdot t \cdot ds \cdot dx = \frac{\tau^2 t^2}{2G} \cdot \frac{ds}{t} \cdot dx$$

$$dU = \frac{f^2}{2G} \cdot \frac{ds}{t} \cdot dx \tag{8.37}$$

미소요소의 변형에너지를 결정하는 식 (8.37)을 기준으로 단면 전체의 변형에너지 U는 단면의 중심선을 따라 적분함으로써 얻을 수 있다.

$$U=\int dU=\frac{f^2}{2G}\int_0^{L_m}\left[\int_0^L dx\right]\cdot\frac{ds}{t}=\frac{f^2L}{2G}\int_0^{L_m}\frac{ds}{t} \tag{8.38}$$

여기서, L은 부재의 전체 길이를, L_m은 단면 중심선의 전체 길이를 의미한다(그림 8.18 참조). 식 (8.38)의 전단흐름 f에 식 (8.36(a))를 대입하여 정리하면 비틀림 모멘트 T를 받는 두께가 얇은 관의 변형에너지 U를 다음과 같이 결정할 수 있다.

$$U=\frac{T^2L}{8GA_m^2}\int_0^{L_m}\frac{ds}{t} \tag{8.39}$$

위의 식은 다음과 같이 간단히 표현할 수 있다.

$$U=\frac{T^2L}{2GJ} \tag{8.40}$$

여기에서 J는 비틀림 상수(torsion constant)로서 극관성 모멘트 I_p와 구별되어야 한다. J와 I_p는 모두 단면의 비틀림 강성을 결정짓는 단면의 형상에 따른 상수로 사용되지만 비틀림 상수 J는 두께가 얇은 폐단면의 비틀림 강성을 결정짓는데 사용된다는 것을 기억해야 한다.

$$J=\frac{4A_m^2}{\int_0^{L_m}\frac{ds}{t}} \tag{8.41}$$

두께가 얇은 관의 비틀림 상수를 결정하는 위의 식 (8.41)을 Bredt 제2정리라고도 한다. 만일, 관의 두께 t가 일정하면 비틀림 상수 J는 다음 식과 같이 간단히 표현될 수 있다.

$$J=\frac{4tA_m^2}{L_m} \tag{8.42}$$

두께가 얇은 관의 비틀림각 ϕ는 식 (8.40)과 가해진 비틀림 모멘트 T에 의한 부재의 탄성변형에너지(8.6절 참조)를 고려함으로써 결정할 수 있다.

$$U=\frac{T\phi}{2}=\frac{T^2L}{2GJ}$$

$$\therefore\phi=\frac{TL}{GJ} \tag{8.43}$$

비틀림각 ϕ를 결정짓는 이 식은 이미 배웠던 식 (8.10)의 원형 부재에 대한 비틀림각 ϕ를 결정하는 식과 동일한 형태임을 알 수 있다. 식 (8.10)은 두께가 얇은 관이 아닌 원형 부재이기 때문에 I_p가 다를 뿐이다. GJ와 GI_p는 모두 비틀림 강성(torsional rigidity)을 의미한다. 또한 단위길이당 비틀림각 θ는 다음 식 (8.44)와 같이 구할 수 있다.

$$\therefore \theta = \frac{\phi}{L} = \frac{T}{GJ} \tag{8.44}$$

예제 8.7

두께가 얇은 원형 단면과 정사각형 단면을 갖는 구조 부재가 동일한 재료로 만들어져 있다. 이 두 부재의 길이 L, 두께 t 및 단면적 A가 같고, 동일한 방향과 크기의 비틀림 모멘트 T를 받고 있다. 이들 두 부재의 원형단면에 대한 정사각형 단면의 전단응력비와 비틀림각 ϕ의 비를 각각 구하여라. 이로부터 비틀림 모멘트에 저항하는데 보다 효율적인 단면을 결정할 수 있을 것이다(단, 정사각형 단면의 응력집중 영향은 무시하여라).

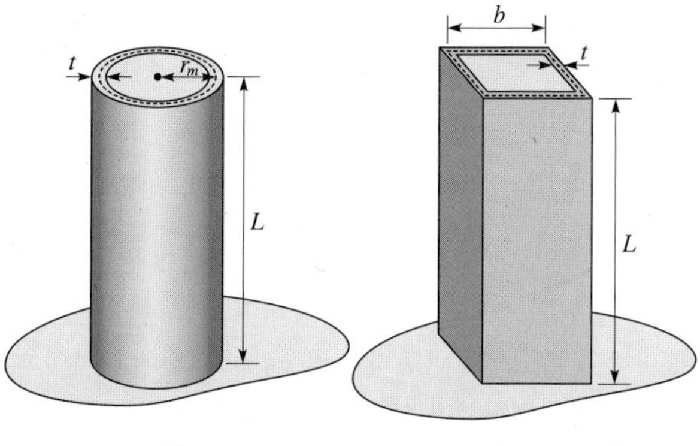

그림 예제 8.7

풀이

1) 원형단면

- 단면의 중심선으로 둘러싸인 넓이 : $A_{m1} = \pi r_m^2$
  여기에서 r_m은 도심에서 중심선까지의 길이이다.
- 단면적 : $A_1 = 2\pi r_m t$

• 비틀림상수 J는 두께 t가 일정하므로 식 (8.42)를 사용하여 구한다.

$$J_1 = \frac{4{A_{m1}}^2 \cdot t}{L_{m1}} = \frac{4\left(\pi r_m^2\right)^2 \cdot t}{2\pi r_m} = 2\pi r_m^3 t$$

2) 정사각형 단면

• 단면의 중심선으로 둘러싸인 넓이 : $A_{m2} = b^2$

• 단면적 : $A_2 = 4bt$

• 비틀림상수 J는 두께 t가 일정하므로 식 (8.42)를 사용하여 구한다.

$$J_2 = \frac{4{A_{m2}}^2 \cdot t}{L_m} = \frac{4(b^2)^2 \cdot t}{4b} = b^3 t$$

여기에서 단면적 $A_1 = A_2$이므로 $b = \pi r_m/2$을 위의 식에 대입하면

$$J_2 = b^3 t = \left(\frac{\pi r_m}{2}\right)^3 \cdot t = \frac{\pi^3 r_m^3 t}{8}$$

3) 원형관의 전단응력에 대한 정사각형 관에서의 전단응력비 τ_2/τ_1는 다음과 같다.

$$\frac{\tau_2}{\tau_1} = \frac{T/(2tA_{m2})}{T/(2tA_{m1})} = \frac{A_{m1}}{A_{m2}} = \frac{\pi r_m^2}{b^2} = \frac{\pi r_m^2}{\left(\frac{\pi r_m}{2}\right)^2} = \frac{4}{\pi} = 1.27$$

비틀림각의 비는 다음과 같다.

$$\frac{\phi_2}{\phi_1} = \frac{TL/GJ_2}{TL/GJ_1} = \frac{J_1}{J_2} = \frac{2\pi r_m^3 t}{\frac{\pi^3 r_m^3 t}{8}} = \frac{16}{\pi^2} = 1.62$$

이 결과들은 동일한 비틀림 모멘트를 받을 때 정사각형관이 원형관에 비하여 전단응력이 약 27 % 크게 나타나 원형관보다도 전단 저항능력이 작으며, 회전에 대한 강성도 정사각형관이 원형관에 비하여 62% 크게 변형되어 원형관이 회전에 대하여 더 큰 강성을 갖는다는 것을 알 수 있다. 이로서 원형관이 정사각형관에 비하여 비틀림에 대하여 보다 효과적으로 작용함을 알 수 있다.

예제 8.8

다음의 그림과 같이 비틀림 모멘트 T = 1,250N · m를 받으며, 평균 반경이 r_m = 150mm이고 두께가 t = 20mm인 원형단면 박판 기둥부재에서의 평균 전단응력을 계산하라. 또, 원형봉의 길이 L = 400mm이면 비틀림각은 얼마인가? 단, 전단탄성계수 G = 0.83 × 10^5 MPa이다.

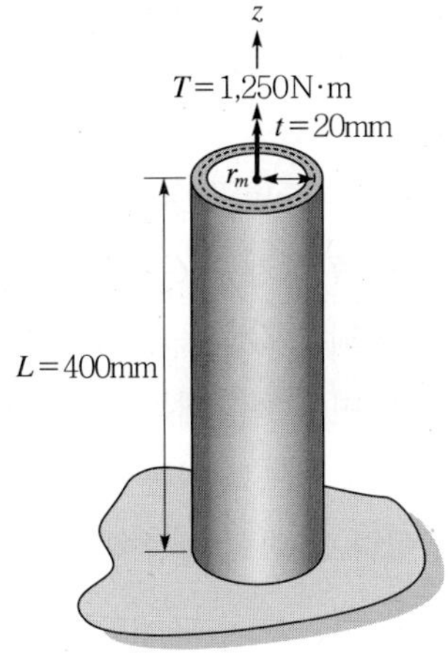

그림 예제 8.8

풀이

박판 단면의 평균 면적은 $A_m=\pi r_m^2$이고, 식 (8.36)을 적용하면 다음과 같다.

$$\tau_{\text{aver}}=\frac{T}{2tA_m}=\frac{T}{2\pi t r_m^2}=\frac{1.25\times10^6\,\text{N}\cdot\text{mm}}{(2\pi)(20\text{mm})(150\text{mm})^2}=0.44\,\text{MPa}$$

비틀림 공식을 적용하면 이 결과의 타당성을 확인할 수 있다. 이 경우, 중공 박판 부재이므로

$$J=\frac{\pi}{2}\left(r_0^4-r_i^4\right)\left(r_0^4-r_i^4\right)$$

$$=\frac{\pi}{2}\left(r_0^2+r_i^2\right)\left(r_0^2-r_i^2\right)$$

$$=\frac{\pi}{2}\left(r_0^2+r_i^2\right)\left(r_0+r_i\right)\left(r_0-r_i\right)$$

$r_m\approx r_o\approx r_i$, $t=r_0-r_i$로 고려하면

$J=(\pi/2)(2r^2m)(2r_m)t=2\pi r_m^3 t$이므로 앞의 결과와 같은 값을 얻는다.

$$\tau_{\text{aver}}=\frac{Tr_m}{J}=\frac{Tr_m}{2\pi {r_m}^3 t}=\frac{T}{2\pi t r_m^2}=\frac{1.25\times10^6\,\text{N}\cdot\text{mm}}{(2\pi)(20\text{mm})(150\text{mm})^2}=0.44\,\text{MPa}$$

박판단면에 작용하는 평균 전단응력과 비틀림 공식으로부터 계산된 실제 전단응력의 분포가 그림 8.17에 함께 나타나 있다. 각각의 τ_{aver}가 단면에서의 내부 합비틀림 모멘트 T에 기여하는 방향으로 작용한다는 점에 유의하라. 봉의 두께가 감소함에 따라, 봉에 작용하는 전단응력은 점차 균등해진다. 비틀림각은 식 (8.43)을 적용하면 다음과 같다.

$$\phi=\frac{TL}{GJ}=\frac{TL}{2\pi {r_m}^3}Gt=\frac{(1.25\times10^6\,\text{N}\cdot\text{mm})(400\text{mm})}{(2\pi)(150\text{mm})^3(0.83\times10^5\,\text{MPa})(20\text{mm})}=1.42\times10^{-5}\,\text{rad}$$

8.5 단면의 형상에 따른 비틀림 상수

비틀림 모멘트 T를 받는 구조 부재는 비틀림 강성 GI_p(혹은 GJ)의 크기에 따라 비틀림에 대한 저항 정도가 결정된다. 여기에서 전단탄성계수 G는 재료의 특성에 따라 결정되는 값이며, 비틀림상수 J는 단면의 형상에 따라 결정되는 값임을 알 수 있다. G는 재료의 특성에 따라 결정되므로 동일한 재료를 사용한 경우라면 단면의 형상에는 상관없이 일정한 값으로 주어지지만, J는 단면의 기하학적인 형상에 따라 변화하게 되므로 비틀림 상수 J를 결정함에 있어서 신중해야 한다는 것을 이미 8.4절에서 언급한 바 있다. 단면의 형상에 따른 비틀림 상수 J의 결정방법을 체계적으로 정리해보자.

8.5.1 폐단면

폐단면은 크게 중실단면과 중공단면으로 구분할 수 있다. 중실단면에서 극관성 모멘트 I_p와 비틀림상수 J는 서로 같다($I_p = J$). 즉, 비틀림 강성을 GI_p로 나타낼 수 있다. 중실단면은 비틀림에 저항하는데 역학적으로는 유리하나 경제적으로 불리한 단면이다.

$$I_p = J = I_x + I_y \tag{8.45}$$

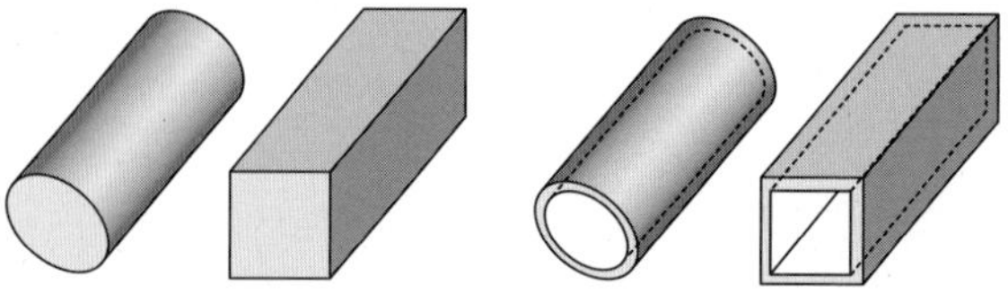

(a) 중실단면　　　(b) 중공단면

그림 8.19 폐단면 구조부재

중공단면은 역학적인 성능이나 경제성을 동시에 만족할 수 있는 요건을 갖추고 있다. 특히 구조용 부재로 사용되는 두께가 얇은 중공단면의 비틀림상수 J는 식 (8.41)의 Bredt 제2정리를 사용하여 구해야 한다. 비틀림 강성은 GJ로 결정된다.

$$J = \frac{4A_m^2}{\displaystyle\int_0^{L_m} \frac{ds}{t}} \tag{8.46}$$

8.5.2 개단면

WF 보와 같은 개단면은 불연속적인 전단흐름이 발생하며, 휨모멘트의 저항에 유리한 단면이나 비틀림에 저항하기에는 비효율적인 단면이다. 폐단면의 극관성 모멘트 $I_p = I_x + I_y$ 임을 이미 알고 있다. 그러나 개단면의 경우 극관성 모멘트 I_p와 비틀림 상수 J는 서로 같지 않다($I_p \neq J$). 비원형 단면의 경우 비틀림 상수 J는 단면의 형상을 고려하여 일반적으로 다음과 같이 결정된다.

$$J = \sum \beta b t^3 \tag{8.47}$$

여기에서 β는 단면의 형상을 나타내는 함수로써 $b/t = 10$인 경우 0.31에서 $b/t = 1$ 인 경우 0.141까지 변화하며, b/t 비가 무한히 큰 경우 0.333을 사용한다. 특히 단면이 개방된 형강의 경우, 즉 원형 단면 부재처럼 전단흐름이 연속적으로 일어나지 않는 단면에 대한 비틀림 상수 J는 보통 각 부재 요소의 형상이 무한한 변장비 b/t를 가졌다고 가정하여 각 부재요소의 비틀림 상수를 합하여 근사적으로 구하게 된다. 구조용 부재로 널리 사용되는 형강의 비틀림 상수 J는 최종적으로 다음과 같이 나타낼 수 있다.

$$J = \sum \frac{1}{3} b t^3 \tag{8.48}$$

구조용 형강의 경우 위의 식 (8.47)의 β를 1/3(= 0.333)로 고려하였음을 알 수 있다. 다음의 그림 8.20은 식 (8.48)의 b와 t를 정의하고 있다.

위의 식 (8.47)은 폐단면의 경우에도 사용된다. 이럴 경우 정방형 단면 β는 0.141로 사용된다.

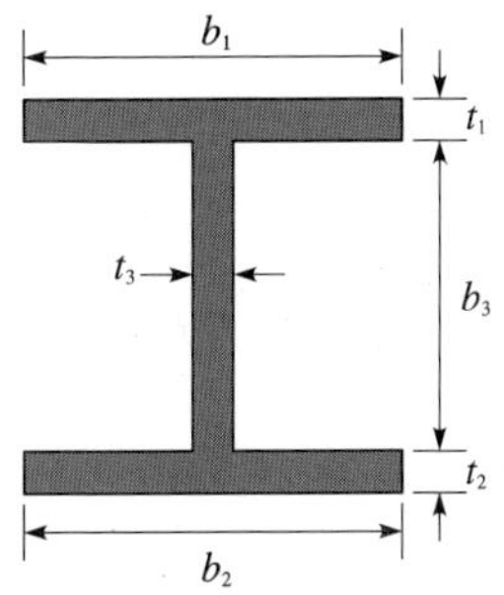

그림 8.20 WF 형강의 부재 구성 요소

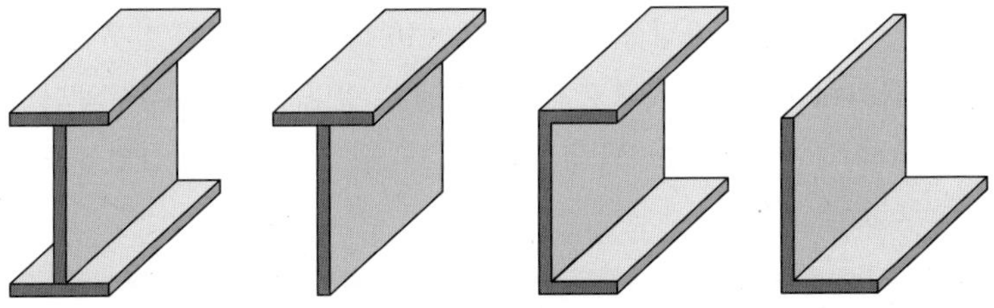

그림 8.21 개단면 구조부재

다음의 간단한 예제를 통하여 비틀림상수 J값 산출에 따른 해석적 오차 평가가 어떠한지를 알아보자.

예제 8.9

다음 WF형강의 단면에 대한 비틀림 강성 GJ를 평가할 때, 비틀림 상수 $J = I_p$로 평가한 경우와, 불연속적인 전단흐름이 발생되는 개단면에 대한 비틀림상수 J를 평가한 경우($I_p \neq J$)를 비교 검토하여라.

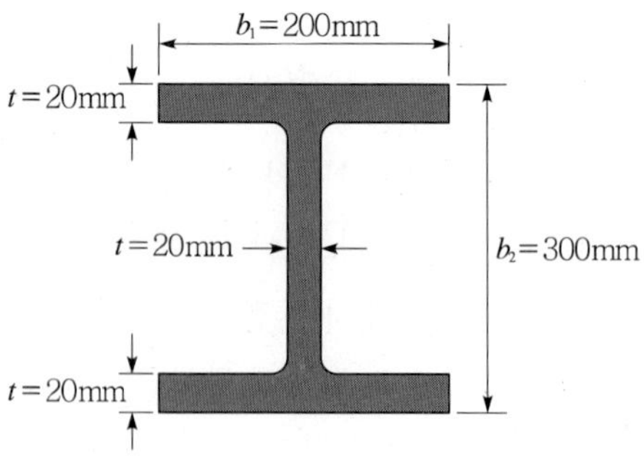

그림 예제 8.9

풀이

• $I_p = J$로 잘못 평가한 경우

$$I_x = \frac{1}{12}(200 \times 300^3 - 180 \times 260^3) = 1.86 \times 10^8 \mathrm{mm}^4$$

$$I_y = \frac{1}{12}(300 \times 200^3) - 2\left(\frac{260 \times 90^3}{12} + 260 \times 90 \times 55^2\right) = 2.86 \times 10^7 \mathrm{mm}^4$$

$$\therefore I_p = I_x + I_y = 1.86 \times 10^8 + 2.68 \times 10^7 = 2.13 \times 10^8 \mathrm{mm}^4$$

• $I_p \neq J$이며, WF형강 단면으로 평가할 경우

$$J = \Sigma \frac{bt^3}{3} = \frac{200 \times 20^3}{3} \times 2 + \frac{260 \times 20^3}{3} = 1.76 \times 10^6 \mathrm{mm}^4$$

$$\therefore J = 1.76 \times 10^6 \mathrm{mm}^4$$

실제 비틀림에 저항하는 비틀림상수 J는 $1.76 \times 10^6 \mathrm{mm}^4$인데 이를 잘못 평가하여 $2.13 \times 10^8 \mathrm{mm}^4$이 비틀림에 저항하는 것으로 과대평가될 수 있다. 즉, 구조 부재의 단면이 전단흐름이 연속적으로 발생하지 않는 WF형강과 같은 개단면에 대한 비틀림상수 J의 결정은 중요하다는 것을 알 수 있다.

8.6 비틀림 모멘트를 받는 원형 부재의 변형에너지

비틀림 모멘트의 작용으로 순수전단 상태에 있는 구조부재의 요소 내에 저장된 변형에너지를 구해보자. 여기에는 정적인 작용하중이 한 일과 이 일로 인한 변형에너지는 서로 일치한다는 원리를 이용할 것이다. 이를 위해 그림 8.22와 같은 비틀림 모멘트 하중의 작용과 이로 인해 전단응력 τ만을 받는 길이가 L인 정사각형 미소요소를 고려해보자. 이 미소요소의 두께는 t이며 양(+)의 전단응력의 작용으로 양(+)의 전단변형률이 발생하게 된다. 여기에서 전단변형률은 2.6절에서처럼 γ로 표시되어 있다.

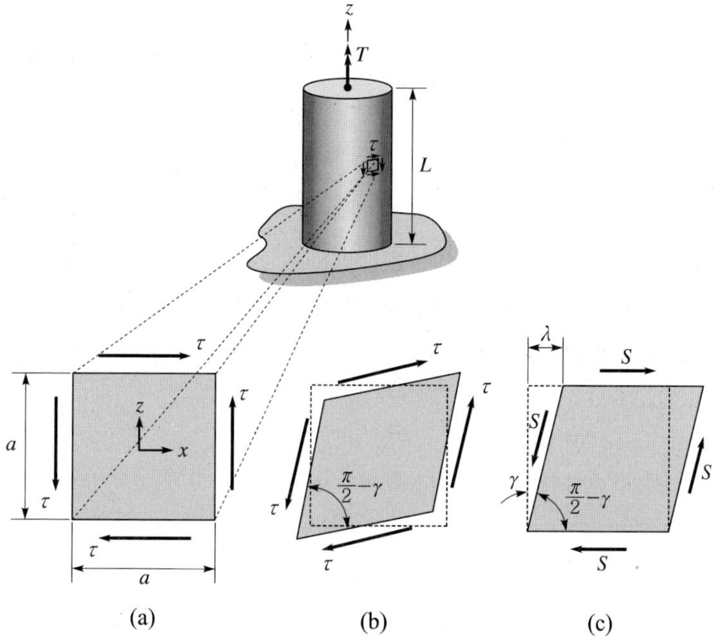

그림 8.22 순수전단상태에 있는 요소의 비틀림

그림 8.22의 미소요소에 작용하는 전단력 S는 전단응력 τ와 전단응력이 작용하는 미소요소 측면의 면적 A를 곱한 값과 같다.

$$S = \tau \cdot A = \tau \cdot a \cdot t \tag{8.49}$$

위 식 (8.49)에서 결정된 전단력들은 요소를 그림 8.22(b)와 같이 변형시키는 일을 하게 된다. 이때 일의 양을 W라 한다면 W의 보다 쉬운 계산을 위하여 그림 8.22(b)를 그림 8.22(c)로 회전시킬 수 있다. 미소요소를 회전시킨 이유는 전단력 S가 미소요소를 변형시킨 값을 상대적으로 결정하기 위해서이다. 일의 양 W는 변형에너지 U와 크기가 같기 때문에 그림 8.23의 전단력과 변위 선도로부터 W를 구할 수 있다. 여기에는 재료가 후크의 법칙을 따른다는 가정이 만족되어야 한다.

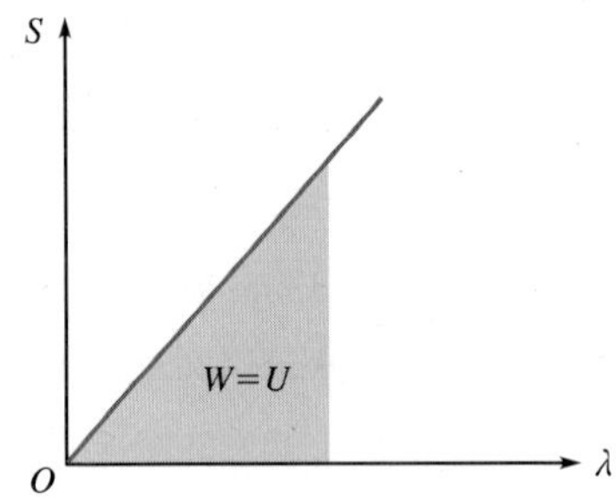

그림 8.23 후크의 법칙을 만족하는 재료의 전단력-변위 선도

그림 8.22의 요소가 후크의 법칙을 만족하는 재료라면 전단력이 한 일 W는 그림 8.23의 전단력-변위 선도의 아래쪽 면적과 같다.

$$U = W = \frac{S\lambda}{2} = \frac{(\tau at)(\gamma a)}{2} = \frac{\tau\gamma a^2 t}{2} \tag{8.50}$$

이때 단위체적당 변형에너지, 즉 변형에너지 밀도 u는 위의 식 (8.50)에서 체적을 의미하는 항인 a^2t를 "1"로 놓고 전단에 관한 후크의 법칙($\tau = G\gamma$)을 대입하여 다음과 같이 얻을 수 있다.

$$u = \frac{\tau\gamma}{2} = \frac{\tau}{2} \cdot \frac{\tau}{G} = \frac{\tau^2}{2G} \quad \text{또는}$$

$$u = \frac{\tau\gamma}{2} = \frac{(G\gamma)\gamma}{2} = \frac{G\gamma^2}{2} \tag{8.51}$$

이제 순수전단 상태에 있어서의 변형에너지 밀도 u를 얻었으므로 비틀림 모멘트를 받는 중실단면이나 중공단면을 갖는 원형 부재의 변형에너지 U를 구해보자. 그림 8.24에 순수전단 상태에 있는 중공단면을 갖는 원형 부재가 있다.

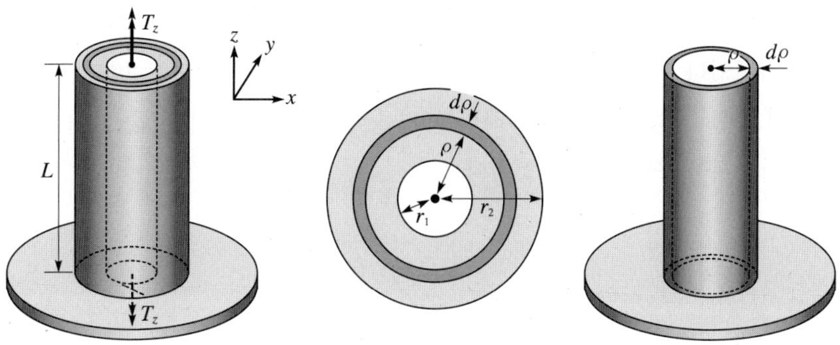

(a) (b) (c)

그림 8.24 순수비틀림상태에 있는 봉

우선 그림 8.24의 내부 반지름이 r_1인 중공 원형 부재의 변형에너지 밀도 u를 구하기 위해 반지름이 ρ이고 $d\rho$의 두께를 갖는 반지모양의 단면을 갖는 중공 부재를 생각해보자(그림 8.24(c) 참조). 비틀림 모멘트를 받는 원형 부재의 전단응력을 구하는 식인 식 (8.11)의 r을 ρ로 고려한 후 식 (8.51)에 대입하여 정리하면 다음과 같다.

$$u=\frac{\tau^2}{2G}=\frac{1}{2G}\cdot\left(\frac{T\rho}{I_p}\right)^2=\frac{T^2\rho^2}{2GI_p^2} \tag{8.52}$$

그림 8.24(c)의 반지모양의 단면을 갖는 중공 부재 요소에 생긴 변형에너지 dU는 위의 식 (8.52)에서 구한 변형에너지 밀도 u에 이 요소의 체적을 곱하여 얻을 수 있다. 또한 중공단면을 갖는 원형 부재 전체의 변형에너지 U는 중공 단면 전체에 대해 적분함으로써 다음과 같이 얻을 수 있다.

$$dU=uLdA=\frac{T^2\rho^2}{2GI_p^2}\cdot L\cdot dA=\frac{T^2L\rho^2dA}{2GI_p^2}$$

$$U=\int dU=\frac{T^2L}{2GI_p^2}\int_{r_1}^{r_2}\rho^2dA=\frac{T^2L}{2GI_p^2}\cdot I_p$$

$$\therefore\ U=\frac{T^2L}{2GI_p} \tag{8.53}$$

원형 부재의 탄성변형에너지를 구하는 위의 식 (8.53)은 비틀림각에 대한 식 (8.10)을 고려하여 다음과 같은 형태로도 표현이 가능하다.

$$U=\frac{T^2L}{2GI_p}=\frac{T}{2}\cdot\frac{TL}{GI_p}=\frac{T\phi}{2} \tag{8.54}$$

식 (8.54)는 식 (8.50)과 유사한 형태임을 알 수 있다. 식 (8.50)은 전단력-변위 선도에서 일의 양을 구하는 관계식이었다. 그렇다면 우리는 식 (8.54)로부터 비틀림 모멘트-비틀림각 선도를 통해서도 변형에너지 U를 구하는 것이 가능하다는 것을 알 수 있을 것이다. 즉, 비틀림 모멘트-비틀림각 선도의 아래면적을 구하면 되는 것이다.

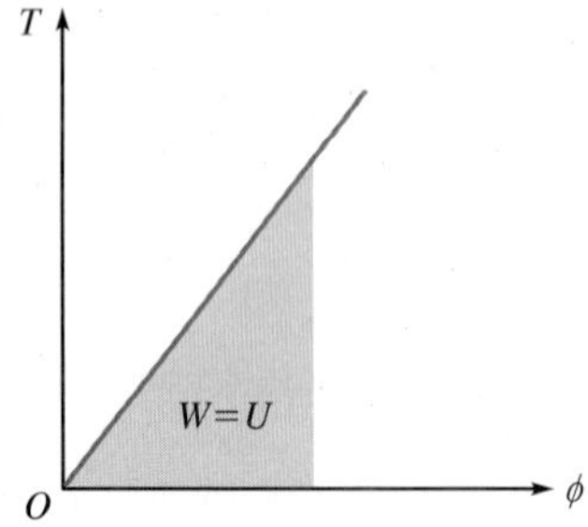

그림 8.25 비틀림 모멘트–비틀림각 선도

예제 8.10

다음 그림과 같이 반지름 $r_1 = 50\text{mm}$, $r_2 = 70\text{mm}$인 단면에 비틀림 모멘트 $T_{z1} = 10\text{N·m}$, $T_{z2} = 15\text{N·m}$가 작용하고 있을 때 각 하중의 경우에 대하여 이 봉에 저장된 변형에너지 U를 구하여라(단, $L_1 = 300\text{mm}$, $L_2 = 500\text{mm}$, $G = 0.83 \times 10^5\text{MPa}$이다).

1) 점 A에 작용하는 비틀림 모멘트 T_{z1}에 대한 변형에너지 U_1(그림 (a))
2) 점 B에 작용하는 비틀림 모멘트 T_{z2}에 대한 변형에너지 U_2(그림 (b))
3) 점 A와 B에서 작용하는 비틀림 모멘트 T_{z1}, T_{z2}에 대한 BC부분의 변형에너지 U_3 (그림 (c))

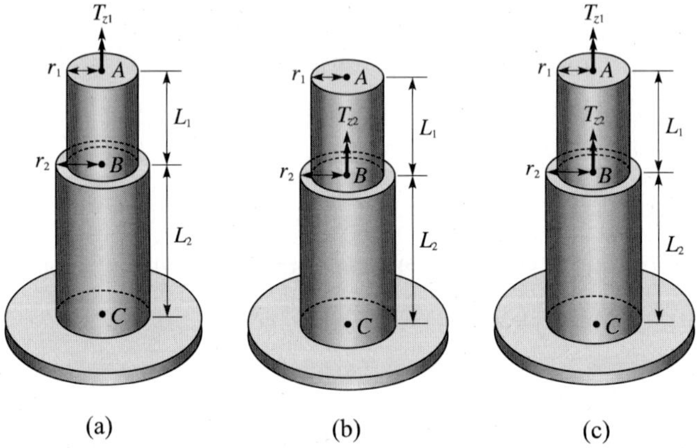

(a) (b) (c)

그림 예제 8.10

풀이

1) 점 A에 작용하는 T_1에 대한 변형에너지는 식 (8.53)으로부터 직접 구할 수 있다.

$$U_1 = \frac{T_{z_1}^2 L_1}{2GI_{p_1}} + \frac{T_{z_1}^2 L_2}{2GI_{p_2}}$$

$$T_{z_1} = 10{,}000\,\mathrm{N \cdot mm},\ L_1 = 300\mathrm{mm},\ L_2 = 500\mathrm{mm},\ G = 0.83 \times 10^5\,\mathrm{MPa}$$

$$I_{p_1} = \frac{\pi \cdot d^4}{32} = \frac{\pi \cdot (2 \cdot r_1)^4}{32} = \frac{\pi \cdot (2 \cdot 50)^4}{32} = 9.82 \times 10^6\,\mathrm{mm}^4$$

$$I_{p_2} = \frac{\pi \cdot d^4}{32} = \frac{\pi \cdot (2 \cdot r_2)^4}{32} = \frac{\pi \cdot (2 \cdot 70)^4}{32} = 3.77 \times 10^7\,\mathrm{mm}^4$$

$$U_1 = \frac{T_{z_1}^2 L_1}{2GI_{p_1}} + \frac{T_{z_1}^2 L_2}{2GI_{p2}} = \frac{10{,}000^2 \cdot 300}{2 \cdot 0.83 \times 10^5 \cdot 9.82 \times 10^6} + \frac{10{,}000^2 \cdot 500}{2 \cdot 0.83 \times 10^5 \cdot 3.77 \times 10^7} = 2.64 \times 10^{-2}$$

2) 점 B에 작용하는 비틀림 모멘트 T_2에 대한 변형에너지는 식 (8.53)을 봉의 BC부분에 적용하여 구한다.

$$U_2 = \frac{T_{z_2}^2 (L_2)}{2GI_{p_2}}$$

$$T_{z_2} = 15{,}000\,\mathrm{N \cdot mm},\ L_2 = 500\mathrm{mm},\ G = 0.83 \times 10^5\,\mathrm{MPa}$$

$$I_{p_2} = \frac{\pi \cdot d^4}{32} = \frac{\pi \cdot (2 \cdot r_1)^4}{32} = \frac{\pi \cdot (2 \cdot 70)^4}{32} = 3.77 \times 10^7\,\mathrm{mm}^4$$

$$U_2 = \frac{T_{z_2}^2 L_2}{2GI_{p2}} = \frac{15{,}000^2 \cdot 500}{2 \cdot 0.83 \times 10^5 \cdot 3.77 \times 10^7} = 1.80 \times 10^{-2}$$

3) 두 하중이 같이 작용할 때, AB에서의 비틀림 모멘트는 T_{z1}이고, BC부분에서의 비틀림 모멘트는 $T_{z1}+T_{z2}$이다. 그러므로

$$U_3 = \frac{T_{z_1}^2 L_1}{2GI_{P1}} + \frac{T_{z_1}^2 L_2}{2GI_{P2}} + \frac{T_{z_2}^2 (L_2)}{2GI_{P2}} = U_1 + U_2$$

$$U_3 = 2.64 \times 10^{-2} + 1.80 \times 10^{-2} = 4.44 \times 10^{-2}$$

예제 8.11

다음 그림과 같이 반지름 $r_1 = 50\text{mm}$, $r_2 = 70\text{mm}$인 단면에 비틀림 모멘트 $T_{z1} = 2.0\text{kN}\cdot\text{m}$, $T_{z2} = 1.5\text{ kN}\cdot\text{m}$가 작용하고 있을 때 다음을 구하여라(단, $L_1 = 300\text{mm}$, $L_2 = 500\text{mm}$, $G = 0.83\times10^5\text{ MPa}$).

1) 봉의 자유단 A에서 발생되는 비틀림각 ϕ_A

2) 봉에 발생되는 최대 전단응력 τ_{max}

3) 봉 전체에 저장된 변형에너지 U

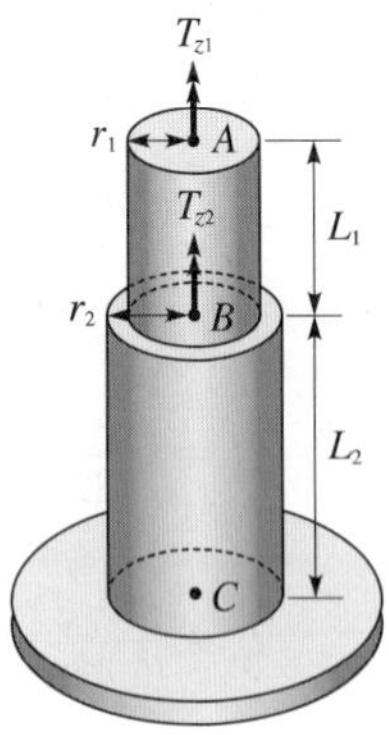

그림 예제 8.11

풀이

1) 봉의 자유단 A에서 발생되는 비틀림각 ; ϕ_A

$$\phi_A = \frac{T_{z_1}\cdot L_1}{G\cdot I_{p_1}} + \frac{\left(T_{z_1}+T_{z_2}\right)\cdot L_2}{G\cdot I_{p_2}}$$

$T_{z_1} = 2.0\times10^6\text{N}\cdot\text{mm}$, $T_{z_2} = 1.5\times10^6\text{N}\cdot\text{mm}$, $G = 0.83\times10^5\text{MPa}$

$L_1 = 300\text{mm}$, $L_2 = 500\text{mm}$

$$I_{p_1} = \frac{\pi\cdot d^4}{32} = \frac{\pi\cdot(2\cdot r_1)^4}{32} = \frac{\pi\cdot(2\cdot 50)^4}{32} = 9.82\times10^6\text{mm}^4$$

$$I_{p_2} = \frac{\pi\cdot d^4}{32} = \frac{\pi\cdot(2\cdot r_2)^4}{32} = \frac{\pi\cdot(2\cdot 70)^4}{32} = 3.77\times10^7\text{mm}^4$$

$$\phi_A = \frac{2.0\times10^6\cdot 300}{0.83\times10^5\cdot 9.82\times10^6} + \frac{\left(2.0\times10^6+1.5\times10^6\right)\cdot 500}{0.83\times10^5\cdot 3.77\times10^7}$$

$$= 0.0013\text{ rad} = 1.3\times10^{-3}\text{ rad}$$

$$\therefore\ \phi_A = 1.3\times10^{-3}\text{ rad}$$

2) 봉에 발생되는 최대 전단응력 ; τ_{max}

$$\tau_{max} = \frac{T\cdot r}{I_P}$$

$T_{z_1} = 2.0\times10^6\text{N}\cdot\text{mm}$, $T_{z_2} = 1.5\times10^6\text{N}\cdot\text{mm}$

$r_1 = 50\text{mm}$, $r_2 = 70\text{mm}$

$$\tau_{BC\max} = \frac{3.5 \times 10^6 \times 70}{3.77 \times 10^7} = 6.50\,\mathrm{MPa}$$

$$\tau_{AB\max} = \frac{0.2 \times 10^6 \times 50}{9.82 \times 10^6} = 10.18\,\mathrm{MPa}$$

$$\therefore \tau_{\max} = 10.18\,\mathrm{MPa}$$

3) 봉 전체에 저장된 변형에너지 ; U

$$U = \frac{T_{z_1}^2 \cdot L_1}{2 \cdot G \cdot I_{p_1}} + \frac{\left(T_{z_1}^2 + T_{z_2}^2\right) \cdot L_2}{2 \cdot G \cdot I_{p_2}}$$

$$U = \frac{(2.0 \times 10^6)^2 \times 300}{2 \times 0.83 \times 10^5 \times 9.82 \times 10^6} + \frac{\{(2.0 \times 10^6)^2 + (1.5 \times 10^6)^2\} \times 500}{2 \times 0.83 \times 10^5 \times 3.77 \times 10^7}$$

$$= 736.14\,\mathrm{N \cdot mm} + 499.34\,\mathrm{N \cdot mm} = 1235.48\,\mathrm{N \cdot mm}$$

$$\therefore U = 1{,}235.48\,\mathrm{N \cdot mm}$$

연습문제

8.1 다음 그림과 같이 반지름 $D = 50$mm인 봉에 비틀림 모멘트 $T = 200$N · m가 작용할 때 단면 내에서 발생하는 최대 전단응력 τ_{max}을 구하여라.

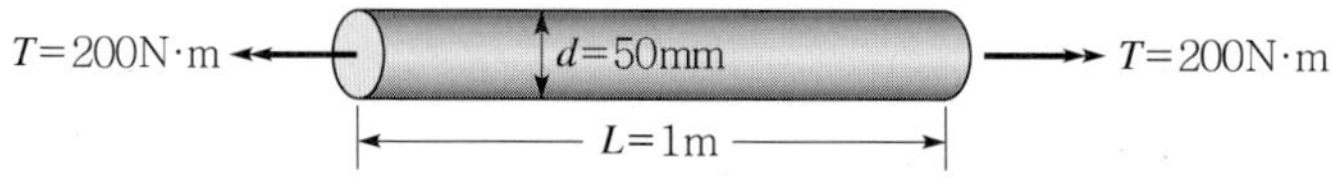

그림 문제 8.1

8.2 연습문제 8.1에서 속이 찬 축의 직경이 6cm라면 이때 최대 전단응력을 구하여라.

8.3 연습문제 8.1에서 중실봉의 직경이 6cm이고, 각 구간의 길이는 2m이며, G=80GPa일 때, 전비틀림각을 구하여라.

8.4 다음 그림과 같이 일단 고정된 봉 AB와 BC의 직경이 각각 $D_1 = 100$mm와 $D_2 = 50$mm이고 길이가 각각 $L_1 = 2$m, $L_2 = 1.5$m이다. 이러한 봉에 그림에서와 같이 비틀림 모멘트 $T = 50$ N · m가 작용할 때 부재 AB와 BC의 최대전단응력(τ_{max})을 각각 구하고 비틀림각 ϕ_c를 결정하라. 단, $G = 0.83 \times 10^5$MPa이다.

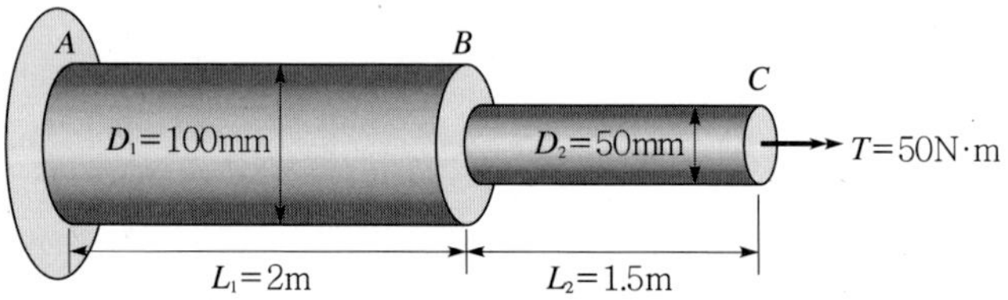

그림 문제 8.4

8.5 다음 그림과 같이 일단 고정된 WF형강이 있다. 비틀림 모멘트 $T=30\text{N}\cdot\text{m}$가 그림과 같이 작용할 때 부재 AB에 발생되는 비틀림각 ϕ_c를 결정하라. 단, $b=300\text{mm}$, $l=500\text{mm}$, $t=20\text{mm}$이다. 단, $G=0.83\times10^5\text{MPa}$이다.

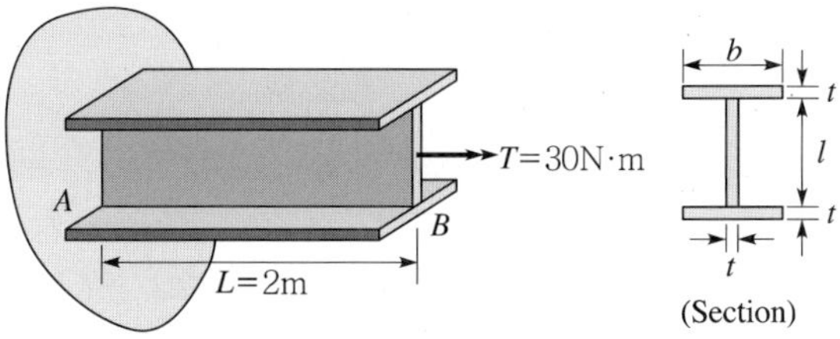

그림 문제 8.5

8.6 다음 그림과 같이 직경 $D=50\text{mm}$인 양단 고정된 1차 부정정 강봉이 있다. 길이 $L_1=300\text{mm}$, $L_2=500\text{mm}$, $L_3=1{,}000\text{mm}$, C점에 작용하는 비틀림 모멘트 $T_C=10\text{N}\cdot\text{m}$, D점에 작용하는 비틀림 모멘트 $T_D=20\text{N}\cdot\text{m}$이다. 비틀림 모멘트 반력 T_A, T_B를 구하고 최대 전단응력 $\tau_{C\max}$, $\tau_{D\max}$ 및 비틀림각 ϕ_c, ϕ_D를 각각 구하여라. 단, $G=0.83\times10^5\text{MPa}$이다.

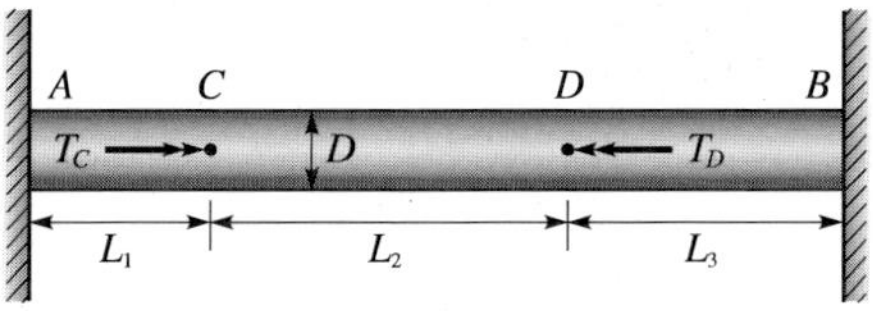

그림 문제 8.6

8.7 다음 그림과 같이 직경 $D_1=D_3=30\text{mm}$, $D_2=60\text{mm}$인 양단이 고정된 강봉이 있다. 길이 $L_1=L_3=300\text{mm}$, $L_2=500\text{mm}$이고 E점에 비틀림 모멘트 $T_E=50\text{N}\cdot\text{m}$가 작용한다면 각 지점의 비틀림 모멘트 T_A, T_B 및 비틀림각 ϕ_E를 구하여라. 단, $G=0.83\times10^5\text{MPa}$이다.

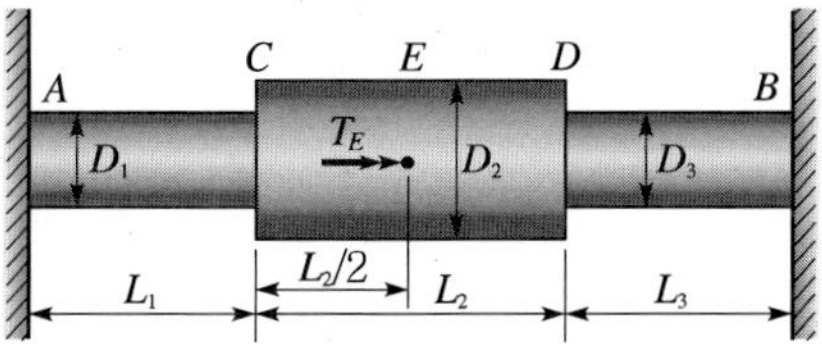

그림 문제 8.7

8.8 다음 그림과 같이 Steel 부재의 반지름 $r = 50$mm, Aluminum 부재의 반지름 $r = 20$mm인 합성봉에 비틀림 모멘트 $T = 80$N · m가 작용할 때 단면 내에서 발생하는 최대 전단응력 τ_{stmax}, τ_{almax}을 각각 구하여라. 단, $L_1 = 1.2$m, $L_2 = 1.0$m이다. 단, $G_{st} = 0.83 \times 10^5$MPa, $G_{al} = 0.27 \times 10^5$MPa이다.

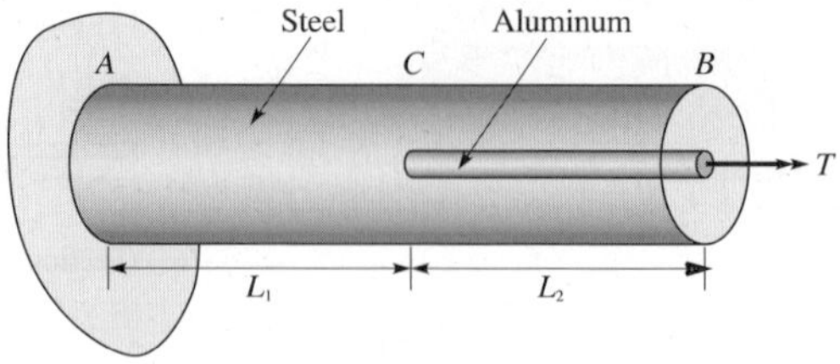

그림 문제 8.8

8.9 다음 그림과 같이 비틀림 모멘트가 작용할 때 각 구간의 비틀림 모멘트 값을 구하여라.

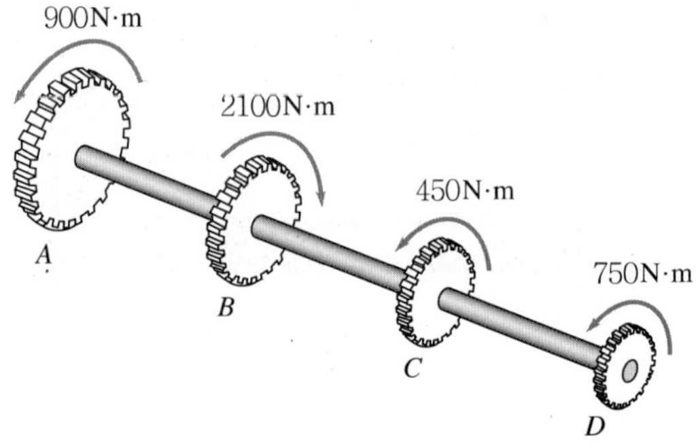

그림 문제 8.9

제9장

보의 응력

제9장

보의 응력

9.1 곡률과 수직변형률

이 장에서는 균질재료의 균일단면 직선보가 하중을 받을 때 발생하는 변형과 휨응력에 대하여 알아보자. 보의 변형과 휨응력을 이해하기 위해서는 우선 곡률(curvature)에 대한 정확한 이해가 필요하다. 왜냐하면 하중으로 인한 직선보의 변형과 응력은 곡률에 의하여 결정된 처짐곡선과 직접적인 관련이 있기 때문이다.

9.1.1 곡률과 곡률의 부호규약

그림 9.1과 같이 일단 힌지, 일단 롤러인 단순보에 모멘트 하중 M_o가 그림과 같이 가해졌을 때

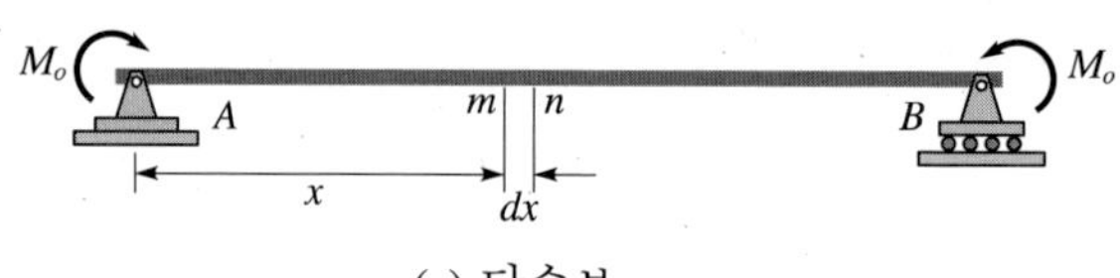

(a) 단순보

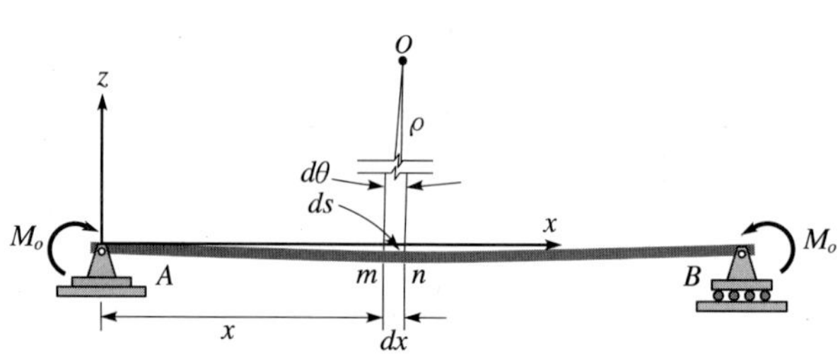

(b) 단순보의 곡률

그림 9.1 단순보의 휨

이러한 보는 아래로 처지는 변형형상을 하게 된다. 지점 A에서 임의의 거리 x만큼 떨어진 곳에 m점을 정하고 m점에서 미소거리 dx만큼 떨어진 곳에 n점을 정하면 이 보의 미소 부분 mn은 처짐곡선을 이루게 된다. 점 m과 n의 처짐곡선에 대한 접선에 수직선을 그으면 두 수직선은 한 점에서 교차하게 되는데, 이러한 교차점을 곡률중심(center of curvature)이라 한다.

그림 9.1과 9.2에서는 곡률중심을 "O" 로 표기하여 나타내었다. 이제 세 점 Omn은 부채꼴을 이루게 되며 O점은 이 부채꼴의 원점이 된다. 부채꼴 Omn의 반경을 곡률반경(radius of curvature ; ρ)이라 하며, 이러한 곡률반경의 역수를 곡률(curvature ; κ)이라 한다. 그림 9.1(b)를 다시 자세하게 그려보면 그림 9.2와 같다.

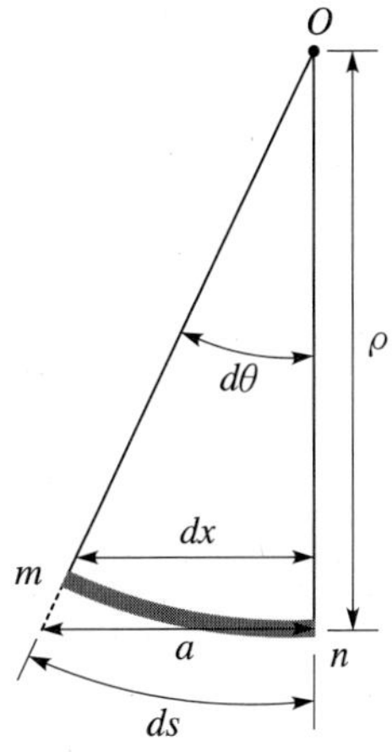

그림 9.2 미소변위

여기서,

$$\tan d\theta = \frac{a}{\rho} \tag{9.1}$$

이다. 또한 부재 mn이 미소하므로

$$a \approx ds \approx dx \tag{9.2}$$

로 나타낼 수 있다. 또한 $d\theta$가 미소하므로

$$\tan d\theta \approx d\theta \tag{9.3}$$

로 사용할 수 있다. 그러므로 위의 식 (9.1)에 식 (9.2)와 식 (9.3)을 대입하면

$$d\theta = \frac{dx}{\rho}, \quad \left(\frac{dx}{\rho} \approx \frac{a}{\rho} \approx \frac{ds}{\rho}\right) \tag{9.4}$$

또한 곡률 κ는 곡률반경 ρ의 역수이므로 위의 식 (9.4)에 대입하여 정리하면 다음과 같다.

$$\kappa = \frac{1}{\rho} = \frac{d\theta}{dx} \tag{9.5}$$

이러한 곡률의 부호규약(sign convention for curvature)은 그림 9.3에서와 같이 x축은 오른쪽으로 양이고, z축은 위쪽으로 양인 xz평면에서 처짐곡선의 곡률은 아래로 볼록일 때 양의 값을 가지고 위로 볼록일 때 음의 값을 갖는다. 곡률의 부호규약은 그림 5.6에서 설명한 변형부호 규약과 일치하게 된다.

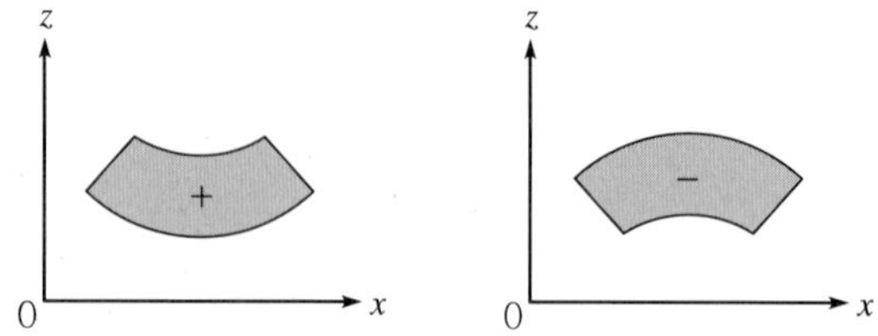

그림 9.3 곡률의 부호규약

9.1.2 보의 수직변형률

이제 하중의 작용으로 인한 보 내부의 변형에 대해서 알아보자. 보의 내부 변형을 설명하기 위해서는 다음의 3가지 가정조건이 우선되어야 한다.

1) 보가 하중을 받아 변형될 때, 보의 길이 방향의 변형률 ε_x가 "0"인 평면, 즉 중립면이 존재한다.
2) 변형 전 평면이던 보의 단면은 변형 후에도 평면을 유지하며, 항상 보의 길이방향 축에 대하여 직각을 이룬다.
3) 단면의 평면 내에서의 변형률 ε_y, ε_z는 길이방향 변형률 ε_x를 유도하는 과정에서는 무시된다.

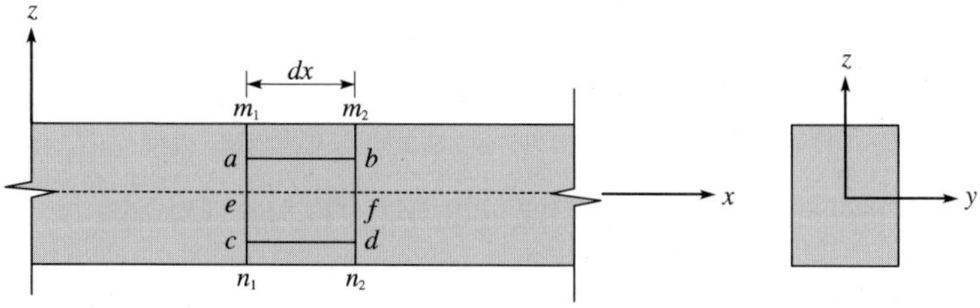

그림 9.4 균질재료의 균일단면 직선보

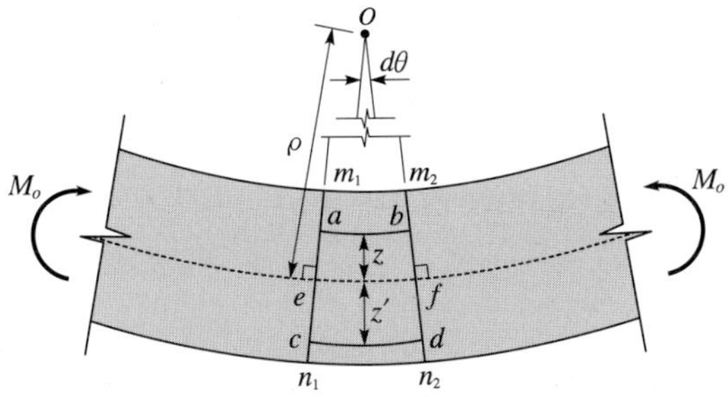

그림 9.5 모멘트에 의한 순수굽힘상태

그림 9.4에서와 같이 균질재료의 균일단면 직선보가 모멘트 하중을 받기 전 임의의 위치에서의 단면을 나타내는 선분 $m_1 n_1$이 존재하고 미소거리만큼 떨어진 부분에 선분 $m_2 n_2$가 존재한다고 가정한다. 이러한 보에 모멘트 하중을 가하면 그림 9.5와 같이 전단력이 생기지 않는 순수굽힘이 발생하게 된다. 그림에서도 알 수 있듯이 보는 모멘트를 받아 아래로 볼록한 변형형상을 하게 되며, 보의 상단은 압축이 되고 하단에는 인장이 발생하게 된다. 이러한 압축과 인장의 경계를 이루는 곳이 중립면(neutral surface)이다. 중립면상의 모든 선분은 이러한 모멘트의 작용에 길이의 변화가 생기지 않는다. 중립면은 부재가 힘을 받을 때 압축이나 인장변형을 하지 않고 본래의 길이를 유지하면서 구부러지기만 하는 면을 말한다. 또한 중립면과 부재축에 대한 단면과의 교선을 중립축(neutral axis)이라 한다(그림 9.5에서는 점선으로 표기하였다). 그림 9.5에서 선분 $m_1 n_1$과 선분 $m_2 n_2$의 연장선을 그으면 "변형 전 평면이던 보의 단면은 변형 후에도 평면을 유지하며, 항상 보의 길이방향 축에 대하여 직각을 이룬다"는 가정조건에 따라 두 연장선은 곡률중심인 O점에서 교차하게 되며, 곡률중심 O점에서 중립축까지의 거리는 곡률반경 ρ가 된다.

두 평면 사이의 초기 거리 dx는 중립축에서는 변하지 않았으므로 식 (9.4)가 성립한다. 중립축상에 위치한 ef 점간의 원호의 길이는 dx가 된다.

$$\rho \cdot d\theta = dx \tag{9.6}$$

그러나 중립축 외의 위치에서는 압축이나 인장이 생김으로 보 길이방향의 수직변형률(normal strain) ε_x가 생긴다. 길이방향 수직변형률을 계산하기 위하여 그림 9.5에서 임의의 거리 z만큼 떨어진 선분 ab의 길이 L_{ab}를 보면 모멘트가 가해짐에 따라 길이가 줄어들었다는 것을 알 수 있다. 이러한 휨 변형 후의 ab의 길이 L_{ab}'라 하면 휨을 받는 보에서의 수직변형률 ε_x는 다음과 같이 정의할 수 있다.

$$\varepsilon_x = \frac{\Delta L_{ab}}{L_{ab}} = \frac{L_{ab}' - L_{ab}}{L_{ab}} \tag{9.7}$$

이제 수직변형률 ε_x 를 구하기 위해서는 L_{ab}' 를 그림 9.5에서 표현해내면 된다.

$$L_{ab}' = (\rho - z) \cdot d\theta = \rho \cdot d\theta - z \cdot d\theta \tag{9.8}$$

식 (9.8)에 식 (9.6)을 대입하여 정리하면 다음과 같이 된다.

$$L_{ab}' = dx - \frac{z}{\rho}dx \tag{9.9}$$

선분 ab의 원래길이 L_{ab}는 dx와 같았으므로 ΔL_{ab}는 다음과 같다.

$$\Delta L_{ab} = L_{ab}' - dx = \left(dx - \frac{z}{\rho}dx\right) - dx = (-)\frac{z}{\rho}dx \tag{9.10}$$

식 (9.10)의 ΔL_{ab} 계산 결과는 수축 변화량, 즉 (−)값을 갖는다는데 유의해야 한다. 이제 식 (9.9)에서 얻어진 ΔL_{ab}를 변형 전 길이인 $L_{ab}(= dx)$로 나눔으로써 수직변형률을 구할 수 있다.

$$\varepsilon_x = \frac{\Delta L_{ab}}{L_{ab}} = \frac{\Delta L_{ab}}{dx} = \frac{1}{dx}\left(-\frac{z}{\rho}dx\right) = -\frac{z}{\rho} = -\kappa \cdot z \tag{9.11}$$

식 (9.11)에서 음(−)의 부호는 원래의 길이에 비해 수축되어 압축변형률을 갖는다는 것을 의미한다. 이와는 반대로 그림 9.5에서 임의의 거리 z'만큼 떨어진 선분 cd를 보면 모멘트 하중이 가해짐에 따라 길이가 늘어났다는 것을 알 수 있다. 이러한 휨변형 후의 cd의 길이 L_{cd}'는 다음과 같이 계산할 수 있다.

$$L_{cd}' = (\rho + z') \cdot d\theta = \rho \cdot d\theta + z' \cdot d\theta \tag{9.12}$$

식 (9.12)에 식 (9.6)을 대입하여 정리하면 다음과 같이 된다.

$$L_{cd}' = dx + \frac{z'}{\rho}dx \tag{9.13}$$

선분 cd의 원래길이 L_{cd}는 dx와 같았으므로 신장변화량은 다음과 같다.

$$\Delta L_{cd} = L_{cd}' - dx = \left(dx + \frac{z'}{\rho}dx\right) - dx = (+)\frac{z'}{\rho}dx \tag{9.14}$$

또한 식 (9.14)를 원래의 길이 $L_{cd}(= dx)$로 나눔으로써 수직변형률을 구할 수 있다.

$$\varepsilon_x = \frac{\Delta L_{cd}}{L_{cd}} = \frac{\Delta L_{cd}}{dx} = \frac{1}{dx}\left(\frac{z'}{\rho}dx\right) = (+)\frac{z'}{\rho} = (+)\kappa \cdot z' \tag{9.15}$$

이 식에서 양(+)의 부호는 인장을 의미한다. 식 (9.11)과 식 (9.15)는 보의 길이방향 수직변형률이 곡률에 비례하고 중립축으로부터의 거리에 따라 선형 변화한다는 것을 나타내고 있다. 즉, 곡률반경 ρ와 수직변형률 ε_x는 반비례 관계를 갖는데, 곡률반경이 크다는 것은 보의 처짐이 상대적으로 작아 수평에 가까운 형상을 하게 되므로 수직변형률이 보다 작게 발생된다는 것을 뜻한다.

예제 9.1

다음 그림과 같이 모멘트 하중이 작용하는 단순보가 있다. 이 단순보의 곡률반경 ρ = 142m일 때 보의 단면 내 A점과 B점에서의 수직변형률 ε_{Ax}, ε_{Bx}를 구하여라.

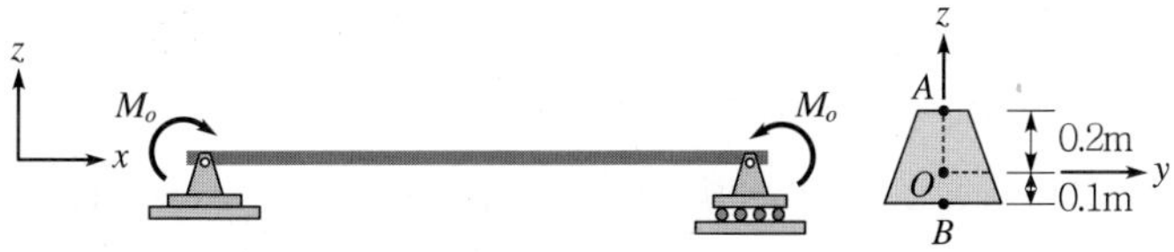

그림 예제 9.1

풀이

식 (9.11)과 식 (9.15)로부터 수직변형률 ε_{Ax}, ε_{Bx}를 구할 수 있다.

$$\varepsilon_{Ax} = -\frac{z}{\rho},\quad \varepsilon_{Bx} = -\frac{(-z')}{\rho}$$

이 문제에서 양(+)의 모멘트가 작용하므로 보는 아래로 볼록한 양(+)의 변형을 하게 된다. 따라서 보의 A점은 압축이 되므로 수직변형률 ε_{Ax}는 음(−)이 되며, B점은 인장이 되어 수직변형률 ε_{Bx}는 양(+)이 된다.

$$\rho = 142\text{m},\quad z = 0.2\text{m},\quad z' = -0.1\text{m}$$

$$\varepsilon_{Ax} = -\frac{z}{\rho} = -\frac{0.2}{142} = (-)0.001408 = (-)14.08 \times 10^{-4}\ (\text{압축})$$

$$\varepsilon_{Bx} = -\frac{(-z')}{\rho} = -\frac{(-0.1)}{142} = 0.000704 = 7.04 \times 10^{-4}\ (\text{인장})$$

예제 9.2

다음 그림과 같이 직경 d = 30mm인 원형 단면을 갖는 보의 자유단에 모멘트 하중이 작용할 때 이 보의 압축연단에서 길이방향 변형률 $\varepsilon_x = 0.0016$이 발생된다면 보의 곡률반경 ρ, 곡률 K를 구하여라.

그림 예제 9.2

풀이

켄틸레버보의 자유단에 하중 M_o가 작용하므로 보는 위로 볼록한 변형형상이 되어 곡률반경 ρ와 곡률 K는 음(−)의 값을 갖게 된다. 또한 이 보의 압축연단에서의 변형률 ε_x는 압축변형률을 의미한다. 식 (9.11)에 의해서 곡률반경 ρ와 곡률 K는 다음과 같이 구할 수 있다.

$$\rho = -\frac{z}{\varepsilon_x}, \quad z = 15\text{mm}, \quad \varepsilon_x = 0.0016$$

$$\therefore \ \rho = -\frac{z}{\varepsilon_x} = \frac{15}{0.0016} = -9375\text{mm} = -9.375\text{m}$$

$$\therefore \kappa = \frac{1}{\rho} = \frac{1}{-9{,}375} = -0.0001067\text{mm}^{-1} = -1.067 \times 10^{-4}\text{mm}^{-1}$$

예제 9.3

다음 그림과 같이 b = h = 400mm, 길이 L = 5m인 정사각형 단면을 갖는 보의 C점에서의 인장연단 변형률 $\varepsilon_x = 0.0016$일 때 보의 곡률반경 ρ, 곡률 K를 구하고 중앙점 C의 처짐량 δ_c를 구하여라.

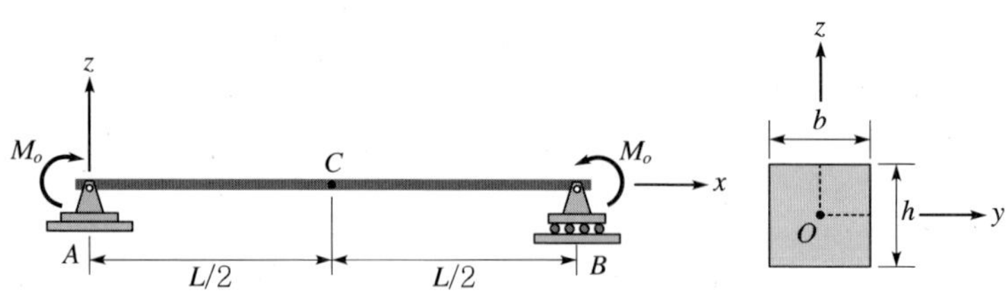

그림 예제 9.3

풀이

단순보에 모멘트하중 M_o가 작용하므로 보는 아래로 볼록한 변형형상이 되어 곡률반경 ρ와 곡률 κ는 양(+)의 값을 갖는다. 또한 이 보의 인장연단에서의 변형률 ε_x는 인장변형률을 의미한다.

식 (9.11)에 의해서 곡률반경 ρ와 곡률 κ는 다음과 같이 구할 수 있다.

$$\rho = \frac{z}{\varepsilon_x}, \quad z = 200\text{mm}, \quad \varepsilon_x = 0.0016$$

$$\therefore \rho = \frac{z}{\varepsilon_x} = \frac{200}{0.0016} = 125{,}000\text{mm} = 125\text{m}$$

$$\therefore \kappa = \frac{1}{\rho} = \frac{1}{125} = 0.008\text{m}^{-1}$$

단순보의 경우 양단이 회전변위를 허용하므로 순수 굽힘 상태에서 일정한 곡률을 갖게 되어 처짐곡선은 원호가 된다. 따라서 변형 형상은 다음 그림과 같이 그릴 수 있다.

$$\rho = \overline{OB} = \overline{OC} + \delta_C, \quad \overline{OC} = \rho \cdot \cos\theta$$

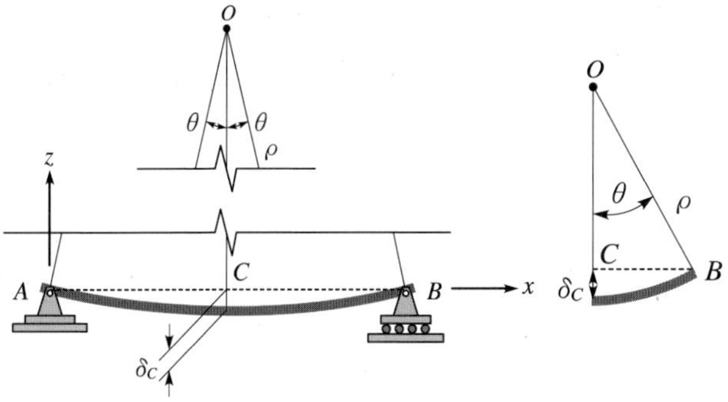

위의 식을 δ_c에 관한 식으로 정리하면 다음과 같다.

$$\delta_C = \rho - \rho \cdot \cos\theta = \rho(1 - \cos\theta)$$

또한 각 θ를 구하기 위하여 위의 그림 오른쪽에서 $\sin\theta$를 구해보면 다음과 같다.

$$\sin\theta = \frac{L/2}{\rho} = \frac{5/2}{125} = 0.02$$

$$\theta = \sin^{-1}(0.02) = 1.146°$$

$$\delta_C = \rho(1 - \cos\theta) = 125 \times \{1 - \cos(1.146)\} = 0.025\text{m} = 25\text{mm}$$

$$\therefore \delta_C = 25\text{mm}$$

예제 9.4

다음 그림과 같이 폭 $b=150\text{mm}$이고 높이 $h=300\text{mm}$인 보가 양단에서 하중 $P=100\text{kN}$을 각각 받고 있을 때 AB구간에서의 곡률반경 ρ를 구하여라. 단, 탄성계수 $E=2.0\times10^5\text{MPa}$이다.

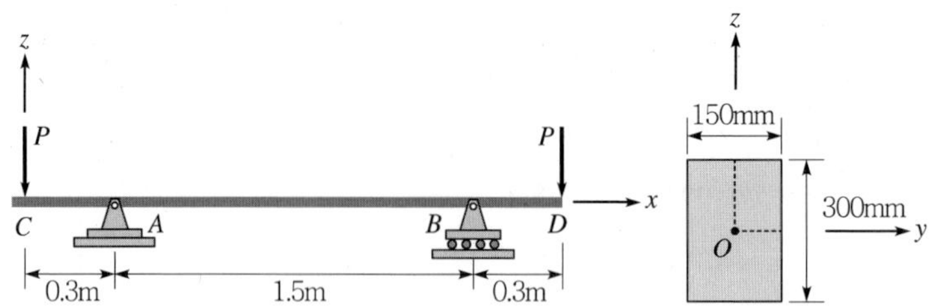

그림 예제 9.4

풀이

AB구간의 곡률반경 ρ가 일정한 값을 갖는지 먼저 확인해야 하므로 AB구간의 모멘트값을 알아야 한다.

1) 반력계산

$$\oplus\,\Sigma M_B=0\ ;\ -100\times1.8+V_A\times1.5+100\times0.3=0$$

$$\therefore V_A=100\,\text{kN},\quad V_B=100\,\text{kN}$$

2) x구간 설정

i) $0<x<0.3\text{ m}$

ii) $0.3\text{ m}<x<1.8\text{ m}$

iii) $1.8\text{ m}<x<2.1\text{ m}$

3) 휨모멘트 함수

i) $0<x<0.3\text{ m}$

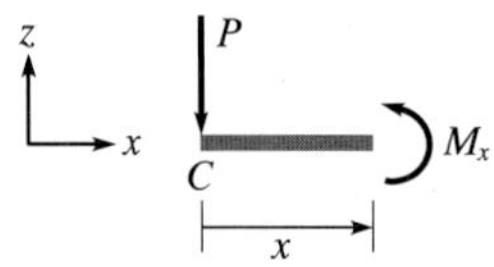

$$\oplus\,\Sigma M_x=0\ ;\ -M_x-100x=0$$

$$\therefore M_x=-100x$$

9.2.1 선형탄성 재료의 3축 변형과 응력

우리는 이제까지 "단면의 평면 내에서의 변형률 ε_y, ε_z는 길이방향 변형률 ε_x를 유도하는 과정에서는 무시된다"라는 가정 하에 2차원의 평면적인 응력해석을 수행하였다. 그러나 일반화된 Hooke의 법칙을 따르는 보에서는 1축의 하중만 작용하여도 포와송 비 ν에 의해 3차원적인 변형이 생긴다는 것을 이해할 수 있을 것이다.

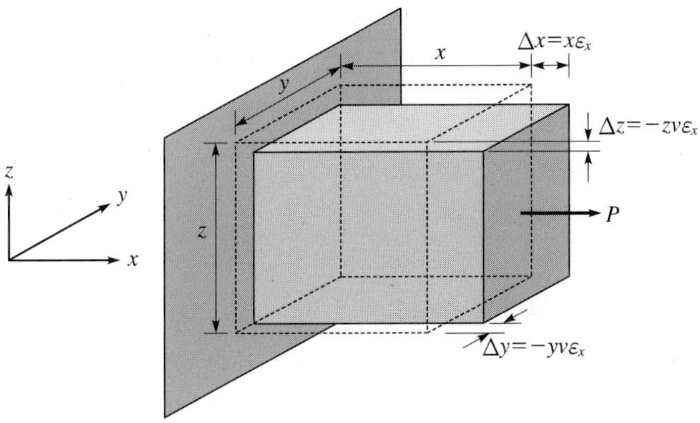

그림 9.7 1축의 하중에 의한 3축의 변형

그림 9.7과 같이 선형 탄성재료 요소에 x축 방향으로 인장력 P가 작용하면 요소에는 x축 방향으로 신장변형량 Δx가 생기고, 그로 인해 인장응력 σ_x가 생기게 된다. 또한 x축 방향으로의 신장변형은 y축과 z축으로 Δy, Δz의 수축변형을 동반하게 된다. 이러한 y축과 z축으로의 변형으로 인해 변형률 ε_y, ε_z가 생기며 그로 인해 σ_y, σ_z 가 유발된다. 이러한 체적의 변화를 Hooke의 법칙(2.5절 참조)에 적용시키면 다음과 같다.

$$\sigma_x = E \cdot \varepsilon_x \tag{9.26}$$

x축의 인장응력 σ_x에 의해 유발되는 y축과 z축의 응력은 다음과 같다.

$$\sigma_y = E \cdot \varepsilon_y, \quad \sigma_z = E \cdot \varepsilon_z \tag{9.27}$$

또한 포와송 비 ν(2.5절 참조)에 의해서 변형률 ε_y, ε_z는 ε_x로 바꿀 수 있다.

$$\nu = (-)\frac{\text{가로방향 변형률}}{\text{축방향 변형률}} = (-)\frac{\varepsilon_d}{\varepsilon_l}, \quad \varepsilon_d = -\nu \cdot \varepsilon_l$$

$$\varepsilon_y = -\nu \cdot \varepsilon_x, \ \varepsilon_z = -\nu \cdot \varepsilon_x \tag{9.28}$$

따라서 식 (9.27)에 식 (9.28)을 대입시켜 정리하면 다음과 같다.

$$\sigma_x = E \cdot \varepsilon_x, \quad \sigma_y = -E \cdot \nu \cdot \varepsilon_x, \quad \sigma_z = -E \cdot \nu \cdot \varepsilon_x \tag{9.29}$$

위와 같은 방법으로 y축 방향으로 인장력 P가 작용하는 경우도 생각하여보자.

$$\sigma_y = E \cdot \varepsilon_y \tag{9.30}$$

y축의 인장응력 σ_y에 의해 x축과 z축에 발생하는 응력은 다음과 같다.

$$\sigma_x = E \cdot \varepsilon_x, \quad \sigma_z = E \cdot \varepsilon_z \tag{9.31}$$

$$\varepsilon_x = -\nu \cdot \varepsilon_y, \quad \varepsilon_z = -\nu \cdot \varepsilon_y \tag{9.32}$$

식 (9.31)에 식 (9.32)를 대입시켜 정리하면 다음과 같다.

$$\sigma_y = E \cdot \varepsilon_y, \quad \sigma_x = -E \cdot \nu \cdot \varepsilon_y, \quad \sigma_z = -E \cdot \nu \cdot \varepsilon_y \tag{9.33}$$

또한 z축에서도 마찬가지로 구해보면 다음과 같다.

$$\sigma_z = E \cdot \varepsilon_z, \quad \sigma_x = E \cdot \varepsilon_x, \quad \sigma_y = E \cdot \varepsilon_y \tag{9.34}$$

$$\varepsilon_x = -\nu \cdot \varepsilon_z, \quad \varepsilon_y = -\nu \cdot \varepsilon_z \tag{9.35}$$

식 (9.34)에 식 (9.35)를 대입시키면 다음과 같다.

$$\sigma_z = E \cdot \varepsilon_z, \quad \sigma_x = -E \cdot \nu \cdot \varepsilon_z, \quad \sigma_y = -E \cdot \nu \cdot \varepsilon_z \tag{9.36}$$

따라서 위의 식 (9.29), 식 (9.33), 식 (9.36)에 중첩의 원리를 적용하여 구한 최종 변형률은 다음과 같다.

$$\begin{aligned} \varepsilon_x &= \frac{1}{E}\left[\sigma_x - \nu(\sigma_y + \sigma_z)\right] \\ \varepsilon_y &= \frac{1}{E}\left[\sigma_y - \nu(\sigma_x + \sigma_z)\right] \\ \varepsilon_z &= \frac{1}{E}\left[\sigma_z - \nu(\sigma_x + \sigma_y)\right] \end{aligned} \tag{9.37}$$

식 (9.37)을 이용하면 응력들을 구할 수 있다.

$$\sigma_x = \frac{E}{(1+\nu)(1-2\nu)}\left[(1-\nu)\varepsilon_x + \nu(\varepsilon_y + \varepsilon_z)\right]$$
$$\sigma_y = \frac{E}{(1+\nu)(1-2\nu)}\left[(1-\nu)\varepsilon_y + \nu(\varepsilon_z + \varepsilon_x)\right] \quad (9.38)$$
$$\sigma_z = \frac{E}{(1+\nu)(1-2\nu)}\left[(1-\nu)\varepsilon_z + \nu(\varepsilon_x + \varepsilon_y)\right]$$

예제 9.5

다음 그림과 같이 등분포하중과 집중하중을 받는 단순보가 있다. 이 보의 최대 수직응력을 구하여라.

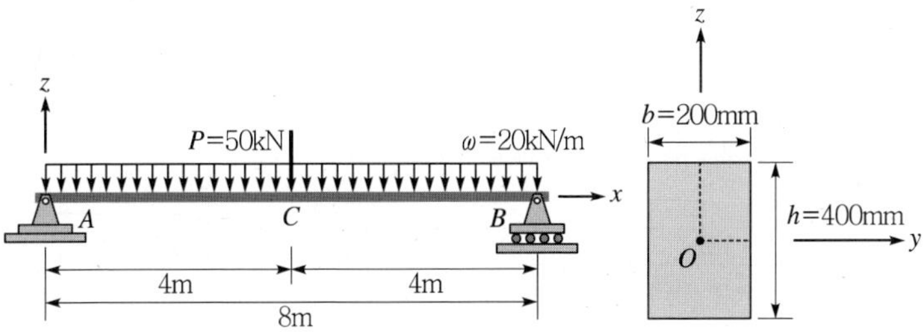

그림 예제 9.5

풀이

식 (9.24)로부터 최대 수직응력을 구하는 공식은 다음과 같다.

$$\sigma_{\max} = -\frac{M_{\max}}{I_y}z$$

우선 최대 휨모멘트를 구하기 위해서는 각 지점의 반력을 구해야 한다. A점의 반력을 구해보면 다음과 같다.

$$\oplus \Sigma M_B = 0 \; ; \; V_A \cdot 8 - 20 \cdot 8 \cdot \frac{8}{2} - 50 \cdot 4 = 0$$

$$\therefore \; V_A = 105\text{kN}(\uparrow)$$

최대 휨모멘트는 전단력 S = 0인 지점에서 발생하므로 중앙점 C에서 최대 휨모멘트가 발생한다.

$$M_{\max} = V_A \cdot \frac{L}{2} - \omega \cdot \frac{L}{2} \cdot \frac{L}{4} = 105 \times 4 - 20 \times 4 \times 2 = 260\,\text{kN}\cdot\text{m}$$

최대 수직응력은 단면 내의 상・하 연단에서 발생하므로 중립축으로부터의 거리인 $z=\pm$ 200 mm가 된다. 또한 단면 2차 모멘트 I_y는 중립축에 대한 값을 사용한다.

$$I_y=\frac{b\cdot h^3}{12}=\frac{200\cdot 400^3}{12}=1.07\times 10^9\,\mathrm{mm}^4,\quad z=\pm 200\mathrm{mm}$$

따라서 최대 수직응력 $\sigma_{\max}$은 다음과 같다.

$$\sigma_{\max}=-\frac{M_{\max}}{I_y}z=-\frac{26\times 10^7}{1.07\times 10^9}\times(\pm 200)=\mp 48.6\,\mathrm{MPa}$$

$$\therefore\ \sigma_{\max}=\mp 48.6\,\mathrm{MPa}$$

예제 9.6

다음 그림과 같은 단순보에서 발생될 수 있는 최대 수직응력과 A 점을 기준으로 최대 수직응력이 발생하는 지점을 구하여라.

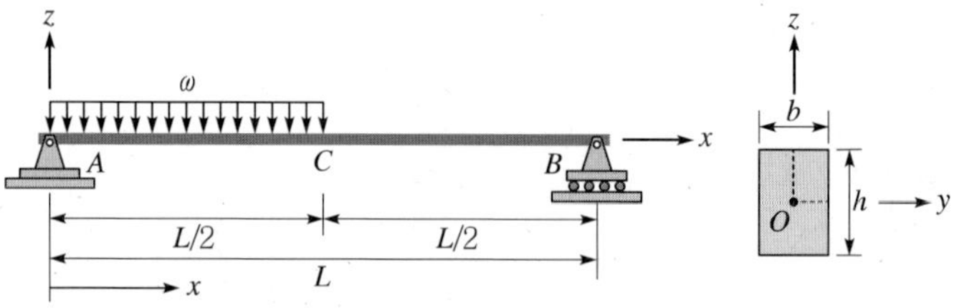

그림 예제 9.6

풀이

식 (9.24)로부터 최대 수직응력을 구하는 공식은 다음과 같다.

$$\sigma_{\max}=\frac{M_{\max}}{I_y}z$$

우선 최대 휨모멘트를 구하기 위해서는 각 지점의 반력을 구해야 한다. A점의 반력을 구해보면 다음과 같다.

$$\oplus\ \Sigma M_B=0\ ;\ V_A\cdot L-\omega\cdot\frac{L}{2}\cdot\left(\frac{L}{2}+\frac{L}{4}\right)=0$$

$$\therefore\ V_A=\frac{3\omega L}{8}$$

최대 휨모멘트는 전단력 S = 0인 지점에서 발생하므로 다음과 같다.

$$\oplus\uparrow\Sigma F_z=0\ ;\ \frac{3\omega L}{8}-\omega x=0,\quad x=\frac{3}{8}L$$

따라서 최대 휨모멘트가 발생하는 지점에서 최대 수직응력이 발생하므로 A점으로부터의 거리 $x=3L/8$이다.

$$M_{\max} = V_A x - \omega x \frac{x}{2} = \frac{3\omega L}{8} \cdot \frac{3L}{8} - \frac{\omega}{2} \cdot \left(\frac{3L}{8}\right)^2 = \frac{9\omega L^2}{128}$$

최대 수직응력은 단면 내의 상・하 연단에서 발생하므로 중립축으로부터의 거리인 $z = \pm h/2$ 가 된다. 또한 단면 2차 모멘트 I_y는 중립축에 대한 값을 사용한다.

$$I_y = \frac{b \cdot h^3}{12}, \quad z = \pm \frac{h}{2}$$

따라서 최대 수직응력은 다음과 같다.

$$\sigma_{\max} = -\frac{M_{\max}}{I_y} z = -\frac{\frac{9\omega \cdot L^2}{128}}{\frac{b \cdot h^3}{12}} \cdot \left(\pm \frac{h}{2}\right) = \mp \frac{27\omega L^2}{64bh^2}$$

예제 9.7

다음 그림과 같이 T형 단면을 가진 내민보에서 중립축에 대한 최대 인장응력 $\sigma_{t\max}$, 최대 압축응력 $\sigma_{c\max}$을 구하여라.

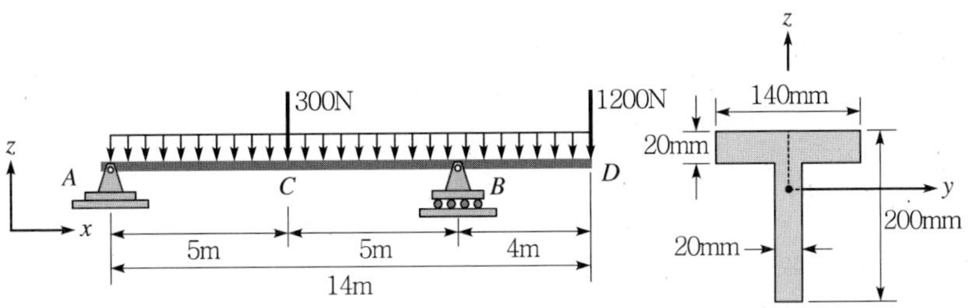

그림 예제 9.7

풀이

식 (9.24)로부터 최대 수직응력을 구하는 공식은 다음과 같다.

$$\sigma_{\max} = -\frac{M_{\max}}{I_y} z$$

우선 최대 휨모멘트를 구하기 위해서는 각 지점의 반력을 구해야 한다. A점의 반력을 구해보면 다음과 같다.

$$\oplus \Sigma M_B = 0 \ ; \ V_A \times 10 - (50 \times 10 \times 5) - (300 \times 5) + (50 \times 4 \times 2) + (1{,}200 \times 4) = 0$$

$$\therefore V_A = -120\text{N}(\downarrow), \ V_B = 2{,}320\text{N}(\uparrow)$$

최대 휨모멘트는 전단력 S = 0인 지점에서 발생하므로 전단력도를 그려보면 다음과 같다.

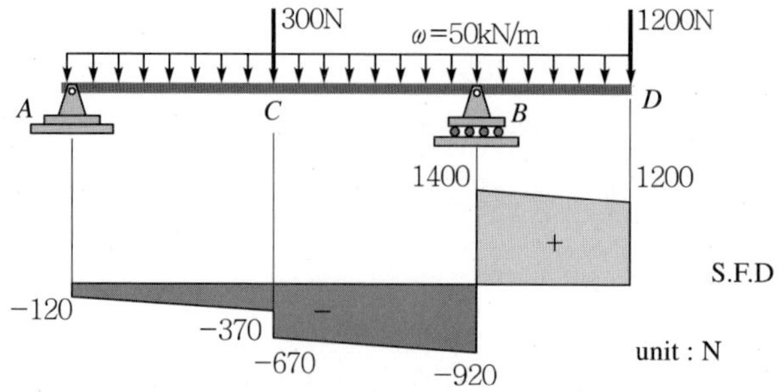

따라서 최대 휨모멘트가 발생하는 지점에서 최대 휨응력이 발생하므로 B 점에서 최대 휨응력이 발생한다.

$M_{\max} = -(1{,}200 \times 4) - (50 \times 4 \times 2) = -5{,}200\text{N} \cdot \text{m} = -5.2 \times 10^6 \text{N} \cdot \text{mm}$

최대 수직응력은 단면 내의 상・하 연단에서 발생하므로 중립축의 위치를 결정해야 한다.

$$\bar{z} = \frac{G_y}{A} = \frac{140 \times 20 \times 10 + 180 \times 20 \times (20 + 90)}{140 \times 20 + 180 \times 20} = 66.25\text{mm}$$

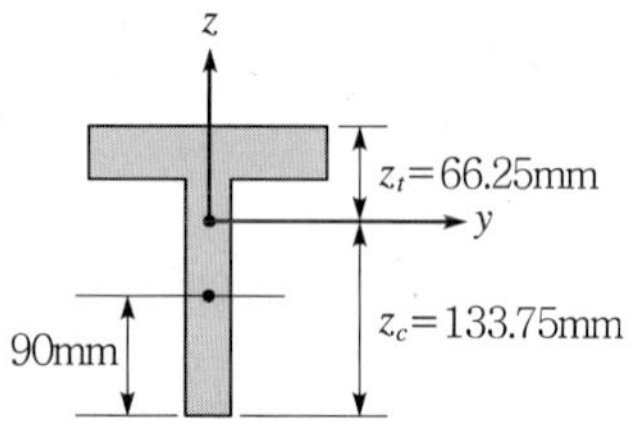

최대 인장연단까지의 거리 z_t와 최대 압축연단까지의 거리 z_c는 다음과 같다.

$z_t = 66.25\text{mm}, \quad z_c = -133.75\text{mm}$

또한 단면 2차 모멘트 I_y는 중립축에 대한 값을 사용한다.

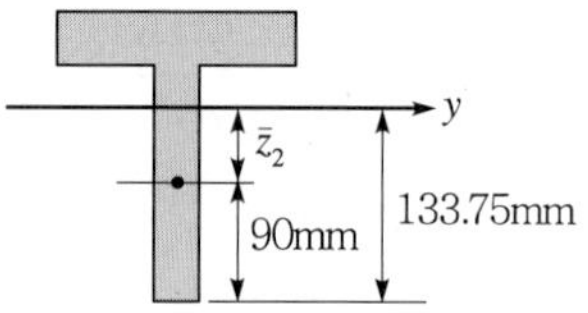

$$I_y = \frac{140 \times 20^3}{12} + 140 \times 20 \times (66.25 - 10)^2 + \frac{20 \times 180^3}{12} + 20 \times 180 \times (133.75 - 90)^2 = 2.56 \times 10^7 \text{mm}^4$$

최대 인장응력 $\sigma_{t\max}$, 최대 압축응력 $\sigma_{c\max}$은 다음과 같다.

$$\sigma_{t\max} = -\frac{(-M_{\max})}{I_y} z_t = -\frac{-5.2 \times 10^6}{2.56 \times 10^7} \times 66.25 = 13.46\text{MPa}$$

$$\sigma_{c\max} = -\frac{(-M_{\max})}{I_y} z_c = -\frac{-5.2 \times 10^6}{2.56 \times 10^7} \times (-133.75) = -27.17\text{MPa}$$

9.3 보의 전단응력

일반적으로 보에 하중이 작용하면 보의 각 단면에는 휨모멘트 M과 전단력 S가 발생하게 된다. 하중의 작용으로 인해 그림 9.8(a)의 부재 단면에는 전단력 S가 생겨나고, 전단력 S로 인해 그림 9.8(c)와 같은 전단응력(shear stress)이 단면 내에 분포하게 된다.

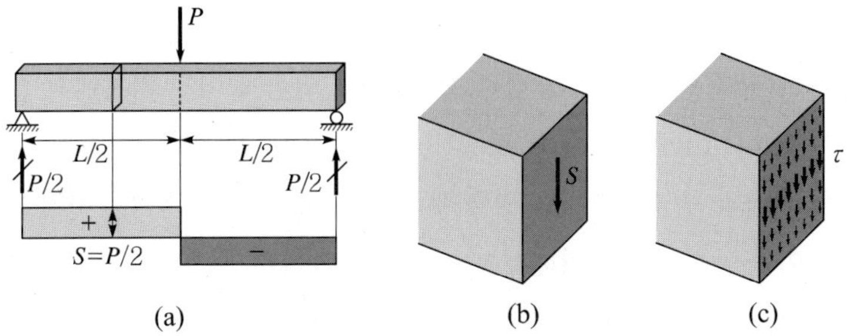

그림 9.8 단면의 전단응력과 전단력

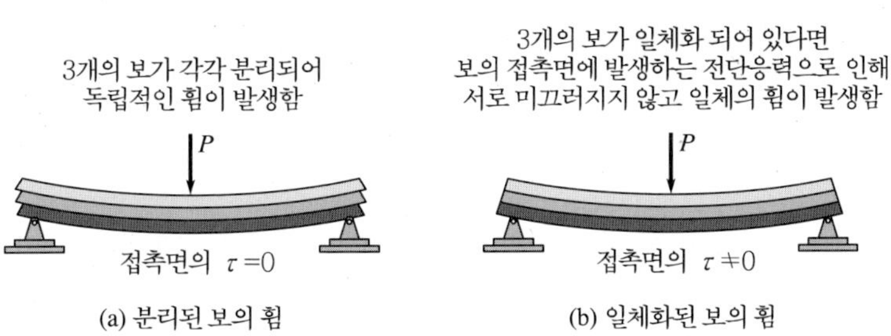

그림 9.9 분리된 보와 일체된 보의 접촉면 전단응력

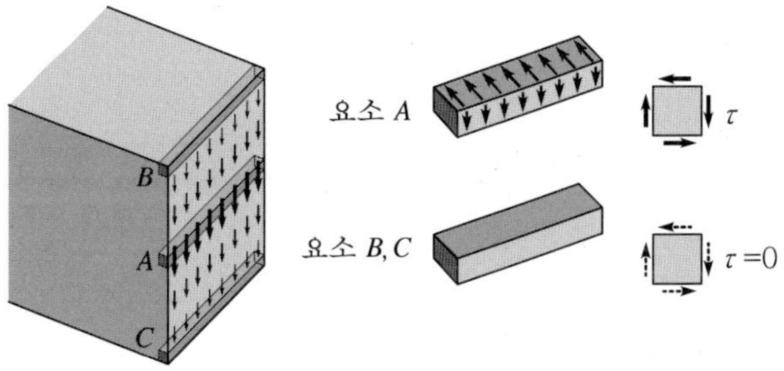

그림 9.10 단면 내 임의 요소의 전단응력

전단응력은 보의 길이 방향 평면을 따라서도 분포하게 되는데(그림 9.9 참조), 그림 9.10의 요소 A에는 단면방향에 평행한 전단력에 의한 수직전단응력과 길이방향의 수평전단응력이 발생한다. 그러나 보의 최상단과 최하단의 요소 B, C에서의 수평전단응력은 "0"이 된다. 왜냐하면 보의 윗면과 밑면에는 길이방향으로 수평하게 작용하는 어떠한 하중도 존재하지 않기 때문이다. 수평전단응력이 "0"이면 수직전단응력 또한 힘의 평형조건에 의해 "0"이 된다. 이제 전단력 S에 의한 단면 내의 전단응력의 크기와 분포상태에 대하여 알아보자.

그림 9.11(c)는 직사각형 단면을 갖는 보에 임의의 하중이 작용할 때 미소거리 dx 내에서 발생하는 휨응력의 분포를 나타낸 것이다. 미소거리 dx의 좌측단면과 우측단면에서 발생하는 휨모멘트를 각각 M과 $M+dM$이라 하고, 중립축으로부터 z_1만큼 떨어진 위치에서 절단된 위쪽 부분을 고려해보자(그림 9.11(d)에서 진하게 표시된 부분). 그림 9.11(d)의 요소에는 dM만큼의 불균형 모멘트로 인해 좌측과 우측단면의 수평력의 크기가 다르게 되어 $\Sigma F_x = 0$의 힘의 평형조건이 만족되지 못한다. 이를 만족시키기 위해서는 z_1의 경계면에 존재하는 추가적인 수평력이 필요함을 알 수 있다. 추가적인 수평력 F_{x3}는 전단응력에 의해서 생겨난다.

이제 단면에 발생하는 전단응력의 크기 및 분포를 구해보자. 중립축으로부터 거리 z만큼 떨어진 요소의 면적을 dA라 하면 이 요소에 작용하는 수평력의 크기는 $\sigma_x dA$인 것을 알 수 있으며 σ_x는 식 (9.24)로부터 얻어진다. 따라서 수평력은 다음과 같이 쓸 수 있다.

$$\sigma_x \cdot dA = \frac{M \cdot z}{I_y} \cdot dA \tag{9.39}$$

따라서 중립축으로부터 z_1만큼 떨어진 위치에서 절단된 위쪽 부분의 좌측단면에 발생하는 수평력의 합력을 F_{x1}이라 한다면, 수평력 F_{x1}은 다음과 같이 다시 쓸 수 있다.

$$F_{x1} = \int \sigma_{x1} \cdot dA = \int \frac{M \cdot z}{I_y} \cdot dA \tag{9.40}$$

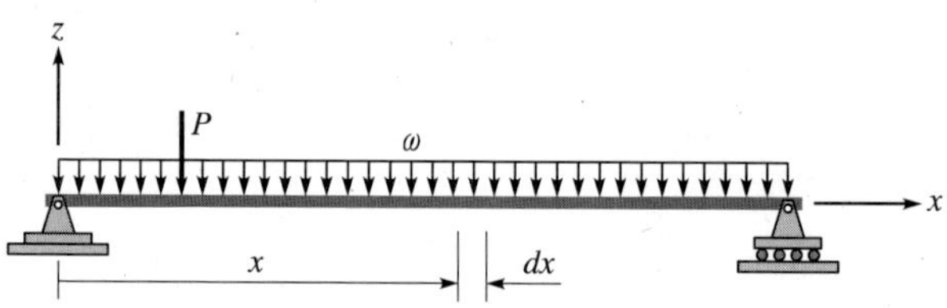

(a)

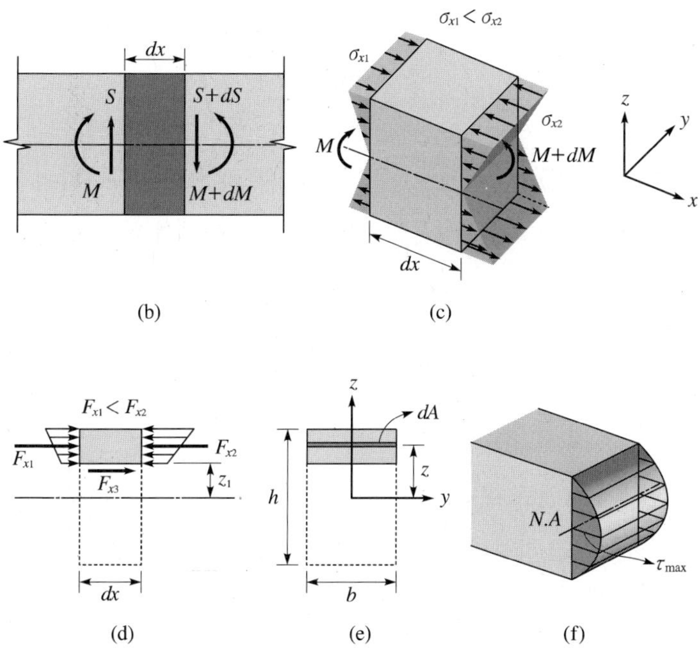

그림 9.11 직사각형 단면보의 응력 분포

또한 우측단면에 발생하는 수평력의 합력을 F_{x2}라고 한다면 수평력 F_{x2}는 다음과 같이 다시 쓸 수 있다.

$$F_{x2} = \int \sigma_{x_2} \cdot dA = \int \frac{(M+dM)}{I_y} \cdot z \cdot dA \tag{9.41}$$

그리고 z_1의 경계면에서 발생하는 수평력을 F_{x3}라 하면 F_{x3}는 다음과 같이 정의된다.

$$F_{x3} = \tau \cdot b \cdot dx \tag{9.42}$$

평형방정식 $\Sigma F_x = 0$에 의해 수평력의 합은 0이므로 세 힘은 평형이 되어야 한다(그림 9.11(d) 참고).

$$\overrightarrow{\oplus}\ \Sigma F_x = 0\ ;\ F_{x1} - F_{x2} + F_{x3} = 0$$

$$\therefore F_{x3} = F_{x2} - F_{x1} \tag{9.43}$$

위의 식 (9.43)에 식 (9.40), 식 (9.41), 식 (9.42)를 대입하여 정리하면 다음과 같다.

$$\tau \cdot b \cdot dx = \int \frac{(M+dM)}{I_y} \cdot z \cdot dA - \int \frac{M}{I_y} \cdot z \cdot dA \tag{9.44}$$

위의 식 (9.44)를 전단응력 τ에 관한 식으로 정리하면 다음과 같다.

$$\tau = \frac{1}{b \cdot dx}\int \frac{dM}{I_y} \cdot z \cdot dA = \frac{dM}{dx} \cdot \frac{1}{I_y \cdot b}\int z \cdot dA \tag{9.45}$$

식 (9.45)의 우측 항에서 dM/dx은 모멘트를 한 번 미분한 값이므로 전단력 S임을 알 수 있고 적분식은 y축에 대한 단면 1차 모멘트 G_y임을 알 수 있다. 따라서 식 (9.45)를 다음과 같이 정리할 수 있다.

$$\tau = \frac{S \cdot G_y}{I_y \cdot b} \tag{9.46}$$

식 (9.46)에서 단면 1차 모멘트 G_y는 전단응력 τ를 구하려는 위치의 바깥쪽 면적을 중립축에 대하여 구한 값을 사용한다는 것에 주의해야 한다. 중립축에서부터 z만큼 떨어진 위치의 바깥쪽 면적에 대한 단면 1차 모멘트 G_y는 그림 9.12와 같이 구한다. 즉, 진하게 표시된 부분의 면적에 대한 단면 1차 모멘트를 구하면 된다.

이제까지는 직사각형 단면보에서의 전단응력을 알아보았다. 임의 단면에서의 전단응력 τ는 단면 1차 모멘트 G에 따라 값이 변화하고, G값은 중립축으로부터의 거리 z에 따라 값이 정해진다는 것을 알 수 있다. 전단응력 τ의 최소값 $\tau_{\min}$은 보의 최외단에서 발생하는데 그 이유는 단면 1차 모멘트 G가 0이기 때문이며, 최대값 $\tau_{\max}$는 보의 중립축에서 발생하는데 그 이유는 중립축에서 단면 1차 모멘트 G가 최대값을 갖기 때문이다(그림 9.12 참조). 최대전단응력 $\tau_{\max}$는 보의 형상에 따라 일반식을 구할 수 있다.

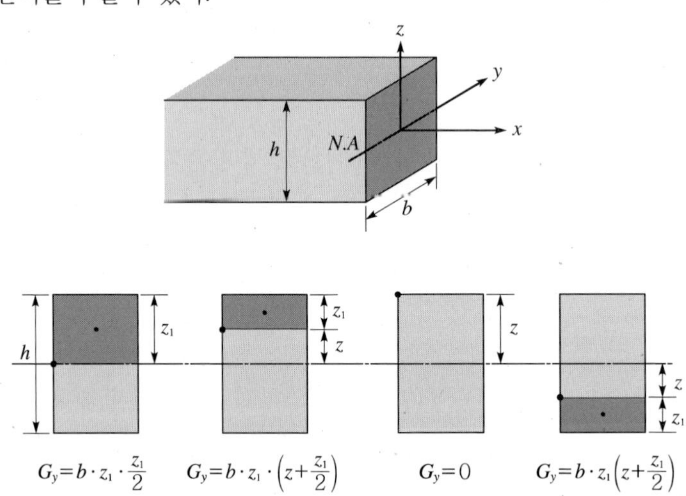

그림 9.12 단면 1차 모멘트 G

9.3.1 직사각형 보의 최대 전단응력

$$\tau = \frac{S \cdot G_y}{I_y \cdot b}$$

$$G_y = A \cdot z = \left(b \cdot \frac{h}{2}\right)\frac{h}{4} = \frac{b \cdot h^2}{8}, \quad I_y = \frac{b \cdot h^3}{12} \tag{9.47}$$

위의 전단응력식에 단면 1차 모멘트 G_y와 단면 2차 모멘트 I_y를 대입하여 정리하면 다음과 같다.

$$\tau_{\max} = \frac{12}{b \cdot h^3} \cdot \frac{b \cdot h^2}{8} \cdot \frac{S}{b} = \frac{3}{2}\frac{S}{b \cdot h} = \frac{3}{2}\frac{S}{A} = \frac{3}{2}\tau_{\text{aver}} \tag{9.48}$$

여기서 $A = bh$는 단면적이다. 그러므로 직사각형 단면보의 최대전단응력 $\tau_{\max}$은 우리가 "2.6절 전단응력과 전단변형률"에서 배웠던 평균전단응력 $\tau_{\text{aver}}(= S/A)$의 1.5배임을 알 수 있다.

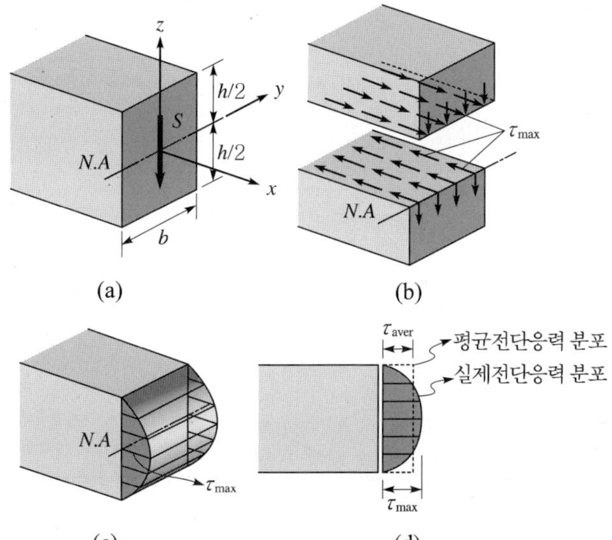

그림 9.13 직사각형 단면보의 전단응력

그림 9.13(b)는 단면 내 전단응력의 분포를 나타내고 있다. 임의의 단면에서 전단응력을 결정하는 인자들에는 전단력 S, 단면 2차 모멘트 I_y, 단면의 폭 b 그리고 단면 1차 모멘트 G_y가 있다. 4가지 인자들 중 S, I_y, b는 단면 내에서는 변하지 않는 값들이며, G_y만이 단면 내의 위치에 따라 변하게 된다. 즉, 단면 내에서 전단응력의 크기는 G_y값에 따라 변화하게 되며, 그 변화의 정도가 전단응력의 분포로 표현된다.

9.3.2 원형 보의 최대 전단응력

직사각형 단면을 가진 보의 단면에 작용하는 전단응력은 z축에 평행하게 작용한다고 가정하였다. 그러나 원형 단면 내의 전단응력의 분포는 z축에 경사지게 작용할 수 있으며, 실제 원형 단면 바깥 경계 위의 임의의 위치에서 전단응력은 경계에 접선방향으로 작용한다(그림 9.14 참조).

최대전단응력은 전단응력의 보의 z축에 평행하게 작용하는 중립축에서 일어나게 되고, 이러한 응력들은 보의 폭을 통하여 일정하게 작용한다고 가정하여도 비교적 정확한 해석 결과를 얻을 수 있다. 이러한 가정은 직사각형 단면에 대한 전단응력의 공식을 결정하는 과정에서 사용한 가정과 동일하므로 식 (9.46)을 사용하여 중립축에서의 전단응력을 계산할 수 있다.

$$G_y = \frac{\pi \cdot d^2}{8} \cdot \frac{2d}{3\pi} = \frac{d^3}{12}, \quad I_y = \frac{\pi \cdot d^4}{64} \tag{9.49}$$

식 (9.49)에서 $2d/3\pi$는 중립축에서부터 반원의 도심까지의 거리이다(1.3절 "단면의 기하학적 특성" 참조). 전단응력식에 단면 1차 모멘트 G_y와 단면 2차 모멘트 I_y를 대입하여 정리하면 다음과 같다.

$$\tau_{\max} = \frac{64}{\pi \cdot d^4} \cdot \frac{d^3}{12} \cdot \frac{S}{d} = \frac{4}{3} \frac{4S}{\pi \cdot d^2} = \frac{4}{3} \frac{S}{A} = \frac{4}{3} \tau_{\text{aver}} \tag{9.50}$$

따라서 원형 단면을 갖는 보의 최대전단응력 $\tau_{\max}$은 평균 전단응력 $\tau_{\text{aver}} (= S/A)$의 4/3배임을 알 수 있다.

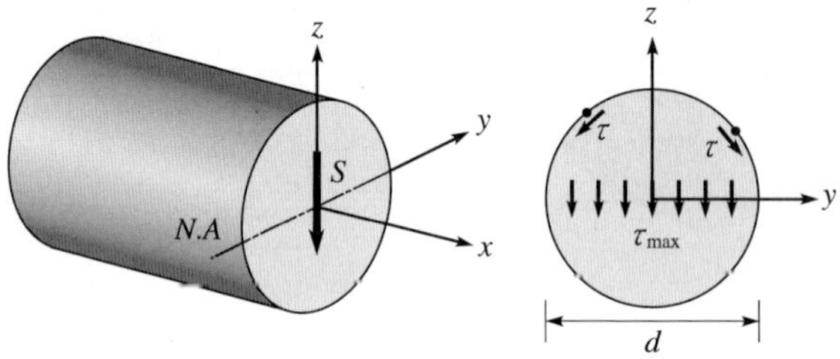

그림 9.14 원형 단면보의 전단응력

예제 9.8

다음 그림과 같이 직사각형 단면을 갖는 켄틸레버보가 있다. C점 단면 내의 최대 전단응력 τ_{cmax}과 C점 단면 내의 중립축으로부터 120 mm 떨어진 D점에서의 전단응력 τ_D를 각각 구하여라.

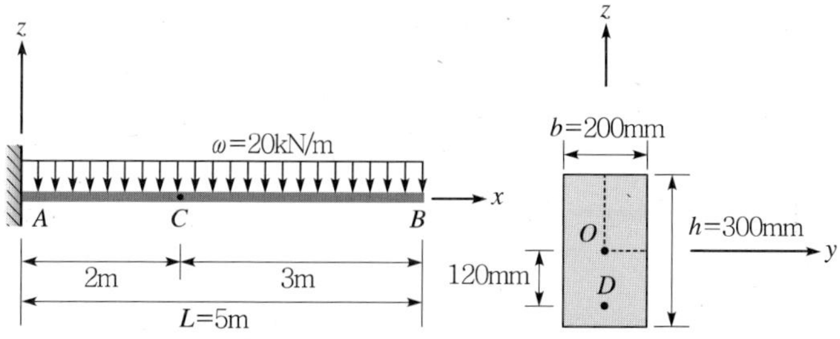

그림 예제 9.8

풀이

식 (9.46)에 의해서 C 점의 최대 전단응력 $\tau_{C\max}$을 구하면 다음과 같다.

$$\tau_{C\max} = \frac{S_C \cdot G_y}{I_y \cdot b}$$

C점에서의 전단력 S_C를 구해보면 다음과 같이 쓸 수 있다.

$\oplus \uparrow \Sigma F_z = 0\,;\;\; S_C - 20 \times 3 = 0$

$\therefore S_C = 60\,\mathrm{kN}$

C 점에서의 최대 전단응력 τ_{cmax}은 중립축에서 발생하므로 중립축에 대한 단면 1차 모멘트 G_y와 단면 2차 모멘트 I_y, 폭 b를 구한다.

$$G_y = A \cdot \bar{z} = 200 \times 150 \times \frac{150}{2} = 2.25 \times 10^6 \mathrm{mm}^3$$

$$I_y = \frac{b \cdot h^3}{12} = \frac{200 \times 300^3}{12} = 4.50 \times 10^8 \mathrm{mm}^4$$

$b = 200\mathrm{mm}$

따라서 C점에서의 최대 전단응력 τ_{cmax}은 다음과 같다.

$$\tau_{C\max} = \frac{S_C \cdot G_y}{I_y \cdot b} = \frac{60{,}000 \times 2.25 \times 10^6}{4.50 \times 10^8 \times 200} = 1.5\,\mathrm{N/mm^2} = 1.5\mathrm{MPa}$$

또한 중립축으로부터 120 mm 떨어진 D점에서의 전단응력 τ_D를 구하는 방법도 위의 방법과 동일하며 단면 1차 모멘트 G_y 값의 변화만 있을 뿐이다.

$$\tau_D = \frac{S_C \cdot G_y}{I_y \cdot b}$$

$$G_y = A \cdot \bar{z} = 200 \times (150-120) \times \left(120 + \frac{30}{2}\right) = 8.1 \times 10^5 \mathrm{mm}^3$$

따라서 D점의 전단응력 τ_D는 다음과 같다.

$$\tau_D = \frac{S_C \cdot G_y}{I_y \cdot b} = \frac{60{,}000 \times 8.10 \times 10^5}{4.50 \times 10^8 \times 200} = 0.54\,\mathrm{N/mm^2} = 0.54\,\mathrm{MPa}$$

예제 9.9

다음 그림과 같은 캔틸레버 보의 최대 수직응력 σ_{max}에 대한 최대 전단응력 τ_{max}의 비를 구하여라.

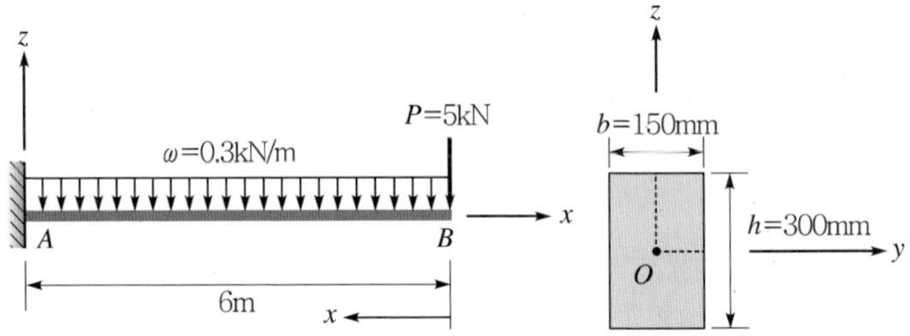

그림 예제 9.9

풀이

식 (9.24)에 의해서 최대 휨응력 σ_{max}을 구할 수 있다.

$$\sigma_{max} = -\frac{M_{max}}{I_y} z$$

최대 휨모멘트 M_{max}은 고정단인 A점에서 발생한다.

$$\oplus \Sigma M_x = 0 \; ; \; M_A + 0.3 \times 6 \times \frac{6}{2} + 5 \times 6 = 0$$

$$M_A = -35.4\,\mathrm{kN \cdot m}$$

$$\therefore M_{max} = -3.54 \times 10^7\,\mathrm{N \cdot mm}$$

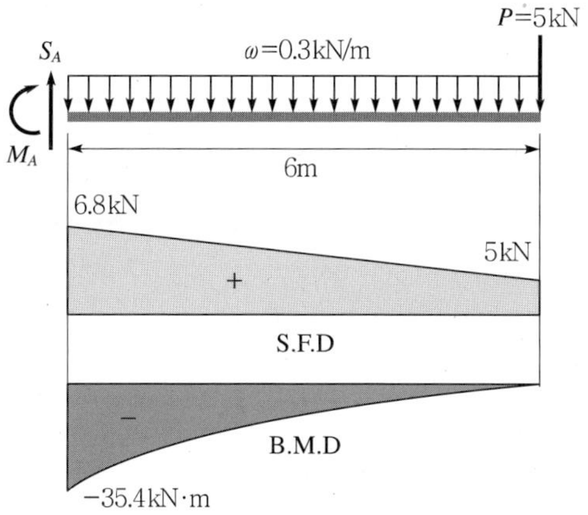

$$I_y = \frac{b \cdot h^3}{12} = \frac{150 \cdot 300^3}{12} = 3.38 \times 10^8 \mathrm{mm}^4$$

$$z = \pm 150 \mathrm{mm}$$

따라서 최대 수직응력 $\sigma_{\max}$은 다음과 같이 구할 수 있다.

$$\sigma_{\max} = -\frac{M_{\max}}{I_y} z = -\frac{-3.54 \times 10^7}{3.38 \times 10^8} \cdot \pm 150 = \pm 15.71 \mathrm{N/mm}^2 = \pm 15.71 \mathrm{MPa}$$

식 (9.46)에 의해서 최대 전단응력 $\tau_{\max}$을 구할 수 있다.

$$\tau_{\max} = \frac{S_{\max} \cdot G_y}{I_y \cdot b}$$

최대 전단력 또한 보의 지점에서 발생하며 반력 V_A가 최대 전단력이 된다.

$$\oplus \uparrow \Sigma F_z = 0 \; ; \; V_A - 0.3 \times 6 - 5 = 0$$

$$V_A = 6.8 \mathrm{kN}$$

$$\therefore S_{\max} = 6{,}800 \mathrm{N}$$

최대 전단응력 $\tau_{\max}$은 중립축에서 발생하므로 중립축에 대한 단면 1차 모멘트 G_y와 단면 2차 모멘트 I_y, 폭 b를 구한다.

$$G_y = A \cdot \bar{z} = 150 \times 150 \times \frac{150}{2} = 1.69 \times 10^6 \mathrm{mm}^2$$

$$I_y = \frac{b \cdot h^3}{12} = \frac{150 \cdot 300^3}{12} = 3.38 \times 10^8 \mathrm{mm}^4$$

$$z = 150 \mathrm{mm}$$

따라서 최대 전단응력 $\tau_{\max}$은 다음과 같다.

$$\tau_{\max} = \frac{S_{\max} \cdot G_y}{I_y \cdot b} = \frac{6{,}800 \times 1.69 \times 10^6}{3.38 \times 10^8 \times 150} = 0.23 \mathrm{N/mm}^2 = 0.23 \mathrm{MPa}$$

최대 휨응력 σ_{max}에 대한 최대 전단응력 τ_{max} 비는 다음과 같다.

$$\therefore \frac{\tau_{max}}{\sigma_{max}} = \frac{0.23}{15.7} = 0.0146$$

예제 9.10

9.2절 예제 9.7에서 최대 전단응력 τ_{max}을 구하여라.

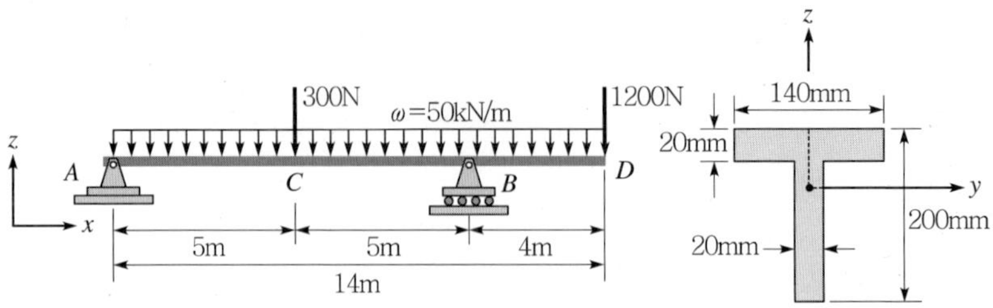

그림 예제 9.10

풀이

식 (9.46)에 의해서 최대 전단응력 τ_{max}을 구할 수 있다.

$$\tau_{max} = \frac{S_{max} \cdot G_y}{I_y \cdot b}$$

최대 전단력 또한 보의 지점 바로 오른쪽에서 발생한다.

$$\therefore S_{max} = 1{,}400\text{N}$$

최대 전단응력 τ_{max}은 중립축에서 발생하므로 중립축에 대한 단면 1차 모멘트 G_y와 단면 2차 모멘트 I_y, 폭 b를 구한다.

$$G_y = 140 \times 20 \times (66.25 - 10) + 20 \times (66.25 - 20) \times \left(\frac{66.25 - 20}{2}\right) = 1.79 \times 10^5 \text{mm}^3$$

$$I_y = \frac{140 \times 20^3}{12} + 140 \times 20 \times (66.25 - 10)^2 + \frac{20 \times 180^3}{12} + 20 \times 180 \times (66.25 - 110)^2 = 2.56 \times 10^7 \text{mm}^4$$

$$b = 20\text{mm}$$

따라서 최대 전단응력 τ_{max}은 다음과 같다.

$$\tau_{max} = \frac{S_{max} \cdot G_y}{I_y \cdot b} = \frac{1{,}400 \times 1.79 \times 10^5}{2.56 \times 10^7 \times 20} = 0.49\,\text{N/mm}^2 = 0.49\,\text{MPa}$$

9.4 WF보의 전단응력

WF(Wide Flange)보는 그림 9.15와 같이 웨브(web)와 플랜지(flange)로 나누어진 보로서 특히, 플랜지가 넓은 보를 의미한다. 웨브는 전단에 대하여 저항하고 플랜지는 휨에 대하여 저항하도록 설계되어 있으며, 웨브와 플랜지의 접합부에서는 응력집중을 완화하기 위해서 작은 필릿(fillet)을 붙이며 구조계산 시에는 일반적으로 이러한 필릿의 영향은 무시한다.

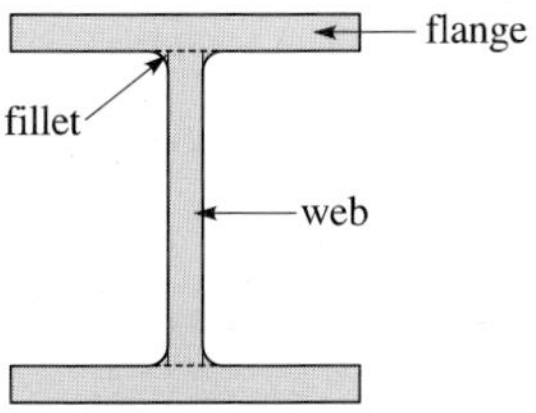

그림 9.15 WF보의 명칭

그림 9.16과 같이 WF보의 중립축에서 z_1 만큼 떨어진 부분의 전단응력 τ는 9.3절 식 (9.46)에서 구한 전단응력 τ의 일반식을 적용하여 구할 수 있다.

$$\tau = \frac{S \cdot G_y}{I_y \cdot b} \tag{9.51}$$

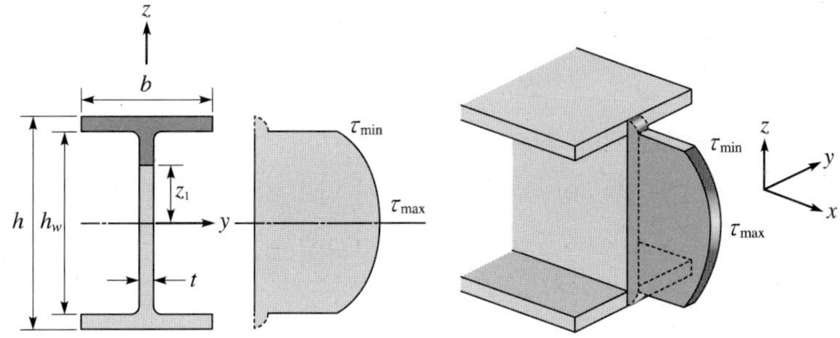

(a) yz평면상의 전단응력 (b) 입체적인 전단응력 분포

그림 9.16 WF보의 전단응력

식 (9.51)의 단면 1차 모멘트 G_y는 그림 9.16에서 진한 색으로 표시된 부분의 중립축에 대한 값이며, 단면 2차 모멘트는 중립축을 기준으로 한 WF보의 단면전체에 대한 값이다. 그리고 b의 값은 전단응력을 구하고자하는 위치에서의 폭을 의미한다. 즉, 그림 9.16과 같은 경우 플랜지에서

의 전단응력을 구하려면 $b=b$가 되지만 웨브에서의 전단응력을 구하려면 $b=t$를 사용하여야 한다. 위의 식 (9.51)에서 전단력 S와 단면 2차 모멘트 I_y, 단면의 폭 b는 일정하므로 단면 1차 모멘트 G_y의 값이 변함에 따라 단면 내에서 전단응력 τ가 변하게 된다.

그림 9.16(a)에서 진한 부분의 단면 1차 모멘트 G_y는 웨브와 플랜지로 나누어서 구하면 편리하다. 웨브의 단면적을 A_w라 하고 플랜지의 단면적을 A_f라 하면 각각은 다음과 같이 구할 수 있다.

$$A_w = t\left(\frac{h_w}{2} - z_1\right), \quad A_f = b\left(\frac{h}{2} - \frac{h_w}{2}\right) \tag{9.52}$$

단면 1차 모멘트는 식 (9.52)에서 구한 면적에 y축으로부터 각 면적들의 도심까지의 거리를 곱함으로써 얻어진다(1.3.1절 참조).

$$\begin{aligned} G_y &= A_w \cdot \overline{z_w} + A_f \cdot \overline{z_f} \\ &= t\left(\frac{h_w}{2} - z_1\right) \cdot \left(z_1 + \frac{h_w/2 - z_1}{2}\right) + b\left(\frac{h}{2} - \frac{h_w}{2}\right) \cdot \left(\frac{h_w}{2} + \frac{h/2 - h_w/2}{2}\right) \end{aligned} \tag{9.53}$$

이를 다시 정리하면 다음과 같다.

$$G_y = \frac{b}{8}\left(h^2 - h_w^2\right) + \frac{t}{8}\left(h_w^2 - 4z_1^2\right) \tag{9.54}$$

따라서 위의 식 (9.54)를 식 (9.51)에 대입하면 다음과 같다.

$$\tau = \frac{S}{I_y \cdot t} \cdot \left\{\frac{b}{8}\left(h^2 - h_w^2\right) + \frac{t}{8}\left(h_w^2 - 4z_1^2\right)\right\} \tag{9.55}$$

위의 식에서 알 수 있듯이 전단응력 τ는 중립축에서부터 전단응력을 구하고자하는 지점까지의 거리의 제곱에 관련된다는 것을 알 수 있다. 따라서 위의 식에서 z_1을 0으로 취하면 최대전단응력 $\tau_{\max}$을 구할 수 있고, z_1을 $h_w/2$로 취하면 웨브에서의 최소전단응력 $\tau_{\min}$을 구할 수 있다.

$$\tau_{\max} = \frac{S}{8I_y \cdot t}\left(b \cdot h^2 - b \cdot h_w^2 + t \cdot h_w^2\right) \tag{9.56}$$

$$\tau_{\min} = \frac{S \cdot b}{8I_y \cdot t}\left(h^2 - h_w^2\right) \tag{9.57}$$

이러한 $\tau_{\max}$과 $\tau_{\min}$ 값은 그림 9.16과 같은 그림으로 나타낼 수 있다. 이 그림에서 전단응력 τ

값은 웨브와 플랜지의 경계면에서 급격히 감소함을 볼 수 있는데 그 이유는 구하고자하는 면의 폭이 급격히 증가함에 따라서 전단응력 τ의 값이 급격히 감소하기 때문이다. 이와 같이 플랜지는 전단력을 거의 받지 못하는 반면에 부재에 작용하는 전단력의 대부분을 웨브가 받는다는 것을 알 수 있다. 보의 임의의 단면에 작용하는 전단력의 90% ~ 98% 정도를 웨브에서 부담하게 되고, 플랜지는 나머지를 부담하게 된다.

구조 부재의 설계 시에는 보다 간단히 하기 위하여 전단력을 웨브의 면적으로 나눠 평균 전단응력을 구하기도 한다. 일반적으로 이러한 평균전단응력 τ_{aver}는 최대 전단응력과 10% 내외의 차이를 보인다.

$$\tau_{\mathrm{aver}} = \frac{S}{t \cdot h_w} \tag{9.58}$$

예제 9.11

다음 그림과 같이 등분포하중을 받는 대칭 WF단순보에 발생하는 최대 전단응력 $\tau_{\max}$과 최대 전단응력이 발생하는 위치의 단면에서 웨브의 최소 전단응력 $\tau_{\min}$을 구하여라. 또한 $\tau_{\min}/\tau_{\max}$의 비를 구하여라.

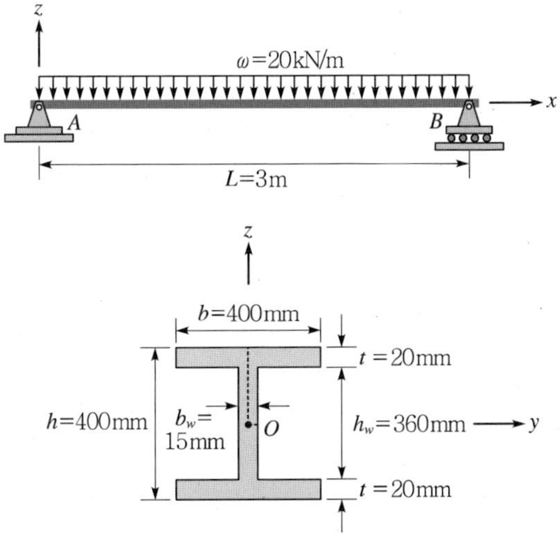

그림 예제 9.11

풀이

식 (9.51)에 의해서 최대 전단응력 $\tau_{\max}$을 구하면 다음과 같다.

$$\tau_{\max} = \frac{S_{\max} \cdot G_y}{I_y \cdot b}$$

최대 전단력 $S_{\max}$은 보의 지점에서 발생하는 보의 반력값이 된다.

$$\oplus\ \Sigma M_B = 0\ ;\ V_A \cdot 3 - 20 \cdot 3 \cdot \frac{3}{2} = 0$$

$$V_A = V_B = 30\text{kN}$$

$$S_{\max} = 30\,\text{kN} = 30{,}000\,\text{N}$$

1) 최대전단응력 ;

최대 전단응력은 단면의 중립축에서 발생하므로 중립축에 대한 단면 1차 모멘트 G_y와 단면 2차 모멘트 I_y 및 폭 b를 구하면 다음과 같다.

$$G_y = b_f \cdot t \cdot \left(\frac{h_w}{2} + \frac{t}{2}\right) + b_w \cdot \frac{h_w}{2} \cdot \frac{h_w}{4} = 400 \times 20 \times \left(\frac{360}{2} + \frac{20}{2}\right) + 15 \times \frac{360}{2} \times \frac{360}{4}$$

$$G_y = 1.76 \times 10^6\,\text{mm}^3$$

$$I_y = \frac{b_f \cdot h^3}{12} - \frac{(b_f - b_w) \cdot h_w^3}{12} = \frac{400 \times 400^3}{12} - \frac{(400 - 15) \times 360^3}{12}$$

$$I_y = 6.36 \times 10^8\,\text{mm}^4$$

$$b = b_w = 15\text{mm}$$

따라서 최대 전단응력은 다음과 같다.

$$\therefore \tau_{\max} = \frac{S_{\max} \cdot G_y}{I_y \cdot b} = \frac{30{,}000 \times 1.76 \times 10^6}{6.36 \times 10^8 \times 15} = 5.53\,\text{N/mm}^2 = 5.53\,\text{MPa}$$

2) 최소전단응력 ; $\tau_{\min}$

웨브의 최소 전단응력 $\tau_{\min}$은 플렌지와의 접합부분에서 발생한다.

$$G_y = b_f \cdot t \cdot \left(\frac{h_w}{2} + \frac{t}{2}\right) = 400 \times 20 \times \left(\frac{360}{2} + \frac{20}{2}\right) = 1.52 \times 10^6\,\text{mm}^3$$

따라서 최소 전단응력 $\tau_{\min}$은 다음과 같이 쓸 수 있다.

$$\therefore \tau_{\max} = \frac{S_{\max} \cdot G_y}{I_y \cdot b} = \frac{30{,}000 \times 1.52 \times 10^6}{6.36 \times 10^8 \times 15} = 4.78\,\text{N/mm}^2 = 4.78\,\text{MPa}$$

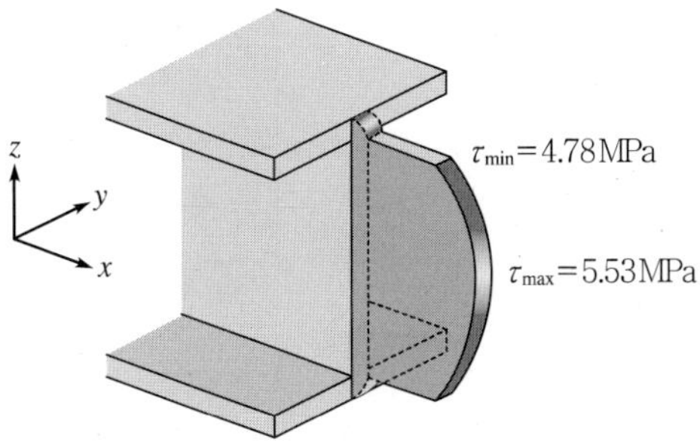

3) τ_{min}/τ_{max}의 비는 다음과 같다.

$$\therefore \frac{\tau_{min}}{\tau_{max}} = \frac{4.78}{5.53} = 0.86$$

9.5 합성보

한 가지 재료만을 사용하여 만들어진 구조부재는 몇 가지 역학적인 단점을 가지고 있다. 예를 들어 콘크리트 재료는 압축강도는 강하지만 인장강도는 일반적으로 압축강도의 1/8 ~ 1/12 정도에 해당하는 작은 값을 갖는다. 또한, 콘크리트는 큰 하중을 받게 되면 재료가 갑자기 파괴되는 취성재료의 성질을 가지고 있다. 또 다른 대표적인 구조재료인 강재는 인장강도와 압축강도가 거의 동일한 특성을 가지고 있으나 재료가 세장한 경우 압축력을 받게 되면 좌굴(buckling)이 발생하게 된다. 이러한 재료들의 단점을 보완하고 보다 우수한 역학적 성능을 갖도록 하기 위하여 2가지 이상의 재료를 사용하여 제작된 보를 합성보(composite beam)라 한다.

토목구조물이나 건축구조물에 대표적으로 사용되는 철근콘크리트(reinforced concrete) 보, 부식 및 내구성의 강화를 위한 플라스틱 피복 강관, 경제적이고 보다 경량화를 목적으로 한 샌드위치 보 등이 모두 합성보의 일종이다(그림 9.17 참조).

(a) 두 가지 금속으로 된 보　(b) 샌드위치보　(c) 철근콘크리트보

그림 9.17 합성보의 형태

합성보의 응력해석은 두 재료 중 어느 하나의 단면을 다른 재료의 탄성계수 비율만큼 늘리거나 줄여서 하나의 재료 단면으로 변환시킴으로써 가능한데 이와 같은 방법을 환산단면법(transformed - section method)이라 한다. 이러한 환산단면법은 합성보를 해석하는 데 매우 편리한 방법이다. 환산단면법은 먼저 탄성계수비 n을 구하는 것에서부터 시작한다. 일반적으로 탄성계수비 n은 다음과 같다.

$$n = \frac{E_j}{E_i} \tag{9.59}$$

탄성계수 비 n은 1보다 큰 수의 형태로 사용하는 것이 일반적이다. 그러므로 식 (9.59)에서 $E_i < E_j$의 형태로 사용하는 것이 보다 일반화되어 있다. 이제 탄성계수 비 n을 사용하여 단면을 하나의 재료 단면으로 환산하였다면 환산단면의 중립축을 구하고 중립축을 기준으로 일반적인 보의 응력해석을 수행하면 된다.

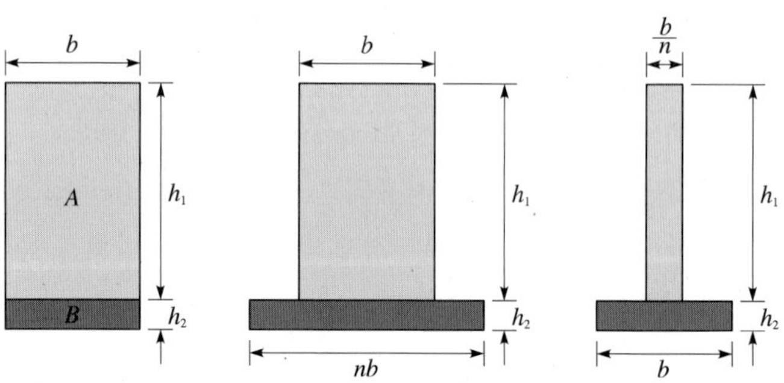

(a) 합성단면 ($E_A < E_B$)　(b) E_A를 기준한 환산단면　(c) E_B를 기준한 환산단면

그림 9.18 환산단면

예제 9.12

다음 그림과 같은 합성보의 단면에 $M = 20\text{kN} \cdot \text{m}$가 작용할 때 합성보 단면에 발생되는 최대 수직 응력을 구하라($E_c = 2.1 \times 10^4\text{MPa}$, $E_s = 2.1 \times 10^5\text{MPa}$).

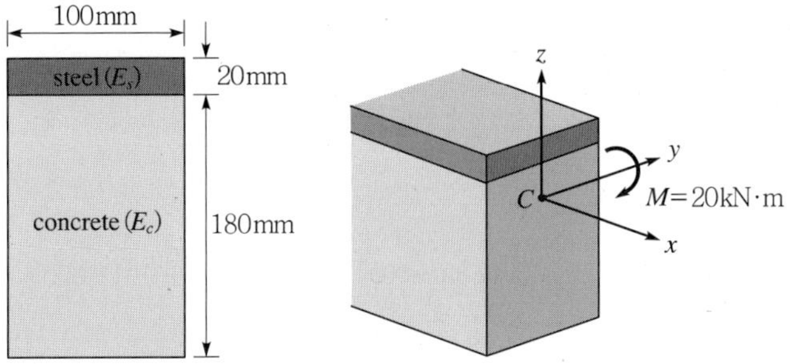

그림 예제 9.12

풀이

• 탄성계수 비 n

$$n = \frac{E_s}{E_c} = \frac{2.1 \times 10^5}{2.1 \times 10^4} = 10$$

• 환산 단면의 도심

탄성계수 비 n을 사용하여 콘크리트재료를 기준으로 강재 단면을 환산한다.

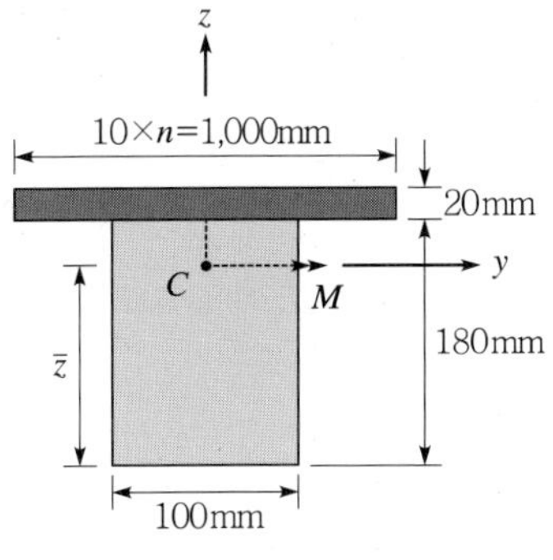

$$Z_c = \frac{180}{2} = 90\text{mm}$$

$$Z_s = 180 + \frac{20}{2} = 190\text{mm}$$

$$\bar{z} = \frac{A_c \cdot z_c + A_s \cdot z_s}{A_c + A_s} = \frac{(100 \times 180 \times 90) + (1{,}000 \times 20 \times 190)}{(100 \times 180) + (1{,}000 \times 20)} = 142.63\text{mm}$$

환산 단면 2차 모멘트 I_y

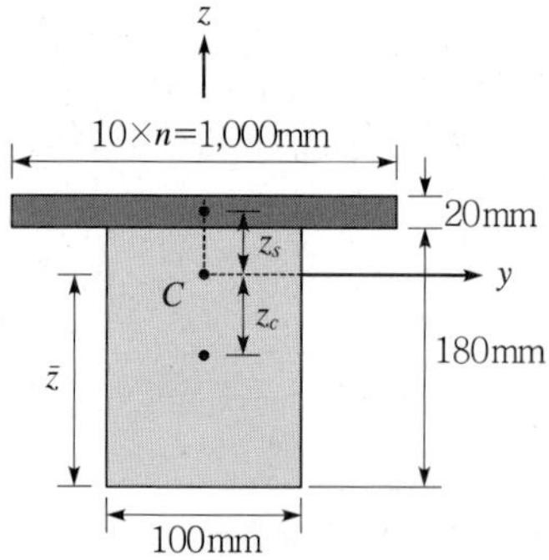

$$I_y = \left\{\frac{100\times180^3}{12} + (100\times180\times(142.63-90)^2\right\} + \left\{\frac{1,000\times20^3}{12} + (1,000\times20\times47.4^2)\right\}$$

$$= 1.44\times10^8 \text{mm}^4$$

$M = 2\times10^7 \text{N}\cdot\text{mm}$

따라서 최대 인장응력과 최대 압축응력은 다음과 같다.

$$\sigma_{t\max} = \frac{M}{I_y}\cdot(z_{\max}) = \frac{2\times10^7}{1.44\times10^8}\cdot(57.4) = 7.97\text{N/mm}^2 = 7.97\text{MPa}$$

$$\sigma_{c\max} = \frac{M}{I_y}\cdot(-z_{\max}) = \frac{2\times10^7}{1.44\times10^8}\cdot(-142.63) = -19.81\text{N/mm}^2 = -19.81\text{MPa}$$

따라서 단면에 작용하는 최대 수직응력은 다음과 같다.

$\sigma_{\max} = -19.81\text{MPa}$(압축응력)

예제 9.13

휨모멘트로 인한 보의 지간 중앙 단면에서의 수직응력 분포를 구하고 이를 그리시오(E_c= 2.1×10^4MPa, E_s= 2.1×10^5MPa).

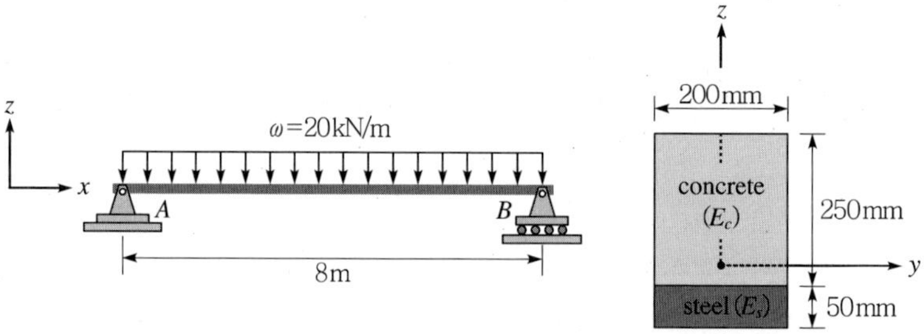

그림 예제 9.13

풀이

• 탄성계수 비 ; n

$$n=\frac{E_s}{E_c}=\frac{2.1\times10^5}{2.1\times10^4}=10$$

• 환산 단면의 도심

탄성계수비 n을 사용하여 콘크리트를 기준으로 단면을 환산한다.

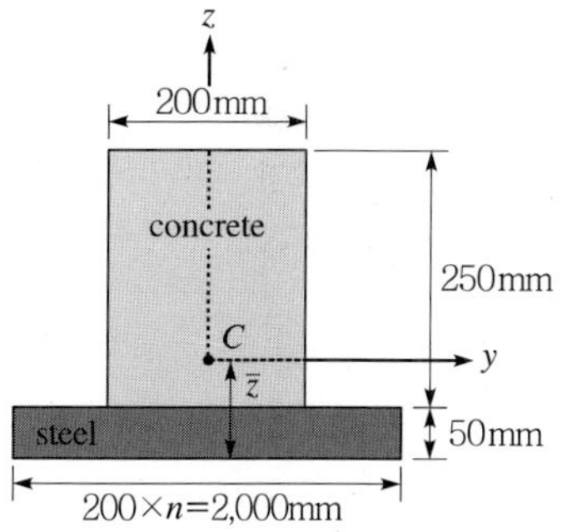

$$Z_c=50+\frac{250}{2}=175\text{mm}$$

$$Z_s=\frac{50}{2}=25\text{mm}$$

$$\bar{z}=\frac{A_c\cdot z_c+A_s\cdot z_s}{A_c+A_s}=\frac{(250\times200\times175)+(50\times2{,}000\times25)}{(250\times200)+(50\times2{,}000)}=75\text{mm}$$

환산 단면 2차 모멘트 ; I_y

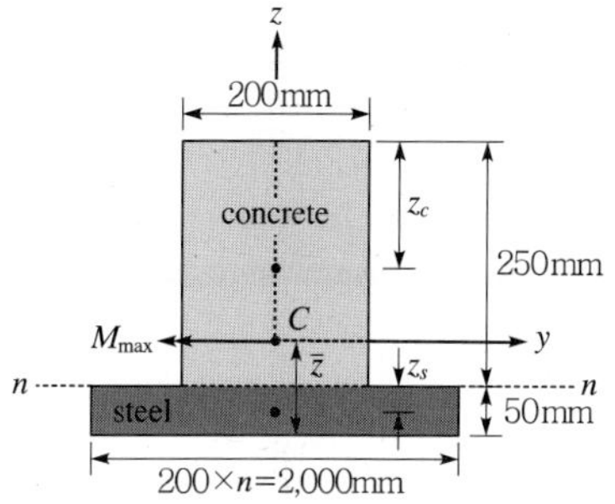

$$I_y=\left\{\frac{200\times250^3}{12}+(200\times250\times100^2)\right\}+\left\{\frac{2{,}000\times50^3}{12}+(2{,}000\times50\times50^2)\right\}=1.03\times10^9\text{mm}^4$$

• 단면 내의 수직응력 분포

M_{max}은 지간 중앙에서 발생한다.

$$M_{\max} = \frac{w \cdot l}{2} \times \frac{l}{2} - \frac{w \cdot l}{2} \times \frac{l}{4} = \frac{w \cdot l^2}{8} = \frac{20 \times 8^2}{8} = 160\,\text{kN} \cdot \text{m} = 1.6 \times 10^8 \text{N} \cdot \text{mm}$$

$$\sigma_{t\max} = -\frac{M_{\max}}{I_y} \cdot (-z_{\max}) = -\frac{1.6 \times 10^8}{1.03 \times 10^9} \cdot (-75) = 11.65\,\text{N/mm}^2 = 11.65\text{MPa}$$

$$\sigma_{c\max} = -\frac{M_{\max}}{I_y} \cdot (z_{\max}) = -\frac{1.6 \times 10^8}{1.03 \times 10^9} \cdot (225) = -34.95\,\text{N/mm}^2 = -34.95\text{MPa}$$

콘크리트와 강재의 접합면(m-n)의 응력

$$\sigma_n = -\frac{M_{\max}}{I_y} \cdot (-z_n) = -\frac{1.6 \times 10^8}{1.03 \times 10^9} \cdot (-25) = 3.88\,\text{N/mm}^2 = 3.88\text{MPa}$$

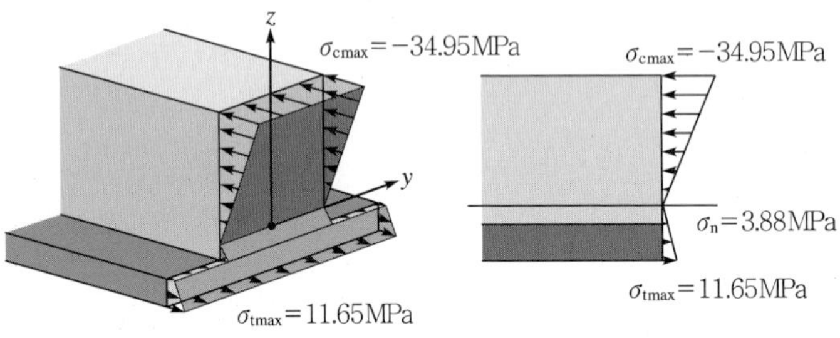

(환산단면에 대한 응력 분포)

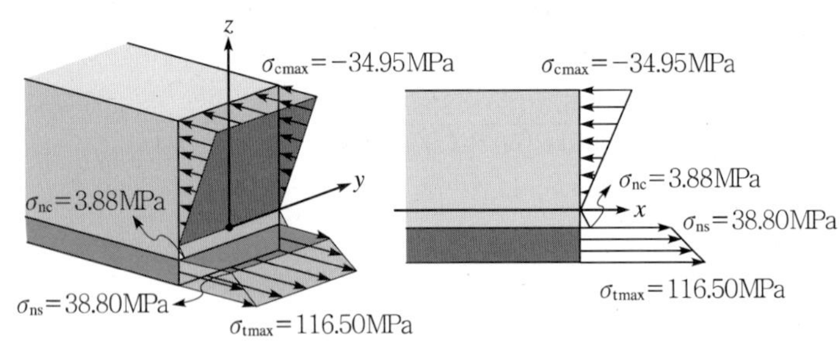

(실제단면에 대한 응력 분포)

9.6 전단중심

그림 9.19와 같이 2축 대칭인 WF보의 도심축 선상에 하중 P가 작용하게 되면 WF보의 단면 내에 비틀림모멘트 M_x는 생기지 않고 y축을 중립축으로 하는 휨모멘트 M_y만이 생겨난다. 이번에는 그림 9.20과 같은 채널 단면의 도심축 선상에 하중 P가 작용하는 경우를 고려해보자. 이 경우 채널 단면에는 휨모멘트 M_y와 비틀림모멘트 M_x가 동시에 생겨나게 된다. 왜냐하면 하중 P가 채널 단면의 전단중심(shear center)에 작용하지 않았기 때문이다.

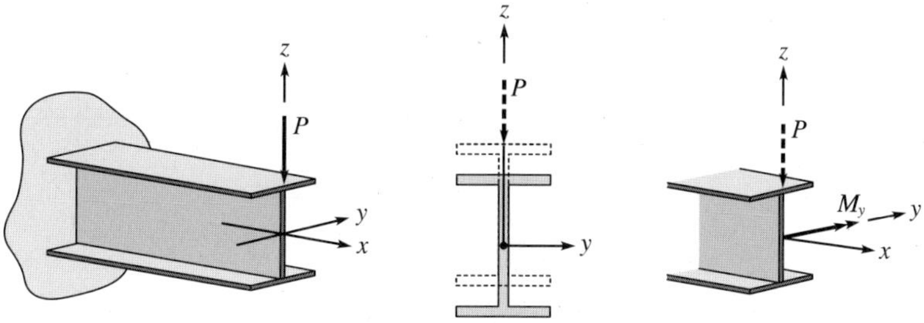

그림 9.19 WF보(전단중심=도심)

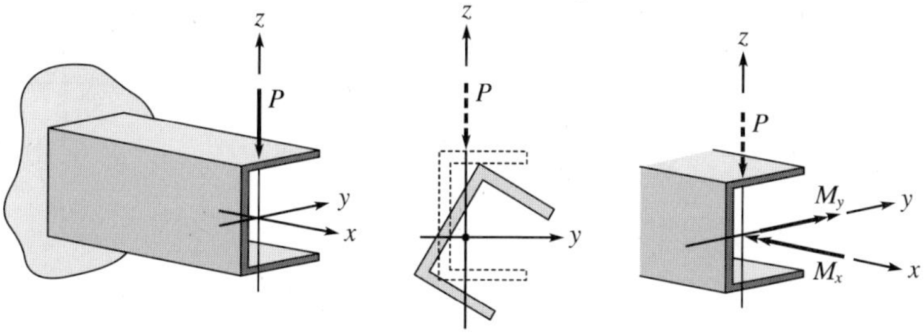

그림 9.20 채널 단면(전단중심≠도심)

전단중심이란 구조부재에 하중이 작용할 때 단면 내에 비틀림모멘트는 유발시키지 않으면서 휨모멘트만 발생되도록 하는 하중의 작용점을 의미한다. 전단중심을 굽힘중심(center of flexure)이라고도 한다.

비대칭 단면의 경우 전단중심은 특별한 경우를 제외하고는 일반적으로 단면의 도심과 일치하지 않으며(그림 9.21 참조), 2축 대칭 단면의 경우에는 전단중심과 단면의 도심이 일치하게 된다(그림 9.22 참조). 즉, 2축 대칭 단면인 경우 단면의 도심에 하중이 작용되면 단면 내에 비틀림모멘트가 발생하지 않는다는 것을 의미한다.

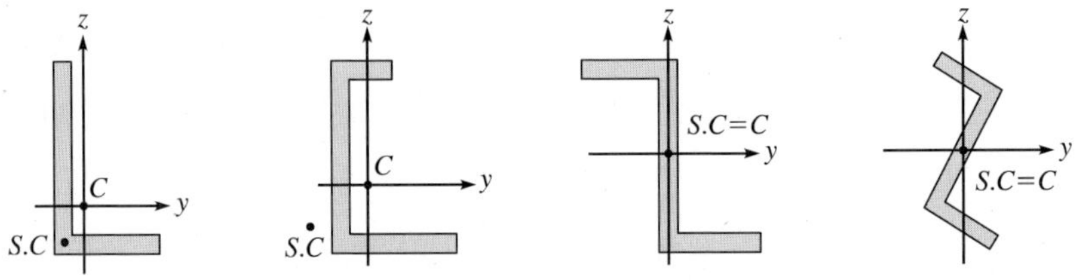

그림 9.21 비대칭 단면의 전단중심

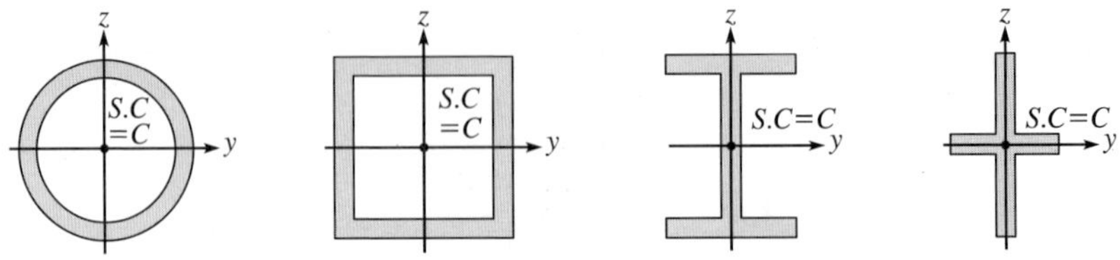

그림 9.22 2축 대칭 단면의 전단중심

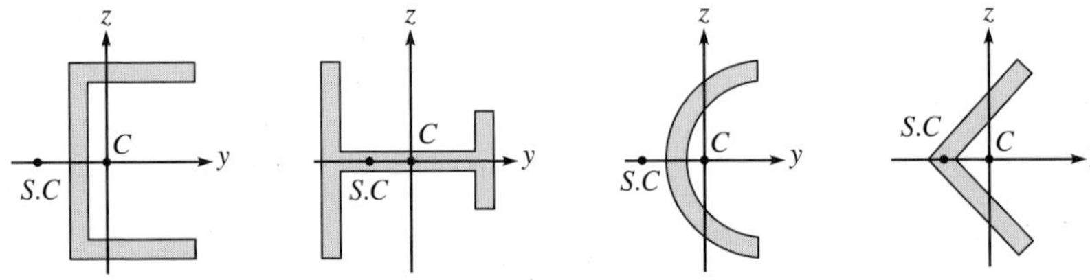

그림 9.23 1축 대칭 단면의 전단중심

그림 9.23과 같은 1축 대칭 단면의 경우에는 대칭 축 선상에 전단중심이 위치하게 되므로, 대칭 축 선상에 하중이 작용하면 비틀림 모멘트는 유발되지 않으나 비대칭 축 선상에 하중이 작용하게 되면 휨모멘트와 비틀림 모멘트가 동시에 발생하게 된다.

실제 구조 부재를 설계하고 하중재하 위치를 결정하는 과정에서 전단중심에 대한 검토는 반드시 필요하다. 하중의 작용점이 전단중심의 위치와 일치하지 않으면 설계 시에 미처 고려하지 못했던 비틀림 모멘트가 추가로 발생되기 때문이다. 전단중심에 대한 고려는 비대칭 개단면에서 특히 중요하게 검토되어야 한다.

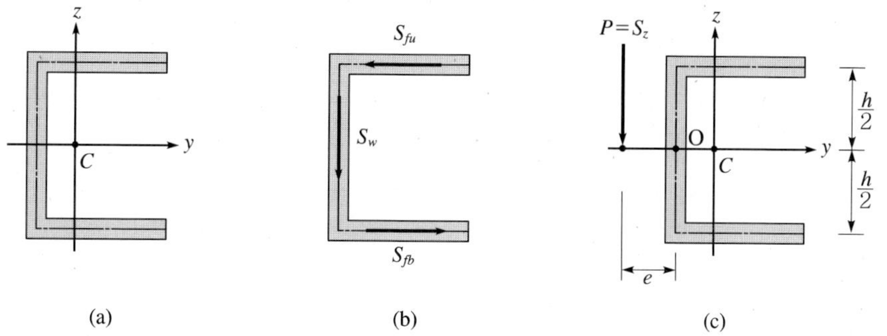

그림 9.24 채널 단면의 전단중심

그림 9.24(a)와 같이 y축에 대하여 1축 대칭인 채널단면의 전단중심의 위치를 구해보자. 하중의 작용으로 인해 단면 내에 발생되는 전단력을 S라 하면 S로 인한 비틀림 모멘트 T와 전단중심에 작용하는 하중 P(하중 P는 단면에 발생되는 전단력 S를 모두 합한 합 전단력 S_z와 같다)에 의해 발생되는 모멘트의 크기는 같아야 한다는 평형조건을 이용하여 전단중심을 구할 수 있다. 그림 9.24를 참고하여 웨브의 중심선과 y축의 교점 'O'를 기준점으로 모멘트를 취하면 다음과 같은 식으로 표현할 수 있다.

$$S_z \cdot e = S_{f_u} \cdot \frac{h}{2} + S_{f_b} \cdot \frac{h}{2} \tag{9.60}$$

$\Sigma H = 0$이라는 힘의 평형조건을 적용시키면 상・하부 플렌지 내의 전단력은 같은 크기임을 알 수 있고, 이를 S_f로 표현하여 정리하면 다음과 같다.

$$\Sigma H = 0 \ ; \ S_{f_u} = S_{f_b} = S_f$$

$$S_z \cdot e = S_f \cdot h$$

$$\therefore e = \frac{S_f \cdot h}{S_z} \tag{9.61}$$

여기에서 e는 전단중심과 웨브의 중심선과의 거리이다. 이제 플렌지의 전단력 S_f를 구하는 것만으로 전단중심의 위치 e를 결정할 수 있다.

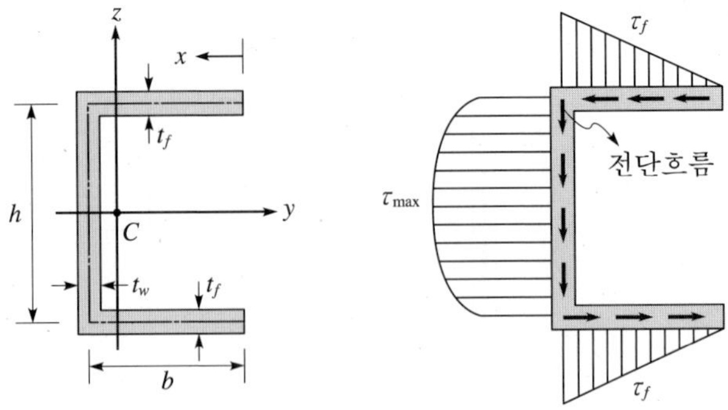

그림 9.25 채널 단면의 전단응력 분포

채널 단면은 y축을 중립축으로 하여 굽혀진다고 가정하면, 전단중심은 합전단력 S_z의 작용선이 y축과 교차하는 점에 위치하게 된다. 또한 플렌지에서의 전단응력 τ_f를 구함으로써 우리가 필요로 하는 플렌지에서의 전단력 S_f를 얻을 수 있다.

$$\tau_f = \frac{S_z G_y}{I_y t_f}, \quad G_y = \frac{h t_f x}{2}$$

$$S_f = \int_0^b \tau_f t_f \, dx = \int_0^b \frac{S_z}{I_y t_f}\left(\frac{h t_f x}{2}\right) t_f \, dx \tag{9.62}$$

$$= \frac{S_z}{I_y}\left(\frac{h t_f}{2}\right)\int_0^b x \, dx = \frac{S_z h t_f b^2}{4 I_y}$$

식 (9.62)를 식 (9.61)에 대입하여 전단중심의 위치를 결정할 수 있다.

$$e = \frac{S_f \cdot h}{S_z} = \frac{h}{S_z}\left(\frac{S_z h t_f b^2}{4 I_y}\right) = \frac{h^2 b^2 t_f}{4 I_y}$$

$$\therefore e = \frac{h^2 b^2 t_f}{4 I_y} \tag{9.63}$$

식 (9.63)은 1축 대칭 채널 단면의 전단중심을 결정하는 일반식으로써 작용하는 하중 $P(=S_z)$의 크기에 영향 받지 않음을 알 수 있다. 채널 단면의 전단중심을 결정하는 과정에서 웨브의 전단력 S_w는 모멘트의 기준을 웨브 단면의 중심축으로 설정함으로써 생략할 수 있게 된다.

예제 9.14

그림과 같은 채널 단면에서 전단중심 위치와 웨브의 중심선 사이의 거리 e를 구하여라.

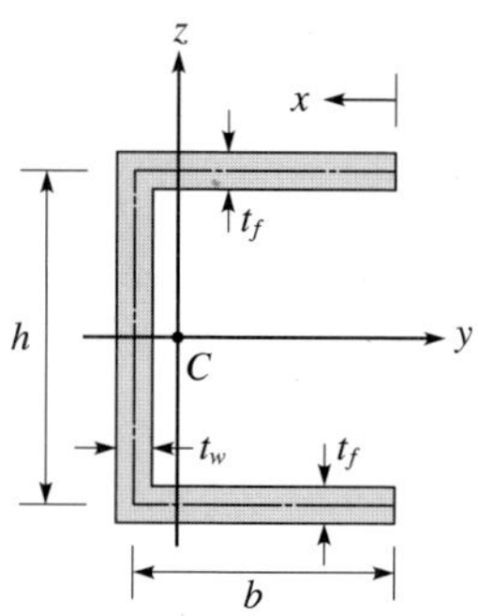

$h = 250$ mm

$b = 90$ mm

$t_w = 9$ mm

$t_f = 13$ mm

그림 예제 9.14

풀이

• 단면 1차 모멘트 ; G_y

$$G_y = \int z dA = x \cdot t_f \cdot \frac{h}{2} = \frac{x \cdot t_f \cdot h}{2}$$

• 플렌지의 전단응력 ; τ_f

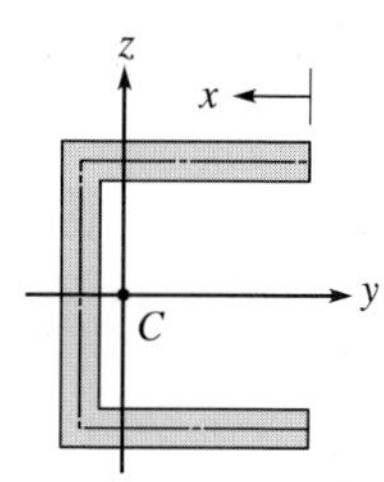

$$\tau_f = \frac{S_z \cdot G_y}{I_y \cdot t_f} = \frac{S_z}{I_y \cdot t_f}\left(\frac{x \cdot t_f \cdot h}{2}\right) = \frac{S_z \cdot h \cdot x}{2I_y}$$

(여기에서 S_z는 하중 P에 의해서 z방향으로 생기는 합 전단력으로 써 $P = S_z$가 된다)

플렌지의 전단력 ; S_f

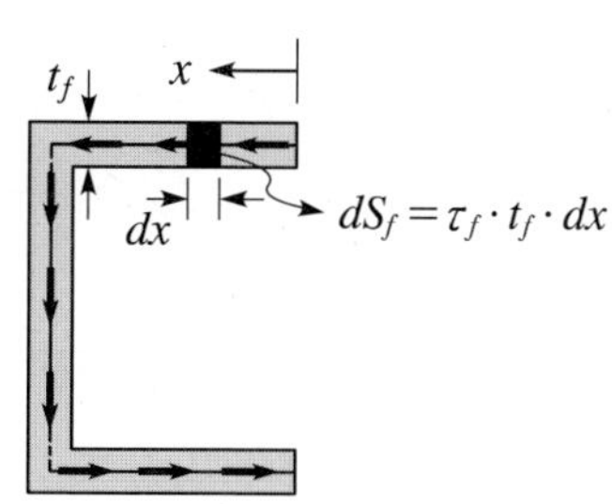

$$S_f = \int_0^b dS_f = \int_0^b \tau_f \cdot t_f \cdot dx = \frac{S_z \cdot h \cdot t_f}{2I_y} \int_0^b x \cdot dx$$

$$= \frac{S_z \cdot h \cdot t_f}{2I_y} \cdot \frac{b^2}{2} = \frac{S_z \cdot h \cdot t_f \cdot b^2}{4I_y}$$

• 단면 2차 모멘트 ; I_y

$$I_y = \frac{t_w h^3}{12} + 2\left\{\frac{b \cdot t_f^3}{12} + b \cdot f_f \cdot \left(\frac{h}{2}\right)^2\right\}$$

$$= \frac{9 \times 250^3}{12} + 2\left\{\frac{90 \times 13^3}{12} + 90 \times 13 \times \left(\frac{250}{2}\right)^2\right\} = 4.83 \times 10^7 \, \text{mm}^4$$

• 전단중심과 웨브의 중심선 사이의 거리 ; e

$$e=\frac{S_f \cdot h}{S_z}=\frac{h}{S_z}\left(\frac{S_z \cdot h \cdot t_f \cdot b^2}{4I_y}\right)=\frac{h^2 \cdot b^2 \cdot t_f}{4I_y}$$

$$=\frac{250^2 \times 90^2 \times 13}{4 \times 4.83 \times 10^7}=34.1\,\text{mm}$$

$$\therefore e=34.1\,\text{mm}$$

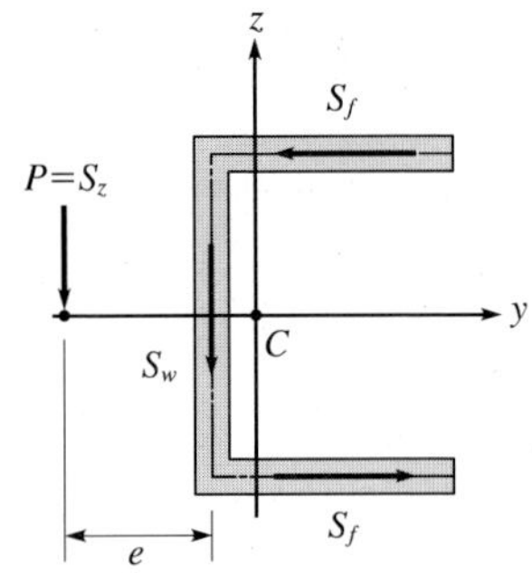

전단중심에 하중이 작용되도록 하기 위해서는 다음과 같은 방법을 사용할 수 있다.

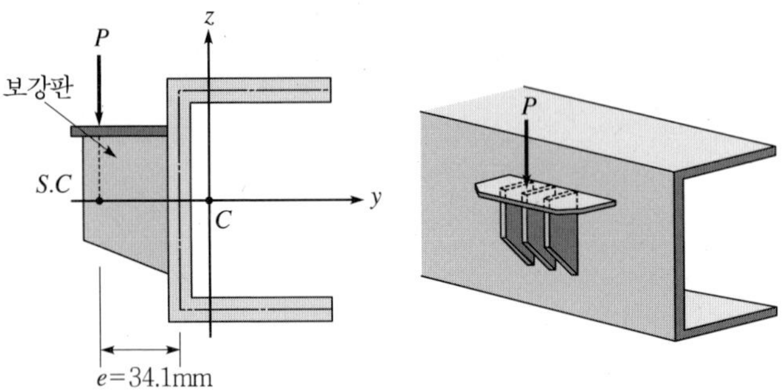

예제 9.15

그림과 같은 반원형 단면을 갖는 캔틸레버 보에 횡방향 하중이 작용한다고 할 때 단면에 비틀림 모멘트 M_x가 발생되지 않을 하중의 작용점까지의 거리 e를 구하여라.

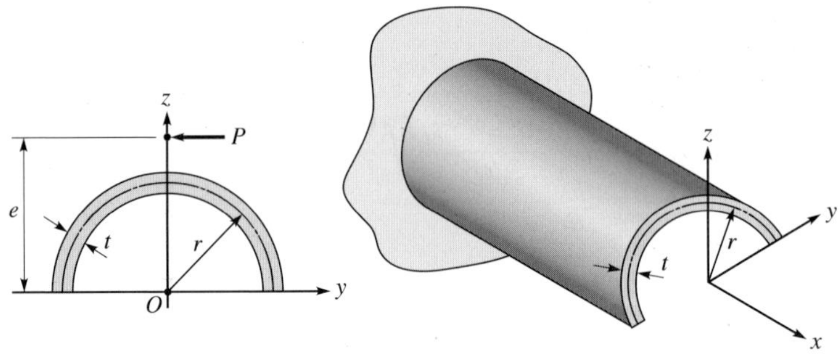

그림 예제 9.15

풀이

하중의 작용으로 인해 단면에 비틀림 모멘트 M_x가 발생되지 않을 하중의 작용점을 구한다는 것은 단면의 전단중심을 구한다는 것과 동일한 의미이다.

$y = r \cdot \cos\phi$

$dA = t \cdot ds = t \cdot r \cdot d\phi$

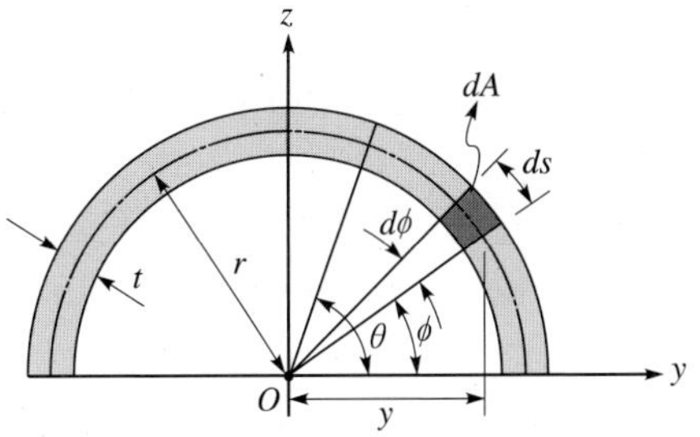

• 단면 1차 모멘트 ; G_z

$$G_z = \int y dA = \int_0^\theta r \cdot \cos\phi \cdot t \cdot r d\phi$$
$$= t \cdot r^2 \int_0^\theta \cos\phi d\phi$$
$$= tr^2 [\sin\phi]_0^\theta = tr^2 \sin\theta$$

• 단면 2차 모멘트 ; I_z

$$I_z = \int y^2 dA = \int_0^\pi (r\cos\phi)^2 \cdot t \cdot r d\phi = 2 \cdot t \cdot r^3 \int_0^{\frac{\pi}{2}} \cos^2\phi d\phi$$

$$= 2 \cdot t \cdot r^3 \left[\frac{\phi}{2} + \frac{\sin 2\phi}{4}\right]_0^{\frac{\pi}{2}} = 2 \cdot t \cdot r^3 \left(\frac{\pi}{4}\right) = \frac{\pi \cdot t \cdot r^3}{2}$$

여기에서

$$\sin^2 x = \frac{1}{2} - \frac{\cos 2x}{2}$$

$$\cos^2 x = \frac{1}{2} + \frac{\cos 2x}{2}$$

$$\int \cos^2 x \cdot dx = \frac{1}{2}\int (1 + \cos 2x) dx = \frac{1}{2}\left(x + \frac{\sin 2x}{2}\right) + C = \frac{x}{2} + \frac{\sin 2x}{4} + C$$

• 전단응력 ; τ

$$\tau = \frac{S \cdot G_y}{I_y \cdot t} = \frac{S \cdot t \cdot r^2 \cdot \sin\theta}{\frac{\pi \cdot t \cdot r^3}{2} \cdot t} = \frac{2S}{\pi \cdot t \cdot r} \cdot \sin\theta$$

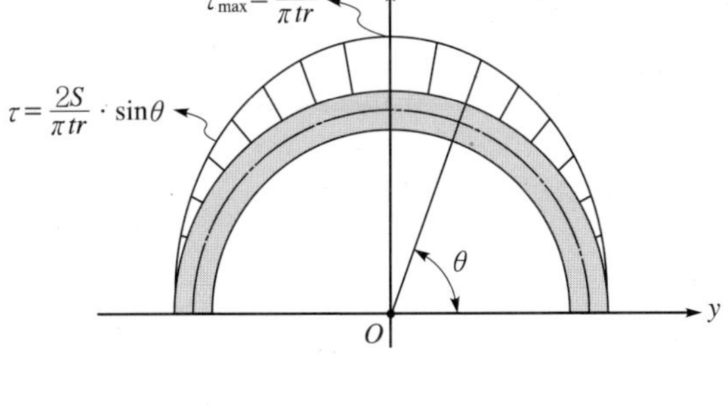

• 미소면적 dA에 작용하는 전단력 ; dS

$$dS = \tau \cdot dA = \tau \cdot r \cdot t \cdot d\phi$$

• 반원형 단면 전체에 작용하는 전단력 ; S

$$S = \int dS = \int_0^{\pi} \tau \cdot r \cdot t \cdot d\theta = 2\int_0^{\frac{\pi}{2}} \tau \cdot r \cdot t \cdot d\theta$$

$$= 2\int_0^{\frac{\pi}{2}} \left(\frac{2S}{\pi \cdot t \cdot r} \sin\theta \cdot r \cdot t \right) d\theta = \frac{4S}{\pi} [-\cos\theta]_0^{\frac{\pi}{2}}$$

$$= \frac{4S}{\pi}$$

• 전단력 S로 인한 중심 O에 대한 모멘트 ; T

$$T = \frac{4S}{\pi} \cdot r$$

단면 내의 전단력 S로 인한 모멘트 T와 전단중심에 작용하는 힘 $P(=S_y)$로 인한 모멘트의 크기는 같아야 한다는 평형조건과 하중 P의 크기와 P로 인해 단면에 발생되는 합 전단력 S의 크기는 동일하다는 평형조건을 적용하면

$$T = P \cdot e = \frac{4 \cdot S \cdot r}{\pi}$$

$$\therefore e = \frac{4r}{\pi} \approx 1.273r$$

즉, 반지름 r의 약 1.27배 되는 위치에 전단중심이 존재한다. 여기에서 반지름 r은 단면의 중심선과 O점과의 거리이다.

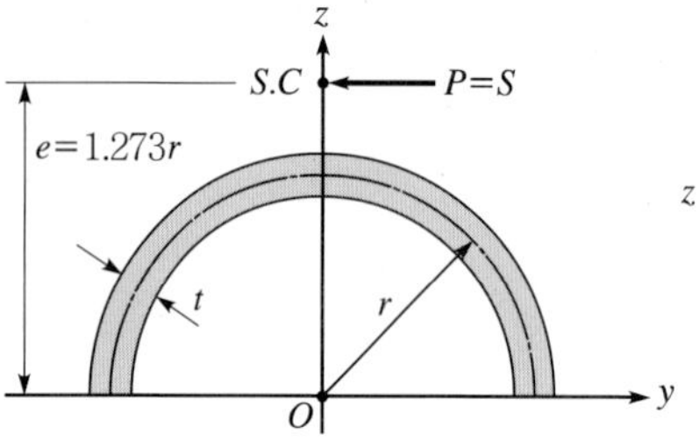

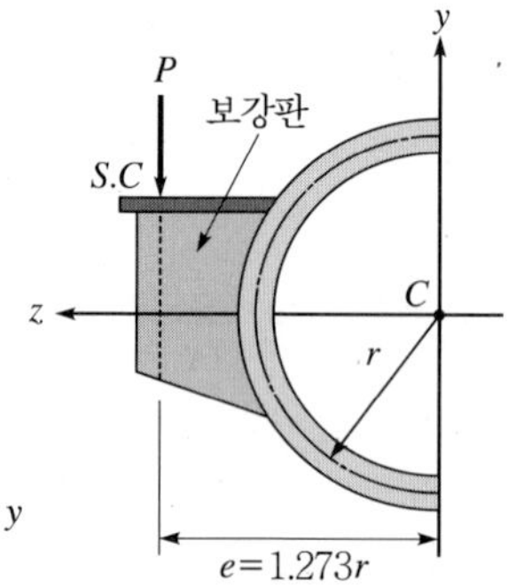

예제 9.16

다음 그림과 같은 slit 원형단면을 사용하여 캔틸레버 보를 만들려고 한다. 단면에 비틀림 모멘트 M_x가 생기지 않을 하중 P의 작용위치 e를 결정하여라.

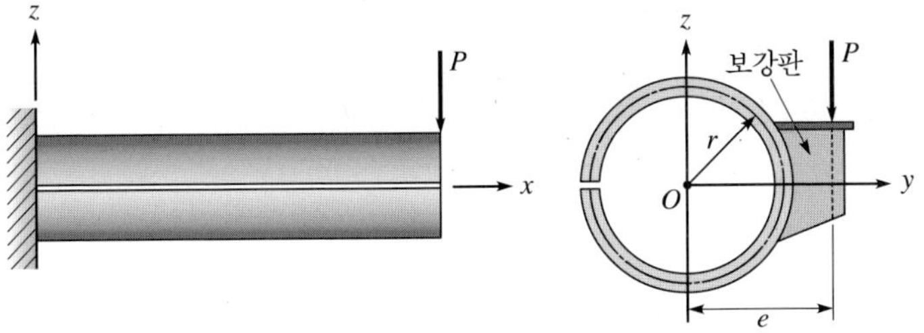

그림 예제 9.16

풀이

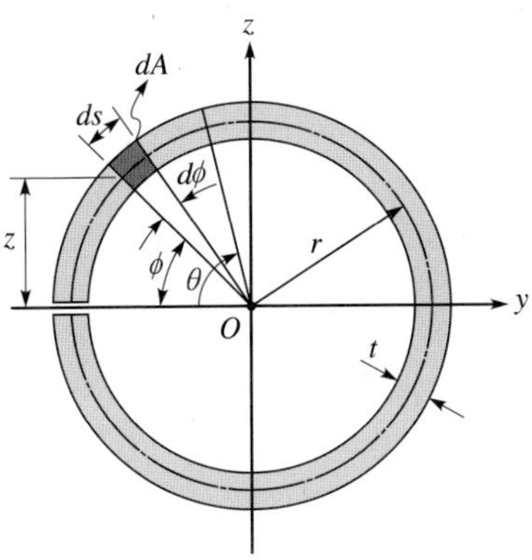

$dA = t \cdot ds = t \cdot r \cdot d\phi$

$z = r \cdot \sin\phi$

• 단면 1차 모멘트 ; G_y

$$G_y = \int z dA = \int_0^{\theta} (r \cdot \sin\phi) \cdot r \cdot t \cdot d\phi = r^2 \cdot t \int_0^{\theta} \sin\phi d\phi$$

$$= r^2 \cdot t[-\cos\phi]_0^{\theta} = r^2 \cdot t(-\cos\theta + 1) = r^2 \cdot t(1 - \cos\theta)$$

$$\therefore G_y = r^2 \cdot t(1 - \cos\theta)$$

• 단면 2차 모멘트 ; I_y

$$I_y = \int z^2 \cdot dA = \int_0^{2\pi} (r \cdot \sin\phi)^2 \cdot r \cdot t \cdot d\phi = r^3 \cdot t \int_0^{2\pi} \sin\phi d\phi$$

$$= r^3 \cdot t\int_0^{2\pi}\left(\frac{1}{2} - \frac{\cos 2\phi}{2}\right)d\phi = r^3 \cdot t\left[\frac{\phi}{2} - \frac{\sin 2\phi}{4}\right]_0^{2\pi}$$

$$= r^3 \cdot t(\pi - 0) = r^3 \cdot t \cdot \pi$$

$$\therefore I_y = r^3 \cdot t \cdot \pi$$

- 전단응력 ; τ

$$\tau = \frac{S_z \cdot G_y}{I_y \cdot t} = \frac{S_z \cdot (r^2 \cdot t(1-\cos\theta))}{(r^3 \cdot t \cdot \pi) \cdot t} = \frac{S_z(1-\cos\theta)}{r \cdot t \cdot \pi}$$

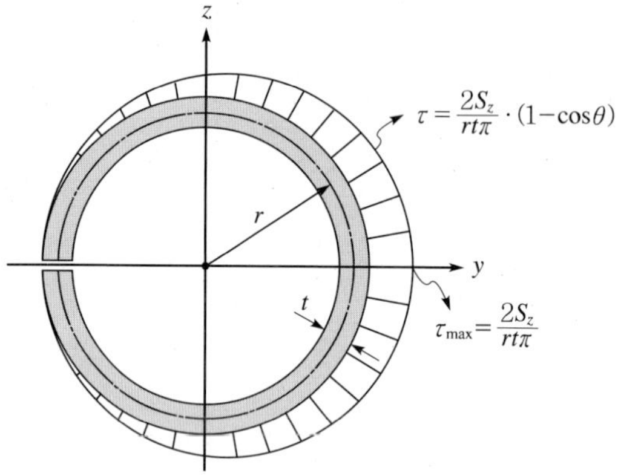

- 미소면적 dA에 작용하는 전단력 ; dS

$$dS = \tau \cdot dA = \frac{S_z(1-\cos\theta)}{r \cdot t \cdot \pi} \cdot r \cdot t \cdot d\phi = \frac{S_z}{\pi}(1-\cos\theta)\, d\phi$$

- slit 원형튜브의 단면 전체에 작용하는 전단력 ; S

$$S = \int dS = \int_0^{2\pi}\frac{S_z}{\pi}(1-\cos\theta)\, d\theta = \frac{S_z}{\pi}\int_0^{2\pi}(1-\cos\theta)d\theta$$

$$= \frac{S_z}{\pi}[\theta - \sin\theta]_0^{2\pi} = \frac{S_z}{\pi}(2\pi - 0) = 2S_z$$

- 전단중심과 웨브의 중심선 사이의 거리 ; e

$$S_z \cdot e = S \cdot r$$

$$\therefore e = \frac{S \cdot r}{S_z} = \frac{2S_z \cdot r}{S_z} = 2r$$

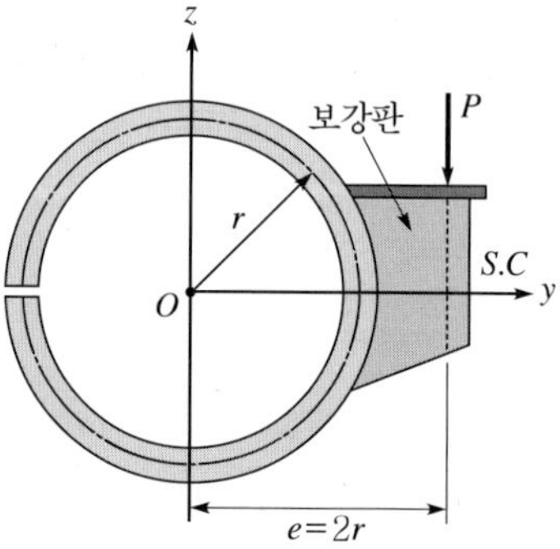

예제 9.17

다음과 같은 원호모양 단면의 전단중심 위치 e를 각 α의 변화에 따른 일반식의 형태로 표현하고, $\alpha = 60°$, r = 150mm일 때의 e값을 구하여라(단, $0 \leq \alpha \leq \pi$).

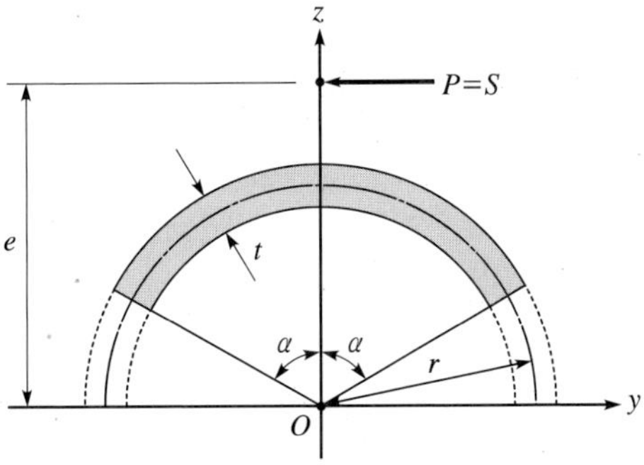

그림 예제 9.17

풀이

• 단면 1차 모멘트 및 단면 2차 모멘트 ; G_z, I_z

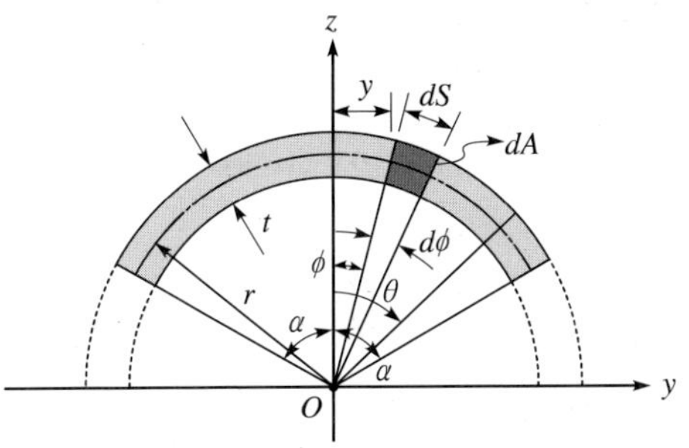

$$dA = t \cdot ds = t \cdot r \cdot d\phi$$

$$y = r\sin\phi$$

$$G_z = \int y dA = \int_{\theta}^{\alpha} r \cdot \sin\phi \cdot r \cdot t \cdot d\phi$$

$$= r^2 \cdot t[-\cos\phi]_{\theta}^{\alpha} = r^2 \cdot t(\cos\theta - \cos\alpha)$$

$$\therefore G_z = r^2 \cdot t(\cos\theta - \cos\alpha)$$

• $I_z = \int y^2 dA = \int_{-\alpha}^{\alpha} (r \cdot \sin\phi)^2 r \cdot t \cdot d\phi = r^3 \cdot t \int_{-\alpha}^{\alpha} \sin^2\phi d\phi$

$$= r^3 \cdot t \int_{-\alpha}^{\alpha} \left(\frac{1}{2} - \frac{\cos 2\phi}{2}\right) d\phi = r^3 \cdot t \left[\frac{\phi}{2} - \frac{\cos 2\phi}{4}\right]_{-\alpha}^{\alpha}$$

$$=r^3 \cdot t\left(\frac{\alpha}{2}-\frac{\sin 2\alpha}{4}+\frac{\alpha}{2}-\frac{\sin 2\alpha}{4}\right)=r^3 \cdot t\left(\alpha-\frac{\sin 2\alpha}{2}\right)$$

$$=r^3 \cdot t\left(\alpha-\frac{2\sin\alpha \cdot \cos\alpha}{2}\right)=r^3 \cdot t(\alpha-\sin\alpha \cdot \cos\alpha)$$

- 전단응력 ; τ

$$\tau=\frac{S_y \cdot G_z}{I_z \cdot t}=\frac{S_y \cdot r^2 \cdot t(\cos\theta-\cos\alpha)}{r^3 \cdot t(\alpha-\sin\alpha \cdot \cos\alpha) \cdot t}=\frac{S_y(\cos\theta-\cos\alpha)}{r \cdot t(\alpha-\sin\alpha \cdot \cos\alpha)}$$

- 미소면적 dA에 작용하는 미소전단력 ; dS

$$dS=\tau \cdot dA=\frac{S_y(\cos\theta-\cos\alpha)}{r \cdot t(\alpha-\sin\alpha \cdot \cos\alpha)} \cdot t \cdot r \cdot d\theta$$

$$=\frac{S_y(\cos\theta-\cos\alpha)}{(\alpha-\sin\alpha \cdot \cos\alpha)} \cdot d\theta$$

- 원호단면 전체에 작용하는 전단력 ; S

$$S=\int_{-\alpha}^{\alpha} dS=\int_{-\alpha}^{\alpha}=\frac{S_y(\cos\theta-\cos\alpha)}{(\alpha-\sin\alpha \cdot \cos\alpha)} \cdot d\theta$$

$$=\frac{S_y}{(\alpha-\sin\alpha \cdot \cos\alpha)}[\sin\theta-\theta\cos\alpha]_{-\alpha}^{\alpha}$$

$$=\frac{S_y}{(\alpha-\sin\alpha \cdot \cos\alpha)}(\sin\alpha-\alpha\cos\alpha+\sin\alpha-\alpha\cos\alpha)$$

$$\therefore S=\frac{S_y}{(\alpha-\sin\alpha \cdot \cos\alpha)}(2\sin\alpha-2\alpha\cos\alpha)$$

- 단면 내의 전단력 S로 인한 모멘트 ; T

$$T=S \cdot r=\frac{(\sin\alpha-\alpha\cos\alpha)}{(\alpha-\sin\alpha \cdot \cos\alpha)} \cdot 2S_y \cdot r$$

전단중심(S.C)에 작용하는 전단력(힘) $P(=S_y)$로 인한 임의 점에 대한 모멘트는 단면 내의 전단응력으로 인한 동일점에 대한 모멘트 T와 같아야 한다. 즉, $\Sigma M_o=0$

$$S_y \cdot e=S \cdot r=T$$

각 α의 변화에 따른 e값의 일반식

$$\therefore e=\frac{(\sin\alpha-\alpha\cos\alpha)}{(\alpha-\sin\alpha \cdot \cos\alpha)} \cdot \frac{2S_y \cdot r}{S_y}$$

$$=\frac{2r(\sin\alpha-\alpha\cos\alpha)}{(\alpha-\sin\alpha \cdot \cos\alpha)}$$

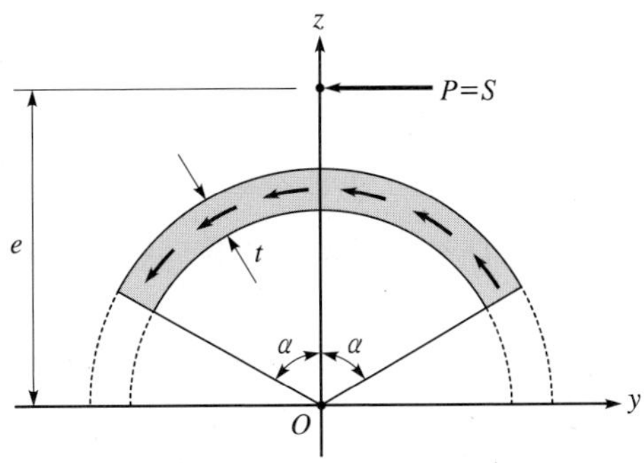

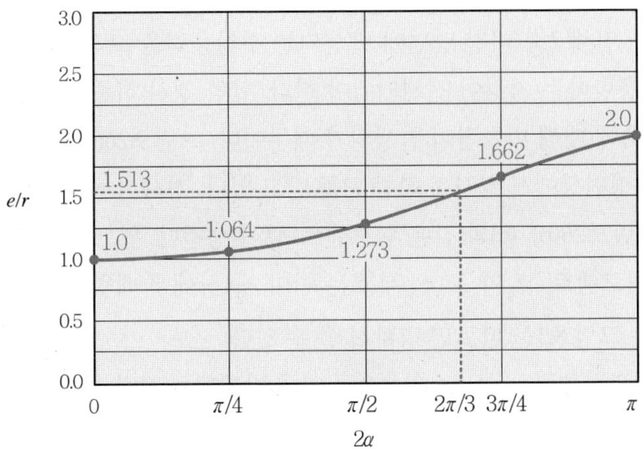

• $a = 60°$, $r = 150$ mm일 때의 e값을 구해보면

$a = 60°$이므로 $2a = 120°$

$$120° \times \frac{\pi}{180} = \frac{2}{3}\pi$$

$$e = \frac{2 \times 150 \times \left(\sin\frac{2}{3}\pi - \frac{2}{3}\cos\frac{2}{3}\pi\right)}{\left(\frac{2}{3}\pi - \sin\frac{2}{3}\pi \cdot \cos\frac{2}{3}\pi\right)} \doteqdot 277\text{mm}$$

[참고] 그래프로부터

$$\frac{e}{r} = 1.513$$

$$e = 1.513 \times r = 1.513 \times 150 = 227\,\text{mm}$$

9.7 비대칭 보의 수직응력

이제까지 우리는 2축 대칭인 구조 부재의 대칭인 평면 내에 작용하는 하중이 발생시키는 보의 수직응력에 대해서 공부하였다. 본 절에서는 2축 대칭 단면과 비대칭 단면 내에 경사지게 작용하는 하중으로 인한 보의 수직응력에 대해 알아보고자 한다.

9.7.1 경사하중을 받는 2축 대칭 단면 보의 수직응력

경사지게 작용하는 하중으로 인해 2축 대칭 단면에 발생되는 수직응력을 고려하기 위해서는 경사 하중은 단면의 도심에 작용한다는 가정이 전제되어야 한다. 만약 경사 하중이 도심에 작용하지 않는다면 보의 길이방향 축에 대해 비틀림이 발생되기 때문이다. 그림 9.26(a)에는 2축 대칭인 직사각형 캔틸레버 보가 yz 평면상에서 경사진 하중 P를 받고 있다. 경사진 하중 P는 단면의 도심에 작용하고, 이로 인해 그림 9.26(b), (c)와 같은 휨모멘트 M이 생긴다. 휨모멘트 M은 다시 M_y와 M_z로 분리할 수 있다. 휨모멘트 M_y와 M_z의 부호는 이미 제4장에서 배웠던 비틀림 모멘트의 부호규약을 설명하고 있는 그림 8.3을 따르면 명확히 할 수 있다.

2축 대칭인 단면에 발생되는 수직응력 σ_x는 M_y와 M_z로 인해 발생되는 각각의 수직응력을 구한 후 이를 더함으로써 결정할 수 있다. 그림 9.26(c)에서 단면 내 A점에서는 M_y에 의해서 압축응력이, M_z에 의해서는 인장응력이 발생됨을 알 수 있다. 결국 A점에 발생되는 수직응력 σ_x는 식 (9.24)로부터 다음과 같이 구할 수 있다(그림 9.27 참조).

$$\sigma_x = \frac{M_y}{I_y} \cdot z - \frac{M_z}{I_z} \cdot y \tag{9.64}$$

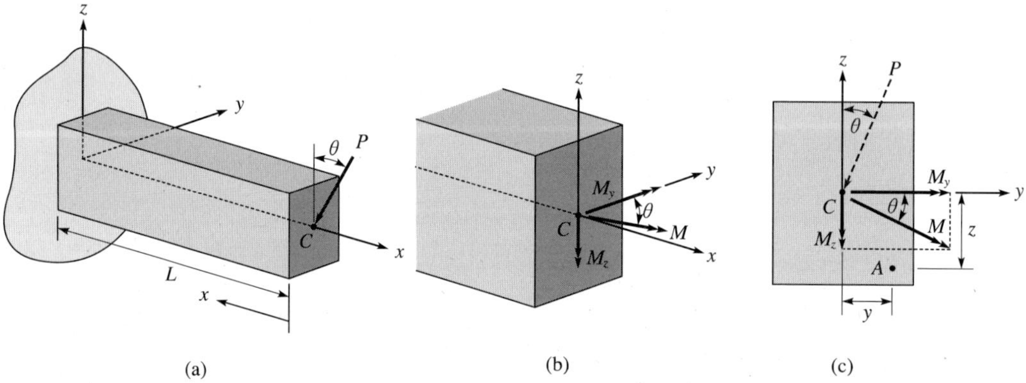

(a) (b) (c)

그림 9.26 경사진 하중을 받는 2축 대칭인 캔틸레버 보

그림 9.26(a)의 자유단에서 x만큼 떨어진 위치의 휨모멘트는 다음과 같다.

$$M_y = P\cos\theta \cdot x, \quad M_z = P\sin\theta \cdot x \tag{9.65}$$

또한 자유단에서 x만큼 떨어진 위치의 휨모멘트 M이 바로 주어지는 경우에는 다음과 같다.

$$M_y = M\cos\theta, \quad M_z = M\sin\theta \tag{9.66}$$

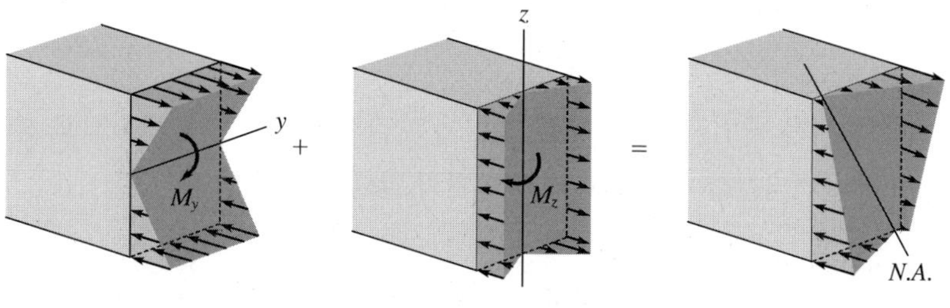

(a) M_y (b) M_z (c) M_y+M_z

그림 9.27 단면 내의 수직응력 분포

중립축은 식 (9.64)의 수직응력 $\sigma_x = 0$이 되는 조건을 만족하면 되므로 다음과 같이 쓸 수 있다.

$$\sigma_x = \frac{M_y}{I_y} \cdot z - \frac{M_z}{I_z} \cdot y = 0 \tag{9.67}$$

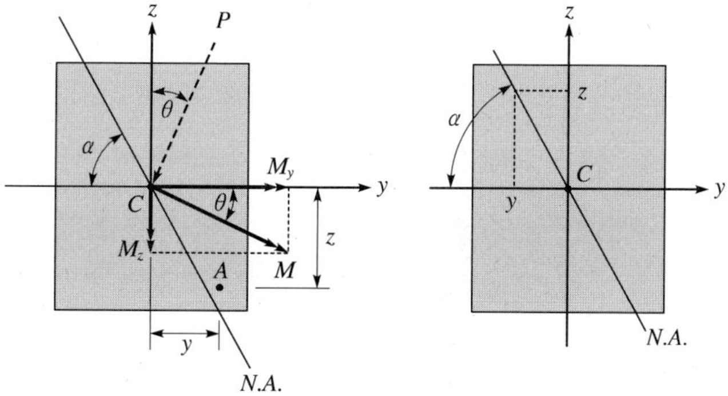

그림 9.28 중립축의 결정

그림 9.28을 기준으로 중립축과 y축이 이루는 각 α를 다음과 같이 구할 수 있다.

$$\tan\alpha = \frac{z}{y} = \frac{M_z I_y}{M_y I_z} \tag{9.68}$$

위 식에 식 (9.65)를 대입하여 정리하면 경사진 하중의 작용방향 θ와 중립축이 결정되는 각 α가 서로 동일하지 않음을 알 수 있다.

$$\tan\alpha = \frac{z}{y} = \frac{M_z I_y}{M_y I_z} = \frac{P\sin\theta}{P\cos\theta} \cdot \frac{I_y}{I_z} = \tan\theta \cdot \frac{I_y}{I_z} \tag{9.69}$$

$$\therefore \alpha = \tan^{-1}\left(\frac{M_z I_y}{M_y I_z}\right) = \tan^{-1}\left(\tan\theta \cdot \frac{I_y}{I_z}\right) \tag{9.70}$$

단면 내의 수직응력은 중립축으로부터의 거리에 따라 선형적으로 변화하므로 중립축을 구하게 되면, 단면 내에 발생되는 최대 수직응력의 크기와 발생 위치를 알 수 있다.

9.7.2 비대칭 단면을 갖는 보의 수직응력

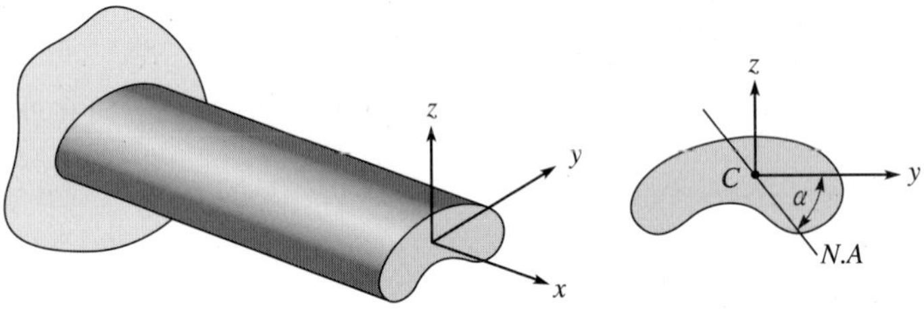

그림 9.29 비대칭 단면의 수직응력

그림 9.29와 같은 비대칭 단면을 갖는 캔틸레버 보에 하중이 작용하여 yz 평면 내에 발생되는 수직응력 σ_x는 식 (9.64)을 기본으로 단면 상승모멘트 I_{yz}를 고려하여 다음과 같이 구할 수 있다.

$$\sigma_x = \frac{(M_y \cdot I_z + M_z \cdot I_{yz}) \cdot z - (M_z \cdot I_y + M_y \cdot I_{yz}) \cdot y}{I_y \cdot I_z - I_{yz}^2} \tag{9.71}$$

만약 식 (9.71)이 1축 대칭 혹은 2축 대칭인 단면의 경우라면 단면 상승모멘트 $I_{yz}=0$이 되어 다음과 같이 단순화된다.

$$\sigma_x = \frac{M_y \cdot I_z \cdot z - M_z \cdot I_y \cdot y}{I_y \cdot I_z} = \frac{M_y}{I_y} \cdot z - \frac{M_z}{I_z} \cdot y \tag{9.72}$$

위에서 얻어진 식은 결국 식 (9.64)와 동일하게 얻어진다. 2축 대칭단면을 갖는 보의 중립축 결정 방법과 동일한 방법으로 비대칭 단면의 중립축을 구할 수 있다. 중립축은 결국 수직응력 $\sigma_x =$

0이 되는 조건을 만족하면 되므로

$$\sigma_x = \frac{(M_y \cdot I_z + M_z \cdot I_{yz}) \cdot z - (M_z \cdot I_y + M_y \cdot I_{yz}) \cdot y}{I_y \cdot I_z - {I_{yz}}^2} = 0 \tag{9.73}$$

위 식에서 수직응력 $\sigma_x = 0$이 되는 조건을 만족되기 위해서는 분자항이 0이 되어야 한다.

$$(M_y \cdot I_z + M_z \cdot I_{yz}) \cdot z - (M_z \cdot I_y + M_y \cdot I_{yz}) \cdot y = 0$$

$$(M_y \cdot I_z + M_z \cdot I_{yz}) \cdot z = (M_z \cdot I_y + M_y \cdot I_{yz}) \cdot y \tag{9.74}$$

식 (9.74)를 z/y의 형태로 변환시키면

$$\frac{z}{y} = \frac{M_z \cdot I_y + M_y \cdot I_{yz}}{M_y \cdot I_z + M_z \cdot I_{yz}} \tag{9.75}$$

그림 9.29에서 중립축이 y축과 이루는 각을 α라 하고, 위 식을 이용하여 다시 정리하면 식 (9.76)과 같이 된다.

$$\tan\alpha = \frac{z}{y} = \frac{M_z \cdot I_y + M_y \cdot I_{yz}}{M_y \cdot I_z + M_z \cdot I_{yz}} \tag{9.76}$$

위 식으로부터 중립축이 y축과 이루는 각 α를 결정할 수 있다.

$$\therefore \alpha = \tan^{-1}\left(\frac{M_z \cdot I_y + M_y \cdot I_{yz}}{M_y \cdot I_z + M_z \cdot I_{yz}}\right) \tag{9.77}$$

만약 1축 대칭 혹은 2축 대칭인 단면의 경우라면 위의 식 (9.76)에서 단면 상승모멘트 $I_{yz} = 0$이 되어 중립축을 결정하는 각을 구하는 식 (9.77)은 식 (9.70)과 같아짐을 알 수 있다.

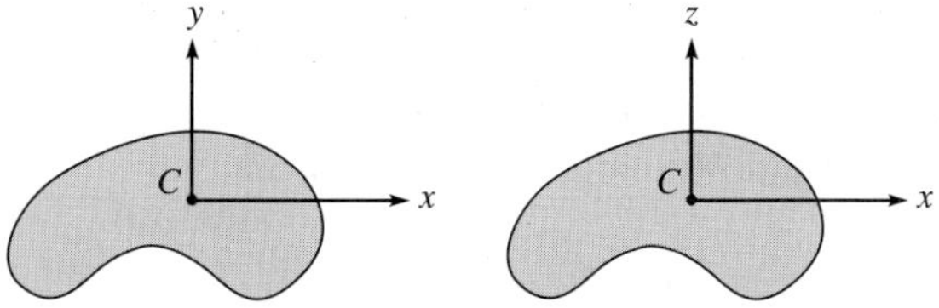

그림 9.30 비대칭 단면의 수직응력

참고로 xy평면에 발생되는 수직응력 σ_z와 xz 평면상에 발생되는 수직응력 σ_y는 각각 식 (9.78), (9.79)와 같이 구할 수 있다.

$$\sigma_z = \frac{(M_x \cdot I_y + M_y \cdot I_{xy}) \cdot y - (M_y \cdot I_x + M_x \cdot I_{xy}) \cdot x}{I_x \cdot I_y - {I_{xy}}^2} \tag{9.78}$$

$$\sigma_y = \frac{(M_z \cdot I_x + M_x \cdot I_{zx}) \cdot x - (M_x \cdot I_z + M_z \cdot I_{zx}) \cdot z}{I_z \cdot I_x - {I_{zx}}^2} \tag{9.79}$$

만약 위 식들이 1축 대칭 혹은 2축 대칭인 단면의 경우라면 단면 상승모멘트 $I_{xy} = I_{zx} = 0$이 되어 다음과 같이 단순화될 수 있다.

$$\begin{aligned} \sigma_z &= \frac{M_x \cdot I_y \cdot y - M_y \cdot I_x \cdot x}{I_x \cdot I_y} = \frac{M_x}{I_x} \cdot y - \frac{M_y}{I_y} \cdot x \\ \sigma_y &= \frac{M_z \cdot I_x \cdot x - M_x \cdot I_z \cdot z}{I_z \cdot I_x} = \frac{M_z}{I_z} \cdot x - \frac{M_x}{I_x} \cdot z \end{aligned} \tag{9.80}$$

예제 9.18

다음 그림과 같이 y축 대칭인 구조부재의 채널 단면이 $M = 10$ kN · m의 휨모멘트를 받고 있다. 휨모멘트 M이 yz 평면상에서 z축에 대해 30° 경사진 상태로 작용하고 있을 때 채널 단면에 발생되는 최대 수직응력을 구하고, 중립축을 결정하여 중립축과 y축의 사이 각 α를 구하여라.

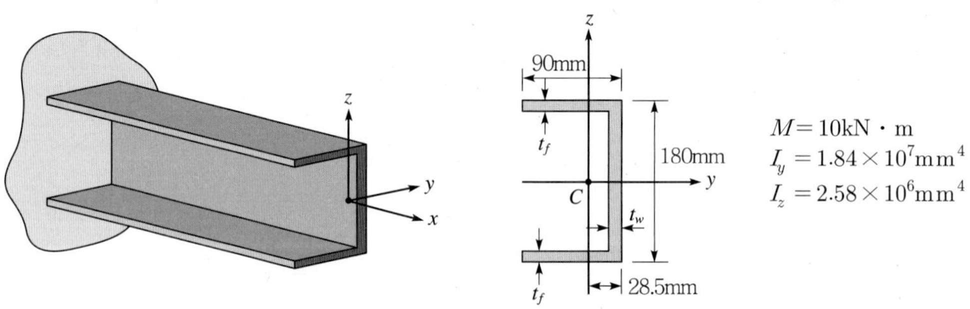

그림 예제 9.18

풀이

1) 최대 수직응력

z축에 대하여 30° 경사진 상태의 휨모멘트 $M = 10\,\text{kN} \cdot \text{m}$는 M_y, M_z로 각각 분해할 수 있다.

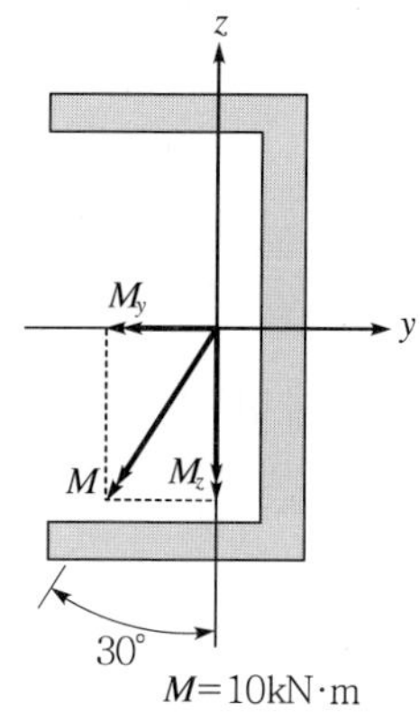

$$M_y = -M\sin 30°$$
$$= -10 \cdot \sin 30° = 5\,\text{kN} \cdot \text{m}$$
$$M_z = -M\cos 30°$$
$$= -10 \cdot \cos 30° = -8.7\,\text{kN} \cdot \text{m}$$

최대 수직응력을 결정하기 위하여 채널 단면의 4꼭지점에 발생되는 응력을 구하도록 한다. 이를 위하여 4꼭지점의 좌표를 알아야 한다.

- 단면 각 위치의 좌표(단위:mm)

위치	y	z
A	-61.5	+90
B	+28.5	+90
C	+28.5	-90
D	-61.5	-90

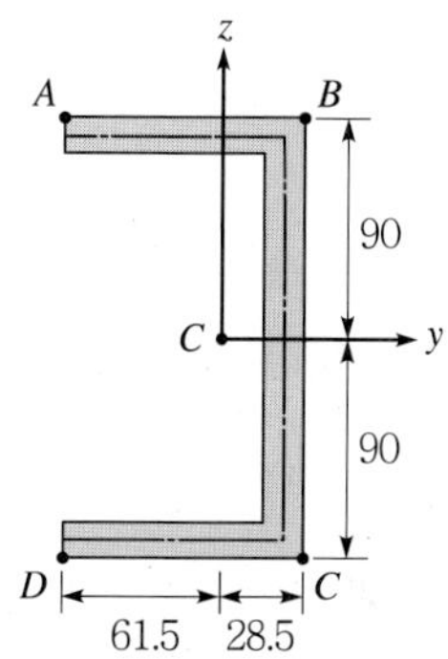

채널 단면에 발생되는 최대 수직응력은 기본적으로 식 (9.71)을 사용하여 구할 수 있으나, 문제의 채널 단면은 1축 대칭인 단면이므로 단면상승모멘트 $I_{yz} = 0$이 되어 식 (9.72)를 사용할 수 있다. 즉, 식 (9.71)로부터

$$\sigma_x = \frac{(M_y \cdot I_z + M_z \cdot I_{yz}) \cdot z - (M_z \cdot I_y + M_y \cdot I_{yz}) \cdot y}{I_y \cdot I_z - I_{yz}{}^2}$$

문제의 채널 단면은 y축에 대해 대칭인 1축 대칭 단면이므로 $I_{yz} = 0$이 되어

$$\sigma_x = \frac{M_y \cdot I_z \cdot z - M_z \cdot I_y \cdot y}{I_y \cdot I_z} = \frac{M_y}{I_y} \cdot z - \frac{M_z}{I_z} \cdot y$$

σ_x를 구하기 위한 식은 다음과 같다.

$$\sigma_x = \frac{M_y}{I_y} \cdot z - \frac{M_z}{I_z} \cdot y$$

$I_y = 1.84 \times 10^7\,\text{mm}^4$, $I_z = 2.58 \times 10^6\,\text{mm}^4$ 이므로

$$\sigma_A = \frac{(-5 \times 10^6)}{1.84 \times 10^7}(90) - \frac{(-8.7 \times 10^6)}{2.58 \times 10^6}(-61.5) = -231.84\,\text{N/mm}^2 = -231.84\,\text{MPa}$$

$$\sigma_B = \frac{(-5 \times 10^6)}{1.84 \times 10^7}(90) - \frac{(-8.7 \times 10^6)}{2.58 \times 10^6}(28.5) = 71.65\,\text{N/mm}^2 = 71.65\,\text{MPa}$$

$$\sigma_C = \frac{(-5\times10^6)}{1.84\times10^7}(-90) - \frac{(-8.7\times10^6)}{2.58\times10^6}(28.5) = 120.56\ \mathrm{N/mm^2} = 120.56\,\mathrm{MPa}$$

$$\sigma_D = \frac{(-5\times10^6)}{1.84\times10^7}(-90) - \frac{(-8.7\times10^6)}{2.58\times10^6}(-61.5) = -182.93\ \mathrm{N/mm^2} = -182.93\,\mathrm{MPa}$$

최대 압축응력은 A점에서, 최대 인장응력은 C점에서 각각 발생한다.

$\sigma_A = -231.84\,\mathrm{MPa}$

$\sigma_C = 120.56\,\mathrm{MPa}$

그러므로 단면 내에 발생하는 최대 수직응력은

$\therefore\ \sigma_{\max} = -231.84\mathrm{MPa}$(A점의 압축응력)

2) 중립축

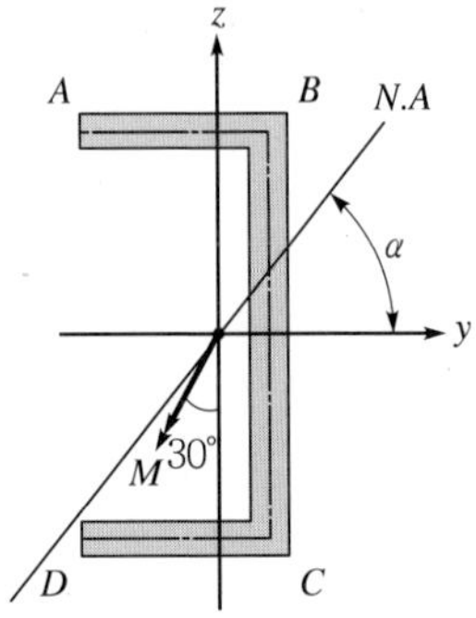

중립축에서는 단면 내의 수직응력 $\sigma_x = 0$이 되는 조건을 이용하여 구할 수 있다(식 (9.68)).

· $\tan\alpha = \dfrac{z}{y}$

· $\sigma_z = \dfrac{M_y}{I_y}z - \dfrac{M_z}{I_y}y = 0$

중립축(N.A)과 y축이 이루는 각 a

$$\cdot\ \tan\alpha = \frac{z}{y} = \frac{\left(\dfrac{M_z}{I_z}\right)}{\left(\dfrac{M_y}{I_y}\right)} = \frac{\left(\dfrac{-8.7\times10^6}{2.58\times10^6}\right)}{\left(\dfrac{-5\times10^6}{1.84\times10^7}\right)} = 12.41$$

$$\therefore\ \alpha = \tan^{-1}\left(\frac{z}{y}\right) = \tan^{-1}(12.41) = 85.39°$$

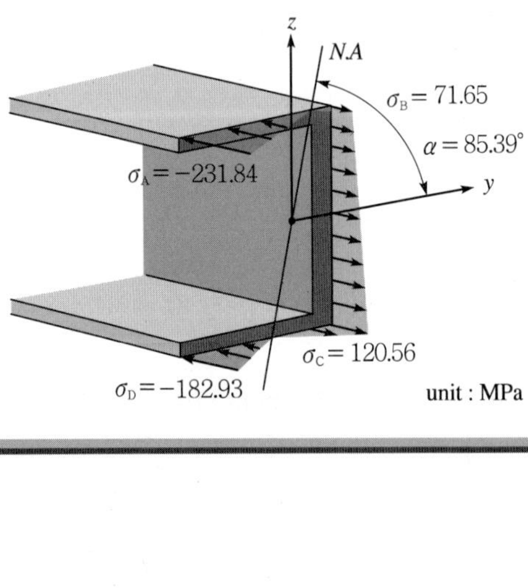

예제 9.19

지간이 10m인 WF단면을 갖는 단순보에 집중하중 $P = 10\text{kN}$ 이 z축에 대하여 5°기울어진 상태로 재하되었을 때 최대 휨모멘트가 발생하는 단면에서 발생되는 수직응력 분포를 그리시오. 또한 $\phi = 0°$일 때의 단면 내 최대 수직응력에 대한 $\phi = 5°$일 때 단면 내 최대 수직응력의 비를 구하시오.

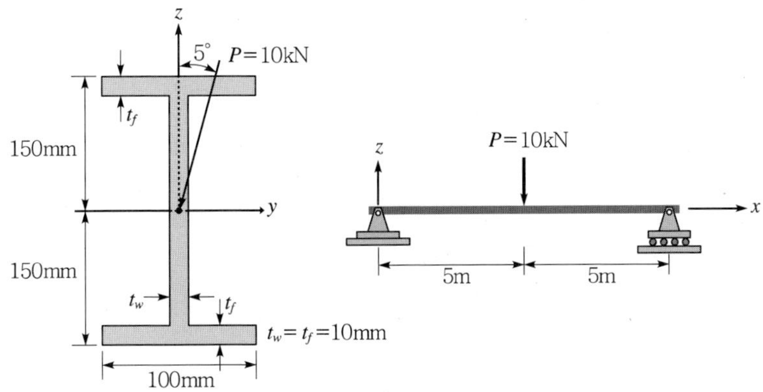

그림 예제 9.19

풀이

1) WF단면의 수직응력 분포

단순보에 발생되는 최대 휨모멘트 M_{max}은 보의 중앙에서 발생된다.

$$M_{max} = \frac{P}{2} \cdot \frac{L}{2} = \frac{10 \cdot 10}{4} = 25\,\text{kN} \cdot \text{m}$$

z축에 대하여 5°경사진 하중 P=10 kN에 의하여 발생되는 최대 휨모멘트 M_{max}은 M_y, M_z, 로 각각 분해할 수 있다.

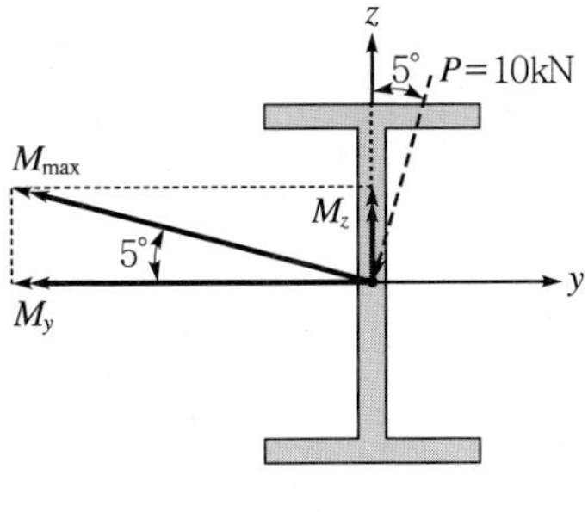

$$M_y = -M_{max}\cos 5°$$
$$= -25 \cdot \cos 5° = -24.90\,\text{kN} \cdot \text{m}$$

$$M_z = M_{max}\sin 5°$$
$$= 25 \cdot \sin 5° = 2.18\,\text{kN} \cdot \text{m}$$

WF단면 내의 수직응력 분포를 구하기 위하여 플렌지 최외단에 발생되는 응력을 우선 구하도록 한다. 플렌지 최외단 4꼭지점의 좌표는 다음과 같다.

- 단면 각 위치의 좌표(단위:mm)

위치	y	z
A	-50	+150
B	+50	+150
C	+50	-150
D	-50	-150

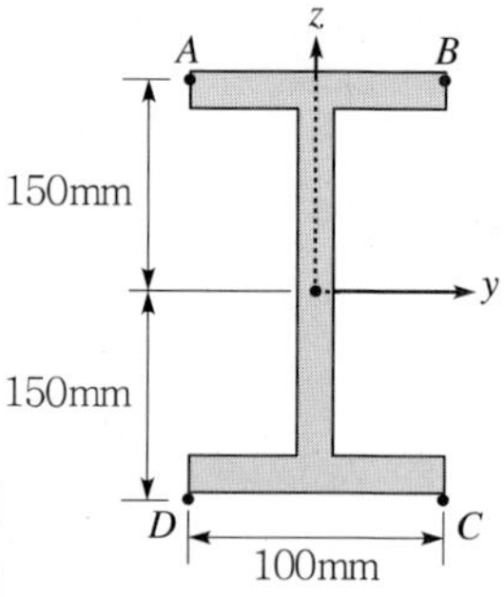

단면에 발생되는 수직응력은 기본적으로 식 (9.71)을 사용하여 구할 수 있으나, 문제의 WF단면은 2축 대칭인 단면이므로 단면 상승모멘트 $I_{yz}=0$이 되어 식 (9.72)를 사용할 수 있게 된다. 즉, 식 (9.71)로부터

$$\sigma_x = \frac{(M_y \cdot I_z + M_z \cdot I_{yz}) \cdot z - (M_z \cdot I_y + M_y \cdot I_{yz}) \cdot y}{I_y \cdot I_z - I_{yz}^2}$$

제의 WF단면은 2축 대칭 단면이므로 $I_{yz}=0$이 되어

$$\sigma_x = \frac{M_y \cdot I_z \cdot z - M_z \cdot I_y \cdot y}{I_y \cdot I_z} = \frac{M_y}{I_y} \cdot z - \frac{M_z}{I_z} \cdot y$$

σ_x를 구하기 위한 식은 다음과 같이 된다.

$$\sigma_x = \frac{M_y}{I_y} \cdot z - \frac{M_z}{I_z} \cdot y$$

단면 2차 모멘트 I_y, I_z를 구한다.

$$I_y = \frac{(100 \times 300^3) - (90 \times 280^3)}{12} = 6.04 \times 10^7 \text{mm}^4$$

$$I_z = 2 \cdot \left(\frac{10 \times 100^3}{12}\right) + \left(\frac{280 \times 10^3}{12}\right) = 1.69 \times 10^6 \text{mm}^4$$

WF단면의 플렌지 최외단에 발생되는 응력은 다음과 같다.

$$\sigma_A = \frac{(-2.49 \times 10^7)}{6.04 \times 10^7}(150) - \frac{(2.18 \times 10^6)}{1.69 \times 10^6}(-50) = 2.66 \text{ N/mm}^2 = 2.66 \text{MPa}$$

$$\sigma_B = \frac{(-2.49 \times 10^7)}{6.04 \times 10^7}(150) - \frac{(2.18 \times 10^6)}{1.69 \times 10^6}(50) = -126.33 \text{ N/mm}^2 = -126.33 \text{MPa}$$

$$\sigma_C = \frac{(-2.49 \times 10^7)}{6.04 \times 10^7}(-150) - \frac{(2.18 \times 10^6)}{1.69 \times 10^6}(50) = -2.66 \text{ N/mm}^2 = -2.66 \text{MPa}$$

$$\sigma_D = \frac{(-2.49 \times 10^7)}{6.04 \times 10^7}(-150) - \frac{(2.18 \times 10^6)}{1.69 \times 10^6}(-50) = 126.33 \text{ N/mm}^2 = 126.33 \text{MPa}$$

중립축에서는 단면 내의 수직응력 $\sigma_x = 0$이 되는 조건을 이용하여 중립축을 구할 수 있다(식 (9.68)).

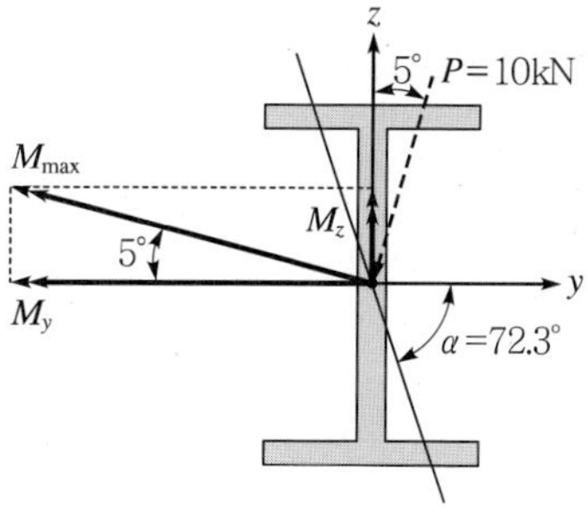

$$\sigma_x = \frac{M_y}{I_y} \cdot z - \frac{M_z}{I_z} \cdot y = 0$$

$$\tan\alpha = \frac{z}{y} = \frac{M_z}{M_y} \cdot \frac{I_y}{I_z} = \tan 5° \cdot \frac{I_y}{I_z}$$

$$\alpha = \tan^{-1}\left(\tan 5° \cdot \frac{6.04 \times 10^7}{1.69 \times 10^6}\right) = \tan^{-1}(3.125) = 72.3°$$

$$\therefore \alpha = 72.3°$$

위의 결과를 이용하여 단면 내의 수직응력 분포를 그려보면 다음과 같다.

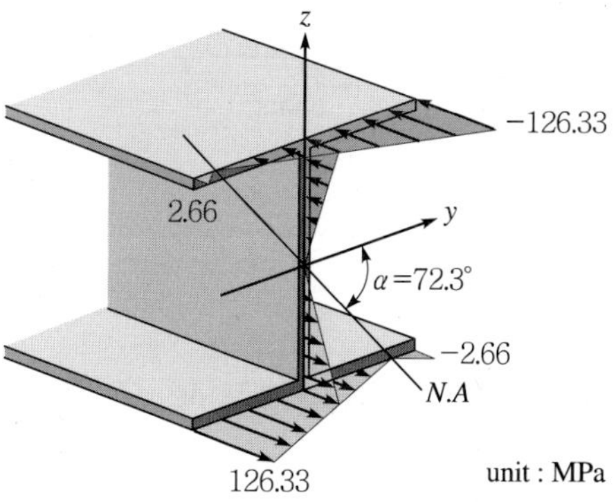

2) $\phi = 0°$일 때의 단면 내 최대 수직응력에 대한 $\phi = 5°$일 때 단면 내 최대 수직응력의 비

- $\phi = 0°$일 때의 단면 내 최대 수직응력

  $\phi = 0°$이면 단면 내에는 M_y만이 발생한다. 즉, $M_{max} = M_y$이다.

$$\sigma_{max} = \frac{M_y}{I_y} \cdot z = \frac{(-2.5 \times 10^7)}{6.04 \times 10^7} \cdot (\pm 150) = \mp 62.09\,\mathrm{N/mm^2} = \mp 62.09\,\mathrm{MPa}$$

- $\phi = 5°$일 때의 단면 내 최대 수직응력

  $\sigma_B = -126.33\mathrm{MPa}$

  $\sigma_D = 126.33\mathrm{MPa}$

- 단면 내 최대 수직응력 비

$$\therefore \frac{\sigma_{max}(\phi = 5°)}{\sigma_{max}(\phi = 0°)} = \frac{126.33\,\mathrm{MPa}}{62.09\,\mathrm{MPa}} = 2.03$$

  $\phi = 5°$ 경사진 하중이 작용하면 $\phi = 0°$ 경우에 비해 단면 내의 수직응력은 약 2.0배 증가된다.

예제 9.20

다음 그림과 같은 하중을 받는 캔틸레버 보에 발생하는 최대 수직응력과 중립축을 구하시오 (단 하중 1kN은 O점에 작용하며 Z축과 평행하다).

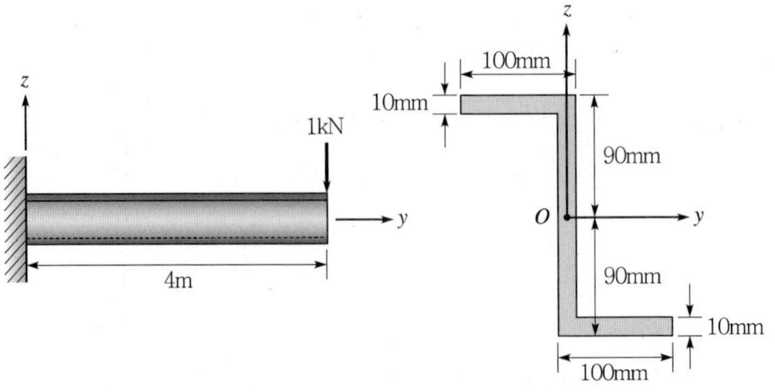

그림 예제 9.20

풀이

1) 최대 수직응력

캔틸레버 보의 자유단에 작용하는 집중하중 P = 1kN 으로 최대 모멘트 $M_{\max}$ 은 캔틸레버 고정단에서 발생한다.

$M_{\max} = P \cdot L = 1 \times 4 = 4\,\text{kN} \cdot \text{m} = 4 \times 10^6\,\text{N} \cdot \text{mm}$

Z형 단면은 비대칭 단면이므로 단면 상승 모멘트 $I_{yz} \neq 0$이다.

$$\cdot\ I_y = \left(\frac{10 \times 180^3}{12}\right) + 2 \times \left(\frac{90 \times 10^3}{12} + (90 \times 10) \times 85^2\right) = 1.79 \times 10^7\,\text{mm}^4$$

$$\cdot\ I_z = \left(\frac{180 \times 10^3}{12}\right) + 2 \times \left(\frac{10 \times 90^3}{12} + (90 \times 10) \times 50^2\right) = 5.73 \times 10^6\,\text{mm}^4$$

$$\cdot\ I_{yz} = (90 \times 10)(85)(-50) + (90 \times 10)(-85)(50) = -7.65 \times 10^6\,\text{mm}^4$$

단면에 발생되는 수직응력은 식 (9.71)을 사용하여 구할 수 있다. Z형 단면에는 M_y만이 발생되므로 M_z와 곱해지는 항은 모두 "0"이 된다.

$$\sigma_x = \frac{(M_y \cdot I_z + M_z \cdot I_{yz}) \cdot z - (M_z \cdot I_y + M_y \cdot I_{yz}) \cdot y}{I_y \cdot I_z - I_{yz}^{\ 2}}$$

문제의 Z형 단면에서 $M_z = 0$이 되므로

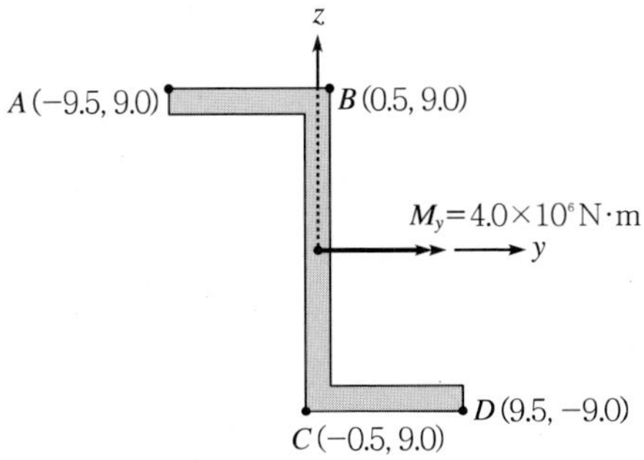

$$\sigma_x = \frac{M_y(I_z \cdot z - I_{yz} \cdot y)}{I_y \cdot I_z - I_{yz}^{\ 2}}$$

$$\sigma_A = \frac{4\times10^6\times(5.73\times10^6\times90-(-7.65\times10^6)\times(-95))}{1.79\times10^7\times5.73\times10^6-(-7.65\times10^6)^2} = -19.17\,\mathrm{N/mm^2} = -19.17\mathrm{MPa}$$

$$\sigma_B = \frac{4\times10^6\times(5.73\times10^6\times90-(-7.65\times10^6)\times5)}{1.79\times10^7\times5.73\times10^6-(-7.65\times10^6)^2} = 50.31\,\mathrm{N/mm^2} = 50.31\mathrm{MPa}$$

$$\sigma_C = \frac{4\times10^6\times(5.73\times10^6\times(-90)-(-7.65\times10^6)\times(-5))}{1.79\times10^6\times5.73\times10^6-(-7.65\times10^6)^2} = -50.31\,\mathrm{N/mm^2} = -50.31\mathrm{MPa}$$

$$\sigma_D = \frac{4\times10^6\times(5.73\times10^6\times(-90)-(-7.65\times10^6)\times95)}{1.79\times10^7\times5.73\times10^6-(-7.65\times10^6)^2} = 19.17\,\mathrm{N/mm^2} = 19.17\mathrm{MPa}$$

최대 인장응력은 B점에서, 최대 압축응력은 C점에서 각각 발생한다.

$\sigma_A = 50.31\,\mathrm{MPa}$

$\sigma_D = -50.31\ \mathrm{MPa}$

그러므로 단면 내에 발생하는 최대 수직응력은

$\sigma_{\max} = \pm\,50.31\,\mathrm{MPa}$

2) 중립축

식 (9.71)에 대해 중립축에서 $\sigma_x = 0$, $M_z = 0$인 조건을 적용하면

$$\sigma_x = \frac{(M_y \cdot I_z + M_z \cdot I_{yz}) \cdot z - (M_z \cdot I_y + M_y \cdot I_{yz}) \cdot y}{I_y \cdot I_z - I_{yz}^{\ 2}}$$

$$\sigma_x = \frac{M_y(I_z \cdot z - I_{yz} \cdot y)}{I_y \cdot I_z - I_{yz}^{\ 2}} = 0$$

$M_y \neq 0$이므로 위 식이 만족되기 위해서는 분자 항에서 괄호 안의 값이 “0”이 되어야 한다.

$I_z \cdot z - I_{yz} \cdot y = 0$

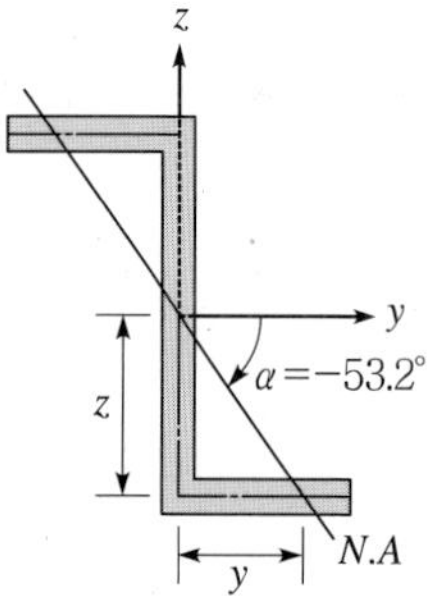

y축과 중립축이 이루는 각을 α라 하면

$$\tan\alpha = \frac{z}{y} = \frac{I_{yz}}{I_z}$$

$$\therefore \alpha = \tan^{-1}\left(\frac{I_{yz}}{I_z}\right) = \tan^{-1}\left(\frac{-7.65\times10^6}{5.73\times10^6}\right) = -53.2°$$

예제 9.21

다음과 같은 캔틸레버 보의 자유단에 10kN의 하중이 작용하고 있다. 최대 휨모멘트가 발생되는 단면을 기준으로 다음을 구하여라.

1) 최대 휨모멘트가 발생되는 단면에서 A점의 응력을 하중 작용 경사각 β의 함수로 표현하고 그래프로 그려라.
2) y축과 중립축의 사이각 α를 하중 작용 경사각 β의 함수로 표현하고 그래프로 그려라.

$$\text{H } 500\times200\times10\times16,\ I_y = 4.78\times10^8\ \text{mm}^4,\ I_z = 2.14\times10^7\,\text{mm}^4$$

(단, $\beta = 0 \sim 20°$ 사이에서 변화)

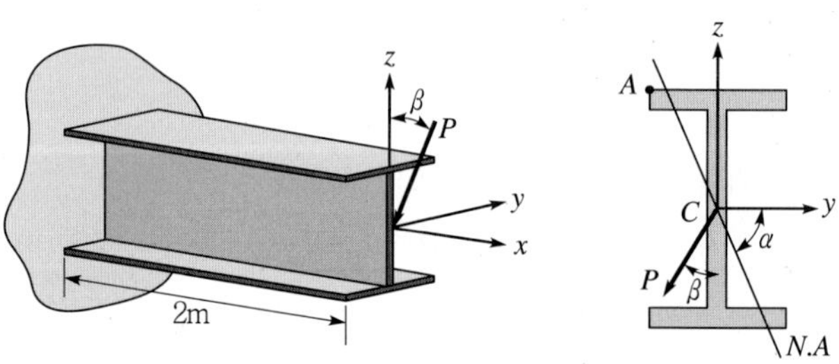

그림 예제 9.21

풀이

1) 최대 휨모멘트가 발생되는 단면에서 A점의 응력을 하중 작용 경사각 β의 함수로 표현하고 그래프로 그려라.

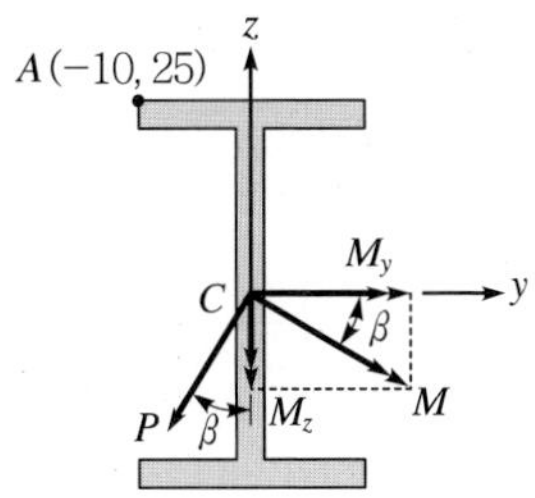

캔틸레버 보의 자유단에 작용하는 집중하중 P=10kN으로 최대 휨모멘트 M_{max}은 캔틸레버 보의 고정단에서 발생한다.

$$M_{max} = P \cdot L = 10 \times 2 = 20\,\text{kN} \cdot \text{m} = 2.0 \times 10^7\,\text{N} \cdot \text{mm}$$

최대 휨모멘트 M_{max}은 하중 작용 경사각 β에 따라 다음과 같이 M_y, M_z로 분해할 수 있다.

$$M_y = M_{max} \times \cos\beta = 2.0 \times 10^7 \cdot \cos\beta$$

$$M_z = M_{max} \times \sin\beta = 2.0 \times 10^7 \cdot \sin\beta$$

단면에 발생되는 수직응력은 식 (9.71)을 사용하여 구할 수 있다.

$$\sigma_x = \frac{(M_y \cdot I_z + M_z \cdot I_{yz})z - (M_z \cdot I_y + M_y \cdot I_{yz})y}{I_y \cdot I_z - I_{yz}^2}$$

문제의 WF단면은 2축 대칭 단면이므로 $I_{yz} = 0$이 된다.

$$\sigma_x = \frac{M_y \cdot I_z \cdot z - M_z \cdot I_y \cdot y}{I_y \cdot I_z} = \frac{M_y}{I_y} \cdot z - \frac{M_z}{I_z} \cdot y$$

최대 휨모멘트가 발생하는 단면에서 A점의 수직응력을 구하기 위한 일반식은 다음과 같다.

$$\sigma_A = \frac{2.0 \times 10^7 \cdot \cos\beta}{4.78 \times 10^8} \cdot (250) - \frac{(-2.0 \times 10^7) \cdot \sin\beta}{2.14 \times 10^7} \cdot (-100)$$

$$= 10.46 \cdot \cos\beta - 93.46 \cdot \sin\beta$$

경사각 β에 따른 A점 응력은 다음 표와 같이 정리된다.

β	0°	2°	4°	6°	8°	10°
σ_A(MPa)	10.46	7.19	3.92	0.63	-2.65	-5.93
β	12°	14°	16°	18°	20°	
σ_A(MPa)	-9.2	-12.46	-15.71	-18.93	-22.14	

위의 표를 기준으로 하중 작용 경사각 β에 따른 A점 응력의 변화를 그래프로 그려보면 다음과 같다.

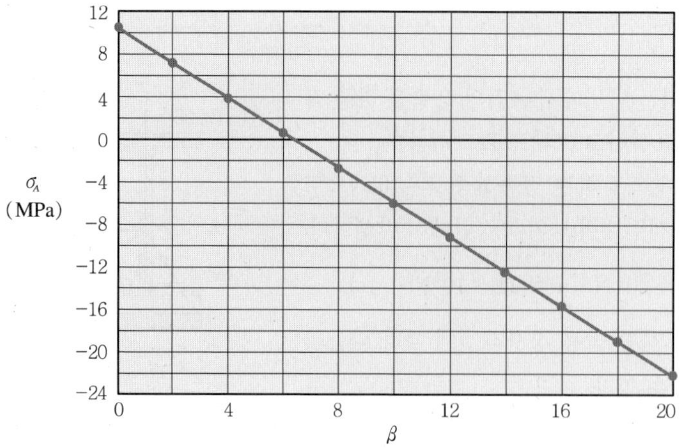

2) y축과 중립축의 사이각 α를 하중 작용 경사각 β의 함수로 표현하고 그래프로 그려라.
중립축에서는 단면 내의 수직응력 $\sigma_x = 0$이 되는 조건을 이용하여 중립축을 구할 수 있다 (식 (9.68)). 중립축과 y축이 이루는 각 α는 다음과 같다.

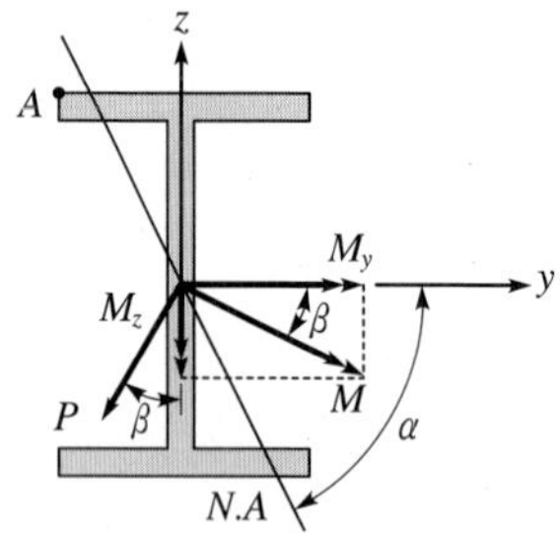

$$\sigma_x = \frac{M_y}{I_y} \cdot z - \frac{M_z}{I_z} \cdot y = 0$$

$$\tan a = \frac{z}{y} = \frac{M_z \cdot I_y}{M_y \cdot I_z} = \tan\beta \cdot \left(\frac{4.78 \times 10^8}{2.14 \times 10^7}\right) = \tan\beta \cdot (22.34)$$

$$\therefore\ a = \tan^{-1}(22.34 \tan\beta)$$

하중 작용 경사각 β의 변화에 따른 y축과 중립축의 사이각 a는 다음 표 및 그래프와 같이 나타낼 수 있다.

β	0°	2°	4°	6°	8°	10°
a	0°	38.0°	57.4°	66.9°	72.3°	75.7°
β	12°	14°	16°	18°	20°	
a	78.1°	79.8°	81.1°	82.2°	83.0°	

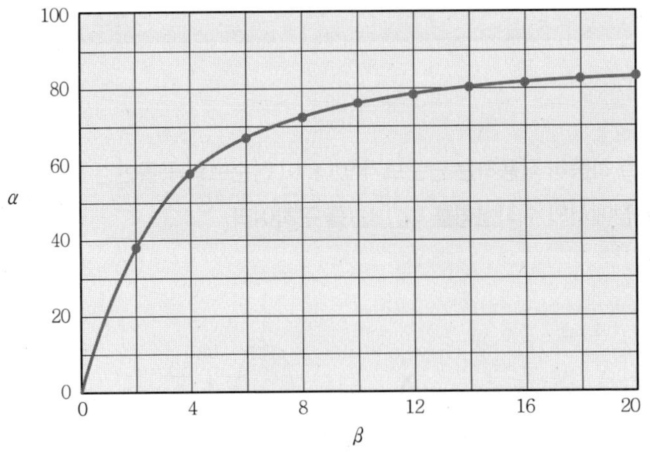
100
80
60
40
20
0
α
0
4
8
12
16
20
β

연습문제

9.1 다음 그림과 같이 모멘트 하중이 작용하는 단순보가 있다. 이 단순보의 곡률반경 $\rho = 218\text{m}$일 때 보의 단면 내 A점과 B점에서의 수직변형률 ε_{Ax}, ε_{Bx}를 구하여라.

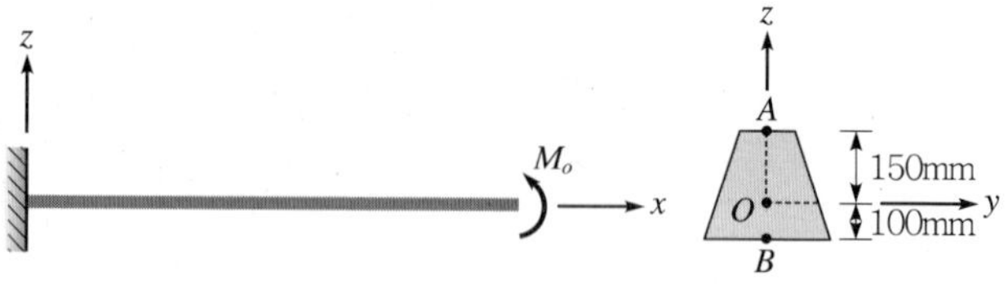

그림 문제 9.1

9.2 다음 그림과 같이 직경 $d = 300\text{mm}$, 길이 $L = 4\text{m}$인 원형 단면을 갖는 보의 C점에서의 인장연단 변형률 $\varepsilon_x = 0.0024$일 때 보의 곡률반경 ρ, 곡률 κ를 구하고 중앙점 C의 처짐량 δ_C를 구하여라.

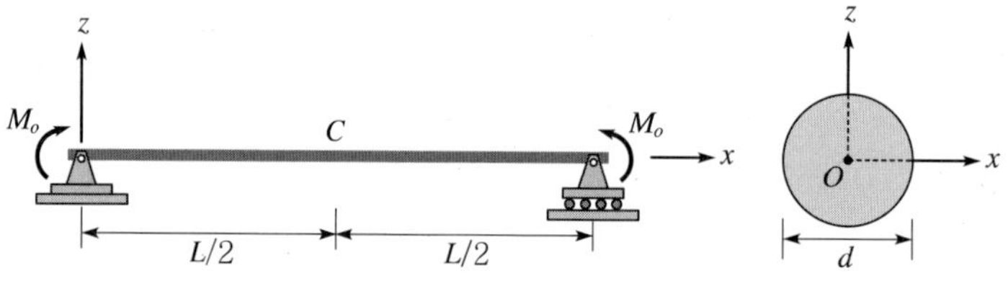

그림 문제 9.2

9.3 다음 그림과 같이 폭 $b = 150\text{mm}$이고 높이 $h = 300\text{mm}$인 보에 모멘트 $M_A = 20\text{kN} \cdot \text{m}$, $M_B = 25\text{kN} \cdot \text{m}$, $M_C = 15\text{kN} \cdot \text{m}$, $M_D = 30\text{kN} \cdot \text{m}$가 작용하고 있을 때 각 구간의 곡률반경 ρ를 구하여라. 단, 탄성계수 $E = 2.5 \times 10^4\text{MPa}$이다.

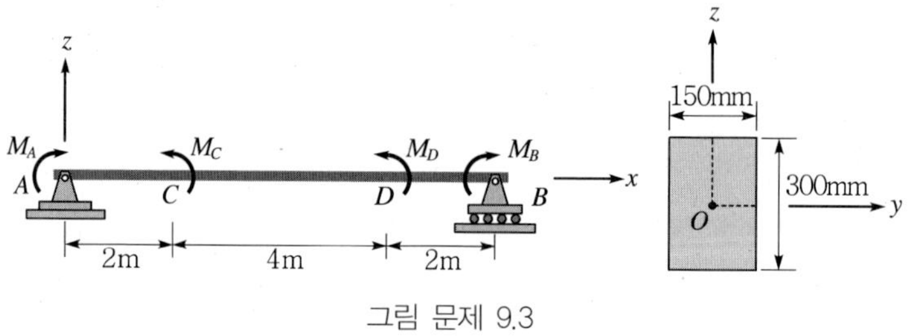

그림 문제 9.3

9.4 다음 그림과 같은 단순보에 등분포하중 $\omega = 20\text{kN/m}$가 작용할 때 A점으로부터 2m떨어진 C점 단면 내에 발생하는 최대 휨응력 $\sigma_{\max}$을 구하여라.

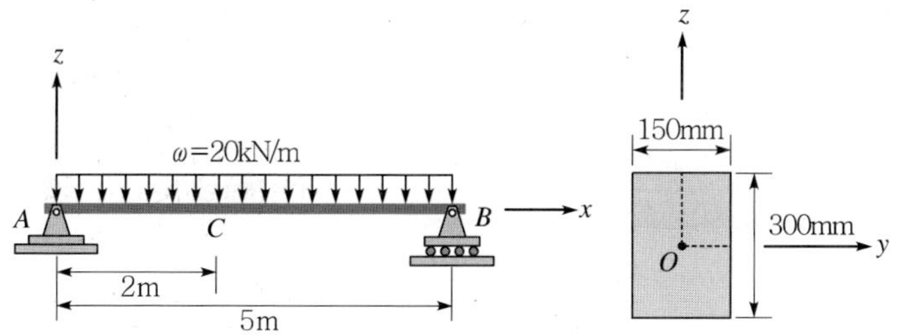

그림 문제 9.4

9.5 다음 그림과 같은 켄틸레버보에 집중하중 $P = 50\text{kN}$이 작용할 경우 A지점의 플렌지와 웨브의 경계면에서 발생하는 휨응력 σ를 구하여라.

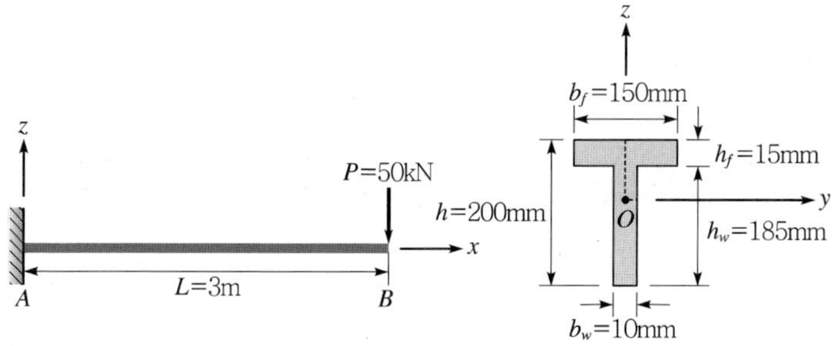

그림 문제 9.5

9.6 다음 그림과 같이 폭 $b = 200\text{mm}$, 높이 $h = 300\text{mm}$인 내민보가 집중하중 $P = 20\text{kN}$과 등분포하중 $\omega = 15\text{kN/m}$를 받고 있을 때 보에 작용하는 최대 휨응력 $\sigma_{\max}$을 구하고 A점으로부터 최대 휨응력 발생지점까지의 거리를 구하여라.

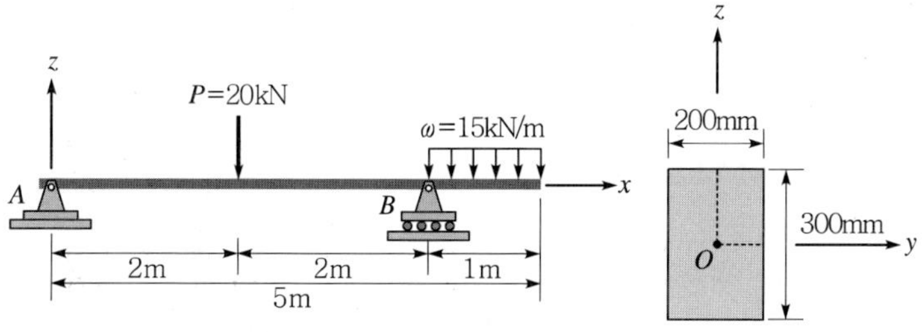

그림 문제 9.6

9.7 다음 그림과 같은 단순보에 등분포하중 $\omega=500$kN/m가 작용할 때 최대 전단응력 τ_{max}을 구하여라.

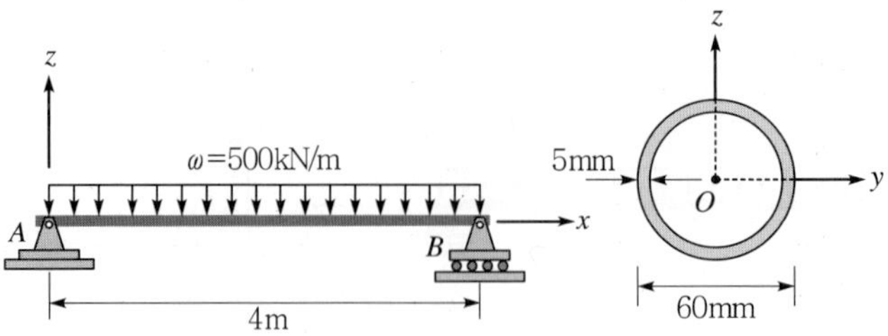

그림 문제 9.7

9.8 다음 그림과 같은 켄틸레버 보에서 최대 전단응력 τ_{max}을 구하여라.

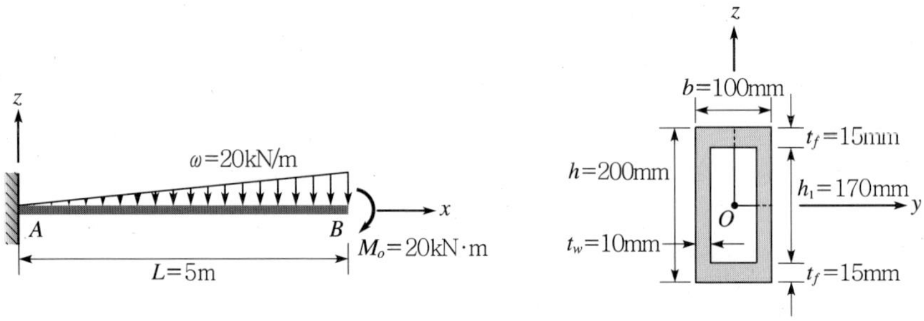

그림 문제 9.8

9.9 다음 그림과 같은 켄틸레버 보가 있다. C점 단면 내의 하부플렌지와 웨브의 접합면 mn에서의 전단응력 τ를 구하여라.

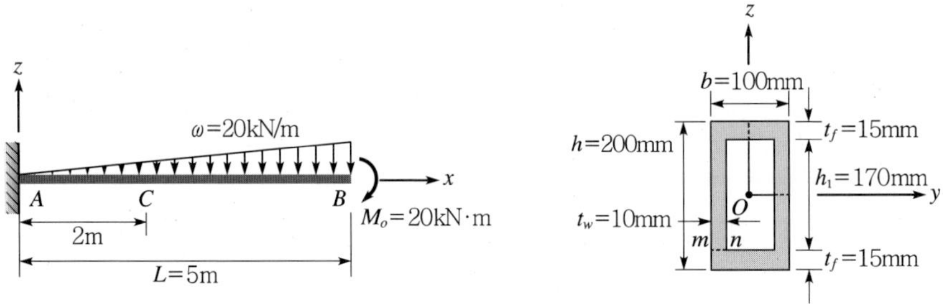

그림 문제 9.9

9.10 다음 그림과 같은 켄틸레버 보에서 A점의 최대 전단응력 τ_{max}을 구하여라.

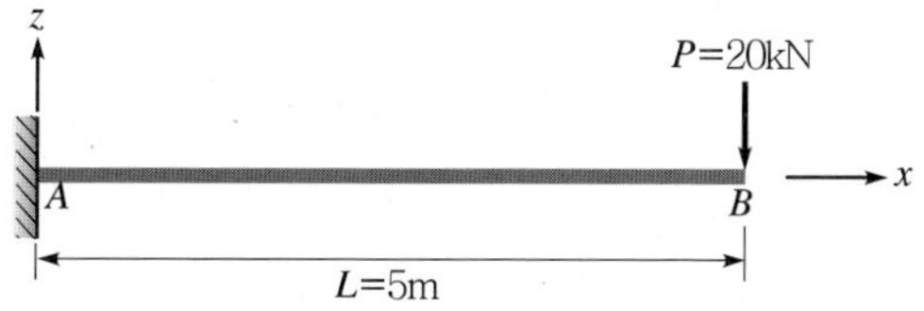

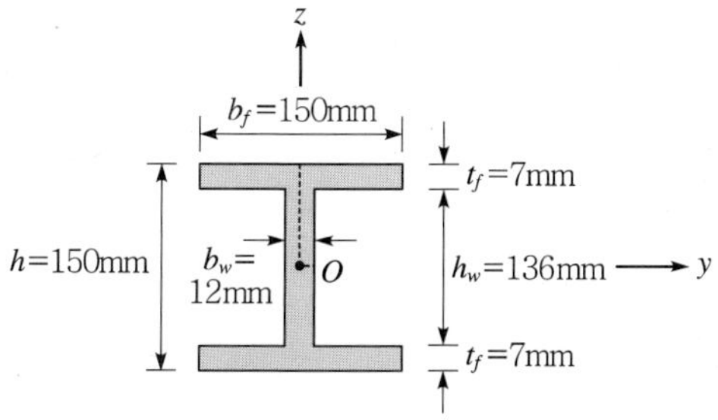

그림 문제 9.10

9.11 다음 그림과 같이 등분포하중과 집중하중을 받는 대칭 WF 단순보에 발생하는 최대 전단응력 τ_{max}과 최대 전단응력이 발생하는 위치의 단면에서 웨브의 최소 전단응력 τ_{min}을 구하여라. 또한 τ_{min}/τ_{max}의 비를 구하여라.

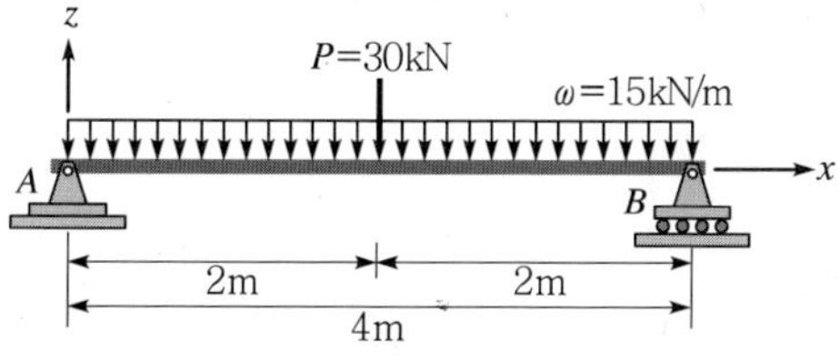

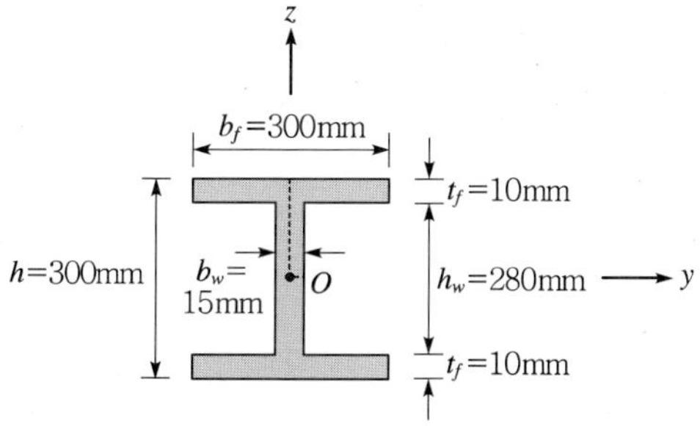

그림 문제 9.11

9.12 다음 그림과 같은 내민보에 등분포하중과 집중하중이 작용할 경우 τ_{max}을 구하여라.

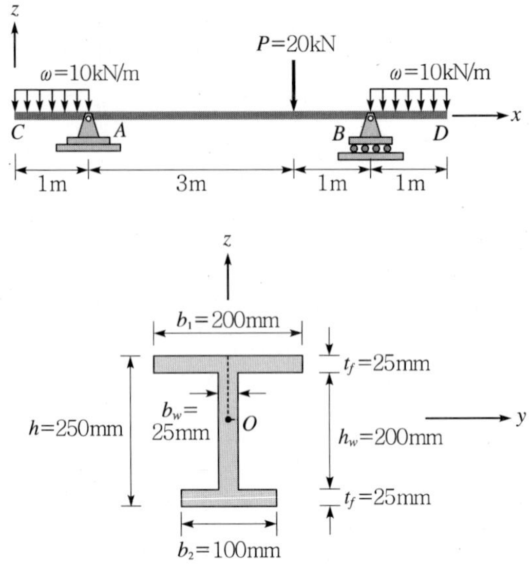

그림 문제 9.12

9.13 다음 그림과 같은 합성보를 사용하여 지간 6m의 단순보를 만들었다. 휨모멘트에 의해 단순보에 발생되는 최대 수직응력을 구하여라.

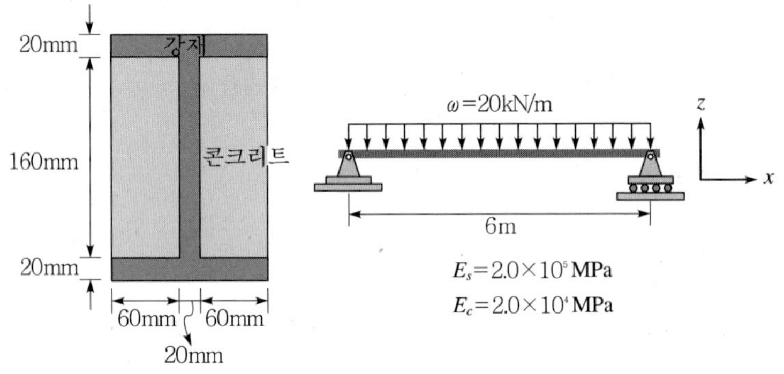

그림 문제 9.13

9.14 다음 그림과 같은 반원형 중공단면이 있다. 전단중심($S.C$)과 원의 중심 O점 사이의 거리 e를 구하여라.

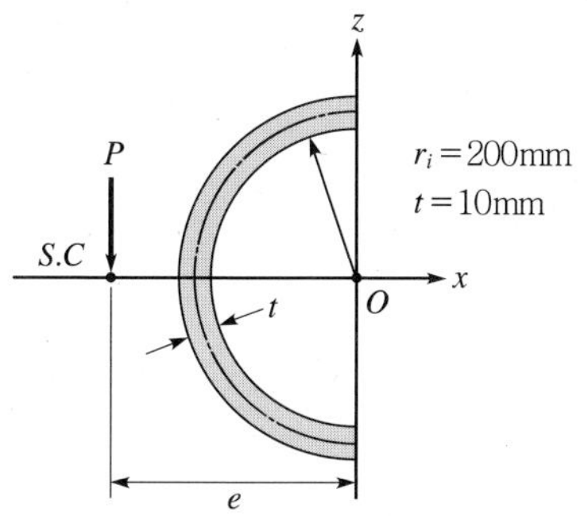

그림 문제 9.14

9.15 다음 그림과 같이 WF 단면을 갖는 캔틸레버 보의 자유단(B)에 $P = 20$ kN의 하중이 yz 평면상에서 z축과 15° 경사진 상태로 단면중심에 작용한다. 휨모멘트에 의해 고정지점(A) 단면에서 발생하는 수직응력 분포를 그리시오.

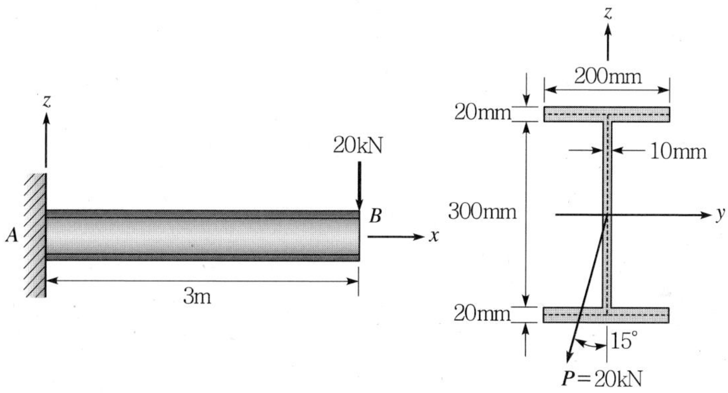

그림 문제 9.15

제10장 평면응력과 평면변형률 해석 및 변환

제10장

평면응력과 평면변형률 해석 및 변환

10.1 응력의 표기 방법

수직응력이나 전단응력을 표기할 때는 아래첨자를 사용하여 응력이 작용하는 면과 작용하는 방향을 표현한다. 아래첨자는 일반적으로 2개가 조합되어 사용되는데 앞의 첨자는 응력이 작용하고 있는 면을 의미하며, 뒷첨자는 응력이 작용하고 있는 방향을 의미한다. 우선 이해가 쉽도록 전단응력 τ_{xz}를 예로 들어보자. 그림 10.1을 보면 이해가 쉬울 것이다. 전단응력 τ_{xz}는 x평면에서 z좌표축의 방향으로 작용하고 있다. τ_{zx}는 동일한 개념에서 z평면에서 x좌표축의 방향으로 작용하고 있음을 의미한다.

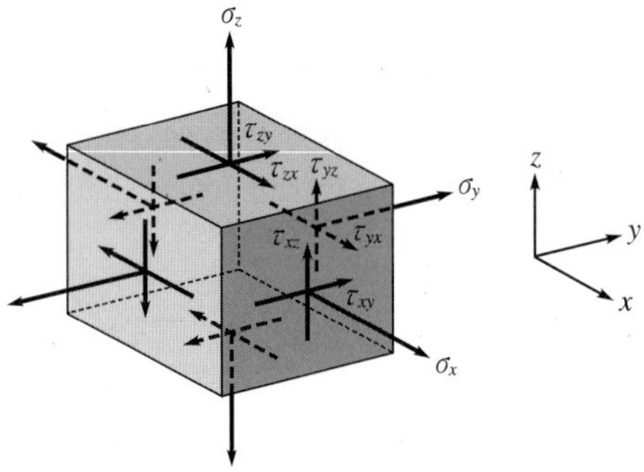

그림 10.1 응력의 표기 방법

수직응력의 경우에는 일반적으로 σ_x, σ_y, σ_z로 1개의 아래첨자를 사용한다. 이 아래첨자는 수직응력이 작용하고 있는 면을 의미한다. σ_x는 x평면에 작용하는 수직응력을 의미한다(그림 10.1 참조). 그러나 수직응력의 경우에도 정확한 표현은 σ_{xx}, σ_{yy}, σ_{zz}이다. 전단응력의 경우와 마찬가지로 앞첨자는 작용하는 면을, 뒷첨자는 작용하는 좌표축의 방향을 의미한다. 수직응력의 경우에는 "수직"이라는 용어에서도 알 수 있듯이 작용하고 있는 면에서 수직방향으로 작용하기 때문에 당연히 그 면의 좌표축 방향을 향하게 된다. 이런 이유로 인해 수직응력은 1개의 첨자만을 사용하여도 표현이 가능하다.

10.2 평면응력과 평면응력 변환

10.2.1 평면응력

우리는 보의 내부에 발생되는 수직응력과 전단응력 중 특별한 경우인 보의 단면 내에서의 휨으로 인한 수직응력과 전단응력을 구하는 방법을 식 (6.24)와 식 (6.46)을 통하여 배웠다. 여기에서 단면이라 함은 부재의 축에 대하여 직각으로 절단한 면을 의미한다. 이제 보다 일반적인 경우로 보의 단면 내에 발생하는 응력이 아닌 경사지게 잘려진 면에 수직으로 발생하는 수직응력과 경사진 면에 평행하게 발생하는 전단응력에 대해서 알아보자.

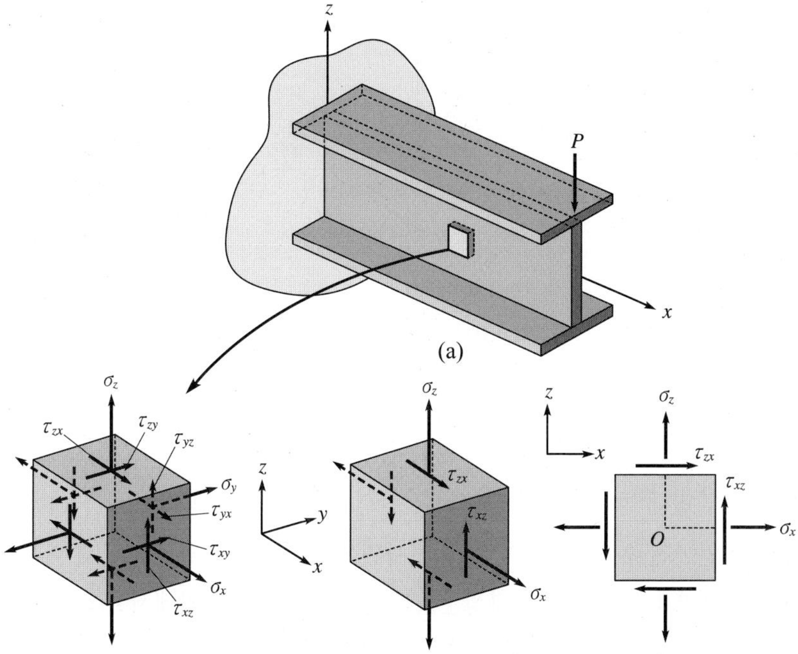

그림 10.2 평면응력 성분

경사진 면에서의 응력들은 단면 내에서의 수직응력과 전단응력을 이용하여 구할 수 있는데, 경사진 면에서의 응력들을 구하기 위한 해석에서 우리는 해석의 범위를 제한할 필요가 있다. 구조 부재에서 임의의 한 요소에는 그림 10.2(b)와 같이 3개의 수직응력과 3개의 전단응력이 독립적으로 존재한다. 그러나 이러한 3차원의 응력 상태를 고려하여 해석을 수행하기보다는 응력 상태를 2차원 평면 내로 단순화시켜 단일 평면 내에서 응력 해석을 수행한다. 이러한 경우 요소는 그림 10.2(c)와 같이 평면응력(plane stress) 상태에 있다고 하고, 응력성분은 σ_x, σ_z, τ_{xz}의 3가지로 제한된다. 즉, 3가지 응력성분의 조합으로 한 요소에서의 평면응력을 표현할 수 있게 된다.

10.2.2 평면응력 변환

경사진 면의 응력들을 구하기 위하여 우선 단면 내의 응력 σ_x, σ_z, τ_{xz}의 값은 알고 있다고 가정한다. 경사면 위의 응력을 표현하기 위하여 그림 10.3과 같이 θ만큼 반시계 방향으로 회전한 좌표축 x', z'에 직각인 경사면을 고려해보자. 반시계 방향의 회전을 양(+)의 값으로 규정하도록 하자. 경사면을 표현하기 위하여 회전된 요소위에 작용하는 응력 $\sigma_{x'}$, $\tau_{x'z'}$는 정역학적 평형방정식을 사용하여 σ_x, σ_z, τ_{xz}의 항으로 표현될 수 있다.

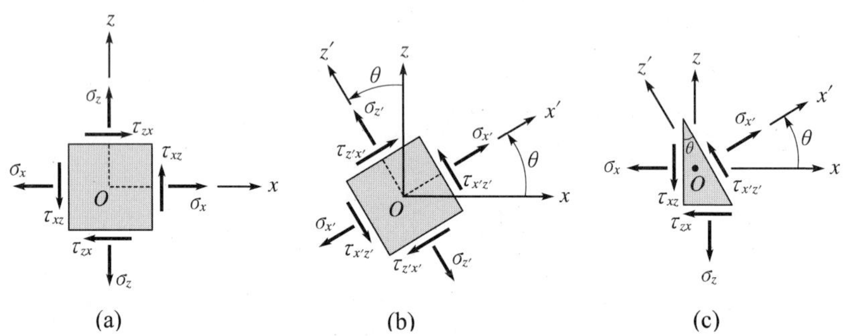

그림 10.3 경사진 요소의 응력

그림 10.3(c) 요소의 경사면의 면적을 A_1이라 하고, 경사각을 θ라 하면, 요소의 좌측면은 $A_1 \cos\theta$로 정의할 수 있다. $A_1\cos\theta$에 발생하는 수직력과 전단력은 각각 $\sigma_x A_1\cos\theta$, $\tau_{xz} A_1\cos\theta$로 결정된다. 요소의 밑면에 발생하는 수직력과 전단력은 밑면의 면적 $A_1\sin\theta$를 이용하여 구할 수 있으며, 여기에서 얻어진 수직력과 전단력을 경사면에 직각인 좌표축 x', z'에 평행한 힘의 성분으로 분해하여 경사면에 작용하는 응력성분을 결정할 수 있다. 여기에서 우리는 응력성분이 아닌 힘의 성분을 이용하고 있음에 유의해야 한다.

힘의 평형조건 $\Sigma F_x{}'=0$을 이용하여 x'좌표축의 힘의 성분을 전부 고려한다(그림 10.4(b) 참조).

$$
\begin{aligned}
&\Sigma F_{x'} = 0\,; \\
&\sigma_{x'} A_1 - (\sigma_x A_1 \cos\theta)\cos\theta - (\tau_{xz} A_1 \cos\theta)\sin\theta \\
&-(\sigma_z A_1 \sin\theta)\sin\theta - (\tau_{zx} A_1 \sin\theta)\cos\theta = 0
\end{aligned}
\tag{10.1}
$$

또한 힘의 평형조건 $\Sigma F_z{}'=0$을 이용하여 z'좌표축의 힘의 성분을 전부 합하면 다음과 같다(그림 10.4(c) 참조).

$$\sum F_{z'} = 0;$$

$$\tau_{x'z'}A_1 + (\sigma_x A_1 \cos\theta)\sin\theta - (\tau_{xz} A_1 \cos\theta)\cos\theta$$

$$-(\sigma_z A_1 \sin\theta)\cos\theta + (\tau_{zx} A_1 \sin\theta)\sin\theta = 0 \tag{10.2}$$

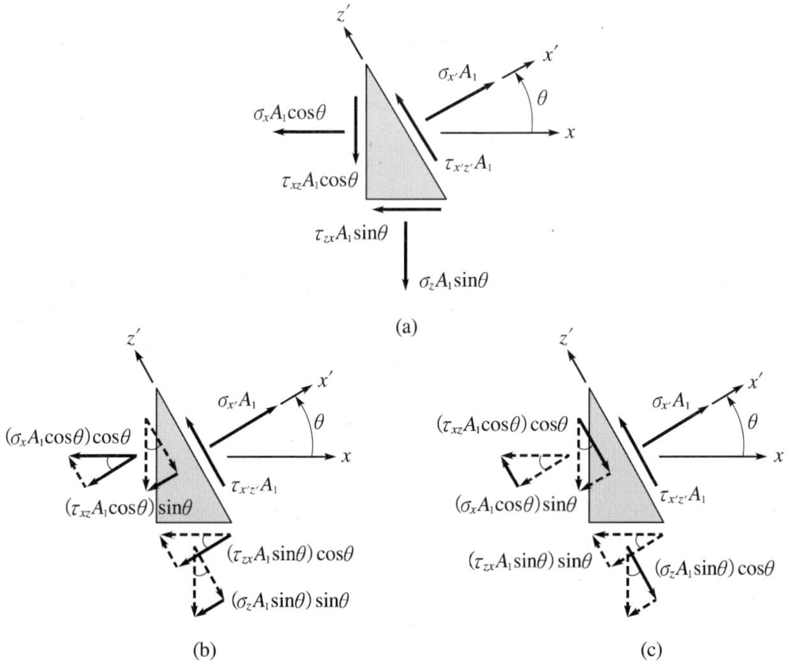

그림 10.4 경사진 요소의 응력과 힘 성분

$\tau_{xz} = \tau_{zx}$의 관계를 이용하여, 식 (10.1), 식 (10.2)를 다시 정리하면 각각 식 (10.3), 식 (10.4)와 같이 단순화된다.

$$\sigma_{x'} = \sigma_x \cos^2\theta + \sigma_z \sin^2\theta + 2\tau_{xz}\sin\theta\cos\theta \tag{10.3}$$

$$\tau_{x'z'} = -(\sigma_x - \sigma_z)\sin\theta\cos\theta + \tau_{xz}(\cos^2\theta - \sin^2\theta) \tag{10.4}$$

위의 식 (10.3)과 식 (10.4)는 x'축에 직각인 x'평면 위에 작용하는 수직응력 $\sigma_x{}'$와 전단응력 $\tau_{x'z'}$를 회전각 θ와 x, z 평면 위의 응력 σ_x, σ_z, τ_{xz}의 항으로 표현하고 있음을 알 수 있다. 위의 식들에 식 (10.5)의 삼각공식을 적용함으로써 보다 사용하기에 편리하고 일반화된 유용한 식으로 표현할 수 있다.

$$\sin^2\theta = \frac{1}{2}(1-\cos 2\theta),\ \ \cos^2\theta = \frac{1}{2}(1+\cos 2\theta),\ \ \sin\theta\cos\theta = \frac{1}{2}\sin 2\theta \tag{10.5}$$

$$\sigma_{x'} = \frac{\sigma_x + \sigma_z}{2} + \frac{\sigma_x - \sigma_z}{2}\cos 2\theta + \tau_{xz}\sin 2\theta \tag{10.6}$$

$$\tau_{x'z'} = -\frac{\sigma_x - \sigma_z}{2}\sin 2\theta + \tau_{xz}\cos 2\theta \tag{10.7}$$

'참고로 그림 10.3의 z'축에 직각인 z'평면의 수직응력 σ_z'는 σ_x'와 90°를 이루고 있으므로 식 (10.6)에서 θ 대신에 $\theta+90°$를 대입하여 얻을 수 있다.

$$\sigma_{z'} = \frac{\sigma_x + \sigma_z}{2} - \frac{\sigma_x - \sigma_z}{2}\cos 2\theta - \tau_{xz}\sin 2\theta \tag{10.8}$$

위의 식 (10.6), (10.7), (10.8)을 평면응력의 변환식(transformation equation for plane stress)이라 한다. 우리는 평면응력의 변환식으로부터 중요하고 흥미로운 사실을 알 수 있다. 식 (10.6)과 식 (10.8)을 더하게 되면 다음과 같은 식이 얻어진다.

$$\sigma_{x'} + \sigma_{z'} = \sigma_x + \sigma_z \tag{10.9}$$

식 (10.9)는 평면요소에서 서로 직교하는 면상의 수직응력의 합은 회전각 θ에 상관없이 일정하다는 것을 의미하는 것으로, 이러한 사실을 응력불변량(stress invariant)이라 한다.

그림 10.3(b)에서 경사면의 수직응력 σ_x', σ_z'를 결정하는 데는 단면에 대한 수직응력뿐만 아니라 전단응력이 영향을 미친다는 것을 간과해서는 안 된다. 경사면의 전단응력 $\tau_{x'z'}$를 결정하는 식 (10.7)에도 수직응력의 항이 포함되어 있다.

교량을 설계하기 위한 도로교설계기준에서는 이러한 응력 조합을 고려하기 위하여 전단면 용입 홈용접(groove welding)으로 연결부 설계 시 수직응력과 전단응력 각각의 허용응력에 대한 검토뿐만 아니라 다음과 같은 사항을 만족하도록 규정하고 있다.

$$\left(\frac{f}{f_a}\right)^2 + \left(\frac{v_s}{v_a}\right)^2 \le 1.2 \tag{10.10}$$

여기서, f = 수직응력, f_a = 허용인장응력

v = 전단응력, v_a = 허용전단응력

예제 10.1

다음 그림과 같이 평면응력 $\sigma_x = 20\text{MPa}$, $\sigma_z = 10\text{MPa}$, $\tau_{xz} = \tau_{zx} = 3\text{MPa}$을 받고 있는 평면요소가 있다. 이 평면요소가 각 $\theta = 30°$ 만큼 반시계방향으로 축을 회전함으로써 얻어진 경사면에 작용하는 수직응력 $\sigma_{x'}$ 와 $\sigma_{z'}$, 전단응력 $\tau_{x'z'}$를 구하여라.

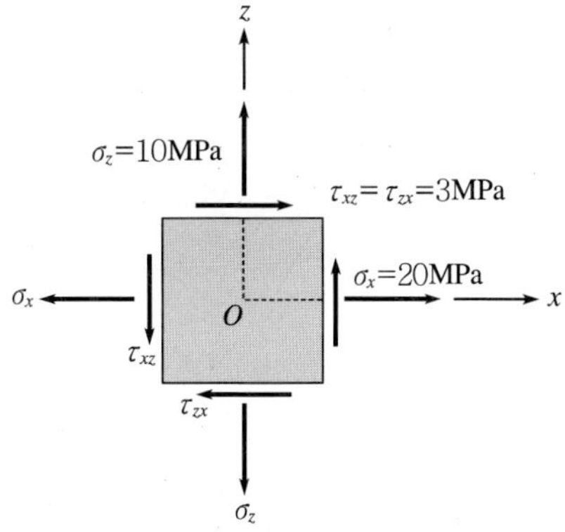

그림 예제 10.1

풀이

경사진 요소에 작용하는 응력은 식 (10.6)과 식 (10.7), 식 (10.8)에 의해서 구할 수 있다.

$$\sigma_{x'} = \frac{\sigma_x + \sigma_z}{2} + \frac{\sigma_x - \sigma_z}{2}\cos 2\theta + \tau_{xz}\sin 2\theta$$

$$\tau_{x'z'} = -\frac{\sigma_x - \sigma_z}{2}\sin 2\theta + \tau_{xz}\cos 2\theta$$

$$\sigma_{z'} = \frac{\sigma_x + \sigma_z}{2} - \frac{\sigma_x - \sigma_z}{2}\cos 2\theta - \tau_{xz}\sin 2\theta$$

- 경사면에 작용하는 수직응력 ; $\sigma_{x'}$

$$\sigma_{x'} = \frac{20+10}{2} + \frac{20-10}{2}\cos(2\times 30) + 3\times\sin(2\times 30)$$

$$\therefore \sigma_{x'} = 20.10\,\text{MPa}$$

- 경사면에 작용하는 전단응력 ; $\tau_{x'z'}$

$$\tau_{x'z'} = -\frac{20-10}{2}\sin(2\times 30) + 3\times\cos(2\times 30)$$

$$\therefore \tau_{x'z'} = -2.83\,\text{MPa}$$

- 경사면에 작용하는 수직응력 ; $\sigma_{z'}$

$$\sigma_{z'} = \frac{20+10}{2} - \frac{20-10}{2}\cos(2\times 30) - 3\times\sin(2\times 30)$$

$$\therefore \sigma_{z'} = 9.90\,\text{MPa}$$

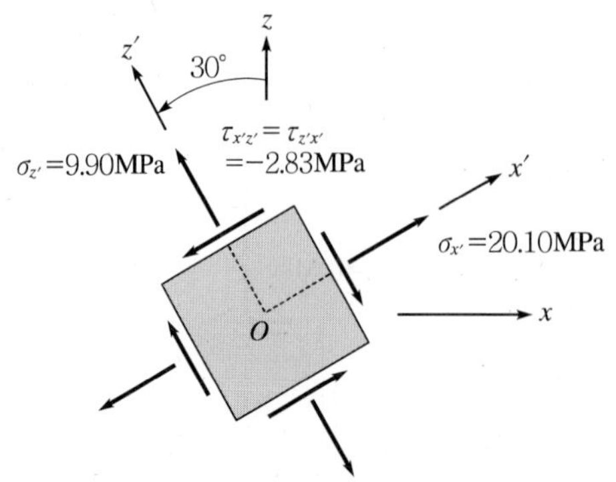

예제 10.2

다음 그림과 같이 평면응력 $\sigma_x = -15\text{MPa}$, $\sigma_z = -10\text{MPa}$, $\tau_{xz} = \tau_{zx} = -7\text{MPa}$을 받고 있는 요소가 있다. 이 요소가 각 $\theta = 15°$ 만큼 시계방향으로 축을 회전함으로써 얻어진 경사면에 작용하는 수직응력 $\sigma_x{}'$ 와 $\sigma_z{}'$, 전단응력 $\tau_{x'z'}$를 구하여라.

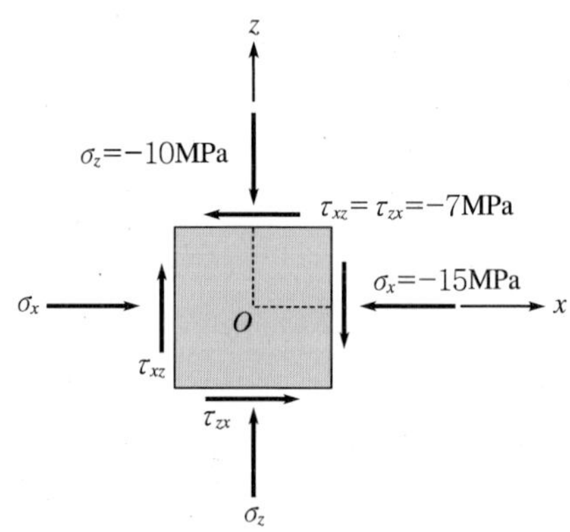

그림 예제 10.2

풀이

- 경사진 요소에 작용하는 응력은 식 (10.6)과 식 (10.7), 식 (10.8)에 의해서 구할 수 있다.

$$\sigma_{x'} = \frac{\sigma_x + \sigma_z}{2} + \frac{\sigma_x - \sigma_z}{2}\cos 2\theta + \tau_{xz}\sin 2\theta$$

$$\tau_{x'z'} = -\frac{\sigma_x - \sigma_z}{2}\sin 2\theta + \tau_{xz}\cos 2\theta$$

$$\sigma_{z'} = \frac{\sigma_x + \sigma_z}{2} - \frac{\sigma_x - \sigma_z}{2}\cos 2\theta - \tau_{xz}\sin 2\theta$$

- 경사면에 작용하는 수직응력 ; $\sigma_{x'}$

$$\sigma_{x'} = \frac{(-15)+(-10)}{2} + \frac{(-15)-(-10)}{2}\cos\{2\times(-15)\} + (-7)\times\sin\{2\times(-15)\}$$

$\therefore\ \sigma_{x'} = -11.17\,\mathrm{MPa}$

$$\sigma_{x'} = \frac{(-15)+(-10)}{2} + \frac{(-15)-(-10)}{2}\cos\{2\times(-15)\} + (-7)\times\sin\{2\times(-15)\}$$

• 경사면에 작용하는 전단응력 ; $\tau_{x'z'}$

$$\tau_{x'z'} = -\frac{(-15)-(-10)}{2}\sin\{2\times(-15)\} + (-7)\times\cos\{2\times(-15)\}$$

$\therefore\ \tau_{x'z'} = -7.31\,\mathrm{MPa}$

• 경사면에 작용하는 수직응력 ; $\sigma_{z'}$

$$\sigma_{z'} = \frac{(-15)+(-10)}{2} - \frac{(-15)-(-10)}{2}\cos\{2\times(-15)\} - (-7)\times\sin\{2\times(-15)\}$$

$\therefore\ \sigma_{z'} = -13.83\,\mathrm{MPa}$

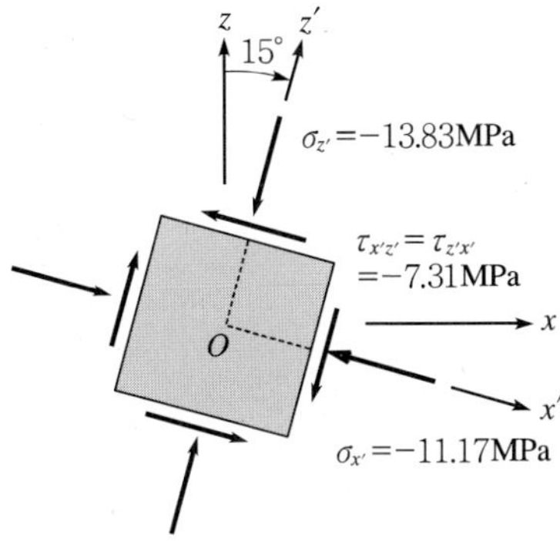

예제 10.3

다음 그림과 같이 평면응력 $\sigma_x = -8\mathrm{MPa}$, $\sigma_z = 10\mathrm{MPa}$, $\tau_{xz} = \tau_{zx} = -2\mathrm{MPa}$을 받고 있는 요소가 있다. 이 요소가 각 $\theta = 60°$만큼 반시계 방향으로 축을 회전함으로써 얻어진 경사면에 작용하는 수직응력 $\sigma_x{}'$와 $\sigma_z{}'$, 전단응력 $\tau_{x'z'}$를 구하여라.

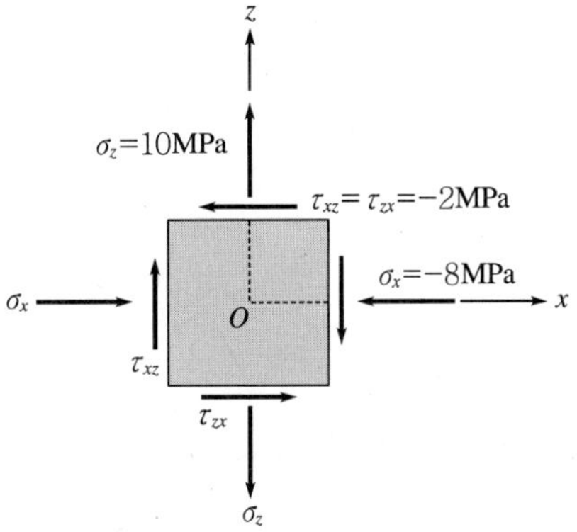

그림 예제 10.3

풀이

- 경사진 요소에 작용하는 응력은 식 (10.6)과 식 (10.7), 식 (10.8)에 의해서 구할 수 있다.

$$\sigma_{x'} = \frac{\sigma_x + \sigma_z}{2} + \frac{\sigma_x - \sigma_z}{2}\cos 2\theta + \tau_{xz}\sin 2\theta$$

$$\tau_{x'z'} = -\frac{\sigma_x - \sigma_z}{2}\sin 2\theta + \tau_{xz}\cos 2\theta$$

$$\sigma_{z'} = \frac{\sigma_x + \sigma_z}{2} - \frac{\sigma_x - \sigma_z}{2}\cos 2\theta - \tau_{xz}\sin 2\theta$$

- 경사면에 작용하는 수직응력 ; $\sigma_{x'}$

$$\sigma_{x'} = \frac{(-8)+(10)}{2} + \frac{(-8)-(10)}{2}\cos(2\times 60) + (-2)\times\sin(2\times 60)$$

$\therefore\ \sigma_{x'} = 3.77\,\text{MPa}$

- 경사면에 작용하는 전단응력 ; $\tau_{x'z'}$

$$\tau_{x'z'} = -\frac{(-8)-(10)}{2}\sin(2\times 60) + (-2)\times\cos(2\times 60)$$

$\therefore\ \tau_{x'z'} = -8.78\,\text{MPa}$

- 경사면에 작용하는 수직응력 ; $\sigma_{z'}$

$$\sigma_{z'} = \frac{(-8)+(10)}{2} - \frac{(-8)-(10)}{2}\cos(2\times 60) - (-2)\times\sin(2\times 60)$$

$\therefore\ \sigma_z{}' = -1.77\text{MPa}$

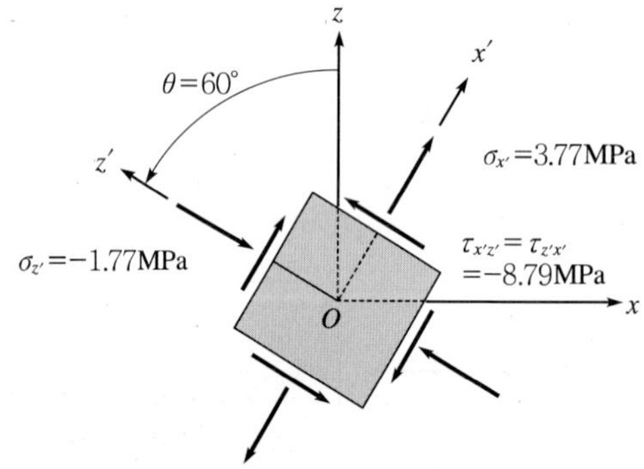

10.3 주응력과 최대 전단응력

10.3.1 주응력

우리는 보의 경사진 평면요소에 발생되는 수직응력과 전단응력을 구하는 평면응력의 변환식을 식 (10.6), (10.7), (10.8)을 통해 정의하였다. 이 식 들을 이용하여 하중의 작용으로 인해 구조부재의 임의의 평면요소에 발생되는 최대 수직응력과 최대 전단응력을 구해보도록 하자. 최대 수직응력과 최대 전단응력은 평면요소 회전각 θ가 변화함에 따라 얻어지는 수직응력과 전단응력 중 최대값을 의미한다. 실제 구조물의 설계에 있어서 최대 수직응력과 최대 전단응력을 구하는 것은 구조 부재의 파괴를 검토하기 위하여 중요하다.

10.2절의 예제 10.1에서 평면요소의 응력을 회전각 θ의 변화에 따른 $\sigma_{x'}$와 $\tau_{x'z'}$의 값들을 그래프로 그려보면 그림 10.5와 같다. 이 그래프는 -180°에서 180°까지 변화하는 회전각에 대한 응력 변화를 나타내고 있다.

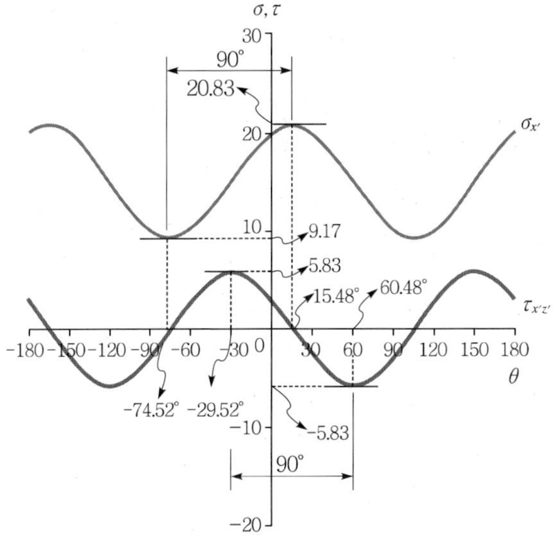

θ	σ_x'	$\tau_{x'z'}$
-180	2.00	0.30
-150	2.01	-0.28
-120	1.51	-0.58
-90	1.00	-0.30
-60	0.99	0.28
-30	1.49	0.58
0	2.00	0.30
30	2.01	-0.28
60	1.51	-0.58
90	1.00	-0.30
120	0.99	0.28
150	1.49	0.58
180	2.00	0.30

그림 10.5 회전각 θ에 따른 평면요소의 응력 변화

그래프에서부터 회전각 θ의 변화에 따라 최대 수직응력은 2.08MPa이며 최대 수직응력을 발생시키는 회전각 θ=15.48°임을 알 수 있다. 또한 최소 수직응력은 0.92MPa이며, 이때의 회전각 θ=−74.52°로 나타난다. 여기에서 "-"는 시계방향의 회전을 의미한다.

이러한 최대 수직응력과 최소 수직응력을 주응력(principle stress)이라 한다. 주응력은 수직응력을 결정짓는 평면응력 변환식을 회전각 θ에 대해 미분함으로써 구할 수 있다. 미분한 값이 "0"

이 된다는 것은 그래프에서 수직응력 값의 기울기 변화가 "0"임을 의미하고 이는 기울기가 수평이 되는 꼭짓점을 의미한다.

$$\frac{d\sigma_{x'}}{d\theta} = -(\sigma_x - \sigma_z)\sin 2\theta + 2\tau_{xz}\cos 2\theta = 0 \tag{10.11}$$

$$(\sigma_x - \sigma_z)\sin 2\theta = 2\tau_{xz}\cos 2\theta, \quad \frac{\sin 2\theta}{\cos 2\theta}(\sigma_x - \sigma_z) = 2\tau_{xz}$$

$$\tan 2\theta = \frac{2\tau_{xz}}{\sigma_x - \sigma_z} \tag{10.12}$$

위의 식 (10.11)을 만족하는 θ를 θ_p라 하면 식 (10.12)는 다음과 같다.

$$\therefore \tan 2\theta_p = \frac{2\tau_{xz}}{\sigma_x - \sigma_z} \tag{10.13}$$

$$\therefore \theta_p = \frac{1}{2}\tan^{-1}\left(\frac{2\tau_{xz}}{\sigma_x - \sigma_z}\right) \tag{10.14}$$

아래첨자 p는 주응력이 발생되는 평면을 의미하는 주평면(principle plane)의 방향을 정의하고 있음을 뜻하고, 주평면을 정의하는 θ_p를 주각(principle angle)이라 한다.

식 (10.13)으로부터 θ_p는 두 근을 갖게 되는데, 이 두 근의 값을 각각 θ_{p1}과 θ_{p2}라 하면 두 값 중 하나의 값에서 최대 수직응력이 발생되고 나머지 하나의 값에서 최소 수직응력이 발생된다. 특히 $2\theta_{p1}$과 $2\theta_{p2}$의 사이에는 180°의 차이가 있으므로, θ_{p1}과 θ_{p2} 사이에는 90°의 차이가 발생한다.

이를 위의 그림 10.4와 연관시켜 살펴보면 $\theta_{p1} = 15.48°$, $\theta_{p2} = -74.52°$가 되고 θ_{p1}의 주각에서 최대 수직응력이, θ_{p2}의 주각에서는 최소 수직응력이 발생하는 것을 알 수 있다. 주각의 두 값은 실제 90°의 차이를 가지고 발생됨을 확인할 수 있으며, 이는 최대 수직응력과 최소 수직응력은 90°의 차이로 직교평면상에서 발생한다는 것을 의미한다.

$$\therefore \theta_{p1} = \theta_{p2} \pm 90°, \quad \theta_{p2} = \theta_{p1} \pm 90° \tag{10.15}$$

이제 보다 더 일반적인 방법으로 주응력을 구해보자. θ_{p1}과 θ_{p2}의 두 값을 10.2절에서 정의하였던 평면응력 변환식 식 (10.6)에 대입하여 최대 수직응력과 최소 수직응력을 쉽게 구할 수도 있다. 식(10.6)에 대입하기 위하여 식 (10.13)을 다음과 같은 기하학적인 방법을 사용하여 표현한다.

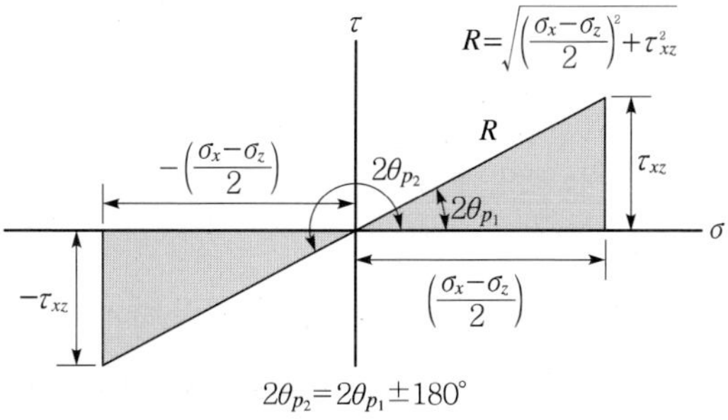

그림 10.6 주응력이 발생되는 평면의 방향

$$R=\sqrt{\left(\frac{\sigma_x-\sigma_z}{2}\right)^2+\tau_{xz}^2} \tag{10.16}$$

그림 10.6과 식 (10.16)에서 삼각형의 빗변의 길이 R은 응력의 단위를 갖는 양의 값임을 알 수 있다. 또한 그림 10.6으로부터 식 (10.17)을 추가적으로 얻을 수 있다.

$$\cos 2\theta_{p1}=\frac{\sigma_x-\sigma_z}{2R},\quad \sin 2\theta_{p1}=\frac{\tau_{xz}}{R} \tag{10.17a}$$

$$\cos 2\theta_{p2}=-\frac{\sigma_x-\sigma_z}{2R},\quad \sin 2\theta_{p2}=-\frac{\tau_{xz}}{R} \tag{10.17b}$$

이제 식 (10.16)과 식 (10.17)을 식 (10.6)에 대입하여 정리하면 다음 식 (10.18)과 같다. 두 개의 주각에 따라 결정되는 주응력 중 대수적으로 큰 값을 σ_1으로 표기하고, 작은 값을 σ_2로 표기하였다. 즉, σ_1은 최대 수직응력이 되고, σ_2는 최소수직응력이 된다.

$$\sigma_1=\frac{\sigma_x+\sigma_z}{2}+\sqrt{\left(\frac{\sigma_x-\sigma_z}{2}\right)^2+\tau_{xz}^2} \tag{10.18a}$$

$$\sigma_2=\frac{\sigma_x+\sigma_z}{2}-\sqrt{\left(\frac{\sigma_x-\sigma_z}{2}\right)^2+\tau_{xz}^2} \tag{10.18b}$$

위의 주응력 결정식을 하나의 식으로 조합하여 나타내면 다음 식 (10.19)와 같다.

$$\sigma_{1,2}=\frac{\sigma_x+\sigma_z}{2}\pm\sqrt{\left(\frac{\sigma_x-\sigma_z}{2}\right)^2+\tau_{xz}^2} \tag{10.19}$$

주응력이 발생되는 주평면에서 전단응력의 크기를 알아보기 위하여 식 (10.17)을 식 (10.7)에 대입하여 정리한다.

$$\tau_{x'z'}(\theta=\theta_{p1}) = -\frac{\sigma_x-\sigma_z}{2}\sin 2\theta_{p1} + \tau_{xz}\cos 2\theta_{p1}$$

$$= -\frac{\sigma_x-\sigma_z}{2}\left(\frac{\tau_{xz}}{R}\right) + \tau_{xz}\left(\frac{\sigma_x-\sigma_z}{2R}\right) = 0 \qquad (10.20)$$

식 (10.20)으로부터 주응력이 발생되는 주평면에서 전단응력 $\tau_{x'z'}=0$이 됨을 알 수 있다. 즉, 주평면에서는 전단응력이 발생하지 않는다는 것이다. 이러한 사실은 그림 10.4에서 최대 수직응력 σ_1=2.08 MPa일 때 주각 θ_{p1}=15.48°이며, 이 각에 대한 전단응력 $\tau_{x'z'}=0$ MPa이라는 것으로부터 확인할 수 있다.

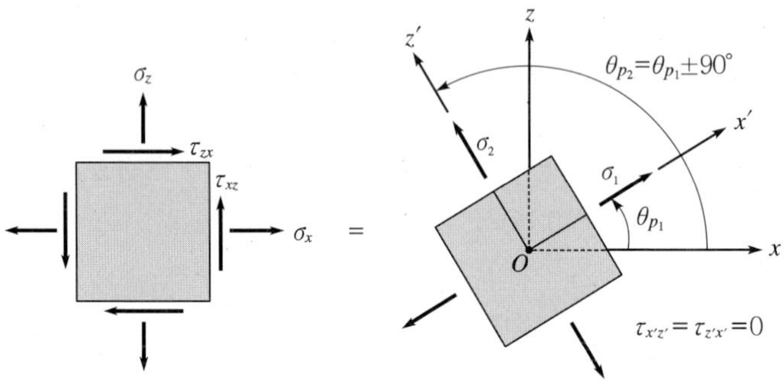

그림 10.7 주응력 요소

10.3.2 최대 전단응력

평면응력 상태의 요소에서 주응력이 발생하는 것처럼 어느 평면요소에서는 최대 전단응력이 발생할 것이다. 이러한 최대 전단응력과 이 값이 발생하는 요소의 방향을 결정하기 위하여 그림 10.4에서 평면요소의 방향, 즉 회전각 θ에 따른 전단응력의 변화를 나타낸 그래프를 살펴보자. 최대, 최소 수직응력을 결정하기 위한 것과 동일한 방법으로 $\tau_{x'z'}$를 회전각 θ에 대해서 미분하여 "0"이 되는 값을 찾는 것으로 최대 전단응력을 구할 수 있다.

$$\frac{d\tau_{x'z'}}{d\theta} = -(\sigma_x-\sigma_z)\cos 2\theta - 2\tau_{xz}\sin 2\theta = 0 \qquad (10.21)$$

$$\tan 2\theta = -\frac{\sigma_x-\sigma_z}{2\tau_{xz}} \qquad (10.22)$$

위의 식 (10.21)을 만족하는 θ를 θ_s라 하면 식 (10.22)는 다음과 같이 정의된다.

$$\tan 2\theta_s = -\frac{\sigma_x-\sigma_z}{2\tau_{xz}} \qquad \therefore \theta_s = -\frac{1}{2}\tan^{-1}\left(\frac{\sigma_x-\sigma_z}{2\tau_{xz}}\right) \qquad (10.23)$$

윗 식을 주각을 결정하는 식 (10.13)과 관련지어 다시 고려해보면 다음과 같다.

$$\tan 2\theta_s = -\frac{1}{\tan 2\theta_p} = -\cot 2\theta_p$$

$$\frac{\sin 2\theta_s}{\cos 2\theta_s} + \frac{\cos 2\theta_p}{\sin 2\theta_p} = 0, \quad \cos 2\theta_s \cos 2\theta_p + \sin 2\theta_s \sin 2\theta_p = 0$$

윗 식을 삼각함수의 정리를 이용하여 다음과 같이 표현할 수 있다.

$$\cos 2\theta_s \cos 2\theta_p + \sin 2\theta_s \sin 2\theta_p$$
$$= \cos(2\theta_s - 2\theta_p) = 0 \tag{10.24}$$
$$(\cos(A \pm B) = \cos A \cos B \mp \sin A \sin B)$$

식 (10.24)가 만족되기 위해서는 마지막 항에서 괄호 안의 값이 ±90°가 되어야 하므로

$$2\theta_s - 2\theta_p = \pm 90° \qquad \therefore \theta_s = \theta_p \pm 45° \tag{10.25}$$

식 (10.25)는 최대 전단응력이 발생되는 평면의 방향 θ_s는 주응력이 발생되는 주평면의 방향 θ_p에서 ±45° 되는 위치에 있다는 것을 의미한다. 이제 최대 전단응력을 결정하는 식을 보다 일반화시키기 위하여 식 (10.23)을 기하학적인 방법으로 표현해보자. 그림 10.8로부터 다음과 같은 식을 추가적으로 얻을 수 있다.

$$\cos 2\theta_{s_1} = \frac{\tau_{xz}}{R}, \qquad \sin 2\theta_{s_1} = -\frac{\sigma_x - \sigma_z}{2R} \tag{10.26a}$$

$$\cos 2\theta_{s_2} = -\frac{\tau_{xz}}{R}, \qquad \sin 2\theta_{s_2} = \frac{\sigma_x - \sigma_z}{2R} \tag{10.26b}$$

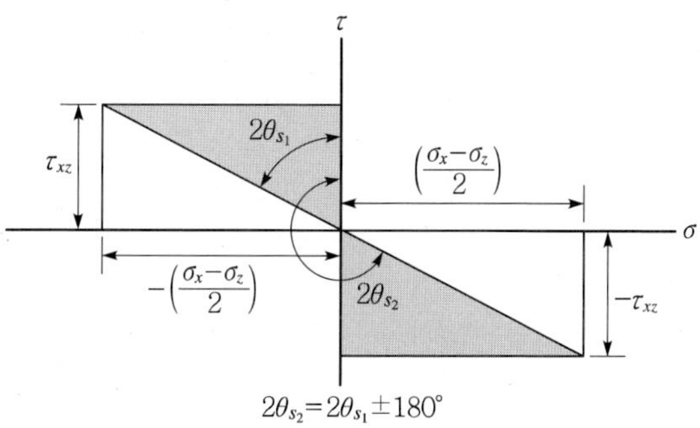

그림 10.8 최대 전단응력이 발생되는 평면의 방향

위의 식 (10.26)을 식 (10.7)에 대입하여 정리하면 최대 전단응력을 구할 수 있다. 최대 전단응력 $\tau_{\max}$ 과 최소 전단응력 $\tau_{\min}$ 은 평면요소상에서 단지 방향의 차이를 의미한다.

$$\tau_{\max} = \tau_1 = \sqrt{\left(\frac{\sigma_x - \sigma_z}{2}\right)^2 + \tau_{xz}^2} \tag{10.27a}$$

$$-\tau_{\max} = \tau_2 = -\sqrt{\left(\frac{\sigma_x - \sigma_z}{2}\right)^2 + \tau_{xz}^2} \tag{10.27b}$$

참고로 최대 전단응력이 발생하는 평면에서의 수직응력은 식 (10.26)을 식 (10.6)에 대입하여 구하면 평균수직응력 σ_{aver} 로 결정됨을 알 수 있다.

$$\sigma_{s_1} = \frac{\sigma_x + \sigma_z}{2} = \sigma_{\text{aver}}, \quad \sigma_{s_2} = \frac{\sigma_x + \sigma_z}{2} = \sigma_{\text{aver}} \tag{10.28}$$

최대 수직응력이 발생하는 평면에서 전단응력은 존재하지 않았지만 최대 전단응력이 발생하는 평면에서는 $\sigma_x = -\sigma_z$ 인 경우를 제외하고는 수직응력이 존재함을 알 수 있다. 이러한 사실은 그림 10.4에서도 확인할 수 있다.

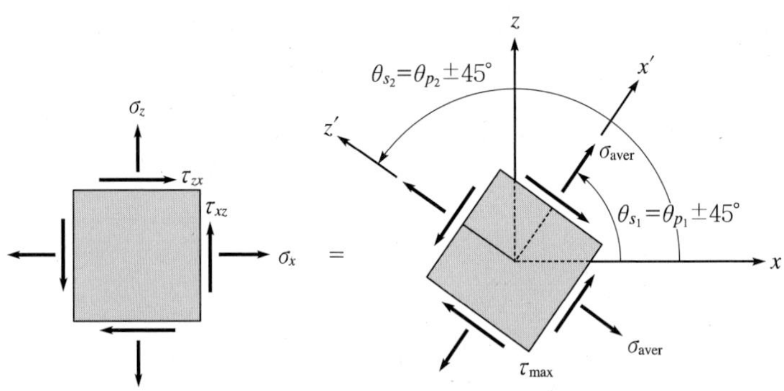

그림 10.9 최대 전단응력 요소

예제 10.4

켄틸레버 보에 하중이 작용하여 그림과 같은 평면응력을 받고 있는 평면요소가 있다. 이 평면요소의 주응력과 최대 전단응력을 구하여라.

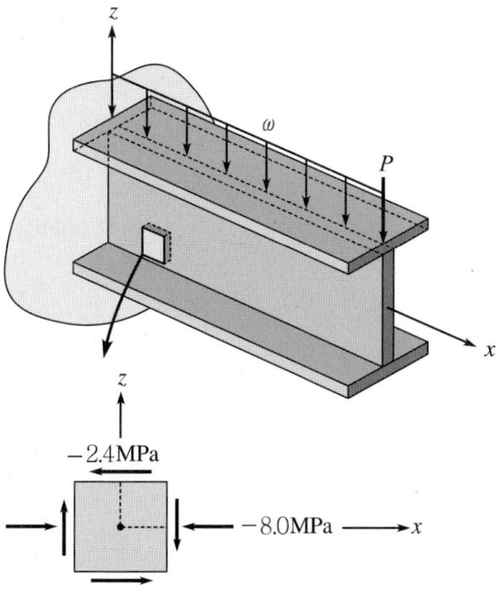

그림 예제 10.4

풀이

평면요소에 발생된 평면응력은 다음과 같다.

$\sigma_x = -8.0\text{MPa}, \quad \sigma_z = 0, \quad \tau_{xz} = -2.4\text{MPa}$

1) 주응력

식 (10.13)을 이용하여 주평면의 방향을 먼저 결정한다.

$$\tan 2\theta_p = \frac{2\tau_{xz}}{(\sigma_x - \sigma_z)} = \frac{2(-2.4)}{-8.0-0} = 0.6$$

$2\theta_p = 30.96° \fallingdotseq 31° \qquad \therefore \theta_p = 15.5°$

$2\theta_p = 31° + 180° = 211° \qquad \therefore \theta_p = 105.5°$

주각에 따른 평면응력을 구한다.

i) $\theta_p = 15.5°$일 때

$$\sigma_{x'} = \frac{\sigma_x + \sigma_z}{2} + \frac{\sigma_x - \sigma_z}{2}\cos 2\theta + \tau_{xz}\sin 2\theta$$

$$= \frac{-8+0}{2} + \frac{-8-0}{2}\cos(2\times 15.5°) + (-2.4)\sin(2\times 15.5°)$$

$$= -8.66\,\text{MPa}$$

ii) $\theta_p = 105.5°$일 때

$$\sigma_{x'} = \frac{-8+0}{2} + \frac{-8-0}{2}\cos(2\times 105.5°) + (-2.4)\sin(2\times 105.5°)$$

$$= 0.66\,\text{MPa}$$

주응력은 다음과 같이 결정된다.

$\sigma_1 = 0.66\,\text{MPa}, \quad \sigma_{p1} = 105.5°$

$\sigma_2 = -8.66\,\text{MPa}, \quad \sigma_{p2} = 15.5°$

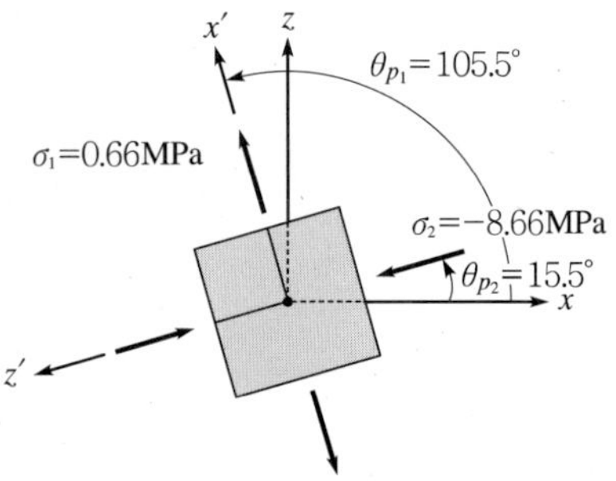

2) 최대 전단응력

식 (10.23)을 이용하여 θ_s를 먼저 결정한다.

$$\tan 2\theta_s = -\frac{\sigma_x - \sigma_z}{2\tau_{xz}} = \frac{(-8-0)}{2\times(-2.4)} = -1.67$$

$2\theta_s = -59° \qquad \therefore \theta_s = -29.5°$

$2\theta_s = -59° + 180° = 121° \qquad \therefore \theta_s = 60.5°$

i) $\theta_s = -29.5°$일 때

$$\tau_{x'z'} = -\frac{\sigma_x - \sigma_z}{2}\sin 2\theta + \tau_{xz}\cos 2\theta$$

$$= -\frac{-8-0}{2}\sin\{2\times(-29.5°)\} + (-2.4)\cos\{2\times(-29.5°)\}$$

$$= -4.66\,\text{MPa}$$

ii) $\theta_s = 60.5°$일 때

$$\tau_{x'z'} = -\frac{-8-0}{2}\sin(2\times 60.5°) + (-2.4)\cos(2\times 60.5°)$$

$$= 4.66\,\text{MPa}$$

$\tau_{\max} = \tau_1 = 4.66\,\text{MPa}, \quad \theta_{s_1} = 60.5°$

$-\tau_{\max} = \tau_2 = -4.66\,\text{MPa}, \quad \theta_{s_1} = -29.5°$

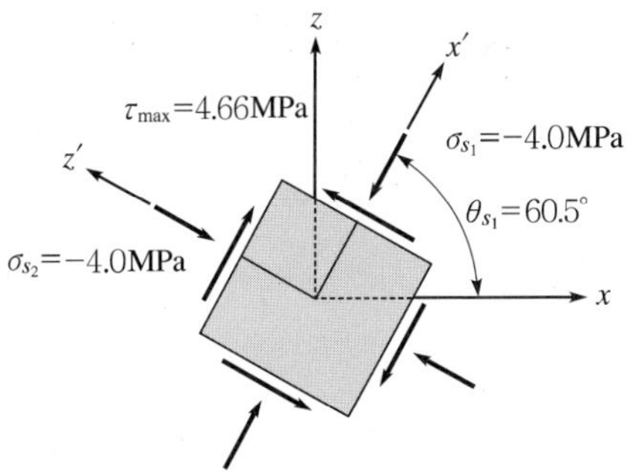

최대 전단응력이 발생되는 평면요소에서의 수직응력

$$\sigma_{s_1} = \frac{\sigma_x + \sigma_z}{2} = \frac{-8+0}{2} = -4.0\text{MPa}$$

$$\sigma_{s_2} = -4.0\text{MPa}$$

[참고] 식 (10.18)을 이용하여 구해보자.

1) 주응력

$$\sigma_1 = \frac{\sigma_x + \sigma_z}{2} + \sqrt{\left(\frac{\sigma_x - \sigma_z}{2}\right)^2 + \tau_{xz}^2} = -4 + \sqrt{(-4)^2 + (-2.4)^2}$$

$$= 0.66\,\text{MPa}$$

$$\sigma_2 = \frac{\sigma_x + \sigma_z}{2} - \sqrt{\left(\frac{\sigma_x - \sigma_z}{2}\right)^2 + \tau_{xz}^2} = -4 - \sqrt{(-4)^2 + (-2.4)^2}$$

$$= -8.66\,\text{MPa}$$

σ_1이 발생되는 평면요소의 방향 θ_{p1}은 식 (10.17a)로부터 구한다.

$$\cos 2\theta_{p1} = \frac{\sigma_x - \sigma_z}{2R} = \frac{\sigma_x - \sigma_z}{2\sqrt{\left(\frac{\sigma_x - \sigma_z}{2}\right)^2 + \tau_{xz}^2}} = \frac{-8}{2\times 4.66} = -0.857$$

$$2\theta_{p1} = \cos^{-1}(-0.857) = -148.98° \fallingdotseq -149°$$

$$\therefore \theta_{p1} = -74.5° = 105.5°$$

(여기에서 "−"는 시계방향의 회전을 의미한다.)

2) 최대전단응력을 결정하기 위해서 식 (10.27)을 이용한다.

$$\tau_{max} = \tau_1 = \sqrt{\left(\frac{\sigma_x - \sigma_z}{2}\right)^2 + \tau_{xz}^2} = 4.66\,\text{MPa}$$

$$-\tau_{max} = -\tau_1 = -\sqrt{\left(\frac{\sigma_x - \sigma_z}{2}\right)^2 + \tau_{xz}^2} = -4.66\,\text{MPa}$$

τ_1이 발생되는 평면요소의 방향 θ_{s1}은 식 (10.26)을 이용한다.

$$\cos 2\theta_{s1} = \frac{\tau_{xz}}{R} = \frac{-2.4}{4.66} = -0.514$$

$$2\theta_{s1} = \cos^{-1}(-0.514) = 120.93° \fallingdotseq 121°$$

$$\therefore \theta_{s1} = 60.5°$$

예제 10.5

다음과 같은 평면응력을 받고 있는 평면요소가 있다. 주응력과 최대 전단응력을 구하여라.

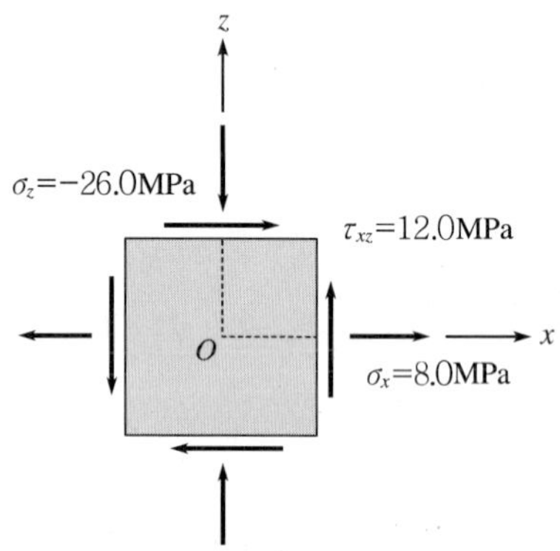

그림 예제 10.5

풀이

평면요소에 발생된 평면응력은 다음과 같다.

$\sigma_x = 8.0\text{MPa}, \quad \sigma_z = -26.0\,\text{MPa}, \quad \tau_{xz} = 12.0\,\text{MPa}$

1) 주응력

식 (10.19)를 이용하여 주응력을 구한다.

$$\sigma_{1,2} = \frac{\sigma_x + \sigma_z}{2} \pm \sqrt{\left(\frac{\sigma_x - \sigma_z}{2}\right)^2 + \tau_{xz}^2} = \frac{8-26}{2} \pm \sqrt{\left(\frac{8+26}{2}\right)^2 + 12^2}$$

$$= -9\,\text{MPa} \pm 20.8\,\text{MPa}$$

$$\therefore \sigma_1 = 11.8\,\text{MPa}$$

$$\sigma_2 = -29.8\,\text{MPa}$$

식 (10.17)을 이용하여 주평면의 방향을 결정한다.

$$\cos 2\theta_{p_1} = \frac{\sigma_x - \sigma_z}{2R} = \frac{\sigma_x - \sigma_z}{2\sqrt{\left(\frac{\sigma_x - \sigma_z}{2}\right)^2 + \tau_{xz}^2}} = \frac{8+26}{2\times 20.8} = 0.817$$

$2\theta_{p1} = \cos^{-1}(0.817) = 35.2°$

$\therefore \theta_{p1} = 17.6°$

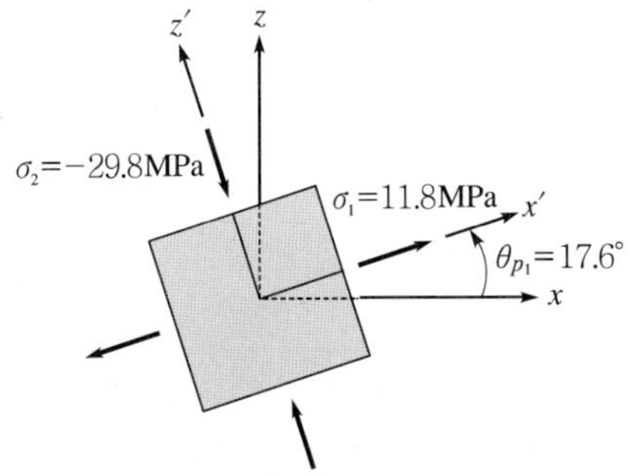

2) 최대 전단응력

$$\tau_{\max} = \sqrt{\left(\frac{\sigma_x - \sigma_z}{2}\right)^2 + \tau_{xz}^2} = \sqrt{\left(\frac{8+26}{2}\right)^2 + 12^2}$$

$= 20.8\text{MPa}$

$$\sin 2\theta_{s_1} = -\frac{\sigma_x - \sigma_z}{2R} = -\frac{8-(-26)}{2\times 20.8} = -0.817$$

$2\theta_{s1} = \sin^{-1}(-0.817) = -54.8°$

$\therefore \theta_{s1} = -27.4°$

혹은 식 (10.25)로부터 구할 수 있다.

$\theta_{s1} = \theta_{p1} - 45° = 17.6° - 45° = -27.4°$

$\sigma_{s1} = \sigma_{\text{aver}} = -9.0\,\text{MPa}, \quad \sigma_{s2} = \sigma_{\text{aver}} = -9.0\,\text{MPa}$

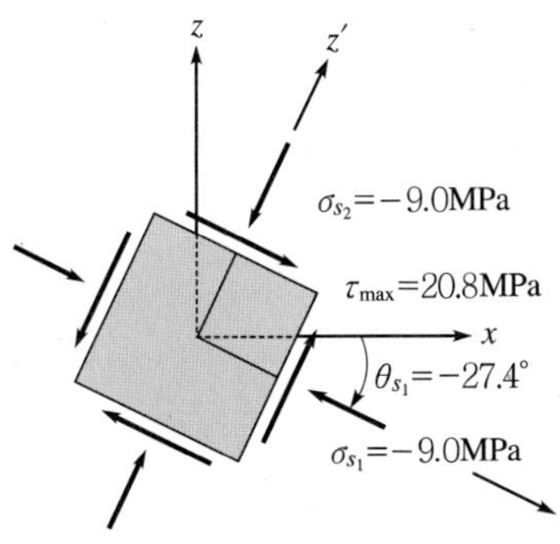

10.4 평면응력에 대한 Mohr 원

10.4.1 Mohr 원을 사용한 평면응력의 표현

Mohr 원(Mohr's circle)은 10.2절에서 배웠던 평면응력 변환식을 도식적인 방법으로 표현하기 위한 하나의 방법이다. 이러한 Mohr 원은 독일의 토목공학자이며, 교수였던 Otto Mohr(1835 ~ 1918)에 의해 개발되었다. 과거에는 임의의 θ만큼 회전된 평면요소에 발생되는 평면응력을 결정하는 것이 쉽지 않았을 것이다. Mohr는 평면응력의 상태를 눈금이 그려진 모눈종이에 원을 사용하여 표현해냄으로써 원하는 평면요소에 대한 평면응력과 주응력, 최대 전단응력, 주평면 등을 모눈종이의 눈금을 읽어 손쉽게 구해낼 수 있도록 하였다(그림 10.10 참조).

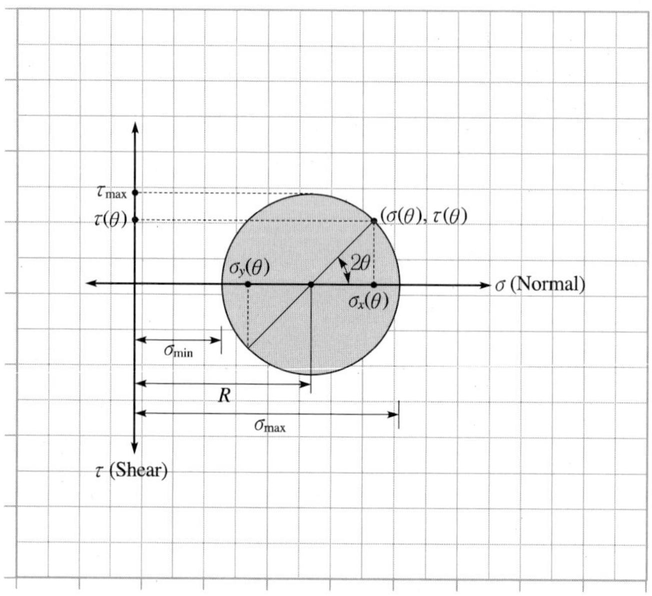

그림 10.10 Mohr 원

이제 Mohr 원을 그려보자. Mohr 원을 그리기 위하여 평면응력 변환식 식 (10.6), 식 (10.7)을 다음과 같은 형태로 다시 정리한다.

$$\sigma_{x'} - \frac{\sigma_x + \sigma_z}{2} = \frac{\sigma_x - \sigma_z}{2}\cos 2\theta + \tau_{xz}\sin 2\theta \tag{10.29}$$

$$\tau_{x'z'} = -\frac{\sigma_x - \sigma_z}{2}\sin 2\theta + \tau_{xz}\cos 2\theta \tag{10.30}$$

두 식에서 매개변수 2θ를 소거하기 위하여 양변을 제곱한 후 두 식을 더하게 되면 다음 식을 얻을 수 있다.

$$\left(\sigma_{x'} - \frac{\sigma_x + \sigma_z}{2}\right)^2 + \tau_{x'z'}^2 = \left(\frac{\sigma_x - \sigma_z}{2}\right)^2 + \tau_{xz}^2 \tag{10.31}$$

식 (10.31)을 보다 단순한 형태로 표현하기 위하여 10.3절에서 정의하였던 식 (10.16), 식 (10.28)을 도입하면 원의 방정식 형태가 얻어진다.

$$\sigma_{\text{aver}} = \frac{\sigma_x + \sigma_z}{2}, \quad R = \sqrt{\left(\frac{\sigma_x - \sigma_z}{2}\right) + \tau_{xz}^2}$$
$$(\sigma_{x'} + \sigma_{\text{aver}})^2 + \tau_{x'z}^{2}{}' R^2 \tag{10.32}$$

식 (10.32)의 원의 방정식은 원의 중심좌표 C는 $\sigma_x{}' = \sigma_{\text{aver}}, \tau_{x'z'}$이 되고, 반지름은 R이 된다. Mohr 원을 그리기 위하여 가로축을 수직응력 $\sigma_x{}'$의 항으로 세로축을 전단응력 $\tau_{x'z'}$의 항으로 표현한다(그림 10.11 참조). 여기에서 주의할 점을 가로축(수직응력)의 경우 오른쪽을 양(+)으로 하고, 세로축(전단응력)의 경우 아래쪽을 양(+)으로 설정해야 한다는 것이다. 물론 세로축을 위방향을 양(+)으로 설정할 수도 있으나, 이러한 경우 평면요소의 회전방향과 Mohr 원에서의 회전방향이 서로 반대가 되어 혼란스럽게 된다.

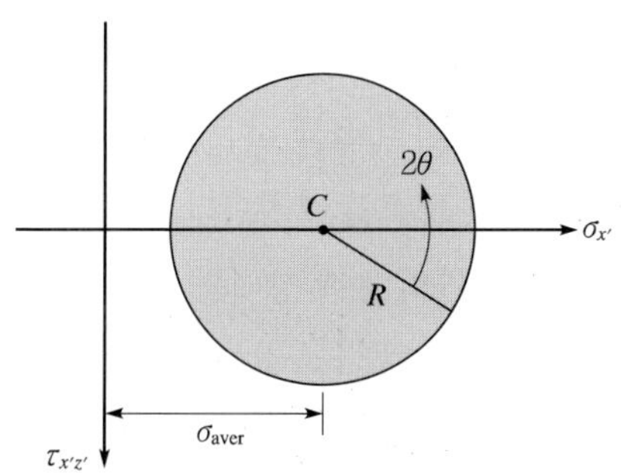

그림 10.11 Mohr 원

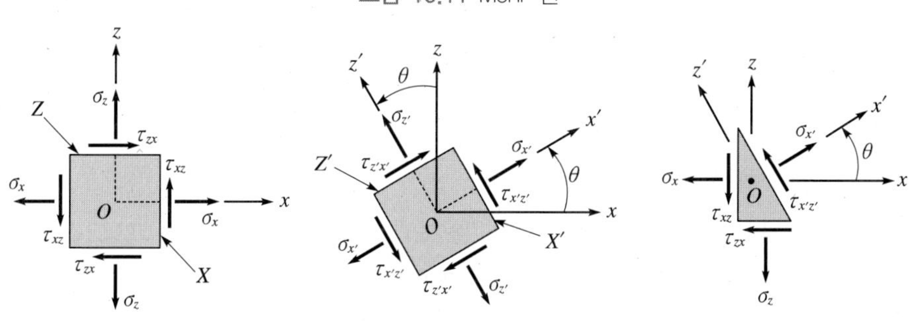

(a) (b) (c)

그림 10.12 평면응력

그림 10.12(a)의 평면응력을 Mohr 원을 사용하여 그리는 순서를 다음에 정리하였다. 순차적으로 설명된 내용과 그 내용에 해당하는 그림을 연관시켜 정확히 이해하도록 하자.

① $\sigma_{x'}$를 가로축(오른쪽이 양(+))으로, $\tau_{x'z'}$를 세로축(아래쪽이 양(+))으로 하는 한 쌍의 좌표축을 그린다(σ_x는 θ=0 인 특별한 경우의 $\sigma_{x'}$라 할 수 있다).

② 원의 중심좌표 C를 ($\sigma_{x'} = \sigma_{\text{aver}},\ \tau_{x'z'} = 0$) 결정한다.

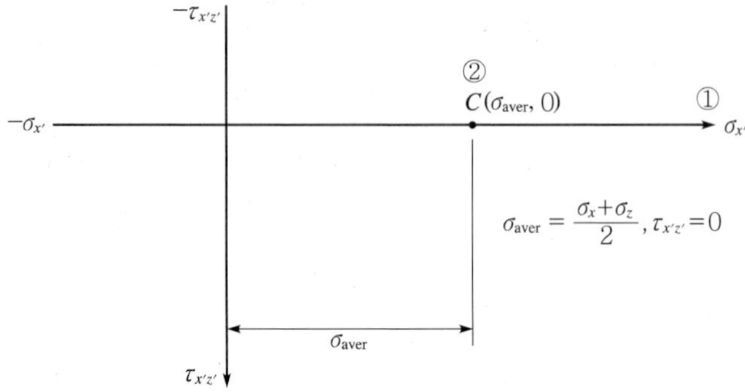

그림 10.13 Mohr 원의 작도 순서 (I)

③ $\sigma_{x'} = \sigma_x$ 그리고 $\tau_{x'z'} = \tau_{xz}$인 좌표 X를 결정한다.

그림 10.12(a)에서 보여진 요소 x면의 응력 상태를 나타내는 점을 X라 하면 이 점은 $\theta=0$인 면에 해당하는 응력 상태, 즉 X점의 좌표 값은 (σ_x , τ_{xz})로 결정될 것이다.

④ $\sigma_{x'} = \sigma_z$ 그리고 $\tau_{x'z'} = -\tau_{xz}$인 좌표 Z를 결정한다.

그림 10.12(a)에서 보여진 요소 z면의 응력 상태를 나타내는 점을 Z라 하면 이 점은 $\theta=90°$인 면에 해당하는 응력 상태, 즉 Z점의 좌표 값은 (σ_z, $-\tau_{xz}$)로 결정될 것이다.

③번과 ④번 항목에서 주의할 점은 전단응력 $\tau_{x'z'}$의 부호를 결정하는 것이다. 만약 전단응력이 평면요소를 반시계 방향으로 회전시키려 한다면 양(+)의 전단응력으로 정의하고, 반대로 시계방향으로 회전시키려 한다면 음(-)의 전단응력으로 정의하면 혼돈을 피할 수 있다. 양의 전단응력은 세로축에서 가로축을 기준으로 아래 부분에 나타나고, 음의 전단응력은 반대가 된다.

⑤ 점 X에서 점 Z까지 직선을 그린다.

이 직선은 원의 지름이 되며 원의 중심 C를 통과한다. Mohr 원에서는 그림 10.12에서 서로 90°인 x평면과 z평면의 응력 상태가 180° 떨어진 상태로 표현이 된다는 것에 유의해야 한다. 평면요소에서 θ가 회전하게 되면 Mohr 원 상에서는 2θ가 회전하게 된다.

⑥ C점을 원의 중심으로 하고, 점 X와 Z를 지나는 Mohr 원을 그린다.

그림 10.14는 그림 10.12(a)의 평면응력 상태를 Mohr 원으로 나타낸 것이다.

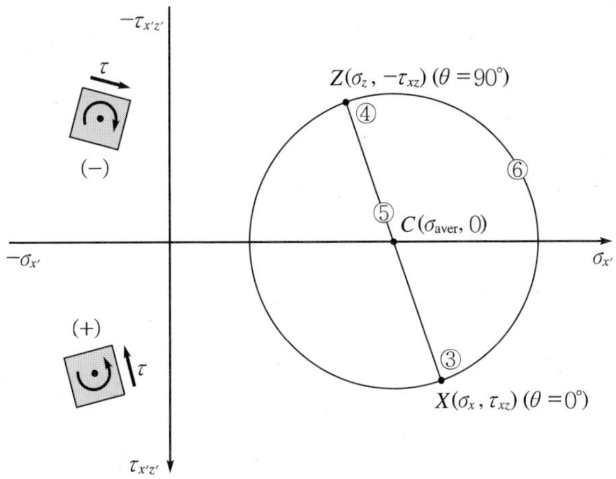

그림 10.14 Mohr 원의 작도 순서 (II)

10.4.2 임의의 평면요소에 대한 Mohr 원

이제 그림 10.12(a)의 평면응력 상태가 θ만큼 회전한 평면요소인 그림 10.12(b)의 응력상태를 Mohr 원에 표현해보자. 이를 위하여 우선 Mohr 원의 반지름 R을 구해야 한다. 반지름 R은 그림 10.15로부터 구할 수 있으며, 여기에서 구한 반지름 R은 이미 식 (10.16)에서 정의한 값과 동일하게 얻어진다.

그림 10.12(b)의 응력상태를 Mohr 원에 표현하기 위해서는 단지 X점을 기준으로 평면요소가 회전된 각도만큼을 회전시키는 것으로 충분하다. 주의할 점은 평면요소에서 θ가 회전되었다면 Mohr 원에서는 2θ를 동일한 방향으로 회전시켜야 한다는 것이다. 왜냐하면 90° 각도의 응력이 Mohr 원에서는 180°의 각도 차이로 표현되어 있기 때문이다.

이렇게 2θ만큼 회전된 평면요소에 대한 x'면의 응력상태를 X'라 하면 X'점은 그림 10.16에서처럼 표현된다. 이제 X'점에 대한 좌표를 아는 것만으로 회전된 요소에 대한 평면응력 $\sigma_x{}'$, $\tau_{x'z'}$를 구할 수 있다. X'점에 대한 좌표는 다음과 같이 결정된다.

$$\sigma_{x'} = \frac{\sigma_x + \sigma_z}{2} + R\cos\beta \tag{10.33a}$$

$$\tau_{x'z'} = R\sin\beta \tag{10.33b}$$

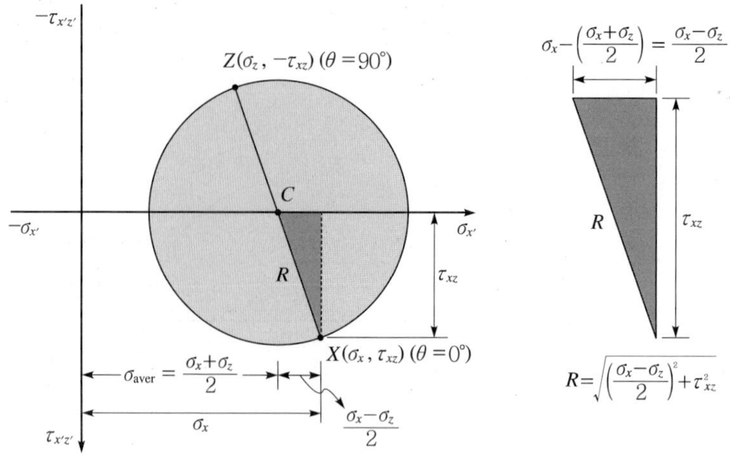

그림 10.15 Mohr 원의 반지름 R 결정

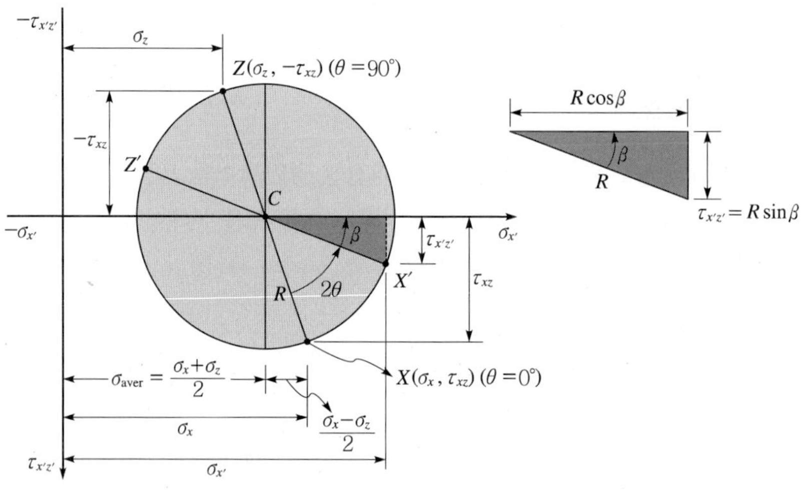

그림 10.16 임의의 평면요소에 대한 평면응력

10.4.3 주응력, 최대전단응력에 대한 Mohr 원

Mohr 원을 이용하여 주응력과 최대 전단응력을 결정해보자. 그림 10.17에는 주응력을 점 P_1과 점 P_2로 나타내었다. 가로축 상의 점 P_1은 최대 수직응력 σ_1과 σ_1에 해당하는 주평면을 표현하고 있으며, 점 P_2는 최소 수직응력 σ_2와 주평면을 표현하고 있다. 그림 10.17로부터 주응력을 다음 식(10.34)와 같이 구할 수 있다. 주응력이 발생되는 평면에서 전단응력 $\tau_{x'z'}=0$임을 Mohr 원의 좌표 상에서 다시 한 번 확인할 수 있다.

$$\sigma_1 = \frac{\sigma_x + \sigma_z}{2} + R, \quad \sigma_2 = \frac{\sigma_x + \sigma_z}{2} - R \tag{10.34}$$

또한 주평면을 결정하는 주각 θ_{p1}은 다음과 같이 결정된다.

$$\sin 2\theta_{p1} = \frac{\tau_{xz}}{R}, \qquad \cos 2\theta_{p1} = \frac{\sigma_x - \sigma_z}{2R}$$

$$\therefore \theta_{p1} = \frac{1}{2}\sin^{-1}\left(\frac{\tau_{xz}}{R}\right) \tag{10.35}$$

또 다른 주각 $\theta_{p2} = \theta_{p1} \pm 90°$가 된다. 최대 전단응력 τ_{max}은 Mohr 원 상에서 점 S_1으로, $-\tau_{max}$은 점 S_2로 나타낼 수 있다. S_1 점은 수치적으로 Mohr 원의 반지름인 R의 크기를 갖고, 주응력이 발생되는 주평면에서 45° 회전된 평면이라는 사실을 확인할 수 있다. 이 값을 Mohr 원 상에서 표현하면 90°가 회전하게 된다.

$$\tau_{max} = R = \sqrt{\left(\frac{\sigma_x - \sigma_z}{2}\right)^2 + \tau_{xz}^{\ 2}} \tag{10.36}$$

최대 전단응력이 발생하는 평면에서 수직응력은 Mohr 원의 중심점인 C의 좌표 값과 동일하게 되고 그 값은 평균 수직응력 σ_{aver}가 된다.

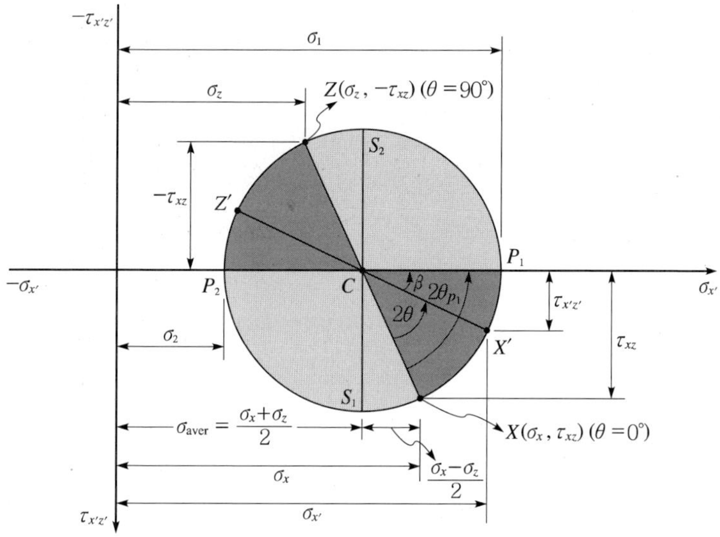

그림 10.17 주응력과 최대 전단응력의 결정

예제 10.6

구조 부재의 한 평면요소가 아래 그림과 같이 $\sigma_x = 8.0\text{MPa}$, $\sigma_z = 2.0\text{MPa}$ 및 $\tau_{xz} = 3.0\text{MPa}$의 평면응력을 받고 있다. Mohr 원을 이용하여 주응력, 최대전단응력, 반시계 방향으로 $\theta = 30°$ 만큼 회전된 평면요소 위에 작용하는 응력을 각각 구하여라.

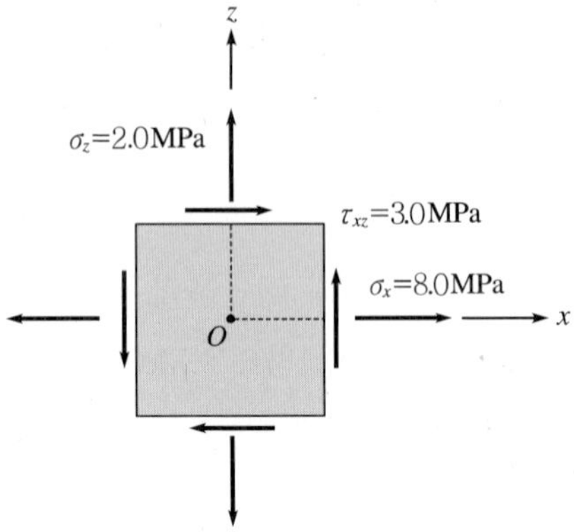

그림 예제 10.6

풀이

1) 현재 평면요소의 응력 상태를 Mohr 원을 사용하여 나타낸다.

Mohr 원의 중심인 C점의 좌표(σ_{aver}, 0)

$$\sigma_{\text{aver}} = \frac{\sigma_x + \sigma_z}{2} = \frac{8.0+2.0}{2} = 5.0\,\text{MPa}$$

$\theta = 0°$인 x평면상의 응력을 나타내는 점 X의 좌표($\sigma_{x'}$, $\tau_{x'z'}$)

$\sigma_{x'} = 8.0\,\text{MPa}$, $\tau_{x'z'} = 3.0\,\text{MPa}$

$\theta = 90°$인 z평면상의 응력을 나타내는 점 Z의 좌표($\sigma_{z'}$, $\tau_{x'z'}$)

$\sigma_{x'} = 2.0\,\text{MPa}$, $\tau_{x'z'} = -3.0\,\text{MPa}$

Mohr 원의 반지름 R

$$R = \sqrt{\left(\frac{\sigma_x - \sigma_z}{2}\right)^2 + \tau_{xz}^{\ 2}} = \sqrt{\left(\frac{8.0-2.0}{2}\right)^2 + (3.0)^2} = 4.24\,\text{MPa}$$

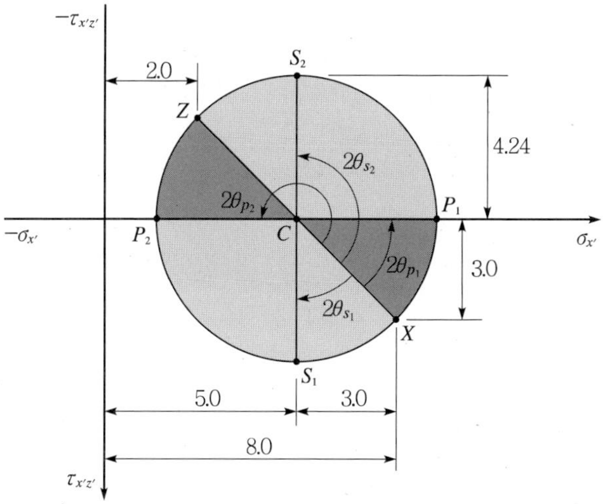

2) 주응력, 최대 전단응력을 구한다.

i) 주응력

위의 Mohr 원에서 점 P_1과 P_2에 대응되는 응력이 주응력이며, 점 P_1은 σ_1과 점 P_2는 σ_2와 각각 대응된다.

$\sigma_1 = \sigma_{\text{aver}} + R = 5.0 + 4.24 = 9.24\,\text{MPa}$

$\sigma_2 = \sigma_{\text{aver}} - \text{R} = 5.0 - 4.24 = 0.76\,\text{MPa}$

주평면의 방향을 의미하는 주각을 결정한다.

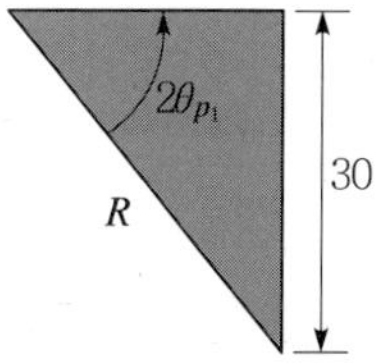

$\sin 2\theta_{p1} = \dfrac{\tau_{xz}}{R}, \quad 2\theta_{p1} = \sin^{-1}\left(\dfrac{30}{42.43}\right) = \sin^{-1}(0.707) = 45°$

$\therefore\ \theta_{p1} = 22.5°$

$2\theta_{p2} = 2\theta_{p1} + 180° = 225° \qquad \therefore\ \theta_{p2} = 112.5°$

주응력은 다음과 같이 결정된다.

$\therefore\ \sigma_1 = 9.24\,\text{MPa}, \quad \theta_{p1} = 22.5°$

$\therefore\ \sigma_2 = 0.76\,\text{MPa}, \quad \theta_{p2} = 112.5°$

결정된 주응력을 평면요소로 나타내면 다음 그림과 같다. Mohr 원에서 확인할 수 있듯이 주응력이 발생되는 주평면에서는 전단응력이 발생하지 않는다.

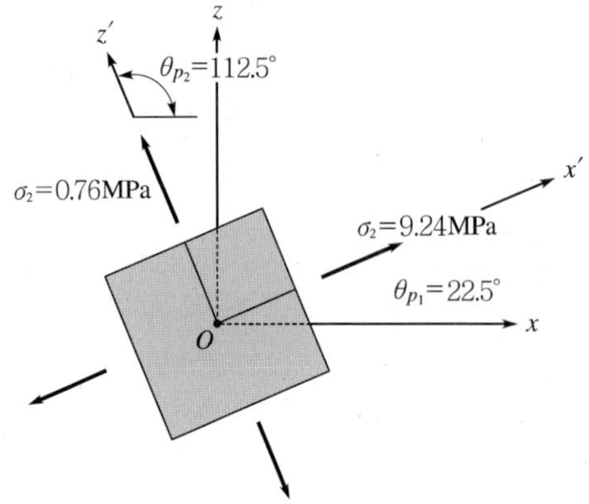

ii) 최대 전단응력

최대전단응력은 Mohr 원에서 점 S_1과 S_2로 표현되며 이 점에 대응되는 응력은 다음과 같다.

$\therefore \tau_{\max} = \tau_1 = R = 4.24\text{MPa}$

$\therefore -\tau_{\max} = \tau_2 = -R = -4.24\text{MPa}$

$2\theta_{s1} = 2\theta_{p1} - 90° = 45° - 90° = -45°$

$\therefore \theta_{s1} = -22.5°$ ("-"는 시계방향의 회전을 의미함)

$2\theta_{s2} = 2\theta_{p1} + 90° = 45° + 90° = 135°$

$\therefore \theta_{s2} = 67.5°$

최대 전단응력이 발생되는 평면요소의 응력 상태는 다음 그림과 같다. 최대 전단응력이 발생되는 평면요소에서의 수직응력은 5.0MPa로 얻을 수 있다.

$\sigma_x{}' = \sigma_{s_1} = \sigma_{aver} = 5.0\text{MPa}$

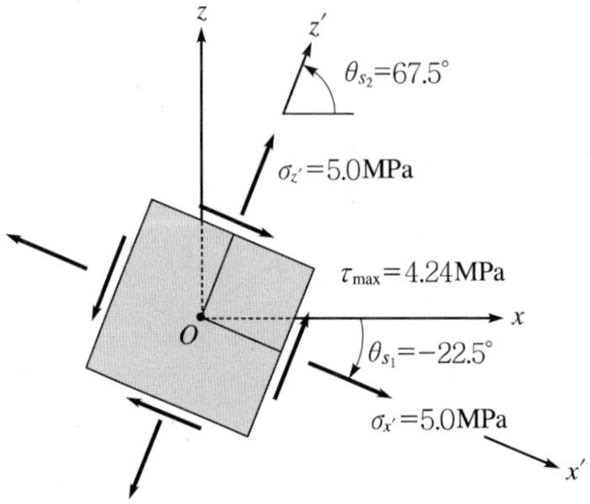

3) θ =30°만큼 회전한 평면 요소에 발생되는 응력(점 X')

$\sigma_{x'} = \sigma_{\text{aver}} + R\cos\beta, \quad \tau_{x'z'} = R\sin\beta$

$\sigma_{x'} = 5 + 4.24 \cdot \cos 15° = 9.10\,\text{MPa}$

$\tau_{x'z'} = -4.24 \cdot \sin 15° = -1.10\,\text{MPa}$

$\tau_{x'z'}$(의 좌표가 음(-)의 영역에서 결정된다.)

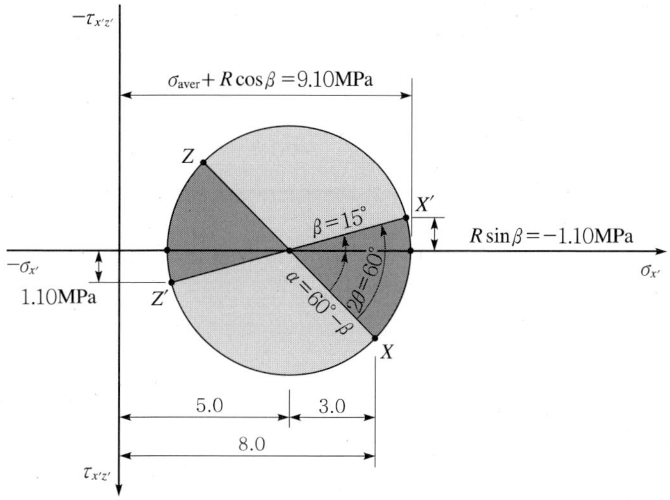

위의 Mohr 원에서 각 β는 주평면의 방향을 의미하는 주각 45°를 이미 알고 있는 상태이므로 손쉽게 β =60°- 45° = 15°로 결정된다. 만약 주각을 모르는 경우라면 다음과 같이 구할 수 있다.

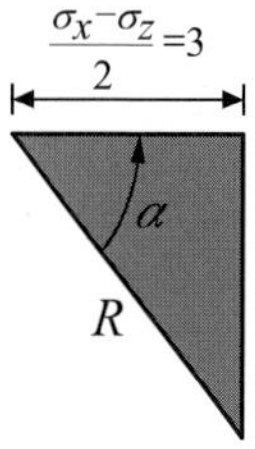

$$R\cos\alpha = \frac{\sigma_x - \sigma_z}{2} = \frac{8-2}{2} = 3\,\text{MPa}$$

$$\cos\alpha = \frac{3}{R} = \frac{3}{4.24} = 0.707$$

$$\begin{cases} \alpha = 45° \\ \beta = 60° - 45° = 15° \end{cases}$$

점 Z'는 θ =30° + 90° = 120°만큼 회전된 평면에 대응되는 점이다(Mohr 원 상에서는 θ = 60°+ 180° = 240°만큼 회전된 상태). 점 Z'의 응력, 즉 좌표 값은 다음과 같이 구해진다.

$\sigma_{z'} = 5 - 4.24\cos 15° = 0.90\,\text{MPa}$

$\tau_{x'z'} = 4.24\sin 15° = 1.10\,\text{MPa}$

θ = 30°만큼 회전된 평면요소에 발생된 응력상태를 그림으로 표현하면 다음과 같다.

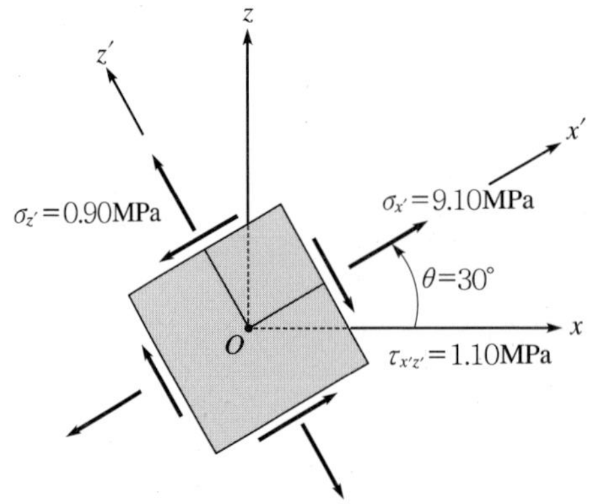

예제 10.7

10.3절의 예제 10.4 문제를 Mohr 원을 사용하여 구하여라.

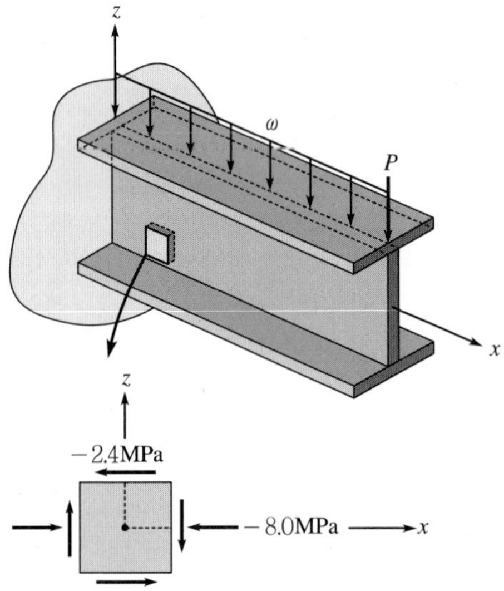

그림 예제 10.7

풀이

i) 주응력

C점의 좌표 (−40, 0)

$$\sigma_{\text{aver}} = \frac{\sigma_x + \sigma_z}{2} = \frac{-8.0+0}{2} = -4.0\,\text{MPa}$$

X좌표 : −8 MPa, −2.4 MPa

Z좌표 : 0 MPa, 2.4 MPa

P_1점의 응력 : $\sigma_1 = \sigma_{\text{aver}} + R = -4.0 + 4.66 = 0.66\,\text{MPa}$

P_2점의 응력 : $\sigma_2 = \sigma_{\text{aver}} - R = -4.0 - 4.66 = -8.66\,\text{MPa}$

여기서,

$$R = \sqrt{\left(\frac{\sigma_x - \sigma_z}{2}\right)^2 + \tau_{xz}^2} = \sqrt{\left(\frac{-8.0-0}{2}\right)^2 + (-2.4)^2} = 4.66\,\text{MPa}$$

$$\sin\alpha = \frac{\tau_{xz}}{R} = \frac{2.4}{4.66} = 0.515$$

$$\alpha = \sin^{-1}(0.515) = 30.93° ≒ 31°$$

$$2\theta_{p1} = \alpha + 180° = 211°$$

$$\therefore \theta_{p1} = 105.5°, \quad \theta_{p2} = 15.5°$$

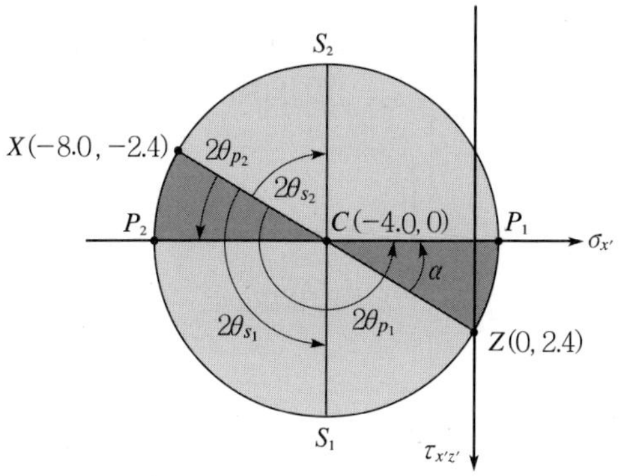

주응력은 다음과 같이 결정된다.

$\therefore \sigma_1 = 0.66\,\text{MPa}, \quad \theta_{p1} = 105.5°$

$\therefore \sigma_2 = -8.66\,\text{MPa}, \quad \theta_{p2} = 15.5°$

ii) 최대 전단응력

S_1점의 응력

$\tau_{\max} = \tau_1 = R = 4.66\,\text{MPa}$

S_2점의 응력

$-\tau_{\max} = \tau_2 = -R = -4.66\,\text{MPa}$

$2\theta_{s1} = \alpha + 90° = 31° + 90° = 121°$

$\therefore \theta_{s1} = 60.5°$

$2\theta_{s2} = \alpha - 90° = 31° - 90° = -59°$

$\therefore \theta_{s2} = -29.5°$ (시계방향 회전)

최대 전단응력이 발생되는 평면요소에서의 수직응력은 −4MPa으로 얻을 수 있다.

$\sigma_{x'} = \sigma_{s1} = \sigma_{aver} = -4\,\text{MPa}$

예제 10.8

10.3절의 예제 10.5 문제를 Mohr 원을 사용하여 구하여라.

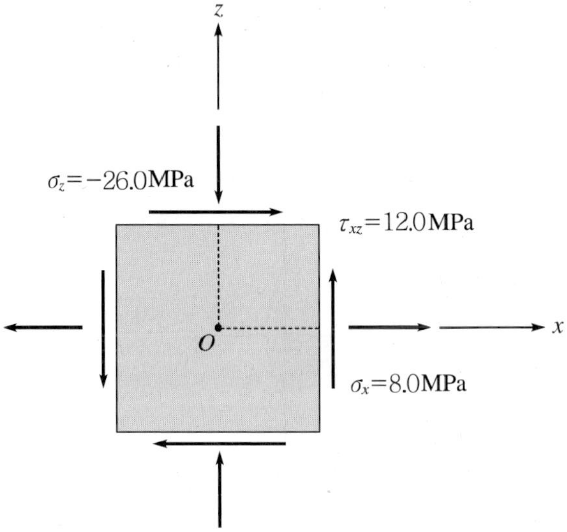

그림 예제 10.8

풀이

i) 주응력

C점의 좌표(−90, 0)

$$\sigma_{aver} = \frac{\sigma_x + \sigma_z}{2} = \frac{8-26}{2} = -9.0\,\text{MPa}$$

X좌표 : 8.0 MPa, 12.0 MPa

Z좌표 : −26.0 MPa, −12.0 MPa

P_1점의 응력

$\sigma_1 = \sigma_{aver} + R = -9.0 + 20.8 = 11.8\,\text{MPa}$

P_2점의 응력

$\sigma_2 = \sigma_{aver} - R = -9.0 - 20.8 = -29.8\,\text{MPa}$

여기서

$$R=\sqrt{\left(\frac{\sigma_x-\sigma_z}{2}\right)^2+\tau_{xz}^2}=\sqrt{\left(\frac{8.0+26.0}{2}\right)^2+12^2}=20.8\,\text{MPa}$$

$$\sin 2\theta_{p1}=\frac{\tau_{xz}}{R}=\frac{12.0}{20.8}=0.577$$

$$2\theta_{p1}=35.2°$$

$$\therefore \theta_{p1}=17.6°,\quad \theta_{p2}=17.6°+90°=107.6°$$

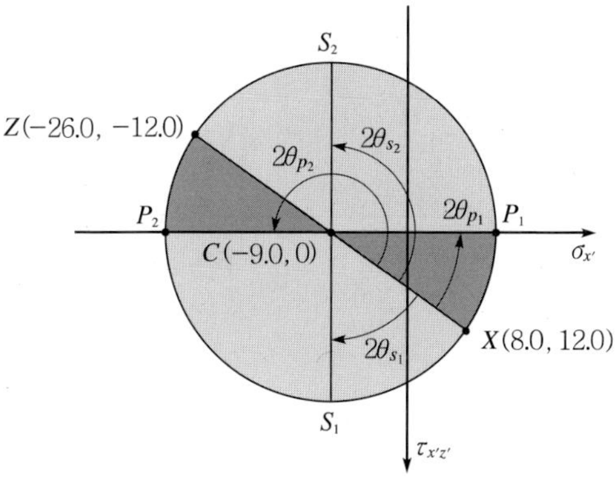

주응력은 다음과 같이 결정된다.

$$\therefore \sigma_1=11.8\,\text{MPa},\quad \theta_{p1}=17.6°$$

$$\therefore \sigma_2=-29.8\,\text{MPa},\quad \theta_{p2}=107.6°$$

ii) 최대 전단응력

S_1 점의 응력

$$\tau_{\max}=\tau_1=R=20.8\,\text{MPa}$$

S_2 점의 응력

$$-\tau_{\max}=\tau_2=-R=-20.8\,\text{MPa}$$

$$2\theta_{s1}=2\theta_{p1}-90°=35.2°-90°=-54.8°$$

$$\therefore \theta_{s1}=-27.4°\ (\text{시계방향 회전})$$

$$2\theta_{s2}=2\theta_{p1}+90°=35.2°+90°=125.2°$$

$$\therefore \theta_{s2}=62.6°$$

최대 전단응력이 발생되는 평면요소에서의 수직응력은 −9.0 MPa로 얻을 수 있다.

$$\sigma_{x'}=\sigma_{s1}=\sigma_{\text{aver}}=-9.0\,\text{MPa}$$

10.5 평면변형률과 평면변형률 변환

10.5.1 평면변형률

평면변형률(plain strain)에 대한 이해를 위하여 그림 10.18을 살펴보자. 구조부재의 일부 요소인 그림 10.18(a)는 x, y, z 방향으로 각각 L, B, H 라는 요소길이를 갖는다.

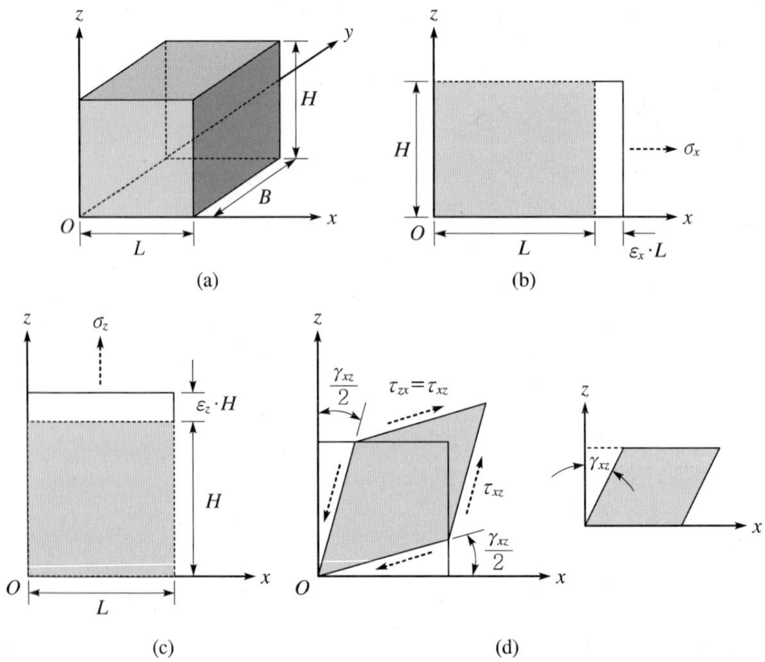

그림 10.18 평면변형률 상태의 요소

이러한 입체 요소에 변형률의 발생이 xz 평면상으로만 제한된다면 여기에서 얻어질 수 있는 변형률은 수직변형률 ε_x, ε_z, 전단변형률 γ_{xz}로 제한된다(그림 10.18(b), (c), (d) 참조). 이러한 변형률의 상태는 수직변형률 ε_y와 전단변형률 γ_{xy}, γ_{yz}는 발생하지 않는다는 것을 의미한다. 즉, 어떤 요소가 식 (10.37)과 같은 변형률의 상태에 있다면 그 요소는 평면변형률의 상태에 있다고 정의된다.

$$\varepsilon_y = 0, \quad \gamma_{xy} = 0, \quad \gamma_{yz} = 0 \tag{10.37}$$

우리가 주위에서 흔히 볼 수 있는 지하암거, 매설된 배관, 옹벽 구조물 등과 같이 일정한 하중을 받고 있으면서 길이 방향으로 긴 구조물들의 단면력 해석을 위해 평면변형률 상태가 이용된다. 평면변형률 상태를 평면응력 상태와 비교하여 그림 10.19에 정리하였다.

평면변형률 상태에서는 $\varepsilon_y = 0$이지만 수직응력 $\sigma_y \neq 0$이고, 평면응력 상태에서는 수직응력 $\sigma_y = 0$이지만 $\varepsilon_y \neq 0$인 관계로부터 일반적인 경우 평면변형률과 평면응력 상태는 동시에 발생하지 않는다는 것을 알 수 있다.

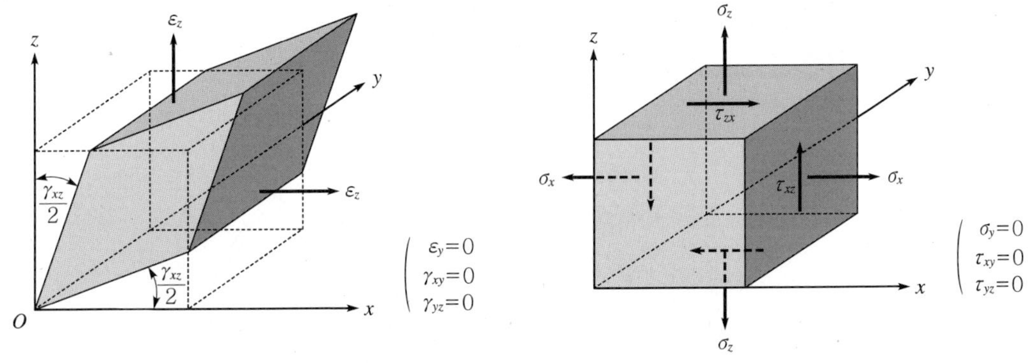

(a) 평면 변형률 상태 (b) 평면 응력 상태

그림 10.19 평면변형률 상태와 평면응력 상태의 비교

10.5.2 평면변형률 변환

평면변형률 변환은 우리가 이미 10.2절에서 공부하였던 평면응력의 변환과 유사하다. 경사진 요소에 대한 평면변형률을 구하기 위하여 평면응력에서 사용하였던 것과 동일한 변환 좌표를 사용하기로 하고(그림 10.20 참조), 수직변형률 ε_x, ε_z, 전단변형률 γ_{xz}는 이미 알고 있다고 가정한다.

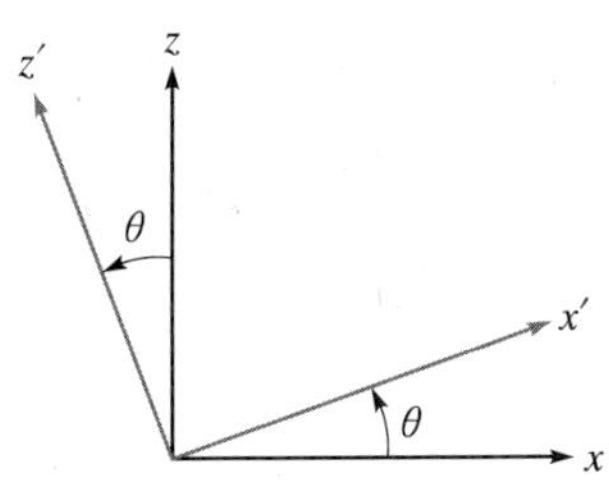

그림 10.20 평면변형률의 양(+)의 좌표변환

평면변형률 변환이라 함은 우리가 이미 알고 있는 ε_x, ε_z, γ_{xz}를 이용하여 임의의 각 θ만큼 회전된 좌표 x'축 방향으로의 변형률 $\varepsilon_x{}'$와 전단변형률 $\gamma_{x'z'}$를 구하는 것이다. 좌표 z'축 방향으로의 변형률 $\varepsilon_z{}'$는 $\varepsilon_z{}'$를 구하는 식에서 θ 대신 $\theta + 90°$를 대입함으로써 구할 수 있을 것이다.

먼저 수직변형률 $\varepsilon_x{}'$를 구해보자. $\varepsilon_x{}'$는 그림 10.21에서처럼 미소요소에 ε_x, ε_z, γ_{xz}가 각각 발생될 때 x'축 방향으로 요소의 길이(여기에서는 요소의 대각선 길이 dx', dx'가 x'축 방향으로

변화되는 길이를 구하여 원래의 길이인 dx'로 나눠줌으로써 구할 수 있을 것이다. ε_x, ε_z, γ_{xz}가 발생될 때 dx'가 x'축 방향으로 변화되는 길이를 각각 $\Delta dx'_1$, $\Delta dx'_2$, $\Delta dx'_3$이라 하면 이들을 다음과 같이 나타낼 수 있다.

$$\Delta dx_1{}' = \varepsilon_x dx \cos\theta$$
$$\Delta dx_2{}' = \varepsilon_z dz \sin\theta$$
$$\Delta dx_3{}' = \gamma_{xz} dz \cos\theta \tag{10.38}$$

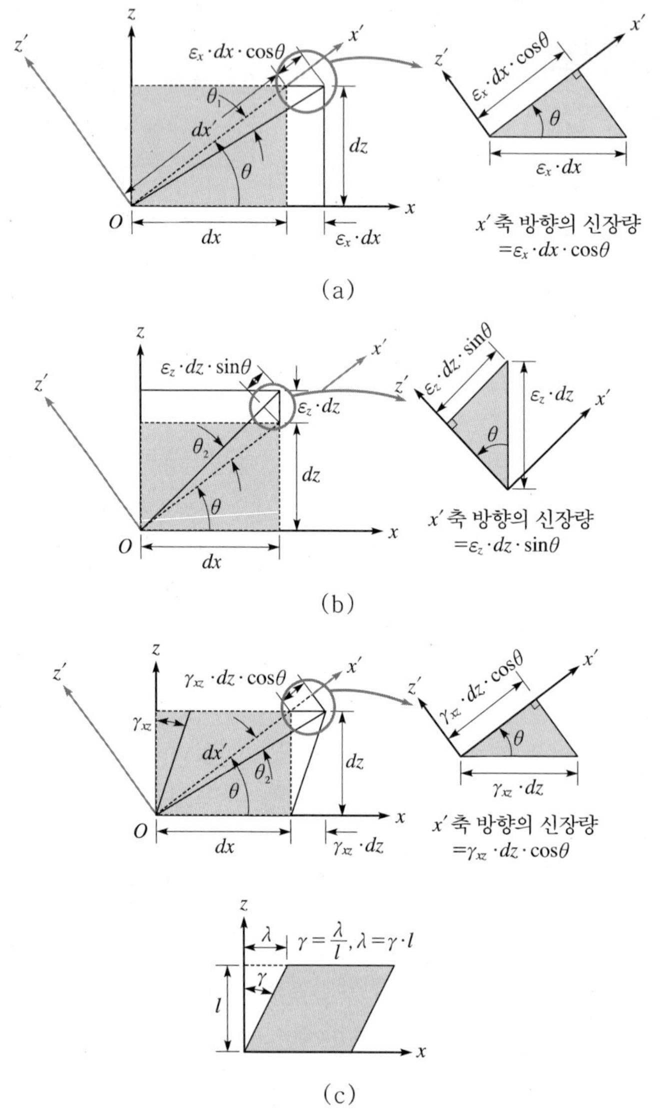

그림 10.21 평면변형률 상태에서 미소요소의 수직변형

식 (10.38)은 그림 10.21로부터 설명된다. 이제 미소요소의 대각선 길이인 dx'가 x'축 방향으로 변화된 전체길이 $\Delta dx'$는 $\Delta dx'_1$, $\Delta dx'_2$, $\Delta dx'_3$를 모두 더함으로써 구할 수 있다.

$$\Delta dx' = \Delta dx_1{}' + \Delta dx_2{}' + \Delta dx_3{}'$$

$$= \varepsilon_x dx \cos\theta + \varepsilon_z dz \sin\theta + \gamma_{xz} dz \cos\theta \tag{10.39}$$

x'축에 대한 수직변형률 $\varepsilon_{x'}$는 식 (10.39)에서 구한 $\Delta dx'$를 미소요소의 원래 대각선 길이였던 dx로 나눔으로써 구할 수 있다.

$$\varepsilon_{x'} = \frac{\Delta dx'}{dx'} = \varepsilon_x \frac{dx}{dx'} \cos\theta + \varepsilon_z \frac{dz}{dx'} \sin\theta + \gamma_{xz} \frac{dz}{dx'} \cos\theta$$

$$\left(\frac{dx}{dx'} = \cos\theta, \quad \frac{dz}{dx'} = \sin\theta\right)$$

$$\therefore\ \varepsilon_{x'} = \varepsilon_x(\cos\theta)\cos\theta + \varepsilon_z(\sin\theta)\sin\theta + \gamma_{xz}(\sin\theta)\cos\theta \tag{10.40}$$

x'축에 대한 수직변형률 $\varepsilon_{x'}$는 최종적으로 식 (10.41)과 같이 정리된다.

$$\varepsilon_{x'} = \varepsilon_x \cos^2\theta + \varepsilon_z \sin^2\theta + \gamma_{xz} \sin\theta\cos\theta \tag{10.41}$$

또한 z'축에 대한 수직변형률 $\varepsilon_{z'}$는 식 (10.41)에서 θ 대신 θ+ 90°를 대입하여 구할 수 있다.

이번에는 전단변형률 $\gamma_{x'z'}$를 구하기 위하여 그림 10.22를 고려해보자. x'축 상에 놓여있던 미소요소의 한 변이 변형으로 인해 각 ϕ_a만큼 반시계 방향으로 회전하게 되고, z'축 상에 놓여있던 변은 ϕ_b만큼 시계방향으로 회전하게 된다. 결국 전단변형률 $\gamma_{x'z'} = \phi_a + \phi_b$로 구할 수 있다(그림 10.22 참조).

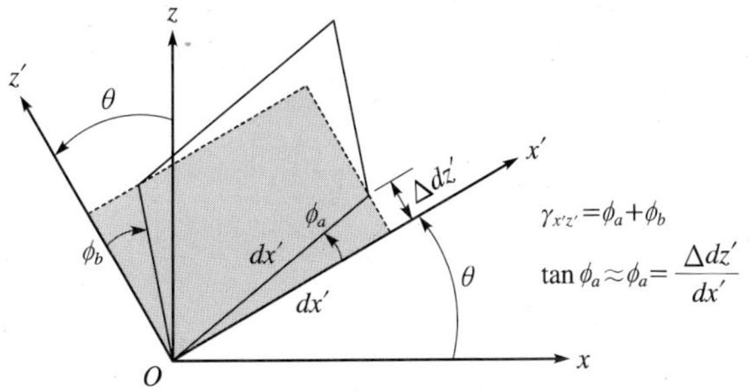

그림 10.22 평면변형률 상태에서 미소요소의 전단변형률($\gamma_{x'z'}$)

ϕ_a는 그림 10.23에서 ε_x, ε_z, γ_{xz}로 인해 발생되는 회전각을 모두 더함으로써 구할 수 있다. 회전각을 모두 더할 때는 그림 10.20에서 규정한 부호에 준하여 반시계 방향의 회전을 양(+)의 값으로 정해야 한다.

$$\phi_a = -\phi_1 + \phi_2 - \phi_3 \tag{10.42}$$

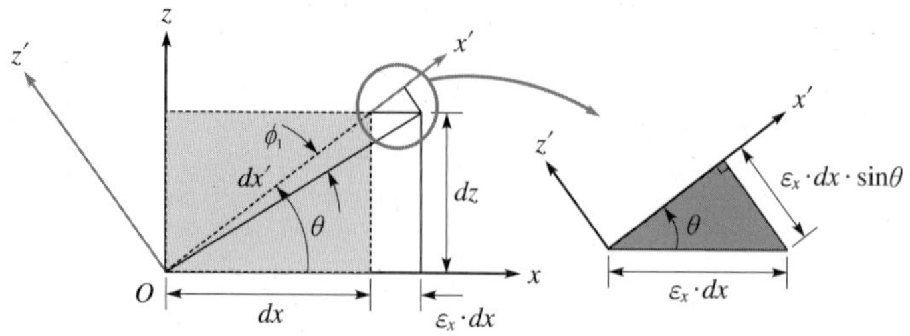

(a)

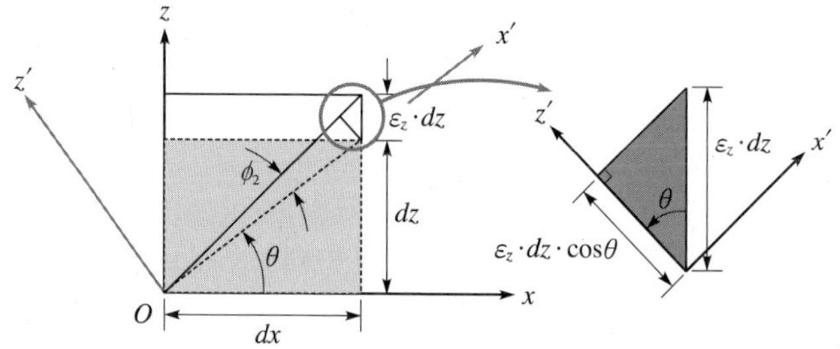

(b)

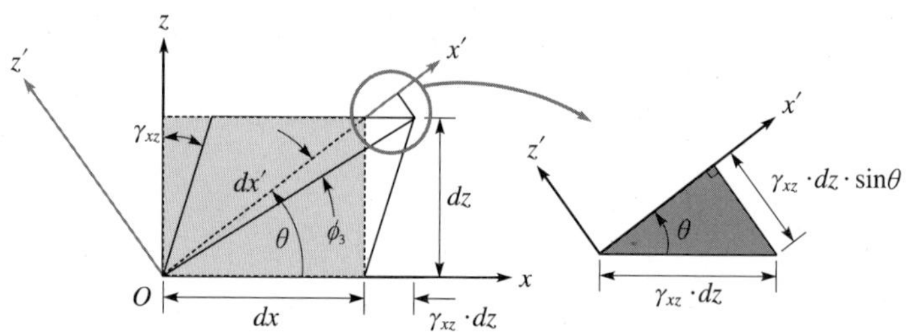

(c)

그림 10.23 평면변형률 상태에서 미소요소의 전단변형

이제 ε_x로 인한 ϕ_1, ε_z로 인한 ϕ_2, γ_{xz}로 인한 ϕ_3는 식 (10.43)과 같이 구할 수 있다(그림 10.23 참조).

$$\phi_1 = \varepsilon_x \frac{dx}{dx'} \sin\theta$$

$$\phi_2 = \varepsilon_z \frac{dz}{dx'} \cos\theta$$

$$\phi_3 = \gamma_{xz} \frac{dz}{dx'} \sin\theta \tag{10.43}$$

식 (10.43)을 식 (10.42)에 대입하여 정리하면

$$\phi_a = -\phi_1 + \phi_2 - \phi_3$$

$$= -\varepsilon_x \frac{dx}{dx'} \sin\theta + \varepsilon_z \frac{dz}{dx'} \cos\theta - \gamma_{xz} \frac{dz}{dx'} \sin\theta$$

$$\left(\frac{dx}{dx'} = \cos\theta, \quad \frac{dz}{dx'} = \sin\theta \right)$$

$$\therefore \phi_a = -(\varepsilon_x - \varepsilon_z)\sin\theta\cos\theta - \gamma_{xz}\sin^2\theta \tag{10.44}$$

ϕ_b는 식 (10.44)에서 최종 결정된 ϕ_a에서 θ 대신 $\theta + 90°$를 대입하여 구할 수 있다.

$$\phi_b = -(\varepsilon_x - \varepsilon_z)\sin(\theta + 90°)\cos(\theta + 90°) + \gamma_{xz}\sin^2(\theta + 90°)$$

$$= -(\varepsilon_x - \varepsilon_z)\sin\theta\cos\theta + \gamma_{xz}\cos^2\theta \tag{10.45}$$

전단변형률 $\gamma_{x'z'} = \phi_a + \phi_b$이므로 식 (10.44)와 식 (10.45)를 더하면

$$\gamma_{x'z'} = -2(\varepsilon_x - \varepsilon_z)\sin\theta\cos\theta + \gamma_{xz}(\cos^2\theta - \sin^2\theta) \tag{10.46}$$

식 (10.46)을 2로 나누어 다시 정리하면 전단변형률 $\gamma_{x'z'}$를 구할 수 있다.

$$\frac{\gamma_{x'z'}}{2} = -(\varepsilon_x - \varepsilon_z)\sin\theta\cos\theta + \frac{\gamma_{xz}}{2}(\cos^2\theta - \sin^2\theta) \tag{10.47}$$

평면변형률 상태에 대한 식 (10.41)과 식 (10.47)에 식 (10.48)과 같은 삼각함수 관계식을 이용하여 평면변형률 변환식(transformation equation for plane strain)을 식 (10.49), 식 (10.50)과 같이 얻을 수 있다.

$$\cos^2\theta = \frac{1}{2}(1 + \cos 2\theta), \quad \sin^2\theta = \frac{1}{2}(1 - \cos 2\theta)$$

$$\sin\theta\cos\theta = \frac{1}{2}\sin 2\theta \tag{10.48}$$

$$\varepsilon_{x'} = \frac{\varepsilon_x + \varepsilon_z}{2} + \frac{\varepsilon_x - \varepsilon_z}{2}\cos 2\theta + \frac{\gamma_{xz}}{2}\sin 2\theta \tag{10.49}$$

$$\frac{\gamma_{x'z'}}{2} = -\frac{\varepsilon_x - \varepsilon_z}{2}\sin 2\theta + \frac{\gamma_{xz}}{2}\cos 2\theta \tag{10.50}$$

평면변형률 변환식(식 (10.49), (10.50))과 평면응력 변환식(식 (10.6), (10.7))은 동일한 형태임을 알 수 있으며 단지 서로 대응되는 항이 다를 뿐이다. 이를 표 10.1에 비교하였다.

표 10.1 평면응력과 평면변형률 변환식의 비교

구 분	변 환 공 식
평면응력	$\sigma_{x'} = \frac{\sigma_x + \sigma_z}{2} + \frac{\sigma_x - \sigma_z}{2}\cos 2\theta + \tau_{xz}\sin 2\theta$
평면변형률	$\varepsilon_{x'} = \frac{\varepsilon_x + \varepsilon_z}{2} + \frac{\varepsilon_x - \varepsilon_z}{2}\cos 2\theta + \frac{\gamma_{xz}}{2}\sin 2\theta$
평면응력	$\tau_{x'z'} = -\frac{\sigma_x - \sigma_z}{2}\sin 2\theta + \tau_{xz}\cos 2\theta$
평면변형률	$\frac{\gamma_{x'z'}}{2} = -\frac{\varepsilon_x - \varepsilon_z}{2}\sin 2\theta + \frac{\gamma_{xz}}{2}\cos 2\theta$
평면응력	$\sigma_{x'} + \sigma_{z'} = \sigma_x + \sigma_z$
평면변형률	$\varepsilon_{x'} + \varepsilon_{z'} = \varepsilon_x + \varepsilon_z$
대응변수	$\sigma_x \rightarrow \varepsilon_x$ $\sigma_{x'} \rightarrow \varepsilon_{x'}$ $\sigma_z \rightarrow \varepsilon_z$ $\sigma_{z'} \rightarrow \varepsilon_{z'}$ $\tau_{xz} \rightarrow \frac{\gamma_{xz}}{2}$ $\tau_{x'z'} \rightarrow \frac{\gamma_{x'z'}}{2}$

표 10.1에서 볼 수 있는 평면응력 변환식과 평면변형률 변환식 사이의 유사성은 평면응력 상태에 대한 주응력과 최대전단응력, Mohr 원 등이 평면변형률 상태에 대해서도 대응관계를 이룬다는 것을 의미한다. 주응력에 대응되는 주변형률은 식 (10.51)에서 보여주는 주각의 수직단면 위에 존재하게 된다.

$$\tan 2\theta_p = \frac{\gamma_{xz}}{\varepsilon_x - \varepsilon_z} \tag{10.51}$$

주변형률은 주응력 계산식인 식 (10.19)의 형태와 대응되어 식 (10.52)와 같이 정리된다.

$$\varepsilon_{1,2} = \frac{\varepsilon_x + \varepsilon_z}{2} \pm \sqrt{\left(\frac{\varepsilon_x - \varepsilon_z}{2}\right)^2 + \left(\frac{\gamma_{xz}}{2}\right)^2} \tag{10.52}$$

최대 전단변형률은 최대 전단응력(식 (10.51))의 형태와 대응되어 식 (10.53)과 같이 정리된다.

$$\frac{\gamma_{\max}}{2} = \sqrt{\left(\frac{\varepsilon_x - \varepsilon_z}{2}\right)^2 + \left(\frac{\gamma_{xz}}{2}\right)^2} \tag{10.53}$$

예제 10.9

구조부재의 미소요소가 $\varepsilon_x = 800 \times 10^{-4}$, $\varepsilon_z = -400 \times 10^{-4}$, $\gamma_{xz} = 300 \times 10^{-4}$인 평면변형률로 인해 아래 그림과 같이 변형된다. 현 위치로부터 시계 방향으로 45°회전된 방향의 요소에 발생하는 변형률을 구하여라.

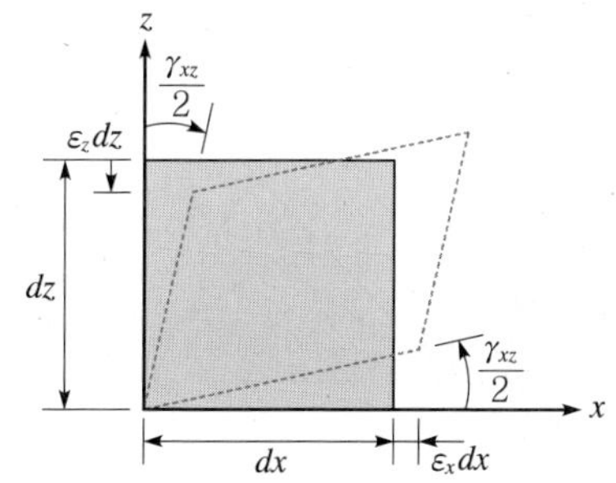

그림 예제 10.9

풀이

이 문제는 식 (10.49)와 식 (10.50)의 변형률 변환식을 이용하여 풀 수 있다. 각 θ가 시계 방향으로 회전하였으므로 $\theta = -45°$이다. 따라서 다음을 얻는다.

- x' 방향 변형률 ; $\varepsilon_{x'}$

$$\varepsilon_{x'} = \frac{\varepsilon_x + \varepsilon_z}{2} + \frac{\varepsilon_x - \varepsilon_z}{2}\cos 2\theta + \frac{\gamma_{xz}}{2}\sin 2\theta$$

$$= \left[\frac{800 + (-400)}{2} + \frac{800 - (-400)}{2}\cos\{2(-45°)\} + \frac{300}{2}\sin\{2(-45°)\}\right] \times 10^{-4}$$

$$\therefore \varepsilon_{x'} = 0.005$$

- 전단변형률 ; $\gamma_{x'z'}$

$$\frac{\gamma_{x'z'}}{2} = -\frac{\varepsilon_x - \varepsilon_z}{2}\sin 2\theta + \frac{\gamma_{xz}}{2}\cos 2\theta$$

$$= \left[-\frac{800-(-400)}{2}\sin\{2(-45°)\} + \frac{300}{2}\cos\{2(-45°)\} \right] \times 10^{-4}$$

$\therefore \gamma_{x'z'} = 0.12$

- z' 전단변형률 ; $\varepsilon_{z'}$

  z' 방향의 변형률은 식 (10.49)에서 θ 대신 $\theta+90°$, 즉 $+45°$를 대입하여 얻어진다.

$$\varepsilon_{z'} = \frac{\varepsilon_x+\varepsilon_z}{2} + \frac{\varepsilon_x-\varepsilon_z}{2}\cos 2\theta + \frac{\gamma_{xz}}{2}\sin 2\theta$$

$$= \left[\frac{800+(-400)}{2} + \frac{800-(-400)}{2}\cos(2\times 45°) + \frac{300}{2}\sin(2\times 45°) \right] \times 10^{-4}$$

$\therefore \varepsilon_{z'} = 0.035$

이 결과는 요소를 다음 그림과 같이 변형시킨다.

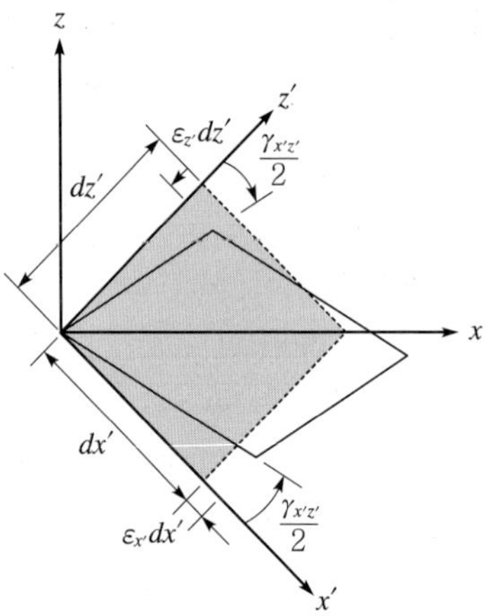

예제 10.10

구조 부재의 미소요소가 $\varepsilon_x = -700 \times 10^{-4}$, $\varepsilon_z = 350 \times 10^{-4}$, $\gamma_{xz} = 100 \times 10^{-4}$인 평면변형률로 인해 아래 그림과 같이 변형된다. 이 점에서의 주변형률과 이때 요소의 방향을 구하라. 또한 최대 전단변형률과 이때 요소의 방향도 구하여라.

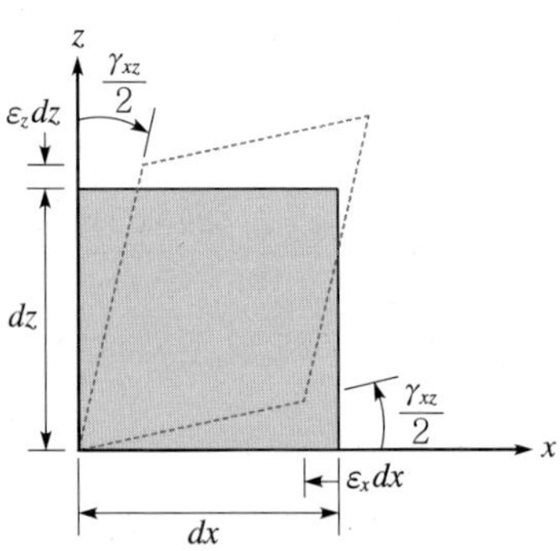

그림 예제 10.10

풀이

주변형률 변형률의 주평면 방향은 식 (10.51)로부터 다음과 같이 구해진다.

$$\tan 2\theta_p = \frac{\gamma_{xz}}{\varepsilon_x - \varepsilon_z} = \frac{100 \times 10^{-4}}{(-700-350)(10^{-4})} = -0.095$$

따라서 $2\theta_p = -5.44°$ 또는 $-5.44°+180°=174.56°$이므로 다음과 같은 결과를 얻는다.

$$\theta_{p1} = -2.72°$$

$$\theta_{p2} = 87.28°$$

주변형률은 식 (10.52)로부터 얻을 수 있다.

$$\varepsilon_{1,2} = \frac{\varepsilon_x + \varepsilon_z}{2} \pm \sqrt{\left(\frac{\varepsilon_x - \varepsilon_z}{2}\right)^2 + \left(\frac{\gamma_{xz}}{2}\right)^2}$$

$$= \left[\frac{(-700+350)}{2} \pm \sqrt{\left(\frac{(-700-350)}{2}\right)^2 + \left(\frac{100}{2}\right)^2}\,\right] \times 10^{-4}$$

$$= -0.0175 \pm 0.0527$$

$$\therefore \varepsilon_1 = 0.0352$$

$$\therefore \varepsilon_2 = -0.0702$$

이 두 변형률 중에 어느 것이 x' 방향으로 요소를 변형시키는 변형률인지를 알기 위해 식 (10.49)에 $\theta = -2.72°$를 대입하면 다음과 같다.

$$\varepsilon_{x'} = \frac{\varepsilon_x + \varepsilon_z}{2} + \frac{\varepsilon_x - \varepsilon_z}{2}\cos 2\theta + \frac{\gamma_{xz}}{2}\sin 2\theta$$

$$= \left[\left(\frac{-700+350}{2}\right) + \left(\frac{-700-350}{2}\right)\cos\{2(-2.72°)\} + \frac{100}{2}\sin\{2(-2.72°)\}\right] \times 10^{-4}$$

$$\therefore \varepsilon_{x'} = -0.0702$$

따라서 $\varepsilon_x{}' = \varepsilon_2$가 된다. 주변형률에 의해 요소는 그림과 같이 변형된다.

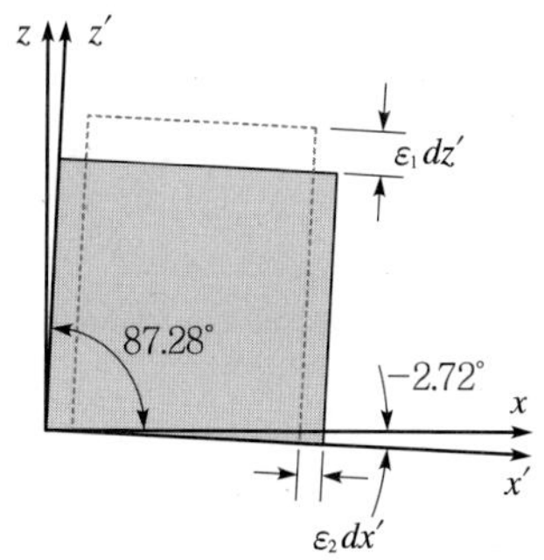

최대 전단변형률은 위의 그림 요소를 45°회전함으로써 구해진다. 그림과 같이 x축으로부터 $\theta_s = \theta_p + 45° = \ -2.72° + 45° = \ 42.28°$만큼 회전된 것이다.

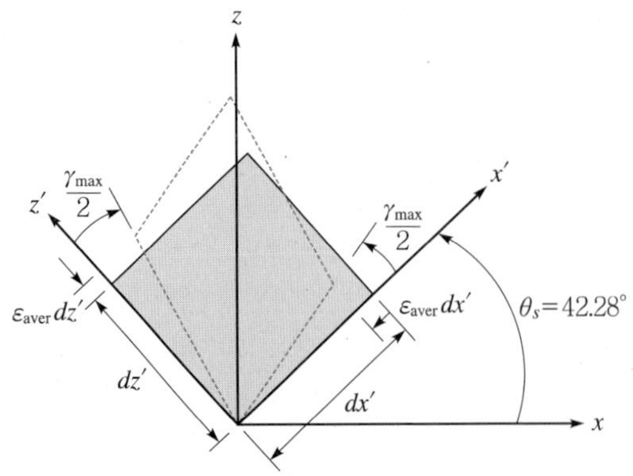

최대 전단응력은 식 (10.53)으로부터 다음과 같이 구해진다.

$$\frac{\gamma_{max}}{2} = \sqrt{\left(\frac{\varepsilon_x - \varepsilon_z}{2}\right)^2 + \left(\frac{\gamma_{xz}}{2}\right)^2} = \left[\sqrt{\left(\frac{-700-350}{2}\right)^2 + \left(\frac{100}{2}\right)^2}\right] \times 10^{-4}$$

$$\gamma_{max} = 0.1055$$

또한 미소요소에 작용하는 평균 수직변형률은 다음과 같이 계산된다.

$$\varepsilon_{aver} = \frac{\varepsilon_x + \varepsilon_z}{2} = \left(\frac{-700+350}{2}\right) \times 10^{-4}$$

$$\varepsilon_{aver} = -0.0175$$

γ_{max}의 부호는 $\theta_s = 42.28°$를 대입하여 다음과 같이 구해진다.

$$\frac{\gamma_{x'z'}}{2} = -\frac{\varepsilon_x - \varepsilon_z}{2}\sin 2\theta + \frac{\gamma_{xz}}{2}\cos 2\theta$$

$$= \left[-\left(\frac{-700-350}{2}\right)\sin\{2(42.28°)\} + \frac{100}{2}\cos\{2(42.28°)\}\right] \times 10^{-4}$$

$$\therefore \gamma_{x'z'} = 0.1055$$

따라서 γ_{max}은 직각이었던 dx'과 dz' 사이의 각이 감소(양(+)의 부호규약)되도록 요소를 변형시킨다.

10.6 평면변형률 변환에 대한 Mohr 원

평면변형률 변환에 대한 Mohr 원은 평면응력에 대한 Mohr 원과 그리는 방법이나 순서는 모두 동일하다. 단지 다른 점이 있다면 표 10.1에서 정리된 대응변수에서처럼 서로 대응되는 변수만을 바꿔주는 것만으로 평면변형률 변환에 대한 Mohr 원을 효과적으로 그릴 수 있다. τ_{xz}는 $\gamma_{xz}/2$에 대응된다는 점에 주의해야 한다. Mohr 원의 중심 C는 평균변형률을 의미하는 것으로써 식 (10.32)와 동일한 형태로 식 (10.54)와 같이 정의된다.

$$\varepsilon_{\text{aver}} = \frac{\varepsilon_x + \varepsilon_z}{2} \tag{10.54}$$

Mohr 원의 반지름 R은 식 (10.55)와 같다.

$$R = \sqrt{\left(\frac{\varepsilon_x - \varepsilon_z}{2}\right)^2 + \left(\frac{\gamma_{xz}}{2}\right)^2} \tag{10.55}$$

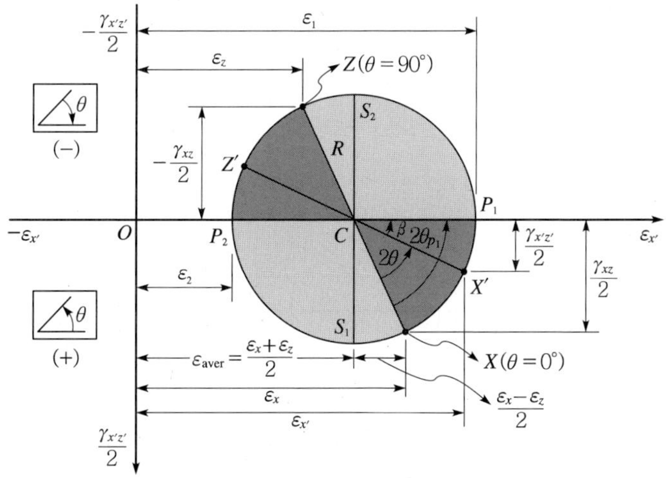

그림 10.24 평면변형률에 대한 Mohr 원

예제 10.11

구조부재의 미소요소 xz 평면상에서 얻어진 평면변형률이 다음과 같다.

$$\varepsilon_x = 260 \times 10^{-4},\ \varepsilon_z = -40 \times 10^{-4},\ \gamma_{xz} = -100 \times 10^{-4}$$

1) 미소요소의 변형형상을 그려라.
2) 평면변형률의 Mohr 원을 그려라.
3) x축에서 반시계 방향으로 60°회전한 상태에 대한 수직변형률을 구하여라.
4) 최대 주변형률과 최대 전단변형률을 구하여라.

풀이

1) 미소요소의 변형형상을 그려라.

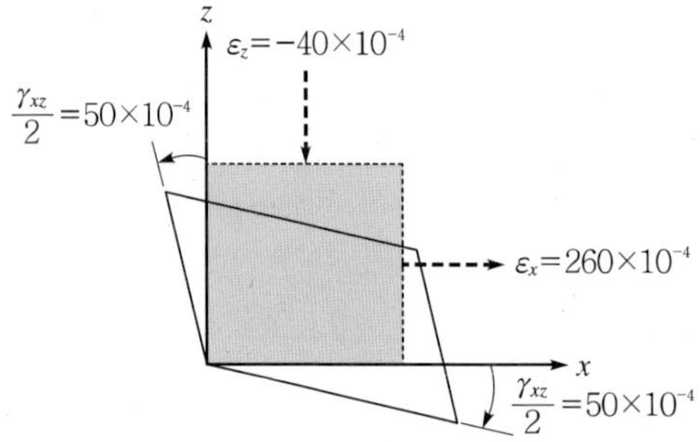

2) 평면변형률의 Mohr 원을 그려라.

$$\varepsilon_{\text{aver}} = \frac{\varepsilon_x + \varepsilon_z}{2} = \left(\frac{260-40}{2}\right) \times 10^{-4} = 110 \times 10^{-4}$$

$$R = \sqrt{\left(\frac{\varepsilon_x - \varepsilon_z}{2}\right)^2 + \left(\frac{\gamma_{xz}}{2}\right)^2} = \left(\sqrt{\left(\frac{260-(-40)}{2}\right) + \left(\frac{-100}{2}\right)^2}\right) \times 10^{-4} = 158.11 \times 10^{-4}$$

$$\tan 2\theta_{p1} = \frac{100}{260-(-40)} = \frac{100}{300} = \frac{1}{3}$$

$$2\theta_{p1} = \tan^{-1}\left(\frac{1}{3}\right) = 18.44°$$

$$\therefore \theta_{p1} = 9.22°$$

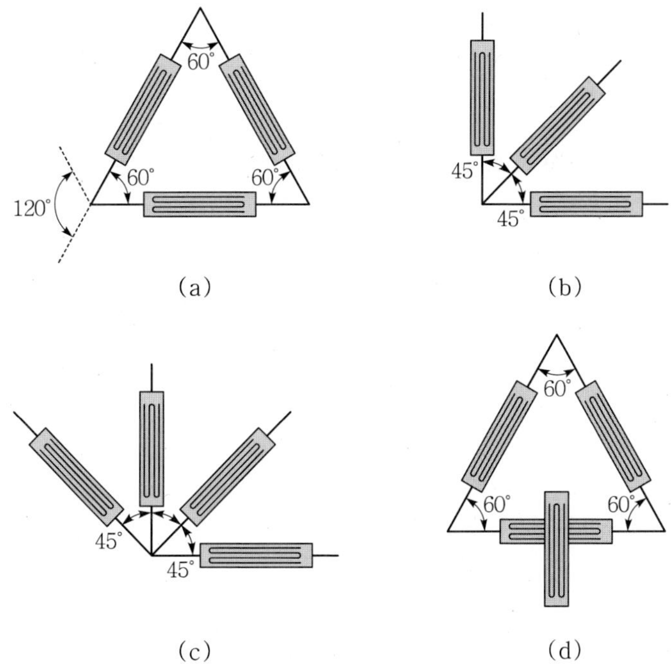

그림 10.25 스트레인 로제트의 종류

예제 10.12

구조 부재의 표면에 그림과 같이 스트레인 로제트를 구성하여 변형률을 얻었다. 주변형률과 최대 전단 변형률을 구하여라.

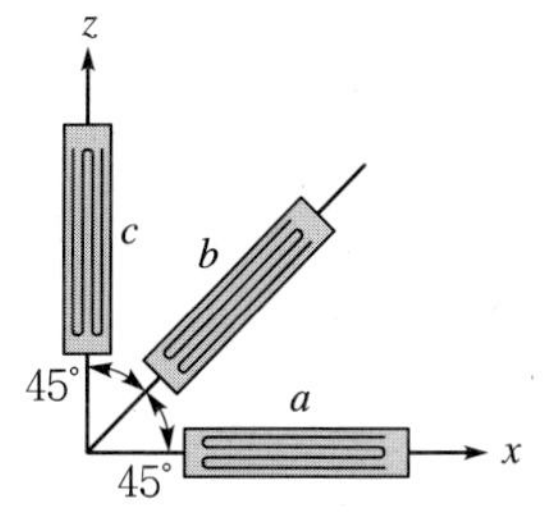

$$\begin{cases} \varepsilon_a = 480 \times 10^{-5} \\ \varepsilon_b = 220 \times 10^{-5} \\ \varepsilon_c = -160 \times 10^{-5} \end{cases}$$

그림 예제 10.12

풀이

평면변형률 변환식을 이용하여 주변형률과 최대 전단 변형률을 구한다.

$\varepsilon_x = \varepsilon_a = 480 \times 10^{-5}$

$$\varepsilon_z = \varepsilon_c = -160 \times 10^{-5}$$

$$\varepsilon_{\theta=45°} = \varepsilon_b = 220 \times 10^{-5}$$

평면변형률 변환식 식 (10.49)를 이용하여 전단변형률 γ_{xz}를 먼저 구한다.

$$\varepsilon_{\theta=45°} = \varepsilon_b = \frac{\varepsilon_x + \varepsilon_z}{2} + \frac{\varepsilon_x - \varepsilon_z}{2}\cos 2\theta + \frac{\gamma_{xz}}{2}\sin 2\theta$$

$$= \left[\frac{480+(-160)}{2} \times 10^{-5} + \frac{480-(-160)}{2} \times 10^{-5}\cos 90° + \frac{\gamma_{xz}}{2}\sin 90°\right]$$

$$= \left[160 \times 10^{-5} + 0 + \frac{\gamma_{xz}}{2}\right]$$

$$\gamma_{xz} = [2(\varepsilon_b - 160)] \times 10^{-5} = [2(220-160)] \times 10^{-5} = 120 \times 10^{-5}$$

1) 주변형률

$$\varepsilon_{1,2} = \frac{\varepsilon_x + \varepsilon_z}{2} \pm \sqrt{\left(\frac{\varepsilon_x - \varepsilon_z}{2}\right)^2 + \left(\frac{\gamma_{xz}}{2}\right)^2}$$

$$= \left[\frac{480+(-160)}{2} \pm \sqrt{\left(\frac{480-(-160)}{2}\right)^2 + \left(\frac{120}{2}\right)^2}\right] \times 10^{-5}$$

$$= (160 \pm 325.58) \times 10^{-5}$$

$$\therefore \varepsilon_1 = 485.58 \times 10^{-5}$$

$$\therefore \varepsilon_2 = -165.58 \times 10^{-5}$$

2) 최대 전단변형률

$$\frac{\gamma_{\max}}{2} = \sqrt{\left(\frac{\varepsilon_x - \varepsilon_z}{2}\right)^2 + \left(\frac{\gamma_{xz}}{2}\right)^2}$$

$$= \left[\sqrt{\left(\frac{480-(-160)}{2}\right)^2 + \left(\frac{120}{2}\right)^2}\right] \times 10^{-5} = 325.58 \times 10^{-5}$$

$$\therefore \gamma_{\max} = 2 \times 325.58 \times 10^{-5} = 651.16 \times 10^{-5}$$

예제 10.13

구조 부재의 표면에 그림과 같이 스트레인 로제트를 구성하였다. 변형률 ε_x, ε_z, γ_{xz}를 ε_a, ε_b, ε_c를 사용하여 표현하여라. 또한 ε_a, ε_b, ε_c가 다음과 같이 얻어졌다면 변형률 ε_x, ε_z, γ_{xz} 값은 얼마인지 구하여라.

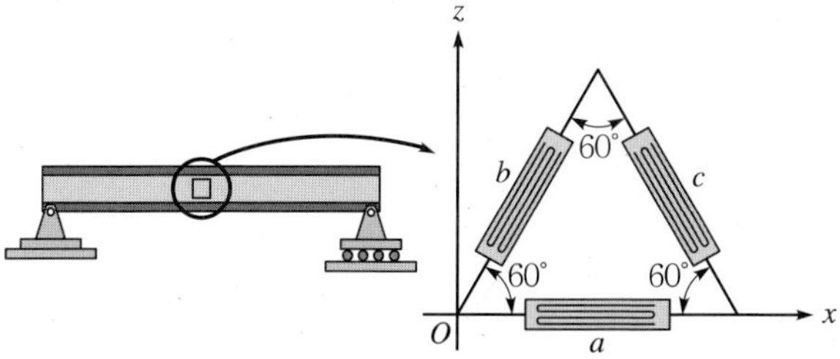

$$\begin{cases} \varepsilon_a = 320 \times 10^{-5} \\ \varepsilon_b = 560 \times 10^{-5} \\ \varepsilon_c = -250 \times 10^{-5} \end{cases}$$

그림 예제 10.13

풀이

- $\varepsilon_a = \varepsilon_{\theta=0}$

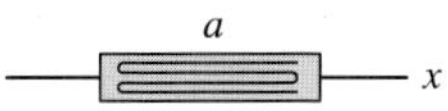

$\therefore \varepsilon_x = \varepsilon_a$

- $\varepsilon_b = \varepsilon_{\theta=60°}$

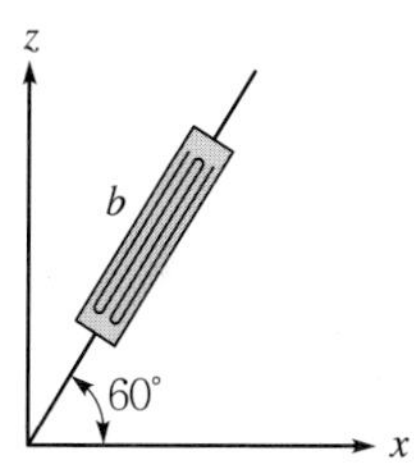

$$= \frac{\varepsilon_x + \varepsilon_z}{2} + \frac{\varepsilon_x - \varepsilon_z}{2}\cos 2\theta + \frac{\gamma_{xz}}{2}\sin 2\theta$$

$$= \frac{\varepsilon_x + \varepsilon_z}{2} + \frac{\varepsilon_x - \varepsilon_z}{2}\cos 120° + \frac{\gamma_{xz}}{2}\sin 120°$$

$$= \frac{\varepsilon_x + \varepsilon_z}{2} - \frac{\varepsilon_x - \varepsilon_z}{4} + \frac{\sqrt{3}}{4}\gamma_{xz} = \frac{\varepsilon_x}{4} + \frac{3\varepsilon_z}{4} + \frac{\sqrt{3}}{4}\gamma_{xz} \tag{1}$$

$\therefore \varepsilon_b = \frac{1}{4}\left(\varepsilon_x + 3\varepsilon_z + \sqrt{3}\,\gamma_{xz}\right)$

- $\varepsilon_c = \varepsilon_{\theta=120°}$

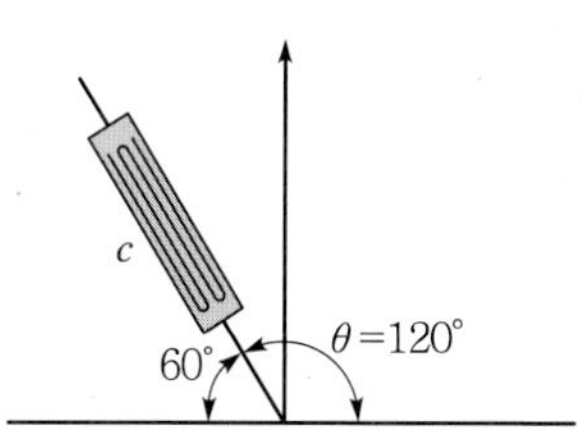

$$= \frac{\varepsilon_x + \varepsilon_z}{2} + \frac{\varepsilon_x - \varepsilon_z}{2}\cos 2\theta + \frac{\gamma_{xz}}{2}\sin 2\theta$$

$$= \frac{\varepsilon_x}{4} + \frac{3\varepsilon_z}{4} - \frac{\sqrt{3}}{4}\gamma_{xz}$$

$$\therefore \varepsilon_c = \frac{1}{4}\left(\varepsilon_x + 3\varepsilon_z - \sqrt{3}\,\gamma_{xz}\right) \tag{2}$$

(1) ~ (2) 식을 이용하면 ε_z를 구할 수 있다.

$$\varepsilon_b + \varepsilon_c = \frac{\varepsilon_x + 3\varepsilon_z}{2} = \frac{\varepsilon_a + 3\varepsilon_z}{2}$$

$$3\varepsilon_z = -\varepsilon_a + 2(\varepsilon_b + \varepsilon_c)$$

$$\therefore \varepsilon_z = \frac{-\varepsilon_a + 2\varepsilon_b + 2\varepsilon_c}{3}$$

(1) ~ (2) 식을 이용하면 γ_{xz}를 구할 수 있다.

$$\varepsilon_b - \varepsilon_c = \frac{\sqrt{3}}{2}\gamma_{xz}$$

$$\therefore \gamma_{xz} = \frac{2}{\sqrt{3}}(\varepsilon_b - \varepsilon_c)$$

- $\varepsilon_a = 320 \times 10^{-5}$, $\varepsilon_b = 560 \times 10^{-5}$, $\varepsilon_c = -250 \times 10^{-5}$를 결정된 식에 대입하면

$$\therefore \varepsilon_x = 320 \times 10^{-5}$$

$$\therefore \varepsilon_z = \left\{\frac{-320 + 2 \times 560 + 2 \times (-250)}{3}\right\} \times 10^{-5} = 100 \times 10^{-5}$$

$$\therefore \gamma_{xz} = \left[\frac{2}{\sqrt{3}}\{560 - (-250)\}\right] \times 10^{-5} = 935.3 \times 10^{-5}$$

연습문제

10.1 다음 그림과 같이 평면응력 $\sigma_x = 2.0\text{MPa}$, $\sigma_z = -1.0\text{MPa}$, $\tau_{xz} = \tau_{zx} = -1.0\text{MPa}$을 받고 있는 요소가 있다. 이 요소가 각 $\theta = 20°$만큼 반시계 방향으로 축을 회전함으로써 얻어진 경사면에 작용하는 수직응력 $\sigma_x{}'$와 $\sigma_z{}'$, 전단응력 $\tau_{x'z'}$를 구하여라.

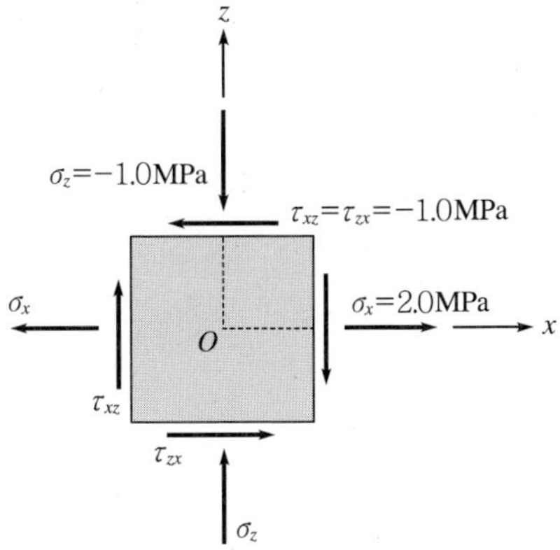

그림 문제 10.1

10.2 다음 그림과 같이 평면응력 $\sigma_x = 6.0\text{MPa}$, $\sigma_z = -12.0\text{MPa}$, $\tau_{xz} = \tau_{zx} = -4.0\text{MPa}$을 받고 있는 요소가 있다. 이 요소가 각 $\theta = 40°$만큼 시계 방향으로 축을 회전함으로써 얻어진 경사면에 작용하는 수직응력 $\sigma_x{}'$와 $\sigma_z{}'$, 전단응력 $\tau_{x'z'}$를 구하여라.

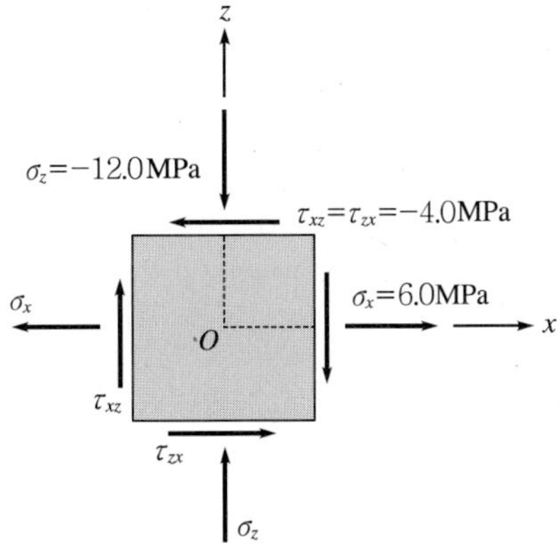

그림 문제 10.2

10.3 다음 그림과 같이 평면응력 $\sigma_x = -12.0\text{MPa}$, $\sigma_z = -20.0\text{MPa}$, $\tau_{xz} = \tau_{zx} = -8.0\text{MPa}$을 받고 있는 요소가 있다. 이 요소가 각 $\theta = 60°$만큼 시계 방향으로 축을 회전함으로써 얻어진 경사면에 작용하는 수직응력 $\sigma_{x'}$와 $\sigma_{z'}$, 전단응력 $\tau_{x'z'}$를 구하여라.

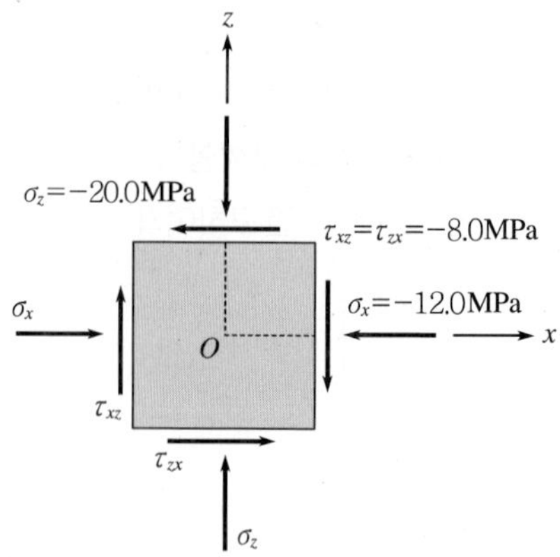

그림 문제 10.3

10.4 다음 그림과 같이 평면응력 $\sigma_x = -16.0\text{MPa}$, $\sigma_z = 0\text{MPa}$, $\tau_{xz} = \tau_{zx} = 5.0\text{MPa}$을 받고 있는 요소가 있다. 이 요소가 각 $\theta = 30°$만큼 반시계 방향으로 축을 회전함으로써 얻어진 경사면에 작용하는 수직응력 $\sigma_{x'}$와 $\sigma_{z'}$, 전단응력 $\tau_{x'z'}$를 구하여라.

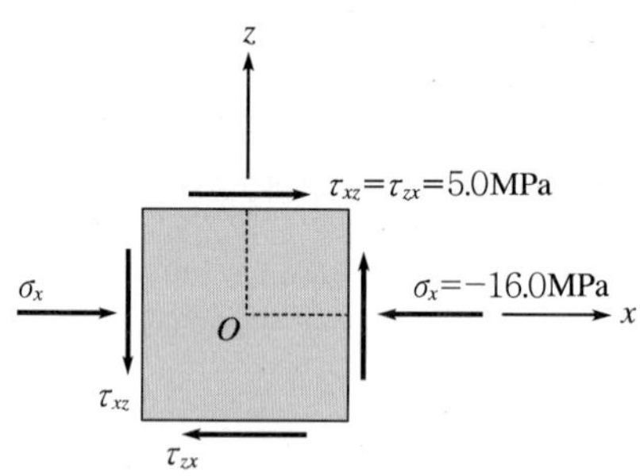

그림 문제 10.4

10.5 WF 단면을 갖는 켄틸레버 보에 집중하중 P와 등분포하중 ω가 작용하여 웨브의 미소요소가 그림과 같은 평면응력을 받고 있다. 이 평면요소의 주응력과 주각, 최대 전단응력을 구하고 그 상태를 그림으로 나타내어라.

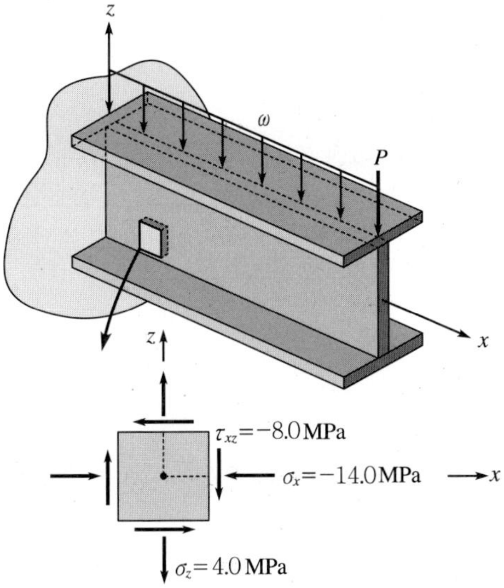

그림 문제 10.5

10.6 연습문제 10.1을 Mohr 원을 사용하여 다시 풀어라.

10.7 연습문제 10.2를 Mohr 원을 사용하여 다시 풀어라.

10.8 연습문제 10.3을 Mohr 원을 사용하여 다시 풀어라.

10.9 연습문제 10.4를 Mohr 원을 사용하여 다시 풀어라.

10.10 연습문제 10.5를 Mohr 원을 사용하여 다시 풀어라.

10.11 구조부재가 하중을 받아 미소요소에서 $\varepsilon_x = 650 \times 10^{-5}$, $\varepsilon_z = -320 \times 10^{-5}$, $\tau_{xz} = -400 \times 10^{-5}$인 평면변형률이 발생하여 다음 그림과 같이 변형되었다. 미소요소가 반시계 방향으로 30°회전된 방향의 미소요소에 발생하는 변형률을 구하여라.

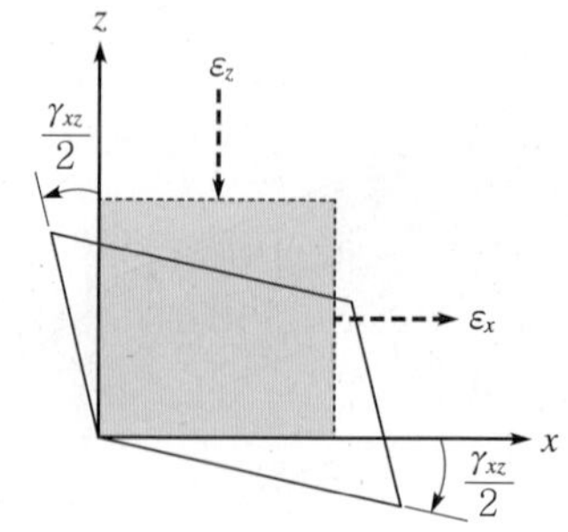

그림 문제 10.11

10.12 연습문제 10.11을 평면변형률에 대한 Mohr 원을 사용하여 다시 풀어라. 또한 최대 주변형률과 최대 전단변형률을 구하여라.

10.13 다음과 같은 평면응력을 받고 있는 평면요소에서 주응력과 주각을 구하여라.

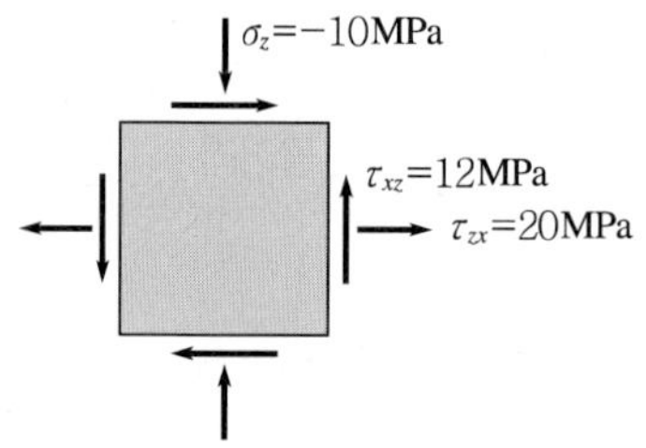

그림 문제 10.13

10.14 다음과 같은 평면응력을 받고 있는 평면요소에서 주응력과 주각을 구하여라.

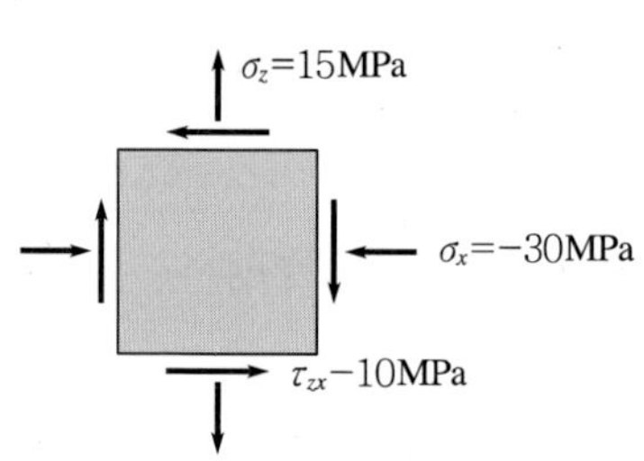

그림 문제 10.14

제 11 장

기 둥

11.1 단주의 응력

11.2 단주단면의 핵

11.3 장주의 좌굴강도

11.4 기둥의 설계

제11장
기 둥

11.1 단주의 응력

일반적으로 작용하는 하중에 대해서 압축력(압축응력)으로 저항하는 압축부재를 기둥(column)이라 한다. 기둥은 그 형상과 길이에 따라 두툼하고 짧은 형태의 기둥을 단주(短珠, short column), 가늘고 긴 형태의 기둥을 장주(長柱, long column)로 구분한다. 물론 단주와 장주는 부재의 단면적, 단면 2차모멘트, 부재의 유효길이 등을 고려한 세장비(slenderness ratio, λ)로부터 구분된다.

본 장에서는 축방향 압축력이 작용하는 기둥의 역학적 성질로 중요한 항목, 즉 단주에서는 압축응력과 단면의 핵, 장주에서는 좌굴(buckling)현상 및 오일러(Euler)의 좌굴하중과 좌굴응력 등을 소개한다.

11.1.1 압축부재와 단주

일반적으로 두껍고 짧은 압축부재, 세장비가 20 이하인 경우를 단주라고 부른다. 그러나 세장비 20은 절대적인 값은 아니다. 도로교를 설계하기 위한 도로교설계기준에서는 강재의 종류와 두께에 따라 구체적인 세장비 조건을 제시하고 있다. 자세한 기준은 이 장의 마지막 부분에서 설명하도록 한다.

그림 11.1의 점선으로 보이는 단주에 축방향 압축력 P가 작용한다고 가정해보자. 이 압축력이 증가해가면, 기둥의 둘레가 점점 불룩해져 결국에는 짓눌려 찌그러진 모양의 파괴(bursting)에 이른다. 이것은 기둥부재가 버틸 수 있는 최종의 압축응력까지 기둥은 하중에 저항하지만, 그 이상의 하중에 대해서는 저항할 수 없어 기둥이 눌려 찌그러진 상태에 이른다는 것을 의미하고 있다. 콘크리트 공시체의 압축시험으로 인한 파괴형태를 생각해보면 이해가 될 것이다.

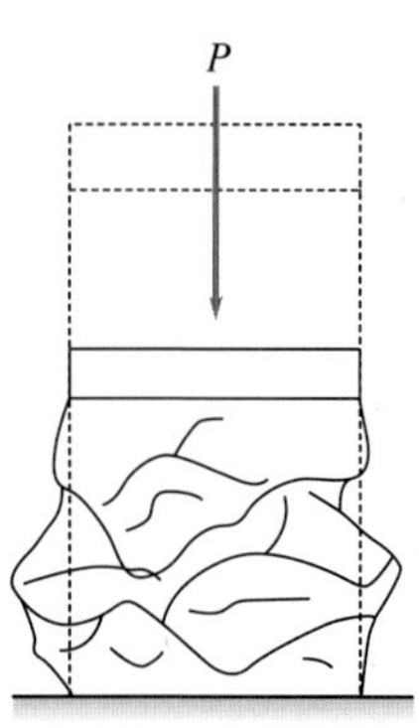

그림 11.1
단주의 파괴 예

이러한 파괴는 작용하중의 크기, 재료의 재질과 강도 등에 관계하고 있다. 따라서 작용하는 압축력에 의해 단주의 내부에 생기는 압축응력이 기둥 재료가 견딜 수 있는 최종의 압축응력, 즉 압축강도보다 작게 되도록 단면적, 강재의 두께 또는 철근량 등을 계산하여 안전한 설계를 할 필요가 있다.

11.1.2 단주의 분류와 응력

단주에 축방향 압축력 P가 작용할 경우, P의 작용위치에 따라 단주는 2종류로 분류된다. 그림 11.2(a)와 같이 P가 단주의 도심 G에 작용하는 경우를 중심압축단주라 하고, 압축응력은 전단면에 거쳐 동일한 크기로 생긴다. 한편 그림 11.2(b)와 같이 도심으로부터 떨어진 점에 P가 작용하는 경우를 편심압축단주라고 하며, 도심 G부터 P의 작용점까지의 거리가 크면 단면 내에 압축응력과 인장응력이 동시에 생기는 경우가 있다.

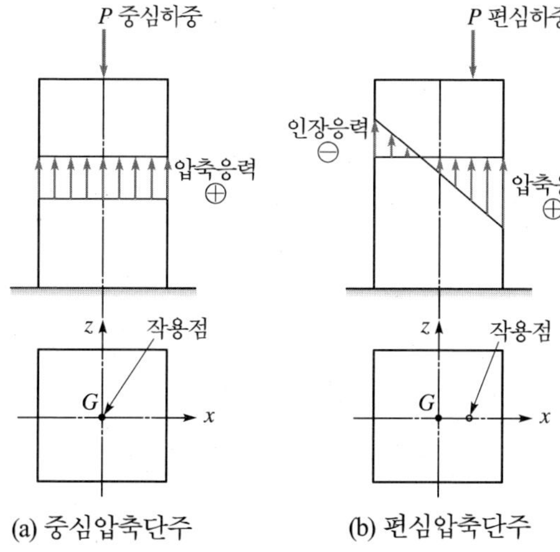

그림 11.2 단주의 분류

축방향 압축력 P가 작용하는 중심압축단주의 횡단면에는 그림 11.2(a)와 같은 분포의 압축응력이 생긴다. 이 압축응력 σ_c는 식 (2.1)에서 소개되었던 것처럼 다음과 같이 나타낼 수 있다.

$$\sigma_c = \frac{P}{A} \tag{11.1}$$

여기서, P는 축방향 압축력, A는 기둥의 단면적이다.

예제 11.1

다음 그림에 콘크리트로 만든 중심압축단주가 있다. 축방향 압축력 P=2,000kN이 작용할 경우 이 단주의 안전여부를 검토하여라(단, 콘크리트의 압축강도는 24MPa, 허용압축응력은 압축강도의 40%로 한다).

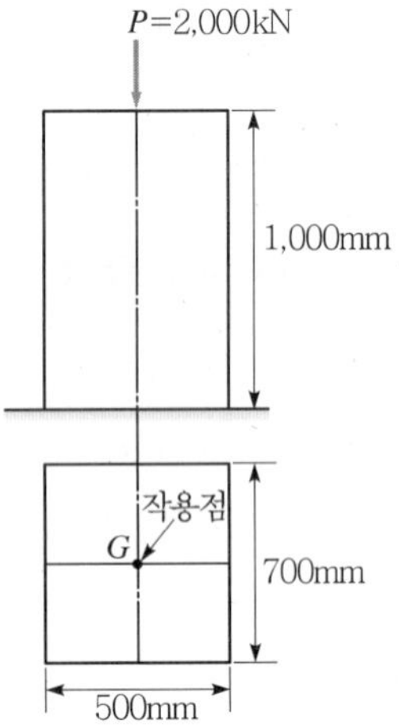

그림 예제 11.1

풀이

식 (11.1)로부터

$$\sigma_c = \frac{P}{A} = \frac{2{,}000\times10^3}{500\times700} = 5.71\text{N/mm}^2 = 5.71\text{MPa}$$

$$\therefore\ \sigma_c = 5.71\text{MPa} < \sigma_\text{a} = 0.4\times2.4 = 9.6\text{MPa}$$

$\sigma_c < \sigma_a$가 되므로 이 기둥은 안전하다. 만약 $\sigma_c > \sigma_a$가 되는 경우는 설계상 위험하기 때문에 기둥의 단면적 등을 증가시켜 σ_c를 σ_a 이하가 되도록 작게 할 필요가 있다.

그림 11.3(a)는 x축 상에서 "+" 방향으로 e_x 만큼 떨어진 점 A에 압축력 P가 작용하고 있음을 보여주고 있다. 이 e_x를 편심거리라 하고, 편심압축력이 작용하는 단주를 편심압축단주라 한다. 이 단주의 단면에 생기는 응력인 σ는 그림 11.3(b)에 보이는 중심압축단주의 응력 $\sigma_c = P/A$와 그림 11.3(c)에 보이는 z축에 대한 휨모멘트 $M_z = Pe_x$에 의한 휨응력 $\sigma_{bz} = \frac{M_z}{I_z}x = \frac{Pe_x}{I_z}x$의 합인 합성응력으로 표시된다. 이에 따라, 편심압축단주의 응력 σ는 다음 식과 같이 나타낼 수 있다.

$$\sigma = \sigma_c + \sigma_{bz} = \frac{P}{A} + \frac{Pe_x}{I_z}x \tag{11.2}$$

여기서, I_z는 z축에 대한 단면2차모멘트, e_x의 부호는 오른쪽을 "+"로 하는 직각좌표에 따른다. 또한 σ_{bz}에서 아래첨자 "b"와 "z"는 z축을 중심으로 발생하는 'bending', 즉 휨응력을 의미한다.

식 (11.2)에 보이는 응력 σ는 편심거리 e_x에 따라 그림 11.4에 보이는 응력상태가 된다. 즉, 압축부재인 단주라도 편심거리 e_x에 따라 단면 내에 압축응력 외에 인장응력이 생기는 경우도 있다. 이것과 관련 있는 것이 단면의 핵(core)이다. 단면의 핵에 대해서는 나중에 설명하도록 하겠다. 따라서 인장에 약한 재료, 예를 들면 콘크리트 등을 사용한 단주에서는 단면에 인장응력이 생기지 않도록 설계할 필요가 있다.

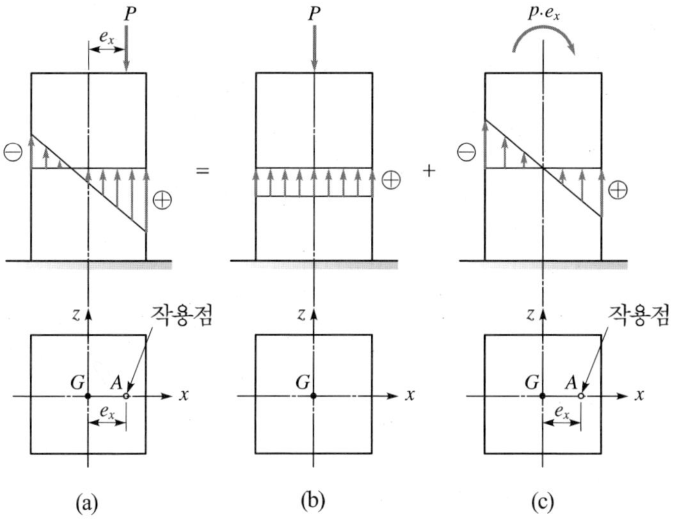

그림 11.3 편심압축응력

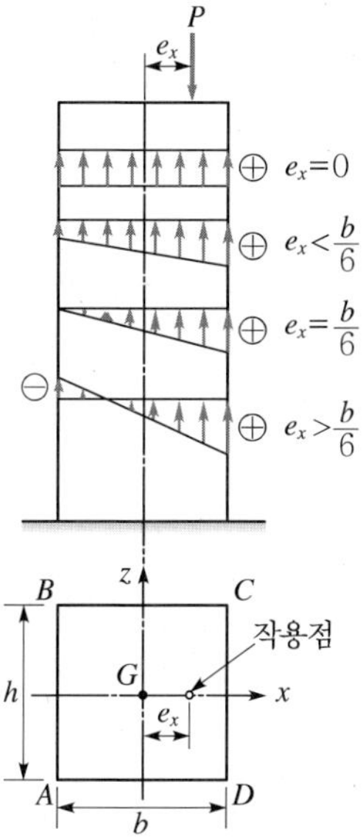

그림 11.4 e_x에 의한 응력 상태

예제 11.2

다음 그림과 같이 압축력 $P = 1{,}800\text{kN}$이 도심으로부터 x축 방향으로 200mm 편심을 가지고 작용할 경우, x축 상에서의 응력을 구하고 그 응력상태를 그림으로 나타내어라.

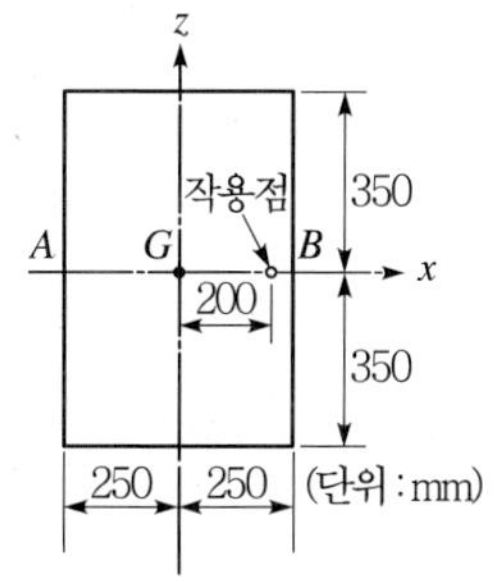

그림 예제 11.2

풀이

식 (11.2)에서,

$$\sigma_s = \frac{P}{A} + \frac{Pe_x}{I_z}x = \frac{1,800\times10^3}{500\times700} + \frac{1,800\times10^3\times200}{\frac{700\times500^3}{12}}x$$

$$= 5.14 + 0.049x$$

- 점 $A(x = -250\text{mm})$의 응력

  $\sigma_A = 5.14 + 0.049(-250) = -7.11\ \text{N/mm}^2$

  $\therefore \sigma_A = -7.11\text{MPa}$

- 점 $B(x = 250\text{mm})$의 응력

  $\sigma_B = 5.14 + 0.049(250) = 17.39\text{N/mm}^2$

  $\therefore \sigma_B = 17.39\text{MPa}$

  $\sigma = 0$이 되는 점은 $\sigma = 5.14 - 0.049x = 0$으로부터 x를 구하면, $x = 104.9\text{mm}$가 된다. 이상의 계산결과는 다음 그림에 나타내었다.

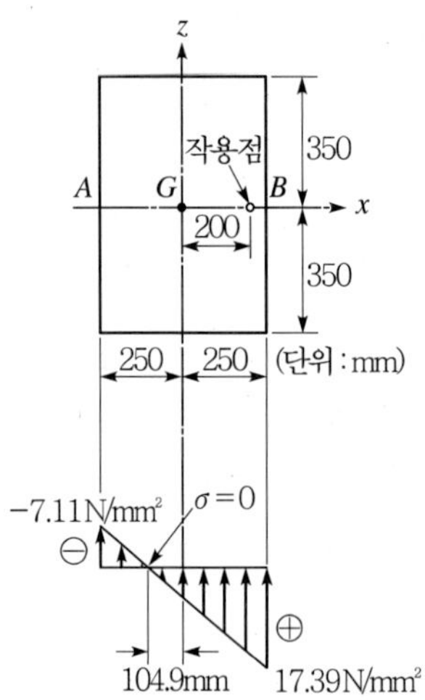

만약 편심하중이 z축 선상에 있다면 식 (11.2)에서와 같이, σ는 다음 식으로 구할 수 있다(휨은 x축을 중심으로 일어난다).

$$\sigma = \sigma_c + \sigma_{bx} = \frac{P}{A} + \frac{P\,e_z}{I_x}z \tag{11.3}$$

식 (11.2) 및 식 (11.3)을 보다 일반적인 식으로 정리해보자.

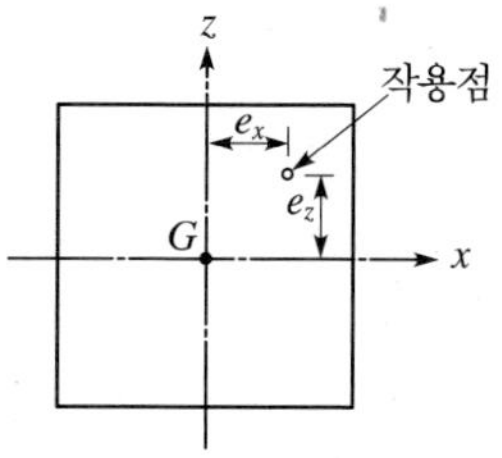

그림 11.5 임의 점에 작용하는 하중

그림 11.5에 보이듯이 x방향으로 e_x, z방향으로 e_z만큼 편심한 압축력 P가 작용할 경우, 단면 내의 임의 점에서의 응력 σ는

- z축 휨모멘트에 의한 휨응력 $\sigma_{bz} = \dfrac{P\,e_x}{I_z}x$
- x축 휨모멘트에 따른 휨응력 $\sigma_{bx} = \dfrac{P\,e_z}{I_x}z$

를 각각 더하여 식 (11.4)의 형태로 일반화하여 나타낼 수 있다.

$$\sigma = \sigma_c + \sigma_{bz} + \sigma_{bx} = \frac{P}{A} + \frac{P\,e_x}{I_z}x + \frac{P\,e_z}{I_x}z \tag{11.4}$$

여기에서 e_x, e_z, x, z는 x-z 좌표축 상에서 각각 "+", "−" 값을 갖게 된다. 각각의 부호에 대한 이해는 그림 11.6을 참고하기 바란다.

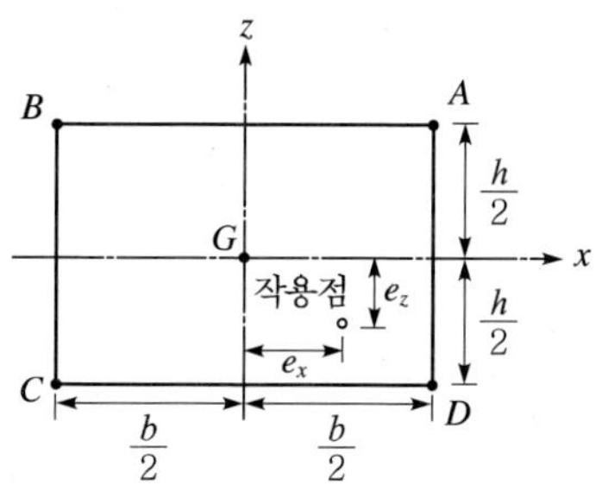

$$\sigma_A = \frac{P}{A} + \frac{P\,e_x}{I_z}\frac{b}{2} + \frac{P(-e_z)}{I_x}\frac{h}{2}$$

$$\sigma_B = \frac{P}{A} + \frac{P\,e_x}{I_z}\left(-\frac{b}{2}\right) + \frac{P(-e_z)}{I_x}\frac{h}{2}$$

$$\sigma_C = \frac{P}{A} + \frac{P\,e_x}{I_z}\left(-\frac{b}{2}\right) + \frac{P(-e_z)}{I_x}\left(-\frac{h}{2}\right)$$

$$\sigma_D = \frac{P}{A} + \frac{P\,e_x}{I_z}\frac{b}{2} + \frac{P(-e_z)}{I_x}\left(-\frac{h}{2}\right)$$

그림 11.6 작용점의 위치에 따른 응력

11.1.3 편심압축단주의 중립축

예제 11.2에서, $\sigma=0$이 되는 점을 알 수 있었다. 압축력 P가 임의 점(e_x , e_z)에 작용할 때, $\sigma=0$이 되는 점의 궤적을 이어가면 응력이 "0"이 되는 중립축이 구해진다. 중립축의 위치를 구하기 위해, 식 (11.4)를 다음과 같이 정리할 수 있다.

$$\sigma = \frac{P}{A}\left\{1+\frac{e_x}{I_z/A}x+\frac{e_z}{I_x/A}z\right\} \tag{11.5}$$

위 식의 { }안을 단면 2차반경(1.3.5절 식 (1.17) 참조)

$$r_x = \sqrt{\frac{I_x}{A}}\,,\ r_z = \sqrt{\frac{I_z}{A}} \tag{11.6}$$

을 이용하여 정리하면, 다음 식과 같다.

$$\sigma = \frac{P}{A}\left\{1+\frac{e_x}{r_z^2}x+\frac{e_z}{r_x^2}z\right\} \tag{11.7}$$

식 (11.7)은 식 (11.4)와 같고 편심압축단주의 횡단면 내의 임의 점에서의 응력 σ를 구하는 식이다. 그림 11.7에 보이는 중립축 $n-n$의 방정식은, 중립축 위에서 $\sigma=0$이므로, 식 (11.7)에서 { } 안의 값이 "0"이 되어야 한다.

$$1+\frac{e_x}{r_z^2}x+\frac{e_z}{r_x^2}z=0$$

따라서 중립축과 x, z축과의 교점의 좌표(n_x, n_z)는 다음 식이 된다.

$$\sigma = \frac{P}{A}\left\{1+\frac{e_x}{r_z^2}x+\frac{e_z}{r_x^2}z\right\} \tag{11.8}$$

n_x, n_z의 부호는 그림 11.7에서 x, z축의 부호에 따른다. 즉, 그림 11.7의 경우 n_x, n_z는 모두 "−"의 부호를 갖게 된다.

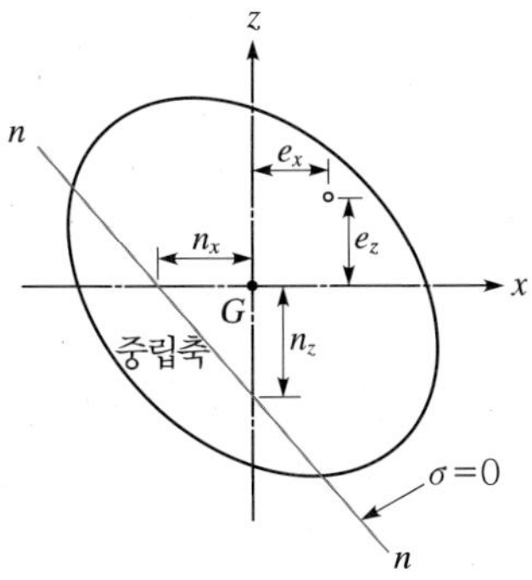

그림 11.7 중립축

한편, n_x, n_z를 이미 알고 있는 경우에는 식 (11.8)에서 다음식과 같이 압축력 P의 작용점(e_x, e_z)도 구할 수 있다.

$$e_x = -\frac{r_z^2}{n_x} = -\frac{I_x}{An_x}, \quad e_z = -\frac{r_x^2}{n_z} = -\frac{I_z}{An_z} \tag{11.9}$$

11.2 단주단면의 핵

편심압축력의 작용점 위치에 따라서 기둥의 단면에 압축응력뿐만 아니라 인장응력이 생길 수 있다는 것을 이미 배웠다. 이 사실은 압축력이 작용하는 편심거리에 따라 단면 내에는 압축응력만이 발생되며 단면 단부의 응력이 "0"이 되는 편심압축력의 작용점이 존재할 수 있다는 것을 의미한다(예를 들면, 그림 11.8에서 $e_x = b/6$). 이러한 편심압축력의 작용점을 핵점(core point)이라 부른다. 이 핵점들을 이은 내부를 단면의 핵(core)이라 한다. 따라서 핵 내에 축방향압축력이 작용하면 단면에는 압축응력만이 생기고 인장응력은 생기지 않게 된다.

단면의 핵을 구하는 일은 구조계산에서 중요한 일이다. 예를 들면, 압축력에는 강하지만 인장력에는 약한 콘크리트의 부재 등에서는 단면 내에 인장응력을 생기지 않도록 단면의 핵을 고려한 설계가 필요하다.

11.2.1 직사각형 단면의 핵

그림 11.8(a)에 보이는 직사각형 단면의 핵 점을 구해보자.

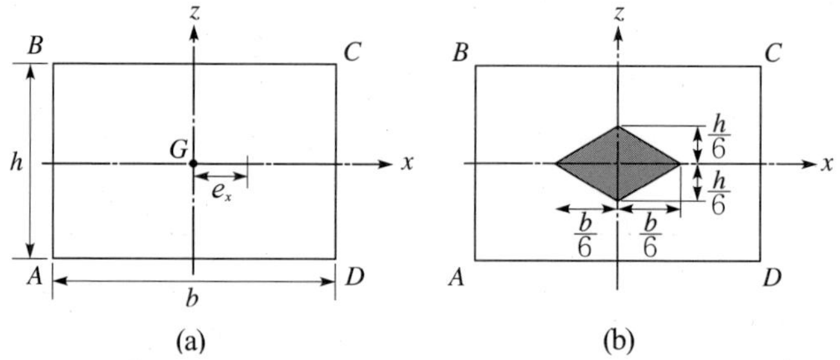

그림 11.8 직사각형 단면의 핵

압축력 P의 작용점이 e_x만큼 떨어진 x축 위에 있는 경우, 식 (11.2)에서 σ_{AB}으로 하면

$$\sigma_{AB} = \frac{P}{A} + \frac{P\,e_x}{I_z}\,x = 0$$

$$\frac{1}{A} = -\frac{e_x}{I_z}\,x \tag{11.10}$$

$$e_x = -\frac{I_z}{A\,x}$$

여기에서 $I_z = hb^3/12$, 도심에서 AB 단부까지의 거리 $x = -b/2$를 고려하여 e_x를 구하면 다음 식이 된다. S_z는 z축에 대한 단면계수이다.

$$e_x = -\frac{I_z}{A\left(-\dfrac{b}{2}\right)} = \frac{\dfrac{hb^3}{12}\cdot\dfrac{2}{b}}{A} = \frac{\dfrac{hb^2}{6}}{A} = \frac{S_z}{A} = \frac{hb^2}{6hb} = \frac{b}{6} \tag{11.11}$$

식 (11.11)은 AB 단부의 응력 σ_{AB}가 "0"이 되는 하중 작용점은 $+x$축 방향으로 "$b/6$"만큼 떨어진 점이 된다는 의미이다.

$\sigma_{CD} = 0$으로 하면 도심에서 CD 단부까지의 거리 $x = b/2$가 되므로 다음 식이 된다.

$$e_x = -\frac{I_z}{A\left(\dfrac{b}{2}\right)} = -\frac{S_z}{A} = -\frac{b}{6} \tag{11.12}$$

압축력 P의 작용점이 e_z만큼 떨어진 z축 위에 있는 경우, 식 (11.3)에서 $\sigma_{AD} = 0$으로 하면

$$\sigma_{AD} = \frac{P}{A} + \frac{P\,e_z}{I_x}\,z = 0$$

$$e_z = -\frac{I_x}{A\,z}$$

여기에서 $I_x = bh^3/12$, 도심에서 AD단부까지의 거리 $z = -h/2$를 고려하여 e_z를 구하면 다음 식이 된다. S_x는 x축에 대한 단면계수이다.

$$e_z = -\frac{I_x}{A\left(-\frac{h}{2}\right)} = \frac{S_x}{A} = \frac{h}{6} \tag{11.14}$$

$\sigma_{BC} = 0$으로 하면 도심에서 BC 단부까지의 거리 $z = h/2$가 되므로 다음 식이 된다.

$$e_z = -\frac{I_x}{A\left(-\frac{h}{2}\right)} = -\frac{S_x}{A} = -\frac{h}{6} \tag{11.15}$$

11.2.2 단면의 핵 계산

이상의 계산결과에서 직사각형 단면의 핵점은 $(b/6, 0)$, $(-b/6, 0)$, $(0, h/6)$, $(0, -h/6)$이 된다. 그림 11.8(b)에 보이듯이, 이들 핵점을 이은 마름모꼴이 직사각형 단면의 핵이다. 이러한 핵점의 계산방법은 식 (11.9)의 e_x, e_z로부터도 구할 수 있다.

예제 11.3

다음 그림과 같은 원형 단면의 핵을 구하시오.

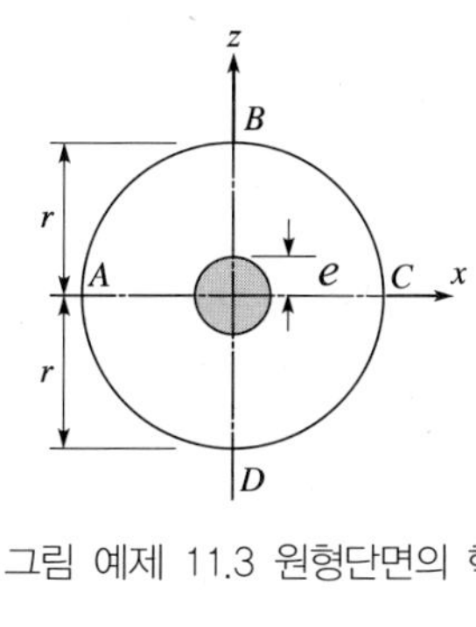

그림 예제 11.3 원형단면의 핵

풀이

$I_x = I_z = \pi r^4/4$, $A = \pi r^2$, 점 A의 $x = -r$에서 $\sigma = \dfrac{P}{A} + \dfrac{Pe_x}{I_z}(-r) = 0$으로부터, e_x를 구하면

$$e_x = -\frac{I_z}{A(-r)} = \frac{\pi r^4/4}{\pi r^3} = \frac{r}{4}$$

이 된다. 원형단면은 도심에 관해 2축대칭단면이므로 원형단면의 핵은 $r/4$을 반경으로 하는 원이 된다.

그림 11.9에는 대표적인 구조부재들의 단면형상에 따른 단면의 핵을 음영 처리하여 도시하였다.

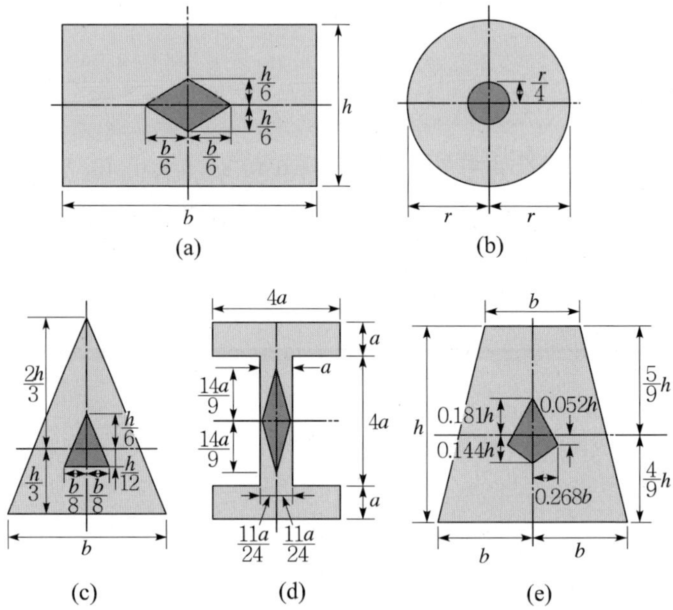

그림 11.9 대표적인 단면의 핵

11.3 장주의 좌굴강도

11.3.1 좌굴현상

가늘고 긴 형태의 기둥(장주)에 압축력 P를 "0"에서부터 점차로 증가시키면, 그림 11.10과 같이 반듯한 형태의 기둥이 항복점에 도달하기 이전에 횡방향으로 큰 변형을 동반하면서, 결국 압축력에 견디지 못하고 파괴되는데 이러한 파괴현상을 좌굴(buckling)이라 한다. 좌굴이 발생되는 그 시점의 압축하중을 좌굴하중(buckling load) 혹은 임계하중(critical load)이라 하고, P_{cr}로 나타낸다.

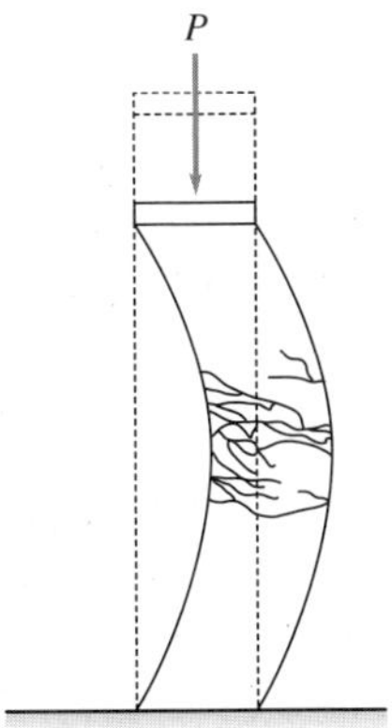

그림 11.10 좌굴

11.2절까지는 단주의 압축응력에 대해서 배웠다. 장주가 좌굴하는 경우의 압축응력은, 단주가 순수압축파괴되는 경우의 압축응력보다 작다. 즉, 단주는 재료의 기준강도인 항복응력에 이르기까지 저항 가능하나, 장주에서는 그 응력에 이르기 전에 좌굴이 생기게 된다. 따라서 기둥, 트러스의 압축부재를 포함해서 구조물의 압축부재에 대한 설계에서는 좌굴에 대해 안전하도록 설계하는 것이 중요하다. 좌굴문제는 1759년에 스위스의 수학자 레오나드 오일러(Leonard Euler, 1707 ~ 1783)에 의해 처음으로 연구되었기 때문에, 오일러의 좌굴이론이라고도 불리고 있다. 오일러는 스위의의 가장 유명한 수학자로서 과거 스위스의 10프랑 화폐의 도안으로 사용되기도 하였다(그림 11.11).

그림 11.11 레오나드 오일러(Leonard Euler, 1707-1783) (출처 : wikipedia.org/wiki)

11.3.2 양단힌지 장주의 좌굴하중

그림 11.12에 보이듯이, 길이가 l이고 휨강성 EI가 일정한 곧은 기둥이 압축력 P로 인해 횡방향으로 변형한 경우를 생각해보자.

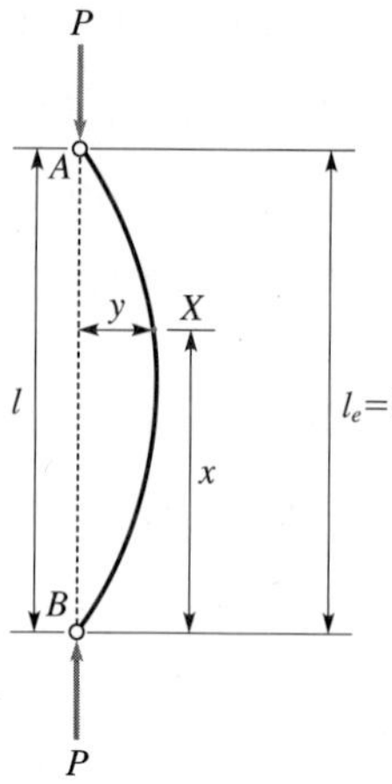

그림 11.12 양단힌지의 장주

점 X의 변형을 y라 하면, 점 X에서 변형 후의 휨모멘트 $M = Py$가 된다. 이것을 제6장에서 배운 식 (6.5)에 x에 관하여 θ의 도함수를 취하고, 휨모멘트와 변형의 관계를 나타내는 식 (6.25)를 참조하여 다음과 같이 정리할 수 있다.

$$k = \frac{d\theta}{dx} = \frac{d^2y}{dx^2} = -\frac{M}{EI} = -\frac{Py}{EI} \tag{11.15}$$

여기서,

$$k^2 = \frac{P}{EI} \tag{11.16}$$

라 두면, 식 (11.15)는 다음식과 같이 표현된다. 이것을 좌굴방정식이라 부른다.

$$\frac{d^2y}{dx^2} + k^2y = 0 \tag{11.17}$$

식 (11.17)에 보이는 2개의 미분방정식의 일반해는 다음 식으로 얻어질 수 있다. 여기에 C_1 및 C_2는 미정계수로, 어떠한 조건에서 기둥이 지지되고 있는지를 나타내는 경계조건으로 결정된다.

$$y = C_1 \cos kx + C_2 \sin kx \tag{11.18}$$

양단이 회전이 가능한 힌지의 경계조건이므로
i) 점 A($x=0$)에서 $y=0$으로부터, $C_1=0$이 되며,
ii) 점 B($x=l$)에서 $y=0$으로부터, $C_2 \sin kl = 0$을 얻는다.

여기서, $C_2=0$인 경우는 $y=0$이 되어 장주는 변형하지 않고 결국 좌굴되지 않는다. 그러나 장주에는 좌굴이 생기게 되므로, $C_2 \neq 0$이 되고 다음의 좌굴조건식이 얻어진다.

$$\sin kl = 0 \tag{11.19}$$

식 (11.19)를 만족하는 것은 $kl = n\pi$인 경우이므로, 식 (11.16)으로부터 다음 식을 얻는다.

$$k = \sqrt{\frac{P}{EI}} = \frac{n\pi}{l} \qquad (n=1,\ 2,\ 3,\ \cdots) \tag{11.20}$$

따라서 식 (11.20)으로부터 좌굴하중 P_{cr}은 다음 식이 된다.

$$P_{cr} = \frac{n^2\pi^2 EI}{l^2} \qquad (n=1,\ 2,\ 3,\ \cdots) \tag{11.21}$$

한편, 변형 y의 형상은 식 (11.18)에서 주어지지만, $C_1=0$이므로 다음 식에 나타난 정현파의 변형형태가 되는데, 이것을 좌굴모드(buckling mode)라고 하며, 좌굴시의 변형형상을 나타내고 있다.

$$y = C_2 \sin\frac{n\pi}{l}x \qquad (n=1,\ 2,\ 3,\ \cdots) \tag{11.22}$$

또, 미정계수 C_2는 정현파의 진폭을 나타내지만, 그 값은 구할 수 없다. 즉, 식 (11.22)는 좌굴변형 형상만을 보여줄 뿐 크기를 보여주지는 않는다. 따라서 $C_2 = y_0 = 1$로 하는 $n=3$까지의 좌굴하중과 좌굴모드를 표 11.1에 나타냈다.

표 11.1 좌굴하중과 좌굴모드

차 수	좌굴하중	좌굴모드($y_0=1$)	
$n=1$	$P_{cr} = \frac{\pi^2 EI}{l^2}$	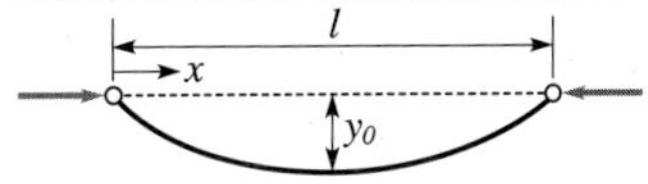	$y=\sin\frac{\pi}{l}x$
$n=2$	$P_{cr} = \frac{4\pi^2 EI}{l^2}$	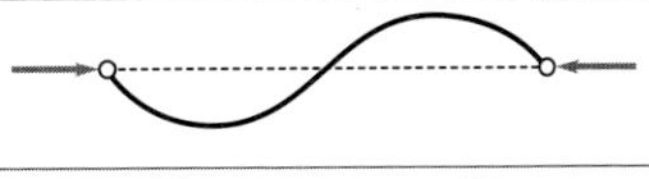	$y=\sin\frac{2\pi}{l}x$
$n=3$	$P_{cr} = \frac{9\pi^2 EI}{l^2}$		$y=\sin\frac{3\pi}{l}x$

기둥에 작용하는 압축하중 P와 좌굴하중 P_{cr}과의 크기에 따른 거동을 다음과 같이 요약할 수 있다.

$P < P_{cr}$: 안정 상태

$P = P_{cr}$: 중립 상태

$P > P_{cr}$: 불안정 상태, 좌굴 발생

식 (11.21)에 보이는 좌굴하중은 이론상, n의 값에 의해 무수히 존재한다. 그러나 양단힌지의 기둥에 작용하는 압축력 P가 "0"으로부터 점차로 증가하는 경우, n=1인 변형형상 $y = \sin(\pi x / l)$에 대응하는 가장 작은 하중 $P_{cr} = \pi^2 \mathrm{EI}/l^2$에서 좌굴이 생기게 되며, n=2 또는 n=3인 변형형상은 사실상 발생하지 않게 된다. 즉, 구조물을 안전하게 설계하기 위한 실제문제로써 중요한 것은, n=1일 때의 최소 좌굴하중이다. 따라서 양단힌지 기둥의 실제적인 좌굴하중은 다음 식 (11.23)과 같이 된다.

$$P_{cr} = \frac{\pi^2 EI}{l^2} \tag{11.23}$$

이 좌굴하중 P_{cr}을 오일러의 좌굴하중이라 부른다. 식 (11.23)에서 알 수 있듯이, 좌굴하중은 휨강성 EI에 비례하고, 기둥의 길이 l의 2승에 반비례하고 있다. 또, 오일러의 좌굴하중은 영계수 E가 일정한 범위, 즉 재료가 탄성의 범위라는 점에서 탄성좌굴하중이라고도 불린다.

장주는 지지되고 있는 경계조건에 따라 식 (11.23)의 좌굴하중 값이 달라진다. 이제부터 양단힌지가 아닌 장주의 경계조건에 따라 좌굴강도를 구하는 방법에 대해 설명하겠다. 단, 경계조건이 다르더라도 식 (11.15)에 대응하는 좌굴방정식을 구하고, 경계조건으로부터 일반해의 미정계수를 정해, 식 (11.19)에 대응하는 좌굴조건식을 유도하는 일련의 과정은 동일하다. 아래에는 각 경계조건에 대응하는 좌굴강도를 구하는 방법을 서술하였다.

11.3.3 일단고정 · 타단자유 장주의 좌굴하중

그림 11.13(a)에 보이는 점 X에서의 휨모멘트는 $M_x = P(\delta - y)$가 된다. 이 경계조건의 기둥은 그림 (a)와 같이 좌굴변형한다. 이를 앞에서 설명한 그림 11.12의 양단힌지 장주에 대응시킨 것이 같은 그림 (b)이다. 기둥의 좌굴길이는 점선부분도 포함한 $2l$이 된다. 이 $2l$을 식 (11.23)에 보이는 오일러 식에 대입하면, 식 (11.24)의 좌굴하중을 얻을 수 있다.

양단힌지 장주의 좌굴형상과 같이 되는 좌굴길이를 유효좌굴길이 l_e라 한다. 그림 11.13에서는

$l_e = 2l$이 된다.

$$P_{cr} = \frac{\pi^2 EI}{(2\,l)^2} = \frac{\pi^2 EI}{4\,l^2} \tag{11.24}$$

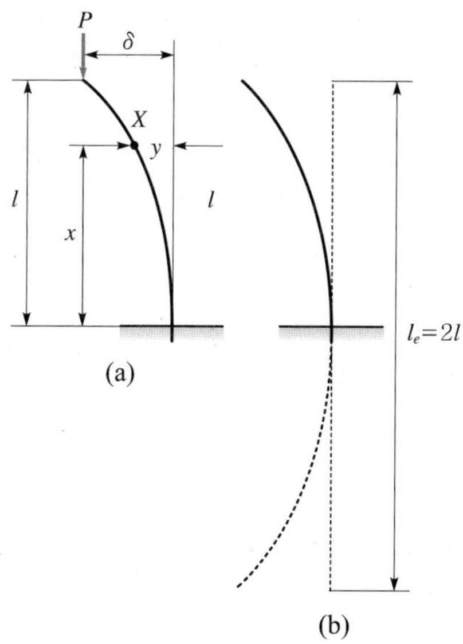

그림 11.13 일단고정 · 타단자유의 장주

11.3.4 일단고정 · 타단힌지 장주의 좌굴하중

그림 11.14에 보이는 장주의 점 X에서의 휨모멘트는 고정단모멘트 M_B에 의해 점 A에 생기는 수평력 $H = M_B / l$ 을 고려하면, $M_x = Py - H(l-x)$가 된다. 이 휨모멘트를 식 (11.15)에 대입하여 풀면, 최종적으로 다음 식의 좌굴하중이 얻어진다. 유효좌굴길이 $l_e \doteqdot 0.7l$이 된다.

$$P_{cr} \doteqdot \frac{\pi^2 EI}{(0.7l)^2} \doteqdot \frac{\pi^2 EI}{0.49\,l^2} \doteqdot \frac{2\,\pi^2 EI}{l^2} \tag{11.25}$$

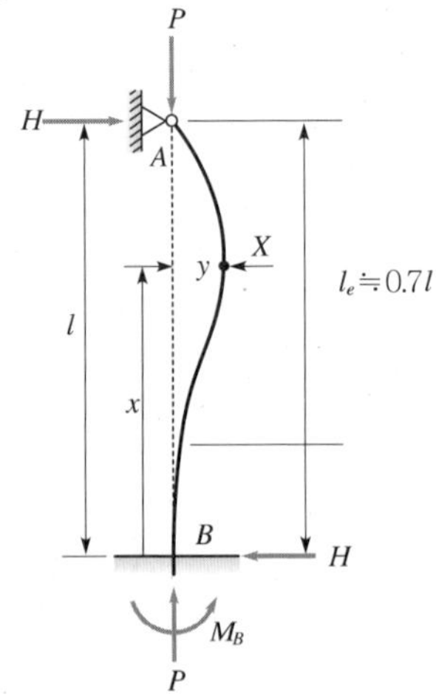

그림 11.14 일단고정 · 타단회전의 장주

11.3.5 양단고정 장주의 좌굴하중

그림 11.15에 보이는 점 X의 휨모멘트는 A, B 양단의 고정단모멘트를 $M = M_A = M_B$로 하면 $M_x = Py - M$이 된다. 이 휨모멘트를 이용하여 좌굴하중을 구하면, 다음 식이 얻어진다.

유효좌굴길이 $l_e = 0.5l$이 된다.

$$P_{cr} = \frac{\pi^2 EI}{\left(\frac{l}{2}\right)^2} = \frac{4\pi^2 EI}{l^2} \tag{11.26}$$

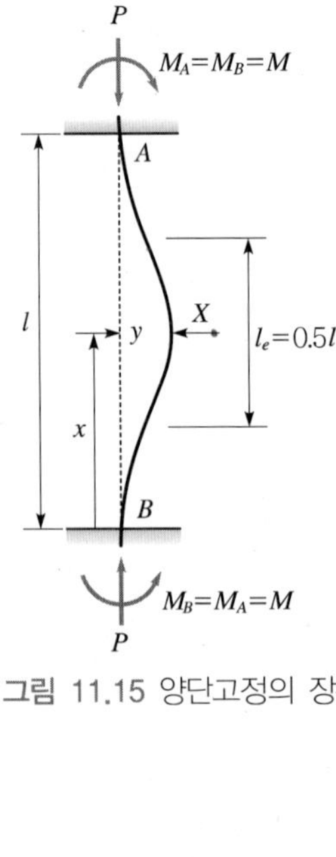

그림 11.15 양단고정의 장주

11.3.6 유효좌굴길이

식 (11.23)부터 식 (11.26)에 보이는 좌굴하중 P_{cr}은 장주가 지지되어 있는 경계조건에 따라 다를 뿐 같은 형식으로 표현되고 있다. 즉, 양단의 각 경계조건이 다른 좌굴하중은 양단힌지의 기둥을 기준으로 다음 식으로 변형하는 것이 가능하다.

$$P_{cr} = \frac{\pi^2 EI}{(l_e)^2} = \frac{\pi^2 EI}{(\beta l)^2} \tag{11.27}$$

여기서 $l_e = \beta l$, 식 (11.27)에서 l_e를 유효좌굴길이(effective buckling length)이라 하고, 기둥의 실제길이 l과 유효좌굴길이 l_e의 비를 의미하는 β를 유효좌굴길이계수라 한다. 표 11.2에 대표적인 장주의 경계조건과 유효좌굴길이계수 등을 나타냈다. 여기서, l, EI 및 P가 같은 장주인 경우 좌굴하중 P_{cr}이 가장 작은 조건은 일단고정 타단자유의 경계조건이며, 반대로 P_{cr}이 가장 큰 조건은 양단고정인 기둥임을 이해할 수 있을 것이다.

표 11.2 대표적인 경계조건과 유효좌굴길이계수

지지조건	힌지-힌지	고정-자유	고정-힌지	고정-고정
변형형상과 좌굴길이	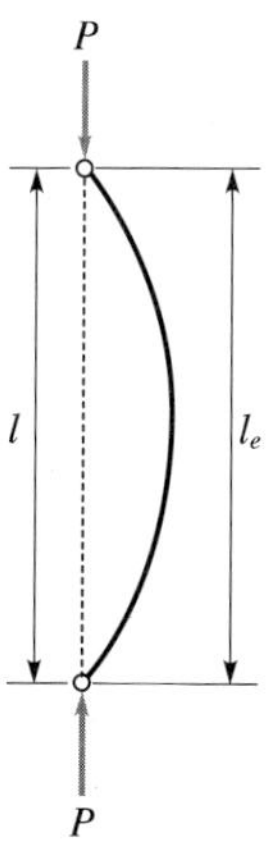	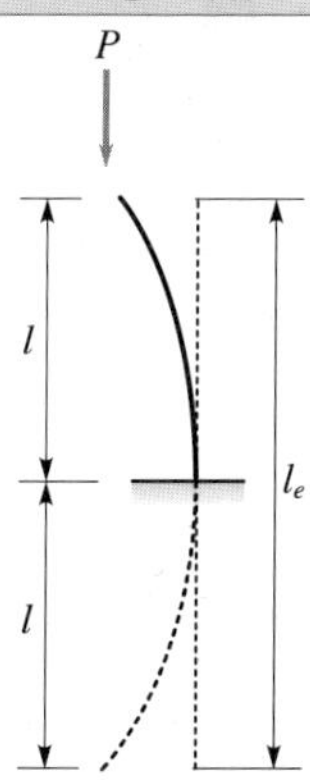	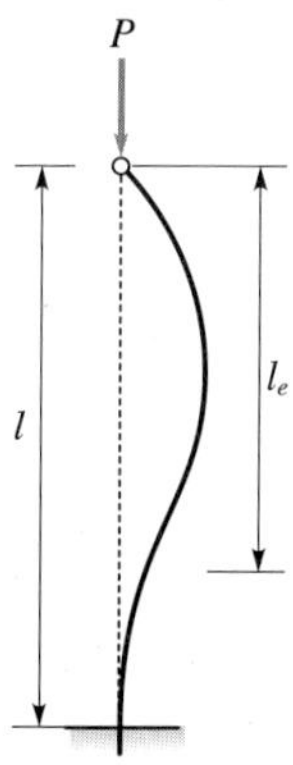	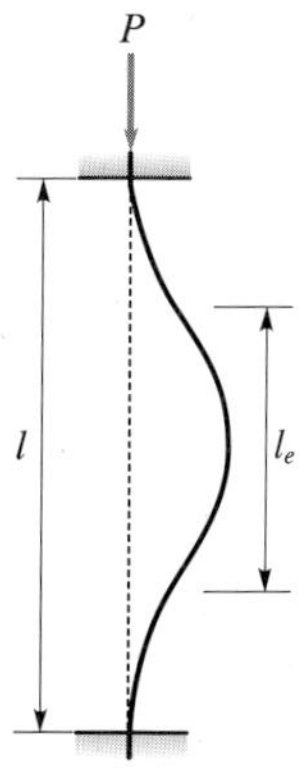
유효좌굴 길이(l_e)	$l_e = l$	$l_e = 2l$	$l_e \fallingdotseq 0.7\,l$	$l_e = 0.5\,l$
유효좌굴 길이계수(β)	$\beta = 1.0$	$\beta = 2.0$	$\beta \fallingdotseq 0.7$	$\beta = 0.5$
좌굴하중 (P_{cr})	$P_{cr} = \frac{\pi^2 EI}{l^2}$	$P_{cr} = \frac{\pi^2 EI}{(2l)^2}$	$P_{cr} = \frac{\pi^2 EI}{(0.7l)^2}$	$P_{cr} = \frac{\pi^2 EI}{(0.5l)^2}$

예제 11.4

다음 그림과 같이 가교의 가로보를 지지하고 있는 중공원형단면을 갖는 기둥이 있다. 기둥의 외경 d_o = 120mm, 내경 d_i = 110mm, 길이 L = 5.2m이다. 기둥의 하단은 콘크리트 기초에 고정되어 있으며, 상단의 경계조건은 다음과 같이 4가지 조건으로 가정될 때 좌굴하중 P_{cr}을 구하여라(단, 탄성계수 E = 210 GPa이다).

1) 수평방향 변위만 구속되는 지점
2) 수평방향과 회전변위가 모두 구속되는 지점
3) 수평방향 변위가 허용되는 핀으로 고정된 지점
4) 회전변위는 구속되나 수평방향 변위는 허용되는 지점

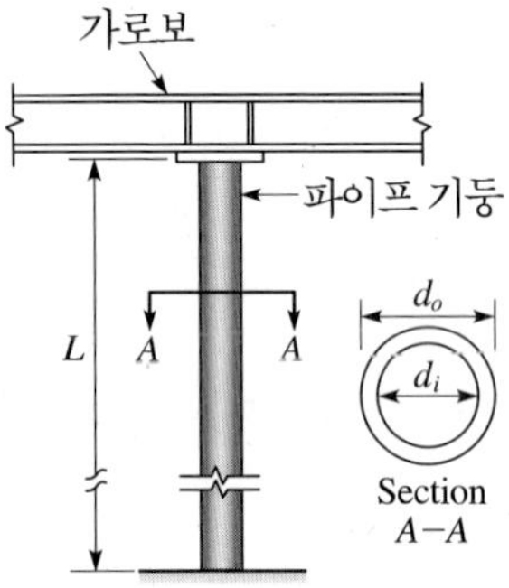

그림 예제 11.4

풀이

$$I = \frac{\pi d^4}{64} = \frac{\pi\left(d_0^{\ 4} - d_i^{\ 4}\right)}{64} = \frac{\pi\left(120^4 - 110^4\right)}{64} = 299.2 \times 10^4 \mathrm{mm}^4$$

1) 하단고정 - 상단힌지 경계조건

$$P_{cr} = \frac{\pi^2 EI}{(0.7l)^2} = \frac{\pi^2 \times 210 \times 10^3 \times 299.2 \times 10^4}{\left(0.7 \times 5.2 \times 10^3\right)^2} = 468.03\,\mathrm{kN}$$

2) 하단고정 - 상단고정 경계조건

$$P_{cr} = \frac{\pi^2 EI}{(0.5l)^2} = \frac{\pi^2 \times 210 \times 10^3 \times 299.2 \times 10^4}{\left(0.5 \times 5.2 \times 10^3\right)^2} = 917.35\,\mathrm{kN}$$

3) 하단고정 - 상단자유 경계조건

$$P_{cr} = \frac{\pi^2 EI}{(2l)^2} = \frac{\pi^2 \times 210 \times 10^3 \times 299.2 \times 10^4}{\left(2 \times 5.2 \times 10^3\right)^2} = 57.33\,\mathrm{kN}$$

4) 하단고정 - 상단 Guided(회전고정과 수평변위자유) 경계조건

이러한 상단 경계조건은 다음과 같이 유효길이 l_e를 결정할 수 있으며, 결국 힌지-힌지의 경계조건과 동일한 좌굴하중 크기를 갖게 된다.

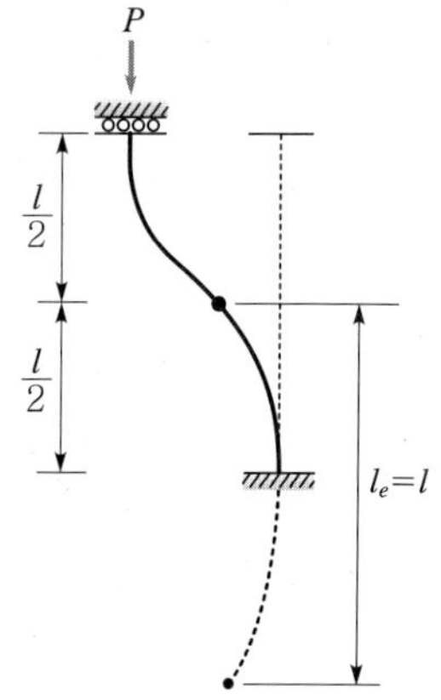

$$P_{cr} = \frac{\pi^2 EI}{(l)^2} = \frac{\pi^2 \times 210 \times 10^3 \times 299.2 \times 10^4}{(5.2 \times 10^3)^2} = 229.34\,\text{kN}$$

11.3.7 좌굴응력과 세장비

좌굴하중 P_{cr}을 장주의 단면적 A로 나누면 다음 식과 같이 좌굴응력 σ_{cr}이 구해진다.

$$\sigma_{cr} = \frac{P_{cr}}{A} = \frac{\pi^2 E}{(\beta l)^2}\frac{I}{A} = \frac{\pi^2 E}{\left(\frac{\beta l}{r}\right)^2} = \frac{\pi^2 E}{\left(\frac{l_e}{r}\right)^2} = \frac{\pi^2 \cdot E}{\lambda^2} \tag{11.28}$$

여기서, $r = \sqrt{I/A}$는 식 (11.6)의 단면 2차반경이다. 또, 구체적으로는 x축과 z축에 관한 단면 2차반경 $r_x = \sqrt{I_x/A}$와 $r_z = \sqrt{I_z/A}$을 구하여 $r_x > r_z$인 경우는 $I_x > I_z$이며, 이때의 x축을 강축, z축을 약축이라 한다. 물론 $r_x < r_z$의 경우라면 x축은 약축, z축은 강축이 된다. 단면의 강축과 약축의 개념을 쉽게 이해하기 위해서 $r_x < r_z$인 그림 11.16과 같이 압축하중을 받는 직사각형 단면의 장주를 생각해보자. 직사각형 단면의 장주는 압축하중이 증가해감에 따라 x축을 중심으로 휘게 될 것이다. 즉, x축은 약축, z축은 강축이 된다.

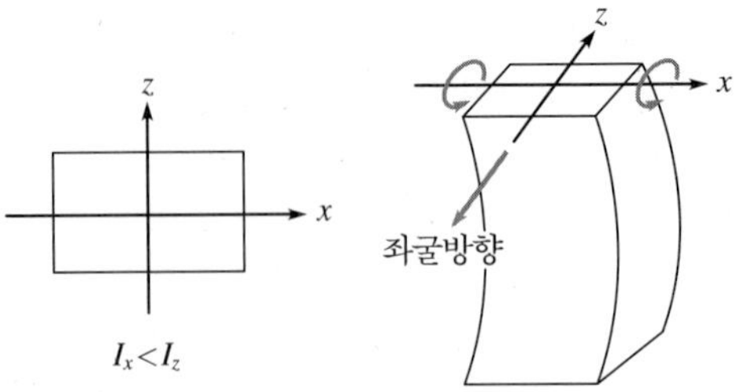

그림 11.16 강축과 약축에 대한 이해

또, l/r을 기둥의 세장비(slenderness ratio), $\lambda = l_e/r$을 유효세장비(effective slenderness ratio)라 하며 모두 무차원이다. 세장비는 기둥의 날렵함, 즉 스마트함을 나타내는 중요한 지표이다.

예제 11.5

예제 11.4에서 1), 2)와 동일한 조건을 갖는 기둥의 좌굴응력 σ_{cr} 을 구하시오.

풀이

$$A = \frac{\pi d^2}{4} = \frac{\pi\left(d_o{}^2 - d_i{}^2\right)}{4} = \frac{\pi\left(120^4 - 110^4\right)}{4} = 47.87 \times 10^6\,\mathrm{mm}^4$$

1) 하단 고정 - 상단 힌지 경계조건

$$\sigma_{cr} = \frac{P_{cr}}{A} = \frac{468.03 \times 10^3}{47.84 \times 10^6} = 9.783 \times 10^{-3}\,\mathrm{N/mm^2} = 9.783\,\mathrm{kPa}$$

2) 하단 고정 - 상단 고정 경계조건

$$\sigma_{cr} = \frac{917.35 \times 10^3}{47.84 \times 10^6} = 19.353 \times 10^{-3}\,\mathrm{N/mm^2} = 19.353\,\mathrm{kPa}$$

11.4 기둥의 설계

식 (11.28)의 좌굴응력과 유효세장비의 관계를 그림 11.17에서 실선으로 나타내었다. $\lambda \leq 20$의 영역에서는 좌굴은 생기지 않는 단주의 거동을 보이며 그 강도는 항복응력 σ_y와 일치한다. 식 (11.28)의 σ_{cr}를 적용시킬 수 있는 장주는 $\lambda > 93$의 영역이다. 이 영역의 곡선을 오일러곡선(Euler`s curve)이라 한다. $20 < \lambda \leqq 93$의 범위는 단주와 장주의 중간에 위치하는 중간주의 영역으로 오일러의 좌굴이론을 적용할 수 없다. 그것은 강재의 항복응력, 초기변형, 용접시의 열작용에 의한 잔류응력 등의 초기결함 등이 영향을 주기 때문이다. 이러한 것을 고려한 실험적 연구 및 이론적 연구에 따라, 그림 11.17의 가운데 부분에 이점쇄선으로 나타낸 내하력 곡선이 제안되었다. 즉, 초기결함 등이 있는 기둥은 식 (11.28)의 σ_{cr}보다 작은 하중에서 좌굴하게 된다.

이상과 같은 사실을 고려하여, 기둥의 좌굴에 대한 실용적인 설계식으로써, 도로교설계기준에서는 그림 11.17의 가운데 부분에 이점쇄선으로 표시한 내하력곡선을 약 1.7 정도의 안전율로 나눈 일점쇄선의 허용축방향 압축응력 σ_{ca}를 제시하고 있다. 그림 11.17과 이상의 설명은 SM400강재 중 두께 40mm 이하의 경우에 대한 것이다.

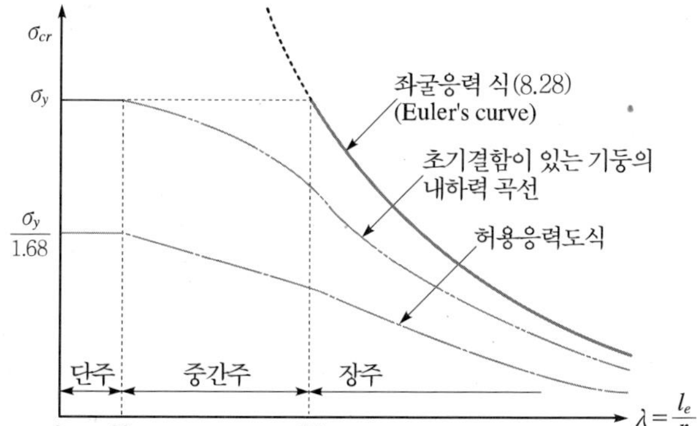

그림 11.17 좌굴응력과 허용응력도식(강종 SM400)

표 11.3은 국부좌굴을 허용하지 않는 허용축방향 압축응력을 강재의 종류와 두께에 따라 보여주고 있다(도로교설계기준(2010년)). 도로교를 설계하기 위한 도로교설계기준에서는 강재의 종류와 두께에 따라 표 11.3과 같은 구체적인 세장비 조건을 제시하고 있다. 표의 각 블록에는 3개씩의 조건식이 제시되어 있으며, 각각 제시된 첫 번째의 세장비 조건식은 단주, 두 번째와 세 번째 조건식은 각각 중간주와 장주에 해당함을 의미한다.

표 11.3 국부좌굴을 허용하지 않는 허용축방향 압축응력(MPa)

<table>
<tr><th>강종
두께</th><th>SS400, SM400
SMA400</th><th>SM490</th><th>SM490Y, SM520
SMA490</th><th>SM570
SMA570</th></tr>
<tr><td>40 이하</td><td>$140 : \frac{l}{r} \le 20$
$140-0.84\left(\frac{l}{r}-20\right)$
$: 20 < \frac{l}{r} \le 93$
$\frac{1,200,000}{6,700+\left(\frac{l}{r}\right)^2} : 93 < \frac{l}{r}$</td><td>$190 : \frac{l}{r} \le 15$
$190-1.3\left(\frac{l}{r}-15\right)$
$: 15 < \frac{l}{r} \le 80$
$\frac{1,200,000}{5,000+\left(\frac{l}{r}\right)^2} : 80 < \frac{l}{r}$</td><td>$210 : \frac{l}{r} \le 14$
$210-1.5\left(\frac{l}{r}-14\right)$
$: 14 < \frac{l}{r} \le 76$
$\frac{1,200,000}{4,500+\left(\frac{l}{r}\right)^2} : 76 < \frac{l}{r}$</td><td>$260 : \frac{l}{r} \le 18$
$260-2.2\left(\frac{l}{r}-18\right)$
$: 18 < \frac{l}{r} \le 67$
$\frac{1,200,000}{3,500+\left(\frac{l}{r}\right)^2} : 67 < \frac{l}{r}$</td></tr>
<tr><td>40 초과
75 이하</td><td rowspan="2">$130 : \frac{l}{r} \le 20$
$130-0.75\left(\frac{l}{r}-20\right)$
$: 20 < \frac{l}{r} \le 97$
$\frac{1,200,000}{7,300+\left(\frac{l}{r}\right)^2} : 97 < \frac{l}{r}$</td><td rowspan="2">$175 : \frac{l}{r} \le 15$
$175-1.1\left(\frac{l}{r}-15\right)$
$: 15 < \frac{l}{r} \le 83$
$\frac{1,200,000}{5,300+\left(\frac{l}{r}\right)^2} : 83 < \frac{l}{r}$</td><td>$280 : \frac{l}{r} \le 14$
$200-1.4\left(\frac{l}{r}-14\right)$
$: 14 < \frac{l}{r} \le 78$
$\frac{1,200,000}{4,700+\left(\frac{l}{r}\right)^2} : 78 < \frac{l}{r}$</td><td>$250 : \frac{l}{r} \le 18$
$250-2.1\left(\frac{l}{r}-18\right)$
$: 18 < \frac{l}{r} \le 69$
$\frac{1,200,000}{3,600+\left(\frac{l}{r}\right)^2} : 69 < \frac{l}{r}$</td></tr>
<tr><td>75 초과
100 이하</td><td>$195 : \frac{l}{r} \le 14$
$195-1.3\left(\frac{l}{r}-14\right)$
$: 14 < \frac{l}{r} \le 79$
$\frac{1,200,000}{4,900+\left(\frac{l}{r}\right)^2} : 79 < \frac{l}{r}$</td><td>$245 : \frac{l}{r} \le 18$
$245-2.2\left(\frac{l}{r}-18\right)$
$: 18 < \frac{l}{r} \le 69$
$\frac{1,200,000}{3,700+\left(\frac{l}{r}\right)^2} : 69 < \frac{l}{r}$</td></tr>
</table>

주) TMC 강재일 경우에는 판 두께에 상관없이 40mm 이하에 해당하는 값을 적용한다.

예제 11.6

다음 그림에 보이는 것처럼 두께 16mm의 직사각형 중공 단면이고, 길이가 10m인 양단 힌지의 경계조건을 갖는 장주가 있다. 장주의 강종은 SM400, σ_y = 235MPa, 탄성계수 $E = 2.0 \times 10^5$MPa로 한다. 다음의 물음에 답하시오.

1) 오일러의 좌굴하중 P_{cr}를 구하시오.

2) 좌굴응력 σ_{cr}를 구하시오.

3) 이 기둥에 압축력 $P = 2,600$kN이 작용할 때, 표 11.3을 참고하여 기둥의 설계상 안전성을 검토하시오.

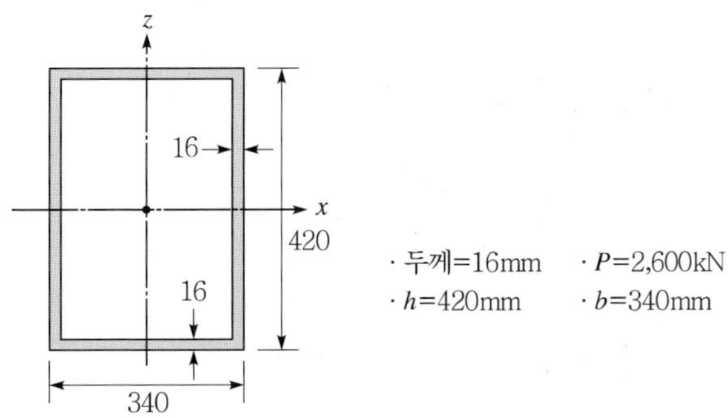

그림 예제 11.6

풀이

1) 오일러의 좌굴하중 ; P_{cr}

양단힌지의 경우 표 11.2에서, 유효좌굴길이 $l_e = l = 10{,}000$mm가 된다.

$$I_x = \frac{(340 \times 420^3)}{12} - \frac{(308 \times 388^3)}{12} = 5.9994 \times 10^8 \,\mathrm{mm}^4$$

$$I_z = \frac{(420 \times 340^3)}{12} - \frac{(388 \times 308^3)}{12} = 4.3092 \times 10^8 \,\mathrm{mm}^4$$

$$A = 420 \times 16 \times 2 + 308 \times 16 \times 2 = 23{,}296 \,\mathrm{mm}^2$$

$I_x > I_z$에 따라, z축을 기준으로 휨에 의해 x방향으로 변형하는 좌굴이 생긴다. 따라서 약축인 z축에 대해서 구한다. 식 (11.27)에서 좌굴하중은 다음의 값이 된다.

$$P_{cr} = \frac{\pi^2 EI}{(l_e)^2} = \frac{\pi^2 \times 2.0 \times 10^5 \times 4.3092 \times 10^8}{(10{,}000)^2} = 8{,}506{,}020\,\mathrm{N} = 8{,}506.020\mathrm{kN}$$

2) 좌굴응력 ; σ_{cr}

$I_x > I_z$이므로, 회전반경도 약축이 되는 z축을 기준으로 한다.

$$r_z = \sqrt{\frac{I_z}{A}} = \sqrt{\frac{4.3092 \times 10^8}{23{,}296}} = 136\,\mathrm{mm}$$

식 (11.28)을 따라 좌굴응력을 구하면, 다음의 값이 된다.

$$\sigma_{cr} = \frac{\pi^2 E}{\left(\frac{l_e}{r_z}\right)^2} = \frac{\pi^2 \times 2.0 \times 10^5}{\left(\frac{10{,}000}{136}\right)^2} = 365.1\ \mathrm{N/mm^2} = 365.1\ \mathrm{MPa}$$

또는

$$\sigma_{cr} = \frac{P_{cr}}{A} = \frac{8{,}506{,}020}{23{,}296} = 365.1\ \mathrm{N/mm^2} = 365.1\ \mathrm{MPa}$$

3) 기둥의 설계상 안전성 검토

압축력 P=2,600kN에 의해 생기는 압축응력 σ_c는 다음 값이 된다.

$$\sigma_c = \frac{P}{A} = \frac{2,600 \times 10^3}{23,296} = 111.61 \text{ N/mm}^2 = 111.61 \text{ MPa}$$

유효세장비 l_e/r_z=10,000/136=73.53이 된다. 유효세장비의 범위 $20 < l_e/r_z \leqq 93$에 의해, 도로교설계기준에서 제시하는 허용축방향 압축응력은 다음의 값이 된다.

$$\sigma_{ca} = 140 - 0.84\left(\frac{l_e}{r_z} - 20\right) = 140 - 0.84(73.53 - 20) = 95.03 \text{ N/mm}^2 = 95.03 \text{ MPa}$$

따라서 $\sigma_c > \sigma_{ca}$되므로 위험하다. 기둥의 단면적 증가, 기둥의 양단 경계조건 변화로 인한 유효길이 감소 등의 대책을 수립하여 $\sigma_c < \sigma_{ca}$가 되도록 안전하게 재설계할 필요가 있다.

예제 11.7

예제 11.6의 그림에 보이는 단면을 갖는 양단고정인 장주에 대해 다음 물음에 답하시오.

1) 오일러의 좌굴하중 P_{cr}을 구하시오.

2) 좌굴응력 σ_{cr}을 구하시오.

3) 이 기둥에 압축력 P = 2,600kN이 작용할 때, 표 11.3을 참고하여 기둥의 설계상 안전성을 검토하여라.

풀이

양단고정인 기둥의 경우 유효좌굴 길이계수 β=0.5(표 11.2)이므로, 유효좌굴길이 $l_e = \beta I = 0.5 \times 10,000 = 5,000\text{mm}$ 가 된다.

또, 예제 11.6에서 구한 I_z =4.3092× 10^8mm^4, A =23,296 mm^2, r_z =136 mm 및 σ_c = 111.61MPa을 이용한다.

1) 오일러의 좌굴하중 ; P_{cr}

$$P_{cr} = \frac{\pi^2 EI_z}{(l_e)^2} = \frac{\pi^2 \times 2.0 \times 10^5 \times 4.3092 \times 10^8}{(5,000)^2} = 34,024,079\text{N} = 34.02\text{MN}$$

2) 좌굴응력 ; σ_{cr}

$$\sigma_{cr} = \frac{\pi^2 E}{\left(\frac{l_e}{r_z}\right)^2} = \frac{\pi^2 \times 2.0 \times 10^2}{\left(\frac{5,000}{136}\right)^2} = 1,460.39\text{N/mm}^2 = 1,460.39\text{MPa}$$

또는

$$\sigma_{cr} = \frac{P_{cr}}{A} = \frac{34,024,079}{A23,296} = 1,460.51\text{N/mm}^2 = 1,460.51\text{MPa}$$

(위의 두 값들 사이에는 회전반경 r_z =136mm의 소수점 이하 값에 의해 0.12N/mm^{2}의 차이가 발생되나 무시할 정도임)

3) 기둥의 설계상 안전성 검토

유효세장비 l_e/r_z = 5,000/136 = 36.76이 된다. 유효세장비의 범위 20< l_e/r_z ≤93에 의해 도로교설계기준에서 제시하는 허용 축방향 압축응력은 다음의 값이 된다.

$$\sigma_{ca} = 140 - 0.84\left(\frac{l_e}{r_z} - 20\right) = 140 - 0.84(36.76 - 20) = 125.92\,\text{N/mm}^2 = 125.92\,\text{MPa}$$

따라서 σ_c =111.61MPa < σ_c =125.92MPa이므로, 이 기둥은 설계상 안전하다.

예제 11.8

강종 SM490이면서 판두께가 40mm 이하인 경우 좌굴응력 σ_{cr}이 항복응력 σ_y와 같아지는 유효세장비 $\lambda = l_e/r$를 구하여라. 단, σ_y = 320MPa, E = 2.0 × 10^{5}MPa로 한다.

풀이

$\sigma_{cr} = \sigma_y$이므로 식 (11.28)로부터

$$\sigma_{cr} = \frac{\pi^2 E}{\left(\frac{l_e}{r}\right)^2} = \sigma_y = 320\,\text{MPa}$$

이 식으로부터 $\lambda = \frac{l_e}{r}$ 를 구하기 위하여

$$\sigma_{cr} = \frac{\pi^2 E}{\lambda^2},\ \lambda^2 = \frac{\pi^2 E}{\sigma_{cr}}$$

$\lambda = \sqrt{\frac{\pi^2 E}{\sigma_{cr}}}$ 이므로,

$$\lambda = \sqrt{\frac{\pi^2 E}{320}} = \sqrt{\frac{\pi^2 \times 2.0 \times 10^5}{320}} = 78.5 \fallingdotseq 79$$

위의 값은 표 11.3의 SM490, 두께 40mm 이하에 해당하는 유효세장비 λ 범위의 상한 값은 79임을 의미한다.

11.4.1 기둥의 설계순서

설계조건으로서 설계하중 P와 필요한 기둥의 길이가 주어져 있을 때 기둥의 단면형상과 단면길이를 구하는 일반적인 설계순서는 다음과 같다. 여기에 제시된 기둥의 설계순서는 절대적인 순서는 아니며, 설계조건에 따라 추가적인 단계가 필요할 수 있으며, 또 순서가 조정될 수도 있다.

1) 먼저 허용압축응력 σ_{ca}를 가정하고, $A = \dfrac{P}{\sigma_{ca}}$에서 하중 P를 견디기 위해 필요한 가상의 단면적 A를 구한다.
2) 단면적이 A가 되는 단면형상과 길이를 부록에 제시된 "강재단면" 혹은 다양한 설계기준서에 제시된 "강재단면" 표로부터 선택한다. 이때 도로교설계기준에 제시된 국부좌굴을 방지하는 규정도 만족시키지 않으면 안 된다.
3) 2)에서 구한 단면을 사용하고 기둥의 양단의 지지조건을 고려하여 기둥의 실제 길이에서 기둥의 유효좌굴길이 l_e을 구한다. 한편, 기둥의 단면으로부터 단면 2차반경 r도 구한다.
4) 유효좌굴길이 l_e와 단면 2차반경 r에서, 유효세장비 $\lambda = l_e / r$을 계산하고 그것을 이용하여 허용축방향 압축응력 σ_{ca} 구한다.
5) 4)에서 구한 σ_{ca}와 1)에서 가정한 σ_{ca}를 비교하여 서로 다를 경우에는 양자가 같아질 때까지 반복한다.
6) 주어진 하중에 대해 부재의 중량을 가능한 한 가볍게(사용재료를 가능한 한 적게 한다) 하면서 단면 길이를 결정한다.

연습문제

11.1 다음 그림에 보이는 직사각형단면(50cm×70cm)의 단주가 있다. 도심 G로부터 x방향으로 e_x =20cm, y방향으로 e_y =30cm의 점 E에 압축력 P=400kN이 작용하는 경우, 단면 내의 a, b, c, d에 생기는 응력(σ_a, σ_b, σ_c, σ_d)을 구하시오.

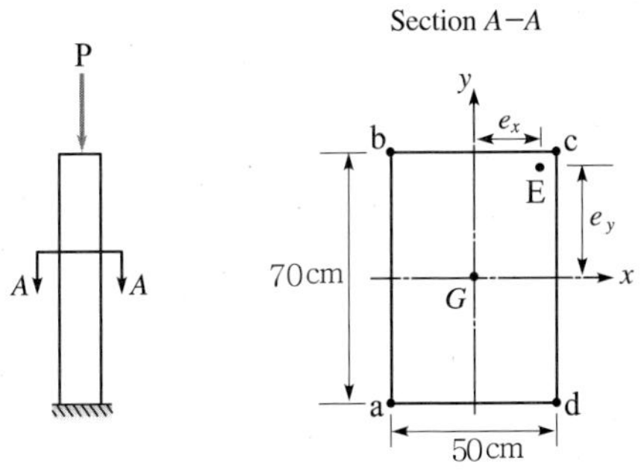

그림 문제 11.1

11.2 문제 11.1에서 압축력 P=500kN이 b에 작용한 경우, 단면 내의 최대, 최소 응력 σ_{max}, σ_{min}을 구하시오. 또, 중립축 n-n의 위치를 구하시오.

11.3 다음 그림에 보이는 직사각형 중공단면의 핵을 구하시오. 또한, 중공단면이 아닌 200cm × 120cm의 중실단면의 핵을 구하고 두 단면의 핵을 비교하여 그림으로 나타내시오.

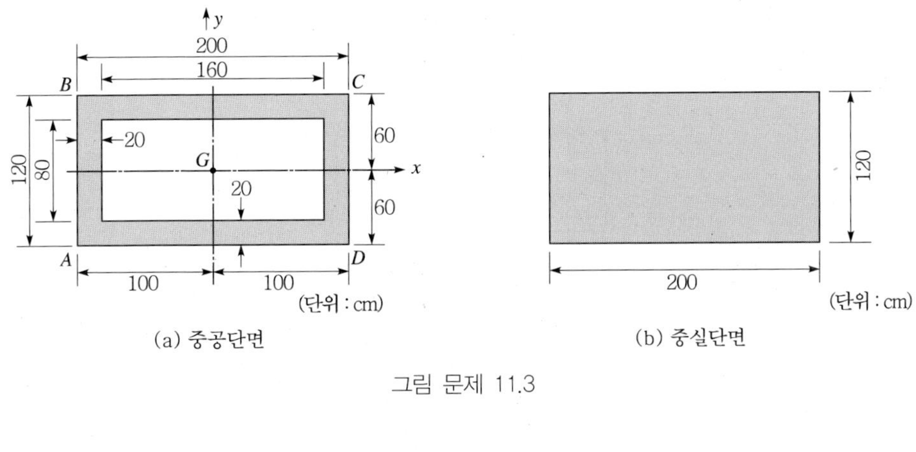

그림 문제 11.3

11.4 길이 $l = 4.2$m, 외경 $d = 100$mm인 원형 중공단면을 갖는 알루미늄 기둥이 있다. 기둥의 하단은 고정되어 있으며, 상단은 힌지로 지지되어 수평변위는 구속되어 있다. 이 기둥이 90kN을 지지할 수 있도록 경제적인 두께 t를 결정하여라(단, 탄성계수 $E = 72$GPa이다).

11.5 양단이 힌지로 지지된 직사각형 단면을 갖는 기둥이 있다. 기둥의 중간 위치는 x축 방향으로 수평변위가 구속되어 있다. x축, y축에 대한 좌굴하중이 같아질 때($P_{cr\_x} = P_{cr\_y}$) 단면 폭 b에 대한 높이 h의 비율을 구하여라.

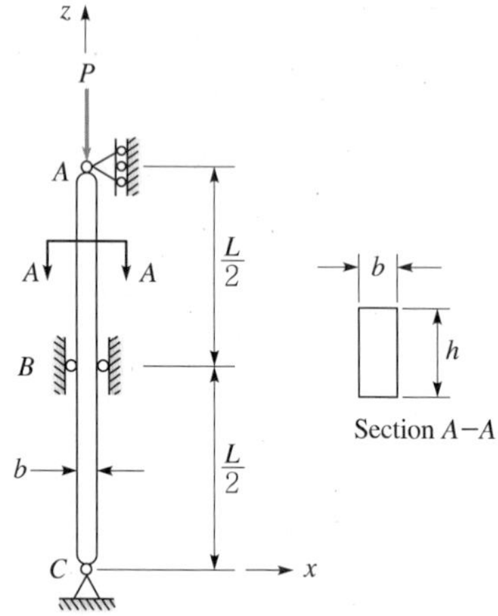

그림 문제 11.5

11.6 강재 트러스교의 압축부재로써 다음 그림과 같은 단면을 가진 길이가 7m인 양단힌지의 기둥이 있다. 이 기둥에 P = 2,300kN의 압축력이 작용한 경우, 이상의 각 물음에 답하시오. 단, 기둥의 강종은 SM400, 탄성계수 $E = 2.0 \times 105$MPa로 한다.

(1) 오일러의 좌굴하중 P_{cr}과 좌굴응력 σ_{cr}을 구하시오.

(2) 11.4절의 표 11.3을 참고하여 이 기둥의 안전여부를 평가하여라.

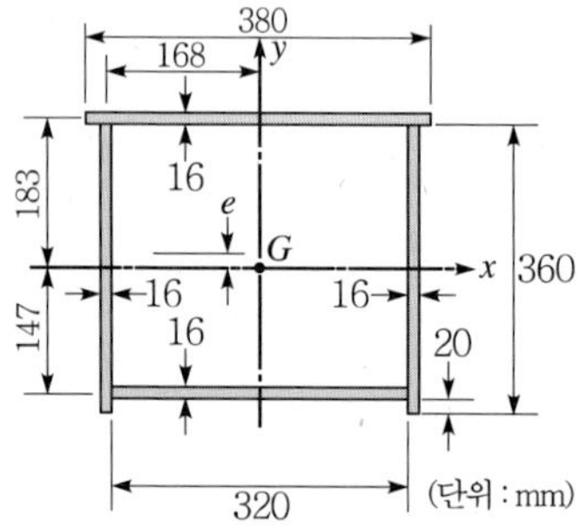

그림 문제 11.6

제12장

처 짐

제12장
처 짐

12.1 개설

구조물이나 그 부재는 외력(하중)을 받으면 외부에는 변위(displacement) · 변형(deformation)이 발생하고, 내부에는 응력(stress)에 의해 변형률(strain)이 생긴다. 변위 중에서 선변위를 처짐(deflection)이라고 하고, 부재축의 원위치와 그 점에서 접선과 이루는 각변위를 기울기(slope) 또는 처짐각이라고 정의한다. 구조물에서 처짐이 커지면 사용성에 악영향을 미치고 특히 취성재료인 콘크리트에서는 균열이 발생할 수 있으므로 처짐을 어느 한계값 이내로 제한해야 한다. 도로교설계기준에 의하면 사장교는 지간(L)의 1/400, 현수교($L \geq$ 200m일 때)는 지간의 1/350, 단순지지된 플레이트거더교의 슬래브($L \geq$ 40m)는 지간의 1/500 그리고 연속지지된 플레이트거더교의 슬래브($L \geq$ 40m)는 지간의 1/300 이내라야 한다는 규정이 있다. 또한, 처짐은 7장부터 설명되는 부정정구조물 해석에서도 필수적으로 사용한다.

이 장에서는 정정구조물의 처짐을 구하는 방법에 대해서 설명한다. 부정정구조물의 처짐은 이 장의 이론을 사용하여 구할 수 있으며, 그 처짐 계산방법은 7장부터 설명되는 부정정구조물 해석편에 포함되어 있다. 처짐을 구하는 방법은 크게 에너지방법과 기하학적인 방법으로 나눌 수 있다. 주요한 에너지방법으로는 가상일의 원리와 카스틸리아노(Castigliano)의 제2정리를 이용하는 방법이 있다. 기하학적인 방법에는 여러 가지가 있으나 여기서는 모멘트면적법과 공액보법 그리고 처짐곡선의 미분방정식을 이용하여 처짐을 구하는 것에 대해 기술한다.

12.2 가상일·에너지의 원리를 이용하는 방법

12.2.1 일과 변형에너지

구조물에 탄성변형이내의 변형을 일으키는 외력이 가해지면, 외력에 의한 외적 일(external

work) W_E는 구조물의 내부에 탄성 변형에너지(strain energy) $U(=W_I)$로 저장되고, 하중이 제거되면 원상태로 탄성변형이 회복되는 특성을 갖는다. 에너지 방법에 있어서 외력(하중)이 한 외적 일과 변형에너지(내적 일)를 나타내는 과정이 중요하므로, 이들을 선형 탄성구조물(liner elastic structure)의 경우에 대해서 다음과 같이 구체적으로 알아보기로 한다.

(1) 외적 일

① 축력에 의한 외적 일

어떤 하중 P_1이 작용하여 이 힘의 방향으로 $d\delta_1$만큼 미소변위가 발생했다면, 이 하중이 한 외적 일은 $dW_E = P_1 d\delta_1$이 된다. 그림 12.1(a)~(c)와 같이 탄성봉의 끝에 축력 P_1이 0에서 P까지 서서히 작용할 때, 변위가 0에서 총 변위 δ까지 증가한다면, 이때 하여진 외적 일 W_E는 다음과 같다.

$$W_E = \int_0^\delta dW_E = \int_0^\delta P_1 d\delta_1 = \int_0^\delta (k\delta_1) d\delta_1 = \left[\frac{1}{2}k\delta_1^2\right]_0^\delta = \frac{1}{2}k\delta^2 = \frac{P}{2}\delta \tag{12.1}$$

여기서, k는 그림 12.1(c)의 하중-변위도에서 기울기이며 봉의 강성(stiffness)을 나타낸다. 식 (12.1)로부터 봉에 하중이 서서히 가해질 때, 이 하중의 크기는 0에서 P까지 서서히 증가함을 알 수 있다. 그 결과, 이 하중이 한 외적 일은 평균 하중의 크기$\left(\frac{P}{2}\right)$와 총 변위(δ)의 곱임을 알 수 있고 그림 12.1(c)의 하중-변위도에서 삼각형 OAB의 면적과 같게 된다.

그림 12.1(d)~(f)와 같이 탄성봉에 하중 P가 이미 작용하고 있는 상황에서 또 다른 하중 dP가 작용하여 부가적인 처짐 $d\delta$가 P의 작용선 방향으로 발생한다면, 하중 P가 변하지 않으므로 하중 P가 한 외적 일은 $Pd\delta$가 되며 그림 12.1(f)에서 빗금 친 부분의 면적과 같게 된다. 이때 dP에 의한 일은 그림 12.1(f)에서처럼 $\frac{1}{2}(dP \cdot d\delta)$이 되나 $dP \cdot d\delta$는 미소량이므로 무시할 수 있다. 따라서 이러한 경우에 하중에 의한 외적 일은 $W_E = \frac{1}{2}P\delta + Pd\delta$ 된다.

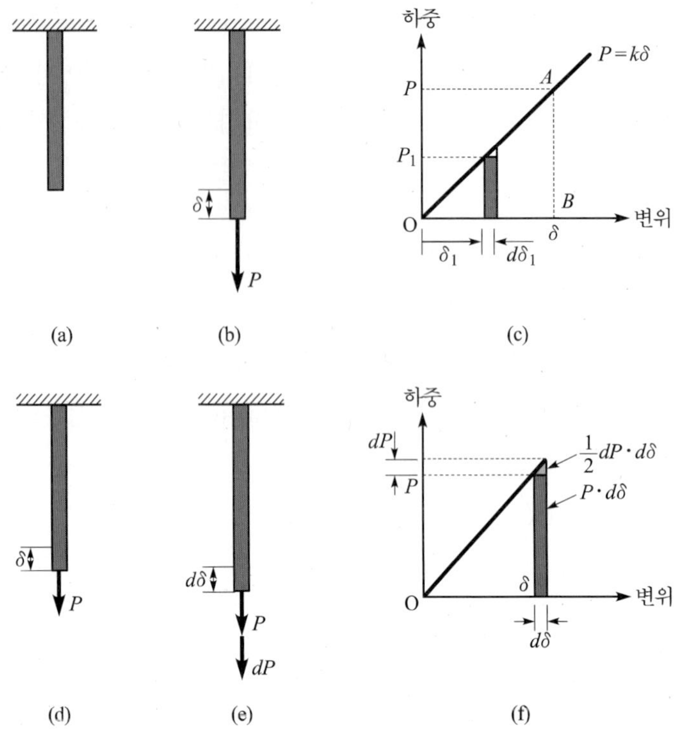

그림 12.1

② 휨모멘트에 의한 외적 일

어떤 휨모멘트 하중 M_1이 작용하여 이 힘의 방향으로 $d\theta_1$만큼 미소처짐각(여기서 '처짐각의 단위는 라디안'임)이 발생했다면, 이 휨모멘트 하중이 한 외적 일은 $dW_E = M_1 d\theta_1$이 된다. 따라서 그림 12.2(a), (b)와 같이 휨모멘트 하중 M_1이 0에서 M까지 서서히 작용할 때, 처짐각(회전변위)이 0에서 총 처짐각 θ까지 증가한다면, 이때 하여진 외적 일 W_E는 단순히 식 (12.1)에서 축력 P를 휨모멘트 M으로 그리고 변위 δ를 처짐각 θ로 바꾸면 된다. 즉,

$$W_E = \frac{M}{2}\theta \tag{12.2}$$

그림 12.2(b)와 같이 휨모멘트 하중 M이 이미 작용하고 있는 상황에서 또 다른 하중 dM이 작용하여 부가적인 처짐각 $d\theta$가 M의 작용 방향으로 발생한다면, 휨모멘트 하중 M이 한 외적 일은 $Md\theta$가 된다. 따라서 이러한 경우에 휨모멘트 하중에 의한 외적 일은 위의 축력에 의한 외적 일과 비슷하게 $W_E = \frac{1}{2}M\theta + Md\theta$가 된다.

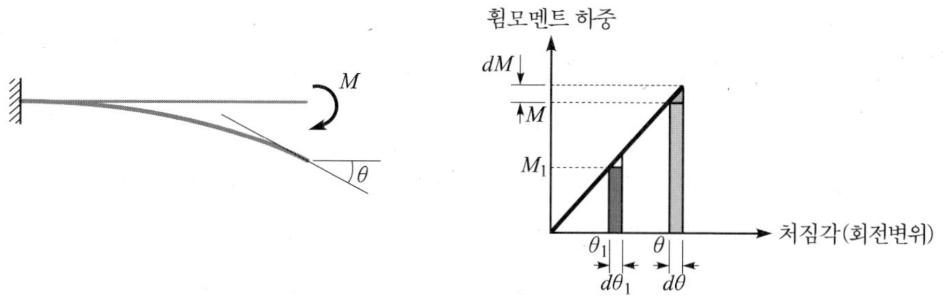

(a) (b)

그림 12.2

③ 일반 외적 일

여러 종류의 하중을 서서히 받고 있는 일반구조물의 경우에 대한 외적 일은 겹침의 원리에 의해서 다음과 같이 구할 수 있다. 즉,

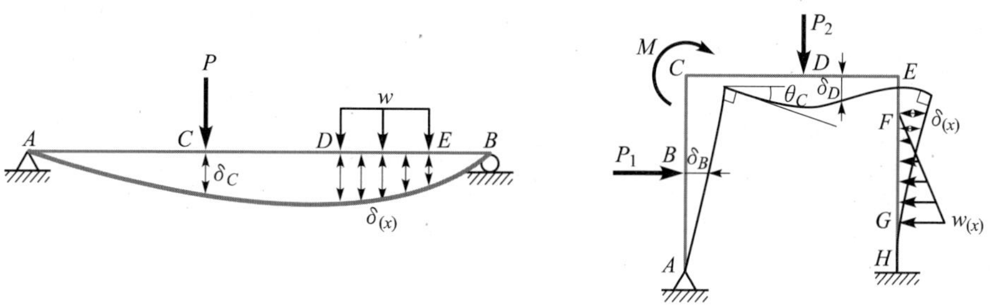

(a) (b)

그림 12.3

- 그림 12.3(a)와 같은 보에서 외적 일

$$W_E = \frac{1}{2}P \cdot \delta_C + \frac{1}{2}\int_D^E w \cdot \delta(x)dx \tag{12.3}$$

- 그림 12.3(b)와 같은 라멘에서 외적 일

$$W_E = \frac{1}{2}P_1 \cdot \delta_B + \frac{1}{2}M \cdot \theta_C + \frac{1}{2}P_2 \cdot \delta_D + \frac{1}{2}\int_F^G w(x) \cdot \delta(x)dx \tag{12.4}$$

(2) 변형에너지(내적 일)

서서히 작용하는 정적인 외력을 받는 선형 탄성구조물(liner elastic structure)에서 외력에 의한 탄성변형에 저항하기 위해 구조물의 내부에 생긴 응력(내력)이 변형률(내적 변형)을 일으키며 하는 일을 내적 일이라고 말한다. 이러한 내적 일은 외력이 제거되면 변형을 회복시키는 탄성에너지이므로, 내적 일(internal work)을 변형에너지라고 한다. 변형에너지 U는 단위체적에 작용하는 응력과 변형률이 하는 내적 일인 변형에너지 밀도 $\overline{U}$를 구하고, 그것을 직접 적분하여 구할 수 있다. 즉, 수직응력 σ와 수직변형률 ϵ을 서서히 받는 경우의 변형에너지 밀도는 $\overline{U}=\frac{1}{2}\sigma\epsilon$이 되고, 밀도를 적분하면 변형에너지가 $U=\int_V \overline{U}dV=\frac{1}{2}\int_V \sigma\epsilon dV$로부터 유도될 수 있다. 같은 방법으로, 전단응력 τ와 전단변형률 γ를 서서히 받는 경우의 변형에너지는 $U=\int_V \overline{U}dV=\frac{1}{2}\int_V \tau\gamma dV$가 된다.

① 축력에 의한 변형에너지(내적 일)

외력이 서서히 작용하는 트러스에서 부재의 길이 l, 단면적 A, 그리고 부재력(축력) F인 한 부재가 받는 변형에너지는 변형에너지 밀도를 직접 적분하여 다음과 같이 구할 수 있다.

$$\begin{aligned} U &= \int_V \overline{U}dV = \frac{1}{2}\int_V \sigma\epsilon dV = \frac{1}{2}\int_V \left(\frac{F}{A}\right)\left(\frac{\sigma}{E}\right)dV \\ &= \frac{1}{2}\int_V \left(\frac{F}{A}\right)\left(\frac{F}{EA}\right)dV = \frac{1}{2}\int_0^l \left[\int_A \left(\frac{F^2}{EA^2}\right)dA\right]dx \\ &= \frac{1}{2}\int_0^l \frac{F^2}{EA}dx = \frac{F^2 l}{2EA} \end{aligned} \tag{12.5}$$

여기서, EA는 부재 단면의 축강성(axial rigidity)이다.

트러스에 작용하는 하중은 각 부재에 부재력(단면력)과 변형을 일으킨다. 그러므로 각 부재의 축력 F가 계산되면, 총 변형에너지 U_{Ta}는 모든 부재의 축력에 의한 변형에너지(내적 일)의 합이다. 즉,

$$U_{Ta} = \sum \frac{F^2 l}{2EA} \tag{12.6}$$

② 휨모멘트에 의한 변형에너지(내적 일)

외력이 서서히 작용하는 보에서 부재의 길이 l, 탄성계수 E, 단면2차모멘트 I, 그리고 부재력(휨모멘트) M인 한 부재가 받는 변형에너지는 변형에너지 밀도를 직접 적분하여 다음과 같이 구할 수 있다.

$$
\begin{aligned}
U &= \int_V \overline{U}\, dV = \frac{1}{2}\int_V \sigma\epsilon\, dV = \frac{1}{2}\int_V \left(\frac{My}{I}\right)\left(\frac{\sigma}{E}\right) dV \\
&= \frac{1}{2}\int_V \left(\frac{My}{I}\right)\left(\frac{My}{EI}\right) dV = \frac{1}{2}\int_0^l \left[\int_A \left(\frac{M^2}{EI^2}\right) y^2 dA\right] dx \\
&= \int_0^l \frac{M^2}{2EI} dx
\end{aligned}
\tag{12.7}
$$

여기서, EI는 부재 단면의 휨강성(flexural rigidity)이다.

휨부재에서 각 부재의 부재력(단면력)인 휨모멘트 M이 계산되면, 총 변형에너지 U_{Tb}는 모든 부재의 휨모멘트에 의한 변형에너지(내적 일)의 합이다. 즉,

$$
U_{Tb} = \sum \int_0^l \frac{M^2}{2EI} dx \tag{12.8}
$$

③ 전단력에 의한 변형에너지(내적 일)

휨변형이 지배적인 보나 라멘구조물에서 외력에 의한 탄성변형은 휨변형이 지배적이고 전단변형은 거의 생기지 않으므로 전단력에 의한 변형에너지는 무시하나, 깊은 단면을 갖는 지간이 짧은 보(깊은 보)에서는 전단변형이 지배적일 수도 있으므로 전단 변형에너지를 반드시 고려해야 한다.

외력이 서서히 작용하는 깊은 보에서 부재의 길이 l, 단면적 A, 전단탄성계수 G, 단면 2차모멘트 I, 단면의 폭 b, 중립축에 대한 해당 단면의 1차모멘트 Q, 그리고 부재력(전단력) V인 한 부재가 받는 전단 변형에너지는 전단 변형에너지 밀도를 직접 적분하여 다음과 같이 구할 수 있다[자세한 전단응력과 전단변형률의 유도과정 등은 건설공학도를 위한 재료역학(박연수 외 저서, 구미서관)의 12.3절과 2.6절 참조요망].

$$
\begin{aligned}
U &= \int_V \overline{U}\, dV = \frac{1}{2}\int_V \tau\gamma\, dV = \frac{1}{2}\int_V \left(\frac{VQ}{Ib}\right)\left(\frac{\tau}{G}\right) dV \\
&= \frac{1}{2}\int_V \left(\frac{VQ}{Ib}\right)\left(\frac{VQ}{GIb}\right) dV = \frac{1}{2}\int_0^l \left[\int_A \left(\frac{V^2}{GA}\right)\left(\frac{Q}{Ib}\right)^2 A\, dA\right] dx \\
&= \int_0^l \frac{KV^2}{2GA} dx
\end{aligned}
\tag{12.9}
$$

여기서, GA는 부재 단면의 전단강성(shear rigidity)이고, $K=\int_A \left(\frac{Q}{Ib}\right)^2 AdA$로 단면의 형상에 따라 결정되는 형상계수(form factor)이며. 직사각형 단면의 경우는 $K=1.2$, 원형단면의 경우는 $K=10/9$, I형 단면의 경우는 단면적 A를 복부(web)의 단면적 A_w로 치환하면 1.0이 된다.

깊은 보에서 각 부재의 부재력(단면력)인 전단력 V가 계산되면, 총 변형에너지 U_{Ts}는 모든 부재의 전단력에 의한 변형에너지(내적 일)의 합이다. 즉,

$$U_{Ts}=\sum\int_0^l \frac{KV^2}{2GA}dx \tag{12.10}$$

④ 비틀림에 의한 변형에너지(내적 일)

비틀림우력(twisting couple)이 서서히 작용하는 비틀림부재에서 부재의 길이 l, 전단탄성계수 G, 부재 단면의 반지름 r, 극관성모멘트(polar moment of inertia) J, 그리고 부재력[비틀림모멘트(twisting moment)] T인 한 부재가 받는 전단 변형에너지는 전단 변형에너지 밀도를 직접 적분하여 다음과 같이 구할 수 있다.

$$\begin{aligned} U&=\int_V \overline{U}dV=\frac{1}{2}\int_V \tau\gamma dV=\frac{1}{2}\int_V\left(\frac{Tr}{J}\right)\left(\frac{\tau}{G}\right)dV \\ &=\frac{1}{2}\int_V\left(\frac{Tr}{J}\right)\left(\frac{Tr}{GJ}\right)dV=\frac{1}{2}\int_0^l\left[\int_A\left(\frac{T^2}{GJ^2}\right)r^2dA\right]dx \\ &=\int_0^l\frac{T^2}{2GJ}dx \end{aligned} \tag{12.11}$$

여기서, GJ는 부재 단면의 비틀림강성(torsional rigidity)이다.

비틀림부재에서 각 부재의 부재력(단면력)인 비틀림모멘트 T가 계산되면, 총 변형에너지 U_{Tt}는 모든 부재의 비틀림모멘트에 의한 변형에너지(내적 일)의 합이다. 즉,

$$U_{Tt}=\sum\int_0^l\frac{T^2}{2GJ}dx \tag{12.12}$$

⑤ 일반적 구조부재의 변형에너지(내적 일)

일반적으로 보나 라멘구조물에는 각종 하중에 의하여 단면력(부재력)이 발생하고, 이에 따른 변형에 의하여 변형에너지가 생긴다. 따라서 총 변형에너지 U_T는 모든 내력으로 인한 주요 변형을 부재별로 모두 고려하고 부재 전체에 대해 합하여 구한다. 즉,

$$\begin{aligned} U_T &= U_{Ta} + U_{Tb} + U_{Ts} + U_{Tt} \\ &= \frac{1}{2}\sum\int_0^l \frac{F^2}{EA}dx + \frac{1}{2}\sum\int_0^l \frac{M^2}{EI}dx \\ &\quad + \frac{1}{2}\sum\int_0^l \frac{KV^2}{GA}dx + \frac{1}{2}\sum\int_0^l \frac{T^2}{GJ}dx \end{aligned} \tag{12.13}$$

식 (12.13)으로부터 단면력(부재력)에 의한 변형에너지는 $U = \frac{1}{2}\sum\int_0^l \frac{\text{단면력}^2}{\text{단면강성}}dx$의 형태로 표현됨을 알 수 있다.

예제 12.1

다음과 같은 등분포하중을 받고 있는 보에서 내적 휨모멘트에 의한 변형에너지를 구하시오. 단, EI는 일정(constant)하다.

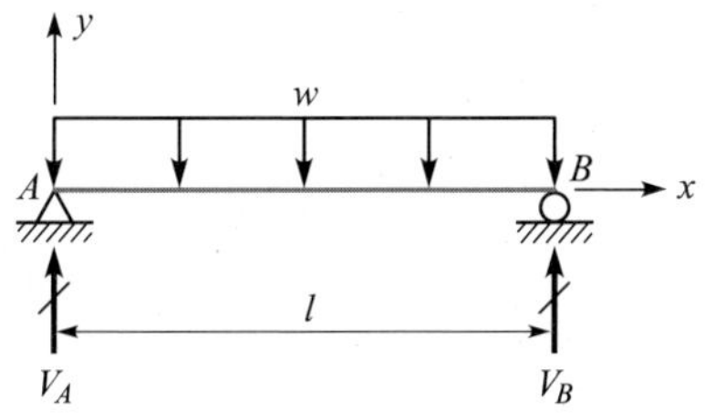

그림 예제 12.1

풀이

1) 반력계산

그림 예제 12.1의 자유물체도에서

$$+\curvearrowright \sum M_B = 0\ ;\ V_A(l) - wl\left(\frac{l}{2}\right) = 0,\ \therefore\ V_A = \frac{wl}{2}$$

$$+\uparrow \sum F_y = 0\ ;\ V_A - wl + V_B = 0,\ \therefore\ V_B = -V_A + wl = \frac{wl}{2}$$

2) AB 구간($0 \le x \le l$)에서 휨모멘트식

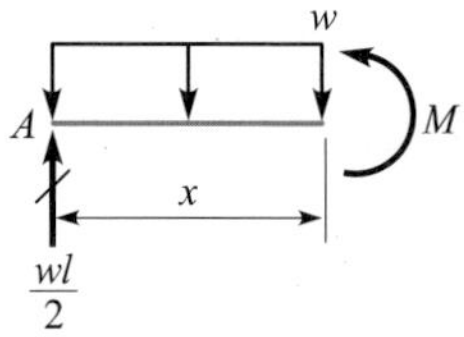

위의 자유물체도에서 지점 A로부터 x만큼 떨어진 위치의 휨모멘트식 M을 구하면

$$+\curvearrowright \sum M_x = 0\ ;\ V_A(x) - wx\left(\frac{x}{2}\right) - M = 0,\ \therefore M = \frac{wl}{2}x - \frac{wx^2}{2}$$

3) 휨모멘트식에 의한 탄성 변형에너지

$$U = \int_0^l \frac{M^2}{2EI}dx = \frac{1}{2EI}\int_0^l \frac{1}{4}(wlx - wx^2)^2 dx$$

$$= \frac{w^2}{8EI}\int_0^l (lx - x^2)^2 dx = \frac{w^2}{8EI}\left[\frac{lx^3}{3} - \frac{lx^4}{2} + \frac{x^5}{5}\right]_0^l = \frac{w^2 l^5}{240EI}$$

예제 12.2

다음과 같은 집중하중을 받고 있는 캔틸레버 보에서 각각의 내적 휨모멘트에 의한 탄성 변형에너지를 계산하고, 집중하중에 의한 외력일과 휨모멘트에 의한 내력일이 같다는 에너지 보존의 법칙(conservation law of energy)을 사용하여 A 점의 처짐 및 처짐각을 구하시오. 단, EI는 일정(constant)하다.

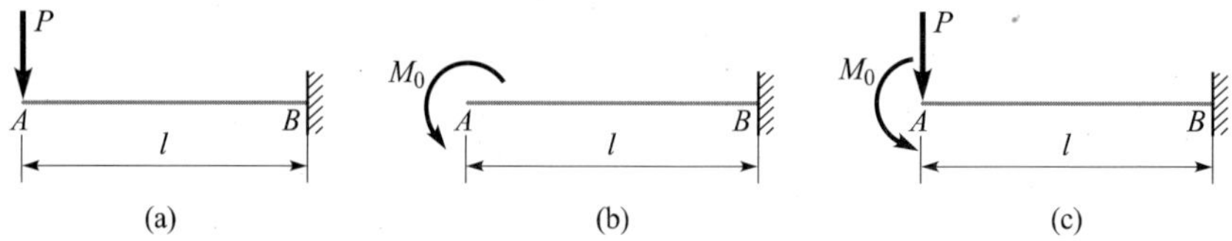

그림 예제 12.2

풀이

1) AB 구간($0 \le x \le l$)에서 휨모멘트식

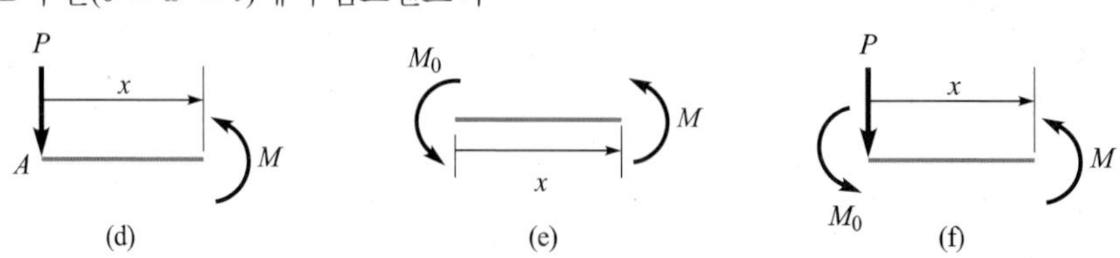

위의 그림 예제 12.2 (d), (e), (f)의 자유물체도에서, A점으로부터 x만큼 떨어진 위치의 휨 모멘트식 M을 구하면

i) 그림 예제 12.2 (a), (d)의 경우

$$+\curvearrowright \sum M_x = 0\ ;\ -P(x) - M = 0,\ \therefore M = -Px$$

ii) 그림 예제 12.2 (b), (e)의 경우

$$+\curvearrowright \sum M_x = 0\ ;\ -M_0 - M = 0,\ \therefore M = -M_0$$

iii) 그림 예제 12.2 (c), (f)의 경우

$$+\curvearrowright \sum M_x = 0\ ;\ -P(x) - M_0 - M = 0,\ \therefore M = -Px - M_0$$

2) 휨모멘트식에 의한 보의 변형에너지

i) 그림 예제 12.2 (a), (d)의 경우

$$U_a = \int_0^l \frac{M^2}{2EI}dx = \frac{1}{2EI}\int_0^l (-Px)^2 dx = \frac{P^2l^3}{6EI} \tag{1}$$

ii) 그림 예제 12.2 (b), (e)의 경우

$$U_b = \int_0^l \frac{M^2}{2EI}dx = \frac{1}{2EI}\int_0^l (-M_0^2)dx = \frac{M_0^2 l}{2EI} \tag{2}$$

iii) 그림 예제 12.2 (c), (f)의 경우

$$U_c = \int_0^l \frac{M^2}{2EI}dx = \frac{1}{2EI}\int_0^l (-Px - M_0)^2 dx$$

$$= \frac{P^2l^3}{6EI} + \frac{M_0^2 l}{2EI} + \frac{PM_0 l^2}{2EI} \tag{3}$$

iv) 위의 i) ~ iii)에서 $U_a + U_b \neq U_c$가 된다. 즉, 두 하중을 동시에 작용시키면 변형에너지에 대한 추가항인 $\dfrac{PM_0 l^2}{2EI}$ 이 나타난다. 그러므로 둘이상의 하중이 동시에 작용하는 구조물에서의 변형에너지는 각각 별개로 작용하는 하중에 의한 변형 에너지들을 합해서 구할 수 없다. 변형에너지는 선형 함수가 아니라 하중의 2차 또는 2이상의 함수이기 때문이다. 따라서 변형에너지는 중첩의 원리를 적용할 수 없다.

3) 집중하중이 작용하고 있는 A점의 처짐 δ_A 및 처짐각 θ_A계산

에너지 보존의 법칙에 의하면 하중에 의한 외적 일(external work) W_E와 구조물의 내부에 축적되는 탄성 변형에너지(내적 일) $U(=W_I)$는 같으므로, 즉 $W_E = U$가 된다. 이 법칙을

사용하면, 다음과 같이 처짐 δ_A와 처짐각 θ_A가 구해진다.

i) 그림 예제 12.2(a)의 경우

하중 P에 의한 외적 일

$$W_{Ea} = \frac{1}{2} P \delta_A \tag{4}$$

에너지 보존의 법칙에 의해 식 (1)= 식 (2)이므로, $\frac{P^2 l^3}{6EI} = \frac{1}{2} P\delta_A$가 된다.

따라서 하중 P 방향의 처짐 δ_A는 다음과 같이 구해진다.

$$\delta_A = \frac{Pl^3}{3EI}$$

ii) 그림 예제 12.2 (b)의 경우

하중 M_0에 의한 외적 일

$$W_{Eb} = \frac{1}{2} M_0 \theta_A \tag{5}$$

식 (2)= 식 (5)이므로, $\frac{M_0^2 l}{2EI} = \frac{1}{2} M_0 \theta_A$가 된다.

따라서 휨모멘트 하중 M 방향의 처짐각 θ_A는 다음과 같이 구해진다.

$$\theta_A = \frac{M_0 l}{EI}$$

iii) 그림 예제 12.2 (c)의 경우

외력(하중 P, M_0)에 의한 외적 일 $W_{Ec} = \frac{1}{2} P\delta_{A1} + \frac{1}{2} M_0 \theta_{A1}$ (6)

변형에너지는 중첩의 원리가 적용되지 않으므로, 식 (3) ≠ 식 (6)이 된다. 즉,

$$\frac{1}{2} P\delta_{A1} + \frac{1}{2} M_0 \theta_{A1} \neq \frac{P^2 l^3}{6EI} + \frac{M_0^2 l}{2EI} + \frac{PM_0 l^2}{2EI} \tag{7}$$

따라서 δ_{A1}과 θ_{A1}는 식 (7)로부터 구할 수 없다. 즉, 추가적인 $\frac{PM_0 l^2}{2EI}$에 대한 처짐과 처짐각을 구할 수 없고, 또한 미지수 2개이고 식이 1개이므로 풀이가 불가하다. 이런 경우의 처짐과 처짐각은 12.2.3절에서 설명하는 가상일의 방법 등을 사용하여 구할 수 있다.

12.2.2 가상일의 원리

(1) 가상변위의 원리

가상변위의 원리(principle of virtual displacement)는 에너지 방법인 가상일의 원리(principle of virtual work)중의 하나로, '외력의 작용 하에 변형을 받고 있는 정역학적으로 평형인 구조물에 미소한 임의의 가상변위($d\delta$)가 주어졌을 때, 이들 외력(external load, P)이 외적가상변위($d\delta$)를 타고 하는 외적가상일(external virtual work, dW)은 내력(internal force, 응력 σ)이 내적가상변형($d\epsilon$)을 타고 하는 내적가상일(internal virtual work, dU)은 같다'는 것을 말한다. 이것을 식으로 나타내면 다음과 같이 된다. 즉,

$$dW = P \cdot d\delta = dU = \int_V \sigma \cdot d\epsilon\, dV = \int_0^l \left[\int_A \sigma \cdot d\epsilon dA\right] dx \tag{12.14}$$

여기서 가상이란 가정에 의해 상상으로 주어지 것으로 실제 물리적으로 존재하지 않을 정도로 미소한 크기를 의미한다. 즉, 가상일에서는 가상변위가 작용하는 동안에 힘의 작용선이 변하여 평형이 깨지지 않도록 미소한 변위로 제한해야 한다.

(2) 가상힘의 원리

가상힘의 원리(principle of virtual force)는 에너지 방법인 가상일의 원리 중의 하나로, 상보가상일(principle of complementary virtual work)을 사용하는 방법이다. 즉,

그림 12.4(a)와 같이 외력이 작용하여 평형상태에 있는 구조물의 임의의 위치에 미소의 가상힘 dP가 주어졌을 때, 가상힘 dP와 변위 δ의 곱으로 정의되는 그림 12.4(b)의 빗금 친 부분의 면적인 외적 상보가상일 dW^*는, 가상힘이 만드는 내적 가상힘(가상응력, $d\sigma$)과 변형(변형률 ϵ)의 곱[그림 12.4(c)의 빗금 친 부분의 면적 참조]인 내적 상보가상변형에너지(내적 상보가상일) dU^*와 같게 된다.

따라서 '외력의 작용 하에 변형을 받고 있는 정역학적으로 평형인 구조물에 미소한 임의의 가상힘(dP)이 주어졌을 때, 이들 가상힘(dP)이 외력에 의한 변위(δ)를 타고 하는 외적상보가상일(external complementary virtual work, dW^*)은 내적가상힘($d\sigma$)이 내력에 의한 변위(ϵ)를 타고 하는 내적상보가상일(internal complementary virtual work, dU^*)은 같게 된다.' 이것이 가상힘의 원리이며, 식으로 나타내면 다음과 같다.

$$dW^* = dP \cdot \delta = dU^* = \int_V d\sigma \cdot \epsilon\, dV = \int_0^l \left[\int_A d\sigma \cdot \epsilon dA\right] dx \tag{12.15}$$

여기서, 그림 12.4와 같이 선형탄성구조물인 경우 $dW^* = dW$가 된다.

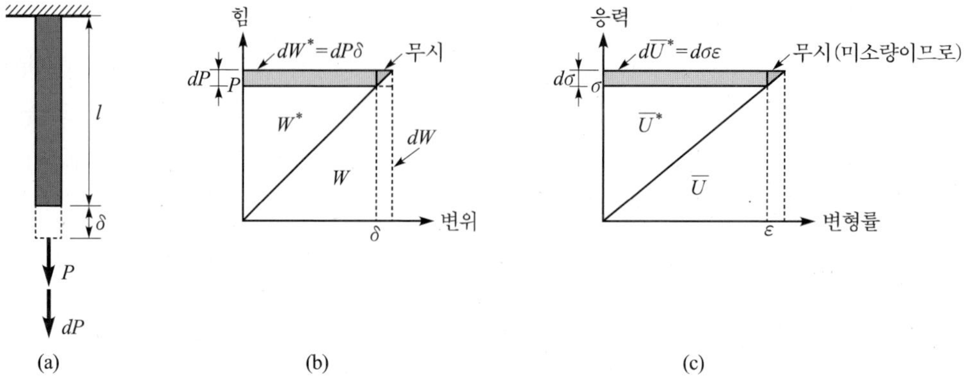

그림 12.4

12.2.3 가상일의 방법

가상일의 원리 중에서 보, 라멘, 트러스 등 어떤 종류의 구조물에서든지 처짐과 처짐각을 계산하는데 적용할 수 있는 것이 가상휘의 원리이다. 특히, 가상힘의 원리에서 가상력의 크기가 단위하중($dP = 1$)인 경우가 단위하중법(unit load method) 또는 가상일의 방법으로 구조물의 처짐을 구하는데 매우 유용하게 사용되고 있다[이것은 1717년 베르누이(John Bernoulli)가 제시한 방법임]. 즉,

그림 12.5에서 $dP = 1$이므로 $dW^* = dP \cdot \delta_i = 1 \cdot \delta_i$가 되고, $d\overline{U}^* = d\sigma \cdot \epsilon$이므로 $dU^* = \int_V d\sigma \cdot \epsilon\, dV$가 된다. 가상단위하중($dP = 1$)이 i점의 실제변위를 따라서 한 외적 가상일은 가상응력($d\sigma$)이 실제하중에 의한 변위(ϵ)를 따라한 내적 가상일과 같으므로, $dW^* = dU^*$가 성립된다. 따라서 가상단위하중이 작용하는 i점에서 처짐을 구하는 가상일의 방정식을 다음과 같이 나타낼 수 있다.

$$1 \cdot \delta_i = \int_V d\sigma \cdot \epsilon\, dV = \sum f\, dl \tag{12.16}$$

여기서, 1 : δ_i 방향으로 작용시킨 외적 가상단위하중($dP = 1$)

δ_i : 실제 작용하중에 의한 i점의 처짐[실제변위]

f : 가상단위하중($dP = 1$)에 의한 내부특정요소에서 dl방향의 가상내력

dl : 실제 작용하중에 의한 내부특정요소의 내부변위(변형률)[실제내부변위]

비슷한 방법으로, 가상우력모멘트(virtual couple moment) $dM=1$에 대응하는 변위로 나타내진 식은 우력모멘트에 대응하는 처짐각(회전변위, 회전각)으로 표현된다. 즉,

$$1 \cdot \theta_i = \int d\sigma_\theta \cdot \epsilon \, dV = \sum f_\theta \, dl \tag{12.17}$$

여기서, 1 : θ_i 방향으로 작용시킨 외적 가상단위 우력모멘트하중($dM=1$)

θ_i : 실제 작용하중에 의한 i점의 처짐각[실제변위]

f_θ : 가상단위하중($dM=1$)에 의한 내부특정요소에서 dl 방향의 가상내력

dl : 실제 작용하중에 의한 내부특정요소의 내부변위(변형률)[실제내부변위]

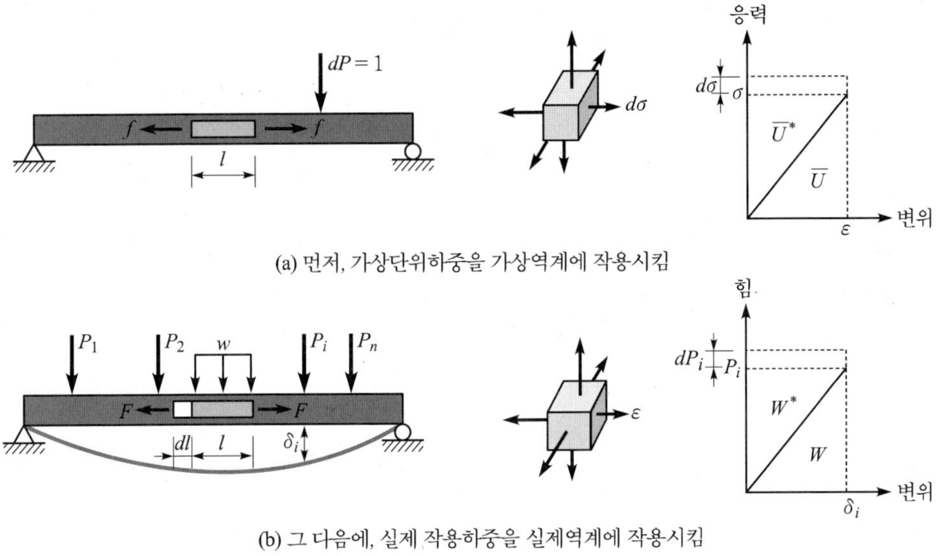

그림 12.5 가상일의 방법

(1) 가상일의 방법 – 축변형 부재의 처짐

트러스, 보, 라멘, 아치, 케이블 등과 같은 구조물에 실제하중이 작용하였을 때 발생하는 축력에 의해서 한 부재의 i점에 생기는 처짐 δ_i는 식 (12.16)의 가상일 방정식을 직접 적분하여 구할 수 있다. 즉, δ_i 방향으로 작용시킨 외적 가상단위하중 $dP=1$에 의해 부재의 미소길이 dx에서 그림 12.6(a)와 같은 축력 f가 생기고, 실제하중에 의해 그림 12.6(b)와 같은 축력 F가 발생했다면, 축력에 의한 처짐 δ_i는 식 (12.16)을 적분하여 다음과 같이 구할 수 있다.

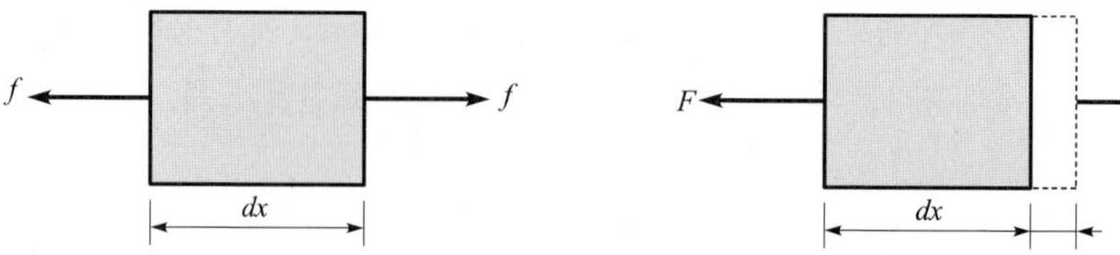

(a) 가상단위하중에 의한 축력 (b) 실제 작용하중에 의한 축력과 변형

그림 12.6

$$\begin{aligned} 1 \cdot \delta_i &= \sum f\,dl = \int_V d\sigma \cdot \epsilon\,dV \\ &= \int_0^l \left[\int_A d\sigma \cdot \epsilon\,dA \right] dx = \int_0^l \left[\int_A \left(\frac{f}{A}\right)\left(\frac{\sigma}{E}\right) dA \right] dx \\ &= \int_0^l \left[\int_A \left(\frac{f}{A}\right)\left(\frac{F}{EA}\right) dA \right] dx \\ &= \int_0^l \frac{fF}{EA} dx = \frac{fFl}{EA} \end{aligned} \tag{12.18}$$

여기서, E는 탄성계수이고, A는 부재의 단면적이다.

(2) 가상일의 방법 – 휨변형 부재의 처짐

보, 라멘 등과 같은 휨변형 구조물에 실제하중이 작용하였을 때 발생하는 휨모멘트에 의해서 한 부재의 i점에 생기는 처짐 δ_i는 식 (12.16)의 가상일 방정식을 직접 적분하여 구할 수 있다. 즉, δ_i 방향으로 작용시킨 외적 가상단위하중 $dP=1$에 의하여 부재 내부의 미소길이 dx에서 그림 12.7(a)와 같은 휨모멘트 m이 생기고, 실제하중에 의하여 그림 12.7(b)와 같은 휨모멘트 M이 생겼다고 하면, 휨모멘트에 의한 처짐 δ_i는 식 (12.16)을 적분하여 다음과 같이 구할 수 있다.

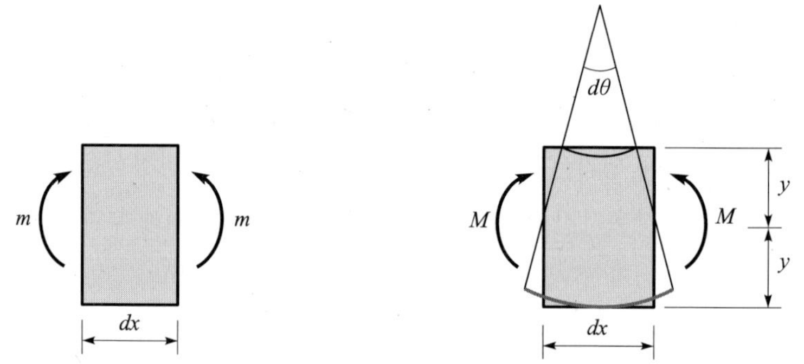

(a) 가상단위하중에 의한 휨모멘트 (b) 실제 작용하중에 의한 휨모멘트와 변형

그림 12.7

$$
\begin{aligned}
1 \cdot \delta_i &= \sum f\,dl = \int_V d\sigma \cdot \epsilon\, dV \\
&= \int_0^l \left[\int_A d\sigma \cdot \epsilon\, dA \right] dx = \int_0^l \left[\int_A \left(\frac{m\,y}{I} \right) \left(\frac{\sigma}{E} \right) dA \right] dx \\
&= \int_0^l \left[\int_A \left(\frac{m\,y}{I} \right) \left(\frac{My}{EI} \right) dA \right] dx \\
&= \int_0^l \left[\int_A \left(\frac{m\,M}{EI} \right) y^2 dA \right] dx \\
&= \int_0^l \frac{m\,M}{EI} dx
\end{aligned}
\tag{12.19}
$$

여기서, I는 부재의 단면 2차모멘트이다.

또 다른 방법으로, 가상단위하중에 의한 응력 $d\sigma$와 외력에 의한 휨변형률 ϵ 이 생겼다고 하자. 그림 12.7에서 $d\sigma = \dfrac{m\,y}{I}$ 이고 $\epsilon = \left(\dfrac{d\theta}{dx} \right) y = \left(\dfrac{M}{EI} \right) y$ 이므로[자세한 휨모멘트에 의한 응력과 변형률의 유도과정은 건설공학도를 위한 재료역학(박연수 외 저서, 구미서관)의 12.1절과 12.2절 참조요망], 휨모멘트에 의해서 한 부재의 i 점에 생기는 처짐 δ_i는 식 (12.16)의 가상일 방정식을 직접 적분하여 다음과 같이 구할 수 있다.

$$
\begin{aligned}
1 \cdot \delta_i &= \sum f\,dl = \int_V d\sigma \cdot \epsilon\, dV \\
&= \int_0^l \left[\int_A d\sigma \cdot \epsilon\, dA \right] dx = \int_0^l \left[\int_A \left(\frac{my}{I} \right) \left(\frac{d\theta}{dx} \right) y\,dA \right] dx \\
&= \int_0^l \left[\int_A \left(\frac{m\,y}{I} \right) \left(\frac{My}{EI} \right) dA \right] dx \\
&= \int_0^l \left[\int_A \left(\frac{m\,M}{EI} \right) y^2 dA \right] dx \\
&= \int_0^l \frac{m\,M}{EI} dx
\end{aligned}
\tag{12.20}
$$

비슷한 방법으로, 외력에 대한 휨변형 부재의 한 점에서 처짐각 θ_i(회전변위, 회전각, 기울기)를 구하려면, 이 점에 가상단위 우력모멘트($dM = 1$)를 가력시키고 내적 휨모멘트 m_θ를 구해야 한다. 이 경우, 식 (12.17)을 적용하면 다음과 같은 처짐각 θ_i를 구하는 식이 얻어진다.

$$\theta_i = \int_0^l \frac{m_\theta M}{EI} dx \tag{12.21}$$

(3) 가상일의 방법 – 전단변형 부재의 처짐

전단력에 의해서도 구조물 부재의 처짐은 발생한다. 깊은 보 등과 같은 구조물에 실제하중이 작용하였을 때 발생하는 전단력에 의해서 한 부재의 i점에 생기는 처짐 δ_i는 식 (12.16)의 가상일 방정식을 직접 적분하여 구할 수 있다. 즉, δ_i 방향으로 작용시킨 외적 가상단위하중 $dP=1$에 의하여 부재의 미소길이 dx에서 그림 12.8(a)와 같은 전단력 v가 생기고, 실제하중에 의하여 그림 12.8(b)와 같은 전단력 V가 발생했다면, 전단력에 의한 처짐 δ_i는 식 (12.16)을 적분하여 다음과 같이 구할 수 있다. 즉, 전단력을 받는 경우 $d\sigma$는 $d\tau$이고 ϵ은 γ이므로

(a) 가상단위하중에 의한 전단력 (b) 실제 작용하중에 의한 전단력용과 변형

그림 12.8

$$\begin{aligned} 1 \cdot \delta_i &= \sum f\,dl = \int_V d\sigma \cdot \epsilon\, dV = \int_V d\tau \cdot \gamma\, dV \\ &= \int_0^l \left[\int_A d\tau \cdot \gamma\, dA \right] dx = \int_0^l \left[\int_A \left(\frac{vQ}{Ib} \right) \left(\frac{\tau}{G} \right) dA \right] dx \\ &= \int_0^l \left[\int_A \left(\frac{vQ}{Ib} \right) \left(\frac{VQ}{GIb} \right) dA \right] dx \\ &= \int_0^l \left[\int_A \left(\frac{vV}{GA} \right) \left(\frac{Q}{Ib} \right)^2 A\, dA \right] dx \\ &= \int_0^l \frac{KvV}{GA} dx \end{aligned} \tag{12.22}$$

여기서, G는 전단탄성계수, b는 단면의 폭, Q는 중립축에 대한 해당 단면의 1차모멘트, 그리고 K는 형상계수[$K=1.2$(직사각형 단면), $K=10/9$(원형단면), $K=1.0$(I형 단면에서 단면적 A를 복부의 단면적 A_w로 치환한 경우)]이다.

(4) 가상일의 방법 – 비틀림변형 부재의 처짐

구조물에 실제하중이 작용하였을 때 발생하는 비틀림모멘트에 의해서 한 부재의 i점에 생기는 처짐 δ_i는 식 (12.16)의 가상일 방정식을 직접 적분하여 구할 수 있다. 즉, δ_i 방향으로 작용시킨 외적 가상단위하중 $dP = 1$에 의하여 부재의 미소길이 dx에서 그림 12.9 (a)와 같은 비틀림모멘트 t가 생기고, 실제하중에 의하여 그림 12.9 (b)와 같은 비틀림모멘트 T가 발생했다면[자세한 비틀림모멘트에 의한 전단응력과 전단변형률의 유도과정 등은 건설공학도를 위한 재료역학(박연수 외 저서, 구미서관)의 4.2절 참조요망], 비틀림모멘트에 의한 처짐 δ_i는 식 (12.16)를 적분하여 다음과 같이 구할 수 있다. 즉, 비틀림모멘트를 받는 경우 $d\sigma$는 $d\tau$이고 ϵ은 γ이므로

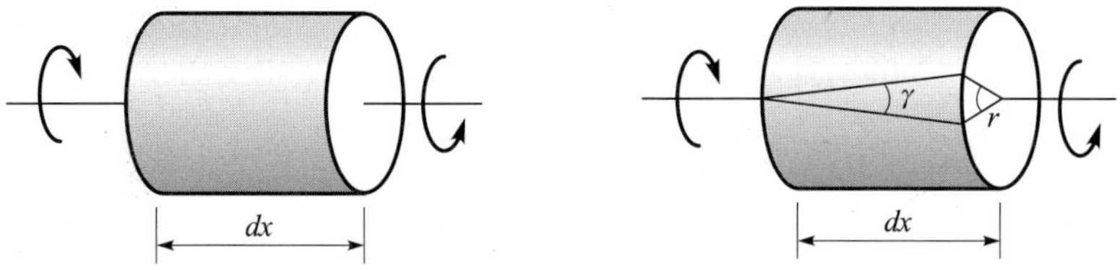

(a) 가상단위하중에 의한 비틀림모멘트 (b) 실제 작용하중에 의한 비틀림모멘트와 변형

그림 12.9

$$
\begin{aligned}
1 \cdot \delta_i &= \sum f\, dl = \int_V d\sigma \cdot \epsilon\, dV = \int_V d\tau \cdot \gamma\, dV \\
&= \int_0^l \left[\int_A d\tau \cdot \gamma\, dA \right] dx = \int_0^l \left[\int_A \left(\frac{tr}{J} \right) \left(\frac{\tau}{G} \right) dA \right] dx \\
&= \int_0^l \left[\int_A \left(\frac{tr}{J} \right) \left(\frac{Tr}{GJ} \right) dA \right] dx \\
&= \int_0^l \left[\int_A \left(\frac{tT}{GJ^2} \right) r^2 dA \right] dx \\
&= \int_0^l \frac{tT}{GJ} dx
\end{aligned}
\tag{12.23}
$$

여기서, 부재 단면의 반지름 r, J는 극관성모멘트이다.

(5) 온도에 의한 부재의 처짐

트러스, 보, 라멘 등의 구조물에 온도변화가 있을 경우, 온도변화로 인해 발생하는 처짐을 추가시켜야 한다. 그림 12.10과 같이 부재 단면의 상하단에 t_{top}[상연(上緣)의 온도], t_l[하연(下緣)의

온도]가 발생하였을 때, t_l이 t_{top}보다 크다면 그림 (a)~(c)와 같이 위로 오목하게[양(+)의 곡률] 구부러질 것이다. 이 중에서 부재 단면의 평균온도변화 $t_o = (t_{top} + t_l)/2$는 부재의 축방향 변형을 발생시키고, 상연과 하연의 온도차인 구배온도변화 $\Delta t = t_l - t_{top}$은 휨변형을 일으킨다. 각각에 대한 부재의 처짐을 구하면 다음과 같다.

① 축변형에 의한 처짐

부재의 열팽창계수가 α이고 평균온도변화가 $t_o[= (t_{top} + t_l)/2]$인 경우, 이 부재의 온도변형률은 $\epsilon = \alpha t_0$이므로 한 부재의 i점에 생기는 처짐 δ_i는 식 (12.16)의 가상일 방정식을 직접 적분하여 구할 수 있다. 즉, δ_i 방향으로 작용시킨 외적 가상단위하중 $dP = 1$에 의하여 부재의 미소길이 dx에서 그림 12.6(a)와 같은 축력 f가 생기고, 실제온도하중에 의하여 그림 12.10(b)와 같은 축변형 $\alpha t_o dx$가 발생했다면, 축변형을 일으키는 평균온도변화 t_o에 의한 처짐 δ_i는 식 (12.16)을 적분하여 다음과 같이 구할 수 있다.

$$
\begin{aligned}
1 \cdot \delta_i &= \sum f\, dl = \int_V d\sigma \cdot \epsilon\, dV \\
&= \int_0^l \left[\int_A d\sigma \cdot \epsilon\, dA \right] dx = \int_0^l \left[\int_A \left(\frac{f}{A} \right) (\alpha t_o) dA \right] dx \\
&= \int_0^l f \cdot \alpha t_o dx = f \cdot \alpha t_o l
\end{aligned}
\tag{12.24}
$$

② 휨변형에 의한 처짐

부재의 열팽창계수가 α이고 구배온도(온도경사)변화 $\Delta t[= t_l - t_{top}]$인 경우, 그림 12.10(b)에서 $h d\theta = \alpha \Delta t\, dx$이므로 이 부재의 휨변형은 $d\theta = (\alpha \Delta t\ dx)/h$가 된다. 따라서 구배온도변화 때문에 한 부재의 i점에 생기는 처짐 δ_i는 식 (12.16)의 가상일 방정식을 직접 적분하여 구할 수 있다. 즉, δ_i 방향으로 작용시킨 외적 가상단위하중 $dP = 1$에 의하여 부재 내부의 미소길이 dx에서 그림 12.7(a)와 같은 휨모멘트 m이 생기고, 실제온도하중에 의하여 그림 12.10(b)와 같은 휨변형 $d\theta = (\alpha t_o dx)/h$가 발생했다면, 휨변형을 일으키는 구배온도변화 Δt에 의한 처짐 δ_i는 식 (12.16)을 적분하여 다음과 같이 구할 수 있다.

$$
\begin{aligned}
1 \cdot \delta_i &= \sum f\,dl = \int_V d\sigma \cdot \epsilon\,dV \\
&= \int_0^l \left[\int_A d\sigma \cdot \epsilon\,dA\right] dx = \int_0^l \left[\int_A \left(\frac{my}{I}\right)\left(\frac{d\theta}{dx}\right) y\,dA\right] dx \\
&= \int_0^l \left[\int_A \left(\frac{m\,y}{I}\right)\left(\frac{\alpha\,\Delta t}{h}\right) y\,dA\right] dx \\
&= \int_0^l \left[\int_A m\left(\frac{\alpha\,\Delta t}{Ih}\right) y^2 dA\right] dx \\
&= \int_0^l m \frac{\alpha \cdot \Delta t}{h} dx
\end{aligned}
\tag{12.25}
$$

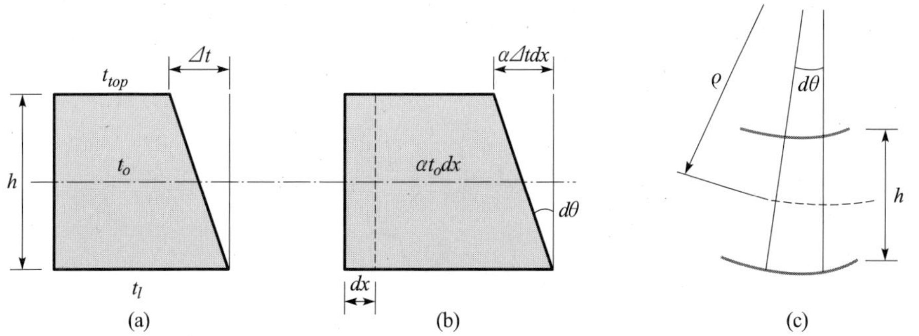

그림 12.10

(5) 제작오차에 의한 부재의 처짐

트러스, 보, 라멘 등의 구조물에 제작오차가 발생하였을 때, 이것으로 인해 생기는 한 부재의 i 점에 생기는 처짐 δ_i는 식 (12.16)으로부터 간단히 구할 수 있다. 즉, δ_i 방향으로 작용시킨 외적 가상단위하중 $dP=1$에 의하여 부재의 미소길이 dx에서 그림 12.6(a)와 같은 축력 f가 생기고, 제작오차에 의하여 축변형 dl이 발생했다면, 축변형을 일으키는 제작오차에 의한 처짐 δ_i는 다음과 같이 된다.

$$
1 \cdot \delta_i = \sum f\,dl \tag{12.26}
$$

(6) 가상일의 방법 – 지점침하에 의한 부재의 처짐

구조물에 지점침하가 발생하였을 때, 이것으로 인해 생기는 한 부재의 i 점에 생기는 처짐 δ_i는 식 (12.16)의 좌변에 외적 가상단위하중 $dP=1$로 인한 반력성분에 의하여 하여진 가상의 외적 일 dW_s가 추가되어야 한다. 여기서 dW_s는 $dP=1$로 인한 가상의 반력성분에 대응하는 실제의 지점침하량의 곱한 값으로, dW_s의 부호는 $dP=1$에 의한 반력성분의 방향과 실제 침하량의 방향이 같으면 양(+)의 방향이 된다. dW_s를 식으로 나타내면 다음과 같다.

$$dW_s = \sum[(dP=1\text{에 의한 반력성분}) \cdot (\text{대응하는 지점침하량})] \tag{12.27}$$

(7) 가상일의 방법에서 처짐의 일반식

일반적으로 구조물에 각종 외력이 작용하고 몇 개의 부재에 온도변화, 조립오차, 지점침하가 있는 경우, 구조물의 어떤 i점에 생기는 처짐 δ_i는 위에서 유도한 가상일의 방법에 의한 식 (12.18)~(12.23)을 부재 전체에 대해 합하여 구한다. 즉, 가상일의 방법에서 처짐의 일반식은 다음과 같이 표현할 수 있다.

$$\begin{aligned}1 \cdot \delta_i + dW_s &= \sum \frac{fFl}{EA} + \sum \int_0^l \frac{mM}{EI}dx + \sum \int_0^l \frac{KvV}{GA}dx \\ &+ \sum \int_0^l \frac{tT}{GJ}dx + \left[\sum f(\alpha t_o l) + \sum \int_0^l m\frac{\alpha \Delta t}{h}dx\right] \\ &+ \sum f dl\end{aligned} \tag{12.28}$$

예제 12.3

다음 캔틸레버보에서 자유단 B점의 처짐 δ_B와 처짐각 θ_B를 구하시오. 단, 휨모멘트에 의한 변위만을 고려하고, EI는 일정(constant)하다.

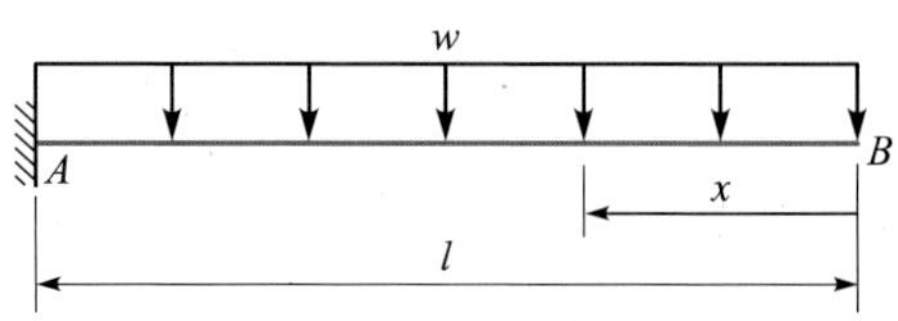

(a)

그림 예제 12.3

풀이

1) 자유단 B점의 처짐 δ_B

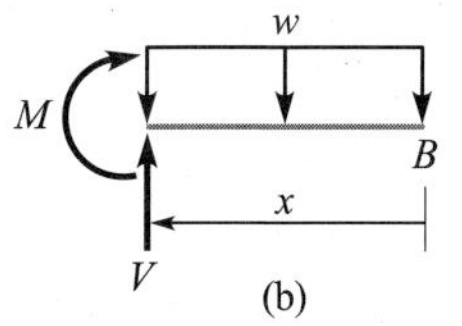

(b)

i) 실제역계에서 휨모멘트식 M의 유도

실제 등분포하중 w을 작용시킨 실제역계인 그림 예제 12.3(a), (b)의 자유물체도에 대해, B점으로부터 x 위치의 단면에 모멘트의 평형방정식을 적용하면 x 위치의 휨모멘트 M이 구해진다. 즉, AB구간$(0 \le x \le l)$에서

$$+\curvearrowright \sum M_x = 0\ ;\ M + (wx)\left(\frac{x}{2}\right) = 0,\ \therefore M = -\frac{w}{2}x^2$$

ii) 가상역계에서 휨모멘트식 m의 유도

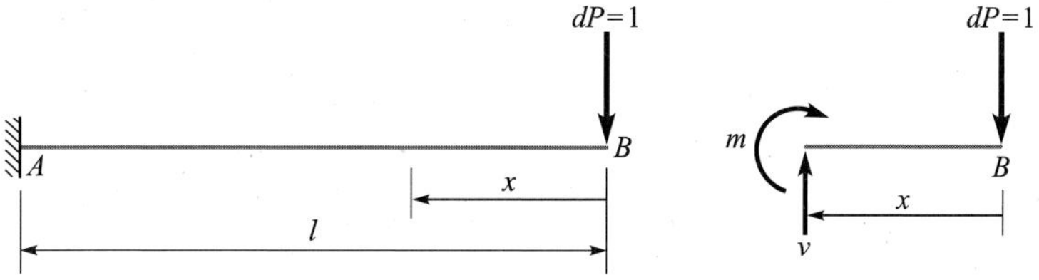

(c) (d)

가상단위하중 $dP=1$을 작용시킨 가상역계인 그림 예제 12.3(c), (d)의 자유물체도에 대해, B점으로부터 x 위치의 단면에 모멘트의 평형방정식을 적용하면 x 위치의 휨모멘트 m이 구해진다. 즉, AB구간$(0 \le x \le l)$에서

$$+\curvearrowright \sum M_x = 0\ ;\ m + (1)(x) = 0,\quad \therefore m = -x$$

iii) 처짐 δ_B의 계산

휨변형에 의한 처짐을 구하는 가상일의 방법 식 (12.19)를 적용하면, 자유단 B점의 처짐 δ_B가 다음과 같이 구해진다.

$$\begin{aligned} 1 \cdot \delta_B &= \int_0^l \frac{m\,M}{EI}dx \\ &= \frac{1}{EI}\int_0^l (-x)\left(-\frac{w}{2}x^2\right)dx = \frac{1}{EI}\int_0^l \left(\frac{wx^3}{2}\right)dx = \frac{1}{EI}\left[\frac{wx^4}{8}\right]_0^l \\ &= \frac{wl^4}{8EI}\ (\downarrow) \end{aligned}$$

2) 자유단 B점의 처짐각 θ_B

i) 실제역계에서 휨모멘트식 M

위의 1) i)의 x 위치의 휨모멘트 M과 같은 값이다. 즉, AB구간($0 \le x \le l$)에서

$$M = -\frac{w}{2}x^2$$

ii) 가상역계에서 휨모멘트식 m_θ의 유도

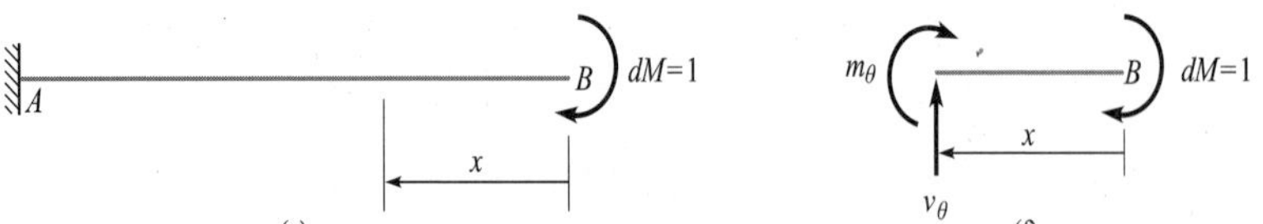

(e) (f)

가상단위 휨모멘트하중 $dM=1$을 작용시킨 가상역계인 그림 예제 12.3(e), (f)의 자유물체도에 대해, B점으로부터 x 위치의 단면에 모멘트의 평형방정식을 적용하면 x 위치의 휨모멘트 m_θ가 구해진다. 즉, AB구간($0 \le x \le l$)에서

$$+\curvearrowright \sum M_x = 0\ ;\ m_\theta + 1 = 0, \quad \therefore m_\theta = -1$$

iii) 처짐 θ_B의 계산

휨변형에 의한 처짐각을 구하는 가상일의 방법 식 (12.21)을 적용하면, 자유단 B점의 처짐각 θ_B가 다음과 같이 구해진다.

$$1 \cdot \theta_B = \int_0^l \frac{m_\theta M}{EI} dx$$

$$= \frac{1}{EI}\int_0^l (-1)\left(-\frac{w}{2}x^2\right) dx = \frac{1}{EI}\int_0^l \left(\frac{wx^2}{2}\right) dx = \frac{1}{EI}\left[\frac{wx^3}{6}\right]_0^l$$

$$= \frac{wl^3}{6EI}\ (\curvearrowright)$$

예제 12.4

다음 그림과 같이 집중하중을 받고 있는 트러스구조물에서 부재 AE 및 DE의 평균온도변화 t_o이 20°C 상승하였을 때, 격점 B의 수직처짐 δ_B를 구하시오. 단, 열팽창계수는 $\alpha = 1.2 \times 10^{-5}/°C$이고, 부재의 탄성계수는 $E = 2.04 \times 10^5$ MPa이고, 부재의 단면적은 $A_{AB} = A_{BC} = 0.01\text{m}^2$, $A_{AE} = A_{CE} = A_{DE} = 0.005\text{m}^2$, $A_{BE} = A_{CD} = 0.0075\text{m}^2$이다.

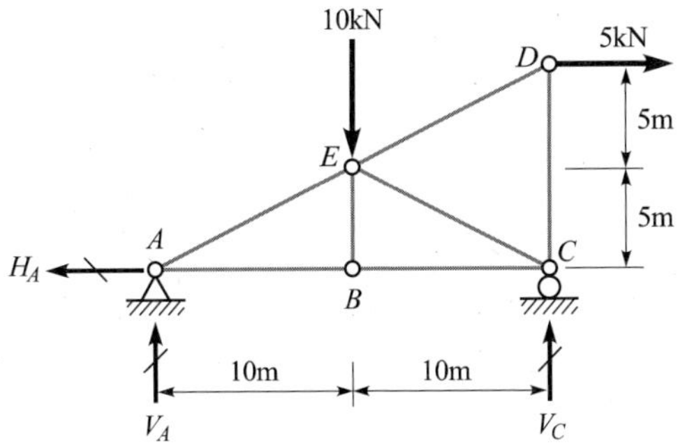

(a)

그림 예제 12.4

풀이

1) 실제역계에서 반력과 부재력의 계산

i) 반력계산

그림 예제 12.4의 전체 구조물 자유물체도에서

$+\curvearrowright\sum M_C=0$; $V_A \cdot 20-10 \cdot 10+5 \cdot 10=0$, $\quad\therefore V_A=2.5\text{kN}(\uparrow)$

$+\uparrow\sum F_z=0$; $V_A-10+V_C=0$, $\quad\therefore V_C=-V_A+10=7.5\text{kN}(\uparrow)$

$+\rightarrow\sum F_x=0$; $-H_A+5=0$, $\quad\therefore H_A=5\text{kN}(\leftarrow)$

ii) 부재력의 계산

단면법 또는 격점법을 사용하여 부재력을 구하면 다음 표의 F값과 같다(자세한 계산과정은 예제 7.6, 7.5 참조 요망).

2) 가상역계에서 반력과 부재력의 계산

가상단위하중 $dP=1$을 격점 B에 작용시킨 가상역계인 그림 예제 12.4(b)에 대해서

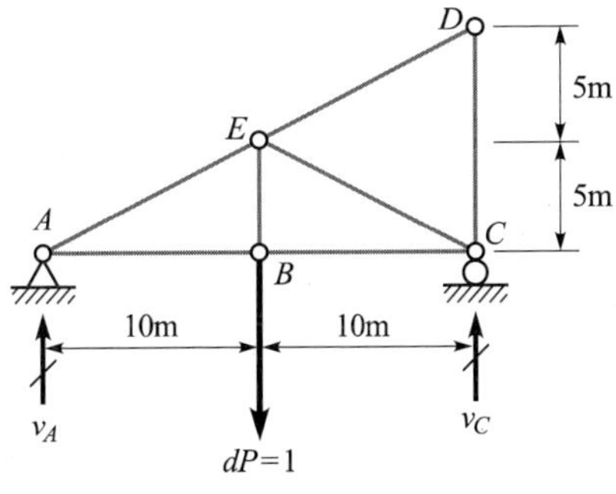

(b)

i) 반력계산

그림 예제 12.4(b)의 가상역계 자유물체도에서

$+\curvearrowright \sum M_C = 0 \ ; \ v_A \cdot 20 - 1 \cdot 10 = 0, \quad \therefore v_A = 0.5\text{kN}(\uparrow)$

$+\uparrow \sum F_z = 0 \ ; \ v_A - 1 + v_C = 0, \quad \therefore v_C = -v_A + 1 = 0.5\text{kN}(\uparrow)$

ii) 부재력의 계산

부재력을 단면법 또는 격점법을 사용하여 부재력을 구하면 다음 표의 f값과 같다(자세한 계산과정은 예제 7.6, 7.5 참조 요망).

3) 평균온도변화 t_o에 의한 $f(\alpha t_o l)$값의 계산

평균온도변화 t_o에 의한 격점 B의 수직처짐을 계산하면 다음 표의 $f(\alpha t_o l)$의 값과 같다.

부재	l(m)	E(kN/m^2)	α(1/°C)	A(m^2)	f	F(kN)	$\frac{fFl}{EA}$(m)	t_o	$f(\alpha t_o l)$(m)	δ_B(m)
AB	10	2.04×10^8	1.2×10^{-5}	0.01	1	10	0.000049	0	0	
AE	11.18	2.04×10^8	1.2×10^{-5}	0.005	-1.118	-5.59	0.000069	+20	-0.003	
BC	10	2.04×10^4	1.2×10^{-5}	0.01	1	10	0.000049	0	0	
BE	5	2.04×10^4	1.2×10^{-5}	0.0075	1	0	0	0	0	
CD	10	2.04×10^4	1.2×10^{-5}	0.0075	0	-2.5	0	0	0	
CE	11.18	2.04×10^4	1.2×10^{-5}	0.005	-1.118	-11.18	0.00014	0	0	
DE	11.18	2.04×10^4	1.2×10^{-5}	0.005	0	5.59	0	+20	0	
$\sum$							0.0003		-0.003	-0.0027

4) 수직처짐 δ_B의 계산

축변형에 의한 처짐을 구하는 가상일의 방법 식 (12.24)를 적용하면, 집중하중과 평균온도변화를 동시에 받고 있는 트러스 격점 B의 수직처짐이 위의 표의 δ_B와 같이 구해진다. 즉, 식 (12.24)에서 축력과 평균온도변화를 제외한 나머지 항에 의한 처짐은 0이므로

$$1 \cdot \delta_B = \sum \frac{fFl}{EA} + \sum f(\alpha t_o l)$$

$$= 0.0003 + (-0.003)$$

$$= 0.0027\text{m} = -2.7\text{mm}(\uparrow)$$

예제 12.5

다음 그림과 같이 집중하중을 받고 있는 트러스구조물에서 부재 DE가 제작오차로 $dl = 10$ mm 길게 제작되었을 때, 격점 B의 수직처짐 δ_B를 구하시오. 단, 부재의 탄성계수는 $E = 2.04 \times 10^5$MPa이고, 부재의 단면적은 $A = 0.007\text{m}^2$이다.

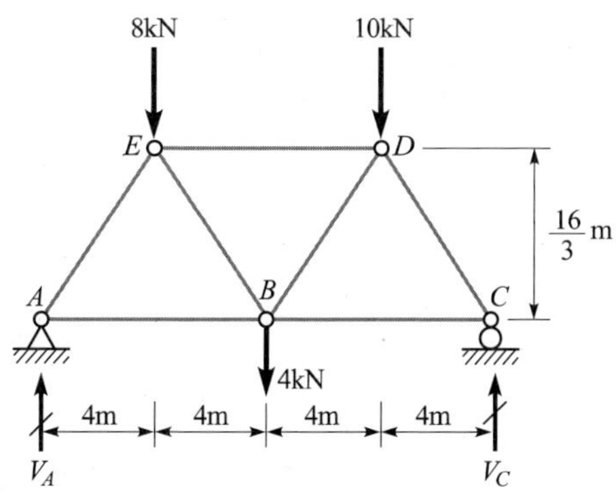

(a)

그림 예제 12.5

풀이

1) 실제역계에서 반력과 부재력의 계산

i) 반력계산

그림 예제 12.5의 전체 구조물 자유물체도에서

$+\curvearrowright \sum M_C = 0$; $V_A \cdot 16 - 8 \cdot 12 - 4 \cdot 8 - 10 \cdot 4 = 0,$ $\quad \therefore V_A = 10.5\text{kN}(\uparrow)$

$+\uparrow \sum F_z = 0$; $V_A - 8 - 4 - 10 + V_C = 0,$ $\quad \therefore V_C = -V_A + 8 + 4 + 10 = 11.5\text{kN}(\uparrow)$

ii) 부재력의 계산

격점법을 사용하여 부재력을 구하면 다음 표의 F값과 같다(자세한 계산과정은 예제 7.5 참조 요망).

2) 가상역계에서 반력과 부재력의 계산

가상단위하중 $dP = 1$을 격점 B에 작용시킨 가상역계인 그림 예제 12.5(b)에 대해서

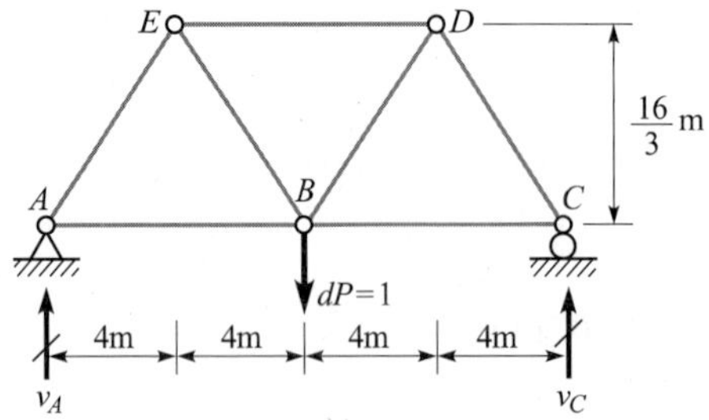

(b)

i) 반력계산

그림 예제 12.4(b)의 가상역계 자유물체도에서

$+\curvearrowright \sum M_C = 0$; $v_A \cdot 16 - 1 \cdot 8 = 0$, $\quad \therefore v_A = 0.5\text{kN}(\uparrow)$

$+\uparrow \sum F_z = 0$; $v_A - 1 + v_C = 0$, $\quad \therefore v_C = -v_A + 1 = 0.5\text{kN}(\uparrow)$

ii) 부재력의 계산

격점법을 사용하여 부재력을 구하면 다음 표의 f값과 같다(자세한 계산과정은 예제 7.5 참조 요망).

3) 부재 DE가 제작오차로 $dl = 10$mm 길게 제작되었을 때, 격점 B의 수직처짐 값의 계산

부재 DE의 길어진 제작오차 $dl = 10$mm에 의한 격점 B의 수직처짐을 계산하면 다음 표의 $f \cdot dl$과 같다.

부재	l(m)	E(kN/m^2)	A(m²)	f	F(kN)	$\frac{fFl}{EA}$(m)	dl (m)	$f(dl)$ (m)	δ_B(m)
AB	8	2.04×10^8	0.007	0.375	7.875	1.65×10^{-5}	0	0	
AE	6.67	2.04×10^8	0.007	-0.625	-13.125	3.83×10^{-5}	0	0	
BC	8	2.04×10^4	0.007	0.375	8.625	1.81×10^{-5}	0	0	
BD	6.67	2.04×10^4	0.007	0.625	1.875	5.47×10^{-6}	0	0	
BE	6.67	2.04×10^4	0.007	0.625	3.125	9.12×10^{-6}	0	0	
CD	6.67	2.04×10^4	0.007	-0.625	-14.375	4.19×10^{-5}	0	0	
DE	8	2.04×10^4	0.007	-0.75	-9.75	4.10×10^{-5}	0.01	-0.0075	
$\sum$						0.00017		-0.0075	-0.00733

4) 수직처짐 δ_B의 계산

축변형에 의한 처짐을 구하는 가상일의 방법 식 (12.24)를 적용하면, 집중하중과 제작오차를 동시에 받고 있는 트러스 격점 B의 수직처짐이 위의 표의 δ_B와 같이 구해진다. 즉, 식 (12.24)에서 축력과 제작오차를 제외한 나머지 항에 의한 처짐은 0(zero)이므로

$$1 \cdot \delta_B = \sum \frac{fFl}{EA} + \sum f(dl)$$
$$= 0.00017 + (-0.0075)$$
$$= -0.00733\text{m} = -7.33\text{mm} \ (\uparrow)$$

예제 12.6

다음 정정라멘에서 단면력(휨모멘트, 전단력, 축력, 비틀림모멘트)을 모두 고려해서 E점의 처짐 δ_E를 구하고, 이들의 영향을 비교하시오. 단, 부재의 단면은 직사각형이고, AC 및 BD부재의 단면적 $A_{AC} = A_{BD} = 0.036\text{m}^2$, CD부재의 단면적 $A_{CD} = 0.025\text{m}^2$, AC 및 BD부재의 단면 2차모멘트 $I_{AC} = I_{BD} = 8 \times 10^{-4}\text{m}^4$, CD부재의 단면 2차모멘트 $I_{CD} = 1.2 \times 10^{-3}\text{m}^4$, 탄성계수는 $E = 200\text{GPa}$, 포아송(poisson)비 ν는 0.25이다.

[25점, 토목구조기술사 시험]

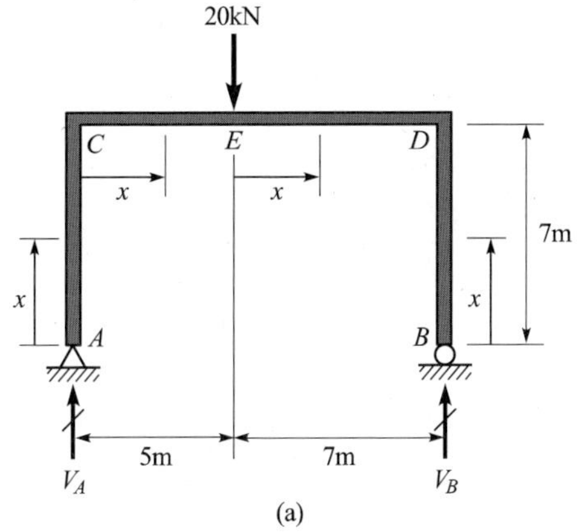

그림 예제 12.6

풀이

1) 실제역계에서 반력과 부재력의 계산

i) 반력계산

그림 예제 12.6(a)의 전체 구조물 자유물체도에서

$$+\curvearrowright \sum M_B = 0 \ ; \ V_A \cdot 12 - 20 \cdot 7 = 0, \qquad \therefore V_A = \frac{20 \cdot 7}{12} = 11.7 \ (\uparrow)$$

$$+\uparrow \sum F_y = 0 \ ; \ V_A - 20 + V_B = 0, \qquad \therefore V_B = -11.7 + 20 = 8.3 \ (\uparrow)$$

ii) 부재력의 계산

- 휨모멘트 M

  그림 예제 12.6(a)에서

  AC구간$(0 \leq x \leq 7\text{m})$: $M=0$

  CE구간$(0 \leq x \leq 5\text{m})$: $M=11.7x$

  ED구간$(0 \leq x \leq 7\text{m})$: $M=11.7(5+x)-20x=58.5-8.3x$

  BD구간$(0 \leq x \leq 7\text{m})$: $M=0$

- 전단력 V

  그림 예제 12.6(a)에서

  AC구간$(0 \leq x \leq 7\text{m})$: $V=0$

  CE구간$(0 \leq x \leq 5\text{m})$: $V=11.7$

  ED구간$(0 \leq x \leq 7\text{m})$: $V=11.7-20=-8.3$

  BD구간$(0 \leq x \leq 7\text{m})$: $V=0$

- 축력 F

  그림 예제 12.6(a)에서

  AC구간$(0 \leq x \leq 7\text{m})$: $F=-11.7$

  CE구간$(0 \leq x \leq 5\text{m})$: $F=0$

  ED구간$(0 \leq x \leq 7\text{m})$: $F=0$

  BD구간$(0 \leq x \leq 7\text{m})$: $F=-8.3$

- 비틀림모멘트 T

  그림 예제 12.6(a)에서

  AC구간$(0 \leq x \leq 7\text{m})$: $T=0$

  CE구간$(0 \leq x \leq 5\text{m})$: $T=0$

  ED구간$(0 \leq x \leq 7\text{m})$: $T=0$

  BD구간$(0 \leq x \leq 7\text{m})$: $T=0$

2) 가상역계에서 반력과 부재력의 계산

가상단위하중 $dP=1$을 격점 E에 작용시킨 가상역계인 그림 예제 12.6(b)에 대해서

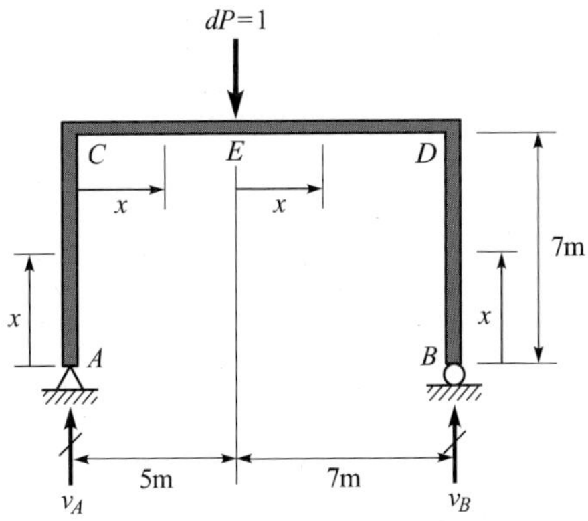

(b)

i) 반력계산

그림 예제 12.6(b)의 가상역계 자유물체도에서

$+\curvearrowright \sum M_B = 0$; $v_A \cdot 12 - 1 \cdot 7 = 0$, $\therefore v_A = \dfrac{1 \cdot 7}{12} = 0.6$ (↑)

$+\uparrow \sum F_y = 0$; $v_A - 1 + v_B = 0$, $\therefore v_B = -0.6 + 1 = 0.4$ (↑)

ii) 부재력의 계산

- 휨모멘트 m

  그림 예제 12.6(b)에서

  AC구간$(0 \leq x \leq 7\text{m})$: $m = 0$

  CE구간$(0 \leq x \leq 5\text{m})$: $m = 0.6x$

  ED구간$(0 \leq x \leq 7\text{m})$: $m = 0.6(5+x) - 1(x) = 3 - 0.4x$

  BD구간$(0 \leq x \leq 7\text{m})$: $m = 0$

- 전단력 v

  그림 예제 12.6(b)에서

  AC구간$(0 \leq x \leq 7\text{m})$: $v = 0$

  CE구간$(0 \leq x \leq 5\text{m})$: $v = 0.6$

  ED구간$(0 \leq x \leq 7\text{m})$: $v = 0.6 - 1 = -0.4$

  BD구간$(0 \leq x \leq 7\text{m})$: $v = 0$

- 축력 f

  그림 예제 12.6(b)에서

  AC구간$(0 \leq x \leq 7\text{m})$: $f = -0.6$

  CE구간$(0 \leq x \leq 5\text{m})$: $f = 0$

  ED구간$(0 \leq x \leq 7\text{m})$: $f = 0$

  BD구간$(0 \leq x \leq 7\text{m})$: $f = -0.4$

- 비틀림모멘트

  그림 예제 12.6(b)에서

  AC구간($0 \leq x \leq 7\text{m}$) : $t=0$

  CE구간($0 \leq x \leq 5\text{m}$) : $t=0$

  ED구간($0 \leq x \leq 7\text{m}$) : $t=0$

  BD구간($0 \leq x \leq 7\text{m}$) : $t=0$

3) 처짐 δ_B의 계산

식 (12.28)에서 단면력에 의한 처짐을 구하는 가상일의 방법을 적용하면 E점의 수직처짐 δ_E가 다음과 같이 구해진다. 즉,

$$1 \cdot \delta_i = \sum \int_0^l \frac{mM}{EI} dx + \sum \int_0^l \frac{KvV}{GA} dx + \sum \frac{fFl}{EA} + \sum \int_0^l \frac{tT}{GJ} dx \text{ 에서}$$

- 휨모멘트 M에 의한 E점의 처짐 δ_{EM}

$$\begin{aligned}
\delta_{EM} &= \sum \int_0^l \frac{mM}{EI} dx \\
&= \frac{1}{EI_{CD}} \int_0^5 (0.6x)(11.7x) dx + \frac{1}{EI_{CD}} \int_0^7 (3-0.4x)(58.8-8.3x) dx \\
&= \frac{1}{EI_{CD}} [\int_0^5 7.02x^2 dx + \int_0^7 (176.4 - 48.42x + 3.32x^2) dx] \\
&= \frac{1}{EI_{CD}} (\left[\frac{7.02}{3} x^3\right] + \left[176.4x - \frac{48.42}{2} x^2 + \frac{3.32}{3} x^3\right]) \\
&= \frac{1}{EI_{CD}} (\left[\frac{7.02}{3} \times 5^3\right] + \left[176.4 \times 7 - \frac{48.42}{2} \times 7^2 + \frac{3.32}{3} \times 7^3\right]) \\
&= \frac{720.6}{EI_{CD}} = \frac{720.6}{(200 \times 10^6)(1.2 \times 10^{-3})} = 0.003\text{m} = 3\text{mm}
\end{aligned}$$

- 전단력 V에 의한 E점의 처짐 δ_{EV}

  $G = \dfrac{E}{2(1+\nu)} = \dfrac{200}{2(1+0.25)} = 80\text{GPa}$이고, 직사각형의 단면이므로 형상계수 $K = 1.2$이다.

  따라서

$$\begin{aligned}
\delta_{EV} &= \sum \int_0^l \frac{KvV}{GA} dx \\
&= \frac{K}{GA_{CD}} \int_0^5 (0.6)(11.7) dx + \frac{K}{GA_{CD}} \int_0^7 (-0.4)(-8.3) dx \\
&= \frac{K}{GA_{CD}} (58.34) = \frac{1.2}{(80 \times 10^6)(0.025)} (58.34) = 0.000035\text{m} = 0.035\text{mm}
\end{aligned}$$

- 축력 F에 의한 E점의 처짐 δ_{EF}

$$\begin{aligned}\delta_{EF} &= \frac{fFl}{EA} \\ &= \frac{(-0.6)(-11.7)(7)}{EA_{AC}} + \frac{(-0.4)(-8.3)(7)}{EA_{BD}} \\ &= \frac{49.14}{EA_{AC}} + \frac{23.24}{EA_{BD}} = \frac{72.38}{(200\times 10^6)(0.036)} = 0.00001\,\text{m} = 0.01\,\text{mm}\end{aligned}$$

- 비틀림모멘트 T에 의한 E점의 처짐 δ_{ET}

$$\delta_{ET} = \sum\int_0^l \frac{tT}{GJ}dx = 0$$

따라서 E점의 총 처짐 δ_E는 각각의 단면력에 의한 더하면 구해진다. 즉,

$$\begin{aligned}\delta_E &= \delta_{EM} + \delta_{EV} + \delta_{EF} + \delta_{ET} \\ &= 3 + 0.035 + 0.01 + 0 = 3.045\,\text{mm}\end{aligned}$$

4) 처짐에서 단면력의 영향 비교

본 라멘구조물에서

- 총 처짐 δ_E에 대한 휨모멘트 M의 기여도

$$\frac{\delta_{EM}}{\delta_E}\times 100 = \frac{3}{3.045}\times 100 = 98.52\%$$

- 총 처짐 δ_E에 대한 전단력 V의 기여도

$$\frac{\delta_{EV}}{\delta_E}\times 100 = \frac{0.035}{3.045}\times 100 = 1.15\%$$

- 총 처짐 δ_E에 대한 축력 F의 기여도

$$\frac{\delta_{EF}}{\delta_E}\times 100 = \frac{0.01}{3.045}\times 100 = 0.33\%$$

- 총 처짐 δ_E에 대한 비틀림모멘트 T의 기여도

$$\frac{\delta_{ET}}{\delta_E}\times 100 = \frac{0}{3.045}\times 100 = 0$$

따라서 본 라멘구조물의 경우 처짐에 미치는 전단력, 축력, 비틀림모멘트의 영향은 무시할 만큼 작다는 것을 알 수 있다. 이와 같이 보와 라멘에서 처짐에 미치는 전단력의 영향은 아주 미미하기 때문에 일반적으로 무시해도 된다.

예제 12.7

다음 그림과 같이 집중하중 $P=5,000\text{N}$을 받는 단순보에 대해 지간 중앙 C점의 처짐의 크기와 방향을 구하시오. 단, $E=2\times10^4\text{MPa}$이고, 경계조건은 두 방향 휨에 대해 동일하다.

[5점, 행정고등고시(토목기술직) 제2차 시험]

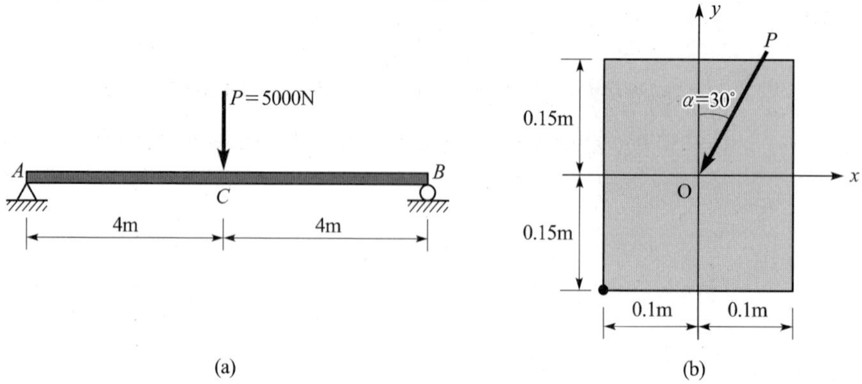

그림 예제 12.7

풀이

1) 단순보에서 지간 중앙 C점의 처짐 δ_C의 유도

그림 12.7(c)와 같이 지간이 l이고 중앙 C점에 집중하중 P를 받고 있는 휨강성 EI가 일정한 단순보에서 지간 중앙 C점의 처짐 δ_C의 유도하면 다음과 같다.

i) 반력계산

- 실제역계

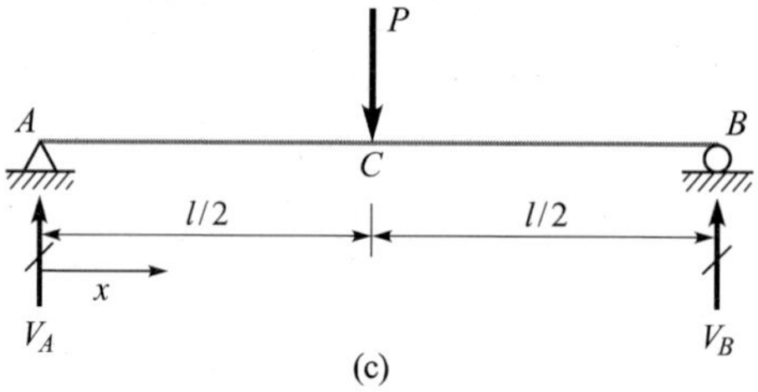

그림 예제 12.7(c)의 자유물체도에서

$$+\curvearrowright\sum M_B=0\ ;\ V_A\cdot l-P\cdot\frac{l}{2}=0,\ \therefore\ V_A=\frac{P}{2}\ (\uparrow)$$

$$+\uparrow\sum F_y=0\ ;\ V_A-P+V_B=0,\ \therefore\ V_B=\frac{P}{2}\ (\uparrow)$$

• 가상역계

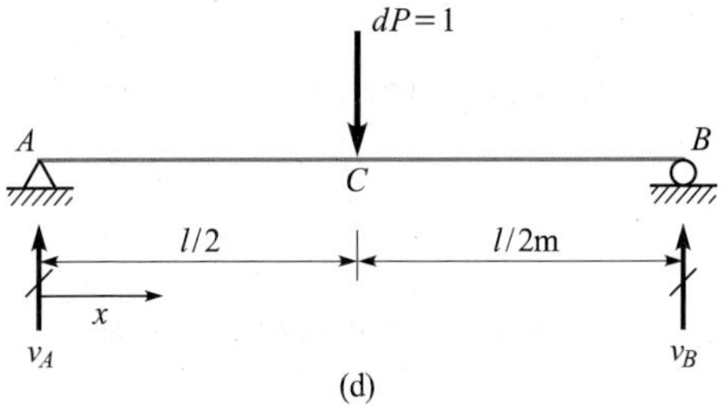

(d)

그림 예제 12.7(d)의 자유물체도에서

$$+\curvearrowright \sum M_B = 0 \ ; \ v_A \cdot l - 1 \cdot \frac{l}{2} = 0, \qquad \therefore v_A = \frac{1}{2} \ (\uparrow)$$

$$+\uparrow \sum F_y = 0 \ ; \ v_A - 1 + v_B = 0, \qquad \therefore v_B = \frac{1}{2} \ (\uparrow)$$

ii) 휨모멘트의 계산

• 실제역계의 휨모멘트 M

그림 예제 12.7(c)에서

AC구간$(0 \le x \le \frac{l}{2})$: $M = V_A x = \frac{P}{2}x$

CB구간$(\frac{l}{2} \le x \le l)$: $M = V_A x - P\left(x - \frac{l}{2}\right) = \frac{P}{2}(l - x)$

• 가상역계의 휨모멘트 m

그림 예제 12.7(d)에서

AC구간$(0 \le x \le \frac{l}{2})$: $m = v_A x = \frac{1}{2}x$

CB구간$(\frac{l}{2} \le x \le l)$: $m = v_A x - 1\left(x - \frac{l}{2}\right) = \frac{1}{2}(l - x)$

iii) 단면력(휨모멘트)에 의한 지간 중앙 C점의 처짐 δ_C의 유도

가상일의 방법을 적용하면 C점의 처짐 δ_C가 다음과 같이 구해진다. 즉,

$$\begin{aligned}\delta_C &= \sum \int_0^l \frac{mM}{EI} dx \\ &= \frac{2}{EI} \int_0^{\frac{l}{2}} (\frac{x}{2})(\frac{Px}{2}) dx \\ &= \frac{P}{2EI}\left[\frac{x^3}{3}\right] = \frac{Pl^3}{48EI}\end{aligned}$$

2) 집중하중 $P=5{,}000\text{N}$을 받는 단순보에 대해 지간 중앙 C점의 처짐의 크기와 방향

그림 예제 12.7(a), (b)에서

- y축에 대한 단면 2차모멘트 I_y와 z축에 대한 단면 2차모멘트 I_z

$$I_y=\frac{(0.3)}{12}(0.2)^3=0.0002\text{m}^4,\ I_z=\frac{(0.2)}{12}(0.3)^3=0.00045\text{m}^4$$

- 지간 중앙 C점의 수직방향 처짐 δ_{CV}

$$\delta_{CV}=\frac{P_V l^3}{48EI_z}=\frac{P\cos 30^\circ l^3}{48EI_z}=\frac{(5{,}000\cos 30^\circ)(8{,}000^3)}{48(2\times 10^4)(0.00045\times 10^{12})}=5.132\text{mm}\,(\downarrow)$$

- 지간 중앙 C점의 수평방향 처짐 δ_{CH}

$$\delta_{CH}=\frac{P_H l^3}{48EI_y}=\frac{P\sin 30^\circ l^3}{48EI_y}=\frac{(5{,}000\sin 30^\circ)(8{,}000^3)}{48(2\times 10^4)(0.0002\times 10^{12})}=6.67\text{mm}\,(\leftarrow)$$

따라서 지간 중앙 C점에서 처짐 δ_C의 크기와 방향은 다음과 같다. 즉,

$$\delta_C=\sqrt{\delta_{CV}^2+\delta_{CH}^2}=\sqrt{5.132^2+6.67^2}=8.4\text{mm}\,(\swarrow)$$

$$\tan\theta'=\frac{5.132}{6.67}=0.769\ \rightarrow\ \theta'=0.656rad=0.656\times\frac{180}{\pi}=37.6^\circ$$

예제 12.8

다음과 같은 구조물에 대해

1) 그림 예제 12.8(a), (b)의 휨모멘트도(B.M.D)를 그리시오

2) 그림 예제 12.8(a), (b)의 탄성처짐곡선을 개략적으로 그리시오

3) 그림 예제 12.8(b)의 b점의 수평처짐, 수직처짐, 회전변위를 구하시오.

단, EI는 일정(constant)하다.

[25점, 토목구조기술사 시험]

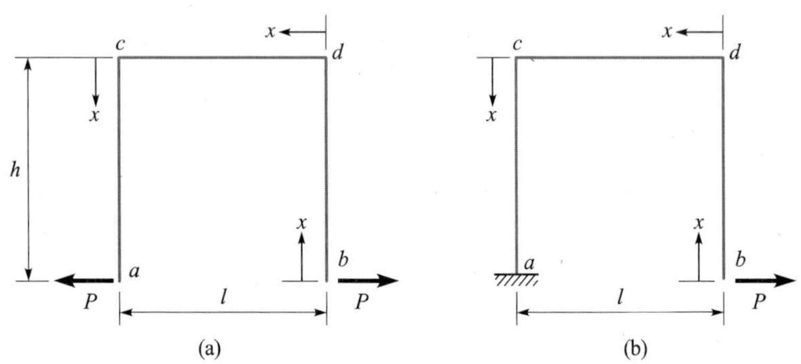

그림 예제 12.8

풀이

1) 휨모멘트도(B.M.D)

i) 그림 예제 12.8 (a)의 부재별 휨모멘트 함수

- $0 \le x \le h$(bd부재, x원점 : b점)의 경우, $M = Px$
- $0 \le x \le l$(dc부재, x원점 : d점)의 경우, $M = Ph$
- $0 \le x \le h$(ca부재, x원점 : c점)의 경우, $M = Ph - Px$

ii) 그림 예제 12.8 (b)의 부재별 휨모멘트 함수

- $0 \le x \le h$(bd부재, x원점 : b점)의 경우, $M = Px$
- $0 \le x \le l$(dc부재, x원점 : d점)의 경우, $M = Ph$
- $0 \le x \le h$(ca부재, x원점 : c점)의 경우, $M = Ph - Px$

iii) 휨모멘트도(B.M.D)를 그리면 그림 (c), (d)와 같다.

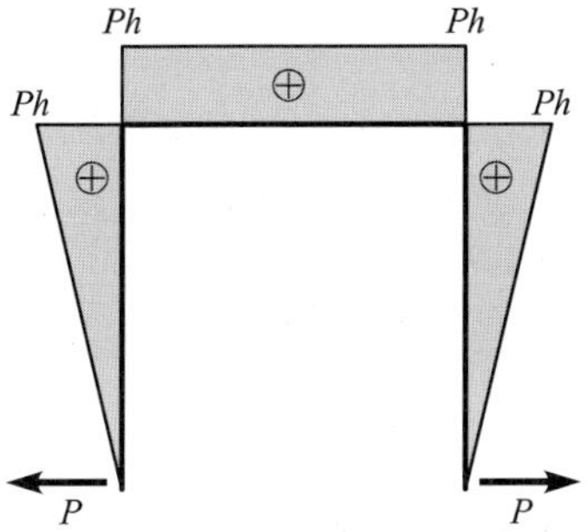

(c) 그림(a)의 휨모멘트

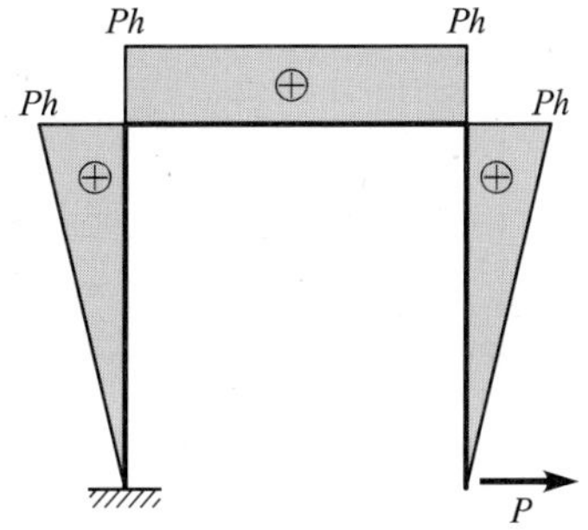

(d) 그림(b)의 휨모멘트

2) 탄성처짐곡선

라멘구조물의 경우, 강절점(rigid joint)은 변형 시 원래의 각도를 유지한다. 즉, 그림 예제 12.8 (a), (b)에서 c, d점은 강절점이므로 변형 시 원래의 각도인 직각을 유지한다. 그러므로 탄성처짐곡선을 개략적으로 그리면 그림 (e), (f)와 같다.

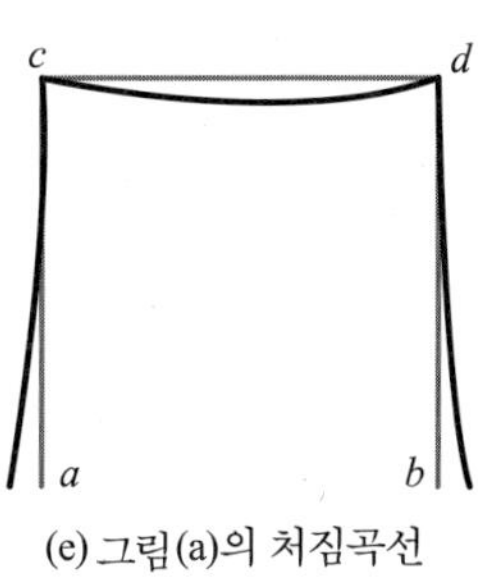

(e) 그림(a)의 처짐곡선

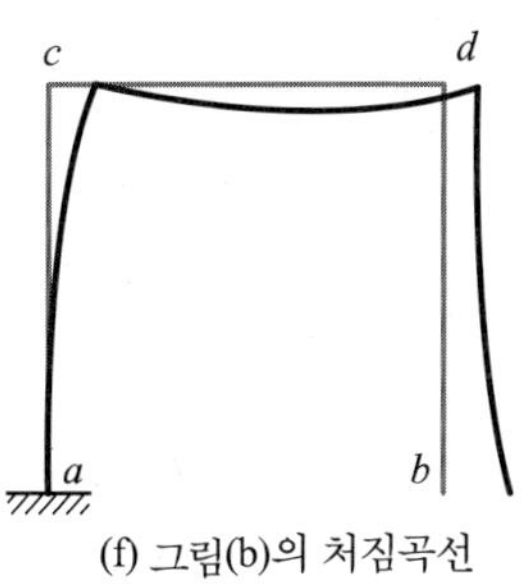

(f) 그림(b)의 처짐곡선

3) 실제역계 그림 예제 12.8 (b)에서 b 점의 수평처짐, 수직처짐, 회전변위

가상일의 방법, 즉 $1 \cdot \delta = \sum \int \frac{Mm_\delta}{EI} dx$ 또는 $1 \cdot \theta = \sum \int \frac{Mm_\theta}{EI} dx$를 사용한다.

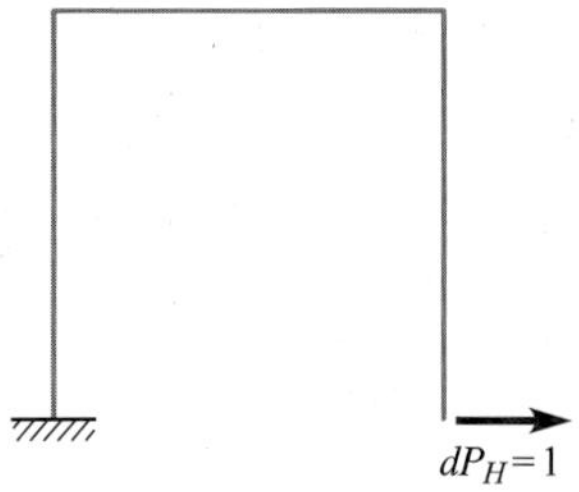

(g) 가상역계(수평력 dP=1 가력)

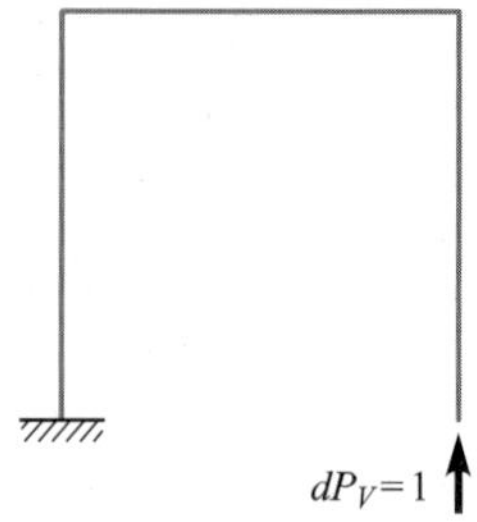

(g) 가상역계(수직력 dP=1 가력)

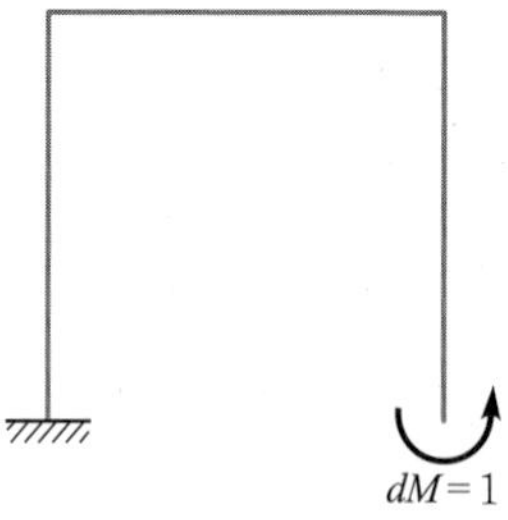

(g) 가상역계(dP=1 가력)

i) 가상역계에서 단위하중 가력상태는 그림 (g), (h), (i)와 같고, 부재별 실제역계의 휨모멘트 M과 가상역계의 휨모멘트 m을 구하면 다음 표와 같다.

부 재	원 점	적분구간	M	$m_{\delta_{bH}}$	$m_{\delta_{bV}}$	m_{θ_b}
bd	b	$0 \le x \le h$	Px	x	0	1
dc	d	$0 < x \le l$	Ph	h	x	1
ca	c	$0 \le x \le h$	$Ph-Px$	$h-x$	l	1

ii) 수평처짐 δ_{bH}

$$\delta_{bH} = \frac{1}{EI}\left(\int_0^h (Ph-Px)\cdot(h-x)\,dx + \int_0^l (Ph)\cdot(h)\,dx + \int_0^h (Px)\cdot(x)\right)dx$$

$$= \frac{1}{EI}\left(\int [(Ph^2 - Phx - Phx + Px^2)dx\right) + \frac{1}{EI}[Ph^2 x]_0^l + \frac{1}{EI}\left[\frac{1}{3}Px^3\right]_0^h$$

$$= \frac{1}{EI}\left[Ph^2 x - \frac{1}{2}Phx^2 - \frac{1}{2}Phx^2 + \frac{1}{3}Px^3\right]_0^h + \frac{1}{EI}\left(Ph^2 l + \frac{1}{3}Ph^3\right)$$

$$= \frac{1}{EI}\left(Ph^3 - Ph^3 + \frac{1}{3}Ph^3 + Ph^2 l + \frac{1}{3}Ph^3\right)$$

$$= \frac{Ph^2}{EI}\left(\frac{2}{3}h + l\right)\ (\rightarrow)$$

iii) 수직처짐 δ_{bV}

$$\delta_{bV} = \frac{1}{EI}\left(\int_0^h (Ph-Px)\cdot(l)\,dx + \int_0^l (Ph)\cdot(x)\,dx + \int_0^h (Px)\cdot(0)\,dx\right)$$

$$= \frac{1}{EI}\left(\left[Phlx - \frac{1}{2}Pl\,x^2\right]_0^h + \left[\frac{1}{2}Phx^2\right]_0^l + 0\right)$$

$$= \frac{1}{EI}\left(Ph^2 l - \frac{1}{2}Pl\,h^2 + \frac{1}{2}Ph\,l^2\right)$$
$$= \frac{Ph\,l}{2EI}(h + l)\;(\uparrow)$$

iv) 회전변위 θ_b

$$\theta_b = \frac{1}{EI}\int_0^h (Ph - Px)\cdot(1)\,dx + \int_0^l (Ph)\cdot(1)\,dx + \int_0^h (Px)\cdot(1)\,dx$$
$$= \frac{1}{EI}\left(\left[Phx - \frac{P}{2}x^2\right]_0^h + [Phx]_0^l + \left[\frac{1}{2}Px^2\right]_0^h\right)$$
$$= \frac{1}{EI}\left(Ph^2 - \frac{P}{2}h^2 + Phl + \frac{1}{2}Ph^2\right)$$
$$= \frac{Ph}{EI}(h+l)\;(\curvearrowleft)$$

예제 12.9

다음의 캔틸래버보에서 전단력과 축력에 의한 영향은 무시하고 D 점의 수직방향 처짐 δ_D와 비틀림각 ϕ_D를 구하시오. 단, 연직수직하중 $P = 2{,}000$N, $E = 2.1\times10^5$MPa, $G = 8.1\times10^4$ MPa, $I = 739{,}518\text{mm}^4$, $J = 2I = 1{,}479{,}036\text{mm}^4$이다. 그리고 단면의 높이가 $h = 400$mm인 AB 부재에서 상단온도(t_{top})가 하단온도(t_l)보다 10°C가 높고, $\alpha = 1.2\times10^{-5}$/°C이다.

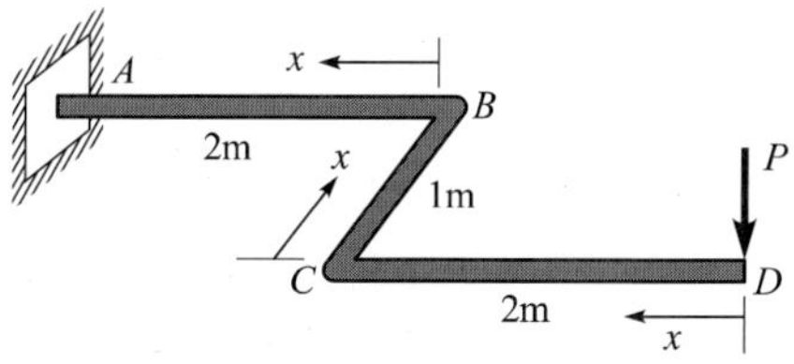

(a) D점에 연직수직하중 P = 2,000N이 가력된 실제역계

그림 예제 12.9

풀이

1) D 점의 수직방향 처짐 δ_D

$EI = 2.1\times10^5\times739{,}518 = 1.55\times10^{11}\text{N}\cdot\text{mm}^2$

$GJ = 8.1\times10^4\times1{,}479{,}036 = 1.2\times10^{11}\text{N}\cdot\text{mm}^2$

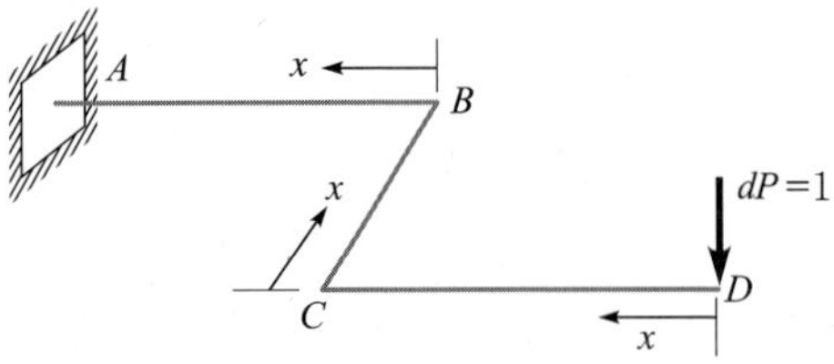

(b) 가상단위하중 $dP=1$이 가력된 가상역계

휨모멘트, 비틀림모멘트, 그리고 AB부재의 구배온도(온도경사)변화 $\Delta t(=t_l-t_{top}=-10°C)$를 포함하는 가상일 방법의 식 (12.28)을 적용한다. 여기서 실제역계의 항(M, T, $\frac{\alpha \cdot \Delta t}{h}$)과 가상역계의 항[그림 예제 12.9 (b)에서 $dP=1$의 가력에 의한 m, t]을 부재별로 구분하여 다음과 같이 표로 만들고, 구간별로 적분하면 편리하다. 즉,

부재	M(N · mm)	m	T(N•mm)	t	$\frac{\alpha \cdot \Delta t}{h}$	x구간
CD	$-Px$	$-x$	0	0	0	$0 \le x \le 2{,}000$mm
BC	$-Px$	$-x$	$-P\times 2{,}000=-4\times 10^6$	$-2{,}000$	0	$0 \le x \le 1{,}000$mm
AB	$-P(2{,}000+x)$	$-(2{,}000+x)$	$P\times 1{,}000=2\times 10^6$	1,000	-3×10^{-7}	$0 \le x \le 2{,}000$mm

$$\delta_D=\sum\int\frac{mM}{EI}dx+\sum\int\frac{tT}{GJ}dx+\sum\int m\frac{\alpha\cdot\Delta t}{h}dx$$

$$=\int_0^{2{,}000}\frac{(-x)(-Px)}{EI}dx+\int_0^{1{,}000}\frac{(-x)(-Px)}{EI}+\int_0^{2{,}000}\frac{P(2{,}000+x)^2}{EI}$$

$$+\int_0^{1{,}000}\frac{(-2{,}000)(-4\times 10^6)}{GJ}dx+\int_0^{2{,}000}\frac{(1{,}000)(2\times 10^6)(1{,}000)}{GJ}dx$$

$$+\int_0^{2{,}000}(-2{,}000-x)(-3\times 10^{-7})dx$$

$$=\frac{P}{EI}[\frac{x^3}{3}]_0^{2{,}000}+\frac{P}{EI}[\frac{x^3}{3}]_0^{1{,}000}+\frac{P}{EI}[\frac{(2{,}000+x)^3}{3}]_0^{2{,}000}+\frac{8\times 10^9}{GJ}\times 1{,}000$$

$$+\frac{2\times 10^9}{GJ}\times 2{,}000+3\times 10^{-7}\left[2{,}000x+\frac{x^2}{2}\right]_0^{2{,}000}$$

$$=\frac{5.33\times 10^{12}}{1.55\times 10^{11}}+\frac{6.67\times 10^{11}}{1.55\times 10^{11}}+\frac{3.73\times 10^{13}}{1.55\times 10^{11}}+\frac{8\times 10^{12}}{1.2\times 10^{11}}+\frac{4\times 10^{12}}{1.2\times 10^{11}}+1.8$$

$$=381\text{mm}\ (\downarrow)$$

2) D점의 비틀림각 ϕ_D

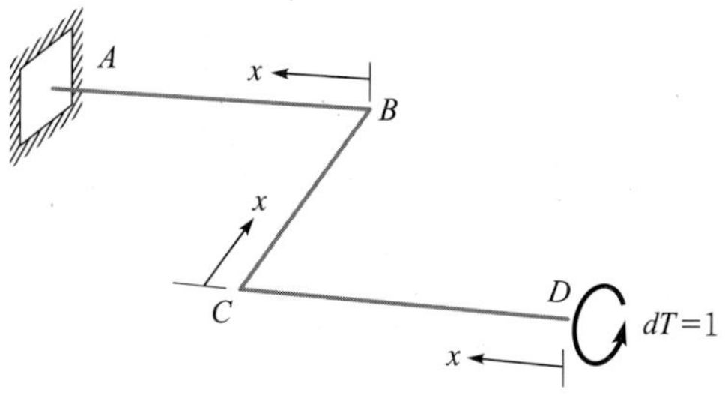

(c) 가상단위 비틀림모멘트하중 $dT=1$의 가력된가상역계

실제역계의 항(M, T)과 가상역계의 항[그림 예제 12.9 (c)에서 $dT=1$의 가력에 의한 m, t]을 부재별로 구분하여 다음과 같이 표로 만들고, 구간별로 적분하면 편리하다. 여기서, AB부재의 구배온도(온도경사)변화 Δt는 비틀림각 ϕ_D의 생성에 기여도가 없다는 것을 유념하기 바란다. 즉,

부재	M(N · mm)	m	T(N · mm)	t	x구간
CD	$-Px$	0	0	1	$0 \le x \le 2{,}000$mm
BC	$-Px$	-1	$-P\times 2{,}000=-4\times 10^6$	0	$0 \le x \le 1{,}000$mm
AB	$-P(2{,}000+x)$	0	$P\times 1{,}000=2\times 10^6$	1	$0 \le x \le 2{,}000$mm

$$\phi_D=\sum\int\frac{m\,M}{EI}dx+\sum\int\frac{t\,T}{GJ}dx$$

$$=\int_0^{1,000}\frac{(-1)(-Px)}{EI}dx+\int_0^{2,000}\frac{(1)(2\times 10^6)}{GJ}dx$$

$$=[\frac{P}{2EI}x^2]_0^{1,000}+\frac{2\times 10^6}{GJ}\times 2{,}000=\frac{2{,}000\times 1{,}000^2}{2\times 1.55\times 10^{11}}+\frac{4\times 10^9}{1.2\times 10^{11}}$$

$$=0.04\text{rad}=0.04\times\frac{180^\circ}{\pi}=2.3^\circ\ (\circlearrowleft)$$

12.2.4 상반작용의 법칙

(1) 베티(Betti)의 법칙

그림 12.11에 보인 것과 같이 구조물에 작용하는 상호 독립인 2개의 하중군(荷重群) $P_i(i=1,2,\cdots,m)$, $P_j(j=1,2,\cdots,n)$ 역계에 있어서, 재료가 탄성적이고 후크(Hooke)의 법칙을 따르는 구조물에서 지점침하와 온도변화가 없을 때, 하중군 P_j 역계(가상역계로 간주)에 의해 변형되는 동안 P_i 역계(실제역계로 간주)가 한 외적일은 P_i 역계(가상역계로 간주)에 의해 변형되는 동안 P_j 역계(실제역계로 간주)가 한 외적일과 같다. 이것이 베티의 상반정리(Betti's reciprocal theorem), 즉 베티의 법칙이다. 베티의 법칙을 증명하면 다음과 같다.

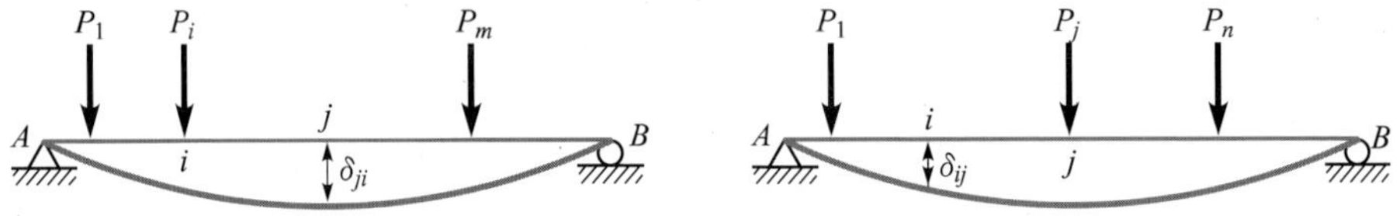

(a) 하중군 P_i역계 (b) 하중군 P_j역계

그림 12.11

그림 12.11(a), (b)에서

$$\Sigma P_i \delta_{ij} = \Sigma \int \frac{M_j M_i}{EI} dx \tag{12.29}$$

그리고

$$\Sigma P_j \delta_{ji} = \Sigma \int \frac{M_i M_j}{EI} dx \tag{12.30}$$

여기서, δ_{ij} : 하중군 P_j 역계에 의한 P_i 역계의 i 점의 변위

δ_{ji} : 하중군 P_i 역계에 의한 P_j 역계의 j 점의 변위

식 (12.29)와 (12.30)에서 오른쪽 변은 사실상 같으므로

$$\Sigma P_i \delta_{ij} = \Sigma P_j \delta_{ji} \tag{12.31}$$

위 식은 베티(Betti)의 상반작용 법칙을 수식으로 표현한 것이다.

(2) 맥스웰(Maxwell)의 법칙

그림 12.12(a)에서 i점의 실제 단위하중 $P_i = 1$에 의한 휨모멘트는 m_i이고 i점의 실제 단위하중 $P_i = 1$에 의한 j점의 처짐은 δ_{ji}이다. 그리고 그림 12.12(b)에서 j점의 실제 단위하중 $P_j = 1$에 의한 휨모멘트는 m_j이고 j점의 실제 단위하중 $P_j = 1$에 의한 i점의 처짐은 δ_{ij}이다.

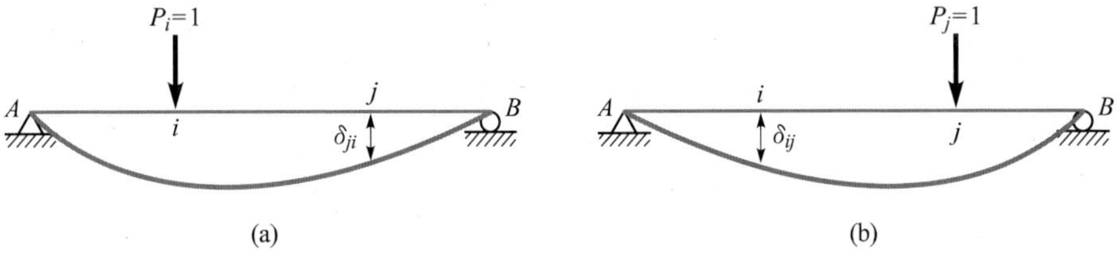

그림 12.12

따라서

$$\delta_{ij} = \Sigma \int \frac{m_j m_i}{EI} dx \tag{12.32}$$

그리고

$$\delta_{ji} = \Sigma \int \frac{m_i m_j}{EI} dx \tag{12.33}$$

식 (12.32)와 (12.33)에서 오른쪽 변은 사실상 같으므로

$$\delta_{ij} = \delta_{ji} \tag{12.34}$$

위 식은 맥스웰의 상반변형(Maxwell's law of reciprocal deflection) 법칙을 수식으로 표현한 것이다. 즉, 맥스웰(Maxwell)의 법칙은 Betti의 법칙에서 $P_i = P_j = 1$인 특수한 경우로서 다음과 같이 말할 수 있다. '재료가 탄성적이며 후크(Hooke)의 법칙을 따르는 구조물에서 지점침하와 온도 변화가 없을 때, 단위하중이 i점에 작용할 때의 j점의 변위는 단위하중이 j점에 작용할 때의 i점의 변위와 같다'를 의미한다.

12.3 카스틸리아노의 제2정리를 이용하는 방법

이탈리아의 철도기사인 카스틸리아노(Alberto Castigliance)는 '재료가 탄성적이고 온도변화나 지점침하가 없는 경우, 구조물 내의 변형에너지를 어느 특정한 하중에 관해 한번 편미분하면 그 하중의 작용방향에 상응하는 처짐(또는 기울기)과 같다'라는 카스틸리아노의 제2정리를 1879년에 발표했다. 이 정리를 최소일의 방법이라고도 하며, 일반화하여 유도해보면 다음과 같다.

어떤 구조물에 하중 $P_1, P_2, \cdots, P_n$이 작용할 경우, 변위 $\delta_1, \delta_2, \cdots, \delta_n$를 발생시키며 한 전체 일 W와 구조물에 저장된 변형에너지 U는 같다. 즉,

$$W = U \tag{12.35}$$

다른 하중들이 일정하게 유지되는 동안, i 번째 하중 P_i 하나만을 dP_i만큼 미소하게 증가시켰을 때 구조물에 저장된 최종 변형에너지(내적 일)는 다음과 같이 된다.

$$U + dU = U + \frac{\partial U}{\partial P_i} dP_i \tag{12.36}$$

여기서, $\frac{\partial U}{\partial P_i}$는 i 번째 하중 P_i에 관한 변형에너지 U의 변화율이다.

다음으로, 구조물에 dP_i를 먼저 작용시킨 후 $P_1, P_2, \cdots, P_n$의 하중을 작용시켜 보자. 미소하중 dP_i만큼 증가했을 때 이에 대응하여 변위 $d\delta_i$가 발생했다고 하면, 이때 한 일 (dP_i에 의한 외적 일)은 $\frac{dP_i \cdot d\delta_i}{2}$가 된다. 그리고 하중 dP_i는 변위 δ_i를 따라 자동적으로 이동하며, 추가적인 일은 힘과 그 이동한 거리의 곱, 즉 $dP_i \cdot \delta_i$와 같다(여기서, 하중 dP_i는 변위 δ_i에 대해 처음부터 끝까지 일정한 값으로 작용하고 있기 때문에 일의 계산 시 계수 1/2을 곱하지 않음). 따라서 이 경우, 미소하중 dP_i만큼 증가했을 때의 구조물이 한 최종적인 일(외적 일)은 다음과 같다.

$$W + dW = W + \frac{dP_i d\delta_i}{2} + dP_i \delta_i \tag{12.37}$$

여기서 $dP_i d\delta_i$는 두 개의 미소량의 곱이므로 극히 작은 값이 되어 무시할 수 있고, 식 (12.31)에서 $W = U$이므로, 식 (12.37)을 다시 정리하면 다음과 같이 된다.

$$W + dW = U + dP_i \delta_i \tag{12.38}$$

구조물에 대해 중첩의 원리를 적용할 수 있으므로 전체 변형에너지는 하중이 작용하는 순서에 대해 독립적이다. 즉, n개의 하중 $P_1, P_2, \cdots, P_n$을 작용시킨 다음 하중 dP_i를 작용시킨 최종 변형에너지 양은 dP_i를 먼저 작용시킨 후 $P_1, P_2, \cdots, P_n$의 하중을 작용시킨 최종 변형에너지의 양과 같다. 즉, 구조물의 최종 변위와 그러한 변위에 이르게 하는 하중에 의한 일은 하중들의 작용 순서와 관계없이 동일하다. 따라서 식 (12.38)과 식 (12.36)은 같으므로 다음과 같은 관계식이 얻어진다.

$$U + dP_i \delta_i = U + \frac{\partial U}{\partial P_i} dP_i \tag{12.39}$$

그러므로

$$\delta_i = \frac{\partial U}{\partial P_i} \tag{12.40}$$

위 식은 카스틸리아노의 제2정리를 수학적으로 표현한 것이다.

참고로, 카스틸리아노의 제1정리는 구조물의 하중들을 변위에 대한 변형에너지의 편미분 항으로 표현한 식으로 변위법에 의한 구조해석과 관련된다. 카스틸리아노의 제1정리를 수식으로 나타내면 다음과 같다.

$$P_i = \frac{\partial U}{\partial \delta_i} \tag{12.41}$$

예제 12.10

다음의 신호등 지지구조에서 C단에 z축 방향으로 수평력 P가 작용할 때, C점의 z축방향 수평변위 δ_C를 카스틸리아노의 제2정리를 사용하여 구하시오. 단, EI 및 GJ는 일정(constant)하고, 전단력에 의한 변위는 무시한다.

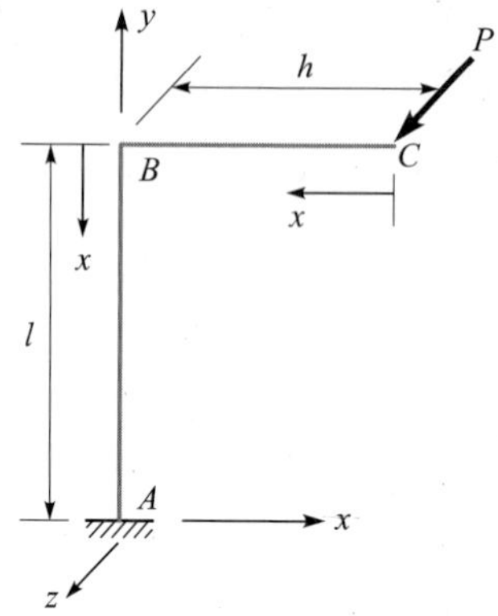

그림 예제 12.10

풀이

1) 하중 P에 의한 구간별 x 위치에서 단면력(휨모멘트M, 비틀림모멘트 T)과 하중 P에 관해 단면력의 편미분($\frac{\partial M}{\partial P}$, $\frac{\partial T}{\partial P}$) 계산

구간	원점	적분구간	M	$\frac{\partial M}{\partial P}$	T	$\frac{\partial T}{\partial P}$
BC	C	$0 \le x \le h$	Px	x	0	0
AB	B	$0 \le x \le l$	Px	x	$-Ph$	$-h$

2) 카스틸리아노의 제2정리에 의한 C점의 Z축 방향 수평변위 δ_C

휨모멘트 M과 비틀림모멘트 T에 의한 변형에너지 U는 식 (12.7), (12.11)에 주어져 있다. 식 (12.40)에 대입하여 δ_C를 구하면 다음과 같다.

$$\delta_C = \frac{\partial U}{\partial P} = \frac{\partial}{\partial P}\sum\int\frac{M^2}{2EI}dx + \frac{\partial}{\partial P}\sum\int\frac{T^2}{2GJ}dx$$

$$= \sum\int\frac{M}{EI}\left(\frac{\partial M}{\partial P}\right)dx + \sum\int\frac{T}{GJ}\left(\frac{\partial T}{\partial P}\right)dx$$

따라서

$$\delta_C = \frac{1}{EI}\int_0^h (Px)(x)\,dx + \frac{1}{EI}\int_0^l (Px)(x)\,dx + \frac{1}{GJ}\int_0^l (-Ph)(-h)\,dx$$

$$= \frac{1}{EI}\left[\frac{P}{3}\cdot x^3\right]_0^h + \frac{1}{EI}\left[\frac{P}{3}\cdot x^3\right]_0^l + \frac{1}{GJ}\left[Ph^2\cdot x\right]_0^l$$

$$= \frac{P}{EI}\cdot\frac{h^3}{3} + \frac{P}{EI}\cdot\frac{l^3}{3} + \frac{Ph^2 l}{GJ}$$

$$\therefore \delta_C = \frac{P}{3EI}(h^3 + l^3) + \frac{Ph^2 l}{GJ}$$

예제 12.11

다음의 캔틸레버보에서 B 단에 수직하중 P_B 및 휨모멘트하중 M_B가 작용할 때, B 점의 수직하중 P_B방향의 처짐 δ_B와 휨모멘트하중 M_B방향의 처짐각 θ_B를 카스틸리아노의 제2정리를 사용하여 구하시오. 단, EI는 일정(constant)하고, 전단력에 의한 변위는 무시한다.

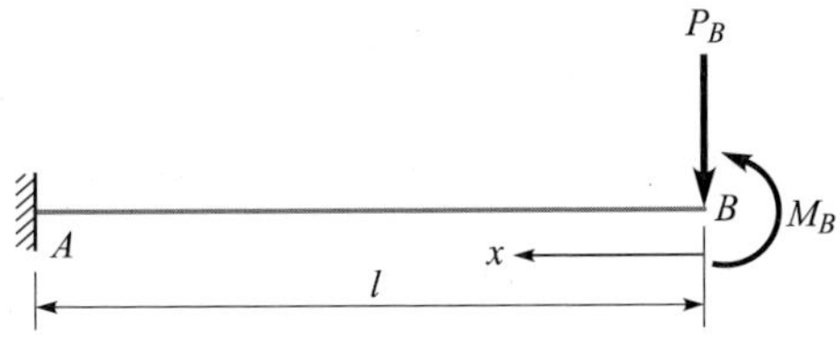

그림 예제 12.11

풀이

1) 그림 예제 12.11의 x 위치에서 수직하중 P_B 및 휨모멘트하중 M_B에 의한 단면력(휨모멘트 M)과 하중 P_B 및 M_B에 관해 단면력의 편미분($\frac{\partial M}{\partial P_B}$, $\frac{\partial M}{\partial M_B}$) 계산

구간	원점	적분구간	M	$\frac{\partial M}{\partial P_B}$	$\frac{\partial M}{\partial M_B}$
AB	B	$0 \leq x \leq l$	$-P_B x + M_B$	$-x$	1

2) 카스틸리아노의 제2정리에 의한 수직하중 P_B방향의 처짐 δ_B

휨모멘트 M에 의한 변형에너지 U는 식 (12.7)에 주어져 있다. 식 (12.40)에 대입하여 δ_B를 구하면 다음과 같다.

$$\delta_B = \frac{\partial U}{\partial P_B} = \frac{\partial}{\partial P_B}\sum\int_0^l \frac{M^2}{2EI}dx = \sum\int \frac{M}{EI}\left(\frac{\partial M}{\partial P_B}\right)dx$$

따라서

$$\delta_B = \frac{1}{EI}\int_0^l (-P_B x + M_B)(-x)\,dx$$
$$= \frac{1}{EI}\left[\frac{P_B}{3}x^3 - \frac{M_B}{2}x^2\right]_0^l = \frac{P_B l^3}{3EI} - \frac{M_B l^2}{2EI}$$

3) 카스틸리아노의 제2정리에 의한 휨모멘트하중 M_B방향의 처짐각(기울기, 회전각) θ_B

휨모멘트 M에 의한 변형에너지 U는 식 (12.7)에 주어져 있다. 식 (12.40)에 대입하여 θ_B를 구하면 다음과 같다.

$$\theta_B = \frac{\partial U}{\partial M_B} = \frac{\partial}{\partial M_B}\sum\int_0^l \frac{M^2}{2EI}dx = \sum\int \frac{M}{EI}\left(\frac{\partial M}{\partial M_B}\right)dx$$

따라서

$$\theta_B = \frac{1}{EI}\int_0^l (-P_B x + M_B)(1)\,dx$$
$$= \frac{1}{EI}\left[-\frac{P_B}{2}x^2 + M_B x\right]_0^l = -\frac{P_B l^2}{2EI} + \frac{M_B l}{EI}$$

예제 12.12

다음 트러스에서 C 점의 수직방향의 처짐 δ_C를 카스틸리아노의 제2정리를 사용하여 구하시오. 단, 단면적 $A = 4{,}000\text{mm}^2$이고, $E = 2.04\times 10^5\text{MPa}$이다.

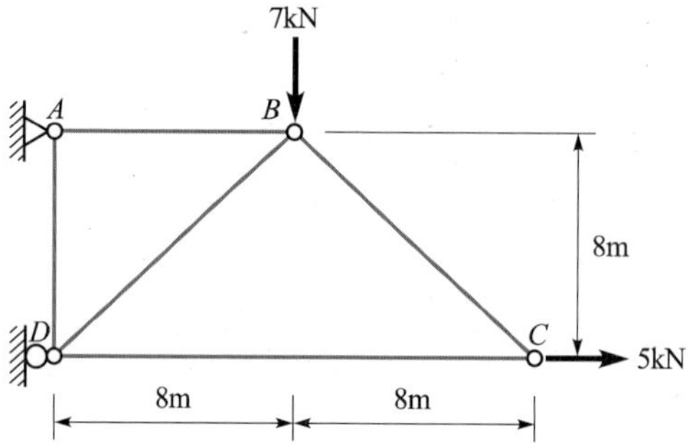

(a)

그림 예제 12.12

풀이

1) 실제하중(B점의 수직하중 7kN과 C점의 수평하중 5kN)에 의한 반력과 부재력 계산

격점법을 사용하여 반력과 부재력을 구하면 다음 그림 (b)와 같다(자세한 계산과정은 연습

문제 7.3의 풀이 참조 요망).

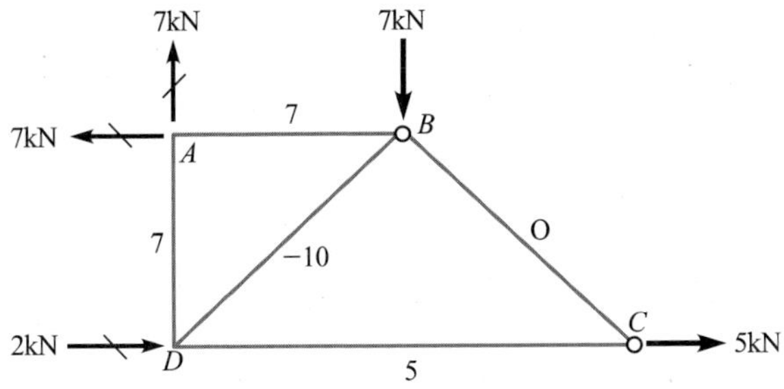

(b)

2) 변량으로 취한 외력(C점의 수직방향의 변수하중 P)에 의한 반력과 부재력 계산

격점 C에 수직하향의 변수하중 P를 작용시킨 후, P의 함수로 반력과 부재력을 해석한다. 즉, 격점법을 사용하여 반력과 부재력을 구하면 다음 그림 (c)와 같다.

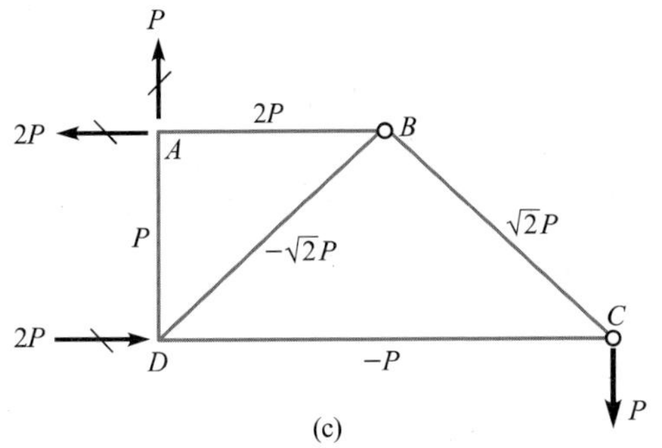

(c)

3) 위의 1과 2의 결과를 각 부재별로 합한 부재력(축력 F)과 변수하중 P에 관해 축력 F의 편미분($\frac{\partial F}{\partial P}$) 계산

부재	l (m)	F (kN)	$\frac{\partial F}{\partial P}$	$F(P=0)$ (kN)	$F(P=0)\cdot l\cdot\left(\frac{\partial F}{\partial P}\right)$ (kN · m)
AB	8	$7+2P$	2	7	112
AD	8	$7+P$	1	7	56
BC	11.314	$\sqrt{2}P$	1.414	0	0
BD	11.314	$-10-\sqrt{2}P$	-1.414	-10	159.98
CD	16	$5-P$	-1	5	-80
Σ					247.98

위 표에서 P는 실제로 존재하지 않는 하중이므로 $P=0$을 대입하여 최종적인 부재력 $F(P=0)$을 계산했다.

4) 카스틸리아노의 제2정리에 의한 변수하중 P방향의 수직처짐 δ_C

축력 F에 의한 변형에너지 U는 식 (12.5)에 주어져 있다. 식 (12.40)에 대입하여 수직하중 P에 의한 C점의 수직하중 P 방향의 처짐 δ_C를 구하면 다음과 같다.

$$\delta_C = \frac{\partial U}{\partial P} = \frac{\partial}{\partial P}\sum \frac{F^2 l}{2EA} = \sum\left[\frac{Fl}{EA}\left(\frac{\partial F}{\partial P}\right)\right]$$

여기서 EA는 모든 부재에서 일정(constant)하므로, 따라서

$$\delta_C = \frac{1}{EA}\sum\left[F(P=0) \cdot l \cdot \left(\frac{\partial F}{\partial P}\right)\right]$$

$$= \frac{247.98}{(2.04\times 10^5 \times 10^{-3} \times 10^6)(4{,}000\times 10^{-6})}$$

$$= 0.0003\text{m} = 0.3\text{mm}$$

12.4 모멘트면적법과 공액보법

12.4.1 모멘트면적법

1873년 미국 미시간대학교의 Charles E. Greene교수는 공식적으로 2개의 모멘트면적정리(moment-area theorem 1, 2)를 다음과 같은, 즉 재료는 후크의 법칙(Hooke's law)을 따라 탄성거동을 하고 처짐곡선의 기울기는 미소하다는 가정(assumption)하에서 유도했다. 이 방법은 휨모멘트선도(bending moment diagram)의 면적과 관계되어 있기 때문에 모멘트면적법(moment-area method)이라고 부른다. 모멘트면적법은 탄성곡선의 처짐각과 처짐을 구하는 준도해적 기법의 기하학적 방법으로, 전단변형 무시하고 휨모멘트에 의한 변형만 고려하고 있기 때문에 보의 특정점에서의 처짐각과 처짐을 구하는 것에만 유효하다.

(1) 모멘트면적 정리1

모멘트면적 정리1을 유도하기 위해서 그림 12.13과 같이 곡률이 양[처짐각 θ가 반시계방향일 때 $(+)$]인 구간에 있는 보의 탄성처짐곡선에서 일부분 AB를 고려해보자. 여기서 처짐곡선은 이해를 돕기 위해서 지나치게 크게 과장된 것이다.

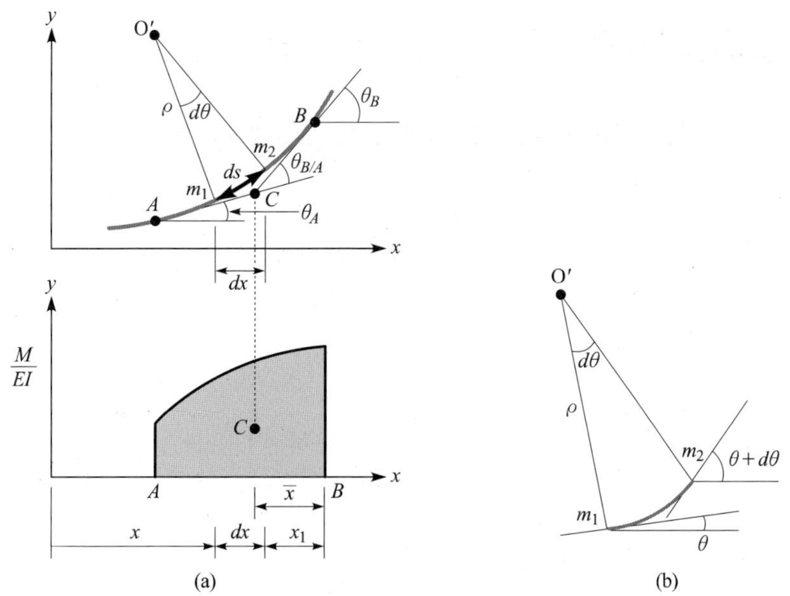

그림 12.13

그림 12.13(a)로부터, 처짐각 변화량 $\theta_{B/A}$는 θ_B와 θ_A의 차이와 같다. 즉,

$$\theta_{B/A} = \theta_B - \theta_A \tag{12.42}$$

여기서, θ_A와 θ_B는 각각 A점과 B점에서 보 축선의 회전각으로 각 점에서 기울기이다. 따라서 처짐각 변화량은 A점에서의 접선에 대해 상대적으로 측정된 B점에서의 접선각을 말한다.

또한, 그림 12.13(a)로부터 요소 m_1m_2는 미소하므로 다음과 같이 나타낼 수 있다.

$$ds \approx dx = \rho d\theta \tag{12.43}$$

여기서, ρ는 곡률반경이다.

그리고 곡률 κ는 곡률반경 ρ의 역수이므로 위 식 (12.43)에 대입하여 정리하면 다음과 같다.

$$d\theta = \frac{dx}{\rho} = \kappa dx \tag{12.44}$$

그림 12.13(b)로부터,

$$\kappa = \frac{M}{EI} \tag{12.45}$$

위 식의 유도는 '건설공학도를 위한 재료역학[박연수 외 저서, 구미서관]의 12.2절[식 (12.25)]'에 소개되어 있으므로 참조하길 바라며, 여기서는 생략하기로 한다.

식 (12.44)과 식 (12.45)로부터, 다음과 같은 식이 얻어진다.

$$d\theta = \frac{M}{EI}dx \tag{12.46}$$

따라서, A 점과 B 점 사이의 처짐각 변화량 $\theta_{B/A}$를 구하면 다음과 같다.

$$\theta_{B/A} = \int_A^B d\theta = \int_A^B \frac{M}{EI}dx \tag{12.47}$$

위 식은 모멘트면적 정리1로 다음과 같이 요약할 수 있다.

> **정리1**
>
> 탄성처짐곡선 위 임의의 두 점 A와 B에서의 두 접선사이의 각 $\theta_{B/A}$(처짐각 변화량)는 두 점 사이의 $\frac{M}{EI}$ 선도의 면적과 같다.

(2) 모멘트면적 정리2

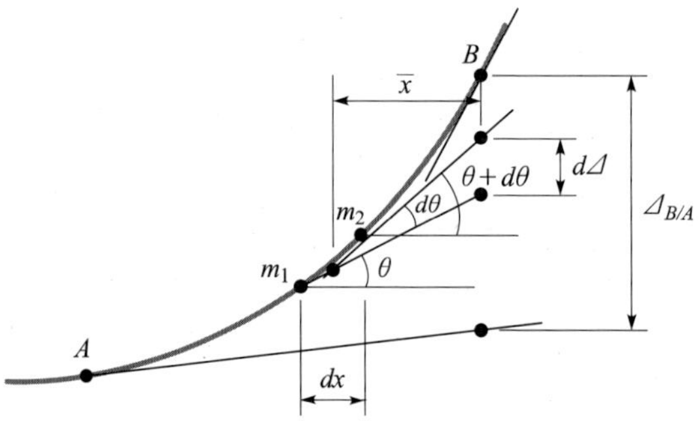

그림 12.14

모멘트면적 정리2를 유도하기 위해서 그림 12.14와 같은 보의 탄성처짐곡선에서 일부분 AB를 고려해보자. 그림 12.14와 같이 B점이 A점의 오른쪽에 있는 경우에 휨모멘트가 양이면 $\frac{M}{EI}$ 선도의 면적 1차모멘트도 양이 된다. 이 경우 $\Delta_{B/A}$는 양$(+)$이고, B점의 처짐이 A점의 처짐보다 위에 있게 된다.

처짐 변화량 $\Delta_{B/A}$를 유도하면 다음과 같다. 먼저, 탄성처짐곡선 그림 12.14에서 요소 m_1m_2는 미소하므로, 두 점 m_1과 m_2사이의 거리 $d\Delta$는 다음과 같이 나타낼 수 있다.

$$d\Delta = \bar{x}\,d\theta \tag{12.48}$$

여기서, $\bar{x}$는 B점을 지나는 수직선에서 미소 요소 m_1m_2의 도심까지의 수평거리이다. 식 (12.48)에 식 (12.46)을 대입하면 다음과 같다.

$$d\Delta = \bar{x}\frac{M}{EI}dx \tag{12.49}$$

$\Delta_{B/A}$를 구하기 위해서, 식 (12.49)를 AB구간에서 적분하면 다음과 같은 식이 얻어진다.

$$\Delta_{B/A} = \int_A^B d\Delta = \int_A^B \bar{x}\frac{M}{EI}dx \tag{12.50}$$

위 식은 모멘트면적 정리2로 다음과 같이 요약할 수 있다.

정리2

탄성처짐곡선 위 임의의 A 점에서의 접선과 B점과의 수직거리 $\Delta_{B/A}$(처짐 변화량)는 두 점 A와 B 사이의 $\frac{M}{EI}$ 선도의 면적을 B점을 지나는 수직선에 대해 단면 1차 모멘트를 취한 것과 같다.

예제 12.13

다음의 캔틸레버보에서 자유단의 처짐 $\varDelta_B$와 처짐각 θ_B를 구하시오. 단, $E=204$GPa이고 $I=49,000\times10^4\text{mm}^4$이다.

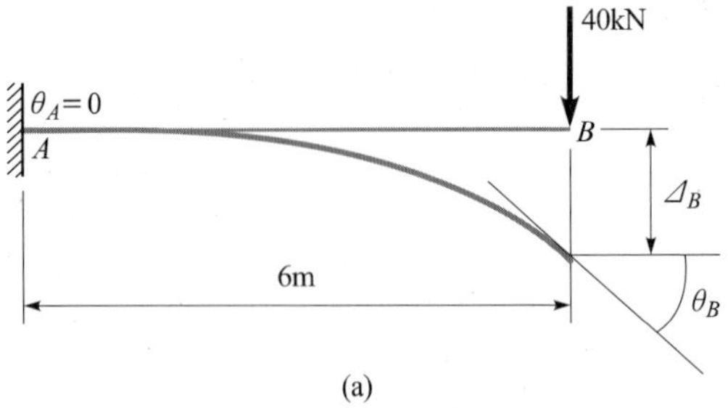

(a)

그림 예제 12.13

풀이

1) 그림 예제 12.13(a)의 캔틸레버보에서 수직하중 40kN에 의한 $\dfrac{M}{EI}$선도를 그리면 그림 (b)와 같다.

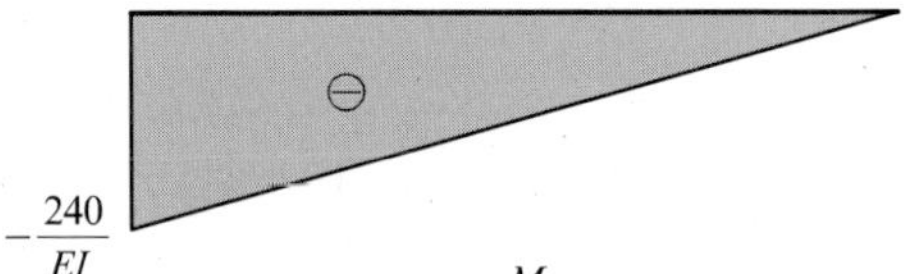

(b) $\dfrac{M}{EI}$ 선도

2) 모멘트면적 정리1에 의한 자유단 B점의 처짐각 θ_B

$$\theta_{B/A}=\int_A^B\frac{M}{EI}dx=AB\text{ 간의 }\frac{M}{EI}\text{선도의 면적}$$

$$=\frac{1}{2}\left(-\frac{240}{EI}\right)(6)=-\frac{(240\times10^6)(6\times10^3)}{(2)(204\times10^3)(49{,}000\times10^4)}=-7.2\times10^{-3}\text{rad }(\curvearrowright)$$

$\theta_{B/A}=\theta_B-\theta_A$로부터, $\therefore\ \theta_B=\theta_{B/A}+\theta_A$

그림 (a)에서 고정단의 경계조건 $\theta_A=0$이므로, 따라서

$\theta_B=\theta_{B/A}=-7.2\times10^{-3}\text{rad}$

$$=-7.2\times10^{-3}\times\frac{180}{\pi}=-0.41°\ (\curvearrowright)$$

3) 모멘트면적 정리2에 의한 자유단 B점의 처짐 $\varDelta_B$

$$\varDelta_{B/A}=\int_A^B\bar{x}\frac{M}{EI}dx=AB\text{ 간의 }\frac{M}{EI}\text{선도의 면적을 }B\text{ 점을 지나는 수직선에 대한 1차 모멘트}$$

$$=\frac{1}{2}\left(-\frac{240}{EI}\right)(6)\left(\frac{2\times 6}{3}\right)=-\frac{(240\times 10^6)(6\times 10^3)(4\times 10^3)}{(2)(204\times 10^3)(49{,}000\times 10^4)}=-28.8\text{mm}\ (\downarrow)$$

$\Delta_{B/A}=\Delta_B-\Delta_A$로부터, $\therefore \Delta_B=\Delta_{B/A}+\Delta_A$

그림 (a)에서 고정단의 경계조건 $\Delta_A=0$이므로, 따라서

$\Delta_B=\Delta_{B/A}=-28.8\text{mm}\ (\downarrow)$

예제 12.14

다음의 단순보에서 A점의 처짐각 θ_A와 C점의 처짐 Δ_C를 구하시오. 단, $E=204\text{GPa}$이고 $I=49{,}000\times 10^4\text{mm}^4$이다.

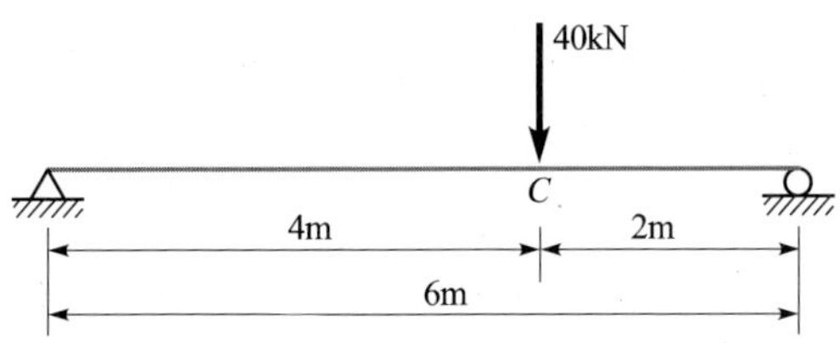

(a)

그림 예제 12.14

풀이

1) 그림 예제 12.14(a)의 단순보에서 수직하중 40kN에 의한 탄성처짐곡선은 (b)와 같고 $\frac{M}{EI}$선도를 그리면 그림 (c)와 같다.

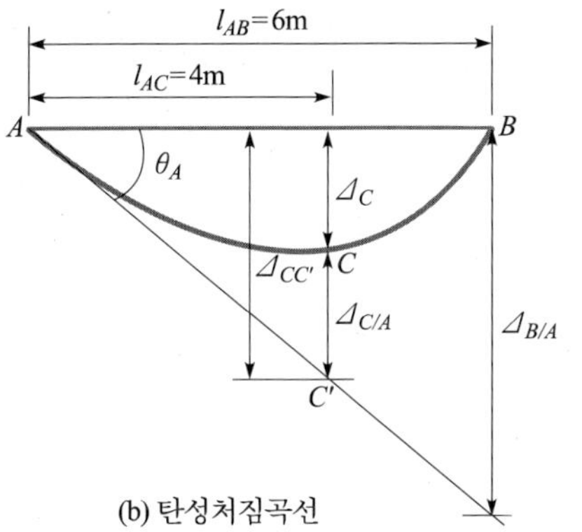

(b) 탄성처짐곡선

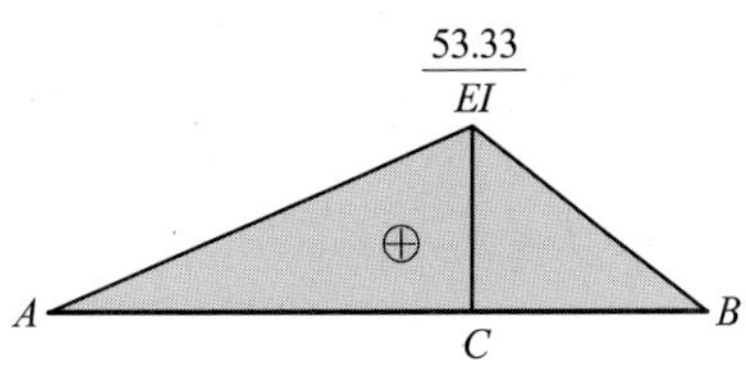

(c) $\frac{M}{EI}$ 선도

2) A점의 처짐각 θ_A

$$\theta_A \simeq \tan\theta_A = \frac{\Delta_{B/A}}{l_{AB}} = \frac{\Delta_{B/A}}{6\times 10^3}$$

$$\Delta_{B/A} = -\int_A^B \bar{x}\frac{M}{EI}dx \text{ (부호규약에 의함)}$$

$= AC$ 간의 $\frac{M}{EI}$선도의 면적을 B점을 지나는 수직선에 대한 1차 모멘트

$+BC$ 간의 $\frac{M}{EI}$선도의 면적을 B점을 지나는 수직선에 대한 1차 모멘트

$$=-\left(\frac{4\times 10^3}{3}+2\times 10^3\right)\left(\frac{1}{2}\right)\left(\frac{53.33\times 10^6}{204\times 10^3\times 49{,}000\times 10^4}\right)(4\times 10^3)$$

$$-\left(\frac{2\times 2\times 10^3}{3}\right)\left(\frac{1}{2}\right)\left(\frac{53.33\times 10^6}{204\times 10^3\times 49{,}000\times 10^4}\right)(2\times 10^3)$$

$$=-3.6-0.7=-4.3\text{mm}\ (\downarrow)$$

$$\therefore \theta_A = \frac{\Delta_{B/A}}{l_{AB}} = \frac{-4.3}{6\times 10^3} = -7.2\times 10^{-4}\text{rad}$$

$$= -7.2\times 10^{-4}\times\frac{180}{\pi} = -0.041^\circ\ (\curvearrowright)$$

3) C점의 처짐 Δ_C

$$\Delta_C = \Delta_{CC'} - \Delta_{C/A}$$

$$\Delta_{C/A} = -\int_0^{4m}\bar{x}\frac{M}{EI}dx$$

$= AC$ 간의 $\frac{M}{EI}$선도의 면적을 C점을 지나는 수직선에 대한 1차 모멘트

$$=-\left(\frac{4\times 10^3}{3}\right)\left(\frac{1}{2}\right)\left(\frac{53.33\times 10^6}{204\times 10^3\times 49{,}000\times 10^4}\right)(4\times 10^3)$$

$$=-1.4\text{mm}\ (\downarrow)$$

$$\Delta_{CC'} : l_{AC} = \Delta_{B/A} : l_{AB}$$

$$\therefore \Delta_{CC'} = \frac{l_{AC}\Delta_{B/A}}{l_{AB}} = \frac{(4\times 10^3)(-4.3)}{(6\times 10^3)} = -2.9\text{mm}\ (\downarrow)$$

따라서

$$\Delta_C = \Delta_{CC'} - \Delta_{C/A} = -2.9-(-1.4) = -1.5\text{mm}\ (\downarrow)$$

12.4.2 공액보법

(1) 공액보법의 기초가 되는 탄성하중법

예제 12.14는 모멘트면적법을 사용하여 단순보의 처짐각과 처짐을 간접적으로 구한 것이다. 이 과정을 면밀히 검토해보면, 단순보에서 처짐각과 처짐을 실용적이면서 쉽게 구할 수 있는 방법을 유도할 수 있다. 즉, 그림 예제 12.14(b)의 탄성처짐곡선에서 A점의 처짐각 $\theta_A = \dfrac{\Delta_{B/A}}{l_{AB}}$이고, $\Delta_{B/A}$는 AB간의 $\dfrac{M}{EI}$선도를 하중으로 간주하여 이 하중을 B점을 지나는 수직선에 대한 1차 모멘트를 취한 값이다. 따라서 $\theta_A = \dfrac{\Delta_{B/A}}{l_{AB}}$는 AB간의 $\dfrac{M}{EI}$선도를 하중으로 간주한 경우의 A점의 반력과 같음을 알 수 있다.

또한, 그림 예제 12.14(b)의 탄성처짐곡선에서 C의 처짐각 θ_C는 다음과 같이 나타낼 수 있다.

$$\begin{aligned} \theta_C &= \theta_A - \theta_{C/A} \\ &= \frac{M}{EI}\text{선도에서 }A\text{점의 반력} - AC\text{간의 }\frac{M}{EI}\text{하중} \end{aligned} \tag{12.51}$$

그러므로 처짐각 θ_C는 $\dfrac{M}{EI}$ 선도를 하중으로 간주한 경우의 C점의 전단력의 크기와 같다.

한편, 그림 예제 12.14(b)의 탄성처짐곡선에서 C의 수직처짐 Δ_C는 다음과 같다.

$$\begin{aligned} \Delta_C &= \Delta_{CC'} - \Delta_{C/A} = (l_{AC})(\theta_A) - \Delta_{C/A} \\ &= (l_{AC})(A\text{점의 반력}) - \\ &\quad AC\text{간의 }\frac{M}{EI}\text{선도면적의 }C\text{점에 관한 1차 모멘트} \end{aligned} \tag{12.52}$$

그러므로 처짐 Δ_C는 $\dfrac{M}{EI}$ 선도를 하중으로 간주한 경우의 C점의 휨모멘트의 크기와 같다.

위에서 설명한 내용이 탄성하중법(elastic-weight method)이며 요약하면 다음과 같다.

정리1

실제보의 한점에서 처짐각의 크기는 $\dfrac{M}{EI}$선도를 탄성하중으로 재하시킨 가상의 보에서 해당점의 전단력의 크기와 같다.

> **정리2**
>
> 실제보의 한 점에서 처짐은 $\frac{M}{EI}$ 선도를 탄성하중으로 재하시킨 가상의 보에서 해당점에 대한 모멘트와 같다.

위의 정리1, 2는 공액보법(conjugate-beam method)의 기초를 나타낸 것으로, 탄성하중법이라는 이름으로 1860년에 Otto Mohr가 처음 발표했다. 특히 이러한 공액보법을 단순보나 캔틸레버보에 적용하여 변위를 구할 때 모아(Mohr)의 정리라고도 부른다.

(2) 공액보법

가상의 탄성하중 $\frac{M}{EI}$ 에 대한 위의 정리1, 2는 단순지지된 실제보와 이에 대응되는 가상의 단순보에 대해 유도된 것이다. 만약 위 탄성하중법의 정리1, 2를 캔틸레버보의 처짐각과 처짐을 구하는데 그대로 적용하면, 고정단에서 처짐각과 처짐이 존재하고 자유단에서 처짐각과 처짐이 0(zero)라는 모순이 나타난다. 이 경우, 캔틸레버보의 자유단을 고정단으로 하고 고징단을 자유단으로 변환시킨 가상의 보에 $\frac{M}{EI}$ 선도를 탄성하중으로 재하한다면 위의 정리1, 2의 탄성하중법을 그대로 적용할 수가 있다. 이와 같이 탄성하중법을 적용할 수 있도록 일반보의 처짐에 대한 경계(구속)조건을 대응하는 가상의 보에 대한 힘의 경계조건으로 변환시킨 보를 공액보라고 하며, 공액보에 탄성하중 $\frac{M}{EI}$ 에 대한 위 탄성하중법의 정리1, 2를 적용시켜 처짐각과 처짐을 구하는 것을 공액보법이라고 한다.

그림 12.15는 실제보와 공액보의 변환관계를 보여주고 있다. 즉, 실제보의 고정단은 공액보에서는 자유단이 되고, 실제보의 자유단은 공액보에서는 고정단으로 변환된다. 그리고 실제보의 내측힌지는 공액보에서는 내측지점으로 변환되고, 실제보의 내측지점은 공액보에서는 내측힌지가 된다. 한편, 실제보의 중간에 롤러를 설치되어 전단력이 해제(release)되는 경우 이에 상응하는 공액보는 그 위치에서 집중 휨모멘트의 구속을 받는다. 따라서 실제보에서의 해제점의 상대변위는 공액보의 휨모멘트와 같다. 또한, 실제보의 내부힌지에서의 처짐각과 처짐은 공액보의 내부지점에서의 반력과 휨모멘트의 크기와 같다는 것도 해석 시 유의하길 바란다.

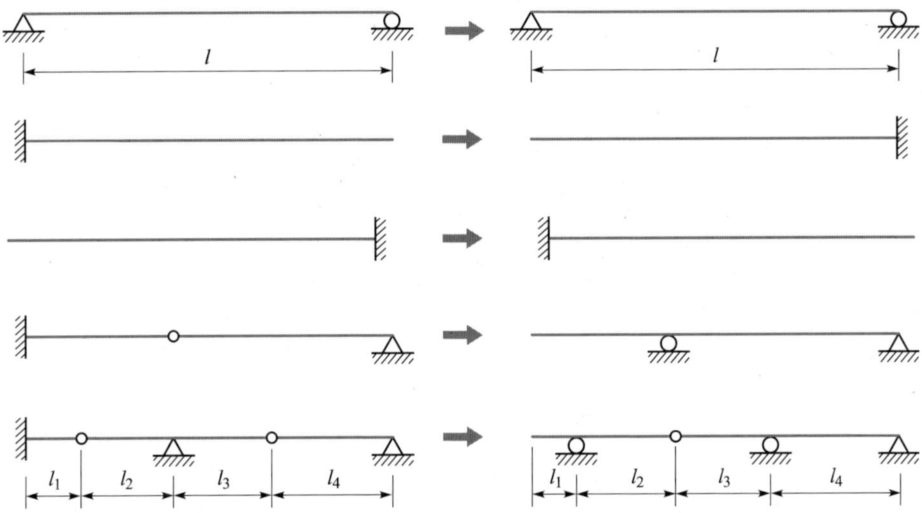

(a) 실제보 (b) 공액보

그림 12.15

다음 예제 12.15, 12.16처럼, 원래의 부재축선에서 $\dfrac{M}{EI}$ 선도를 향하여 하중을 재하시킨 공액보에서 전단력이 양(+)의 값인 경우 반시계방향의 처짐각(↶)을, 휨모멘트가 양(+)의 값인 경우 상향의 처짐(↑)을 나타낸다.

예제 12.15

다음과 같은 변단면 내민보에서 공액보법을 사용하여 B점의 처짐각 θ_B와 C점의 처짐 δ_C를 구하시오. 단, $E = 204\,\text{GPa}$이고 $I = 2 \times 10^8\,\text{mm}^4$이다.

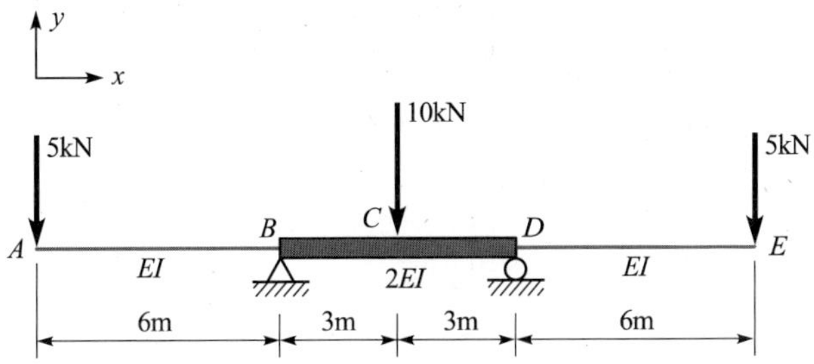

(a)

그림 예제 12.15

풀이

1) 실제보의 자유물체도와 반력계산

그림 예제 12.15 (a)의 실제보에서 수직하중에 의한 전체 구조물의 자유물체도를 그리면 그림 (b)와 같고, 반력 V_B, V_D를 계산하면 다음과 같다.

그림 (b)의 자유물체도에서

$+\curvearrowright \sum M_B = 0$; $-(5)(6)+(10)(3)-(V_D)(6)+(5)(12)=0$, $\quad \therefore V_D = 10\text{kN}(\uparrow)$

$+\uparrow \sum F_y = 0$; $V_B + V_D - 5 - 10 - 5 = 0$, $\quad \therefore V_B = 10\text{kN}(\uparrow)$

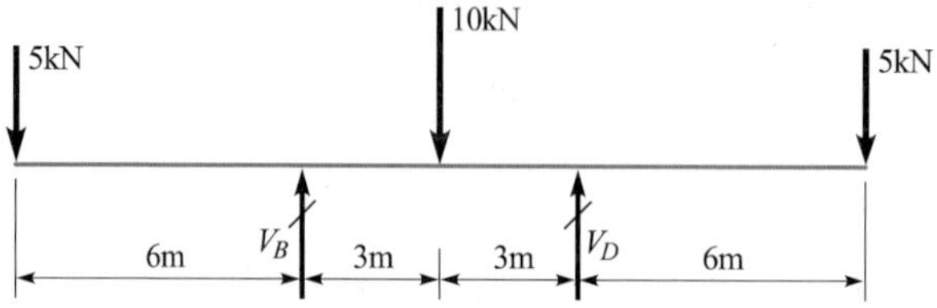

(b) 실제보의 자유물체도

2) 실제보의 휨모멘트도(B.M.D)와 $\dfrac{M}{EI}$ 선도 작도

그림 예제 12.15 (a)의 실제보에서 수직하중에 의한 휨모멘트도(B.M.D)를 그리면 그림 (c)와 같다. 그러나 변단면으로 인해 중앙부분의 EI는 양단부분의 2배이므로, EI로 나타낸 $\dfrac{M}{EI}$ 선도는 그림 (d)와 같이 된다.

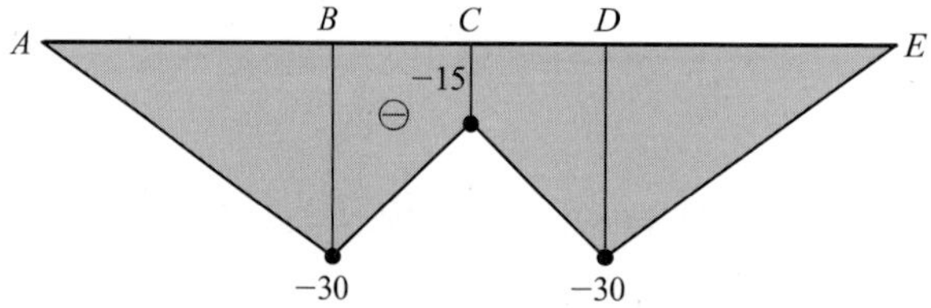

(c) 실제보의 휨모멘트도(B.M.D)

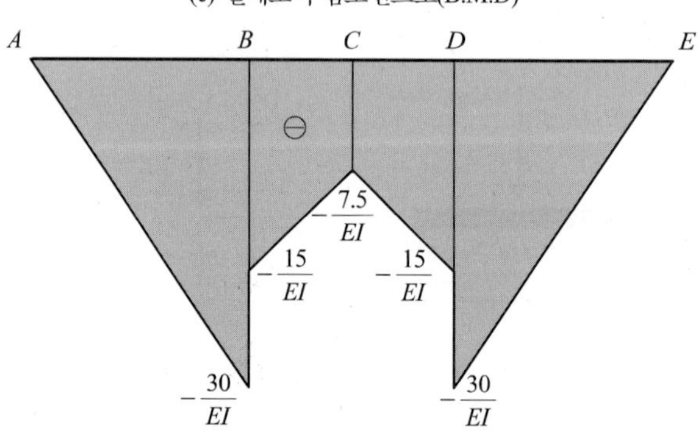

(d) 실제보의 $\dfrac{M}{EI}$ 선도

3) 공액보의 작도와 하중재하

공액보를 작도하고 $\frac{M}{EI}$ 선도 하중의 재하하면 그림 (e)와 같다. 하중은 위에서 언급한 부호 규약에 따라 보의 축선에서 $\frac{M}{EI}$ 선도를 향하는 방향으로 재하시킨 것으로, 이 공액보에서 분포하중은 그림 (e)와 같이 아래로 작용한다.

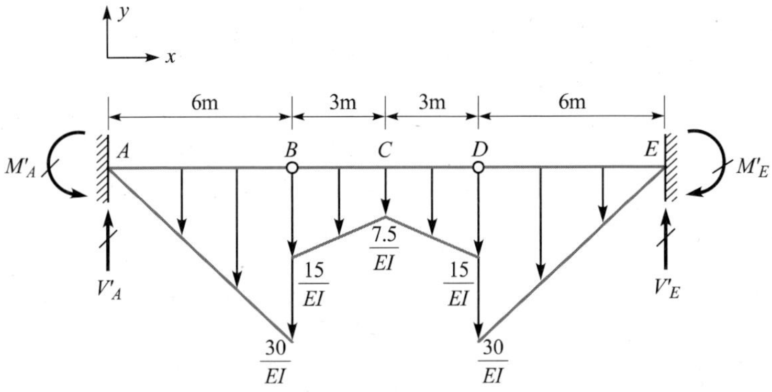

(e) 공액보의 하중재하와 자유물체도

4) 공액보의 해석에 의한 처짐각 θ_B와 처짐 δ_C 계산

i) 그림 (e)의 공액보 전체 자유물체도에서 반력 V_A', M_A', V_E', M_E'의 계산

$$+\uparrow \sum F_y = 0 \ ; \ V_A' + V_E' - (\frac{1}{2})(\frac{30}{EI})(6)(2) - (\frac{1}{2})(\frac{15+7.5}{EI})(3)(2) = 0$$

$$\therefore V_A' + V_E' = \frac{247.5}{EI}$$

대칭인 공액보에 대칭 분포하중이 작용하고 있으므로, $V_A' = V_E'$이다.

따라서

$$V_A' = V_E' = (\frac{1}{2})(\frac{247.5}{EI}) = \frac{123.75}{EI}$$

공액보의 내측힌지 B점의 왼쪽에 대해 평형방정식을 적용하면, 즉

$$+\curvearrowright \sum M_B = 0 \ ; \ -M_A' + V_A'(6) - (\frac{1}{2})(\frac{30}{EI})(6)(\frac{6}{3}) = 0$$

$$\therefore M_A' = (\frac{123.75}{EI})(6) - \frac{180}{EI} = \frac{562.5}{EI}$$

대칭인 공액보에 대칭 분포하중이 작용하고 있으므로, $M_A' = M_E'$이다.

따라서

$$M_E' = M_A' = \frac{562.5}{EI}$$

ii) 처짐각 θ_B

공액보의 내측힌지 B점의 왼쪽을 따로 떼어내어 평형방정식을 적용하면, 즉 그림 (f) 공액보 AB부재의 자유물체도에서

$$+\uparrow \sum F_y = 0 \ ; \quad -V_B' + \frac{123.75}{EI} - (\frac{1}{2})(\frac{30}{EI})(6) = 0, \qquad \therefore V_B' = \frac{33.75}{EI}$$

따라서 처짐각 θ_B는 공액보에서 전단력 V_B'와 같으므로 다음과 같다.

$$\theta_B = V_B' = \frac{33.75}{EI} = \frac{33.75 \times 10^9}{(204 \times 10^3)(2 \times 10^8)} = 8.3 \times 10^{-4}\text{rad}$$

$$= 8.3 \times 10^{-4} \times \frac{180}{\pi} = 0.05° \ (\curvearrowleft)$$

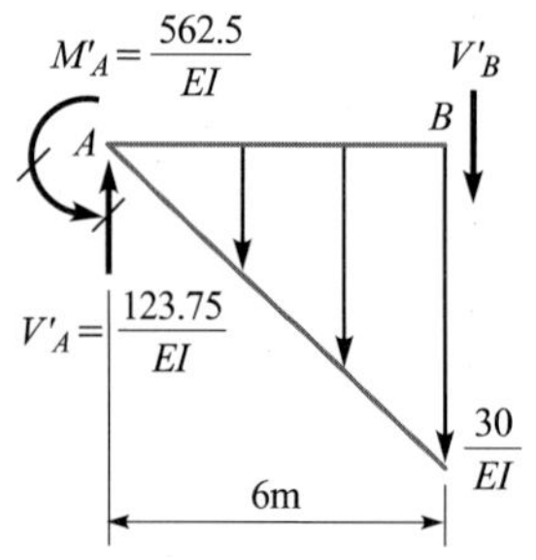

(f) 공액보 AB 부재의 자유물체도

iii) 처짐 δ_C

그림 (g) 공액보 BC부재의 자유물체도에서

$$+\curvearrowright \sum M_C = 0 \ ; \quad (\frac{33.75}{EI})(3) - (\frac{7.5}{EI})(3)(\frac{3}{2}) - (\frac{1}{2})(\frac{7.5}{EI})(3)(\frac{2 \times 3}{3}) - M_C' = 0$$

$$\therefore M_C' = (\frac{123.75}{EI})(6) - \frac{180}{EI} = \frac{45}{EI}$$

따라서 처짐 δ_C는 공액보에서 휨모멘트 M_C'와 같으므로 다음과 같다.

$$\delta_C = M_C' = \frac{45}{EI} = \frac{45 \times 10^{12}}{(204 \times 10^3)(2 \times 10^8)} = 1.1\text{mm} \ (\uparrow)$$

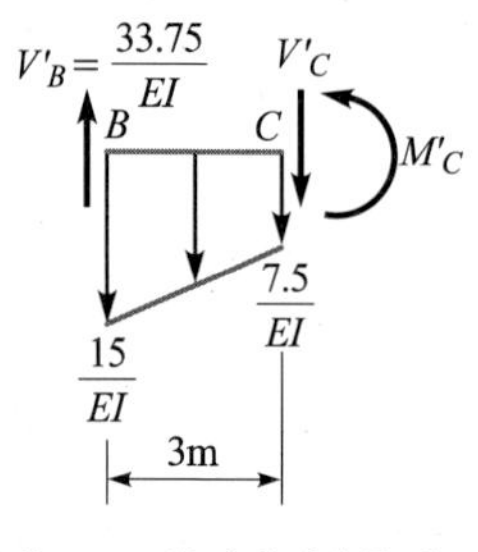

(g) 공액보 BC 부재의 자유물체도

예제 12.16

다음과 같이 하중 20kN과 60kN을 받고 있고 b점이 내부힌지인 보에서 최대처짐δ_{max}를 공액보법을 사용하여 구하고, 처짐곡선의 형상을 그리시오. 단, 탄성계수 $E = 2.1 \times 10^5$MPa, 단면2차모멘트 $I = 5 \times 10^9 \text{mm}^4$이다.

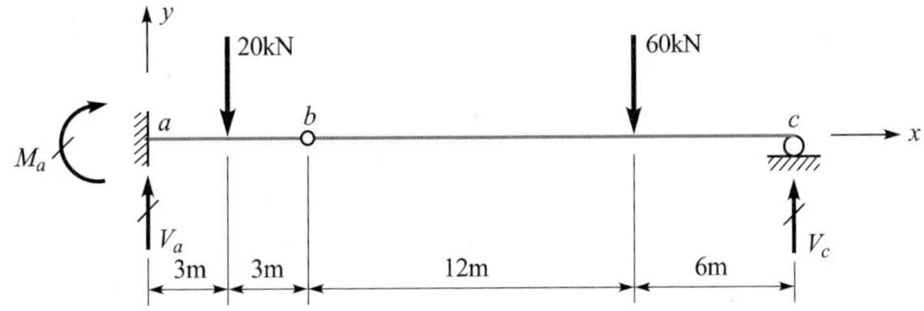

(a)

그림 예제 12.16

풀이

1) 실제보의 자유물체도와 반력계산

그림 예제 12.16 (a)의 실제보에서 b점의 내부힌지를 고려하여 수직하중에 의한 전체 구조물의 자유물체도를 그리면 그림 (b)와 같고, 반력 V_a, V_c, M_a를 계산하면 다음과 같다.

그림 (b)의 bc구간에 대한 자유물체도에서

$+\curvearrowright \sum M_b = 0$; $60 \times 12 - V_c \times 18 = 0$, $\quad \therefore V_c = 40\text{kN}(\uparrow)$

$+\uparrow \sum F_y = 0$; $V_b + V_c - 60 = 0$, $\quad \therefore V_b = 20\text{kN}(\uparrow)$

그림 (b)의 ab구간에 대한 자유물체도에서

$+\uparrow \sum F_y = 0$; $V_a - 20 - V_b = 0$, $\quad \therefore V_a = 40\text{kN}(\uparrow)$

$+\curvearrowright \sum M_b = 0$; $M_a - 20 \times 3 + V_a \times 6 = 0$, $\quad \therefore M_a = -180\text{kN}\cdot\text{m}(\curvearrowleft)$

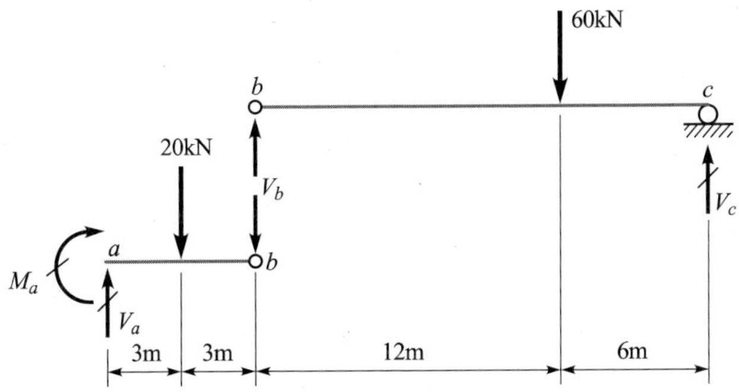

(b) 실제보의 자유물체도

2) 공액보의 해석에 의한 최대처짐 $\delta_{\max}$와 처짐곡선의 형상

위에서 계산한 반력 V_a, V_c, M_a와 수직하중에 대해 실제보의 $\frac{M}{EI}$선도를 작도하고, 공액보에 $\frac{M}{EI}$선도 하중을 재하하면 그림 (c)와 같다. 하중은 위에서 언급한 부호규약에 따라 보의 축선에서 $\frac{M}{EI}$ 선도를 향하는 방향으로 재하시킨 것이다.

i) 그림 (c)의 공액보의 전체 자유물체도에서 반력 V_b', V_c' 의 계산

$$+\curvearrowright \sum M_c = 0 \ ;$$

$$-\frac{1}{2}\left(\frac{180}{EI}\right)(6)\left(\frac{2\times6}{3}+18\right)+V_b'(18)+\frac{1}{2}\left(\frac{240}{EI}\right)(12)\left(\frac{12}{3}+6\right)+\frac{1}{2}\left(\frac{240}{EI}\right)(6)\left(\frac{2\times6}{3}\right)=0$$

$$\therefore V_b' = -\frac{300}{EI}\ (\downarrow)$$

$$+\uparrow \sum F_y = 0 \ ; \ -\frac{1}{2}\left(\frac{180}{EI}\right)(6)-\frac{300}{EI}+\frac{1}{2}\left(\frac{240}{EI}\right)(18)+V_c' = 0$$

$$\therefore V_c' = -\frac{1320}{EI}\ (\downarrow)$$

ii) 최대처짐 $\delta_{\max}$

그림 (c)의 공액보 전체 자유물체도에서, x점의 처짐 $\delta(x)$를 공액보법을 사용하여 구한다.
비례관계로부터,

$0 \le x \le 12$m 구간에서, $x : y = 12 : \frac{240}{EI} \rightarrow y = \frac{20x}{EI}$

여기서, y는 b점 오른쪽으로부터 x만큼 떨어진 점에서 $\frac{M}{EI}$선도 하중의 크기이다.

$$\delta(x) = -\frac{1}{2}\left(\frac{180}{EI}\right)(6)\left(\frac{2\times6}{3}+x\right)-\left(\frac{300}{EI}\right)x+\frac{1}{2}\left(\frac{20x}{EI}\right)(x)\left(\frac{x}{3}\right)$$

$$\frac{d\delta(x)}{dx} = -\frac{1}{2}\left(\frac{180}{EI}\right)(6)-\left(\frac{300}{EI}\right)+\frac{60x^2}{6EI}=0$$

$\therefore x = 9.17$m (이 점은 처짐을 한번 미분한 것이 0인, 즉 접선이 수평이 되는 곳으로 처짐각 $\theta = 0$인 점이다.)

따라서

$$\delta_{\max} = \delta(9.17)$$

$$= -\frac{1}{2}\left(\frac{180}{EI}\right)(6)\left(\frac{2\times6}{3}+9.17\right)-\left(\frac{300}{EI}\right)(9.17)+\frac{1}{2}\left(\frac{20\times9.17}{EI}\right)(9.17)\left(\frac{9.17}{3}\right)$$

$$= -\frac{7292.5}{EI}$$

$$= -\frac{7292.5 \times 10^{12}}{(2.1 \times 10^5) \times (5 \times 10^9)} = -7\text{mm}\ (\downarrow)$$

최대처짐 $\delta_{max} = -7$mm로 하향의 처짐(↓)을 나타낸다.

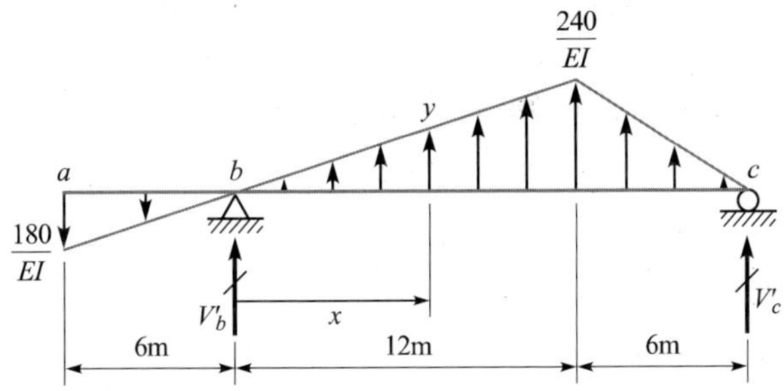

(c) 공액보의 $\frac{M}{EI}$ 선도 하중재하와 자유물체도

iii) 처짐곡선의 형상

그림 (c)의 공액보 전체 자유물체도에서, a, c점의 처짐각 θ와 처짐 δ를 공액보법을 사용하여 구하면 다음과 같다. 즉,

a점 : $\theta_a = 0,\ \delta_a = 0$

c점 : $\theta_c = -V_c = -(-\frac{1320}{EI}) = \frac{1320 \times 10^9}{(2.1 \times 10^5)(5 \times 10^9)} = 1.3 \times 10^{-3}\text{rad} = 0.07^\circ$ (↶),

$\delta_c = 0$

따라서, $\theta_a, \delta_a, \theta_c, \delta_c, \delta_{max}$를 고려하여 처짐곡선의 형상을 그리면 그림 (d)와 같이 된다.

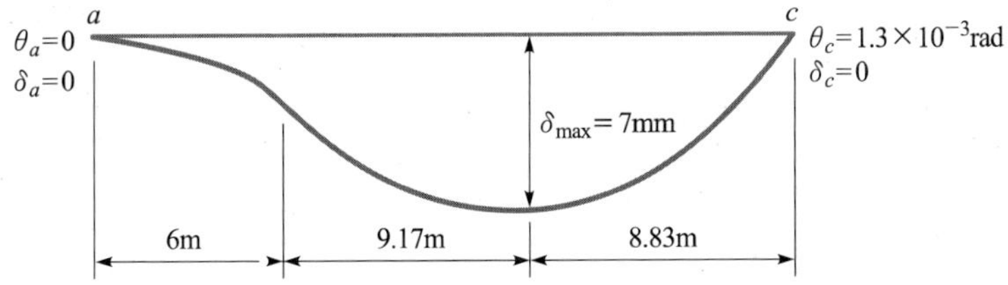

(d) 처짐곡선의 형상

12.5 처짐곡선의 미분방정식을 이용하는 방법

12.5.1 처짐곡선의 미분방정식을 적분하여 구하는 방법

그림 12.15와 같이 상향의 집중하중 P를 받아 상향 처짐이 생기는 캔틸레버보의 처짐곡선에서 미소구간 dx를 고려해보자. dx와 dy는 미소하므로 다음의 관계가 성립된다.

$$\tan\theta = \frac{dy}{dx} \simeq \theta \tag{12.53}$$

처짐곡선의 기울기(slope of deflection curve), 즉 처짐각 θ는 처짐 y에 대한 1차 도함수이다. 여기서 처짐각 θ는 x축과 처짐곡선이 이루는 각으로 단위는 라디안(radian)을 사용한다.

처짐각 θ가 작을 때 $\cos\theta \simeq 0$이고, $\cos\theta = \dfrac{dx}{ds}$로 쓸 수 있다. 따라서 $ds \simeq dx$가 된다. 식 (12.40)으로부터 곡률은 κ(곡률반경 ρ의 역수)는 다음과 같이 된다.

$$\kappa = \frac{1}{\rho} = \frac{d\theta}{ds} \simeq \frac{d\theta}{dx} \tag{12.54}$$

식 (12.53)을 x에 관해 한번 미분하면 다음 식을 얻는다.

$$\frac{d\theta}{dx} = \frac{d}{dx}\left(\frac{dy}{dx}\right) = \frac{d^2y}{dx^2} \tag{12.55}$$

식 (12.55)을 식 (12.54)에 대입하면 보의 곡률과 처짐 사이의 다음 관계식을 얻을 수 있다.

$$\kappa = \frac{d^2y}{dx^2} \tag{12.56}$$

식 (12.41)과 식 (12.56)을 조합하면, 다음의 처짐곡선의 미분방정식(휨모멘트 방정식)이 얻어진다.

$$\frac{d^2y}{dx^2} = y'' = \frac{M}{EI} \tag{12.57}$$

위 식과 2장의 식 (2.5)를 조합하면, 전단력 V 및 분포하중 w의 관계식들(전단력 방정식 및 하중 방정식)이 다음과 같이 얻어진다.

$$\frac{d^3y}{dx^3} = y''' = \frac{V}{EI} \tag{12.58}$$

$$\frac{d^4y}{dx^4} = y'''' = -\frac{w}{EI} \tag{12.59}$$

위 처짐곡선의 미분방정식은 재료는 후크의 법칙(Hooke's law)을 따르고 처짐과 처짐각은 미소하다는 가정 하에 유도된 것이다. 또한 전단변형은 무시하고, 단지 순수 휨에 의한 변형만을 고려한 것이다.

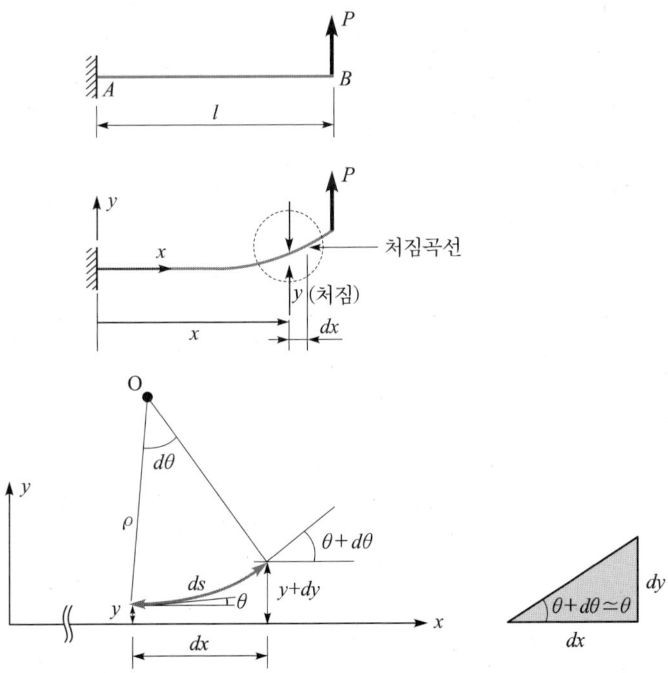

그림 12.15

그러므로 처짐곡선의 미분방정식(differential equation)을 직접 적분하여 처짐각 및 처짐 구하는 기본적인 절차를 요약하면 다음과 같다.

(1) 보의 축에 따른 $\frac{M}{EI}$의 함수를 구한다.

(2) $\frac{M}{EI}$의 함수를 x축에 관하여 적분을 수행하여 처짐각 및 처짐에 관한 식을 구한다. 이때, 적분상수는 보의 경계조건(boundary condition), 연속조건(continuity condition), 대칭조건(symmetry condition)을 이용하여 결정한다.

예제 12.17

다음 그림과 같은 하중을 받는 단순보의 상연과 하연 사이에 온도차 Δt(하연의 온도 t_l이 상연의 온도 t_{top}보다 높음)가 생길 때 다음 물음에 답하시오. 단, Δt는 지간 전체에 대해 일정하고, 각 단면에서의 온도분포는 직선적으로 변하며, 열팽창계수는 α이고, $a > b$이다.

1) 처짐 y와 처짐각 y'를 유도하시오. (25점)
2) 중앙점 처짐, 지지점 A의 처짐각, 최대처짐을 각각 구하시오. (5점)

[총 30점, 행정고등고시(토목기술직) 제2차 시험]

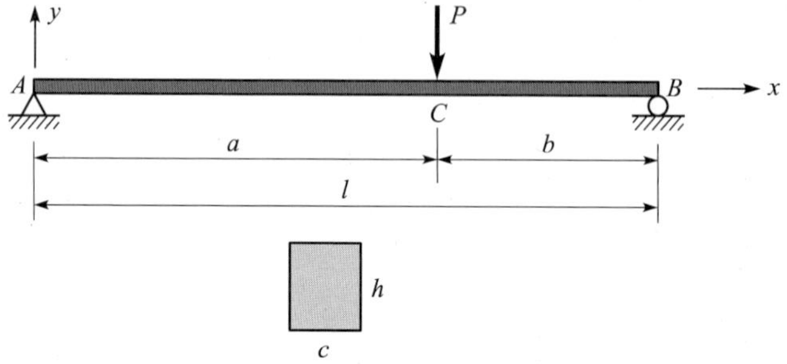

그림 예제 12.17

풀이

1) 하중 P에 의한 처짐 y 및 처짐각 y' 유도 (25점)

a) 집중하중 P에 의한 처짐 및 처짐각

하중 P에 의해 하향 처짐이 생기므로 처짐곡선의 미분방정식[식 (12.55)]를 다음과 같이 나타낼 수 있다. 즉,

$$EIy'' = -M$$

지점 및 하중이 변하는 곳을 기준으로 구간을 설정하여 풀이한다. 여기서 지점 A를 원점으로 해서 보의 x위치 구간별 휨모멘트를 구하면 다음과 같다.

$$\begin{cases} M = \dfrac{Pb}{l}x & (0 \le x \le a) \\ M = \dfrac{Pb}{l}x - P(x-a) & (a \le x \le l) \end{cases}$$

위 식을 적분하면

$$\begin{cases} EIy' = -\dfrac{Pbx^2}{2l} + C_1 & (0 \le x \le a) \quad (1) \\ EIy' = -\dfrac{Pbx^2}{2l} + \dfrac{P(x-a)^2}{2} + C_2 & (a \le x \le l) \quad (2) \end{cases}$$

$$\begin{cases} EIy = -\dfrac{Pbx^3}{6l} + C_1x + C_3 & (0 \le x \le a) \quad (3) \\ EIy = -\dfrac{Pbx^3}{6l} + \dfrac{P(x-a)^3}{6} + C_2x + C_4 & (a \le x \le l) \quad (4) \end{cases}$$

위의 처짐 및 처짐각의 적분식에 경계조건 및 연속조건을 적용하면, 적분상수 C_1, C_2, C_3, C_4가 구해진다. 즉,

i) 경계조건

ⓐ $x=0$일 때 $y=0$; 식 (3)으로부터, $C_3=0$

ⓑ $x=l$일 때 $y=0$; 식 (4)로부터, $EIy = -\dfrac{Pbl^2}{6} + \dfrac{Pb^3}{6} + C_2 l + C_4 = 0$ (5)

ii) 연속조건

ⓐ C점($x=a$)에서 처짐각 $\theta_{CA} = \theta_{CB}$이므로, 식 (1), (2)로부터

$$EIy' = EI\theta_{CA} = -\frac{Pba^2}{2l} + C_1 \quad (6)$$

$$EIy' = EI\theta_{CB} = -\frac{Pba^2}{2l} + C_2 \quad (7)$$

식 (6)=식 (7)이므로, $-\dfrac{Pba^2}{2l} + C_1 = -\dfrac{Pba^2}{2l} + C_2$

따라서

$$C_1 = C_2 \quad (8)$$

ⓑ C점($x=a$)에서 처짐 $y_{CA} = y_{CB}$이므로, 식 (3), (4)로부터

$$EIy_{CA} = -\frac{Pba^3}{6l} + C_1 a \quad (9)$$

$$EIy_{CB} = -\frac{Pba^3}{6l} + C_2 a + C_4 \quad (10)$$

식 (9)=식 (10)이므로, $-\dfrac{Pba^3}{6l} + C_1 a = -\dfrac{Pba^3}{6l} + C_2 a + C_4$

따라서

$C_1 a = C_2 a + C_4$ (11)

식 (8)을 식 (11)에 대입하면 $C_4 = 0$이 구해지고, 이것을 식 (5)에 대입하면 C_2가 다음과 같이 구해진다.

$$C_2 = \left(\frac{Pbl^2}{6} - \frac{Pb^3}{6}\right)/l = \frac{Pb(l^2-b^2)}{6l}$$

즉, $C_1 = C_2 = \dfrac{Pb(l^2-b^2)}{6l}$, $C_3 = C_4 = 0$ (유도 6점)

따라서, 위에서 구한 적분상수를 식 (3), (4)에 대입하면 다음의 처짐 y함수가 얻어진다.

$$\begin{cases} y = \dfrac{Pbx}{6lEI}(l^2 - b^2 - x^2) & (0 \le x \le a) \quad (12) \\ y = \dfrac{Pbx}{6lEI}(l^2 - b^2 - x^2) + \dfrac{P(x-a)^3}{6EI} & (a \le x \le l) \quad (13) \end{cases}$$

(처짐 정답 2점)

그리고 위에서 구한 적분상수를 식 (1), (2)에 대입하면 다음의 처짐각 y' 함수가 얻어진다.

$$\begin{cases} y' = \dfrac{Pb}{6lEI}(l^2 - b^2 - 3x^2) & (0 \le x \le a) \quad (14) \\ y' = \dfrac{Pb}{6lEI}(l^2 - b^2 - 3x^2) + \dfrac{P(x-a)^2}{2EI} & (a \le x \le l) \quad (15) \end{cases}$$

(처짐각 정답 2점)

b) 온도변화 Δt에 의한 처짐 및 처짐각

그림 12.10에서,

$$\Delta t = t_l - t_{top}$$

$$\rho d\phi = (1 + \alpha t_0)dx, \ hd\phi = \alpha \Delta t dx$$

$$\frac{h}{\rho} = \frac{\alpha \Delta t}{1 + \alpha t_0} \quad \rightarrow \quad \frac{d\phi}{dx} = \frac{\alpha \Delta t}{h}$$

$$\therefore \frac{1}{\rho} = \frac{\alpha \Delta t}{h(1 + \alpha t_0)}$$

αt_0는 미소이므로 무시하면

$$\frac{1}{\rho} = \kappa = \frac{\alpha \Delta t}{h} = \frac{d\phi}{dx}$$

온도에 의해 하향 처짐이 생기므로 보의 곡률과 처짐 사이의 관계식[식 (12.54)]를 다음과 같이 나타낼 수 있다. 즉,

$$\kappa = -\frac{d^2y}{dx^2}$$

그러므로 다음과 같은 온도변화 Δt에 의한 처짐곡선의 미분방정식이 구해진다.

$$\frac{d^2y}{dx^2} = y'' = -\frac{\alpha \Delta t}{h}$$

위 식을 연속 적분함으로써, 다음과 같은 온도변화 Δt에 의한 처짐각 y'와 처짐 y가 구해진다.

$$y' = -\frac{\alpha \Delta t}{h}x + D_1 \quad (16)$$

$$y = -\frac{\alpha \Delta t}{2h}x^2 + D_1 x + D_2 \quad (17)$$

여기서, 적분상수는 중앙점($x=\dfrac{l}{2}$)에서 기울기 $y'=0$이라는 대칭조건과 A에서 처짐 $y=0$이라는 경계조건을 사용하면 구할 수 있다. 즉,

$x=\dfrac{l}{2}$일 때 $y'=0$; 식 (16)으로부터, $D_1=\dfrac{\alpha\Delta t l}{2h}$

$x=0$일 때 $y=0$; 식 (17)로부터, $D_2=0$

따라서, 위에서 구한 적분상수를 식 (16), (17)에 대입하면 다음의 처짐각 y'와 처짐 y가 얻어진다.

$$y'=\frac{\alpha\Delta t}{2h}(l-2x) \tag{18}$$

$$y=\frac{\alpha\Delta t}{2h}(lx-x^2) \tag{19}$$

(유도 11점)

c) 하중과 온도차에 의한 처짐 y 및 처짐각 y'

서로 다른 하중들이 동시에 작용할 때 발생되는 보의 처짐은 각각의 하중이 작용할 때의 처짐값을 더한 값과 같다. 즉, 중첩법(method of superposition)성립하므로, 위에서 구한 집중하중 P에 의한 처짐 및 처짐각 그리고 온도변화 Δt에 의한 처짐 및 처짐각을 각각 더하면 다음과 같은 하중과 온도차에 의한 처짐 y 및 처짐각 y'이 구해진다.

따라서 식 (12), (13), (19)로부터 구간별로 다음의 처짐 y가 구해진다.

$$\begin{cases} y=\dfrac{Pbx}{6lEI}(l^2-b^2-x^2)+\dfrac{\alpha\Delta t}{2h}(lx-x^2) & (0\le x\le a) \quad (20)\\ y=\dfrac{Pbx}{6lEI}(l^2-b^2-x^2)+\dfrac{P(x-a)^3}{6EI}+\dfrac{\alpha\Delta t}{2h}(lx-x^2) & (a\le x\le l) \quad (21)\end{cases}$$

(정답 2점)

그리고 식 (14), (15), (18)로부터 구간별로 다음의 처짐각 y'가 구해진다.

$$\begin{cases} y'=\dfrac{Pb}{6lEI}(l^2-b^2-3x^2)+\dfrac{\alpha\Delta t}{2h}(l-2x) & (0\le x\le a) \quad (22)\\ y'=\dfrac{Pbx}{6lEI}(l^2-b^2-3x^2)+\dfrac{P(x-a)^2}{2EI}+\dfrac{\alpha\Delta t}{2h}(l-2x) & (a\le x\le l) \quad (23)\end{cases}$$

(정답 2점)

2) 중앙점의 처짐 y_{cn}, 지지점 A 처짐각 y'_A, 최대 처짐 $y_{\max}$ (5점)

a) 중앙점의 처짐 y_{cn}

$x=\dfrac{l}{2}$을 하중과 온도에 의한 처짐의 식 (20)에 대입하면

$\therefore\ y_{cn}=\dfrac{Pbl}{12lEI}(\dfrac{3}{4}l^2-b^2)+\dfrac{\alpha\Delta t l^2}{8h}$ (1점)

b) 지지점 A 처짐각 y_A'

$x=0$을 하중과 온도에 의한 처짐각의 식 (22)에 대입하면

$\therefore y_A' = \dfrac{Pb}{6lEI}(l^2-b^2) + \dfrac{\alpha\Delta t}{2h}l$ (1점)

c) 최대처짐 $y_{\max}$

$\dfrac{dy}{dx}=0$ 일 때 최대처짐을 갖는다.

$a>b$ 이므로,

$0 \le x \le a$구간에 최대처짐 값이 존재한다.

$$y' = \frac{Pb}{6lEI}(l^2-b^2-3x^2) + \frac{\alpha\Delta t}{2h}(l-2x) = 0$$

$$-\frac{3Pb}{6lEI}x^2 - \frac{\alpha\Delta t}{h}x + \frac{Pb}{6lEI}(l^2-b^2) + \frac{\alpha\Delta t}{2h}l = 0$$

$$\frac{3Pb}{6lEI}x^2 + \frac{\alpha\Delta t}{h}x - \frac{Pb}{6lEI}(l^2-b^2) - \frac{\alpha\Delta t}{2h}l = 0$$

$$3x^2 + \frac{6lEI\alpha\Delta t}{Pbh}x - (l^2-b^2) - \frac{3l^2EI\alpha\Delta t}{Pbh} = 0$$

$$\therefore x = \frac{1}{6}\left[-\frac{6lEI\alpha\Delta t}{Pbh} + \sqrt{\left(\frac{6lEI\alpha\Delta t}{Pbh}\right)^2 + 12(l^2-b^2) + \frac{36l^2EI\alpha\Delta t}{Pbh}}\right]$$

위의 x값을 아래 식[식 (20)]에 대입하면 $y_{\max}$값이 구해진다.

$y = \dfrac{Pbx}{6lEI}(l^2-b^2-x^2) + \dfrac{\alpha\Delta t}{2h}(lx-x^2)$ (3점)

12.5.2 충격하중으로 인한 처짐

그림 12.16의 단순보 구조물에서 무게 W(질량 M)인 물체가 h만큼 높은 곳에서 보 위로 떨어지는 경우, 이 충격하중(impact load)은 속도를 지닌 동하중(dynamic load)이기 때문에 정하중(static load)을 받을 때보다 더 큰 최대 동적처짐 $y_{\max}$를 발생시킨다. 만약 무게 W인 물체가 보의 중앙 C점에 부딪친 경우 보에 착 달라붙어서 보와 함께 움직이고 에너지 손실은 없다고 가정하자. 물체가 떨어지는 거리는 $h+y_{\max}$이므로. 손실된 위치에너지는 다음 식과 같다.

$$\text{손실된 위치에너지} = Mg(h+y_{\max}) = W(h+y_{\max}) \tag{12.60}$$

보에 저장된 변형에너지 U는 다음과 같다.

$$U = \int \frac{M^2}{2EI}dx = \int \frac{EI}{2}\left(\frac{d^2y}{dx^2}\right)^2 dx \tag{12.61}$$

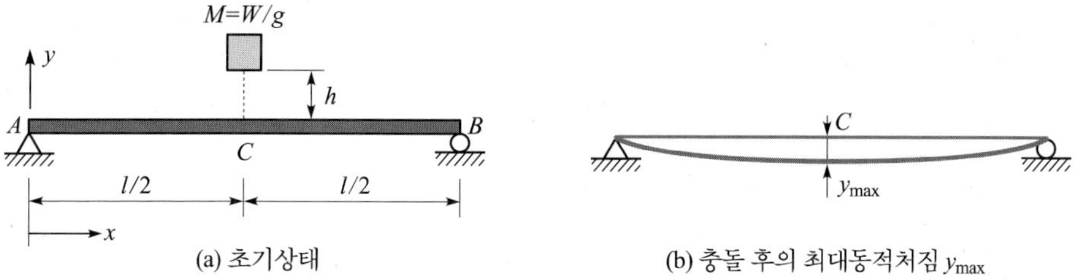

그림 12.16

중앙점 C에 집중하중 P를 받는 단순보에서 x 위치의 처짐곡선 y는[예제 12.17의 식 (12)에서 $a=b=\dfrac{l}{2}$일 때 집중하중 P로 인한 처짐곡선임]

$$y = \frac{Px}{EI}\left(\frac{l^2}{16} - \frac{x^2}{12}\right) \quad \left(0 \le x \le \frac{l}{2}\right) \tag{12.62}$$

이고, 위 식에서 $x = \dfrac{l}{2}$인 경우 단순보의 최대처짐이 발생한다. 즉,

$$y_{\max} = \frac{Pl^3}{48EI} \tag{12.63}$$

식 (12.62)와 식 (12.63)에서 하중 P를 소거하면 최대처짐의 항으로 처짐곡선 y가 표현된다. 즉,

$$y = \frac{48\,y_{\max}\,x}{l^3}\left(\frac{l^2}{16} - \frac{x^2}{12}\right) \quad \left(0 \le x \le \frac{l}{2}\right) \tag{12.64}$$

위 식을 두 번 미분하면 다음과 같은 식을 얻을 수 있다.

$$\frac{d^2y}{dx^2} = -\frac{24\,y_{\max}\,x}{l^3} \tag{12.65}$$

위 식을 식 (12.61)의 대입하면, 충돌 후 단순보에 저장된 변형에너지 U가 최대처짐의 항으로 다음과 같이 표현된다.

$$U = \int \frac{EI}{2}\left(\frac{d^2y}{dx^2}\right)^2 dx = EI\int_0^{\frac{l}{2}}\left(-\frac{24y_{\max}x}{l^3}\right)^2 dx = \frac{24EIy_{\max}^2}{l^3} \tag{12.66}$$

위 식의 보 내부에 저장된 변형에너지 U는 식 (12.60)의 손실된 위치에너지와 같다. 즉,

$$\frac{24EIy_{\max}^2}{l^3} = W(h + y_{\max}) \tag{12.67}$$

근의 공식을 사용하여 $y_{\max}$에 관한 2차식인 식 (12.67)로부터 최대처짐 $y_{\max}$를 구하고 정리하면, 다음과 같은 식이 구해진다.

$$y_{\max} = \frac{Wl^3}{48EI} + \sqrt{\left(\frac{Wl^3}{48EI}\right)^2 + 2h\left(\frac{Wl^3}{48EI}\right)} \tag{12.68}$$

여기서 단순보의 중앙 C점에 가력되는 정하중 W에 의한 보의 중앙 C점에서 정적최대처짐은 $y_{st.\max} = \dfrac{Wl^3}{48EI}$이므로, 식 (12.68)은 다음과 같이 된다.

$$y_{\max} = y_{st.\max}\left(1 + \sqrt{1 + \frac{2h}{y_{st.\max}}}\right) \tag{12.69}$$

위 식으로부터 동하중에 의한 동적최대처짐 $y_{\max}$는 정하중에 의한 정적최대처짐 $y_{st.\max}$보다 항상 크다는 것을 알 수 있다. 식 (12.69)에 대해, 구조물 설계 시 고려하는 충격계수 i를 사용하여 나타내면 다음과 같다.

$$i = \frac{y_{\max} - y_{st.\max}}{y_{st.\max}} = \sqrt{1 + \frac{2h}{y_{st.\max}}} \tag{12.70}$$

따라서 식 (12.70)의 충격계수 i를 이용해서 충격하중과 같은 동하중을 구조물 설계 시 사용하는 등가의 정하중(equivalent static load) P_E로 환산할 수 있다. 즉, $P_E = W(1+i)$이다. 참고로, 보와 충격물체의 질량을 포함시키거나 떨어지는 물체가 위로 뛰어 오르려는 현상, 그리고 충격 시의 국부적인 변형에 의한 에너지 손실 등을 포함시키는 경우 동적최대처짐 $y_{\max}$는 약간 감소할 것이다.

연습문제

12.1 다음과 같은 반경 r의 반원 BC부재와 길이가 $\frac{l}{2}$이고 직선인 AB 및 CD부재로 구성된 구조물에서 A, D에 수평하중 P가 작용할 때, A점과 D점간의 거리의 증가량 δ_{AD}를 가상일의 방법을 사용하여 구하시오. 단, 모든 부재에서 EI는 일정하고, 휨모멘트에 의한 변위만 고려한다.

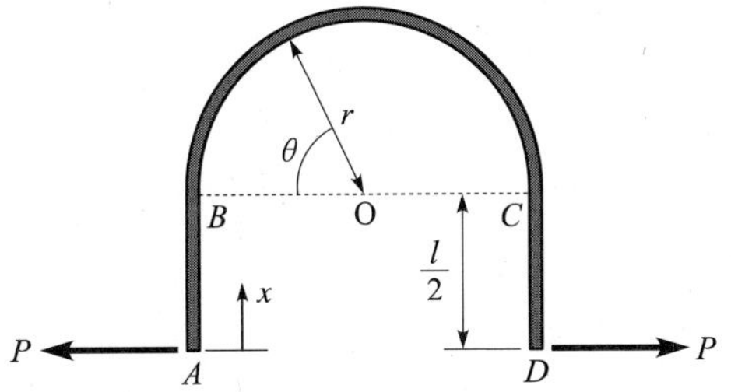

그림 문제 12.1

12.2 다음과 같은 캔틸레버보에서 자유단에 연직하중 P가 작용할 때, B점의 연직처짐 y_B와 처짐각 θ_B를 가상일의 방법(단위하중법)을 사용하여 구하시오. 단, EI는 일정(constant)하고, 전단력에 의한 변위는 무시한다.

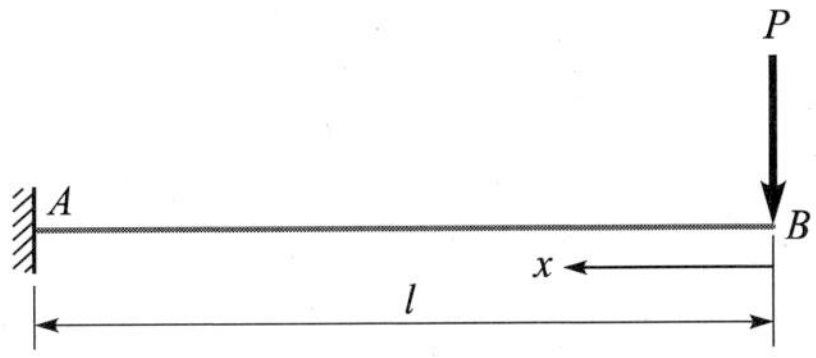

그림 문제 12.2

12.3 다음과 같은 변단면 캔틸레버보에서 자유단에 연직하중 P가 작용할 때, A점의 연직처짐 δ_A를 카스틸리아노의 제2정리를 사용하여 구하시오. 단, 사각형 단면의 폭은 b로 일정하고, 단면의 높이 h_x는 직선적으로 변하여 고정단 B점의 높이 h_B가 자유단 A점의 높이 h_A의 2배, 즉 $h_B = 2h_A$가 된다. 또한, 탄성계수는 E이고, 전단력에 의한 변위는 무시한다.

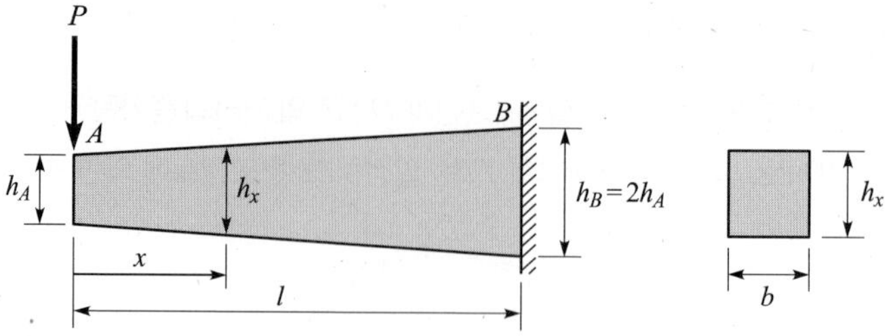

그림 문제 12.3

12.4 다음과 같이 재료 절약을 위해서 휨모멘트가 큰 부분의 단면 2차모멘트를 증가시킨 비균일 단면을 갖는 캔틸레버보에서 B점의 연직처짐 Δ_B를 모멘트면적법을 사용하여 구하시오. 단, $E = 2.04 \times 10^5$ MPa이고, $I = 1.25 \times 10^8 \text{mm}^4$이다.

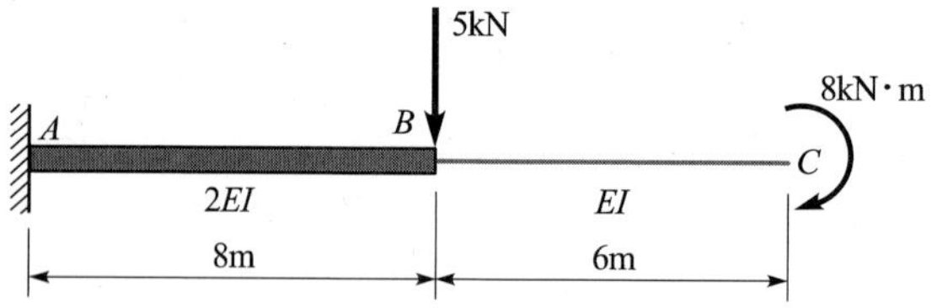

그림 문제 12.4

12.5 다음과 같은 내민보에서 D점의 연직처짐 Δ_D를 모멘트면적법을 사용하여 구하시오. 단, $E = 2.04 \times 10^5$ MPa이고, $I = 1.25 \times 10^8 \text{mm}^4$이다.

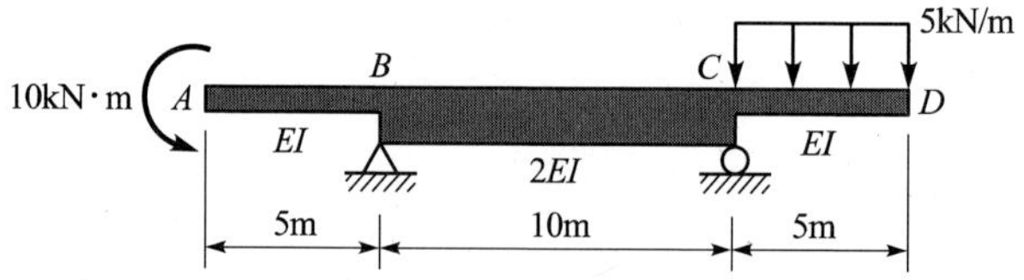

그림 문제 12.5

12.6 다음과 같이 B점과 C점이 내부힌지인 보에서 E점에 연직방향으로 집중하중 $2P$가 작용하고 있을 때 E점의 연직처짐 δ_E를 공액보법을 사용하여 구하시오. 단, $P=50\text{kN}$, 길이 $L=10\text{m}$, 탄성계수 $E=2.1\times10^5\text{MPa}$, 단면 2차모멘트 $I=5\times10^9\text{mm}^4$이다.

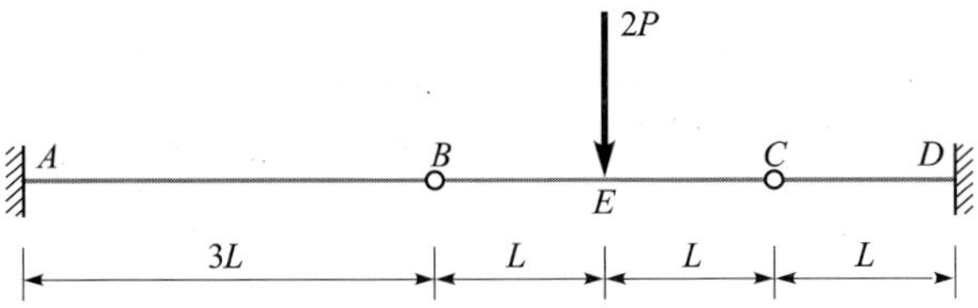

그림 문제 12.6

12.7 다음과 같이 자유단 B에 집중 휨모멘트하중 M_0을 받는 캔틸레버보에서 x점 및 자유단 B점의 처짐과 처짐각을 공액보법을 사용하여 구하시오. 단, EI는 일정(constant)하다.

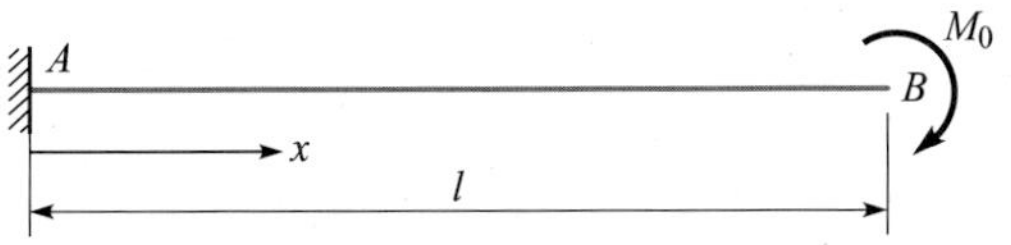

그림 문제 12.7

12.8 다음과 같이 등분포하중 w를 받는 단순보에서 지점 A, B 그리고 중앙점 C의 처짐과 처짐각을 처짐곡선의 미분방정식을 사용하여 구하시오. 단, EI는 일정(constant)하고, 전단력에 의한 변위는 무시한다.

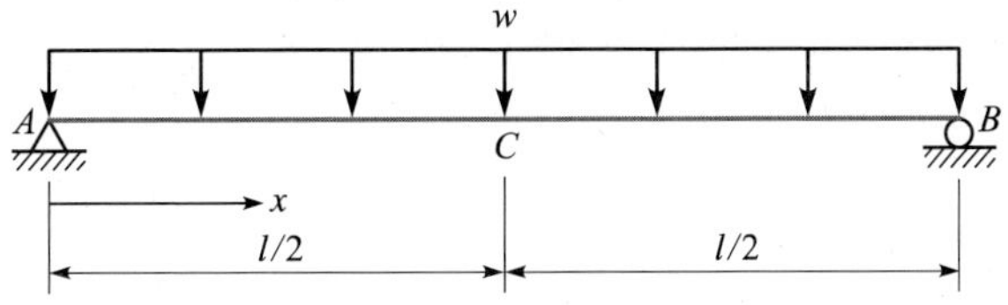

그림 문제 12.8

12.9 다음과 같이 중앙점 C에 집중 휨모멘트하중 M_0을 받는 단순보에서 지점 A, B 그리고 중앙점 C의 처짐과 처짐각을 처짐곡선의 미분방정식을 사용하여 구하시오. 단, EI는 일정(constant)하고, 전단력에 의한 변위는 무시한다.

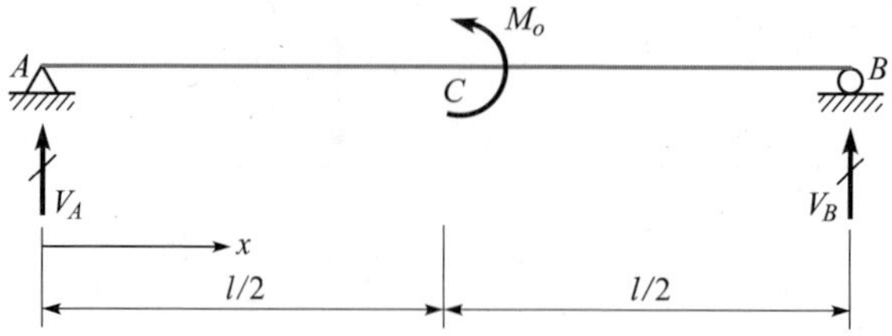

그림 문제 12.9

12.10 다음과 같이 삼각형 분포하중을 받는 캔틸레버보에서 자유단 B의 처짐과 처짐각을 처짐곡선의 미분방정식을 사용하여 구하시오. 단, EI는 일정(constant)하고, 전단력에 의한 변위는 무시한다.

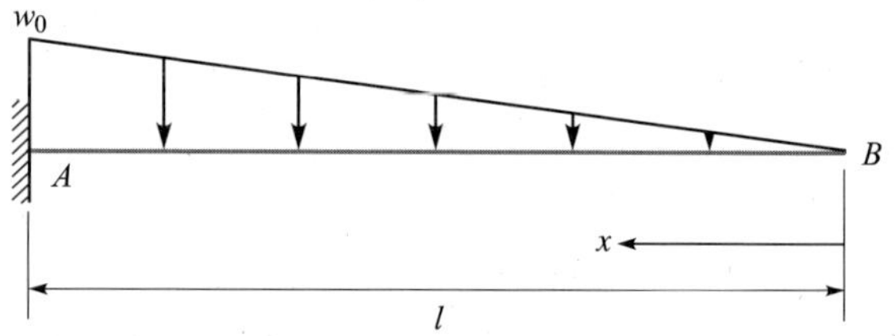

그림 문제 12.10

12.11 다음과 같이 지점 A에 집중 휨모멘트하중 M_0을 받는 단순보에서 지점 A, B의 처짐각 그리고 최대처짐을 처짐곡선의 미분방정식을 사용하여 구하시오. 단, EI는 일정(constant)하고, 전단력에 의한 변위는 무시한다.

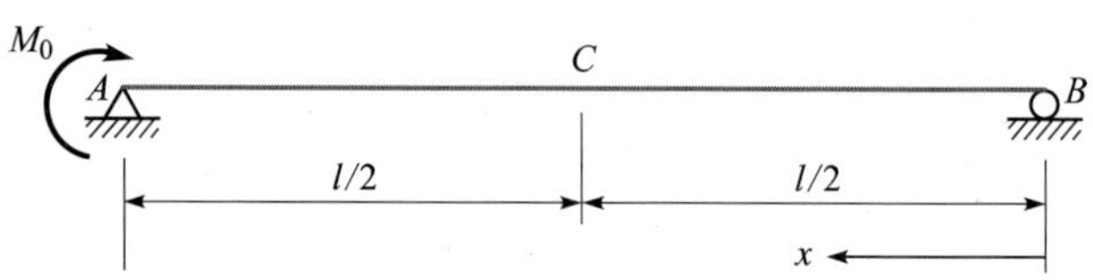

그림 문제 12.11

제 13 장

부정정구조물의 해석원리와 변위일치법

제13장

부정정구조물의 해석원리와 변위일치법

13.1 부정정구조물의 해석원리

6장까지는 주로 정정구조물을 대상으로 하여 힘의 **평형조건**($\sum F_x = 0$, $\sum F_z = 0$, $\sum M_y = 0$)을 이용하여 반력, 부재력(단면력), 처짐(변위)을 구하는 방법을 다루었다. 다음의 7~12장에서 다루는 부정정구조물의 경우, 기본적인 힘의 평형조건만으로는 반력과 부재력을 구할 수 없기 때문에 추가의 조건이 필요하게 된다. 이 추가의 조건이 처짐의 구속조건과 처짐각의 연속성에 해당하는 변위의 **적합조건**(compatibility condition of displacement)이다. 그러므로 부정정구조물의 기본적인 해석원리는 **힘의 평형조건**과 **변위의 적합조건**을 만족시키는 일체화된 해석과정의 일부이다. 따라서 뒤에서 상술되겠지만, 부정정구조물의 해석은 계산 시 기본변수인 부정정력[구조물의 외적 및 내적 평형안정을 유지하는데 필요한 수보다 초과되는 반력성분 등으로 여용력(redundant force)이라고도 함]과 절점변위 중에서 어느 것을 미지수로 사용하느냐에 따라 달라진다. 여기서 초과되는 반력성분 등의 부정정력의 수는 2.5절 및 3.3절의 수식에 의해 계산되는 외적 및 내적 부정정차수와 같게 되고, 이 부정정차수는 부정정구조물의 부정정성[statical indeterminacy, 혹은 여용성(redundancy)]의 척도를 나타낸다.

따라서 부정정구조물의 해석을 위해서는 부정정차수, 정정기본계[부정정구조물에서 부정정력(여용력)에 대응하는 구속을 모두 해제하여 정정구조물로 만든 기본구조물(primary structure) 혹은 해제구조물(released structure)], 적합조건, 부정정구조의 부재력의 특징을 이해하는 것이 중요하다. 여기서 다시 말하면, 기본구조물 또는 해제구조물은 부정정(statically indeterminate)인 실제구조물에서 부정정력 또는 여용력에 대응하는 구속을 모두 해제(release)시킨 정정구조물(statically determinate)을 말한다. 일반적으로, 부정정구조물은 그 여용성 때문에 정정구조물 보다 구조성능(안전성, 사용성, 내구성)이 좋고 상대적으로 높은 내하력을 갖는다. 그 결과, 부정정구조물에서는 작은 단면을 사용할 수 있으므로 경제성 측면에서 정정구조물보다 유리한 경우가 많다.

부정정구조물의 해석 시, 부정정력을 미지수로 취급하고 있으면 응력법(force method)이고, 절점변위를 미지수로 하면 변위법(displacement method)이다. 본 교재의 부정정구조물 해석법인 **7장 변위일치법**(method of consistent displacement), **8장 최소일의 방법**(method of least work)과 **3연모멘트법**(three-moment method)은 응력법의 일종이고, 9장 처짐각법(slope-deflection method)과 10장 모멘트분배법(moment distribution method)은 변위법의 일종이다. 그리고 오늘날 컴퓨터의 발달로 인하여 정정구조물 및 부정정구조물의 실무 구조해석에 매우 효과적으로 적용되고 있는 12장의 직접강도법(direct stiffness method)에 의한 매트릭스구조해석이나 유한요소법(finite element method)은 모두 변위법을 기본으로 하고 있다.

13.2 변위일치법

13.2.1 기본구조물과 적합조건

1864년 J. C. Maxwell이 처음 발표하고 Otto Mohr가 오늘날의 수준까지 끌어올린 변위일치법은 응력법으로서, 변형일치법, 겹침의 방법, Mohr의 정리법 등으로 불리며 처짐과 처짐각의 적합조건을 이용하고 있다. 이 방법은 모든 구조물의 해석에 적용할 수 있으며, 특히 연속보, 부정정 트러스, 라멘 해석에 효과적이다. 변위일치법은 처짐에 관한 겹침의 원리와 적합조건에 의해 적합방정식(compatibility equation)을 세우고 이것을 연립하여 풀어 부정정력을 계산한 후, 겹침의 원리와 힘의 평형조건(평형방정식)에 의해 나머지 반력과 부재력을 구하는 부정정구조물의 해석법이다. 변위일치법에서 필요한 적합방정식의 수는 부정정차수 만큼 필요하며, 적합방정식은 기하학적 조건으로부터 구하게 된다.

예를 들어, 그림 13.1(a)의 2차부정정인 3경간 연속보를 생각해 보자. 중간 로울러지점 B, C를 제거하면 그림 13.1(b), (c), (d), (e)와 같이 정정구조가 된다. 이것을 실제보인 그림 13.1(a)의 부정정구조물에 대한 기본구조물 혹은 정정기본계라고 부른다. 이때 지점 B, C의 지점반력 X_B, X_C가 부정정력(여용력)이 된다. 즉, 이 실제보의 지점 A, D에는 미지수인 지점반력이 3개 더 있으므로 지점반력 X_B, X_C를 포함하여 총 5개의 미지의 반력이 생기고, 해를 구하기 위해 사용할 수 있는 평형방정식이 3개이므로 이 연속보는 2차부정정이다. 따라서 해를 구하기 위해서 2개의 적합방정식이 필요하다. 이 방정식을 얻기 위해서 그림 13.1(b)처럼 지점반력 중 X_B, X_C를 부정정력(여용력)으로 택한 것이다.

그림 13.1(a)의 실제보는 겹침의 원리가 적용되므로 그림 13.1(b)와 동일한 것이 되며 이는 다시

그림 13.1(c)와 (d) 그리고 (e)와를 합친 것과 동일하다고 할 수 있다. 그림 13.1(b)에서 지점 B, C의 처짐 Δ_B, Δ_C는 로울러지점의 처짐 구속조건에 의해서 '0'이라는 변위의 적합조건, 즉 $\Delta_B = 0$ 그리고 $\Delta_C = 0$이라는 2개의 적합방정식을 제공한다. 따라서 3개의 평형방정식($\sum F_x = 0$, $\sum F_y = 0, \sum M_y = 0$)과 2개의 적합방정식($\Delta_B = 0$, $\Delta_C = 0$)를 이용하면, 그림 13.1(a)의 2차 부정정인 3경간 연속보의 미지의 반력과 부재력을 구할 수 있다.

13.2.2 적합방정식의 구성과 해석절차

그림 13.1(b)의 기본구조물은 그림 13.1(c)와 (d) 그리고 (e)를 겹친 것과 같게 된다. 즉, 겹침의 원리와 적합조건에 의해 다음과 같은 2개의 적합방정식이 성립한다.

$$\begin{aligned} \Delta_B &= \Delta_{B0} + \Delta_{BB} + \Delta_{BC} = \Delta_{B0} + X_B \delta_{BB} + X_C \delta_{BC} = 0 \\ \Delta_C &= \Delta_{C0} + \Delta_{CB} + \Delta_{CC} = \Delta_{C0} + X_B \delta_{CB} + X_C \delta_{CC} = 0 \end{aligned} \tag{13.1}$$

여기서, Δ_B : 기본구조물에서 하중(P, w)과 부정정력(X_B, X_C)에 의한 B점의 상향처짐

Δ_C : 기본구조물에서 하중(P, w)과 부정정력(X_B, X_C)에 의한 C점의 상향처짐

Δ_{B0} : 기본구조물에서 하중(P, w)만을 받는 때 B점의 상향처짐

Δ_{BB} : 기본구조물에서 부정정력 X_B만을 받는 때 B점의 상향처짐

Δ_{BC} : 기본구조물에서 부정정력 X_C만을 받는 때 B점의 상향처짐

Δ_{C0} : 기본구조물에서 하중(P, w)만을 받는 때 C점의 상향처짐

Δ_{CB} : 기본구조물에서 부정정력 X_B만을 받는 때 C점의 상향처짐

Δ_{CC} : 기본구조물에서 부정정력 X_C만을 받는 때 C점의 상향처짐

δ_{BC} : 기본구조물에서 C점에서만 $X_C = 1$을 작용시켰을 때의 B점에서의 상향처짐이며, 유연도계수(flexibility coefficient)라고도 한다.

δ_{CB} : 기본구조물에서 B점에서만 $X_B = 1$을 작용시켰을 때의 C점에서의 상향처짐이며, 맥스웰의 상반변형의 법칙에 의하여 $\delta_{BC} = \delta_{CB}$가 성립된다.

X_B : B점에 작용하는 부정정력

X_C : C점에 작용하는 부정정력

그리고 식 (13.1)에서 지점침하가 있는 경우에는 Δ_B와 Δ_C가 0이 아니라 각각 지점 B와 C에서의 침하량이 된다.

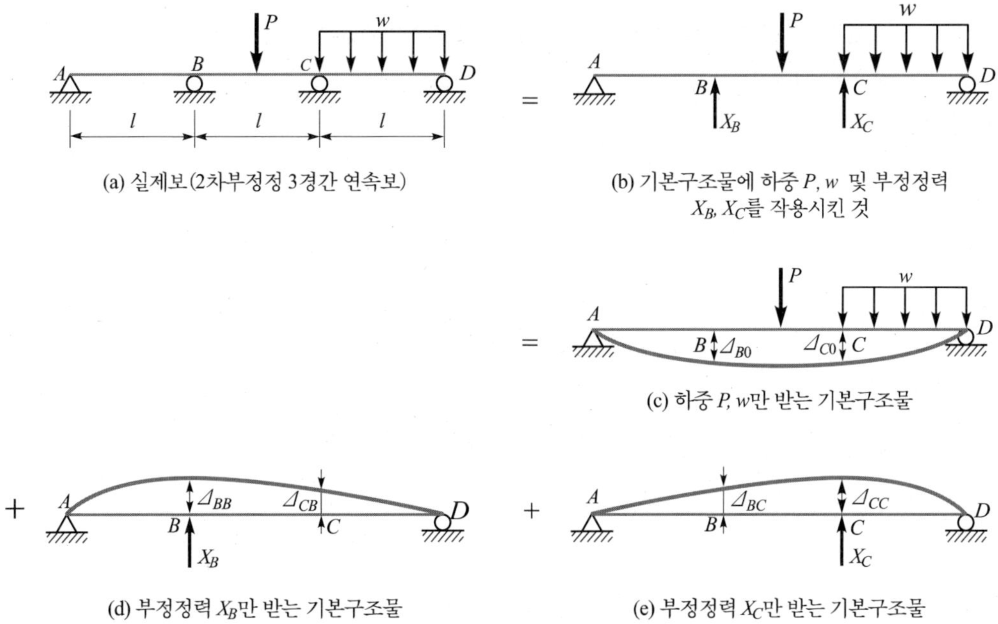

(a) 실제보(2차부정정 3경간 연속보)

(b) 기본구조물에 하중 P, w 및 부정정력 X_B, X_C를 작용시킨 것

(c) 하중 P, w만 받는 기본구조물

(d) 부정정력 X_B만 받는 기본구조물

(e) 부정정력 X_C만 받는 기본구조물

그림 13.1 부정정보와 기본구조물(정정기본계)

그림 13.1에 있는 2차부정정 3경간 연속보를 예로 변형일치법에서 미지의 반력과 부재력을 구하는 해석절차를 요약하면 다음과 같다. 즉, 위 식 (13.1)의 2개의 적합방정식을 연립하여 풀면 2개의 부정정력 X_B, X_C를 계산할 수 있다. 다음으로 그림 13.1(b)의 기본구조물상에서, 구해진 부정정력 X_B, X_C와 하중(P, w)을 이용하여 정정구조물의 해석에서와 같이 단순히 평형방정식을 적용하면 나머지 지점 A, D에서의 반력이 구해진다. 그리고 부재력(단면력으로 전단력과 휨모멘트 등)은 그림 13.1(b)의 기본구조물에 구해진 모든 반력, 하중, 그리고 구하고자하는 위치를 절단하여 단면력을 자유물체도로 나타내고 평형방정식을 적용하면 구해진다.

$n = 2$차인 부정정구조물에 대해 위에서 설명한 과정은 하중 P, w뿐만이 아니라 온도변화, 제작오차, 지점침하 등을 받는 부정정차수가 n인 부정정구조물의 해석을 위하여 적합방정식을 다음과 같이 확대하고 일반화시킬 수 있다.

$$\begin{aligned}
\Delta_1 &= (\Delta_{10} + \Delta_{1T} + \Delta_{1E} + \Delta_{1S}) + X_1\delta_{11} + X_2\delta_{12} + \cdot\cdot\cdot + X_n\delta_{1n} = 0 \\
\Delta_2 &= (\Delta_{20} + \Delta_{2T} + \Delta_{2E} + \Delta_{2S}) + X_1\delta_{21} + X_2\delta_{22} + \cdot\cdot\cdot + X_n\delta_{2n} = 0 \\
&\cdot\cdot\cdot\cdot\cdot\cdot\cdot\cdot\cdot\cdot\cdot\cdot\cdot\cdot\cdot\cdot\cdot\cdot\cdot\cdot \\
\Delta_n &= (\Delta_{n0} + \Delta_{nT} + \Delta_{nE} + \Delta_{nS}) + X_1\delta_{n1} + X_2\delta_{n2} + \cdot\cdot\cdot + X_n\delta_{nn} = 0
\end{aligned} \tag{13.2}$$

식 (13.2)를 함축적으로 나타내면,

$$\begin{aligned}
\Delta_i &= (\Delta_{i0} + \Delta_{iT} + \Delta_{iE} + \Delta_{iS}) + \sum_{j=1}^{n} X_j \cdot \delta_{ij} \\
&= (\Delta_{iP}) + \sum_{j=1}^{n} X_j \cdot \delta_{ij} = 0,\ i = 1, 2, \cdot\cdot\cdot, n
\end{aligned} \tag{13.3}$$

여기서, Δ_i : 모든 원인에 의한 i점에서의 상향의 총 처짐

Δ_{i0} : 기본구조물에서 하중만을 받는 때 i점의 상향의 처짐

Δ_{iT} : 기본구조물에서 온도변화만으로 인한 i점의 상향의 처짐

Δ_{iE} : 기본구조물에서 제작오차만으로 인한 i점의 상향의 처짐

Δ_{iS} : 기본구조물에서 지점침하만으로 인한 i점의 상향의 처짐

δ_{ij} : 기본구조물에서 j점에서만 $X_j = 1$을 작용시켰을 때의 i점에서의 상향의 처짐이며, 맥스웰의 상반변형의 법칙에 의하여 $\delta_{ij} = \delta_{ji}$가성립된다.

X_j : j점에 작용하는 부정정력

$\Delta_{iP} = \Delta_{i0} + \Delta_{iT} + \Delta_{iE} + \Delta_{iS}$

위의 Δ_{iP}와 δ_{ij}는 6장에서 설명한 가상일방법이나 공액보법 등을 이용하면 구할 수 있고, 이들을 식 (13.3)에 대입하여 n개의 적합방정식을 구축한 후 이 방정식을 연립하여 풀면 미지의 부정정력 $X_1, X_2, \cdot\cdot\cdot, X_n$이 구해진다.

한편, 그림 13.2와 같이 휨모멘트를 부정정력으로 선택하였을 경우, 즉 부정정력이 $X_B = M_B$, $X_C = M_C$[휨모멘트의 재하형태와 방향은 기본구조물 그림 13.2(b)와 같음]일 때는 식 (13.1)에서 처짐 Δ와 δ도 각각 처짐각 Θ와 θ로 바뀐다. 따라서 부정정력으로 휨모멘트로 선택한 경우에는 다음과 같은 2개의 적합방정식이 성립한다.

$$\Theta_B = \Theta_{Bl} + \Theta_{Br} = \Theta_{B0} + \Theta_{BB} + \Theta_{BC} = \Theta_{B0} + M_B\theta_{BB} + M_C\theta_{BC} = 0$$
$$\Theta_C = \Theta_{Cl} + \Theta_{Cr} = \Theta_{C0} + \Theta_{CB} + \Theta_{CC} = \Theta_{C0} + M_B\theta_{CB} + M_C\theta_{CC} = 0 \tag{13.4}$$

여기서, Θ_B : 기본구조물에서 하중(P, w)과 부정정력(M_B, M_C)에 의한 B점의 처짐각

Θ_C : 기본구조물에서 하중(P, w)과 부정정력(M_B, M_C)에 의한 C점의 처짐각

Θ_{Bl} : 기본구조물[그림 13.2 (b)]에서 하중(P, w)과 부정정력(M_B, M_C)에 의한 B점 바로 왼쪽의 반시계방향의 처짐각

Θ_{Br} : 기본구조물[그림 13.2 (b)]에서 하중(P, w)과 부정정력(M_B, M_C)에 의한 B점 바로 오른쪽의 시계방향의 처짐각

Θ_{Cl} : 기본구조물[그림 13.2 (b)]에서 하중(P, w)과 부정정력(M_B, M_C)에 의한 C점 바로 왼쪽의 반시계방향의 처짐각

Θ_{Cr} : 기본구조물[그림 13.2 (b)]에서 하중(P, w)과 부정정력(M_B, M_C)에 의한 C점 바로 오른쪽의의 시계방향의 처짐각

Θ_{B0} : 기본구조물에서 하중(P, w)만을 받는 때 B점의 처짐각

Θ_{BB} : 기본구조물에서 부정정력 M_B만을 받는 때 B점의 처짐각

Θ_{BC} : 기본구조물에서 부정정력 M_C만을 받는 때 B점의 처짐각

Θ_{C0} : 기본구조물에서 하중(P, w)만을 받는 때 C점의 처짐각

Θ_{CB} : 기본구조물에서 부정정력 M_B만을 받는 때 C점의 처짐각

Θ_{CC} : 기본구조물에서 부정정력 M_C만을 받는 때 C점의 처짐각

θ_{BC} : 기본구조물에서 C점에서만 $M_C = 1$을 작용시켰을 때의 B점에서의 처짐각

θ_{CB} : 기본구조물에서 B점에서만 $M_B = 1$을 작용시켰을 때의 C점에서의 처짐각이며, 맥스웰의 상반변형의 법칙에 의하여 $\theta_{BC} = \theta_{CB}$가 성립된다.

M_B : B점에 작용하는 부정정력(휨모멘트)

M_C : C점에 작용하는 부정정력(휨모멘트)

기본구조물인 그림 13.2 (b)의 시스템 0~2는 모두 정정보이기 때문에, 지점 B, C의 처짐각 Θ, θ 들은 6장에서 설명한 가상일방법이나 공액보법 등을 이용하면 쉽게 구할 수 있다. 구한 이들을 식 (13.4)에 대입하여 M_B와 M_C를 미지수로 하는 2개의 적합방정식을 만든 후, 이 방정식을 연립하여 풀면 미지의 부정정력 M_B, M_C가 구해진다.

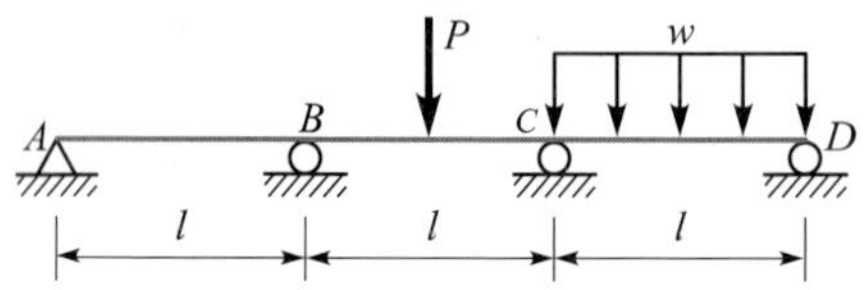

(a) 실제보(2차부정정 3경간 연속보)

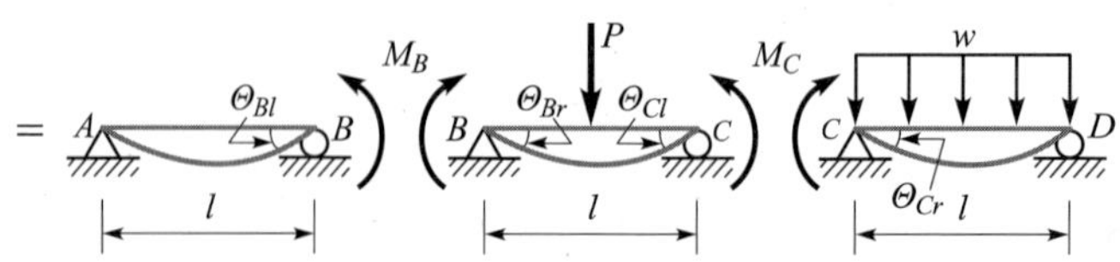

(b) 기본구조물에 하중 P, w 및 부정정력 M_B, M_C를 작용시킨 것

그림 13.2 부정정보와 기본구조물(부정정력이 휨모멘트 M_B, M_C일 때)

예제 13.1

다음과 같은 변단면 보에서 변위일치법을 사용하여 지점 B의 반력과 지점 A 점의 휨모멘트(고정단모멘트)를 구하시오.

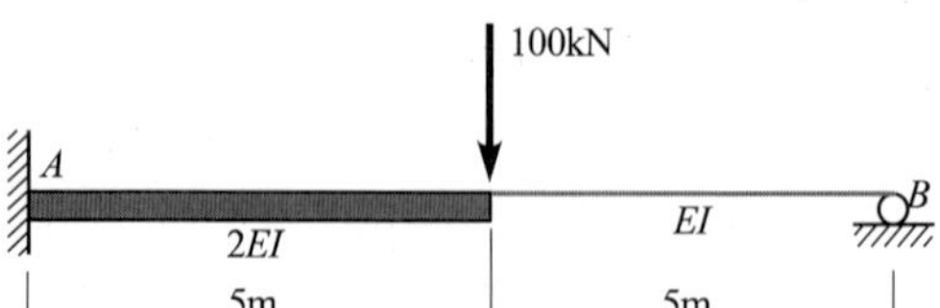

(a) 실제보

그림 예제 13.1

풀이

1) 기본구조물의 형성

이 보는 외적 1차 부정정보이므로, 연직하중 100kN만 받는 기본구조물[그림 (b)], 그리고 필요한 적합방정식 1개를 얻기 위해서 그림 (c)처럼 지점반력 X_B를 부정정력(여용력)으

로 택한 기본구조물로 만들었다.

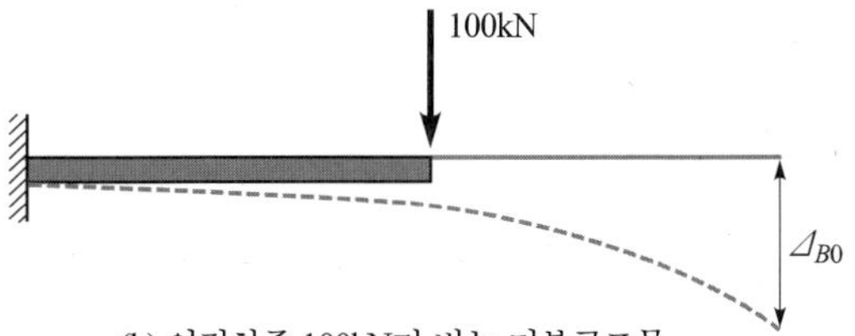

(b) 연직하중 100kN만 받는 기본구조물

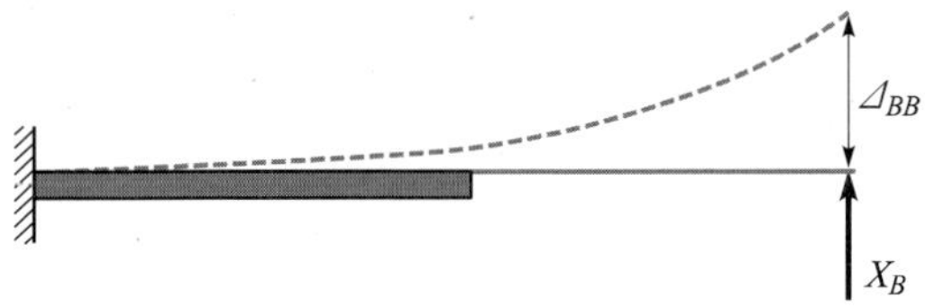

(c) 부정정력 X_B(지점 B의 수직반력)만 받는 기본구조물

2) 적합방정식의 작성

그림 예제 13.1(a)에서 지점 B의 처짐은 로울러지점의 처짐 구속조건에 의해서 처짐이 '0' 이라는 변위의 적합조건, 즉 다음 식과 같은 1개의 적합방정식을 제공한다.

$\Delta_B = \Delta_{B0} + \Delta_{BB} = \Delta_{B0} + X_B\delta_{BB} = 0$ (1)

3) 기본구조물의 처짐 해석

이러한 기본구조물의 경우, 공액보법을 사용하면 처짐이 쉽게 구해진다. 즉,

i) 그림 (b)의 연직하중 100kN만을 받는 기본구조물의 공액보와 $\dfrac{M}{EI}$선도 하중재하에서 처짐 Δ_{B0} 을 계산하면 다음과 같다.

$$\Delta_{B0} = -\frac{500}{2EI} \times \frac{1}{2} \times 5 \times \left(\frac{2}{3} \times 5 + 5\right) = -\frac{5{,}208.33}{EI}$$

ii) 그림 (c)의 부정정력 X_B(지점 B의 수직반력)만 받는 기본구조물의 공액보와 $\dfrac{M}{EI}$선도 하중재하에서 처짐 Δ_{BB}를 계산하면 다음과 같다.

$$\Delta_{BB} = \frac{5 \cdot X_B}{EI} \times \frac{1}{2} \times 5 \times \left(\frac{2}{3} \times 5\right) + \frac{5 \cdot X_B}{2EI} \times 5 \times \left(\frac{5}{2} + 5\right) + \frac{5 \cdot X_B}{2EI} \times \frac{1}{2} \times 5 \times \left(\frac{2}{3} \times 5 + 5\right)$$

$$= \frac{41.67X_B}{EI} + \frac{93.75X_B}{EI} + \frac{52.08X_B}{EI} = \frac{187.5X_B}{EI}$$

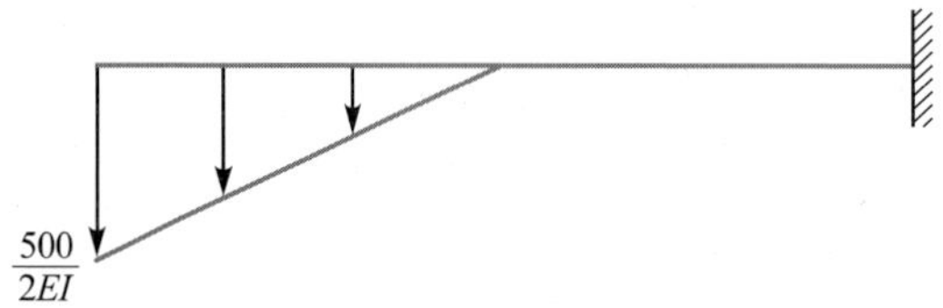

(d) 연직하중 100kN만 받는 기본구조물의 공액보와 $\frac{M}{EI}$ 선도 하중재하

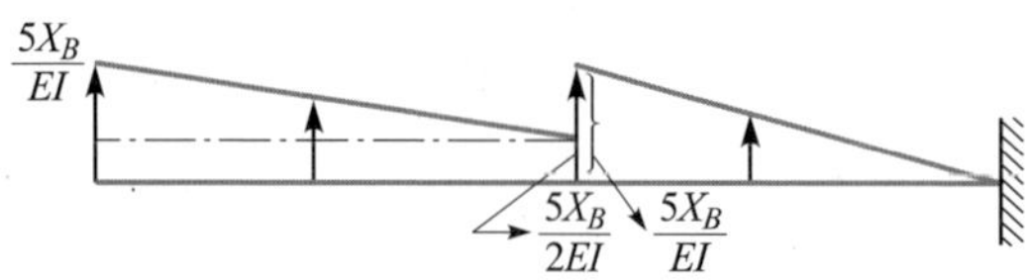

(e) 부정정력 X_B(지점 B의 수직반력)만 받는 기본구조물의 공액보와 $\frac{M}{EI}$ 선도 하중재하

4) 적합방정식의 해석과 반력의 계산

위에서 구한 처짐 Δ_{B0}과 Δ_{BB}를 식 (1)의 적합방정식에 대입하고 풀면, 다음과 같이 지점 B의 수직반력(부정정력) X_B가 구해진다. 즉,

$$\Delta_B = \Delta_{B0} + \Delta_{BB} = 0 \rightarrow -\frac{5{,}208.33}{EI} + \frac{187.5X_B}{EI} = 0$$

$\therefore X_B = 27.78\text{kN}\ (\uparrow)$

그림 (f)는 지점 B의 수직반력 $X_B = 27.78\text{kN}$, 중앙점의 연직하중 100kN, 그리고 지점 A의 반력 V_A, M_A를 작용시킨 전체구조물의 자유물체도를 보여주고 있다. 그림 (f)의 자유물체도로부터, 지점 A 점의 수직반력 V_A와 휨모멘트반력(고정단모멘트) M_A를 구하면 다음과 같다.

$+\uparrow \sum F_y = 0\ ;\ V_A - 100 + X_B = 0,$

$\therefore V_A = 100 - X_B = 100 - 27.8 = 72.2\text{kN}\ (\uparrow)$

$+\curvearrowright \sum M_A = 0\ ;\ M_A + 100 \times 5 - X_B \times 10 = 0,$

$\therefore M_A = -100 \times 5 + X_B \times 10 = -100 \times 5 + 27.78 \times 10 = -222.2\text{kN}\cdot\text{m}\ (\curvearrowleft)$

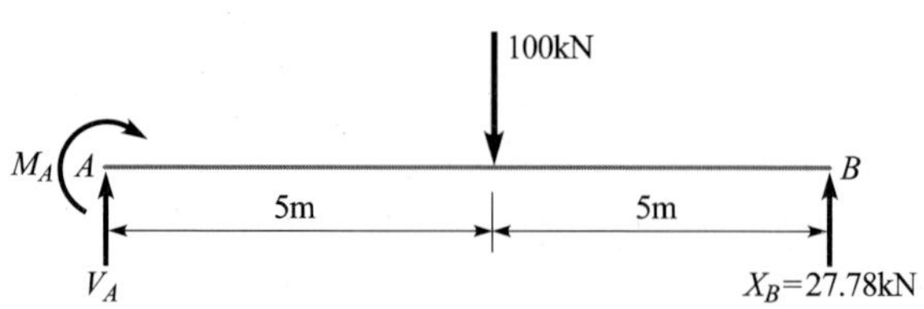

(f)

예제 13.2

다음과 같은 보에서 휨모멘트도(B.M.D)를 그리시오. 단, EI는 일정하다.

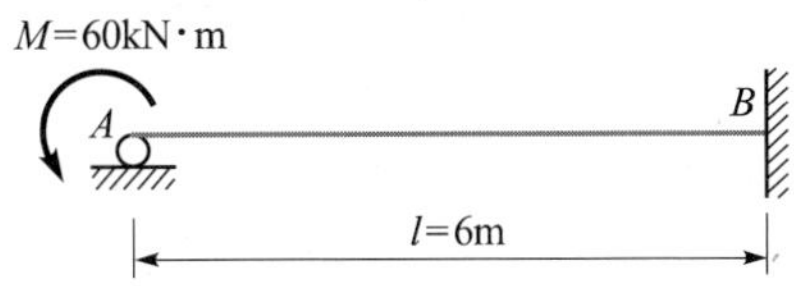

(a) 실제보

그림 예제 13.2

풀이

1) 기본구조물의 형성

이 보는 1차 부정정보이므로, 휨모멘트하중 $M=60\text{kN}\cdot\text{m}$만 받는 기본구조물[그림 (b)], 그리고 필요한 적합방정식 1개를 얻기 위해서 그림 (c)처럼 지점의 휨모멘트반력(고정단모멘트) M_B를 부정정력(여용력)으로 택한 기본구조물로 만들었다.

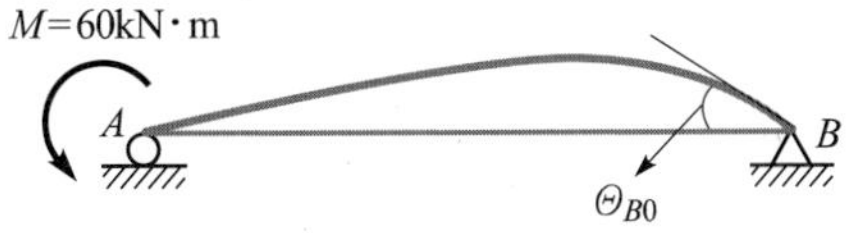

(b) 휨모멘트하중만을 받는 기본구조물

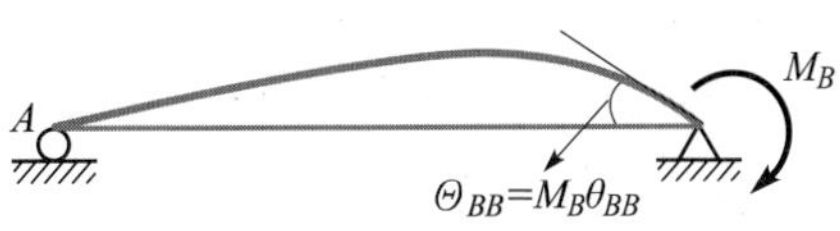

(c) 부정정력 M_B만 받는 기본구조물

2) 적합방정식의 작성

그림 예제 13.2 (a)에서 지점 B의 처짐각은 고정단 지점의 처짐각 구속조건에 의해서 처짐각이 '0' 이라는 변위의 적합조건, 즉 다음 식과 같은 1개의 적합방정식을 제공한다.

$$\Theta_B=\Theta_{B0}+\Theta_{BB}=\Theta_{B0}+M_B\theta_{BB}=0 \quad (1)$$

3) 적합방정식의 해석과 부정정력(고정단모멘트) M_B의 계산

6장의 연습문제 6.11의 풀이에서 처짐각 값을 이용하면, 식 (1)은 다음과 같이 된다.

$$\Theta_B=\Theta_{B0}+\Theta_{BB}=\Theta_{B0}+M_B\theta_{BB}=\left(\frac{Ml}{6EI}\right)+M_B\left(\frac{1(l)}{3EI}\right)=0$$

$$\therefore M_B=-\frac{M}{2}=-\frac{60}{2}=-30\text{kN}\cdot\text{m}$$

여기서, 음의 부호(−)는 그림 (c)에서 M_B가 반대 방향으로 작용하고 있다는 것을 보여준다.

4) 연직반력 V_A, V_B의 계산

휨모멘트하중 $M=60\text{kN}\cdot\text{m}$, 휨모멘트반력(고정단모멘트) M_B, 그리고 지점 A, B의 연직

반력 V_A, V_B를 자유물체도로 나타내면 그림 (d)와 같다. 그림 (d)의 자유물체도에서,

$+\curvearrowright \sum M_B = 0$; $-60-30+V_A(6)=0$, $\therefore V_A = 15\text{kN}(\uparrow)$

$+\uparrow \sum F_y = 0$; $V_A + V_B = 0$, $\therefore V_B = -15\text{kN}(\downarrow)$

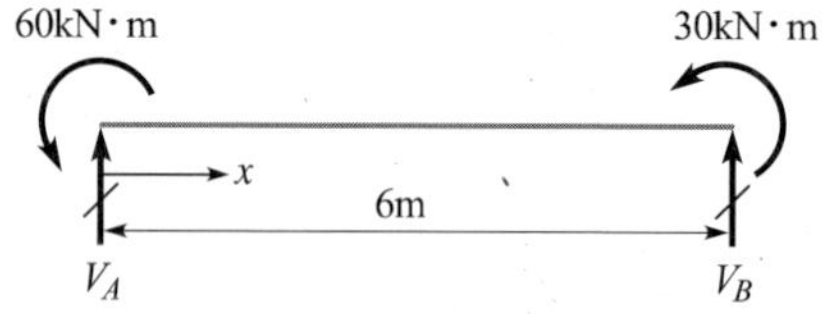

(d) 자유물체도

4) 휨모멘트도(B.M.D)의 작도

그림 (d)의 자유물체도에서 x점의 휨모멘트 함수 M_x를 구하면 다음과 같다.

$M_x = -60 + V_A x = -60 + 15x$

특정점의 휨모멘트 값을 구하면 다음과 같다.

$x = 0$일 때, $M_0 = -60 + 15(0) = -60\text{kN}\cdot\text{m}$

$x = 6\text{m}$일 때, $M_6 = -60 + 15(6) = 30\text{kN}\cdot\text{m}$

또한, 휨모멘트 값이 0인 위치를 구하면 다음과 같다.

$M_x = -60 + 15x = 0 \rightarrow x = 4\text{m}$

이상의 휨모멘트 값을 그림으로 나타내면 그림 (e)와 같은 휨모멘트도(B.M.D)가 얻어진다.

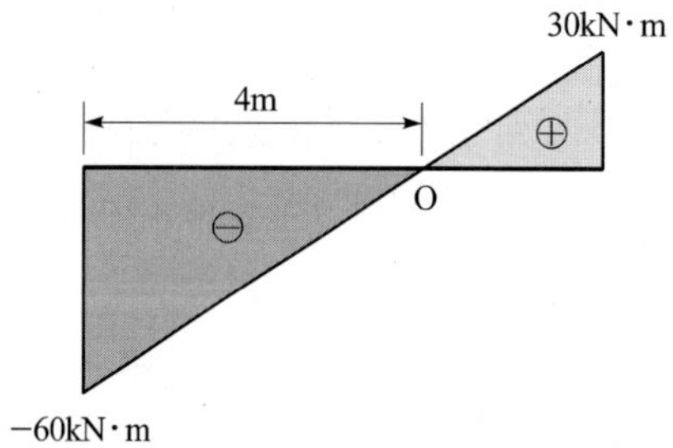

(e) 휨모멘트도(B.M.D)

예제 13.3

다음과 같은 연속보에서 지점 B의 휨모멘트 M_B를 부정정력으로 선택한 변위일치법을 사용하여 지점 A, B, C의 연직반력를 구하시오. 단, EI는 일정하다.

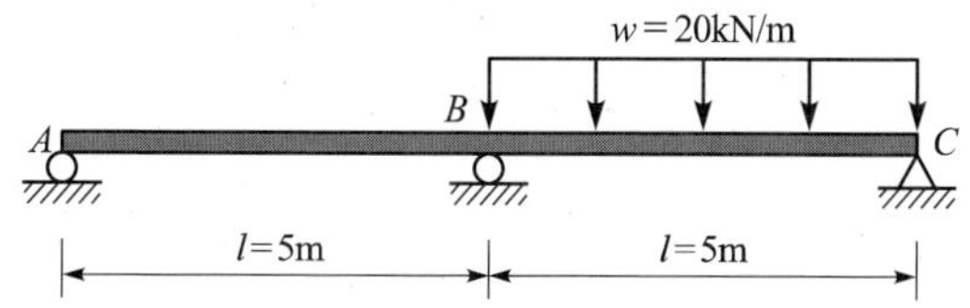

(a) 실제보

그림 예제 13.3

풀이

1) 기본구조물의 형성

이 연속보는 외적 1차 부정정보이므로, 1개의 부정정력을 지점 B의 휨모멘트 M_B로 선택하면 그림 (b)와 같은 정정인 단순보 형태의 기본구조물을 형성한다. 즉, 그림 (b)에 보여준 것처럼 휨모멘트 M_B를 받는 시스템 0 및 휨모멘트 M_B와 등분포하중 w를 받는 시스템 1로 나누어질 수 있다.

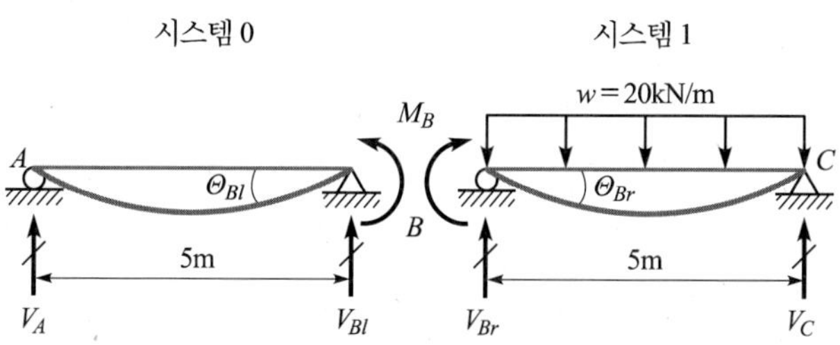

(b) 등분포하중 w와 부정정력 M_B를 작용시킨 기본구조물

2) 적합방정식의 작성

그림 (b)의 시스템 0과 시스템 1에서 지점 B점의 바로 왼쪽의 처짐각을 Θ_{Bl} 그리고 바로 오른쪽의 처짐각을 Θ_{Br}이라고 하면, 다음 식과 같은 1개의 적합방정식이 처짐각의 연속조건으로부터 제공된다.

$\Theta_B = \Theta_{Bl} + \Theta_{Br} = 0$ (1)

3) 적합방정식의 해석

6장의 연습문제 6.8과 6.11의 풀이에서 처짐각 값을 이용하면, 식 (1)은 다음과 같이 된다.

$$\Theta_B = \Theta_{Bl} + \Theta_{Br} = \left(\frac{M_B l}{3EI}\right) + \left(\frac{M_B l}{3EI} + \frac{wl^3}{24EI}\right) = 0$$

$$\therefore M_B = -\frac{wl^2}{16} = -\frac{20(5)^2}{16} = -31.25\text{kN}\cdot\text{m}$$

여기서, 음의 부호(−)는 그림 (b)에서 M_B가 반대 방향으로 작용하고 있다는 것을 보여준다.

4) 연직반력의 계산

그림 (b)로부터 지점 A, B, C 의 연직반력 V_A, V_B, V_C는 다음과 같이 구해진다.

i) 그림 (b)의 시스템 0의 자유물체도에서

$$+\curvearrowright \sum M_B = 0\ ;\ -M_B + V_A l = 0, \qquad \therefore V_A = \frac{M_B}{l} = \frac{-31.25}{5} = -6.25\text{kN}(\downarrow)$$

$$+\uparrow \sum F_y = 0\ ;\ V_A + V_{Bl} = 0, \qquad \therefore V_{Bl} = 6.25\text{kN}(\uparrow)$$

ii) 그림 (b)의 시스템 1의 자유물체도에서

$$+\curvearrowright \sum M_B = 0\ ;\ M_B - V_C l + \frac{wl^2}{2} = 0$$

$$\therefore V_C = \frac{M_B}{l} + \frac{wl}{2} = \frac{-31.25}{5} + \frac{20(5)}{2} = 43.75\text{kN}(\uparrow)$$

$$+\uparrow \sum F_y = 0\ ;\ V_C + V_{Br} - wl = 0, \qquad \therefore V_{Br} = -43.75 + (20)(5) = 56.25\text{kN}(\uparrow)$$

위의 결과들을 자유물체도로 나타내고, 지점 B의 연직반력 V_B구하면 그림 (c)와 같다. 즉, 지점 B의 연직반력 V_B는 그림 (b)의 시스템 0과 시스템 1에서 반력 V_{Bl}, V_{Br}을 합하여 계산한다.

$$V_B = V_{Bl} + V_{Br} = 6.25 + 56.25 = 62.5\text{kN}(\uparrow)$$

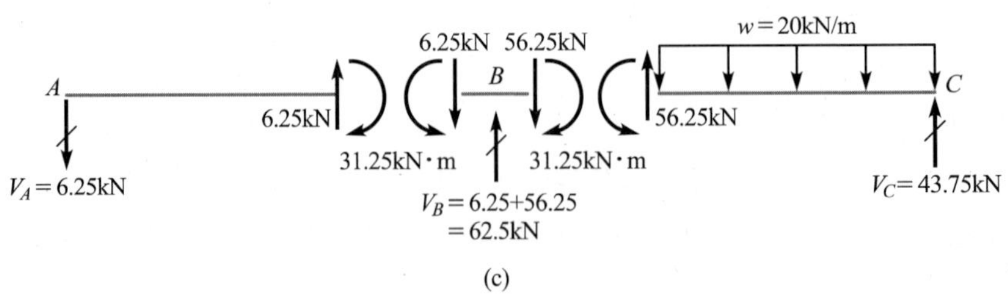

(c)

예제 13.4

다음과 같은 보에서 전단력도(S.F.D)와 휨모멘트도(B.M.D)를 그리시오. 단, 지점 B는 60 mm 침하하였고, $E = 2.1 \times 10^5$ MPa, $I = 7.8 \times 10^8 \text{mm}^4$이다.

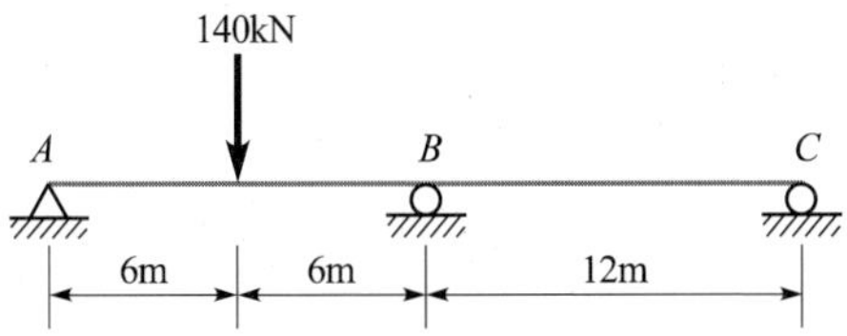

(a)

그림 예제 13.4

풀이

1) 기본구조물의 형성

이 보는 외적 1차 부정정보이다. 그림 (b)의 실제보는 연직하중 140kN만 받는 기본구조물[그림 (c)] 그리고 필요한 적합방정식 1개를 얻기 위해서 지점 B의 수직반력을 부정정력 X_B로 선택하여 그림 (d)처럼 지점 B에서의 로울러가 제거된 기본구조물로 분리시킬 수 있다.

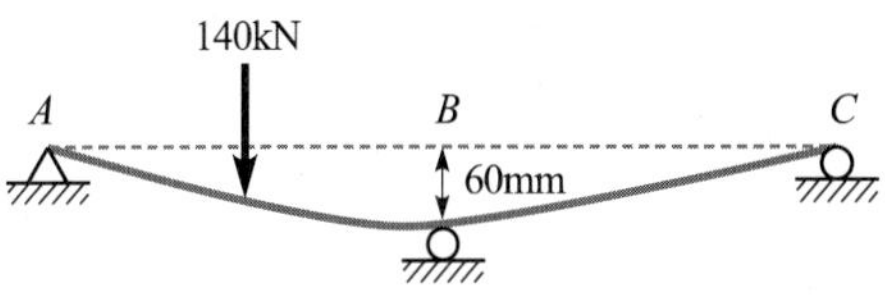

(b) 실제보

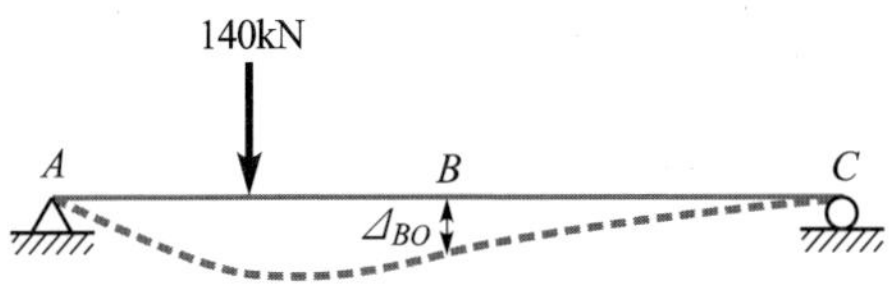

(c) 연직하중 140kN만 받는 기본구조물

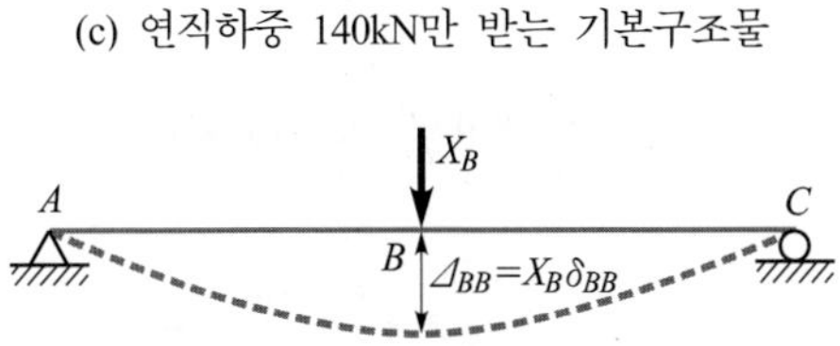

(d) 부정정력 X_B만 받는 기본구조물

2) 적합방정식의 작성

그림 (b)에서 지점 B는 지점침하의 구속조건에 의해서 하향의 처짐이 -60mm($=-0.06$

m)이라는 변위의 적합조건, 즉 다음 식과 같은 1개의 적합방정식을 제공한다.

$\Delta_B = \Delta_{B0} + \Delta_{BB} = \Delta_{B0} + X_B\delta_{BB} = -0.06$ (1)

3) 기본구조물의 처짐 해석

이러한 기본구조물의 경우, 공액보법을 사용하면 처짐이 쉽게 구해진다. 즉,

i) 그림 (e)의 연직하중 140kN만을 받는 기본구조물의 공액보와 $\frac{M}{EI}$선도 하중재하에서 처짐 Δ_{B0}을 계산하면 다음과 같다. 즉, 그림 (e)의 맨 아래쪽의 자유물체도에서 M'_B를 구하면, $M'_B = \Delta_{B0}$이므로

$$\therefore \Delta_{B0} = M'_B = -\frac{3150}{EI} \times 12 + \frac{1}{2} \times \frac{420}{EI} \times 12 \times \frac{12}{3} = -\frac{27,720}{EI}$$

ii) 부정정력 X_B(지점 B의 수직반력)에 대응하는 기본구조물 그림 (f)에서 처짐의 유연도계수 δ_{BB}를 계산하면 다음과 같다. 즉, 그림 (f)의 맨 아래쪽의 자유물체도에서 m'_B를 구하면, $m'_B = \delta_{BB}$이므로

$$\therefore \delta_{BB} = m'_B = -\frac{36}{EI} \times 12 + \frac{1}{2} \times \frac{6}{EI} \times 12 \times \frac{12}{3} = -\frac{288}{EI}$$

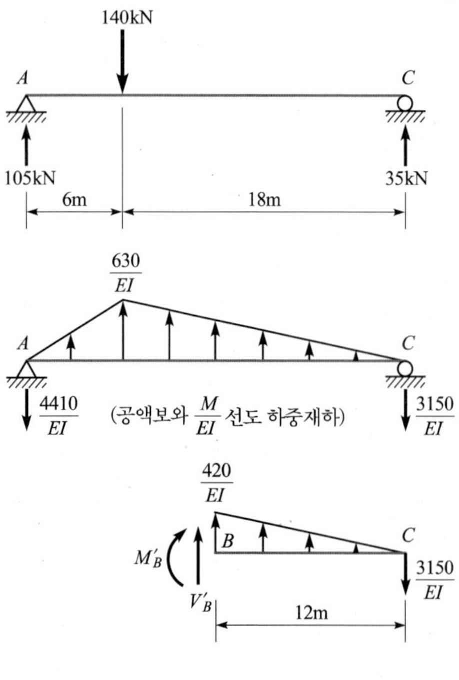

(e) 연직하중 140kN만 받는 기본구조물과 공액보

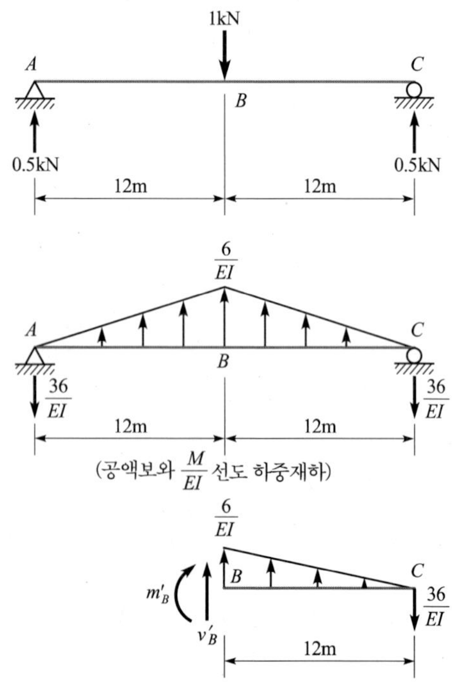

(f) B점에 단위하중 1kN만 받는 기본구조물과 공액보

4) 적합방정식의 해석

위에서 구한 처짐 Δ_{B0}과 δ_{BB}를 식 (1)의 적합방정식에 대입하고 단위를 m와 kN으로 통일하여 풀면, 다음과 같이 지점 B의 수직반력(부정정력) X_B가 구해진다. 즉,

$$\Delta_B = \Delta_{B0} + X_B\delta_{BB} = -0.06 \rightarrow -\frac{27,720}{EI} - X_B\frac{288}{EI} = -0.06$$

$$\therefore X_B = -\left(\frac{27,720}{EI} - 0.06\right)\left(\frac{EI}{288}\right) = -\left[\frac{27,720}{(2.1\times10^8)(7.8\times10^{-4})} - 0.06\right]\times \left[\frac{(2.1\times10^8)(7.8\times10^{-4})}{288}\right] = -62.125\text{kN}\,(\uparrow)$$

여기서, 음의 부호(−)는 그림 (d)에서 X_B가 반대 방향으로 작용하고 있다는 것을 보여준다.

5) 반력과 부재력의 계산

i) 반력의 계산

그림 (g)는 지점 B의 수직반력 $X_B=-62.125$kN, 연직하중 140kN, 그리고 지점 A, C의 반력 V_A, V_C를 작용시킨 전체구조물의 자유물체도를 보여주고 있다. 그림 (g)의 자유물체도로부터, 반력 V_A, V_C를 구하면 다음과 같다.

$$+\curvearrowright \sum M_C = 0\ ;\ V_A\times24 - 140\times18 + 62.125\times12 = 0,$$

$$\therefore V_A = \frac{140\times18 - 62.125\times12}{24} = 73.9375\text{kN}\,(\uparrow)$$

$$+\uparrow \sum F_y = 0\ ;\ V_A - 140 + 62.125 + V_C = 0,$$

$$\therefore V_C = -73.9375 + 140 - 62.125 = 3.9375\text{kN}\,(\uparrow)$$

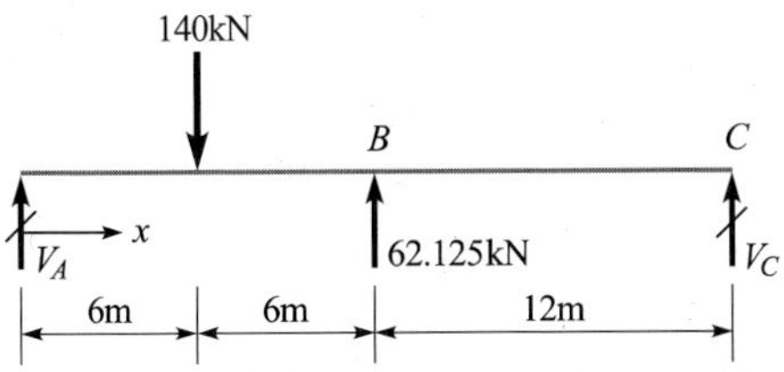

(g) 자유물체도

ii) 부재력(전단력 S_x, 휨모멘트 M_x)의 계산

그림 (g)의 자유물체도에서 x점의 전단력 S_x, 휨모멘트 M_x를 구하면 다음과 같다.

• $0 \le x \le 6$m 구간에서

$S_x = V_A = 73.9375$kN

$M_x = V_A x = 73.9375x$

특정점의 전단력과 휨모멘트 값을 구하면 다음과 같다.

$x=0$일 때, $S_0=73.9375\text{kN}$, $M_0=73.9375(0)=0$

$x=6\text{m}$일 때, $S_6=73.9375\text{kN}$, $M_6=73.9375(6)=443.625\text{kN}\cdot\text{m}$

• $6\le x\le 12\text{m}$ 구간에서

$S_x=V_A-140=73.9375-140=-66.0625\text{kN}$

$M_x=V_Ax-140(x-6)=840-66.0625x$

특정점의 전단력과 휨모멘트 값을 구하면 다음과 같다.

$x=6$일 때, $S_6=-66.0625\text{kN}$, $M_6=840-66.0625(6)=443.625\text{kN}\cdot\text{m}$

$x=12\text{m}$일 때, $S_{12}=-66.0625\text{kN}$, $M_{12}=840-66.0625(12)=47.25\text{kN}\cdot\text{m}$

• $12\le x\le 24\text{ m}$ 구간에서

$S_x=V_A-140+62.125=73.9375-140+62.125=-3.9375\text{kN}$

$M_x=V_Ax-140(x-6)+62.125(x-12)=94.5-3.9375x$

특정점의 전단력과 휨모멘트 값을 구하면 다음과 같다.

$x=12$일 때, $S_{12}=-3.9375\text{kN}$, $M_{12}=94.5-3.9375(12)=47.25\text{kN}\cdot\text{m}$

$x=24\text{m}$일 때, $S_{24}=-3.9375\text{kN}$, $M_{24}=94.5-3.9375(24)=0$

6) 전단력도(S.F.D)와 휨모멘트도(B.M.D)의 작도

위에서 구한 전단력과 휨모멘트의 함수 및 특정점의 값을 그림으로 나타내면 그림 (h), (g)와 같은 전단력도와 휨모멘트도가 그려진다.

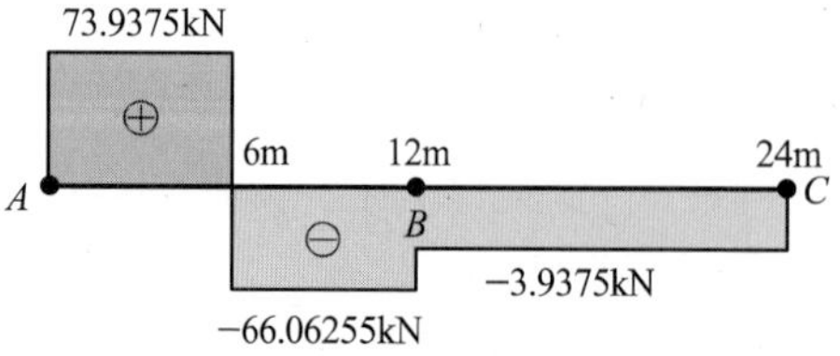

(h) 전단력도(S.F.D)

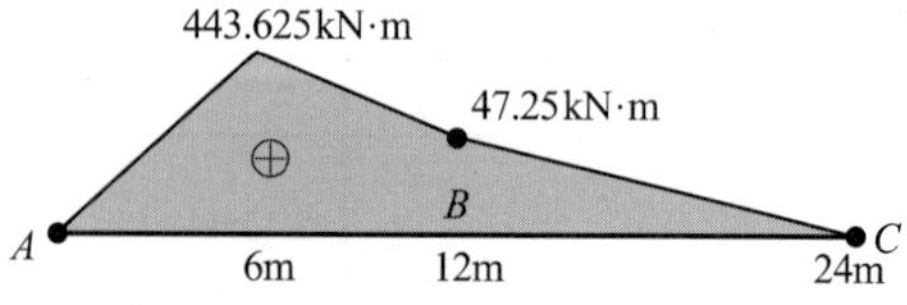

(i) 휨모멘트도(B.M.D)

예제 13.5

다음과 같은 보(AB는 단순보, CD는 캔틸레버보)에서 C점의 휨모멘트 M_C 및 처짐 Δ_C를 구하시오. 단, 단순보 AB 위에 캔틸레버보 CD가 단순히 놓인 후에 집중 연직하중 100kN이 작용하였고, $E = 2.1\times 10^5$MPa, $I = 7.2\times 10^9$ mm^{4}이다.

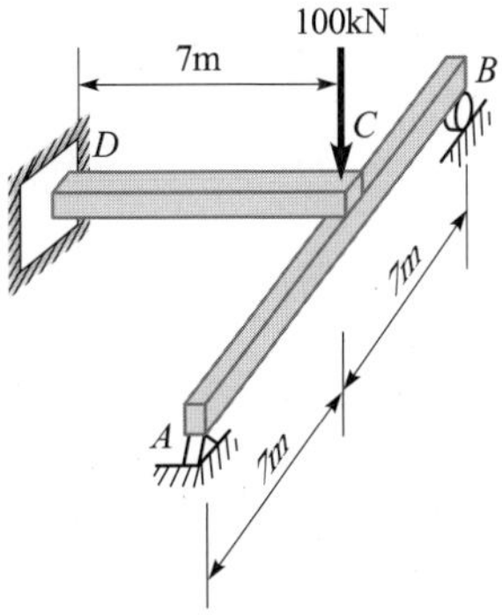

(a)

그림 예제 13.5

풀이

1) 과잉구속 힘의 선택과 구조물의 분리

이 구조물은 과잉구속으로 인해 1차 부정정이므로, 해석을 위해 한 개의 과잉구속을 선택해야 한다. 그림 (b)와 같이 단순보위에 가력되는 하향의 연직력 X를 과잉구속으로 선택하면, 그림 예제 13.5 (a)의 구조물은 연직하중 100 kN과 상향의 연직력 X를 받는 구조물[그림 (b)의 위쪽의 캔틸레버보 CD] 그리고 그림 (b)의 아래쪽의 단순보 AB처럼 하향의 연직력 X를 받는 구조물로 분리할 수 있다.

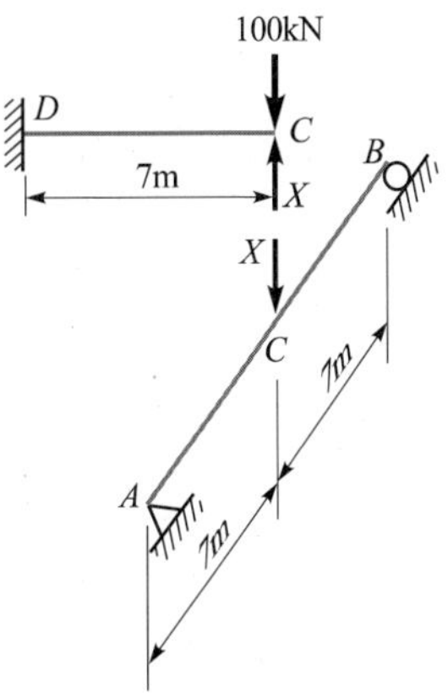

(b)

2) 적합방정식의 작성

그림 (b)에서 캔틸레버보 C점의 처짐 Δ_{C1}은 단순보 C점의 처짐 Δ_{C2}같다는 변위의 적합조건, 즉 다음 식과 같은 1개의 적합방정식을 제공한다.

$\Delta_{C1} = \Delta_{C2}$ (1)

3) 분리된 구조물의 처짐 해석

이렇게 분리된 구조물은 정정구조물이므로, 공액보법을 사용하면 처짐이 쉽게 구해진다. 즉,

i) 연직하중 100kN과 상향의 연직력 X를 받는 그림 (b)의 위쪽의 캔틸레버보 CD

그림 (c)의 공액보와 $\dfrac{M}{EI}$선도 하중재하에서 처짐 Δ_{C1}을 계산하면 다음과 같다.

$$\Delta_{C1}=-\frac{(100-X)(7)}{EI}\times\frac{1}{2}\times7\times\left(\frac{2}{3}\times7\right)=-\frac{34,300-343X}{3EI}$$

ii) 하향의 연직력 X를 받는 그림 (b)의 아래쪽의 단순보 AB

그림 (d)의 공액보와 $\frac{M}{EI}$선도 하중재하에서 처짐 Δ_{C2}를 계산하면 다음과 같다.

$$\Delta_{C2}=-\frac{49X}{4EI}\times7+\frac{7X}{2EI}\times\frac{1}{2}\times7\times\left(\frac{1}{3}\times7\right)=-\frac{343X}{6EI}$$

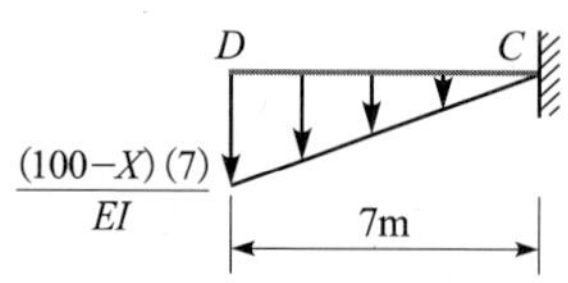

(c) 캔틸레버보 CD의 공액보와 $\frac{M}{EI}$선도 하중재하

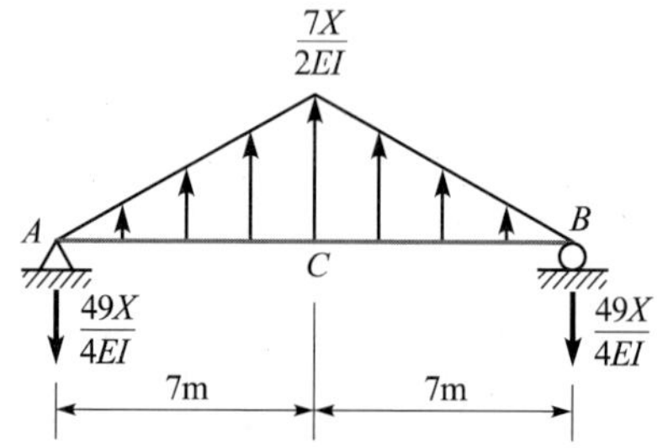

(d) 단순보 AB의 공액보와 $\frac{M}{EI}$선도 하중재하

4) 적합방정식의 해석과 C점의 휨모멘트 M_C 및 처짐 Δ_C의 계산

위에서 구한 Δ_{C1}, Δ_{C2}를 식 (1)의 적합방정식에 대입하고 풀면, 다음과 같이 C점의 과잉력 X가 구해진다. 즉,

$$\Delta_{C1}=\Delta_{C2}\rightarrow-\frac{34,300-343X}{3EI}=-\frac{343X}{6EI}$$

$\therefore X=66.67\text{kN}$

그림 (b)의 아래쪽의 단순보 AB에서 C점의 휨모멘트 M_C를 구하면 다음과 같다.

$$M_C=\frac{X}{2}\times7=\frac{66.67}{2}\times7=233.35\text{kN}\cdot\text{m}$$

그리고 단위를 mm와 N으로 통일하여 C점의 처짐 Δ_C를 구하면 다음과 같다.

$$\Delta_C=\Delta_{C1}=\Delta_{C2}=-\frac{343X}{6EI}=-\frac{(343\times10^9)(66.67\times10^3)}{6(2.1\times10^5)(7.2\times10^9)}=-2.52\text{mm}\ (\downarrow)$$

예제 13.6

다음 그림과 같이 등분포하중($w = 20\text{kN/m}$)을 받고 있는 보의 내민 끝을 케이블(길이 $\frac{l}{2} = 5\text{m}$)로 잡고 있을 때, 케이블의 장력 T와 C점의 처짐 Δ_C를 구하시오. 단, 길이 $l = 10$ m, 보 및 케이블의 탄성계수 $E = 2.1 \times 10^5\text{MPa}$, 보의 단면2차모멘트 $I = 5 \times 10^7\text{mm}^4$, 케이블의 단면적 $A = 20\text{mm}^2$이다.

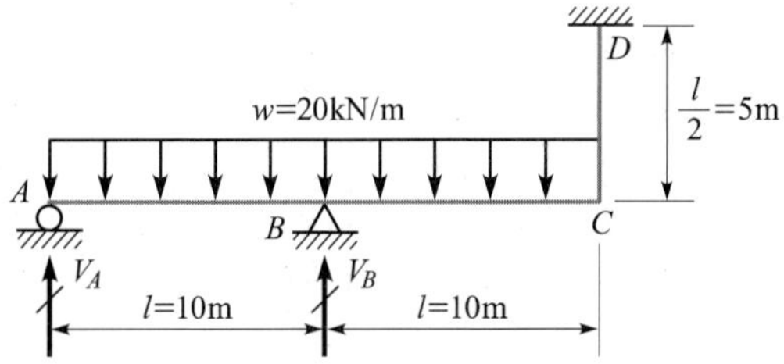

(a)

그림 예제 13.6

풀이

1) 과잉구속 힘의 선택과 구조물의 분리

이 구조물은 과잉구속으로 인해 1차 부정정이므로, 해석을 위해 한 개의 과잉구속을 선택해야 한다. 그림 (b)와 같이 케이블의 인장력 T를 과잉구속으로 선택하면, 그림 예제 13.6 (a)의 구조물은 등분포하중($w = 20\text{kN/m}$)과 상향력 T를 받는 내민보[그림 (b)의 아래쪽의 내민보] 그리고 그림 (b)의 위쪽의 인장력 T를 받는 케이블로 분리할 수 있다.

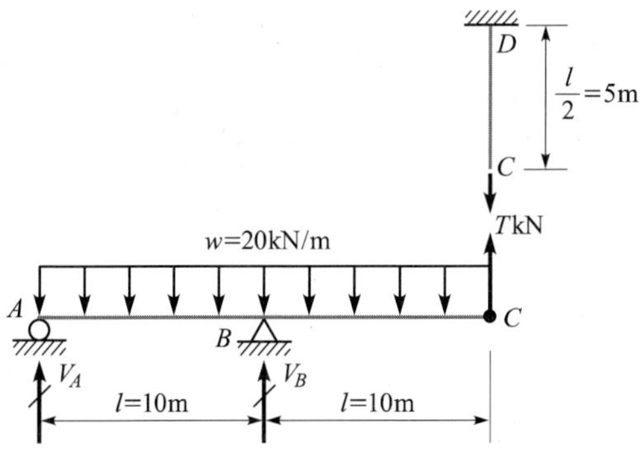

(b)

2) 적합방정식의 작성

그림 (b)에서 내민보 C점의 처짐 Δ_{C1}은 케이블 C점의 처짐(신장량) Δ_{C2}같다는 변위의 적합조건, 즉 다음 식과 같은 1개의 적합방정식을 제공한다.

$$\Delta_{C1} = \Delta_{C2} \tag{1}$$

3) 분리된 구조물의 처짐 해석

그림 (b)의 아래쪽의 내민보는 겹침의 원리를 적용할 수 있으므로, 그림 (c)와 그림 (d)와 같은 정정구조물로 분리시킬 수 있다. 가상일의 방법을 사용하여 그림 (c), (d)에서 C점의 처짐을 구하면 다음과 같다.

i) 등분포하중($w=20$kN/m)만을 받고 있는 내민보에서 C점의 처짐 $\Delta_{C1}^{'}$

그림 (c)의 자유물체도에 대해서 가상일의 방법을 적용하면,

구간	M	m	x
AB	$-wx\frac{x}{2}=-\frac{wx^2}{2}$	$-x$	$0<x<l$
BC	$-\frac{wx^2}{2}$	$-x$	$0<x<l$

$$\Delta_C{}' = \frac{1}{EI}[\int_0^l(-\frac{wx^2}{2})(-x)dx + \int_0^l(-\frac{wx^2}{2})(-x)dx$$

$$= \frac{2}{EI}[\int_0^l(\frac{wx^3}{2})dx] = \frac{2}{EI}[\frac{wx^4}{8}]_0^l = \frac{2}{EI}[\frac{wl^4}{8}]$$

$$\therefore \Delta_c{}' = \frac{wl^4}{4EI}\ (\downarrow)$$

ii) 상향력 T를 만을 받고 있는 내민보에서 C점의 처짐 $\Delta_{C1}^{''}$

그림 (d)의 자유물체도에 대해서 가상일의 방법을 적용하면,

구간	M	m	x
AB	Tx	x	$0<x<l$
BC	Tx	x	$0<x<l$

$$\Delta_{c1}{}'' = \frac{1}{EI}[2\int_0^l(Tx)(x)dx] = \frac{2}{EI}\int_0^l Tx^2dx$$

$$= \frac{2}{EI}[\frac{T}{3}x^3]_0^l = \frac{2Tl^3}{3EI}$$

$$\therefore \Delta_{c1}{}'' = \frac{2Tl^3}{3EI}\ (\uparrow)$$

그리고 그림 (b)의 위쪽의 인장력 T를 받는 케이블 C점의 처짐(신장량) Δ_{C2}는 다음과 같다.

$$\Delta_{c1}'' = -\frac{T(\frac{l}{2})}{EA} = -\frac{Tl}{2EA}\ (\downarrow)$$

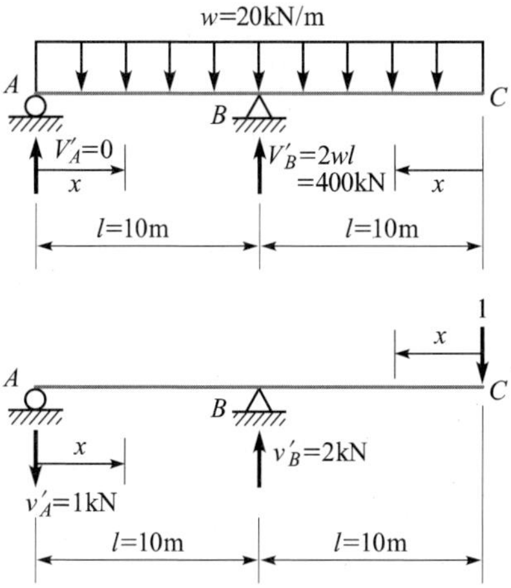

(c) 등분포하중($w = 20$kN/m)만을 받고 있는 내민보의 자유물체도

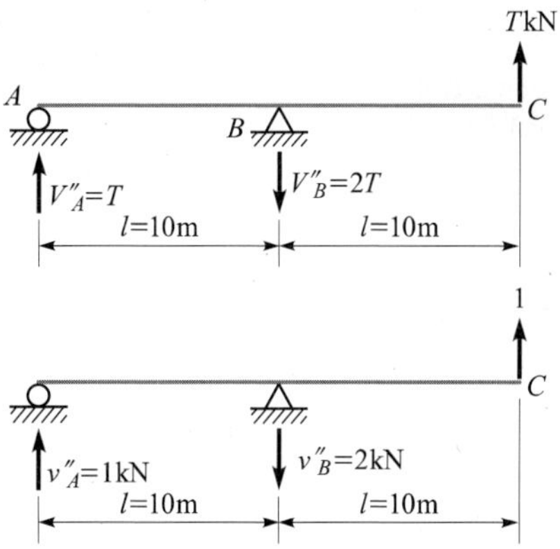

(d) 상향력 T만을 받고 있는 내민보의 자유물체도

4) 적합방정식의 해석과 케이블의 장력 T와 C점의 처짐 Δ_C의 계산

내민보[그림 (b)의 아래쪽]에서의 처짐 Δ_{C1}은 등분포하중($w = 20$kN/m)만을 받고 있는 내민보[그림 (c)]에서 C점의 하향의 처짐 Δ_{C1}' 과 상향력 T를 만을 받고 있는 내민보[그림 (d)]에서 C점의 상향의 처짐 Δ_{C1}'' 의 두 부분으로 이루어져 있다. 그러므로 위에서 구한 하향의 처짐 Δ_{C1}', 상향의 처짐 Δ_{C1}'', 하향의 처짐(신장량) Δ_{C2}를 방향을 고려하여 식 (1)의 적합방정식에 대입하고 풀면, 다음과 같이 C점의 인장력 T가 구해진다. 즉,

$$C\text{점의 적합조건 } \Delta_{C1} = \Delta_{C2} \rightarrow -\Delta_{c1}' + \Delta_{c1}'' = -\frac{T(\frac{l}{2})}{EA} = -\frac{Tl}{2EA}$$

$$\therefore -\Delta_{C1}' + \Delta_{C2}'' = -\frac{wl^4}{4EI} + \frac{2Tl^3}{3EI} = -\frac{Tl}{2EA}$$

$$T(\frac{2l^3}{3EI} + \frac{l}{2EA}) = \frac{wl^4}{4EI}$$

$$T(\frac{4Al^3 + 3lI}{6EAI}) = \frac{wl^4}{4EI}$$

$$T = \frac{6Awl^4}{4(4Al^3 + 3lI)} = \frac{6Awl^4}{16Al^3 + 12lI}$$

따라서

$$\Delta_C = \Delta_{C1} = \Delta_{C2} = -\frac{Tl}{2EA} = -\frac{l3Awl^4}{EA(16Al^3+12lI)} = -\frac{3lwl^4}{E(16Al^3+12lI)}$$

$$= -\frac{3\times 10000\times 20\times 10000^4}{2.1\times 10^5\times(16\times 20\times 10000^3+12\times 10000\times 5\times 10^7)} = -87.6\text{mm}\ (\downarrow)$$

예제 13.7

다음과 같은 부정정라멘에서 변위일치법을 사용하여 휨모멘트도(B.M.D)와 E점의 처짐 δ_E를 구하시오. 단, $E = 200\text{GPa}$, $I_0 = 1.2\times 10^9\text{mm}^4$, $I_1 = 8\times 10^8\text{mm}^4$이다.

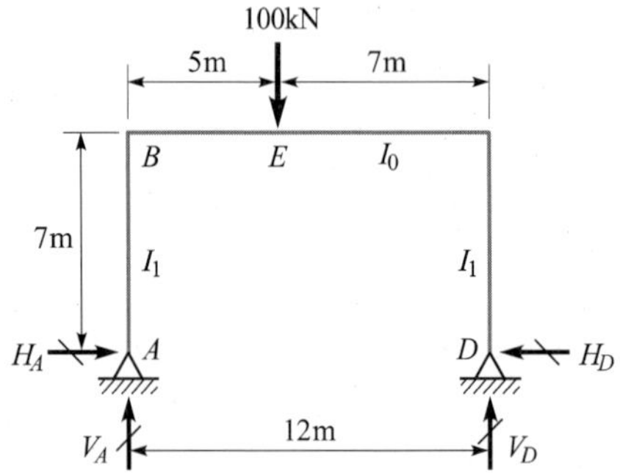

(a) 실제구조물

그림 예제 13.7

풀이

1) 기본구조물의 형성

이 라멘은 외적 1차부정정 구조물이므로, 연직하중 100kN만 받는 기본구조물[그림 (b)], 그리고 필요한 적합방정식 1개를 얻기 위해서 그림 (c)처럼 지점반력 H_D를 부정정력(여용력)으로 택한 기본구조물로 만들었다.

2) 적합방정식의 작성

그림 예제 13.7 (a)에서 지점 D의 변위는 힌지지점의 변위 구속조건에 의해서 수평변위가 '0' 이라는 변위의 적합조건, 즉 다음 식과 같은 1개의 적합방정식을 제공한다.

$$\Delta_D = \Delta_{D0} + \Delta_{DD} = \Delta_{D0} + H_D\delta_{DD} = 0 \qquad (1)$$

3) 기본구조물의 처짐 해석

가상일의 방법을 사용하여 그림 (b), (c)에서 D점의 수평변위을 구하기 위해, 그림 (d)와 같이 기본구조물에 부정정력 H_D 방향으로 단위하중 1을 가력시켰다.

i) 그림 (b)의 연직하중 100kN만을 받는 기본구조물에서 가상일의 방법을 적용하여 수평변위 $\varDelta_{D0}$ 을 계산하면 다음과 같다.

구간	M	m	I	x의 범위
AB	0	$-x$	I_1	$0 \le x \le 7$
BE	$58.33x$	-7	I_0	$0 \le x \le 5$
CE	$41.67x$	-7	I_0	$0 \le x \le 7$
CD	0	$-x$	I_1	$0 \le x \le 7$

$$\begin{aligned}\varDelta_{D0} &= \Sigma\int \frac{Mm}{EI}dx = \int_0^5 \frac{58.33x(-7)}{EI_0}dx + \int_0^7 \frac{41.67x(-7)}{EI_0}dx \\ &= \frac{1}{EI_0}\int_0^5(-408.31x)dx + \frac{1}{EI_0}\int_0^7(-291.69x)dx \\ &= \frac{1}{EI_0}\left[-\frac{408.31}{2}x^2\right] + \frac{1}{EI_0}\left[-\frac{291.69}{2}x^2\right] \\ &= \frac{1}{EI_0}\left[-\frac{408.31}{2}\times 5^2 - \frac{291.69}{2}\times 7^2\right] = -\frac{12,250.28}{EI_0}\end{aligned}$$

$EI_0 = (200\times 10^3)(1.2\times 10^9) = 2.4\times 10^{14}\text{N}\cdot\text{mm}^2 = 240,000\text{kN}\cdot\text{m}^2$이므로

$$\therefore\ \varDelta_{D0} = -12,250.28\times\frac{1}{240,000} = -0.05104\text{m}$$

ii) 그림 (c)의 부정정력 H_D만 받는 기본구조물에서 가상일의 방법을 적용하여 수평변위 $H_D\delta_{DD}(=\varDelta_{DD})$를 계산하면 다음과 같다.

$$\begin{aligned}\delta_{DD} &= \Sigma\int\frac{m^2}{EI}dx = 2\int_0^7\frac{(-x)^2}{EI_1}dx + \int_0^5\frac{(-7)^2}{EI_0}dx + \int_0^7\frac{(-7)^2}{EI_0}dx \\ &= \frac{2}{EI_1}\left[\frac{x^3}{3}\right] + \frac{1}{EI_0}[49x] + \frac{1}{EI_0}[49x] \\ &= \frac{2}{EI_1}\left[\frac{7^3}{3}\right] + \frac{1}{EI_0}[49\times 5] + \frac{1}{EI_0}[49\times 7] \\ &= \frac{228.67}{EI_1} + \frac{588}{EI_0}\end{aligned}$$

$EI_1 = (200\times 10^3)(8\times 10^8) = 1.6\times 10^{14}\text{N}\cdot\text{mm}^2 = 160,000\text{kN}\cdot\text{m}^2$이므로

$$\delta_{DD} = \frac{228.67}{160,000} + \frac{588}{240,000} = 0.00388\text{m}$$

$$\therefore\ H_D\delta_{DD} = 0.00388H_D\text{m}$$

따라서 위에서 구한 수평변위 $\varDelta_{D0}$ 과 $H_D\delta_{DD}$를 식 (1)에 대입하면, 부정정력 H_D가 다음

과 같이 구해진다. 즉,

$-0.05104 + H_D(0.00388) = 0$

$\therefore H_D = 13.15\text{kN}\ (\leftarrow)$

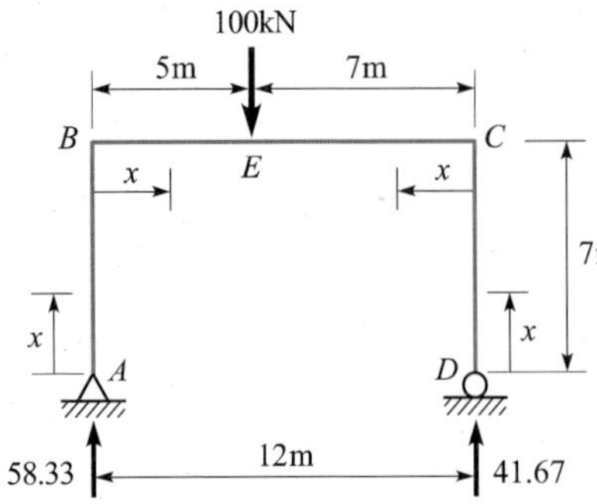

(b) 연직하중 100kN만을 받는 기본구조물

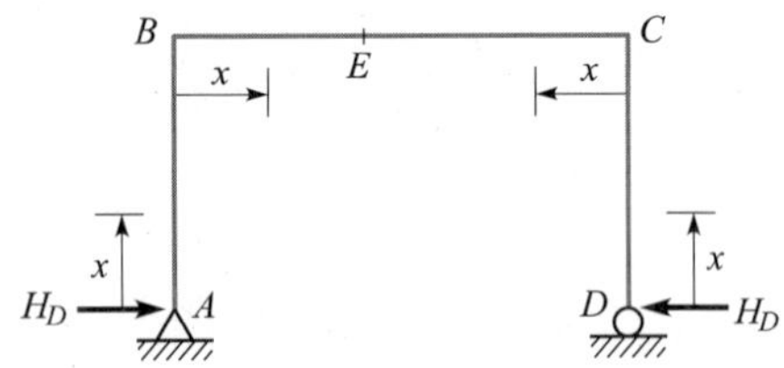

(c) 부정정력 H_D(지점 D의 수평반력)만을 받는 기본구조물

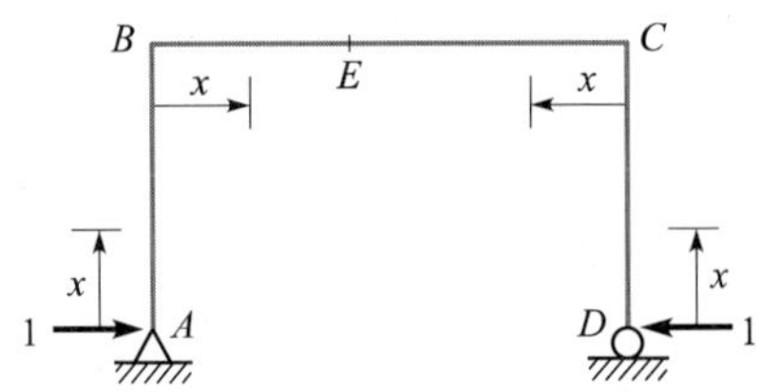

(d) 지점 D에서 부정정력 H_D 방향으로 단위하중 1kN만을 받는 기본구조물

4) 휨모멘트도(B.M.D)의 작도

겹침의 원리를 적용할 수 있으므로, 그림 (b)와 그림 (c)의 기본구조물의 자유물체도를 합하면 그림 (e)와 같은 실제구조물에 대한 자유물체도가 간단히 구해진다.

따라서 그림 (e)의 자유물체도를 사용하여 실제구조물의 휨모멘트도(B.M.D)를 작도하면 그림 (e)와 같이 된다.

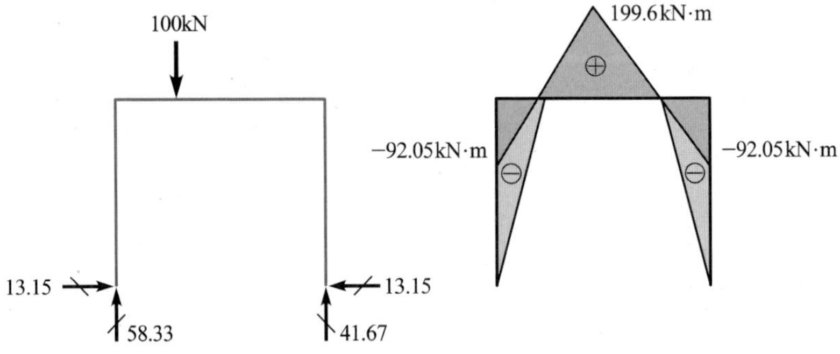

(e) 실제구조물의 자유물체도와 휨모멘트도(B.M.D)

5) E점의 연직처짐 δ_E

E점에 연직하중 100kN과 E점에 단위연직하중 1은 방향은 같고 크기만 다르다. 따라서 E점에 연직하중 100kN만을 받는 실제구조물의 자유물체도[그림 (e), (f)의 오른쪽 참조]에서 하중과 반력을 각각 100으로 단순히 나누어 주면, E점에 단위연직하중 1kN만을 받는 실제구조물의 자유물체도가 간단히 그림 (f)와 같이 구해진다.

그리고 그림 (f)에 가상일의 방법을 적용하면, 다음과 같이 E점의 처짐 δ_E가 얻어진다. 즉,

구간	M	m	I	x의 범위
AB	$-13.15x$	$-0.1315x$	I_1	$0 \le x \le 7$
BE	$58.33x-92.05$	$0.5833x-0.9205$	I_0	$0 \le x \le 5$
CE	$41.67x-92.05$	$0.4167x-0.9205$	I_0	$0 \le x \le 7$
CD	$-13.15x$	$-0.1315x$	I_1	$0 \le x \le 7$

$$\delta_E = \Sigma\int\frac{Mm}{EI}dx$$

$$= \frac{2}{EI_1}\int_0^7(-13.15x)(-0.1315x)dx + \frac{1}{EI_0}\int_0^5(58.33x-92.05)(0.5833x-0.9205)dx$$

$$+\frac{1}{EI_0}\int_0^7(41.67x-92.05)(0.4167x-0.9205)dx$$

$$= \frac{395.42}{EI_1}+\frac{499}{EI_0}+\frac{698.89}{EI_0}$$

$$= \frac{395.42}{160,000}+\frac{1,197.89}{240,000} = 0.0075\text{m} = 7.5\text{mm}\ (\downarrow)$$

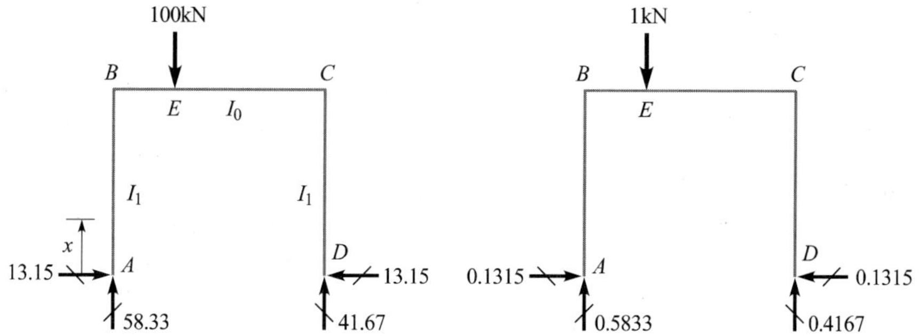

(f) 하중 100kN을 받는 실제구조물과 E점에 단위하중 1을 받는 실제구조물의 자유물체도

예제 13.8

다음과 같은 부정정트러스에서 변위일치법을 사용하여 C점의 처짐 δ_C를 구하시오. 단, $E = 2\times10^5$MPa이고, 각 부재의 단면적은 $A_{CD} = 2{,}400\text{mm}^2$, $A_{AC} = A_{BC} = 4{,}000\text{mm}^2$, $A_{AD} = A_{BD} = 6{,}400\text{mm}^2$이다.

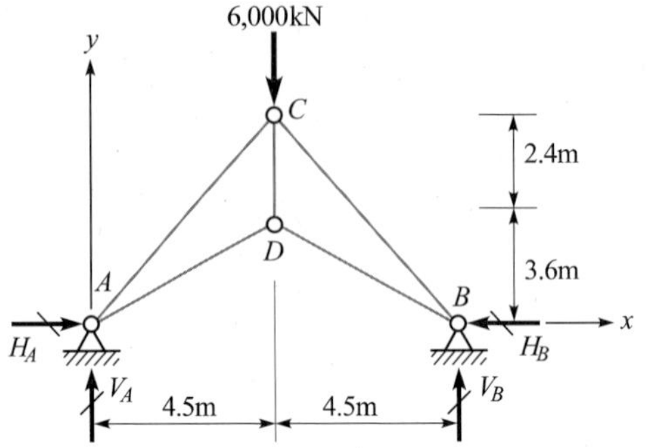

(a) 실제구조물

그림 예제 13.8

풀이

1) 기본구조물의 형성

이 트러스는 외적 1차부정정 구조물이므로, 연직하중 6,000kN만 받는 기본구조물[그림 (b)], 그리고 필요한 적합방정식 1개를 얻기 위해서 그림 (d)처럼 지점반력 H_B를 부정정력(여용력)으로 택한 기본구조물로 만들었다.

2) 적합방정식의 작성

그림 예제 13.8 (a)에서 지점 B의 변위는 힌지지점의 변위 구속조건에 의해서 수평변위가 '0'이라는 변위의 적합조건, 즉 다음 식과 같은 1개의 적합방정식을 제공한다.

$$\Delta_B = \Delta_{B0} + \Delta_{BB} = \Delta_{B0} + H_B\delta_{BB} = 0 \tag{1}$$

3) 기본구조물의 처짐 해석

가상일의 방법을 사용하여 그림 (b), (d)에서 B점의 수평변위을 구하기 위해, 그림 (e)와 같이 기본구조물에 부정정력 H_B 방향으로 단위하중 1을 가력시켰다.

i) 그림 (b)의 연직하중 6,000kN만을 받는 기본구조물에서 부재력(F_0) 계산

- 격점 A

그림 (c)의 고립된 격점 A의 자유물체도에서[모든 부재가 인장력(+)을 받는다고 가

정함]

$$+\uparrow \sum F_y = 0 \ ; \ F_{AC(y)} + F_{AD(y)} = -3{,}000 \tag{2}$$

$$+\rightarrow \sum F_x = 0 \ ; \ F_{AC(x)} + F_{AD(x)} = 0 \tag{3}$$

$\dfrac{F}{l} = \dfrac{F_x}{l_x} = \dfrac{F_y}{l_y} = \dfrac{F_z}{l_z}$ [식 (3.6)]의 비례관계를 사용하면 다음이 구해진다. 즉,

$$F_{AC(x)} = \frac{4.5}{6} F_{AC(y)} = \frac{3}{4} F_{AC(y)} \tag{4}$$

$$F_{AD(x)} = \frac{4.5}{3.6} F_{AD(y)} = \frac{5}{4} F_{AD(y)} \tag{5}$$

식 (4), (5)를 식 (3)에 대입하면 다음 식이 얻어진다.

$$\frac{3}{4} F_{AC(y)} + \frac{5}{4} F_{AD(y)} = 0 \tag{6}$$

식 (6), (2)를 연립하여 풀면, 트러스의 y 방향의 부재력이 다음과 같이 구해진다.

$F_{AC(y)} = -7{,}500\text{kN}, \ F_{AD(y)} = 4{,}500\text{kN}$

위에서 구한 부재력을 식 (4), (5)에 대입하면, x 방향의 부재력이 다음과 같이 구해진다.

$F_{AC(x)} = -5{,}625\text{kN}, \ F_{AD(x)} = 5{,}625\text{kN}$

따라서 트러스의 부재력을 구하면 다음과 같다. 즉

$$F_{AC} = \frac{l}{l_x} F_{AC(x)} = \frac{\sqrt{4.5^2 + 6^2}}{4.5}(-5{,}625) = -9{,}375\text{kN (압축)}$$

$$F_{AD} = \frac{l}{l_x} F_{AD(x)} = \frac{\sqrt{4.5^2 + 3.6^2}}{4.5}(5{,}625) = 7{,}204\text{kN (인장)}$$

그림 (b)의 트러스구조물은 대칭이므로, 부재력 $F_{BC} = F_{AC}$이고 $F_{BD} = F_{AD}$이다. 즉,

$F_{BC} = F_{AC} = -9{,}375\text{kN}$ (압축)

$F_{BD} = F_{AD} = 7{,}204\text{kN}$ (인장)

- 격점 D

고립된 격점 D에 평형방정식을 적용하면 다음과 같이 부재력 F_{CD}가 구해진다.

$$+\uparrow \sum F_y = 0 \ ; \ F_{CD} - F_{AD(y)} - F_{BD(y)} = 0,$$

$$\therefore \ F_{CD} = 4{,}500 + 4{,}500 = 9{,}000\text{kN (인장)}.$$

위에서 구한 트러스 부재력(F_0)을 그림에 표시하면 그림 (b)와 같다.

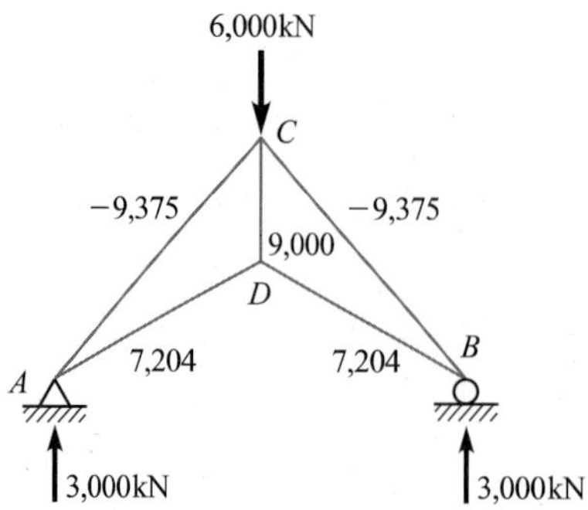

(b) 연직하중 6,000kN만을 받는 기본구조물

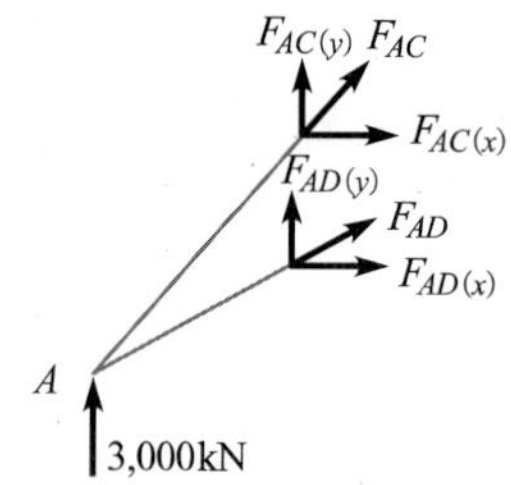

(c) 연직하중 6,000kN만을 받는 기본구조물의 격점 A에서 자유물체도

ii) 지점 B에서 부정정력 H_B 방향으로 단위하중 1kN만을 받는 기본구조물에서 부재력 (f_b) 계산

- 격점 A

그림 (f)의 고립된 격점 A의 자유물체도에서[모든 부재가 인장력(+)을 받는다고 가정함]

$$+\uparrow \sum F_y = 0 \ ; \ f_{AC(y)} + f_{AD(y)} = 0 \tag{7}$$

$$+\rightarrow \sum F_x = 0 \ ; \ f_{AC(x)} + f_{AD(x)} = -1 \tag{8}$$

$\dfrac{f}{l} = \dfrac{f_x}{l_x} = \dfrac{f_y}{l_y} = \dfrac{f_z}{l_z}$ [식 (3.6)]의 비례관계를 사용하면 다음이 구해진다. 즉,

$$f_{AC(x)} = \frac{4.5}{6} f_{AC(y)} = \frac{3}{4} f_{AC(y)} \tag{9}$$

$$f_{AD(x)} = \frac{4.5}{3.6} f_{AD(y)} = \frac{5}{4} f_{AD(y)} \tag{10}$$

식 (9), (10)를 식 (8)에 대입하면 다음 식이 얻어진다.

$$\frac{3}{4} f_{AC(y)} + \frac{5}{4} f_{AD(y)} = -1 \tag{11}$$

식 (11), (7)을 연립하여 풀면, 트러스의 y 방향의 부재력이 다음과 같이 구해진다.

$f_{AC(y)} = 2\text{kN}$, $f_{AD(y)} = -2\text{kN}$

위에서 구한 부재력을 식 (9), (10)에 대입하면, x 방향의 부재력이 다음과 같이 구해진다.

$f_{AC(x)} = 1.5\text{kN}$, $f_{AD(x)} = -2.5\text{kN}$

따라서 트러스의 부재력을 구하면 다음과 같다. 즉

$$f_{AC}=\frac{l}{l_x}f_{AC(x)}=\frac{\sqrt{4.5^2+6^2}}{4.5}(1.5)=2.5\text{kN (인장)}$$

$$f_{AD}=\frac{l}{l_x}f_{AD(x)}=\frac{\sqrt{4.5^2+3.6^2}}{4.5}(-2.5)=-3.2\text{kN (압축)}$$

그림 (e)의 트러스구조물은 대칭이므로, 부재력 $f_{BC}=f_{AC}$이고 $f_{BD}=f_{AD}$이다. 즉,

$f_{BC}=f_{AC}=2.5\text{kN}$ (인장)

$f_{BD}=f_{AD}=-3.2\text{kN}$ (압축)

• 격점 D

고립된 격점 D에 평형방정식을 적용하면 다음과 같이 부재력 f_{CD}가 구해진다.

$+\uparrow\sum F_y=0\ ;\ f_{CD}-f_{AD(y)}-f_{BD(y)}=0,\quad \therefore\ f_{CD}=-2-2=-4\text{kN}$ (압축).

위에서 구한 트러스 부재력(f_b)을 그림에 표시하면 그림 (e)와 같다.

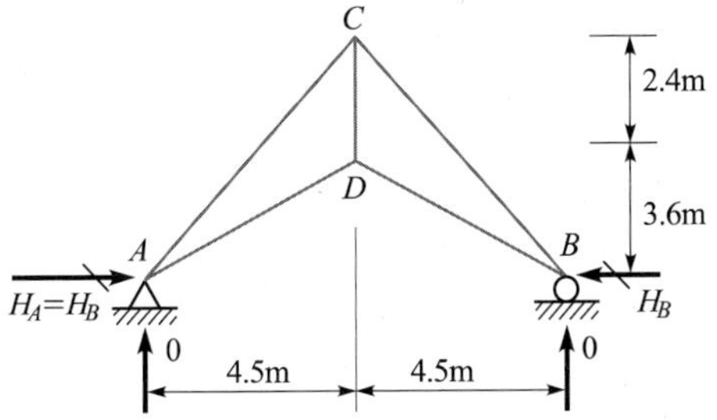

(d) 부정정력 H_B(지점 B의 수평반력)만을 받는 기본구조물

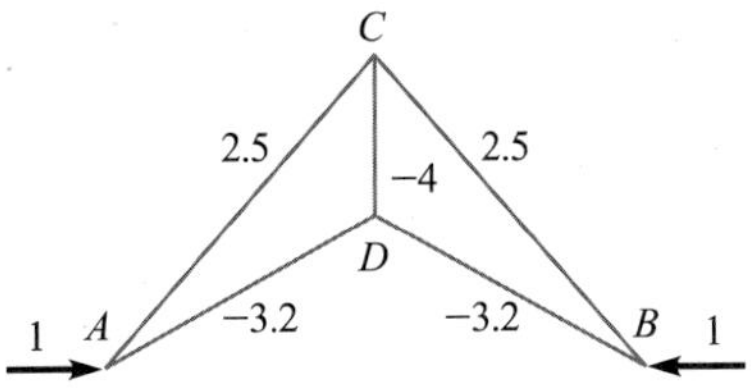

(e) 지점 B에서 부정정력 H_B 방향으로 단위하중 1만을 받는 기본구조물

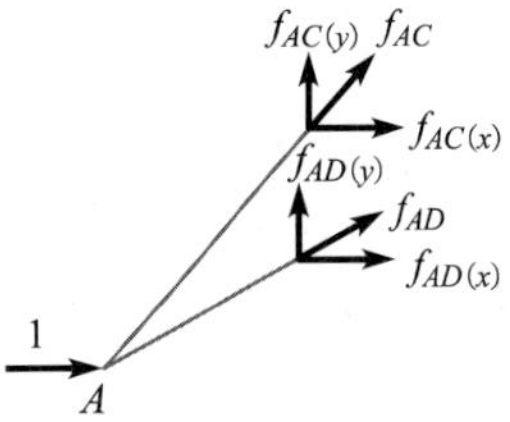

(f) 지점 B에서 부정정력 H_B 방향으로 단위하중 1만을 받는 기본구조물의 격점 A에서 자유물체도

가상일의 방법을 사용하여 그림 (b), (d)에서 B점의 수평변위 Δ_{B0}과 $H_B\delta_{BB}$를 구하고, 실제구조물의 부재력(축력) F를 겹침의 원리를 적용하여($F=F_0+H_Bf_b$) 계산하면 다음과 같다.

부재	L(m)	A(m²)	L/A	F_0(kN)	f_b(kN)	$F_0 f_b \frac{L}{A}(=E\Delta_{B0})$	$f_b^2 \frac{L}{A}(=E\delta_{BB})$	부재력 F $(F_0+H_B f_b)$
AC	7.5	0.004	1,875	-9,375	2.5	-43,945,313	11,719	-2,225kN
AD	5.7	0.0064	891	7,204	-3.2	-20,540,045	9,124	-1,948kN
CD	2.4	0.0024	1,000	9,000	-4	-36,000,000	16,000	-2,440kN
BC	7.5	0.004	1,875	-9,375	2.5	-43,945,313	11,719	-2,225kN
BD	5.7	0.0064	891	7,204	-3.2	-20,540,045	9,124	-1,948kN
합계						-164,970716	57,686	

위에서 구한 처짐 $\Delta_{B0}(=F_0 f_b \frac{L}{EA})$과 $H_B\delta_{BB}(=H_B f_b^2 \frac{L}{EA})$를 식 (1)의 적합방정식에 대입하고 풀면, 다음과 같이 지점 B의 수평반력(부정정력) H_B가 구해진다.

$\Delta_B = \Delta_{B0} + H_B\delta_{BB} = 0, \quad \therefore -164,970,716 + H_B(57,686) = 0$

$H_B = 2,860\text{kN}\ (\leftarrow)$

4) C점의 연직처짐 δ_C

C점에 연직하중 6,000kN과 C점에 단위연직하중 1은 방향은 같고 크기만 다르다. 따라서 C점에 연직하중 6,000kN만을 받는 실제구조물의 부재력 F[위의 표에서 $(F_0+H_B f_b)$]를 각각 6,000으로 단순히 나누어 주면, C점에 단위연직하중 1만을 받는 실제구조물의 부재력 f_c[아래의 표에서 $(F_0+H_B f_b)/6,000$]가 다음과 같이 간단히 얻어진다. 즉,

부재	L/A	부재력 F $(=F_0+H_B f_b)$	부재력 f_c $[=(F_0+H_B f_b)/6,000]$	$\frac{Ff_c L}{A}$
AC	1,875	-2,225	-0.37	1,543,594
AD	891	-1,948	-0.32	555,414
CD	1,000	-2,440	-0.41	1,000,400
BC	1,875	-2,225	-0.37	1,543,594
BD	891	-1,948	-0.32	555,414
합계				5,198,416

$E = 2\times10^5\text{MPa} = 2\times10^5\text{N/mm}^2 = 2\times10^8\text{kN/m}^2$이므로, 따라서 C점의 연직처짐 δ_C는 다음과 같이 구해진다.

$\delta_c = \Sigma\frac{Ff_c L}{EA} = \frac{5,198,416}{2\times10^8} = 0.026\text{m} = 26\text{mm}$

예제 13.9

다음과 같은 보에서 4지점 A, B, C, D의 반력이 동일하도록 스프링상수 k를 구하시오. 단, 보의 EI는 일정(constant)하고, 전단력에 의한 변위는 무시한다.

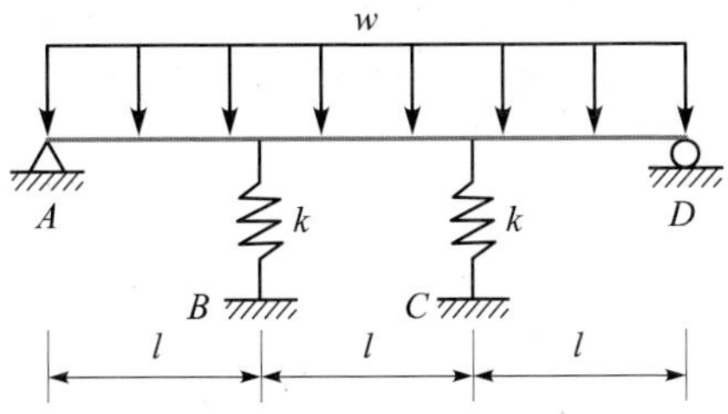

(a)

그림 예제 13.9

풀이

4지점의 반력이 모두 동일해야 하므로, 반력들은 $V_A = V_B = V_C = V_D = \dfrac{3wl}{4}$ 이 된다.

먼저, 단순보에 등분포하중만이 작용할 때[그림 (b)에서 맨 위쪽], B지점 위의 스프링이 부착된 보의 위치에서 생기는 처짐량은 다음과 같다(6장 연습문제 6.8의 풀이 참조).

$$\Delta_1 = \frac{11wl^4}{12EI}\ (\downarrow)$$

반력 P만이 작용할 때[그림 (b)에서 중앙], B지점 위의 스프링이 부착된 보의 위치에서 생기는 처짐량을 공액보법을 사용하여 구하면 다음과 같다.

$$\Delta_2 = \frac{5Pl^3}{6EI}\ (\uparrow)$$

따라서 최종적인 처짐량을 구하면 다음과 같이 된다[그림 (b)에서 맨 아래쪽].

$$\Delta_3 = \Delta_1 - \Delta_2\ (\downarrow)$$

$P = k \cdot \Delta_3$의 관계로부터, k의 값을 구할 수 있다.

$$k = \frac{P}{\Delta_3} = \frac{3wl/4}{\dfrac{11wl^4}{12EI} - \dfrac{5(3wl/4)l^3}{6EI}}$$

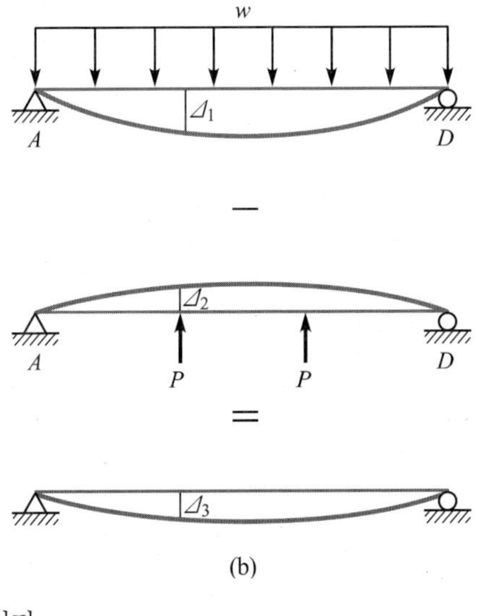

(b)

이를 정리하면, 스프링상수 값을 다음과 같이 얻을 수 있다.

$$\therefore\ k = \frac{18EI}{7l^3}$$

예제 13.10

1) 그림 예제 13.10 (a)에서 자유단 C점의 연직변위를 구하시오.

2) 자유단 C점의 연직변위가 아주 커져 이를 절반으로 줄이려고 그림 예제 13.10 (b)와 같이 스프링을 설치했다. 이때 스프링에 작용하는 축력 F와 스프링상수 k를 구하시오.

3) 그림 예제 13.10 (b) 보구조물에 대한 휨모멘트도를 그리시오.

4) 그림 예제 13.10 (b) 보구조물에 대한 처짐형상(탄성곡선, 변형도)을 도시하시오.

단, 보의 EI는 일정(constant)하고, 전단력에 의한 변위는 무시한다.

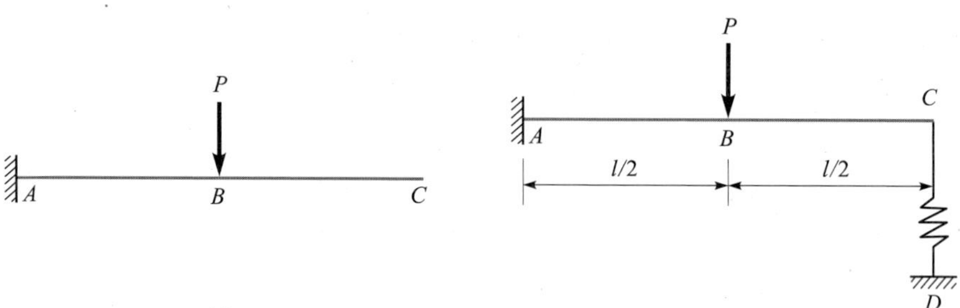

(a) (b)

그림 예제 13.10

풀이

1) 그림 예제 13.10 (a)에서 자유단 C점의 연직변위

공액보법 이용하여[그림 (c) 참조] 자유단 C점의 연직변위를 구하면 다음과 같다.

$$\Delta_c = -\frac{Pl}{2EI} \times \frac{l}{2} \times \frac{1}{2} \times \left(\frac{l}{2} + \frac{l}{2} \cdot \frac{2}{3} \right) = -\frac{5Pl^3}{48EI} \quad (\downarrow) \tag{1}$$

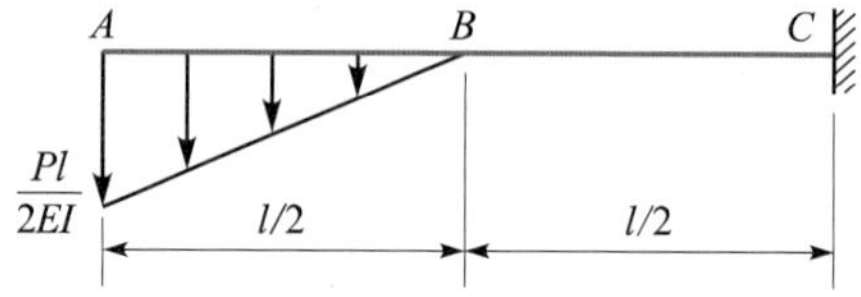

(c) 캔틸레버보 AC[그림 예제 13.10 (a)]의 공액보와 $\frac{M}{EI}$선도 하중재하

2) 그림 예제 13.10 (b)에서 스프링에 작용하는 축력 F와 스프링상수 k

그림 예제 13.10 (b)에서 스프링에 작용하는 압축력(축력)을 F라 하고 C에서 보의 하단과 스프링의 상단을 분리하여 자유물체도를 작도하면 그림 (d)와 같이 된다. 즉, 그림 (d)에서 보에는 상향의 힘 F가 작용한다.

문제의 주어진 조건에서 $\Delta_c' = \frac{1}{2}\Delta_C$이다. 따라서

$$\Delta_c' = -\frac{5Pl^3}{48EI} \times \frac{1}{2} = -\frac{5Pl^3}{96EI}\,(\downarrow) \tag{2}$$

여기서 Δ_c'는 F만에 의한 C점의 상향처짐의 크기와 같으므로, 공액보법 이용하여[그림 (e) 참조] 자유단 C점의 상향의 연직변위를 구하면 다음과 같다.

$$\Delta_c' = \frac{Fl}{EI} \times \frac{1}{2} \times l \times \frac{2}{3}l = \frac{Fl^3}{3EI}\,(\uparrow) \tag{3}$$

적합조건에 의해서 식 (2), (3)의 크기가 같아야 한다. 즉,

$$\frac{5Pl^3}{96EI} = \frac{Fl^3}{3EI}$$

$$\therefore F = \frac{5}{32}P$$

스프링상수 $k = \dfrac{F}{\Delta_c'}$이므로[그림 (d)에서 아래쪽의 스프링 부분 참조]

$$\therefore k = \left(\frac{\frac{5P}{32}}{\frac{5Pl^3}{96EI}}\right) = \frac{3EI}{l^3}$$

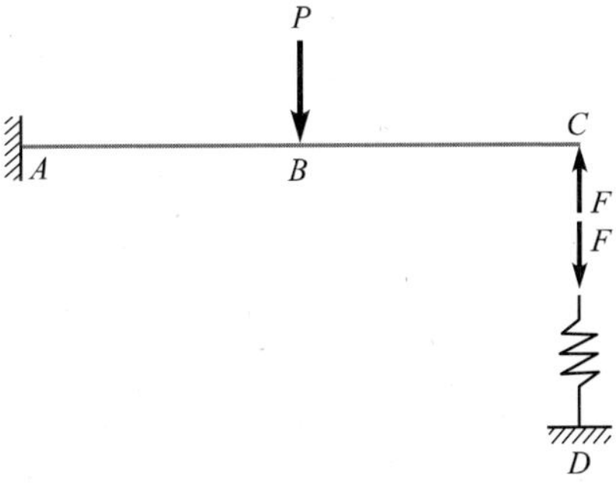

(d) 자유물체도

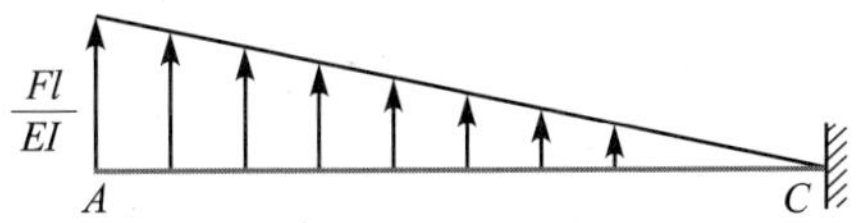

(e) 캔틸레버보 AC[그림 (d)]의 공액보와 상향의 힘 F만에 의한 $\frac{M}{EI}$선도 하중재하

3) 그림 예제 13.10 (b) 보구조물에 대한 휨모멘트도(B.M.D)

그림 (d)에서 위쪽의 보구조물 부분의 자유물체도에서,

$$M_B = \frac{5P}{32} \cdot \frac{l}{2} = \frac{5Pl}{64}\,(\curvearrowright)$$

$$M_A = \frac{5Pl}{32} - \frac{Pl}{2} = -\frac{11Pl}{32}\,(\curvearrowleft)$$

휨모멘트 $M(x) = 0$ 인 지점을 구하면 다음과 같다.

$$M(x) = F \cdot x - P \cdot (x - \frac{l}{2}) = \frac{5P}{32} \cdot x - P \cdot (x - \frac{l}{2}) = 5P \cdot \frac{x}{32} - P \cdot x + \frac{Pl}{2} = 0$$

$$\frac{27}{32}Px = \frac{Pl}{2}$$

$$\therefore x = \frac{16}{27}l$$

위에서 구한 M_A, M_B, 휨모멘트 $M_{(x)} = 0$ 인 지점 $x = \frac{16}{27}l$ 을 고려하여 휨모멘트도 (B.M.D)를 작도하면 그림 (f)와 같이 된다.

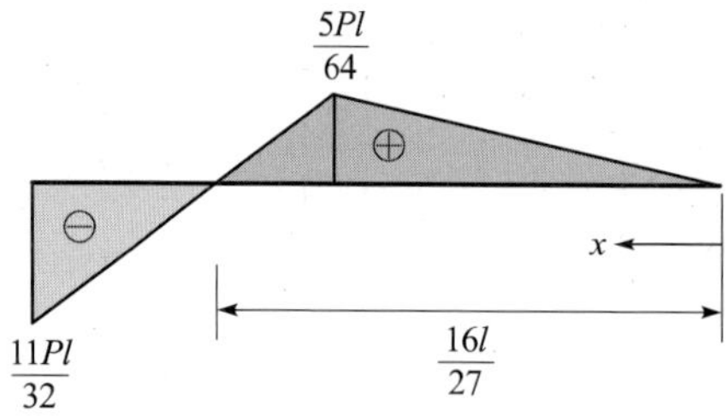

(f)

4) 그림 예제 13.10 (b) 보구조물에 대한 처짐형상
처짐형상을 도시하면 그림 (g)와 같다.

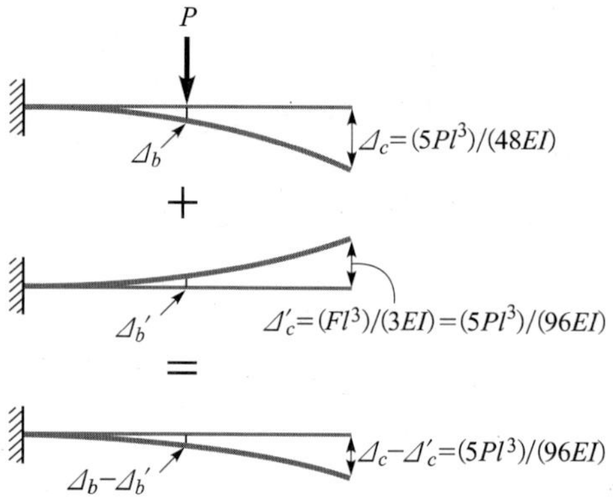

(g)

예제 13.11

다음과 같은 구조물에서

1) 기본구조물(primary structrue)를 그리시오.
2) 적합방정식을 구하시오. 이때 스프링의 반력을 X라 두고 푸시오.
3) 스프링의 강성에 따른(k가 0에서 ∞) A점의 휨모멘트변화를 구하시오.

[25점, 토목구조기술사 시험]

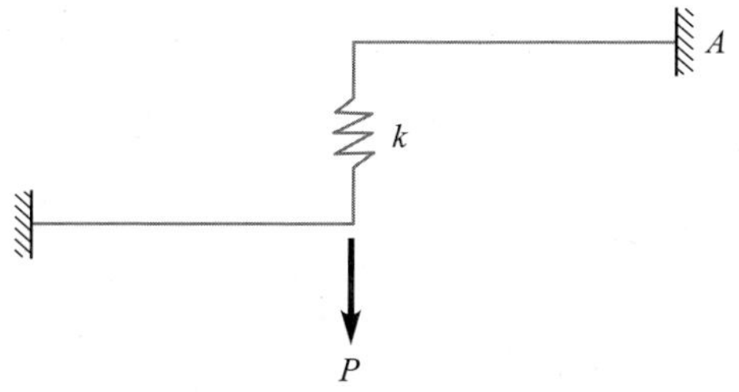

(a)

그림 예제 13.11

풀이

1) 기본구조물(primary structrue)

그림 예제 13.11 (a)에서 스프링에 작용하는 스프링력을 X라 하고, 아래 보의 맨 우측단과 스프링의 하단을 분리하여 자유물체도를 작도하면 그림 (b)와 같은 기본구조물이 된다.

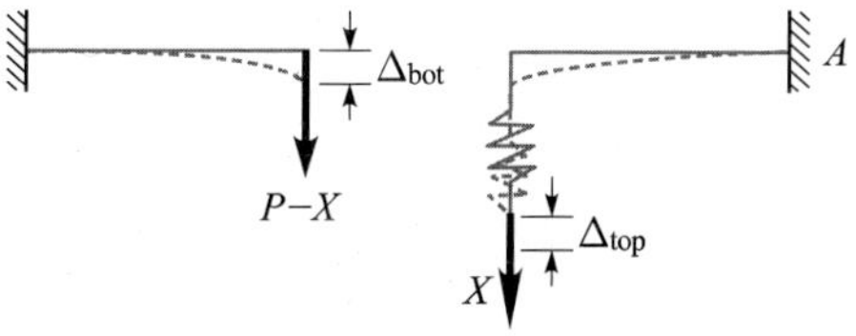

(b) 기본구조물의 자유물체도

2) 적합방정식과 스프링의 반력 X

지점의 단부에서 스프링까지의 거리를 각각 l_1, l_2, 탄성계수와 단면2차모멘트를 각각 E_1, I_1, E_2, I_2라 하면, 적합방정식은 다음과 같이 구해진다. 즉,

$$\Delta_{bot} = \Delta_{top}$$

$$\frac{(P-X)\cdot l_1^3}{3E_1I_1} = \frac{X}{k} + \frac{X\cdot l_2^3}{3E_2I_2}$$

$$\therefore X = \frac{l_1^3}{3E_1I_1} \cdot \frac{P}{\dfrac{l_1^3}{3E_1I_1} + \dfrac{1}{k} + \dfrac{l_2^3}{3E_2I_2}}$$

3) 스프링의 강성에 따른(k가 0에서 ∞) A점의 모멘트변화

k가 0일 때, X값은 0으로 수렴하므로

$M_A = 0$

k가 무한대(∞)일 때, X의 값은 $\dfrac{l_1^3}{3E_1I_1} \cdot \dfrac{P}{\dfrac{l_1^3}{3E_1I_1} + \dfrac{l_2^3}{3E_2I_2}}$ 이 되므로

$$M_A = \frac{l_1^3}{3E_1I_1} \cdot \frac{P}{\dfrac{l_1^3}{3E_1I_1} + \dfrac{l_2^3}{3E_2I_2}} \cdot l_2$$

가 된다.

예제 13.12

아래 트러스에 대해서 다음 사항을 답하시오.

1) 외부하중이 아래 그림과 같이 작용할 때, 모든 부재력을 구하시오.
2) 외부하중은 없고 상현재 U_1U_2가 50°C 온도만 상승하였을 때, 모든 부재력과 사재 U_1L_2의 변형량을 구하시오.
3) 외부하중은 없고 상현재 U_1U_2가 제작 오차로 $\Delta L = 7\text{mm}$만 길게 되었을 때, 사재 U_1L_2의 변형량을 구하시오.

단, $E = 2.1 \times 10^4 \text{MPa}$, 수평 및 수직부재의 단면적 $A = 3{,}000\text{mm}^2$, 경사부재의 단면적 $A_2 = 2A = 6{,}000\text{mm}^2$, 열팽창계수 $\alpha = 12 \times 10^{-6}/°\text{C}$이다.

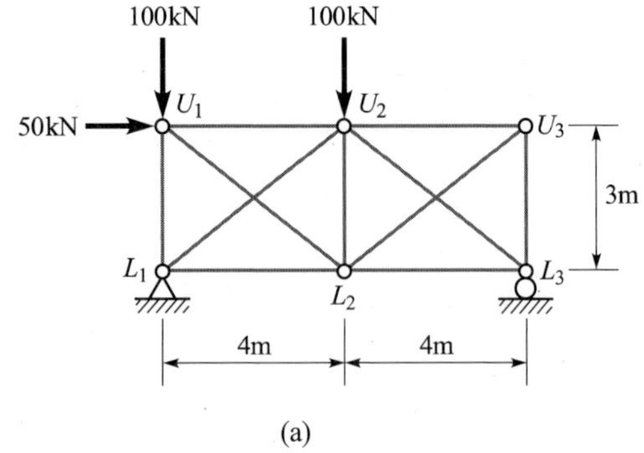

(a)

그림 예제 13.12

풀이

1) 외부하중만 작용하는 경우

이 트러스는 외적으로는 정정구조물이지만, 내적으로는 2차부정정구조물이다. 두 부재 U_1L_2와 L_2U_3의 부재력 X_1과 X_2를 부정정력으로 선택하여, 외부하중만 작용 시[그림 (b)] 그리고 $X_1 = 1$[그림 (d)]과 $X_2 = 1$[그림 (e)]만 작용 시 기본구조물에 대한 모든 부재력을 격점법으로 구하면 다음과 같다.

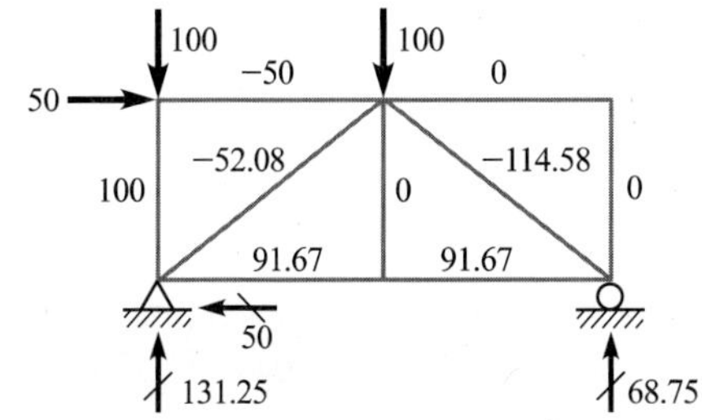

(b) 외부하중만 받는 기본구조물의 부재력 F_0

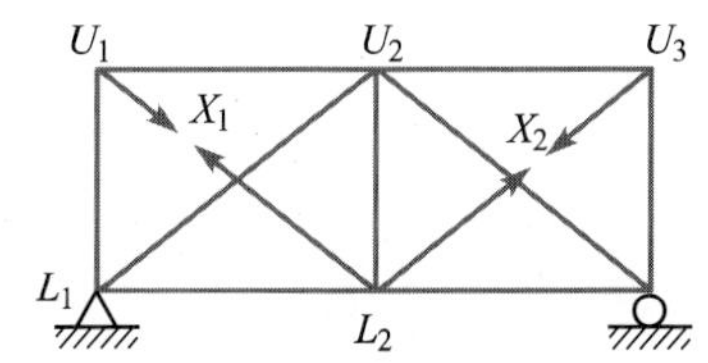

(c) 부정정력 X_1 및 X_2만 받는 기본구조물

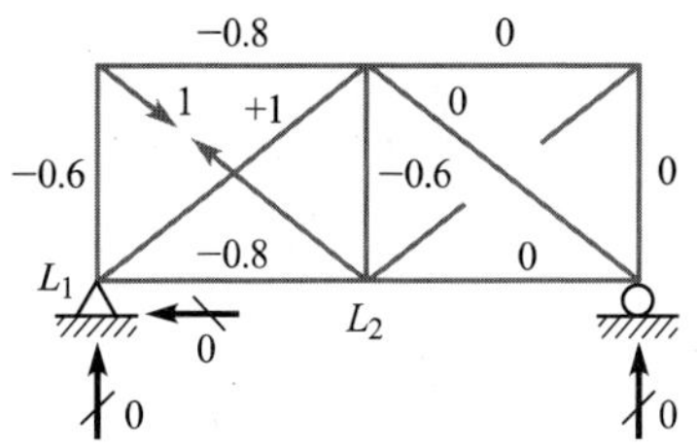

(d) $X_1 = 1$만 받는 기본구조물의 부재력 f_1

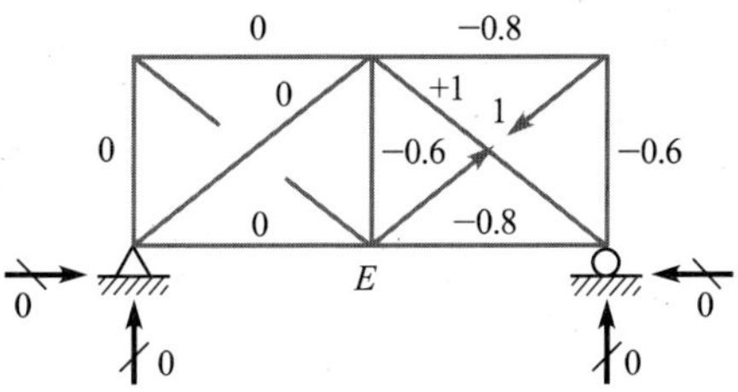

(e) $X_2 = 1$만 받는 기본구조물의 부재력 f_1

2차부정정구조물이므로 적합방정식을 적용하면

사재 U_1L_2에서, $\Delta_{10}^{\nwarrow} + X_1\delta_{11}^{\nwarrow} + X_2\delta_{12}^{\nwarrow} = 0$

사재 L_2U_3에서, $\Delta_{20}^{\nearrow} + X_1\delta_{21}^{\nearrow} + X_2\delta_{22}^{\nearrow} = 0$

여기서(아래 표의 계산 참조요망)

$$\Delta_{10}^{\nwarrow} = \sum \frac{f_1F_0L}{EA} = -\frac{83.54}{EA}$$

$$\Delta_{20}^{\nearrow} = \sum \frac{f_2F_0L}{EA} = -\frac{579.79}{EA}$$

$$\delta_{11}^{\nwarrow} = \sum \frac{f_1^2L}{EA} = \frac{12.28}{EA}$$

$$\delta_{22}^{\nearrow}=\sum\frac{f_2^2L}{EA}=\frac{12.28}{EA}$$

$$\delta_{12}^{\nwarrow}=\delta_{21}^{\nearrow}=\sum\frac{f_1f_2L}{EA}=\frac{1.08}{EA}$$

따라서

$$\Delta_{10}^{\nwarrow}+X_1\delta_{11}^{\nwarrow}+X_2\delta_{12}^{\nwarrow}=\frac{1}{EA}(-83.54+12.28X_1+1.08X_2)=0$$

$$12.28X_1+1.08X_2=83.54 \qquad (1)$$

$$\Delta_{20}^{\nearrow}+X_1\delta_{21}^{\nearrow}+X_2\delta_{22}^{\nearrow}=\frac{1}{EA}(-579.79+1.08X_1+12.28X_2)=0$$

$$1.08X_1+12.28X_2=579.79 \qquad (2)$$

부재	L(m)	EA	$\frac{L}{EA}$	F_0(kN)	f_1	f_2	$F_0f_1\left(\frac{L}{EA}\right)$	$F_0f_2\left(\frac{L}{EA}\right)$	$f_1^2\left(\frac{L}{EA}\right)$	$f_2^2\left(\frac{L}{EA}\right)$	$f_1f_2\left(\frac{L}{EA}\right)$	F_L(kN)
U_1U_2	4	EA	$\frac{4}{EA}$	-50	-0.8	0	$\frac{160}{EA}$	0	$\frac{2.56}{EA}$	0	0	-52.14
U_2U_3	4	EA	$\frac{4}{EA}$	0	0	-0.8	0	0	0	$\frac{2.56}{EA}$	0	-37.58
L_1L_2	4	EA	$\frac{4}{EA}$	91.67	-0.8	0	$-\frac{293.33}{EA}$	0	$\frac{2.56}{EA}$	0	0	89.53
L_2L_3	4	EA	$\frac{4}{EA}$	91.67	0	-0.8	0	$-\frac{293.33}{EA}$	0	$\frac{2.56}{EA}$	0	54.09
U_1L_1	3	EA	$\frac{3}{EA}$	-100	-0.6	0	$\frac{180}{EA}$	0	$\frac{1.08}{EA}$	0	10	-101.60
U_2L_2	3	EA	$\frac{3}{EA}$	0	-0.6	-0.6	0	0	$\frac{1.08}{EA}$	$\frac{1.08}{EA}$	$\frac{1.08}{EA}$	-29.78
U_3L_3	3	EA	$\frac{3}{EA}$	0	0	-0.6	0	0	0	$\frac{1.08}{EA}$	0	-28.18
U_1L_2	5	$2EA$	$\frac{5}{2EA}$	0	1	0	0	0	$\frac{2.5}{EA}$	0	0	2.67
L_1U_2	5	$2EA$	$\frac{5}{2EA}$	-52.08	1	0	$-\frac{130.21}{EA}$	0	$\frac{2.5}{EA}$	0	0	-49.41
U_2L_3	5	$2EA$	$\frac{5}{2EA}$	-114.58	0	1	0	$-\frac{286.46}{EA}$	0	$\frac{2.5}{EA}$	0	-67.61
L_2U_3	5	$2EA$	$\frac{5}{2EA}$	0	0	1	0	0	0	$\frac{2.5}{EA}$	0	46.97
Σ							$-\frac{83.54}{EA}$	$-\frac{579.79}{EA}$	$\frac{12.28}{EA}$	$\frac{12.28}{EA}$	$\frac{1.08}{EA}$	

위 식 (1), (2)를 연립하여 풀면 부정정력 $X_1=2.67$ kN과 $X_2=46.97$ kN이 구해진다.

[참고로, 위 식 (1), (2)를 매트릭스(matrix, 행렬) 형태로 나타내어 풀 수도 있다. 즉, 식 (1), (2)를 매트릭스 형태로 나타내면

$$\begin{bmatrix} 12.28 & 1.08 \\ 1.08 & 12.28 \end{bmatrix} \begin{Bmatrix} X_1 \\ X_2 \end{Bmatrix} = \begin{Bmatrix} 83.54 \\ 579.79 \end{Bmatrix}$$

$$\begin{Bmatrix} X_1 \\ X_2 \end{Bmatrix} = \begin{bmatrix} 12.28 & 1.08 \\ 1.08 & 12.28 \end{bmatrix} \begin{Bmatrix} 83.54 \\ 579.79 \end{Bmatrix} = \frac{1}{(12.28^2 - 1.08^2)} \begin{bmatrix} 12.28 & -1.08 \\ -1.08 & 12.28 \end{bmatrix} \begin{Bmatrix} 83.54 \\ 579.79 \end{Bmatrix} = \begin{Bmatrix} 2.67\text{kN} \\ 46.97\text{kN} \end{Bmatrix}$$

외부하중에 의한 부재력은 다음의 겹침의 원리 식을 사용하여 구한다.

$F_L = F_0 + X_1 f_1 + X_2 f_2$

위 표에서 F_L란이 외부하중에 의해 생긴 부재력이다.

2) 외부하중은 없고 상현재 U_1U_2가 50 ° C 온도만 상승하였을 때, 모든 부재력과 사재 U_1L_2의 변형량

외부하중은 없고 온도 상승만 있는 경우, 2차부정정구조물이므로 적합방정식을 적용하면

사재 U_1L_2에서, $\Delta_{1T}^{\nwarrow} + X_{1T}\delta_{11}^{\nwarrow} + X_{2T}\delta_{12}^{\nwarrow} = 0$ (3)

사재 L_2U_3에서, $\Delta_{2T}^{\nearrow} + X_{1T}\delta_{21}^{\nearrow} + X_{2T}\delta_{22}^{\nearrow} = 0$ (4)

여기서(아래 표의 계산 참조요망)

$\Delta_{1T}^{\nwarrow} = \sum f_1(\alpha \Delta TL) = \alpha \sum (f_1 \Delta TL) = -(12 \times 10^{-6})(-160) = -0.00192\,\text{m}$

$\Delta_{2T}^{\nearrow} = \sum f_2(\alpha \Delta TL) = 0$

따라서

$\Delta_{1T}^{\nwarrow} + X_{1T}\delta_{11}^{\nwarrow} + X_{2T}\delta_{12}^{\nwarrow} = 0 \;\rightarrow\; \dfrac{1}{EA}(12.28X_{1T} + 1.08X_{2T}) = 0.00192$

$12.28X_{1T} + 1.08X_{2T} = (0.00192)(2.1 \times 10^4)(3{,}000)(10^{-3}) = 120.96$ (5)

$\Delta_{2T}^{\nearrow} + X_{1T}\delta_{21}^{\nearrow} + X_{2T}\delta_{22}^{\nearrow} = 0 \;\rightarrow\; \dfrac{1}{EA}(1.08X_{1T} + 12.28X_{2T}) = 0$

$1.08X_{1T} + 12.28X_{2T} = 0$ (6)

식 (5), (6)를 연립하여 풀면,

$X_{1T} = 9.93\,\text{kN}$

$X_{2T} = -0.87\,\text{kN}$

외부하중은 없고 온도상승 만에 의한 부재력 F_T는 아래의 겹침의 원리 식을 사용하여 구한다. 즉, 기본구조물과 같은 정정구조물에서 온도상승이 처짐은 발생시키나 부재력은 유발시키지 않으므로($F_{0T} = 0$)

$F_T = F_{0T} + X_{1T} f_1 + X_{2T} f_2 = X_{1T} f_1 + X_{2T} f_2$

다음 표의 F_T가 온도 상승만에 의해 생긴 부재력이다.

부재	L(m)	EA	$\frac{L}{EA}$	f_1	f_2	$f_1^2\left(\frac{L}{EA}\right)$	$f_2^2\left(\frac{L}{EA}\right)$	$f_1f_2\left(\frac{L}{EA}\right)$	ΔT	$f_1\Delta TL$	$f_2\Delta TL$	F_T(kN)	ΔL(mm)	$f_1\Delta L$
U_1U_2	4	EA	$\frac{4}{EA}$	-0.8	0	$\frac{2.56}{EA}$	0	0	+50	-160	0	-7.94	+7	-5.6
U_2U_2	4	EA	$\frac{4}{EA}$	0	-0.8	0	$\frac{2.56}{EA}$	0	0	0	0	0.70	0	0
L_1L_2	4	EA	$\frac{4}{EA}$	-0.8	0	$\frac{2.56}{EA}$	0	0	0	0	0	-7.94	0	0
L_2L_3	4	EA	$\frac{4}{EA}$	0	-0.8	0	$\frac{2.56}{EA}$	0	0	0	0	0.70	0	0
U_1L_1	3	EA	$\frac{3}{EA}$	-0.6	0	$\frac{1.08}{EA}$	0	10	0	0	0	-5.96	0	0
U_2L_2	3	EA	$\frac{3}{EA}$	-0.6	-0.6	$\frac{1.08}{EA}$	$\frac{1.08}{EA}$	$\frac{1.08}{EA}$	0	0	0	-5.44	0	0
U_3L_3	3	EA	$\frac{3}{EA}$	0	-0.6	0	$\frac{1.08}{EA}$	0	0	0	0	0.52	0	0
U_1L_2	5	$2EA$	$\frac{5}{2EA}$	1	0	$\frac{2.5}{EA}$	0	0	0	0	0	9.93	0	0
L_1U_2	5	$2EA$	$\frac{5}{2EA}$	1	0	$\frac{2.5}{EA}$	0	0	0	0	0	9.93	0	0
U_2L_3	5	$2EA$	$\frac{5}{2EA}$	0	1	0	$\frac{2.5}{EA}$	0	0	0	0	-0.87	0	0
L_2U_3	5	$2EA$	$\frac{5}{2EA}$	0	1	0	$\frac{2.5}{EA}$	0	0	0	0	-0.87	0	0
Σ						$\frac{12.28}{EA}$	$\frac{12.28}{EA}$	$\frac{1.08}{EA}$		-160	0			-5.6

온도상승 만에 의한 사재 U_1L_2의 변형량 $\Delta_{U_1L_2}$

$$\Delta_{U_1L_2} = \sum f_1(\alpha\Delta TL) = \alpha\sum(f_1\Delta TL) = (12\times10^{-6})(-160) = -0.00192\text{m}$$

$$= -1.92\text{mm}$$

3) 외부하중은 없고 상현재 U_1L_2가 제작오차로 $\Delta L = 7$mm만 길게 되었을 때, 온도 상승만 있는 경우와 똑같은 방법으로 적합방정식을 세우면 된다. 즉, 2차부정정구조물이므로 제작오차만 있는 경우에 대해 적합방정식을 적용하면

사재 U_1L_2에서, $\Delta_{1E}^{\nwarrow} + X_{1E}\delta_{11}^{\nwarrow} + X_{2E}\delta_{12}^{\nwarrow} = 0$ (7)

사재 L_2U_3에서, $\Delta_{2E}^{\nearrow} + X_{1E}\delta_{21}^{\nearrow} + X_{2E}\delta_{22}^{\nearrow} = 0$ (8)

여기서(위 표의 계산 참조요망)

$$\Delta_{1E}^{\nwarrow} = \sum f_1(\Delta L) = (-0.8)(7) = -5.6\text{ m}$$

$$\Delta_{2E}^{\nearrow} = \sum f_2(\alpha\Delta TL) = 0$$

따라서 온도 상승만 있는 경우와 똑같은 방법으로 위에서 구한 $\Delta_{1E}^{\nwarrow}$, $\Delta_{2E}^{\nearrow}$를 식 (7), (8)에 대입하고 식 (7), (8)을 연립하여 풀면, X_{1E}와 X_{2E}가 구해진다.
외부하중은 없고 제작오차 만에 의한 부재력은 온도 상승만 있는 경우와 똑같은 방법으로 아래의 겹침의 원리 식을 사용하여 구한다. 즉, 외부하중은 없고 온도 상승만 있는 경우처럼 기본구조물과 같은 정정구조물에서 제작오차가 처짐은 발생시키나 부재력은 유발시키지 않으므로($F_{0E}=0$)

$$F_E = F_{0E} + X_{1E}f_1 + X_{2E}f_2 = X_{1E}f_1 + X_{2E}f_2$$

위 식을 사용하면 외부하중은 없고 제작오차 만에 의해 생긴 부재력 F_E가 온도 상승만 있는 경우처럼 구해진다.

사재 U_1L_2의 변형량 $\Delta_{U_1L_2}$

$$\Delta_{U_1L_2} = \sum f_1(\Delta L) = (-0.8)(7) = -5.6\text{mm}$$

연습문제

13.1 다음과 같이 2개의 단순보가 결합된 상태에서 중앙에 연직하중 $P = 100\text{kN}$을 받고 있을 때, 하중작용점의 연직처짐 Δ를 구하시오. 단, $E = 2 \times 10^5\text{MPa}$이고, $I = 4.9 \times 10^8\text{mm}^4$이다. 그리고 휨모멘트에 의한 처짐만 고려한다.

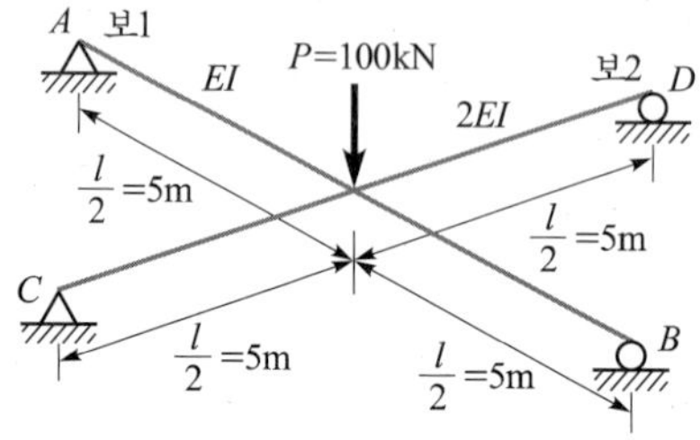

그림 문제 13.1

13.2 다음과 같은 고정단보에서 C점에 연직하중 P가 작용할 때, 고정지점 A, B의 휨모멘트(고정단모멘트) M_A, M_B 그리고 수직반력 V_A, V_B를 변위일치법을 사용하여 구하시오. 단, EI는 일정(constant)하고, 전단력에 의한 변위는 무시한다.

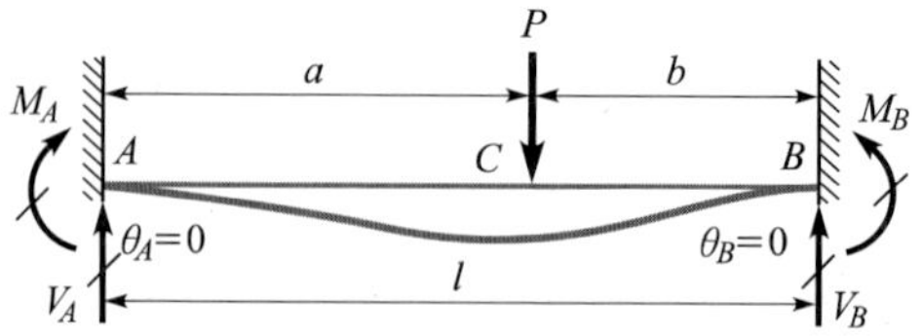

그림 문제 13.2

13.3 다음과 같은 고정단보에서 등분포하중 w가 작용할 때, 고정지점 A, B의 휨모멘트(고정단모멘트) M_A, M_B 그리고 수직반력 V_A, V_B를 변위일치법을 사용하여 구하시오. 단, EI는 일정(constant)하고, 전단력에 의한 변위는 무시한다.

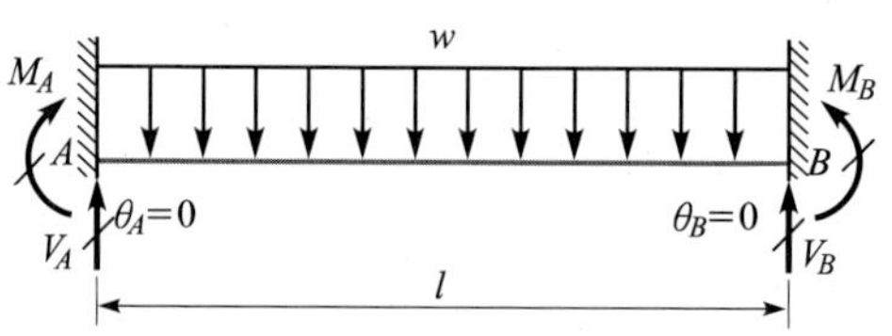

그림 문제 13.3

13.4 다음과 같은 1차부정정 트러스에서 하중이 작용될 때, A점에서의 연직처짐량 Δ_A를 구하시오. 단, □는 부재의 단면적으로 $\boxed{1} = 1\text{mm}^2$ 그리고 $\boxed{2} = 2\text{mm}^2$, 모든 부재의 탄성계수 $E = 2 \times 10^5$ MPa이다.

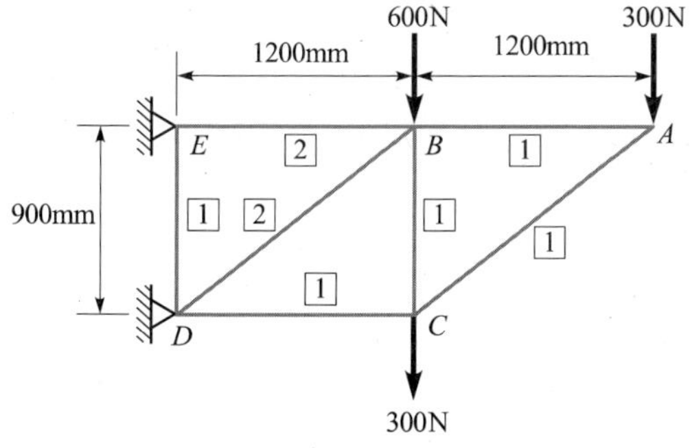

그림 문제 13.4

13.5 다음과 같은 트러스 구조물을 푸시오. 단, 각 부재의 단면적은 A이고, 탄성계수는 E이다.

1) 각 부재의 부재력을 구하시오(8점).

2) 수평변위 δ_D 를 구하시오(7점).

[총 15점, 토목구조기술사 시험]

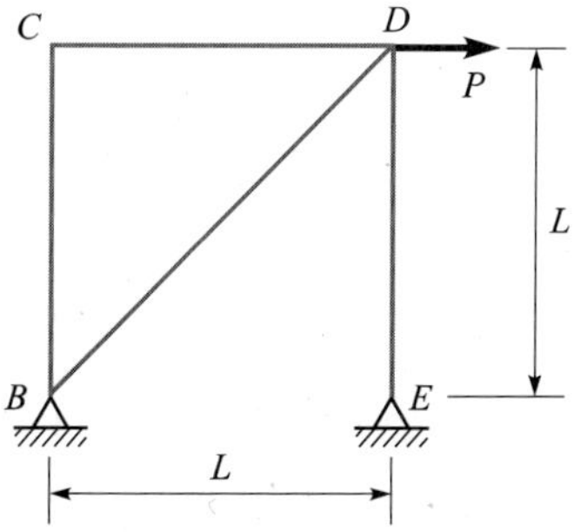

그림 문제 13.5

13.6 1차 부정정인 그림 문제 13.6 (a)에서 작용력 P를 B 위치에 작용시켰을 때 중심 C점에 처짐이 0.75이고, 그림 문제 13.6 (b)와 같이 중심인 C점에 스프링 k를 설치해놓고 작용력 P를 작용시켰을 때 처짐은 0.5가 생겼다.

1) 그림 문제 13.6 (a)에서 작용력 P를 C점에 작용시켰을 때 B점의 처짐을 구하시오.

2) 그림 문제 13.6 (c) 같이 작용력 P와 스프링 k가 위치할 때 C점의 처짐을 구하시오.

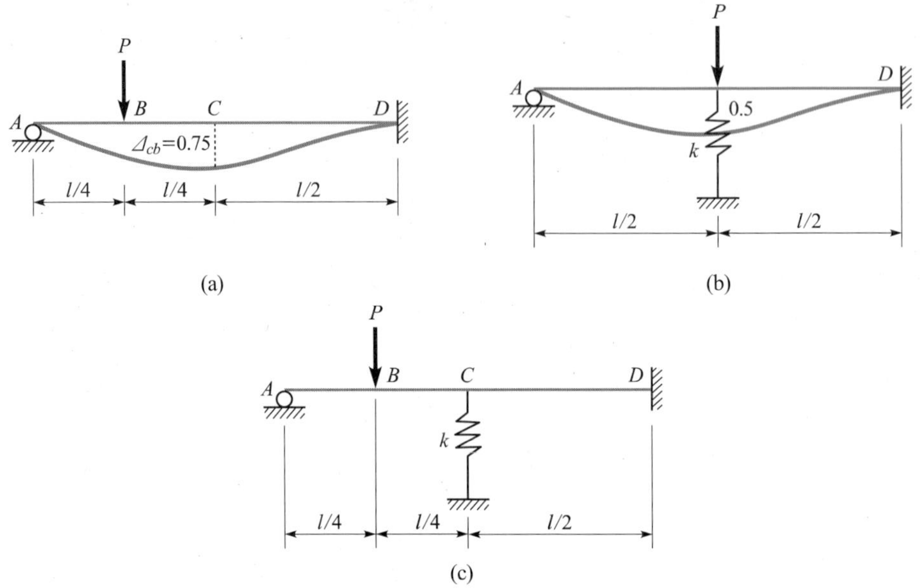

그림 문제 13.6

13.7 다음과 같이 등분포하중 w을 받는 캔틸레버보의 자유단 B에 회전스프링상수 값이 $k_\theta = \dfrac{EI}{l}$인 탄성회전스프링을 부착하였을 때, 고정단 A점의 반력(V_A, M_A) 그리고 x 위치에서의 전단력(V_x) 및 휨모멘트(M_x)를 구하시오. 단, 캔틸레버보의 EI는 일정(constant)하고, 전단력에 의한 변위는 무시한다.

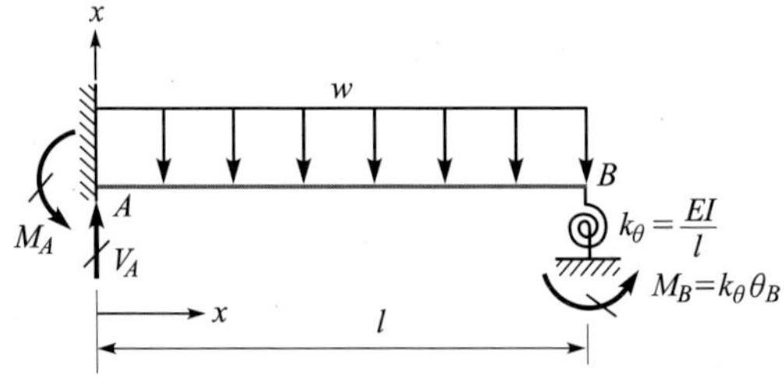

그림 문제 13.7

제 14 장

최소일의 방법과 3연모멘트법

제14장

최소일의 방법과 3연모멘트법

14.1 최소일의 방법

최소일의 방법(method of least work)은 카스틸리아노(Castigliano)의 제2정리를 응용한 것으로서 연속보와 라멘 구조해석에 사용하며 특히 1, 2차부정정 구조물의 해석에 적합하다. 즉, 카스틸리아노(Castigliano)의 제2정리를 이용하면, 최소일방법에 대한 일반식은 부정정력 X_i가 작용하는 점에서의 상대처짐 Δ_i가 '0'이라는 적합조건으로부터 다음 식과 같이 표현된다.

$$\Delta_i = \frac{\partial U}{\partial X_i} = \Sigma \frac{F(\frac{\partial F}{\partial X_i})l}{AE} + \Sigma \int \frac{M(\frac{\partial M}{\partial X_i})}{EI} dx + \cdot \cdot \cdot = 0 \qquad (14.1)$$

여기서, 축력 F와 휨모멘트 M은 미지수인 부정정력 X_i의 함수이고, 식 (14.1)은 n개의 미지수 $X_1, X_2, \cdot \cdot \cdot, X_n$의 함수로 된 n개의 방정식을 제공한다. 즉, 1차부정정 구조물인 경우에는 미지수가 1개이므로 X_1만의 함수가 되고, 따라서 이 함수로부터 부정정력 X_1이 간단히 구해진다. 2차부정정 구조물인 경우에는 미지수가 2개이므로 X_1, X_2의 2개의 연립방정식 함수가 되고, 이 2개의 연립방정식을 연립하여 풀면 미지수인 부정정력 X_1, X_2가 구해진다. 그리고 3차부정정 구조물인 경우에는 미지수가 3개이므로 X_1, X_2, X_3의 3개의 연립방정식 함수가 되므로, 이 들 3개의 연립방정식을 연립하여 풀면 미지수인 3개의 부정정력 X_1, X_2, X_3이 구해진다.

식 (14.1)에서 U는 기본구조물의 변형에너지로서 다음 식과 같이 하중뿐만이 아니라 미지의 부정정력 X_i에 의한 총 외적일과 같다.

$$U = W_L + W_X(X_1, X_2, \cdot \cdot \cdot, X_n) \qquad (14.2)$$

여기서, W_L : 하중에 의한 외적일

$W_X(X_1, X_2, \cdot\cdot\cdot, X_n)$: 미지의 부정정력 X_i에 의한 외적일

식 (14.1)에 의하면 최소일의 방법은 구조물에서 하중으로 인하여 생기는 n개의 부정정력 작용점에서의 처짐이 각각 '0'이라는 것을 의미하고, 이것은 미지수인 부정정력은 변형에너지를 최소로 하는 값이어야 한다는 의미를 내포하고 있다. 따라서 최소일의 방법은 7장의 변위일치법을 수식적으로 표현한 것으로 결국에는 동일한 방법을 나타내고 있다.

그러나 변위일치법은 겹침의 원리가 적용되는 한 하중, 지점의 침하, 온도변화, 그리고 조립시의 오차 등 어떤 원인에 대해서도 부정정구조물을 해석할 수가 있으나, 최소일의 방법은 지점의 침하, 온도변화, 조립시의 오차 등의 원인에 대한 변형으로 일어나는 내력을 계산하는 데는 적용할 수가 없으므로 변위일치법보다 그 적용에 있어 제한적이다.

예제 14.1

다음 그림과 같은 부정정보의 지점 A에 휨모멘트 $M_A = 50\text{kN}\cdot\text{m}$가 작용할 때 고정단 C점의 휨모멘트 M_C를 구하시오. 단, 전단력에 의한 변위 무시한다.

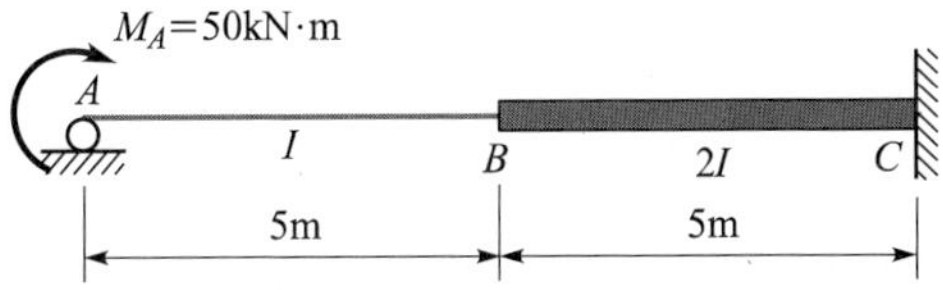

(a)

그림 예제 14.1

풀이

이 구조물은 1차부정정이다. 지점 A의 수직반력 V_A를 부정정력으로 택한 그림 (b)의 기본구조물에 식 (14.1)의 최소일의 방법을 적용하여 고정단 C점의 휨모멘트 M_C를 구한다. 즉,

$$\Delta_A = \sum \int \frac{M}{EI} \left(\frac{\partial M}{\partial V_A} \right) dx = 0$$

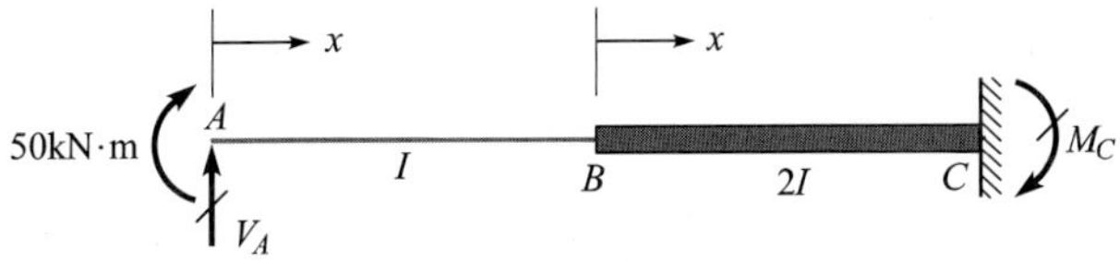

(b) 기본구조물

구간	적분원점	적분구간(m)	M(kN • m)	$\frac{\partial M}{\partial V_A}$	단면2차모멘트
AB	A	$0 \le x \le 5$	$50+V_A x$	x	I
BC	B	$0 \le x \le 5$	$50+V_A(5+x)$	$5+x$	$2I$

$$\therefore \Delta_A = \frac{1}{EI}\int_0^5 (50+V_A x)(x)\,dx + \frac{1}{2EI}\int_0^5 \{50+V_A(5+x)\}(5+x)\,dx$$

$$= \frac{1}{EI}\int_0^5 (V_A x^2+50x)\,dx + \frac{1}{2EI}\int_0^5 (V_A x^2+10V_A x+25V_A+50x+250)\,dx$$

$$= \frac{1}{EI}[\frac{V_A}{3}x^3+\frac{50}{2}x^2]_0^5 + \frac{1}{2EI}[\frac{V_A}{3}x^3+\frac{10}{2}V_A x^2+25V_A x+\frac{50}{2}x^2+250x]_0^5$$

$$= \frac{1}{EI}(\frac{125}{3}V_A+625) + \frac{1}{2EI}(\frac{125}{3}V_A+125V_A+125V_A+625+1{,}250) = 0$$

따라서

$$\frac{250}{3}V_A+1{,}250+\frac{125}{3}V_A+1{,}900 = 0$$

$$375V_A+3{,}125 = 0$$

$$\therefore V_A = -8.33\text{kN}(\downarrow)$$

$$+\curvearrowright \Sigma M_C = 0\ ;\ -8.33\times10+50+M_C = 0$$

$$\therefore M_C = 33.3\text{kN}\cdot\text{m}(\curvearrowright)$$

예제 14.2

다음과 같은 구조물에 대해

1) 고정단 B점의 수직반력 V_B와 휨모멘트 M_B를 구하시오(15점).

2) C점의 처짐 δ_C를 구하시오(10점).

[총 25점, 토목구조기술사 시험]

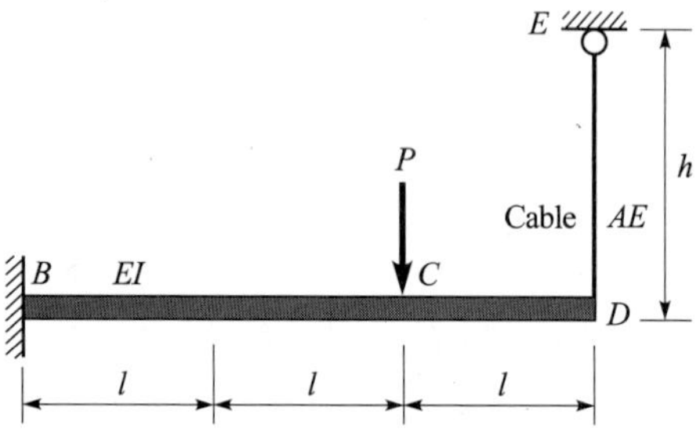

(a)

그림 예제 14.2

풀이

1) 수직반력 V_B와 휨모멘트 M_B의 계산

이 구조물은 1차부정정이다. 케이블(cable)의 장력 X를 부정정력으로 선택하고, 식 (14.1)의 최소일의 방법을 적용하면 다음과 같이 쓸 수 있다.

구간	x의 원점	적분구간	M	$\frac{\partial M}{\partial X}$	F	$\frac{\partial F}{\partial X}$	단면적
DC	D	$0 \le x \le l$	$X \cdot x$	x	0	0	A
BC	C	$0 \le x \le 2l$	$X \cdot (x+l) - Px$	$(x+l)$	0	0	A
DE	D	$0 \le x \le h$	0	0	X	1	A

$$\begin{aligned}
\Delta_X &= \Sigma \int M(\frac{\partial M}{\partial X})\frac{dx}{EI} + \Sigma F(\frac{\partial F}{\partial X})\frac{l}{AE} = 0 \\
&= \int_0^l (X \cdot x) \cdot x \frac{dx}{EI} + \int_0^{2l} [X \cdot (x+l) - P \cdot x] \cdot (x+l)\frac{dx}{EI} + X\frac{h}{AE} \\
&= \frac{1}{3}X \cdot [x^3]_0^l \frac{1}{EI} + \int_0^{2l} [X \cdot (x^2 + 2lx + l^2) - Px^2 - Pl\,x]\frac{dx}{EI} + X\frac{h}{AE} \\
&= \frac{1}{3}l^3\frac{X}{EI} + [X \cdot (\frac{x^3}{3} + lx^2 + l^2x) - \frac{P}{3}x^3 - \frac{Pl}{2}x^2]_0^{2l}\frac{1}{EI} + X\frac{h}{AE} \\
&= X \cdot (\frac{l^3}{3} + \frac{8}{3}l^3 + 4l^3 + 2l^3 + \frac{hI}{A})\frac{1}{EI} - (\frac{8}{3}Pl^3 + 2Pl^3)\frac{1}{EI} \\
&= X \cdot (9l^3 + \frac{hI}{A})\frac{1}{EI} - \frac{14}{3}Pl^3\frac{1}{EI} = 0
\end{aligned}$$

따라서

$$X = \frac{\frac{14Pl^3}{3}}{9l^3 + \frac{hI}{A}} = \frac{\frac{14Pl^3}{3}}{\frac{9Al^3 + hI}{A}} = \frac{14APl^3}{27Al^3 + 3hI} \text{ (인장)}$$

$$\therefore V_B = P - X = \frac{(27Al^3 + 3hI)P - 14APl^3}{27Al^3 + 3hI} = \frac{P \cdot (13Al^3 + 3hI)}{27Al^3 + 3hI}$$

$$\therefore M_B = -P(2l) + X(3l) = \frac{-(54Al^4 + 6hIl)P + 42APl^4}{27Al^3 + 3hI} = \frac{-P \cdot (12Al^4 + 6hIl)}{27Al^3 + 3hI}$$

2) C점의 처짐 δ_C의 계산

그림 (b), (c)로부터 δ_C는 다음 식과 같이 된다.

$$\delta_C = \delta_{PC} + \delta_{XC}$$

그림 (b)의 공액보를 사용하여 처짐 δ_{PC}를 구하면 다음과 같다.

$$\delta_{PC} = M_C = -\left(\frac{1}{2}\right)\left(\frac{2Pl}{EI}\right)(2l)\left(\frac{2}{3}\cdot 2l\right) = -\frac{8Pl^3}{3EI}$$

그림 (c)의 공액보를 사용하여 처짐 δ_{XC}를 구하면 다음과 같다.

$$\delta_{XC} = \left(\frac{Xl}{EI}\right)(2l)(l) + \frac{1}{2}\left(\frac{2Xl}{EI}\right)(2l)\left(\frac{2}{3}\cdot 2l\right) = \frac{2l^3X}{EI} + \frac{8l^3X}{3EI}$$

$$= \frac{14l^3X}{3EI} = \frac{14l^3}{3EI}\cdot\left(\frac{14APl^3}{27Al^3+3hI}\right)$$

$$\therefore \delta_C = \delta_{PC} + \delta_{XC} = -\frac{8Pl^3}{3EI} + \frac{14l^3}{3EI}\cdot\left(\frac{14APl^3}{27Al^3+3hI}\right)$$

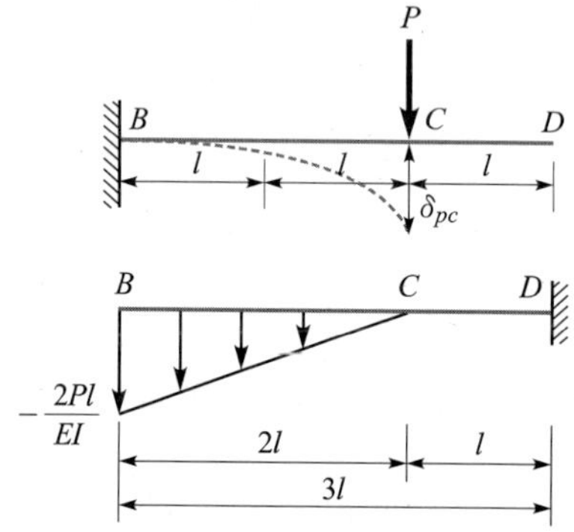

(b) 하중 P 만을 받는 기본구조물에서 C점의 처짐 δ_{PC}와 공액보

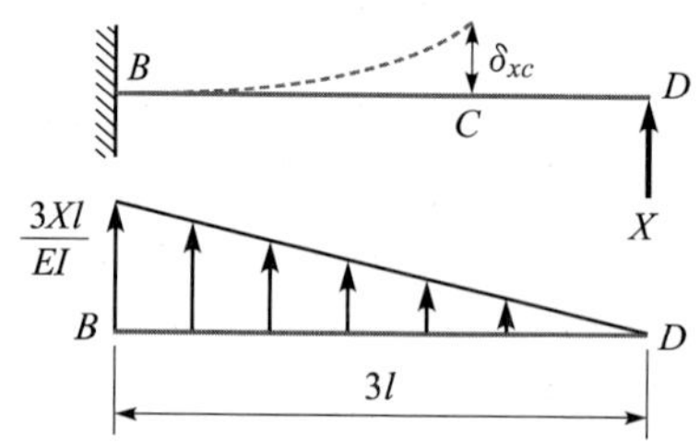

(c) 부정정력 X 만을 받는 기본구조물에서 C점의 처짐 δ_{XC}와 공액보

예제 14.3

다음과 같이 등분포하중 $w = 0.4$kN/m를 받고 있는 1차부정정 원호아치에서 $x = 10$m인 D 위치의 휨모멘트 M_D, 전단력 S_D, 축력 H_D를 구하시오. 단, 휨모멘트에 의한 변위만을 고려한다.

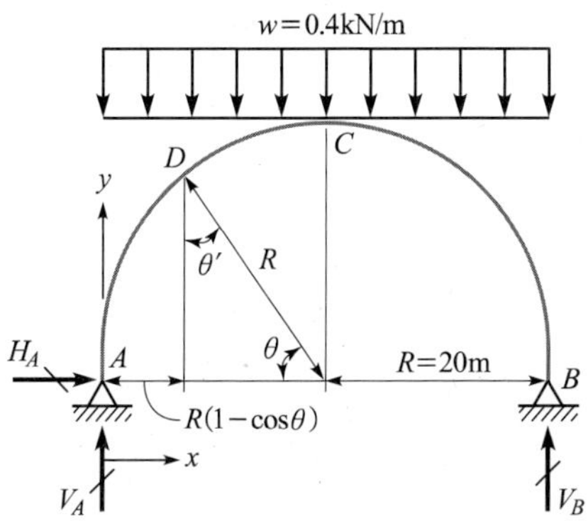

(a)

그림 예제 14.3

풀이

1) 지점 A의 반력 V_A, H_A 계산

$$V_A = V_B = \frac{1}{2} \times 40 \times 0.4 = 8\text{kN}\,(\uparrow)$$

이 구조물은 1차부정정이다. 지점 A의 반력 H_A를 부정정력으로 선택하고, 식 (14.1)의 최소일의 방법을 적용하면 다음과 같이 쓸 수 있다.

$$M_x = V_A \times 20(1-\cos\theta) - H_A \times 20\sin\theta - 0.4 \times 20 \times (1-\cos\theta) \times \frac{20(1-\cos\theta)}{2}$$

$$= 20 \times 8(1-\cos\theta) - 20H_A\sin\theta - 80(1-\cos\theta)^2$$

$$\frac{\partial M_x}{\partial H_A} = -20\sin\theta$$

$$\Delta_A = \sum \int_0^s \frac{M}{EI}\frac{\partial M}{\partial H_A}ds = \frac{2}{EI}\int_0^{\frac{\pi}{2}} M_x \frac{\partial M_x}{\partial H_A} R d\theta = 0$$

$$= \frac{2}{EI}\int_0^{\frac{\pi}{2}} [160(1-\cos\theta) - 20\sin\theta H_A - 80(1-\cos\theta)^2](-20\sin\theta)(20d\theta)$$

$$= -\frac{800}{EI}\int_0^{\frac{\pi}{2}} [160\sin\theta(1-\cos\theta) - 20\sin^2\theta H_A - 80\sin\theta(1-\cos\theta)^2]d\theta$$

$$=-\frac{800}{EI}\int_0^{\frac{\pi}{2}}[160(\sin\theta-\frac{1}{2}\sin2\theta)-20H_A\frac{1-\cos2\theta}{2}-80\sin\theta(1-2\cos\theta+\cos^2\theta)]d\theta$$

$$=-\frac{800}{EI}\int_0^{\frac{\pi}{2}}[160(\sin\theta-\frac{1}{2}\sin2\theta)-10H_A(1-\cos2\theta)-80\sin\theta+80\sin2\theta-80\sin\theta$$

$$+80\sin^3\theta]d\theta=0$$

$$[160(-\cos\theta+\frac{1}{4}\cos2\theta)-10H_A(\theta-\frac{1}{2}\sin2\theta)+80\cos\theta-40\cos2\theta+80\cos\theta$$

$$-80\cos\theta+80\times\frac{1}{3}\cos^3\theta]_0^{\frac{\pi}{2}}=0$$

$$[160(-\cos\theta+\frac{1}{4}\cos2\theta)-10H_A(\theta-\frac{1}{2}\sin2\theta)$$

$$+160\cos\theta-40\cos2\theta-80\cos\theta+\frac{80}{3}\cos3\theta]_0^{\frac{\pi}{2}}=0$$

$$160(-\frac{1}{4}+1-\frac{1}{4})-10H_A(\frac{\pi}{2})-160+40+40+80-\frac{80}{3}=0$$

$$80-5\pi H_A-\frac{80}{3}=0$$

$$\therefore 5\pi H_A=80-\frac{80}{3}=\frac{160}{3}$$

$$\therefore H_A=\frac{160}{5\pi\times3}=\frac{32}{3\pi}=3.4\text{kN}(\rightarrow)$$

2) D점의 휨모멘트 M_D

$x=10$m일 때 θ, θ'값을 구하면 다음과 같다.

$$\theta=\cos^{-1}\left(\frac{R-10}{R}\right)=\cos^{-1}\left(\frac{20-10}{20}\right)=60°,\ \theta'=90°-\theta=90°-60°=30°$$

$$\therefore M_D=8\times10-3.4\times20\sin\theta-0.4\times10\times5$$

$$=8\times10-3.4\times20\sin60°-0.4\times10\times5$$

$$=1.1\text{kN}\cdot\text{m}(\curvearrowleft)$$

3) D점의 축력 H_D, 전단력 S_D[그림 예제 4.2 풀이에서 D점의 자유물체도의 부재력 방향 참조]

D점의 x축 방향력 $N_D=H_A\equiv3.4\text{kN}(\leftarrow)$

D점의 y축 방향력 $Q_D=-V_A+0.4\times10=-8+0.4\times10=-4\text{kN}(\downarrow)$

따라서, D점의 축력 H_D와 전단력 S_D는 다음과 같이 된다.

$H_D=N_D\cos\theta'-Q_D\sin\theta'=3.4\times\cos30°-(-4)\times\sin30°=4.9\text{kN}(\swarrow)$

$S_D=N_D\sin\theta'+Q_D\cos\theta'=3.4\times\sin30°+(-4)\times\cos30°=-1.8\text{kN}(\searrow)$

TIP

적분 시 유용하게 사용가능한 삼각함수의 성질을 요약하면 다음과 같다.

$$\int \sin\theta d\theta = -\cos\theta + C, \int \cos\theta d\theta = \sin\theta + C$$

$$\sin^2\theta + \cos^2\theta = 1, \sin 2\theta = 2\sin\theta\cos\theta$$

$$\sin^2\theta = \frac{1-\cos 2\theta}{2}, \cos^2\theta = \frac{1+\cos 2\theta}{2}$$

$$\cos(a-b) = \cos a \cdot \cos b + \sin a \cdot \sin b$$

$$-\cos\theta = \cos(\theta+\pi), \ -\sin\theta = \cos(\theta + \frac{\pi}{2})$$

$$\cos(\frac{\pi}{2}-\theta) = \sin\theta, \sin(\frac{\pi}{2}-\theta) = \cos\theta$$

$$(e^{i\theta} = \cos\theta + i\sin\theta, e^{-i\theta} = \cos\theta - i\sin\theta, \ i = \sqrt{-1})$$

$$\int \sin^3\theta d\theta = ?$$

$\cos\theta = t$로 치환한 후 양변을 미분하면 $-\sin\theta d\theta = dt$가 된다. 따라서

$$\int \sin^3\theta d\theta = \int \sin\theta \sin^2\theta d\theta = \int \sin\theta(1-\cos^2\theta)d\theta = \int (-1+t^2)dt = -t + \frac{1}{3}t^3 + C$$

$$= -\cos\theta + \frac{1}{3}\cos^3\theta + C$$

예제 14.4

다음 그림과 같은 구조물에서 하중 P와 처짐 r 과의 관계에 대해 설명하시오. 단, Δ는 보의 단부와 기둥 상단 사이의 최초의 간격이고, 기둥은 압축력을 받는 트러스부재와 같이 거동한다.

[25점, 토목구조기술사 시험]

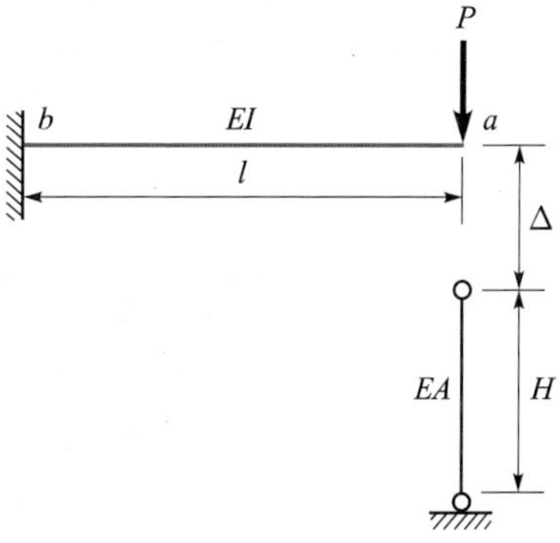

(a)

그림 예제 14.4

풀이

1) $r < \Delta$인 경우(처짐 r의 계산은 연습문제 6.2의 풀이 참조)

$$r = \frac{Pl^3}{3\,EI}\,(\downarrow)$$

2) $r \geq \Delta$인 경우

그림 (b)의 보에서, ab부재의 휨모멘트는 다음과 같다.

$$M = -(P-F)\,x \qquad (0 \leq x \leq l)$$

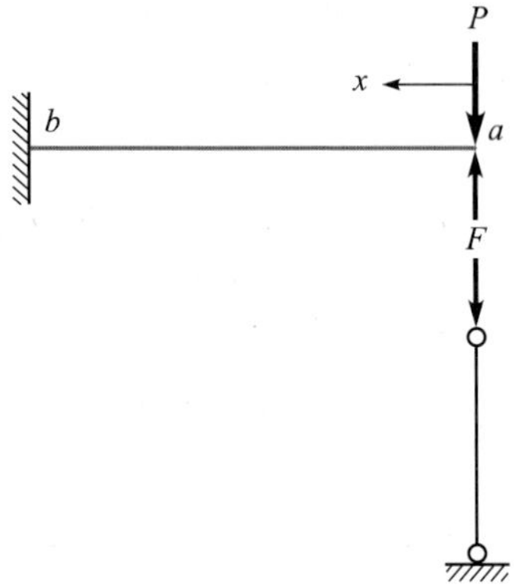

(b) 자유물체도

그림 (b)에서 구조물 내에 발생되는 축력에 의한 변형에너지와 힘모멘트에 의한 변형에너지는 다음과 같다.

$$U = \frac{F^2 H}{2EA} + \int_0^l \frac{M^2}{2EI}\,dx$$

$$= \frac{F^2 H}{2EA} + \int_0^l \frac{(-(P-F))^2 x^2}{2EI}\,dx$$

$$= \frac{F^2 H}{2EA} + \frac{(-(P-F))^2 l^3}{6EI} = \frac{F^2 H}{2EA} + \frac{(-P+F)^2 l^3}{6EI}$$

최소일의 방법을 이용하면 다음과 같이 그림 (b)에서 부정정력인 축력 F가 구해진다. 즉,

$$\frac{\partial U}{\partial F} = \frac{FH}{EA} - \frac{(P-F)\,l^3}{3EI} = 0$$

$$\therefore\ F = \frac{P\,l^3\,A}{3\,HI + l^3\,A}$$

그림 (b)의 기둥에서 변형량 r을 계산하면 다음이 같이 된다.

$$r-\Delta=\frac{FH}{EA}=\frac{Pl^3H}{E(3HI+l^3A)}$$

$$\therefore r=\frac{Pl^3H}{E(3HI+l^3A)}+\Delta\ (\downarrow)$$

예제 14.5

다음의 같이 등분포하중 q를 받고 있는 양단고정 부등단면 보에서 고정단 A점의 고정단모멘트 M_A를 구하시오. 단, 탄성계수는 E이고, 전단력에 의한 변위는 무시한다.

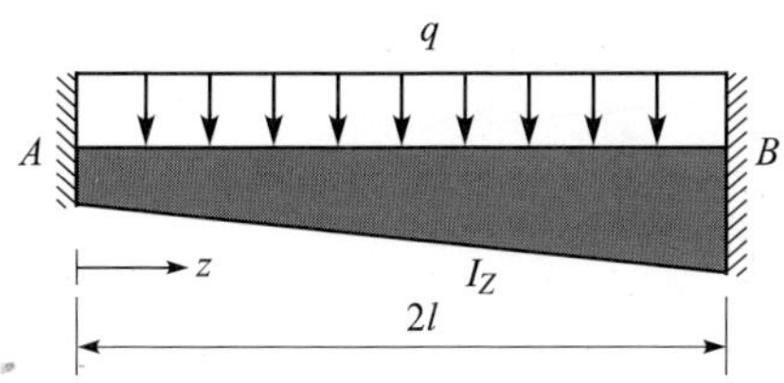

(a)

그림 예제 14.5

풀이

이 양단고정보의 경우는 그림 (b)의 기본구조물의 자유물체도처럼 고정단 A점의 반력 V_A, M_A를 부정정력으로 선택하고, 최소일의 방법을 적용하여 유도된 연립방정식을 연립하여 풀면 반력 M_A가 다음과 같이 구해진다. 즉,

$$M_z=M_A+V_Az-\frac{qz^2}{2}\qquad (0\le z\le 2l)$$

$$\frac{\partial M_z}{\partial M_A}=1,\ \frac{\partial M_z}{\partial V_A}=z$$

$$\theta_A=\int_0^{2l}M_z\left(\frac{\partial M_z}{\partial M_A}\right)\frac{dz}{EI_z}=0 \tag{1}$$

$$\Delta_A=\int_0^{2l}M_z\left(\frac{\partial M_z}{\partial V_A}\right)\frac{dz}{EI_z}=0 \tag{2}$$

식 (1)로부터, $\theta_A=\int_0^{2l}\left(M_A+V_Az-\frac{qz^2}{2}\right)\frac{dz}{EI_z}=0$

$$M_A\int_0^{2l}\frac{dz}{I_z}+V_A\int_0^{2l}\frac{z}{I_z}dz-\frac{q}{2}\int_0^{2l}\frac{z^2}{I_z}dz=0 \tag{3}$$

식 (2)로부터, $\Delta_A = \int_0^{2l} (M_A + V_A z - \frac{qz^2}{2}) z \frac{dz}{EI_z} = 0$

$$M_A \int_0^{2l} \frac{z}{I_z} dz + V_A \int_0^{2l} \frac{z^2}{I_z} dz - \frac{q}{2} \int_0^{2l} \frac{z^3}{I_z} dz = 0 \tag{4}$$

(3)으로부터, $V_A = \dfrac{\frac{q}{2} \int_0^{2l} \frac{z^2}{I_z} dz - M_A \int_0^{2l} \frac{1}{I_z} dz}{\int_0^{2l} \frac{z}{I_z} dz}$ (5)

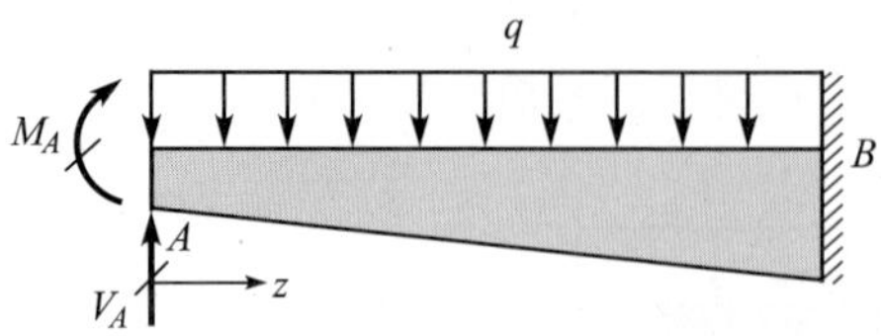

(b) 기본구조물의 자유물체도

식 (5)를 식 (4)에 대입하면,

$$M_A \int_0^{2l} \frac{z}{I_z} dz + \frac{\frac{q}{2} (\int_0^{2l} \frac{z^2}{I_z} dz)^2 - M_A \int_0^{2l} \frac{dz}{I_z} \int_0^{2l} \frac{z^2}{I_z} dz}{\int_0^{2l} \frac{z}{I_z} dz} - \frac{q}{2} \int_0^{2l} \frac{z^3}{I_z} dz = 0$$

$$M_A (\int_0^{2l} \frac{z}{I_z} dz - \frac{\int_0^{2l} \frac{dz}{I_z} \int_0^{2l} \frac{z^2}{I_z} dz}{\int_0^{2l} \frac{z}{I_z} dz}) = \frac{q}{2} [\int_0^{2l} \frac{z^3}{I_z} dz - \frac{(\int_0^{2l} \frac{z^2}{I_z} dz)^2}{\int_0^{2l} \frac{z}{I_z} dz}]$$

$$M_A [\frac{(\int_0^{2l} \frac{z}{I_z} dz)^2 - \int_0^{2l} \frac{dz}{I_z} \int_0^{2l} \frac{z^2}{I_z} dz}{\int_0^{2l} \frac{z}{I_z} dz}] = \frac{q}{2} [\frac{\int_0^{2l} \frac{z^3}{I_z} dz \int_0^{2l} \frac{z}{I_z} dz - (\int_0^{2l} \frac{z^2}{I_z} dz)^2}{\int_0^{2l} \frac{z}{I_z} dz}]$$

따라서

$$\therefore M_A = \frac{q}{2} \frac{\int_0^{2l} \frac{z^3}{I_z} dz \int_0^{2l} \frac{z}{I_z} dz - (\int_0^{2l} \frac{z^2}{I_z} dz)^2}{(\int_0^{2l} \frac{z}{I_z} dz)^2 - \int_0^{2l} \frac{dz}{I_z} \int_0^{2l} \frac{z^2}{I_z} dz} = \frac{q}{2} \frac{(\int_0^{2l} \frac{z^2}{I_z} dz)^2 - \int_0^{2l} \frac{z^3}{I_z} dz \int_0^{2l} \frac{z}{I_z} dz}{\int_0^{2l} \frac{dz}{I_z} \int_0^{2l} \frac{z^2}{I_z} dz - (\int_0^{2l} \frac{z}{I_z} dz)^2}$$

예제 14.6

다음과 같은 정팔각면체 구조물의 일부를 정정구조물로 모델링하여 휨모멘트도, 전단력도, 축력도를 도시하고, 변형형상을 그리시오. 단, 평면팔각형 뼈대(frame)구조물은 링(ring)과 같고 지점은 없으며, 각각의 구조물은 자기평형 상태에 있다. 그리고 보의 EI는 일정(constant)하고, 휨모멘트에 의한 변위만을 고려하라.

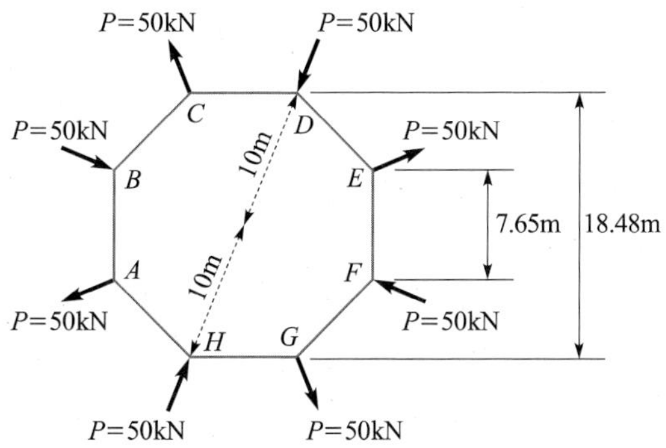

(a)

그림 예제 14.6

풀이

1) 구조물의 휨모멘트도, 전단력도, 축력도의 도시(圖示) 및 변형량 계산

i) 휨모멘트도

그림 (b)의 분리된 자유물체도에서 A점의 휨모멘트 M_a를 부정정력으로 선택하고, A점에서 거리 x만큼 떨어진 위치의 휨모멘트 M_x는 다음과 같이 된다.

$M_x = -M_a + 46.2x + 23.1x = -M_a + 69.3x$ (1)

여기서, $0 \le x \le 7.65$m이다

$$\frac{\partial M_x}{\partial M_a} = -1$$

최소일의 정리를 이용하면, 부정정력인 A점의 휨모멘트 M_a가 다음과 같이 구해진다.

$$\theta_A = \sum \int_0^l \frac{M_x}{EI}\left(\frac{\partial M_x}{\partial M_a}\right)dx = 0$$

$$= \frac{8}{EI}\int_0^{7.65}(M_a - 69.3x)dx$$

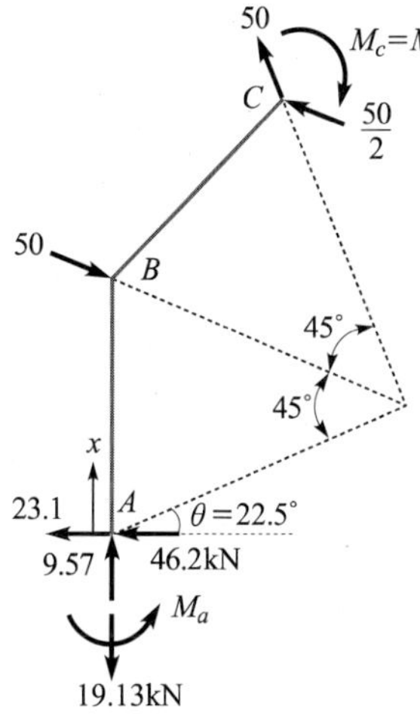

(b)

$$= 8[M_a \cdot x - 34.65x^2]_0^{7.65}$$

$$= 8(7.65M_a - 2027.8) = 0$$

$$\therefore M_a = 265.07\text{kN} \cdot \text{m} (\curvearrowleft)$$

위에서 구한 M_a값을 식 (1)에 대입하면 A점에서 x만큼 떨어진 위치의 휨모멘트 M_x를 다음과 같이 얻을 수 있다. 즉,

$$M_x = -265.07 + 69.3x$$

$x = 0$ 이면, $M = -265.07\text{kN} \cdot \text{m}$

$x = 7.65\text{m}$ 이면, $M = 265.07\text{kN} \cdot \text{m}$

$x = \dfrac{7.65}{2} = 3.825\text{m}$ 이면, $M = 0$

위에서 구한 휨모멘트 값과 주어진 자기평형 상태조건을 고려하여 휨모멘트도를 그리면 그림 (c)와 같이 된다.

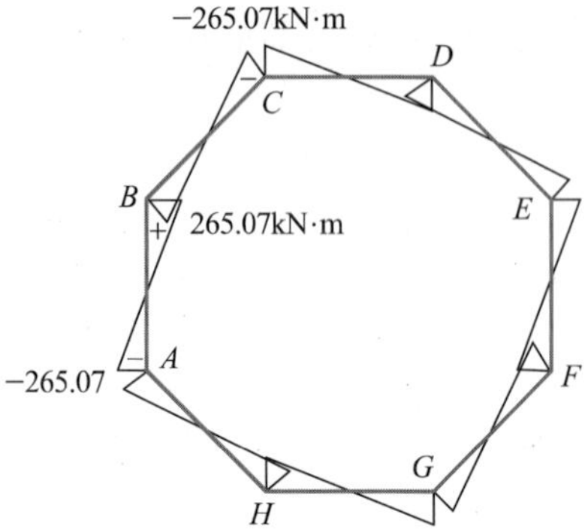

(c) 휨모멘트도(B.M.D)

ii) 전단력도

그림 (b)의 자유물체도에서, AB부재의 전단력 S_{AB}를 구하면 다음과 같다.

$$S_{AB} = 46.2 + 23.1 = 69.3\text{ kN}$$

[참고로, M_x를 1회 미분하면 $0 \leq x \leq 7.65\text{m}$ 범위의 전단력은 (+)69.3kN이 됨을 쉽게 알 수 있다. 즉,

$$\frac{dM_x}{dx} = \frac{d}{dx}(-256.07 + 69.3x) = 69.3\text{kN}]$$

한편, B~D구간에서 자유물체도를 생각하면 BC부재의 전단력 S_{BC}가 다음과 같이 된다.

$$S_{BC} = -46.2 - 23.1 = -69.3\text{kN}$$

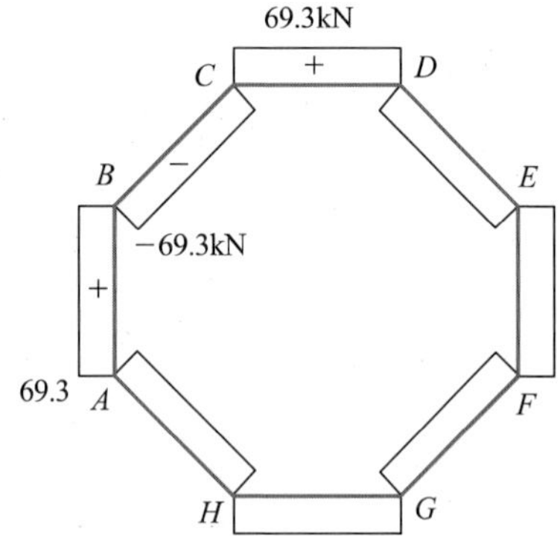

(d) 전단력도(S.F.D)

위의 값을 이용하여 전단력도를 도시(圖示)하면 그림 (d)와 같이 된다.

iii) 축력도

그림 (b)의 자유물체도에서, AB 부재의 축력 H_{AB}를 구하면 다음과 같다.

$H_{AB} = 19.13 - 9.57 = 9.56\,\text{kN}$ (인장)

한편, $B \sim D$구간에서 자유물체도를 생각하면 BC 부재에는 압축력이 작용함을 알 수 있다.

$H_{BC} = -19.13 + 9.57 = -9.56\text{kN}$ (압축)

위의 값을 이용하여 축력도를 도시(圖示)하면 그림 (e)와 같이 된다.

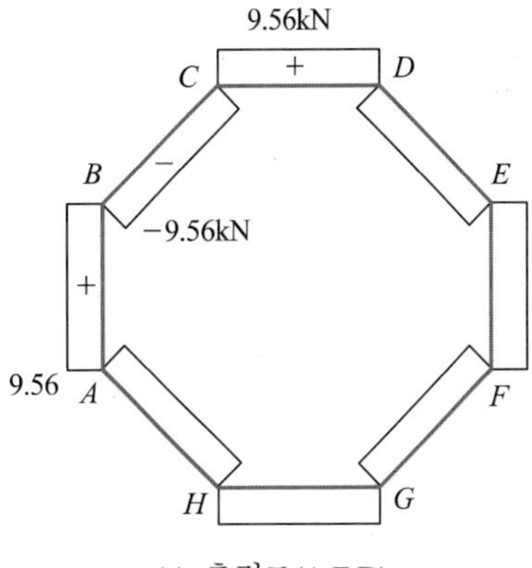

(e) 축력도(A.F.D)

iv) A, B점의 변형량 Δ_a, Δ_b 계산

그림 예제 14.6 (a)에서 외력 50kN 대신에 P를 하중의 작용방향으로 작용시킨 후, 자유물체도를 도시하면 그림 (f)와 같이 된다. 따라서 이때 부재에 생기는 휨모멘트 M_x은 식 (1)과 그림 (f)로부터 간단히 다음과 같이 된다.

$$M_x = (-265.07 + 69.3\,x)\left(\frac{P}{50}\right)$$
$$= -5.3P + 1.385Px$$
$$\frac{\partial M_x}{\partial P} = -5.3 + 1.385\,x$$

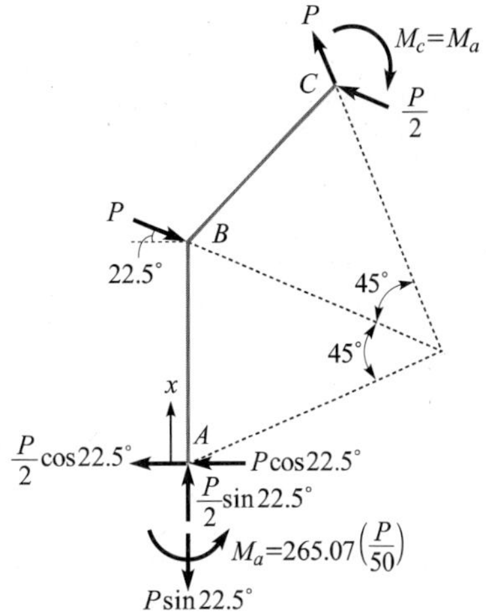

(f)

카스틸리아노(Castigliano)의 제 2정리 이용하면,

$$\Delta_a\,(\swarrow) = \sum \int_0^l \frac{M}{EI}\left(\frac{\partial M}{\partial P}\right)dx$$
$$= \frac{8}{EI}\int_0^{7.65}(-5.3P + 1.385Px)(-5.3 + 1.385x)\,dx$$
$$= \frac{8}{EI}\int_0^{7.65}[-5.3(50) + 1.385(50)x](-5.31.385x)\,dx$$
$$= \frac{8}{EI}\int_0^{7.65}(-265.07 + 69.3x)(-5.3 + 1.385x)\,dx$$
$$= \frac{28{,}647}{EI} = \Delta_b(\searrow)$$

2) 변형형상의 도시(圖示)

주어진 평면팔각형 뼈대구조물은 링(ring)과 같고 지점은 없으며, 각각의 구조물은 자기평형 상태 있다. 이러한 자기평형 상태조건과 위에서 구한 변형량을 고려하여 변형형상을 그리면 그림 (g)와 같이 된다.

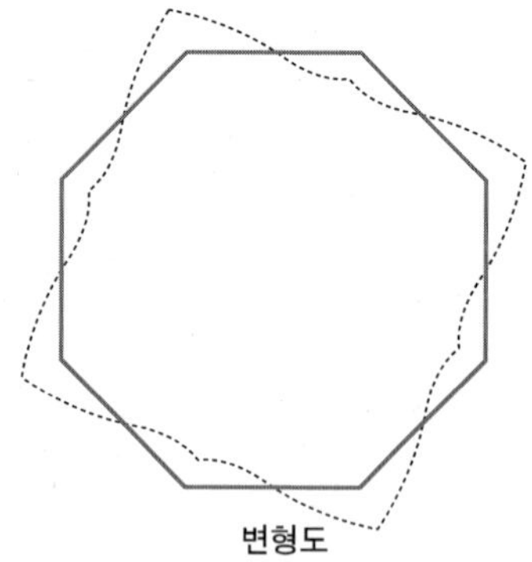

(g)

14.2 3연모멘트법

부정정연속보를 해석하는 3연모멘트법(3連모멘트법, three-moment method)은 1857년 프랑스의 기술자인 Clapeyron에 의해 개발되었다. 이 방법은 연속보에서 임의의 연속된 3개 지점의 휨모멘트와 지점사이에 작용하는 하중 상호간의 관계를 나타내는 3연모멘트방정식(three-moment equation)을 축차적으로 연속 2지간에 대해 적용하여 유도하고, 미지의 지점 휨모멘트 수만큼 연립방정식을 세워서 연립시켜 미지의 지점 휨모멘트를 구하는 매우 단순한 고전적인 부정정연속보의 해석법이다.

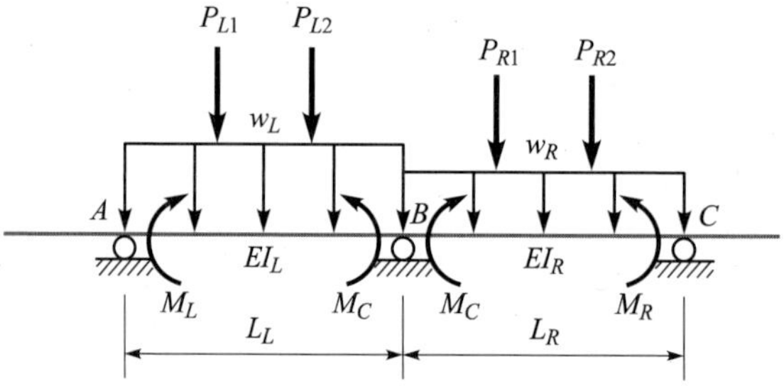

(a)

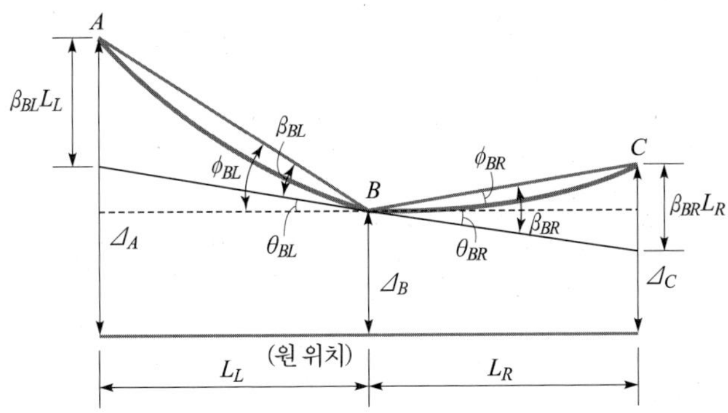

(b)

그림 14.1

모멘트면적법 정리2를 이용하면 3연모멘트방정식의 일반적인 형태가 쉽게 유도된다. 즉, 그림 14.1(a)처럼 왼쪽(L), 중앙(C), 그리고 오른쪽(R)의 지점을 지나는 부정정연속보의 일부분을 고려해 보자. 여기서 작용하는 외부하중은 집중하중($P_{L1}, P_{L2}, P_{R1}, P_{R2}$)과 분포하중($w_L, w_R$)이고, M_L, M_C, M_R은 작용하는 하중에 의해 생기는 지점에서의 미지의 휨모멘트이다. 그리고 그림 14.1 (b)는 하중에 의해 휘어진 탄성처짐곡선을 보여주고 있다.

그림 14.1(b)에서 B 점의 접선기울기를 나타내는 θ_{BL}, θ_{BR}은 서로 크기가 같다.

$$\theta_{BL} = \theta_{BR} \tag{14.3}$$

그리고 그림 14.1(b)로부터 다음의 관계가 성립된다.

$$\theta_{BL} = \phi_{BL} - \beta_{BL}, \quad \theta_{BR} = \phi_{BR} - \beta_{BR} \tag{14.4}$$

또한, 탄성처짐곡선에서 처짐이 작은 값이므로, AB, BC현의 기울기는 그림 14.1(b)에서 다음과 같이 된다.

$$\phi_{BL} = \frac{\Delta_A - \Delta_B}{L_L}, \quad \phi_{BR} = \frac{\Delta_C - \Delta_B}{L_R} \tag{14.5}$$

한편, 겹침의 원리에 의해, 그림 14.1(a)는 구간 AB를 정정인 단순보로 모델링한 AB단순보에 하중($P_{L1}, P_{L2}, w_L, M_L, M_C$)이 작용하는 것과 구간 BC를 정정인 단순보로 모델링한 BC단순보에 하중($P_{R1}, P_{R2}, w_R, M_R, M_C$)이 작용하는 것으로 분리시킬 수 있다. 이 들 AB, BC단순보 각각에 대해 모멘트면적법 정리2를 적용하면, 그림 14.1(b)의 B 점에서 접선각에 대한 A 점의 수직거리 $\beta_{BL}L_L$과 B 점에서 접선각에 대한 C 점의 수직거리 $\beta_{BR}L_R$이 다음과 같이 구해진다.

$$\beta_{BL}L_L = \left(\frac{M}{EI}\right)_{BL} x_L = \frac{1}{EI_L}\left(\frac{M_L L_L^2}{6} + \frac{M_C L_L^2}{3} + A_L \overline{x_L}\right) \tag{14.6a}$$

$$\beta_{BR}L_R = \left(\frac{M}{EI}\right)_{BR} x_R = \frac{1}{EI_R}\left(\frac{M_R L_R^2}{6} + \frac{M_C L_R^2}{3} + A_R \overline{x_R}\right) \tag{14.6b}$$

여기서, A_L은 작용하중(P_{L1}, P_{L2}, w_L)에 의한 AB단순보 AB상의 휨모멘트도의 면적이며, $\overline{x_L}$은 A점을 지나는 수직선으로부터 AB단순보 휨모멘트도의 도심까지의 거리이다. 마찬가지로 A_R은 작용하중(P_{R1}, P_{R2}, w_R)에 의한 BC단순보 BC상의 휨모멘트도의 면적이며, $\overline{x_R}$은 C점을 지나는 수직선으로부터 BC단순보 휨모멘트도의 도심까지의 거리이다. 그리고 식 (14.6a) 오른쪽 항의 첫 번째와 두 번째는 각각 M_L과 M_C에 의한 AB단순보 AB상의 휨모멘트도의 면적과 A점을 지나는 수직선으로부터 이들 휨모멘트도의 도심까지의 거리를 곱한 것이다. 그리고 식 (14.6b) 오른쪽 항의 첫 번째와 두 번째는 각각 M_R과 M_C에 의한 BC단순보 BC상의 휨모멘트도의 면적과 C점을 지나는 수직선으로부터 이들 휨모멘트도의 도심까지의 거리를 곱한 것이다.

따라서 식 (14.4)에 식 (14.5)의 ϕ_{BL}, ϕ_{BR} 그리고 식 (14.6)의 β_{BL}, β_{BR}을 각각 대입한 후, 식 (14.3)과 같이 등식으로 놓으면 다음과 같은 일반적인 3연모멘트방정식이 얻어진다.

$$\begin{aligned} & M_L\frac{L_L}{I_L} + 2M_C\left(\frac{L_L}{I_L} + \frac{L_R}{I_R}\right) + M_R\frac{L_R}{I_R} \\ & = -\frac{1}{I_L}\left(\frac{6A_L\overline{x_L}}{L_L}\right) - \frac{1}{I_R}\left(\frac{6A_R\overline{x_R}}{L_R}\right) + 6E\left(\frac{\Delta_A}{L_L} - \left(\frac{\Delta_B}{L_L} + \frac{\Delta_B}{L_R}\right) + \frac{\Delta_C}{L_R}\right) \end{aligned} \tag{14.7}$$

여기서 $\Delta_A, \Delta_B, \Delta_C$는 상향으로 발생하면 양(+)이고, 휨모멘트 M_L, M_C, M_R은 보의 상연에 압축을 일으키면 양(+)이다.

만약 $I_L = I_R = I$이고 수직변위가 $\Delta_A = \Delta_B = \Delta_C = 0$이라면, 식 (14.7)은 다음과 같이 된다.

$$M_L L_L + 2M_C(L_L + L_R) + M_R L_R = -\left(\frac{6A_L\overline{x_L}}{L_L}\right) - \left(\frac{6A_R\overline{x_R}}{L_R}\right) \tag{14.8}$$

계산의 편의를 위해서, 집중하중 P와 등분포하중 w 대해 식 (14.7), (14.8)의 $\dfrac{6A_L\overline{x_L}}{L_L}$과

$\dfrac{6A_R\overline{x_R}}{L_R}$ 의 값을 위에서 기술한 정의에 따라 계산해보면 각각 그림 14.2 그리고 그림 14.3과 같다.

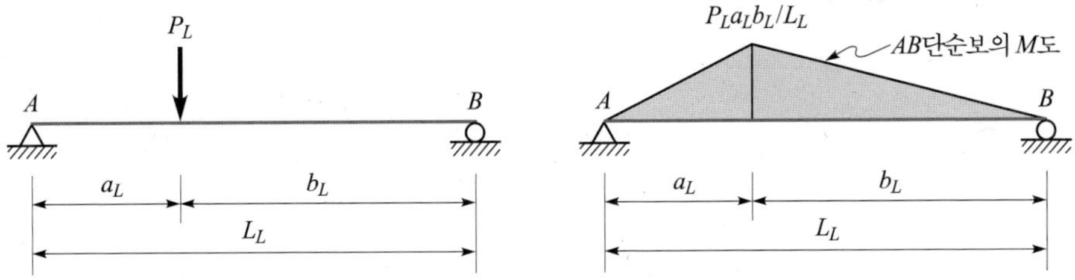

$$\frac{6A_L\overline{x_L}}{L_L}=\frac{6}{L_L}\left[\frac{a_L}{2}\left(\frac{P_La_Lb_L}{L_L}\right)\left(\frac{2a_L}{3}\right)+\frac{b_L}{2}\left(\frac{P_La_Lb_L}{L_L}\right)\left(a_L+\frac{b_L}{3}\right)\right]$$

$$=P_La_Lb_L(L_L+a_L)\diagup L_L$$

(a)

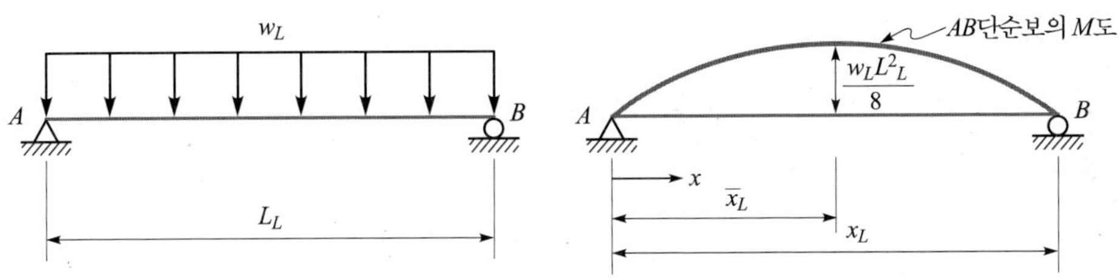

AB 단순보의 M도에서

$$M=\frac{w_LL_L}{2}x-\frac{w_L}{2}x^2$$

$$A_L=\int Mdx=\int_0^{L_L}\left(\frac{w_LL_L}{2}x-\frac{w_L}{2}x^2\right)dx$$

$$=\frac{w_LL_L^3}{12}$$

$$\overline{x_L}=\int xMdx/\int Mdx=\frac{L_L}{2}$$

$$\therefore\ \frac{6A_L\overline{x_L}}{L_L}=\frac{6\left(\frac{w_LL_L^3}{12}\right)\left(\frac{L_L}{2}\right)}{L_L}$$

$$=\frac{w_LL_L^3}{4}$$

(b)

그림 14.2(a) $\dfrac{6A_L\overline{x_L}}{L_L}$ 의 값

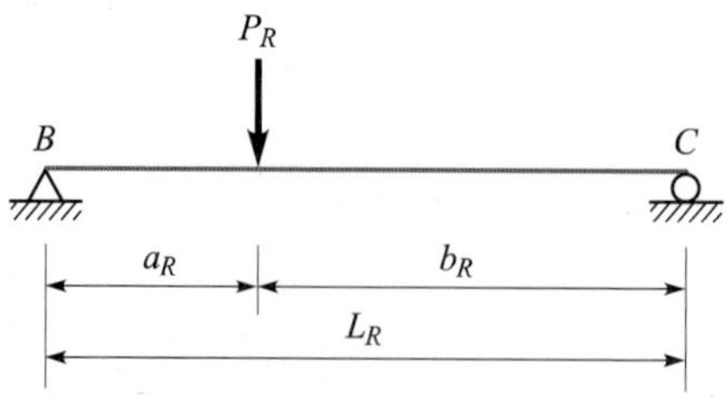

$$\frac{6A_R\overline{x_R}}{L_R}=\frac{P_R a_R b_R(L_R+b_R)}{L_R}$$

(a)

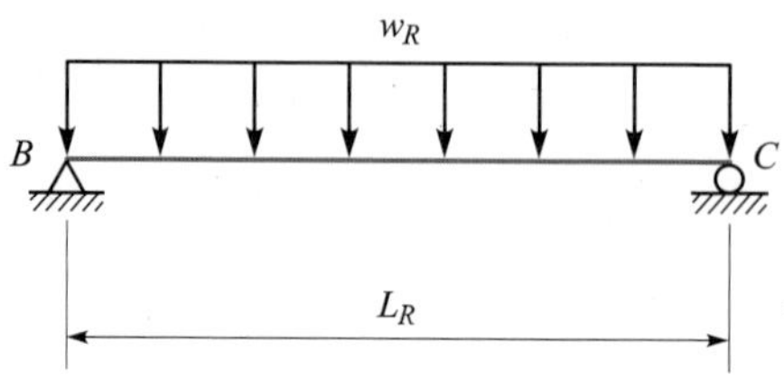

$$\frac{6A_R\overline{x_R}}{L_R}=\frac{w_R L_R^3}{4}$$

(b)

그림 14.2(b) $\frac{6A_R\overline{x_R}}{L_R}$의 값

3연모멘트법에 의한 연속보의 해석절차를 요약하면 다음과 같다.

(1) 미지의 지점 휨모멘트를 확인하고, 좌측에서 우측으로 차례로 2지간에 대해 미지수만큼의 3연모멘트방정식을 세운다.
(2) 세워진 3연모멘트 연립방정식을 연립시켜 해(미지의 지점 휨모멘트)를 구한다.
(3) 지간별 전체 및 임의단면 그리고 지점 분리된 자유물체도에 평형방정식을 적용하여 반력과 부재력을 구한다.

그리고 3연모멘트법에 의한 연속보의 해석 시 유의사항을 요약하면 다음과 같다.

(1) 연속보에 고정단이 있는 경우에는 고정단의 기울기가 '0'이므로, 그 곳의 단면2차모멘트 $I=\infty$이고 지간길이 L은 '0'인 가상지간을 추가하여 가상의 힌지 또는 로울러지점 위에 놓인 것으로 하여 해석해야 한다(그림 14.3 참조).

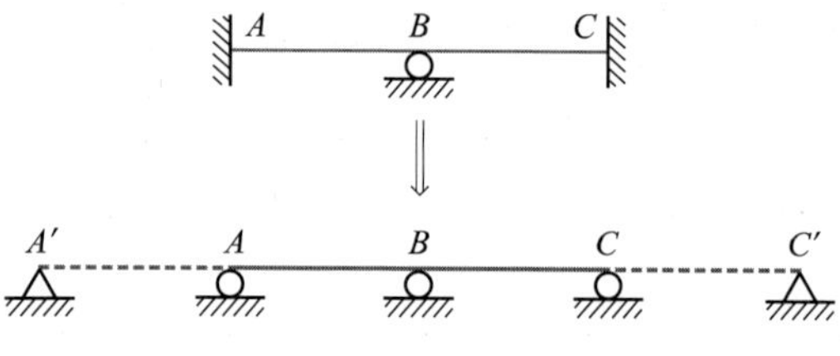

$$M_{A'}=0,\ I_{A'A}=\infty,\ L_{A'A}=0$$
$$M_{C'}=0,\ I_{CC'}=\infty,\ L_{CC'}=0$$

그림 14.3 고정단의 모델링

(2) 연속보의 중간에 내부힌지가 있는 경우에는 내부힌지점의 미지의 처짐이 추가되어야 하므로, 내부힌지점을 분리시켜 전단방정식을 만들어 추가의 휨모멘트방정식을 구해야 한다(그림 14.4 참조). 이때 내부힌지를 가로질러서 3연모멘트방정식을 만들어서는 안 된다.

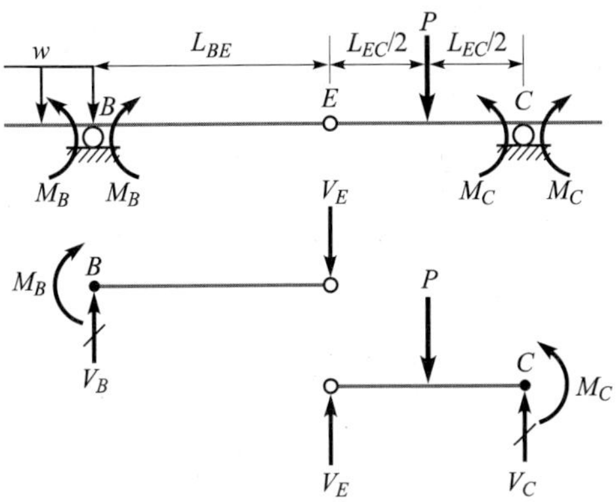

BE구간의 자유물체도에서,

$+\curvearrowright\sum M_B = 0\,;\ M_B + V_E(L_{BE}) = 0$ (1)

EC구간의 자유물체도에서,

$+\curvearrowright\sum M_C = 0;\ V_E(L_{EC}) - P(\frac{L_{EC}}{2}) - M_C = 0$ (2)

만약 $L_{BE} = L_{CE}$라면,

식 (1) - 식 (2) ; $M_B + M_C + \frac{PL_{EC}}{2} = 0$

(추가의 휨모멘트방정식)

그림 14.4 내부힌지의 전단방정식(조건방정식)과 추가의 휨모멘트방정식의 계산 예

예제 14.7

다음 그림과 같은 부정정연속보에서 3연모멘트법을 이용하여 전단력도와 휨모멘트도를 구하시오. 단, EI는 일정하다.

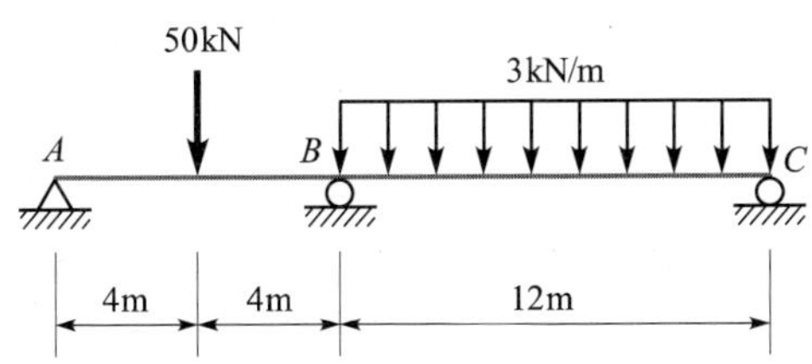

(a)

그림 예제 14.7

풀이

1) M_B의 계산

$I_L = I_R = I$이고 $\Delta_A = \Delta_B = \Delta_C = 0$이므로, 식 (14.8)의 3연모멘트방정식을 적용한다.

여기서, $M_L = M_R = 0,\ M_A = M_C = 0,\ L_L = 8\text{m},\ L_R = 12\text{m},$

$$\frac{6A_L\overline{x_L}}{L_L}=\frac{P_La_Lb_L(L_L+a_L)}{L_L}=\frac{50(4)(4)(8+4)}{8}=1{,}200$$

$$\frac{6A_R\overline{x_R}}{L_R}=\frac{w_RL_R^3}{4}=\frac{3(12)^3}{4}=1{,}296$$ 이다.

따라서

$0+2M_B(8+12)+0=-1{,}200-1{,}296$

$\therefore M_B=-62.4\text{kN}\cdot\text{m}$

2) M_B를 이용하여 반력 V_A, V_B, V_C의 계산

AB구간에서 분리한 그림 (b)의 자유물체도에 평형방정식을 적용하면,

$+\curvearrowright\sum M_B=0$; $V_A\times 8-50\times 4+M_A-M_B=0,$

$\therefore V_A=\dfrac{50\times 4-62.4}{8}=17.2\text{kN}\,(\uparrow)$

BC구간에서 분리한 그림 (c)의 자유물체도에 평형방정식을 적용하면,

$+\curvearrowright\sum M_B=0$; $-V_C\times 12+\dfrac{3\times 12^2}{2}+M_B-M_C=0,$

$\therefore V_C=\dfrac{216-62.4}{12}=12.8\text{kN}\,(\uparrow)$

ABC 전체구간에 대한 그림 (c)의 자유물체도에 평형방정식을 적용하면,

$+\uparrow\sum F_y=0$; $V_A+V_B+V_C-50-3\times 12=0,$

$\therefore V_B=-V_A-V_C+50+36=-17.2-12.8+50+36=56\text{kN}\,(\uparrow)$

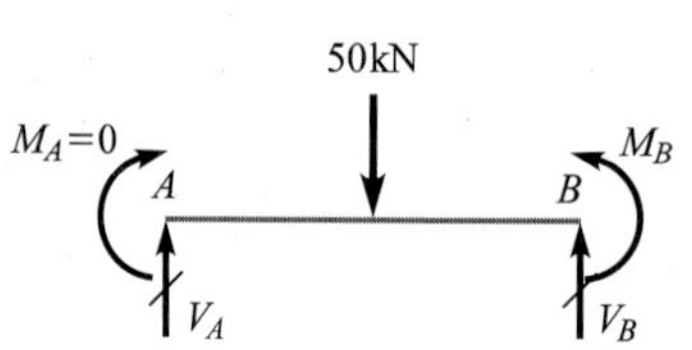

(b)

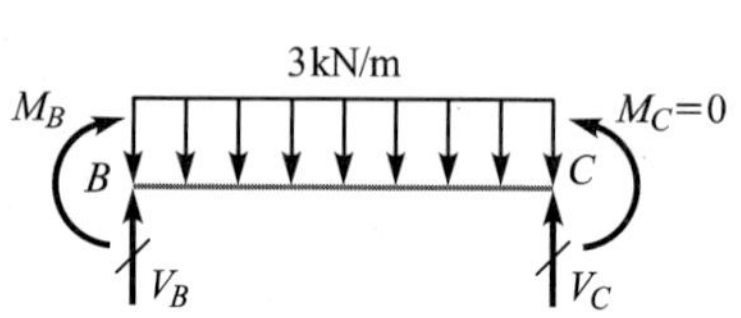

(c)

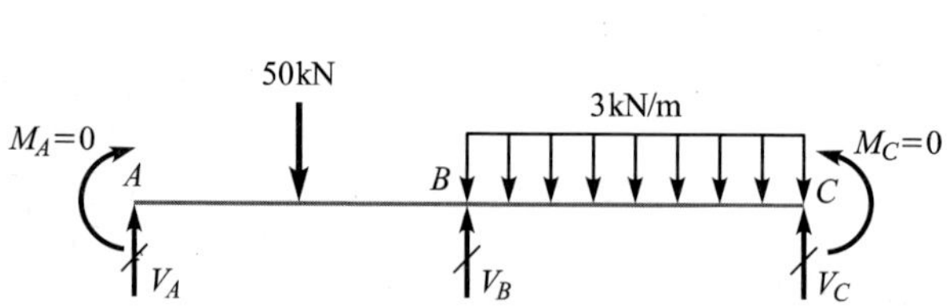

(d)

3) 전단력도와 휨모멘트도의 작도

그림 (c)에서 C점을 원점으로 한 x위치의 휨모멘트 M_x를 구하면 다음과 같다.

$$M_x = V_C x - \frac{3x^2}{2} = 12.8x - \frac{3x^2}{2} \quad (0 \le x \le 12\text{m})$$

휨모멘트 M_x를 한번 미분하여 그 값을 '0'으로 놓으면, 그 구간에서 휨모멘트가 최대인 곳과 전단력이 0인 위치가 다음과 같이 구해진다. 즉,

$$\frac{dM_x}{dx} = 12.8 - 3x = 0$$

$$\therefore x = 4.27\text{m}$$

따라서, $M_{4.27} = 12.8 \times 4.27 - \dfrac{3 \times 4.27^2}{2} = 27.3\text{kN} \cdot \text{m}$

이상의 계산 값과 1)과 2)에서 구한 휨모멘트 및 반력 등을 이용하여 전단력도와 휨모멘트도를 작도하면 그림 (e), (f)와 같이 된다.

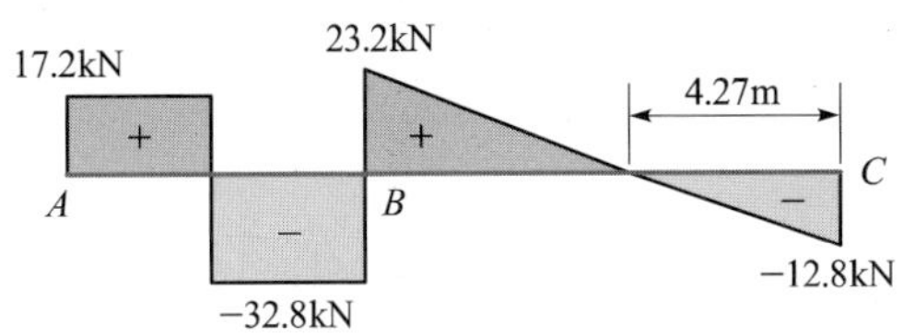

(e) 전단력도(S.F.D)

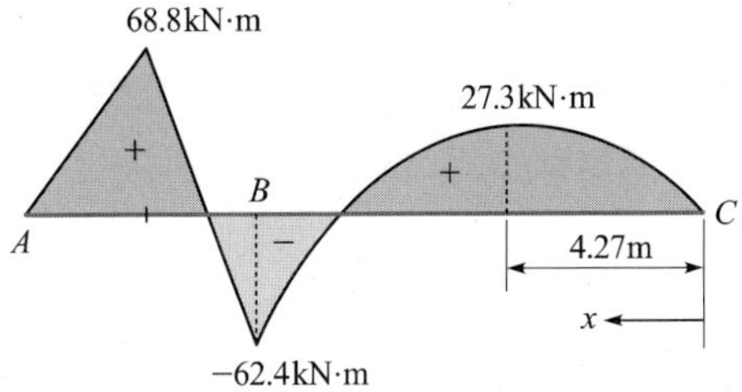

(f) 휨모멘트도(B.M.D)

예제 14.8

다음 그림과 같은 부정정구조물을 3연모멘트법을 이용하여 해석하시오. 단, EI는 일정하다.

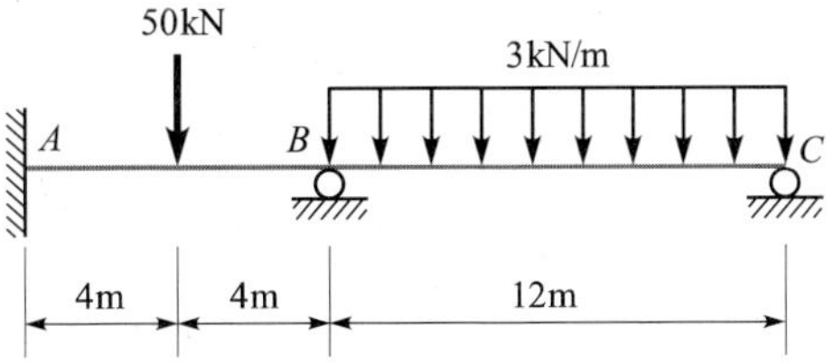

(a) 실제보

그림 예제 14.8

풀이

1) 3연모멘트법의 적용을 위한 등가보의 작성

그림 (b)는 주어진 그림 예제 14.8 (a)의 등가보를 보여주고 있다. 즉, 그림 예제 14.8 (a)에서 고정단 A는 그림 (b)와 같이 $I' = \infty$이고 지간길이가 $L' = 0$인 가상적인 힌지지점 A'가 보의 왼쪽에 추가된 것으로 취급할 수 있다. 따라서 3연모멘트법을 사용하여 등가보를 해석하면, 실제보에 대한 해석한 결과를 제공한다.

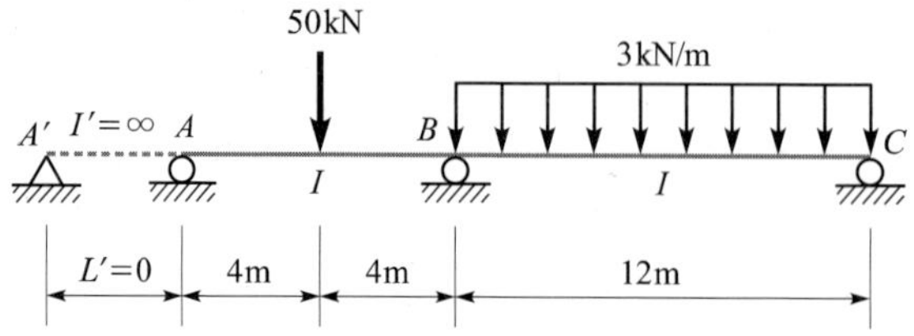

(b) 등가보

2) M_A, M_B의 계산

그림 (b)의 등가보는 외관상으로 2개의 미지의 지점 휨모멘드 M_A, M_B가 있으므로 2개의 3연모멘트방정식이 필요하다.

먼저, $A'AB$구간을 고려해보자.

즉, 그림 (c)에서 $I_L = I' = \infty$이고 $\Delta_A = \Delta_B = \Delta_C = 0$이므로, 식 (14.7)의 3연모멘트방정식을 적용한다.

여기서, $M_L = M_{A'} = 0$, $M_R = M_B$, $M_C = M_A$, $L_L = L' = 0$, $L_R = 8\text{m}$,

$P_L = 0$이므로 $\dfrac{6A_L\overline{x_L}}{L_L} = 0$, $\dfrac{6A_R\overline{x_R}}{L_R} = \dfrac{P_Ra_Rb_R(L_R + b_R)}{L_R} = \dfrac{50(4)(4)(8+4)}{8} = 1{,}200$이다.

따라서, $M_L\dfrac{L_L}{I_L} + 2M_C\left(\dfrac{L_L}{I_L} + \dfrac{L_R}{I_R}\right) + M_R\dfrac{L_R}{I_R} = -\dfrac{1}{I_L}\left(\dfrac{6A_L\overline{x_L}}{L_L}\right) - \dfrac{1}{I_R}\left(\dfrac{6A_R\overline{x_R}}{L_R}\right)$에서

$$0 + 2M_A\left(0 + \frac{8}{I}\right) + M_B\left(\frac{8}{I}\right) = 0 - \frac{1{,}200}{I}$$

$$16M_A + 8M_B = -1{,}200 \tag{1}$$

다음으로, ABC구간을 고려해보자.

즉, 그림 (d)에서 $I_L = I_R = I$이고 $\Delta_A = \Delta_B = \Delta_C = 0$이므로, 식 (14.8)의 3연모멘트방정식을 적용한다.

여기서, $M_L = M_A$, $M_R = 0$, $M_C = M_B$, $L_L = 8\text{m}$, $L_R = 12\text{m}$,

$$\frac{6A_L\overline{x_L}}{L_L}=\frac{P_La_Lb_L(L_L+a_L)}{L_L}=\frac{50(4)(4)(8+4)}{8}=1{,}200,$$

$$\frac{6A_R\overline{x_R}}{L_R}=\frac{w_RL_R^3}{4}=\frac{3(12)^3}{4}=1{,}296\text{이다.}$$

따라서

$M_A(8)+2M_B(8+12)+0=-1{,}200-1{,}296$

$8M_A+40M_B=-2{,}496$ (2)

식 (1), (2)를 연립하여 풀면 M_A, M_B가 다음과 같이 구해진다.

$M_A=-48.7\text{kN}\cdot\text{m}$, $M_B=-52.7\text{kN}\cdot\text{m}$

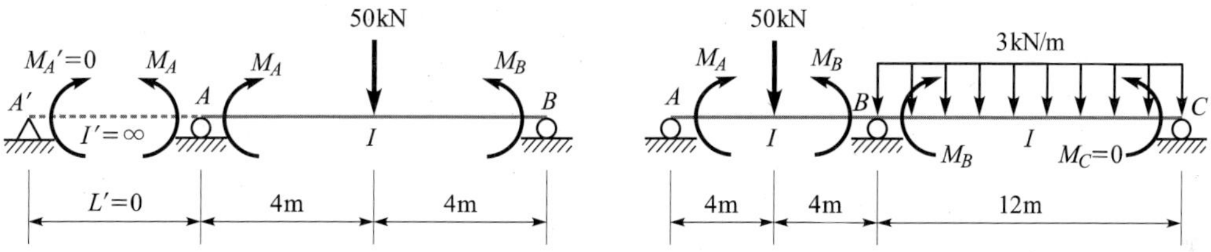

(c) (d)

3) M_A, M_B를 이용하여 반력 V_A, V_B, V_C의 계산

그림 예제 14.8 (a)에서 AB구간을 분리한 그림 (e)의 자유물체도에 평형방정식을 적용하면,

$+\curvearrowright\sum M_B=0$; $V_A\times 8-50\times 4+M_A-M_B=0$,

$$\therefore\ V_A=\frac{50\times 4+48.7-52.7}{8}=24.5\text{kN}(\uparrow)$$

BC구간에서 분리한 그림 (f)의 자유물체도에 평형방정식을 적용하면,

$$+\curvearrowright\sum M_B=0\ ;\ -V_C\times 12+\frac{3\times 12^2}{2}+M_B-M_C=0,$$

$$\therefore\ V_C=\frac{216-52.7}{12}=13.6\text{kN}(\uparrow)$$

ABC 전체구간한 분리한 그림 (g)의 자유물체도에 평형방정식을 적용하면,

$+\uparrow\sum F_y=0$; $V_A+V_B+V_C-50-3\times 12=0$,

$\therefore\ V_B=-V_A-V_C+50+36=-24.5-13.6+50+36=47.9\text{kN}(\uparrow)$

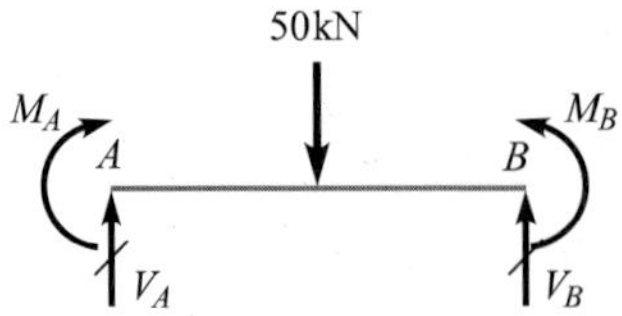

(e)

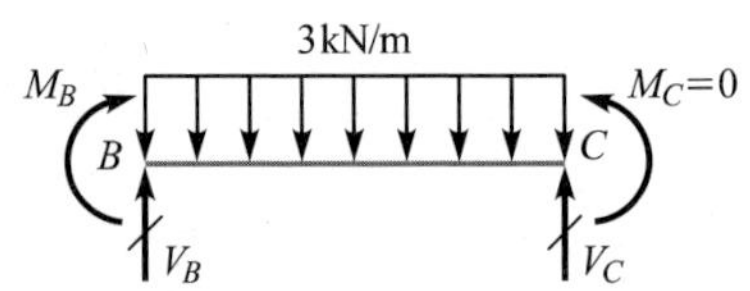

(f)

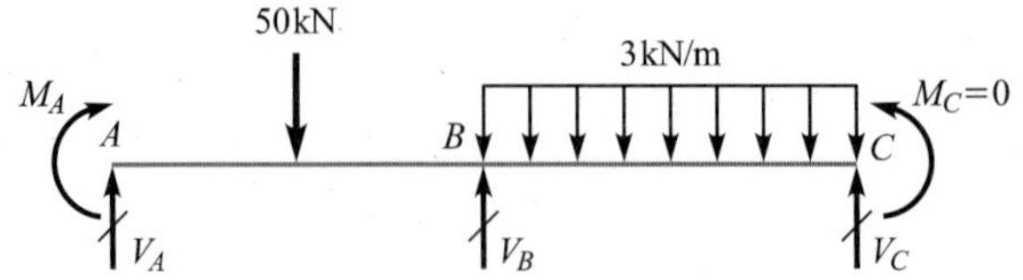

(g)

4) 전단력도와 휨모멘트도

그림 (i)에서 C점을 원점으로 한 x위치의 휨모멘트 M_x를 구하면 다음과 같다.

$$M_x = V_C x - \frac{3x^2}{2} = 13.6x - \frac{3x^2}{2} \quad (0 \le x \le 12\text{m})$$

휨모멘트 M_x를 한번 미분하여 그 값을 '0'으로 놓으면, 그 구간에서 휨모멘트가 최대인 곳과 전단력이 0인 위치가 다음과 같이 구해진다. 즉,

$$\frac{dM_x}{dx} = 13.6 - 3x = 0$$

$$\therefore x = 4.53\text{m}$$

따라서, $M_{4.53} = 13.6 \times 4.53 - \dfrac{3 \times 4.53^2}{2} = 30.8\text{kN} \cdot \text{m}$

이상의 계산 값과 2)과 3)에서 구한 휨모멘트 및 반력 등을 이용하여 전단력도와 휨모멘트도를 작도하면 그림 (h), (i)와 같이 된다.

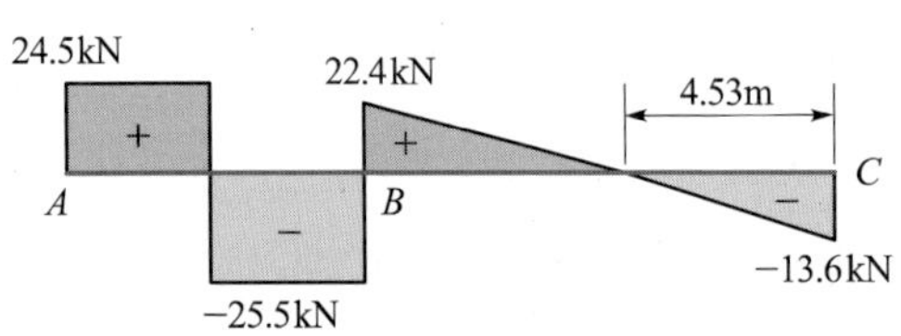

(h) 전단력도(S.F.D)

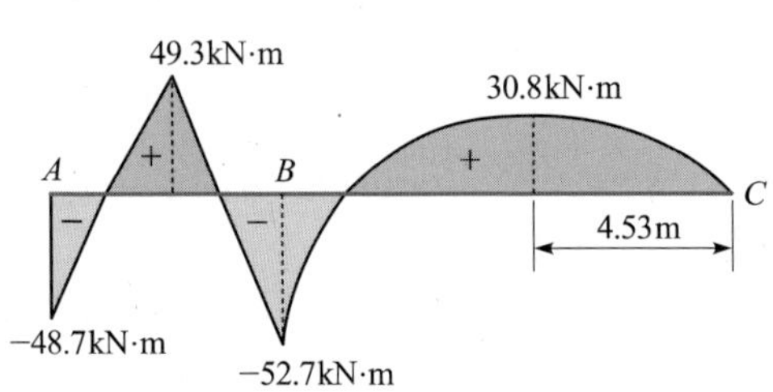

(i) 휨모멘트도(B.M.D)

연습문제

14.1 다음과 같이 등분포하중 $w = 10\text{kN/m}$를 받고 있는 양단고정 문형라멘에서 고정지점 A, D의 휨모멘트(고정단모멘트) M_A, M_D 그리고 수직반력 V_A, V_D를 최소일의 방법을 사용하여 구하시오. 단, EI는 일정하고, 휨모멘트에 의한 변위만을 고려한다.

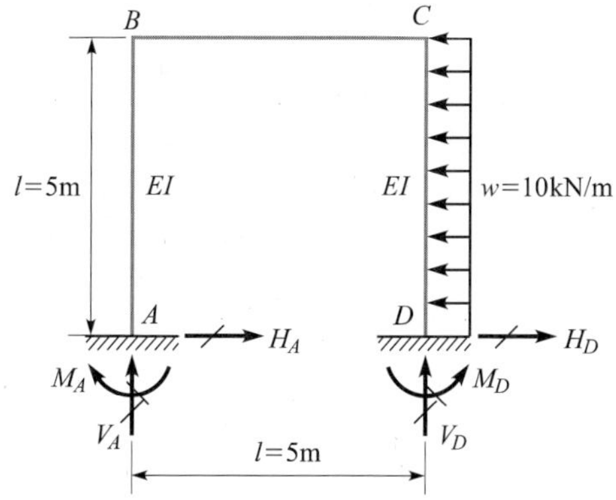

그림 문제 14.1

14.2 다음과 같이 삼각형 분포하중을 받고 있는 1차부정정 보에서 지점 B의 수직반력 V_B를 최소일의 방법을 사용하여 구하시오. 단, EI는 일정하고, 전단력에 의한 변위는 무시한다.

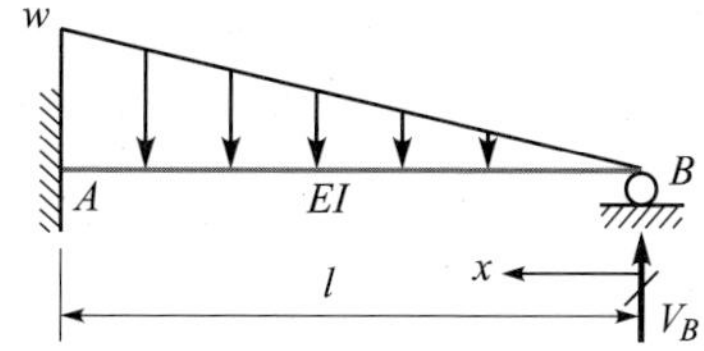

그림 문제 14.2

14.3 다음과 같이 C점에 휨모멘트하중 M_1을 받고 있는 1차부정정 보에서 지점 A의 수직반력 V_A를 최소일의 방법을 사용하여 구하시오. 단, EI는 일정하고, 전단력에 의한 변위는 무시한다.

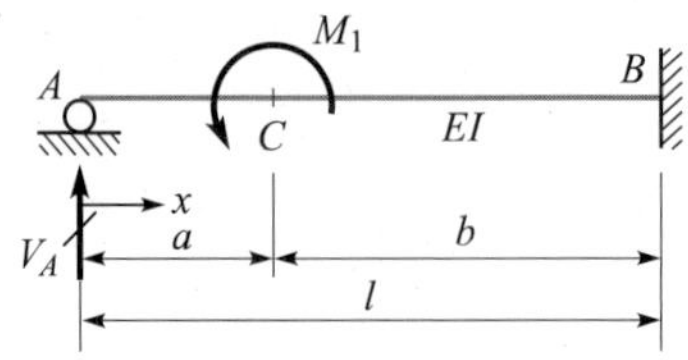

그림 문제 14.3

14.4 다음과 같이 하중 P를 받고 있는 구조물(반지름은 r이고, EI는 일정함)에 대해

1) 대칭, 역대칭에 대해 설명하고
2) 위의 조건 중 하나를 이용하여 정정구조물로 모델링하고
3) 축력도, 전단력도, 휨모멘트도를 구하고
4) 변곡점을 표시하여 처짐곡선을 구하시오.

[25점, 토목구조기술사 시험]

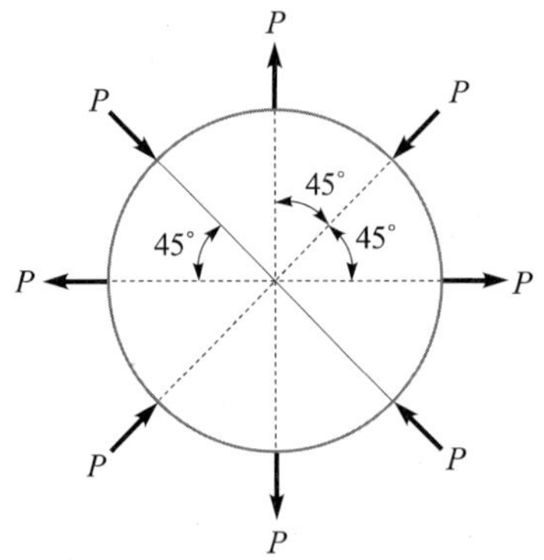

그림 문제 14.4

14.5 다음 그림과 같이 삼각형 분포하중을 받고 있는 양단 고정단보를 3연모멘트법으로 해석하시오. 단, EI는 일정하다.

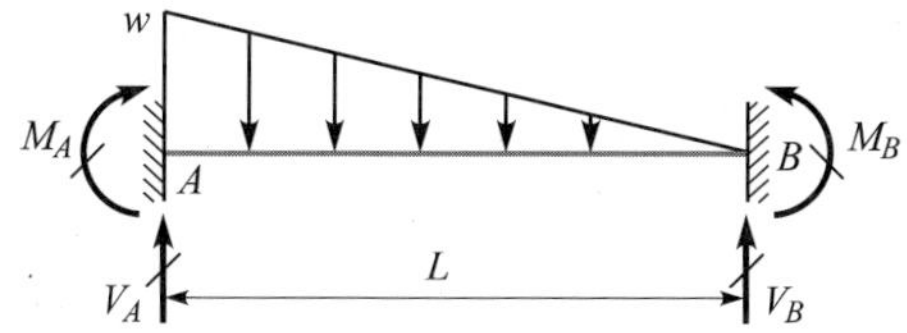

그림 문제 14.5

14.6 다음 그림과 같이 B점에 내부힌지가 있는 부정정보를 3연모멘트법으로 해석하시오. 단, EI는 일정하다.

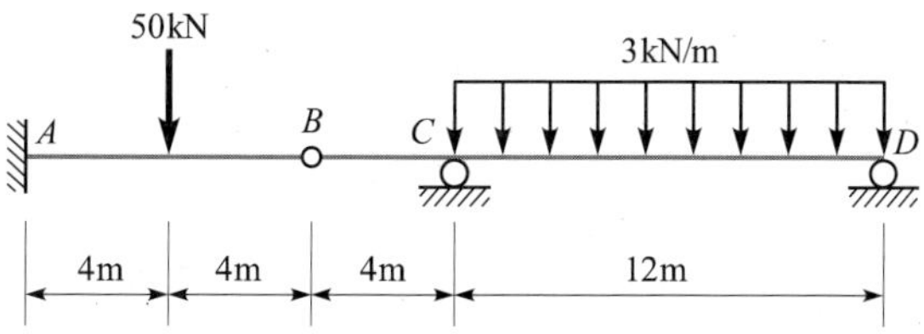

그림 문제 14.6

제 15 장

처짐각법

제15장

처짐각법

15.1 처짐각법의 기본공식과 적용 – 보 및 횡변위가 없는 라멘의 해석

15.1.1 개설

처짐각법(slope-deflection method)은 1915년 미국 미네소타대학교 G.A Maney 교수가 라멘(Rahmen, rigid frame, 강절뼈대, 골조)구조물의 해석을 위해 제시 것으로, 휨변형만을 고려하는 연속보 또는 라멘의 해석방법으로 처짐계산이 필요 없으므로 변위일치법보다 효율적인 해법이다. 처짐각법은 모멘트면적법에 의해 유도되었으며, 휨모멘트에 의해서 일어나는 변형만 고려하고 축력 및 전단력에 의한 변형이 크지 않아 무시한다.

처짐각법에 의한 부정정구조물의 해석은 먼저 처짐각방정식을 구해야 한다. 여기서 처짐각방정식은 한 부재의 재단모멘트(end moment, 부재단모멘트)을 그 부재의 양단의 회전각, 양단을 잇는 현의 회전각(처짐에 의한 회전각), 부재에 작용하는 하중에 의한 고정단모멘트(fixed-end moment, FEM) 등의 항으로 구성시킨 것이다. 그 다음으로 절점변위에 대응하는 각 절점에서의 힘의 평형방정식으로부터 미지의 절점변위를 구하는 해석법이다. 따라서 미지수가 절점의 기울기(처짐각, θ)와 처짐(Δ)이므로 변위법에 속한다.

처짐각법은 단면의 균일여부와 무관하게 연속보와 부정정라멘의 해석에 적용될 수 있으나, 고차 부정정구조물의 경우 미지수의 증가로 수 계산이 어렵다. 이러한 단점을 극복하기 위해 1930년에 모멘트분배법이 발표되었다. 그러나 모멘트분배법은 처짐각법을 알아야 이해될 수 있고, 처짐각법은 컴퓨터의 실용화로 고차 부정정구조물의 해석을 위한 어려움이 해소되어 연속보 및 부정정라멘을 해석하는데 있어서 적용범위가 넓다.

15.1.2 처짐각방정식

처짐각방정식은 모멘트면적법, 공액보법, 에너지법에 의해 유도할 수 있다. 처짐각방정식의 일반형을 구하기 위해서는 먼저 부호규약(sign convention)과 고정단모멘트(FEM)을 정해야 한다. 처짐각법에서 **양(+)의 방향은 모멘트**와 **회전각**이 **시계방향**일 때이고, **처짐(Δ)**도 부재의 **지간을 시계방향으로 회전**하도록 할 때가 **양(+)의 방향**이 된다.

그림 15.1은 보편적인 하중을 받을 때의 고정단모멘트 값을 보여주고 있다. 그림 15.1(a)의 고정단모멘트는 각각 연습문제 7.2, 7.3, 7.2, 8.5의 풀이에서 구한 것을 참조하면 구해지고, 그림 15.1(b)의 고정단모멘트도 그림 15.1(a)와 비슷한 방법으로 구하면 얻어진다.

에너지법을 이용하여 임의의 하중을 받는 E와 I가 일정한 보 또는 라멘의 일부분에 대해 처짐각방정식을 유도하면 다음과 같다. 즉 그림 15.2에서, 평형방정식에 의해

$$M_{AB} = M_{AB}' + FEM_{AB},\ \ M_{BA} = M_{BA}' + FEM_{BA}$$

적합조건에 의해

$$\theta_A = \theta_A',\ \ \theta_B = \theta_B'$$

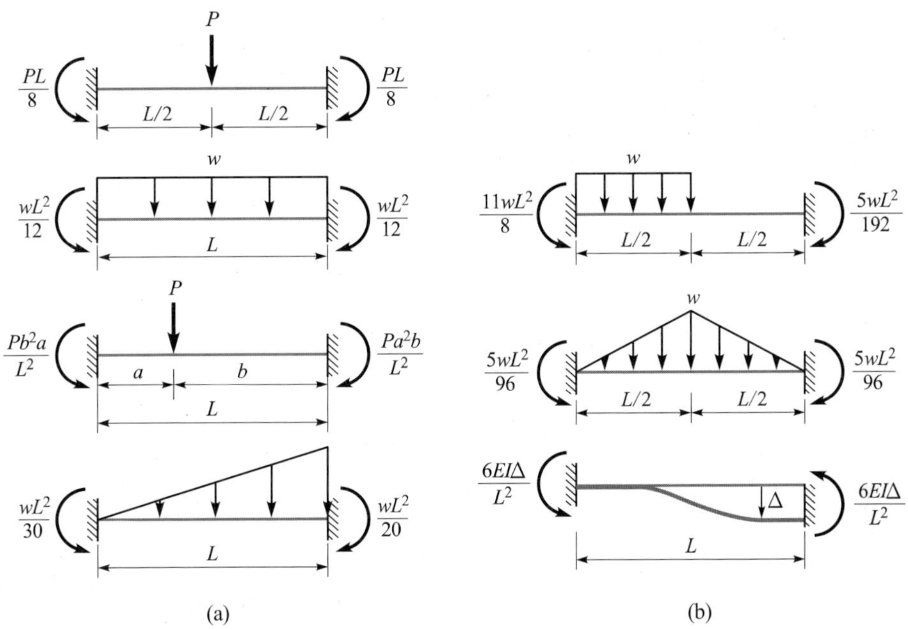

그림 15.1 고정단모멘트(FEM)

그림 15.2(a)에서 처짐각을 구하기 위해서 $M_{AB}' = M_{BA}' = M = 1$을 가력할 경우, 단위휨모멘트하중에 의한 x 위치의 휨모멘트 M_C는 그림 15.3과 같이 된다.

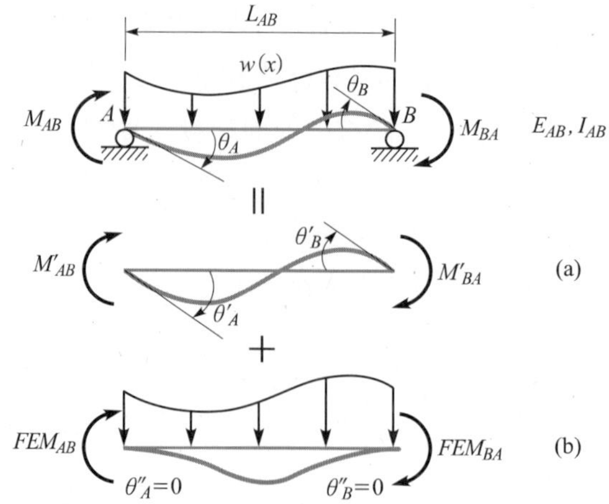

그림 15.2

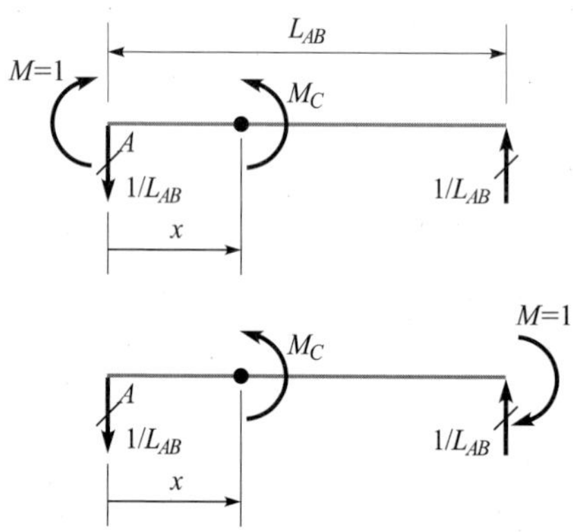

$$+\curvearrowright\sum M_C=0\ ;\ M-(\frac{1}{L_{AB}})x-M_C=0,$$
$$\therefore M_C=1-(\frac{1}{L_{AB}})x$$

$$+\curvearrowright\sum M_C=0\ ;\ -(\frac{1}{L_{AB}})x-M_C=0,$$
$$\therefore M_C=-\left(\frac{1}{L_{AB}}\right)x$$

그림 15.3

그림 15.3의 단위휨모멘트하중에 의한 x 위치의 휨모멘트를 이용하면, 유연도계수 f는 다음과 같이 구해진다.

$$f_{11}=\frac{1}{E_{AB}I_{AB}}\int_0^{L_{AB}}(1-\frac{x}{L_{AB}})^2dx=\frac{L_{AB}}{3E_{AB}I_{AB}}$$

$$f_{12}=f_{21}=\frac{1}{E_{AB}I_{AB}}\int_0^{L_{AB}}(1-\frac{x}{L_{AB}})(\frac{-x}{L_{AB}})dx=-\frac{L_{AB}}{6E_{AB}I_{AB}}$$

$$f_{22}=\frac{1}{E_{AB}I_{AB}}\int_0^{L_{AB}}(-\frac{x}{L_{AB}})^2dx=\frac{L_{AB}}{3E_{AB}I_{AB}}$$

위에서 구한 유연도계수와 행렬식을 사용하여, 힘(휨모멘트)-변위(처짐각)의 관계식을 나타내면 다음과 같이 된다.

$$\begin{Bmatrix} \theta_A' \\ \theta_B' \end{Bmatrix} = \frac{L_{AB}}{E_{AB}I_{AB}} \begin{bmatrix} \frac{1}{3} & \frac{-1}{6} \\ \frac{-1}{6} & \frac{1}{3} \end{bmatrix} \begin{Bmatrix} M_{AB}' \\ M_{BA}' \end{Bmatrix}$$

따라서

$$\begin{Bmatrix} M_{AB}' \\ M_{BA}' \end{Bmatrix} = \frac{2E_{AB}I_{AB}}{L_{AB}} \begin{bmatrix} 2 & 1 \\ 1 & 2 \end{bmatrix} \begin{Bmatrix} \theta_A' \\ \theta_B' \end{Bmatrix}$$

상대 선형변위 Δ_B가 존재할 때, 그림 15.2(a)는 그림 15.4와 같이 된다.

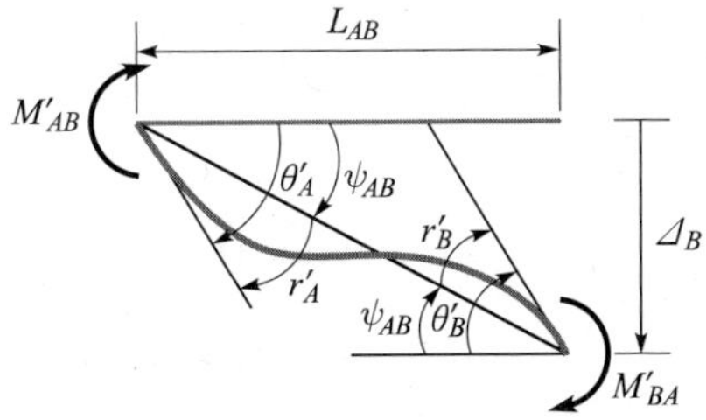

그림 15.4

그림 15.4에서,

$$r_A' = \theta_A' - \psi_{AB},\ r_B' = \theta_B' - \psi_{BA}$$

여기서, $\psi_{AB} = \psi_{BA} = \psi = \dfrac{\Delta_B}{L_{AB}}$이므로, M_{AB}', M_{BA}'는 다음과 같이 된다.

$$\begin{Bmatrix} M_{AB}' \\ M_{BA}' \end{Bmatrix} = \frac{2E_{AB}I_{AB}}{L_{AB}} \begin{bmatrix} 2 & 1 \\ 1 & 2 \end{bmatrix} \begin{Bmatrix} r_A' \\ r_B' \end{Bmatrix} = \frac{2E_{AB}I_{AB}}{L_{AB}} \begin{bmatrix} 2 & 1 \\ 1 & 2 \end{bmatrix} \begin{Bmatrix} \theta_A' - \psi \\ \theta_B' - \psi \end{Bmatrix}$$

위 식으로부터, 다음과 같은 M_{AB}', M_{BA}'가 다음과 같이 얻어진다.

$$\begin{cases} M_{AB}' = \dfrac{2E_{AB}I_{AB}}{L_{AB}}(2\theta_A' + \theta_B' - 3\psi) \\ M_{BA}' = \dfrac{2E_{AB}I_{AB}}{L_{AB}}(\theta_A' + 2\theta_B' - 3\psi) \end{cases}$$

그림 15.2에서 $M_{AB} = M_{AB}' + FEM_{AB}$, $M_{BA} = M_{BA}' + FEM_{BA}$이므로, M_{AB}, M_{BA}는 다

음과 같이 된다. 즉,

$$M_{AB} = M_{AB}' + FEM_{AB} = \frac{2E_{AB}I_{AB}}{L_{AB}}(2\theta_A' + \theta_B' - 3\psi) + FEM_{AB}$$

$$M_{BA} = M_{BA}' + FEM_{BA} = \frac{2E_{AB}I_{AB}}{L_{AB}}(\theta_A' + 2\theta_B' - 3\psi) + FEM_{BA}$$

위 식에서 $\theta_A = \theta_A'$, $\theta_B = \theta_B'$, $\psi = R = \frac{\Delta_B}{L_{AB}}$ 이고 $\frac{I_{AB}}{L_{AB}} = K_{AB}$(강도계수)로 놓으면, 다음과 같은 일반적인 처짐각방정식이 얻어진다.

$$\begin{aligned} M_{AB} &= 2E_{AB}K_{AB}(2\theta_A + \theta_B - 3\frac{\Delta_B}{L_{AB}}) + FEM_{AB} \\ &= 2E_{AB}K_{AB}(2\theta_A + \theta_B - 3R_{AB}) + FEM_{AB} \end{aligned} \tag{15.1a}$$

$$\begin{aligned} M_{BA} &= 2E_{AB}K_{AB}(\theta_A + 2\theta_B - 3\frac{\Delta_B}{L_{AB}}) + FEM_{BA} \\ &= 2E_{AB}K_{AB}(\theta_A + 2\theta_B - 3R_{AB}) + FEM_{BA} \end{aligned} \tag{15.1b}$$

연속보나 라멘에서 어떤 부재 AB의 B단이 로울러(이동)지점 또는 힌지지점인 경우 즉, $M_{BA} = 0$인 경우의 식 (15.1)은 다음과 같이 수정할 수 있다.

$$M_{AB} = 2E_{AB}K_{AB}(2\theta_A + \theta_B - 3\frac{\Delta_B}{L_{AB}}) + FEM_{AB} \tag{15.2a}$$

$$M_{BA} = 2E_{AB}K_{AB}(\theta_A + 2\theta_B - 3\frac{\Delta_B}{L_{AB}}) + FEM_{BA} = 0 \tag{15.2b}$$

[식 (15.2a) - $\frac{1}{2}$× 식 (15.2b)]를 수행하면, 다음과 같이 B단이 로울러(이동)지점 또는 힌지지점인 경우에 적용 가능한 수정된 처짐각방정식이 얻어진다.

$$M_{AB} = 3E_{AB}K_{AB}(\theta_A - \frac{\Delta_B}{L_{AB}}) + (FEM_{AB} - \frac{1}{2}FEM_{BA})$$
$$= 3E_{AB}K_{AB}(\theta_A - R_{AB}) + (FEM_{AB} - \frac{1}{2}FEM_{BA}) \quad (15.3)$$

위의 수정된 처짐각방정식을 적용하면 θ_B의 계산이 생략되므로 계산과정이 매우 간단하게 된다.

그리고 부재지간에 힌지나 로울러와 같이 해제가 있는 그림 15.5의 경우도 식 (15.3)의 수정된 처짐각방정식 형태의 것을 이용할 수 있다. 그러나 그림 15.5와 같이 내부힌지가 있을 때 AC지간에서 A단의 부재단모멘트 M_{AC}와 B단의 부재단모멘트 M_{BC}에는 연속지간과는 달리 내부힌지 C점의 수직처짐 Δ_C로 인한 부재지간 AC의 회전 $\psi_{AC} = \frac{\Delta_C}{L_{AC}}$와 BC의 회전 $\psi_{BC} = -\frac{\Delta_C}{L_{BC}}$가 포함됨을 고려해야 한다. 따라서 내부힌지가 있는 그림 15.5의 부재단모멘트는 다음과 같이 된다.

$$M_{AC} = 3E_{AC}K_{AC}(\theta_A - \frac{\Delta_C}{L_{AC}}) + (FEM_{AC} - \frac{1}{2}FEM_{CA}) \quad (15.4a)$$

$$M_{BC} = 3E_{BC}K_{BC}(\theta_B + \frac{\Delta_C}{L_{BC}}) + (FEM_{BC} - \frac{1}{2}FEM_{CB}) \quad (15.4a)$$

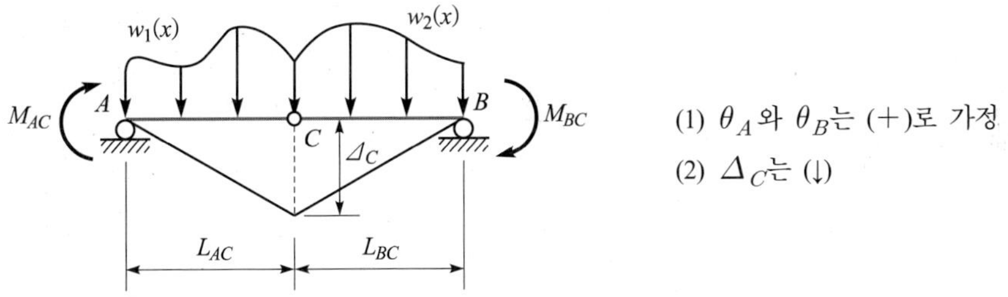

그림 15.5

15.1.3 처짐각법의 해석절차

연속보와 부정정라멘을 처짐각법으로 해석하는 절차를 요약하면 다음과 같다.

(1) 경계조건과 횡변위(side-sway) 포함 여부를 검토한다.
(2) 고정단모멘트(FEM)을 계산한다.
(3) 강도계수(K)를 구한다.
(4) 처짐각방정식을 계산한다.
(5) 절점방정식을 구한다.
(6) 전단방정식을 구한다.
(7) 절점방정식과 전단방정식에 처짐각방정식을 대입하여 평형방정식으로 나타내고, 이것을 연립방정식으로 정리한다.
(8) 이 연립방정식을 연립하여 풀어 처짐각(θ)과 횡변위(Δ)를 구한다.
(9) 구해진 처짐각(θ)과 횡변위(Δ)를 처짐각방정식에 대입하여 부재단모멘트를 계산한다.
(10) 부재단모멘트와 부재별 자유물체도로부터 부재력을 구하고, 부재단의 전단력을 이용하여 반력을 구한다.

위에서 절점방정식은 미지의 회전각이 있는 각 절점을 고립시켜 휨모멘트의 자유물체도를 작도하고 평형방정식 즉, $\sum_{i=1}^{n} M_{ij} + M_i = 0$을 적용하여 구한 방정식을 말한다. 여기서, $\sum_{i=1}^{n} M_{ij}$는 절점 i에 연결된 모든 부재의 i단 휨모멘트의 합이고 M_i는 절점 i 작용하는 외적 휨모멘트하중이다. 전단방정식은 내부힌지나 횡방향변위가 있는 경우에 필요한 평형방정식이다. 연속보에서 내부힌지가 있는 경우의 전단방정식은 그림 8.4의 3연모멘트에서 설명한 전단방정식과 동일한 것으로, 그림 8.4와 같이 내부힌지점을 분리시켜 전단방정식을 만들어 추가의 휨모멘트방정식을 구해야 한다. 한편 라멘의 전단방정식은 15.2절에서 설명하는 횡변위가 있는 경우에 필요한 평형방정식으로, 부재단의 독립된 전단력에 대한 평형조건을 독립된 횡변위 수만큼 추가로 만들어야 한다.

다음 예제 15.1~15.3은 횡변위가 없는 연속보와 부정정라멘에 대한 처짐각법을 이용한 해석 사례를 보여주고 있다.

예제 15.1

다음 그림과 같은 부정정보에 대한 휨모멘트도를 처짐각법을 이용하여 작도하시오.

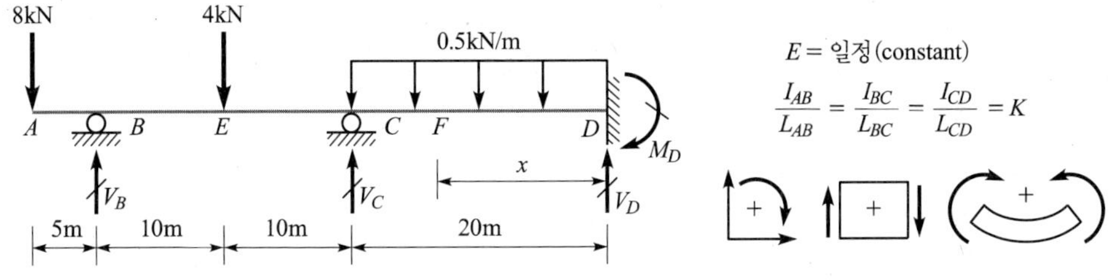

(a)

그림 예제 15.1

풀이

1) 경계조건

$M_{AB} = 0,\ \theta_{DC} = 0,\ \theta_{BA} = \theta_{BE} = \theta_B,\ \theta_{CB} = \theta_{CD} = \theta_C$

2) 고정단모멘트

$FEM_{BC} = -4(20)/8 = -10\text{kN}\cdot\text{m},\ FEM_{CB} = 10\text{kN}\cdot\text{m}$

$FEM_{CD} = -0.5(20)^2/12 = -16.667\text{kN}\cdot\text{m},\ FEM_{DC} = 16.667\text{kN}\cdot\text{m}$

3) 처짐각방정식

$M_{BA} = 8(5) = 40\text{kN}\cdot\text{m}$

$M_{BC} = 2EK(2\theta_B + \theta_C) - 10$

$M_{CB} = 2EK(\theta_B + 2\theta_C) + 10$

$M_{CD} = 2EK(2\theta_C) - 16.667$

$M_{DC} = 2EK(\theta_C) + 16.667$

4) 절점방정식

$+\curvearrowright \sum M_B = 0\ ;\ M_{BA} + M_{BC} = 0,$

$2EK(2\theta_B + \theta_C) + 30 = 0 \quad (1)$

$+\curvearrowright \sum M_C = 0\ ;\ M_{CB} + M_{CD} = 0,$

$2EK(\theta_B + 4\theta_C) - 6.667 = 0 \quad (2)$

5) 위의 절점방정식 (1), (2)를 연립하여 풀면,

$\theta_B = -9.048/EK$ (↶), $\theta_C = 3.096/EK$ (↷)

위에서 구한 θ_B, θ_C를 처짐각 방정식에 대입하면,

$M_{BC} = -40\text{kN} \cdot \text{m}$ (↶)

$M_{CB} = 4.286\text{kN} \cdot \text{m}$ (↷), $M_{CD} = -4.286\text{kN} \cdot \text{m}$ (↶)

$M_{DC} = 22.858\text{kN} \cdot \text{m}$ (↷)

6) 반력의 계산

그림 예제 15.1 (a)에서 C점을 절단한 후, C점의 오른쪽 자유물체도에 대해 평형방정식을 적용하면,

$+\curvearrowright \sum M_C = 0\ ;\ M_{CD} + M_{DC} + 0.5(20)(10) - V_D(20) = 0$

$\therefore\ V_D = (-4.286 + 22.858 + 100)/20 = 5.929\text{kN}\ (\uparrow)$

그림 예제 15.1 (a)에서 C점을 절단한 후, C점의 왼쪽 자유물체도에 대해 평형방정식을 적용하면,

$+\curvearrowright \sum M_C = 0\ ;\ M_{CB} - 4(10) + V_B(20) - 8(25) = 0$

$\therefore\ V_B = -(4.286 - 40 - 200)/20 = 11.786\text{kN}\ (\uparrow)$

그림 예제 15.1 (a)의 전체 자유물체도에 대해 평형방정식을 적용하면,

$+\uparrow \sum F_y = 0\ ;\ V_B + V_C + V_E - 8 - 4 - 0.5(20) = 0$

$\therefore\ V_C = 8 + 4 + 10 - 11.786 - 5.929 = 4.285\text{kN}\ (\uparrow)$

$M_D = M_{DC} = 22.858\text{kN} \cdot \text{m}$

[참고로, 그림 예제 15.1 (a)의 전체 자유물체도에서

$$M_D = 8(45) + 4(30) + 0.5\left(\frac{20^2}{2}\right) - V_B(40) - V_C(20)$$

$$= 8(45) + 4(30) + 0.5\left(\frac{20^2}{2}\right) - 11.786(40) - 4.285(20) = 22.858\text{kN} \cdot \text{m}]$$

7) 휨모멘트도의 작도

그림 예제 15.1 (a)에서 E점을 절단한 후, E점의 왼쪽 자유물체도에 대해 평형방정식을 적용하면,

$+\curvearrowright \sum M_E = 0\ ;\ -8(15) + 11.786(10) + M_{EB} = 0$

$\therefore\ M_{EB} = 2.14\text{kN} \cdot \text{m},\ M_{EC} = -2.14\text{kN} \cdot \text{m}$

그림 (b)의 자유물체도에서 F점에 대해 평형방정식을 적용하면, 즉

$+\curvearrowright\sum M_F=0$; $M_F+0.5(x)(\frac{x}{2})-5.929x+22.858=0$,

$$0.25x^2-5.929x+22.858=-M_F \qquad (3)$$

M_F가 0인 곳을 찾으면, $0.25^2x-5.929+22.858=0$

$\therefore\ x=4.845\text{m},\ 18.871\text{m}$

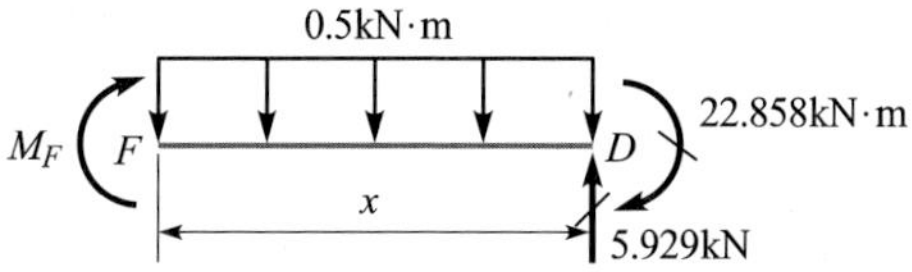

(b)

식 (3)을 미분하면, $0.5x-5.929=0\ \rightarrow\ x=11.858\text{m}$

즉, D점으로부터 $x=11.858$m에서 최대 양(+)의 휨모멘트 발생한다. 따라서

$$M_{\max}=-(0.25)(11.858)^2+5.929(11.858)-22.858=12.295\text{kN}\cdot\text{m}$$

이상에서 구한 휨모멘트들을 이용하여 휨모멘트도를 작도하면 그림 (c)와 같이 된다.

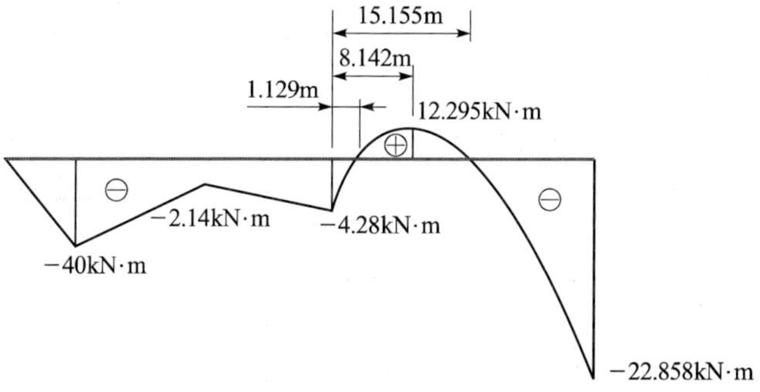

(c) 휨모멘트도(B.M.D)

예제 15.2

다음 그림과 같이 내부힌지 G가 있는 부정정연속보를 처짐각법으로 해석하시오. 단, EI는 일정하다.

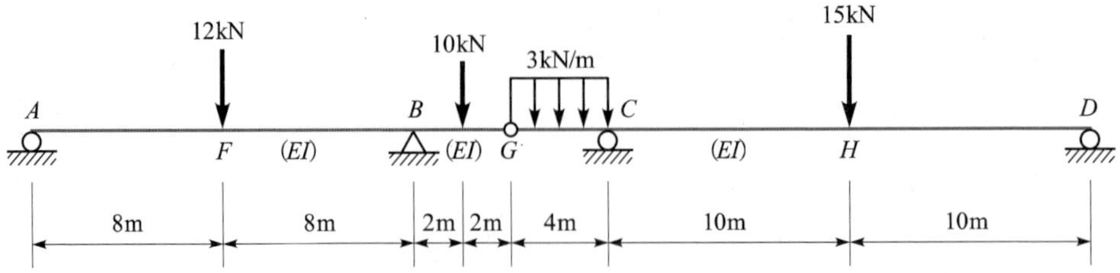

(a)

그림 예제 15.2

풀이

1) 경계조건

$\theta_{BA}=\theta_{BG}=\theta_B\,,\ \theta_{CG}=\theta_{CD}=\theta_C\,,\ M_{AB}=M_{DC}=0$

2) 고정단모멘트

$FEM_{AB}=-12(16)/8=-24\text{kN}\cdot\text{m},\ FEM_{BA}=12(16)/8=24\text{kN}\cdot\text{m}$

$FEM_{BG}=-10(4)/8=-5\text{kN}\cdot\text{m},\ FEM_{GB}=10(4)/8=5\text{kN}\cdot\text{m}$

$FEM_{GC}=-3(4)^2/12=-4\text{kN}\cdot\text{m},\ FEM_{CG}=3(4)^2/12=4\text{kN}\cdot\text{m}$

$FEM_{CD}=-15(20)/8=-37.5\text{kN}\cdot\text{m},\ FEM_{DC}=15(20)/8=37.5\text{kN}\cdot\text{m}$

3) 처짐각방정식

$M_{GB}=M_{GC}=M_{AB}=M_{DC}=0$이므로, 힌지조건에 맞추어 각각의 구간에 식 (15.3) 또는 식 (15.4)의 처짐각방정식을 다음과 같이 적용한다[식 (15.4)의 적용 시는 그림 (b) 참조 요망]. 즉,

$$M_{BA}=3E\left(\frac{I}{16}\right)(\theta_B-0)+\left(FEM_{BA}-\frac{1}{2}FEM_{AB}\right)=\frac{3EI}{16}\theta_B+24-\frac{1}{2}(-24)$$

$$=\frac{3EI}{16}\theta_B+36$$

$$M_{BG}=3E\left(\frac{I}{4}\right)\left(\theta_B-\frac{\Delta_G}{4}\right)+\left(FEM_{BG}-\frac{1}{2}FEM_{GB}\right)=\frac{3EI}{4}\left(\theta_B-\frac{\Delta_G}{4}\right)-5-\frac{1}{2}(5)$$

$$=\frac{3EI}{4}\left(\theta_B-\frac{\Delta_G}{4}\right)-7.5$$

$$M_{CG}=3E\left(\frac{I}{4}\right)(\theta_C+\frac{\Delta_G}{4})+(FEM_{CG}-\frac{1}{2}FEM_{GC})=\frac{3EI}{4}(\theta_C+\frac{\Delta_G}{4})+4-\frac{1}{2}(-4)$$

$$=\frac{3EI}{4}(\theta_C+\frac{\Delta_G}{4})+6$$

$$M_{CD}=3E\left(\frac{I}{20}\right)(\theta_C-0)+(FEM_{CD}-\frac{1}{2}FEM_{DC})=\frac{3EI}{20}\theta_C-37.5-\frac{1}{2}(37.5)$$

$$=\frac{3EI}{20}\theta_C-56.25$$

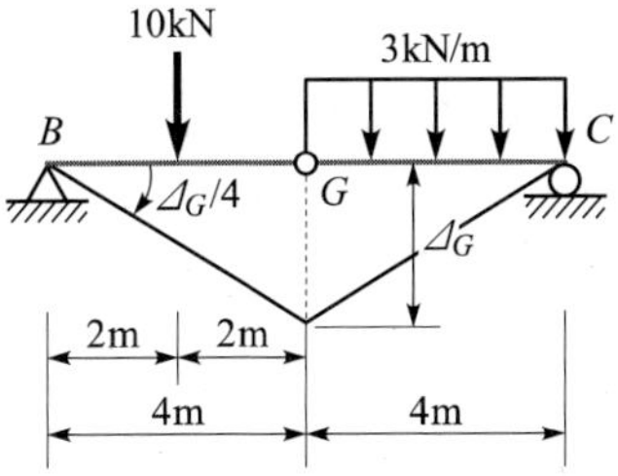

(b)

4) 절점방정식

$$+\curvearrowright\sum M_B=0\ ;\ M_{BA}+M_{BG}=0\rightarrow[\frac{3EI}{16}\theta_B+36]+[\frac{3EI}{4}(\theta_B-\frac{\Delta_G}{4})-7.5]=0$$

위 식을 정리하면, 다음의 절점방정식이 구해진다.

$$\frac{15}{16}\theta_B-\frac{3}{16}\Delta_G=-\frac{28.5}{EI} \qquad (1)$$

$$+\curvearrowright\sum M_C=0\ ;\ M_{CG}+M_{CD}=0\rightarrow[\frac{3EI}{4}(\theta_C+\frac{\Delta_G}{4})+6]+[\frac{3EI}{20}\theta_C-56.25]=0$$

위 식을 정리하면, 다음의 절점방정식이 구해진다.

$$\frac{9}{10}\theta_C+\frac{3}{16}\Delta_G=\frac{50.25}{EI} \qquad (2)$$

5) 전단방정식

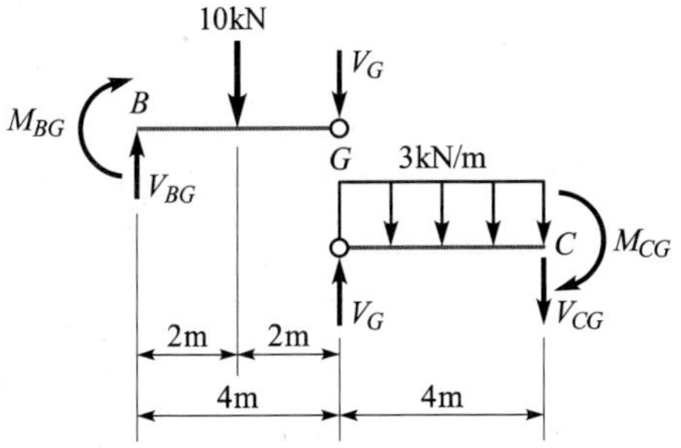

(c)

연속보의 중간에 내부힌지가 있는 경우에는 내부힌지점의 미지의 처짐이 추가되어야 하므로, 내부힌지점을 분리시켜 전단방정식을 만들어 추가의 휨모멘트방정식을 구해야 한다. 즉, 그림 (c)의 BG구간의 자유물체도에서,

$$+\curvearrowright\sum M_B = 0 \; ; \; M_{BG} + 10(2) + V_E(4) = 0 \tag{3}$$

CG구간의 자유물체도에서,

$$+\curvearrowright\sum M_C = 0 \; ; \; V_E(4) - 3(\frac{4^2}{2}) + M_{CG} = 0 \tag{4}$$

[식 (3) − 식 (4)]를 실시하여 내부힌지의 전단력 V_G를 제거하면, 추가의 휨모멘트방정식이 다음 식과 같이 구해진다. 즉,

$$M_{BG} - M_{CG} + 44 = 0$$

따라서

$$[\frac{3EI}{4}(\theta_B - \frac{\Delta_G}{4}) - 7.5] - [\frac{3EI}{4}(\theta_C + \frac{\Delta_G}{4}) + 6] + 44 = 0$$

위 식을 정리하면, 다음의 전단방정식이 구해진다.

$$\frac{3}{4}\theta_B - \frac{3}{4}\theta_C - \frac{3}{8}\Delta_G = -\frac{36.5}{EI} \tag{5}$$

6) 위의 절점방정식[식 (1), (2)]과 전단방정식[식 (5)]을 연립하여 풀면,

$\theta_B = -112.36/EI(\curvearrowleft)$, $\theta_C = 141.21/EI(\curvearrowright)$, $\Delta_G = -409.82/EI(\uparrow)$

위에서 구한 $\theta_B, \theta_C, \Delta_G$를 처짐각방정식에 대입하면,

$$M_{BA} = \frac{3EI}{16}\theta_B + 36 = \frac{3}{16}(-112.36) + 36 = 14.93\text{kN}\cdot\text{m}(\curvearrowright)$$

$$M_{BG} = \frac{3EI}{4}(\theta_B - \frac{\Delta_G}{4}) - 7.5 = \frac{3}{4}(-112.36 + \frac{409.82}{4}) - 7.5 = -14.93\text{kN}\cdot\text{m} = -M_{BA}$$

$$M_{CG} = \frac{3EI}{4}(\theta_C + \frac{\Delta_G}{4}) + 6 = \frac{3}{4}(141.21 - \frac{409.82}{4}) + 6 = 35.07\text{kN}\cdot\text{m}(\curvearrowright)$$

$$M_{CD} = \frac{3EI}{20}\theta_C - 56.25 = \frac{3}{20}(141.21) - 56.25 = -35.07\text{kN}\cdot\text{m} = -M_{CG}$$

예제 15.3

다음 그림과 같이 등분포하중 $w=10$kN/m를 받고 있는 대칭인 π형 부정정라멘의 처짐각 $\theta_A, \theta_B, \theta_E$, 부재단모멘트, 휨모멘트도를 구하시오. 단, EI는 일정하다.

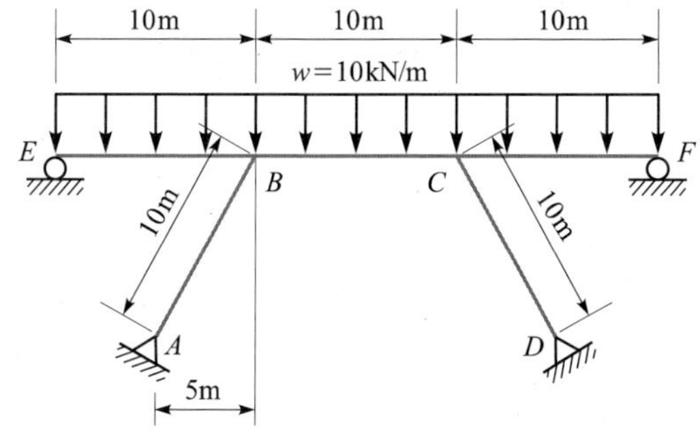

(a)

그림 예제 15.3

풀이

1) 경계조건과 대칭조건

$$\theta_A=-\theta_D,\ \theta_E=-\theta_F,\ \theta_B=-\theta_C,\ M_{AB}=M_{DC}=M_{EB}=M_{FC}=0$$

2) 고정단모멘트

$$FEM_{EB}=-\frac{2\times 10^2}{12}=-83.33\text{kN}\cdot\text{m},\ FEM_{BE}=83.33\text{kN}\cdot\text{m}$$

$$FEM_{BC}=-83.33,\text{kN}\cdot\text{m}\ FEM_{CB}=83.33\text{kN}\cdot\text{m}$$

$$FEM_{CF}=-83.33\text{kN}\cdot\text{m},\ FEM_{FC}=83.33\text{kN}\cdot\text{m}$$

$$FEM_{AB}=FEM_{BA}=FEM_{CD}=FEM_{DC}=0$$

3) 처짐각방정식

$K=\dfrac{I}{10}$ 로 놓으면, 처짐각방정식은 다음과 같이 된다.

$$M_{AB}=2EK(2\theta_A+\theta_B)+0$$

$$M_{BA}=2EK(2\theta_B+\theta_A)+0$$

$$M_{EB}=2EK(2\theta_E+\theta_B)-83.33$$

$$M_{BE}=2EK(2\theta_B+\theta_E)+83.33$$

$$M_{BC}=2EK(2\theta_B+\theta_C)-83.33=2EK\theta_B-83.33$$

$$M_{CB}=2EK(2\theta_C+\theta_B)+83.33=-2EK\theta_B+83.33$$

$$M_{CF}=2EK(2\theta_C+\theta_F)-83.33=2EK(-2\theta_B-\theta_E)-83.33$$

$$M_{FC}=2EK(2\theta_F+\theta_C)+83.33=2EK(-2\theta_E-\theta_B)+83.33$$

$$M_{CD}=2EK(2\theta_C+\theta_D)=2EK(-2\theta_B-\theta_A)$$

$$M_{DC}=2EK(2\theta_D+\theta_C)=2EK(-2\theta_A-\theta_B)$$

4) 절점방정식

$M_{AB}=0 \rightarrow 2\theta_A+\theta_B=0,$

$\theta_A=-\dfrac{1}{2}\theta_B$ (1)

$M_{EB}=0 \rightarrow 2EK(2\theta_E+\theta_B)-83.33=0,$

$2\theta_B+4\theta_E=\dfrac{83.33}{EK}$ (2)

$+\curvearrowright\Sigma M_B=0\ ;\ M_{BE}+M_{BC}+M_{BA}=0,$

$2EK(2\theta_B+\theta_E)+83.33+2EK\theta_B-83.33+2EK(2\theta_B+\theta_A)=0$

$2EK(2\theta_B+\theta_E+\theta_B+2\theta_B+\theta_A)=0,$

$\dfrac{9}{2}\theta_B+\theta_E=0$ (3)

5) 위의 식 (2), (3)을 연립하여 풀면

$\theta_B=-5.208/EK\,(\curvearrowleft),\ \theta_E=23.437/EK\,(\curvearrowright),\ \theta_A=-\dfrac{1}{2}\theta_B=2.604/EK\,(\curvearrowright)$

[참고로, 식 (1)을 식 (3)에 대입하면

$5(-2\theta_A)+\theta_A+\theta_E=0$

$\theta_E=9\theta_A$ (4)

식 (1)과 (4)를 식 (2)에 대입

$2EK(2\times 9\theta_A-2\theta_A)-83.33=0$

$2EK(16\theta_A)=83.33$

$\theta_A=\dfrac{2.604}{EK}=-\theta_D,\ \theta_B=\dfrac{-5.208}{EK}=-\theta_C,\ \theta_E=9\theta_A=\dfrac{23.437}{EK}=-\theta_F$]

6) 부재단모멘트와 휨모멘트도

위에서 구한 θ_A, θ_B, θ_E를 처짐각방정식에 대입하면, 다음과 같은 부재단모멘트가 얻어진다.

$M_{AB}=0$

$M_{BA}=2\times(2\times(-5.208)+2.604)=-15.624\text{kN}\cdot\text{m}$

$M_{EB}=0$

$M_{BE}=2\times(2\times(-5.208)+23.437)+83.33=109.372\text{kN}\cdot\text{m}$

$M_{BC}=2\times(-5.208)-83.33=-93.746\text{kN}\cdot\text{m}$

$M_{CB}=-2\times(-5.208)+83.33=93.746\text{kN}\cdot\text{m}=-M_{BC}$

$M_{CF}=2\times(-2\times(-5.208)-23.437)-83.33=-109.372\text{kN}\cdot\text{m}=-M_{BE}$

$M_{CD}=2\times(-2\times(-5.208)-2.604)=15.624\text{kN}\cdot\text{m}=-M_{BA}$

이상에서 구한 부재단휨모멘트를 이용하여 휨모멘트도를 작도하면 그림 (b)와 같이 된다.

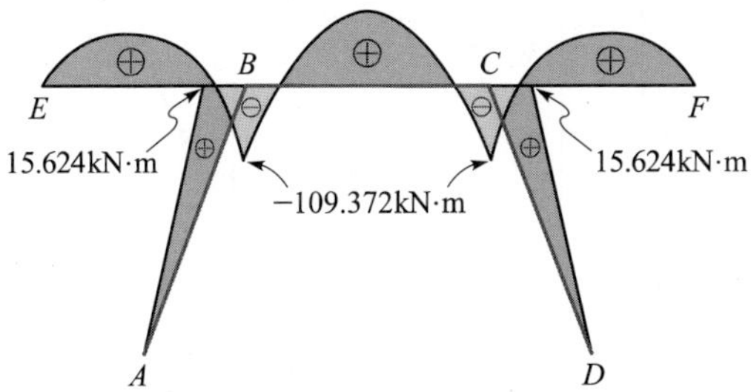

(b) 휨모멘트도(B.M.D)

15.2 횡변위가 있는 라멘의 해석

15.2.1 개설

횡변위(sidesway)는 구조물의 형상, 지점의 지지조건, 재료의 성질(E, I 등), 작용하는 하중 중에서 어느 하나라도 구조물의 중앙에 대해서 비대칭인 경우에 발생한다. 그림 15.6은 비대칭하중 P로 인해 절점 B와 C에 각각 그림 15.7과 같이 서로 다른 값의 휨모멘트 M_B와 M_C를 발생시킨다. M_B는 절점 B를 오른쪽으로 이동시키려 하므로 절점 B는 Δ_1만큼 움직이고, 반면에 M_C는 절점 C를 왼쪽으로 이동시키려 하므로 절점 C는 Δ_2만큼 움직인다. M_B가 M_C보다 크기 때문에 절점 B와 C가 모두 오른쪽으로 Δ만큼, 즉 그림 15.7과 같은 $\Delta(=\Delta_1=\Delta_2)$의 횡변위가 생긴다. 그림 15.7의 경우, 비대칭하중 P로 인해 모든 부재가 시계방향으로 회전하고 있으므로 모든 회전각은 양(+)의 값을 갖는다. 참고로, 만약 부재가 반시계방향으로 회전하고 있으면 회전각에 (−)부호를 붙여야 한다.

그림 15.7과 같은 횡변위가 있는 부재에 처짐각방정식을 적용할 때는 부재의 부재회전각 ($\psi_{AB} = R_{AB} = \dfrac{\Delta}{L_{AB}} = \dfrac{\Delta}{L}$, $\psi_{BC} = R_{BC} = \dfrac{0}{L_{AB}} = 0$, $\psi_{DC} = R_{DC} = \dfrac{\Delta}{L_{DC}} = \dfrac{\Delta}{L}$)을 방정식의 미지수로 고려하고, 추가적인 평형방정식인 전단방정식(층방정식)을 이용해야 한다. 그리고 그림 15.8(a)와 같은 횡변위가 있는 부재에 처짐각방정식을 적용할 때는 부재의 부재회전각 $\psi_{AB} = \dfrac{\Delta_1}{L_{AB}}, \psi_{FE} = \dfrac{\Delta_1}{L_{FE}}, \psi_{BC} = \dfrac{\Delta_2}{L_{BC}}, \psi_{ED} = \dfrac{\Delta_2}{L_{ED}}, \psi_{BE} = \psi_{CD} = 0$을 방정식의 미지수로 고려하고 전단방정식을 이용해야 한다.

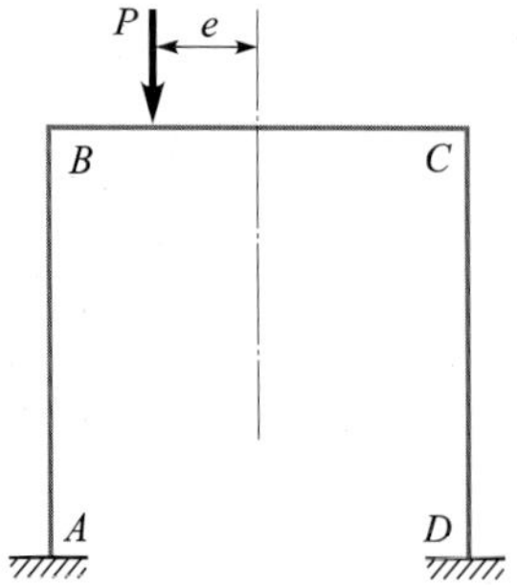

그림 15.6

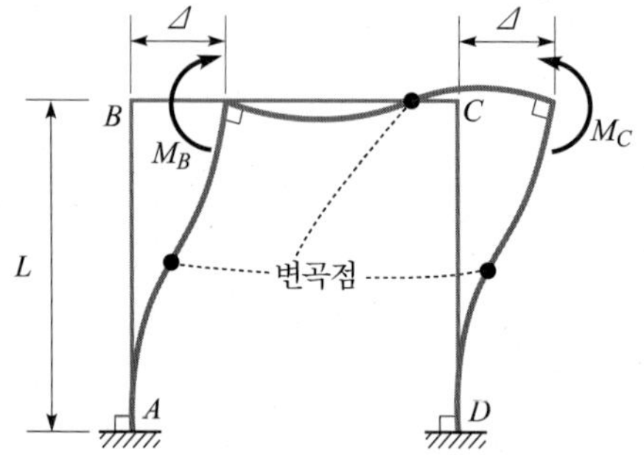

그림 15.7 변형된 형태

> **TIP**
>
> 곡률과 휨모멘트의 부호가 바뀌는 점을 변곡점(point of inflection)이라 한다. 휨모멘트 M과 처짐의 2차도함수 d^2y/dx^2는 변곡점에서 항상 0이 된다. 그러나 M과 d^2y/dx^2가 0인 점이 반드시 변곡점인 것만은 아니다. 그 이유는 이들 값이 그 점에서 부호가 바뀌지 않고 0이 될 수도 있기 때문이다.

15.2.2 전단방정식(층방정식)

그림 15.8과 같이 기둥과 보로 구성된 라멘구조물에서는 층별 기둥부재만 횡변위를 발생시킨다. 이 경우 층별로 독립된 상대변위 Δ_1, Δ_2, 즉 Δ_i가 존재하게 되고 층수만큼 미지의 횡변위가 존재하므로, 추가의 평형방정식(전단방정식)도 층별로 수평전단력에 대한 평형조건의 자유물체도로부터 구할 수 있다. 즉, 그림 15.8의 2층 라멘구조물에서 전단방정식(층방정식)은 다음과 같이 된다.

1층 수평전단력의 자유물체도[그림 15.8(b)]에서,

$$+\rightarrow \sum F_x = 0\ ;\ -(S_{AB} + S_{FE}) + (P_1 + P_2) = 0 \tag{15.5a}$$

2층 수평전단력의 자유물체도[그림 15.8(c)]에서,

$$+\rightarrow \sum F_x = 0 \;;\; -(S_{BC} + S_{ED}) + (P_2) = 0 \tag{15.5b}$$

다음으로 그림 15.8(d)와 같이 모든 기둥부재의 자유물체도에서 각 기둥의 전단력을 부재단모멘트의 함수로 나타낸다. 즉, 부재단 j에 대한 $\sum M_j = 0$으로부터

$$S_{ij} = -\frac{M_{ij} + M_{ji}}{L_{ij}} \tag{15.6}$$

식 (15.6)의 전단력을 식 (15.5)에 대입하고 각 부재단모멘트에 대한 처짐각방정식을 대입하면, 처짐각(θ_i)과 층별 횡변위(Δ_i)의 함수로 나타낸 필요한 전단방정식(층방정식)이 얻어진다.

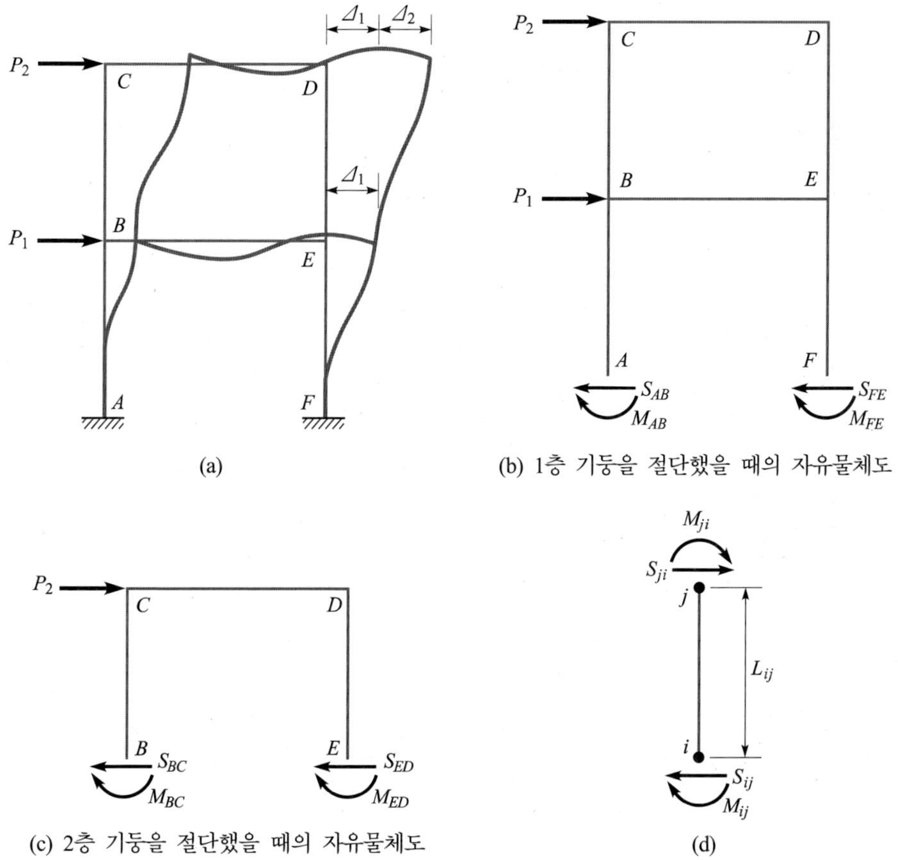

그림 15.8

15.2.2 불규칙라멘의 해석 시 처짐각법의 적용방안

부재들이 경사지고 불규칙하게 배열된 라멘구조물의 경우에는 부재의 기하학적 배치와 하중의 재하형태에 따라 이동변위나 횡변위가 달라지고 이에 따라 각 부재현의 회전각 ($\psi = R = \dfrac{\Delta}{L}$)도 변한다. 따라서 이와 같은 경우에는 회전변위가 억제된 상태에서 부재별 이동 후의 변위에 대한 폐합조건, 즉 폐합변위도를 작도하고 sine법칙을 적용하여 절점별 횡변위 사이의 관계를 유도한 후, 변위의 자유도만큼의 독립된 횡변위성분의 함수로 각 부재의 횡변위를 나타내는 것이 필요하다.

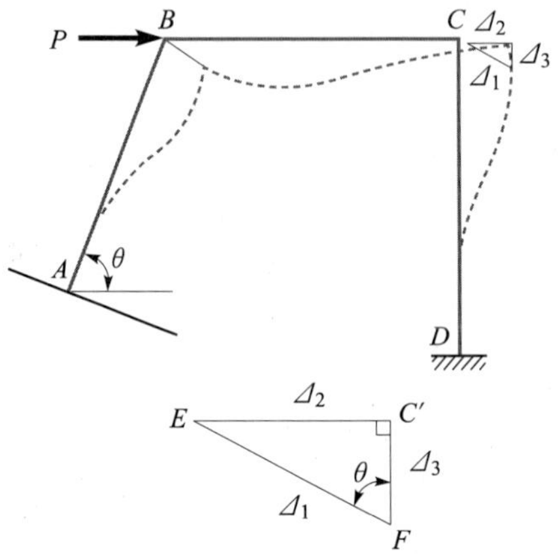

그림 15.9

그림 15.9는 AB부재가 θ만큼 경사져 있는 부정정라멘을 보여주고 있다. 그림 15.9에서 폐합변위도를 작도하고 삼각함수의 sine법칙을 적용하면 절점 B, C에서의 횡변위를 1개의 독립된 미지수인 횡변위자유도 Δ_1으로 나타낼 수 있다. 즉, 폐합변위도에서 sine법칙을 적용하면,

$$\frac{\Delta_1}{\sin 90°} = \frac{\Delta_2}{\sin\theta} = \frac{\Delta_3}{\sin(90° - \theta)}$$

$$\therefore \Delta_2 = \Delta_1 \sin\theta, \ \Delta_3 = \Delta_1 \sin(90° - \theta)$$

따라서

$$\psi_{AB} = R_{AB} = \frac{\Delta_1}{L_{AB}} \tag{15.7a}$$

$$\psi_{BC} = R_{BC} = \frac{\Delta_3}{L_{BC}} = \frac{\Delta_1 \sin(90° - \theta)}{L_{BC}} \tag{15.6}$$

$$\psi_{CD} = R_{CD} = \frac{\Delta_2}{L_{CD}} = \frac{\Delta_1 \sin\theta}{L_{CD}} \tag{15.6}$$

횡변위가 있는 불규칙라멘의 부재에 처짐각방정식을 적용할 때도 독립된 횡변위의 함수로 식 (15.7)과 같은 부재현의 상대회전각을 구하고, 독립된 횡변위 수만큼의 추가적인 평형방정식을 구해야 한다. 불규칙 라멘에서 추가의 전단평형방정식을 구하기 위해서는 전단방정식(층방정식)이나 모멘트평형조건 $\sum M_o = 0$(불규칙 라멘의 기하학적 형상으로부터 축력이 방정식에 나타나지 못하도록 중심원점 '0'의 선택하여 모멘트를 취해야 함)으로부터 추가의 평형방정식을 구하고, 각 부재의 전단력을 부재단모멘트의 함수로 나타내는 것이 필요하다.

예제 15.4

다음과 같은 라멘구조물에서 B점 및 C점의 휨모멘트 M_b, M_c를 처짐각법으로 구하시오. 단, EI는 일정하다.

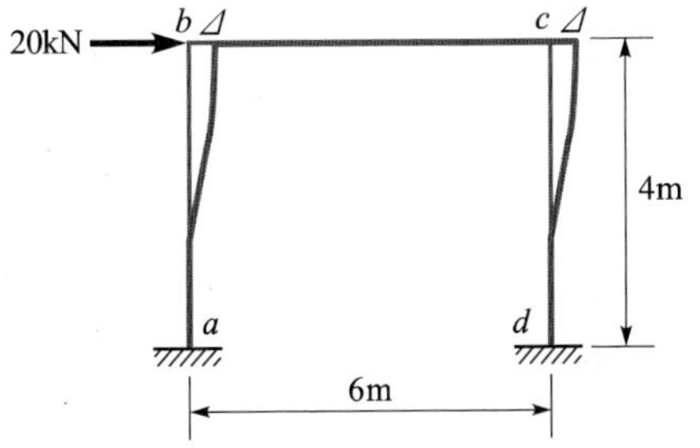

(a)

그림 예제 15.4

풀이

횡변위가 발생하는 3차부정정 구조물이다.

1) 경계조건, 현의 회전각 R, 강도계수 K

a, d 점은 고정단이므로, $\theta_a = \theta_d = 0$

현의 회전각, $R_{ab} = R_{cd} = \frac{\Delta}{4} = R$ 또한 $R_{bc} = \frac{0}{6} = 0$

강도계수, $K_{ab} = K_{cd} = \frac{I}{4} = 3K,\ K_{bc} = \frac{I}{6} = 2K$

2) 고정단모멘트

고정단모멘트는 하중이 절점 b에만 작용하므로 모두 0이다.

3) 처짐각방정식

$M_{ab} = 2E(3K)(\theta_b - 3R) = 6EK\theta_b - 18EKR$

$M_{ba} = 2E(3K)(2\theta_b - 3R) = 12EK\theta_b - 18EKR$

$M_{bc} = 2E(2K)(2\theta_b + \theta_c) = 8EK\theta_b + 4EK\theta_c$

$M_{cb} = 2E(2K)(\theta_b + 2\theta_c) = 4EK\theta_b + 8EK\theta_c$

$M_{cd} = 2E(3K)(2\theta_c - 3R) = 12EK\theta_c - 18EKR$

$M_{dc} = 2E(3K)(\theta_c - 3R) = 6EK\theta_c - 18EKR$

4) 절점방정식

$+\curvearrowright \Sigma M_b = 0\ ;\ M_{ba} + M_{bc} = 0,$

$(12EK\theta_b - 18EKR) + (8EK\theta_b + 4EK\theta_c) = 20EK\theta_b + 4EK\theta_c - 18EKR = 0$ (1)

$+\curvearrowright \Sigma M_c = 0\ ;\ M_{cb} + M_{cd} = 0,$

$(4EK\theta_b + 8EK\theta_c) + (12EK\theta_c - 18EKR) = 4EK\theta_b + 20EK\theta_c - 18EKR = 0$ (2)

5) 전단방정식(층방정식)

1층을 수평으로 절단 하였을 때의 자유물체도[그림 (b)]에 대해 평형방정식을 적용하면,

$+\rightarrow \Sigma F_x = 0\ ;\ S_a + S_d = -20$ (3)

각 기둥부재를 분리시킨 자유물체도[그림 (c)]에 대해 평형방정식을 적용하면,

$+\curvearrowright \sum M_b = 0\ ;\ (-S_a)(4) + M_{ab} + M_{ba} = 0 \rightarrow S_a = \frac{1}{4}(M_{ab} + M_{ba})$ (4)

$+\curvearrowright \sum M_c = 0\ ;\ (-S_d)(4) + M_{cd} + M_{dc} = 0 \rightarrow S_d = \frac{1}{4}(M_{cd} + M_{dc})$ (5)

식 (4), (5)를 식 (3)에 대입하면 다음과 같이 전단방정식이 얻어진다.

$\frac{1}{4}(M_{ab} + M_{ba}) + \frac{1}{4}(M_{cd} + M_{dc}) = -20$

$$\frac{1}{4}(18EK\theta_b - 36EKR) + \frac{1}{4}(18EK\theta_c - 36EKR) = -20$$

$$18EK\theta_b + 18EK\theta_c - 72EKR = -80$$

$$EK\theta_b + EK\theta_c - 4EKR = -4.44 \qquad (6)$$

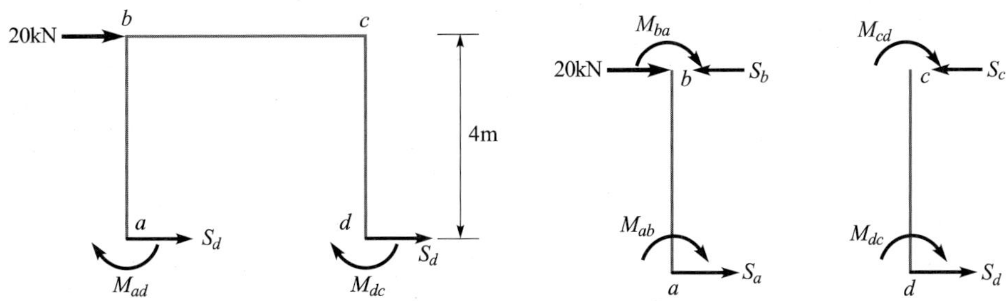

(b) (c)

5) 위의 식 (1), (2), (6)을 연립하여 풀면

$EKR = 1.776,\ EK\theta_b = EK\theta_c = 1.332$

[참고로, 식 (1)과 식 (2)에서 $\theta_b = \theta_c$이므로 식 (1)은 다음과 같이 된다.

$24EK\theta_b = 18EKR, \quad \therefore EK\theta_b = EK\theta_c = 0.75EKR$

위의 값을 식 (6)에 대입하면,

$2(0.75EKR) - 4EKR = -4.44 \rightarrow -2.5EKR = -4.44$

$\therefore EKR = 1.776,\ EK\theta_b = EK\theta_c = 1.332$]

6) 부재단모멘트와 B점 및 C점의 휨모멘트

위에서 구한 $EKR = 1.776,\ EK\theta_b = EK\theta_c = 1.332$를 처짐각방정식에 대입하면, 다음과 같은 부재단모멘트가 얻어진다.

$M_{ab} = 6 \times 1.332 - 18 \times 1.776 = -23.976\text{kN}\cdot\text{m}$

$M_{ba} = 12 \times 1.332 - 18 \times 1.776 = -15.984\text{kN}\cdot\text{m}$

$M_{bc} = 12 \times 1.332 = 15.984\text{kN}\cdot\text{m},\ M_{cb} = 12 \times 1.332 = 15.984\text{kN}\cdot\text{m}$

$M_{cd} = -15.984\text{kN}\cdot\text{m},\ M_{dc} = -23.976\text{kN}\cdot\text{m}$

따라서, B점 및 C점의 휨모멘트 M_b, M_c는 다음과 같이 된다.

$M_b = 15.984\text{kN}\cdot\text{m}$ (↷), $M_c = -15.984\text{kN}\cdot\text{m}$ (↶)

연습문제

15.1 다음과 같은 부정정보에서 고정단 A 점의 휨모멘트 M_A를 처짐각법으로 구하시오. 단, EI는 일정하다.

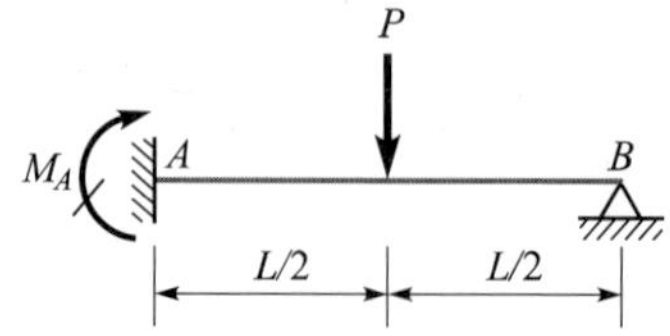

그림 문제 15.1

15.2 다음 그림과 같이 지점 B의 침하량이 Δ인 경우, B점에 휨모멘트 M을 작용시켜 B점의 회전각을 $\frac{\theta_B}{2}$로 줄이려고 한다. 이때 M과 지점반력을 구하시오. 단, EI는 일정하다.

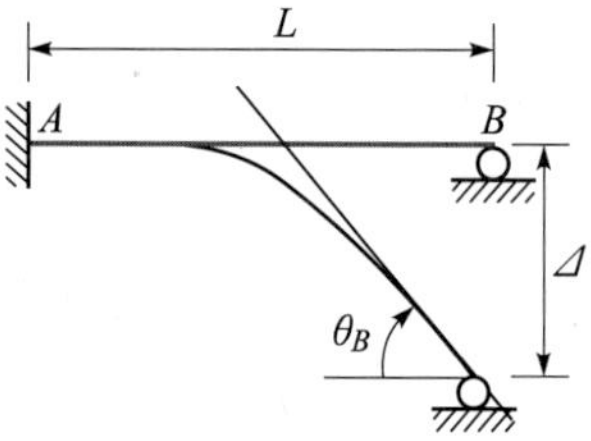

그림 문제 15.2

15.3 다음과 같은 라멘구조물에서 휨변위를 고려하여 변형도(deformed configuration, 처짐곡선)를 그리시오.

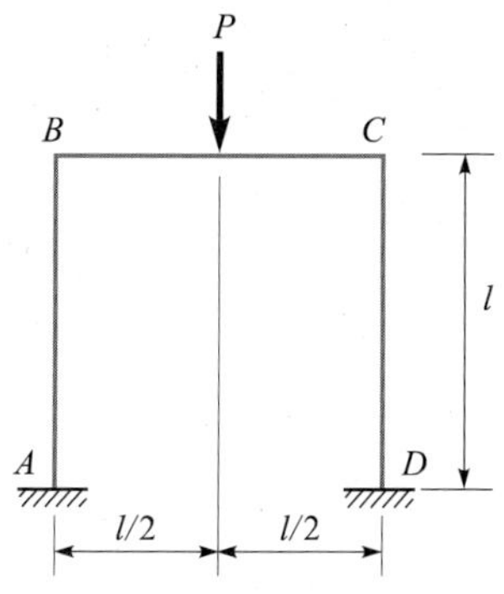

그림 문제 15.3

15.4 다음과 같은 라멘구조물에서 휨모멘트도와 전단력도를 처짐각법을 이용하여 구하시오. 단, EI는 일정하다.

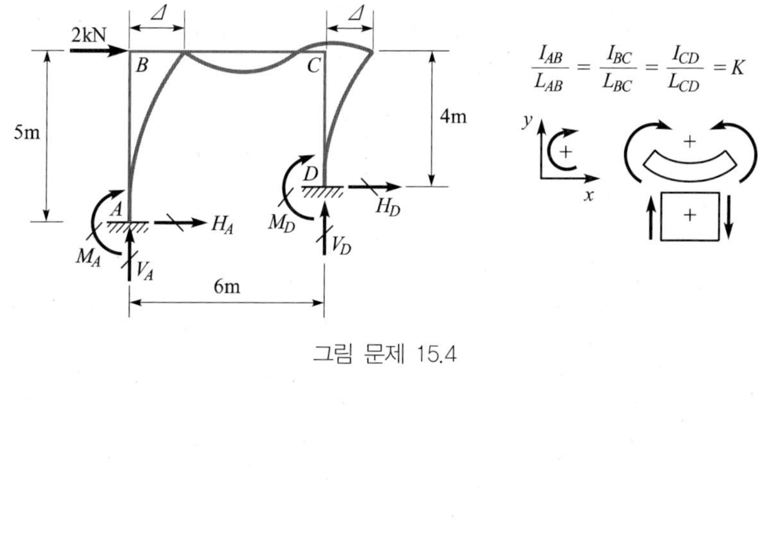

그림 문제 15.4

15.5 다음과 같이 횡하중 P kN을 받는 라멘에서 H형강이 견딜 수 있는 최대허용하중 P_{max}를 계산하시오. 단, 라멘은 H-800×300×14×26의 형강으로 구성되어 있으며 단면계수가 $Z = 7{,}290 \times 10^3\,\text{mm}^3$이고, 강종은 SM490으로 허용응력이 $f_a = 190\,\text{MPa}$이다.

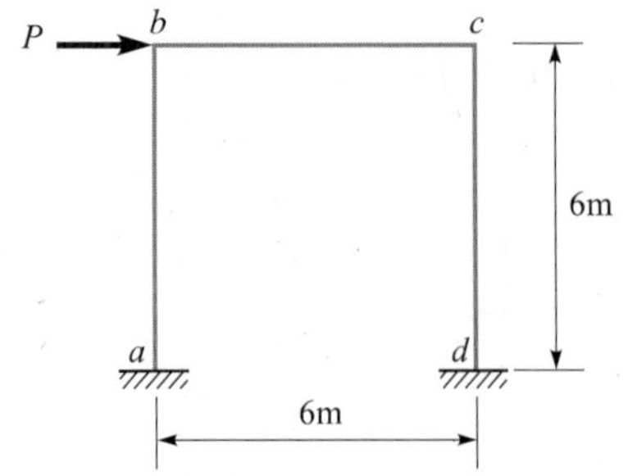

그림 문제 15.5

제16장 모멘트분배법

제16장 모멘트분배법

16.1 모멘트분배법의 기본개념과 적용–보 및 횡변위가 없는 라멘의 해석

16.1.1 일반원칙과 정의

처짐각법은 고차 부정정구조물의 경우 미지수의 증가로 수 계산이 어렵다. 이러한 단점을 극복하기 위해서, 미국 일리노이대학교 토목공학과 Hardy Cross 교수는 1930년에 모멘트분배법(moment distribution method)을 발표했다. 모멘트분배법은 일종의 반복 근사해석법으로, 연립방정식의 해가 필요 없이 비교적 간단한 수 계산을 사용하여 부정정보나 라멘의 부재단모멘트를 얻을 수 있는 변위법이다. 모멘트분배법의 기본개념을 전개하기 위하여 사용하는 부호규약은 처짐각범의 부호규약을 똑같을 때 가정한다. 즉, **양(+)의 방향은 모멘트와 회전각**이 **시계방향**일 때이다.

(1) 기초개념

9장의 처짐각방정식을 보면 부재단모멘트 M_{AB}는 일반적으로 다음 식과 같이 4가지의 영향이 겹쳐진 것임을 알 수 있다.

$$
\begin{aligned}
M_{AB} &= 2E_{AB}K_{AB}(2\theta_A + \theta_B - 3R_{AB}) + FEM_{AB} \\
&= 4E_{AB}K_{AB}\theta_A + 2E_{AB}K_{AB}\theta_B - 6E_{AB}K_{AB}R_{AB} + FEM_{AB}
\end{aligned}
\tag{16.1}
$$

여기서 첫째 항 $4E_{AB}K_{AB}\theta_A$는 근단(近端) A의 회전각 θ_A로 인해 생긴 근단의 휨모멘트 성분이고, 둘째 항 $2E_{AB}K_{AB}\theta_B$는 원단(遠端) B의 회전각 θ_B로 인해 생긴 근단의 휨모멘트 성분이다. 그리고 셋째 항 $-6E_{AB}K_{AB}R_{AB}$는 현(弦) AB의 회전각 R_{AB}로 인해 생긴 근단의 휨모멘트 성분이고, 넷째 항 FEM_{AB}는 부재의 양단이 고정된 상태에서 근단(近端) A에 유발된 고정단모멘트이다. 식 (16.1)에서 θ_A, θ_B, R_{AB}의 회전각은 미지수이므로 처음에는 이들 회전각이 '0'인 상태(locked, 일시 구속된 상태)에서 외력에 의한 고정단모멘트를 계산한다. 그러나 이 고정단모멘트는 절점의 회전각을 구속된 상태에서의 불균형모멘트이므로 이 절점구속을 원래의 상태대로 풀어주면(unlocked)이 고정단모멘트는 불균형모멘트(unbalanced moment)로 작용하여 균형상태가 될 때까지 절점을 회전시킨다. 이러한 절점의 회전은 이 절점에 모이는 각 부재의 회전에 저항하는 부재별 저항모멘트의 합이 같아져서 평형을 유지할 때까지 회전할 것이다. 이와 같이 평형을 회복시키면서 부재의 강성에 따라 불균형모멘트, 즉 분배모멘트(distributed moment)를 원단으로 전달시키는 것이 모멘트분배법의 기초개념이다.

그림 16.1(a)의 라멘구조물을 예를 들어 좀 더 구체적으로 설명하면 다음과 같다. 즉, 그림 16.1(a)에서 절점 A만이 회전이 가능하며 절점 B, C, D는 고정단이다. 먼저, 만약 절점 A를 잠근다면(locked) 모든 절점이 고정되기 때문에 각 부재는 B단에 고정단모멘트 $FEM_{AB}=-\dfrac{wL_{AB}^2}{12}$, $FEM_{AC}=\dfrac{PL_{AC}}{8}$, $FEM_{AD}=\dfrac{PL_{AD}}{8}$를 갖게 된다. 다음으로, 절점 A를 푼다면(unlocked) 절점 A에 연결된 모든 부재의 A단에 일종의 저항모멘트가 생기고 이 저항모멘트의 합이 고정단모멘트의 합 $-\dfrac{wL_{AB}^2}{12}+\dfrac{PL_{AC}}{8}+\dfrac{PL_{AD}}{8}$와 같아질 때까지 절점 A는 θ_A만큼 회전할 것이다. 이 저항모멘트를 분배모멘트(불균형모멘트)라고 한다. 절점 A에 모이는 각 부재의 분배모멘트는 부재의 강도(stiffness)에 비례하고, A단의 분배모멘트는 B, C, D와 같이 고정된 원단에 전달된다. 이렇게 전달되는 것이 전달모멘트(carry-over moment)이며, 그것의 크기는 분배모멘트에 전달률을 곱한 값과 같게 된다.

그림 16.1(a)에서 절점 A처럼 회전이 가능한 절점이 여러 개 있는 구조물의 경우에는 먼저 모든 절점을 잠근 상태, 즉 각 부재단에 고정단모멘트가 생긴 것과 같은 상태에서 한 절점씩 차례로 풀어서 불균형모멘트를 분배하고 원단으로 전달한 후에 이 절점을 회전한 새 위치에서 잠근다. 그리고 원단으로 전달된 휨모멘트는 다음의 분배를 위한 불균형모멘트가 된다. 이러한 과정을 여러 번 반복하면 불균형모멘트의 값이 무시할 정도로 작아지게 되며, 이때 최종적으로 부재 AB에서 A단의 휨모멘트를 구하면 다음과 같이 된다.

$$\begin{aligned} M_{AB} &= FEM_{AB}+\sum(\text{분배모멘트}) \\ &\quad +\sum(B\text{에서 } A\text{단으로 전단되는 모멘트}) \end{aligned} \tag{16.2}$$

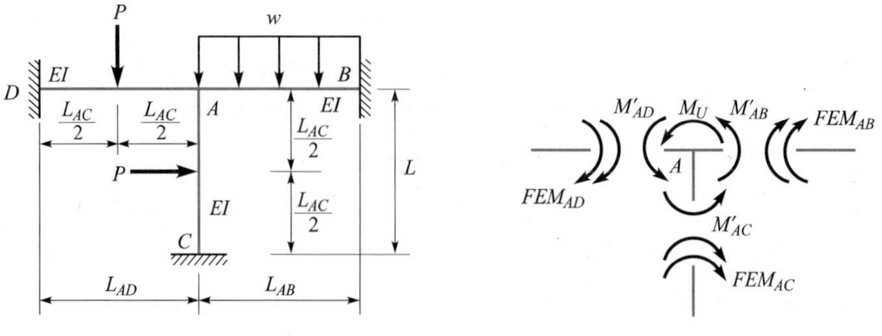

(a) (b)

그림 16.1

(2) 부재강도(member stiffness)

그림 16.2에 처짐각방정식을 적용하면 다음과 같이 된다.

$$M_{AB} = 2E_{AB}K_{AB}(2\theta_A + \theta_B - 3R_{AB}) + FEM_{AB}$$

$$= 2E\left(\frac{I}{L}\right)(2\theta_A - 0 - 0) + 0 = M$$

$$\therefore M = \left(\frac{4EI}{L}\right) \cdot \theta_A = K \cdot \theta_A$$

따라서

$$K = \frac{4EI}{L} \tag{16.3}$$

위 식에서 K는 A단을 $\theta_A = 1$라디안 회전시키는데 필요한 휨모멘트의 값으로, 부재 AB의 A단의 강도 또는 AB의 부재강도라고 정의한다.

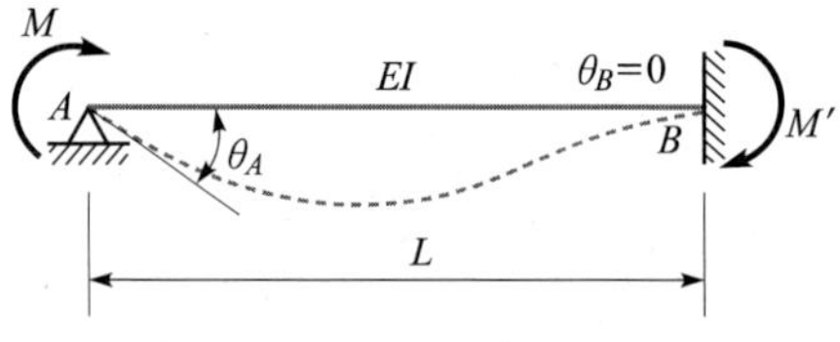

그림 16.2

(3) 절점강도(joint stiffness)

그림 16.3의 구조물의 경우, 각 부재강도 K_{AB}, K_{AC}, K_{AD}는 식 (16.3)에 의해 구할 수 있고,

이들 값을 합하여 절점 A에서의 전체강도 K_A를 구할 수 있다. 즉, $K_A = \sum K_{Ai} = K_{AB} + K_{AC} + K_{AD}$이다. 따라서 여러 개의 부재가 한 절점에 모이는 경우에 각 부재의 원단이 고정되어 있으면, 부재가 모인 절점에서의 강도(절점강도 K_A)는 그 절점에서의 부재강도의 합($K_A = \sum K_{Ai}$)이 된다.

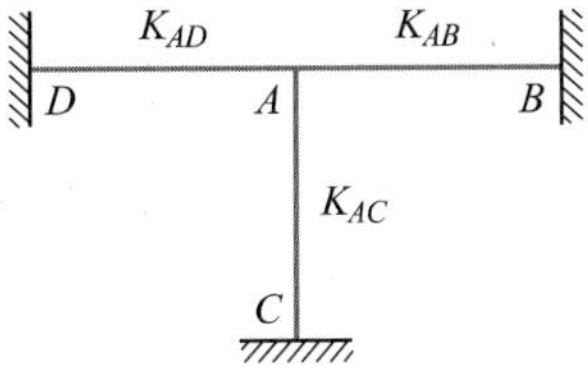

그림 16.3

(4) 분배모멘트

그림 16.1(a)와 같은 구조물의 경우, 불균형모멘트 M_U가 잠겨진 절점 A에 가력되었을 때 절점 A를 푸는 순간 절점 A가 회전하면서 연결된 부재들은 절점에서 이 불균형모멘트와 평형을 유지하는데 필요한 저항모멘트의 일부분씩을 부재강도에 비례해서 가져갈 것이다. 즉, 그림 16.1(b)의 자유물체도에 평형방정식을 적용하면

$$+\curvearrowright \sum M_A = 0 \ ; \ M_U + M_{AB}' + M_{AC}' + M_{AD}' = 0$$

따라서,

$$M_U = -M_{AB}' - M_{AC}' - M_{AD}' \tag{16.4}$$

그림 16.1(b)에서 $\theta_B = \theta_C = \theta_D = 0$이고 $R = 0$이므로, 처짐각방정식은 $M_{AB}' = 4EK_{AB}\theta_A$, $M_{AC}' = 4EK_{AC}\theta_A$, $M_{AD}' = 4EK_{AD}\theta_A$가 된다. 이들 처짐각방정식을 식 (16.4)에 대입하여 정리하면, $4E\theta_A = -\dfrac{M_U}{(K_{AB} + K_{AC} + K_{AD})}$가 얻어진다. 이 값을 처짐각방정식($M_{AB}' = 4EK_{AB}\theta_A$)에 대입하면 다음과 같은 분배모멘트를 구하는 식이 구해진다. 즉,

$$\begin{aligned} M_{AB}' &= -\frac{K_{AB}}{(K_{AB} + K_{AC} + K_{AD})} M_U \\ &= -\left(\frac{K_{AB}}{\sum K_{Ai}}\right) M_U = (DF_{AB}) M_U \end{aligned} \tag{16.5}$$

위 식에서, $DF_{AB}=-\left(\dfrac{K_{AB}}{\sum K_{Ai}}\right)$를 부재 AB의 B단에서의 분배율(distribution factor)이라고 부른다.

(5) 부재상대강도(member relative stiffness)

많은 경우의 보와 라멘구조물은 같은 재료로 만들어지기 때문에 각 부재의 탄성계수 E는 같은 값을 갖는다. 이러한 경우, 식 (16.3)의 부재강도 K를 $4E$로 나누고, 그것을 부재상대강도 k라 정의하면 분배율 DF 계산 시 편리하다. 즉,

$$k=\frac{K}{4E}=\frac{I}{L} \tag{16.6}$$

(6) 전달모멘트

그림 16.2와 같이 원단이 고정지점(잠근지점)에 의해 구속된 보에 처짐각방정식을 적용하면 다음과 같이 된다.

$$\begin{aligned} M_{AB} &= 2E_{AB}K_{AB}(2\theta_A+\theta_B-3R_{AB})+FEM_{AB} \\ &= 2EK_{AB}(2\theta_A-0-0)+0=M \\ \therefore\ M_{AB} &= 4EK_{AB}\theta_A=M \end{aligned}$$

그리고

$$M_{BA}=2EK_{AB}(\theta_A+2\theta_B-3R_{AB})=2EK_{AB}\theta_A=\frac{1}{2}M=\frac{1}{2}M_{AB}$$

따라서 A단에서 B단으로 전달되어온 전달모멘트는 다음과 같이 나타낼 수 있다.

$$M_{BA}=\frac{1}{2}M_{AB} \tag{16.7}$$

위 식에서 $\frac{1}{2}$이 전달률(carry-over factor) C_{AB}이다. 즉, 그림 16.2[또는 그림 16.4 (a)]는 EI가 일정한(constant) 균일단면에 대한 분배모멘트의 전달률은 $C_{AB}=\frac{1}{2}$이지만, 불균일단면은 다른 값을 갖는다.

따라서 전달률을 다음과 같이 일반화시킬 수 있다.

$$C_{AB} = \frac{M_{BA}}{M_{AB}} \tag{16.8}$$

16.1.2 수정부재강도

(1) 원단(遠端)이 힌지로 지지된 경우

어떤 경우에는 구조물의 지점조건과 변형의 기하학적 특성을 고려하여 부재강도를 수정하면, 즉 수정부재강도(modified member stiffness)를 사용하면 모멘트분배과정을 간단하게 할 수 있다. 먼저 그림 16.4(b)와 같이 원단이 힌지(또는 로울로)로 지지된 보에 대한 수정부재강도를 구해보자. 이 경우 부재 AB에서 모멘트 $M_{BA} = 0$이므로 처짐각방정식을 적용하면,

$$M_{AB} = 2EK_{AB}(2\theta_A + \theta_B) \tag{16.9a}$$

$$M_{BA} = 2EK_{AB}(\theta_A + 2\theta_B) = 0 \tag{16.9b}$$

식 (16.9b)로부터 $\theta_B = -\frac{1}{2}\theta_A$가 되고, 이것을 식 (16.9a)에 대입하면 M_{AB}는 다음과 같이 쓸 수 있다. 즉,

$$\begin{aligned} M_{AB} &= 2EK_{AB}(2\theta_A - \frac{1}{2}\theta_A) = 3EK_{AB}\theta_A \\ &= 4E\left(\frac{3}{4}K_{AB}\right)\theta_A = 4E(K_{AB}^R)\theta_A \end{aligned} \tag{16.10}$$

따라서, 원단(遠端)이 힌지로 지지된 경우의 수정부재강도 K_{AB}^R은 다음과 같이 된다.

$$K_{AB}^R = \frac{3}{4}K_{AB} \tag{16.11}$$

위 식의 수정부재강도의 값을 사용하면, 원단이 힌지로 지지된 경우에 대해 모멘트를 분배할 때 축차적으로 잠그고 풀고를 반복할 필요가 없으므로 모멘트의 분배과정이 간편해진다.

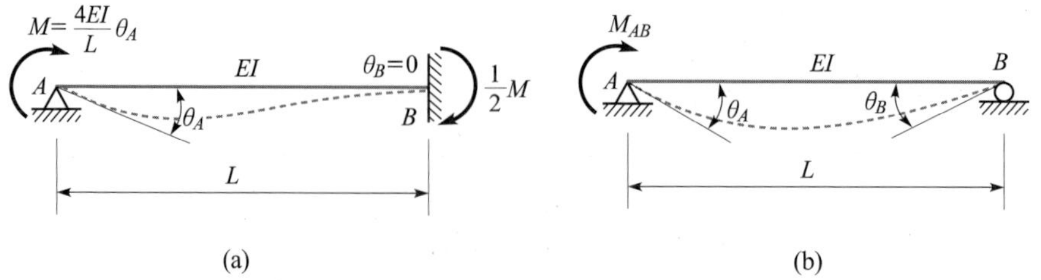

그림 16.4

(2) 대칭구조물에 대칭하중이 가력된 경우(대칭의 경우)

다음으로, 그림 16.5와 같이 대칭인 보에 대한 수정부재강도를 구해보자. 이 경우 부재 AB에서 양단모멘트가 크기가 같고 방향이 반대가 되므로 절점의 회전각은 $\theta_A = -\theta_B$가 된다. 따라서 처짐각방정식은 다음과 같이 된다.

$$\begin{aligned} M_{AB} &= 2EK_{AB}(2\theta_A + \theta_B) = 2EK_{AB}(2\theta_A - \theta_A) \\ &= 4E\left(\frac{1}{2}K_{AB}\right)\theta_A = 4EK_{AB}^R\theta_A \end{aligned} \tag{16.12}$$

따라서, 절점회전각이 대칭인 경우의 수정부재강도 K_{AB}^R은 다음과 같이 된다.

$$K_{AB}^R = \frac{3}{4}K_{AB} \tag{16.13}$$

대칭하중을 받는 대칭구조물의 중앙지간에서 식 (16.13)의 수정부재강도의 값을 사용하면, 모멘트를 분배할 때 축차적으로 잠그고 풀고 하는 반복작업을 절반만 해도 된다.

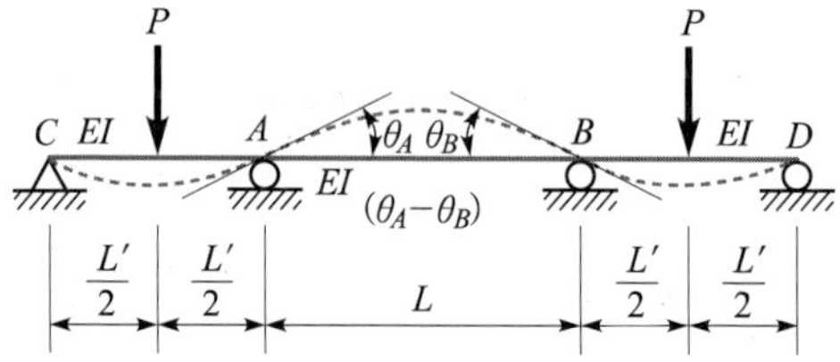

그림 16.5

(3) 대칭구조물에 역대칭하중이 가력된 경우(역대칭의 경우)

마지막으로, 그림 16.6과 같이 역대칭인 보에 대한 수정부재강도를 구해보자. 이 경우 부재 AB에서 양단모멘트가 크기 및 방향이 모두 같으므로 절점의 회전각은 $\theta_A = \theta_B$가 된다. 따라서 처짐각방정식은 다음과 같이 쓸 수 있다.

$$\begin{aligned} M_{AB} &= 2EK_{AB}(2\theta_A + \theta_B) = 2EK_{AB}(2\theta_A + \theta_A) \\ &= 4E\left(\frac{3}{2}K_{AB}\right)\theta_A = 4EK_{AB}^R\theta_A \end{aligned} \tag{16.14}$$

따라서, 절점회전각이 역대칭인 경우의 수정부재강도 K_{AB}^R은 다음과 같이 된다.

$$K_{AB}^R = \frac{3}{2}K_{AB} \tag{16.15}$$

역대칭하중을 받는 대칭구조물의 중앙지간에서 식 (16.15)의 수정부재강도의 값을 사용하면, 모멘트를 분배할 때 축차적으로 잠그고 풀고 하는 반복작업을 절반만 해도 된다.

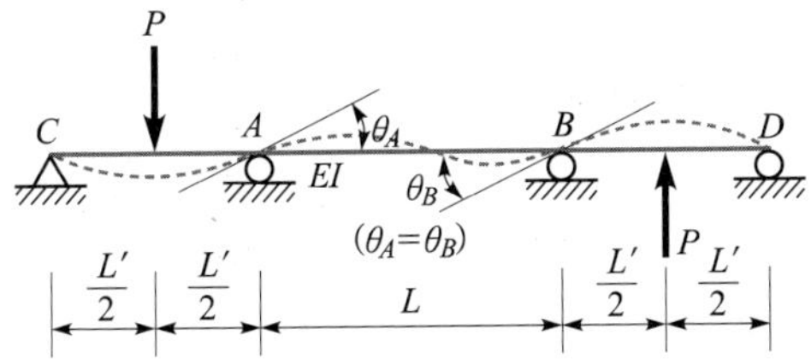

그림 16.6

16.1.3 모멘트분배법의 해석절차

연속보와 부정정라멘을 모멘트분배법으로 해석하는 절차를 요약하면 다음과 같다.

(1) 고정단모멘트(FEM, 그림 16.1 참조)을 계산한다.

(2) 분배율[DF, 식 (16.5)]을 계산한다.

(3) 각 절점에서의 분배율과 고정단모멘트를 계산도표에 기입하고, 불균형모멘트에 대한 축차적인 잠그고 풀고 하는 모멘트분배의 반복작업을 불균형모멘트의 값이 무시할 정도로 작아질 때까지 실시한다.

(4) 부재단모멘트는 계산도표에서 다음 식과 같이 합하여 구한다.

$$M_{AB} = FEM_{AB} + \sum(\text{분배모멘트}) + \sum(B\text{에서 }A\text{단으로 전달되는 모멘트})$$

(5) 처짐각법과 동일한 방법으로 부재단모멘트와 부재별 자유물체도로부터 부재력을 구하고, 부재단의 전단력을 이용하여 반력을 구한다.

예제 16.1

다음 2차 부정정보에서 연직반력 V_A, V_B, V_C 와 휨모멘트 M_A, M_B, M_C를 구하시오.

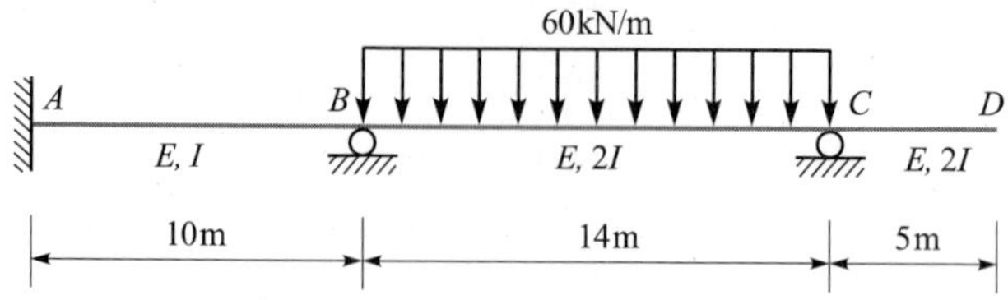

(a)

그림 예제 16.1

풀이

모멘트분배법을 적용하여 해를 구해보자. 내민부분 CD부재에는 모멘트가 분배되지 않으므로 이 부분의 분배율은 '0' 이다. 따라서 만약 내민부분 CD부재에 모멘트가 존재하여도 이 모멘트는 부재 BC쪽으로 전달되지는 않는다. 이것을 고려하여 부재상대강도와 분배율을 계산해야 한다. 즉,

1) 부재상대강도

식 (16.6)을 이용하여 각 지간의 부재상대강도를 구하면,

$$k_{AB} = \frac{I}{L} = \frac{I}{10},\ k_{BC} = \frac{2I}{L} = \frac{I}{7}$$

2) 분배율(DF)

절점 B에서 분배율 : $DF_{BA} = -\dfrac{\frac{I}{10}}{\frac{I}{10}+\frac{I}{7}} = -0.4,\ DF_{BC} = -\dfrac{\frac{I}{7}}{\frac{I}{10}+\frac{I}{7}} = -0.6$

고정단인 절점 A에서 분배율 : $DF_{AB} = -\dfrac{\frac{I}{10}}{\infty + \frac{I}{10}} = 0$

로울러단인 절점 C에서 분배율 : $DF_{CB} = -\dfrac{\frac{I}{7}}{\frac{I}{7}} = -1$

자유단인 절점 D에서 분배율 : $DF_{CD} = DF_{DC} = 0$

3) 고정단모멘트

$$FEM_{BC} = -\frac{wL^2}{12} = -\frac{60 \cdot 14^2}{12} = -980\text{kN·m},\ FEM_{CB} = \frac{wL^2}{12} = \frac{60 \cdot 14^2}{12} = 980\text{kN·m}$$

4) 계산도표와 모멘트분배

부호규약에 따라 시계방향이 양(+)모멘트이고 반시계방향이 음(-)모멘트이다. 균일강도 부재의 경우, 모멘트분배법에서 어느 잠궈진 절점을 풀면 그 절점에 연결된 부재의 원단이 고정단이거나 잠궈진 절점이면 전달모멘트가 유발되고 그 크기는 분배모멘트의 $\frac{1}{2}$이 된다. 이런 사항을 고려하여 모멘트분배를 수행하면 다음 표와 같다.

절점	A	B		C	
부재	AB	BA	BC	CB	CD
DF	0	−0.4	−0.6	−1	0
FEM			-980	980	
			-490	← -980	
	294	← 588	882 →	441	
			-221	← -441	
	44.2	← 88.4	132.6 →	66.3	
			-33.15	←-66.3	
	6.63	← 13.26	19.89 →	9.95	
			-4.78	←-9.95	
	1.00	←1.99	2.87 →	1.44	
			-0.72	←-1.44	
	0.15	←0.29	0.43 →	0.22	
			-0.11	←-0.22	
	0.02	←0.04	0.07 →	0.04	
$\sum M$	346	692	-692	0	0

5) 반력 계산

그림 (b)의 자유물체도에서

$$+\curvearrowright \sum M_B = 0\ ;\ (-V_A)(10) + 346 + 692 = 0, \quad \therefore V_A = 103.8\text{kN}\ (\downarrow)$$

$$+\uparrow \sum F_y = 0\ ;\ V_{BL} = V_A = 103.8\text{kN}\ (\uparrow)$$

$$M_A = M_{AB} = 346\text{kN·m}\ (\circlearrowright),\ M_B = M_{BA} = 692\text{kN·m}\ (\circlearrowright)$$

그림 (c)의 자유물체도에서

$$+\curvearrowright\sum M_C = 0\ ;\ (V_{BR})(14) - 692 - (60)(14)(\frac{14}{2}) = 0, \qquad \therefore V_{BR} = 469.4\text{kN}\ (\uparrow)$$

$$+\uparrow\sum F_y = 0\ ;\ V_C = -V_{BR} + (60)(14) = -469.4 + 840 = 370.5\text{kN}\ (\uparrow)$$

그림 (c)의 자유물체도에서, B지점의 연직반력 V_B는 다음과 같이 구해진다.

$$+\uparrow\sum F_y = 0\ ;\ V_B - V_{BL} - V_{BR} = 0$$

$$\therefore V_B = V_{BL} + V_{BR} = 103.8 + 469.4 = 573.2\text{kN}\ (\uparrow)$$

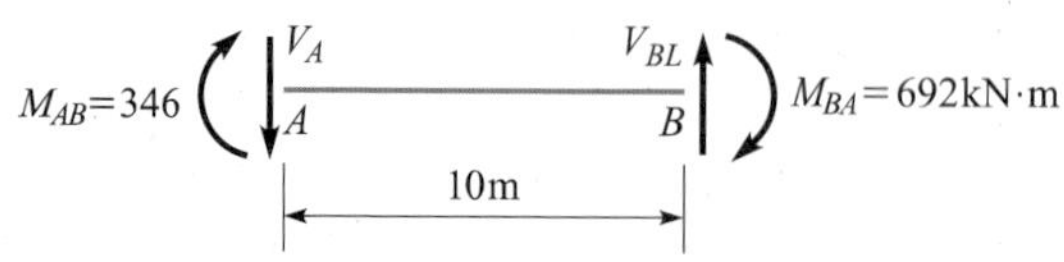

(b)

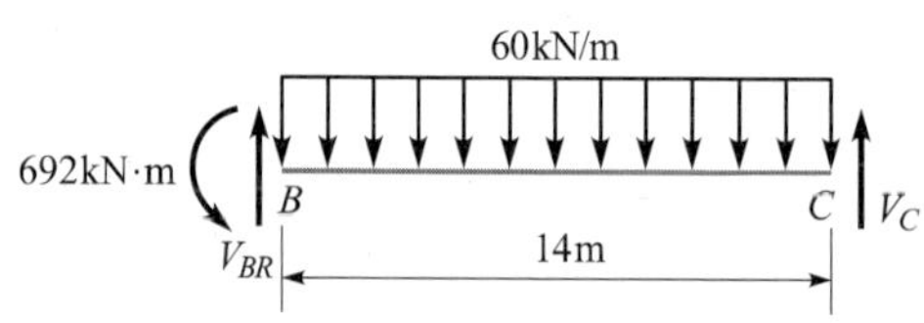

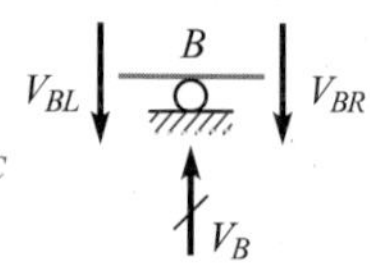

(c) (d)

검산을 위해 그림 예제 16.1(a)의 전체구조물에 평형방정식을 적용하면, 즉

$$+\uparrow\sum F_y = 0\ ;\ -V_A + V_B + V_C + (60\times 14) = 0$$

$$-103.8 + V_B + 370.6 - (60\times 14) = 0$$

$$\therefore V_B = 573.2\text{kN}\ (\uparrow)$$

$$+\curvearrowright\sum M_B = 0\ ;\ (-V_C)(14) + 346 + (60)(14)(\frac{14}{2}) - (V_A)(10) + M_C = 0, \qquad \therefore M_C = 0$$

예제 16.2

다음과 같은 보 구조물에서 선형탄성거동 시 휨모멘트도를 구하시오. 단, EI는 일정하다. 단 EI는 일정하다.

[8점, 토목구조기술사 시험]

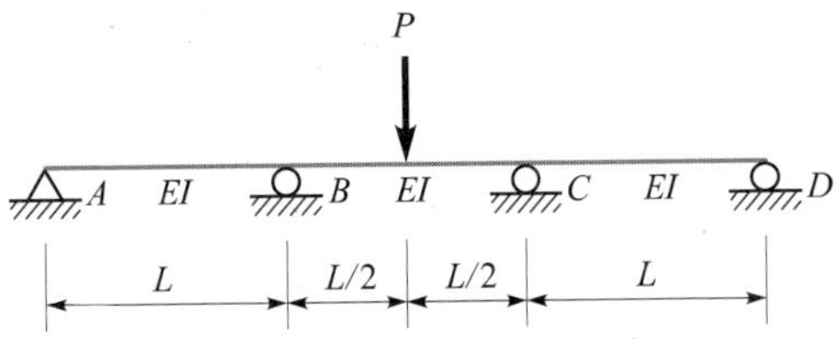

(a)

그림 예제 16.2

풀이

모멘트분배법을 사용하여 풀어보자.

1) 부재상대강도

식 (16.6)을 이용하여 각 지간의 부재상대강도를 구하면,

$$k_{AB}=k_{BC}=k_{CD}=\frac{I}{L}$$

2) 분배율(DF)

힌지와 로울러단인 절점 A와 D에서 분배율 : $DF_{AB}=DF_{DC}=-\dfrac{\frac{I}{L}}{\frac{I}{L}}=-1.0$

절점 B, C에서 분배율 : $DF_{BA}=DF_{BC}=DF_{CB}=DF_{CD}=-\dfrac{\frac{I}{L}}{\frac{I}{L}+\frac{I}{L}}=-0.5$

3) 고정단모멘트

$$FEM_{BC}=-\frac{PL}{8}=-0.125PL=-FEM_{CB}$$

4) 계산도표와 모멘트분배

절점	A	B		C		D
부재	AB	BA	BC	CB	CD	DC
DF	−1.0	−0.5	−0.5	−0.5	−0.5	−1.0
			-0.125	0.125		
	0.03125	←0.0625	0.0625→	0.03125		
	-0.03125→	-0.0156	-0.03906	←-0.07813	-0.07813→	-0.03906
					0.0196	←0.03906
F			-0.005	←-0.01	-0.01→	-0.005
E	0.015	←0.03	0.03→	0.015	0.0025	←0.005
M	-0.015→	-0.0075	-0.0044	←-0.0088	-0.0088→	-0.0044
					0.0022	←0.0044
			-0.0006	←-0.0011	-0.0011→	0.00055
	0.003	←0.006	0.006→	0.003		-0.00055
	-0.003			-0.0015	-0.0015	
ΣM	0	0.075	-0.075	0.075	-0.075	0

$$\therefore M_B = -0.075PL = -\frac{3}{40}PL = M_C$$

$$M_{\max} = -\frac{3}{40}PL + \frac{P}{2} \cdot \frac{L}{2} = \frac{7}{40}PL$$

따라서 휨모멘트도를 작도하면 그림 (b)과 같다.

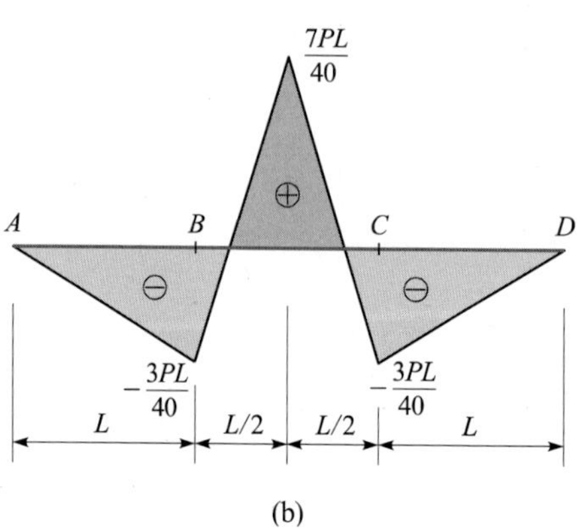

(b)

예제 16.3

다음과 같은 라멘구조물에서 부재단모멘트를 모멘트분배법으로 구하시오.

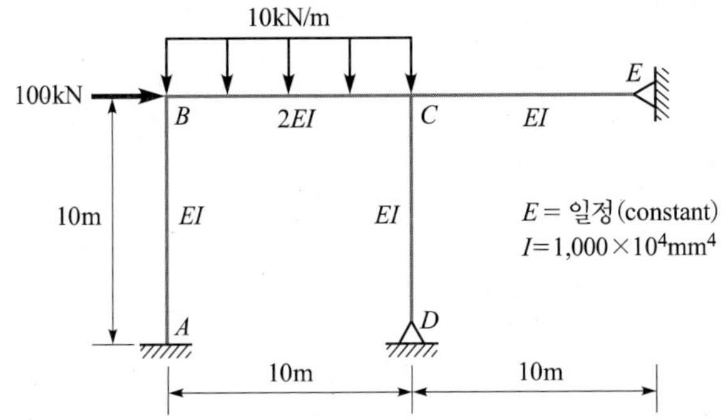

그림 예제 16.3

풀이

1) 부재강도

식 (16.3)의 부재강도와 식 (16.11)의 수정부재강도를 이용하면,

$$K_{AB}=\frac{4EI_{AB}}{L_{AB}}=\frac{4E(1\times10^{-5})}{10}=4E(10^{-6}),\ K_{BC}=\frac{4EI_{BC}}{L_{BC}}=\frac{4E(2\times10^{-5})}{10}=8E(10^{-6})$$

$$K_{CD}^{R}=\frac{3}{4}K_{CD}=\frac{3}{4}\left(\frac{4EI_{CD}}{L_{CD}}\right)=\frac{3EI_{CD}}{L_{CD}}=\frac{3E(1\times10^{-5})}{10}=3E(10^{-6})$$

$$K_{CE}^{R}=\frac{3}{4}K_{CE}=\frac{3}{4}\left(\frac{4EI_{CE}}{L_{CE}}\right)=\frac{3EI_{CE}}{L_{CE}}=\frac{3E(1\times10^{-5})}{10}=3E(10^{-6})$$

2) 분배율(DF)

힌지단인 절점 D와 E에서 분배율 : $DF_{DC}=DF_{EC}=-\dfrac{3E(10^{-6})}{3E(10^{-6})}=-1.0$

고정단인 절점 A에서 분배율 : $DF_{AB}=DF_{EC}=-\dfrac{4E(10^{-6})}{\infty+4E(10^{-6})}=0$

$$DF_{BA}=-\frac{4E(10^{-6})}{4E(10^{-6})+8E(10^{-6})}=-\frac{1}{3},\ DF_{BC}=-\frac{8E(10^{-6})}{4E(10^{-6})+8E(10^{-6})}=-\frac{2}{3}$$

$$DF_{CB}=-\frac{K_{BC}}{K_{BC}+K_{CD}^{R}+K_{CE}^{R}}=-\frac{8E(10^{-6})}{8E(10^{-6})+3E(10^{-6})+3E(10^{-6})}=-\frac{4}{7}$$

$$DF_{CD}=-\frac{K_{CD}}{K_{BC}+K_{CD}^{R}+K_{CE}^{R}}=-\frac{3E(10^{-6})}{8E(10^{-6})+3E(10^{-6})+3E(10^{-6})}=-\frac{3}{14}$$

$$DF_{CE} = -\frac{K_{CE}}{K_{BC}+K_{CD}^R+K_{CE}^R} = -\frac{3E(10^{-6})}{8E(10^{-6})+3E(10^{-6})+3E(10^{-6})} = -\frac{3}{14}$$

3) 고정단모멘트

수평하중 100kN은 절점 B에만 작용하므로 고정단모멘트를 발생시키지 않는다.

그러므로

$$FEM_{BC} = -\frac{wL_{BC}^2}{12} = -\frac{10(10^2)}{12} = -83.33\text{kN}\cdot\text{m}$$

$$FEM_{CB} = \frac{wL_{BC}^2}{12} = \frac{10(10^2)}{12} = 83.33\text{kN}\cdot\text{m}$$

4) 계산도표와 모멘트분배

절점	A	B		C			D	E
부재	AB	BA	BC	CB	CD	CE	DC	EC
DF	0	$-\frac{1}{3}$	$-\frac{2}{3}$	$-\frac{4}{7}$	$-\frac{3}{14}$	$-\frac{3}{14}$	−1	−1
F E M			-83.33	83.33				
		27.78	55.55	-47.62	-17.86	-17.86		
	13.89		-23.81	27.78				
		7.94	15.87	-15.87	-5.95	-5.95		
	3.97		-7.94	7.94				
		2.65	5.29	-4.54	-1.70	-1.70		
	1.33		-2.27	2.65				
		0.76	1.51	-1.51	-0.57	-0.57		
	0.38		-0.76	0.76				
		0.25	0.51	-0.43	-0.17	-0.17		
ΣM	19.57 (kN·m)	39.38 (kN·m)	-39.38 (kN·m)	52.49 (kN·m)	-26.25 (kN·m)	-26.25 (kN·m)	0	0

5) 부재단모멘트

$M_{AB} = 19.57\text{kN}\cdot\text{m}$, $M_{BA} = 39.38\text{kN}\cdot\text{m}$, $M_{BC} = -39.38\text{kN}\cdot\text{m}$, $M_{CB} = 52.49\text{kN}\cdot\text{m}$, $M_{CD} = -26.25\text{kN}\cdot\text{m}$, $M_{CE} = -26.25\text{kN}\cdot\text{m}$, $M_{DC} = M_{EC} = 0$

16.2 횡변위가 있는 라멘의 해석

그림 16.7(a)는 라멘에 비대칭하중 P가 작용하여 횡변위(sidesway, 가로흔들이) Δ가 생긴 예를 보여주고 있다. 그림 16.7(a)와 같이 횡변위가 있는 경우에는, 횡변위를 구속한 그림 16.7(b)의 상태에서 모멘트분배의 해석결과와 횡변위 구속을 해제하고 반대방향으로 억제력을 가한 그림 16.7(c)의 상태에 대한 모멘트분배의 해석결과를 겹침의 원리에 의해 합하여 구할 수 있다.

단계적 해석절차를 요약하면 다음과 같다. 먼저, 횡변위가 생기지 않도록 그림 16.7 (b)와 같이 C점에 임의의 지점을 만든다. 이 경우에 대해 모멘트분배를 실시하여 임의의 부재 ij의 부재단모멘트 $M_{ij}^{(0)}$을 계산하고, 정역학적 평형방정식을 적용하여 억제력 R을 구한다.

다음으로, 크기는 같으나 방향이 다른 하중을 그림 16.7(c)와 같이 작용시켜 모멘트분배를 실시한다. 이 계산을 수행하는 요령 중의 하나는 횡변위 Δ' 또는 불균형 고정단모멘트를 임의의 편리한 값으로 가정[$FEM_{ij} = \pm \dfrac{6EI\Delta'}{L^2}$, 그림 9.1(b) 참조]하고, 가정한 불균형 고정단모멘트로 모멘트분배를 실시하여 부재단모멘트 $M_{ij}^{(1)}$을 계산한다. 부재단모멘트를 사용하여 가정한 Δ'에 대응하는 가정억제력 R' 계산한다.

마지막으로, 위의 과정은 모두 탄성변형상태에서 실시한 것이므로 R'는 그림 16.7 (b)의 R에 의해 생긴 모멘트에 비례하는 모멘트를 발생시킨다. 따라서 그림 16.7(a)의 실제라멘에서의 부재단모멘트 M_{ij}는 그림 16.7(b)의 부재단모멘트 $M_{ij}^{(0)}$과 그림 16.7(c)의 부재단모멘트 $M_{ij}^{(1)}$을 $(R/R')M_{ij}^{(1)}$만큼 수정한 후 합하면 구해진다. 즉, 수식으로 표시하면 다음 식과 같이 된다.

$$M_{ij} = M_{ij}^{(0)} + (R/R')M_{ij}^{(1)} \tag{16.16}$$

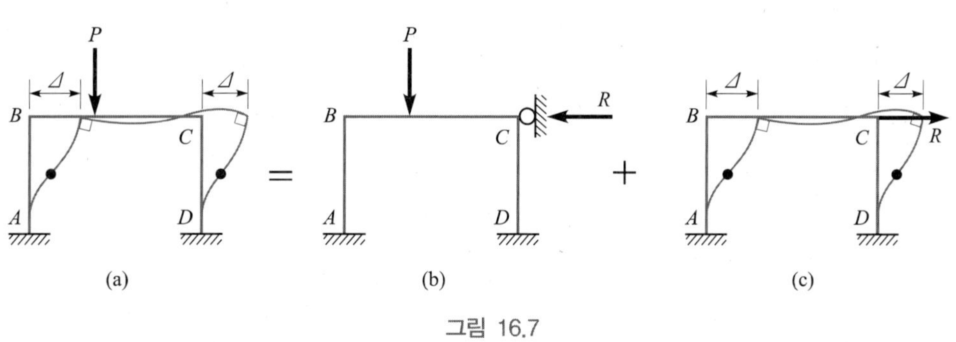

그림 16.7

위에서 설명한 라멘은 횡변위 자유도가 1인 경우였다. 고층건물의 라멘은 그 층수만큼의 독립적인 횡변위 자유도가 있을 수 있다. 모멘트분배법으로 이러한 경우를 해석하기 위해서 그림 16.8 (a)의 2층 라멘을 고려해 보자. 이 라멘은 그림 16.8 (a)에 나타낸 것처럼 횡변위 자유도가 2개의 독립적인 변위 Δ_1, Δ_2를 갖는다. 이들 변위 값은 처음에는 미지수이므로 위에서 설명한 겹침의 방법을 사용하여 해석해야 한다. 즉, $\Delta_1 = \Delta_2 = 0$인 그림 16.8 (b)에 대한 모멘트분배를 수행한 경우(부재단모멘트 $M_{ij}^{(0)}$), 그림 16.8(c)와 같이 $\Delta_2 = 0$이고 Δ'_1만의 영향을 포함시켜 모멘트분배를 수행한 경우(부재단모멘트 $M_{ij}^{(1)}$), 그리고 그림 16.8(d)와 같이 $\Delta_1 = 0$이고 Δ'_2만의 영향을 포함시켜 모멘트분배를 수행한 경우(부재단모멘트 $M_{ij}^{(2)}$)으로 분해하여 고려할 수 있다. 그림 16.8의 절점 E, D에서는 다음의 관계가 성립된다. 즉,

$$R_1^0 - aR_1^1 + bR_1^2 = 0 \tag{16.17a}$$

$$R_2^0 + aR_2^1 - bR_2^2 = 0 \tag{16.17b}$$

여기서 R_1^0, R_2^0, R_1^1, R_2^1, R_1^2, R_2^2는 각 경우에 대한 모멘트분배를 수행하여 얻은 부재단모멘트에 대해 부재를 고립시킨 자유물체도와 전체구조물의 자유물체도 등으로부터 전단력을 구하고 평형방정식을 적용하면 구할 수 있다. 이들 값을 식 (16.17)에 대입하고 연립하여 풀면 수정계수 a, b의 값이 구해진다.

그림 16.8(c), (d)의 모멘트분배에서 구한 절점의 부재단모멘트에 이 수정계수 a, b을 각각 곱하여, 최종적인 실제구조물인 그림 16.8 (a)의 부재단모멘트 M_{ij}가 겹침의 원리에 의하여 다음 식과 같이 구해진다.

$$M_{ij} = M_{ij}^{(0)} + aM_{ij}^{(1)} + bM_{ij}^{(2)} \tag{16.18}$$

서로 독립인 횡변위 자유도가 n개인 n층의 건물 라멘구조물도 위에서 전개한 2층 라멘에 대한 방법을 같은 방법으로 자유도가 n개까지 확장시키면 임의의 부재 ij의 부재단모멘트 M_{ij}를 구하는 식은 다음과 같이 된다.

$$M_{ij} = M_{ij}^{(0)} + \sum_{k=1}^{n} a_k M_{ij}^{(k)} \tag{16.19}$$

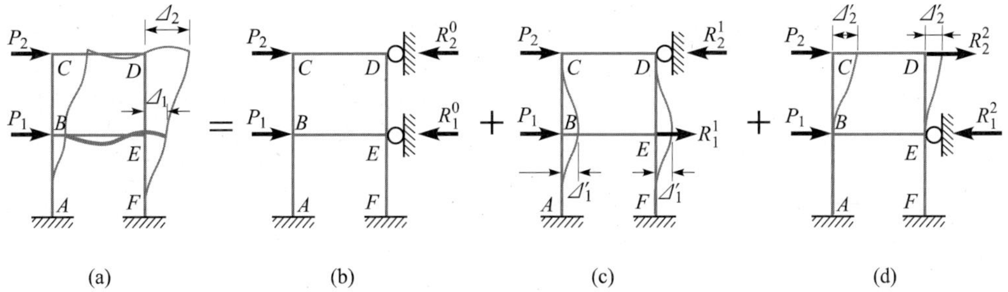

그림 16.8

예제 16.4

다음과 같은 라멘구조물에서 부재단모멘트를 구하시오. 단 EI는 일정하다.

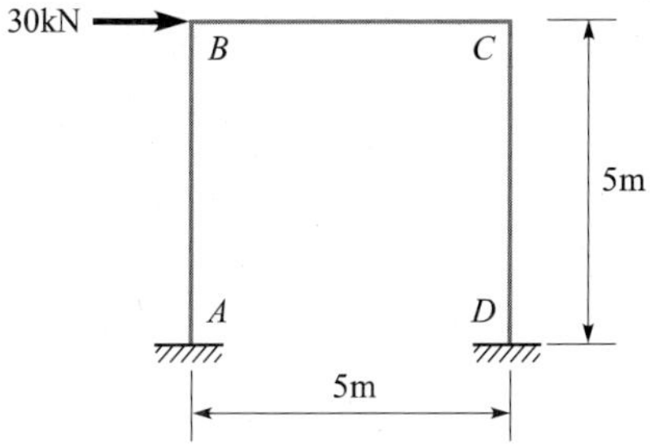

(a)

그림 예제 16.4

풀이

1) 부재강도

식 (16.3)의 부재강도를 이용하면,

$$K_{AB} = K_{BC} = K_{CD} = \frac{4EI}{5}$$

2) 분배율(DF)

고정단인 절점 A, D에서 분배율 : $DF_{AB} = DF_{DC} = -\dfrac{4EI/5}{\infty + 4EI/5} = 0$

$$DF_{BA} = DF_{BC} = DF_{CB} = DF_{CD} = -\frac{4EI/5}{4EI/5 + 4EI/5} = -0.5$$

3) 횡변위가 없는 경우[그림 (b)]의 해석

i) 고정단모멘트

수평하중 30kN은 그림 (b)의 절점 B에만 작용하므로 고정단모멘트를 발생시키지 않는다.

$FEM=0$

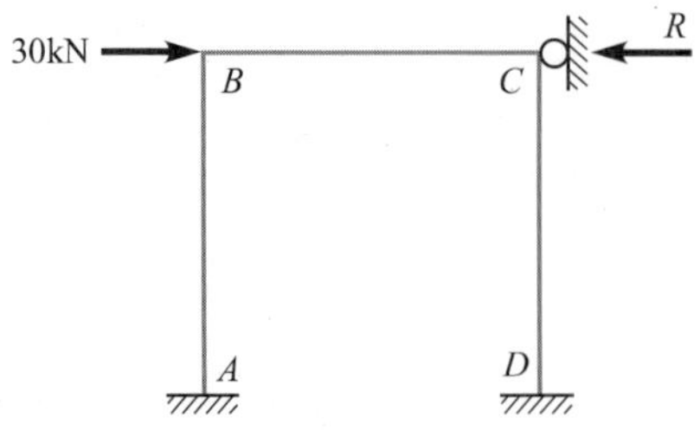

(b)

ii) 계산도표와 모멘트분배

$FEM=0$이므로, 계산도표를 만들 필요가 없고 모멘트분배를 수행하지 않아도 된다. 따라서 부재단모멘트 $M_{ij}^{(0)}$이 '0' 이다. 즉, $M_{ij}^{(0)}=0$이므로 횡변위가 없는 경우의 부재단모멘트는 다음과 같이 된다.

$M_{AB}^{(0)}=M_{BA}^{(0)}=M_{BC}^{(0)}=M_{CB}^{(0)}=M_{CD}^{(0)}=M_{DC}^{(0)}=0$

4) 횡변위를 고려한 경우의 해석

i) 횡변위가 없는 경우[그림 (b)]에서 횡변위 억제력(횡변위 구속반력) R 계산

그림 (b)에서 부재 BC만을 분리시켜 자유물체도를 작도하면 그림 (c)와 같이 된다. 그림 (c)의 자유물체도에 평형방정식을 적용하면 R이 다음과 같이 구해진다. 즉,

$+\rightarrow\sum F_x=0\ ;\ 30-R=0,\quad \therefore R=30\text{kN}$

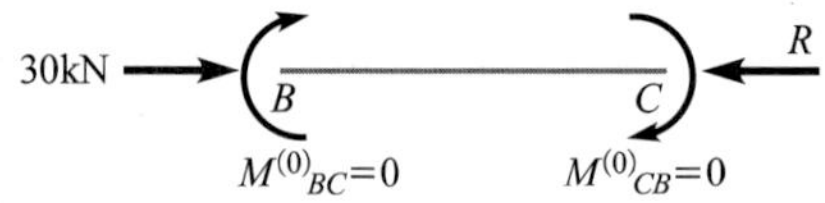

(c)

ii) 횡변위가 있는 경우의 고정단모멘트의 가정과 모멘트분배

그림 (d)에서 작용하는 R'(가정억제력)의 힘에 의해서 절점 B, C는 Δ' 만큼 변형한다. 이때 R'에 의한 고정단모멘트를 다음과 같이 가정하고 모멘트분배를 실시한다. 즉,

$FEM_{AB}=FEM_{BA}=FEM_{CD}=FEM_{DC}=-100\text{kN}\cdot\text{m}$라고 가정하면

$FEM_{AB}=FEM_{BA}=FEM_{CD}=FEM_{DC}=-\dfrac{6EI\Delta'}{L^2}=-100$로부터, $\Delta'=\dfrac{100L^2}{6EI}$

$\therefore FEM_{BC}=FEM_{CB}=-\dfrac{6EI(0)}{L^2}=0$

절점	A	B		C		D
부재	AB	BA	BC	CB	CD	DC
DF	0	−0.5	−0.5	−0.5	−0.5	0
FEM	-100	-100			-100	-100
		50	50	50	50	
	25		25	25		25
		-12.5	-12.5	-12.5	-12.5	
	-6.25		-6.25	-6.25		-6.25
		3.125	3.125	3.125	3.125	
	1.56		1.56	1.56		1.56
		-0.78	-0.78	-0.78	-0.78	
	-0.39		-0.39	-0.39		0.39
		0.195	0.195	0.195	0.195	
	0.098		0.098	0.098		0.098
		-0.049	-0.049	-0.049	-0.049	
$\sum M$	-79.98 (kN · m)	-60.01 (kN · m)	60.01 (kN · m)	60.01 (kN · m)	-60.01 (kN · m)	-79.98 (kN · m)

iii) 횡변위가 있는 경우[그림 (d)]에서 R'(가정억제력) 계산

그림 (d)의 자유물체도에 평형방정식을 적용하면,

$$+\rightarrow \sum F_x = 0\ ;\ -H_A - H_D + R' = 0, \quad \therefore H_A + H_D = R'$$

그림 (d)에서 기둥부재 AB만을 분리시킨 그림 (e)의 자유물체도에 평형방정식을 적용하면 H_A가 다음과 같이 구해진다. 즉,

$$+\curvearrowright \sum M_B = 0\ ;\ M_{AB}^{(1)} + H_A(5) + M_{DC}^{(1)} = 0,$$

$$\therefore H_A = \frac{-M_{AB}^{(1)} - M_{DC}^{(1)}}{5} = \frac{79.98 + 60.01}{5} = 28\text{kN}$$

그림 (d)에서 기둥부재 CD만을 분리시킨 그림 (f)의 자유물체도에 평형방정식을 적용하면 H_D가 다음과 같이 구해진다. 즉,

$$+\curvearrowright \sum M_C = 0\ ;\ M_{DC}^{(1)} + H_A(5) + M_{CD}^{(1)} = 0,$$

$$\therefore H_D = \frac{-M_{DC}^{(1)} - M_{CD}^{(1)}}{5} = \frac{79.98 + 60.01}{5} = 28\text{kN}$$

따라서

$$R' = H_A + H_D = 28 + 28 = 56\text{kN}$$

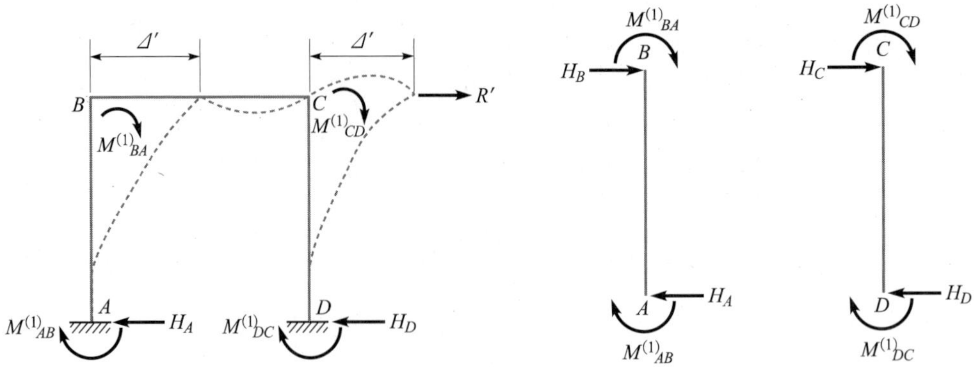

(d) (e) (f)

iv) 수정계수 R/R'의 계산

위에서 구한 R, R'로부터

$$R/R' = \frac{30}{56} = \frac{15}{28}$$

5) 부재단모멘트

본 예제의 경우 $M_{ij} = M_{ij}^{(0)} + (R/R')M_{ij}^{(1)}$에서 $M_{ij}^{(0)} = 0$이므로, $M_{ij} = (R/R')M_{ij}^{(1)}$가 된다. 따라서 실제라멘에서 최종적으로 발생하는 부재단모멘트는 다음과 같다. 즉,

$$M_{AB} = M_{DC} = \left(\frac{15}{28}\right)(-79.98) = -64.21\text{kN}\cdot\text{m}$$

$$M_{BA} = M_{CD} = \left(\frac{15}{28}\right)(-60.01) = -32.15\text{kN}\cdot\text{m}$$

$$M_{BC} = M_{CB} = \left(\frac{15}{28}\right)(60.01) = 32.15\text{kN}\cdot\text{m}$$

연습문제

16.1 다음과 같은 구조물에서 부재단모멘트를 모멘트분배법으로 구하시오. 단, E는 일정하고, $I = 1{,}000 \times 10^4 \mathrm{mm}^4$이다.

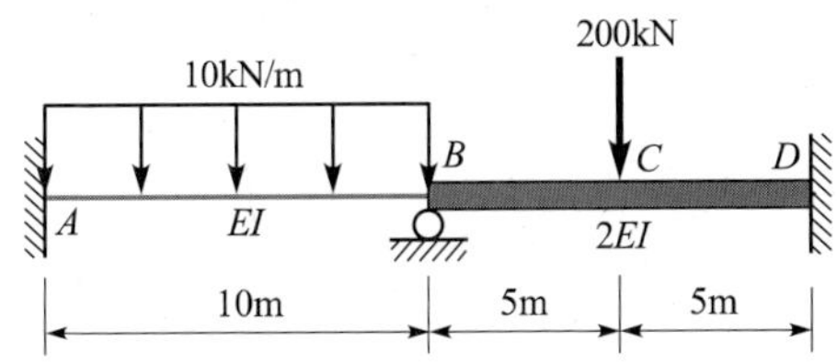

그림 문제 16.1

16.2 다음과 같은 구조물을 모멘트분배법으로 해석하시오.

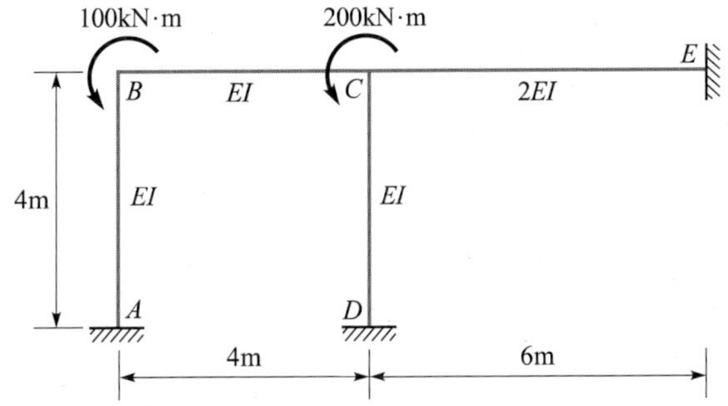

그림 문제 16.2

16.3 다음과 같은 구조물에서 부재단모멘트를 모멘트분배법으로 구하시오. 단, EI는 일정하다.

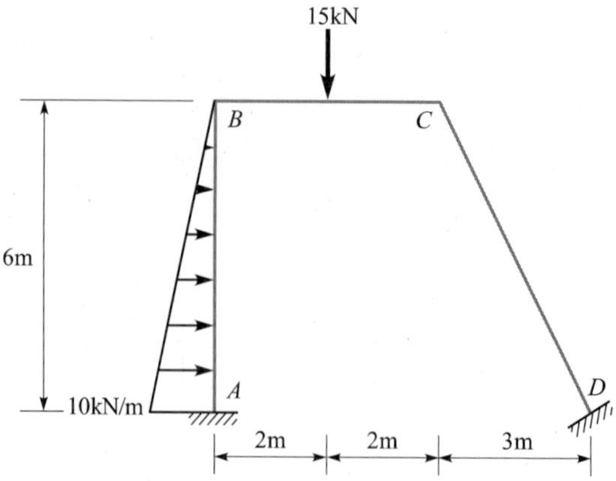

그림 문제 16.3

제17장 부정정구조물의 영향선

제17장

부정정구조물의 영향선

17.1 부정정구조물의 영향선 작도요령

부정정구조물의 어느 한 특정 구조응답(반력, 전단력, 휨모멘트 등)에 대한 영향선은 먼저 부정정력(여용력)에 대한 영향선을 결정해야 한다. 일단 이것을 구하고 나면, 임의의 어느 한 특정 구조응답(반력, 전단력, 휨모멘트 등)에 대한 영향선은 5장에서 다룬 정역학적 방법으로 결정할 수 있게 된다. 즉, 부정정구조물의 영향선도 5장의 정정구조물의 작도처럼, 어느 한 특정 구조응답(반력, 전단력, 휨모멘트 등)에 대한 영향선의 종거는 모든 점에 단위하중을 차례로 가력한 후 이들의 각 위치에서 특정 구조응답(반력, 전단력, 휨모멘트 등)의 값을 계산하면 그 단위하중 위치에서의 영향선의 종거가 된다.

그러나 부정정구조물의 영향선을 작도할 때, 이와 같이 단위하중을 순차적으로 가력시켜서 영향선을 작도하는 것은 매우 번거롭고 비실용적이다. 따라서 5장에서 이미 설명한 뮐러-브레슬로(Müller－Breslau)의 원리, 즉 "구조물의 어느 한 특정 구조응답(반력, 전단력, 휨모멘트 등)에 대한 영향선의 종거는 구조물에서 그 특정 구조응답에 대응하는 구속을 제거하고 그 점에 특정 구조응답에 대응하는 단위변위를 일으켰을 때의 처짐 곡선의 종거와 같다"는 원리를 이용하면 부정정구조물의 영향선을 더 쉽게 작도할 수 있게 된다.

정정구조물의 경우 구속조건을 제거하면 불안정한 구조물이 되어 결국은 부재가 하중을 받아 변형할 수 없게 되나, 부정정구조물의 경우는 한 지점의 구속조건을 제거한다 해도 구조물은 정정 또는 부정정이 된다. 따라서 정정구조물과 부정정구조물의 처짐 모양은 각각 직선과 곡선이 되어, 영향선의 형상이 정정구조물의 경우는 직선이 되고, 부정정구조물의 경우는 곡선이 됨을 알 수 있다.

한편, 뮐러-브레슬로의 원리를 적용할 수 없는 부정정트러스 등의 영향선은 영향선의 정의에 따라 주요 격점에 단위하중을 가력시켜 부정정력을 변위일치법 등으로 해석한 후 영향도표를 구하고, 다른 부재력의 영향선은 평형조건에 의해 부정정력의 함수로부터 구하면 된다.

뮐러-브레슬로의 원리를 사용하여 보의 어느 한 점에서의 특정 구조응답(반력, 전단력, 휨모멘트 등)에 대한 영향선을 구하는 일반적인 절차를 요약하면 다음과 같다.

(1) 뮐러-브레슬로의 원리를 사용하여 정성적인(qualitative) 영향선을 작도한다.

① 어느 한 특정 구조응답(반력, 전단력, 휨모멘트 등)에 대한 보의 영향선을 구하려는 위치에서 이들 특정 구조응답(반력, 전단력, 휨모멘트 등)에 대응하는 보의 구속이나 힘의 전달 능력을 제거하여 구조응답(반력, 전단력, 휨모멘트 등)을 해제시킨다.

② 보 위에 이 해제점에 그 해제된 특정 구조응답(반력, 전단력, 휨모멘트 등)의 양(+)의 방향으로 작용하는 해제된 특정 구조응답(반력, 전단력, 휨모멘트 등)에 의해 만들어지는 처짐곡선을 단위 값으로 하여 보의 영향선을 정성적으로 그린다.

(2) 정량적인(quantitative) 영향선을 작도한다.

① 영향선의 종거에 대한 정량적인 수치를 구하려면, 일반적으로는 위에서 기술된 해제된 위치가 해제에 대응하는 단위하중을 받고 있을 때 축차적으로 보의 주요 위치들에 대한 처짐을 구한다.

② 1차부정정 보인 경우에는 공액보법을 사용하여 계산하면 편리하다. 즉, 공액보법에 의해 주요 위치에서의 처짐을 계산한 후 각 처짐 값을 단위하중이 가해진 위치에서 구한 해제 처짐값으로 나눈다. 이와 같이 나누어 스케일(scale)한 값이 영향선의 종거가 된다.

③ 2차부정정 이상의 보인 경우에는 정성적인 영향선을 그린 후, 모멘트분배법 등을 사용하여 영향선의 종거를 구하고자 하는 위치에 직접 단위하중을 가력시켜서 특정 구조응답(반력, 전단력, 휨모멘트 등)의 영향선의 종거 값을 구하는 것이 바람직하다.

예제 17.1

다음 부정정보의 A 지점에 대한 반력 V_A의 영향선을 그리시오. 단, EI는 일정하다.

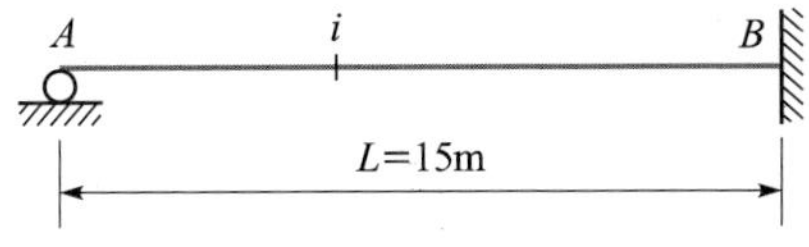

(a)

그림 예제 17.1

풀이

지점 A에 작용하는 반력 V_A를 부정정력(여용력)으로 하자.

뮐러-브레슬로(Müller－Breslau) 법칙과 공액보법을 사용하여 V_A의 영향선을 구하면 다음과 같다. 지점 A를 제거한 후, V_A에 대응하는 구속력 $V_A = 1$을 가력하여 $\frac{M}{EI}$선도를 구하고 공액보에 $\frac{M}{EI}$선도 하중을 재하하면 그림 (b)와 같이 된다. 그림 (b)에서,

$$\delta_{AA} = M_A = \frac{1}{2} \cdot 15 \cdot \frac{15}{EI} \cdot \left(\frac{2}{3} \cdot 15\right) = \frac{1125}{EI}$$

$$\delta_{iA} = M_x = \frac{1}{2} \cdot \frac{15-x}{EI} \cdot x \cdot \left(\frac{x}{3}\right) + \frac{1}{2} \cdot \frac{15}{EI} \cdot x \cdot \frac{2}{3}x = \frac{(45-x)x^2}{6EI}$$

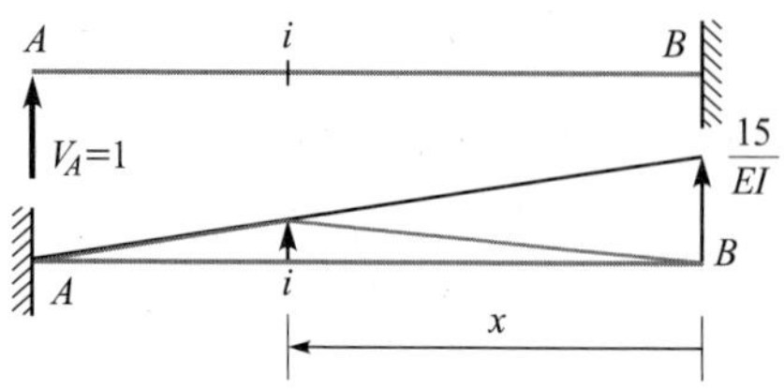

(b) $V_A = 1$의 가력과 공액보에 $\frac{M}{EI}$선도 하중재하

뮐러-브레슬로의 원리에 의하면 $V_A = \frac{\delta_{iA}}{\delta_{AA}}$가 된다.

(참고로, 변위일치법에 의해 $-\delta_{Ai} + V_A\delta_{AA} = -\delta_{iA} + V_A\delta_{AA} = 0$)

따라서, V_A 영향선함수

$$\therefore\ V_A = \frac{\delta_{iA}}{\delta_{AA}} = \frac{(45-x)x^2}{6750}$$

위 식을 그림으로 나타내면 그림 (c)와 같이 된다

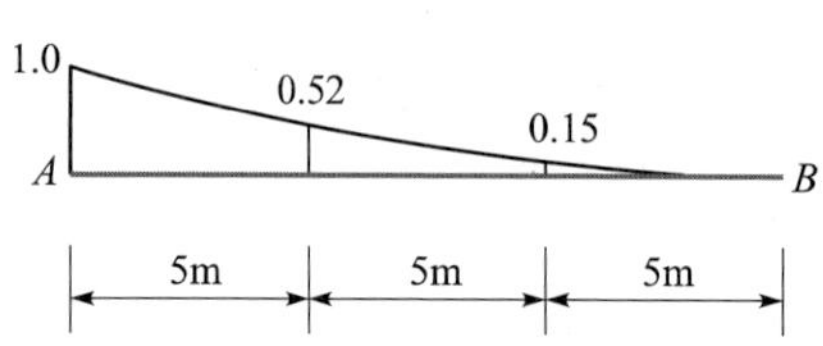

(c) V_A의 영향선

예제 17.2

다음 부정정보에서 지점 B의 수직반력 V_B와 휨모멘트 M_B의 영향선함수를 구하시오. 단 EI는 일정하다.

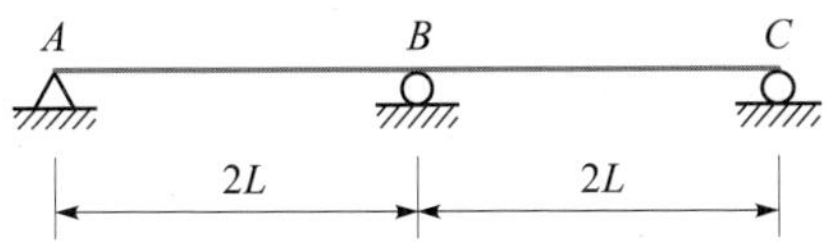

(a)

그림 예제 17.2

풀이

1) V_B의 영향선함수

지점 B에 작용하는 반력 V_B를 부정정력(여용력)으로 하자.

뮐러-브레슬로(Müller-Breslau) 법칙을 이용하자. 지점 B를 제거한 후, $V_B=1$에 대응하는 구속력을 가력하여 $\dfrac{M}{EI}$선도를 구하고 공액보에 $\dfrac{M}{EI}$선도 하중을 재하하면 그림 (b)와 같이 된다. 그림 (b)에서,

$$V_A = \frac{1}{2}\left(\frac{1}{2}\cdot 4L\cdot\frac{L}{EI}\right) = \frac{L^2}{EI}$$

$$V_C = V_A = \frac{L^2}{EI}$$

$$\delta_{BB} = V_A\cdot 2L - \frac{2L\cdot\dfrac{L}{EI}\cdot\dfrac{2L}{3}}{2} = \frac{2L^3}{EI} - \frac{2L^3}{3EI} = \frac{4L^3}{3EI}$$

$$\delta_{iB} = V_A\cdot x - \frac{1}{2}\cdot x\cdot\frac{x}{2EI}\cdot\frac{x}{3} = \frac{xL^2}{EI} - \frac{x^3}{12EI}$$

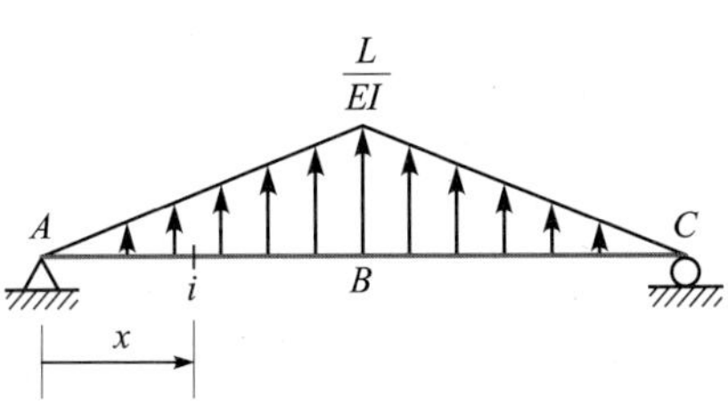

(b) 공액보와 $\dfrac{M}{EI}$선도 하중재하

뮐러-브레슬로의 원리에 의하면 $V_B = \dfrac{\delta_{iB}}{\delta_{BB}}$가 된다.

(참고로, 변위일치법에 의해 $-\delta_{Bi}\cdot(1)+V_B\cdot\delta_{BB}=-\delta_{iB}\cdot(1)+V_B\cdot\delta_{BB}=0$)

따라서, V_B의 영향선함수

$$\therefore V_B=\frac{\delta_{iB}}{\delta_{BB}}=\frac{\dfrac{12L^2\cdot x-x^3}{12EI}}{\dfrac{4L^3}{3EI}}=\frac{x\cdot(12L^2-x^2)}{16L^3}\ (0\le x\le 2L)$$

2) M_B의 영향선함수

그림 (c)의 자유물체도에 평형방정식을 적용하면, 다음과 같이 영향선의 함수가 구해진다. 즉,

$$+\curvearrowright\sum M_C=0\ ;\ 4L\cdot V_A+V_B\cdot 2L-(4L-x)\cdot 1=0$$

$$\therefore V_A=\frac{4L-x}{4L}-\frac{V_B 2L}{4L}=\frac{4L-x}{4L}-\frac{V_B}{2}=1-\frac{x}{4L}-\frac{V_B}{2}=\frac{32L^3-20L^2x+x^3}{32L^3}$$

따라서, M_B의 영향선함수

$$\therefore M_B=V_A\cdot 2L-1\cdot(2L-x)=\frac{32L^3-20L^2\cdot x+x^3}{16L^2}+(x-2L)$$

$$=\frac{1}{16L^2}\cdot x\cdot(x^2-4L^2)=\frac{x}{16L^2}(x+2L)(x-2L)\ (0\le x\le 2L)$$

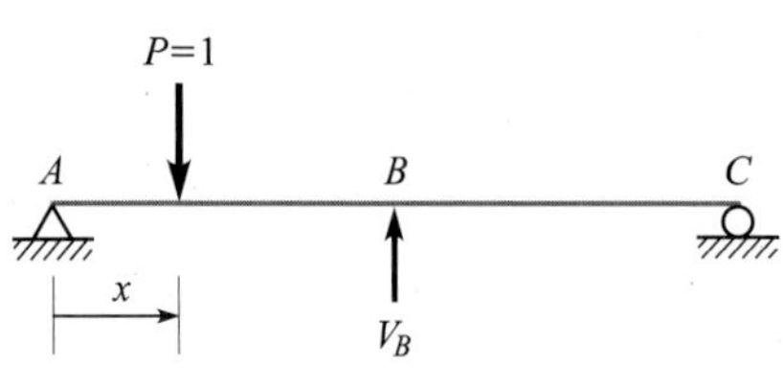

(c) 자유물체도

예제 17.3

다음 부정정보에서 점 1의 위치에서 휨모멘트 M_1 및 전단력 V_1의 영향선을 구하시오. 단 EI는 일정하다.

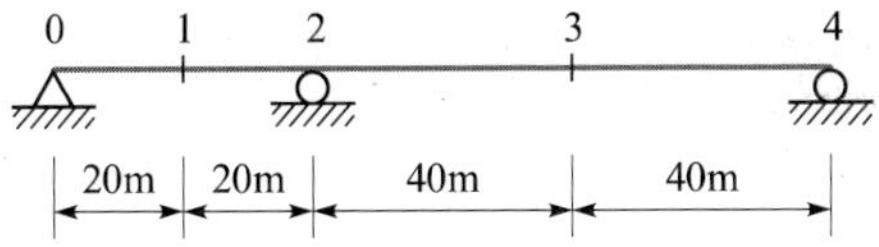

(a)

그림 예제 17.3

풀이

1) 휨모멘트 M_1의 영향선

그림 (b)와 같이 점 1을 내부힌지로 만든 후, 점 1에 $M_1 = 1$을 작용시키고 뮐러-브레슬로(Müller – Breslau) 방법을 적용하자. 즉, 그림 (c)의 자유물체도에 평형방정식을 적용하면

$$+\curvearrowright \sum M_1 = 0\ ;\ R' \cdot 20 - 1 = 0 \rightarrow R' = \frac{1}{20}$$

따라서, 점 2의 휨모멘트 $M_2 = R' \cdot 40 = \frac{1}{20} \cdot 40 = 2 \rightarrow \frac{M_2}{EI} = \frac{2}{EI}$

공액보와 $\frac{M}{EI}$선도 하중재하의 상태를 나타내면 그림 (d)와 다음과 같다.

그림 (d)의 공액보에서 지점 2가 내부힌지가 되어 공액보는 정정구조물이 된다.

그림 (d)의 왼쪽부분의 자유물체도에 평형방정식을 적용하면

$$+\curvearrowright \sum M_0 = 0\ ;\ R_1 \cdot 20 - \frac{1}{2} \cdot 40 \cdot \frac{2}{EI} \cdot \frac{2 \cdot 40}{3} - \frac{160}{3EI} \cdot 40 = 0$$

따라서,

$$R_1 = \frac{1}{20} \cdot \left(\frac{160}{3EI} \cdot 40 + \frac{1}{2} \cdot 40 \cdot \frac{2}{EI} \cdot \frac{2 \cdot 40}{3}\right) = \frac{160}{EI} = \theta_{11}$$

$$+\uparrow \sum F_y = 0\ ;\ -R_0 - R_1 + \frac{40}{EI} + \frac{160}{3EI} = 0 \rightarrow R_0 = \frac{40}{EI} + \frac{160}{3EI} - \frac{160}{EI} = -\frac{200}{3EI}$$

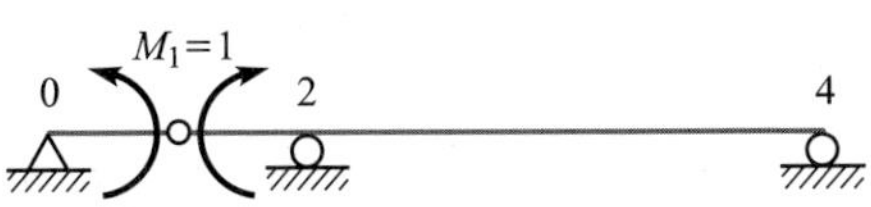

(b) 실제보와 같은 상태

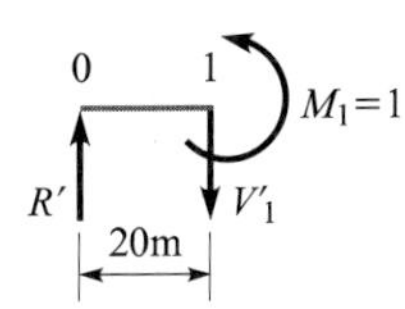

(c)

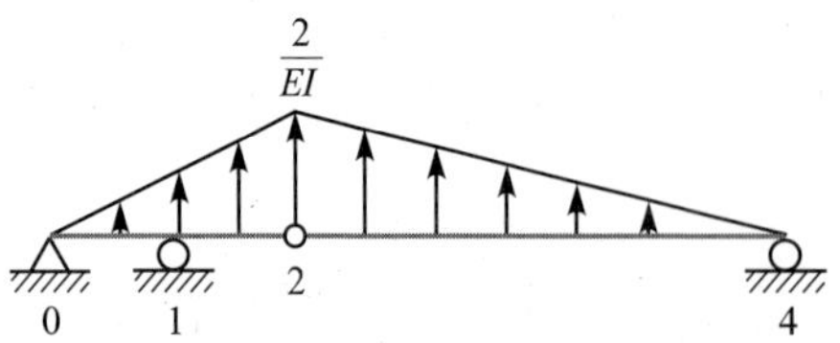

(d) 공액보와 $\frac{M}{EI}$선도 하중재하

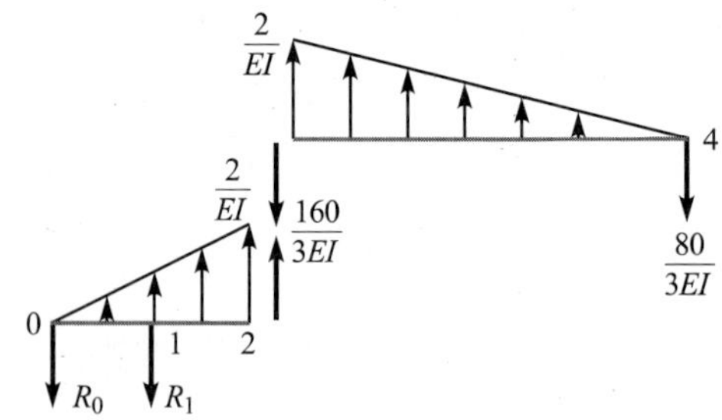

(e) 자유물체도

뮐러-브레슬로(Müller−Breslau)의 원리에 의하면 $M_1 = \frac{\delta_{i1}}{\theta_{11}}$이 되고, δ_{i1}의 값을 계산하면 다음과 같이 구해진다. 그림 (e)의 왼쪽부분의 자유물체도에서

$$\delta_{11} = -R_0 \times 20 + \text{삼각형의 면적} \times \text{도심까지의 거리}$$
$$= \frac{200}{3EI} \cdot 20 + \left(\frac{1}{2} \cdot \frac{1}{EI} \cdot 20\right) \cdot \frac{20}{3} = \frac{4{,}200}{3EI} = \frac{1400}{EI}$$

$$\therefore \frac{\delta_{11}}{\theta_{11}} = \frac{1400}{160} = 8.75$$

$$\delta_{21} = -R_0 \times 40 - R_1 \times 20 + \text{삼각형의 면적} \times \text{도심까지의 거리}$$
$$= \frac{200}{3EI} \cdot 40 - \frac{160}{EI} \cdot 20 + \left(\frac{1}{2} \cdot 40 \cdot \frac{2}{EI}\right) \cdot \frac{40}{3} = 0$$

$$\therefore \frac{\delta_{21}}{\theta_{11}} = 0$$

그림 (e)의 오른쪽부분의 자유물체도에서

$$\delta_{31} = -\frac{80}{3EI} \cdot 40 + \left(\frac{1}{2} \cdot \frac{1}{EI} \cdot 40\right) \cdot \frac{40}{3} = -\frac{2{,}400}{3EI} = -\frac{800}{EI}$$

$$\therefore \frac{\delta_{31}}{\theta_{11}} = \frac{-800}{160} = -5$$

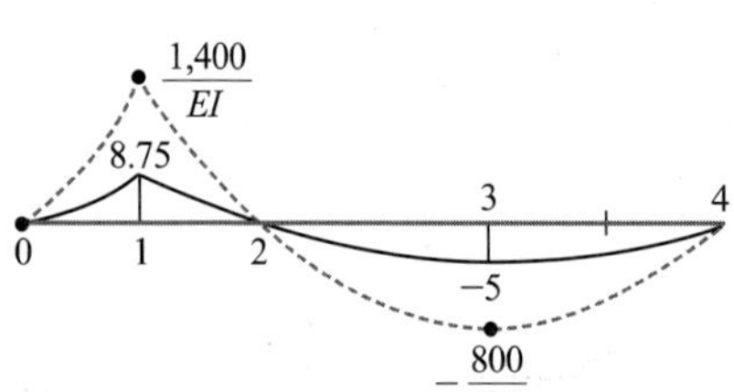

(f) M_1의 영향선도

2) 전단력 V_1의 영향선

우선 점 1에서 그림 (g)와 같은 내부로울러 미끄럼장치를 사용하여 점 1의 전단력을 해제시키고, 점 1에 $V_1 = 1$을 작용시키고 뮐러-브레슬로(Müller－Breslau) 방법을 적용하자. 이 경우 점 1의 전단력에 대한 정성적인 영향선은 그림 (h)와 같이 된다.

그림 (i)의 공액보에서 지점 2′가 내부힌지가 되고 점 1′에 $M_{1'}$ 및 삼각형 분포하중이 가해진 공액보는 정정구조물이 된다. 따라서 이 정정공액보에서 지점반력 $R_{0'}$, $R_{2'}$, $R_{3'}$ 그리고 $M_{1'}$를 구하면 그림 (j)와 같다.

따라서 그림 (j)의 왼쪽부분의 자유물체도에서

$$\delta_{1'1'} = M_{1'} = \frac{64{,}013}{EI}$$

그림 (j)의 왼쪽부분의 자유물체도에서, 점 1′의 바로 왼쪽점의 휨모멘트 $M_{1'}^{(-)}$는

$$\delta_{1'1'}^{(-)} = M_{1'1'}^{(-)} = \left(\frac{1}{2}\cdot\frac{20}{EI}\cdot 20\right)\left(\frac{20}{3}\right) - \frac{1{,}867}{EI}(20) = \frac{200}{EI}(6.7) - \frac{1{,}867}{EI}(20) = -\frac{36{,}000}{EI}$$

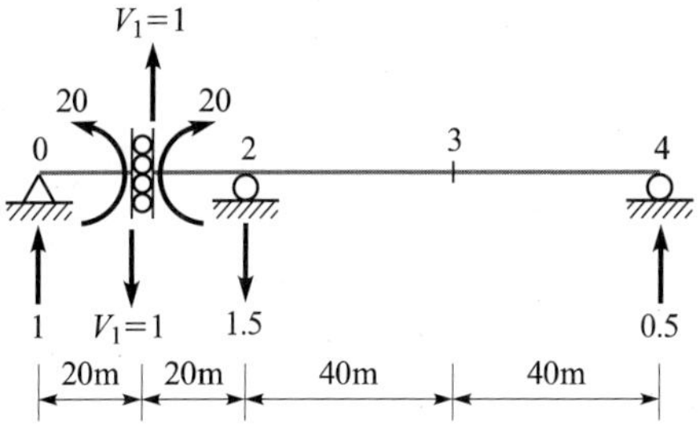

(g) 실제보와 같은 상태

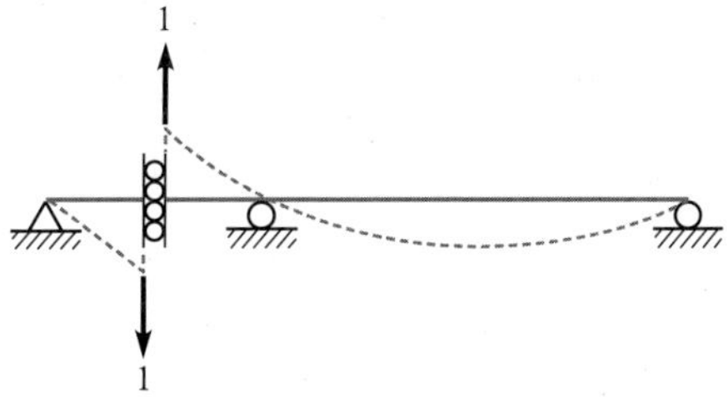

(h) 점 1의 전단력에 대한 정성적인 영향선

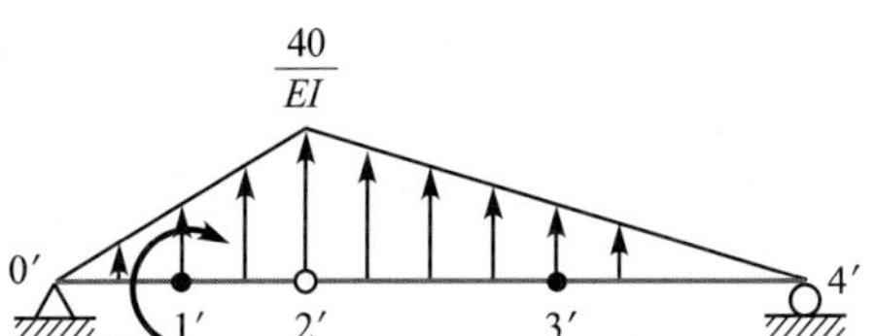

(i) 공액보와 $\dfrac{M}{EI}$선도 하중재하

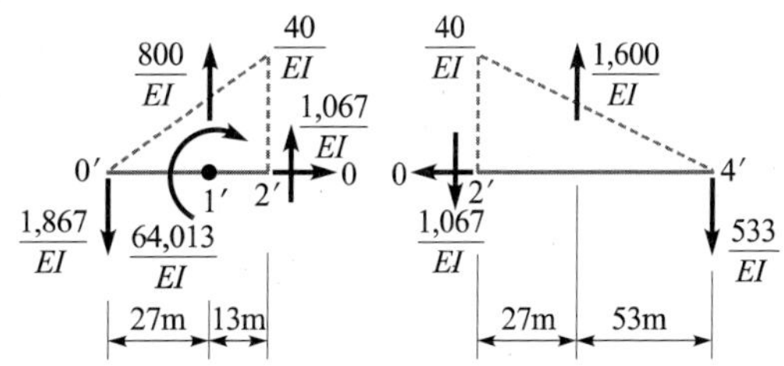

(j) 자유물체도

뮐러-브레슬로의 원리를 적용한다.

(참고로, 변위일치법에 의해 $-\delta_{1'i'}\cdot(1) + V_{1'}\cdot\delta_{1'1'} = -\delta_{i'1'}\cdot(1) + V_{1'}\cdot\delta_{1'1'} = 0$)

따라서, $V_{1'} = \dfrac{\delta_{i'1'}}{\delta_{1'1'}}$

점 1′의 바로 왼쪽점의 전단력 영향선의 종거 $V_{1'}^{(-)} = \dfrac{\delta_{1'1'}^{(-)}}{\delta_{1'1'}} = \dfrac{-36,000}{64,103} = -0.562$

그림 (j)의 왼쪽부분의 자유물체도에서, 점 1′의 바로 오른쪽점의 휨모멘트 $M_{1'}^{(+)}$는

$$\delta_{1'1'}^{(+)} = M_{1'1'}^{(+)} = \frac{200}{EI}(6.7) - \frac{1,867}{EI}(20) + \frac{64,013}{EI} = \frac{28,013}{EI}$$

점 1′의 바로 오른쪽점의 전단력 영향선의 종거 $V_{1'}^{(+)} = \dfrac{\delta_{1'1'}^{(+)}}{\delta_{1'1'}} = \dfrac{28,013}{64,013} = 0.438$

그림 (j)의 오른쪽부분의 자유물체도에서, 점 3′의 휨모멘트 $M_{3'}$는

$$\delta_{3'1'} = M_{3'1'} = (\frac{1}{2} \cdot \frac{20}{EI} \cdot 40)(\frac{40}{3}) - \frac{533}{EI}(40) = \frac{400}{EI}(13.3) - \frac{533}{EI}(40) = -\frac{16,000}{EI}$$

점 3′의 전단력 영향선의 종거 $V_{3'} = \dfrac{\delta_{3'1'}}{\delta_{1'1'}} = \dfrac{-16,000}{64,013} = -0.250$

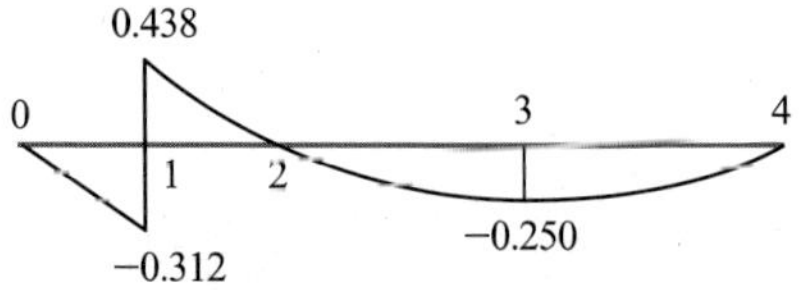

(k) V_1의 영향선도

TIP

1) 위의 내부로울러 미끄럼장치는 전단력을 제외한 휨모멘트와 축력을 저항한다.
2) 위의 내부힌지장치는 휨모멘트를 제외한 전단력과 축력을 저항한다.
3) 어떤 구간에서 최대 영향선 값은 그 구간의 영향선의 x함수를 구하고, 그것을 한번 미분해서 '0'으로 놓으면 최대 영향선 값을 갖는 거리 x가 얻어진다. 이때 x를 영향선의 x함수에 넣으면 그 구간에서 최대 영향선 값이 구해진다.

제 18 장

소 성

제18장

소 성

18.1 소성변형

18.1.1 탄소성 재료 특성

구조부재의 파괴 형태는 크게 인장에 의한 파괴, 좌굴에 의한 붕괴, 재료의 항복에 따른 파괴 등으로 나눌 수 있다. 인장에 의한 파괴는 제2장 2.3절 응력과 변형률선도에서, 좌굴에 의한 붕괴는 제8장 기둥에서 이미 다루었다. 나머지 재료의 항복에 따른 파괴는 재료의 소성변형에 의한 붕괴를 의미하는 것으로 본 장에서 설명하도록 하겠다.

교량 등을 설계할 때에 사용하는 도로교설계기준을 비롯한 기타 설계기준들은 구조물의 붕괴 조건을 가정하여, 이러한 붕괴가 구조물 사용 중에 일어나지 않도록 각종 부재의 길이나 강도에 대한 설계 기준을 정하고 있다. 사용되고 있는 설계기준의 의미와 근거, 배경을 알아두는 일은 토목엔지니어에게 필수적인 일이다.

구조물을 해석하고 설계할 때 사용된 재료의 실제 응력-변형률 곡선은 흔히 이상화된 응력-변형률곡선(idealized stress-strain curve)으로 나타낸다. 설계법이 발달하지 못했던 과거에는 재료의 탄성한도 내에서 해석과 설계가 이루어져 왔으나 최근에는 재료의 극한상태까지 설계에 포함하기 위해 노력하고 있다.

구조용 강을 이용한 구조물의 해석과 설계에 자주 사용되는 이상화된 응력-변형률 선도가 그림 18.1(a)에 예시되어 있다. 강철은 선형 탄성영역과 그 이후에 상당한 항복이 일어나는 영역을 가지고 있으므로(그림 2.9 응력-변형률 선도 참조), 그 거동은 두 개의 직선으로 나타낼 수 있다. 재료는 항복응력 σ_y까지 Hooke의 법칙을 따르고 그 이후에는 하중의 증가가 없어도 변형이 지속되는 특이한 거동을 보이게 되는데 이러한 영역을 완전소성(perfectly plastic)영역이라 한다. 완전소성영역은 변형률이 항복변형률 ε_y보다 10 ~ 15배가 될 때까지 지속된다. 이러한 종류의 응력-변형률 선도를 갖는 재료를 이상 탄소성 재료(ideal elastoplastic material or ideal elastic-plastic material) 라고 한다.

궁극적으로 변형률이 아주 커짐에 따라 강재에 대한 응력-변형률 선도는 2.3절에서 설명한 바와 같이 변형경화(strain hardening) 때문에 항복응력 이상으로 올라간다. 그러나 변형경화가 시작되는 시간까지 변위가 너무 크게 발생하게 되므로 그 구조물은 원래의 기능을 못하게 될 것이다. 따라서 강구조물은 그림 18.1(a)에 보인 인장과 압축에 대해서도 똑같이 적용되는 탄소성 선도를 기초로 하여 해석하는 것이 일반적인 관례이다. 이러한 가정을 기본으로 하는 해석을 탄소성 해석(elasoplastic analysis) 혹은 소성해석(plastic analysis)이라고 한다.

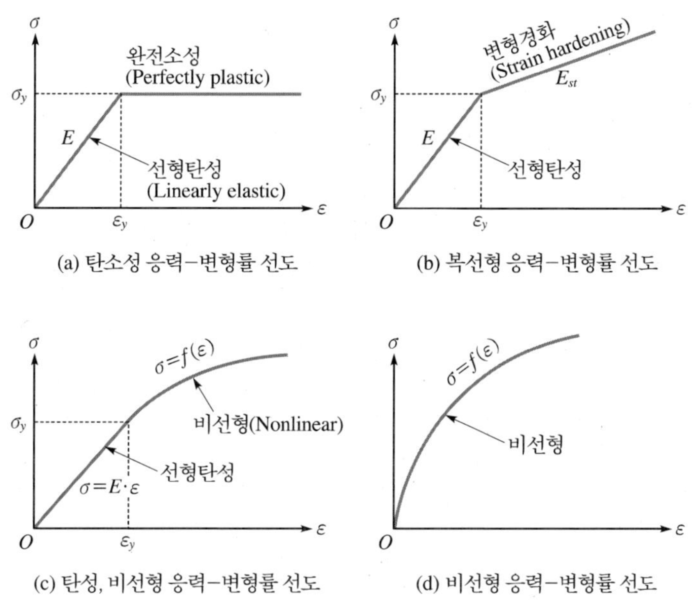

그림 18.1 이상화된 탄소성 재료의 응력-변형률 관계

그림 18.1(b)는 각각 다른 기울기를 가지는 두 개의 선으로 구성된 이상화된 응력-변형률 선도를 예시하고 있는데, 이를 복선형(bilinear) 응력-변형률 선도라 한다. 선도의 두 부분에서 응력과 변형률의 관계는 선형이지만, 첫 번째 기울기 부분에서만 응력과 변형률이 비례하는, 즉 Hooke의 법칙이 성립함에 유의해야 한다. 이러한 이상화된 선도는 변형경화를 갖는 재료를 나타내는데 사용된다. 복선형 응력-변형률 선도에서는 탄성계수 E와 변형경화도 계수 E_{st}로 구분된다(그림 18.1(b)). 변형경화도 계수 E_{st}는 일정하지는 않지만 일반적인 구조용강의 경우 탄성계수 E의 1/30 ~ 1/40의 값을 갖는다.

그림 18.1(c)는 두 개의 부분, 즉 초기의 선형 탄성 영역과 적절한 수학적 식으로 정의되는 비선형 영역으로 구성되었다. 알루미늄 합금의 응력-변형률 선도가 이와 유사하게 나타난다. 그림 18.1(d)는 응력을 변형률의 함수로 정의하여 한 개의 수학식으로 전체 응력-변형률 곡선이 표현

되는 관계를 보여주고 있다. 일반적으로 그림 18.1(c)와 (d)에 보인 비선형 모형의 응력-변형률 선도는 그림 18.1(b)의 이상화된 형태로 사용될 수 있다.

18.1.2 소성변형에 의한 붕괴

소성변형에 의한 붕괴는 구조물의 변형이 과다하게 커지고 그로 인해 붕괴에 이르게 됨을 의미한다(제2장 응력과 변형률). 그렇기 때문에 탄성한도 내로 국한되는 통상의 허용응력설계법에서는 구조물 가운데 어떠한 부분도 항복하지 않도록 안전율을 설정한 뒤에 그 안전율을 목표로 한 허용응력도 이하가 되도록 설계한다.

항복에 의한 부재의 파괴여부를 알기 위해서는 재료의 특성, 특히 탄성계수와 항복응력, 인장강도가 필요하다. 특성을 미리 알고 있는(또는 특성이 주어져 있는) 재료를 사용한 경우는 그 수치를 그대로 사용하는 것이 가능하지만 재료특성이 불분명한 경우에는 재료실험 등에 의해 스스로 재료특성을 알아내야 한다. 인장력 또는 압축력을 받는 부재인 경우 축력에 의한 수직응력의 크기는 단면 내에서는 일정하다. 그러나 휨을 받는 구조 부재인 경우 수직응력은 중립축으로부터의 거리에 비례하여 커진다는 것을 이해하고 있을 것이다. 단면 내에서 중립축으로부터 가장 먼 위치, 즉 연단이 항복응력의 이내가 되면 그 단면은 탄성한계 상태에 놓이게 되며, 그 이상의 휨이 작용하게 되면 단면에는 탄소성 영역이 생기게 된다.

휨에 의해 임의의 단면에서 연단응력이 항복응력에 도달한 상태, 즉 탄성한계의 상태에서 계속해서 하중을 증가시키면 단면 내의 응력은 어떻게 변화되는지에 대해서 알아보자.

휨에 의한 단면의 변형률 분포는 그림 18.2(a)와 같은 삼각형 형태가 된다. 이에 대한 휨응력 분포는 휨모멘트의 크기에 따라 그림 18.2(a) ~ (d)와 같이 단계적으로 변화한다. 그림 18.2와 같은 상하 대칭의 단면부재에서 휨모멘트가 점점 증가하면 연단응력 σ가 항복응력 σ_y에 이르고 그림 18.2(b)와 같이 된다. 예를 들어 WF단면이 그림 18.2(d)의 응력분포에 이르기 위해서는 국부좌굴이 발생하지 않아야 하며 플렌지 등의 길이가 비교적 짧고 복부와 웨브의 두께가 두꺼운 단면을 필요로 한다.

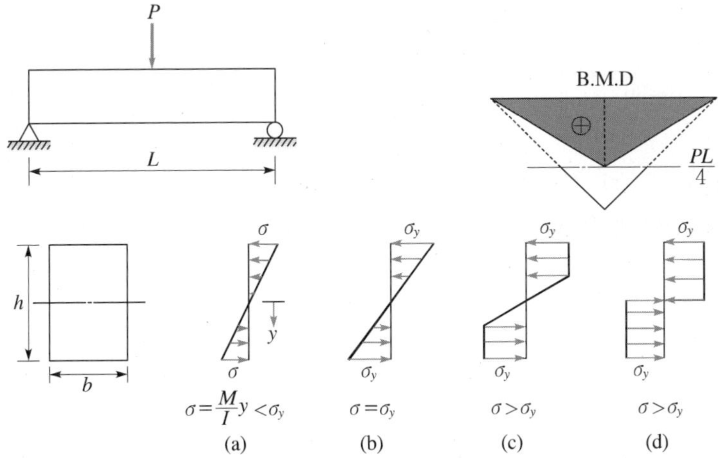

그림 18.2 소성변형에 의한 보의 휨응력

예제 18.1

다음 그림과 같은 정정 케이블 구조물의 항복하중 P_y를 구하여라. 케이블의 재료는 이상적인 탄소성 재료의 응력-변형률 관계를 갖고 있으며, AC부재와 BC부재의 단면적 $A = 314\text{mm}^2$로 동일하고 항복하중 $\sigma_y = 240\text{MPa}$이다.

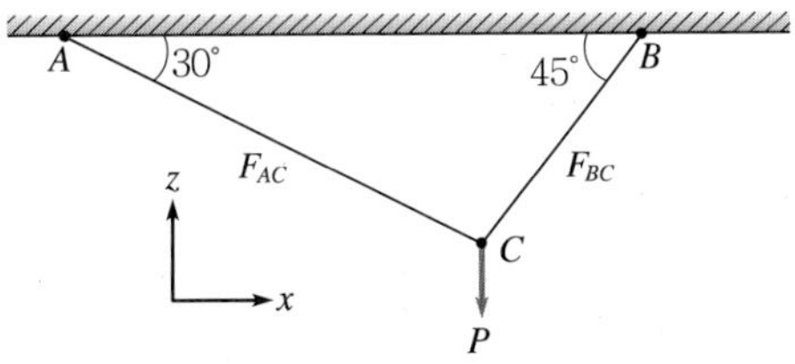

그림 예제 18.1

풀이

1) C점에서 평형방정식을 세운다.

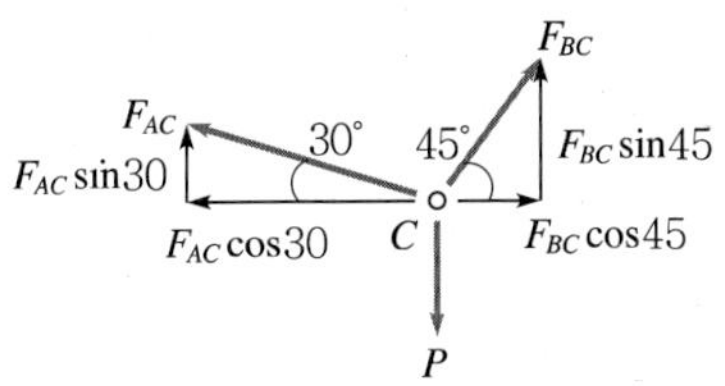

$$\sum F_x = 0$$

$$F_{AC}\cos 30 = F_{BC}\cos 45$$

$$F_{AC} = F_{BC}\frac{\cos 45}{\cos 30} = 0.816\,F_{BC} \qquad (1)$$

$$\Sigma F_z = 0$$

$$F_{AC}\sin 30 + F_{BC}\sin 45 = P \qquad (2)$$

식(1)을 식(2)에 대입한다.

$$0.816\,F_{BC}\sin 30 + F_{BC}\sin 45 = P$$

$$1.115\,F_{BC} = P$$

$$F_{BC} = 0.897P \qquad (3)$$

$$F_{AC} = 0.732P$$

2) AC, BC부재에 발생하는 응력을 구한다.

$$\sigma_{AC} = \frac{F_{AC}}{A} = 0.732\frac{T_A \cdot d_{AC}}{2\,I_{pa}}$$

$$\sigma_{BC} = \frac{F_{BC}}{A} = 0.897\,\frac{P}{A} \qquad (4)$$

3) 하중 P가 점차 증가하면 BC부재가 먼저 항복응력 σ_y에 도달하게 되고, 이때의 하중과 각 부재의 응력상태는 다음과 같다

$$\sigma_y = 0.897\,\frac{P}{A} \qquad (5)$$

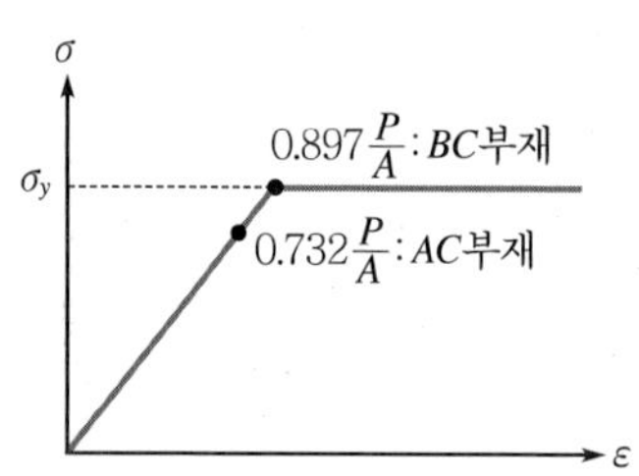

이 단계를 지나 하중 P를 계속 증가시키면 BC부재 σ_y는 더 이상의 응력이 증가되지 않고 변형만 지속된다. 이 상태가 되면 구조물은 붕괴된다.

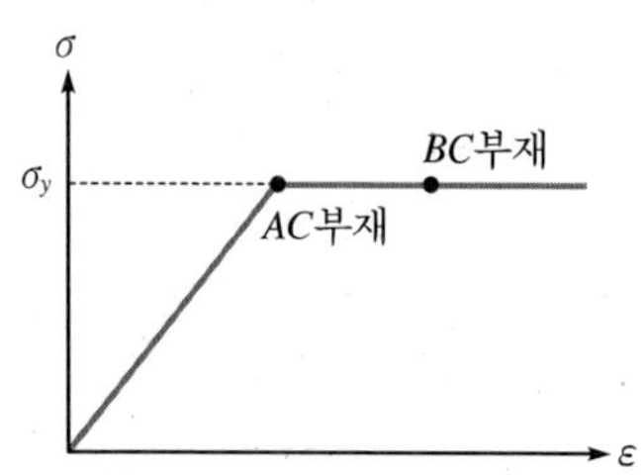

4) 구조물의 평형상태를 유지할 수 있는 범위에서 최대하중 P_y는 식(5)로부터 구할 수 있다.

$$P_y = 1.115 A\sigma_y$$

$$= 1.115 \times 314 \times 240 = 84{,}026.4\text{N} = 84.03\text{kN}$$

$$\therefore\ P_y = 84.03\text{kN}$$

예제 18.2

다음 그림과 같이 길이 560mm, 단면적 400mm^2 인 봉에 하중 P를 작용시켰다. 봉의 항복응력과 항복 시와 파단 직전의 봉의 길이를 구하여라(단, 제시된 봉 재료의 응력-변형률 관계를 참고하여라).

응력 σ (MPa)	변형률 ε ($\times 10^{-6}$)
20.0	80
42.5	170
62.5	250
80.0	320
105.0	420
130.0	520
160.0	640
190.0	760
200.0	800
200.0	4,800
200.0	7,900
200.0	200,000 (파단)

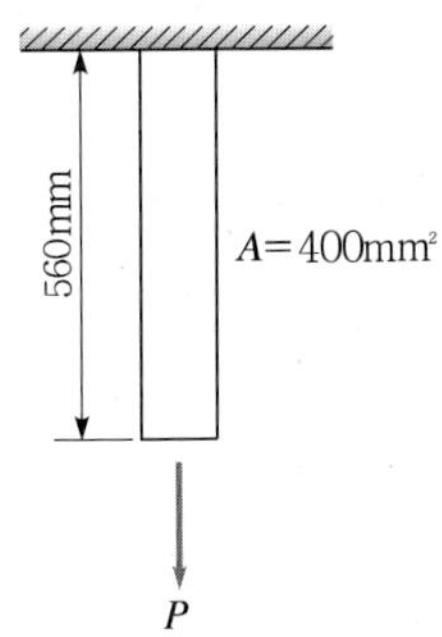

그림 예제 18.2

풀이

1) 재료의 특성

먼저, 주어진 응력-변형률 상관관계의 표에서부터 재료특성을 구한다. 여기서 필요로 하는 재료특성이란 탄성계수 E와 항복응력 σ_y이다.

Hooke의 법칙으로부터 $\sigma = E\varepsilon$이므로 그래프에서 비례분포의 응력과 변형률의 값, 예를 들면 응력 $\sigma = 160\text{MPa}$, 그 때의 변형률 $\varepsilon = 640 \times 10^{-6}$을 $\sigma = E\varepsilon$에 대입하면,

- 탄성계수 $E = \dfrac{160}{640 \times 10^{-6}} = 250{,}000\,\text{MPa} = 250\text{GPa}$

또한, 응력이 200MPa에 이른 단계에서 변형률이 급격히 증가하므로 이때가 봉이 항복

응력에 도달한 순간임을 알 수 있다.

- 항복응력 $\sigma_y = 200\text{MPa}$

2) 항복 시와 파단 직전의 봉의 길이

이 봉에는 재료가 항복응력에 이르기까지 하중을 작용시키는 것이 가능하다(반대로 응력이 항복응력에 도달하면, 봉은 응력의 증가 없이 점점 늘어나고 그 늘어남의 한계에 이르면 파단한다).

- 재료의 항복응력 $\sigma_y = 200\text{MPa}$이므로, 이때의 힘 ; P

$P = \sigma_y \times A = 200\text{MPa} \times 400\text{mm}^2 = 200\text{N/mm}^2 \times 400\text{mm}^2 = 80{,}000\text{N} = 80\text{kN}$

- 항복응력 $\sigma_y = 200\text{MPa}$에 대한 봉의 항복변형률 ; ε_y

$$\varepsilon_y = \frac{\sigma_y}{E} = \frac{200}{250 \times 1000} = 0.0008 = 800 \times 10^{-6}$$

위에서 구한 $\varepsilon_y = 800 \times 10^{-6}$과 위 표의 응력-변형률 관계를 그래프로 그리면 다음과 같다.

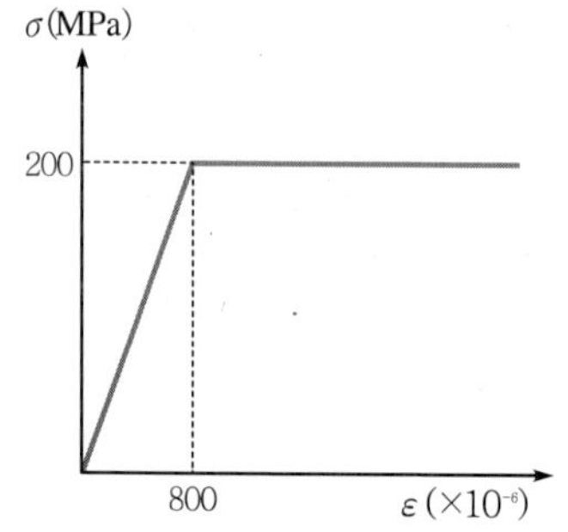

재료의 응력–변형률 관계

- 항복 시 봉의 신장량 ; δ_y

$\delta_y = l \times \varepsilon_y = 560 \times 800 \times 10^{-6} = 0.448\text{mm}$

- 항복 시 봉의 전(全)길이 ; l_y

$l_y = l + \delta_y = 560 + 0.448 = 560.448\text{mm}$

- 파단 시 봉의 신장량 ; δ_r

$\delta_r = l \times \varepsilon_r = 560 \times 200{,}000 \times 10^{-6} = 112\text{mm}$

- 파단 시 봉의 전(全)길이 ; l_r

$l_r = l + \delta_r = 560 + 112 = 672\text{mm}$

예제 18.3

그림과 같은 탄소성 재료의 성질을 갖는 켄틸레버 강봉에 하중 P가 작용하고 있다. 강봉의 탄소성 처짐을 고려한 총 처짐량을 구하시오. 단, 자중과 하중 P를 모두 고려하시오.

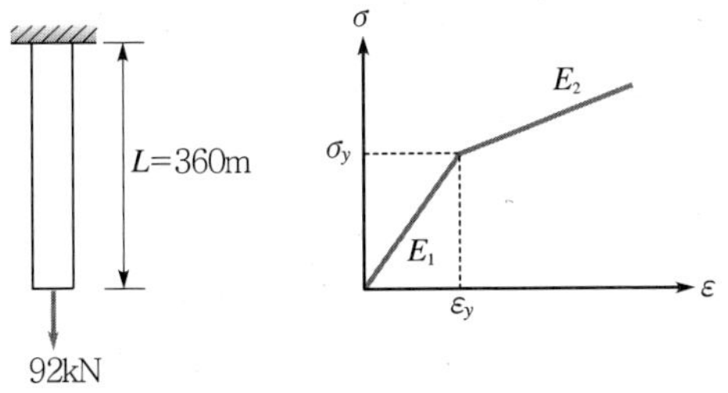

$A = 960\text{mm}^2$

$\gamma = 28\text{kN/m}^3$

$\sigma_y = 100\text{MPa}$

$E_1 = 75\text{GPa}$

$E_2 = 12\text{GPa}$

그림 예제 18.3

풀이

탄소성 영역을 구분하고, 탄성처짐과 소성처짐을 각각 구하여 총 처짐량을 구한다.

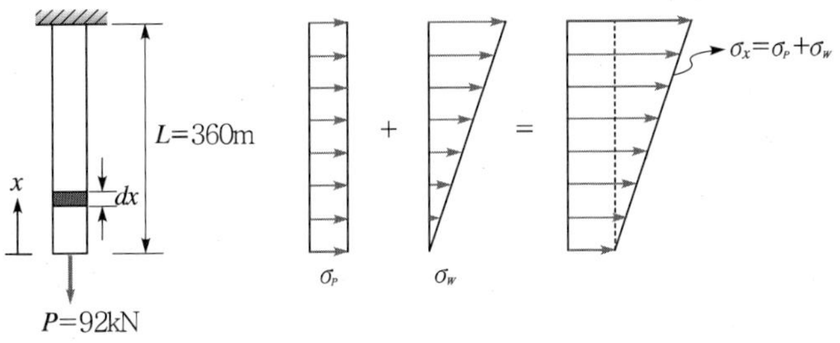

1) 응력

- 외부하중 P의 작용으로 인한 응력 ; σ_P

$$\sigma_P = \frac{P}{A} = \frac{92\text{kN}}{960\text{mm}^2} = 95.83\,\text{N/mm}^2 = 95.83\times 10^6\,\text{N/m}^2$$

- 자중으로 인한 응력 ; σ_W

$$\sigma_W = \frac{W_x}{A} = \frac{V_x\gamma}{A} = \frac{Ax\gamma}{A} = x\gamma = 28x\cdot\text{kN/m}^2$$

$$= 28{,}000x\ \text{N/m}^2$$

(W_x : 길이 x까지의 중량, V_x : 길이 x까지의 체적)

2) 탄소성 영역 구분

$\sigma_x = \sigma_P + \sigma_W$ 의 값이 항복응력 $\sigma_y = 100\text{MPa}$이 되는 위치를 찾는다.

$\sigma_x = \sigma_P + \sigma_W = (95.83 \times 10^6) + (28{,}000x) = 100 \times 10^6$

$$\therefore x = \frac{100 \times 10^6 - 95.83 \times 10^6}{28{,}000} = 148.9\text{m}$$

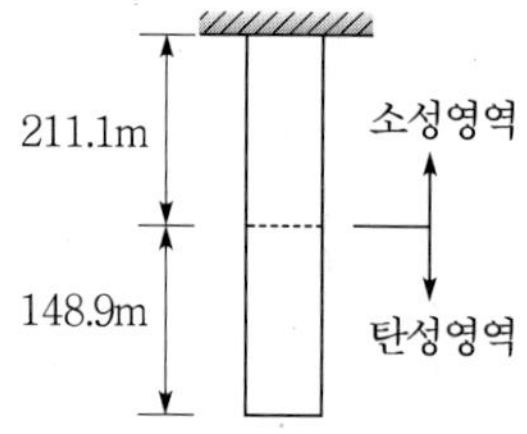

3) 처짐량 계산

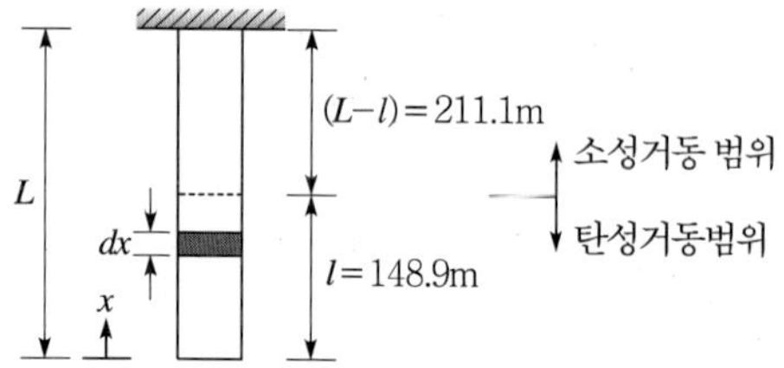

- 미소구간 dx가 탄성거동 범위에 있을 경우 변형률(ε_1) 및 처짐

$$\varepsilon_1 = \frac{\delta}{L} = \frac{d\delta}{dx} \qquad \therefore d\delta = \varepsilon_1 dx$$

- 미소구간 dx가 소성거동 범위에 있을 경우 변형률(ε_2) 및 처짐

$$\varepsilon_2 = \frac{\delta}{L} = \frac{d\delta}{dx} \qquad \therefore d\delta = \varepsilon_2 dx$$

- 변형률 산정

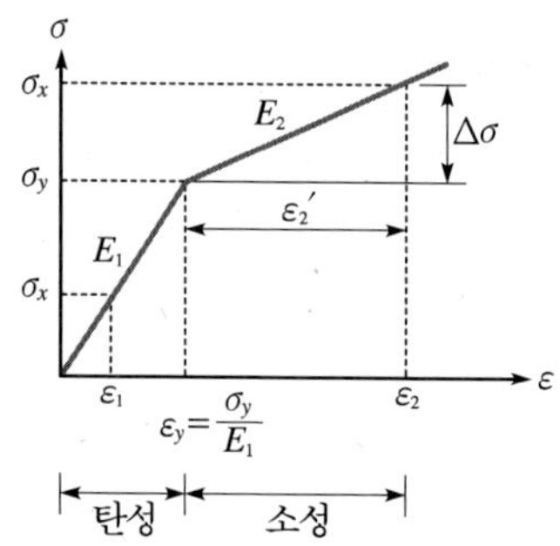

$\sigma_y = E_1 \varepsilon_y$

$\Delta\sigma = (\sigma_x - \sigma_y) = E_2 \varepsilon_2{}'$

$\varepsilon_2{}' = (\varepsilon_2 - \varepsilon_y)$

$= \dfrac{\Delta\sigma}{E_2} = \dfrac{(\sigma_x - \sigma_y)}{E_2}$

- 탄성범위의 변형률 ; ε_1 ($\sigma_x \le \sigma_y$인 경우)

$$\varepsilon_1 = \frac{\sigma_x}{E_1}$$

- 소성범위의 변형률 ; ε_2 ($\sigma_x > \sigma_y$인 경우)

$$\varepsilon_2 = \varepsilon_y + \varepsilon'_2 = \frac{\sigma_y}{E_1} + \frac{(\sigma_x - \sigma_y)}{E_2}$$

4) 처짐량 계산

탄성범위의 처짐과 소성범위의 처짐을 고려하여 총처짐을 산정한다.

$$\delta = \delta_1 + \delta_2 = \int_0^l \varepsilon_1 dx + \int_l^L \varepsilon_2 dx = \int_0^l \frac{\sigma_x}{E_1} dx + \int_l^L \left(\frac{\sigma_y}{E_1} + \frac{\sigma_x - \sigma_y}{E_2} \right) dx$$

$$\delta_1 = \int_0^l \frac{\sigma_x}{E_1} dx = \int_0^l \left(\frac{\sigma_P}{E_1} + \frac{\sigma_W}{E_1} \right) dx = \frac{\sigma_P l}{E_1} + \int_0^l \frac{\gamma A x}{E_1 A} dx$$

$$= \frac{Pl}{AE_1} + \frac{\gamma}{E_1}\frac{l^2}{2} = \frac{92 \times 148.9}{960 \times 10^{-6} \times 75 \times 10^6} + \frac{28 \times 148.9^2}{2 \times 75 \times 10^6}$$

$$= 0.190 + 0.004 = 0.194\text{m} = 194\text{m}$$

$$\delta_2 = \int_l^L \left(\frac{\sigma_y}{E_1} + \frac{\sigma_x - \sigma_y}{E_2} \right) dx = \frac{\sigma_y (L-l)}{E_1} + \int_l^L \left(\frac{\sigma_P + \sigma_W}{E_2} - \frac{\sigma_y}{E_2} \right) dx$$

$$= \frac{100 \times 1{,}000 \times (211.1 - 148.9)}{75 \times 10^6} + \frac{\sigma_P (L-l)}{E_2} + \frac{\gamma}{E_2}\frac{(L^2 - l^2)}{2} - \frac{\sigma_y}{E_2}(L-l)$$

$$= 0.0829 + \frac{1}{12 \times 10^6}\left(95.83 \times 1{,}000 \times (211.1 - 148.9) + 28 \times \frac{22{,}392}{2} - 100 \times 1{,}000 \times (211.1 - 148.9)\right)$$

$$= 0.0829 + 0.0045 = 0.0874\text{m}$$

$$\therefore \delta = \delta_1 + \delta_2 = 0.194 + 0.0874 = 0.281\text{m} = 281\text{mm}$$

18.2 전소성모멘트와 소성설계법

재료가 그림 18.3과 같은 이상적인 탄소성 상태에 있을 때, 휨모멘트를 그림 18.2(a)의 상태에서 더욱 증가시키면 휨응력은 그림 18.2(b), (c)의 상태를 거쳐 최종적으로 그림 18.2(d)의 상태가 된다. 왜냐하면, 이상적인 탄소성상태에서는 단면에는 항복응력 σ_y보다 큰 응력은 발생하지 않기 때문이다. 응력이 그림 18.2(d)와 같은 상태가 될 때의 휨모멘트를 전소성모멘트(full plastic moment)라고 하고, 기호 M_p로 표시한다(전소성모멘트를 "소성모멘트"라 부르기도 한다). 전소성모멘트는 재료가 그림 18.3의 응력-변형률 관계를 따르는 한, 그 이상 증가할 수 없는 최대모멘트를 의미한다. 이때 보에 발생되는 최대변형률은 항복변형률 ε_y의 10 ~ 15배가 되며 탄성핵심부는 거의 없어진다.

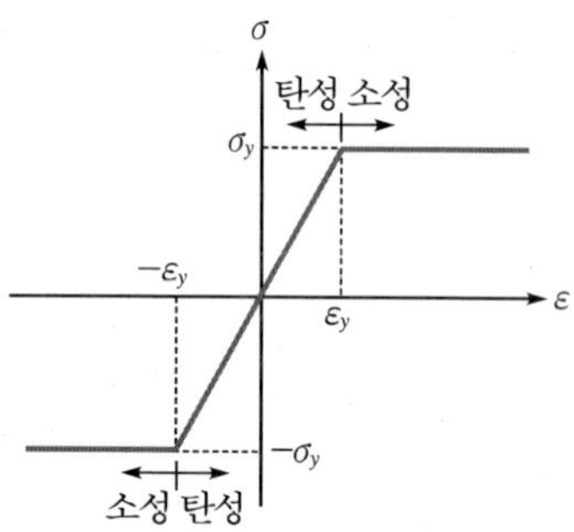

그림 18.3 이상적인 탄소성 재료의 응력–변형율 관계

휨에 의해 단면 내에 발생되는 연단응력이 단순히 항복응력에 이르는 상태를 한계라고 생각하는 것이 아니라, 그림 18.2(d)에서처럼 전단면에 걸쳐 중립축을 기준으로 압축과 인장 측 모두 항복응력에 이르는 상태, 즉 휨모멘트 M이 항복모멘트 M_y를 거쳐 전소성모멘트 M_p에 도달한 상태를 한계상태라고 생각하는 설계법을 소성설계법(plastic design method)이라 한다. 그림 18.4는 이상적인 탄소성 재료를 갖는 직사각형 단면의 단순보를 보여주고 있다.

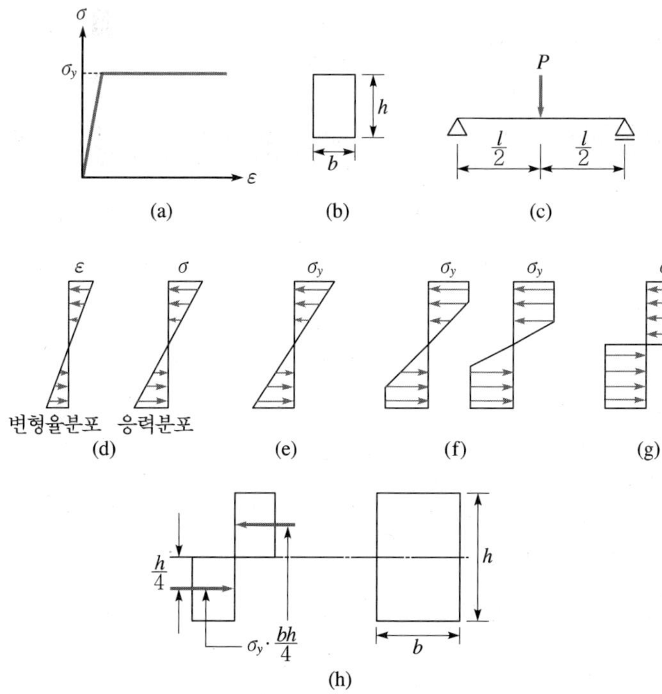

그림 18.4 직사각형 단면을 갖는 단순보의 전소성모멘트

이때, 가장 큰 휨모멘트가 발생하는 단순보의 $l/2$ 위치에서 휨응력은 그림 18.4(d)와 같이 중립축에서는 "0", 연단에서 $\pm\sigma$의 삼각형분포가 된다. 하중 P를 점점 키워나가면 연단응력 σ는 그림 18.4(e)에서와 같이 항복응력 σ_y에 이르게 되고 그 후에도 더욱더 P를 증가시키면, 최종적으로 그림 18.4(g)의 형상이 된다는 것을 18.1절에서 이미 설명하였다. 이번에는 전소성모멘트 M_p의 크기를 구해보도록 하자.

연단응력이 σ_y에 이른 후에도 하중을 더욱 증가시키면 그림 18.4(e)의 휨응력은 더욱더 증가하고자 하나, 이 재료는 그림 18.4(a)와 같이 이상적인 응력-변형률 관계에 있어 휨응력은 항복응력 σ_y 이상으로 증가되는 일은 없다. 그러므로 휨응력은 크기가 σ_y에서 중단된 그림 18.4(f)의 오른쪽과 같이 휨응력이 σ_y가 되는 소성영역의 부분이 점점 커져 최종적으로는 그림 18.4(g)와 같이 인장측과 압축측이 각각 직사각형 모양을 한 분포가 된다. 이 단계에 이르면, 응력은 이 단면 내의 모든 위치에서 σ_y가 되고, 더 이상 응력이 증가할 여지는 없다. 즉, 이것이 최종적인 휨응력 분포이다. 이 단면을 폭 b, 높이 h의 직사각형으로 하면 그림 18.4(h)와 같이 단면의 상반부에는 압축응력 σ_y가, 하반부에는 인장응력 σ_y가 작용하게 된다. 힘 $P=\sigma_y \times A$이므로, 압축부분과 인장부분에는 각각 다음 식 (18.1)과 같은 합력이 작용하게 된다.

$$\sigma_y \times A = \sigma_y \times \frac{bh}{2} \tag{18.1}$$

이 합력의 작용위치는 중립축부터 $h/4$ 위치이다. 따라서 최종적인 응력상태에서의 휨모멘트, 즉 전소성모멘트 M_p의 크기는 식 (18.2)와 같이 구할 수 있다.

$$M_p = 2 \times \sigma_y \frac{bh}{2} \times \frac{h}{4} = \frac{bh^2}{4} \sigma_y \tag{18.2}$$

식 (18.2)에서 $\frac{bh^2}{4}$ 을 Z라 두면,

$$M_p = Z\sigma_y \tag{18.3}$$

식 (18.3)에서 Z를 소성단면계수(plastic section modulus)라 한다. 즉, 직사각형 단면의 소성단면계수 $Z=bh^2/4$가 된다. 소성단면계수는 기하학적으로 중립축 위에 있는 단면적의 단면1차모멘트(중립축 기준)에 중립축 아래에 있는 단면적의 단면1차모멘트를 더한 것으로 정의된다.

이미 배운 제1장의 식 (1.18)과 제6장의 식 (6.24)로부터 폭 b, 높이 h인 식사각형 단면에서의 휨응력은 식 (18.4)와 같이 정리될 수 있다.

$$\sigma = \frac{M}{I} z = \frac{M}{S} \left(S = \frac{I}{z} = \frac{bh^3/12}{h/2} = \frac{bh^2}{6} \right) \tag{18.4}$$

식 (18.3)의 소성단면계수 Z는 식 (18.4)의 단면계수 S에 대응하는 것으로 S를 Z와 구별하기 위해서 특별한 경우에 탄성단면계수(elastic section modulus)로 부르기도 한다. 이 탄성단면계수 S에 대한 소성단면계수 Z와의 비를 형상계수(shape factor) f라 하는데, 직사각형 단면의 f는 식 (18.5)와 같이 구해진다.

$$f = \frac{M_p}{M_y} = \frac{Z}{S} = \frac{bh^2/4}{bh^2/6} = 1.5 \tag{18.5}$$

식 (18.5)는 직사각형 단면 보에서 소성모멘트 M_p가 항복모멘트 M_y보다 50% 만큼 더 크다는 것을 의미한다. 이제 보다 일반화된 형태의 전소성모멘트 M_p를 구하기 위하여 z축을 중립축으로 하는 그림 18.5(a)와 같은 사다리꼴 형태의 비대칭 단면을 고려해보자.

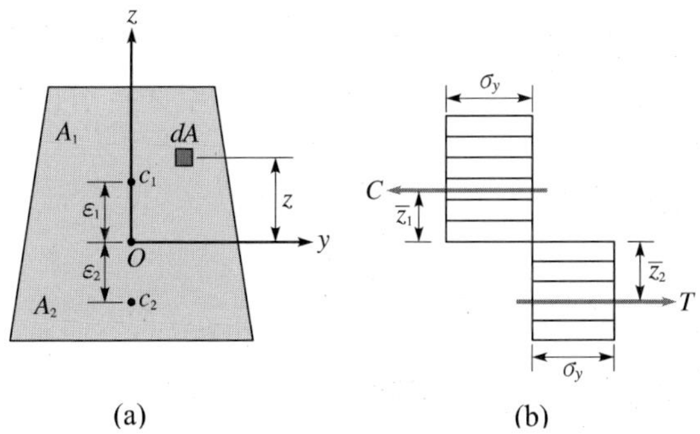

그림 18.5 사다리꼴 단면의 전소성모멘트 M_p의 결정

전소성모멘트 M_p를 구하기 위하여 완전소성 상태에 놓이게 될 때 단면의 중립축 위치를 먼저 찾는다. 우리가 알고 있는 것처럼 일반적인 하중상태라면 중립축 위에 있는 단면 내의 모든 점들은 압축응력 σ_y를 받게 되며(그림 18.5(b)), 중립축 아래에 있는 모든 점들은 인장응력 σ_y를 받게 된다. 압축력의 합력 C는 σ_y에 중립축 위의 단면적 A_1을 곱한 것과 같으며(그림 18.5(a)), 인장력의 합력 T는 σ_y에 중립축 아래의 면적 A_2를 곱한 것과 같다. 단면에 작용하는 압축력과 인장력의 합력은 0이므로 식 (18.6)이 성립한다.

$$T = C \text{ 또는 } A_1 = A_2 \tag{18.6}$$

단면의 전체면적 A는 $A_1 + A_2$와 같으므로 식 (18.7)과 같이 정리할 수 있다.

$$A_1 = A_2 = \frac{A}{2} \tag{18.7}$$

완전소성 상태에서 중립축은 전단면을 두 개의 같은 면적으로 나눠주는 위치에 있게 된다. 결과적으로 전소성모멘트 M_p에 대한 중립축의 위치는 선형 탄성 굽힘에 대한 위치와 다를 수도 있다. 예를 들어 상부가 하부보다 좁은 그림 18.7(a)와 같은 사다리꼴 단면의 경우에는 완전소성 굽힘에 대한 중립축이 선형 탄성 굽힘에 대한 중립축보다 약간 아래에 있게 됨을 알 수 있다. 전소성모멘트 M_p는 단면에 작용하는 응력들의 합 모멘트이므로 단면적 A에 걸쳐 적분하여 구할 수 있다.

$$M_p = -\int_A \sigma \cdot z \; dA = -\int_{A_1} (-\sigma_y) z \; dA - \int_{A_2} \sigma_y z \; dA$$

$$= \sigma_y(\bar{z}_1 A_1) - \sigma_y(-\bar{z}_2 A_2) = \frac{\sigma_y A}{2}(\bar{z}_1 + \bar{z}_2) = \sigma_y Z \tag{18.8}$$

여기서, z는 면적요소 dA의 좌표이고, $\bar{z}_1$과 $\bar{z}_2$는 각각 중립축으로부터 면적 A_1과 A_2의 도심 c_1과 c_2까지의 거리이다. 또한 보다 일반화된 전소성단면계수 Z는 식 (18.9)와 같이 구할 수 있다.

$$Z = \frac{A}{2}\left(\bar{z}_1 + \bar{z}_2\right) \tag{18.9}$$

소성모멘트는 힘 C와 T의 중립축에 대한 모멘트를 찾는 것으로부터 구할 수도 있다(그림 18.5(b)).

$$M_p = C\,\bar{z}_1 + T\,\bar{z}_2 = \left(\sigma_y \frac{A}{2}\right)\bar{z}_1 + \left(\sigma_y \frac{A}{2}\right)\bar{z}_2$$

$$M_p = \frac{\sigma_y A}{2}\left(\bar{z}_1 + \bar{z}_2\right) = \sigma_y Z \tag{18.10}$$

만약 $\bar{z}_1$과 $\bar{z}_2$가 각각 $h/4$인 직사각형 단면의 경우를 고려한다면 식 (18.8)과 (18.10)은 식 (18.3)의 형태로 표현됨을 알 수 있다(식 (18.11)).

$$Z = \frac{A}{2}\left(\bar{z}_1 + \bar{z}_2\right) = \frac{bh}{2}\left(\frac{h}{4} + \frac{h}{4}\right) = \frac{bh^2}{4} \tag{18.11}$$

예제 18.4

이상적인 탄소성 재료로 된 그림과 같은 상자형 중공 단면을 갖는 보가 있다. 항복모멘트 M_y와 전소성모멘트 M_p를 구하여라(단, 항복응력 $\sigma_y = 240\text{MPa}$이다).

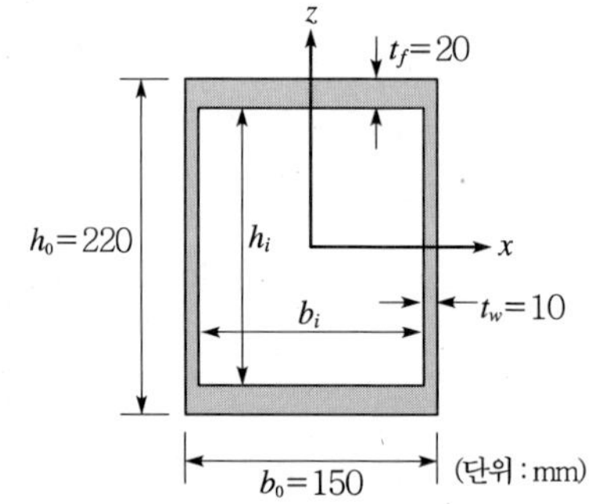

그림 예제 18.4

풀이

• 단면 2차모멘트

$$I = \frac{(150 \times 220^3 - 130 \times 180^3)}{12} = 6.992 \times 10^7 \mathrm{mm}^4$$

• 중립축 위치

$$c = \frac{h}{2} = 110\mathrm{mm}$$

• 단면계수

$$S = \frac{I}{c} = \frac{6.992 \times 10^7}{110} = 635{,}636 = 635.6 \times 10^3 \mathrm{mm}^3$$

• 항복모멘트 ; M_y

$$\therefore M_y = \sigma_y S = 240 \times 635{,}636 = 152{,}552{,}727\,\mathrm{N \cdot mm} = 152.6\mathrm{kN \cdot m}$$

• 소성단면계수

$$Z = \frac{1}{4}(150 \times 220^2 - 130 \times 180^2) = 762{,}000 = 762 \times 10^3 \mathrm{mm}^3$$

• 전소성모멘트 ; M_p

$$\therefore M_p = \sigma_y \cdot Z = 240 \times 762{,}000 = 182{,}880{,}000\,\mathrm{N \cdot mm} = 182.9\,\mathrm{kN \cdot m}$$

예제 18.5

지름이 d인 원형단면 보에 대한 항복모멘트 M_y, 전소성모멘트 M_p, 형상계수 f를 구하여라.

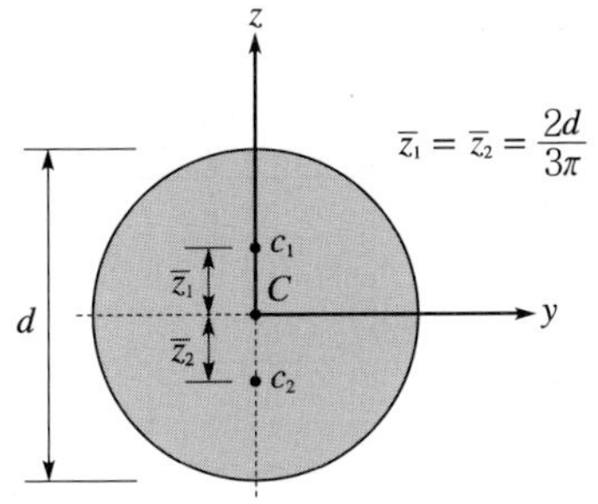

그림 예제 18.5

풀이

문제의 원형단면은 2축대칭이므로 선형탄성거동이나 탄소성거동에 대하여 중립축이 원의 중심을 지나게 된다.

• 항복모멘트 ; M_y

식 (18.4)의 휨모멘트에 의한 수직응력을 구하는 식으로부터

$$\therefore M_y = \frac{\sigma_y I}{z} = \frac{\sigma_y(\pi d^4/64)}{d/2} = \sigma_y\left(\frac{\pi d^3}{32}\right)$$

• 전소성모멘트 ; M_p

$\bar{z}_1$과 $\bar{z}_2$는 2개의 원의 반쪽 부분의 도심 c_1과 c_2까지의 거리이다.

$$A = \frac{\pi d^2}{4}, \quad \bar{z}_1 = \bar{z}_2 = \frac{2d}{3\pi}$$

$$Z = \frac{A(\bar{z}_1 + \bar{z}_2)}{2} = \frac{d^3}{6}$$

$$\therefore M_p = \sigma_y Z = \sigma_y\left(\frac{d^3}{6}\right)$$

• 형상계수 f

$$\therefore f = \frac{M_p}{M_y} = \frac{d^3/6}{\pi d^3/32} = \frac{16}{3\pi} \approx 1.70$$

예제 18.6

그림과 같은 WF형 단면을 갖는 보의 전소성모멘트 M_p를 구하여라.

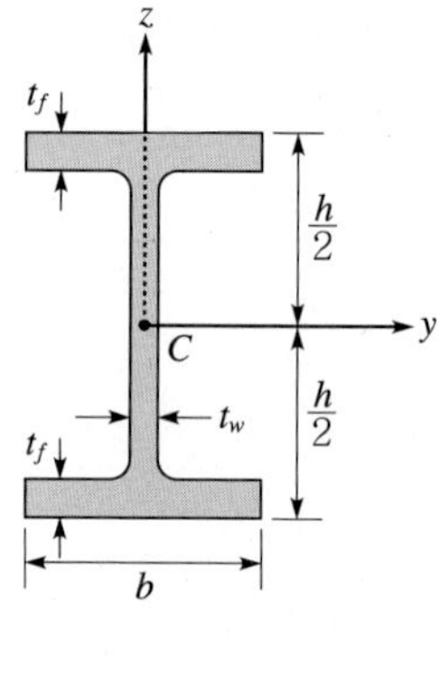

그림 예제 18.6

풀이

2축 대칭 단면이므로 Z는 1개 플랜지의 면적과 웨브의 상반부 면적의 중립축에 대한 단면1차 모멘트를 취한 다음, 이것에 2배하여 구한다.

$$Z=2\left[(bt_f)\left(\frac{h}{2}-\frac{t_f}{2}\right)+t_w\left(\frac{h}{2}-t_f\right)\left(\frac{1}{2}\right)\left(\frac{h}{2}-t_f\right)\right]$$

$$=bt_f(h-t_f)+t_w\left(\frac{h}{2}-t_f\right)^2$$

$$=\frac{1}{4}\left[bh^2-(b-t_w)(h-2t_f)^2\right]$$

$$\therefore M_p=\frac{1}{4}\left[bh^2-(b-t_w)(h-2t_f)^2\right]\sigma_y$$

WF형 단면보에 대한 형상계수 f는 단면의 비율에 따라 1.1 ~ 1.2의 범위 내에 있다.

18.3 소성힌지와 소성영역

18.3.1 소성힌지

단면의 휨응력이 그림 18.2(d)와 같은 상태가 되고, 그 단면에서의 휨모멘트가 전소성모멘트에 이르게 되면 그 단면에서는 휨모멘트가 더 이상 증가하지 않고 휨변형만이 진행된다. 말하자면 단면이 전소성 상태에 도달한 이후에도 휨 변형이 진행되어 결국 부재와 부재를 핀으로 연결해둔 것과 같은 힌지거동을 보이게 되는데, 이러한 상태를 보이는 점을 소성힌지(plastic hinge)라고 한다.

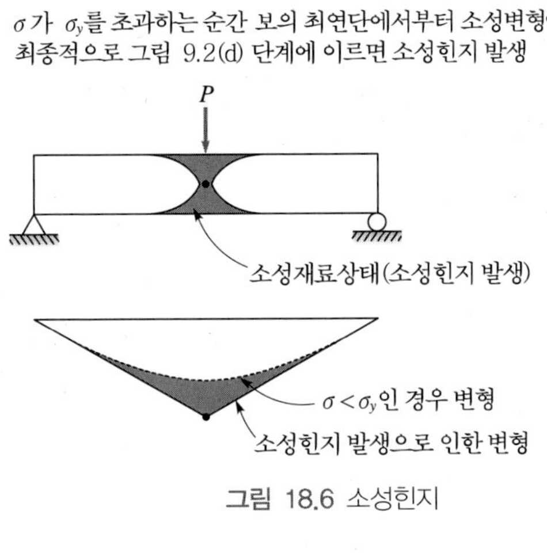

그림 18.6 소성힌지

구조물에 한 개 또는 몇 개의 소성힌지가 발생되고 그에 따라 구조물이 안정을 확보할 수 없게 되어 무너지게 될 때, 그 소성힌지가 순차적으로 생기는 구조물의 붕괴 패턴을 소성기구(plastic mechanism) 혹은 붕괴기구(collapse mechanism or failure mechanism)라고 한다. 구조물이 소성기구를 형성하는 단계에 이르면, 즉 최종적으로 붕괴되는 상태에 이를 때의 하중을 소성붕괴하중(plastic failure load or plastic collapse load)이라 한다.

정정구조물에서는 소성힌지가 하나 형성되는 것만으로도 불안정하게 된다. 이때의 붕괴하중은 소성힌지가 생긴 위치의 휨모멘트가 전소성모멘트 M_p와 같다는 것으로부터 구할 수 있다. 한편, 부정정구조물에서 붕괴기구는 여러 개의 소성힌지를 가지고 있다.

18.3.2 소성영역

소성힌지가 구조물에 발생하는 경우 그림 18.6과 그림 18.7에서 음영으로 표시해둔 영역은 모멘트가 항복모멘트 M_y를 초과하여 발생되는 영역으로 소성영역이라 한다. 소성영역은 보의 연단에서 가장 넓고 중립축에서는 하나의 점으로 나타나게 된다. 보의 연단에서 소성영역의 길이를 L_p라 할 때 L_p의 길이를 구할 수 있다.

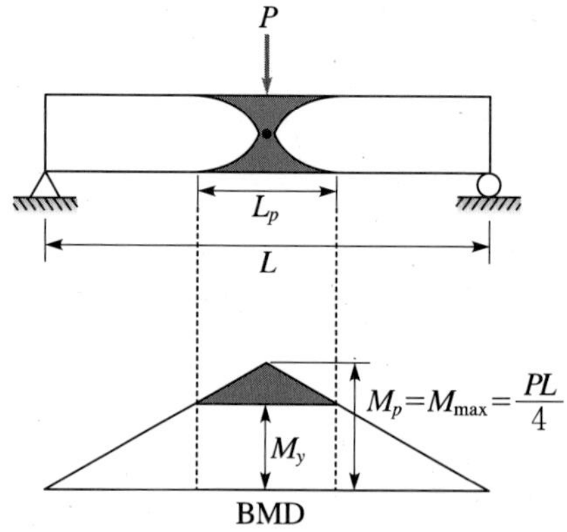

그림 18.7 소성영역 길이

L_p는 그림 18.7의 휨모멘트도에서 M_y보다 큰 값이 발생되는 길이를 구함으로써 얻을 수 있다.

$$M_y = \frac{P}{2}\left(\frac{L}{2} - \frac{L_P}{2}\right) \tag{18.12}$$

$$M_{\max} = \frac{PL}{4} = M_p$$

$$P = \frac{4M_p}{L} \tag{18.13}$$

식 (18.12)를 식 (18.13)에 대입하여 정리한다.

$$M_y = \frac{1}{2}\left(\frac{4M_p}{L}\right)\left(\frac{L}{2} - \frac{L_p}{2}\right) = \frac{2M_p}{L} \cdot \frac{L}{2} - \frac{2M_p}{L} \cdot \frac{L_p}{2}$$

$$M_y = M_p - \frac{L_p}{L} \cdot M_p = M_p\left(1 - \frac{L_p}{L}\right)$$

$$\frac{L_p}{L} = 1 - \frac{M_y}{M_p}$$

$$\therefore L_p = L\left(1 - \frac{M_y}{M_p}\right) = L\left(1 - \frac{1}{f}\right) \tag{18.14}$$

대표적인 단면형상에 따른 소성영역의 길이 L_p의 값을 그림 18.8에 정리하였다.

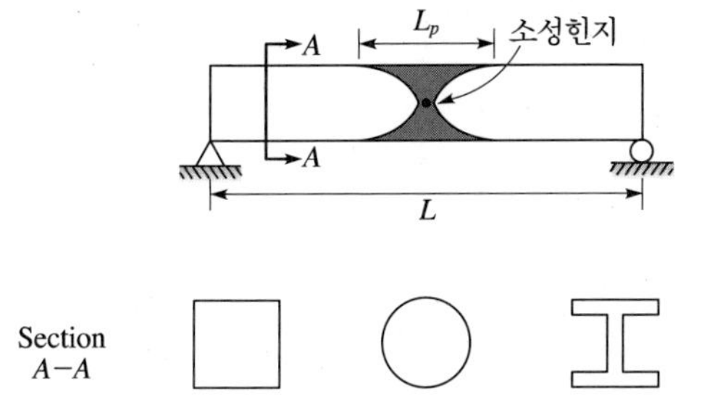

f	1.5	1.7	1.1~1.2
L_p	$L/3$	$0.41L$	$0.09L$~$0.17L$

그림 18.8 단면 형상에 따른 소성영역 길이

18.4 붕괴기구(메카니즘)

그림 18.9와 같은 1차 부정정구조물이 보의 중앙에 하중 P를 받고 있다. 이 보의 강재는 그림 18.9(a)와 같은 이상적인 탄소성 재료 특성을 가지고 있다고 가정하고, 붕괴기구(메카니즘)의 발생과정, 즉 소성힌지의 발생과정과 붕괴하중의 크기를 구하는 방법에 대하여 설명한다(그림 18.9에서 소성힌지는 검정색 동그라미(•)로 표시).

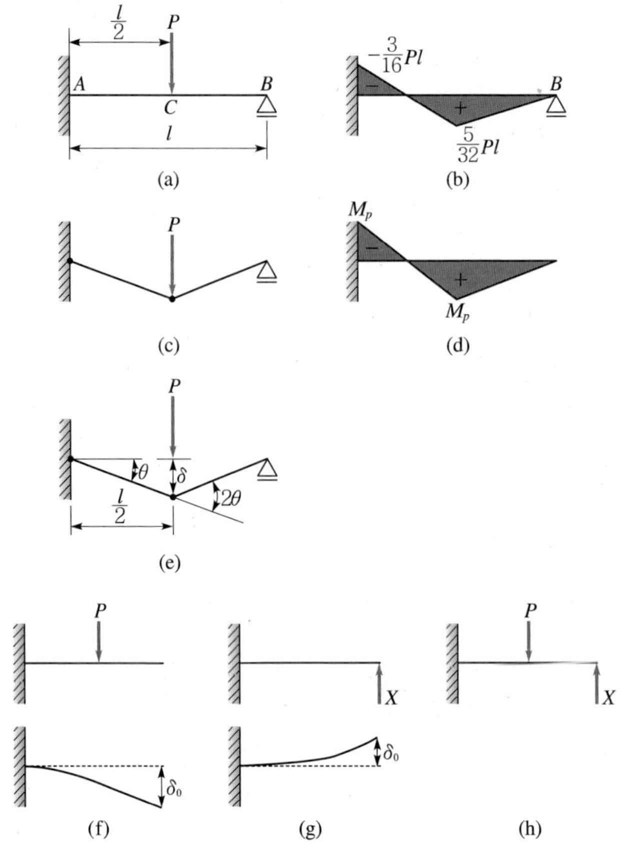

그림 18.9 1차 부정정 구조물의 붕괴기구

이 부정정구조물의 휨모멘트도는 단면 내의 휨응력 분포가 아직 항복응력에 이르지 않은 단계에서는 일반적인 부정정구조물의 해석법에 의한다(본 교재에서는 부정정구조물의 해석법을 소개하고 있지는 않지만 소성붕괴기구에 대해 설명하는 것이 주요 목적이므로 그림 18.9에서 제시하고 있는 결과 값과 18.4절 마지막 부분의 Tip을 참고하여 이해하기 바란다). 부정정구조물의 탄성휨모멘트 해석결과는 그림 18.9(b)와 같다.

$$M_A = -\frac{3}{16}Pl = -\frac{6}{32}Pl \tag{18.15}$$

$$M_C = \frac{5}{32}Pl \tag{18.16}$$

즉, M_C는 M_A의 5/6의 크기로 지점 A에 가장 큰 휨모멘트가 발생하게 됨을 알 수 있다. 따라서 하중 P를 점점 증가시켜갈 때, 먼저 A점의 휨모멘트 M_A가 전소성모멘트 M_p에 이르고 지점 A에서 소성힌지가 우선 형성된다. 그 후 더욱 하중을 증가시켜 가면 지점 A에서는 그 이상 휨모멘트는 증가하지 않고 C점의 휨모멘트가 증가하게 된다. 결국 C점의 휨모멘트 M_C 또한 전소성모멘트 M_p에 이르고, C점에 소성힌지가 형성된다. 이 단계에서, 소성힌지는 그림 18.9(c)와 같이 지점 A와 C점에 형성되어 있으며, 휨모멘트는 그림 18.9(d)와 같이 지점 A에서 $-M_p$, C점에서 M_p의 소성모멘트가 발생한 상태가 된다. M_p는 재료가 이상적인 탄소성인 성질을 갖는 한 그 이상 휨모멘트가 증가할 수 없는 최종의 휨모멘트이므로, 이 부정정구조물의 경우 더 이상 하중을 증가시킬 수는 없다. 즉, 그림 18.9(c)가 그림 18.9(a) 1차 부정정구조물의 소성기구이다.

다음으로 이 부정정구조물의 소성하중을 "가상일의 원리"를 사용하여 구해보자. 지금 부정정구조물에 최종적으로 그림 18.9(c)와 같은 소성힌지가 형성되어 하중 P가 C점에 놓인 채로 C점이 δ만큼만 이동(가상변위)했다고 하자(그림 18.9(e)). 이때, 하중 P가 하는 가상일은 $P\delta$이다. 한편, 소성힌지가 형성되어 있는 지점 A와 점 C는 이 변형에 의해 A점에서 θ, C점에서 2θ 회전한다(지점 A와 B에서 각각 θ만큼의 회전변위가 발생한다). 지점 A, C점 모두 전소성모멘트 M_p에 해당하는 휨모멘트가 발생되어 있으므로 이 휨모멘트는 소성힌지의 회전에 대해 가상일을 하게 된다. 이 소성힌지가 한 일의 양은 각각 지점 A에서 $M_p\theta$, C점에서 $2M_p\theta$이다. "가상일의 원리"에서 외력이 한 일과 내력이 한 일은 서로 같다는 기본원리에 의해

$$P\delta = M_p\theta + 2M_P\theta = 3M_P\theta \tag{18.17}$$

여기서, δ와 θ의 사이에는 그림 18.9(e)에서 처럼 $\delta = \frac{l}{2}\tan\theta \approx \frac{l}{2}\theta$가 되는 관계가 있다. 이 관계를 식 (18.17)에 대입하면,

$$P\delta = P\left(\frac{l}{2}\theta\right) = 3M_P\theta \tag{18.18}$$

$$P = \frac{6M_p}{l} \tag{18.19}$$

식 (18.19)의 하중 P가 그림 18.9의 부정정구조물에 소성기구가 형성되는 때의 붕괴하중이다. 그림 18.9의 예에서는 최초로 A점에 소성힌지가 생기고, 다음 C점에 소성힌지가 생겨 붕괴기구가 완성되지만, 예제를 보면 알 수 있듯이, 이 도중에 소성힌지가 생기는 순서는 최종적인 붕괴기구에는 관계하지 않는다. 하중을 점차 증가시켜가는 경우, 최종적으로는 휨모멘트의 절대치가 주위보다도 커 극대가 되는 점에 소성힌지가 형성된다. 즉, 붕괴기구를 구하는 데는 휨모멘트의 크기까지를 정확히 구한 휨모멘트도는 필요하지 않고, 구조물에서 휨모멘트의 발생 형태만 알면 된다. 그림 18.9의 경우, A점과 C점의 휨모멘트가 주위의 다른 부분보다 크다는 것은 명확하므로

그림 18.9(b)의 단계를 거치지 않고 바로 그림 18.9(c)의 붕괴기구를 그려도 된다. 또, 붕괴기구가 되기 위한 소성힌지의 수는 일반적으로 "구조물의 부정정차수 +1"로 결정된다. 즉, 정정구조물의 경우 소성힌지가 1개이면 붕괴되며, 그림 18.9의 1차부정정구조물은 소성힌지가 2개 발생하면 붕괴된다.

TIP

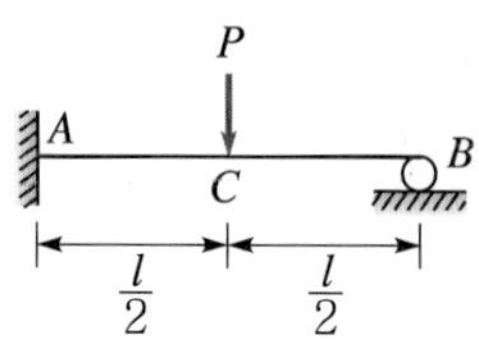

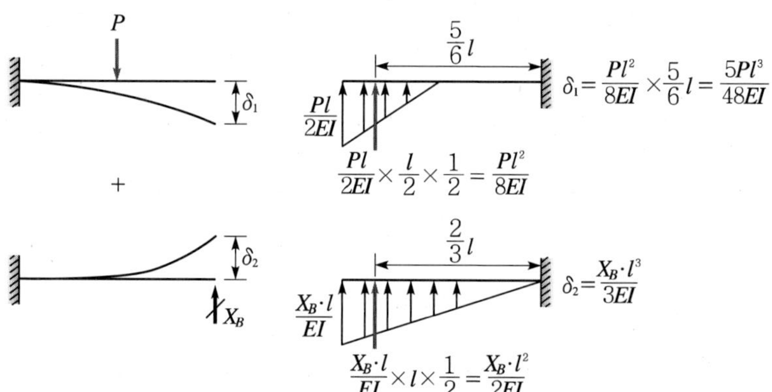

$\delta_B = \delta_1 + \delta_2 = 0$ 이므로

$\delta_1 + \delta_2 = \dfrac{5Pl^3}{48EI} - \dfrac{X_B \cdot l^3}{3EI} = 0$ $\qquad \therefore X_B = \dfrac{5P}{16}$

(상향의 처짐 "−")

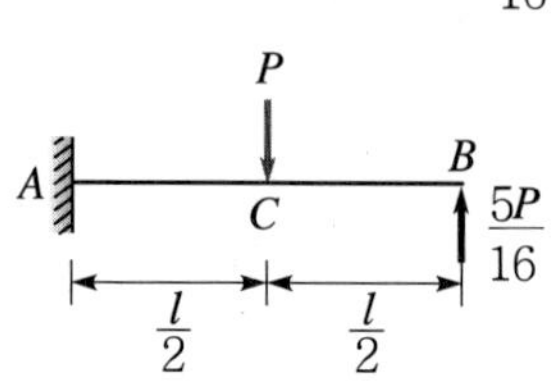

연습문제

18.1 다음 그림과 같은 T형 단면의 탄성단면계수 S, 소성단면계수 Z, 형상계수 f를 구하여라.

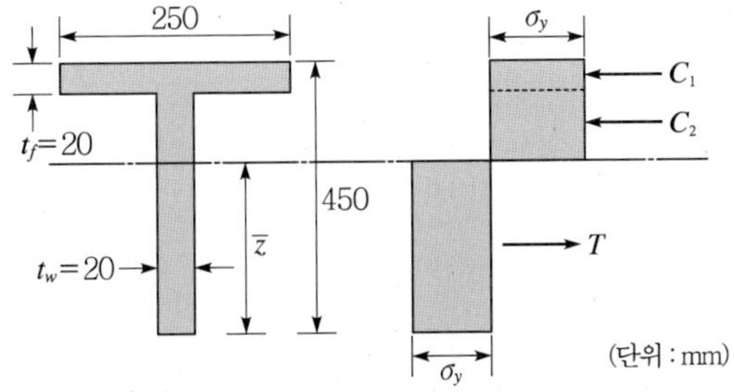

그림 문제 18.1

18.2 예제 18.4에서 휨모멘트로 인해 플렌지에는 항복응력이 발생되어 있으나, 웨브 부분은 탄성거동을 하는 응력상태에 머물러있다면, 이때 작용한 휨모멘트의 크기 M_t를 구하여라(단, 항복응력 $\sigma_y=240\text{MPa}$).

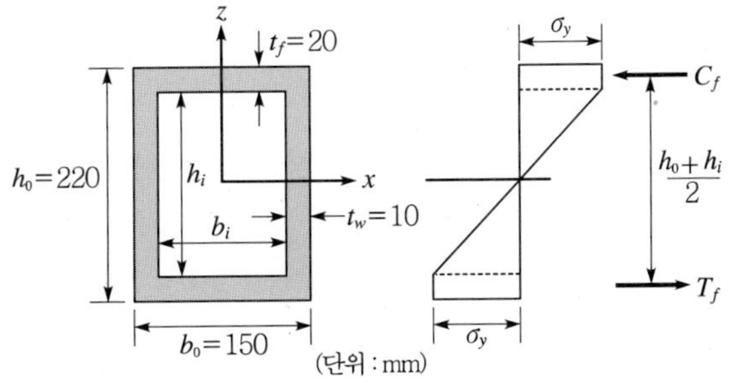

그림 문제 18.2

18.3 다음 그림과 같은 폭 b = 80mm, 높이 h = 100mm인 직사각형 단면을 갖는 길이 10m의 단순보가 있다. 이 보의 지점 A로부터 2m의 위치에 집중하중 P가 작용하고 있다. 보의 재료는 이상적인 탄소성 응력-변형률 관계를 갖으며 항복응력 $\sigma_y = 300\text{MPa}$일 때 전소성모멘트 M_p를 구하시오. 또한 이 단순보가 전소성모멘트 M_p에 이르러 붕괴될 때 P의 크기를 구하시오.

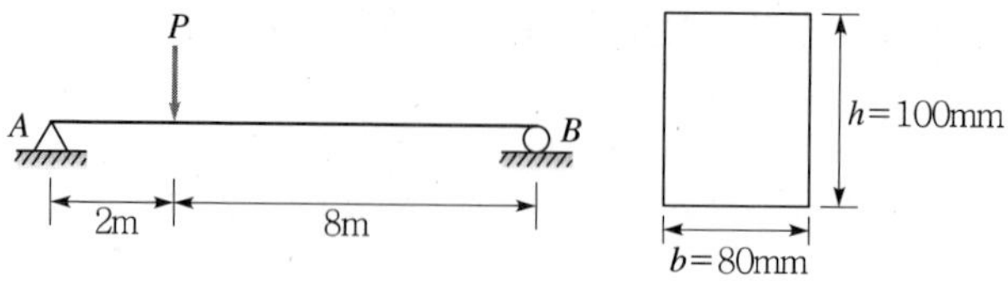

그림 문제 18.3

18.4 다음 그림의 (a)와 같은 양단고정보가 그림 (b)와 같은 붕괴기구를 갖게 된다면 구조물의 붕괴하중 P를 구하시오.

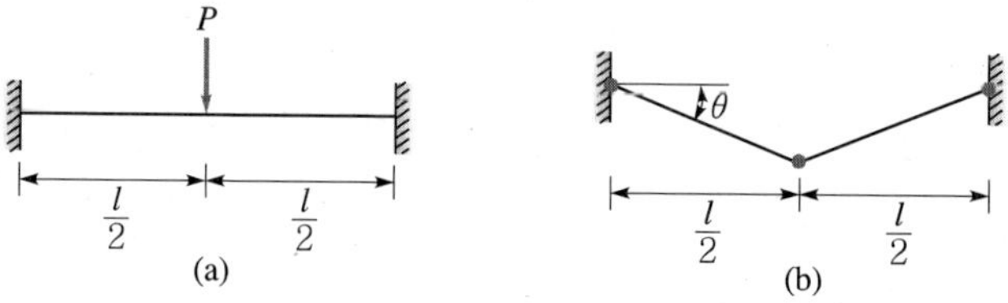

그림 문제 18.4

18.5 다음 그림의 (a)와 같은 부정정라멘 구조물이 그림 (b)와 같은 붕괴기구를 갖게 된다면 구조물의 붕괴하중 P를 구하시오.

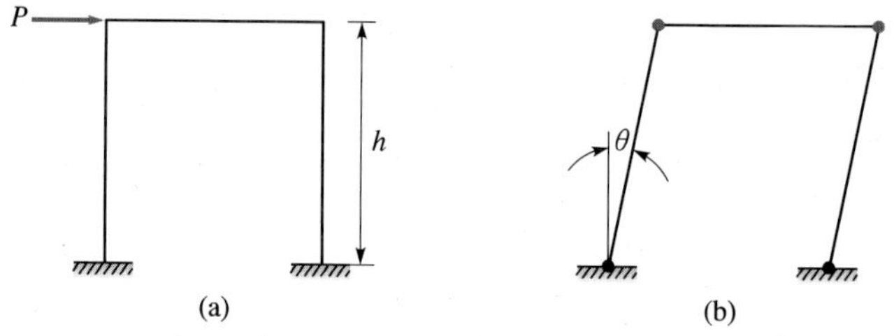

그림 문제 18.5

찾아보기

ㅊ

영문 및 숫자

연습문제 해답

제1장 단위계, 힘, 평면의 기하학적 성질

1.1

5ft = 152.44cm

10Gpa = $1.02 \times 10^6 \mathrm{tf/m^2}$

$30\mathrm{kg/cm^2}$ = 426.69psi

$1000\mathrm{tf/m^2}$ = 10MPa

1.2

$P_H < P_V \times f + P$

$P = 62.17kN$ 이상

1.3

$\Sigma H = 0$, ΣV, $\alpha = 61.09°$

$P = \sqrt{9.07^2 + 5.01^2} = 10.36\mathrm{kN}$

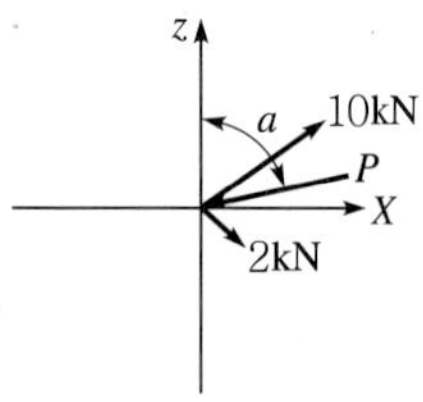

1.4

M = P × L

L = 0.577m

1.5

$\bar{x} = \dfrac{G_x}{A}$, $\bar{x} =$ 8.33cm

1.6

$I = \dfrac{\pi D^4}{64}$, $I = 7363.11\mathrm{cm}^4$

1.7

$I_{x'} = I_x + Ay^2$, $I_x = 1005.31\mathrm{cm}^4$

$I_{x'} = 2464.07\mathrm{cm}^4$

1.8

$I_x = I + Ay^2$

$I_x = 115033.33\,\mathrm{cm}^4$

$I_z = 55833.33\,\mathrm{cm}^4$

1.9

$I = \dfrac{bh^3}{12}$, $I = \dfrac{\pi d^4}{64}$

$I_z = 81284.92\,\mathrm{cm}^4$

1.10

$I_p = I_x + I_z$, $I_p = 102.66\,\mathrm{cm}^4$

1.11

$I_{xz} = A \cdot \bar{x} \cdot \bar{z}$, $I_{xz} = 900\,\mathrm{cm}^4$

1.12

$I_{xz} = A \cdot \bar{x} \cdot \bar{z}$, $I_{XZ} = 1504\,\mathrm{cm}^4$

1.13

$r_x = \sqrt{\dfrac{I_x}{A}}$, $r_x = 2.15\,\mathrm{cm}$

1.14

$Z = \dfrac{I}{Y}$, S = 1.525배

1.15

$$Z = \frac{I}{Y}, \quad Z = 192\,\mathrm{cm}^3$$

1.16

$$I_{\max} = \frac{1}{2}(I_x + I_z) + \frac{1}{2}\sqrt{(I_x - I_z)^2 + 4(I_{xz})^2}$$

$$= 10609.95\,\mathrm{cm}^4$$

$$I_{\min} = \frac{1}{2}(I_x + I_z) - \frac{1}{2}\sqrt{(I_x - I_z)^2 + 4(I_{xz})^2}$$

$$= 950.05\,\mathrm{cm}^4$$

1.17

$$A = L \cdot y_c \cdot \theta_x, \quad A \equiv 101.81\mathrm{cm}^2$$

1.18

$$\theta = 15°$$

1.19

$$P_{AB} = \frac{P}{\sqrt{3}}$$

1.20

$$r_x = \frac{r}{2}$$

제2장 정정보 및 라멘의 해석

2.1

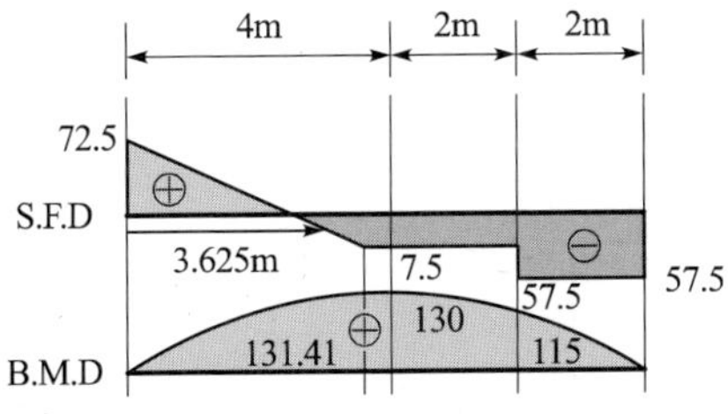

2.2

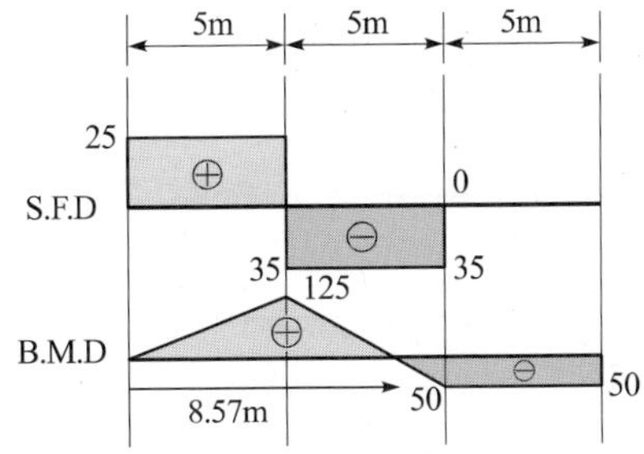

2.3

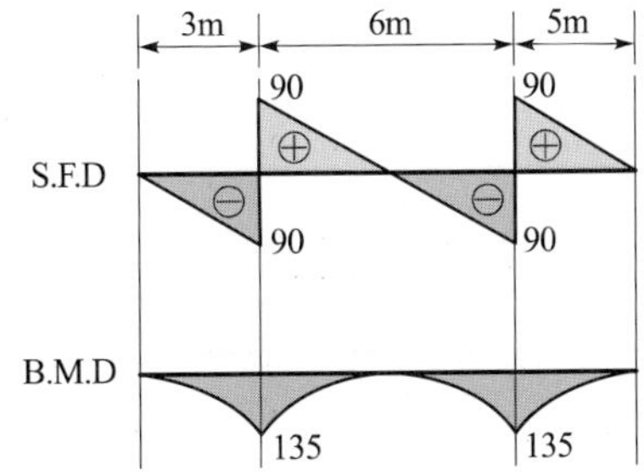

2.4

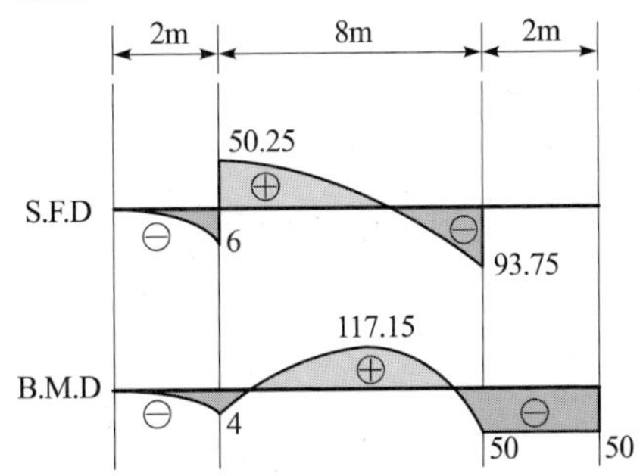

2.5

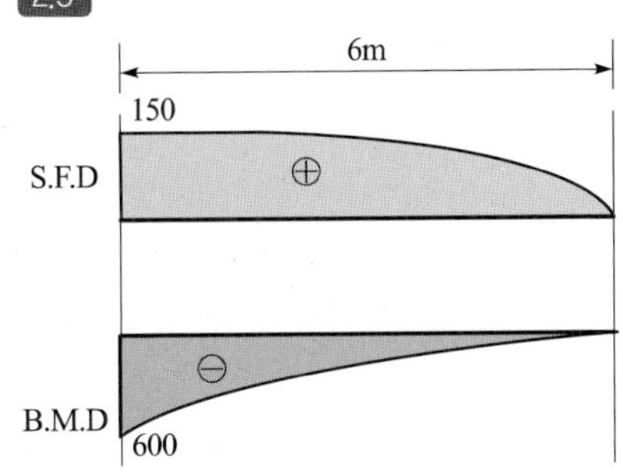

2.6

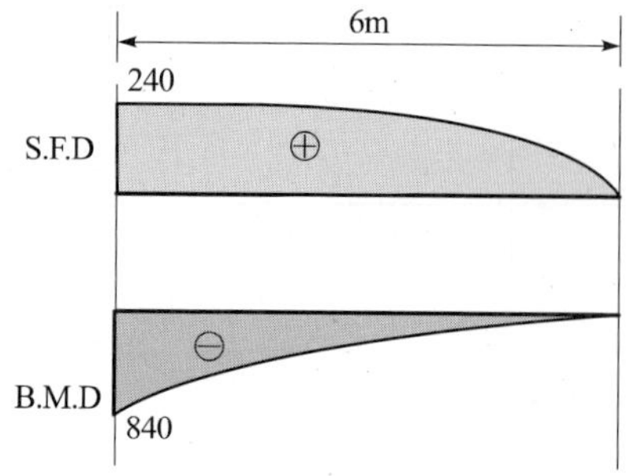

2.7

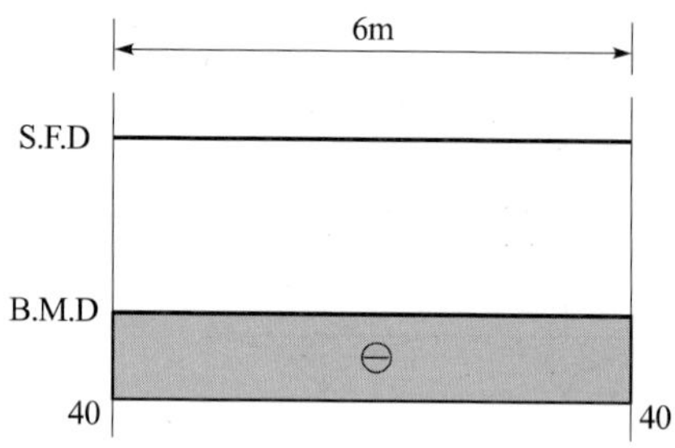

2.8

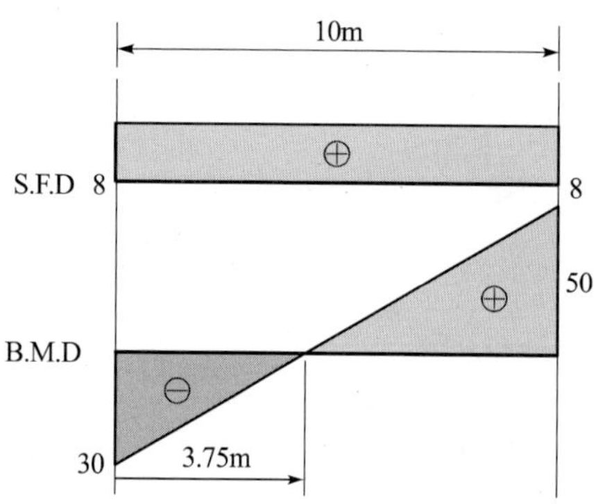

2.9

$V_C = P_E = 5\text{kN}\ (\uparrow)$

$V_A = \dfrac{1}{4}(-10 - 5 \cdot 6 + 5 \cdot 10) = 2.5\text{kN}\ (\uparrow)$

$V_B = -V_A + P_E - V_C = -2.5 + 5 - 5 = -2.5\ \text{kN}$ $(\downarrow)$

E점의 휨모멘트

$M_E = V_C \cdot 4 = 5 \cdot 4 = 20\text{kN} \cdot \text{m}\ (\curvearrowright)$

2.10

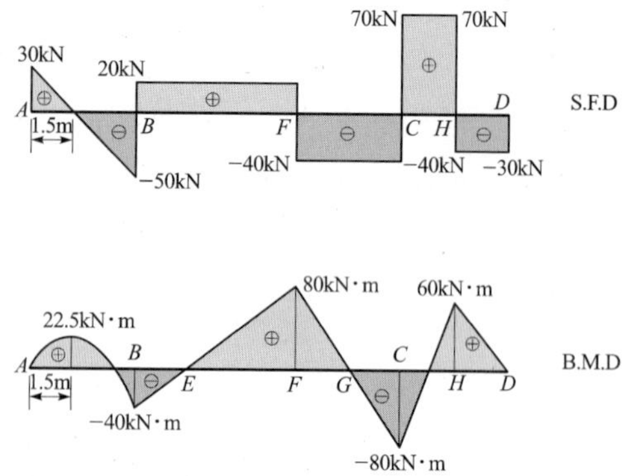

2.11

1) 그림 문제 2.11(a)의 반력계산

$V_A = 29.86\text{kN}\ (\uparrow)$

$V_D = 24.78\text{kN}\ (\uparrow)$

$H_A = 20\text{kN}\ (\rightarrow)$

2) 그림 문제 2.11(b)의 반력계산

$R_D = 23.09\text{kN}\ (\nwarrow)$

$V_A = 40\text{kN}\ (\uparrow)$

$H_A = 11.55\text{kN}\ (\rightarrow)$

$R_A = 41.63\text{kN}\ (\nearrow)$, x축과 이루는 각도는

$\theta_x = \tan^{-1}\left(\dfrac{40}{11.55}\right) = 73.89°$

2.12

최대휨모멘트

$M_{max} = M_E = 11.7 \times 5 = 58.5\text{kN} \cdot \text{m}$

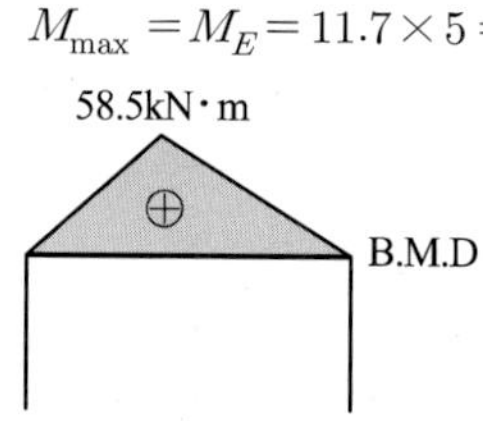

2.13

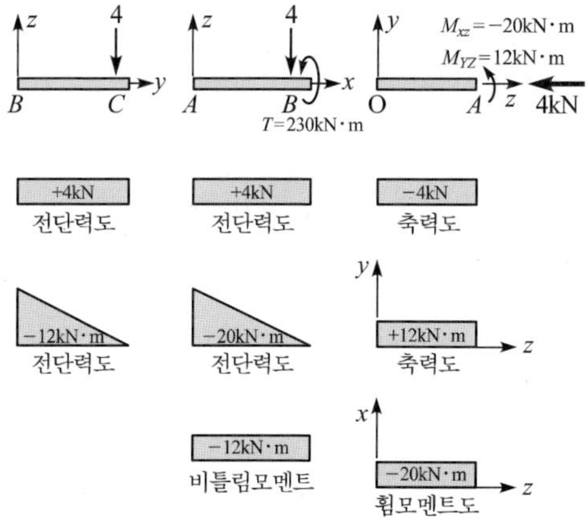

(1) BC부재　(2) AB부재　(3) OA부재

2.14

1) 와이어에 걸리는 힘 F, 지점 A의 반력 V_A 및 H_A

$F_z = 2.625\text{kN}\ (\uparrow)$

$V_A = -0.125\ \text{kN}\ (\downarrow)$

$$H_A = F\cos\alpha = 5.87 \cdot \frac{2}{\sqrt{5}} = 5.25\text{kN}\ (\rightarrow)$$

2) 휨모멘트도(BMD) 및 전단력도(SFD)

a) 전단력도

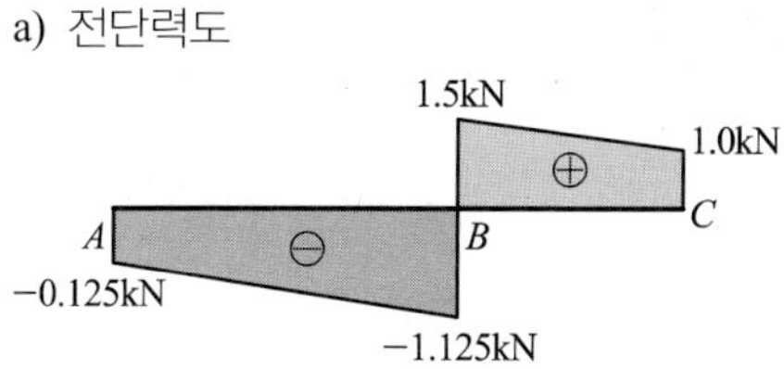

b) 휨모멘트도

$M_B = -0.125 \times 2 - 0.5 \times 2 \times 1$

$= -1.25\text{kN} \cdot \text{m}$

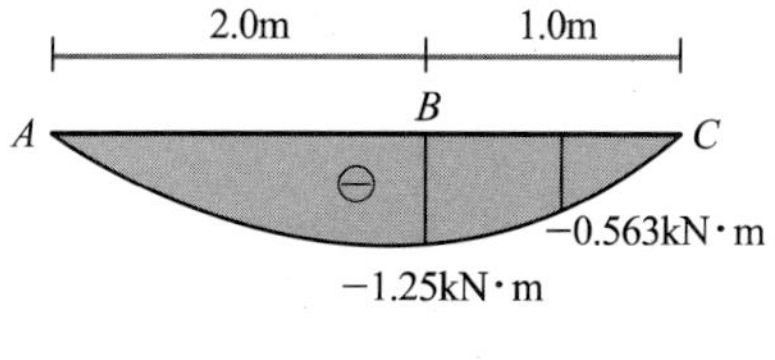

2.15

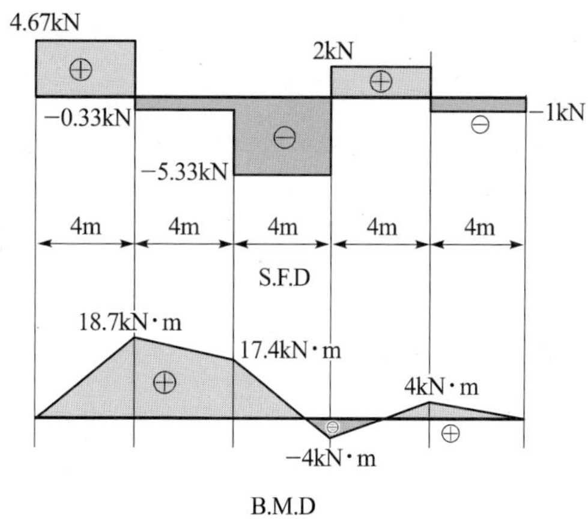

제3장 정정트러스의 해석

3.1

문항	반력 성분의 수	조건 방정식의 수	식 (2.10)	판정
	r	c	$n=r-3-c$	
(a)	6	0	$n=6-3-0=3$	3차 부정정
(b)	5	1	$n=5-3-1=1$	1차 부정정
(c)	4	1	$n=4-3-1=0$	정정
(d)	3	0	$n=3-3-0=0$	정정

3.2

문항	반력수	부재수	강절점수	절점수	부정정차수		
					전체차수	외적(外的)차수	내적(內的)차수
	r	m	f	j	$n=(r+m+f)-2j$	$n=r-3$	$n=(3+m+f)-2j$
(a)	4	8	3	7	$n=(4+8+3)-2\times 7$ $=1$	$n=4-3=1$	$n=(3+8+3)-2\times 7$ $=0$
(b)	9	6	4	6	$n=(9+6+4)-2\times 6$ $=7$	$n=9-3=6$	$n=(3+6+4)-2\times 6$ $=1$
(c)	6	6	3	6	$n=(6+6+3)-2\times 6$ $=3$	$n=6-3=3$	$n=(3+6+3)-2\times 6$ $=0$
(d)	6	10	11	9	$n=(6+10+11)-2\times 9$ $=9$	$n=6-3=3$	$n=(3+10+11)-2\times 9$ $=6$

3.3

부재	길이 l(m)	부재력 F
AB	8	7kN (인장)
AD	8	7kN (인장)
BC	11.314	0
BD	11.314	-10kN (압축)
CD	16	5kN (인장)

3.4

$$F_{GH}=\frac{-140\cdot 6+80\cdot 3}{\frac{3}{\sqrt{10}}\cdot 4+\frac{1}{\sqrt{10}}\cdot 3}=-126.49\text{kN}$$

(압축)

$$F_{CG}=\frac{-140\cdot 3+126.49\cdot \frac{3}{\sqrt{10}}\cdot 4}{\frac{3}{5}\cdot 4}=25\text{kN}$$

(인장)

$$F_{BC}=-25\cdot \frac{3}{5}+126.49\cdot \frac{3}{\sqrt{10}}=105\text{kN}$$

(인장)

3.5

1) 반력계산

$V_A=35\text{kN}\ (\uparrow)$

$V_I=-V_A+70=35\text{ kN}\ (\uparrow)$

2) 격점별 미지부재력

$F_{AJ}=-35\cdot\sqrt{2}=-50\text{kN}$ (압축)

$F_{AB}=-(-50)\left(\frac{1}{\sqrt{2}}\right)=35\text{kN}$ (인장)

$F_{BC}=35\text{kN}$ (인장)

$F_{JP}=-\frac{-35\cdot 8+40}{4\sqrt{2}}=-42.43\text{kN}$ (압축)

$F_{CJ}=-35\sqrt{2}+42.43=-7.07\text{kN}$ (압축)

$F_{CD}=\frac{35\cdot 8-40}{8}=30\text{kN}$ (인장)

$F_{PQ}=-F_{CD}=-30\text{kN}$ (압축)

$F_{KD}=10.61\text{kN}$ (인장),

$F_{KQ}=-10.61\text{kN}$ (압축)

$F_{CK}=10-(-7.07)\cdot\frac{1}{\sqrt{2}}=15\text{kN}$ (인장)

$F_{KP}=-(-42.43)\cdot\frac{1}{\sqrt{2}}=30\text{kN}$ (인장)

$F_{QR}=-F_{DE}=-37.5\text{kN}$ (압축)

$F_{EL}=3.54\text{kN}$ (인장),

$F_{LR}=-3.54\text{kN}$ (압축)

$$F_{LQ}=-(-10.61)\cdot\frac{1}{\sqrt{2}}=7.5\text{kN}$$ (인장)

$$F_{DL}=10-(10.61)\frac{1}{\sqrt{2}}=2.5\text{kN}$$ (인장)

3.6

1) 전체구조물의 자유물체도에서 반력계산

반력 $V_{A(z)}=25\text{kN}\ (\uparrow)$

반력 $V_{C(z)}=-35\text{kN}\ (\downarrow)$

반력 $V_{B(z)}=\dfrac{50\times6-(-35)\times12}{12}=60\text{kN}$

$(\uparrow)$

반력 $H_{B(y)}=-30\text{kN}\ (\nearrow)$

반력 $H_{B(x)}=\dfrac{30\times6+(-30)\times12}{6}=-30\text{kN}$

$(\leftarrow)$

반력 $H_{C(x)}=30\text{kN}\ (\rightarrow)$

2) 격점별 평형방정식에서 부재력의 계산

$F_{AE(z)}=-V_{A(z)}=-25\text{kN}$

부재력

$$F_{AC}=F_{AC(y)}\times\frac{l_{AE}}{l_{y_{AE}}}=6.3\times\frac{13.7}{6}=14.4\text{kN}$$

(인장)

부재력 $F_{AB}=F_{AB(x)}\times\dfrac{l_{x_{AB}}}{l_{AB}}=(0)\dfrac{12}{12}=0$

부재력

$$F_{BE}=F_{BE(x)}\times\frac{l_{BE}}{l_{x_{BE}}}=(-30)\frac{13.7}{6}=-68.5\text{kN}$$

(압축)

부재력

$$F_{BC}=F_{BC(y)}\times\frac{l_{BC}}{l_{y_{BC}}}=-15\times\frac{6}{6}=-15\text{kN}$$

(압축)

부재력

$$F_{BE}=F_{BE(z)}\times\frac{l_{BE}}{l_{z_{BE}}}=-60\times\frac{13.7}{12}=-68.5\text{kN}$$

(압축) O.K.

부재력

$$F_{CE}=F_{CE(z)}\times\frac{l_{CE}}{l_{z_{CE}}}=35\times\frac{13.7}{12}=40\text{kN}$$

(인장)

부재력 $F_{CD}=F_{CD(x)}\times\dfrac{l_{x_{CD}}}{l_{CD}}=(0)\dfrac{12}{12}=0$

부재력 $F_{DE}=F_{DE(z)}\times\dfrac{l_{DE}}{l_{z_{DE}}}=0\times\dfrac{13.7}{12}=0$

제4장 정정아치 및 케이블의 해석

4.1

휨모멘트

$M_D=10\times5\sin60^\circ=43.30\text{kN}\cdot\text{m}$ (↶)

전단력 $V_D=10\cos60^\circ=5\text{kN}\ (\searrow)$

축력 $P_D=10\sin60^\circ=8.66\text{kN}\ (\nearrow)$

4.2

1) 반력계산

$$V_A=\frac{8(40)}{2}=160\text{kN}\ (\uparrow)$$

$V_B=320-160=160\text{kN}\ (\uparrow)$

$$H_A=\frac{1}{20}\left[\frac{160(40)}{2}-\frac{8(40^2)}{8}\right]=80\text{kN}\ (\rightarrow)$$

반력 $H_B=H_A=H=80\text{kN}$

2) D점의 단면력계산

i) 포물선 아치

휨모멘트

$$M_D=V_Ax-H_Ay-\frac{\omega x^2}{2}$$

$$=160(10)-80(15)-\frac{8(10^2)}{2}=0$$

전단력

$S_D=N_D\sin\theta_D+Q_D\cos\theta_D$

$$= (\frac{l}{f}\frac{\omega l}{8}) \cdot \sin\theta_D + (-\frac{\omega l}{2} + \omega x) \cdot \cos\theta_D$$

$$= \frac{8(40^2)}{20(8)}\sin 45° - 80\cos 45° = 0$$

축력

$$H_D = N_D\cos\theta_D - Q_D\sin\theta_D$$

$$= (\frac{l}{f}\frac{\omega l}{8}) \cdot \cos\theta_D - (-\frac{\omega l}{2} + \omega x) \cdot \sin\theta_D$$

$$= \frac{8(40^2)}{20(8)}\cos 45° + 80\sin 45° \text{kN}$$

$$= 113.14(\swarrow)$$

ii) 원호 아치

휨모멘트

$$M_D = V_A x - H_A y - \frac{\omega x^2}{2}$$

$$= 160(10) - 80(17.32) - \frac{8(10^2)}{2}$$

$$= -185.6\text{kN} \cdot \text{m} (\curvearrowright)$$

전단력

$$S_D = N_D\sin\theta_D + Q_D\cos\theta_D$$

$$= (\frac{l}{f}\frac{\omega l}{8}) \cdot \sin\theta_D + (-\frac{\omega l}{2} + \omega x) \cdot \cos\theta_D$$

$$= \frac{8(40^2)}{20(8)}\sin 30° - 80\cos 30°$$

$$= -29.28\text{kN} (\searrow)$$

축력

$$H_D = N_D\cos\theta_D - Q_D\sin\theta_D$$

$$= (\frac{l}{f}\frac{\omega l}{8}) \cdot \cos\theta_D - (-\frac{\omega l}{2} + \omega x) \cdot \sin\theta_D$$

$$= \frac{8(40^2)}{20(8)}\cos 30° + 80\sin 30°$$

$$= 109.28\text{kN} (\swarrow)$$

4.3

1) 반력 및 반력성분의 계산

$$R_A = \frac{16(4) + 6(2)}{[(3/5)(2) + (4/5)(5.5)]}$$

$$= 13.57\text{kN} (\nwarrow)$$

$$H_A = R_A\left(\frac{3}{5}\right) = 13.57\left(\frac{3}{5}\right) = 8.14\text{kN} (\leftarrow)$$

$$V_A = R_A\left(\frac{4}{5}\right) = 13.57\left(\frac{4}{5}\right) = 10.86\text{kN} (\uparrow)$$

$$V_D = -10.86 + 16 + 6 = 11.14\text{kN} (\uparrow)$$

$$H_D = H_A = 8.14\text{kN} (\rightarrow)$$

$$R_D = \sqrt{H_D^2 + V_D^2} = \sqrt{8.14^2 + 11.14^2}$$

$$= 13.80\text{kN} (\nearrow)$$

2) 장력 T와 길이 y_C의 계산

$$T_{AB} = R_A = 13.57\text{kN (인장)}$$

$$T_{CD} = R_D = 13.80\text{kN (인장)}$$

$$T_{\max} = T_{CD} = 13.80\text{kN (인장)}$$

$$y_C = 2\tan\theta_{CD} = 2\tan 53.84° = 2.7\text{m}$$

3) 케이블의 길이

$$s_{AB} = \sqrt{1.5^2 + 2^2} = 2.5\text{m}$$

$$s_{BC} = \sqrt{2^2 + (2 + 2 - y_C)^2}$$

$$= \sqrt{2^2 + 1.3^2} = 2.4\text{m}$$

$$s_{CD} = \sqrt{2^2 + 2.7^2} = 3.4\text{m}$$

따라서, 케이블의 총 길이 s_T

$$s_T = s_{AB} + s_{BC} + s_{CD}$$

$$= 2.5 + 2.4 + 3.4 = 8.3\text{m}$$

4) 케이블의 신장량

$$\Delta s_{AB} = \frac{T_{AB}s_{AB}}{AE}$$

$$= \frac{(13.57 \times 10^3)(2.5 \times 10^3)}{(100)(2.1 \times 10^5)} = 1.62\text{mm}$$

$$\Delta s_{BC} = \frac{T_{BC}s_{BC}}{AE}$$

$$= \frac{(9.63 \times 10^3)(2.4 \times 10^3)}{(100)(2.1 \times 10^5)} = 1.10\text{mm}$$

$$\Delta s_{CD} = \frac{T_{CD}s_{CD}}{AE}$$

$$= \frac{(13.80 \times 10^3)(3.4 \times 10^3)}{(100)(2.1 \times 10^5)} = 2.23\text{mm}$$

따라서, 케이블의 총 길이 Δs_T

$$\Delta s_T = \Delta s_{AB} + \Delta s_{BC} + \Delta s_{CD}$$
$$= 1.62 + 1.10 + 2.23 = 4.95\text{mm}$$

4.4

1) α, f 값

$$\alpha = \tan^{-1}\left(\frac{6}{30}\right) = 11.31°$$

$$f = 15\tan 11.31° = 3\text{m}$$

2) 반력성분의 계산

$$H = H_A = H_B = 450\text{kN}$$
$$V_A = 90\text{kN}\ (\uparrow)$$
$$V_B = 270\text{kN}\ (\uparrow)$$

3) 장력의 계산

$$T_A = \sqrt{H_A^2 + V_A^2}$$
$$= \sqrt{450^2 + 90^2} = 458.91\text{kN}\ (\text{인장})$$

$$T_C = H\left(\frac{ds}{dx}\right)_{x=15m}$$
$$= H\left(\sqrt{1+\left(\frac{8fx}{l^2} - \frac{4f}{l} + \tan\alpha\right)}\right)_{x=15m}$$
$$= 450\sqrt{1+\left(\frac{8\cdot 3\cdot 15}{30^2} - \frac{4\cdot 3}{30} + \tan 11.31°\right)^2}$$
$$= 458.91\text{kN}\ (\text{인장})$$

$$T_D = H\left(\frac{ds}{dx}\right)_{x=22.5m}$$
$$= H\left(\sqrt{1+\left(\frac{8fx}{l^2} - \frac{4f}{l} + \tan\alpha\right)}\right)_{x=22.5m}$$
$$= 450\sqrt{1+\left(\frac{8\cdot 3\cdot 22.5}{30^2} - \frac{4\cdot 3}{30} + \tan 11.31°\right)^2}$$
$$= 484.67\text{kN}\ (\text{인장})$$

$$T_B = \sqrt{H_B^2 + V_B^2}$$
$$= \sqrt{450^2 + 270^2} = 524.79\text{kN}\ (\text{인장})$$

$$T_{max} = T_B = 524.79\text{kN}\ (\text{인장})$$

제5장 이동하중과 영향선

5.1

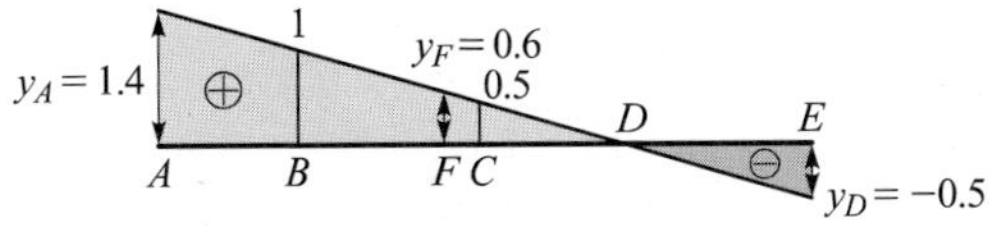

수직반력 V_B의 영향선

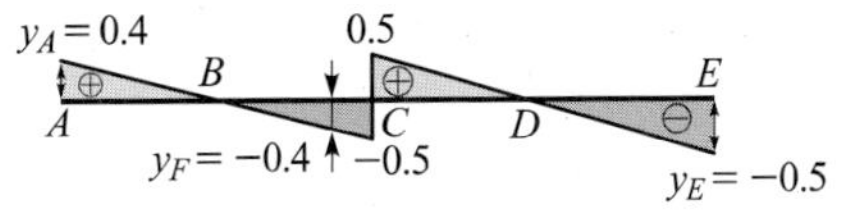

전단력 S_C의 영향선

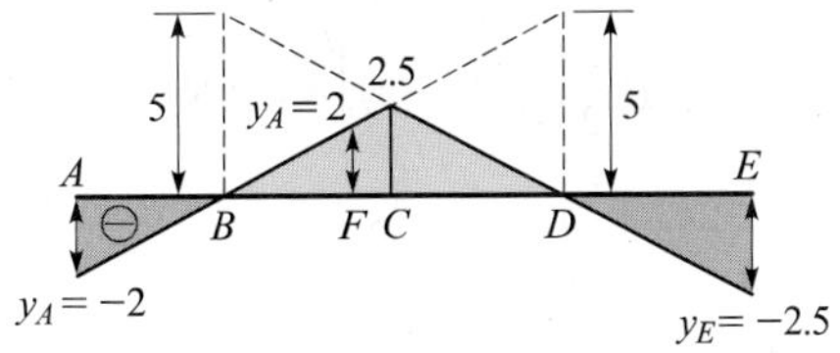

휨모멘트 M_C의 영향선

$$V_B = P_A\cdot y_A + P_F\cdot y_F + P_E\cdot y_E$$
$$= (80)(1.4) + (160)(0.6) + (60)(-0.5)$$
$$= 178\text{kN}$$

$$S_C = P_A\cdot y_A + P_F\cdot y_F + P_E\cdot y_E$$
$$= (80)(0.4) + (160)(-0.4) + (60)(-0.5)$$
$$= -62\text{kN}$$

$$M_C = P_A\cdot y_A + P_F\cdot y_F + P_E\cdot y_E$$
$$= (80)(-2) + (160)(2) + (60)(-2.5)$$
$$= 10\text{kN}\cdot\text{m}$$

5.2

1) 지점 B에서 양(+)의 최대반력 $V_{B,\max}^{(+)}$와 음(−)의 최대반력 $V_{B,\max}^{(-)}$

$$V_{B,\max}^{(+)} = (2)\left[\frac{1}{2}(1.5)(6+8+4)\right] = 27\text{kN}$$

$$V_{B,\max}^{(-)} = (2)\left[\frac{1}{2}(-0.5)(6)\right] = -3\text{kN}$$

2) C점에서 양(+)의 최대전단력 $S_{C,\max}^{(+)}$ 와 음(−)의 최대전단력 $S_{C,\max}^{(-)}$

$$S_{C,\max}^{(+)} = (2)\left[\frac{1}{2}(0.5)(6)\right] + (2)\left[\frac{1}{2}\left(\frac{1}{3}\right)(4)\right]$$
$$= 4.33$$

$$S_{C,\max}^{(-)} = (2)\left[\frac{1}{2}\left(-\frac{2}{3}\right)(8)\right]$$
$$+ (2)\left[\frac{1}{2}(-0.5)(6)\right]$$
$$= -8.33$$

3) C점에서 양(+)의 최대휨모멘트 $M_{C,\max}^{(+)}$ 와 음(−)의 최대휨모멘트 $M_{C,\max}^{(-)}$

$$M_{C,\max}^{(+)} = (2)\left[\frac{1}{2}\left(\frac{8}{3}\right)(8+4)\right] = 32\text{kN}\cdot\text{m}$$

$$M_{C,\max}^{(-)} = (2)\left[\frac{1}{2}(-2)(6)\right]$$
$$+ (2)\left[\frac{1}{2}(-4)(6)\right] = -36\text{kN}\cdot\text{m}$$

5.3

1) 연행하중 및 합력의 크기와 작용위치의 계산

합력의 작용위치

$$x = \frac{-P_1 \cdot c_1 + P_3 \cdot c_2}{P_1 + P_2 + P_3}$$
$$= \frac{240 \times 4.2 + 60 \times (-4.2)}{60 + 240 + 240} = 1.4m$$

2) 절대 최대휨모멘트의 계산

절대 최대휨모멘트

$$M_{\max} = M_2 = 3428.82\text{kN}\cdot\text{m}$$

5.4

i) 반력 V_A의 절대 최댓값 $V_{A,\max}$

$$V_{A,\max}^{(+)} = (120)(y_2) + (60)(y_1)$$
$$= (120)(1) + (60)\left(\frac{7}{9}\right) = 166.67\text{kN}$$

$$V_{A,\max} = V_{A,\max}^{(+)} = 166.67\text{kN}$$

ii) 부재력 F_{CF}의 절대 최댓값 $F_{CF,\max}$

$$F_{CF,\max} = F_{CF,\max}^{(+)} = 133.33\text{kN}$$

iii) 부재력 F_{BC}의 절대 최댓값 $F_{BC,\max}$

$$F_{BC,\max} = F_{BC,\max}^{(+)} = 102.5\text{kN}$$

iv) 부재력 F_{CG}의 절대 최댓값 $F_{CG,\max}$

$$F_{CG,\max} = \left|F_{CG,\max}^{(-)}\right| = 76.67\ \text{kN}$$

v) 부재력 F_{GH}의 절대 최댓값 $F_{GH,\max}$

$$F_{GH,\max} = \left|F_{GH,\max}^{(-)}\right| = 172.5\ \text{kN}$$

제6장 응력과 변형률

6.1

$$\sigma = \frac{P}{A}$$

$\sigma_{AB} = 50.93\text{N/mm}^2$, $\sigma_{BC} = 141.47\text{N/mm}^2$

6.2

$$\sigma = \frac{P}{A},\ \sigma = \frac{A \times l \times r}{A}$$

$\sigma = 0.0217\text{N/m}^2$

6.3

$$\sigma = \frac{P}{A},\ \sigma_{ab} = 6.944\text{N/mm}^2$$

$\sigma_{ab} = 12.5\text{N/mm}^2$

6.4

$$\tau = \frac{S}{A},\ \tau = 98.24\text{N/mm}^2$$

6.5

$$\sigma = \frac{P}{A},\ \varepsilon = \frac{\sigma}{E},\ \delta = L \times \varepsilon$$

$\sigma_1 = 50.93\text{N/mm}^2, \quad \varepsilon_1 = 4.07\times10^{-4}$

$\delta_1 = 0.3256\text{mm}$

$\sigma_2 = 50.93\text{N/mm}^2, \quad \varepsilon_2 = 2.55\times10^{-4}$

$\delta_2 = 0.357\text{mm}$

$\delta = 0.6826\text{mm}$

6.6

$\delta = \dfrac{P\times l}{A\times E}, \quad \delta = 0.0637\text{mm}$ (신장)

6.7

$\alpha_t = \dfrac{\delta}{\Delta t\times l}, \quad \delta = \dfrac{P\times l}{A\times E}$

$P = \dfrac{A\times E\times\delta}{l}$

$P = 565.5\text{kN}$

6.8

$\sigma = \dfrac{P}{A}, \quad \epsilon = \dfrac{\sigma}{E}$

$\sigma = 23.767\text{N/mm}^2, \quad \epsilon = 9.9\times10^{-4}$

6.9

$E = \dfrac{\delta}{\varepsilon}, \quad \upsilon = -\dfrac{\epsilon_d}{\epsilon_l}$

$E = 1.99\times10^5\text{MPa}, \quad \upsilon = 0.3$

6.10

$\tau = \dfrac{S}{A}, \quad P = 84\text{kN}$

6.11

$\tau_u = \dfrac{P}{A}, \quad \sigma_u = \dfrac{P}{A}, \quad t = 1.42\text{cm}$ 이상

6.12

$\tau = \dfrac{S}{A}, \quad A = \pi\times D\times L, \quad L = 39.89\text{cm}$

6.13

$P_1 = P\times A, \quad P_2 = \sigma_a\times A$

$N = \dfrac{P_1}{P_2} =$ 18개 이상

6.14

$\sigma = \dfrac{P}{A}$

$\sigma_1 = 254.648\text{N/mm}^2$ (인장)

$\sigma_2 = 113.177\text{N/mm}^2$ (압축)

6.15

$\upsilon = \dfrac{\epsilon_d}{\epsilon_l}, \quad E = \dfrac{P\times l}{A\times\delta}, \quad G = \dfrac{E}{2(1+\upsilon)}$

$G = 8.27\times10^4\text{N/mm}^2$

6.16

$\sigma_{allow} = \dfrac{\sigma_y}{N}, \quad \tau_{\text{allow}} = \dfrac{\tau_y}{N}$

$P = 10.8\text{kN(plate)}, \quad \text{S} = 200.28\text{kN(bolt)}$

$P_{allow} = 10.8\text{kN}$

6.17

$\delta_l = L\cdot\epsilon_l, \quad \delta_b = -\upsilon\cdot B\cdot\epsilon_l$

$\delta_h = -b\cdot H\cdot\epsilon, \quad e = \dfrac{\Delta v}{v}$

$e = 5.544\times10^{-5}$

6.18

$\sigma_{allow} = \dfrac{\sigma_y}{N}, \quad \tau_{\text{allow}} = \dfrac{\tau_y}{N}$

$d = 5.26\text{cm}$ 이하

6.19

$G = \dfrac{E}{2(1+\upsilon)}$

$G= 8.62\times 10^3 \text{N/mm}^2$, $\delta_d = 0.00051\text{cm}$

$\delta_l = 0.00637\text{cm}$

제7장 축하중

7.1

$$\delta = \frac{PL}{EA}$$

$\varepsilon \text{total} = 2.27\times 10^{-6}$(인장)

7.2

강성도 : 재료가 단위변형을 일으키는데 필요한 힘

유연도 : 재료가 단위하중을 받을 때 생기는 변형량

7.3

$$\delta = \frac{PL}{EA}, \quad \varepsilon = \frac{\delta}{L}$$

$\varepsilon \text{total} = 1.51\times 10^{-6}$(압축)

7.4

$$\delta = \frac{PL}{EA}, \quad \varepsilon = \frac{\delta}{L}$$

$\varepsilon \text{total} = 6.97\times 10^{-5}$(압축)

7.5

$$K = \frac{\sigma_{\max}}{\sigma_m}, \quad \sigma_m = \frac{P}{(B-D)\times t}$$

$\sigma_{\max} = 92.593\text{kN/mm}^2$

7.6

$$\delta_t = a\times(\Delta T)\times L, \quad \delta_p = \frac{PL}{EA}, \quad \delta_t = \delta_p$$

$P = 33.9\text{kN}$

7.7

$$U = \frac{P\times\delta}{2} = 27000\text{N}\cdot\text{cm}$$

7.8

피로파괴 : 정적강도보다 상당히 작은 외력의 계속적인 반복 작용에 의해 균열이 발생하여 진전하는 현상

피로수명 : 반복하중을 가하고, 응력의 변화를 주면서 각각의 응력에서 피로파괴를 일으키는데 요구되는 횟수

피로한계 : 응력범위가 일정한 수준 이하인 경우에는 피로파괴가 발생하지 않게 되는 현상

7.9

$\varepsilon_{s1} = \varepsilon_{s2} = \varepsilon_c$, $P = P_{s1} + P_{s2} + P_c$

$\varepsilon = \dfrac{\sigma}{E}$, $P = A\times\sigma$, $\delta = \epsilon\times L$

$P_{s1} = 530.6\text{kN}$, $P_{s2} = 93.7\text{kN}$, $P_c = 375.7\text{kN}$

$\sigma_{s1} = \sigma_{s2} = 54.48\text{N/mm}^2$

$\sigma_c = 5.45\text{N/mm}^2$, $\delta = 0.00544\text{mm}$

7.10

$$\delta = \frac{3Pl}{2btE}$$

제8장 비틀림

8.1

$$\tau_{\max} = \frac{T\times r}{I_p}, \quad I_p = \frac{\pi\times d^4}{32}$$

$\tau_{\max} = 8.15\text{MPa}$

8.2

$\tau_{\max} = 28.29MPa$

8.3

$\phi = -0.021\,rad$

8.4

$\tau = \dfrac{T\times r}{I_p}$, $I_p = \dfrac{\pi\times d^4}{32}$, $\phi = \dfrac{T\times L}{G\times J}$

$\tau_{AB} = 0.25\text{MPa}$, $\tau_{BC} = 2.04\text{MPa}$

$\phi = 1.595\times 10^{-3}\text{rad}$

8.5

$\phi = \dfrac{T\times L}{G\times J}$, $J = \dfrac{b\times t^3}{3} = 293.33\text{cm}^4$

$\phi = 2.464\times 10^{-4}\text{rad}$

8.6

$\phi = \dfrac{T\times L}{G\times J}$, $\tau = \dfrac{T\times\gamma}{I}$

$T_A = 277.78\text{N}\cdot\text{cm}$, $T_B = 722.22\text{N}\cdot\text{cm}$

$\phi_C = 1.636\times 10^{-5}\text{rad}$

$\phi_D = 1.418\times 10^{-4}\text{rad}$

8.7

$\phi = \dfrac{T\times L}{G\times I}$, $T_A + T_B = T_E$

$T_A = 2500\text{N}\cdot\text{cm}$, $T_B = 2500\text{N}\cdot\text{cm}$

$\phi_E = 1.195\times 10^{-3}\text{rad}$

8.8

$\phi = \dfrac{T\times L}{G\times I}$, $T_{st} + T_{al} = T$

$\tau_{\max} = \dfrac{T\times\gamma}{I}$

$\tau_{\text{stmax}} = 0.42\text{N/mm}^2$

$\tau_{\text{stmax}} = 0.054\text{N/mm}^2$

8.9

$T_{AB} = 900\text{ N}\cdot\text{m}$,

$T_{BC} = 1200\text{ N}\cdot\text{m}$

$T_{CD} = 750\text{ N}\cdot\text{m}$

제9장 보의 응력

9.1

$\varepsilon_{Ax} = \dfrac{z}{\rho}$, $\varepsilon_{Bx} = \dfrac{z}{\rho}$

$\varepsilon_{Ax} = 6.88\times 10^{-4}$, $\varepsilon_{Bx} = 4.59\times 10^{-4}$

9.2

$\rho = \dfrac{d/2}{\varepsilon_x}$, $k = \dfrac{1}{\rho}$, $\sin\theta = \dfrac{l/2}{\rho}$

$\delta_c = \rho(1-\cos\theta)$, $\delta_c = 32\text{mm}$

$\rho = 62.5\text{m}$, $\text{k} = 0.016\text{m}$, $\sin\theta = 0.032$

9.3

$\rho = \dfrac{E\cdot I}{M}$, $I = \dfrac{b\times h^3}{12}$

$\rho_{AC} = 421.88\text{m}$, $\rho_{CD} = 1687.5\text{m}$

$\rho_{DB} = 337.5\text{m}$

9.4

$\sigma = \dfrac{M}{I}y$, $I = \dfrac{bh^3}{12} = 0.0003375\text{m}^4$

$M_c = \dfrac{w\times l^2}{8}$, $y = \dfrac{h}{2} = 0.15\text{m}$

$M_c \equiv 60\text{kN/m}$, $\sigma = \pm 26667.67\text{kN/m}^2$

9.5

$\sigma = 354.9\text{MPa}$

9.6

$$\sigma = \frac{M}{I}y, \quad I = \frac{b \cdot h^3}{12}$$

$$\sigma = 5.42\text{MPa}, \quad x = 2.01 \doteqdot 2\text{m}$$

9.7

$$\tau = \frac{S \times Q}{I \times B}, \quad I = \frac{\pi \times d^4}{64}, \quad Q = A \times \bar{z}$$

$$\tau_{\max} = 2.42\text{N/mm}^2$$

9.8

$$\tau = \frac{S \times Q}{I \times B}, \quad I = \frac{B \times H^3}{12} - \frac{b \times h^3}{12}$$

$$\tau_{\max} = 15.55\text{N/mm}^2 \fallingdotseq 15.55\text{MPa}$$

9.9

$$\tau = \frac{S \times Q}{I \times B}, \quad I = \frac{B \times H^3}{12} - \frac{b \times h^3}{12}$$

$$\tau_{\max} = 8.59\text{N/mm}^2$$

9.10

$$\tau = \frac{S \times Q}{I \times B}, \quad I = \frac{b \cdot h^3}{12} + A \cdot y^2$$

$$\tau_{\max} = 12.92\text{N/mm}^2$$

9.11

$$\tau = \frac{S \times Q}{I \times B}, \quad I = \frac{b \cdot h^3}{12} + A \cdot y^2$$

$$\tau_{\max} = 11.36\text{N/mm}^2, \ \tau_{\max} = 8.49\text{N/mm}^2$$

$$\frac{\tau_{\min}}{\tau_{\max}} = \frac{8.49}{11.36} = 0.75$$

9.12

$$\tau = \frac{S \times Q}{I \times B}, \quad I = \frac{b \cdot h^3}{12} + A \cdot y^2, \quad \bar{y} = \frac{G_x}{A}$$

$$\tau_{\max} = 4.97\text{N/mm}^2$$

9.13

$$\sigma_{\max} = \frac{M}{I}y$$

$$M_{\max} = \frac{w \cdot l^2}{8}, \quad I = \frac{b \cdot h^3}{12} + A \cdot y^2$$

$$\sigma_{\max} = \frac{M}{I}y = \pm 15.85\text{N/mm}^2 \fallingdotseq 15.85\text{MPa}$$

9.14

$$z = r \cdot \cos\phi, \quad \sigma_x = \sqrt{z} \cdot dA$$

$$I_x = \sqrt{y^2} \cdot d, \quad Az = \frac{S \times \sigma_x}{I_x \times t}$$

$$e = \frac{4s \cdot r}{\pi \cdot s} = 26.10\text{cm}$$

9.15

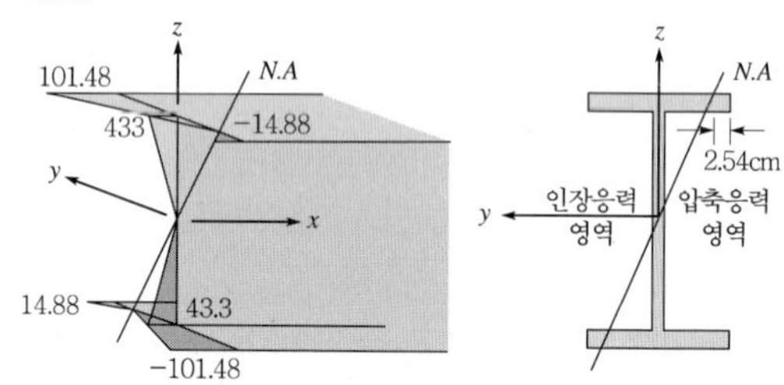

(프렌지의 최외단 응력기준, 웨브의 중심선 기준)

제10장 평면응력과 평면변형률 해석 및 변환

10.1

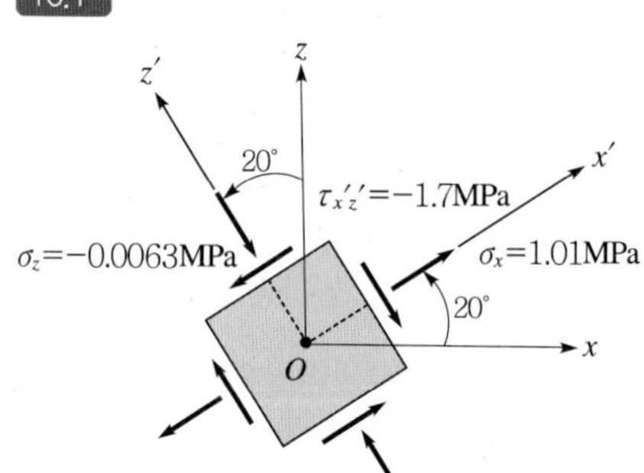

10.2

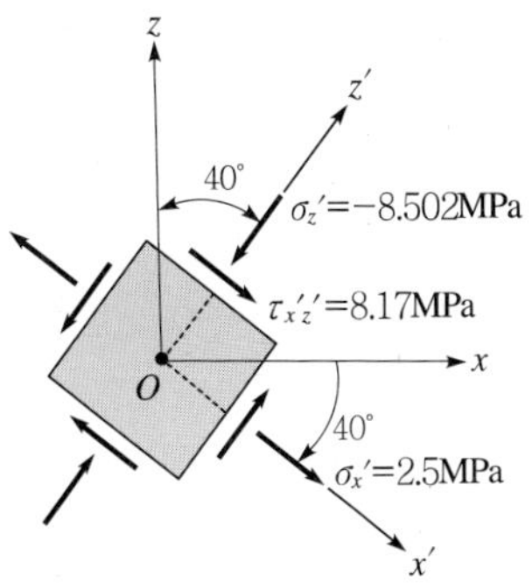

10.3

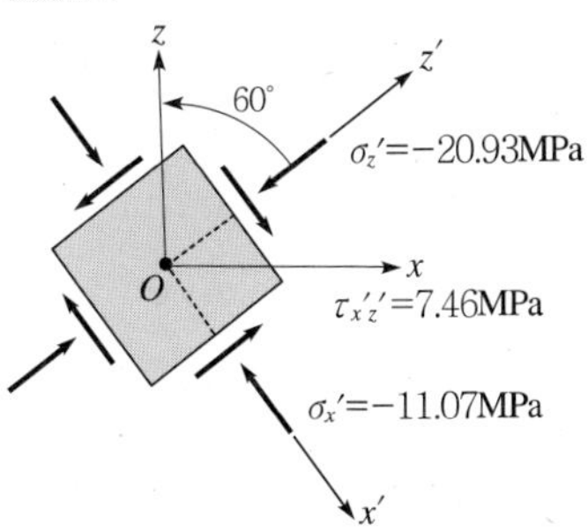

10.4

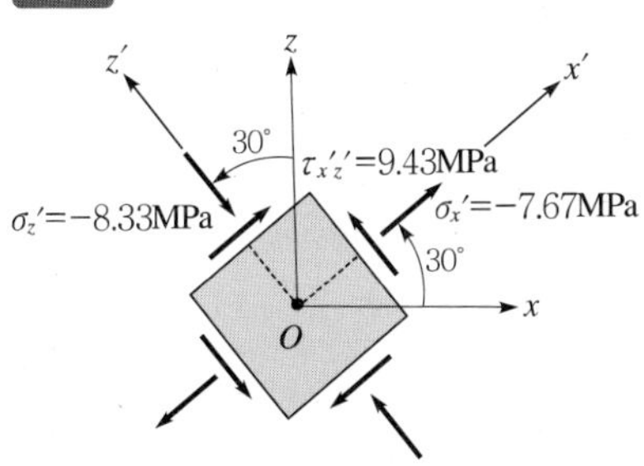

10.5

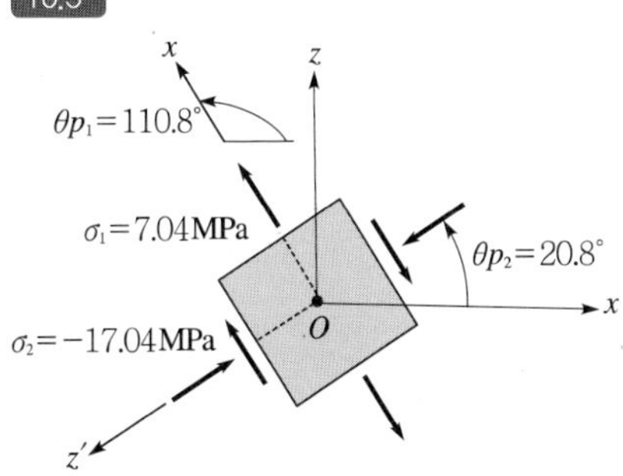

(a) 주응력

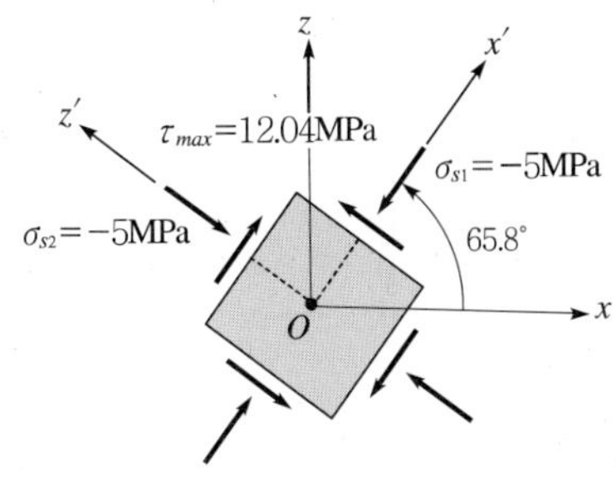

(b) 최대전단응력

10.6

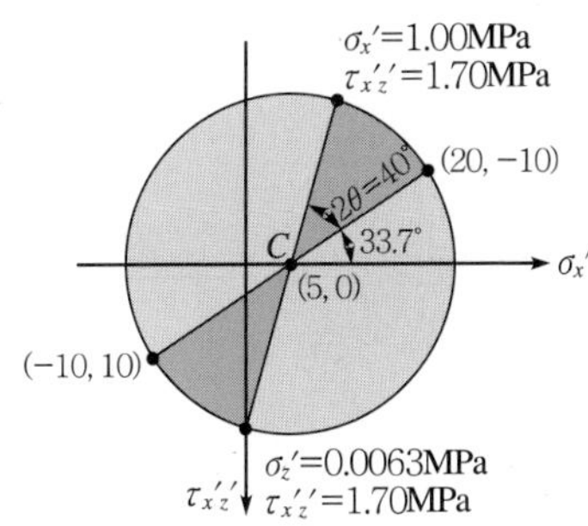

10.7

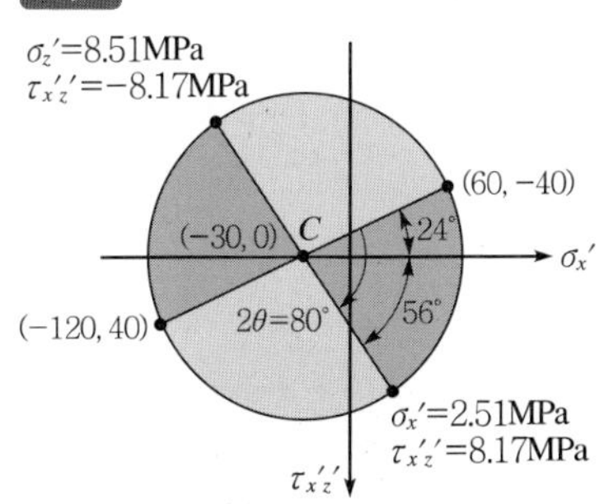

10.8

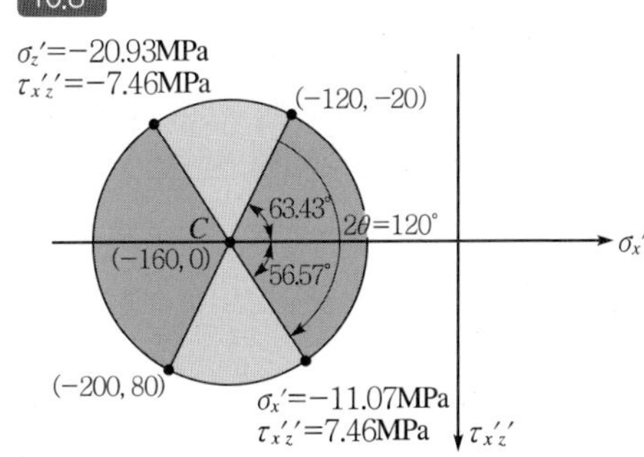

10.9

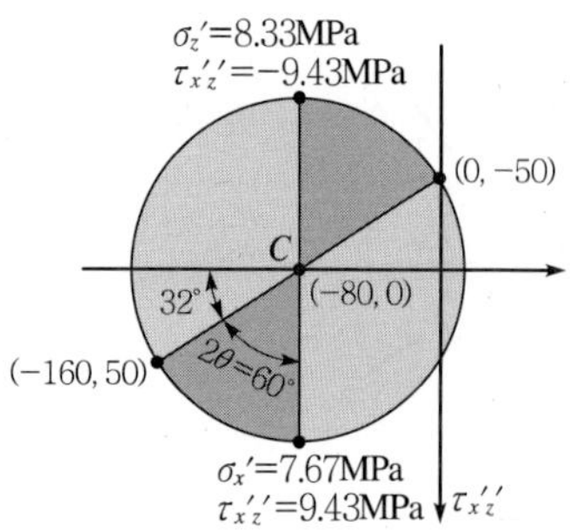

10.10

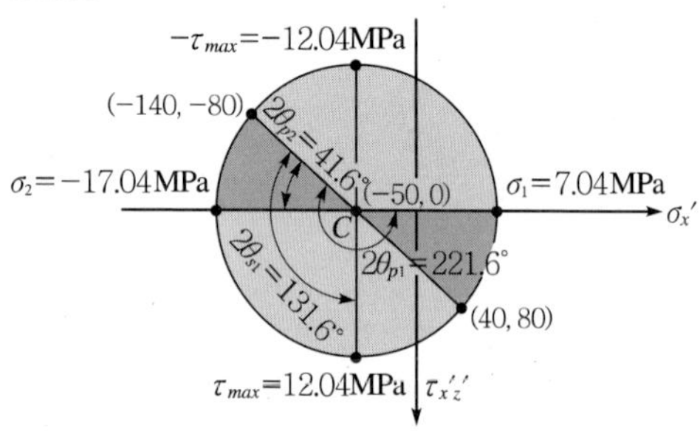

10.11

$$\varepsilon_{x'} = \frac{\varepsilon_x + \varepsilon_z}{2} + \frac{\varepsilon_x - \varepsilon_z}{2}\cos 2\theta + \frac{\gamma_{xz}}{2}\sin 2\theta$$

$$= 0.0023$$

$$\varepsilon_z = 0.000957$$

$$\gamma_{x'z'} = -0.0104$$

10.12

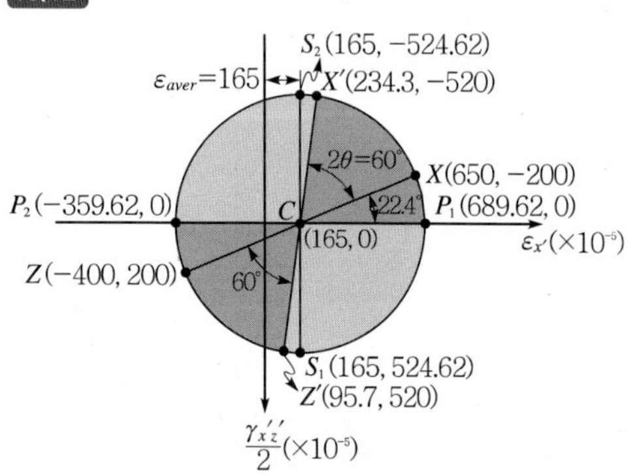

$$\varepsilon_1 = 689.62 \times 10^5$$

$$\varepsilon_2 = -359.62 \times 10^{-5}$$

$$\gamma_{\max} = 1049.24 \times 10^{-6}\text{MPa}$$

$$-\gamma_{\max} = -1049.24 \times 10^{-6}\text{MPa}$$

10.13

$\theta_P = 19.33°$

$\sigma_{1,2} = 24.21\,\text{MPa},\ -14.21\text{MPa}$

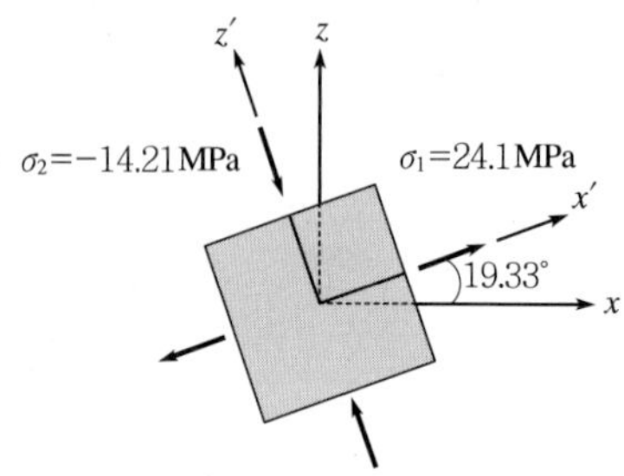

10.14

$\theta_P = 11.98°$

$\sigma_{1,2} = 17.12\,\text{MPa}, -16.06\text{MPa}$

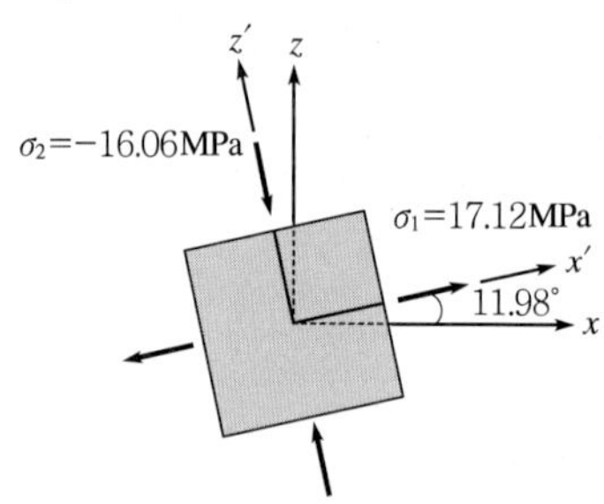

제11장 기 둥

11.1

$$\sigma = \frac{P}{A} + \frac{P\,e_x}{I_z}x + \frac{P e_z}{I_x}z$$

$\sigma_a = 4.54MPa, \quad \sigma_b = 1.34\text{MPa}$

$\sigma_c = 6.82MPa, \quad \sigma_d = 0.94\text{MPa}$

11.2

$$\sigma_{\max} = \frac{P}{A} - \frac{P\,e_x}{I_z}x - \frac{P e_z}{I_x}z, \quad \sigma_{\min} = \sigma_d$$

$$\sigma_{\max} = \sigma_b, \quad n_x = -\frac{r_y^2}{e_x}, \quad r_y = \sqrt{\frac{I_y}{A}}$$

$$n_y = -\frac{r_{x^2}}{e_y}, \quad \sigma_{\max} = 10.0\text{MPa}$$

$$\sigma_{\min} = -7.14\text{MPa}, \quad r_x = 0.202\text{m}^3$$

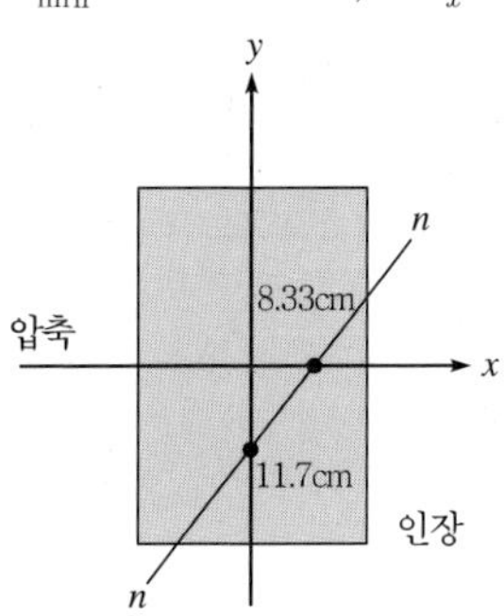

11.3

$$\sigma_{AB} = \frac{P}{A} + \frac{P\,e_x}{I_z}(-x)$$

$$e_x = \frac{I_y}{A \times x}, \quad e_x = 47.0\text{cm}, \quad e_y = 32.7\text{cm}$$

$$\frac{b}{6} = 33.3\text{cm}, \quad \frac{h}{6} = 20.0\text{cm}$$

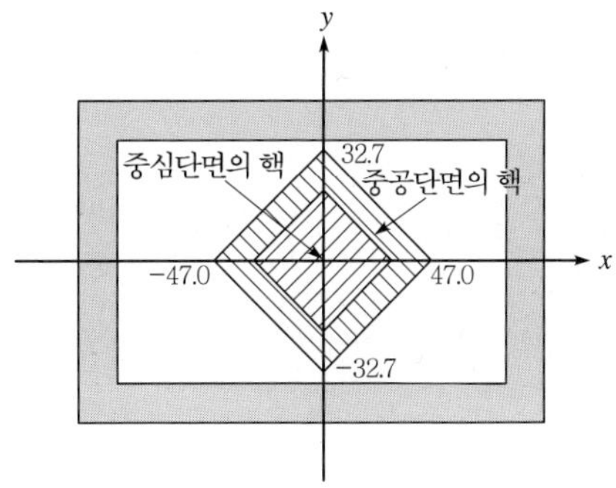

11.4

$$P_{cr} = \frac{\pi^2 EI}{(\beta l)^2}$$

$$D^4 - d^4 = \frac{l^2 \cdot 64 \cdot P_{cr}}{2\pi^2 E}$$

$$t = \frac{100 - 73.1}{2} = 13.45\text{mm}$$

t≥13.5mm이면 하중 70kN을 지탱할 수 있음.

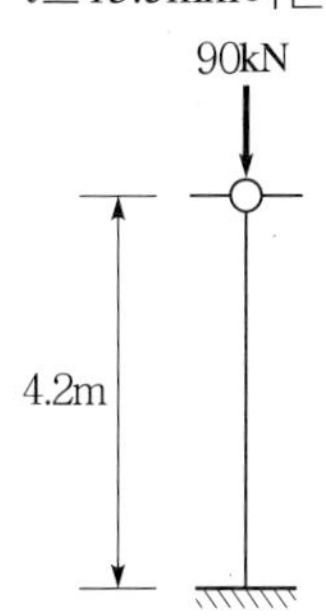

11.5

$$P_{cr} = \frac{\pi^2 EI}{(\beta l)^2}, \quad b^2 = \frac{h^2}{4}, \quad b = 0.5h$$

$$\frac{h}{2} = \frac{2b}{b} = 2$$

11.6

$$P_{cr} = \frac{\pi^2 EI}{(\beta l)^2}, \quad I = \frac{b \times h^3}{12} + A \times y^2, \quad \lambda = \frac{l}{r_x}$$

$P_{cr} = 17.685\text{MN}, \quad \sigma_{cr} = 778.4\text{MPa}$

$\sigma_{ca} = 114.49\text{MPa}, \quad \sigma_u = 101.23\text{MPa}$

$\sigma_{ca} > \sigma_c$ (안전)

제12장 처 짐

12.1

$$\delta_{AD}=2\left[\int_0^{\frac{l}{2}}\frac{(x)(Px)}{EI}dx+\int_0^{\frac{\pi}{2}}\frac{\left(\frac{l}{2}+r\sin\theta\right)P\left(\frac{l}{2}+r\sin\theta\right)}{EI}d\theta\right]$$

$$=\frac{P}{12EI}(l^3+3\pi l^2r+6\pi r^3+24lr^2)$$

12.2

1) 연직처짐 y_B

$$y_B=\int_0^l\frac{mM}{EI}dx=\int_0^l\frac{(-x)(-Px)}{EI}dx$$

$$=\frac{P}{EI}\left[\frac{x^3}{3}\right]_0^l=\frac{Pl^3}{3EI}\ (\downarrow)$$

2) 처짐각 θ_B

$$\theta_B=\int_0^l\frac{mM}{EI}dx=\int_0^l\frac{(-1)(-Px)}{EI}dx$$

$$=\frac{P}{EI}\left[\frac{-x^2}{2}\right]_0^l=-\frac{Pl^2}{2EI}\ (\curvearrowright)$$

12.3

$$\delta_A=\frac{Pl^3}{EI_A}\left[\ln(l+x)+\frac{2l}{l+x}-\frac{l^2}{2(l+x)^2}\right]_0^l$$

$$=\frac{Pl^3}{EI_A}\left[\ln(2l)+1-\frac{1}{8}-\ln(l)-2+\frac{1}{2}\right]$$

$$=\frac{Pl^3}{EI_A}\left(\ln2-\frac{5}{8}\right)=\frac{0.068Pl^3}{EI_A}\quad(\downarrow)$$

12.4

$$\Delta_B=\Delta_{B/A}=-21.8\text{mm}\ (\downarrow)$$

12.5

$$\Delta_D=\Delta_{D/B}-\Delta_{DD'}$$

$$=-\frac{1}{EI}(1984.375-1031.25)=-\frac{953.125}{EI}$$

$$=-\frac{953.125\times10^{12}}{(2.04\times10^5)(1.25\times10^8)}$$

$$=-37.4\text{mm}\ (\downarrow)$$

12.6

$$\delta_E=-\frac{5PL^3}{EI}=-\frac{5(50\times10^3)(10{,}000^3)}{(2.1\times10^5)(5\times10^9)}$$

$$=-238.1\text{mm}\quad(\downarrow)$$

12.7

1) x위치에서의 처짐 δ_x와 처짐각 θ_x

$$\delta_x=-\left(\frac{M_0}{EI}\right)(x)\left(\frac{x}{2}\right)=-\frac{M_0x^2}{2EI}\ (\downarrow)$$

$$\theta_x=-\frac{M_0x}{EI}\ (\curvearrowright)$$

2) 자유단 B점의 처짐 δ_B와 처짐각 θ_B

$$\delta_B=-\frac{M_0l^2}{2EI}\ (\downarrow)$$

$$\theta_B=-\frac{M_0l}{EI}\ (\curvearrowright)$$

12.8

$$y_A=0$$

$$\theta_A=\frac{wl^3}{24EL}\ (\curvearrowright)$$

$$y_B=0$$

$$\theta_B=-\frac{wl^3}{24EL}\ (\curvearrowleft)$$

$$y_C=\frac{5wl^4}{384EI}\ (\downarrow)$$

$$\theta_C=0$$

12.9

$$y_A=0$$

$$\theta_A = \frac{M_0 l}{24EL} \ (\curvearrowright)$$

$$y_B = 0$$

$$\theta_B = \frac{M_0 l}{24EL} \ (\curvearrowright)$$

$$y_C = 0$$

$$\theta_C = -\frac{M_0 l}{12EL} \ (\curvearrowleft)$$

12.10

$$y_B = \frac{w_0 l^4}{30EI} \ (\downarrow)$$

$$\theta_B = \frac{w_0 l^3}{24EI} \ (\curvearrowright)$$

12.11

$$\theta_A = \frac{M_0 l}{3EI} \ (\curvearrowright)$$

$$\theta_B = -\frac{M_0 l}{6EI} \ (\curvearrowleft)$$

$$y_{\max} = \left| \frac{M_0(l/\sqrt{3})}{6lEI}\{-l^2 + (l/\sqrt{3})^2\} \right|$$

$$= \frac{\sqrt{3}\,M_o l^2}{27EI} \ (\downarrow)$$

제13장 부정정구조물의 해석원리와 변위일치법

13.1

$$\Delta = -\frac{X_1 l^3}{48EI} = -\frac{(33.33\times 10^3)(10{,}000)^3}{(48)(2\times 10^5)(5.35\times 10^9)}$$

$$= -7.1\text{mm} \ (\downarrow)$$

13.2

$$M_A = -\frac{Pab^2}{l^2} \ (\curvearrowleft), \ M_B = -\frac{Pa^2 b}{l^2} \ (\curvearrowright)$$

$$V_A = \frac{1}{l}(-M_A + Pb + M_B)$$

$$= \frac{1}{l}\left(\frac{Pab^2}{l^2} + Pb - \frac{Pa^2 b}{l^2}\right)$$

$$= \frac{Pb}{l^3}(ab - a^2 + l^2) = \frac{Pb^2}{l^3}(l + 2a) \ (\uparrow)$$

$$V_B = P - V_A = P - \frac{Pb^2}{l^3}(l + 2a)$$

$$= \frac{Pa}{l^3}(l^3 - bl^2 - 2ab^2) = \frac{Pa^2}{l^3}(l + 2b) \ (\uparrow)$$

13.3

$$M_A = -\frac{wl^2}{12} \ (\curvearrowleft), \ M_B = -\frac{wa^2}{12} \ (\curvearrowright)$$

$$V_A = \frac{1}{l}\left(-M_A + \frac{wl}{2} + M_B\right)$$

$$= \frac{1}{l}\left(\frac{wl^2}{12} + \frac{wl^2}{2} - \frac{wl^2}{12}\right) = \frac{wl}{2} \ (\uparrow)$$

$$V_B = wl - \frac{wl}{2} = \frac{wl}{2} \ (\uparrow)$$

13.4

$$\Delta_A = \sum \frac{Ffl}{EA} = \frac{1}{E}\times 8{,}799{,}900$$

$$= \frac{8{,}799{,}900}{2.0\times 10^5} = 44\text{mm} \ (\downarrow)$$

13.5

1) 각 부재의 부재력

$V_B = -P \ (\downarrow)$

$V_E = -V_B = P \ (\uparrow)$

$F_{DE} = V_E = P$ (압축)

수평반력 $H_E = 0$

수평반력 $H_B = -P \ (\leftarrow)$

$F_{BD}=\sqrt{2}P$ (인장)

$F_{CD}=0$

$F_{BC}=0$

$F_{CD}=0$

2) 격점 D의 수평변위 δ_D

$$(1)\cdot\delta_D=\frac{1}{EA}\Sigma fFL$$

$$=\frac{1}{EA}\Sigma(1+2\sqrt{2})PL=\frac{3.828}{EA}PL$$

13.6

1) 그림 문제 7.6 (a)에서 작용력 P를 C점에 작용시켰을 때 B점에 처짐 Δ_{bc}

$$\Delta_{bc}=\Delta_{cb}=0.75$$

2) 그림 문제 7.6 (c)와 같이 작용력 P와 스프링 k가 위치할 때 C점의 처짐

$$\Delta_c=0.75\left(\frac{P-0.5k}{P}\right)=0.75\left(1-\frac{0.5k}{P}\right)\ (\downarrow)$$

13.7

$$V_A=wl\quad(\uparrow)$$

$$M_A=\frac{wl^2}{2}-\frac{wl^2}{12}=\frac{5wl^2}{12}\quad(\curvearrowleft)$$

$$V_x=V_A-wx=wl-wx=-w(x-l)$$

$$M_x=V_Ax-M_A-\frac{wx^2}{2}$$

$$=wlx-\frac{5wl^2}{12}-\frac{wx^2}{2}=-w\left(\frac{x^2}{2}-lx+\frac{5l^2}{12}\right)$$

제14장 최소일의 방법과 3연모멘트법

14.1

$$V_D=-\frac{wl}{7}=-\frac{10\times5}{7}=-7.14\text{kN}\ (\downarrow)$$

$$M_D=-\frac{59wl^2}{252}=-\frac{59\times10\times5^2}{252}$$

$$=-58.53\text{kN}\cdot\text{m}\ (\curvearrowright)$$

$$V_A=-V_D=7.14\text{ kN}\ (\uparrow)(\uparrow)$$

$$M_A=M_D+V_Dl+\frac{wl^2}{2}$$

$$=-58.53+(-7.14)\times5+\frac{10\times5^2}{2}$$

$$=30.77\text{ kN}\cdot\text{m}\ (\curvearrowright)$$

14.2

$$V_B=\frac{wl}{10}\quad(\uparrow)$$

14.3

$$V_A=\frac{3(l^2-a^2)M_1}{2l^3}\quad(\uparrow)$$

14.4

1) 대칭, 역대칭

대칭 : 그림 (a)와 같이 한 축에 대해 좌표값이 대칭일 때를 말한다.

역대칭 : 그림 (b)와 같이 두 축에 대해 좌표값이 대칭일 때를 말한다.

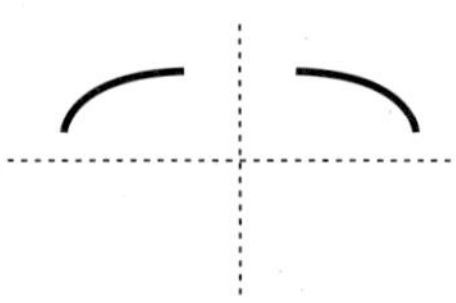

그림 (a)

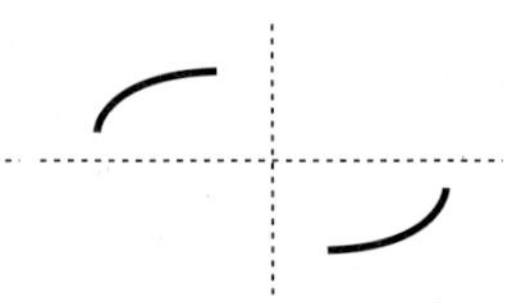

그림 (b)

대칭인 구조물에 작용하는 하중이 대칭이면 대칭이 되고 하중이 역대칭이면 역대칭이 된다.

※ 대칭

반력, M_x ,N_x → 대칭, y방향의 처짐 → 대칭, Q_x → 역대칭

대칭선[그림 (c) 참조]과 만나는 지점에서는 $Q_x = 0$, $y' = 0$, $G_v = 0$

※ 역대칭

반력, M_x ,N_x → 역대칭, y방향의 처짐 → 역대칭, Q_x → 대칭

대칭선과 만나는 지점에서는 $M_x = 0$ (힌지가 있다고 생각함), $G_h = 0$ (x방향 힌지의 힘), y방향의 처짐=0

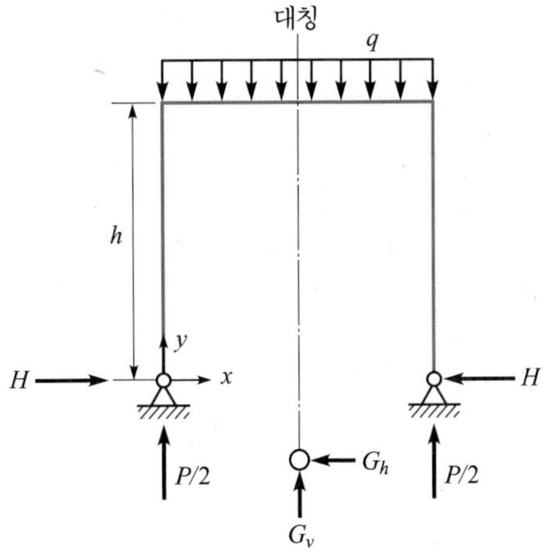

그림 (d)

2) 정정구조물로의 모델링

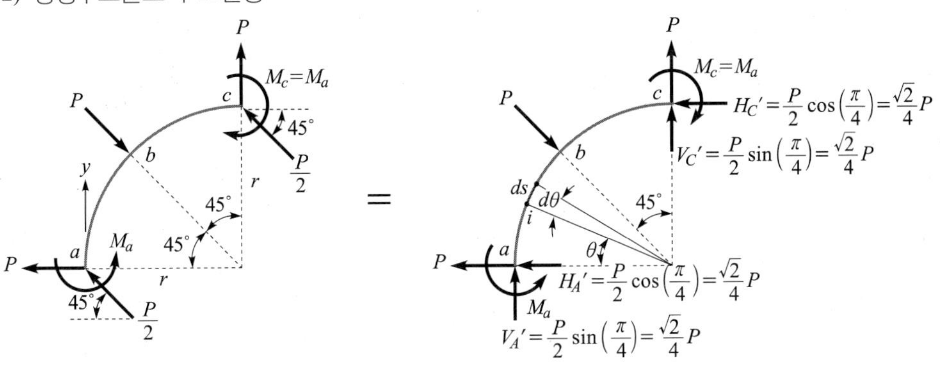

그림 (e)

3) 축력도, 전단력도, 휨모멘트도를 구하시오.

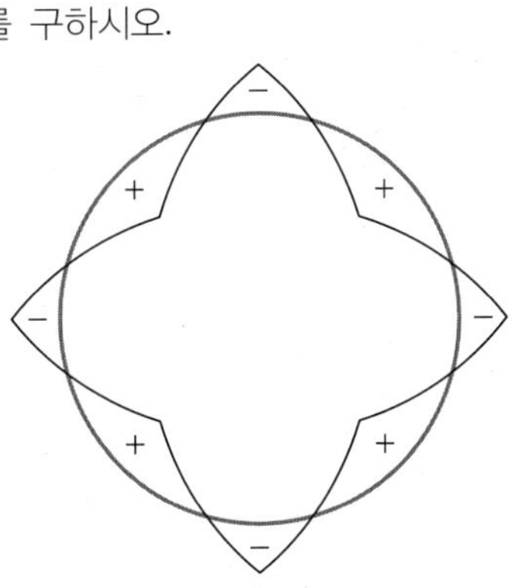

휨모멘트도

그림 (f)

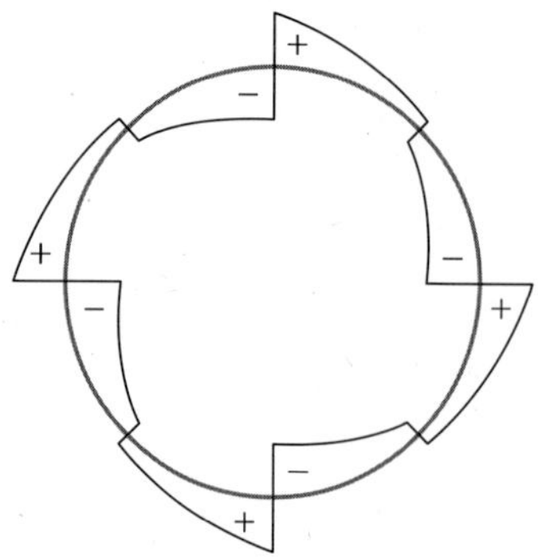

전단력도

그림 (g)

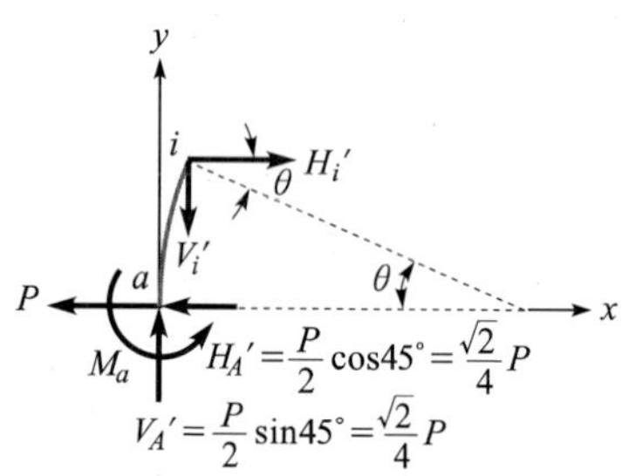

그림 (g)

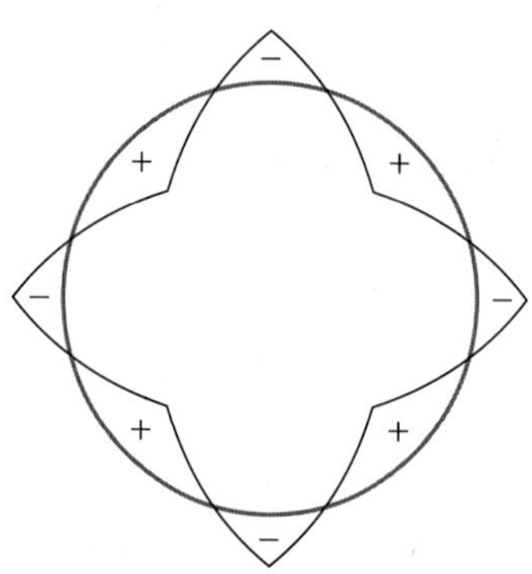

축력도

그림 (h)

4) 변곡점을 표시하고 변형곡선을 그리시오.

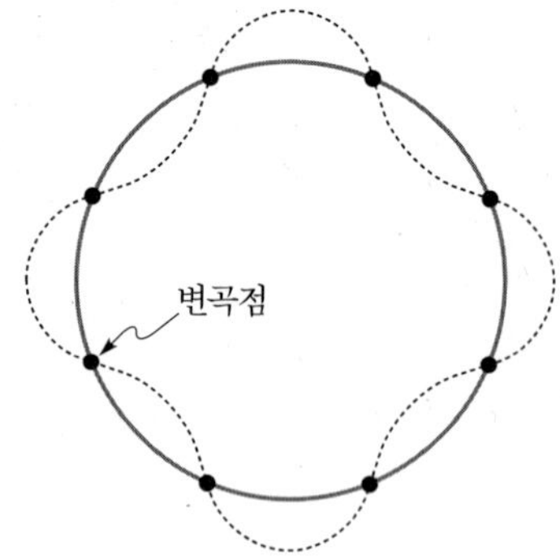

변형도

그림 (i)

14.5

$$M_A = -\frac{wL^2}{20}\ (\curvearrowleft),\ M_B = -\frac{wL^2}{30}\ (\curvearrowright)$$

$$V_A = \frac{wL^2}{3} + \frac{wL^2}{20} - \frac{wL^2}{30} = \frac{7wL}{20}\text{kN}\ (\uparrow)$$

$$V_B = -\frac{7wL}{20} + \frac{wL}{2} = \frac{3wL}{20}\text{kN}\ (\uparrow)$$

14.6

$$M_{A'} = M_B = 0$$

$$V_B = -\frac{M_A + 200}{8}$$

$$V_B = -\frac{M_C}{4}$$

$$M_B = M_D = 0$$

$$M_A = -89.67\text{kN}\cdot\text{m}$$

$$M_C = -55.17\text{kN}\cdot\text{m}$$

$$\Delta_B = -\frac{312.96}{EI}$$

제15장 처짐각법

15.1

$$M_A = M_{AB} = -\frac{3PL}{16} \ (\curvearrowleft)$$

15.2

$$M = M_{BA} = \frac{2EI}{L}\left(\frac{3\Delta}{2L} - \frac{3\Delta}{L}\right) = -\frac{3EI\Delta}{L^2}$$

$$V_A = \frac{15EI\Delta}{2L^3} \ (\uparrow)$$

$$V_B = -V_B = -\frac{15EI\Delta}{2L^3} \ (\downarrow)$$

$$M_B = -\frac{3EI\Delta}{L^2} \ (\circlearrowleft)$$

$$M_A = M_{AB} = -\frac{9EI\Delta}{2L^2} \ (\circlearrowleft)$$

15.3

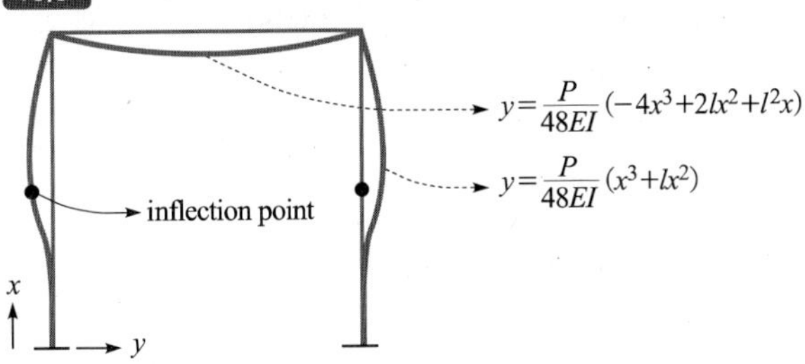

15.4

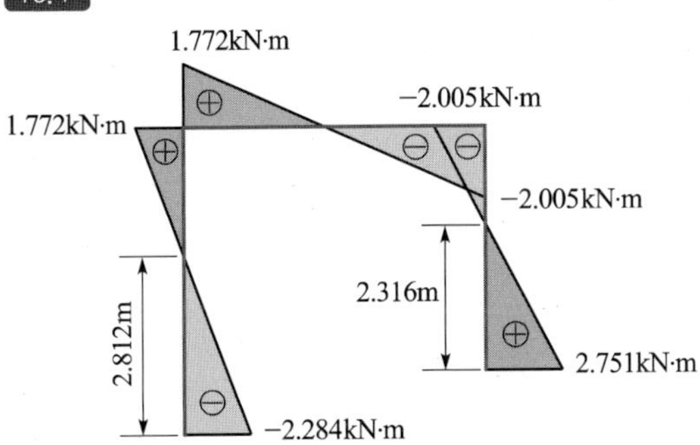

휨모멘트(B.M.D)

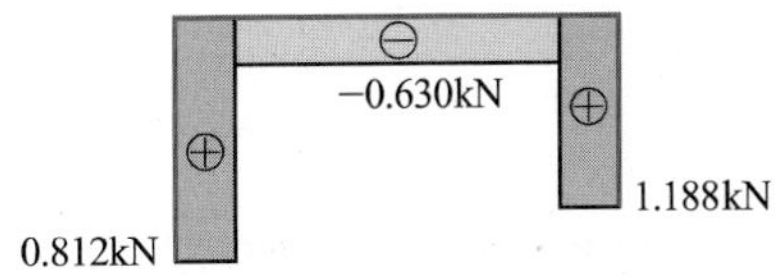

전단력도(S.F.D)

15.5

$$P_{max} = \frac{190 \times 7{,}290 \times 10^3 \times 7}{12 \times 10^3} = 807{,}975\text{N}$$

$$= 807.975\text{kN}$$

제16장 모멘트분배법

16.1

$M_{AB} = -55.55\text{kN}\cdot\text{m},\ M_{BA} = 138.89\text{kN}\cdot\text{m},\ M_{BD} = -138.89\text{kN}\cdot\text{m},\ M_{DB} = 305.56\text{kN}\cdot\text{m}$

16.2

절점	A	B		C			D	E
부재	AB	BA	BC	CB	CD	CE	DC	EC
DF	0	−0.5	−0.5	−0.3	−0.3	−0.4	−0	−0
		100		200				
		-50	-50	-60	-60	-80		
	-25		-30	-25			-30	-40
F		15	15	7.5	7.5	10		
E	7.5		3.75	7.5			3.75	5
M		-1.875	-1.875	-2.25	-2.25	-3		
	-0.938		-1.125	-0.938			-1.125	-1.5
		0.563	0.563	0.281	0.281	0.376		
	0.282		0.141	0.282			0.141	0.188
		-0.071	-0.071	-0.085	-0.085	-0.112		
$\sum M$	-18.17 (kN · m)	-36.38 (kN · m)	-63.62 (kN · m)	-72.71 (kN · m)	-54.55 (kN · m)	-72.74 (kN · m)	-27.23 (kN · m)	-36.31 (kN · m)

16.3

$M_{AB} = -18.515 + 1.351(-113.247) = -171.512\text{kN}\cdot\text{m}$

$M_{BA} = 11.058 + 1.351(-114.387) = -143.479\text{kN}\cdot\text{m}$

$M_{BC} = -11.058 + 1.351(114.387) = 143.479\text{kN}\cdot\text{m}$

$M_{CB} = 2.517 + 1.351(108.831) = 149.546\text{kN}\cdot\text{m}$

$M_{CD} = -2.517 + 1.351(-108.831) = -149.546\text{kN}\cdot\text{m}$

$M_{DC} = -1.282 + 1.351(-104.49) = -142.448\text{kN}\cdot\text{m}$

제18장 소 성

18.1

소성단면계수 $Z = 1737000\text{mm}^3$

탄성단면계수 $S = 983347.9\text{mm}^3$

형상계수 $f = \dfrac{Z}{S}$, $f = 1.77$

18.2

$$S = \frac{(b-b_i)\times {h_i}^2}{6}$$

$$M_y = \sigma_y \times \frac{(b-b_i)\times {h_i}^2}{6}$$

$$M_p = \sigma_y \times b \times \frac{h_o^2 - {h_i}^2}{4}$$

$$M_t = 169.92\text{kN·m}$$

18.3

$$z = \frac{b\cdot h^2}{4},\quad P = \frac{M_p}{0.8p\times 2}$$

$$P = 37.5\text{kN}$$

18.4

$$P = \frac{8M_p}{l}$$

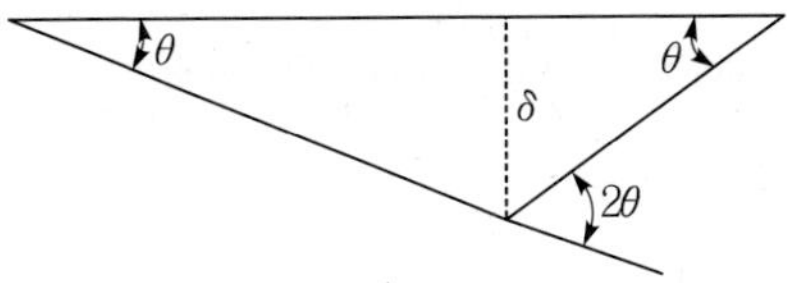

18.5

$$P = \frac{4M_p}{h}$$

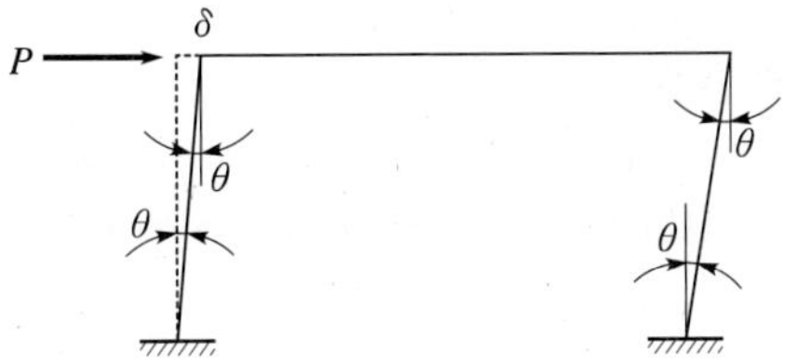

저자약력

박 연 수

Kyoto Univ. 대학원 토목공학과 박사과정 졸업, 공학박사
(박사학위논문 : Damage Process of Steel Members under Very-Low-Cycle Loading)
한국과학기술원(KAIST) 토목공학과 석사과정 졸업, 공학석사
(석사학위논문 : 다지지 구조계의 지진해석)
한양대학교 공과대학 토목공학과 졸업, 공학사
Imperial College, London, Visiting Prof.
Univ. of California, Irvine, Visiting Prof.
NTU, Singapore, Visiting Prof.
전남대학교 공과대학 토목공학과, 교수
한양대학교 초대형구조시스템연구센터, 연구조교수
한국도로공사 도로교통연구원, 책임연구원
일본 京都大學防災硏究所, 공동연구원
구조물의 내진성능향상연구회 한국과학재단지정중점과제연구회, 회장
국토교통부 교량터널 안전진단 심사위원회, 심사위원
국토교통부 익산지방국토관리청 설계자문위원회, 심사위원
안전행정부 국립방재연구소 재해원인분석조사단, 조사위원
한국도시철도 품질환경안전위원회, 자문위원
서울특별시 지하철 기술자문위원회, 자문위원
한국가스안전공사 가스안전평가 심의위원회, 심의위원
한국수자원공사 일반기술심의위원회, 심의위원

박 선 준

전남대학교 대학원 토목공학과, 공학박사
(박사학위논문 : A Study on Isolation of Gas Pipeline Structures subjected to Construction Vibrations)
Marquis Who's who in Science and Engineering 2011-2012 등재
IBC(International Biographical Centre, Cambridge, England) 2000
Outstanding Intellectuals of the 21st Century-2010 등재
ABI(American Biographical Institute) 2010 등재
Reviewer of the Journal of Structural Engineering(American Society of Civil Engineering ; ASCE)
동신대학교 공과대학 토목공학과, 교수
인사혁신처, 서울특별시, 경기도 공무원시험, 출제 및 심사위원
국토교통부 익산지방국토관리청 설계자문위원회, 심의위원
광주광역시 지방건설기술심의위원회, 심의위원
전라남도 지방건설기술심의위원회, 심의위원

응용역학 정가 27,000원

저자 : 박연수 · 박선준

발행인 : 임해진
발행처 : 도서출판 구미서관

인쇄 : 2018년 7월 9일
발행 : 2018년 7월 16일

등록 : 1979년 6월 29일 No.9-6호
주소 : 서울시 마포구 신촌로 2길 5-15 구미빌딩
전화 : 02-333-1101
팩스 : 02-335-2201
http://www.goomibook.com

ISBN 979-11-6257-019-7 (93530)